책 구입 시 드리는 혜택
❶ 전 과목 핵심 이론 동영상 강의 제공
❷ 우수회원 인증 후 2011년 ~ 2013년 3개년
   추가 기출문제(해설 포함) 제공

2022 개정 3판

단기완성

토목기사 실기
+ 무료 동영상 강의

손영선 저

꼭! 합격 하세요

새로운 출제 기준 적용 / 전 과목 이론 상세 해설
최근 기출문제 수록 및 완벽 해설 / 빠른 합격을 위한 상세한 이론 구성
문제 해설을 이해하기 쉽도록 자세히 설명 / 저자 1대1 질의 · 응답 카페 운영

무료 동영상 강의

Daum 손영선의 토목기사 실기 🔍 https://cafe.daum.net/ecivil3

www.sejinbooks.kr

머리말

토목기사 및 토목산업기사는 도로, 철도, 교량, 터널, 공항, 항만, 댐, 하천, 해안, 플랜트 등의 구조물을 건설하거나 종합적인 국토개발과 국토건설사업의 조사, 계획, 설계 및 시공 등의 업무를 수행하는데 필요한 전문적인 지식과 기술을 겸비한 인력을 양성하기 위하여 제정한 자격제도로서 1차 필기시험과 2차 실기시험으로 나누어 출제됩니다.

1차 필기시험의 연간 응시인원을 100%로 볼 때 1차 필기시험의 합격생 비율은 토목기사의 경우 30%, 토목산업기사의 경우는 15% 정도이며, 2차 실기시험을 통과한 최종합격자도 필기시험 합격자와 동일한 비율을 보입니다. 즉, 자격증의 취득 여부는 2차 실기시험보다는 1차 필기시험에서 좌우된다고 할 수 있어 이제 자격 취득에 8부능선은 넘었다고 할 수 있겠습니다.

그럼에도 1차 실기시험의 출제 과목은 토목설계, 시공, 공정 및 품질관리 등으로 구성되어 만만치는 않습니다.

하지만 수험생은 누구나 할 것 없이 빨리 합격하고 싶어 합니다. 그것도 **적게 공부하고, 적은 시간과 적은 돈을 들여 쉽게 빨리** 따고 싶어 합니다.

제가 감히 그 **방법**을 제시해 드리고자 합니다.

★ 빨리 합격하는 시스템 ★

1. 빨리 쉽게 합격하기 위해서는 **핵심을 중점으로 하는 적은 내용을 반복적으로 공부**하여야 합니다.
   ☞ 이에 본 교재와 함께 단기완성 동영상강좌를 무료로 제공하여 핵심 내용이 무엇인지 쉽게 파악할 수 있도록 구성하였습니다. 아울러 강좌는 총 14시간으로 구성되어 반복 청강하는데 큰 부담이 없으므로 동영상강좌를 최소 3회 정도 반복 청강하시길 권합니다.
   ※ 핵심이론 동영상은 http://cafe.daum.net/ecivil3에서 공짜로 청강

2. **적게 공부하고 꾸준히 공부**하여야 합니다.
   ☞ 휴일을 제외한 평일 하루 24시간 중 십분의 일인 2시간 24분은 반드시 공부하셔야 합니다.

3. 이론과 문제풀이 등 **동일패턴으로 자연스럽게 반복**되어지는 공부를 하여야 합니다.
   ☞ 교재의 이론과 문제풀이 및 동영상 강좌는 동일 패턴으로 구성되어 있어 자연스럽게 반복되어지도록 하여 학습 효율을 극대화 하였습니다.
   ※ 기출문제 풀이 동영상은 http://cafe.daum.net/ecivil3에서 청강(유료)

끝으로 이 책이 나오기까지 수고해주신 세진북스 관계자 여러분께 깊은 감사를 드리며, 본 교재는 수험생 여러분의 노력과 땀에 보답하고 여러분께 가장 사랑받는 교재가 되고자 저의 수십년간의 강의 경험을 정성껏 담았습니다. 계속해서 꾸준히 보완하고 다듬어서 대한민국의 NO.1 교재의 자리를 굳히기 위해 최선을 다하겠습니다.

저자 손영선

토목시공이란?

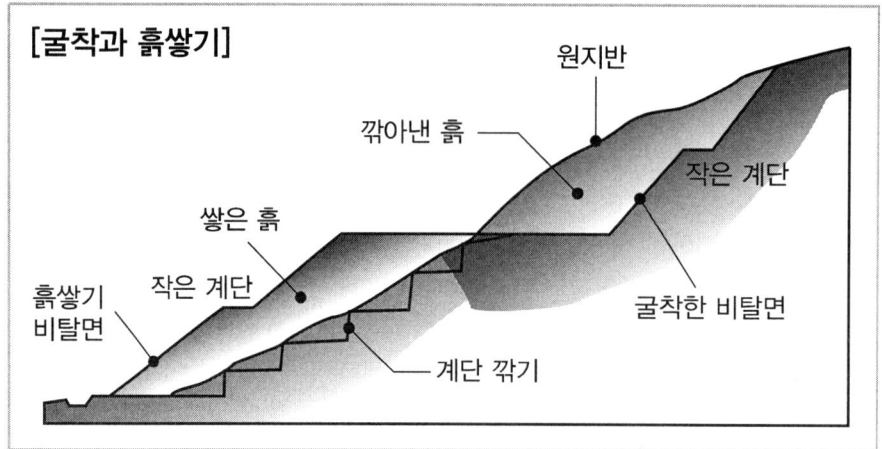

전체관리	주요핵심공정	출 제 단 원
공정관리	① 연약지반 ② 절토, 성토, 토취장, 토사장(건설기계) ③ 다지기(다짐장비) ④ 배수공 ⑤ 구배 ⑥ 동상방지 ⑦ 구조물(도로, 옹벽, 댐 등)	: 연약지반개량공법, 토질, 기초 : 토공, 건설기계, 암석발파공, : 건설기계 : 암거배수공 : 토공 : 토질 : 콘크리트공, 포장공, 터널공, 옹벽공, 교량공, 댐공, 물량산출

출제형태 · 공부요령 · 교재특징

1. 실기시험 출제 형태

출제유형	출제 백분율	공 부 요 령
계산문제	50~60 %	완벽한 원리 이해 위주로 공부
단답형	15~25 %	공법의 명칭에서 공법을 이해
다답형	20~35 %	강사가 유도하는 대로 공부

(1) 합격점수 : 60점
(2) 과락점수 : 40점
  ① 계산문제 : 40점
  ② 단 답 형 : 40점
  ③ 다 답 형 : 40점

2. 쉽게 합격하기 위한 공부요령
(1) 시험에 잘 합격하지 못하는 이유
  ① 중요한 핵심이 무언지 모르고 공부(내용 방대함)
  ② 계산문제 공부시 이해보다는 암기 위주로 공부
  ③ 암기 후 답안 작성시 중요한 핵심보다는 주변 내용을 적는다.
  ④ 답이 틀려 있는 책으로 공부
  ⑤ 시간에 촉박한 나머지 당황(생각이 잘 나지 않는다.)
(2) 시험에 쉽게 합격하는 방법
  ① 강의에 충실한다.(중요한 핵심을 파악할 수 있다.)
  ② 계산문제 공부시 철저한 이해 위주로 공부
  ③ 핵심적인 내용을 위주로 답안 작성(강의에 충실)
  ④ 강의 시간에 배운 내용에 신뢰를 갖고 답안 작성(틀린 답을 피할 수 있다.)
  ⑤ 다답형 문제에서 3가지만 쓰라고 할 경우 그 이상 쓰지 않는다.
  ⑥ 편안한 마음을 갖자.
    (시험은 100점을 맞는 것이 아니다. 60%만 획득하면 된다. 편하게 생각하자)

3. 강의 특징
(1) 이해 중심 강의 : 암기분량 획기적으로 감소
(2) 숲과 나무를 모두 볼 수 있게 해주는 강의
(3) 공부 분량을 1/10로 줄여주는 강의
(4) 실용주의 강의
  ① 공부하기 쉽게
  ② 합격하기 쉽게
  ③ 답안 작성에 매우 유리하게

4. 본 교재의 특징
(1) 강의의 흐름을 그대로 반영 : 복습하기 편리
(2) 군더더기 없이 핵심내용을 위주로 정리 : 맥을 쉽게 파악
(3) 난해한 부분도 명쾌하게 분석하여 정리
(4) 기출문제를 완벽하게 분석하여 그 흐름을 철저하게 반영

출제기준

1. 필기

직무분야	건설	중직무분야	토목	자격종목	토목기사	적용기간	2022. 1. 1. ~ 2025. 12. 31

• 직무내용 : 도로, 공항, 철도, 하천, 교량, 댐, 터널, 상하수도, 사면, 항만 및 해양시설물 등 다양한 건설사업을 계획, 설계, 시공, 관리 등을 수행하는 직무이다.

필기검정방법	객관식	문제수	120	시험시간	3시간

필기과목명	출제문제수	주요항목	세부항목	세세항목
응용역학	20	1. 역학적인 개념 및 건설 구조물의 해석	1. 힘과 모멘트	1. 힘 2. 모멘트
			2. 단면의 성질	1. 단면 1차 모멘트와 도심 2. 단면 2차 모멘트 3. 단면 상승 모멘트 4. 회전반경 5. 단면계수
			3. 재료의 역학적 성질	1. 응력과 변형률 2. 탄성계수
			4. 정정보	1. 보의 반력 2. 보의 전단력 3. 보의 휨모멘트 4. 보의 영향선 5. 정정보의 종류
			5. 보의 응력	1. 휨응력 2. 전단응력
			6. 보의 처짐	1. 보의 처짐 2. 보의 처짐각 3. 기타 처짐 해법
			7. 기둥	1. 단주 2. 장주
			8. 정정트러스, 라멘, 아치, 케이블	1. 트러스(Truss) 2. 라멘(Rahmen) 3. 아치(Arch) 4. 케이블(Cable)
			9. 구조물의 탄성변형	1. 탄성변형
			10. 부정정 구조물	1. 부정정구조물의 개요 2. 부정정구조물의 판별 3. 부정정구조물의 해법
측량학	20	1. 측량학일반	1. 측량기준 및 오차	1. 측지학개요 2. 좌표계와 측량원점 3. 측량의 오차와 정밀도
			2. 국가기준점	1. 국가기준점 개요 2. 국가기준점 현황
		2. 평면기준점측량	1. 위성측위시스템 (GNSS)	1. 위성측위시스템(GNSS) 개요 2. 위성측위시스템(GNSS) 활용
			2. 삼각측량	1. 삼각측량의 개요 2. 삼각측량의 방법 3. 수평각 측정 및 조정 4. 변장계산 및 좌표계산 5. 삼각수준측량 6. 삼변측량
			3. 다각측량	1. 다각측량 개요 2. 다각측량 외업 3. 다각측량 내업 4. 측점전개 및 도면작성
		3. 수준점측량	1. 수준측량	1. 정의, 분류, 용어 2. 야장기입법 3. 종·횡단측량 4. 수준망 조정 5. 교호수준측량
		4. 응용측량	1. 지형측량	1. 지형도 표시법 2. 등고선의 일반개요 3. 등고선의 측정 및 작성 4. 공간정보의 활용
			2. 면적 및 체적 측량	1. 면적계산 2. 체적계산
			3. 노선측량	1. 중심선 및 종횡단 측량 2. 단곡선 설치와 계산 및 이용방법 3. 완화곡선의 종류별 설치와 계산 및 이용방법 4. 종곡선 설치와 계산 및 이용방법
			4. 하천측량	1. 하천측량의 개요 2. 하천의 종횡단측량

필기과목명	출제문제수	주요항목	세부항목	세세항목
수리학 및 수문학	20	1. 수리학	1. 물의 성질	1. 점성계수 2. 압축성 3. 표면장력 4. 증기압
			2. 정수역학	1. 압력의 정의 2. 정수압 분포 3. 정수력 4. 부력
			3. 동수역학	1. 오일러방정식과 베르누이식 2. 흐름의 구분 3. 연속방정식 4. 운동량방정식 5. 에너지 방정식
			4. 관수로	1. 마찰손실 2. 기타손실 3. 관망 해석
			5. 개수로	1. 전수두 및 에너지 방정식 2. 효율적 흐름 단면 3. 비에너지 4. 도수 5. 점변 부등류 6. 오리피스 7. 위어
			6. 지하수	1. Darcy의 법칙 2. 지하수 흐름 방정식
			7. 해안 수리	1. 파랑 2. 항만구조물
		2. 수문학	1. 수문학의 기초	1. 수문 순환 및 기상학 2. 유역 3. 강수 4. 증발산 5. 침투
			2. 주요 이론	1. 지표수 및 지하수 유출 2. 단위 유량도 3. 홍수추적 4. 수문통계 및 빈도 5. 도시 수문학
			3. 응용 및 설계	1. 수문모형 2. 수문조사 및 설계
철근콘크리트 및 강구조	20	1. 철근콘크리트 및 강구조	1. 철근콘크리트	1. 설계일반 2. 설계하중 및 하중조합 3. 휨과 압축 4. 전단과 비틀림 5. 철근의 정착과 이음 6. 슬래브, 벽체, 기초, 옹벽, 라멘, 아치 등의 구조물 설계
			2. 프리스트레스트 콘크리트	1. 기본개념 및 재료 2. 도입과 손실 3. 휨부재 설계 4. 전단 설계 5. 슬래브 설계
			3. 강구조	1. 기본개념 2. 인장 및 압축부재 3. 휨부재 4. 접합 및 연결
토질 및 기초	20	1. 토질역학	1. 흙의 물리적 성질과 분류	1. 흙의 기본성질 2. 흙의 구성 3. 흙의 입도분포 4. 흙의 소성특성 5. 흙의 분류
			2. 흙속에서의 물의 흐름	1. 투수계수 2. 물의 2차원 흐름 3. 침투와 파이핑
			3. 지반내의 응력분포	1. 지중응력 2. 유효응력과 간극수압 3. 모관현상 4. 외력에 의한 지중응력 5. 흙의 동상 및 융해
			4. 압밀	1. 압밀이론 2. 압밀시험 3. 압밀도 4. 압밀시간 5. 압밀침하량 산정
			5. 흙의 전단강도	1. 흙의 파괴이론과 전단강도 2. 흙의 전단특성 3. 전단시험 4. 간극수압계수 5. 응력경로
			6. 토압	1. 토압의 종류 2. 토압 이론 3. 구조물에 작용하는 토압 4. 옹벽 및 보강토옹벽의 안정

출제기준

필기과목명	출제문제수	주요항목	세부항목	세세항목
			7. 흙의 다짐	1. 흙의 다짐특성 2. 흙의 다짐시험 3. 현장다짐 및 품질관리
			8. 사면의 안정	1. 사면의 파괴거동 2. 사면의 안정해석 3. 사면안정 대책공법
			9. 지반조사 및 시험	1. 시추 및 시료 채취 2. 원위치 시험 및 물리탐사 3. 토질시험
		2. 기초공학	1. 기초일반	1. 기초일반 2. 기초의 형식
			2. 얕은기초	1. 지지력 2. 침하
			3. 깊은기초	1. 말뚝기초 지지력 2. 말뚝기초 침하 3. 케이슨기초
			4. 연약지반개량	1. 사질토 지반개량공법 2. 점성토 지반개량공법 3. 기타 지반개량공법
상하수도 공학	20	1. 상수도계획	1. 상수도 시설 계획	1. 상수도의 구성 및 계통 2. 계획급수량의 산정 3. 수원 4. 수질기준
			2. 상수관로 시설	1. 도수, 송수계획 2. 배수, 급수계획 3. 펌프장 계획
			3. 정수장 시설	1. 정수방법 2. 정수시설 3. 배출수 처리시설
		2. 하수도계획	1. 하수도 시설계획	1. 하수도의 구성 및 계통 2. 하수의 배제방식 3. 계획하수량의 산정 4. 하수의 수질
			2. 하수관로 시설	1. 하수관로 계획 2. 펌프장 계획 3. 우수조정지 계획
			3. 하수처리장 시설	1. 하수처리 방법 2. 하수처리 시설 3. 오니(Sludge)처리 시설

2. 실기

직무분야	건설	중직무분야	토목	자격종목	토목기사	적용기간	2022. 1. 1. ~ 2025. 12. 31

- **직무내용** : 도로, 공항, 철도, 하천, 교량, 댐, 터널, 상하수도, 사면, 항만 및 해양시설물 등 다양한 건설사업을 계획, 설계, 시공, 관리 등을 수행하는 직무이다.
- **수행준거** : 1. 토목시설물에 대한 타당성 조사, 기본설계, 실시설계 등의 각 설계단계에 따른 설계를 할 수 있다.
  2. 설계도면 이해에 대한 지식을 가지고 시공 및 건설사업관리 직무를 수행할 수 있다.

실기검정방법	필답형	시험시간	3시간

실기과목명	주요항목	세부항목	세세항목
토목설계 및 시공실무	1. 토목설계 및 시공에 관한 사항	1. 토공 및 건설기계 이해하기	1. 토공계획에 대해 알고 있어야 한다. 2. 토공시공에 대해 알고 있어야 한다. 3. 건설기계 및 장비에 대해 알고 있어야 한다.
		2. 기초 및 연약지반 개량 이해하기	1. 지반조사 및 시험방법을 알고 있어야 한다. 2. 연약지반 개요에 대해 알고 있어야 한다. 3. 연약지반 개량공법에 대해 알고 있어야 한다.

실기과목명	주요항목	세부항목	세세항목
			4. 연약지반 측방유동에 대해 알고 있어야 한다. 5. 연약지반 계측에 대해 알고 있어야 한다. 6. 얕은기초에 대해 알고 있어야 한다. 7. 깊은기초에 대해 알고 있어야 한다.
		3. 콘크리트 이해하기	1. 특성에 대해 알고 있어야 한다. 2. 재료에 대해 알고 있어야 한다. 3. 배합 설계 및 시공에 대해 알고 있어야 한다. 4. 특수 콘크리트에 대해 알고 있어야 한다. 5. 콘크리트 구조물의 보수, 보강 공법에 대해 알고 있어야 한다.
		4. 교량 이해하기	1. 구성 및 분류를 알고 있어야 한다. 2. 가설공법에 대해 알고 있어야 한다. 3. 내하력 평가방법 및 보수, 보강 공법에 대해 알고 있어야 한다.
		5. 터널 이해하기	1. 조사 및 암반 분류에 대해 알고 있어야 한다. 2. 터널공법에 대해 알고 있어야 한다. 3. 발파개념에 대해 알고 있어야 한다. 4. 지보 및 보강 공법에 대해 알고 있어야 한다. 5. 콘크리트 라이닝 및 배수에 대해 알고 있어야 한다. 6. 터널계측 및 부대시설에 대해 알고 있어야 한다.
		6. 배수구조물 이해하기	1. 배수구조물의 종류 및 특성에 대해 알고 있어야 한다. 2. 시공방법에 대해 알고 있어야 한다.
		7. 도로 및 포장 이해하기	1. 도로의 계획 및 개념에 대해 알고 있어야 한다. 2. 포장의 종류 및 특성에 대해 알고 있어야 한다. 3. 아스팔트 포장에 대해 알고 있어야 한다. 4. 콘크리트 포장에 대해 알고 있어야 한다. 5. 포장 유지 보수에 대해 알고 있어야 한다.
		8. 옹벽, 사면, 흙막이 이해하기	1. 옹벽의 개념에 대해 알고 있어야 한다. 2. 옹벽설계 및 시공에 대해 알고 있어야 한다. 3. 보강토 옹벽에 대해 알고 있어야 한다. 4. 흙막이 공법의 종류 및 특성에 대해 알고 있어야 한다. 5. 흙막이 공법의 설계에 대해 알고 있어야 한다. 6. 사면 안정에 대해 알고 있어야 한다.
		9. 하천, 댐 및 항만 이해하기	1. 하천공사의 종류 및 특성에 대해 알고 있어야 한다. 2. 댐공사의 종류 및 특성에 대해 알고 있어야 한다. 3. 항만공사의 종류 및 특성에 대해 알고 있어야 한다. 4. 준설 및 매립에 대해 알고 있어야 한다.
	2. 토목시공에 따른 공사·공정 및 품질관리	1. 공사 및 공정관리하기	1. 공사 관리에 대해 알고 있어야 한다. 2. 공정관리 개요에 대해 알고 있어야 한다. 3. 공정계획을 할 수 있어야 한다. 4. 최적공기를 산출할 수 있어야 한다.
		2. 품질관리하기	1. 품질관리의 개념에 대해 알고 있어야 한다. 2. 품질관리 절차 및 방법에 대해 알고 있어야 한다.
	3. 도면 검토 및 물량산출	1. 도면기본 검토하기	1. 도면에서 지시하는 내용을 파악할 수 있다. 2. 도면에 오류, 누락 등을 확인할 수 있다.
		2. 옹벽, 슬래브, 암거, 기초, 교각, 교대 및 도로 부대시설물 물량산출 하기	1. 토공량을 산출할 수 있어야 한다. 2. 거푸집량을 산출할 수 있어야 한다. 3. 콘크리트량을 산출할 수 있어야 한다. 4. 철근량을 산출할 수 있어야 한다.

차례 Contents

Chapter 01 토목설계(물량산출) — 17

- 1-1 옹벽구조물 – 역T형 옹벽 ········· 18
- 1-2 옹벽구조물 – L형 선반식 옹벽 ········· 24
- 1-3 옹벽구조물 – 앞부벽식 옹벽 ········· 29
- 1-4 옹벽구조물 – 뒷부벽식 옹벽 ········· 34
- 1-5 1연암거 ········· 41
- 1-6 1연암거(저판상면 곡선) ········· 46
- 1-7 2연암거 ········· 50
- 1-8 슬래브(도로교 상부) ········· 56
- 1-9 반중력식 교대(도로교 하부) ········· 60
- 1-10 역T형 교대(도로교 하부) ········· 65
- 1-11 T형 교각(도로교 하부) ········· 70
- 1-12 원형 우물통 기초(도로교 하부) ········· 75

Chapter 02 공정관리 — 81

- 2-1 공정관리 일반 ········· 82
- 2-2 NET WORK 공정표 ········· 84
- 2-3 품질 관리 ········· 108

Chapter 03 토 공 — 117

- 3-1 토공 일반 ········· 118
- 3-2 절 토 공 ········· 119
- 3-3 토공량 계산 ········· 128
- 3-4 토량의 변화(체적) ········· 129
- 3-5 토적곡선(토량곡선, 유토곡선, Mass Curve) ········· 130
- ★확인학습문제 ········· 134

Chapter 04 건설기계 — 147

- 4-1 건설기계 일반 ········· 148
- 4-2 건설기계의 작업능력 산정 ········· 153
- ★확인학습문제 ········· 178

Chapter 05　연약지반개량공법　187

- 5-1　연약지반 개량공법 ·· 188
- 5-2　연약지반의 문제점 ·· 189
- 5-3　연약지반 계측 관리 ·· 190
- 5-4　점성토 지반 개량공법 ·· 190
- 5-5　사질토 지반 개량공법 ·· 198
- 5-6　일시적 지반 개량공법 ·· 201
- 5-7　지하수위 저하공법 ·· 202
- 5-8　기타 공법 ·· 203
- 5-9　토목섬유(Geosynthetics) ··· 205
- 5-10　연약 지반 ·· 206

Chapter 06　토질역학　211

- 6-1　흙의 분류 ·· 212
- 6-2　흙의 성질 ·· 212
- 6-3　토질에 따른 전단 특성 ··· 216
- 6-4　지반조사 ·· 217
- 6-5　원위치시험 ·· 219
- 6-6　현장재하시험 ·· 220
- 6-7　표준관입시험(SPT) ·· 221
- 6-8　시료 판정 ·· 222
- 6-9　투수계수 측정 ·· 226
- 6-10　입도분포곡선(입경가적곡선) ··································· 227
- 6-11　흙의 분류 ·· 228
- 6-12　Piezo Cone ·· 231
- 6-13　물리적 탐사법 ·· 231
- 6-14　응력경로 ·· 232
- 6-15　외력에 의한 지중응력 ··· 232
- 6-16　암반의 초기응력 ·· 234
- 6-17　사면의 안정해석 ·· 235
- 6-18　토 압 론 ·· 239
- 6-19　부력과 양압력 ·· 243

Contents

Chapter 07　기초공학　　　　　　　　　　　　　　　　　　　　　　245

7-1　토류벽(흙막이벽) 공법 ──────────── 246
7-2　널말뚝 일반 ──────────── 250
7-3　지하연속벽 공법 ──────────── 251
7-4　Top Down Method(역타공법) ──────────── 253
7-5　JSP(Jump Special Place) 공법 ──────────── 253
7-6　흙막이공 계측관리 ──────────── 254
7-7　Earth anchor 공법 ──────────── 257
7-8　흙막이공 ──────────── 259
7-9　기　초 ──────────── 262
7-10　얕은기초의 지지력 ──────────── 265
7-11　기초의 침하 ──────────── 270
7-12　복합 확대기초 ──────────── 273
7-13　전면기초 ──────────── 274
7-14　보상기초 ──────────── 274
★확인학습문제 ──────────── 275
7-15　깊은 기초 ──────────── 292
7-16　말뚝의 압축재하시험 ──────────── 299
7-17　말뚝의 지지력 ──────────── 300
★확인학습문제 ──────────── 305
7-18　주면마찰력과 부주면마찰력 ──────────── 313
★확인학습문제 ──────────── 316
7-19　군말뚝(무리말뚝) ──────────── 320
★확인학습문제 ──────────── 322
7-20　기성 말뚝 기초의 시공 ──────────── 325
7-21　피어 기초 ──────────── 328
★확인학습문제 ──────────── 334
7-22　케이슨 기초 ──────────── 337
★확인학습문제 ──────────── 342

Chapter 08 암석발파공 — 347

- 8-1 암반분류(암반분류시험) — 348
- 8-2 Lugeon Test — 351
- 8-3 착암기 종류 — 352
- 8-4 발파일반 — 352
- 8-5 발파기본식(Hauser 공식) — 354
- 8-6 암석발파의 종류 — 354
- 8-7 ABS 공법(수압 발파 공법) — 358
- 8-8 누두지수 — 358
- 8-9 임계심도 — 359
- 8-10 2차폭파(조각발파) — 359
- 8-11 폭약을 사용하지 않는 암파쇄 — 360
- 8-12 수중발파 — 360
- 8-13 발파에 의한 진동 — 361
- 8-14 천공속도 — 362
- 8-15 시험발파 — 363
- 8-16 기타공식 — 363
- 8-17 암반굴착현장에서 직접 탄성계수를 결정하는 방법 — 364
- 8-18 비 산 — 364

Chapter 09 콘크리트공 — 367

- 9-1 콘크리트 재료 — 368
- 9-2 콘크리트의 성질 — 371
- 9-3 콘크리트 배합설계 — 374
- 9-4 계량, 비비기, 운반, 타설, 다지기, 양생 — 384
- 9-5 콘크리트 이음 — 391
- 9-6 거푸집 및 동바리 — 393
- 9-7 특수 콘크리트 — 395
- 9-8 보수공법 및 보강공법 — 410

Contents

Chapter 10 터널공 — 413

- 10-1 터널의 개요 ··· 414
- 10-2 터널 굴착공법 ··· 418
- 10-3 암반 보강 공법 ··· 426
- 10-4 기타 사항 ··· 428
- 10-5 관련용어 ··· 429

Chapter 11 암거배수공 — 431

- 11-1 암거의 배열방식 ··· 432
- 11-2 암거배수공 ··· 432
- 11-3 암거내의 유속 ··· 433
- 11-4 암거 매설깊이와 매설간격과의 관계 ··· 433
- 11-5 암거 시공 공법 ··· 434

Chapter 12 교량공 — 435

- 12-1 교량의 구성 ··· 436
- 12-2 교량의 하중과 측방유동 ··· 440
- 12-3 교량의 종류 ··· 442
- 12-4 교량가설공법 ··· 446
- 12-5 기타 교량 가설 공법 ··· 453
- 12-6 내진 설계 ··· 454
- 12-7 콘크리트 타설 순서 ··· 456
- 12-8 교량 신축이음장치 ··· 457
- 12-9 강교의 용접이음 검사 ··· 459

Chapter 13 옹벽공 — 461

- 13-1 옹벽 설계시 고려할 하중 ··· 462
- 13-2 옹벽의 종류 ··· 462
- 13-3 철근콘크리트옹벽 종류 ··· 463

13-4 옹벽 시공의 문제점(옹벽 시공시 유의사항) ·············· 463
13-5 구조물 이음(줄눈) 종류 ···································· 464
13-6 유수압 ··· 464
13-7 기타 옹벽 ·· 465
13-8 옹벽의 안정 ··· 466
13-9 지진을 고려한 옹벽의 설계 ······························· 468

Chapter 14 댐   471

14-1 댐의 형식 ·· 472
14-2 특수 콘크리트 댐 ··· 474
14-3 전 류 공 ··· 475
14-4 가체절공(가물막이공) ······································ 475
14-5 댐의 기초처리 ··· 480
14-6 댐의 부속설비 ··· 481
14-7 댐의 위치 선정 ·· 483
14-8 댐성토 시험 ··· 484
14-9 유 선 망 ··· 484
14-10 댐의 piping에 대한 안정성 검토 ························ 486

Chapter 15 항 만   489

15-1 항만의 종류 ··· 490
15-2 항만 및 어항시설 내진설계 ······························· 491
15-3 방 파 제 ··· 493
15-4 하   천 ··· 494

Chapter 16 포 장 공   497

16-1 아스팔트콘크리트 포장 ···································· 498
16-2 시멘트콘크리트 포장 ······································· 514
16-3 용어 설명 ·· 520
16-4 배수성 포장 ··· 525

Contents

부록

최근 기출문제 — 527

2014년도 제1회 (2014-04-20)	528
2014년도 제2회 (2014-07-06)	546
2014년도 제4회 (2014-11-01)	563
2015년도 제1회 (2015-04-19)	584
2015년도 제2회 (2015-07-12)	603
2015년도 제4회 (2015-11-07)	625
2016년도 제1회 (2016-04-17)	646
2016년도 제2회 (2016-06-26)	666
2016년도 제4회 (2016-11-12)	686
2017년도 제1회 (2017-04-16)	707
2017년도 제2회 (2017-06-25)	726
2017년도 제4회 (2017-11-11)	744
2018년도 제1회 (2018-04-15)	762
2018년도 제2회 (2018-06-30)	781
2018년도 제3회 (2018-10-07)	802
2019년도 제1회 (2019-04-14)	821
2019년도 제2회 (2019-06-29)	840
2019년도 제3회 (2019-10-13)	858
2020년도 제1회 (2020-05-24)	876
2020년도 제2회 (2020-07-25)	895
2020년도 제3회 (2020-10-17)	914
2020년도 제4회 (2020-11-15)	933
2021년도 제1회 (2021-04-25)	951
2021년도 제2회 (2021-07-10)	969
2021년도 제3회 (2021-10-16)	990

Chapter 01
토목설계(물량산출)

1-1 옹벽구조물 - 역T형 옹벽

★★★★★★★★★★★

01 주어진 도면 및 조건에 따라 다음 물량을 산출하시오.

단 면 도

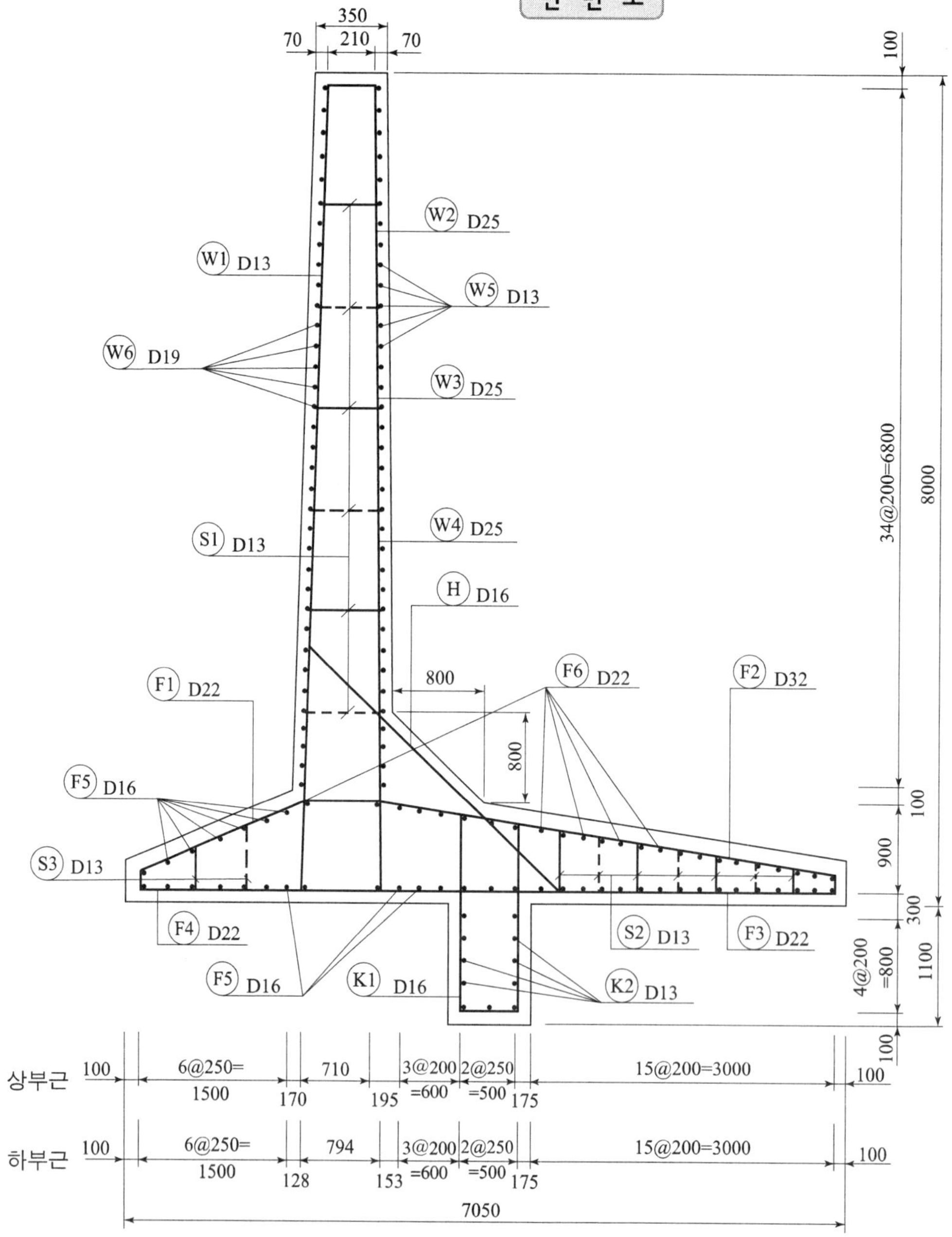

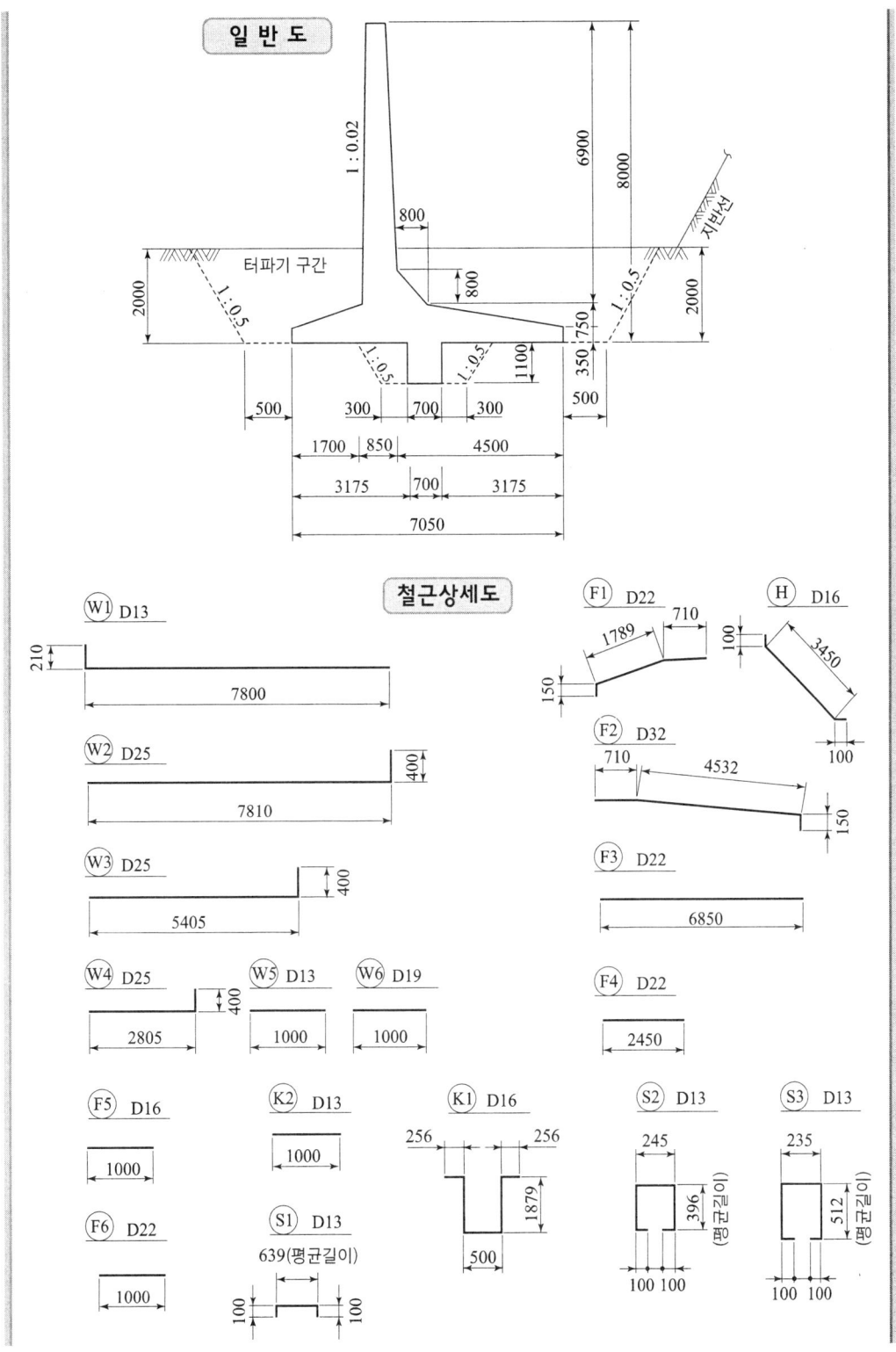

[조건] ① W_1 철근은 200mm, W_2, W_3, W_4 철근은 각각 300mm 간격으로 배근한다.
② F_1, F_3, F_4 철근은 각각 200mm 간격으로 배근한다.
③ F_2, H, K_1 철근은 각각 100mm 간격으로 배근한다.
④ S_1, S_2, S_3 철근은 각각 200mm 간격으로 지그재그로 배근한다.
⑤ 물량 산출에서의 할증률 및 마구리면은 무시한다.
⑥ 철근 길이 계산에서 상세도에 표시되어 있지 않은 이음길이는 계산하지 않는다.

가. 길이 1m에 대한 콘크리트량을 구하시오. (단, 소수 넷째자리에서 반올림하시오.) [99(1), 02(3), 05(1), 06(2), 07(2), 09(4), 12(1), 14(2), 16(4)]

나. 길이 1m에 대한 거푸집량을 구하시오. [99(1), 02(3), 05(1), 06(2), 07(2), 09(4), 12(1), 14(2), 16(4)]

다. 길이 1m에 대한 철근 물량표를 완성하시오. (단, mm 단위 이하는 반올림하여 mm까지 구한다.) [99(1), 02(3), 05(1), 06(2), 07(2), 09(4), 13(1)]

❀❀ 해설

1. 길이 1m에 대한 콘크리트량

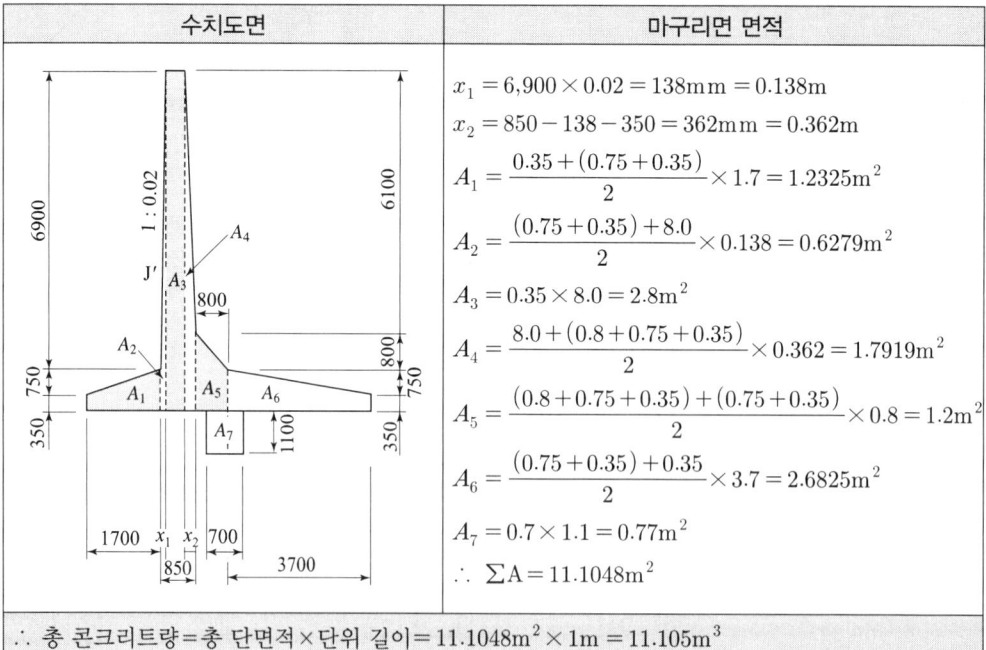

수치도면	마구리면 면적

$x_1 = 6,900 \times 0.02 = 138\text{mm} = 0.138\text{m}$

$x_2 = 850 - 138 - 350 = 362\text{mm} = 0.362\text{m}$

$A_1 = \dfrac{0.35 + (0.75 + 0.35)}{2} \times 1.7 = 1.2325\text{m}^2$

$A_2 = \dfrac{(0.75 + 0.35) + 8.0}{2} \times 0.138 = 0.6279\text{m}^2$

$A_3 = 0.35 \times 8.0 = 2.8\text{m}^2$

$A_4 = \dfrac{8.0 + (0.8 + 0.75 + 0.35)}{2} \times 0.362 = 1.7919\text{m}^2$

$A_5 = \dfrac{(0.8 + 0.75 + 0.35) + (0.75 + 0.35)}{2} \times 0.8 = 1.2\text{m}^2$

$A_6 = \dfrac{(0.75 + 0.35) + 0.35}{2} \times 3.7 = 2.6825\text{m}^2$

$A_7 = 0.7 \times 1.1 = 0.77\text{m}^2$

$\therefore \Sigma A = 11.1048\text{m}^2$

∴ 총 콘크리트량 = 총 단면적 × 단위 길이 = $11.1048\text{m}^2 \times 1\text{m} = 11.105\text{m}^3$

2. 길이 1m에 대한 거푸집량

수치도면	거푸집면 길이
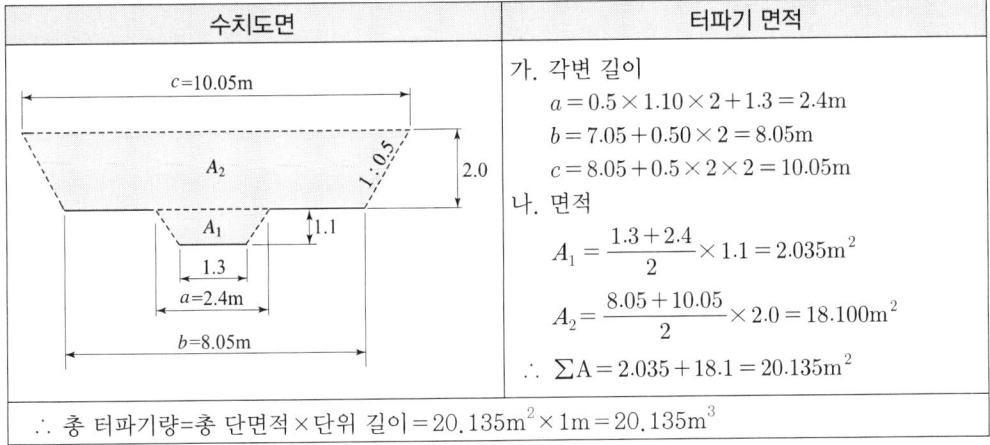	$A = 1.10\text{m}$ $B = 1.10\text{m}$ $C = 0.35\text{m}$ $D = 0.35\text{m}$ $E = \sqrt{6.9^2 + 0.138^2} = 6.901\text{m}$ $F = \sqrt{0.8^2 + 0.8^2} = 1.131\text{m}$ $G = \sqrt{6.1^2 + 0.362^2} = 6.111\text{m}$ ∴ 총 거푸집 길이 $= 17.043\text{m}$

∴ 총 거푸집량 = 총 거푸집 길이 × 단위 길이 $= 17.043\text{m} \times 1\text{m} = 17.043\text{m}^2$

3. 길이 1m에 대한 터파기량

수치도면	터파기 면적
	가. 각변 길이 $a = 0.5 \times 1.10 \times 2 + 1.3 = 2.4\text{m}$ $b = 7.05 + 0.50 \times 2 = 8.05\text{m}$ $c = 8.05 + 0.5 \times 2 \times 2 = 10.05\text{m}$ 나. 면적 $A_1 = \dfrac{1.3 + 2.4}{2} \times 1.1 = 2.035\text{m}^2$ $A_2 = \dfrac{8.05 + 10.05}{2} \times 2.0 = 18.100\text{m}^2$ ∴ $\sum A = 2.035 + 18.1 = 20.135\text{m}^2$

∴ 총 터파기량 = 총 단면적 × 단위 길이 $= 20.135\text{m}^2 \times 1\text{m} = 20.135\text{m}^3$

4. 길이 1m에 대한 철근 물량표

기호	직경	길이	수량	총길이	기호	직경	길이	수량	총길이
W_1	D13	8,010	5	40,050	F_4	D22	2,450	5	12,250
W_2	D25	8,210	3.33	27,339	F_5	D16	1,000	38	38,000
W_3	D25	5,805	3.33	19,331	F_6	D22	1,000	24	24,000
W_4	D25	3,205	3.33	10,673	H	D16	3,650	10	36,500
W_5	D13	1,000	35	35,000	K_1	D16	4,770	10	47,700
W_6	D19	1,000	35	35,000	K_2	D13	1,000	11	11,000
F_1	D22	2,649	5	13,245	S_1	D13	839	15	12,585
F_2	D32	5,392	10	53,920	S_2	D13	1,237	17.5	21,648
F_3	D22	6,850	5	34,250	S_3	D13	1,459	5	7,295

가. W_1 철근 수량 계산

기호	직경	길이(mm)	수량	총길이(mm)	수량 산출
W_1	D13	210+7,800=8,010	5	40,050	$\dfrac{\text{단위 길이}}{\text{간격}} = \dfrac{1,000\text{mm}}{200\text{mm}} = 5$본

나. W_2, W_3, W_4 철근 수량 계산

기호	직경	길이(mm)	수량	총길이(mm)	수량 산출
W_2	D25	7,810+400=8,210	3.33	27,339	
W_3	D25	5,405+400=5,805	3.33	19,331	$\dfrac{\text{단위 길이}}{\text{간격}} = \dfrac{1,000\text{mm}}{300\text{mm}} = 3.33$본
W_4	D25	2,805+400=3,205	3.33	10,673	

다. F_1, F_3, F_4 철근 수량 계산

기호	직경	길이(mm)	수량	총길이(mm)	수량 산출
F_1	D22	150+1,789+710=2,649	5	13,245	
F_3	D22	6,850	5	34,250	$\dfrac{\text{단위 길이}}{\text{간격}} = \dfrac{1,000\text{mm}}{200\text{mm}} = 5$본
F_4	D22	2,450	5	12,250	

라. F_2, H, K_1 철근 수량 계산

기호	직경	길이(mm)	수량	총길이(mm)	수량 산출
F_2	D32	710+4,532+150=5,392	10	53,920	
H	D16	100×2+3,450=3,650	10	36,500	$\dfrac{\text{단위 길이}}{\text{간격}} = \dfrac{1,000\text{mm}}{100\text{mm}} = 10$본
K_1	D16	(256+1,879)×2+500 =4,770	10	47,700	

마. S_1, S_2, S_3 철근 수량 계산

기호	직경	길이(mm)	수량	총길이(mm)	수량 산출
S_1	D13	100×2+639=839	15	12,585	$\dfrac{\text{단위 길이}}{W_1\text{의 간격}\times 2}\times \text{단면도에 배치된 } S_1 \text{ 줄수}$ $= \dfrac{1,000}{200\times 2}\times 6 = 15$본
S_2	D13	(100+396)×2+245 =1,237	17.5	21,648	$\dfrac{\text{단위 길이}}{F_6\text{의 간격}\times 2}\times \text{단면도에 배치된 } S_2 \text{ 줄수}$ $= \dfrac{1,000}{200\times 2}\times 7 = 17.5$본
S_3	D13	(100+512)×2+235 =1,459	5	7,295	$\dfrac{\text{단위 길이}}{F_5\text{의 간격}\times 2}\times \text{단면도에 배치된 } S_3 \text{ 줄수}$ $= \dfrac{1,000}{200\times 2}\times 2 = 5$본

바. W_5, W_6, F_5, F_6, K_2 철근량 계산
　 단면도에서 세면된다.

기호	직경	길이(mm)	수량	총길이(mm)	수량 산출
W_5	D13	1,000	35	35,000	• 34@200=6,800 • W_5 철근의 간격수+1=34+1=35본
W_6	D19	1,000	35	35,000	• 34@200=6,800 • W_6 철근의 간격수+1=34+1=35본
F_5	D16	1,000	38	38,000	• 앞굽 및 뒷굽 하면 배력철근=38본
F_6	D22	1,000	24	24,000	• 뒷굽 상면 배력 철근=24본
K_2	D13	1,000	11	11,000	• 돌출부 배력 철근, 단면도에서 세면 =11본

1-2 옹벽구조물 - L형 선반식 옹벽

02 주어진 도면 및 조건에 따라 다음 물량을 산출하시오.

단 면 도

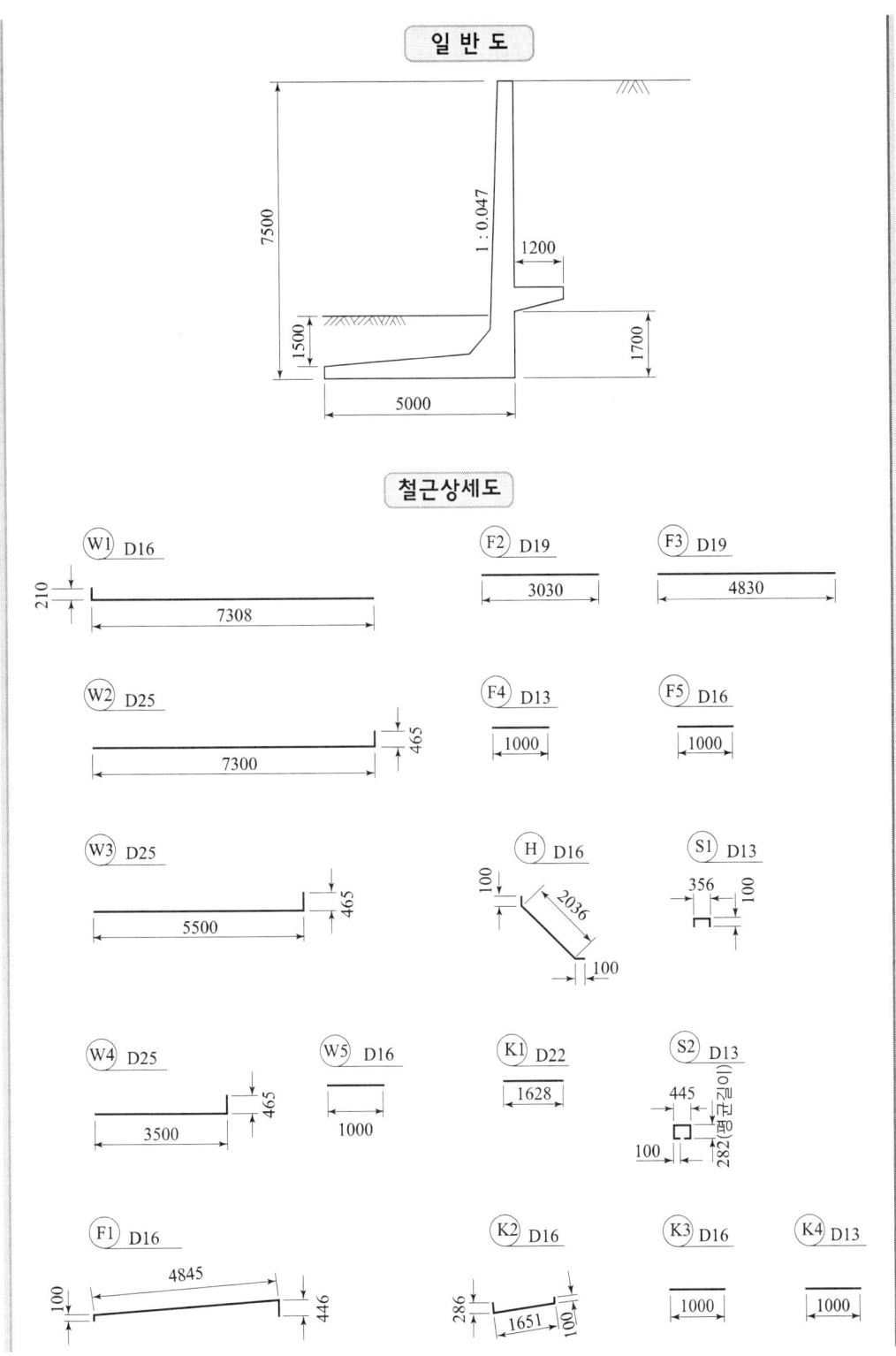

[조건] ① W_1, W_4, H, K_1, K_2, K_3, K_4, F_1, F_2, F_3 철근은 각각 200mm 간격으로 배근한다.
② W_2, W_3 철근은 각각 400mm 간격으로 배근한다.
③ S_1, S_2 철근은 건너서(지그재그) 배근한다.
④ 물량 산출에서의 할증률 및 양측 마구리면과 상면 노출부는 무시한다.
⑤ 철근 길이 계산에서 상세도에 표시되어 있지 않은 이음길이는 계산하지 않는다.
⑥ mm 단위 이하는 반올림하여 mm까지 구한다.

가. 길이 1m에 대한 콘크리트량을 구하시오.(단, 소수 넷째자리에서 반올림)
나. 길이 1m에 대한 거푸집량을 구하시오.(단, 소수 넷째자리에서 반올림)
다. 길이 1m에 대한 철근량을 계산하시오.

해설

1. 길이 1m에 대한 콘크리트량

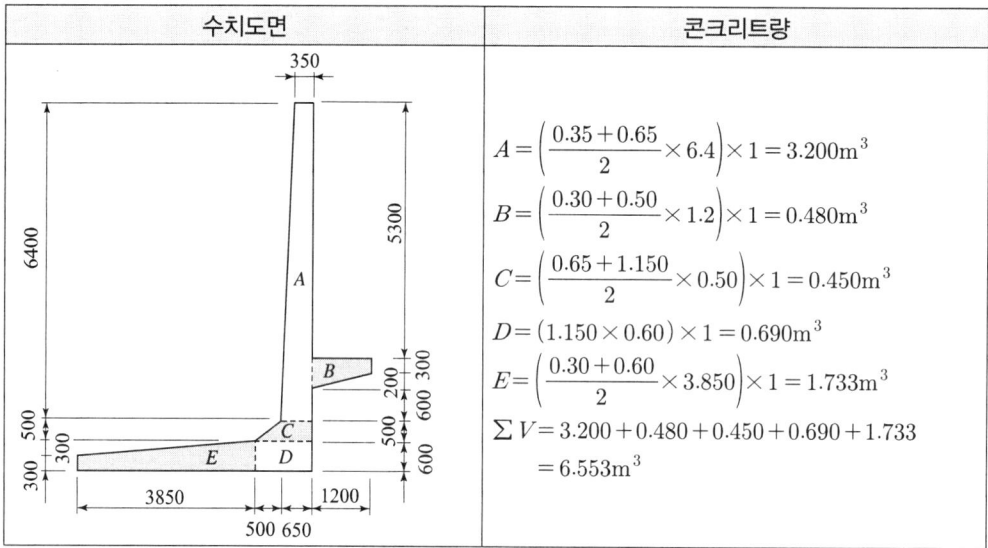

2. 길이 1m에 대한 거푸집량

분할도면	거푸집량
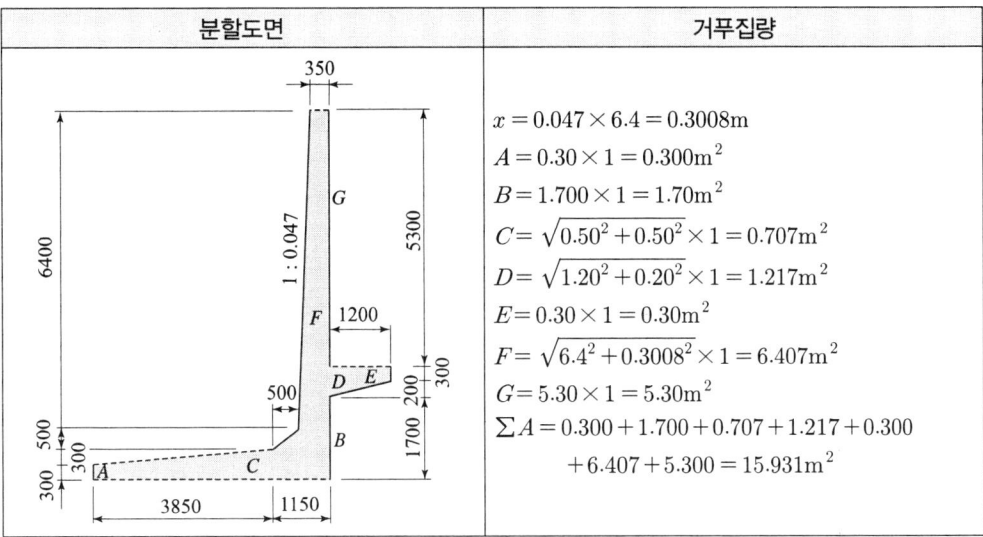	$x = 0.047 \times 6.4 = 0.3008\text{m}$ $A = 0.30 \times 1 = 0.300\text{m}^2$ $B = 1.700 \times 1 = 1.70\text{m}^2$ $C = \sqrt{0.50^2 + 0.50^2} \times 1 = 0.707\text{m}^2$ $D = \sqrt{1.20^2 + 0.20^2} \times 1 = 1.217\text{m}^2$ $E = 0.30 \times 1 = 0.30\text{m}^2$ $F = \sqrt{6.4^2 + 0.3008^2} \times 1 = 6.407\text{m}^2$ $G = 5.30 \times 1 = 5.30\text{m}^2$ $\Sigma A = 0.300 + 1.700 + 0.707 + 1.217 + 0.300$ $\qquad + 6.407 + 5.300 = 15.931\text{m}^2$

3. 길이 1m에 대한 철근 물량표

기호	직경	길이(mm)	수량	총길이(mm)	기호	직경	길이(mm)	수량	총길이(mm)
W_1	D16	7,518	5	37,590	F_4	D13	1,000	24	24,000
W_2	D25	7,765	2.5	19,413	F_5	D16	1,000	24	24,000
W_3	D25	5,965	2.5	14,913	K_1	D22	1,628	5	8,140
W_4	D25	3,965	5	19,825	K_2	D16	2,037	5	10,185
W_5	D16	1,000	68	68,000	K_3	D16	1,000	6	6,000
H	D16	2,236	5	11,180	K_4	D13	1,000	6	6,000
F_1	D16	5,391	5	26,955	S_1	D13	556	12.5	6,950
F_2	D19	3,030	5	15,150	S_2	D13	1,209	12.5	15,113
F_3	D19	4,830	5	24,150					

가. W_1, W_2, W_3, W_4, W_5 철근 수량 계산

기호	직경	길이(mm)	수량	총길이(mm)	산출 근거
W_1	D16	210+7,308=7,518	5	37,590	$\dfrac{\text{총길이}}{\text{철근 간격}} = \dfrac{1,000}{200} = 5\text{본}$
W_4	D25	3,500+465=3,965	5	19,825	
W_2	D25	7,300+465=7,765	2.5	19,413	$\dfrac{\text{총길이}}{\text{철근 간격}} = \dfrac{1,000}{400} = 2.5\text{본}$
W_3	D25	5,500+465=5,965	2.5	14,913	
W_5	D16	1,000	68	68,000	단면도 벽체 전후면에서 세면=68본

나. H, F_1, F_2, F_3, F_4, F_5 철근 수량 계산

기호	직경	길이(mm)	수량	총길이(mm)	산출 근거
H	D16	100×2+2,036=2,236	5	11,180	$\dfrac{\text{총길이}}{\text{철근 간격}}=\dfrac{1,000}{200}=5$본
F_1	D16	100+4,845+446=5,391	5	26,955	
F_2	D19	3,030	5	15,150	
F_3	D19	4,830	5	24,150	
F_4	D13	1,000	24	24,000	단면도 저판 상부에서 세면=24본
F_5	D16	1,000	24	24,000	단면도 저판 하부에서 세면=24본

다. K_1, K_2, K_3, K_4 철근량 계산

기호	직경	길이(mm)	수량	총길이(mm)	산출 근거
K_1	D22	1,628	5	8,140	$\dfrac{\text{총길이}}{\text{철근 간격}}=\dfrac{1,000}{200}=5$본
K_2	D16	286+1,651+100=2,037	5	10,185	
K_3	D16	1,000	6	6,000	단면도 선반 상면에서 세면 = 6본
K_4	D13	1,000	6	6,000	단면도 선반 하면에서 세면 = 6본

라. S_1, S_2 철근량 계산

기호	직경	길이(mm)	수량	총길이(mm)	산출 근거
S_1	D13	356+100×2=556	12.5	6,950	$\dfrac{\text{옹벽 길이}}{W_1 \text{의 간격} \times 2} \times \text{단면도에서 } S_1 \text{줄수}$ $= \dfrac{1,000}{200 \times 2} \times 5 = 12.5$본
S_2	D13	(100+282)×2+445= 1,209	12.5	15,113	$\dfrac{\text{옹벽 길이}}{F_1 \text{의 간격} \times 2} \times \text{단면도에서 } S_2 \text{줄수}$ $= \dfrac{1,000}{400 \times 2} \times 10 = 12.5$본

Chapter 01 토목설계(물량산출)

1-3 옹벽구조물 - 앞부벽식 옹벽

03 주어진 도면 및 조건에 따라 다음 물량을 산출하시오.

단면도(N.S) (단위 : mm)

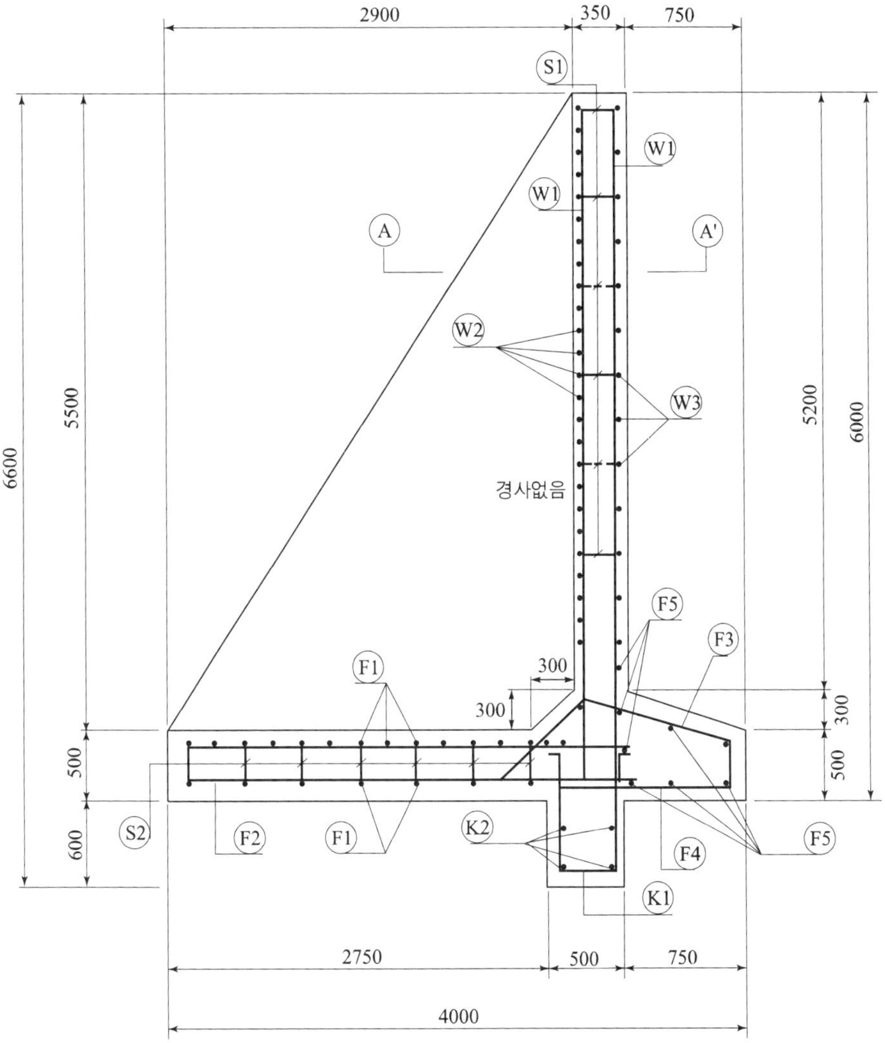

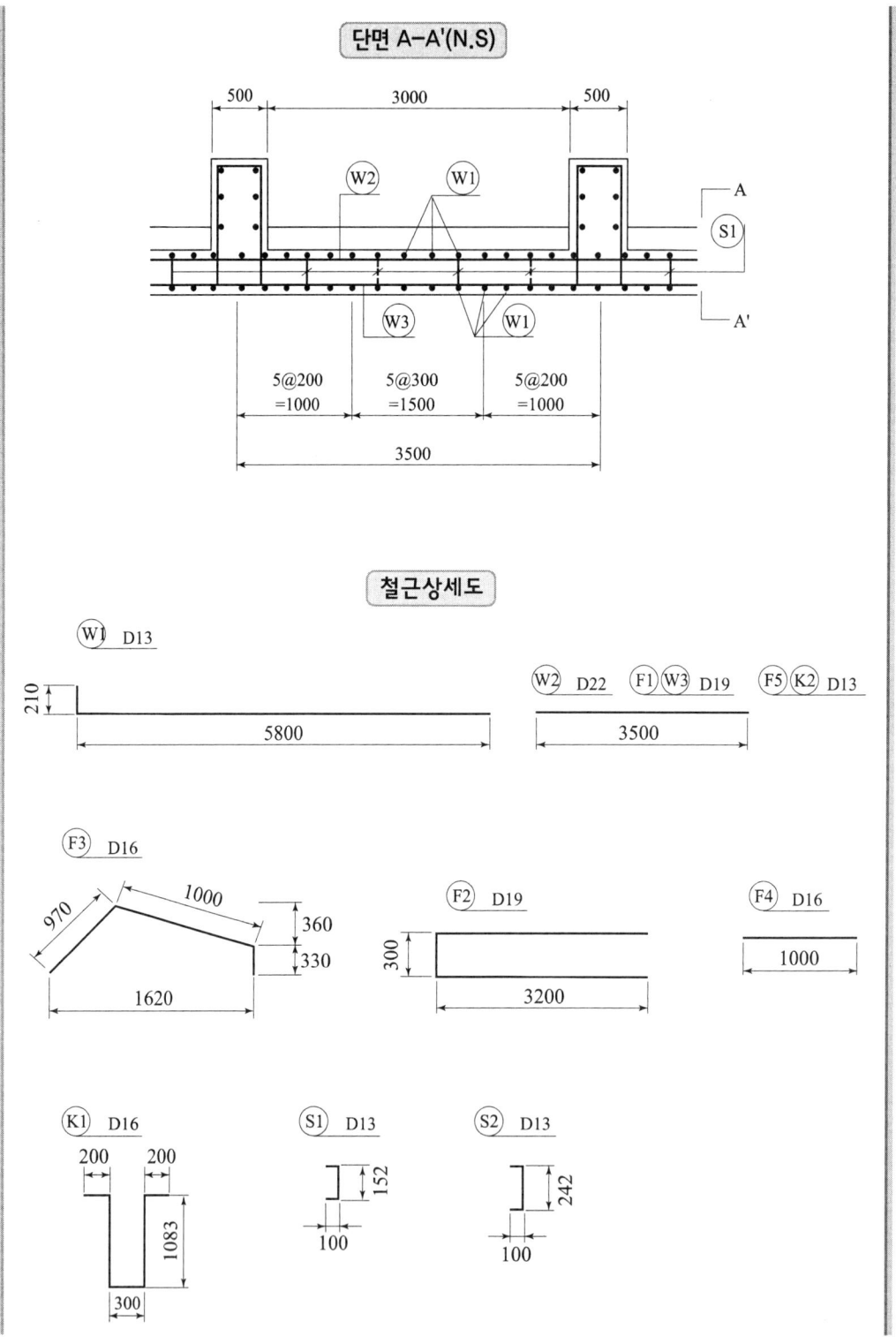

[조건] ① K_1, F_2, F_3, F_4 철근 간격은 W_1 철근과 같다.
② S_1, S_2 철근은 단면도와 같이 지그재그로 계산한다.
③ 물량 산출에서의 할증률 및 마구리는 없는 것으로 한다.
④ 철근 길이 계산에서 이음길이는 계산하지 않는다.
⑤ 거푸집량의 산정시 전단 key에 거푸집을 사용하는 경우로 한다.

가. 옹벽길이 3.5m에 대한 전체 콘크리트량을 구하시오.(단, 소수 넷째자리에서 반올림하시오.)

나. 옹벽길이 3.5m에 대한 전체 거푸집량을 구하시오.(단, 소수 넷째자리에서 반올림하시오.)

다. 옹벽길이 3.5m에 대한 철근량을 산출하기 위한 다음 철근 물량표를 완성하시오.(단, 수량은 소수 3째자리에서 반올림하시오.)

기호	직경	길이(mm)	수량	총길이(mm)	기호	직경	길이(mm)	수량	총길이(mm)
W_1					F_3				
W_2					F_5				
F_1					K_1				
F_2					S_1				

해설

1. 콘크리트량 계산

수치도면	콘크리트량
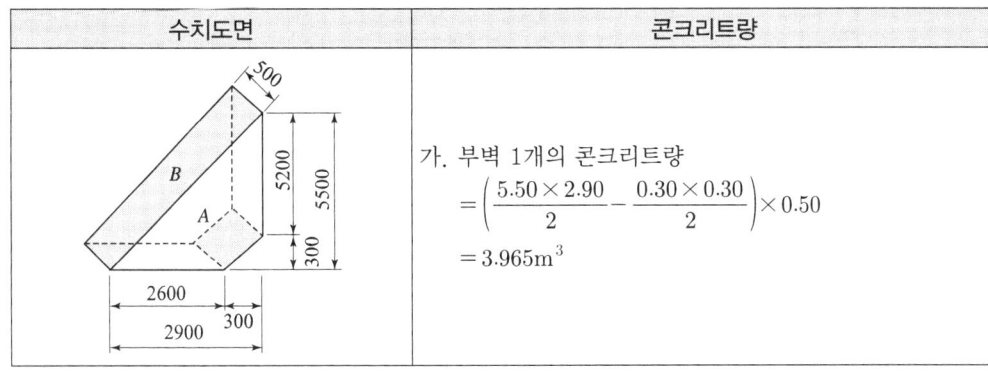	가. 부벽 1개의 콘크리트량 $= \left(\dfrac{5.50 \times 2.90}{2} - \dfrac{0.30 \times 0.30}{2} \right) \times 0.50$ $= 3.965 \text{m}^3$

수치도면	콘크리트량
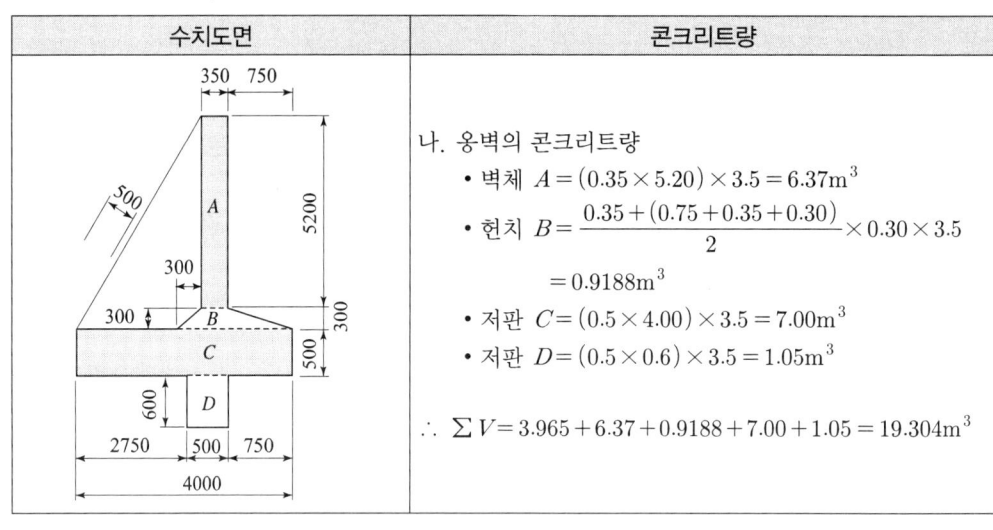	나. 옹벽의 콘크리트량 • 벽체 $A = (0.35 \times 5.20) \times 3.5 = 6.37\text{m}^3$ • 헌치 $B = \dfrac{0.35 + (0.75 + 0.35 + 0.30)}{2} \times 0.30 \times 3.5$ $= 0.9188\text{m}^3$ • 저판 $C = (0.5 \times 4.00) \times 3.5 = 7.00\text{m}^3$ • 저판 $D = (0.5 \times 0.6) \times 3.5 = 1.05\text{m}^3$ ∴ $\sum V = 3.965 + 6.37 + 0.9188 + 7.00 + 1.05 = 19.304\text{m}^3$

2. 거푸집량 계산

수치도면	거푸집량

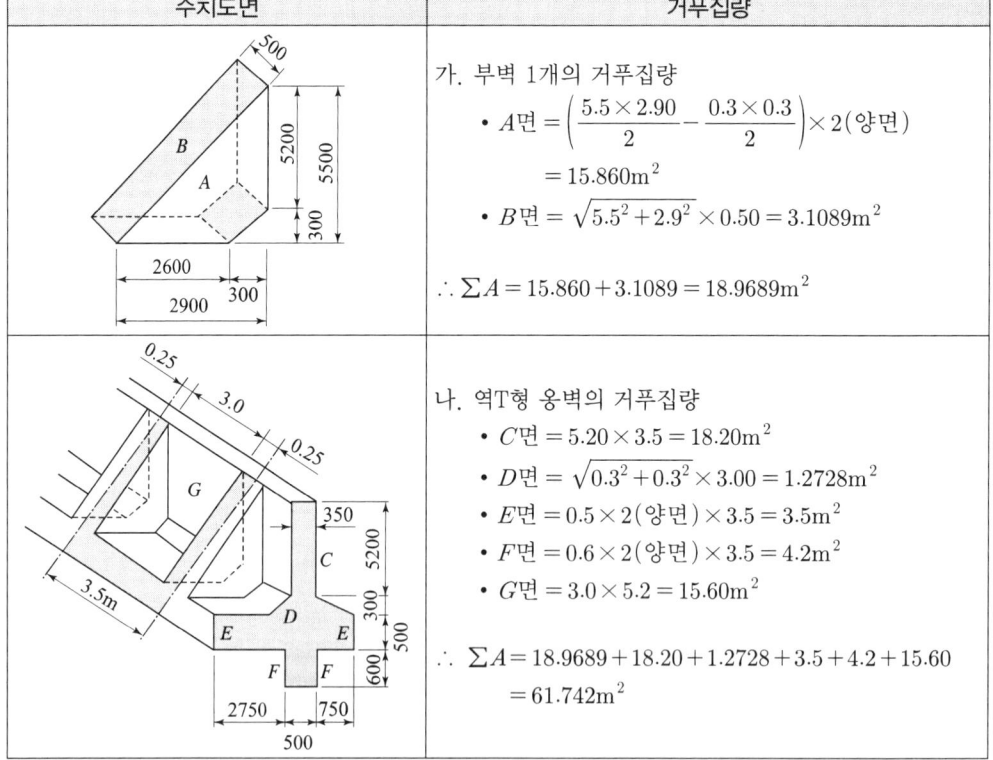	가. 부벽 1개의 거푸집량
	• A면 $= \left(\dfrac{5.5 \times 2.90}{2} - \dfrac{0.3 \times 0.3}{2}\right) \times 2(\text{양면})$
	    $= 15.860\text{m}^2$
	• B면 $= \sqrt{5.5^2 + 2.9^2} \times 0.50 = 3.1089\text{m}^2$
	∴ $\sum A = 15.860 + 3.1089 = 18.9689\text{m}^2$
	
	나. 역T형 옹벽의 거푸집량
	• C면 $= 5.20 \times 3.5 = 18.20\text{m}^2$
	• D면 $= \sqrt{0.3^2 + 0.3^2} \times 3.00 = 1.2728\text{m}^2$
	• E면 $= 0.5 \times 2(\text{양면}) \times 3.5 = 3.5\text{m}^2$
	• F면 $= 0.6 \times 2(\text{양면}) \times 3.5 = 4.2\text{m}^2$
	• G면 $= 3.0 \times 5.2 = 15.60\text{m}^2$
	∴ $\sum A = 18.9689 + 18.20 + 1.2728 + 3.5 + 4.2 + 15.60$
	    $= 61.742\text{m}^2$

3. 철근물량표

기호	직경	길이(mm)	수량	총길이(mm)	기호	직경	길이(mm)	수량	총길이(mm)
W_1	D13	6,010	30	180,300	F_3	D16	2,300	15	34,500
W_2	D22	3,500	25	87,500	F_5	D13	3,500	8	28,000
F_1	D19	3,500	23	80,500	K_1	D16	2,500	15	37,500
F_2	D19	6,700	15	100,500	S_1	D13	352	12	4,224

가. W_1, K_1, F_2, F_3, F_4 철근 수량 계산

기호	직경	길이(mm)	수량	총길이(mm)	수량 산출
W_1	D13	210+5,800=6,010	30	180,300	단면 A-A'에서 세면 = 30본
K_1	D16	(200+900)×2+300=2,500	15	37,500	철근 간격은 W_1 철근과 같으나, W_1철근은 A-A'에서 2열 배근 되므로 = 15본
F_2	D19	300+3,200×2=6,700	15	100,500	
F_3	D16	970+1,000+330=2,300	15	34,500	
F_4	D16	1,000	15	15,000	

나. W_2, W_3, F_1, F_5, K_2 철근 수량 계산 = 단면도에서 세면된다.

기호	직경	길이(mm)	수량	총길이(mm)	수량 산출
W_2	D22	3,500	25	87,500	
W_3	D19	3,500	13	45,500	
F_1	D19	3,500	23	80,500	단면도에서 세면
F_5	D13	3,500	8	28,000	
K_2	D13	3,500	4	14,000	

다. S_1 철근량 계산

기호	직경	길이(mm)	수량	총길이(mm)	수량 산출
S_1	D13	100×2+152=352	12	4,224	• 단면도(점선 3, 실선 3) • 측면도(점선 2, 실선 2) ∴ $=\dfrac{6\times 4}{2}=12$본

1-4 옹벽구조물 – 뒷부벽식 옹벽

04 주어진 도면 및 조건에 따라 다음 물량을 산출하시오.(단, 도면의 단위는 mm 이다.)

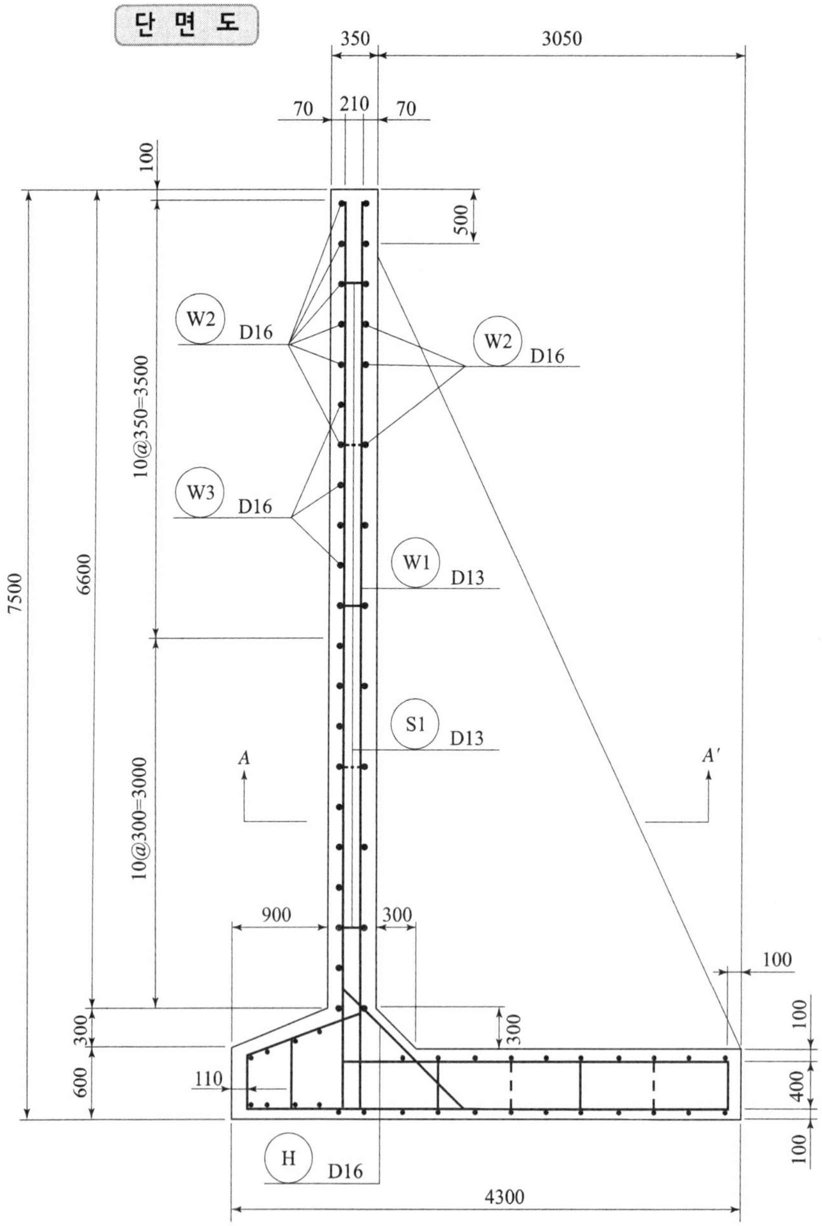

Chapter 01 토목설계(물량산출)

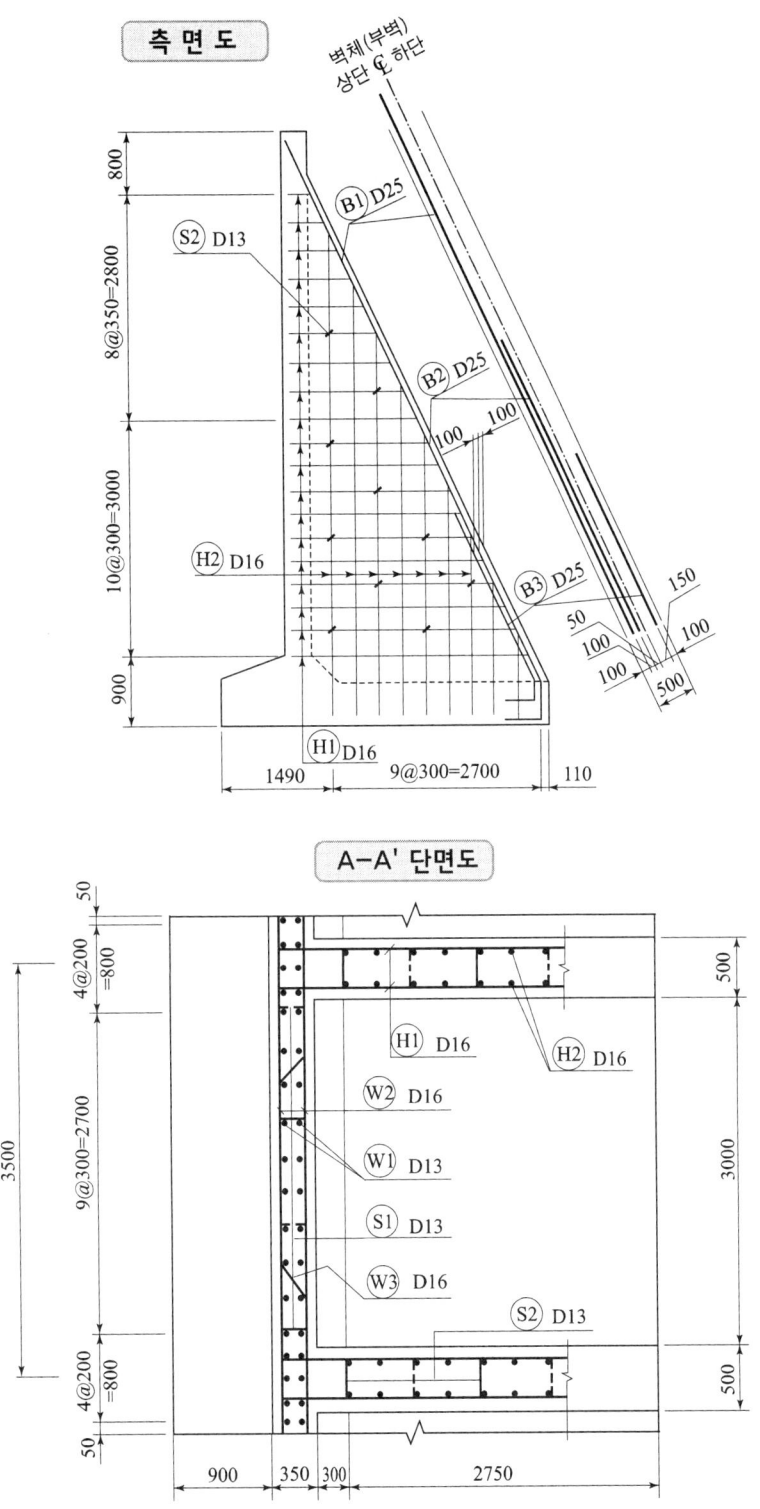

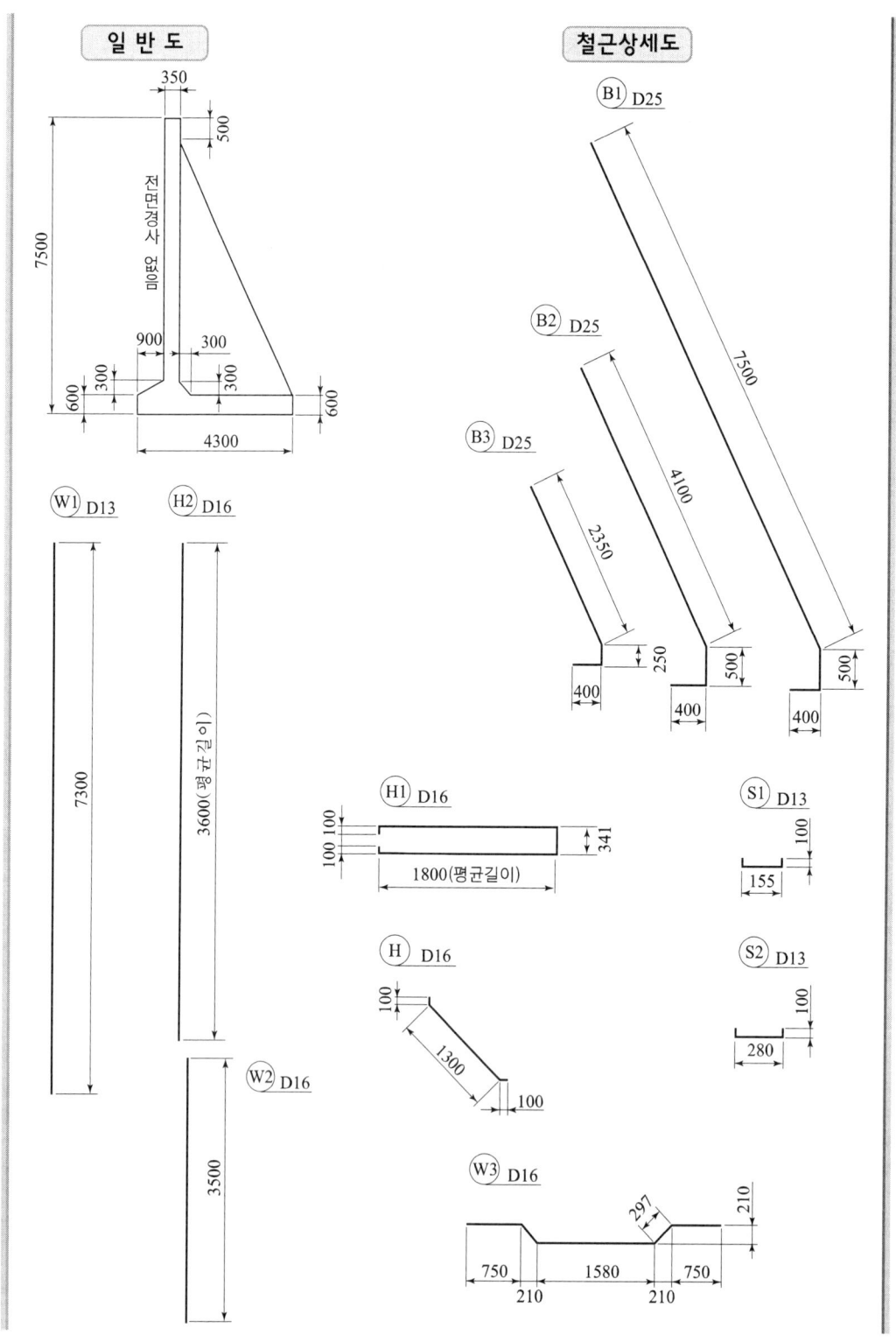

[조건] ① S_1 철근은 지그재그로(zigzag)로 배치되어 있다.
② H 철근의 간격은 W_1 철근과 같다.
③ 물량 산출에서의 할증률 및 마구리는 없는 것으로 한다.
④ 철근길이 계산에서 이음길이는 계산하지 않는다.
⑤ 저판의 철근량은 계산하지 않는다.

가. 부벽을 포함하는 옹벽길이 3.5m에 대한 콘크리트량을 구하시오.
 (단, 소수 넷째자리에서 반올림)
나. 부벽을 포함하는 옹벽길이 3.5m에 대한 거푸집량을 구하시오.
 (단, 소수 넷째자리에서 반올림)
라. 부벽을 포함하는 옹벽길이 3.5m에 대한 철근 물량표를 완성하시오.

기호	직경	길이(mm)	수량	총길이(mm)	기호	직경	길이(mm)	수량	총길이(mm)
W_1					H_2				
W_2					B_1				
W_3					B_2				
H					B_3				
H_1					S_1				

해설

1. 콘크리트량 계산

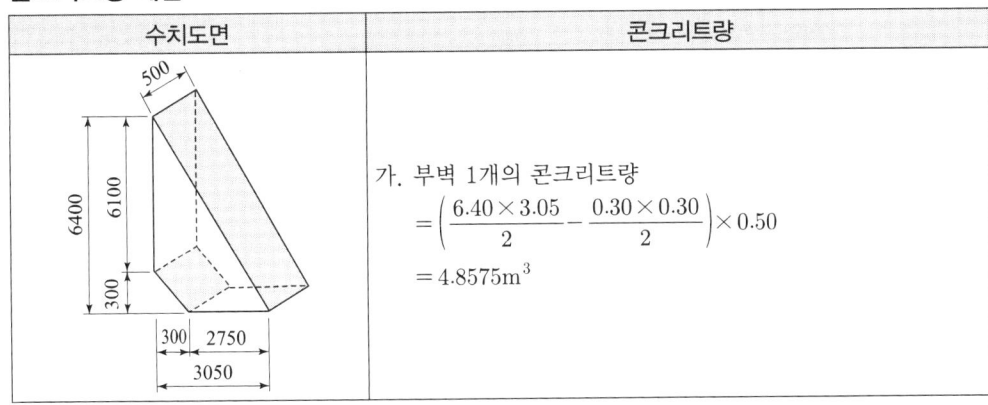

가. 부벽 1개의 콘크리트량
$$= \left(\frac{6.40 \times 3.05}{2} - \frac{0.30 \times 0.30}{2} \right) \times 0.50$$
$$= 4.8575 \text{m}^3$$

수치도면	콘크리트량
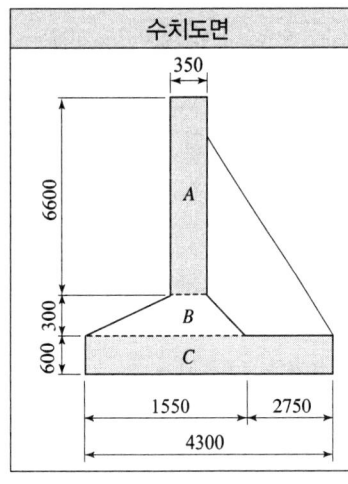	나. 옹벽의 콘크리트량 • 벽체 $A = (0.35 \times 6.6) \times 3.5 = 8.085\text{m}^3$ • 헌치 $B = \dfrac{0.35 + 1.55}{2} \times 0.30 \times 3.5 = 0.9975\text{m}^3$ • 저판 $C = (0.6 \times 4.30) \times 3.5 = 9.03\text{m}^3$ $\therefore \sum V = 4.8575 + 8.085 + 0.9975 + 9.03 = 22.970\text{m}^3$

2. 거푸집량 계산

수치도면	거푸집량
(부벽 그림)	가. 부벽 1개의 거푸집량 • A면 $= \left(\dfrac{6.4 \times 3.05}{2} - \dfrac{0.3 \times 0.3}{2}\right) \times 2(\text{양면})$ $= 19.430\text{m}^2$ • B면 $= \sqrt{6.4^2 + 3.05^2} \times 0.50 = 3.545\text{m}^2$ $\therefore \sum A = 19.430 + 3.545 = 22.975\text{m}^2$
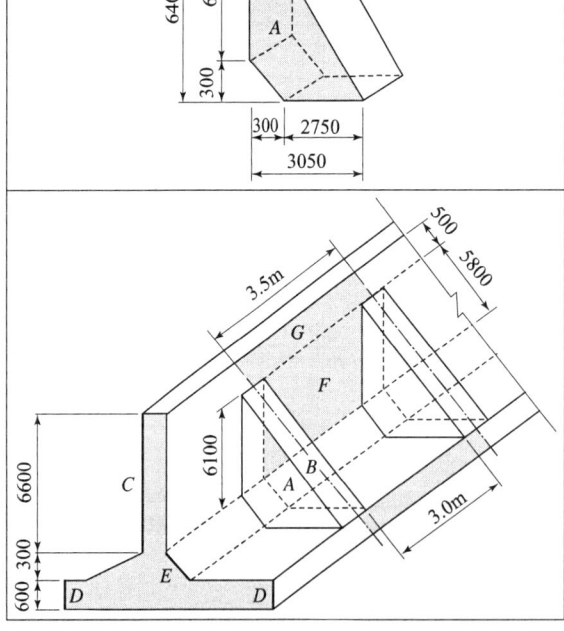	나. 역T형 옹벽에 대한 거푸집량 • C면 $= 6.6 \times 3.5 = 23.10\text{m}^2$ • D면 $= (0.6 \times 3.5) \times 2(\text{양면}) = 4.20\text{m}^2$ • E면 $= \sqrt{0.3^2 + 0.3^2} \times 3.00 = 1.2728\text{m}^2$ • F면 $= 6.1 \times 3.0 = 18.30\text{m}^2$ • G면 $= 0.50 \times 3.5 = 1.75\text{m}^2$ $\therefore \sum A = 22.975 + 23.10 + 4.20 + 1.2728$ $\qquad + 18.30 + 1.75 = 71.598\text{m}^2$

Chapter 01 토목설계(물량산출)

3. 철근 물량표

기호	직경	길이(mm)	수량	총길이(mm)	기호	직경	길이(mm)	수량	총길이(mm)
W_1	D13	7,300	26	189,800	H_2	D16	3,600	18	64,800
W_2	D16	3,500	26	91,000	B_1	D25	8,400	2	16,800
W_3	D16	3,674	8	29,392	B_2	D25	5,000	2	10,000
H	D16	1,520	13	19,760	B_3	D25	3,000	3	9,000
H_1	D16	4,141	19	78,679	S_1	D13	355	10	3,550

가. W_1, W_2, W_3 철근 수량 계산

기호	직경	길이(mm)	수량	총길이(mm)	수량 산출
W_1	D13	7,300	26	189,800	A-A'단면도에서 세면=26본
W_2	D16	3,500	26	91,000	단면도에서 세면 =26본
W_3	D16	(750+297)×2+1,580=3,674	8	29,392	단면도에서 세면 = 8본

나. H, H_1, H_2, B_1, B_2, B_3 철근 수량 계산

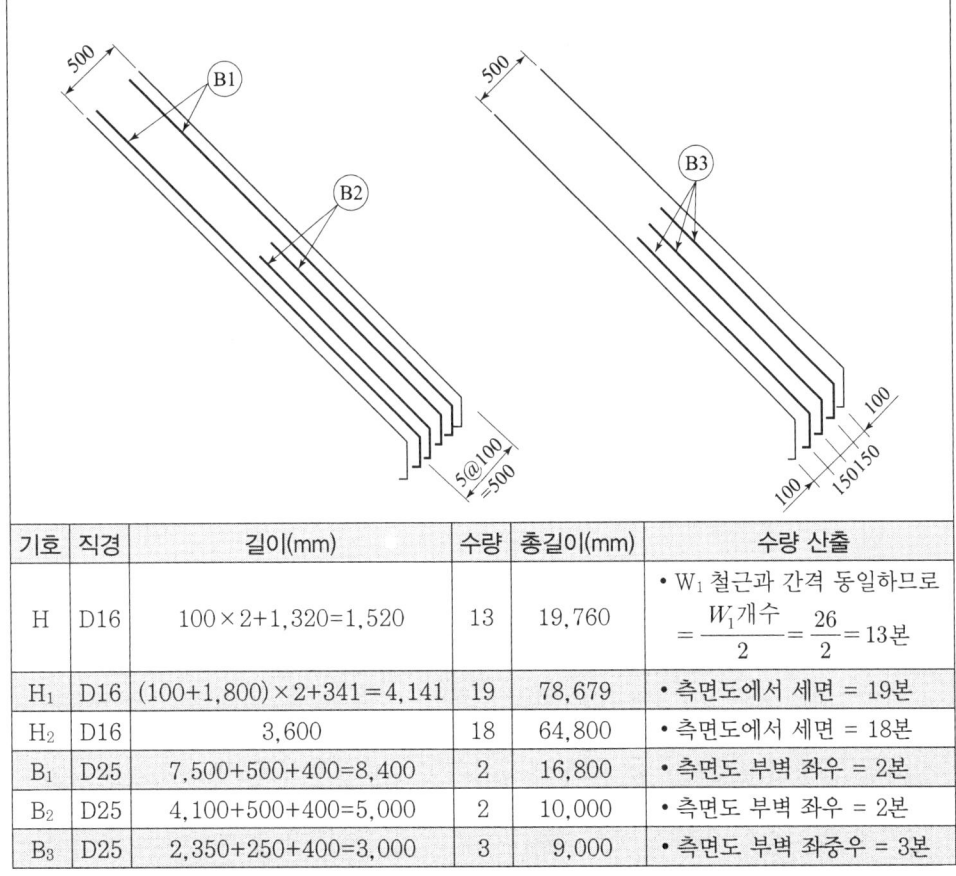

기호	직경	길이(mm)	수량	총길이(mm)	수량 산출
H	D16	100×2+1,320=1,520	13	19,760	• W_1 철근과 간격 동일하므로 $= \dfrac{W_1 \text{개수}}{2} = \dfrac{26}{2} = 13$본
H_1	D16	(100+1,800)×2+341=4,141	19	78,679	• 측면도에서 세면 = 19본
H_2	D16	3,600	18	64,800	• 측면도에서 세면 = 18본
B_1	D25	7,500+500+400=8,400	2	16,800	• 측면도 부벽 좌우 = 2본
B_2	D25	4,100+500+400=5,000	2	10,000	• 측면도 부벽 좌우 = 2본
B_3	D25	2,350+250+400=3,000	3	9,000	• 측면도 부벽 좌중우 = 3본

다. S_1, S_2 철근 수량 계산

기호	직경	길이(mm)	수량	총길이(mm)	수량 산출
S_1	D13	100×2+155=355	10	3,550	• 단면도 실선 3, 점선 2 • $\dfrac{5줄(단면도) \times 4줄(A-A'단면도)}{2(지그재그)}$ =10본
S_2	D13	100×2+280=480	10	4,800	• 측면도에서 세면=10본

Chapter 01 토목설계(물량산출)

 ## 1-5 1연암거

05 주어진 도면 및 조건에 따라 다음 물량을 산출하시오.

단 면 도 (단위 : mm) (N.S)

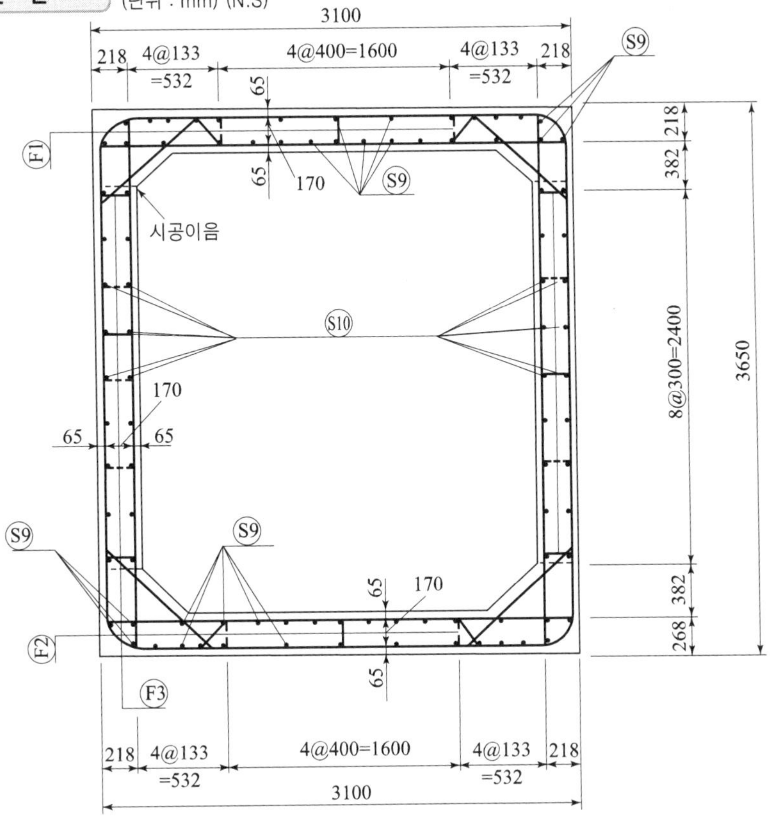

일 반 도

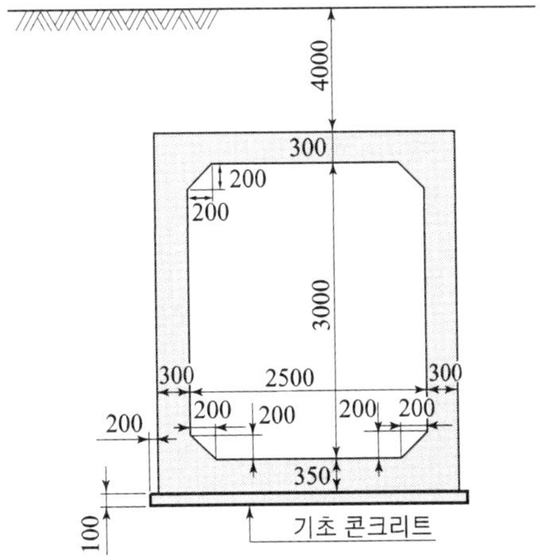

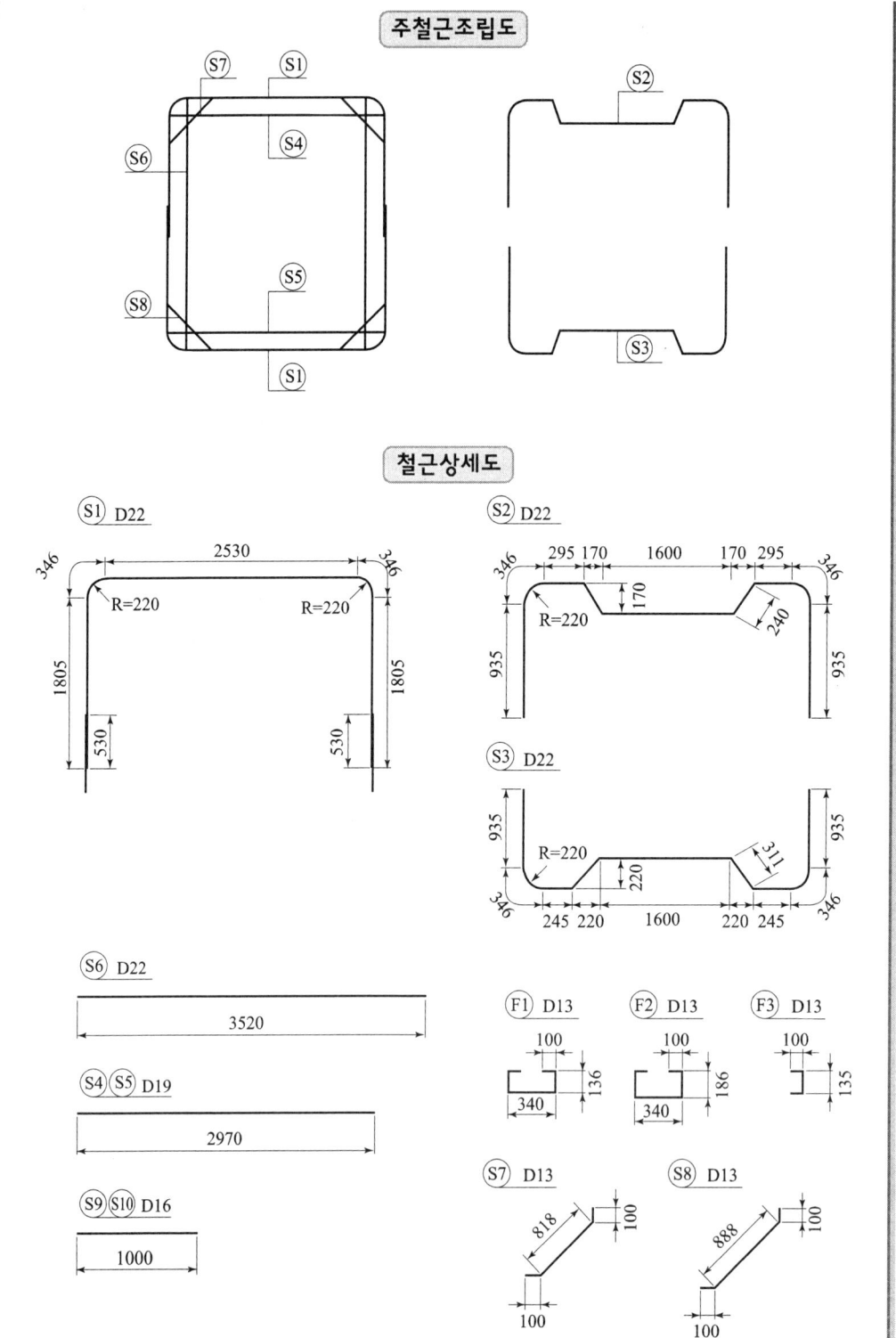

[조건] ① $S_1 \sim S_8$ 철근은 300mm 간격으로 배치되어 있다.
② F_1, F_2, F_3 철근은 300mm 간격으로 지그재그로 배치되어 있다.
③ 철근의 이음과 할증은 무시한다.
④ 지형 상태는 일반도와 같으며 기초 콘크리트 양끝에서 100cm 여유폭을 두고 비탈 기울기는 1 : 0.5로 한다.
⑤ 거푸집양의 계산에서 마구리면은 무시한다.

가. 길이 1m에 대한 기초와 구체의 콘크리트량을 구하시오.(단, 소수 넷째자리에서 반올림하시오.)
나. 길이 1m에 대한 거푸집양을 구하시오.(단, 소수 넷째자리에서 반올림하시오.)
다. 길이 1m에 대한 터파기량을 구하시오.(단, 소수 넷째자리에서 반올림하시오.)
라. 길이 1m에 대한 철근량을 산출하기 위한 다음 철근 물량표를 완성하시오.(단, 소수 셋째자리에서 반올림하시오.)

기호	직경	길이(mm)	수량	총길이(mm)	기호	직경	길이(mm)	수량	총길이(mm)
S_1					S_{10}				
S_4					F_1				
S_7					F_3				
S_9									

해설

1. 콘크리트량 계산

수치도면	콘크리트량
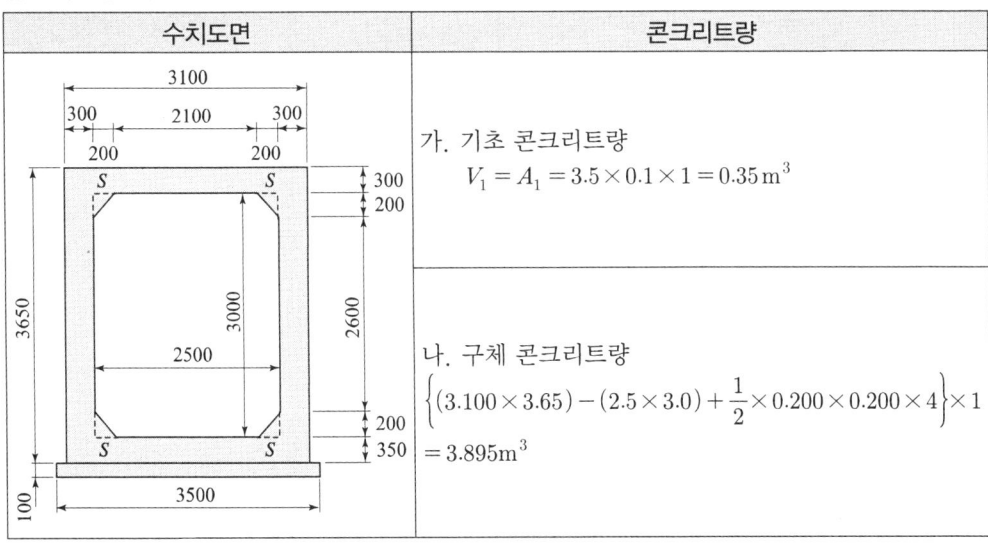	가. 기초 콘크리트량 $V_1 = A_1 = 3.5 \times 0.1 \times 1 = 0.35\,\mathrm{m}^3$
	나. 구체 콘크리트량 $\left\{(3.100 \times 3.65) - (2.5 \times 3.0) + \dfrac{1}{2} \times 0.200 \times 0.200 \times 4\right\} \times 1$ $= 3.895\,\mathrm{m}^3$

2. 거푸집량 계산

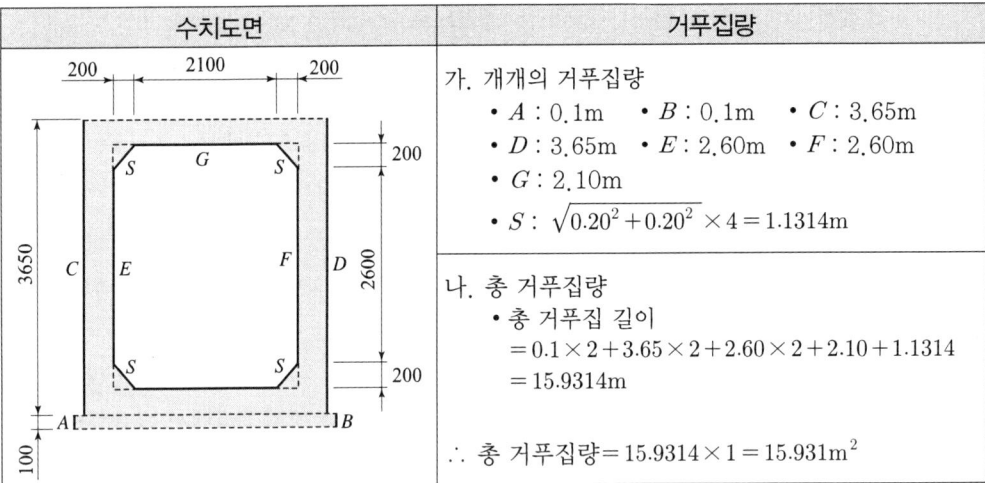

수치도면	거푸집량
(도면)	가. 개개의 거푸집량 • A : 0.1m • B : 0.1m • C : 3.65m • D : 3.65m • E : 2.60m • F : 2.60m • G : 2.10m • S : $\sqrt{0.20^2 + 0.20^2} \times 4 = 1.1314$m
	나. 총 거푸집량 • 총 거푸집 길이 $= 0.1 \times 2 + 3.65 \times 2 + 2.60 \times 2 + 2.10 + 1.1314$ $= 15.9314$m ∴ 총 거푸집량 $= 15.9314 \times 1 = 15.931$m^2

3. 터파기량 계산

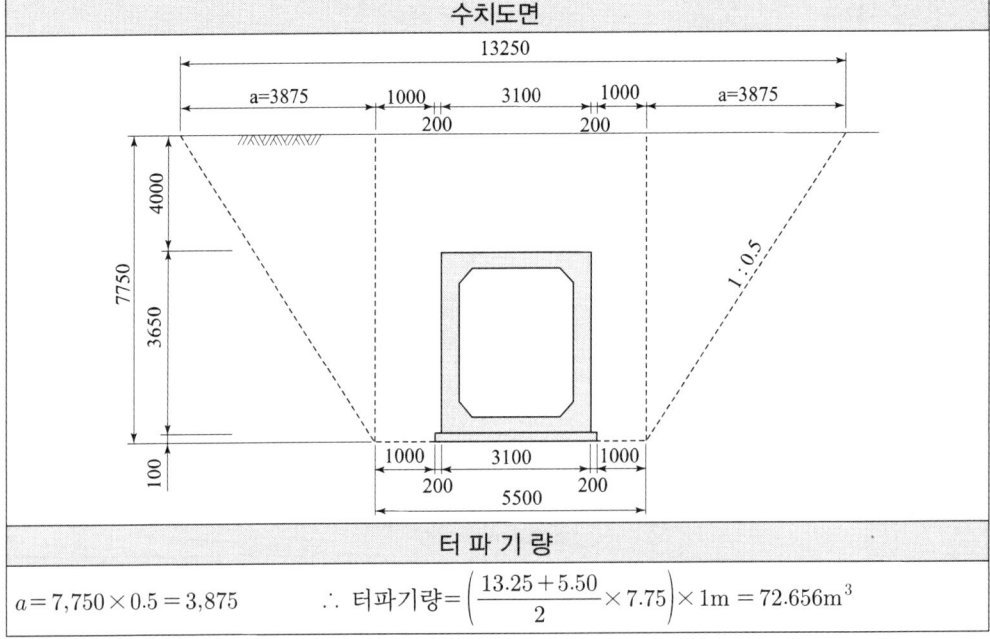

터 파 기 량

$a = 7,750 \times 0.5 = 3,875$ ∴ 터파기량 $= \left(\dfrac{13.25 + 5.50}{2} \times 7.75\right) \times 1\text{m} = 72.656$m^3

4. 철근 물량표

기호	직경	길이(mm)	수량	총길이(mm)	기호	직경	길이(mm)	수량	총길이(mm)
S_1	D22	6,832	6.67	45,569.44	S_{10}	D16	1,000	36	36,000
S_4	D19	2,970	3.33	9,890.10	F_1	D13	812	5	4,060
S_7	D13	1,018	6.67	6,790.06	F_3	D13	335	16.67	5,584.45
S_9	D16	1,000	56	56,000					

철근량 계산 근거

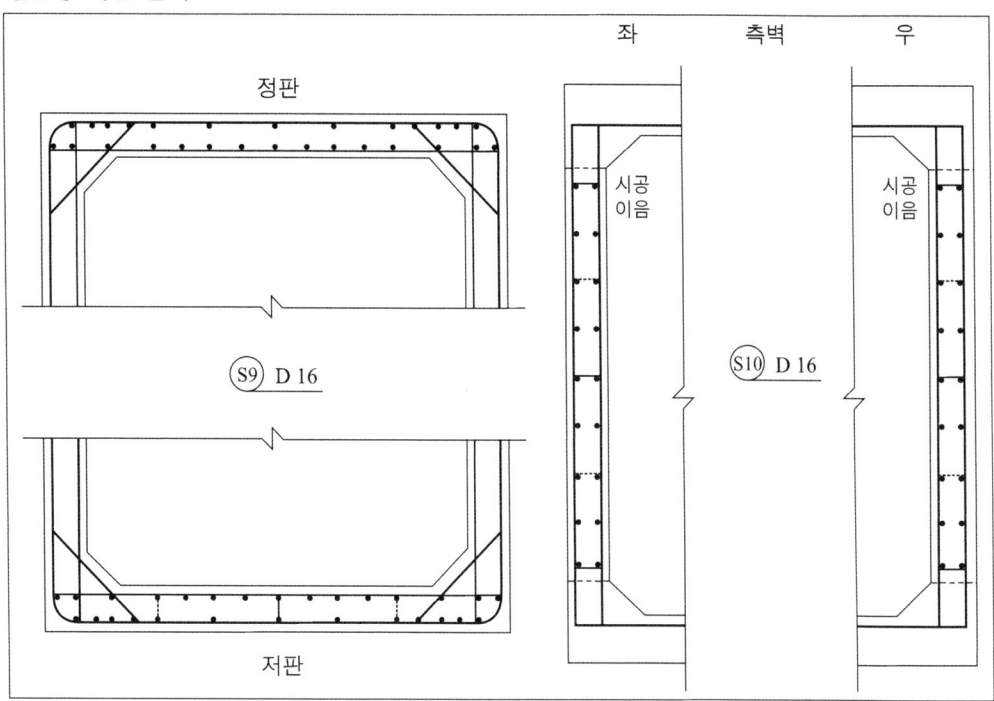

기호	직경	길이(mm)	수량	총길이(mm)	수량 산출
S_1	D22	$(1,805 \times 2)+(346 \times 2)+2,530=6,832$	6.67	45,569.44	$\dfrac{1,000}{300} \times 2(2쌍) = 6.67$본
S_4	D19	2,970	3.33	9,890.10	$\dfrac{1,000}{300} = 3.33$본
S_7	D13	$100 \times 2+818=1,018$	6.67	6,790.06	$\dfrac{1,000}{300} \times 2(2쌍) = 6.67$본
S_8	D13	$100 \times 2+888=1,088$	6.67	7,256.96	$\dfrac{1,000}{300} \times 2(2쌍) = 6.67$본
S_9	D16	1,000	56	56,000	단면도에서 세면 = 56본
S_{10}	D16	1,000	36	36,000	단면도에서 세면 = 36본
F_1	D13	$100 \times 2+136 \times 2+340=812$	5	4,060	$\dfrac{1,000}{300 \times 2} \times 3줄 = 5$본
F_2	D13	$100 \times 2+186 \times 2+340=912$	5	4,560	$\dfrac{1,000}{300 \times 2} \times 3줄 = 5$본
F_3	D13	$100 \times 2+135=335$	16.67	5,584.45	$\dfrac{1,000}{300 \times 2} \times 10줄 = 16.67$

1-6 1연암거(저판상면 곡선)

06 주어진 도면 및 조건에 따라 다음 물량을 산출하시오.

단 면 도

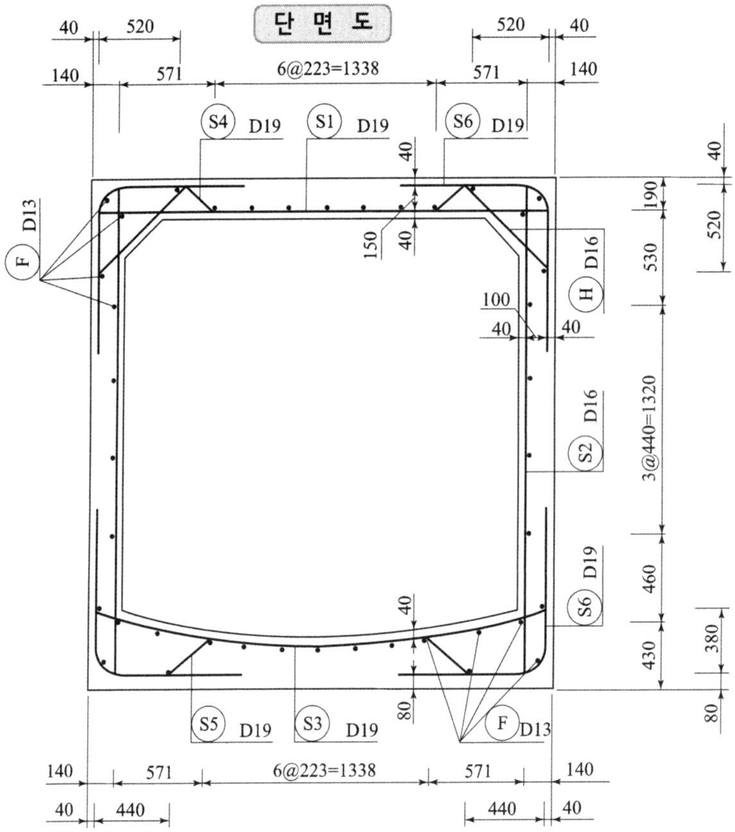

일 반 도

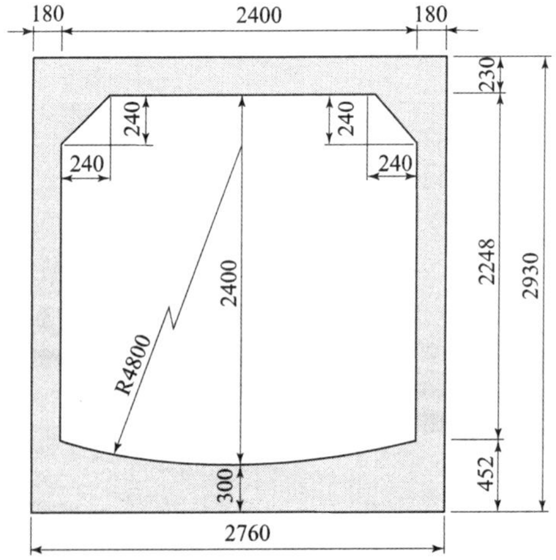

Chapter 01 토목설계(물량산출)

철근상세도

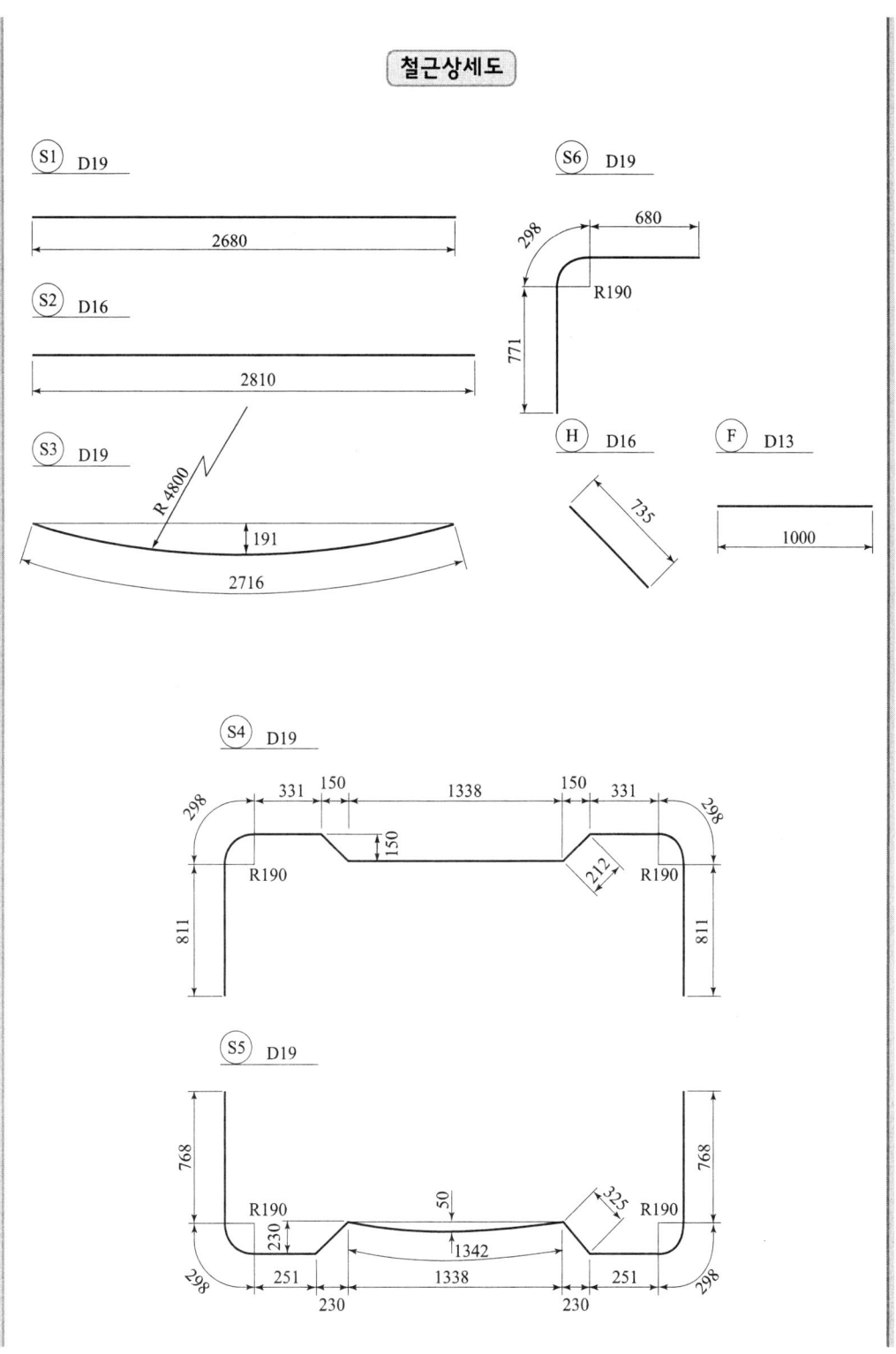

[조건] ① S_1, S_3 철근은 각각 300mm 간격으로 배근한다.
② S_2 철근은 150mm 간격으로 배근한다.
③ S_4, S_5 철근은 각각 300mm 간격으로 배근한다.
④ S_6, H 철근은 각각 300mm 간격으로 배근한다.
⑤ 물량 산출에서의 할증률 및 마구리면은 무시한다.
⑥ 철근 길이 계산에서 상세도에 표시되어 있지 않은 이음길이는 계산하지 않는다.

가. 길이 1m에 대한 콘크리트량을 구하시오.(단, 소수 셋째자리에서 반올림)
나. 길이 1m에 대한 거푸집량을 구하시오.(단, 소수 셋째자리에서 반올림)
다. 길이 1m에 대한 철근량을 계산하시오.(단, mm 단위 이하는 반올림하여 mm까지 구한다.)

기호	직경	길이(mm)	수량	총길이(mm)	기호	직경	길이(mm)	수량	총길이(mm)
S_1					S_5				
S_2					S_6				
S_3					H				
S_4					F				

해설

1. 콘크리트량 계산

수치도면	콘크리트량

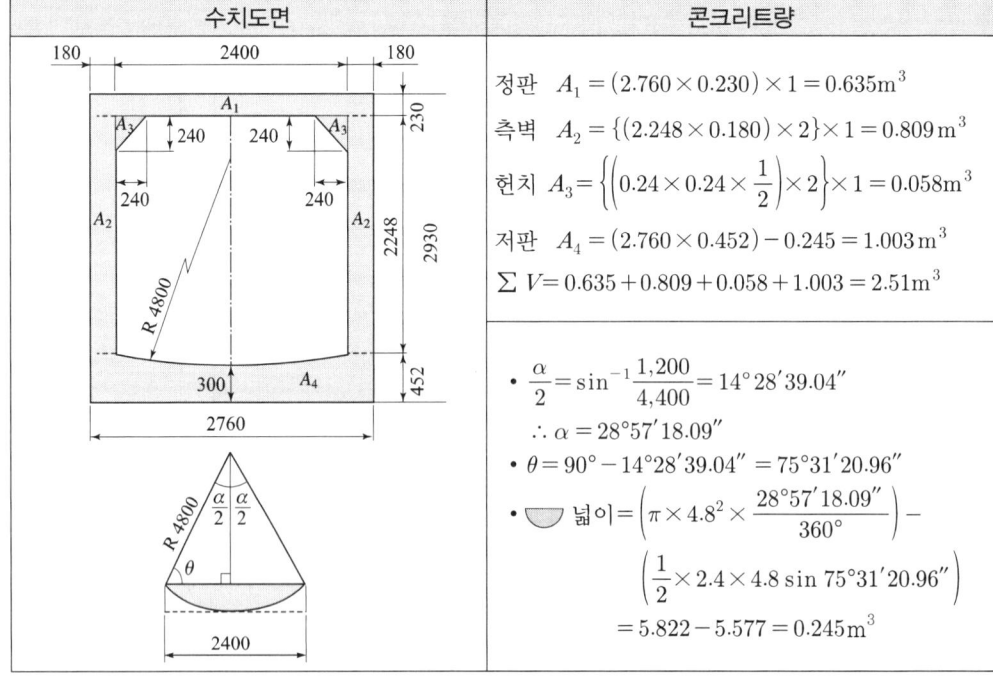

정판 $A_1 = (2.760 \times 0.230) \times 1 = 0.635 \, \text{m}^3$
측벽 $A_2 = \{(2.248 \times 0.180) \times 2\} \times 1 = 0.809 \, \text{m}^3$
헌치 $A_3 = \left\{\left(0.24 \times 0.24 \times \dfrac{1}{2}\right) \times 2\right\} \times 1 = 0.058 \, \text{m}^3$
저판 $A_4 = (2.760 \times 0.452) - 0.245 = 1.003 \, \text{m}^3$
$\sum V = 0.635 + 0.809 + 0.058 + 1.003 = 2.51 \, \text{m}^3$

- $\dfrac{\alpha}{2} = \sin^{-1}\dfrac{1{,}200}{4{,}400} = 14°28'39.04''$
  $\therefore \alpha = 28°57'18.09''$
- $\theta = 90° - 14°28'39.04'' = 75°31'20.96''$
- ◡ 넓이 $= \left(\pi \times 4.8^2 \times \dfrac{28°57'18.09''}{360°}\right) - \left(\dfrac{1}{2} \times 2.4 \times 4.8 \sin 75°31'20.96''\right)$
  $= 5.822 - 5.577 = 0.245 \, \text{m}^3$

2. 거푸집량 계산

수치도면	거푸집량
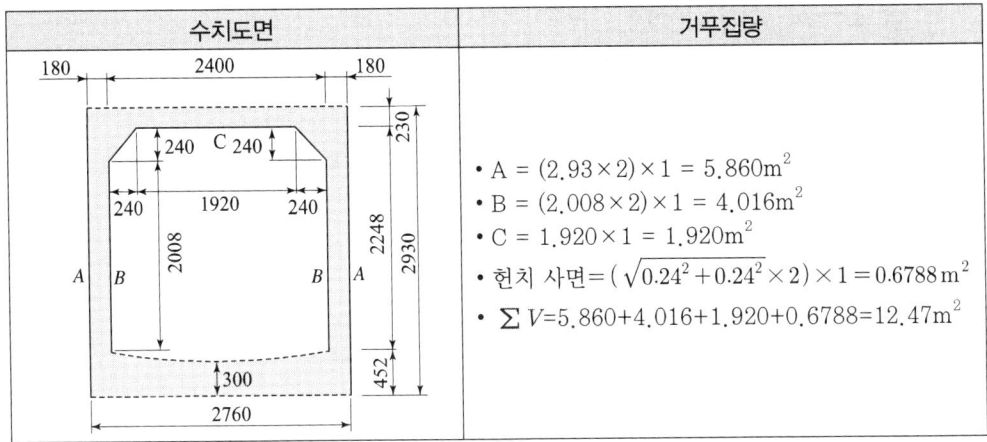	• A = (2.93×2)×1 = 5.860m² • B = (2.008×2)×1 = 4.016m² • C = 1.920×1 = 1.920m² • 헌치 사면 = ($\sqrt{0.24^2+0.24^2}$×2)×1 = 0.6788m² • $\sum V$=5.860+4.016+1.920+0.6788=12.47m²

3. 철근 물량표

기호	직경	길이(mm)	수량	총길이(mm)	기호	직경	길이(mm)	수량	총길이(mm)
S_1	D19	2,680	3.33	8,924	S_5	D19	4,626	3.33	15,405
S_2	D16	2,810	13.33	37,457	S_6	D19	1,749	13.33	23,314
S_3	D19	2,716	3.33	9,044	H	D16	735	6.67	4,902
S_4	D19	4,642	3.33	15,458	F	D13	1,000	40	40,000

가. S_1, S_3, S_4, S_5 철근 수량 계산

기호	직경	길이(mm)	수량	총길이(mm)	수량 산출
S_1	D19	2,680	3.33	8,924	
S_3	D19	2,716	3.33	9,044	$\frac{1,000}{300}=3.33$본
S_4	D19	(811+298+331+212)×2+1,338 =4,642	3.33	15,458	
S_5	D19	(768+298+251+325)×2+1,342 =4,626	3.33	15,405	

나. S_2, S_6, H, F 철근 수량 계산

기호	직경	길이(mm)	수량	총길이(mm)	수량 산출
S_2	D16	2,810	13.33	37,457	$\frac{1,000}{150}\times2=13.33$
S_6	D19	771+298+680=1,749	13.33	23,314	$\frac{1,000}{300}\times4=13.33$
H	D16	735	6.67	4,902	$\frac{1,000}{300}\times2=6.67$
F	D13	1,000	40	40,000	단면도에서 세면=40본

1-7 2연암거

07 주어진 2연 도로 암거 도면 및 조건에 따라 다음 물량을 산출하시오.

단면도

일반도

Chapter 01 토목설계(물량산출)

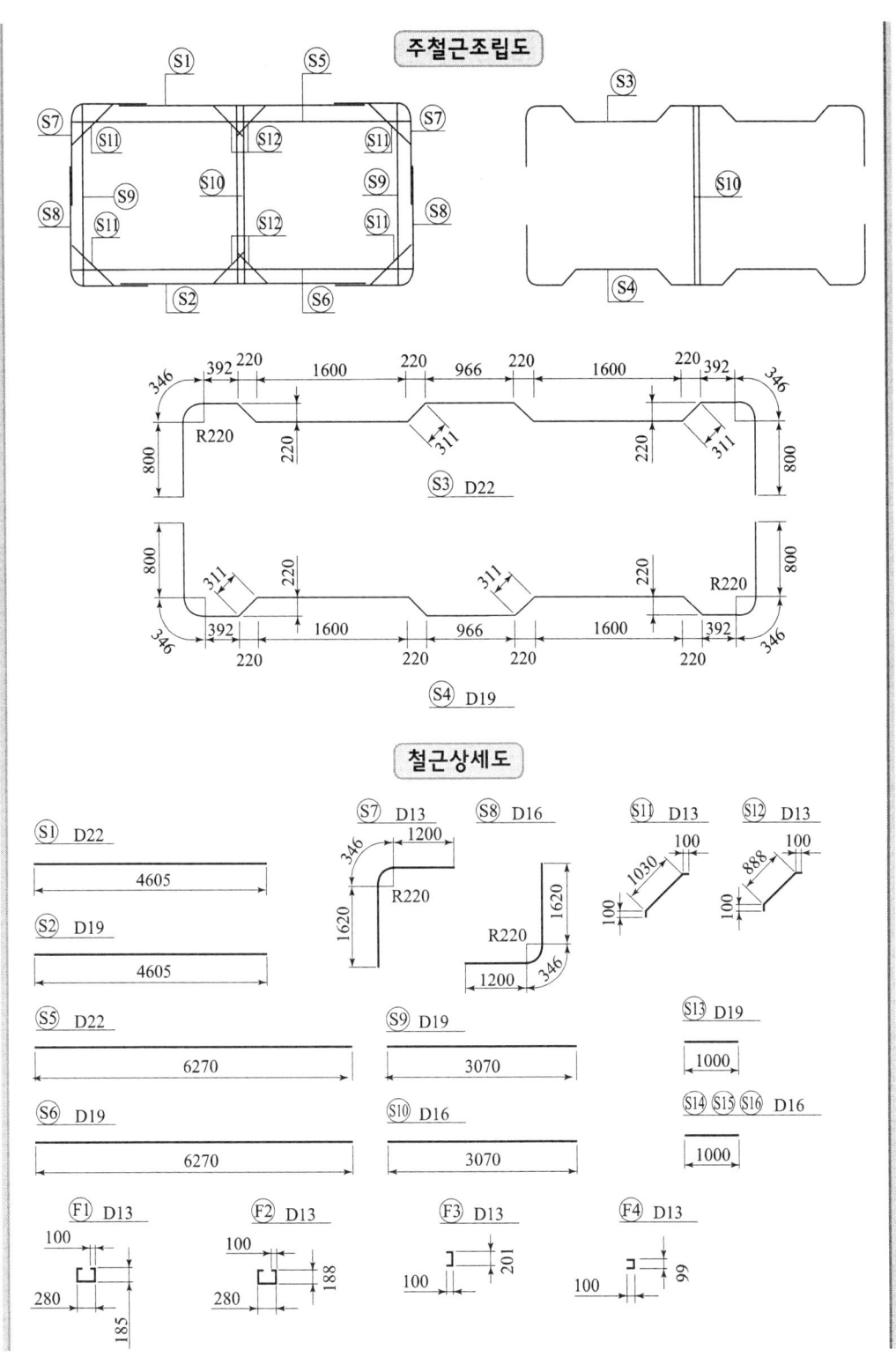

[조건] ① $S_1, S_2, S_3, S_4, S_5, S_6, S_7, S_8, S_9$ 철근은 각각 250mm 간격으로 배근한다.
② S_{10} 철근은 125mm 간격으로 배근한다.
③ S_{11}, S_{12} 철근은 각각 250mm 간격으로 배근한다.
④ F_1, F_2, F_3는 도면과 같이 지그재그로 배치되어 있고, F_4는 300mm 간격으로 지그재그로 배치되어 있다.
⑤ 물량 산출에서의 할증률 및 마구리는 없는 것으로 한다.
⑥ 철근 길이 계산에서 상세도에 표시되어 있지 않은 이음길이는 계산하지 않는다.

가. 길이 1m에 대한 콘크리트량을 구하시오.
 (단, 기초와 구체 부분으로 나누어 계산) [10(2), 11(4), 17(1)]

나. 길이 1m에 대한 거푸집량을 구하시오.
 (단, 소수 셋째자리에서 반올림) [10(2), 11(4), 17(1)]

다. 길이 1m에 대한 철근 물량표를 완성하시오.
 (단, mm 단위 이하는 반올림하여 mm까지 구한다.)

기호	직경	길이 (mm)	수량	총길이 (mm)	기호	직경	길이 (mm)	수량	총길이 (mm)
S_1					S_{11}				
S_2					S_{12}				
S_3					S_{13}				
S_4					S_{14}				
S_5					S_{15}				
S_6					S_{16}				
S_7					F_1				
S_8					F_2				
S_9					F_3				
S_{10}					F_4				

라. 길이 1m에 대한 터파기량을 계산하시오.
 (단, 터파기는 기초 콘크리트 양끝에서 0.6m 여유폭을 두고 비탈기울기는 1 : 0.5로 하며, 소수점 이하 넷째자리에서 반올림) [10(2), 11(4), 17(1)]

해설

1. 콘크리트량 계산

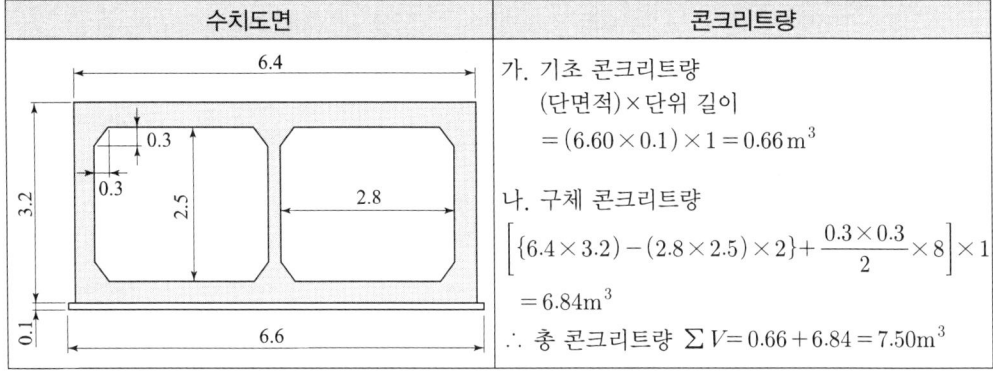

수치도면	콘크리트량
(도면)	가. 기초 콘크리트량 (단면적)×단위 길이 $= (6.60 \times 0.1) \times 1 = 0.66\,\mathrm{m}^3$ 나. 구체 콘크리트량 $\left[\{6.4 \times 3.2) - (2.8 \times 2.5) \times 2\} + \dfrac{0.3 \times 0.3}{2} \times 8\right] \times 1$ $= 6.84\,\mathrm{m}^3$ ∴ 총 콘크리트량 $\sum V = 0.66 + 6.84 = 7.50\,\mathrm{m}^3$

2. 거푸집량 계산

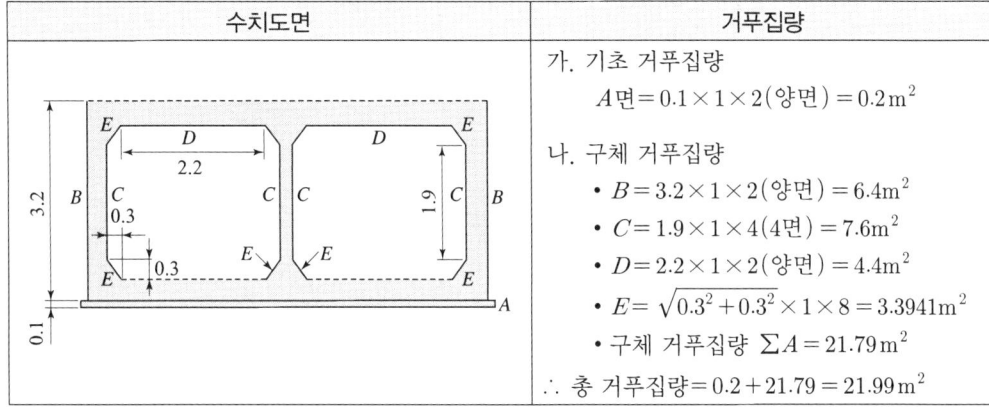

수치도면	거푸집량
(도면)	가. 기초 거푸집량 A면 $= 0.1 \times 1 \times 2(\text{양면}) = 0.2\,\mathrm{m}^2$ 나. 구체 거푸집량 • $B = 3.2 \times 1 \times 2(\text{양면}) = 6.4\,\mathrm{m}^2$ • $C = 1.9 \times 1 \times 4(4\text{면}) = 7.6\,\mathrm{m}^2$ • $D = 2.2 \times 1 \times 2(\text{양면}) = 4.4\,\mathrm{m}^2$ • $E = \sqrt{0.3^2 + 0.3^2} \times 1 \times 8 = 3.3941\,\mathrm{m}^2$ • 구체 거푸집량 $\sum A = 21.79\,\mathrm{m}^2$ ∴ 총 거푸집량 $= 0.2 + 21.79 = 21.99\,\mathrm{m}^2$

3. 철근 물량표

기호	직경	길이(mm)	수량	총길이(mm)	기호	직경	길이(mm)	수량	총길이(mm)
S_1	D22	4,605	4	18,420	S_{11}	D13	1,230	16	19,680
S_2	D19	4,605	4	18,420	S_{12}	D13	1,088	16	17,408
S_3	D22	8,486	4	33,944	S_{13}	D19	1,000	60	60,000
S_4	D19	8,486	4	33,944	S_{14}	D16	1,000	60	60,000
S_5	D22	6,270	4	25,080	S_{15}	D16	1,000	28	28,000
S_6	D19	6,270	4	25,080	S_{16}	D16	1,000	14	14,000
S_7	D13	3,166	8	25,328	F_1	D13	850	12	10,200
S_8	D16	3,166	8	25,328	F_2	D13	856	12	10,272
S_9	D19	3,070	8	24,560	F_3	D13	401	16	6,416
S_{10}	D16	3,070	16	49,120	F_4	D13	299	6.67	1,994

가. $S_1, S_2, S_3, S_4, S_5, S_6$ 철근 수량 계산 = 주철근 조립도에서 구한다.

기호	직경	길이(mm)	수량	총길이(mm)	수량 산출
S_1	D22	4,605	4	18,420	
S_2	D19	4,605	4	18,420	
S_3	D22	(800+346+392+311+1,600+311)×2+966=8,486	4	33,944	$=\dfrac{1,000mm}{250mm}=4$본
S_4	D19	(800+346+392+311+1,600+311)×2+966=8,486	4	33,944	
S_5	D22	6,270	4	25,080	
S_6	D19	6,270	4	25,080	

나. $S_{13}, S_{14}, S_{15}, S_{16}$ 철근 수량 계산

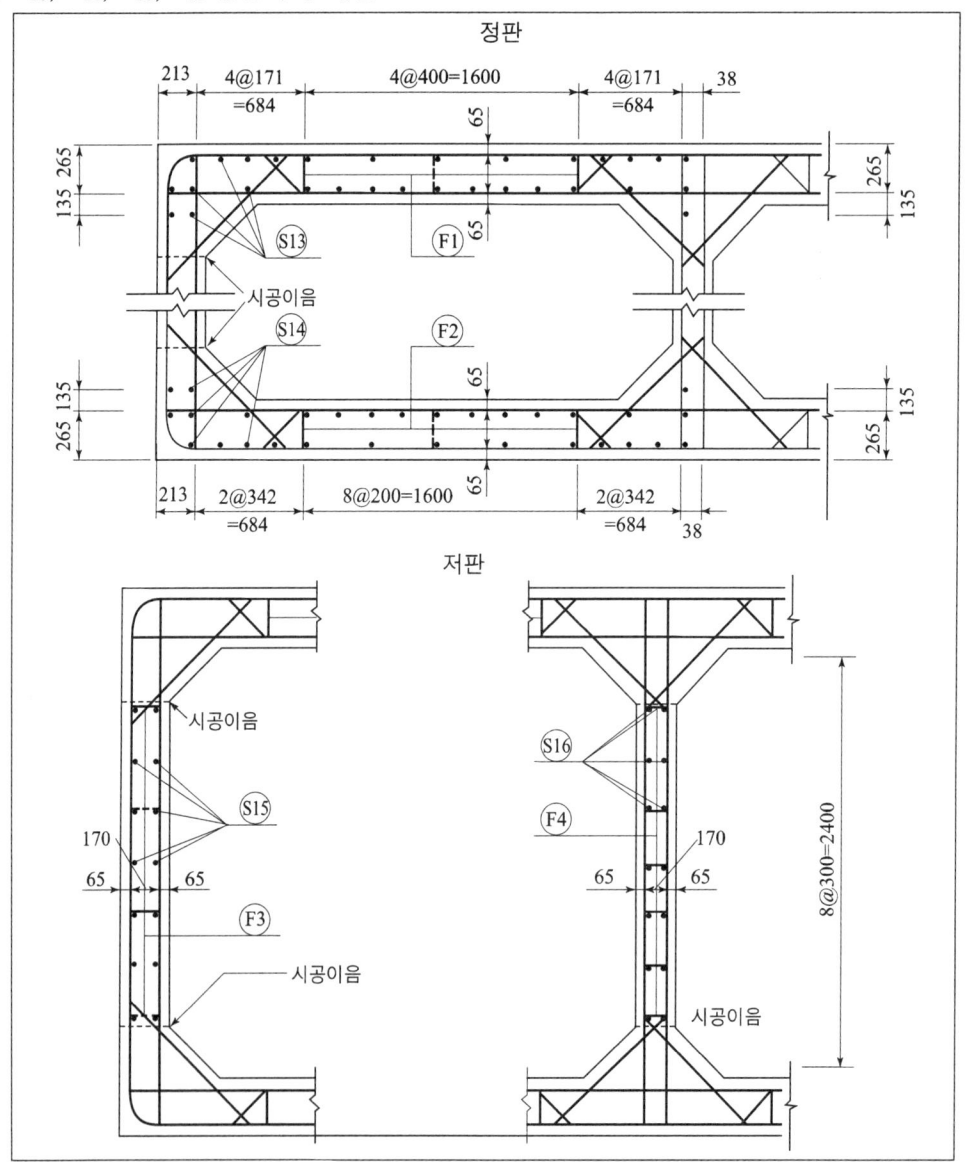

기호	직경	길이(mm)	수량	총길이(mm)	수량 산출
S_{13}	D19	1,000	60	60,000	단면도 정판에서 세면 = 30×2 = 60본
S_{14}	D16	1,000	60	60,000	단면도 저판에서 세면 = 30×2 = 60본
S_{15}	D16	1,000	28	28,000	단면도 양측 벽체에서 세면 = 14×2 = 28본
S_{16}	D16	1,000	14	14,000	단면도 중앙 벽체에서 세면 = 14본

다. S_7, S_8, S_9, S_{10}, S_{11}, S_{12} 철근 수량 계산

기호	직경	길이(mm)	수량	총길이(mm)	수량 산출
S_7	D13	1,620+346+1,200=3,166	8	25,328	$\dfrac{1,000mm}{25mm} \times 2 = 8$본
S_8	D16	1,620+346+1,200=3,166	8	25,328	
S_9	D19	3,070	8	24,560	
S_{10}	D16	3,070	16	49,120	$\dfrac{1,000mm}{125mm} \times 2 = 16$본
S_{11}	D13	100×2+1030=1,230	16	19,680	$\dfrac{1,000mm}{250mm} \times 2 \times 2 = 16$본
S_{12}	D13	100×2+888=1,088	16	17,408	

라. F_1, F_2, F_3, F_4 철근 수량 계산

기호	직경	길이(mm)	수량	총길이(mm)	수량 산출
F_1	D13	(185+100)×2+185=850	12	10,200	$\dfrac{1,000}{250 \times 2} \times 3 \times 2(2\text{연}) = 12$본
F_2	D13	(100+188)×2+280=856	12	10,272	$\dfrac{1,000}{250 \times 2} \times 3 \times 2(2\text{연}) = 12$본
F_3	D13	100×2+201=401	16	6,416	$\dfrac{1,000}{0.25 \times 2} \times 4 \times 2(2\text{연}) = 16$본
F_4	D13	100×2+99=299	6.67	1,994	$\dfrac{1,000}{300 \times 2} \times 4 = 6.67$본

4. 터파기량 계산

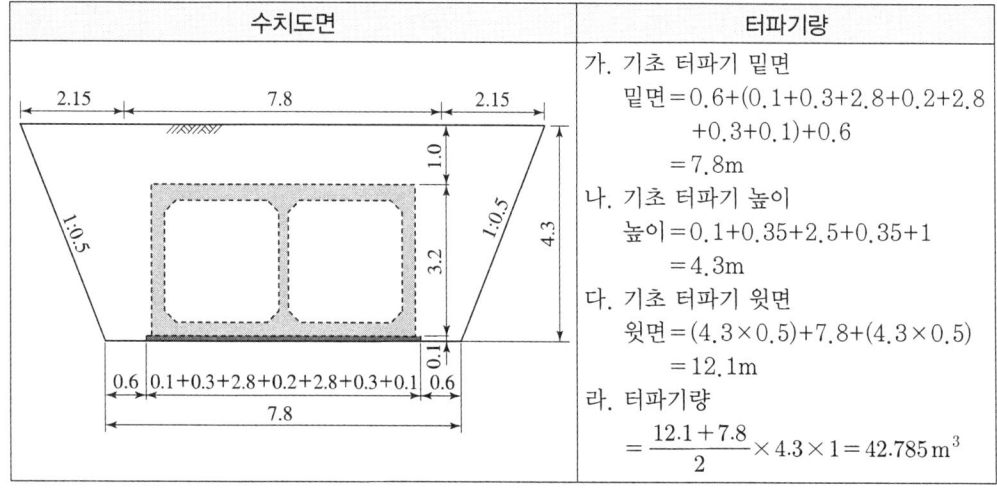

수치도면	터파기량
	가. 기초 터파기 밑면 밑면 = 0.6+(0.1+0.3+2.8+0.2+2.8+0.3+0.1)+0.6 = 7.8m 나. 기초 터파기 높이 높이 = 0.1+0.35+2.5+0.35+1 = 4.3m 다. 기초 터파기 윗면 윗면 = (4.3×0.5)+7.8+(4.3×0.5) = 12.1m 라. 터파기량 $= \dfrac{12.1+7.8}{2} \times 4.3 \times 1 = 42.785 \, m^3$

1-8 슬래브(도로교 상부)

08 주어진 도면 및 조건에 따라 다음 물량을 산출하시오.

SIDE ELEVATION

CROSS SECTION

BAR ARRANGEMENT
S1　B1　S1　B2　S1　B1　S1

Chapter 01 토목설계(물량산출)

BAR DETAIL

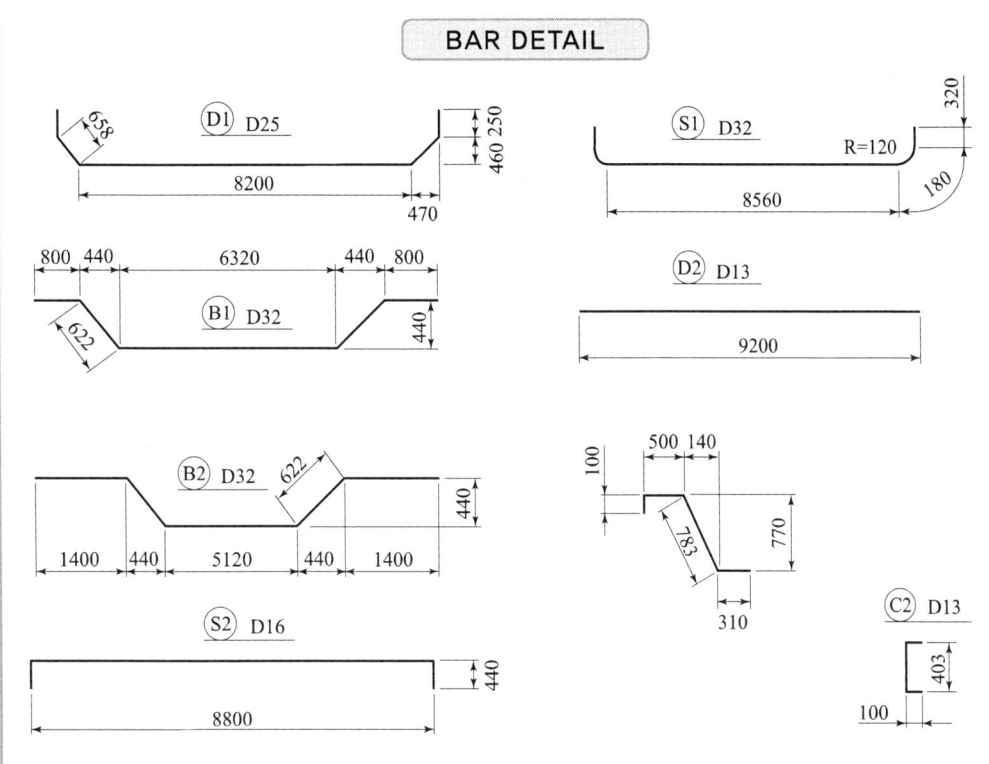

[조건] ① S_1, S_2 철근은 200mm 간격으로 배근하고, B_1, B_2 철근은 400mm 간격으로 배근한다.
② D_1 철근은 양끝에서 100mm 간격이고, 중앙 부분에서는 150mm 간격으로 배근한다.
③ D_2, C_1 철근은 양단끝에서 100mm 간격이고 다음에서는 150mm 간격이고 중앙 부분에서는 300mm 간격으로 배근한다.
④ 물량의 할증률은 무시하고 상세도에 표시되어 있지 않은 이음길이는 계산하지 않는다.

가. 1지간에 대한 콘크리트량을 구하시오.(단, 소수 넷째자리에서 반올림)
나. 1지간에 대한 아스팔트 포장량을 구하시오.(단, 소수 넷째자리에서 반올림)
다. 1지간에 대한 거푸집량을 구하시오.(단, 소수 넷째자리에서 반올림)
라. 1지간에 대한 철근 물량표를 완성하시오.

기호	직경	길이(mm)	수량	총길이(mm)	기호	직경	길이(mm)	수량	총길이(mm)
S_1					C_1				
S_2					C_2				
B_1					D_1				
B_2					D_2				

1. 콘크리트량

수치도면	콘크리트량
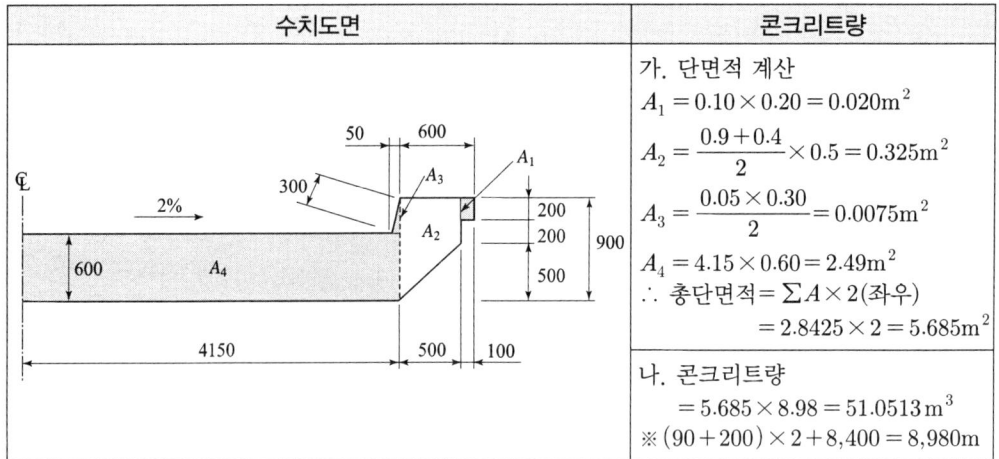	가. 단면적 계산 $A_1 = 0.10 \times 0.20 = 0.020\text{m}^2$ $A_2 = \dfrac{0.9+0.4}{2} \times 0.5 = 0.325\text{m}^2$ $A_3 = \dfrac{0.05 \times 0.30}{2} = 0.0075\text{m}^2$ $A_4 = 4.15 \times 0.60 = 2.49\text{m}^2$ ∴ 총단면적 $= \sum A \times 2(\text{좌우})$ $\qquad = 2.8425 \times 2 = 5.685\text{m}^2$ 나. 콘크리트량 $\quad = 5.685 \times 8.98 = 51.0513\text{m}^3$ ※ $(90+200) \times 2 + 8,400 = 8,980\text{m}$

2. 아스팔트량

수치도면	아스팔트량
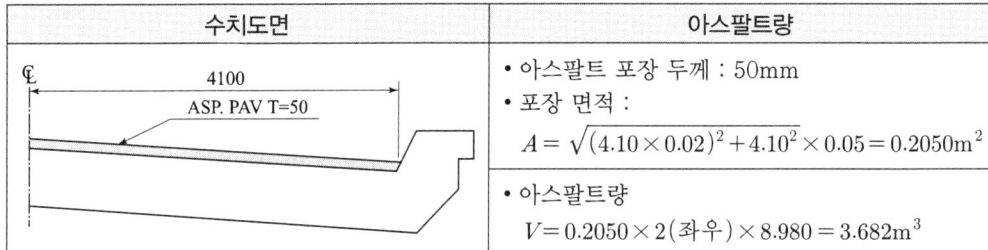	• 아스팔트 포장 두께 : 50mm • 포장 면적 : $A = \sqrt{(4.10 \times 0.02)^2 + 4.10^2} \times 0.05 = 0.2050\text{m}^2$ • 아스팔트량 $V = 0.2050 \times 2(\text{좌우}) \times 8.980 = 3.682\text{m}^3$

3. 거푸집량

분할도면	거푸집면 길이 계산
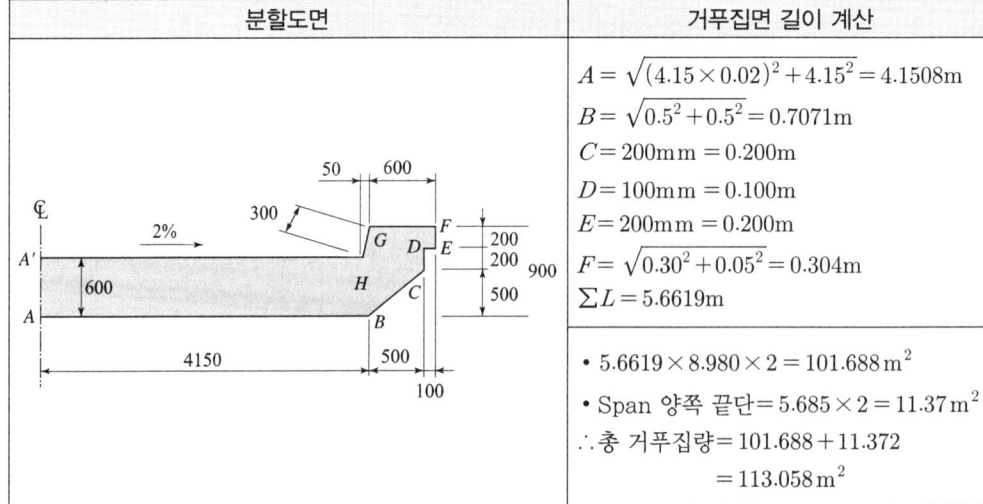	$A = \sqrt{(4.15 \times 0.02)^2 + 4.15^2} = 4.1508\text{m}$ $B = \sqrt{0.5^2 + 0.5^2} = 0.7071\text{m}$ $C = 200\text{mm} = 0.200\text{m}$ $D = 100\text{mm} = 0.100\text{m}$ $E = 200\text{mm} = 0.200\text{m}$ $F = \sqrt{0.30^2 + 0.05^2} = 0.304\text{m}$ $\sum L = 5.6619\text{m}$ • $5.6619 \times 8.980 \times 2 = 101.688\text{m}^2$ • Span 양쪽 끝단 $= 5.685 \times 2 = 11.37\text{m}^2$ ∴ 총 거푸집량 $= 101.688 + 11.372$ $\qquad = 113.058\text{m}^2$

4. 철근 물량 계산

기호	직경	길이(mm)	수량	총길이(mm)	기호	직경	길이(mm)	수량	총길이(mm)
S_1	D32	9,560	44	420,640	C_1	D13	1,693	74	125,282
S_2	D16	9,680	53	513,040	C_2	D13	603	36	21,708
B_1	D16	9,164	21	192,444	D_1	D25	10,016	61	610,976
B_2	D32	9,164	20	183,280	D_2	D13	9,200	37	340,400

가. S_1, B_1, B_2 철근 수량 계산

기호	직경	길이(mm)	수량	총길이(mm)	수량 산출
S_1	D32	$(320+180) \times 2 + 8,560 = 9,560$	44	420,640	단면도에서 세면 $22 \times 2 = 44$본
B_1	D32	$(800+622) \times 2 + 6,320 = 9,164$	21	192,444	단면도에서 세면 $10 \times 2 + 1$(중앙) = 21본
B_2	D32	$(1,400+622) \times 2 + 5,120 = 9,164$	20	183,280	단면도에서 세면 $10 \times 2 = 20$본

나. S_2, D_1, D_2, C_1, C_2 철근 수량 계산

기호	직경	길이(mm)	수량	총길이(mm)	수량 산출
S_2	D16	$440 \times 2 + 8,800 = 9,680$	53	513,040	단면도에서 세면 $26 \times 2 + 1$(중앙) = 53본
D_1	D25	$(250+658) \times 2 + 8,200$ $= 10,016$	61	610,976	측면도에서 세면 61본
D_2	D13	9,200	37	340,400	측면도에서 세면 37본
C_1	D13	$100+500+783+310$ $= 1,693$	74	125,282	D_2 같은 간격으로 양단에 배근된다. 37×2(양단)=74본
C_2	D13	$100 \times 2 + 403 = 603$	36	21,708	$9 \times 4 = 36$본

1-9 반중력식 교대(도로교 하부)

09 주어진 도면 및 조건에 따라 다음 물량을 산출하시오.

측 면 도

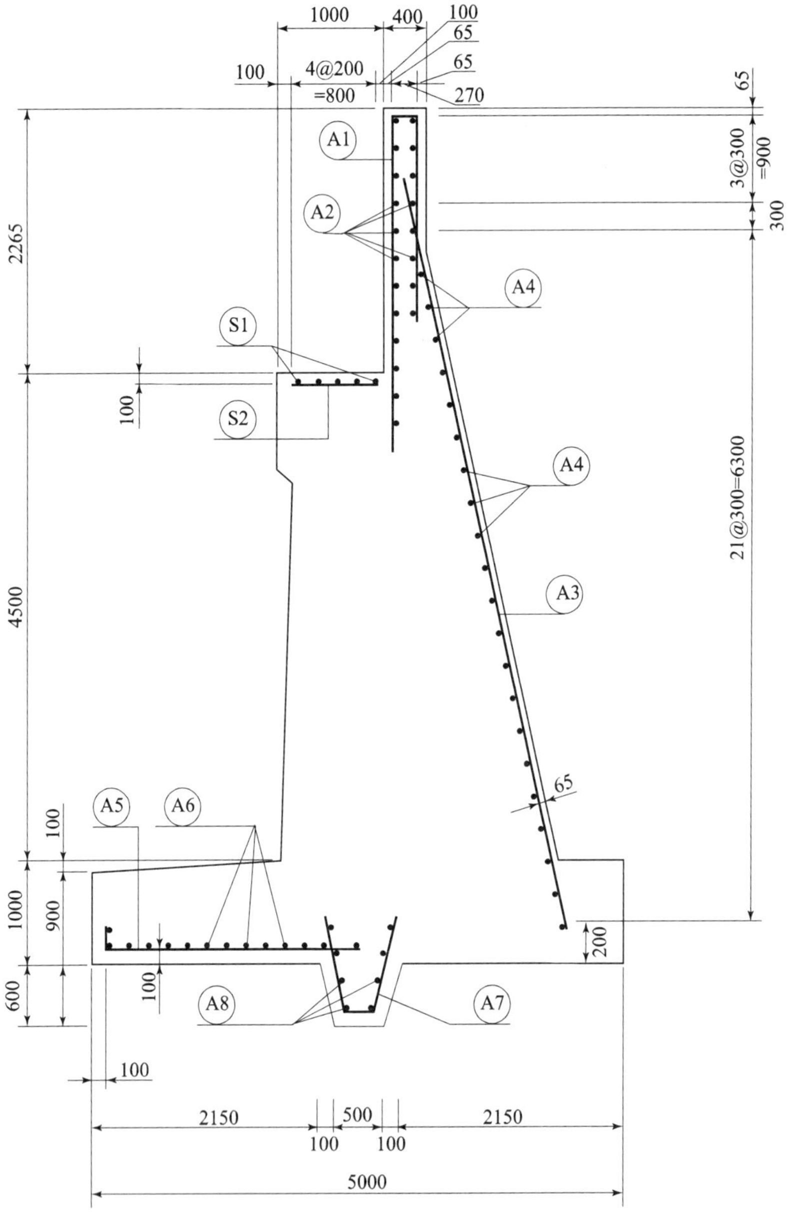

Chapter 01 토목설계(물량산출)

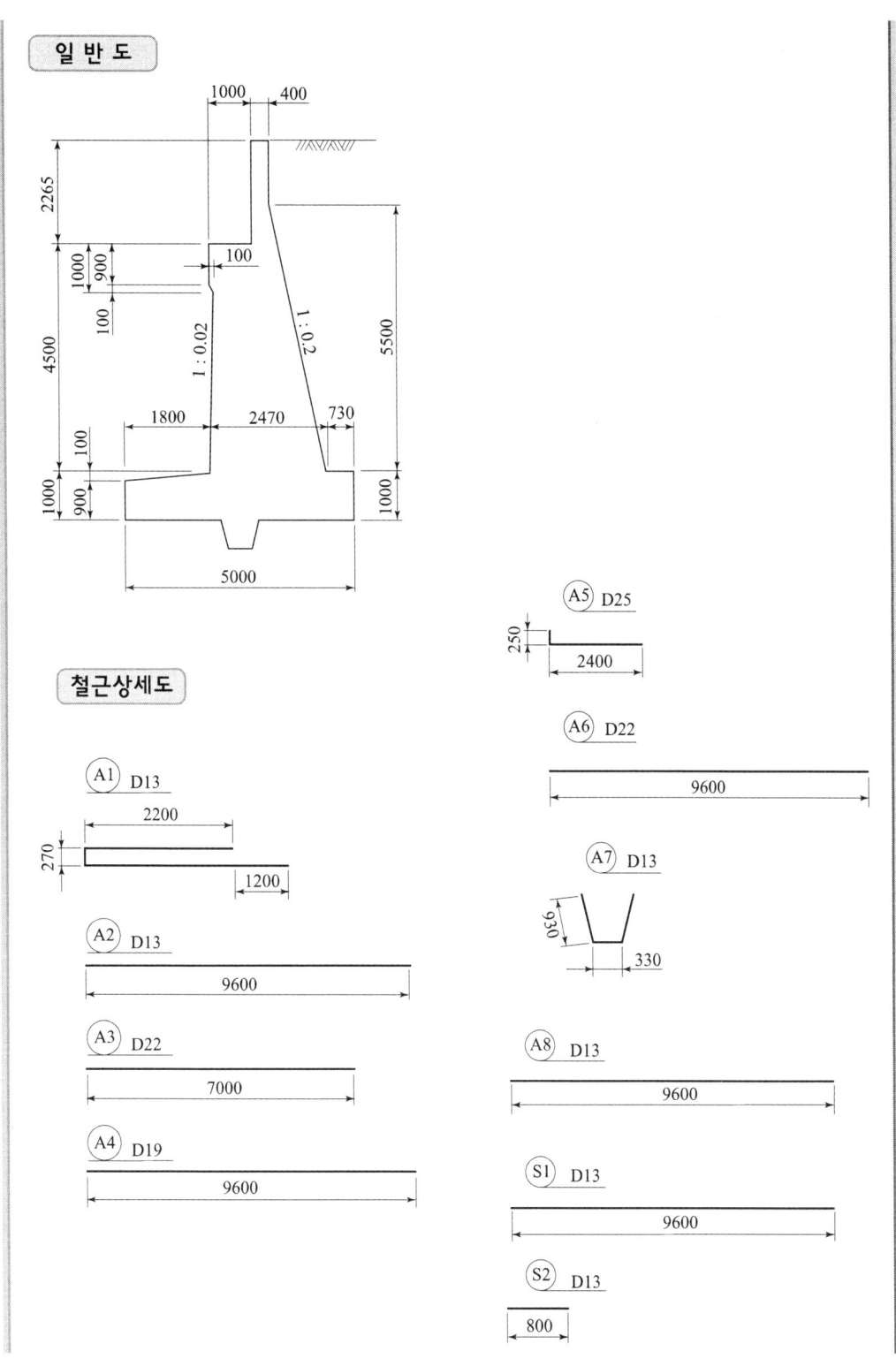

[조건] ① A_1, A_3, A_7 철근은 피복두께가 좌우로 각각 200mm이며, 각 200mm 간격으로 배근한다.
② S_2 철근은 피복두께가 좌우 200mm이며, 300mm 간격으로 배근한다.
③ A_2, A_4, A_8 철근은 각 300mm 간격으로 배근하고, A_6, S_1 철근은 각 200mm 간격으로 배근한다.
④ A_5 철근은 피복두께가 좌우로 200mm이며, 150mm 간격으로 배근한다.
⑤ 물량 산출에서의 할증률은 없는 것으로 하고 철근 길이 계산에서 상세도에 표시되어 있지 않은 이음길이는 계산하지 않는다.

가. 길이 10m인 반중력형 교대의 콘크리트량을 구하시오.(단, 소수 넷째자리에서 반올림) [10(1), 11(2), 14(1,4), 17(2,4)]

나. 길이 10m인 반중력형 교대의 거푸집량을 구하시오.(단, 소수 넷째자리에서 반올림) [10(1), 11(2), 14(1,4), 17(2,4)]

다. 길이 10m인 반중력형 교대의 다음 철근 물량표를 완성하시오.

기호	직경	길이(mm)	수량	총길이(mm)	기호	직경	길이(mm)	수량	총길이(mm)
A_1					A_6				
A_2					A_7				
A_3					A_8				
A_4					S_1				
A_5					S_2				

해설

1. 콘크리트량 계산

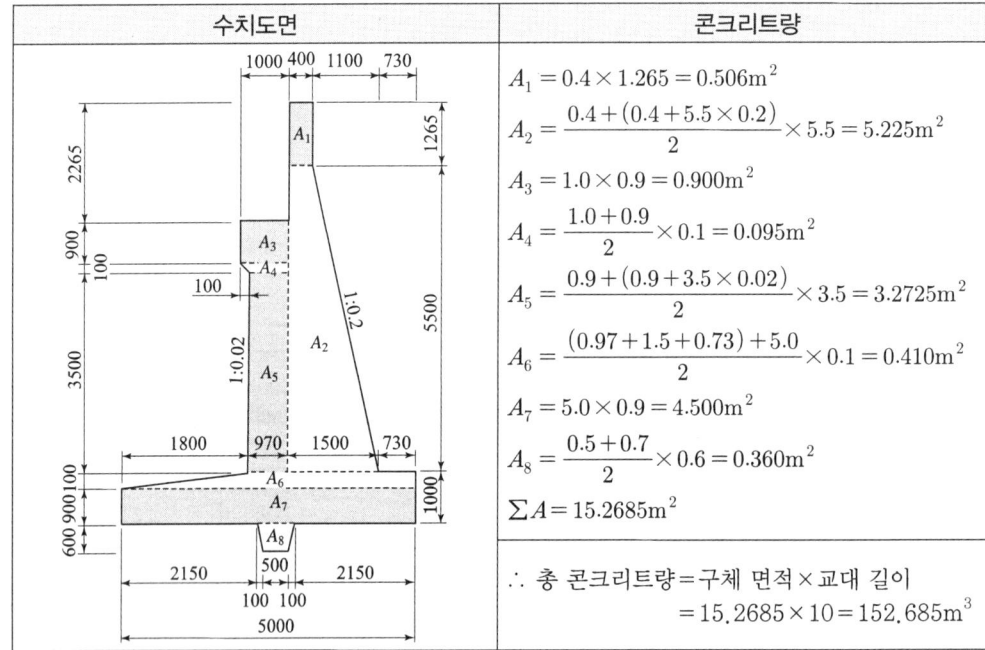

$A_1 = 0.4 \times 1.265 = 0.506 \text{m}^2$

$A_2 = \dfrac{0.4 + (0.4 + 5.5 \times 0.2)}{2} \times 5.5 = 5.225 \text{m}^2$

$A_3 = 1.0 \times 0.9 = 0.900 \text{m}^2$

$A_4 = \dfrac{1.0 + 0.9}{2} \times 0.1 = 0.095 \text{m}^2$

$A_5 = \dfrac{0.9 + (0.9 + 3.5 \times 0.02)}{2} \times 3.5 = 3.2725 \text{m}^2$

$A_6 = \dfrac{(0.97 + 1.5 + 0.73) + 5.0}{2} \times 0.1 = 0.410 \text{m}^2$

$A_7 = 5.0 \times 0.9 = 4.500 \text{m}^2$

$A_8 = \dfrac{0.5 + 0.7}{2} \times 0.6 = 0.360 \text{m}^2$

$\sum A = 15.2685 \text{m}^2$

∴ 총 콘크리트량 = 구체 면적 × 교대 길이
$= 15.2685 \times 10 = 152.685 \text{m}^3$

2. 거푸집량 계산

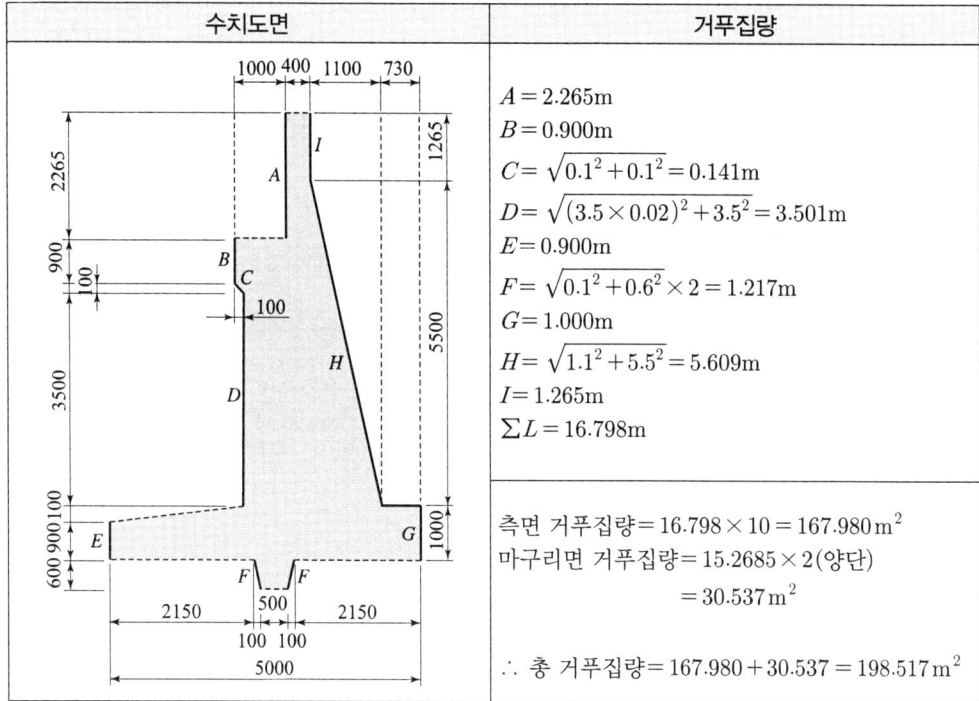

수치도면	거푸집량
(도면)	$A = 2.265\text{m}$ $B = 0.900\text{m}$ $C = \sqrt{0.1^2 + 0.1^2} = 0.141\text{m}$ $D = \sqrt{(3.5 \times 0.02)^2 + 3.5^2} = 3.501\text{m}$ $E = 0.900\text{m}$ $F = \sqrt{0.1^2 + 0.6^2} \times 2 = 1.217\text{m}$ $G = 1.000\text{m}$ $H = \sqrt{1.1^2 + 5.5^2} = 5.609\text{m}$ $I = 1.265\text{m}$ $\sum L = 16.798\text{m}$
	측면 거푸집량 $= 16.798 \times 10 = 167.980\,\text{m}^2$ 마구리면 거푸집량 $= 15.2685 \times 2$(양단) $= 30.537\,\text{m}^2$ ∴ 총 거푸집량 $= 167.980 + 30.537 = 198.517\,\text{m}^2$

3. 철근 물량표

기호	직경	길이(mm)	수량	총길이(mm)	기호	직경	길이(mm)	수량	총길이(mm)
A_1	D13	5,870	49	287,630	A_6	D22	9,600	14	134,400
A_2	D13	9,600	20	192,000	A_7	D13	2,190	49	107,310
A_3	D22	7,000	49	343,000	A_8	D13	9,600	8	76,800
A_4	D19	9,600	21	201,600	S_1	D13	9,600	5	48,000
A_5	D25	2,650	65	172,250	S_2	D13	800	33	26,400

가. A_1, A_3, A_7, S_2, A_5 철근 수량 계산

기호	직경	길이(mm)	수량	총길이(mm)	수량 산출
A_1	D13	$2,200 \times 2 + 270 + 1,200$ $= 5,870$	49	287,630	$\dfrac{10,000 - (200 \times 2)}{200} + 1 = 49$본 ※ 피복두께 좌우 각각 200mm이며, 200mm 간격으로 배근
A_3	D22	7,000	49	343,000	
A_7	D13	$930 \times 2 + 330 = 2,190$	49	107,310	
S_2	D13	800	33	26,400	$\dfrac{10,000 - (200 \times 2)}{300} + 1 = 33$본 ※ 피복두께 좌우 200mm이며, 300mm 간격으로 배근

기호	직경	길이(mm)	수량	총길이(mm)	수량 산출
A_5	D25	250+2,400=2,650	65	172,250	$\dfrac{10,000-(200\times2)}{150}+1=65본$ ※ 피복두께 좌우 200mm이며, 150mm 간격으로 배근

나. A_2, A_4, A_6, A_8, S_1 철근량 계산

기호	직경	길이(mm)	수량	총길이(mm)	수량 산출
A_2	D13	9,600	20	192,000	측면도 흉벽에서 세면 = 20본
A_4	D19	9,600	21	201,600	측면도 구체에서 세면 = 21본
A_6	D22	9,600	14	134,400	측면도에서 세면 = 14본
A_8	D13	9,600	8	76,800	측면도에서 세면 = 8본
S_1	D13	9,600	5	48,000	측면도에서 세면 = 5본

1-10 역T형 교대(도로교 하부)

★★★

10 주어진 도면 및 조건에 따라 다음 물량을 산출하시오.

측 면 도

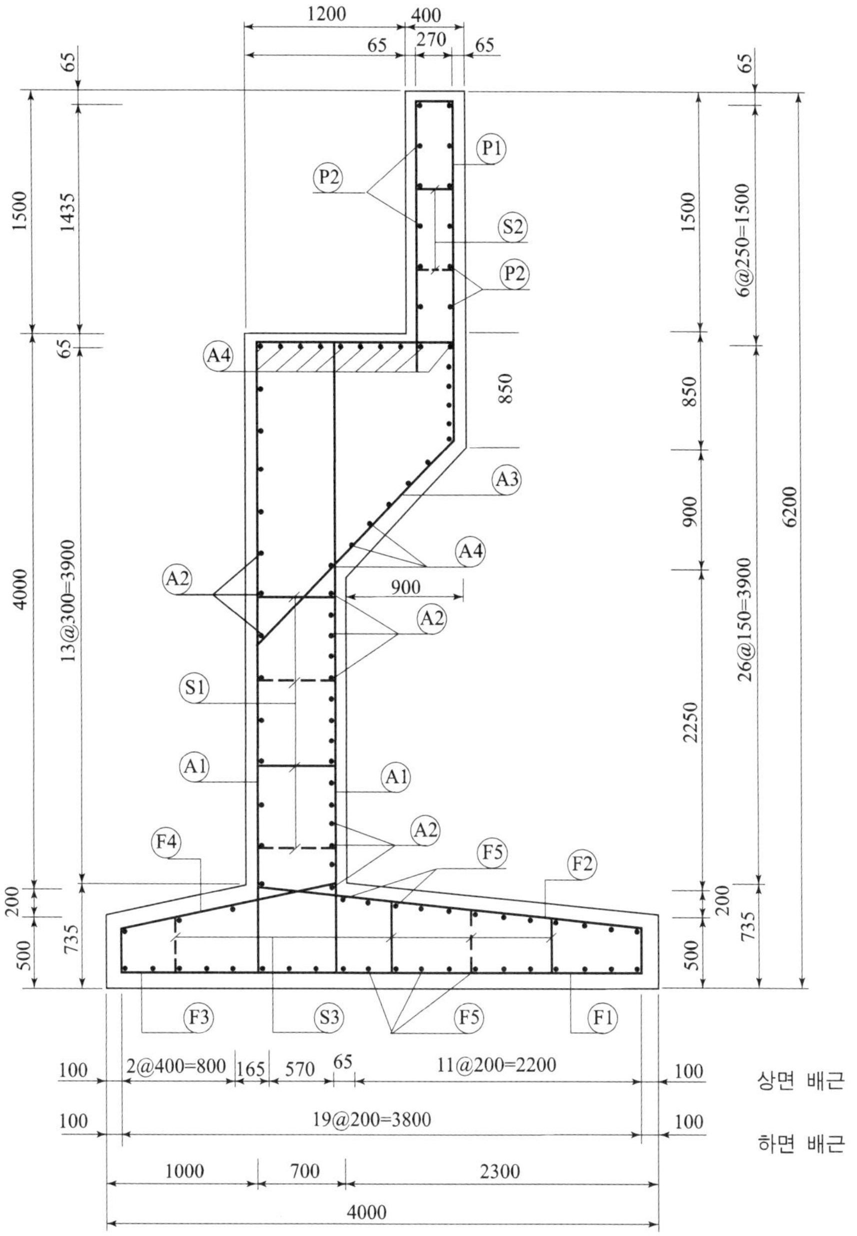

상면 배근
하면 배근

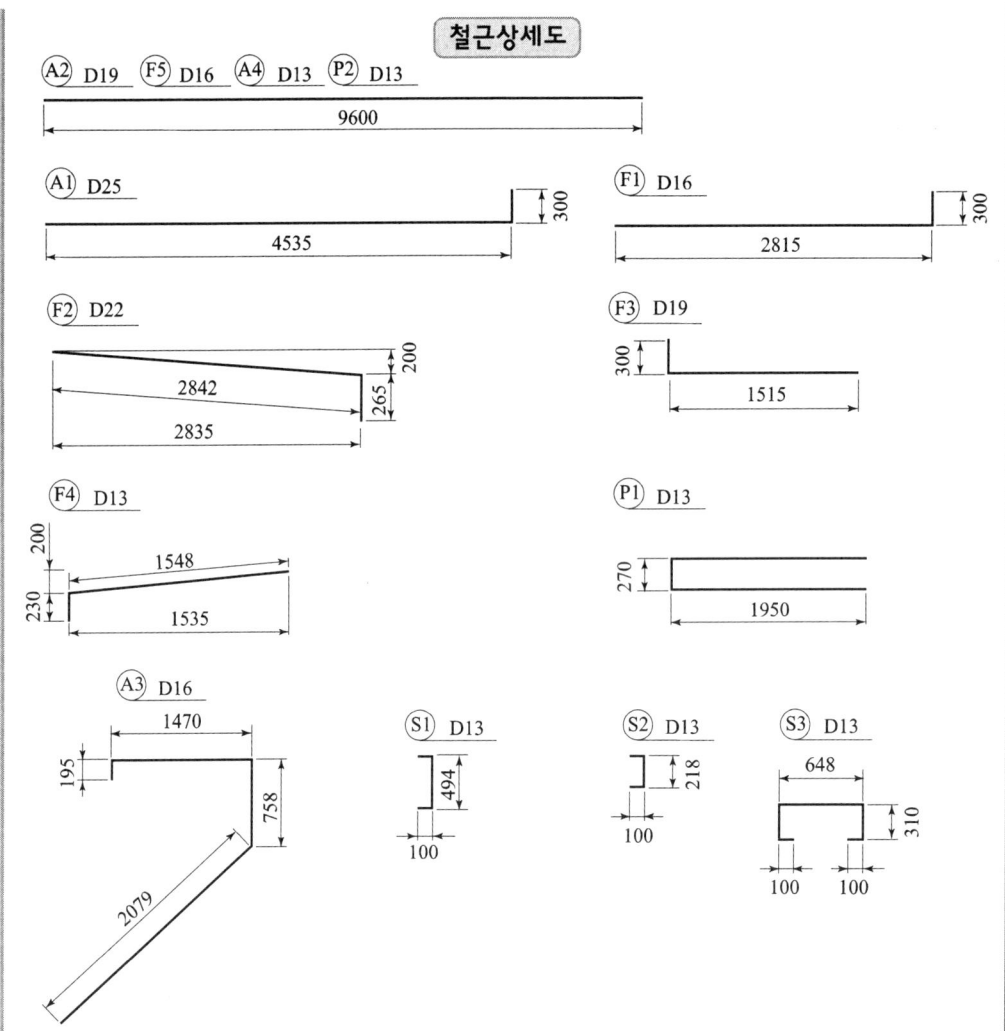

[조건] ① A_1 철근은 앞면에서 좌우 각각 100mm씩 덮개(피복두께)를 하고 300mm 간격으로 배근하며, 뒷면에서는 좌우 각각 100mm씩 덮개를 하고 150mm 간격으로 배근한다.
② A_3, F_1, F_2, F_3, P_1 철근은 좌우 각각 100mm 덮개를 하고 150mm 간격으로 배근한다.
③ A_4 철근은 150mm 간격으로 배근한다.(단, 교좌 부분의 철근 배근은 300mm 간격이다.)
④ F_4 철근은 좌우 각각 100mm 덮개를 하고 300mm 간격으로 배근한다.
⑤ S_1, S_2 철근은 각각 A_1 또는 P_1 철근과 연결하여 600mm 간격마다 지그재그 배근한다.(단, 좌우 단부의 철근에는 배근하지 않음)
⑥ S_3 철근은 F_1 철근과 연결하여 중심간격 1,200mm로 지그재그 배근한다.

가. 길이 9.8m에 대한 콘크리트량을 산출하시오.(단, 소수 3째자리 이하 반올림)
   [11(1), 13(4), 16(1)]

나. 길이 9.8m에 대한 거푸집량을 산출하시오.(단, 소수 3째자리 이하는 반올림하고, 할증계산은 없으며, 양단부 마구리면도 고려해서 계산해야 함) [11(1), 13(4), 16(1)]

다. 길이 9.8m에 대한 철근량 산출을 위한 철근 물량표를 완성하시오.(단, 철근이음 및 할증은 없음)

기호	직경	길이(mm)	수량	총길이(mm)	기호	직경	길이(mm)	수량	총길이(mm)
A_1					S_2				
A_2					F_1				
A_3					F_2				
A_4					F_3				
P_1					F_4				
P_2					F_5				
S_1					F_6				

해설

1. 콘크리트량 계산

수치도면	콘크리트량
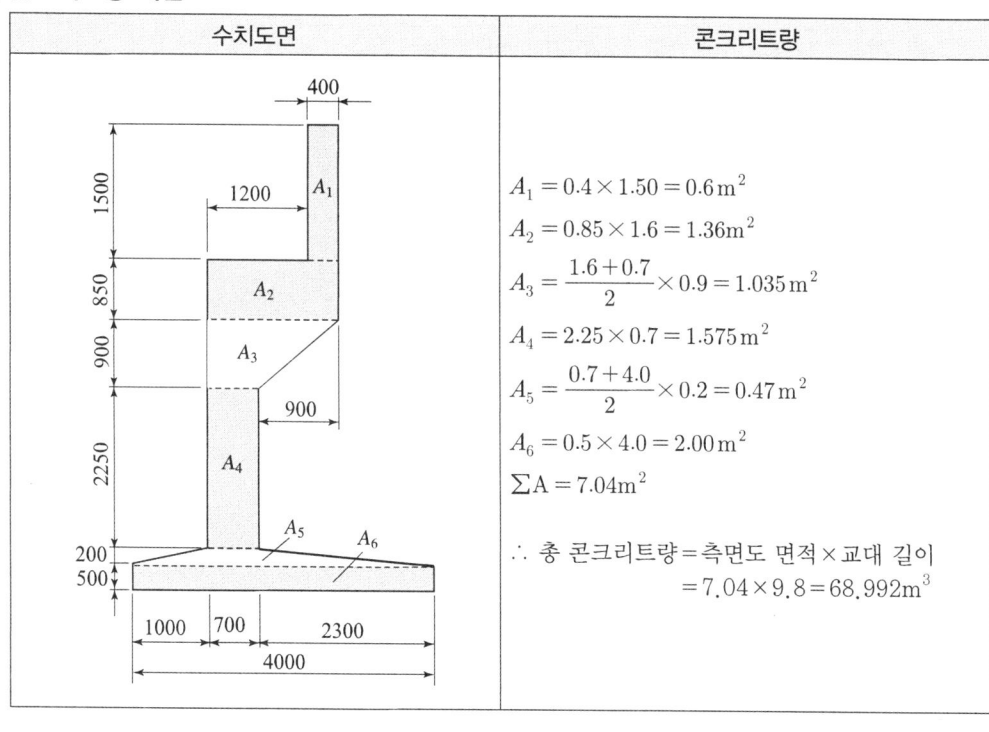	$A_1 = 0.4 \times 1.50 = 0.6 \text{m}^2$ $A_2 = 0.85 \times 1.6 = 1.36 \text{m}^2$ $A_3 = \dfrac{1.6 + 0.7}{2} \times 0.9 = 1.035 \text{m}^2$ $A_4 = 2.25 \times 0.7 = 1.575 \text{m}^2$ $A_5 = \dfrac{0.7 + 4.0}{2} \times 0.2 = 0.47 \text{m}^2$ $A_6 = 0.5 \times 4.0 = 2.00 \text{m}^2$ $\sum A = 7.04 \text{m}^2$ ∴ 총 콘크리트량 = 측면도 면적 × 교대 길이 $= 7.04 \times 9.8 = 68.992 \text{m}^3$

2. 거푸집량 계산

수치도면	거푸집량
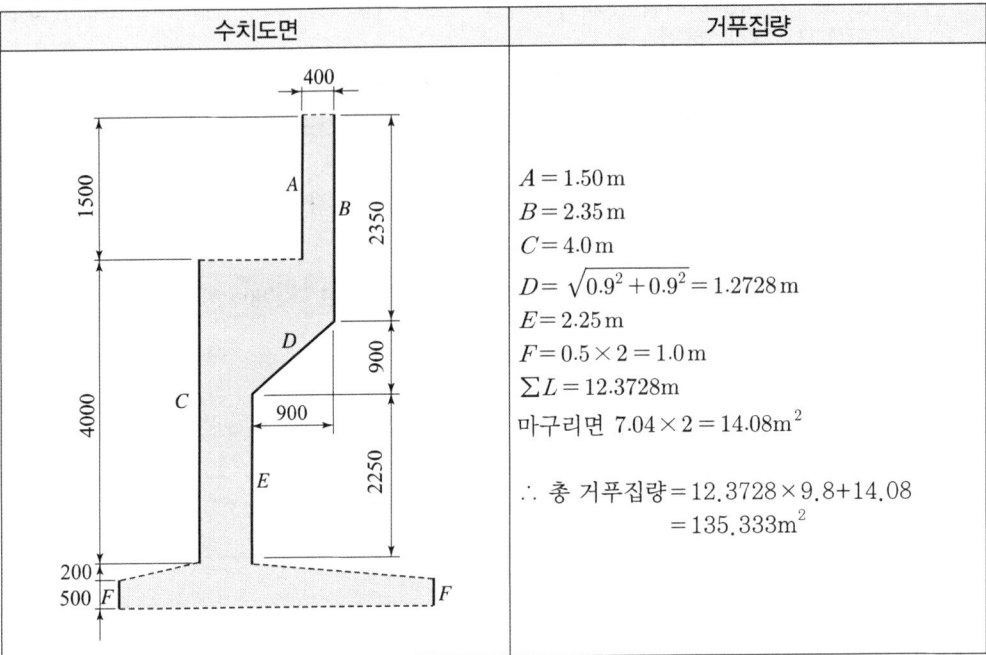	$A = 1.50\,\text{m}$ $B = 2.35\,\text{m}$ $C = 4.0\,\text{m}$ $D = \sqrt{0.9^2 + 0.9^2} = 1.2728\,\text{m}$ $E = 2.25\,\text{m}$ $F = 0.5 \times 2 = 1.0\,\text{m}$ $\sum L = 12.3728\,\text{m}$ 마구리면 $7.04 \times 2 = 14.08\,\text{m}^2$ ∴ 총 거푸집량 $= 12.3728 \times 9.8 + 14.08$ $\quad\quad\quad\quad\quad\; = 135.333\,\text{m}^2$

3. 철근 물량표

기호	직경	길이(mm)	수량	총길이(mm)	기호	직경	길이(mm)	수량	총길이(mm)
A_1	D25	4,835	98	473,830	F_2	D22	3,107	65	201,955
A_2	D19	9,600	29	278,400	F_3	D19	1,815	65	117,975
A_3	D16	4,502	65	292,630	F_4	D13	1,778	33	58,674
A_4	D13	9,600	20	192,000	F_5	D16	9,600	35	336,000
P_1	D13	4,170	65	271,050	S_1	D13	694	30	20,820
P_2	D13	9,600	12	115,200	S_2	D13	418	15	6,270
S_1	D16	694	30	20,820	S_3	D13	1,468	32	46,976

가. A_1, A_3, P_1, F_1, F_2, F_3, F_4 철근량 계산

기호	직경	길이(mm)	수량	총길이(mm)	수량 산출
A_1	D29	4,535+300=4,835	98	473,830	전면 : $\left\{\dfrac{9,800-(100\times2)}{300}\right\}+1=33$본 후면 : $\left\{\dfrac{9,800-(100\times2)}{150}\right\}+1=65$본 ∴ 33 + 65 = 98본
A_3	D16	195+1,470+758+2,079 =4,502	65	292,630	
P_1	D13	270+1,950×2=4,170	65	271,050	$\left\{\dfrac{9,800-(100\times2)}{150}\right\}+1=65$본
F_1	D16	2,815+300=3,115	65	202,475	
F_2	D22	2,842+265=3,107	65	201,955	
F_3	D19	300+1,515=1,815	65	117,975	
F_4	D13	230+1,548=1,778	33	58,674	$\left\{\dfrac{9,800-(100\times2)}{300}\right\}+1=33$본

나. A_2, A_4, F_5, P_2 철근량 계산

기호	직경	길이(mm)	수량	총길이(mm)	수량 산출
A_2	D19	9,600	29	278,000	측면도에서 세면 = 29본
A_4	D19	9,600	20	192,000	측면도에서 세면 = 20본
F_5	D16	9,600	35	336,000	측면도에서 세면 = 35본
P_2	D13	9,600	12	115,200	측면도에서 세면 = 12본

다. S_1, S_2, S_3 철근

기호	직경	길이(mm)	수량	총길이(mm)	수량 산출
S_1	D13	494+100×2=694	30	20,820	그림 참조 = 7+8+7+8 = 30본
S_2	D13	218+100×2=418	15	6,270	그림 참조 = 7+8 = 15본
S_3	D13	648+(310+100)×2=1,468	32	46,967	그림 참조 = 8+8+8+8 = 32본

1-11 T형 교각(도로교 하부)

11 주어진 도면 및 조건을 따라 물량을 산출하시오.

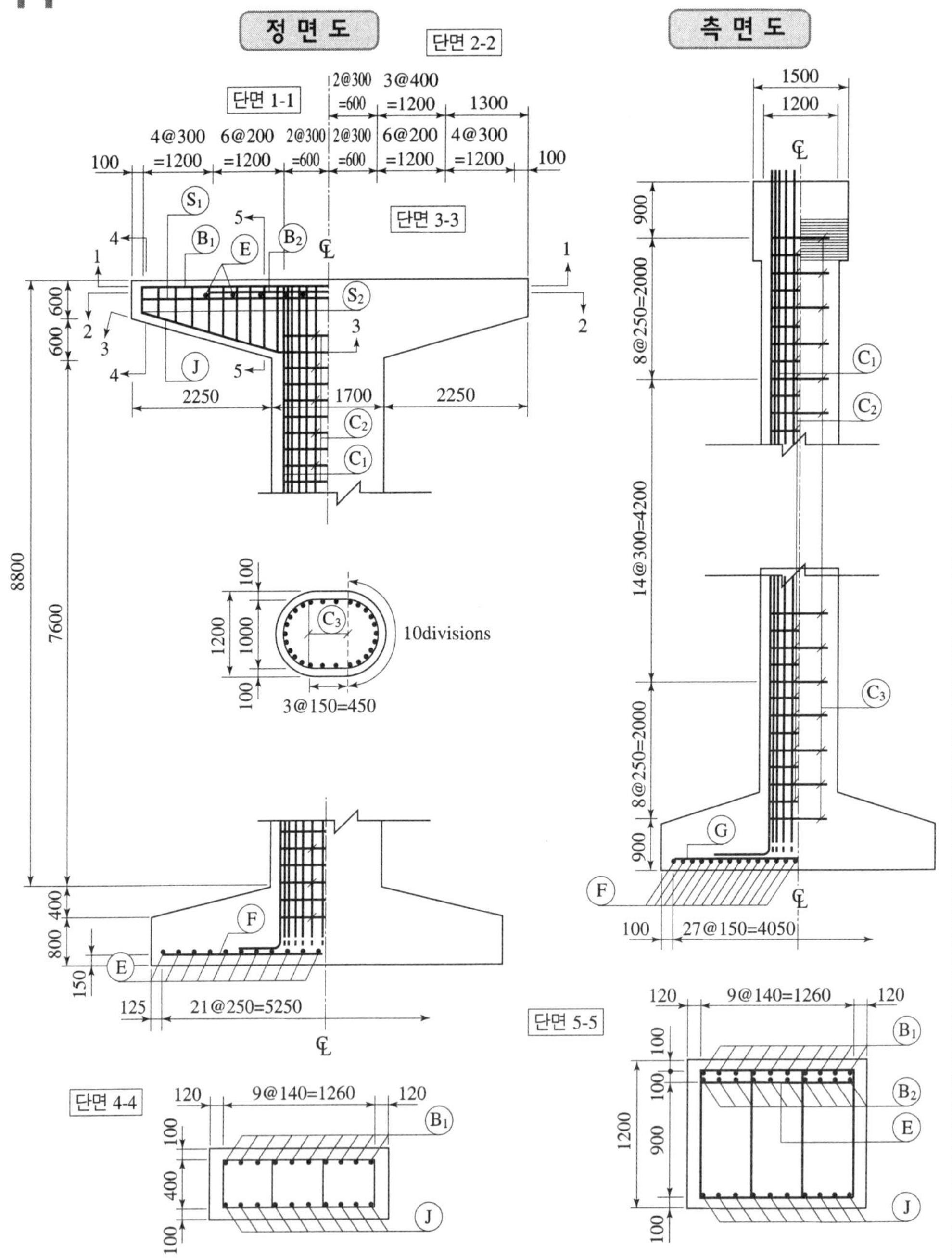

Chapter 01 토목설계(물량산출)

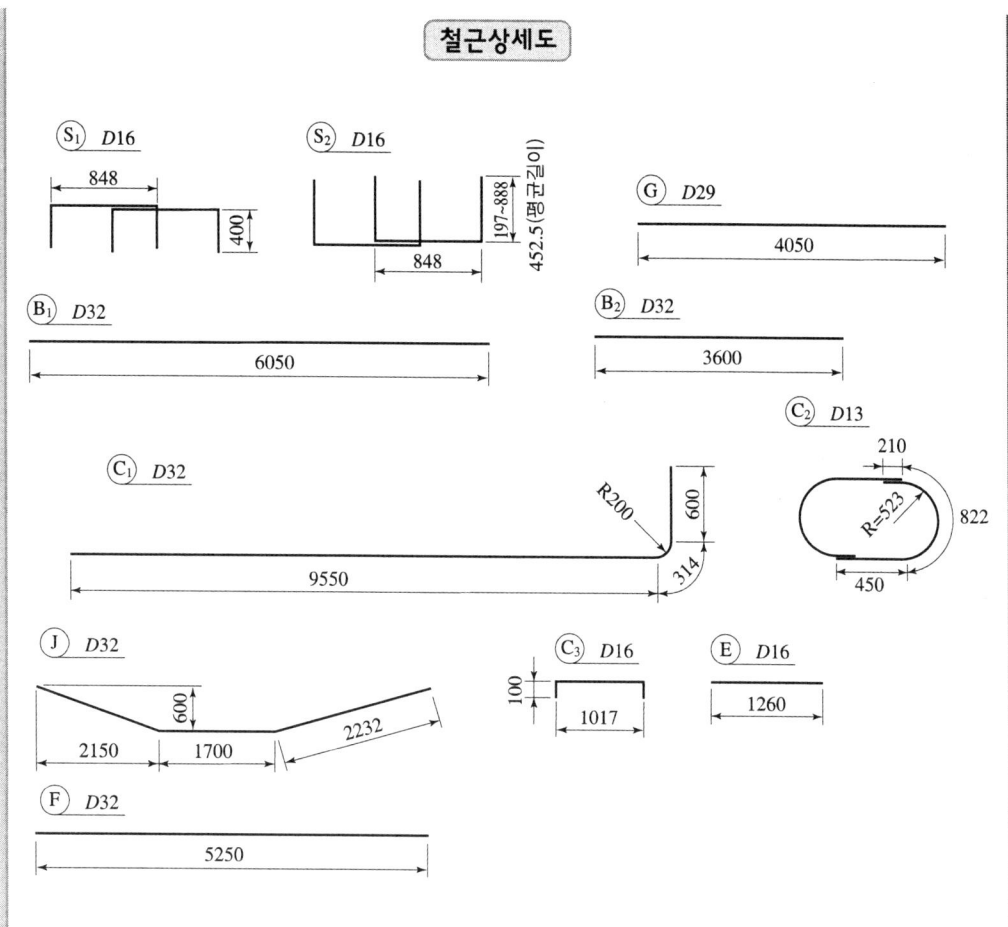

철근상세도

[조건]
① B_1, B_2, J 철근은 각각 140mm 간격으로 배근한다.
② G 철근은 250mm 간격으로 배근한다.
③ F 철근은 150mm 간격으로 배근한다.
④ 물량산출에서의 할증률은 무시한다.
⑤ 철근길이 계산에서 상세도에 표시되어 있지 않은 이음길이는 계산하지 않는다.

가. 교각 구조물의 상판, 기둥, 확대기초의 콘크리트량 (단, 소수 넷째자리에서 반올림하시오.)

나. 교각 구조물의 상판, 기둥, 확대기초의 거푸집량 (단, 소수 넷째자리에서 반올림하시오.)

다. 교각 구조물의 상판, 기둥, 확대기초의 철근표 (단, mm 단위 이하는 반올림하여 mm까지 구함.)

해설

1. 교각 구조물의 상판, 기둥, 확대기초의 콘크리트량

(1) 상판

① $V_1 = 0.6 \times 6.2 \times 1.5 = 5.58 \text{m}^3$

② $V_2 = \left(\dfrac{1.7+6.2}{2} \times 0.6\right) \times 1.5 = 3.555 \text{m}^3$

③ 상판의 콘크리트량 $V_1 + V_2 = 9.135 \text{m}^3$

(2) 기둥

V_3(기둥의 콘크리트량) $= (A_1 + A_2) \times 7.6$

$= \left[\dfrac{\pi \times 1.2^2}{4} + (0.5 \times 1.2)\right] \times 7.6$

$= 13.155 \text{m}^3$

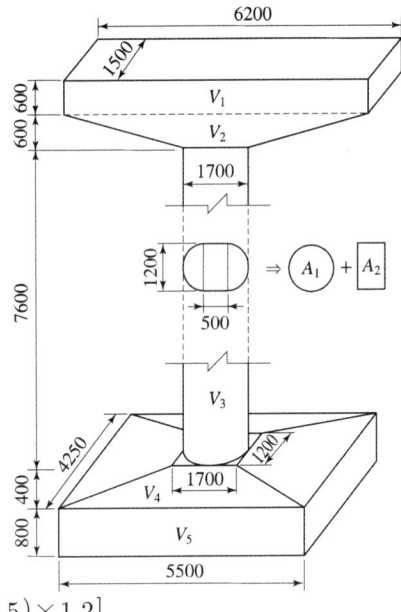

(3) 확대기초

① $V_4 = \dfrac{h}{6}\left[(2a+a')b + (2a'+a)b'\right]$

$= \dfrac{0.4}{6}\left[(2 \times 5.5 + 1.7) \times 4.25 + (2 \times 1.7 + 5.5) \times 1.2\right]$

$= 4.3103 \text{m}^3$

② $V_5 = 0.8 \times 5.5 \times 4.25 = 18.7 \text{m}^3$

③ 확대기초의 콘크리트량 $V_4 + V_5 = 23.010 \text{m}^3$

(4) 전체 콘크리트량

$V = V_1 + V_2 + \cdots\cdots + V_5 = 45.300 \text{m}^3$

2. 교각 구조물의 상판, 기둥, 확대기초의 거푸집량

(1) 상판

① $A_1 = 0.6 \times 1.5 \times 2(좌 \cdot 우) = 1.8 \text{m}^2$

② $A_2 = \left(0.6 \times 6.2 + \dfrac{1.7+6.2}{2} \times 0.6\right) \times 2(앞 \cdot 뒤)$

$= 12.18 \text{m}^2$

③ $A_3 = \sqrt{2.25^2 + 0.6^2} \times 1.5 \times 2(좌 \cdot 우)$

$= 6.9859 \text{m}^2$

④ $A_4 = 1.7 \times 1.5 - \left(\dfrac{\pi \times 1.2^2}{4} + 0.5 \times 1.2\right)$

$= 0.819 \text{m}^2$

⑤ 상판의 거푸집량 $= 21.785 \text{m}^2$

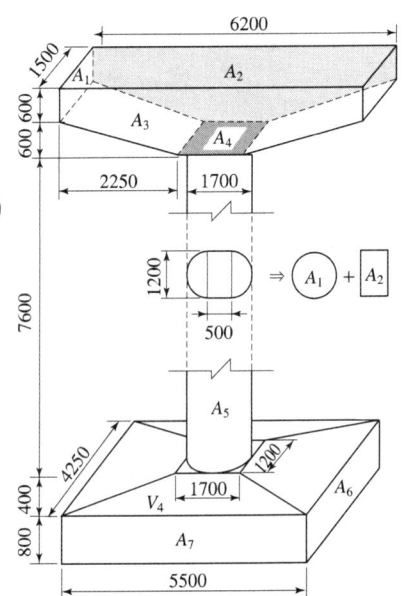

(2) 기둥

A_5(기둥의 거푸집량)$= (\pi \times 1.2 + 0.5 \times 2) \times 7.6 = 36.251 \text{m}^2$

(3) 확대기초

① $A_6 = 0.8 \times 4.25 \times 2(좌 \cdot 우) = 6.8 \text{m}^2$

② $A_7 = 0.8 \times 5.5 \times 2(앞 \cdot 뒤) = 8.8 \text{m}^2$

③ 확대기초의 거푸집량$= A_6 + A_7 = 15.6 \text{m}^2$

(4) 전체 거푸집량$= A_1 + A_2 + \cdots\cdots + A_7 = 73.636 \text{m}^2$

3. 철근 물량표(단, mm 단위 이하의 반올림하여 mm까지 구함.)

기호	직경	길이(mm)	수량	총길이(mm)	기호	직경	길이(mm)	수량	총길이(mm)
S_1	D16	1,648	50	82,400	C_1	D32	10,464	26	272,064
S_2	D16	1,753	50	87,650	C_2	D13	1,482	62	91,884
B_1	D32	6,050	10	60,500	C_3	D16	1,217	16	19,472
B_2	D32	3,600	10	36,000	G	D29	4,050	22	89,100
E	D16	1,260	11	13,860	F	D32	5,250	28	147,000
J	D32	6,164	10	61,640					

(1) 정면도상 선으로 보이는 철근(S_1, S_2, B_1, B_2, J, C_1)

기호	직경	본당길이(mm)	수량	총길이(mm)	수량 산출근거
S_1	D16	$(400 \times 2) + 848$ $= 1,648$	50	82,400	수량$=$간격수$+1$ $=[4+6+2+2+6+4)+1] \times 2$(2개씩 배근) $=50$개 * 간격수는 $1-1$ 단면, $3-3$ 단면의 간격수이다.
S_2	D16	$(452.5 \times 2) + 848$ $= 1,753$	50	87,650	수량$=$간격수$+1$ $=[4+6+2+2+6+4)+1] \times 2$(2개씩 배근) $=50$개
B_1	D32	6,050	10	60,500	단면 $5-5$에서 수량$=$간격수$+1=9+1=10$개
B_2	D32	3,600	10	36,000	단면 $5-5$에서 수량$=$간격수$+1=9+1=10$개
J	D32	$(2232 \times 2) + 1700$ $= 6,164$	10	61,640	단면 $5-5$에서 수량$=$간격수$+1=9+1=10$개
C_1	D32	$9550 + 314 + 600$ $= 10,464$	26	272,064	수량$=$간격수$=3+10+3+10=26$개
F	D32	5,250	28	147,000	측면도에서 수량$=$간격수$+1=27+1=28$개

(2) 정면도상 점으로 보이는 철근(E, G)

기호	직경	본당길이(mm)	수량	총길이(mm)	수량 산출근거
E	D16	1,260	11	13,860	2−2 단면에서 수량＝간격수＋1＝(3＋2＋2＋3)＋1 　　＝11개
G	D29	4,050	22	89,100	수량＝간격수＋1＝21＋1＝22개

(3) C_2, C_3 철근

기호	직경	본당길이(mm)	수량	총길이(mm)	수량 산출근거
C_2	D13	210＋822＋450 ＝1,482	62	91,884	측면도에서 수량＝간격수＋1 　　＝[(8＋14＋8)＋1]×2(2개씩 배근) 　　＝62개
C_3	D16	(100×2)＋1017 ＝1,217	16	19,472	측면도에서 수량＝간격수＋1＝(4＋7＋4)＋1 　　＝16개 혹은, 측면도사의 C3 개수를 센다.

1-12 원형 우물통 기초 (도로교 하부)

12 주어진 도면 및 조건에 따라 다음 물량을 산출하시오.

정 면 도(일반도 및 배근도)

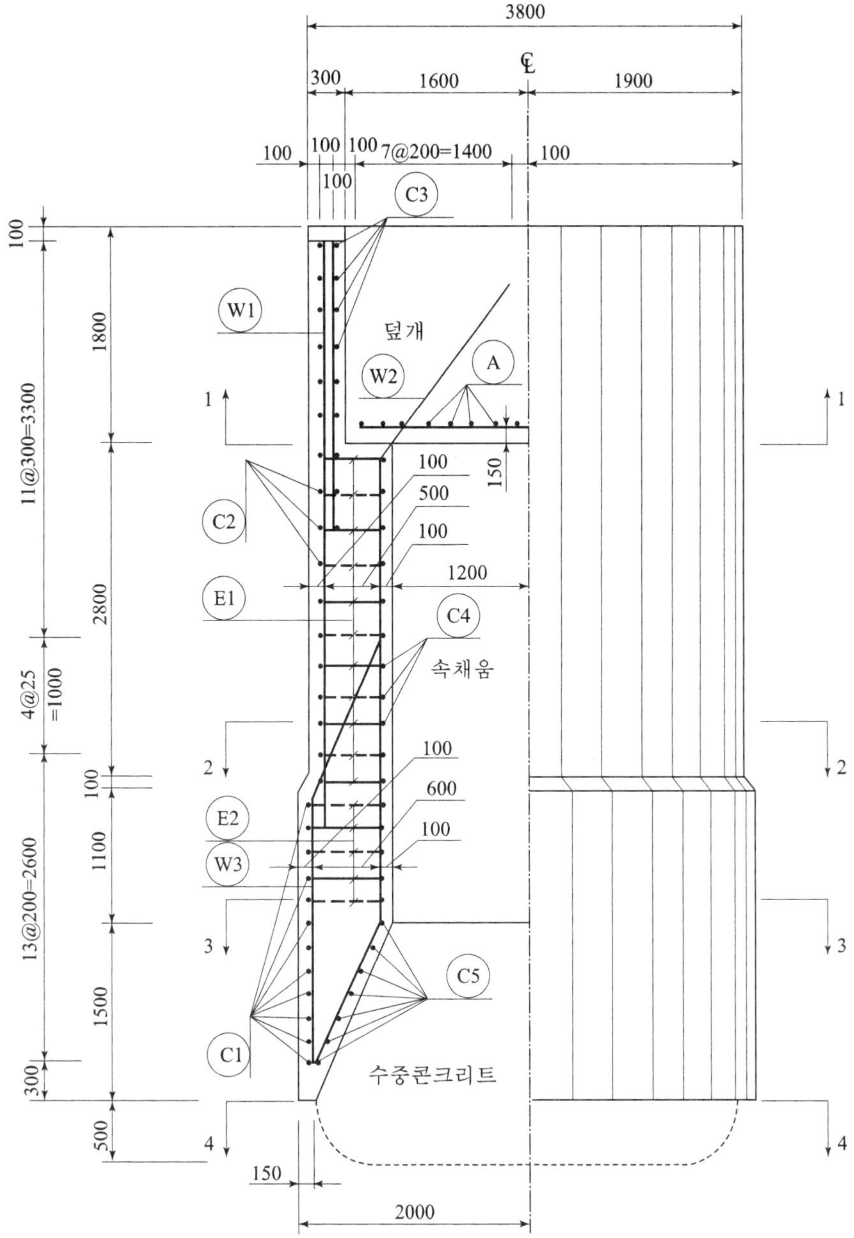

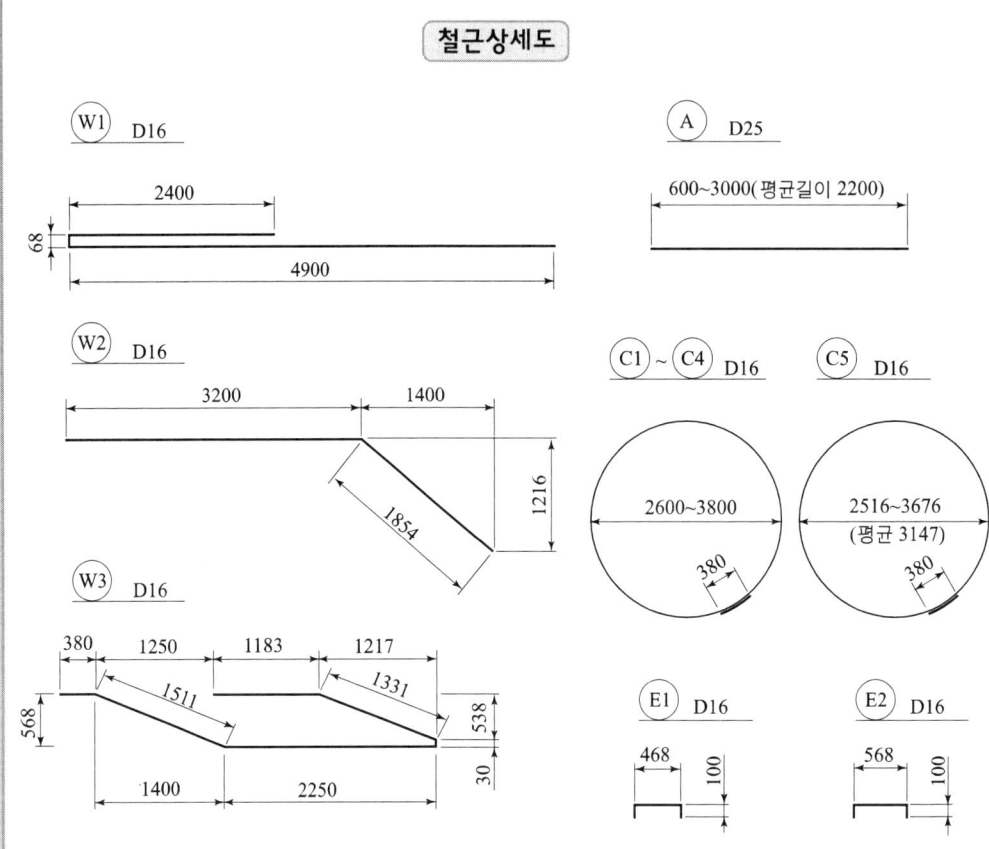

기호	D	$\pi \cdot D$
C_1	3800	11938
C_2	3600	11310
C_3	3400	10681
C_4	2600	8168

Chapter 01 토목설계(물량산출)

평면도(외형 단면도)

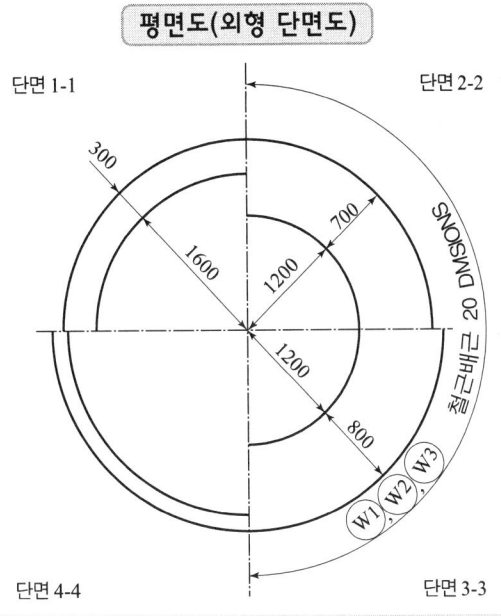

[조건]
① A, C_1, C_5 철근은 200mm 간격으로 배근한다.
② C_3 철근은 300mm 간격으로 배근한다.
③ C_2, C_4 철근은 하부에서 200mm, 상부에서 300mm, 중앙부에서 250mm 간격으로 배근한다.
④ W_1, W_2, W_3 철근은 원주상에 40등분으로 배근한다.
⑤ 물량 산출에서의 할증률 및 마구리면은 무시한다.
⑥ 철근 길이 계산에서 상세도에 표시되어 있지 않은 이음길이는 계산하지 않는다.

가. 원형 우물통 기초의 구체 콘크리트량을 구하시오.(단, 소수 3위 이하 반올림하며, 덮개, 속채움, 수중 콘크리트의 콘크리트량은 생략한다.)
나. 원형 우물통 기초의 거푸집량을 구하시오.(단, 소수 셋째자리에서 반올림)
다. 원형 우물통 기초의 철근량 산출을 위한 철근표를 완성하시오.

기호	직경	길이(mm)	수량	총길이(mm)	기호	직경	길이(mm)	수량	총길이(mm)
A					W_1				
C_1					W_2				
C_2					W_3				
C_3					E_1				
C_4					E_2				
C_5									

해설

1. 구체 콘크리트량 계산

수치도면	콘크리트량
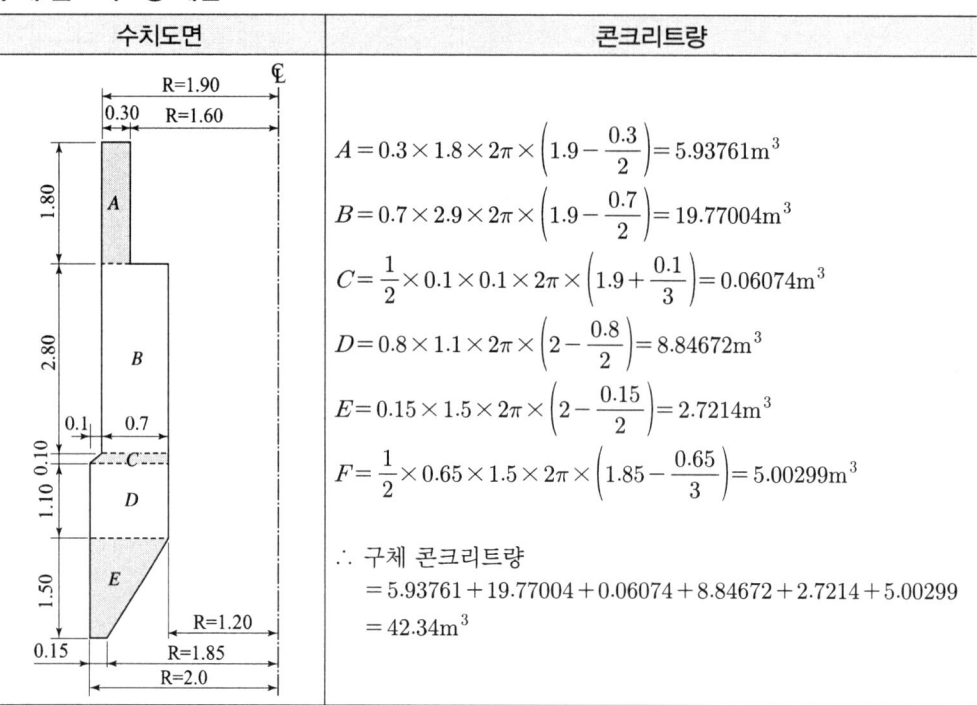	$A = 0.3 \times 1.8 \times 2\pi \times \left(1.9 - \dfrac{0.3}{2}\right) = 5.93761 \text{m}^3$ $B = 0.7 \times 2.9 \times 2\pi \times \left(1.9 - \dfrac{0.7}{2}\right) = 19.77004 \text{m}^3$ $C = \dfrac{1}{2} \times 0.1 \times 0.1 \times 2\pi \times \left(1.9 + \dfrac{0.1}{3}\right) = 0.06074 \text{m}^3$ $D = 0.8 \times 1.1 \times 2\pi \times \left(2 - \dfrac{0.8}{2}\right) = 8.84672 \text{m}^3$ $E = 0.15 \times 1.5 \times 2\pi \times \left(2 - \dfrac{0.15}{2}\right) = 2.7214 \text{m}^3$ $F = \dfrac{1}{2} \times 0.65 \times 1.5 \times 2\pi \times \left(1.85 - \dfrac{0.65}{3}\right) = 5.00299 \text{m}^3$ ∴ 구체 콘크리트량 $= 5.93761 + 19.77004 + 0.06074 + 8.84672 + 2.7214 + 5.00299$ $= 42.34 \text{m}^3$

2. 거푸집량 계산

수치도면	거푸집량
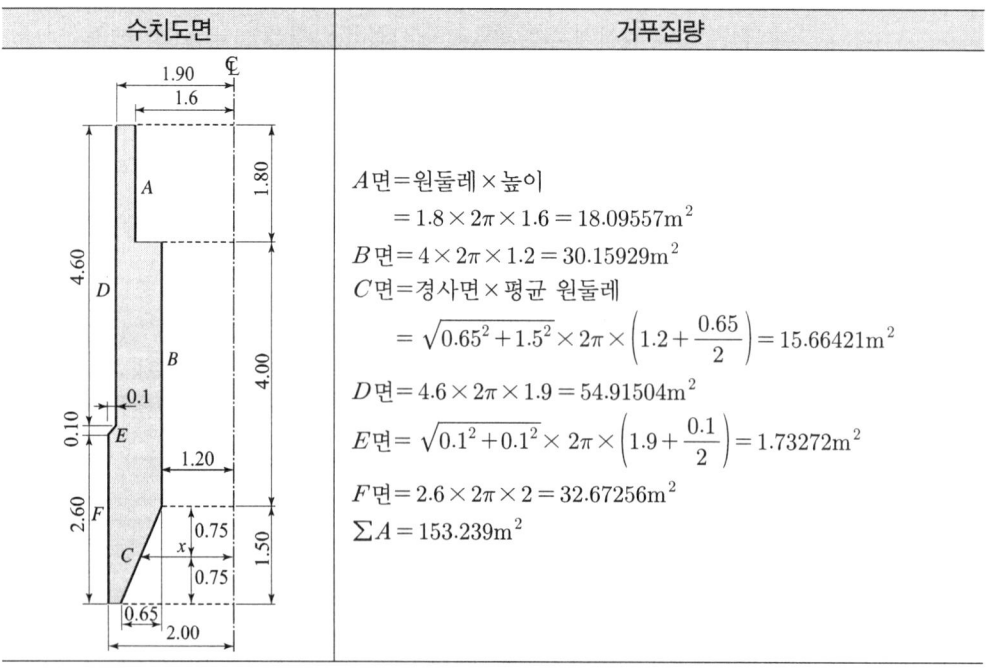	A면 = 원둘레 × 높이 $\quad = 1.8 \times 2\pi \times 1.6 = 18.09557 \text{m}^2$ B면 $= 4 \times 2\pi \times 1.2 = 30.15929 \text{m}^2$ C면 = 경사면 × 평균 원둘레 $\quad = \sqrt{0.65^2 + 1.5^2} \times 2\pi \times \left(1.2 + \dfrac{0.65}{2}\right) = 15.66421 \text{m}^2$ D면 $= 4.6 \times 2\pi \times 1.9 = 54.91504 \text{m}^2$ E면 $= \sqrt{0.1^2 + 0.1^2} \times 2\pi \times \left(1.9 + \dfrac{0.1}{2}\right) = 1.73272 \text{m}^2$ F면 $= 2.6 \times 2\pi \times 2 = 32.67256 \text{m}^2$ $\sum A = 153.239 \text{m}^2$

Chapter 01 토목설계(물량산출)

3. 철근 물량표

기호	직경	길이(mm)	수량	총길이(mm)	기호	직경	길이(mm)	수량	총길이(mm)
A	D25	2,200	32	70,400	W_1	D16	7,368	40	294,720
C_1	D16	12,318	12	147,816	W_2	D16	5,054	40	202,160
C_2	D16	11,690	17	198,730	W_3	D16	6,685	40	267,400
C_3	D16	11,061	9	99,549	E_1	D16	668	220	146,960
C_4	D16	8,548	16	136,768	E_2	D16	768	100	76,800
C_5	D16	10,267	7	71,869					

가. A, C_1, C_2, C_3, C_4, C_5 철근 수량 계산

기호	직경	길이(mm)	수량	총길이(mm)	수량 산출
A	D25	2,200	32	70,400	정면도에서 (7+1)×2(좌우)×2(종횡) = 32본
C_1	D16	11,938+380 = 12,318	12	147,816	정면도에서 세면 = 12본
C_2	D16	11,310+380 = 11,690	17	198,730	정면도에서 세면 = 17본
C_3	D16	10,681+380 = 11,061	9	99,549	정면도에서 세면 = 9본
C_4	D16	8,168+380 = 8,548	16	136,768	정면도에서 세면 = 16본
C_5	D16	$\pi \times 3{,}147+380 = 10{,}267$	7	71,869	정면도에서 세면 = 7본

나. W_1, W_2, W_3 철근량 계산

기호	직경	길이(mm)	수량	총길이(mm)	수량 산출
W1	D16	2,400+68+4,900 = 7,368	40	294,720	원주상 40등분이므로 = 40본 ※ 단면 3-3 참조
W2	D16	3,200+1,854 = 5,054	40	202,160	
W3	D16	380+1,511+2,250+30+1,331+1,183 = 6,685	40	267,400	

다. E_1, E_2 철근량 계산

기호	직경	길이(mm)	수량	총길이(mm)	수량 산출
E_1	D16	100×2+468=668	220	146,960	$\dfrac{11줄 \times 40등분}{2(지그재그배근)} = 220본$
E_2	D16	100×2+568=768	100	76,800	$\dfrac{5줄 \times 40등분}{2(지그재그배근)} = 100본$

참고 덮개, 속채움, 수중 콘크리트량 계산

1. 수치도면

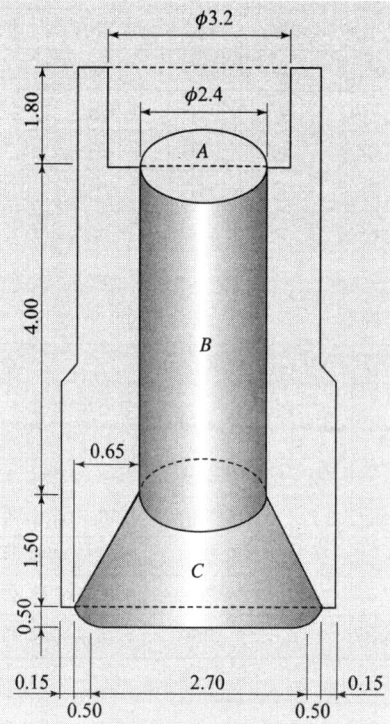

2. 콘크리트량

 가. 덮개 콘크리트량
$$A = \frac{\pi \times 3.2^2}{4} \times 1.8 = 14.476\,\text{m}^3$$

 나. 속채움 콘크리트량
$$B = \frac{\pi \times 2.4^2}{4} \times 4.0 = 18.096\,\text{m}^3$$

 다. 수중 콘크리트량
$$C = \frac{\pi \times h}{3}(a^2 + ab + b^2) = \frac{\pi \times 1.5}{3}(1.2^2 + 1.2 \times 1.85 + 1.85^2) = 11.125\,\text{m}^3$$

 ※ $a = 2.4 \times \dfrac{1}{2} = 1.2\,\text{m}$, $b = 3.7 \times \dfrac{1}{2} = 1.85\,\text{m}$

$$D = \frac{\pi \times 2.7^2}{4} \times 0.5 + \frac{\pi \times 1^2}{4} \times \frac{1}{4}\left[\left(1.35 + \frac{4 \times 0.5}{3\pi}\right) \times 2\right]\pi = 2.863 + 1.927 = 4.790\,\text{m}^3$$

※ 4분원의 도심 = $\dfrac{4r}{3\pi}$

 수중 콘크리트량 = $11.125 + 4.790 = 15.92\,\text{m}^3$

Chapter 02

공정관리

2-1 공정관리 일반

1. 관리 사이클

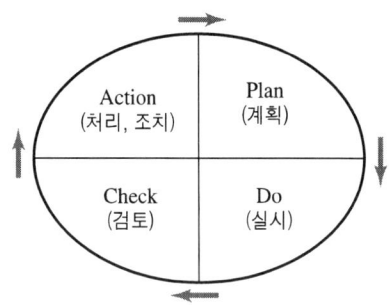

2. 공사 관리

공사 관리란 5M을 이용하여 5R의 목표 달성

5M	인원 (men) 방법 (method) 재료 (materials) 기계 (machines) 공사비 (money)	5R	적정한 생산물 (right product) 적정한 품질 (right quality) 적정한 수량 (right quantity) 적정한 시간 (right time) 적정한 가격 (right price)

3. 공사관리 요소

(1) 공사관리 3대 요소 ★★★

① 품질 관리   ② 공정 관리   ③ 원가 관리

(2) 공사관리 4대 요소

① 품질 관리   ② 공정 관리   ③ 원가 관리   ④ 안전 관리

4. 공사 시공 원칙

(1) 공사 시공 3원칙

① 품질은 좋게   ② 공기는 빨리
③ 공비는 싸게

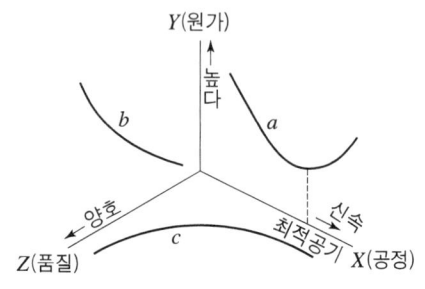

(2) 공사 시공 4원칙

① 품질은 좋게   ② 공기는 빨리   ③ 공비는 싸게   ④ 안전 철저

5. 관리의 상호 관계

공정을 너무 촉진시키면 원가가 높아진다.

6. 최적공기(CPM : critical path method)

총공사비가 최소가 되는 공기

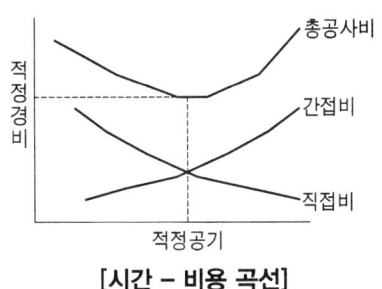

[시간 – 비용 곡선]

7. 공정 관리 기법 종류 ★

(1) 횡선식 공정표(막대 그래프 공정표, bar chart, gantt chart) 장점 ★★
① 작성이 쉽다.　② 개요 파악이 용이하다.
③ 수정이 쉽다.　④ 작업간의 관계가 불명확하다.
⑤ 전체적인 합리성이 적다.

(2) 사선식 공정표(기성고 공정표)
기성고 공정곡선의 장점은 다음과 같다.
① 전체 공정의 진도 파악이 용이하다.
② 계획과 실적의 차이를 파악하기 쉽다.
③ 시공속도 파악이 용이하다.
④ 작성이 쉽다.

(3) 진도관리 곡선(바나나 곡선)
A점 : 불경제 시공 or 부실의 우려가 있으므로 충분히 검토할 것.
B 점 : 예정대로 공사 진행할 것.
C 점 : 공기가 많이 늦었으므로 공정을 촉진
D 점 : 허용 한계 내에 있으나 공기가 가까우므로 더욱 촉진시킬 것.

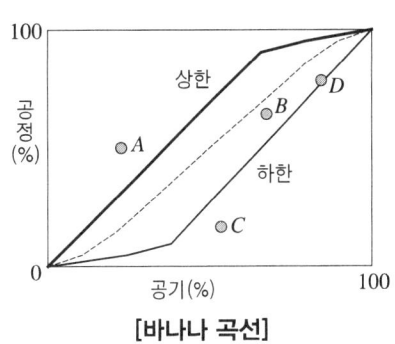

[바나나 곡선]

(4) PERT 기법
① 기대시간
　㉠ 3점법 계산 ★★★★★★★★★★
　　불확정 요소를 고려하여 3점법 시간 추정하며, 기댓값의 신뢰성을 뜻한다.

$$t_e = \frac{t_o + 4t_m + t_p}{6}$$

여기서, t_e : 기대시간(사사오입하여 계산), t_o : 낙관시간, t_m : 정상시간, t_p : 비관시간

○ 1점법

한 번의 시간 추정으로 그친다.

$t_e = t_m$

② 분산(Variance : σ^2) 계산 ★★★★★★★★★★

분산은 관찰 대상이 되는 집단 전체인 모집단의 분포상태를 나타낸다.

$$\sigma^2 = \left(\frac{t_p - t_o}{6}\right)^2$$

여기서, t_p : 비관시간, t_o : 낙관시간

2-2 NET WORK 공정표

1. Net Work 공정표 일반

① PERT
② CPM - 작업 순서가 잘 표현됨.
           - 전체와 부분의 관계 명확
           - 중점 관리 용이
           - 작성상의 어려움.
           - 수정, 변경에 많은 노력과 시간이 든다.
           - 숙련이 필요하다.
           - 작업시간의 추정
           - 안전은 높게

2. 작업 단계(event) 중심 관리

(1) 최조 및 최지 시간

① 각종 최조시간
    ○ 최조 시간(T_E) = 전진 계산(최대값)
    ○ 최조 개시시간(EST) = T_{Ei}
    ○ 최조 완료시간(EFT) = $T_{Ei} + D$

② 각종 최지시간
    ○ 최지 시간(T_L) = 후진 계산(최소값)

ⓒ 최지 개시시간(LST)= $T_{Lj} - D$

ⓒ 최지 완료시간(LFT)= T_{Lj}

(2) 여유(Slack)

① 여유(S)= $T_L - T_E$

㉠ 정여유(Positive slack)

㉡ 영여유(Zero slack)

㉢ 부여유(negative slack) : 계획 성립 안됨

② 총 여유(TF)= $T_{Lj} - (T_{Ei} + D)$

③ 자유 여유(FF)= $T_{Ej} - (T_{Ei} + D)$

④ 간섭 여유(DF, 종석 여유, 독립 여유)= $TF - FF = T_{Lj} - T_{Ej}$

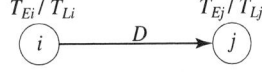

(3) 주공정선 (CP : critical path)

① $T_L - T_E = 0$(굵은 선)

② $TF = FF = 0$(굵은 선)

3. Net Work의 용어

네트워크공정표는 결합점(Event)과 액티비티(Activity) 그리고 더미(Dummy)로 구성된다. 네트워크의 결합점과 액티비티, 더미의 역할은 다음과 같다.

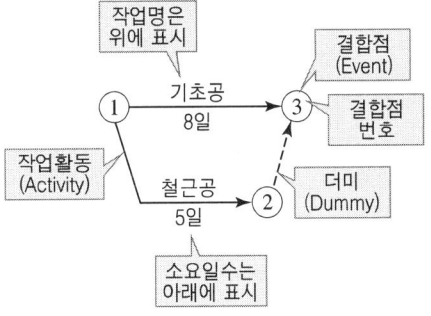

(1) Activity (작업, 활동)

① 화살형(Arrow)으로 나타낸다.

② 작업을 나타내며 일반적으로 작업명은 위에, 소요일수는 아래에 나타낸다.

③ 화살선의 길이는 작업소요일수와 관계가 없다.

(2) Event(결합점, Node라고도 표현함)

① 작업의 종료, 개시 또는 작업과 작업간의 연결점을 나타낸다.

② Event에는 번호를 붙여 작업명을 나타낸다.

위 그림에서 기초공은 ①-③작업, 철근공은 ①-②작업이라고 말한다.

(3) Dummy(더미, 의미상 활동)

① 점선 화살선으로 나타낸다.
② 시간과 물량이 없는 명목상의 작업으로서 네트워크 공정표를 작성하는데 중요한 의미를 갖는다.

4. Net Work의 작성 원칙

① **공정원칙** : 모든 공정은 대체 공정이 아닌 각 작업별 독립된 공정으로 반드시 수행완료 되어야 한다.
② **단계원칙** : 어느 단계에 연결되어 있는 모든 활동이 완료되기 전까지는 후속작업을 개시 할 수 없다.
③ **활동원칙** : 결합점 사이에는 하나의 활동(작업)이 요구되며 필요에 따라 명목상 활동 (더미)을 도입해야 한다.
④ **연결원칙** : 공정표상 각 활동은 화살표 한쪽 방향으로 표시하며 개시와 종료 결합점은 하나이어야 한다.

5. 네트워크 공정표 작성의 기본규칙

① 작업의 시작점과 끝점은 Event로 표시되어야 하고 Event와 Event사이에는 하나의 Activity만 존재하여야 한다.

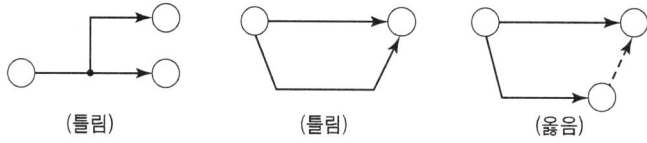
(틀림)   (틀림)   (옳음)

② 결합점에 들어오는 선행작업이 모두 완료되지 않으면 그 결합점에서 나가는 작업은 개시될 수 없다.

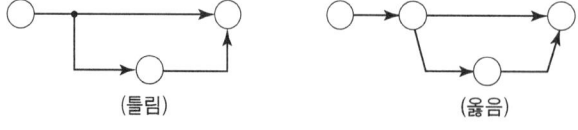
(틀림)   (옳음)

③ 네트워크의 최초 개시 결합점과 최종 종료 결합점은 하나씩이어야 한다.

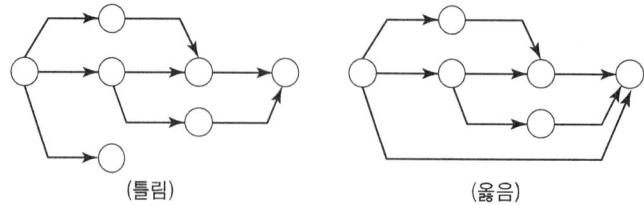
(틀림)   (옳음)

④ 네트워크상 작업을 표시하는 화살선은 역진 또는 회송되어서는 안 된다.

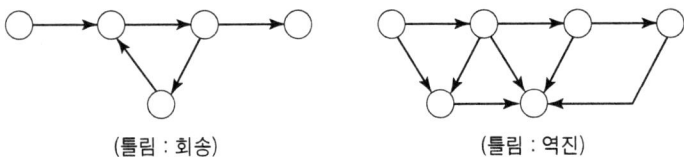

⑤ 가능한한 작업의 상호간 교차를 피한다.

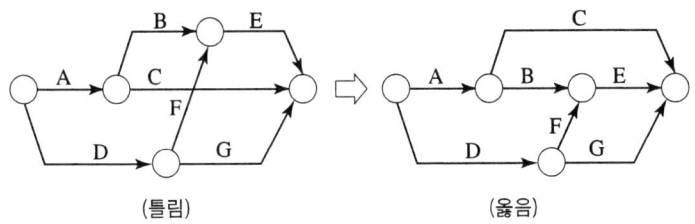

단, 부득이한 경우는 교차될 수도 있다.

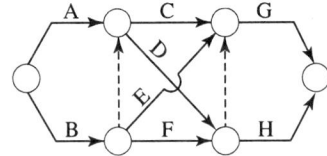

⑥ 무의미한 더미(Dummy)는 피한다.

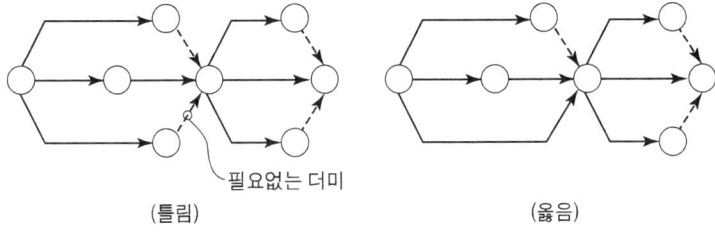

Chapter 02 공정관리

확인 학습 문제

01 다음 네트워크(network)의 최조 착수 시간 T_E와 최지 착수 시간 T_L을 계산하고, 주공정선(critical path)을 답안지에 굵은 선으로 표시하시오.

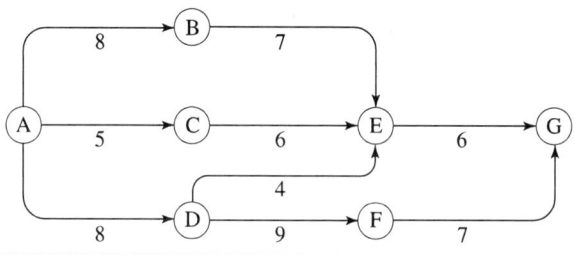

해설

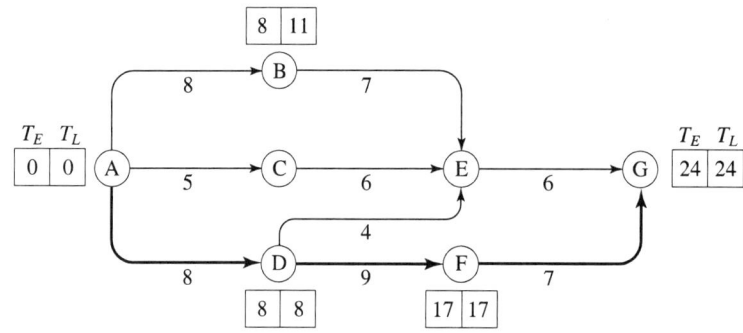

02 다음 네트워크(network) 공정표에서 각 작업의 일정계산 및 여유시간을 구하고 각 결합점에서는 LFT EFT EST LST 로 표시하시오.

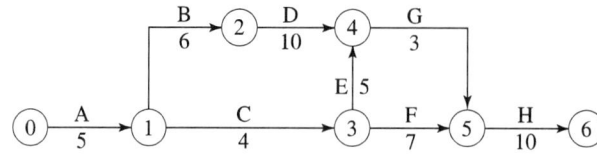

(1) 공정표

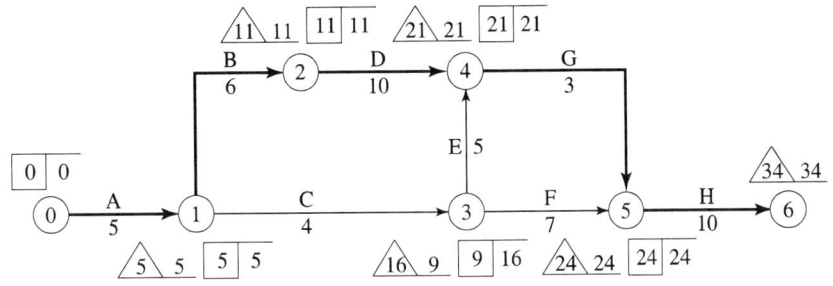

(2) 일정계산 및 여유시간 계산

작업명	소요일수	T_E		T_L		TF	FF	DF
		EST	EFT	LST	LFT			
A	5	0	0+5=5	5-5=0	5	5-0-5=0	5-0-5=0	0-0=0
B	6	5	5+6=11	11-6=5	11	11-5-6=0	11-5-6=0	0-0=0
C	4	5	5+4=9	16-4=12	16	16-5-4=7	9-5-4=0	7-0=7
D	10	11	11+10=21	21-10=11	21	21-11-10=0	21-11-10=0	0-0=0
E	5	9	9+5=14	21-5=16	21	21-9-5=7	21-9-5=7	7-7=0
F	7	9	9+7=16	24-7=17	24	24-9-7=8	24-9-7=8	8-8=0
G	3	21	21+3=24	24-3=21	24	24-21-3=0	24-21-3=0	0-0=0
H	10	24	24+10=34	34-10=24	34	34-24-10=0	34-24-10=0	0-0=0

03 다음 네트워크(network)의 최조 착수 시간 T_E와 최지 착수 시간 T_L을 계산하고, 주공정선(C.P)은 굵은 선으로 답안지에 표시하시오.

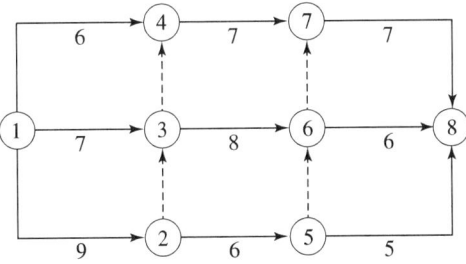

해설

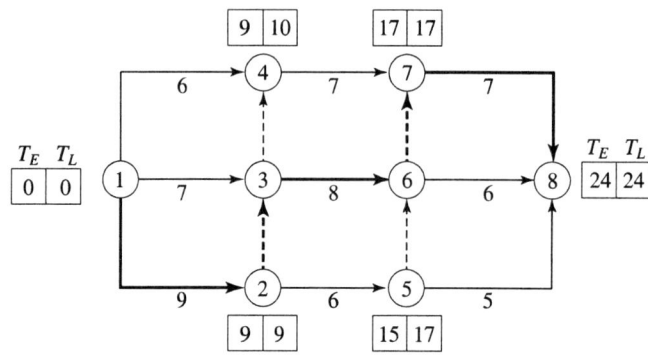

∴ C.P : ① → ② → ③ → ⑥ → ⑦ → ⑧

04 다음 표와 같이 A부터 G까지의 작업으로 이루어진 공사의 data로 부터 애로우 다이어그램(arrow diagram)을 작성하시오.

작 업 명	선행 작업	후속 작업	비 고
A	없음	B, C, D	(예)
B	A	E, F	
C	A	F	⓪ ──A──► ①
D	A	G	activity
E	B	G	
F	B, C	G	
G	D, E, F	없음	

해설

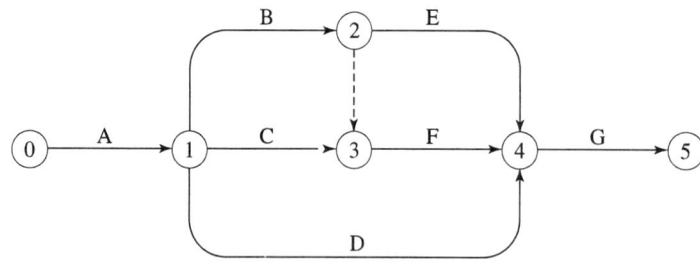

Chapter 02 공정관리

★★★★★

05 다음 데이터(data)를 네트워크(network) 공정표로 작성하고 요구 작업에 대해서 여유 시간을 계산하시오. (단, 주공정선(C.P)은 굵은 선으로 표시하시오.)

작업명	공정 관계	작업 일수	선행 작업
A	⓪ → ①	5	–
B	⓪ → ②	4	–
C	⓪ → ③	6	–
D	① → ④	7	A, B, C
E	② → ⑤	8	B, C
F	③ → ⑥	4	C
G	④ → ⑦	6	D, E, F
H	⑤ → ⑦	4	E, F
I	⑥ → ⑦	5	F
J	⑦ → ⑧	2	G, H, I

작업명	TF(총 여유)	FF(자유 여유)	DF(독립 여유)
B			
D			
F			
G			
I			

해설

(1) 네트워크 공정표

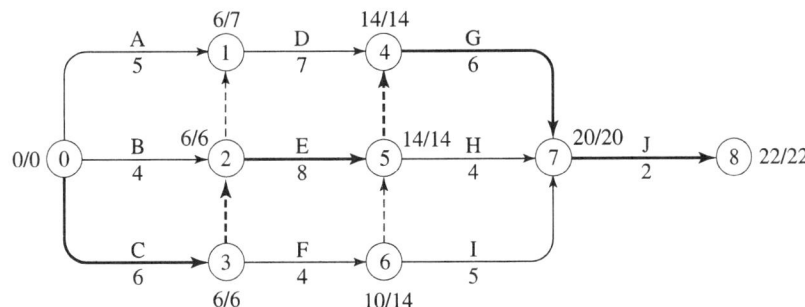

(2) 여유 시간 계산

작업명	TF(총 여유)	FF(자유 여유)	DF(독립 여유)
B	6−(0+4)=2	6−(0+4)=2	2−2=0
D	14−(6+7)=1	14−(6+7)=1	1−1=0
F	14−(6+4)=4	10−(6+4)=0	4−0=4
G	20−(14+6)=0	20−(14+6)=0	0−0=0
I	20−(10+5)=5	20−(10+5)=5	5−5=0

06 다음 작업 List를 가지고 Network를 그리고, Critical Path를 굵은 선으로 표시하고 최종 소요 공기 일수를 구하시오.

작업명	선행 작업	후속 작업	소요 공기 일수
A	–	C, D	5
B	–	E, F	9
C	A	E, F	7
D	A	H	8
E	B, C	G	5
F	B, C	H	4
G	E	–	4
H	D, F	–	8

해설

(1) Network 공정표

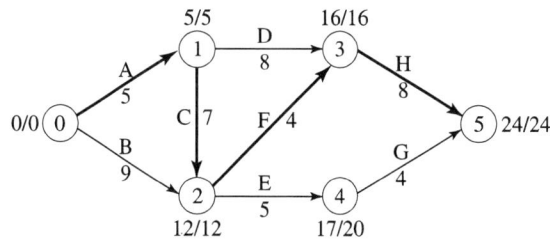

(2) 최종 소요 공기 일수 : 24일

07 다음 데이터를 네트워크 공정표로 작성하시오.

작업명	작업 일수	선행 작업	비 고
A	5	없음	주공정선은 굵은 선으로 표시한다. 각 결합점 일정계산은 PERT기법에 의거 다음과 같이 계산한다.
B	7	없음	
C	3	없음	
D	4	A, B	
E	8	A, B	
F	6	B, C	
G	5	B, C	

(단, 결합점 번호는 규정에 따라 반드시 기입한다.)

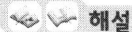해설

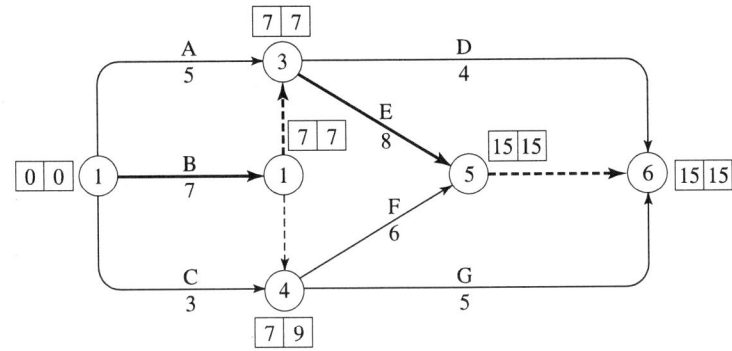

08 다음의 활동목록표를 계산에 의해 완성하고 한계공정선(critical path)을 제시하시오.

활동	공사기간	가장 빠른 작업		가장 늦은 작업	
		개시시간	완료시간	개시시간	완료시간
1→2	2				
1→3	5				
2→4	2				
3→4	0				
3→6	3				
4→5	4				
5→6	0				
5→7	4				
6→7	6				

해설

(1) 공정표

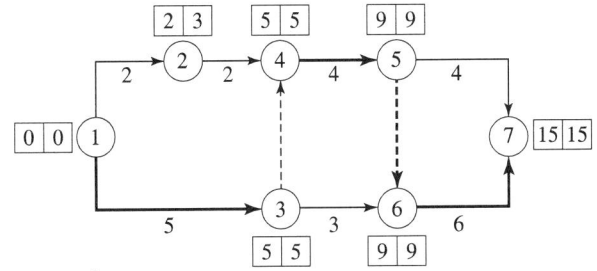

(2) 일정계산

activity	공사기간	T_E		T_L		TF	CP
		EST	EFT	LST	LFT		
1→2	2	0	0+2=2	3−2=1	3	3−0−2=1	
1→3	5	0	0+5=5	5−5=0	5	5−0−5=0	★
2→4	2	2	2+2=4	5−2=3	5	5−2−2=1	
3→4	0	5	5+0=5	5−0=5	5	5−5−0=0	★
3→6	3	5	5+3=8	9−3=6	9	9−5−3=1	
4→5	4	5	5+4=9	9−4=5	9	9−5−4=0	★
5→6	0	9	9+0=9	9−0=9	9	9−9−0=0	★
5→7	4	9	9+4=13	15−4=11	15	15−9−4=2	
6→7	6	9	9+6=15	15−6=9	15	15−9−6=0	★

09 다음 데이터를 네트워크 공정표로 작성하시오.

작업명	작업 일수	선행 작업	비 고
A	1	없음	단, 화살형 네트워크로 주공정선은 굵은 선으로 표시하고, 각 결합점에서의 계산은 다음과 같다.
B	2	없음	
C	3	없음	
D	6	A, B, C	
E	4	B, C	
F	2	C	

해설

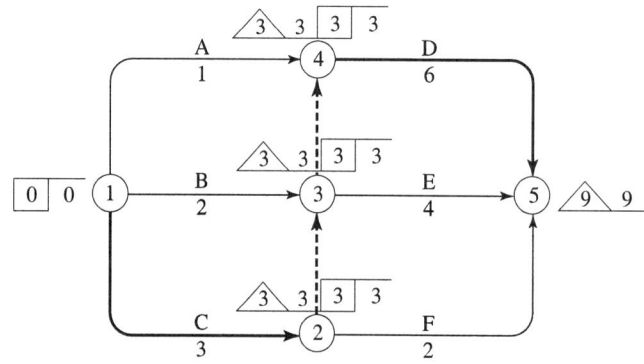

Chapter 02 공정관리

★★★★★★

10 다음 데이터를 네트워크 공정표로 작성하고, 각 작업의 여유 시간을 구하시오.

작업명	작업 일수	선행 작업	비고
A	5	없음	네트워크 작성은 다음과 같이
B	3	없음	
C	2	없음	EST | LST LFT \ EFT
D	2	A, B	i ─작업명→ j
E	5	A, B, C	작업일수
F	4	A, C	로 표기하고, 주공정선은 굵은 선으로 표시하시오.

해설

(1) 네트워크 공정표

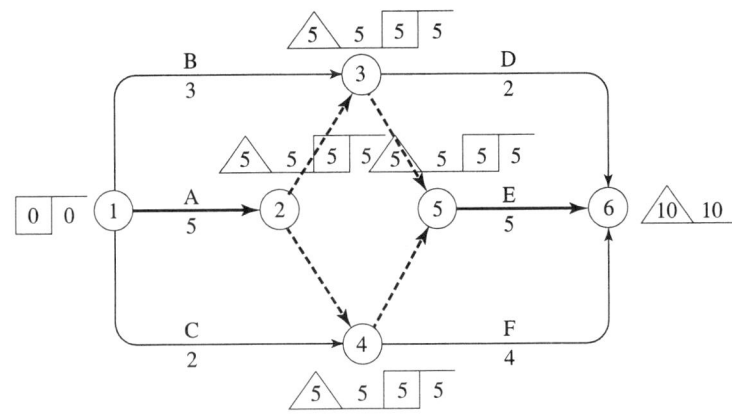

(2) 각 작업의 여유 시간

작업명	TF	FF	DF
A	5−0−5=0	5−0−5=0	0−0=0
B	5−0−3=2	5−0−3=2	2−2=0
C	5−0−2=3	5−0−2=3	3−3=0
D	10−5−2=3	10−5−2=3	3−3=0
E	10−5−5=0	10−5−5=0	0−0=0
F	10−5−4=1	10−5−4=1	1−1=0

11 다음 데이터를 네트워크 공정표로 작성하시오.(단, ① 결합점시각 및 작업여유 시간은 ![표기법] 와 같이 표기하고, ② 주공정선은 굵은 선으로 표시한다.)

작업명	선행 작업	작업 일수	비 고
A	없음	3	
B	없음	5	더미는 작업이 아니므로 여유 시간 계산에서는 대상에 제외하고 실작업의 여유만 계산한다.
C	없음	2	
D	B	3	
E	A, B, C	4	
F	C	2	

해설

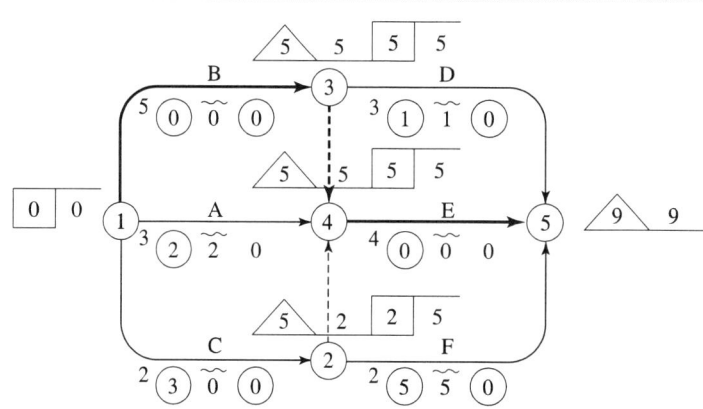

작업명	작업일수	TF	FF	DF	CP
A	3	5-0-3=2	5-0-3=2	2-2=0	
B	5	5-0-5=0	5-0-5=0	0-0=0	★
C	2	5-0-2=3	2-0-2=0	3-0=3	
D	3	9-5-3=1	9-5-3=1	1-1=0	
E	4	9-5-4=0	9-5-4=0	0-0=0	★
F	2	9-2-2=5	9-2-2=5	5-5=0	

Chapter 02 공정관리

12 다음에 주어진 횡선식 공정표(bar chart)를 네트워크(network) 공정표로 작성하시오. (단, ① 주공정선은 굵은선으로 표시한다. ② 화살형 네트워크로 하며, 각 결합점에서의 계산은 다음과 같다.)

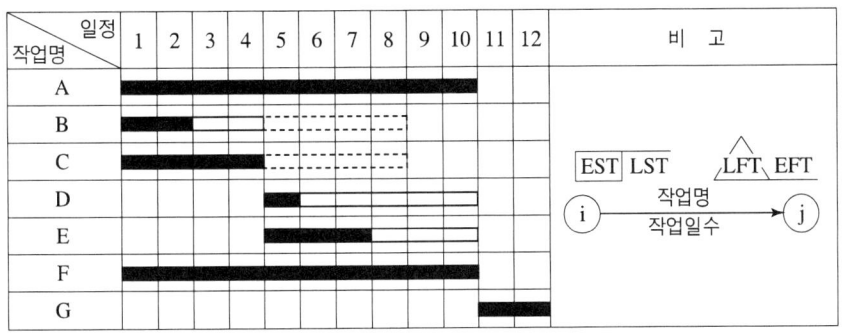

해설

(1) 작업 리스트 작성

작업명	작업 일수	선행 작업	후속 작업	FF	DF
A	10	없음	G	0	0
B	2	없음	D, E	2	4
C	4	없음	D, E	0	4
D	1	B, C	G	5	0
E	3	B, C	G	3	0
F	10	없음	G	0	0
G	2	A, D, E, F	없음	0	0

(2) 작업 리스트로 네트워크 공정표 작성

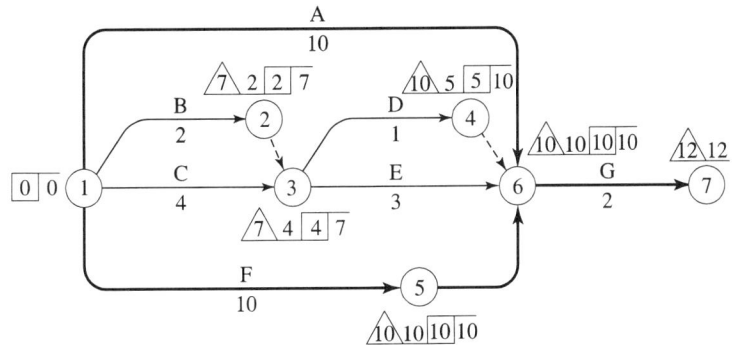

(∵ FF, DF가 0인 작업이 주공정선이 된다.)

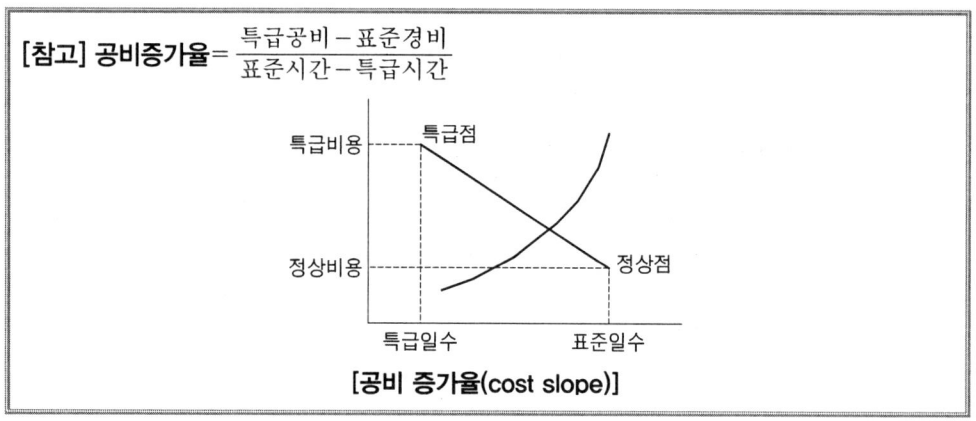

★★★★★★★★

13 다음 그림과 같은 Network에 대하여 정상 공기와 정상 공기에 의한 공비 그리고 특급 공기와 특급 공기에 의한 공사비가 다음과 같이 주어져 있다. 공기를 4일간 단축하려고 한다. 최소의 추가 공사비를 계산하시오.

소요 작업	정 상		특 급	
	공기(일)	공비(원)	공기(일)	공비(원)
1-2	10	20,000	9	30,000
1-3	22	24,000	18	50,000
2-3	14	28,000	13	50,000
2-4	24	20,000	22	25,000
3-4	12	68,000	8	84,000
합계		160,000		239,000

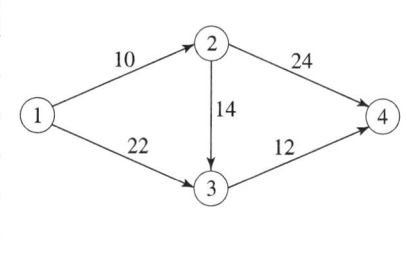

해설

(1) 공정표 및 C.P선

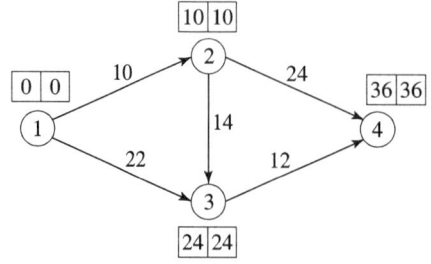

(2) 비용 경사

소요 작업	단축 가능 일수	비용 경사(원)
1 → 2	1	$\dfrac{30{,}000-20{,}000}{10-9}=10{,}000$
1 → 3	4	$\dfrac{50{,}000-24{,}000}{22-18}=6{,}500$
2 → 3	1	$\dfrac{50{,}000-28{,}000}{14-13}=22{,}000$
2 → 4	2	$\dfrac{25{,}000-20{,}000}{24-22}=2{,}500$
3 → 4	4	$\dfrac{84{,}000-68{,}000}{12-8}=4{,}000$

(3) 공기 4일 단축

소요 작업	단축 가능 일수	단축일수	비용경사	36일→34일 ③→④	32일 ②→④	32일 ③→④
1 → 2	1		10,000원			
1 → 3	4		6,500원			
2 → 3	1		22,000원			
2 → 4	2	2단계조합 2일 (3-4)	2,500원		2×2,500원 =5,000원	
3 → 4	4	1단계 2일 2단계조합 2일 (2-4)	4,000원	2×4,000원 =8,000원		2×4,000원 =8,000원

∴ 추가 비용=8,000+5,000+8,000=21,000원

★★★★★★★★★★

14 다음의 Network와 작업 데이트는 어떤 공사 계획의 일부이다. 이 공정에서 공기의 3일 단축할 필요가 생겼을시 extra-cost(여분출비)는 얼마인가? (단, 증가 비용은 단축 일수에 비례하는 것으로 한다.)

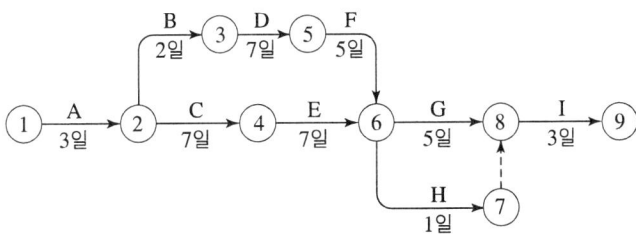

작업명	표준 작업		Crash 상태	
	작업 일수	비용	작업 일수	비용
A	3	30만원	2	33만원
B	2	40만원	1	50만원
C	7	60만원	5	80만원
D	7	100만원	5	130만원
E	7	80만원	5	90만원
F	5	50만원	3	74만원
G	5	70만원	5	70만원
H	1	15만원	1	15만원
I	3	20만원	3	20만원

해설

(1) 공정표 및 C.P선

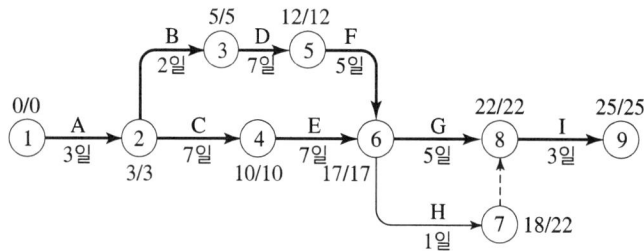

(2) 비용경사

작업명	단축 가능 일수	단축순서	비용 구배	단축일수	추가 비용
A	1	1단계	3만원	1	3만원
B	1	2단계 (B+E)	10만원	1	10만원
C	2		10만원		
D	2		15만원		
E	2	2단계(B+E) 3단계(E+F)	5만원	2	2×5만원=10만원
F	2	3단계 (E+F)	12만원	1	12만원
계				3	35만원

(3) 여분출비

∴ 여분출비 = 3만원+(10만원+5만원)+(5만원+12만원)=35만원

Chapter 02 공정관리

15 아래 작업 List를 가지고 화살선도를 그리고 표준일수에 대한 Critical Path를 그리고 공비 증가율, EST, LST, EFT, LFT, TF, FF, DF의 빈 칸을 채우고, 총 공사비가 가장 적게 들기 위한 최적 공기를 구하시오. (단, 간접비는 1일당 60만원이 소요된다.)

작업명	선행작업	후속작업	표 준		특 급		공 비 증가율	개 시		완 료		Float		
			일수	직접비(만원)	일수	직접비(만원)		EST	LST	EFT	LFT	TF	FF	DF
A	–	C, D	4	210	3	280								
B	–	E, F	8	400	6	560								
C	A	E, F	6	500	4	600								
D	A	H	9	540	7	600								
E	B, C	G	4	500	1	1,100								
F	B, C	H	5	150	4	240								
G	E	–	3	150	3	150								
H	D, F	–	7	600	6	750								

해설

(1) 공정표

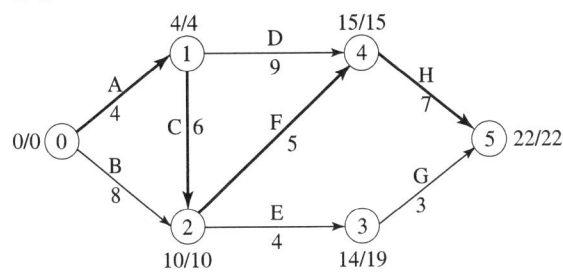

(2) 공비 증가율 $\left(= 비용\ 경사 = \dfrac{특급\ 공기 - 표준\ 공비}{표준\ 시간 - 특급\ 시간}\right)$

작업명	공비 증가율(만원/일)	작업명	공비 증가율(만원/일)
A	$\dfrac{280-210}{4-3}=70$	E	$\dfrac{1100-500}{4-1}=200$
B	$\dfrac{560-400}{8-6}=80$	F	$\dfrac{240-150}{5-4}=90$
C	$\dfrac{600-500}{6-4}=50$	G	$\dfrac{150-150}{3-3}=0$
D	$\dfrac{600-540}{9-7}=30$	H	$\dfrac{750-600}{7-6}=150$

(3) 일정

작업명	표준일수	EST	LST	EFT	LFT	TF	FF	DF
A	4	0	4−4=0	0+4=4	4	4−0−4=0	4−0−4=0	0−0=0
B	8	0	10−8=2	0+8=8	10	10−0−8=2	10−0−8=2	2−2=0
C	6	4	10−6=4	4+6=10	10	10−4−6=0	10−4−6=0	0−0=0
D	9	4	15−9=6	4+9=13	15	15−4−9=2	15−4−9=2	2−2=0
E	4	10	19−4=15	10+4=14	19	19−10−4=5	14−10−4=0	5−0=5
F	5	10	15−5=10	10+5=15	15	15−10−5=0	15−10−5=0	0−0=0
G	3	14	22−3=19	14+3=17	22	22−14−3=5	22−14−3=5	5−5=0
H	7	15	22−7=15	15+7=22	22	22−15−7=0	22−15−7=0	0−0=0

(4) 최적 공기 계산

작업명	단축가능일수	비용경사(만원)	단축순서	단축일수	공사기간	직접비	간접비	총공사비
A	1	70			22일	3,050만원	1,320만원	4,370만원
B	2	80	1단계 : C	1일	21일	3,050+50 =3,100만원	1,320−60 =1,260만원	4,360만원
C	2	50	2단계 : C	1일	20일	3,100+50 =3,150만원	1,260−60 =1,200만원	4,350만원
D	2	30	3단계 : D,F	1일	19일	3,150+30+90 =3,270만원	1,200−60 =1,140만원	4,410만원
E	3	200						
F	1	90				1		
G	−	0						
H	1	150					1	

∴ 최적 공기 : 20일, 총 공사비 : 4,350만원

16 아래 그림과 같은 화살선도가 있다. 화살선 밑의 숫자 좌측이 표준 시간, 우측이 특급 시간을 표시하고 있다. ( ) 내의 숫자는 1일 단축하는 데 필요한 직접비 할증 비용, 즉 공비 증가율이다. 표준 시간에 대한 간접비가 60만원이고 1일 단축시 5만원씩 감소하며, 표준 시간에 대한 직접비는 60만원일 때 다음 사항을 구하시오.

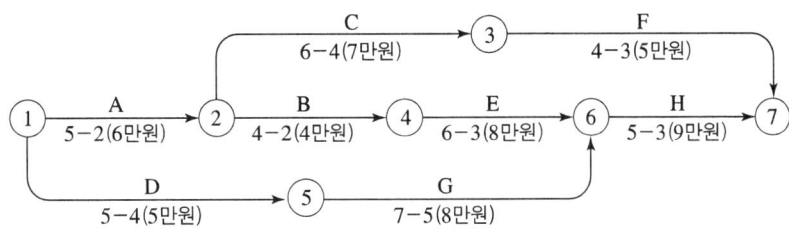

(1) CP를 찾으시오. (단, 표준 시간에 대한)

(2) 공기 단축에 대한 답란의 공비증가액(직접비)이 작은 것부터 차례로 적어서 완성하시오.

단축 작업명	단축 일수	기 간	직접 비용 증가액	단축 작업명	단축 일수	기 간	직접 비용 증가액
	—	20일			1	15일	
	1	19일			1	14일	
	1	18일			1	13일	
	1	17일			1	12일	
	1	16일					

(3) 다음에 주어진 그래프에 직접비, 간접비, 총공비 곡선을 작도하시오.

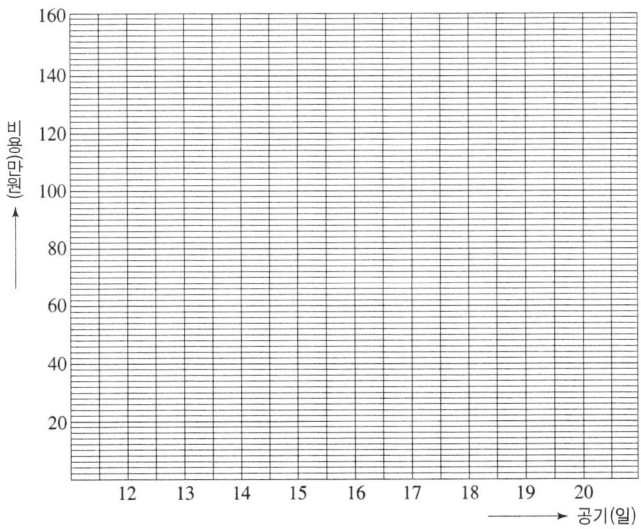

(4) 최적 공기와 그 때의 총공비를 구하시오.

 해설

(1) 공정표

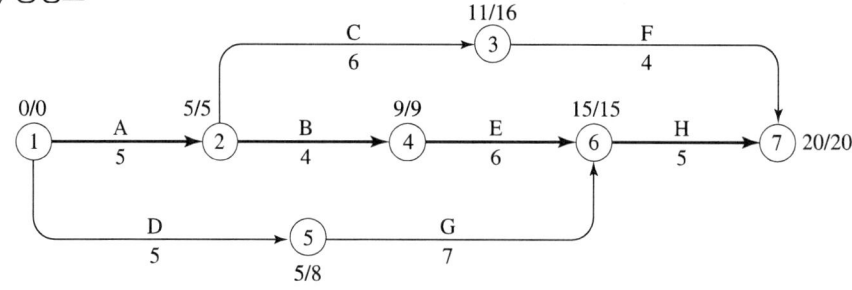

∴ CP : ① → ② → ④ → ⑥ → ⑦

(2) 비용계산

단축 작업명	단축 일수	공기 (일)	직접비용 증가액(만원)	직접비 (만원)	간접비 (만원)	총공사비 (만원)
–	–	20	–	60	60	60+60 = 120
B	1	19	1×4 = 4	60+4 = 64	60−5 = 55	64+55 = 119
B	1	18	1×4 = 4	64+4 = 68	55−5 = 50	68+50 = 118
A	1	17	1×6 = 6	68+6 = 74	50−5 = 45	74+45 = 119
H	1	16	1×9 = 9	74+9 = 83	45−5 = 40	83+40 = 123
H	1	15	1×9 = 9	83+9 = 92	40−5 = 35	92+35 = 127
A, D	1	14	1×6 + 1×5 = 11	92+11 = 103	35−5 = 30	103+30 = 133
A, G	1	13	1×6 + 1×8 = 14	103+14 = 117	30−5 = 25	117+25 = 142
E, G	1	12	1×8 + 1×8 = 16	117+16 = 133	25−5 = 20	133+20 = 153

∴ 최적 공기 : 20일, 총 공사비 : 4,350만원

(3) 직접비, 간접비, 총공사비 곡선

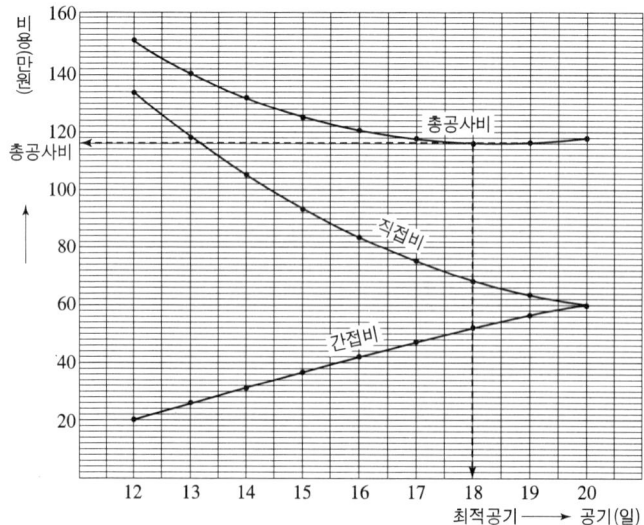

(4) ∴ 최적 공기 : 18일,   총 공사비 118만원

17 아래 그림의 네트워크에서 공사 시작 후 15일째에 진도 관리를 행한 결과 각 작업별 잔여 공기가 표와 같이 판단되었다면 당초의 공기와 비교하여 전체 공기에는 어떠한 영향이 미치는가? (단, 괄호 내는 각 작업 공기이다.

작업	잔여 공기	작업	잔여 공기
1-2	0	3-5	7
1-6	0	4-5	2
1-9	0	7-8	10
2-3	3	10-8	7
6-7	2	5-11	2
9-10	3	8-11	5
3-4	4		

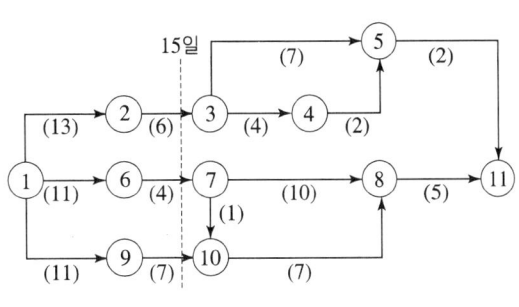

해설

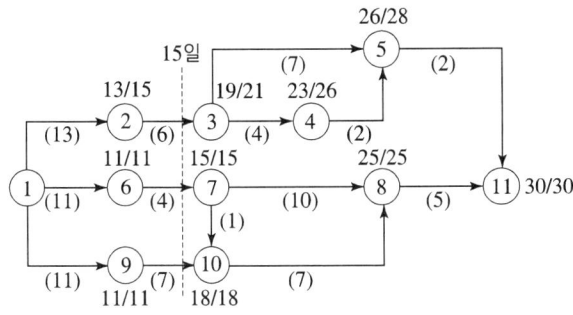

(1) C.P 계산

C.P : ① → ⑥ → ⑦ → ⑧ → ⑪
    ① → ⑨ → ⑩ → ⑧ → ⑪

(2) 진도 관리 15일을 기준으로 여유일과 잔여일 계산

작 업	여 유 일	잔여 공기	비 고
②-③	21-15=6일	3일	정 상
⑥-⑦	15-15=0일	2일	2일 초과
⑨-⑩	18-15=3일	3일	정 상

∴ C.P은 ⑥ → ⑦에서 2일 지연되므로 전체 공기에는 2일 지연

18 다음 네트워크(network)에서 다음 사항에 대해서 작성하시오. (단, ( ) 속의 숫자는 1일당 소요 인원)

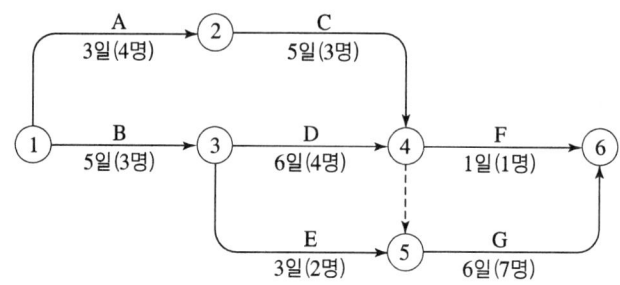

(1) 최조 개시 때의 산적(loading)표
(2) 최지 개시 때의 산적(loading)표
(3) 인력 평준화표(단, 제한 인원 : 7명)
(4) 수정 네트워크(network)

해설

(1) 네트워크(network) 공정표

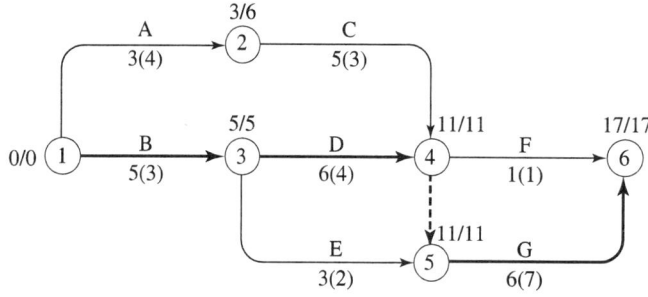

∴ CP : ① → ③ → ④ → ⑤ → ⑥

(2) 최조 개시 때의 산적표

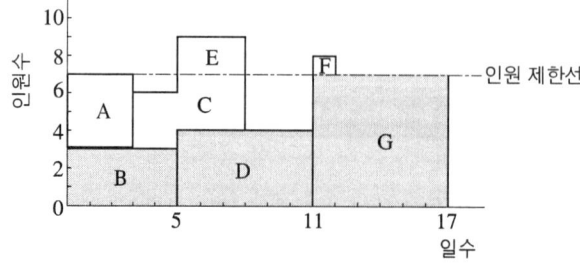

(3) 최지 개시 때의 산적표

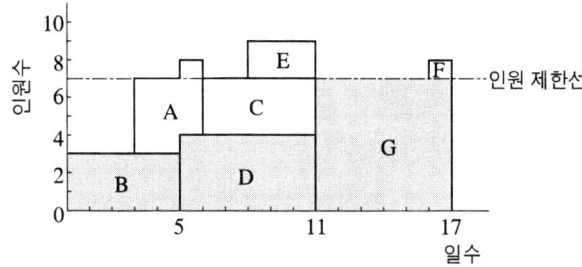

(4) 인력 평준화표

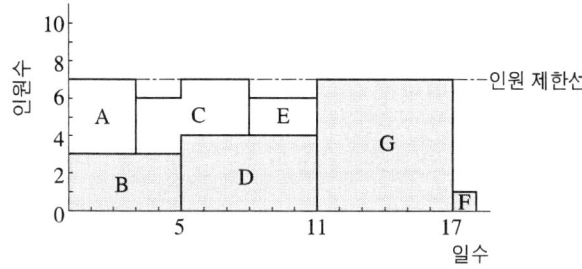

(5) 수정 네트워크(공사 기간이 1일 연기되어 18일이 된다.)

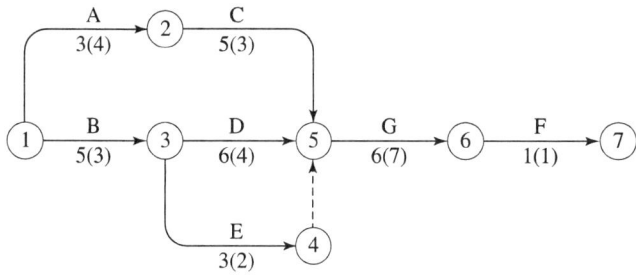

2-3 품질 관리

1. 공사 품질 관리 순서

① 품질 특성 결정(시공 방법)   ② 품질 표준 결정
③ 작업 표준 결정   ④ 작업 실시
⑤ 관리한계 설정   ⑥ 히스토그램 작성
⑦ 관리도 작성   ⑧ 관리 한계 재 설정

2. 품질 관리 3요소

① 품질 유지
② 품질 향상
③ 품질 보증

3. 측정치의 통계 특성

(1) 산술평균($\overline{x}$) 계산 ★★★★★★★

평균값은 다음 식에 의해서 구하고 원 데이터보다 한자리 아래까지 구한다.

$$\overline{x} = \frac{x_1 + x_2 + \cdots\cdots + x_n}{n} = \frac{\sum x_i}{n}$$

(2) 중위수($\overline{x}$)

데이터를 크기순으로 재배열하였을 때 중앙에 위치한 값으로 메디안(Median)이라고도 한다. 이때 데이터가 짝수면 가운데 두 값을 평균한 값이 중위수가 된다.

(3) 범위(R)

범위(Range)란 데이터의 최대치($x_{\max}$)와 최소치($x_{\min}$)의 차를 말한다.

$$R = x_{\max} - x_{\min}$$

(4) 변동(S) 계산 ★★★★★★★

편차제곱함으로서, 각 측정데이터와 평균치와의 차(편차)를 제곱하여 더한 값을 말한다.

$$S = (x_1 - \overline{x})^2 + (x_2 - \overline{x})^2 + L + (x_n - \overline{x})^2 = \sum (x_1 - \overline{x})^2$$

(5) 분산(Variance : σ^2)

평균편차제곱합으로서, 편차제곱합을 데이터수로 나누어 데이터 1개의 산포 크기로 표시한 것이다. 분산은 관찰 대상이 되는 집단 전체인 모집단의 분포상태를 나타낸다.

$$\sigma^2 = \frac{S}{n} = \frac{\sum (x_i - \overline{x})^2}{n} = \frac{\sum x_i^2}{n} - \overline{x}^2$$

(6) 불편분산(V)

편차 제곱합을 n 대신에 $(n-1)$로 나눈다. 불편분산은 관찰 대상의 일부를 조사한 것으로 기준이 될 만한 것들을 뽑은 일부 자료를 토대로 원래의 관찰 대상 전체의 성질을 추측할 수 있는 표준자료이다.

$$V = \frac{S}{n-1}$$

(7) 표준편차(Standard Deviation : σ) 계산 ★★★★★★★★★★

분산의 제곱근으로서 데이터 1개당의 산포를 평균치와 같은 단위로 나타낸 것이다.

$$\sigma = \sqrt{\frac{S}{n}} = \sqrt{\frac{\sum (x_i - \overline{x})^2}{n}} = \sqrt{\frac{\sum x_i^2}{n} - \overline{x}^2}$$

불편분산에 의한 표준편차(불편분산의 제곱근)

$$\sigma = \sqrt{\frac{S}{n-1}}$$

(8) 변동계수(Coefficient of Variation : CV) ★★★★★★★★

표준편차(σ)를 평균치($\overline{x}$)로 나눈값으로 백분율로 표시한다.

$$CV = \frac{\sigma}{\overline{x}} \times 100(\%)$$

(9) 공정능력지수(Process Capability Index, Cp, 공정능력비)

공정능력지수(공정능력비)는 공정(Process)을 개선하기 위해서 요구되는 수준과 업무 결과에 대한 비교를 통해 공정능력을 측정하기 위한 방법이다.

① 양측 규격의 경우 계산 ★★★★★★★

$$Cp = \frac{SU - SL}{6\sigma}$$

② 편측 규격의 경우 계산 ★★★★★★★★

$$Cp = \frac{\overline{x} - SL}{3\sigma}$$

(10) 규격치에 대한 여유치 계산 ★★★★★

$\dfrac{SU-SL}{\sigma} \geq 6$ 이어야 하므로

여유치 $= \left[\left(\dfrac{SU-SL}{\sigma}\right)-6\right]\cdot \sigma$

 **정규분포곡선**

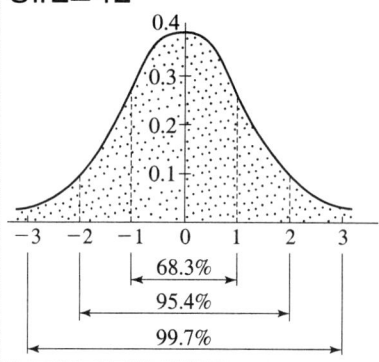

 **변동계수와 품질관리 상태**

일반적으로 다음의 변동계수 값에 따라 품질관리 상태를 평가한다.

변동계수	품질관리 상태
10% 이하	매우우수
10~15%	우수
15~20%	보통
20% 이상	불량

Chapter 02 공정관리

[연습문제 1] ★★★★★★★

어떤 콘크리트 구조물 공사에서 4개의 콘크리트 시료에 대한 압축강도를 측정하여 각각 194kg/cm², 200kg/cm², 210kg/cm², 220kg/cm²을 얻었다. 이 콘크리트 시료의 변동계수를 구하고 구조물의 품질관리를 쓰시오. (단, 소수 2자리에서 반올림하시오.)

해설

① 평균 $\bar{x} = \dfrac{194+200+210+220}{4} = 206\,(\text{kg/cm}^2)$

② 표준편차 $\sigma = \sqrt{\dfrac{170.136}{4-1}} = 7.53$

$\sum x_i^2 = 194^2 + 200^2 + 210^2 + 220^2 = 170.136$

③ 변동계수 $CV = \dfrac{7.53}{206} \times 100 = 3.7\,(\%)$

④ 품질관리상태 : 변동계수가 10% 이하이므로 품질관리 상태가 매우 우수함.

[연습문제 2] ★★★★★★★

콘크리트 품질관리 방법에서 $\bar{x} - R$ 관리도에 의한 관리가 있다. 다음의 콘크리트 압축강도 측정결과를 보고 다음 물음에 산출근거와 답을 답안지에 답하시오.

조번호	측정값		
	x_1	x_2	x_3
1	281	290	245
2	278	260	281
3	262	284	305
4	287	293	308

($X - R$ 관리도 계수)

n	2	3	4
A_2	1.88	1.02	0.73
D_3	–	–	–
D_4	3.27	2.57	2.28

(1) 답안지를 채우시오.
(2) 전체평균($\overline{X}$), R의 평균값을 구하시오.
(3) $\overline{X}$관리도의 상한관리선(UCL), 하한관리선(LCL)를 구하시오.
(4) R 관리도의 상한관리선(UCL), 하한관리선(LCL)를 구하시오.

해설

(1)

조번호	측정값			합계 $\sum X$	평균치 $\overline{X}$	범위 R
	x_1	x_2	x_3			
1	281	290	245	816	272.0	45
2	278	260	281	819	273.0	21
3	262	284	305	851	283.7	43
4	287	293	308	888	296.0	21
합 계					1,124.7	130

(2) ① 전체평균 $\overline{X} = \dfrac{\Sigma \overline{X}}{n} = \dfrac{1124.7}{4} = 281.18$

② 범위평균 $\overline{R} = \dfrac{\Sigma R}{n} = \dfrac{130}{4} = 32.5$

(3) 각 조의 측정값의 수(n)가 3개일 때의 $A_2 = 1.02$이므로

① $UCL = \overline{X} + A_2 \overline{R} = 281.18 + 1.02 \times 32.5 = 314.33$

② $LCL = \overline{X} - A_2 \overline{R} = 281.18 - 1.02 \times 32.5 = 248.03$

(4) $D_4 = 2.57$이고, D_3는 n이 6개 이하이므로 고려하지 않는다.

① $UCL = D_4 \overline{R} = 2.57 \times 32.5 = 83.525$

② $LCL = D_3 \overline{R}$ = 고려치 않음

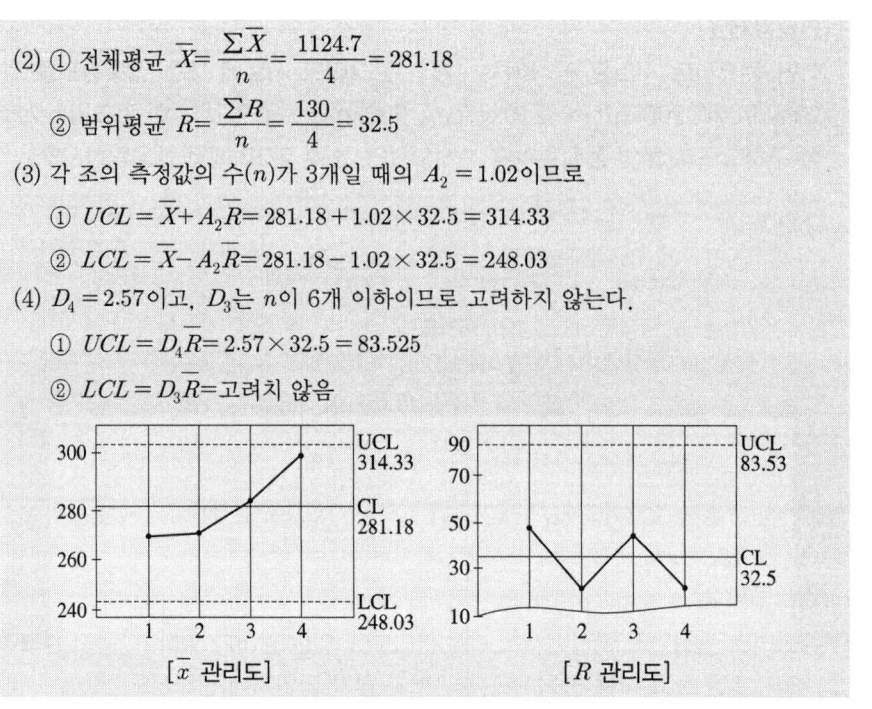

[$\overline{x}$ 관리도]   [R 관리도]

4. 관리도

관리도란 공정의 상태를 나타내는 특성치에 대하여 작성된 그래프로서 공정을 관리상태로 유지하기 위하여 사용하며, 공정에 관한 데이터를 해석하여 필요한 정보를 얻고 공정을 효과적으로 관리하는데 목적이 있다.

① 관리도의 종류

종류	데이터의 종류	관리도	적용이론
계량값 관리도	길이, 중량, 강도, 화학성분, 압력, 슬럼프, 공기량, 생산량	• $\overline{x} - R$ 관리도(평균값과 범위의 관리도) — 평균값과 범위(데이터 변화)의 관리도 — 관리도의 가장 기본이 되는 관리 • $\overline{x} - \sigma$ 관리도(평균값과 표준편차의 관리도) • X 관리도(측정값 자체의 관리도)	정규분포
계수값 관리도	제품의 불량률	P 관리도(불량률 관리도)	이항분포
	불량 개수	Pn 관리도(불량 개수 관리도)	
	결점수(시료 크기가 같을 때)	C 관리도(결점수 관리도)	푸아송분포
	단위당 결점수(단위가 다를 때)	U 관리도(단위당 결점수 관리도)	

② $\overline{x} - R$ 관리도

㉠ 평균($\overline{x}$)과 범위(R)를 계산한다.

ⓒ 전체평균($\bar{x}$)을 계산한다. $\quad \bar{x} = \dfrac{\sum \bar{x}}{n}$

ⓒ 범위의 평균($\bar{R}$)을 계산한다. $\quad \bar{R} = \dfrac{\sum R}{n}$

ⓔ 관리한계선을 구한다.
  ⓐ $\bar{x}$ 관리도의 관리한계선
   • 중심선 $CL = \bar{x}$
   • 상한 관리한계 $UCL = \bar{x} + A_2 \cdot R$
   • 하한 관리한계 $LCL = \bar{x} - A_2 \cdot R$
   (A_2 : 각 조의 측정값의 수에 따라 정하는 계수)
  ⓑ R 관리도의 관리 한계선
   • 중심선 $CL = \bar{x}$
   • 상한 관리한계 $UCL = D_4 \cdot \bar{R}$
   • 하한 관리한계 $LCL = D_3 \cdot \bar{R}$
   (D_3, D_4 : 각 조의 측정값의 수에 따라 정하는 계수)

5. 관리도 보는 법

관리도에서 공정 관리 상태는 다음을 기준으로 판정한다.
① **안정상태** : 관리도에 기입한 점이 관리 한계선 밖으로 나간 경우에도 다음과 같은 때에는 공정은 안정 상태에 있는 것으로 판단한다.
  ㉠ 연속 25점 이상이 관리 한계 내에 있을 때
  ㉡ 연속 35점 중 관리 한계 밖으로 나가는 것이 1점 이내일 대
  ㉢ 연속 100점 중 관리 한계 밖으로 나가는 것이 2점 이내 일 때
② **이상상태** : 관리도에서 점이 한계 내에 있어도 다음과 같은 경우에는 공정에 이상이 있다고 판단한다.
  ㉠ 관리 한계 밖으로 점이 벗어날 때
   ⓐ 연속 25점 중 1점 이상
   ⓑ 연속 35점 중 2점 이상
   ⓒ 연속 100점 중 3점 이상
  ㉡ 점이 중심선의 한 쪽에 연속할 때
   ⓐ 연속하여 7점 이상
   ⓑ 연속하여 6점이 계속되면 조사
   ⓒ 연속하여 5점이 계속되면 주의

ⓒ 점이 중심선의 한 쪽에 많이 나타날 때
　ⓐ 연속 11점 중 10점 이상
　ⓑ 연속 14점 중 12점 이상
　ⓒ 연속 17점 중 14점 이상
　ⓓ 연속 20점 중 16점 이상
ⓔ 점이 계속하여 상승 또는 하강할 때
　ⓐ 연속하여 7점이 상승 또는 하강하면 원인 조사
　ⓑ 7점이 연속되지 않는 경우에도 점이 점차적으로 한계선에 가까워지면 조사
ⓜ 점이 주기적으로 변동할 때
ⓗ 관리한계선에 접근하여 점이 나타날 때
　ⓐ 연속 3점 중 2점
　ⓑ 연속 7점 중 3점
　ⓒ 연속 10점 중 5점
ⓢ 중심선 근처에 모든 점이 모일 때

형 상	그림 예 및 판정기준	
관리한계밖으로 점이 벗어날 때	생 략	25점 중 1점 17점 중 2점 100점 중 3점
점이 중심선의 한쪽에 연속할 때	$\bar{x}$	UCL / CL / LCL — 연속 7점 (처치), 연속 6점 (조사), 연속 5점 (주의)
점이 중심선의 한쪽에 많이 나타날 때	$\bar{x}$	11점 중 10점 14점 중 12점 17점 중 12점 20점 중 16점
점이 계속하여 상승 또는 하강할 때	$\bar{x}$	연속 7점
점이 종 주기적으로 변동할 때	$\bar{x}$	
관리한계선에 접근 ($2\sigma \sim 3\sigma$ 사이)하여 점이 나타날 때	$\bar{x}$	3점 중 2점, 7점 중 3점 ($3\sigma, 2\sigma, 2\sigma, 3\sigma$)
중심선 가까이에 모든 점이 모일 때	$\bar{x}$	

[이상의 판정 기준]

6. 건설 도급공사의 발주 방법

① 일반 경쟁 입찰
② 제한 경쟁 입찰
③ 지명 경쟁 입찰

Chapter 03 토 공

3-1 토공 일반

(1) 토공의 용어

작업 내 용	육 지	수 중
흙을 굴착하는 작업	절 토	준 설
흙을 쌓는 작업	성 토	매 립

① 토취장 : 흙을 채취하는 장소
② 토사장 : 흙을 버리는 장소
③ 비탈 : AC, DE, FB
④ 비탈머리 : C, D점(비탈의 상단)
⑤ 비탈기슭 : A, B점(비탈의 하단)
⑥ 천단 : CD(뚝마루, 제방의 윗면)
⑦ 소단 : EF(턱, 비탈면 절토부분)
⑧ 비탈경사 : 수직 : 수평(1 : n)

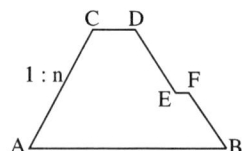

⑨ 규준틀 : 토공작업시 비탈면의 위치, 구배, 노체, 노사의 완성고를 나타내는 현장에 설치하는 가설물
⑩ **흙의 안식각**(자연경사각)
  ㉠ 흙을 쌓아 올렸을 때 자연 붕괴하여 최종적으로 이루게 되는 안정된 사면
  ㉡ 안정된 자연사면
  ㉢ 수평면과의 각도는 30~35° 정도
⑪ **토공정규** : 성토 또는 절토를 할 때의 기준 단면형

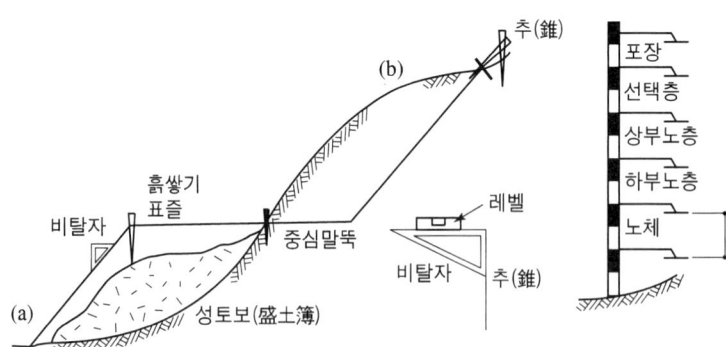

(2) 토취장 및 토사장 선정조건(주의할 점, 고려할 조건, 선정 조건)

토취장 선정조건 ★★★★★★	토사장 선정조건
① 토질이 양호할 것.	① 사토량을 충분히 수용할 수 있을 것.
② 토량이 충분할 것.	② 사토장소를 향하여 하향구배 1/50~1/100 정도 유지할 것
③ 성토장소를 향하여 하향구배 1/50~1/100 정도 유지할 것	③ 운반로가 양호하고 장애물이 적을 것
④ 운반로가 양호하고 장애물이 적을 것	④ 용수 및 붕괴의 위험이 없고 배수가 양호한 지형 일 것.
⑤ 용수 및 붕괴의 위험이 없고 배수가 양호한 지형 일 것.	⑤ 용지매수 및 보상 등이 싸고 용이할 것.
⑥ 용지매수 및 보상 등이 싸고 용이할 것.	

(3) 운반로 선정시 고려사항 ★

① 장비의 주행성이 확보될 것
② 운반로의 구배가 완만할 것(구배 1/50~1/100 정도)
③ 운반로가 양호하고 평탄성이 좋을 것
④ 운반로의 장애물이 적을 것

(4) 토공의 취약공종

① 구조물의 뒷채움 시공대책
② 편절편성부, 절성토부, 경계부 시공대책
③ 종방향 흙쌓기 땅깎기
④ 확폭구간 접속부 시공대책
⑤ 구조물과 토공 접속부 시공대책

3-2 절토공

(1) 절토공법의 종류

① 기계식
　㉠ TBM　　　　　　　　　㉡ Ereaker
　㉢ 유압 Jack, 유압 Ripper　㉣ Road Header
② 발파공법
　㉠ 팽창성 파쇄공법　　　　㉡ 선균열 발파공법
　㉢ 미진동 발파공법　　　　㉣ Drill & Blast 공법

(2) 소단

절토고 7~10m 이상인 경우 폭 1~1.5m의 소단을 설치한다.(EF)

[소단설치 목적]
① 사면의 안정을 높이기 위해
② 강우, 용수 등의 사면 유하시 수류의 흐름을 약화시킬 목적

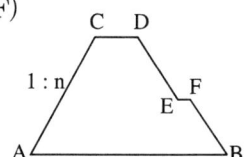

(3) 성토공

① 성토에 사용되는 흙의 조건(좋은 성토 재료의 구비 조건)
　　㉠ 압축침하가 적도록 압축성이 적을 것
　　㉡ 완성후 큰 변형이 없도록 지지력이 클 것
　　㉢ 시공기계의 작업을 위한 이동성(trafficability)이 양호하게 확보될 수 있을 것
　　㉣ 흙 쌓기 비탈면의 안정에 필요한 전단강도를 가질 것
　　㉤ 투수성이 낮아 작업성(workability)을 저하시키지 않을 것

② 성토시공방법의 종류 종류 ★
　　㉠ 수평층쌓기법 : 완성 후 침하가 적은 성토시공 공법
　　㉡ 전방쌓기법 : 도로, 철도공사에서의 낮은 축제에 사용되며 공사 중에는 압축되지 않으므로 준공 후 상당한 침하가 우려되지만 공사비가 싸고 공정이 빠른 성토시공 공법
　　㉢ 비계층쌓기법 : 축제가 높은 것을 동시에 쌓아 올릴 때 이용하는 공법
　　㉣ 물다짐공법
　　㉤ 유용토쌓기법 : 절성토량의 균형을 이루기 위해 인근 장소의 절토량을 이용하여 성토시공 공법

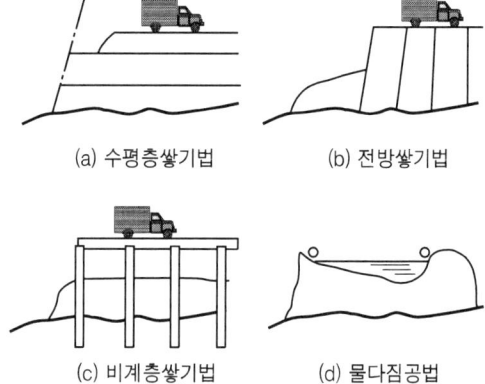

(a) 수평층쌓기법　　(b) 전방쌓기법
(c) 비계층쌓기법　　(d) 물다짐공법

③ 연약지반 성토 구조물 계측기 종류 ★★★★★★★
　　㉠ 층별침하계　　㉡ 지표침하계　　㉢ 지중경사계
　　㉣ 지하수위계　　㉤ 간극수압계

물다짐공법
① 호수에서 펌프로 송니관 내에 물을 압입하여 큰 수두를 가진 물을 노즐로 분출시켜 절취토사를 물에 섞어서 이것을 송니관으로 흙댐까지 운송하는 성토공법
② 되메우기 등의 작업에서 사질토(모래)의 표면장력을 제거하여 다짐하는 방법으로, 물로 완전 포화시켜 자중에 의거 밀실하게 하는 방법

EPS(Expanded Poly-Styrene) 공법 (발포 폴리스티렌 공법) 개념 ★

EPS(Expanded Poly-Styrene) 공법 (발포 폴리스티렌 공법)은 사면의 경량 성토 공법의 일종으로 합성수지 발포제로 블록화하여 성토체에 활용하거나 구조물의 뒷채움부에 이용하여 특히 연약지반상의 측방 유동문제 및 교대 배면에 적용하는 공법을 말한다.

(4) 절 · 성토 경계부

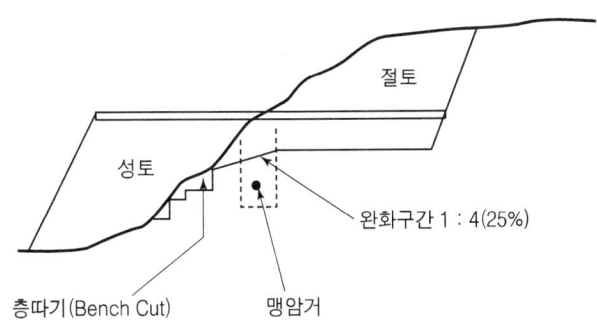

문제점	대책
① 절토부와 성토부의 지지력 상이로 접속부에는 **지지력의 불연속**이 생김	① 경계부에 구배 1 : 4정도의 완화구간 설치
② 성토부의 **다짐부족**으로 압축침하가 생겨 부등침하가 일어난다.	② **다짐 정밀** 시공
③ **용수나 침투수** 등이 접속부에 **집중**하기 쉬우므로 성토부가 연약하게 되어 침하가 생기기 쉽다.	③ 절 · 성토 경계부에 **맹암거** 설치
④ **경사지반**에서의 성토의 활동	④ **층따기** 실시하여 절 · 성토부 접착이 좋게 한다.

(5) 사면붕괴(산사태 포함)

① 토사사면
   ㉠ 무한사면 : 직선활동붕괴(완만한 사면에 서서히 이동붕괴)
   ㉡ 유한사면 : ⓐ 사면내파괴, ⓑ 사면선단파괴, ⓒ 사면저부파괴

② 암반사면 파괴형태   종류 ★
   ㉠ **원호**파괴 : 불연속면이 **불**규칙하게 많이 발달해서 뚜렷한 구조적 특성이 없는 토층에서 발생
   ㉡ **평면**파괴 : 불연속면이 **한**방향으로 발달하고 있는 사면에서 발생
   ㉢ **쐐기**파괴 : 불연속면이 **교차**되는 사면에서 발생
   ㉣ **전도**파괴 : 불연속면의 경사방향이 절개면의 경사방향과 **반**대방향인 사면에서 발생

  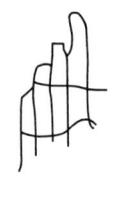

[원호파괴]   [평면파괴]   [쐐기파괴]   [전도파괴]

쐐기형 붕괴가 생기는 원인
① 비탈면이 급구배인 경우
② 점성토의 성토인 경우
③ 사질토의 성토이더라도 성토고가 대단히 높은 경우
④ 다짐이 불충분한 경우

③ 성토사면 붕괴
  ㉠ 주로 연약지반에서 일어난다.
  ㉡ 성토사면 붕괴의 주원인
    ⓐ 현지 지형에 대한 사전조사 불충분
    ⓑ 침하속도를 고려하지 않은 급속시공에 기인되는 부실시공
④ 절토사면 붕괴 : 사면 붕괴의 대부분은 절토사면에서 일어난다.

(6) 비탈면(사면) 보호공

① 사면안정공 종류
  ㉠ 안전율 감소 방지법(억제공) : 배수공, 피복공, 블록공, 표층안정공 등
  ㉡ 안전율 증가법(억지공) : 말뚝공, 옹벽공, 압성토공, 앵커공, 절토공, 그라우팅공 등
② 식생에 의한 보호공
  ㉠ **씨앗뿜어붙이기공** : **씨앗**, 비료, 흙 등에 물을 섞어 만든 흙탕물 모양의 혼합액에 뿜어붙이기 **건(gun)**을 사용하여 비탈면에 뿜어붙이는 공법
  ㉡ **씨앗뿌리기공**(Seed Spray 공법) : **씨앗**, 비료, 화이버 등에 물을 섞어 만든 혼합액을 펌프 등의 기계를 사용하여 비탈면에 뿌리는 공법
  ㉢ 식생 **매트공**(식생포공법, Seed Mat) : 씨앗, 비료 등을 부착한 **매트**나 **거칠은 넓은 포**를 비탈면에 전면 피복하는 공법
  ㉣ **평떼**(장지)공 : 사면 어깨로부터 떼의 긴 변을 수평방향으로 놓고 떼와 사면이 밀착되도록 시공하는 공으로 절토사면에 일반적으로 사용된다.
  ㉤ **줄떼**(근지)공 : 식생토를 사용해서 사면 하단부에서부터 줄떼를 사면에 부치고 흙

을 씌워 두들겨 마무리하는 공으로 성토사면에 주로 사용된다.
- ⓑ 식생**망태**공 : 옥토에 씨앗을 혼합하여 **망태**에 넣은 것을 비탈면에 일정 간격으로 수평 홈을 파서 붙이는 공법
- ⓢ 식생**구멍**공 : 옥토에 씨앗을 혼합한 것을 비탈면에 일정 간격으로 **홈**을 파서 붙이는 공법

③ 구조물에 의한 보호공
- ㉠ 돌쌓기공
  - ⓐ 찰쌓기 : 높이가 4~5m 이상인 성토법면에 접합하며, 돌의 접합부에는 모르타르를 채워 올리는 공법
  - ⓑ 메쌓기 : 높이가 비교적 낮은 성토법면에 채움재없이 돌만 사용하는 공법
- ㉡ 돌붙임공 : 성토법면에 떼 또는 하천이나 댐 제방의 호안 브럭 대신 현장에서 생산된 돌을 부쳐 법면을 보호하는 공법으로 교대 앞채움의 마무리용으로 많이 사용된다.
- ㉢ Concrete 붙임공
- ㉣ Concrete Black 격자공 : 격자는 일반적으로 프리캐스는 제품으로서 격자내에 객토나 식생 혹은 블록을 깔아서 침식방지하는 공으로, 용수가 있는 절토사면, 자대사면, 표준구배보다 급한 성토사면에서 식생이 부적합한 곳에 적용한다.
- ㉤ **현장타설 콘크리트 격자공** : 격자는 철근 콘크리트의 현장타설로써 용수처리를 충분히 하고 상황에 따라 블록 깔기, 돌붙임 식생 등으로 보호하는 공으로 용수가 있는 풍화암, 장대사면 등에서 사면의 장기적 안정이 염려되는 곳에 적용한다.
- ㉥ Mortar & Concrete 뿜어 붙이기공 : 절토 비탈면이 풍화나 박리될 위험이 이는 암석 또는 호박돌 섞인 토사등에 적용되는 공법으로 용수가 비교적 적은 위치에 적합
- ㉦ **비탈면 앵커공**
- ㉧ **돌**망태공 : 하천제방의 세굴방지 등을 목적으로 철망에 돌을 넣어서 비탈면을 보호하는 공법
- ㉨ **보강토공법** : 보강재와 흙 사이의 마찰작용으로 토압을 감소시키는 공법으로 성토층에 인장력이 큰 보강재를 일정 간격으로 매설한다.

억지말뚝공법 개념 ★★
억지말뚝공법은 사면의 활동토체를 관통하여 부동지반까지 말뚝을 일렬로 시공함으로써 사면의 활동하중을 말뚝의 수평저항으로 받아 부동지반에 전달시키는 사면보호공법을 말한다.

식생에 의한 보호공	구조물에 의한 보호공
씨앗뿜어붙이기공 씨앗뿌리기공(Seed Spray 공법) 식생 매트공(식생포공법, Seed Mat) 평떼공 줄떼공 식생망태공 식생구멍공	돌쌓기공, Black쌓기공 돌붙임공, Black붙임공 Concrete 붙임공 Concrete Black 격자공 현장타설 콘크리트 격자공 Mortar & Concrete 뿜어 붙이기공 비탈면 앵커공 돌망태공 보강토공법 : 연약지반에서 얘기

소일 네일링(Soil Nailing) 공법 개념 ★★★★

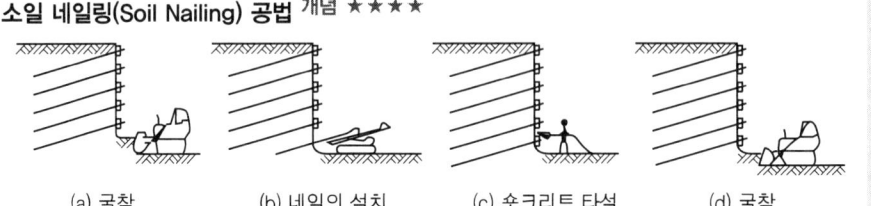

(a) 굴착　　(b) 네일의 설치　　(c) 숏크리트 타설　　(d) 굴착

① 소일네일링 시공은 비탈면이나 굴착면이 자립할 수 있는 높이까지 굴착과 동시에 숏크리트로 표면을 보호하고 굴착배면에 타입 또는 천공 등의 방법으로 보강재(강철봉)를 박아 넣어 보강토체를 형성하는 공법이다.
② 절취사면 및 굴착면에 대한 유연한 지보 등을 목적으로 네일을 프리스트레싱 없이 비교적 촘촘하게 원지반에 삽입하여, 원지반 자체의 전단강도를 증대시키고 지반변위를 억제시키는 공법이다.
③ 소일네일링의 장점 : 신속성, 단순성, 대형건설기계가 동원되지 않는다.
④ 굴착이나 절토과정을 통해 일련의 보강 작업이 이루어지는 소일네일링과 아래에서 위로 뒷채움을 해가는 보강토의 시공과정은 서로 다르지만 사면 보강이란 면에서는 공법의 유사점이 많다.

(7) 다짐 개념 ★

다짐이란 흙에 타격, 누름, 진동, 반죽 등의 인위적인 방법으로 에너지를 가하여 간극 내의 공기를 배출시킴으로써 입자 간의 결합을 치밀하게 하여 흙의 단위중량을 증대시키는 것을 말한다. 다만, 점성토의 경우 공학적 특성으로 인해 다짐시 높은 다짐 에너지로 다지면 오히려 강도가 저하되며 건조단위중량도 증가하지 않게 되는 과다짐(over compaction ; 과도전압) 현상이 발생한다.

① 일반
　㉠ 보통 다짐도는 95%이상으로 한 값이 요구된다.
　　(흙댐 : 95% 이상, CBR이나 도로 : 90% 이상)
　㉡ 최적함수비와 최대건조밀도는 토공에 있어서 시공관리에 기준이 된다.

ⓒ 다짐도(%) $U = \dfrac{r_d}{r_{d\max}} \times 100(\%)$

여기서, r_d : 현장의 건조밀도, $r_{d\max}$: 실험실의 최대 건조밀도

② 다짐 효과(목적) ★★★
   ㉠ 지반의 지지력 증대된다.
   ㉡ 간극비가 감소되어 투수성이 감소된다.
   ㉢ 압축성이 감소되어 지반의 침하를 감소시킬 수 있다.
   ㉣ 흙의 단위중량을 증가시킨다.
   ㉤ 흙의 전단강도를 증가시켜 사면의 안정성이 개선된다.
   ㉥ 동상, 팽창, 건조수축 등의 영향을 감소시킬 수 있다.

③ 다짐 효과에 영향을 미치는 요인
   ㉠ 함수비
   ㉡ 토질
   ㉢ 다짐에너지, 다짐회수

④ 다짐도 규정하는 방법 종류 ★★★
   ㉠ 건조밀도로 규정하는 방법
   ㉡ 포화도와 공극률로 규정하는 방법
   ㉢ 강도 특성으로 규정하는 방법
   ㉣ 상대밀도로 규정하는 방법
   ㉤ 변형량 특성으로 규정하는 방법
   ㉥ 다짐장비와 다짐회수로 규정하는 방법

⑤ 현장다짐의 건조단위중량 결정법 종류 ★
   ㉠ 고무막법 : 시험구멍에 고무막을 넣은 다음 물 또는 기름을 주입하여 파낸 흙의 체적을 측정하는 방법이다.
   ㉡ 모래 치환법 : 시험구멍에 모래를 채워 넣어 파낸 흙의 체적을 측정하는 방법이다.
   ㉢ 절삭법 : 얇은 관을 박은 후 흙을 파내어 그 흙의 단위중량과 함수비를 측정하는 방법이다.
   ㉣ 방사선 밀도 측정기에 의한 방법 : 단위체적당 포화된 흙의 중량과 단위체적당 수분의 함량을 측정하여 두 값의 차이로 건조단위중량을 측정하는 방법이다.

과다짐(over compaction; 과도전압) 개념 ★
과다짐(over compaction; 과도전압)이란 점성토의 공학적 특성으로 인해 다짐 시 높은 다짐에너지로 다지면 오히려 강도가 저하돼 비경제적이며 건조단위중량도 증가하지 않는 상태로 되는 현상을 말한다.

(8) 다짐시험에 이용되는 일반적인 식

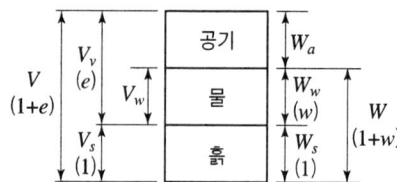

① 공극률

$$n = \frac{V_v}{V} \times 100(\%) = \frac{e}{1+e} \times 100(\%)$$

② 공극비

$$e = \frac{V_v}{V_s} = \frac{n}{100-n}$$

③ 포화도

$$S = \frac{V_w}{V_v} \times 100(\%)$$

④ 상대정수와의 관계

$$S \cdot e = w \cdot G_s \quad (여기서,\ G_s : 흙의\ 비중)$$

⑤ 함수비

$$w = \frac{W_w}{W_s} = \frac{w}{100-w}$$

⑥ 함수율

$$w' = \frac{W_w}{W} \times 100(\%) = \frac{w}{1+w} \times 100(\%)$$

⑦ 전체단위중량(습윤밀도, 겉보기밀도)

$$r = r_t = \frac{W}{V} = \frac{G_s + \dfrac{S \cdot e}{100}}{1+e} r_w \quad (여기서,\ W : 전체중량,\ V : 전체부피)$$

⑧ 건조단위중량(건조밀도)

$$r_d = \frac{W_s}{V} = \frac{r_t}{1+\dfrac{w}{100}} = \frac{W}{V\left(1+\dfrac{w}{100}\right)} = \frac{G_s}{1+e} r_w \quad \therefore\ e = \frac{r_w}{r_d} G_s - 1$$

여기서, W_s : 흙(토립자)의 중량 w : 함수비

(9) 모래치환법(들밀도 시험)

모래치환법은 흙의 단위중량을 현장에서 직접 구할 목적으로 행한다.

① **시험용 모래**
  ㉠ No.10 체를 통과하고 No.200 체에 남는 모래를 가지고 시험공의 체적을 구한다.
  ㉡ 일반적으로 표준사(주문진) 사용 : $G_s = 2.53 \sim 2.54$

② **시험 방법**
  ㉠ N시험 기구를 검증한다.(용기와 깔때기 부분의 체적 측정)
  ㉡ 시험용 모래(표준사)의 단위중량을 결정한다.
  ㉢ 시험공을 파고, 파낸 흙의 중량과 함수비를 측정한다.
  ㉣ 시험공의 체적을 구한다.
  ㉤ 흙의 습윤단위중량을 구한다.
  ㉥ 흙의 건조단위중량을 구한다.

③ **시험 결과** 계산 ★★★★★★★★★★
  ㉠ 시험공의 체적

  $$V = \frac{W_{sand}}{\gamma_{sand}}$$

  여기서, W_{sand} : 시험공 속의 모래의 중량
  γ_{sand} : 표준사의 단위중량

  ㉡ 습윤단위중량(γ_t)

  $$\gamma_t = \frac{W}{V}$$

  여기서, W : 시험공에서 파낸 흙의 중량

  ㉢ 건조단위중량(γ_d)

  $$\gamma_d = \frac{W_s}{V} = \frac{\gamma_t}{1 + \frac{w}{100}}$$

  ㉣ 다짐도(%)

  $$U = \frac{r_d}{r_{d\max}} \times 100 (\%)$$

3-3 토공량 계산

(1) 양단면적 평균법

$$V = \frac{A_1 + A_2}{2} l$$

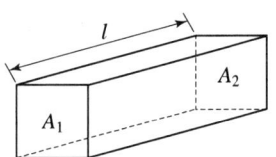

(2) 4각주법 계산 ★★★★★★★★★

$$V = \frac{A}{4}(\sum h_1 + 2\sum h_2 + 3\sum h_3 + 4\sum h_4 + \cdots)$$
$$A = ab$$

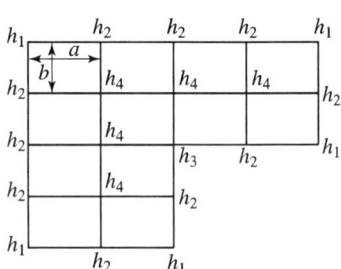

(3) 3각주법 계산 ★★

$$V = \frac{A}{3}(\sum h_1 + 2\sum h_2 + 3\sum h_3 + 4\sum h_4 + \cdots)$$
$$A = a\frac{b}{2}$$

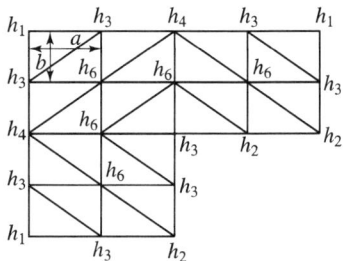

(4) Simpson 제1법칙 계산 ★★★

$$A = \frac{d}{3}[y_0 + y_6 + 2(y_2 + y_4) + 4(y_1 + y_3 + y_5)]$$

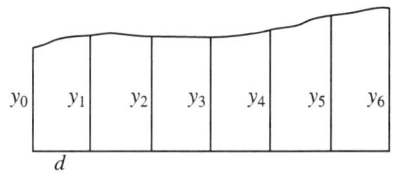

(5) Simpson 제2법칙 계산 ★★★★★★★

$$A = \frac{3d}{8}[y_0 + y_6 + 2(y_3) + 3(y_1 + y_2 + y_4 + y_5)]$$

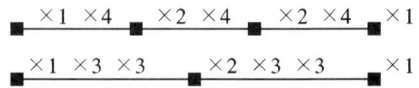

(6) 등고선법 계산 ★★★

$$V = \frac{h}{3}[A_0 + A_6 + 2(A_2 + A_4) + 4(A_1 + A_3)]$$

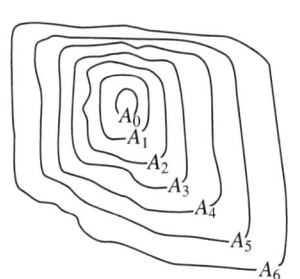

3-4 토량의 변화(체적)

(1) 토량의 종류

① 본바닥토량(자연상태 토량 ; V) : 기준토량
② 느슨한토량(흐트러진 토량, 운반토량 ; V_L) : 기준토량보다 많다.
③ 다져진토량(다짐토량 ; V_C) : 기준토량보다 적다.

(2) 토량변화율 계산 ★★★★★★★★★★

$$L = \frac{V_L}{V} = \frac{\gamma_d}{\gamma_{dL}} \qquad C = \frac{V_C}{V} = \frac{\gamma_d}{\gamma_{dC}}$$

여기서, γ_d : 본바닥 흙의 건조단위중량
 γ_{dL} : 흐트러진 흙의 건조단위중량
 γ_{dC} : 다져진 흙의 건조단위중량

(3) 토량 변화 ★★

기준 Q \ 구하는 Q	본바닥 토량	느슨한 토량	다짐 후의 토량
본바닥 토량	×1	×L	×C
느슨한 토량	×$\frac{1}{L}$	×1	×$\frac{C}{L}$
다짐 토량	×$\frac{1}{C}$	×$\frac{L}{C}$	×1

※ $r_d = \dfrac{W_s}{V}$ 에서 W_s는 일정하므로 $r_d \propto \dfrac{1}{V}$

$$C = \frac{V_C}{V} = \frac{r_d}{r_{dc}}$$

여기서, r_d : 본바닥 상태의 건조단위중량
 r_{dc} : 다짐 상태의 건조단위중량

3-5 토적곡선(토량곡선, 유토곡선, Mass Curve)

(1) 토적곡선 작성 과정

① 종단측량 ⇒ 종단면도 작성 ② 횡단측량 ⇒ 횡단면도 작성
③ 토량계산서 작성 ④ 유토곡선 작성

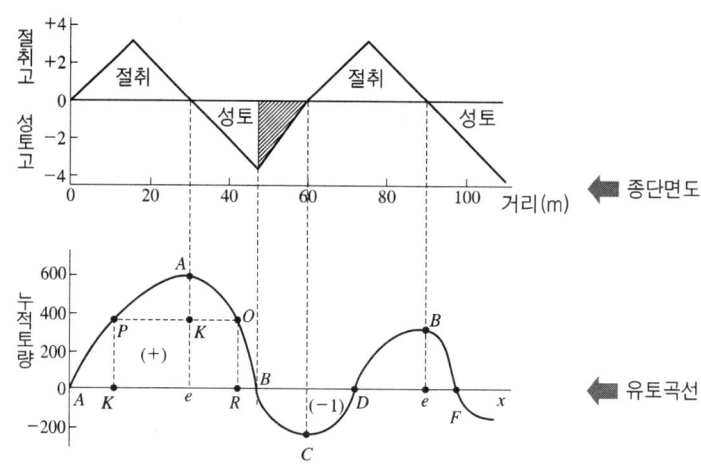

(2) 토량계산서

① 토량계산서 작성(토량환산계수 $C = 0.9$이다.)

| 측점 | 거리 (m) | 절토 | | | 성토 | | | 보정 토량 (m³) | 차인 토량 (m³) | 누가 토량 (m³) | 횡방향 토량 (m³) |
		단면적 (m²)	평균 단면적 (m²)	토량 (m³)	단면적 (m²)	평균 단면적 (m²)	토량 (m³)				
No.0	0	0			5	2.5					
1	20	20	10	200	10	7.5	150	166.7	33.3	33.3	166.7
2	20	50	35	700	20	15	300	333.3	366.7	400.0	333.3
3	20	30	40	800	10	15	300	333.3	466.7	866.7	333.3
4	20	10	20	400	10	10	200	222.2	177.8	1,044.5	222.2
5	20	20	15	300	30	20	400	444.4	−144.4	900.1	300
6	20	10	15	300	40	35	700	777.8	−477.8	422.3	300
7	20	0	5	100	10	25	500	555.6	−455.6	−33.3	100
8	20	10	5	100	0	5	100	111.1	−11.1	−44.4	100

㉠ 평균단면적 $A_{ever} = \dfrac{A_1 + A_2}{2}$

㉡ 절토량 $V = A_{ever} \times l$

ⓒ 성토량　　　　$V_C = A_{ever} \times l$

ⓔ 성토보정토량　$V = \dfrac{V_C}{C}$

ⓜ 차인토량　　　$V = $ 절토량 $-$ 성토보정토량

ⓗ **누가토량** $=$ 차인토량의 누계(**유토곡선을 그리기 위한 값**)

ⓢ 횡방향토량 $=$ 절토량과 성토보정량 중 작은 값

② 유토곡선을 활용하여 토량의 운반거리를 산출하여 실제 시공시 현장에서 일어나는 문제점과 대책

ⓐ 문제점 : 동일단면내에서 횡방향 유용토는 제외되었으므로 동일단면내에서의 절토량과 성토량은 유토곡선에서 구할 수 없다.

ⓑ 대책 : 횡방향 유용토에 대한 토공기계를 고려 해 준다.

(3) 토적곡선의 성질 ★★★★

① 곡선의 **하향**구간은 **성토**구간이며 **상향**구간은 **절토**구간이다.
② 곡선의 **극대점**은 **절토**에서 **성토**로의 **변위점**이며, 극소점은 성토에서 절토로의 변위점이다.
③ **평형선**(기선에 평형한 임의의 직선)을 그어 곡선과 교차시키면 인접하는 교차점 사이는 **절토량과 성토량이 같다.**
④ 평형선에서 곡선의 최대점 및 최소점까지의 **높이**는 절토에서 성토로 운반할 **운반토량**을 나타낸다.
⑤ 유토곡선의 모양이 **산(∩)**일 때는 절취토가 **좌측에서 우측으로** 유토곡선의 모양이 **골(∪)**일 때는 절취토가 **우측에서 좌측으로** 운반된다.
⑥ 유토곡선이 기선**위**에서 끝나면 **과잉토량**, 기선**아래**에서 끝나면 **부족토량**이다.

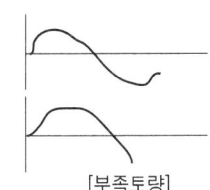

[과잉토량]

[부족토량]

(4) 토적곡선 일반 ★★★★

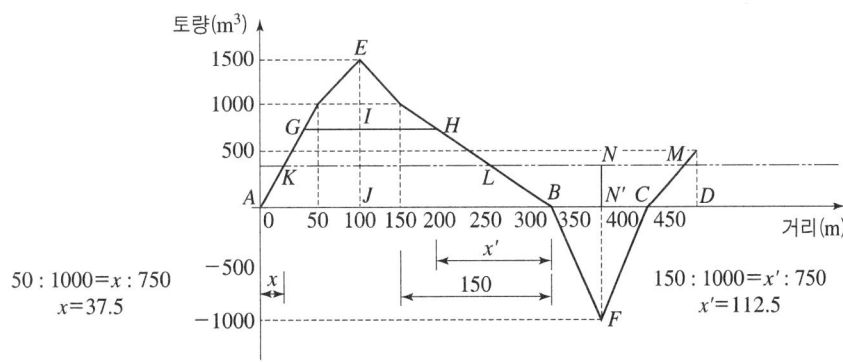

① AB구간에서 **총 절토량**은 1,500m³ ★★★
② AB구간에서 **평균운반거리**는 150m($300-x-x'$)
③ BD구간에서 **절성토량의 차이**는 500m³(1,500 − 1,000)
④ 기울기가 (−)에서 (+)로 변하는 **극소점** F부근은 흙은 **절토에서 성토로 유용**한다.
⑤ 절토에서 성토로 옮기는 점은 E
⑥ 성토량과 절토량이 처음으로 균형을 이루는 점은 B
⑦ 선분 GH가 x축과 **평행**을 이룰 때 구간내의 **성토량과 절토량은 같다.**
⑧ AB구간의 **총 운반 토량**은 $EJ = 2EI = 2IJ$이다.
⑨ AB구간의 **평균 운반 토량**은 $EJ = 2EI = 2IJ$이다.
⑩ 곡선 $KGEHLBFCM$에서 NF는 **성토량**이다.
⑪ $N'F$는 **부족토량**이다.
⑫ 토공 계획상 **사토장의 위치**는 $A \sim D$ 중 D위치가 좋다.
⑬ GH가 불도저의 평균 운반거리이고, 그 때의 운반토량이 EI(m³)라면 불도저의 총운반토량은 $2EI$이다.
⑭ 토적곡선에서 토량 EJ는 AJ구간에서 발생된 절토량을 JB구간의 성토량으로 유용하는 양이다.

(5) 토적곡선 작성 목적(토적곡선으로 구할 수 있는 사항) ★★★★★★

① **토량분배**
② **운반토량**을 산출
③ **평균운반거리** 산출
④ 운반거리에 의한 **토공기계** 선정
⑤ **시공방법**의 산출
⑥ **토취장, 토사장의 위치** 결정

(6) 토량분배 원칙

① 토공량이 최소가 되도록 한다.
② 절·성토량을 균형 시킬 것
③ 절·성토량을 유용할 수 없을 때는 가까운 곳에 토취장과 토사장을 두어 운반거리를 가능한 짧게 한다.

(7) 토공의 시공계획 수립시 시공기면을 결정할 때 고려하여야 할 사항

① 토공량이 최소가 되도록 한다.
② 절·성토량을 균형 시킬 것
③ 절·성토량을 유용할 수 없을 때는 가까운 곳에 토취장과 토사장을 두어 운반거리를 가능한 짧게 한다.

④ 암석굴착량이 적도록 한다.
⑤ 용지보상이나 지상물 보상이 최소가 되도록 한다.

(8) 운반기계

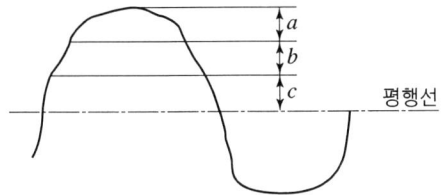

a : Bulldozer (단거리)
b : Scraper (중거리)
c : Dump Truck (장거리)

Chapter 03 토 공

확인학습문제

01 저지대에 상당한 면적으로 성토하는 작업 또는 육지를 조성하기 위하여 수중을 메우는 작업을 무엇이라고 하는가?

해설

매립

02 호소에서 펌프로 송니관 내에 물을 압입하여 큰 수두를 가진 물을 노즐로 분출시켜 절취 토사를 물에 섞어서 이것을 송니관으로 흙댐까지 운송하는 성토 공법은?

해설

물다짐 공법

★★★★

03 그림과 같은 유토 곡선에서 다음 물음에 답하시오.

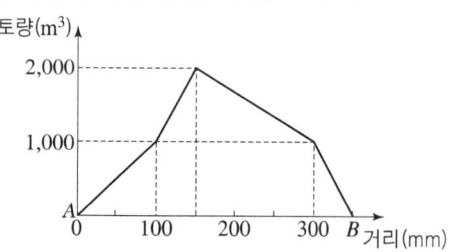

(1) AB구간에서의 총 절토량은 몇 m^3인가?
(2) AB구간 토공의 평균 운반 거리는 몇 m인가?

해설

(1) $2000m^3$
(2) $300 - 100 = 200m$

04
함수비가 20%인 토취장의 습윤밀도(r_t)가 1.92g/cm³이었다. 이 흙으로 도로를 축조할 때 함수비는 15%이고, 습윤밀도는 2.025g/cm³이었다. 이 경우 흙의 토량변화율(C)은 대략 얼마인가?

해설

$r_d = \dfrac{W_s}{V}$에서 W_s는 일정하므로 $r_d \propto \dfrac{1}{V}$ 고로

$C = \dfrac{V_C}{V} = \dfrac{\text{본바닥 흙의 건조밀도}(r_d)}{\text{다짐 후의 건조밀도}(r_{dc})}$

- $r_d = \dfrac{r_t}{1+w} = \dfrac{1.92}{1+0.2} = 1.6 \, \text{g/cm}^3$
- $r_{dc} = \dfrac{r_t}{1+w} = \dfrac{2.025}{1+0.15} = 1.76 \, \text{g/cm}^3$

∴ $C = \dfrac{1.6}{1.76} = 0.91$

05
어떤 현장 토취장 흙의 자연상태 습윤단위중량이 1.85t/m³, 함수비가 9.5%이었다. 이 흙으로 그림과 같은 성토(r_d = 1.75t/m³, w = 12%)를 하려고 할 때 토취장 흙을 자연상태로 얼마나 가져와야 하는가? 또한, 이 흙의 비중이 2.66인 경우 토취장과 성토상태 각각의 공극비, 공극률 및 포화도를 구하시오.

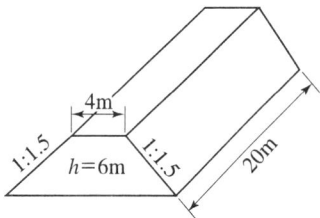

해설

[성토를 위해 가져올 토취장 흙]
- 성토체 하단폭 = $6 \times 1.5 + 4 + 6 \times 1.5 = 22\text{m}$
- 성토체 체적 $V_c = \dfrac{4+22}{2} \times 6 \times 20 = 1,560 \, \text{m}^3$
- 토량변화율 $r_d = \dfrac{W_s}{V}$에서 W_s는 일정 $r_d \propto \dfrac{1}{V}$

$$r_d = \frac{r_t}{1+w} = \frac{1.85}{1+0.095} = 1.69\,\text{g/cm}^3 \quad r_{dc} = 1.75\,\text{g/cm}^3$$

$$C = \frac{V_C}{C} = \frac{r_d}{r_{dc}} = \frac{1.69}{1.75} = 0.966$$

- 성토를 위해 가져올 토취장 흙 $V = \dfrac{V_C}{C} = \dfrac{1,560}{0.966} = 1,614.91\,\text{m}^3$ (자연상태)

[공극비] 토취장 $\quad e = \dfrac{r_w}{r_d}G_s - 1 = \dfrac{1}{1.69} \times 2.66 - 1 = 0.57$

성토상태 $\quad e = \dfrac{r_w}{r_d}G_s - 1 = \dfrac{1}{1.75} \times 2.66 - 1 = 0.52$

[공극률] 토취장 $\quad n = \dfrac{e}{1+e} \times 100 = \dfrac{0.57}{1+0.57} \times 100 = 36.31\%$

성토상태 $\quad n = \dfrac{e}{1+e} \times 100 = \dfrac{0.52}{1+0.52} \times 100 = 34.21\%$

[포화도] 토취장 $\quad S = \dfrac{wGs}{e} = \dfrac{9.5\% \times 2.66}{0.57} = 44.33\%$

성토상태 $\quad S = \dfrac{wGs}{e} = \dfrac{12\% \times 2.66}{0.52} = 61.38\%$

★★★

06 다음 토적 곡선을 참조하여 ( )안에 적당한 용어를 쓰시오.

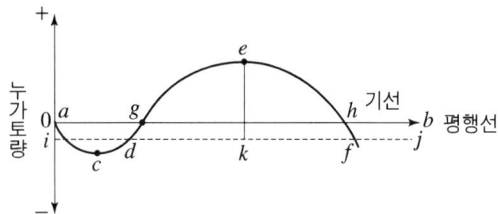

① 곡선의 상향 구간인 cg는 ( )이다.
② 곡선의 극대점(e) 및 극소점 (c)은 ( )이다.
③ 기선 ab에 평행한 임의의 직선 ij를 ( )라 한다.
④ 곡선 $dgehf$의 경우 ke는 ( )다.

해설

① 절토구간   ② 변이점   ③ 평형선   ④ 절토량

Chapter 03 토 공

07 아래 그림과 같은 유도 곡선(mass curve)에서 AH 구간의 평균 운반토량은 (①)이며, 평균 운반거리는 (②)이다. 또한, 평형선(Ⅰ)을 평형선(Ⅱ)로 옮기면 IJ는 (③)이다. ( )안에 알맞은 일은?

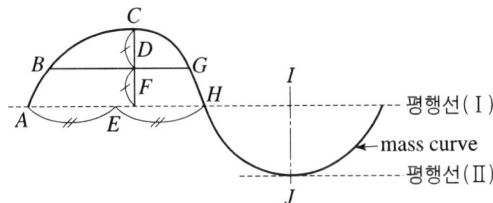

해설

① $CF = 2CD$ ② BG ③ 부족토량

문제를 통해 익히는 토공량 산출

08 다져진 토량 40,000m³가 성토하기 위하여 필요하나, 본바닥 토량 25,000m³ 밖에 확보되어 있지 않다. 본바닥 토량은 사질토로써 토량변화율은 $L=1.30$, $C=0.85$이다. 동일한 조건의 부족토량은 흐트러진 상태로 몇 m³인가?

해설

- 다짐토량 = 40,000m³(다짐상태) × $\dfrac{1.30}{0.85}$ = 61,176.47m³(흐트러진 상태)
- 본바닥토량 = 25,000m³(본바닥상태) × 1.30 = 32,500m³(흐트러진 상태)
- ∴ 부족토량 = 61,176.47 − 32500 = 28,676.47m³(흐트러진 상태)

09 본바닥을 굴착하여 8,800m³를 성토할 계획으로 5m³를 적재할 수 있는 덤프트럭을 사용하면 운반 소요대수는 얼마인가?(단, 토량변화율은 $L=1.25$, $C=0.88$이다.)

해설

- 성토량 $= 8,800\text{m}^3(\text{다짐상태}) \times \dfrac{1.25}{0.88} = 12,500\text{m}^3(\text{흐트러진 상태})$

∴ 운반 소요대수 $= \dfrac{\text{성토량}}{\text{덤프트럭 1대적재량}} = \dfrac{12,500}{5} = 2,500$ 대

★★★★

10 본바닥 토량 10,000m³의 바닥파기를 하여 사토장까지 운반하고 또 다시 원위치에 되메워 다지기를 할 때 운반토량과 되메우기 후의 과부족 토량을 계산하시오. (단, 토량변화율은 $L=1.3$, $C=0.85$이다.)

해설

- 운반 토량 $= 10,000\text{m}^3(\text{자연상태}) \times 1.3 = 13,000\text{m}^3(\text{흐트러진 상태})$
- 되메우기 토량 $= 10,000\text{m}^3(\text{다짐상태})$

∴ 과부족 토량 $= \dfrac{10,000\text{m}^3(\text{다짐상태})}{0.85} - \dfrac{13,000\text{m}^3(\text{흐트러진 상태})}{1.3}$

$= 1,764.7\text{m}^3(\text{자연상태})$

★★★★

11 12,000m³의 성토공사를 위하여 현장의 절토(점질토)로부터 7,000m³(본바닥토량)을 유용하고, 부족분은 인근 토취장(사질토)에서 운반해 올 경우 토취장에서 굴착해야 할 본바닥 토량은 얼마인가?(단, 점질토의 $C=0.92$, 사질토의 $C=0.88$이다.)

해설

- 유용성토 부족분 $= 12,000\text{m}^3(\text{다짐상태}) - 7,000\text{m}^3(\text{본바닥상태}) \times 0.92$

$= 5,560\text{m}^3(\text{다짐상태})$

∴ 토취장 굴착토(사질토) $= \dfrac{5,560\text{m}^3(\text{다짐상태})}{0.88} = 6,318.18\text{m}^3(\text{본바닥상태})$

12

사질토 50,000m³와 경암 30,000m³를 가지고 성토할 경우 운반토량과 다져서 성토가 완료된 토량은 얼마인가?(단, 경암의 채움재를 20%로 보며, 사질토의 경우 L=1.2, C=0.9 경암의 경우 L=1.65, C=1.4이다.)

해설

- 운반토량 = $50,000 \times 1.2 + 30,000 \times 1.65 = 109,500 \text{m}^3$(흐트러진 상태)
- 성토 완료 토량 = $50,000 \times 0.9 + 30,000 \times 1.4 \times (1-0.2) = 78,600 \text{m}^3$(다짐토량)

13

아래 그림에서 (A)의 본바닥을 굴착 운반하여 (B), (C)에 성토하고 남은 점토는 사토하려고 한다. 8t트럭 10대가 몇 회나 운반 하여야 하는가? (단, 모래의 C=0.9, L=1.2 점토의 C=0.95, L=1.35, r_t=2t/m³이다.)

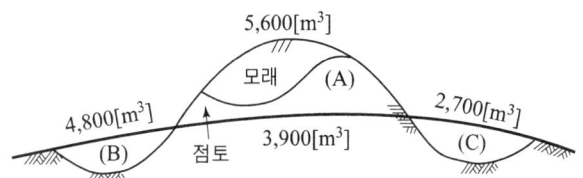

해설

- 성토량 = $4,800 + 2,700 = 7,500 \text{m}^3$(다짐상태)
- 모래량 = $5,600 \times 0.9 = 5,040 \text{m}^3$(다짐상태)
- 성토부족량 = $7,500 - 5,040 = 2,460 \text{m}^3$(다짐상태)
- 남은 점토사토량 = $3,900 \times 0.95 - 2,460 = 1,245 \text{m}^3$(다짐상태)/$0.95 \times 1.35$
  $= 1,769.21 \text{m}^3$(흐트러진 상태)
- 8t트럭 1대 운반량 $q_{tL} = \dfrac{T}{r_t} L = \dfrac{8\text{t}}{2\text{t/m}^3} \times 1.35 = 5.4 \text{m}^3$(흐트러진 상태)
- 8t트럭 10대 운반량 = $5.4 \times 10 = 54 \text{m}^3$(흐트러진 상태)

∴ 8t트럭 10대 운반회수 = $\dfrac{1,769.21}{54} = 32.76 = 33$회

14 농공단지 조성을 위하여 다음 그림과 같이 기준면으로부터 고저측량을 하였다. 이 용지를 수평으로 정지하고자 할 때 절토량과 성토량이 같게 하려고 하면, 기준면으로부터 몇 m의 높이로 하면 되는가?

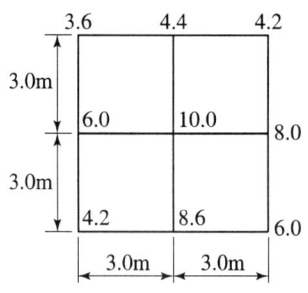

해설

(1) $V = \dfrac{A}{4}(\sum h_1 + 2\sum h_2 + 4\sum h_4)$

$= \dfrac{3 \times 3}{4} \times (3.6 + 4.2 + 6.0 + 4.2 + 2 \times (4.4 + 8.0 + 8.6 + 6.0) + 4 \times 10.0)$

$= 252 \, \text{m}^3$

(2) $h = \dfrac{V}{\sum A} = \dfrac{252}{(3 \times 3) \times 4} = 7\text{m}$

15 구조물 기초를 시공하기 위하여 평탄한 지반을 다음 그림과 같이 굴착하고자 한다. 굴착할 흙의 단위중량은 1.82t/m³이며, 토량환산계수 $L=1.3$, $C=0.9$이다.

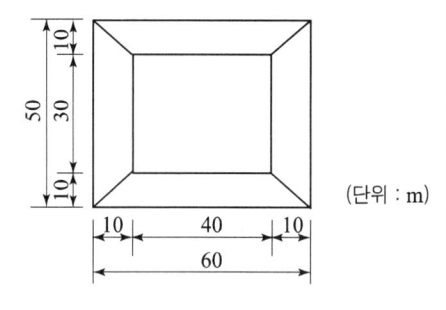

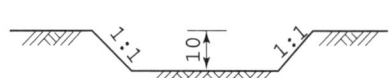

(1) 터파기 결과 발생한 굴착토의 총 중량은 몇 t인가?
(2) 굴착한 흙을 덤프트럭으로 운반하고자 한다. 1대에 10m³를 적재할 수 있는 덤프트럭을 사용한다면 총 몇 대분이 되는가?
(3) 굴착된 흙을 10,000m²의 면적을 가진 성토장에 고르게 성토하고 다질 경우 성토장의 표고는 얼마만큼 높아지겠는가?(소수 셋째자리에서 반올림하시오. 단, 측면 비탈구배는 연직으로 가정한다.)

Chapter 03 토 공

해설

(1) 굴착토 $= \dfrac{30 \times 40 + 50 \times 60}{2} \times 10 = 21{,}000\,\text{m}^3(\text{본바닥상태}) \times 1.82\,\text{t/m}^3$

$\qquad = 38{,}220\,\text{ton}$

(2) 운반토량 $= 21{,}000 \times 1.3 = 27{,}300\,\text{m}^3(\text{흐트러진 상태})$

$\qquad \therefore$ 트럭대수 $= \dfrac{27{,}300}{15} = 1{,}820\,\text{대}$

(3) 다짐토량 $= 21{,}000 \times 0.9 = 18{,}900\,\text{m}^3(\text{다짐상태})$

$\qquad \therefore$ 성토장 표고 $h_c = \dfrac{V_c}{A_s} = \dfrac{18{,}900}{10{,}000} = 1.89\,\text{m}$

★★★

16 다음과 같은 단면에서 성토의 토량을 계산하시오.

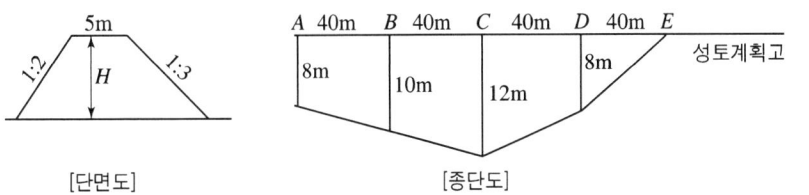

[단면도] [종단도]

해설

- 성토하단폭 : $A = 8 \times 2 + 5 + 8 \times 3 = 45\,\text{m}$

    $B = 10 \times 2 + 5 + 10 \times 3 = 55\,\text{m}$

    $C = 12 \times 2 + 5 + 12 \times 3 = 65\,\text{m}$

    $D = 8 \times 2 + 5 + 8 \times 3 = 45\,\text{m}$

- 단면적 : $A_A = \dfrac{5+45}{2} \times 8 = 200\,\text{m}^2 \qquad A_B = \dfrac{5+55}{2} \times 10 = 300\,\text{m}^2$

    $A_C = \dfrac{5+65}{2} \times 12 = 420\,\text{m}^2 \qquad A_D = \dfrac{5+45}{2} \times 8 = 200\,\text{m}^2$

    $A_E = 0$

$\therefore$ 성토량 $V_C = V_{AC} + V_{BC} + V_{CC} + V_{DC}$

$\qquad = \dfrac{200+300}{2} \times 40 + \dfrac{300+420}{2} \times 40 + \dfrac{420+200}{2} \times 40 + \dfrac{200+0}{2} \times 40$

$\qquad = 40{,}800\,\text{m}^3$

17 도로 토공을 위한 횡단측량 결과 다음 그림과 같은 결과를 얻었다. Simpson 제2법칙에 의한 횡단면적은?(단위 : m)

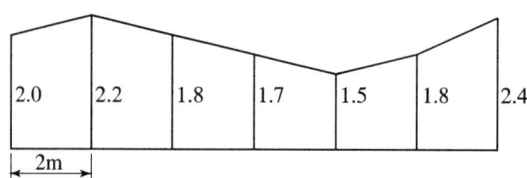

해설

횡단면적 = $\dfrac{3}{8} \times 2 \times [2.0 + 2.4 + 2 \times 1.7 + 3 \times (2.2 + 1.8 + 1.6 + 1.8)] = 22.5\,\text{m}^2$

18 다음 그림과 같은 지반을 0m 기준으로 굴착하여 우측 그림과 같은 성토를 하려고 한다. 이 토량 운반에 4m³ 적재 트럭 몇 대가 필요한가? 그리고 성토 연장길이를 구하면?(단, $C=0.85$, $L=1.10$)

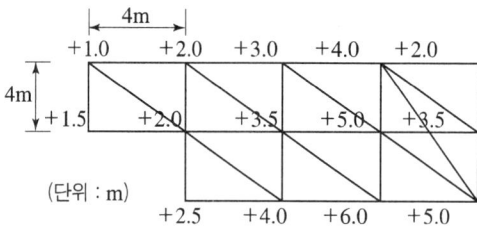 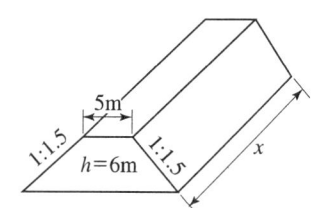

해설

- 굴착토량 = $\dfrac{1}{3} \times \left(\dfrac{1}{2} \times 4 \times 4\right) \times [(1.5 + 2.0 + 2.5) + 2 \times 1.0 + 3 \times (2.0 + 3.0 + 4.0 + 3.5 + 6.0 + 4.0) + 5 \times 2.0 + 6 \times (3.5 + 5.0)]$

  $= 390.67\,\text{m}^3$ (자연상태)

- 운반토량 = $390.67 \times 1.1 = 429.74\,\text{m}^3$ (흐트러진 상태)

  ∴ 트럭 대수 = $\dfrac{429.74}{4} = 107.44 = 108$대

- 성토단면적 = $\dfrac{5 + (6 \times 2 + 5 + 6 \times 1.5)}{2} \times 6 = 93\,\text{m}^2$

- 성토량 = $390.67 \times 0.85 = 332.0695\,\text{m}^3$ (다짐상태)

  ∴ 성토 연장길이 = $\dfrac{332.0695}{93} = 3.57\,\text{m}$

19

그림과 같은 도로의 토공계획시에 A–B구간에 필요한 성토량을 토취장에서 15t트럭으로 운반하여 시공할 때, 필요한 트럭의 총 연대수는 몇 대인가?(단, 자연상태인 흙의 단위체적 중량=1.9t/m³, L=1.3, C=0.9이다.)

측점별 단면적은
$A_1 = 0$, $A_2 = 30\text{m}^2$,
$A_2 = 40\text{m}^2$, $A_2 = 0$이다.

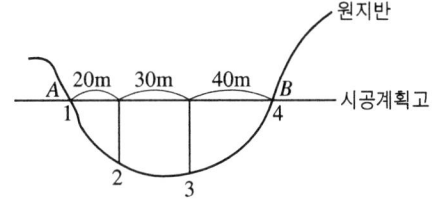

해설

- 성토량 = $\dfrac{0+30}{2} \times 20 + \dfrac{30+40}{2} \times 30 + \dfrac{40+10}{2} \times 40 = 2{,}150\,\text{m}^3$(다짐상태) $\times \dfrac{1.3}{0.9}$

  $= 3{,}105.55\,\text{m}^3$(흐트러진 상태)

- 트럭 1대 적재량 $q_{tL} = \dfrac{T}{r_t} L = \dfrac{15\text{t}}{1.9\text{t}/\text{m}^3} \times 1.3 = 10.26\text{m}^3$

- 트럭 총 연대수 = $\dfrac{3{,}105.56}{10.26} = 302.68 = 303$대

20

어떤 지역에서 제방을 축제하려고 한다. 사용되는 흙의 성질상 축제 후 일정 시간 후 제방의 상단 폭이 2m 줄어들고 높이가 10% 낮아져 그림과 같이 될 것으로 예상된다. 여성토할 구배를 구하시오. (단, 소수 셋째자리에서 반올림하시오.)

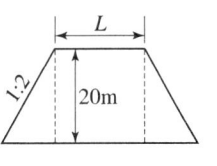

해설

- 축제 밑변 = $20 \times 2 = 40\text{m}$
- 성토 밑변 = $40 - \dfrac{2}{2} = 39\text{m}$
- 성토 높이 : $H - 0.1H = 20$

  $H = \dfrac{20}{(1-0.1)} = 22.22\,\text{m}$

∴ 여성토 구배 = 높이 : 밑변 = $22.22 : 39 = 1 : 1.76$

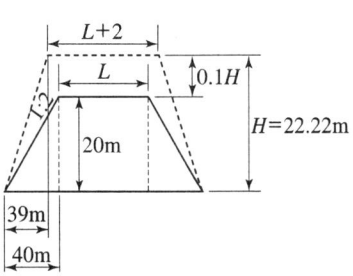

토목기사 실기

★

21 직경 1m짜리 토관을 지하 1m 깊이에 100m 길이로 그림과 같이 매설하려고 한다. 이 때, 되묻고 남은 흙의 총량은 8t 덤프트럭으로 최소한 몇 대 분인가? (단, 흙의 단위중량은 $r=1.7t/m^3$(본바닥)으로 일정하며 $C=0.8$, $L=1.2$)

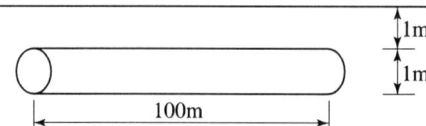

해설

- 터파기량$=\left(1\times 1.5+\pi\times 0.5^2\times\dfrac{1}{2}\right)\times 100=189.27\,\text{m}^3$(자연상태)

- 되메우기$=\left(1\times 1.5-\pi\times 0.5^2\times\dfrac{1}{2}\right)\times 100=110.73\,\text{m}^3$(다짐상태)

  $=\dfrac{110.73}{0.8}=138.41\text{m}^3$(자연상태)

- 잔토량$=189.27-138.41=50.86\text{m}^3$(자연상태)

- 트럭 1대 적재량 $q_{tL}=\dfrac{T}{r_t}L=\dfrac{8t}{1.7\text{t/m}^3}\times 1.2=5.65\,\text{m}^3$(흐트러진 상태)

- 트럭 소요 대수$=\dfrac{50.86\times 1.2}{5.65}=10.8=11$대

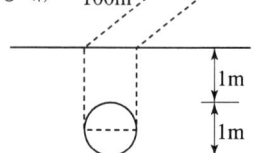

★★★★

22 그림과 같은 구형 유조탱크를 주유소에 묻고 나머지 흙은 660m²(200평)의 마당에 고루 펴고 다지려 한다. 마당은 최소한 얼마나 더 높아지겠는가? (단, $L=1.2$, $C=0.9$, 1평$=3.3\text{m}^2$, 구의 체적$=\dfrac{4}{3}\pi r^3$)

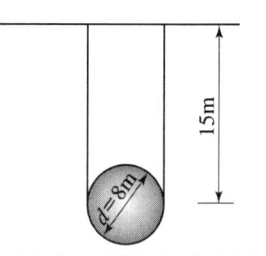

해설

- 터파기량$=\dfrac{\pi\times 8^2}{4}\times 15+\dfrac{4}{3}\times\pi\times 4^3\times\dfrac{1}{2}$

  $=888.02\,\text{m}^3$(자연상태)

- 되메우기$=\dfrac{\pi\times 8^2}{4}\times 15-\dfrac{4}{3}\times\pi\times 4^3\times\dfrac{1}{2}$

  $=619.94\text{m}^3$(다짐상태)

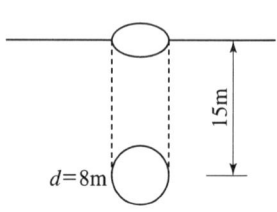

$$= \frac{619.94}{0.9} = 688.82 \mathrm{m}^3 (자연상태)$$

- 잔토량 = 888.02 − 688.82 = 199.2 m^3 (자연상태)

- 높아지는 마당의 최소 높이 = $\dfrac{199.2 \mathrm{m}^3 \times 0.9}{200평 \times 3.3 \mathrm{m}^2/평} = 0.272 \mathrm{m}$

23 그림과 같은 광장의 화단과 분수대를 제외한 부분에 콘크리트 포장을 하려고 한다. 두께를 15cm로 고르게 할 경우 필요한 콘크리트의 양은 얼마이겠는가?

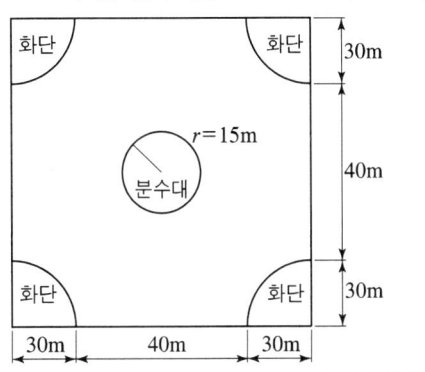

해설

콘크리트량 = $(100 \times 100 - \pi \times 15^2 - \pi \times 30^2) \times 0.15 = 969.86 \mathrm{m}^3$

24 그림과 같이 1평짜리 철판의 네 귀를 일정하게 x만큼 오려내고 점선 부분을 안으로 접어 세워 용접하여 현장 실험실용 골재 저장조를 만들려고 한다. 이때, 저장조의 내부 용적이 최대가 되도록 하려면 x를 얼마로 해야 하겠는가?

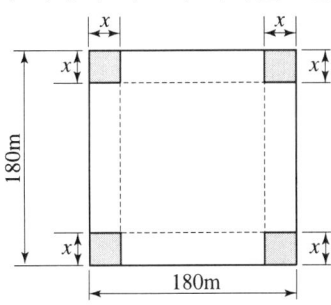

해설

- 용적 $V = (1.8-2x)^2 \times x = (1.8^2 - 2 \times 1.8 \times 2x + 4x^2) \times x = 4x^3 - 7.2x^2 + 3.24x$
- 기울기가 ($\dfrac{dV}{dx} = 0$)일 때 최대용적($V_{\max}$)이 되므로
- $\dfrac{dV}{dx} = 12x^2 - 14.4x + 3.24 = x^2 - 1.2x + 0.27 = 0$
  $= (x-0.9)(x-0.3) = 0$
  $x = 0.9$ 또는 $x = 0.3$
- $x = 0.9$일 때 $V = 0$ $x = 0.3$일 때 $V = 0.432 \text{m}^3$
- $\therefore x = 0.3\text{m}$

---

25 철근 1t을 조립하는 데 소요되는 품이 철근공 0.1인/day, 인부 0.2인/day라고 한다면 현장에 철근공 10명, 인부 20명이 동원되었을 때 철근 50t을 조립하는 데 소요되는 시간은 얼마인가?(단, 1day = 8시간이다.)

해설

- 철근 50t조립시 소요되는 품 : 철근공 = 50t × 0.1인/day/t = 5인/day
  인부 = 50t × 0.2인/day/t = 10인/day
- 철근 50t조립시 소요되는 시간
  철근공5인 : 1day = 철근공10인 : x $x = 0.5\text{day}$
  인부10인 : 1day = 인부20인 : x $x = 0.5\text{day}$
- $\therefore$ 소요시간 = 0.5day × 8시간/day = 4시간

단기완성 토목기사 실기

Chapter 04
건설기계

4-1 건설기계 일반

1. 건설 기계화 시공 장단점

(1) 장 점

① 대규모공사시 공사비 절감
② 공기단축
③ 시공품질 향상
④ 노동력 절감
⑤ 불가능한 공사의 해소

(2) 단 점

① 소규모 공사시 인력보다 많은 경비 소요된다.
② 기계 설비비가 비싸다.
③ 동력 연료, 기계부품, 수리비 등이 필요하다.
④ 숙련된 운전사 및 정비원이 필요하다.

2. 기계손료와 기계경비

(1) 기계손료

기계손료 = 운전시간당 손료 × 운전시간 + 공용일수당 손료 × 공용 일수

① 상각비(감가상각비) = $\dfrac{\text{구입가격} - \text{잔존가격}}{\text{내용년수}}$

② 정기 정비비
③ 기계 관리비

(2) 기계경비

기계경비 = 기계손료 + 기타의 경비
　　　　 = 기계손료 + [운전경비 + (수송비 + 조립 및 해체비)]

3. 기계종류

(1) Dozer계 굴착기

① Bulldozer   ② Straight Dozer
③ Angle Dozer ④ Tilt Dozer
⑤ 습지 Dozer

(2) Ripper

암파쇄

(3) Grader

정지작업, 흙깔기, 측구 굴착, 비탈면고르기, 횡단구배, 노면 보수

(4) Scraper

① 활주로 또는 폭이 넓은 도로공사
② 절토, 싣기, 운반, 사토(또는 성토)의 작업을 연속적으로 수행하여 cycle 시간을 단축

(5) Shovel계 굴착기 종류 ★★★

부속장치를 바꿈으로써 여러 가지 목적으로 사용
① Power Shovel(Truck Shovel) : 기계보다 높은 곳 굴착
② Back Hoe : 기계보다 낮은 곳 굴착
③ Drag Line : 높은 곳에서 낮은 곳 굴착 하는 장비로 수로, 하상, 넓은 면적과 대용적의 건축 기초의 굴착, 하천의 모래, 자갈 채집에 사용된다.
④ Clam Shell(Grab Bucket) : 우물통 기초 굴착
⑤ Tractor Shovel(Loader)
⑥ Skimmer Scoup
  ㉠ 회전대의 선단에 붙은 bucket를 rope(체인)의 힘으로 전후로 작동하여 지표를 얕게 깎는 기계이다.
  ㉡ 좁은 곳의 얕은 굴착, 대형 기계로 작업이 곤란한 장소에 사용한다.
⑦ Trencher : 도랑파는 기계

(6) Dump Truck : 흙 운반

(7) 흙다짐 기계(흙다짐 공법)

① 전압식 : 점성토
  ㉠ Bulldozer

ⓒ Road Roller
　　　　ⓐ Tandem Roller : 점토질 흙 적합
　　　　ⓑ Macadam Roller : 쇄석기층 적합
　　　ⓒ Tamping Roller **종류 ★★**
　　　　드럼에 많은 양발굽형 돌기를 붙여 땅 깊숙이 다지는 기계로 함수비가 높은 점토질의 다짐에 적합하다.
　　　　ⓐ Turn Foot Roller
　　　　ⓑ Sheeps Foot Roller
　　　　ⓒ Tapper Foot Roller
　　　　ⓓ Grid Roller
　　　ⓔ Tire Roller : 자갈, 모래 등이 많이 포함된 소성이 작은 흙이나 다짐두께가 얕은 곳에 유효한 다짐기계 : 함수량이 낮은 사질토 다짐 부적합
② 진동식 : 사질토 및 자갈질토
　　ⓐ 진동 Roller
　　ⓑ 진동 Compactor
　　ⓒ 진동 Tire Roller
③ 충격식 다짐
　　ⓐ Rammer
　　ⓑ Tamper

가열 아스팔트 혼합물의 다짐에 사용하는 롤러
• Macadam Roller : 아스팔트 포장의 초기 전압
• Tire Roller : 아스팔트 포장의 중간 전압
• Tandem Roller : 아스팔트 포장의 마무리 전압

(8) 비탈면 다짐기계

① 사질토 비탈면 : 피 견인식 Vibration Roller
② 점성토 비탈면 : 피 견인식 Tamping Roller
③ 예민한 점토 비탈면 : 습지형 Bulldozer

(9) Dredger(준설선) 종류 ★★★★★★

① 버킷준설선(Bucket Dredger)
　버킷준설선(Bucket Dredger)이란 선수 및 선미의 좌우에 앵커를 고정시킨 후 해저에 내리고 버킷라인을 회전시켜 준설한다. 버킷에 퍼담은 준설토는 슈트를 통하여 토

운선에 적재하고 지정된 투기장에 투기한다.

② **그래브준설선(Grab Dredger)**
그래브준설선(Grab Dredger)이란 붐의 선단에서 매달은 그래브 버킷(클램셸 버킷, 타인 버킷, 오렌지빌 버킷 등)으로 해저의 토사를 퍼올리는 방식의 것으로 소규모인 항로, 정박지의 준설 혹은 방파제, 안벽의 바닥파기 등에 사용되며 자항식인 것과 비항식의 것이 있다.

③ **디퍼준설선(Dipper Dredger)** 개념 ★
디퍼준설선(Dipper Dredger)은 파워셔블(power shovel)을 대선에 설치해 사암이나 혈암 등의 수중에 적합한 준설선으로 앞 뒤의 스퍼드를 해저에 내리고 버킷을 준설 위치에 내린 후 디퍼암을 통한 와이어를 감으면 디퍼 핸들의 버킷이 상향운동을 하면서 굴착을 한다. 이렇게 하여 디퍼 버킷에 준설토가 담아지면 터언 테이블에 부착된 디퍼붐을 회전하여 토운선에 적재한다.

④ **펌프준설선(Pump Dredger)** 개념 ★
펌프준설선(Pump Dredger)은 준설과 매립을 동시에 신속하게 시공할 수 있고 해저 토사를 회전형 Cutter로 깎아 펌프로 흡입하여 매립지로 배송하는 준설선이다.

> **펌프의 동력** 계산 ★★★★
> $$P_S = \frac{1,000\,QH_p}{75\eta} = \frac{13.33\,QH_P}{\eta}[\text{HP}] \qquad P_S = \frac{1,000\,QH_p}{102\eta} = \frac{9.8\,QH_P}{\eta}[\text{kW}]$$

여기서, P_S : 펌프의 축동력[HP] 또는 [kW], Q : 양수량[m³/sec]
H_p : 펌프의 전양정[m], η_p : 펌프의 효율[%]

⑤ **쇄암준설선(Rock Cutter Dredger)** 개념 ★
쇄암준설선(Rock Cutter Dredger)은 해저의 암반이나 암초를 쇄암추나 쇄암기의 끝에 특수한 강철로 된 날끝을 달아 암석을 파쇄하는 준설선이다.

⑥ **호퍼준설선(Hopper Dredger)**
호퍼준설선(Hopper Dredger)이란 버킷 준설선처럼 선체에 호퍼를 설치하고 직접 토사장까지 항해하여 토사를 배출하여 버리는 준설선이다.

하향 굴착공법(하향 압토공법)
Bulldozer, Scraper, Scraper Dozer 등을 사용하여 내리막을 이용하여 굴착 운반함으로써 공비와 공기를 절약할 수 있는 공법

병렬작업공법(병렬압토법, Parallel Method)
불도저 토공에서 2대 이상이 토공판을 수평으로 줄을 맞춰 같은 속도로 전진 하여 흙이 토공판에서 흩어지지 않게 밀어나가는 공법

[연습문제 1]

버킷 용량 0.6m³의 Power shovel을 총 운전 시간 200시간, 공용 일수 32일간 공사에 투입하였다. 이때 운전 1시간당 손료는 5,000원, 공용 일수 1일당 손료는 15,000원, 운전 1시간당 경비는 4,000원이다. 그리고 트레일러로 운반 거리가 200km인 지점까지 Power shovel을 운반하는데 km당 500원의 수송비가 들었다. 이때의 기계 손료와 기계 경비는 얼마인가? (단, 조립, 해체 비용은 없다.)

해설

① 기계손료 = 운전시간당 손료 × 운전시간 + 공용일수당 손료 × 공용 일수
   = 5,000 × 200 + 15,000 × 32
   = 1,480,000원
② 기계경비 = 기계손료 + [운전경비 + (수송비 + 조립 및 해체비)]
   = 1,480,000 + [4,000 × 200 + (500 × 200 × 2(왕복) + 0)]
   = 2,480,000원

[연습문제 2]

제시된 조건을 보고 건설기계의 시간당 비용을 산출하시오.

[조건]
- 노무비 산정기준
  1일 8시간 작업, 상여계수 $\frac{16}{12}$, 휴지계수 $\frac{25}{20}$,
  건설기계 운전사 노임 98,693(원/일)
- 운전경비 산정기준

기계명	규격 (t)	주연료 (l/h)	잡재료 (주연료의 %)	조정원 (인/일)	기계가격 (원)
불도저 (무한궤도)	19	25.0	16	1	142,035,000

- 경유가격 : 1,223(원/l)
- 불도저(무한궤도)의 시간당 손료 : 1.763×10^{-7}

해설

① 건설기계 운전기사(조정원) 노무비 산정
   $98,693 \times \frac{1}{8} \times \frac{16}{12} \times \frac{25}{20} \times 1$인(조정원) = 20,528원
② 재료비 산정
   ㉠ 주연료 : 25 × 1,223 = 30,573원
   ㉡ 잡재료 : 30,575 × 0.16 = 4,892원
   ㉢ 계 : 35,467원
③ 경비산정
   $142,035,000 \times 1.763 \times 10^{-7}$ = 25,040원
④ 건설기계의 시간당 비용 = 20,528 + 35,467 + 25,040 = 81,035원

4-2 건설기계의 작업능력 산정

1. Bulldozer 작업능력 산정 계산 ★★★★★★★★★★

$$Q = \frac{60 \cdot q \cdot f \cdot E}{C_m}$$

여기서, Q : 1시간당 작업량(m^3/h)
  q : 1회 굴착압토량(m^3)
   - 흐트러진 상태 $q = q_0 \cdot \rho$
    q_0 : 배토판(토공판)의 용량(m^3)
    ρ : 구배계수 및 거리계수
  f : 토량환산계수
  E : Bulldozer 작업효율
  C_m : 사이클 타임(min) $C_m = \frac{l}{v_1} + \frac{l}{v_2} + t_g$
    ※ 경험식 : $C_m = 0.037l + 0.25$
    l : 평균 굴착거리(m)
    v_1 : 전진속도(m/min)
    v_2 : 후진속도(m/min)
    t_g : 기어변속시간 및 가속시간(min), 고정값으로 보통 0.25분으로 본다.

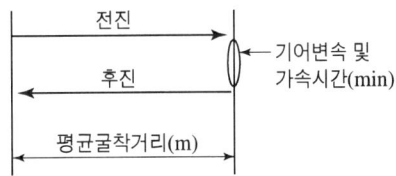

[연습문제 1] ★★★★★★★★★★

불도저 1시간당의 작업량은 본바닥 토량으로 볼 때 얼마인가?(단, 1회 굴착압토량(느슨한 토량) : 3.6m^3, 토량변화율(L) : 1.2, 작업효율 : 0.7, 평균굴착 압토거리 : 80m, 전진속도 : 40m/분, 후진속도 : 100m/분, 기어 바꾸어 넣기 시간 및 가속 시간은 0.2분이다.)

해설

$$\therefore \text{시간당작업량}\ Q = \frac{60 \cdot q \cdot f \cdot E}{C_m} = \frac{60 \times 3.6 \times \frac{1}{1.2} \times 0.7}{3} = 42 m^3/h \text{(본바닥토량)}$$

$q = 3.6 m^3$(흐트러진 상태)

$f = \frac{1}{L} = \frac{1}{1.2}$ $E = 0.7$

$C_m = \frac{l}{v_1} + \frac{l}{v_2} + t_g = \frac{80}{40} + \frac{80}{100} + 0.2 = 3$분

2. Ripper(유압식) 작업능력 계산 ★★★★★★★★★★

$$Q = \frac{60 \cdot A_n \cdot l \cdot f \cdot E}{C_m}$$

여기서, Q : 1시간당 작업량(m^3/h) A_n : 1회 리핑(ripping) 단면적(m^2)
l : 1회 작업거리(m) q : 1회 리핑 파쇄량(m^3) – 본바닥 상태 $q = A_n \cdot l$
f : 토량환산계수 E : Ripper 작업효율
C_m : 사이클 타임(min) $C_m = \dfrac{l}{v_1} + \dfrac{l}{v_2} + t_g$

3. 장비 합성작업능력 계산 ★★★★★★★★★★

1번 장비(Bulldozer)와 2번 장비(Ripper)의 합성작업능력

$$Q = \frac{Q_1 \times Q_2}{Q_1 + Q_2}$$

여기서, Q : 합성 장비(Ripper Dozer)의 1시간당 작업량(m^3/h)
Q_1 : 1번 장비(Bulldozer)의 1시간당 작업량(m^3/h)
Q_2 : 2번 장비(Ripper)의 1시간당 작업량(m^3/h)

[연습문제 2] ★★★★★★★★★★

탄성파속도가 1,100m/s인 사암으로 된 수평한 지반을 1개의 리퍼날이 부착된 21t급의 불도저($q_0 = 3.3m^3$)로 리핑하면서 작업을 할 때 1시간당 작업량을 본바닥 토량으로 구하시오.(단, 소수 셋째자리에서 반올림하시오.)

[조건]
- 1개 날의 1회 리핑 단면적 : $0.14m^2$
- 작업거리 : 40m
- 불도저의 구배계수 : 0.9
- 리퍼의 사이클 타임 $C_m = 0.05l + 0.33$
- 리퍼의 작업효율 : 0.9
- 불도저의 작업효율 : 0.4
- 토량변화율 $L = 1.6$, $C = 1.1$
- 불도저의 사이클 타임 $C_m = 0.037l + 0.25$

해설

- Bulldozer 1시간당 작업량 $Q = \dfrac{60 \cdot q \cdot f \cdot E}{C_m} = 25.75\,m^3$/h(자연상태)

  $q = q_0 \cdot \rho = 3.3 \times 0.9$(흐트러진 상태) $f = \dfrac{1}{L} = \dfrac{1}{1.6}$
  $E = 0.4$ $C_m = 0.037l + 0.25 = 0.037 \times 40 + 0.25$

- Ripper 1시간당 작업량 $Q = \dfrac{60 \cdot A_n \cdot l \cdot f \cdot E}{C_m} = 129.79\,m^3$/h(자연상태)

  $A_n = 0.14\,m^2$ $l = 40\,m$ $q = A_n \cdot l$(본바닥 상태)m^3 $f = 1$ $E = 0.9$
  C_m : 사이클 타임(min) $C_m = 0.05l + 0.33 = 0.05 \times 40 + 0.33$

- ∴ 1시간당 작업량 $Q = \dfrac{Q_1 \times Q_2}{Q_1 + Q_2} = \dfrac{25.75 \times 129.79}{25.75 + 129.79} = 21.49\,m^3$/h

4. Shovel계 굴착기 작업능력 산정

(1) Shovel계 굴착기 작업능력 계산 ★★★★★★★

$$Q = \frac{3600 \cdot q \cdot k \cdot f \cdot E}{C_{ms}}$$

여기서, Q : 1시간당 작업량(m³/h)　　q : 버킷의 산적 용적(dipper 또는 bucket의 용량 ; m³)
　　　　k : 버킷계수(디퍼계수)　　　f : 토량환산계수
　　　　E : 작업효율　　　　　　　C_{ms} : 사이클 타임(sec)

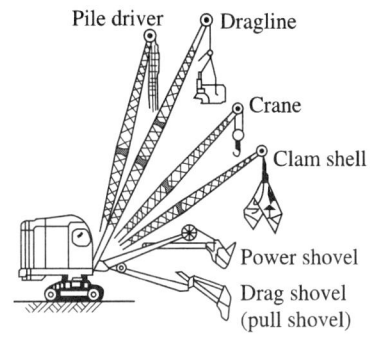

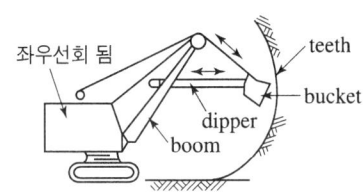

(2) 트랙터 셔블(loader)의 경우 계산 ★★★

$$C_{ms} = m \cdot l + t_1 + t_2$$

여기서, m : 계수(sec/m)　　l : 운반거리(편도)
　　　　t_1 : 버킷으로 재료를 담아 돌리는 시간(sec)
　　　　t_2 : 기어 바꾸어 넣는 시간(sec)

[연습문제 3] ★★★★★

버킷용량 $q = 1.2\text{m}^3$, 흙의 용적변화율 $L = 1.25$, 기계의 능률계수 $E = 0.8$, 버킷계수 $k = 0.9$, 사이클 타임 계산시의 형식에 의한 계수 $m = 2.0\text{s/m}$, 싣기운반거리 $l = 10\text{m}$, 버킷으로 재료를 담아올리는 시간 $t_1 = 15\text{s}$ 기어변환시간 $t_2 = 20\text{s}$인 트랙터 셔블의 1시간당 작업량 Q는 본바닥의 토량으로 계산할 때 얼마인가?

해설

$$\therefore Q = \frac{3600 \cdot q \cdot k \cdot f \cdot E}{C_{ms}} = \frac{3600 \times 1.2 \times 0.9 \times \frac{1}{1.25} \times 0.8}{55}$$

$= 45.24 \text{m}^3/\text{h}$ (본바닥 토량)

$C_{ms} = m \cdot l + t_1 + t_2 = 2 \times 10 + 15 + 20 = 55$초

5. Dump Truck 작업능력 산정

(1) Dump Truck 작업능력 계산 ★★★★★★★★

$$Q = \frac{60 \cdot q_t \cdot f \cdot E_t}{C_{mt}}$$

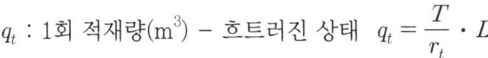

여기서, Q : 1시간당 작업량(m^3/h)

q_t : 1회 적재량(m^3) – 흐트러진 상태 $q_t = \dfrac{T}{r_t} \cdot L$

T : 덤프트럭 적재량(ton)

r_t : 자연상태의 토석 단위중량(습윤밀도 ; t/m^3)

L : 토량변화율

f : 토량환산계수

E_t : Dump Truck 작업효율(표준치 $E_t = 0.9$)

C_{mt} : 사이클 타임(min)

① 적재기계 사용하지 않을 시 계산 ★★★★★★★★★★

$$C_{mt} = t_1 + t_2 + t_3 + t_4 = 적재시간 + 왕복시간 + 적하시간 + 적재 대기시간$$

여기서, $t_2 = \dfrac{l}{v_1} + \dfrac{l}{v_2}$ l : 운반거리, v_1 : 적재시 주행속도, v_2 : 공차시 주행속도

② 적재기계사용시 계산 ★★★★★★★★★★

$$C_{mt} = \frac{C_{ms} \cdot n}{60 \cdot E_s} + T_1 + T_2 + t_1 + t_2 + t_3$$

여기서, $\dfrac{C_{ms} \cdot n}{60 \cdot E_s}$: 적재시간(min)

C_{ms} : 적재기계의 사이클타임(sec)

E_s : 적재기계의 작업효율

n : 덤프트럭 1대 적재 시 요하는 적재기계의 사이클 횟수(정수)

$$n = \frac{트럭\,Q}{Shovel계\,Q} = \frac{\dfrac{60 \cdot q_t \cdot f \cdot E}{C_{mt}}}{\dfrac{3600 \cdot q \cdot k \cdot f \cdot E}{C_{ms}}} = \frac{q_t}{q \cdot k}$$

T_1 : 덤프트럭의 운반 시간(min)

T_2 : 덤프트럭의 돌아가는 시간(min)

t_1 : 사토시간(min)

t_3 : sheet를 걸고 떼는 시간(min)

t_2 : 적재대기시간(min)

[연습문제 4]

Bucket 용량이 2m³인 Back Hoe를 사용하여 15t Dump Truck에 흙을 적재하여 운반하고자 할 때 다음을 구하시오. [단, 흙의 단위중량 : 1.5t/m³, 토량변화율 $L=1.4$, Bucket 계수 : 0.7, Back Hoe의 Cycle Time : 30초, Back Hoe의 작업효율 : 0.8]

(1) Back Hoe 적재횟수는?
(2) Dump Truck에 적재하는 데 걸리는 소요시간은? ★★★★★★★★★★

해설

(1) $n = \dfrac{q_t}{q \cdot k} = \dfrac{14}{2 \times 0.7} = 10$회

$q_t = \dfrac{T}{r_t} \cdot L = \dfrac{15t}{1.5t/m^3} \times 1.4 = 14 m^3$

(2) 적재시간 $t_1 = \dfrac{C_{ms} \cdot n}{60 \cdot E_s} = \dfrac{30 \times 10}{60 \times 0.8} = 6.25$분

[연습문제 5]

3km의 거리에서 20,000m³의 자갈을 5m³ 덤프트럭으로 운반하려면 1일에 몇 번 운반할 수 있으며, 10일간 전량을 운반하려면 1일 몇 대의 트럭이 소요되는가?(단, 1일 작업시간 : 8시간, 상하차시간 : 38분, 평균 속도 : 35km/h이다.)

해설

$\therefore$ 1일운반횟수 $= \dfrac{1일작업시간}{1회왕복소요시간}$

$= \dfrac{8hr \times 60min/hr}{\left(\dfrac{3km}{35km/hr} + \dfrac{3km}{35km/hr}\right) \times 60min/hr + 38min}$

$= 9.94 = 10$회

- 1일 트럭 1대 운반량 = 5m3/회 × 10회 = 50m³
- 10일 트럭 1대 운반량 = 50m3/일 × 10일 = 500m³

$\therefore$ 트럭의 소요대수 $= \dfrac{20,000m^3}{500m^3} = 40$대

[연습문제 6]

다음과 같은 지형에서 시공기준면을 15m로 성토하고자 할 때 다음 물음에 답하시오. (단, 격자점 숫자는 표고, 단위는 m)

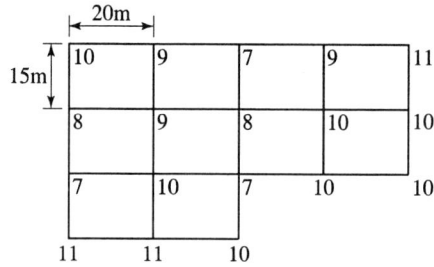

(1) 성토에 필요한 운반토량을 구하시오.(단, $L=1.25$, $C=0.9$)
(2) 적재용량 8t의 덤프트럭으로 운반할 때 연대수를 구하시오.(단, 굴착 흙의 단위중량은 $1.8 t.m^3$)

해설

(1) ① 성토량
성토기준면 15m와 지형의 표고차를 구하면 다음 그림과 같다.

$$V = \frac{A}{4}(\sum h_1 + 2\sum h_2 + 3\sum h_3 + 4\sum h_4)$$

$$= \frac{20 \times 15}{4}\{(5+4+5+5+4) + 2 \times (6+8+6+5+5+4+8+7) + 3 \times 8 + 4 \times (6+7+5+5)\}$$

$$= 17,775 \, m^3 (\text{다짐상태})$$

② 성토에 필요한 운반토량

$$V_L = 성토량 \times \frac{L}{C} = 17,775 \times \frac{1.25}{0.9} = 24,687.5 \, m^3$$

(2) ① 덤프트럭 적재량

$$q_t = \frac{T}{r_t} \cdot L = \frac{8t}{1.8t/m^3} \times 1.25 = 5.56 \, m^3$$

② 연대수

$$N = \frac{운반토량}{트럭 \, 적재량} = \frac{24,687.5 \, m^3}{5.56 \, m^3} = 4,440.2 = 4,441 \, 대$$

(2) Truck의 여유대수 계산 ★★★

$$N(여유대수) = 1 + \frac{T_1}{T_2}$$

여기서, T_1 : 왕복과 사토에 요하는 시간
T_2 : 원위치에 도착한 후부터 싣기를 완료하고 출발할 때까지의 시간

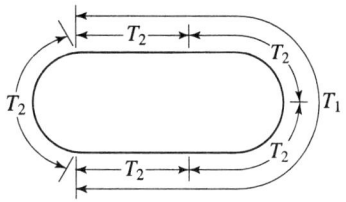

[연습문제 7] ★★

덤프 소요시간을 8분이라 하고 적재시의 평균 속도 $v_1 = 30$km/h, 공차시의 평균 속도 $v_2 = 42$km/h, 운반거리 $D = 600$m, 싣기와 출발할 때까지의 시간을 5분이라 할 때 덤프트럭의 소요여유대수 N_1을 구하시오.

해설

$$N_1 = 1 + \frac{T_1}{T_2} = 1 + \frac{10}{5} = 3 \text{대}$$

- 왕복과 사토에 요하는 시간(T_1)

$$T_1 = \left(\frac{600\text{m}}{30,000\text{m/h}} \times 60\text{min/h}\right) + \left(\frac{600\text{m}}{42,000\text{m/h}} \times 60\text{min/h}\right) + 8\text{min} = 10.06 ≒ 10\text{분}$$

- 원위치에 도착한 후부터 싣기를 완료하고 출발할 때까지의 시간(T_2)

$$T_2 = 5\text{분}$$

6. Grader 작업능력 산정

(1) Grader 작업능력 계산 ★

$$Q = \frac{60 \cdot B_e \cdot L \cdot D \cdot f \cdot E}{C_m}$$

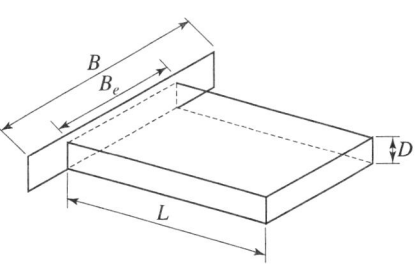

여기서, Q : 1시간당 작업량(m³/h)
B_e : Blad의 유효길이, 작업유효폭(m)
L : 1회 편도작업거리(m)
D : 굴착깊이(표토제거깊이) 또는 흙고르기 두께(m)

토량(m³) = $B_e \cdot L \cdot D$(m³) − 표토제거 (자연 상태), 흙고르기 (흐트러진 상태)

f : 토량환산계수
E : Grader 작업효율
C_m : 사이클 타임(min)
- 왕복작업
$$C_m = 0.06\frac{2L}{v} + t$$
- 전진시 작업하고 공행으로 돌아올 때
$$C_m = 0.06\left(\frac{L}{v_1} + \frac{L}{v_2}\right) + 2t$$
v_1 : 전진속도(km/h), v_2 : 후진속도(km/h), t : 기어변속시간(min)

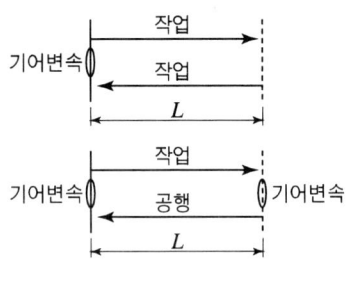

(2) 작업소요시간 계산 ★★★★★★★

$$작업소요시간 = \frac{통과횟수 \times 작업거리}{평균작업속도 \times 작업효율} = \frac{n \times l}{v \times E} \left(t = \frac{\sum l}{v} = \frac{n \times l}{v \times E}\right)$$

[연습문제 8] ★

그레이더로 노상을 grading할 때 작업량을 계산하시오.

[조건]
- 블레이드의 유효길이(l) = 2.9m
- 부설횟수(N) = 2회
- 흙고르기 두께(D) = 20cm
- C_m = 1.96
- 작업효율 = 0.6
- 1회 작업거리(L) = 50m
- 토량변화율 = 0.75

해설

$$Q = \frac{60 \cdot B_e \cdot L \cdot D \cdot f \cdot E}{C_m \cdot N} = \frac{60 \times 2.9 \times 50 \times 0.2 \times 0.75 \times 0.6}{1.96 \times 2}$$
$$= 199.74\text{m}^3/\text{h (자연상태)}$$

확인학습문제

01 건설기계화 시공의 장점을 4가지 쓰시오.

해설

① 대규모 공사시 공사비 절감 ② 시공품질 향상
③ 노동력 절감 ④ 공기단축

02 기계화시공에 있어서 중장비의 비용계산 중 기계손료를 구성하는 요소를 3가지만 쓰시오.

해설

① 감가 상각비 ② 정기 정비비 ③ 기계 관리비

03 지반보다 낮은 곳의 흙을 굴착하여 적재하기 위한 장비는?

해설

① Back Hoe ② Clam Shell ③ Drag Line

04 좁은 도랑을 파거나 가스관, 수도관, 암거를 묻기 위해서 파는 기계는?

해설

① Trencher
② Back Hoe

05 수중의 골재채취 및 배수로의 굴착이나 하상으로부터 제방구축 재료의 채집 및 성토작업에 적합한 토공기계는?

▶ 해설

Drag Line

★★

06 평균구배 10%의 하향 굴착작업으로 평균 운반거리 30m에 있어서 20t급 불도저의 운전시간당의 작업량을 구하시오.(단, 소수 셋째자리에서 반올림하고, q_o=2.8m³, 반로(搬路)의 구배에 관한 계수(ρ)=1.18, C_m=0.037l+0.25, L=1.25, E=0.6)

▶ 해설

• 시간당작업량

$$Q = \frac{60 \cdot q \cdot f \cdot E}{C_m} = \frac{60 \times (2.8 \times 1.18) \times \frac{1}{1.25} \times 0.6}{0.037 \times 30 + 0.25} = 69.97 \, \text{m}^3/\text{h} (자연상태)$$

$q = q_0 \cdot \rho = 2.8 \times 1.18$ (흐트러진 상태)

$f = \dfrac{1}{L} = \dfrac{1}{1.25}$

$E = 0.6$

$C_m = 0.037l + 0.25 = 0.037 \times 30 + 0.25$

★★

07 다음의 조건에서 불도저의 시간당 작업량을 본바닥 토량으로 계산하시오.
(단, 소수 2자리에서 반올림하시오.)

[조건] ① 흙의 운반거리(L)=60m   ② 전진속도 : 40m/분
③ 후진속도 : 80m/분   ④ 기어변속시간 : 30초
⑤ 작업효율 : 0.8   ⑥ 1회의 압토량 : 2.3m³
⑦ 토질변화율 L=1.1

Chapter 04 건설기계

해설

- 시간당작업량 $Q = \dfrac{60 \cdot q \cdot f \cdot E}{C_m} = 36.5\,\text{m}^3/\text{h}$(본바닥토량)

  $q = 2.3\,\text{m}^3$(흐트러진 상태)

  $f = \dfrac{1}{L} = \dfrac{1}{1.1}$

  $E = 0.8$

  $C_m = \dfrac{l}{v_1} + \dfrac{l}{v_2} + t_g = \dfrac{60}{40} + \dfrac{60}{80} + \dfrac{30}{60} = 2.75$분

★★★★

08 작업량 21,600m³의 굴착, 성토작업을 Bulldozer 5대로 시공할 때 시간당 작업량과 소요공기를 구하시오.(단, 평균 운반거리 : 50m, cycle time C_m=2.0분, 1회 굴착압토량 q=2.0m³, 작업효율 E=0.75, 토량환산계수 f=0.8, 하루평균작업시간 : 6시간, 실제가동률 : 50%)

해설

- 불도저 1대 시간당작업량

  $Q = \dfrac{60 \cdot q \cdot f \cdot E}{C_m} = \dfrac{60 \times 2 \times 0.8 \times 0.75 \times 0.5}{2}$

  $= 18\,\text{m}^3/\text{h}$(본바닥토량)

  E = 작업효율 × 실제가동률 = 0.75×0.5

  $f = \dfrac{1}{L} = 0.8$

  ∴ 불도저 5대 시간당작업량 $Q = 18 \times 5 = 90\,\text{m}^3/\text{h}$(본바닥토량)

  ∴ 소요공기 $= \dfrac{21{,}600\,\text{m}^3}{90\,\text{m}^3/\text{h} \times 6\text{h}/\text{day}} = 40$일

09 아래 그림과 같이 백호로 굴착을 한 후 통로박스를 시공하고 다시 되메우기를 하려고 한다. 이때 15ton 덤프트럭 2대를 사용하며, 1일 작업시간은 6시간이다. 덤프트럭의 작업효율 $E=0.9$, cycle time $C_m=300$분일 경우 다음 물음에 답하시오. (단, 암거길이는 10m, $C=0.8$, $L=1.25$, $\gamma_t=1.8t/m^3$)

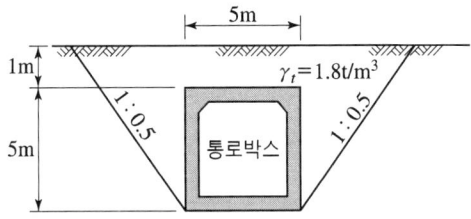

(1) 사토량을 본바닥토량으로 구하시오.
(2) 덤프트럭 1대의 시간당 작업량을 구하시오.
(3) 덤프트럭 2대를 사용할 경우 사토에 필요한 소요일수는 며칠인가?

해설

(1) 사토량(捨土量)을 본바닥토량

① 굴착량 = $\dfrac{(6\times0.5+5+6\times0.5)+5}{2}\times 6\times 10 = 480\,\text{m}^3$

② 통로박스 부피 = $5\times 5\times 10 = 250\,\text{m}^3$

③ 되메우기량 = $(480-250)\times \dfrac{1}{0.8} = 287.5\,\text{m}^3$

④ 사토량 = $480 - 287.5 = 192.5\,\text{m}^3$

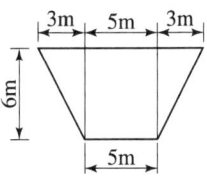

(2) 덤프트럭 1대의 시간당 작업량

① 1회 적재량 : $q_t = \dfrac{T}{r_t}\cdot L = \dfrac{15}{1.8}\times 1.25 = 10.42\,\text{m}^3$

② $Q = \dfrac{60\cdot q_t\cdot f\cdot E_t}{C_{mt}} = \dfrac{60\times 10.42\times \dfrac{1}{1.25}\times 0.9}{300} = 1.50\,\text{m}^3/\text{h}$

(3) 덤프트럭 2대를 사용할 경우 사토에 필요한 소요일수

① 덤프트럭 1대의 시간당 작업량 = $1.50\times 2 = 3.0\,\text{m}^3/\text{h}$

② 소요일수 = $\dfrac{192.5\,\text{m}^3}{3.0\,\text{m}^3/\text{h}\times 6\,\text{h/d}} = 10.69 = 11$일

Chapter 04 건설기계

★★★★★

10 배토량 40,000m³의 굴착작업을 다음과 같은 조건의 불도저 2대를 사용할 때 소요작업일수를 구하시오.

[조건] ① 도저의 굴착용량 : 2.4m³ ② 작업효율 : 80%
③ 도저의 전진속도 : 4km/h ④ 1일 작업시간 : 8시간
⑤ 도저의 후진속도 : 6km/h ⑥ 흙의 운반거리 : 60m
⑦ 도저의 기어변환시간 : 30초 ⑧ 거리 및 구배계수 : 0.85
⑨ 토량변화율 L : 1.2

해설

• 불도저 1대 시간당작업량

$$Q = \frac{60 \cdot q \cdot f \cdot E}{C_m} = \frac{60 \times (2.4 \times 0.85) \times \frac{1}{1.2} \times 0.8}{2} = 40.8 \, \text{m}^3/\text{h}(본바닥토량)$$

$$C_m = \frac{l}{v_1} + \frac{l}{v_2} + t_g = \frac{60\text{m}}{4\frac{\text{km}}{\text{h}} \times \frac{1,000\text{m/km}}{60\text{min/h}}} + \frac{60\text{m}}{6\frac{\text{km}}{\text{h}} \times \frac{1,000\text{m/km}}{60\text{min/h}}} + \frac{30}{60} = 2\text{분}$$

∴ 불도저 2대 시간당작업량
$Q = 40.8 \times 2 = 81.6 \, \text{m}^3/\text{h}(본바닥토량)$

∴ 소요공기 $= \dfrac{4,000\text{m}^3}{81.6\text{m}^3/\text{h} \times 8\text{h/day}} = 6.13$일 $= 7$일

★

11 다음과 같은 조건으로 불도저를 사용하여 흙을 굴착할 때 흙 1m³에 대한 굴착단가는 얼마인가?

[조건] ① 도저의 굴착용량 : 2.4m³ ② 작업효율 : 80%
③ 도저의 전진속도 : 4km/h ④ 1일 작업시간 : 8시간
⑤ 도저의 후진속도 : 6km/h ⑥ 흙의 운반거리 : 60m
⑦ 도저의 기어변환시간 : 30초 ⑧ 거리 및 구배계수 : 0.85
⑨ 토량변화율 : $L = 1.2$ ⑩ 1일 사용료(제비용 포함) : 200,000원

해설

• 불도저 1대 시간당작업량

$$Q = \frac{60 \cdot q \cdot f \cdot E}{C_m} == \frac{60 \times (2.4 \times 0.85) \times \frac{1}{1.2} \times 0.8}{2} = 40.8 \, \text{m}^3/\text{h}(본바닥토량)$$

$$C_m = \frac{l}{v_1} + \frac{l}{v_2} + t_g = \frac{60\text{m}}{4\frac{\text{km}}{\text{h}} \times \frac{1{,}000\text{m/km}}{60\text{min/h}}} \frac{60\text{m}}{6\frac{\text{km}}{\text{h}} \times \frac{1{,}000\text{m/km}}{60\text{min/h}}} + \frac{30}{60} = 2분$$

- 1일 작업량 $Q = 40.8\text{m}^3/\text{h} \times 8\text{h/day} = 326.4\,\text{m}^3/\text{day}$ (본바닥토량)

$$\therefore 1\text{m}^3당\ 굴착단가 = \frac{20{,}000원/\text{day}}{326.4\text{m}^3/\text{day}} = 612.75원/\text{day}$$

12 어떤 공사장에서 불도저로 작업하는 데 기계의 고장, 준비불량에 소요된 시간이 30분, 인력부족 및 인원초과로 대기시킨 시간이 1시간이라면 1일의 총 작업시간 8시간 중 실작업시간을 6시간으로 볼 때 가동률은 얼마인가?

해설

$$가동률 = \frac{실작업시간}{총작업시간} = \frac{6 - \frac{30}{60} - 1}{8} = 0.5625 = 56.25\%$$

★★★★★★★

13 리퍼와 불도저의 조합으로 풍화암지반의 굴착작업을 실시하려고 한다. 리퍼의 작업능력이 140m³/h이고 불도저의 작업능력이 45m³/h일 때 이들 기계의 조합작업능력을 계산하시오.

해설

$$Q = \frac{Q_1 \times Q_2}{Q_1 + Q_2} = \frac{45 \times 140}{45 + 140} = 34.05\,\text{m}^3/\text{h}$$

★★★★★★★

14 불도저로 압토와 리핑작업을 동시에 실시하고 있다. 시간당 작업량(Q)은 몇 m³/h 인가?(단, 압토작업만 할 때의 작업량 $Q_1 = 40\text{m}^3/\text{h}$이고, 리핑작업만 할 때의 작업량 $Q_2 = 60\text{m}^3/\text{h}$이다.)

해설

$$Q = \frac{Q_1 \times Q_2}{Q_1 + Q_2} = \frac{40 \times 60}{40 + 60} = 24\,\text{m}^3/\text{h}$$

15 어떤 도저가 폭 3.58m의 철제 블레이드를 달고 속도 5.9km/h의 3단 기어로 작업하고 있다. 이 때 블레이드의 효율이 72%라면 폭 7.74m, 길이 100m의 면적에서 제거작업을 할 경우, 필요한 작업시간은 얼마인가 ?(단, 분으로 풀이하여 소수 2자리에서 반올림하시오.)

해설

- 블레이드 유효폭 $B_e = B \times E = 3.58\text{m} \times 0.72 = 2.58\text{m}$
- 통과횟수 $n = \dfrac{7.74\text{m}}{2.58\text{m}} = 3$회

$$\therefore t = \frac{n \cdot \sum l}{v} = \frac{3회 \times 2 \times 100\text{m}}{5.9\text{km/h} \times 1000\text{m/km} \times \dfrac{1}{60}\text{h/min}} = 6.1 분$$

16 벌개제근 작업을 위해서 폭 0.4m의 S형 블레이드를 달고서 시속 8km/h 속도의 3단 기어로 작업하는 불도저가 있다. 이 블레이드는 80%가 유효하고 폭 0.8m, 길이 100m의 면적에서 제거작업을 할 경우 필요한 작업시간은?

해설

- 블레이드 유효폭 $B_e = B \times E = 0.4\text{m} \times 0.8 = 0.32\text{m}$
- 통과횟수 $n = \dfrac{0.8\text{m}}{0.32\text{m}} = 2.5 = 3$ 회

$$\therefore t = \frac{n \cdot \sum l}{v} = \frac{3회 \times 2 \times 100\text{m}}{8\text{km/h} \times \dfrac{1,000}{60}} = 4.5 분$$

17 블레이드 길이 3.7m인 모터 그레이터 1대를 사용하여 표토제거작업을 시행할 때 편도작업거리 80m, 전진작업속도 12km/h, 후진작업속도 20km/h, 굴착깊이 0.2m로 하면 시간당 작업량은 얼마인가 ? (단, $f = 0.75$, 기어변속시간 1.5분, 유효 블레이드 길이 2.3m, $E = 0.6$)

해설

$$Q = \frac{60 \cdot B_e \cdot L \cdot D \cdot f \cdot E}{C_m} = \frac{60 \times 2.3 \times 80 \times 0.2 \times 1 \times 0.6}{3.64} = 363.96 \, \text{m}^3/\text{h}$$

$$C_m = 0.06\left(\frac{L}{v_1} + \frac{L}{v_2}\right) + 2t = 0.06\left(\frac{80}{12} + \frac{80}{20}\right) + 2 \times 1.5 = 3.64 \text{분}$$

★★

18 모터 그레이더로서 폭 W=600m, l=200m의 성토를 1회 정지하는 데 필요한 시간(H)은 얼마인가?(단, 블레이드는 유효길이 B=3m, 전진속도 v_1 = 5km/h, 후진속도 v_2 = 6.5km/h, 작업계수 E = 0.8, 소수점 2자리에서 반올림하시오.)

해설

- 통과횟수 = $\dfrac{600\text{m}}{3\text{m}}$ = 200회

- 작업소요시간 = $\dfrac{\text{통과횟수} \times \text{작업거리}}{\text{평균작업속도} \times \text{작업효율}} = \dfrac{n \times l}{v \times E}$

$$= \frac{200\text{회} \times 200\text{m}}{5,000\text{m/h} \times 0.8} + \frac{200\text{회} \times 200\text{m}}{6,500\text{m/h} \times 0.8} = 17.69 \text{시간}$$

★★

19 그레이더를 사용하여 도로연장 20km의 정지작업을 한다. 2단 기어속도(6km/h)로 1회, 3단 기어속도(10km/h)로 2회, 4단 기어속도(15km/h)로 2회 통과작업을 행할 때 소요작업시간은?(단, 기계의 작업효율 : 0.7)

해설

- 평균 작업속도 = $\dfrac{1\text{회} \times 6 + 2\text{회} \times 10 + 2\text{회} \times 15}{1\text{회} + 2\text{회} + 2\text{회}} = 11.2 \text{km/h}$

- 작업소요시간 = $\dfrac{\text{통과횟수} \times \text{작업거리}}{\text{평균작업속도} \times \text{작업효율}} = \dfrac{n \times l}{v \times E}$

$$= \frac{5\text{회} \times 20\text{km}}{11.21\text{km/h} \times 0.7} = 12.76 \text{시간}$$

바리논의 정리 응용

$$\sum v \sum n = v_1 n_1 + v_2 n_2 + v_3 n_3 \qquad \sum v = \frac{v_1 n_1 + v_2 n_2 + v_3 n_3}{\sum n}$$

20 모터 그레이더로 3.3시간 걸려 6000평 부지를 모두 정지 작업하였다. 그레이더의 날은 4.26m이며, 주행방향과 70°되게 설치하였다. 이때, 작업효율은 0.8이고, 반복을 4회 하였다면 이 장비의 평균 작업속도는 얼마이겠는가?(단, 1평은 $3.3m^2$이다.)

해설

- 블레이드 유효폭 = $4.26 \times \sin 70° = 4m$
- 부지 폭 = 블레이드 유효폭 × 통과횟수 = $4m \times 4회 = 16m$
- 부지의 길이 = $\dfrac{부지\ 면적}{부지\ 폭} = \dfrac{6,000평 \times 3.3m^2/평}{16m} = 1,237.5m ≒ 1.24km$
- 작업소요시간 = $\dfrac{통과횟수 \times 작업거리}{평균작업속도 \times 작업효율} = \dfrac{n \times l}{v \times E} = \dfrac{4회 \times 1.24km}{v \times 0.8} = 3.3hr$

∴ 평균 작업속도 $v = 1.88 km/h$

7. Scraper 작업능력 산정

중거리 토공운반에 적합, 굴착, 싣기, 운반, 펴고르기, 사토

(1) Scraper 작업능력

$$Q = \frac{60 \cdot q \cdot f \cdot E}{C_m}$$

여기서, Q : 1시간당 작업량(m^3/h)
 q : 1회 운반토량(평적 ; m^3)
  - 흐트러진 상태 $q = q_0 \cdot K$
   q_0 : 보울(bowl)의 용적(산적 ; m^3)
   K : 적재계수
 f : 토량환산계수
 E : Scraper 작업효율
 C_m : 사이클 타임(min)

$$C_m = \frac{D}{V_d} + \frac{H}{V_h} + \frac{S}{V_s} + \frac{R}{V_r} + t_g$$

 D : 적재거리(굴착싣기거리 ; m)
 H : 운반거리(m)
 S : 사토거리(m)
 R : 돌아오는거리(m)
 V_d : 적재속도(굴착싣기속도 ; m/min)
 V_h : 운반속도(m/min)
 V_s : 사토속도(m/min)
 V_r : 돌아오는속도(m/min)
 t_g : 기어변속시간(분), 보통 0.25분

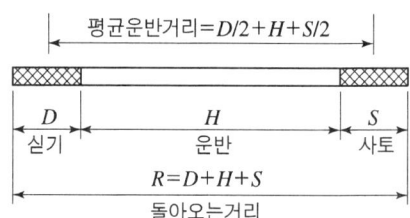

[연습문제 9]

11.5m^3용량의 모터 스크레이퍼를 가지고 토질은 보통토, 평균 주행거리 800m, 현장조건이 양호한 상태에서 작업하는 경우 운전시간당 작업량을 구하시오. (단, 소수 셋째자리에서 반올림하시오. $K = 1.13$, $E = 0.85$, $t = 1.6$, 주행속도는 적재시 : 300m/min, 공차시 : 400 m/min, 토량은 흐트러진 상태로 나타낼 것)

해설

$$Q = \frac{60 \cdot q \cdot f \cdot E}{C_m} = \frac{60 \times (11.5 \times 1.13) \times 1 \times 0.85}{6.27} = 105.70 \, m^3/h$$

$q = q_0 \cdot K$

$C_m = \frac{800}{300} + \frac{800}{400} + 1.6 = 6.27$분

8. Roller계 작업능력 산정

[타이어식 로울러]

[진동타입 로울러]

[머캐덤 로울러]

[탠덤 로울러]

(1) Roller계 작업능력

① 토공량을 다짐면적으로 표시할 때

$$A = \frac{1{,}000v \cdot B \cdot E}{N}$$

여기서, v : 작업속도(km/h)　　B : 1회의 유효 다짐폭(m)
　　　　E : 다짐기계의 작업효율　N : 소요다짐 횟수

② 토공량을 다져진 토량으로 표시할 때

$$Q = \frac{1{,}000v \cdot B \cdot H \cdot f \cdot E}{N}$$

여기서, v : 작업속도(km/h)
　　　　B : 1회의 유효 다짐폭(m)
　　　　f : 토량환산계수
　　　　N : 소요다짐 횟수
　　　　E : 다짐기계의 작업효율
　　　　H : 깔기두께(까는두께) – 흐트러진 상태
　　　　　　끝손질 다짐 두께, 전압 두께,
　　　　　　다짐 두께 – 다짐 상태

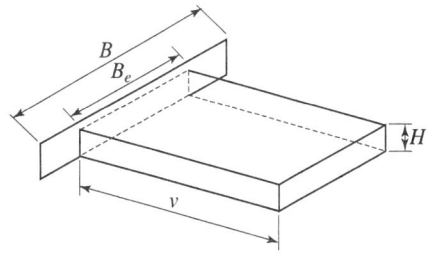

(2) 충격식 다짐기계(Rammer 등)의 작업능력 계산 ★★★★★★★★★★

[램 머]

[콤팩터]

$$Q = \frac{A \cdot H \cdot N \cdot f \cdot E}{P}$$

여기서, A : 1회 유효 찍기 다짐 면적(m^2)
N : 1시간당 찍기 다짐 횟수(회/hr)
f : 토량환산계수
E : 충격식 다짐기계 작업효율
P : 되풀이 찍기 다짐 횟수
H : 깔기두께(까는두께) - 흐트러진 상태
  끝손질 다짐 두께, 전압 두께, 다짐 두께 - 다짐 상태

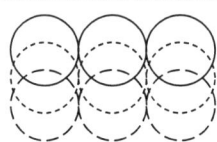

N=9회
P=3회

위에서 내려다본 면적=$A \times \frac{N}{P} = A \times \frac{9}{3}$

[연습문제 10] ★★★★★★★★★★

60kg의 래머를 이용하여 하층 노반의 다짐작업을 하는데 시간당 작업능력 Q를 구하시오.(단, 1층의 끝손질두께 : 0.3m, 토량환산계수 f = 0.8, 작업효율 : 0.5, 다지기 횟수 : 6회, 1회의 유효다지기 면적 : 0.029m^2, 작업속도 : 3900회/시간)

해설

$$Q = \frac{A \cdot H \cdot N \cdot f \cdot E}{P} = \frac{0.029 \times 3900 \times 0.3 \times 0.8 \times 0.5}{6} = 2.26 \, m^3/h \text{(다짐토량)}$$

[연습문제 11]

유효다짐폭 2m의 10t macadam roller 1대를 사용하여 성토다짐을 할 때 1층의 끝손질 다짐두께 20cm, 평균 작업속도 2km/h, 다짐횟수 6회, 토량환산계수 0.8, 작업효율 0.6으로 하면 1시간당 작업량은 얼마인가?

해설

$$Q = \frac{1{,}000v \cdot B \cdot H \cdot f \cdot E}{N} = \frac{1000 \times 2km/h \times 2m \times 0.2m \times 1 \times 0.6}{6}$$
$$= 80 \, m^3/h \text{(다짐토량)}$$

9. Bulldozer 접지압

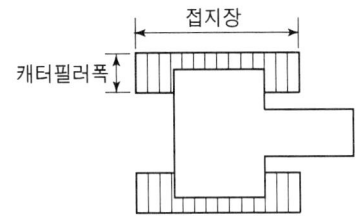

$$\text{Bulldozer 접지압}(t/m^2, kg/cm^2) = \frac{\text{전장비중량}}{\text{접지장} \times \text{캐터필러폭} \times 2개}$$

[연습문제 12]

다음과 같은 불도저의 접지압을 계산하시오.(단, 소수 셋째자리에서 반올림하시오.)

[조건]
- 트랙터의 단위중량 : 17t
- 접지장 : 270cm
- 캐터필러의 폭 : 55cm
- 전장비 중량 : 22t
- 캐터필러의 중심거리 : 2m

해설

$$\text{Bulldozer 접지압} = \frac{\text{전장비중량}}{\text{접지장} \times \text{캐터필러폭} \times 2개} = \frac{22t}{2.7m \times 0.55m \times 2} = 7.41 \, t/m^2$$

10. 주행저항

건설기계가 주행 또는 작업을 위한 구동 시 회전저항, 구배저항, 공기저항 등을 받게 되는데 이들 저항 합계보다 더 큰 힘으로 견인되어야 기계는 움직일 수 있게 된다. 이때의 힘을 견인력이라고 하며, 견인력을 무한궤도식 주행장치를 가진 기계에서는 Drawbarpull이라 하고 차량주행장치를 가진 기계에서는 Rimpull이라 한다.

(1) 주행저항 종류 ★

① 회전저항(rolling resistance, 구름저항) : 바퀴가 노면 또는 지면을 굴러가는 경우 발생하는 저항으로 여러가지 원인에 의해 발생하기 때문에 바퀴에 걸리는 하중, 노면상태 및 주행속도에 따라 변하지만 일반적으로 하중에 비례하여 속도에 영향은 받지 않는다.
  ㉠ 차륜식 회전저항은 타이어를 변형시키는 저항(타이어 크기, 타이어 공기압 등)과 노면(지면)을 변형시키는 저항, 타이어 구동부의 마찰(축과 베어링)에 의한 저항으로 구성된다.
  ㉡ 무한궤도식 회전저항은 노면 종류 또는 지면 상태에 의해 변화한다.

$$R_r = \mu_r W_t$$

여기서, R_r : 회전저항(kg), μ_r : 회전저항계수(kg/ton), W_t : 기계의 전중량(ton)

② **공기저항**(air resistance) : 기계의 주행을 방해하는 공기의 저항으로 대부분 압력저항이며, 기계의 형상에 따라 기류의 박리에 의해 발생하는 맴돌이 형상저항과 양력에 의한 유도저항이 있다. 공기저항은 기계의 투영면적과 주행속도의 곱에 비례한다.

$$R_{ai} = \lambda \frac{\rho_a}{2} A v^2$$

여기서, R_{ai} : 공기저항, λ : 공기저항계수(보통 0.028~0.05)
ρ_a : 공기밀도, A : 기계의 전면투영면적(m^2)
v : 주행속도(m/s), 기계의 공기에 대한 상대속도

③ **구배저항**(grade resistance, 경사저항, 등판저항) : 기계가 경사 도로를 주행할 때 중력이 경사면에 평행한 분력으로 작용하여 기계의 전진을 방해하는 저항으로, 기계가 경사지를 올라 갈 때 필요한 견인력은 그 구배에 비례하여 감소한다. 기계가 수평 노면을 일정속도로 주행할 때는 회전저항과 공기저항만 작용한다.

$$R_i = P_H \tan\theta = P_H \frac{x}{100}$$

여기서, R_i : 구배저항(kg), P_H : 중력의 수평 분력(kg)
θ : 경사각, x : 기울기

④ **가속저항**(accelerate resistance, 관성저항) : 기계의 속도를 가속 또는 감속 시키려 할 때 발생하는 관성 저항으로, 기계를 가속하려 할 때의 힘인 가속력에 저항하는 관성 저항이다.

$$R_a = (W_t + W_c) \frac{a}{g}$$

여기서, R_a : 가속저항, W_t : 기계총중량, W_c : 회전부분의 상당 중량
a : 가속도, g : 중력가속도, x : 기울기

⑤ **전 주행저항**
㉠ 평탄로를 일정속도로 주행하는 경우
전 주행저항 = 회전저항 + 공기저항
㉡ 경사로를 일정속도로 주행하는 경우
전 주행저항 = 회전저항 + 공기저항 + 경사저항
㉢ 평탄로를 일정 가속도로 가속하는 경우
전 주행저항 = 회전저항 + 공기저항 + 가속저항

(2) 소요림풀(소요구동력, Rim Pull)

구동륜 접지점에서의 접선방향의 힘

① 경사지 Rim Pull = 평지 Rim Pull ± 총중량×경사
　　　　　　　　　= 구동륜하중×견인계수 ± 총중량×경사

| 올라갈 때 | + | 내려갈 때 | − |

$\tan\theta = 경사 = \dfrac{x\%}{100} = \dfrac{높이}{밑변}$

② Rim Pull = 회전저항×총중량 ± 경사저항×총중량×경사

$경사 = x\% = \dfrac{높이}{밑변} \times 100(\%)$

회전저항 : 도로의 회전 저항(rolling resistance : RR ; kg/t)
　　　　　회전저항 = 장비의총중량×회전저항계수

경사저항 : 구배 1%당 필요한 구동력(kg/t)

경사저항(경사%) x kg/t의 의미
경사 1%에 대하여 저항이 총중량 1t당 x kg이 생긴다는 것을 의미

[연습문제 13]

채석장에서 로더가 작업을 하고 있다. 이 로더 중량이 10t이고 구동륜에는 하중이 80% 전달되며 5t에서 미끄러지기 시작한다고 할 때 견인계수는?

해설
Rim Pull = 견인계수×구동륜하중
5 = 견인계수×(10t×0.8)　　∴ 견인계수 = 0.625

[연습문제 14]

자중 12t인 스크레이퍼가 15t의 흙을 싣고 경사 4%인 비포장 언덕길을 내려간다. 이 스크레이퍼의 소요 구동력(rim pull)을 구하시오.[단, 이 도로의 회전 저항(rolling resistance) : 45kg/t이고, 경사저항(경사 %) : 10kg/t이다.]

해설
Rim Pull = 회전저항×총중량 − 경사저항×총중량×경사
　　　　 = 45kg/t×(12+15)t − 10kg/t×(12+15)t×4% = 135kg

11. Asphalt finisher 시간당 작업량 산정

아스팔트피니셔는 아스팔트플랜트로 부터 덤프트럭에 운반된 혼합재를 노면위에 일정한 규격과 두께로 깔아주는 기계이다.

$$Q = v \cdot B \cdot H \cdot r \cdot E$$

여기서, Q : 시간당 포설량(t/hr)
 v : Asphalt finisher의 평균 작업 속도(m/hr)
 B : Asphalt finisher 시공폭(m)
 H : 포설 마무리 두께(m)
 r : 다져진 후의 밀도(t/m³)
 E : 작업효율

[연습문제 15]

규격 100t 아스팔트 플랜트를 사용하여 포장 두께 $t=5\text{cm}$, 포장 폭 $B=6\text{m}$의 도로연장 10km를 아스팔트 콘크리트로 포장하고자 한다. 아스팔트 페이버(피니셔)의 시간당 작업량을 구하시오.(단, 아스팔트 페이버의 평균 작업속도 $v=180\text{m/h}$, 페이버의 시공폭 $W=3\text{m}$, 다져진 후의 밀도 $d=2.34\text{t/m}^3$, 작업효율 $E=0.8$)

해설

$Q = v \cdot W \cdot t \cdot d \cdot E = 180\text{m/h} \times 3\text{m} \times 0.05\text{m} \times 2.34\text{t/m}^3 \times 0.8 = 50.54\text{t/h}$

12. 우마차 작업능력(손수레의 1일 작업량)

(1) 1일 운반 회수

$$N(\text{회/day}) = \frac{vTE}{60 \times 2 \times L + vt} = \frac{vTE}{60 \times 2 \times (\alpha\iota + D) + vt}$$

여기서, v : 왕복평균속도, 작업속도(m/hr)
 T : 1일 실작업시간(min)
 t : 싣고 부리는 시간(min)
 L : 운반거리(m)
 ι : 경사거리(m)
 D : 수평거리(m)
 α : 경사에 관한 계수
 E : 작업효율

(2) 1일 작업량

$$Q = \frac{q}{r_t} N \, (\mathrm{m^3/day})$$

여기서, q : 1회 운반량(t, kg)
r_t : 토사의 단위중량(t/m³, kg/m³)

[연습문제 16]

현장 인근에 운반되어 있는 막자갈을 아래와 같은 조건에서 리어커 소운반(인력 운반)할 경우 1일 운반량(m³)은?(단, 소수 2자리에서 반올림하시오.

[조건]
- 소운반거리 : 90m
- 운반 길의 경사 : 경사구간 40m
- 막자갈 단위중량 : 1,800kg/m³
- 1회 운반량 : 250kg/회
- 운반속도 v = 2.0km/h,
- t = 5분
- 계수 α = 1.25
- 일일작업시간 : 7시간 30분

해설

- 1일 운반 회수

$$N(\text{회/day}) = \frac{vTE}{120(\alpha l + D) + vt} = \frac{2{,}000\text{m/h} \times (7 \times 60 + 30)}{120 \times (1.25 \times 40\text{m} + 50\text{m}) + 2{,}000\text{m/h} \times 5\text{min}}$$

= 40.9회

∴ 1일 운반량

$$Q = \frac{q}{r_t} N = \frac{250\text{kg/회}}{1{,}800\text{kg/m}^3} \times 40.9\text{회/day} = 5.7\text{m}^3/\text{day}$$

Chapter 04 건설기계

확인학습문제

01 도로공사 토공 구간에서 스크레이퍼를 이용하여 사토할 경우 1회 사토에 요하는 시간(초)을 구하시오.(단, 스크레이퍼의 1회 운반량 : 13.0m³이고, 사토속도 : 30m/min, 사토두께 : 30cm, 사토폭 : 2.5m이다.)

해설

$$\text{사토시간} = \frac{\text{사토거리}}{\text{사토속도}} = \frac{\frac{\text{적재량}}{\text{사토두께} \times \text{사토폭}}}{\text{사토속도}} = \frac{\text{적재량}}{\text{사토속도} \times \text{사토두께} \times \text{사토폭}}$$

$$= \frac{13\text{m}^3}{30\text{m/min} \times 0.3\text{m} \times 2.5\text{m}} = 0.58\text{분} = 34.8\text{초}$$

02 트랙터 D-120에 견인된 스크레이퍼 RS D 9의 1일당작업량 Q를 거리 100m 로 하여 구하시오.

[조건]
- 굴착싣기속도 $V_1 = 40\text{m/min}$
- 운반속도 $V_2 = 75\text{m/min}$
- 사토속도 $V_3 = 54\text{m/min}$
- 돌아오는 속도 $V_4 = 75\text{m/min}$
- 기어바꾸어넣기 $t = 0.25\text{min}$
- 토량환산계수 $f = 1.0$
- 작업효율 $E = 0.83$
- 보울 용적 : 평적 9.2 m³, 산적 11.5m³
- 컷터 폭 : 2.68m
- 굴착 깊이 : 0.2m
- 보울 적재계수 $K = 0.8$
- 사토 두께 : 0.2m
- 1일 작업시간 : 6시간

해설

- $C_m = \dfrac{D}{V_d} + \dfrac{H}{V_h} + \dfrac{S}{V_s} + \dfrac{R}{V_r} + t_g = \dfrac{17.16}{40} + \dfrac{82.84}{75} + \dfrac{17.16}{54} + \dfrac{117.16}{75} + 0.25$

  $= 3.66\text{분}$

  D : 굴착싣기거리(m) $= \dfrac{\text{보울용적}}{\text{컷터폭} \times \text{굴착깊이}} = \dfrac{9.2}{2.68 \times 0.2} = 17.16\text{m}$

S : 사토거리(m) = $\dfrac{보울용적}{컷터폭 \times 사토두께}$ = $\dfrac{9.2}{2.68 \times 0.2}$ = 17.16m

H : 운반거리(m) = 평균운반거리 $-\dfrac{D}{2}-\dfrac{S}{2}$ = $100-\dfrac{17.16}{2}-\dfrac{17.16}{2}$ = 82.84m

R : 돌아오는거리(m) = $H+D+S$ = $82.84+17.16+17.16$ = 117.16m

- 1시간당 작업량 $Q = \dfrac{60 \cdot q \cdot f \cdot E}{C_m} = \dfrac{60 \times 9.2 \times 1 \times 0.83}{3.66}$

  = 125.18 m³/h (흐트러진 상태)

∴ 1일당 작업량 Q = 125.18m³/h × 6h/day = 751.08m³/day (흐트러진 상태)

---

03 0.6m³의 백호 한 대를 사용하여 10,000m³의 기초 굴착을 할 때 굴착에 요하는 일수를 다음 조건에 의하여 구하시오.(단, 소수 셋째자리에서 반올림하시오. C_m : 24초, dipper 계수 : 0.9, 토량환산율 : 0.8, 작업능률 : 0.8, 1일 운전시간 : 8시간)

해설

- $Q = \dfrac{3600 \cdot q \cdot k \cdot f \cdot E}{C_{ms}} = \dfrac{3600 \times 0.6 \times 0.9 \times 0.8 \times 0.8}{24} = 51.84$ m³/h (본바닥 토량)

- 백호우 1일 작업량 = 51.84m³/h × 8h/day = 414.72m³/day (본바닥 토량)

∴ 굴착일수 = $\dfrac{10,000\text{m}^3}{414.72\text{m}^3/\text{day}}$ = 24.11 = 25일

★★★★

04 다음과 같은 조건일 때 0.6m³ 백호 2대를 사용하여 본바닥 20,000m³를 파기 위한 공기를 계산하시오.

[조건]
- 파괴계수 : 0.9
- 사이클 타임 : 25초(90° 선회)
- 1일 운전시간 : 7시간
- 굴착 전의 준비공 : 2일
- 파낸 흙을 모두 처리할 수 있는 덤프트럭이 있음.
- 작업효율 : 0.7
- 토량변화율(L) : 1.2
- 가동률 : 0.8
- 뒤처리 : 1일

해설

$$Q = \frac{3600 \cdot q \cdot k \cdot f \cdot E}{C_{ms}} = \frac{3600 \times 0.6 \times 0.9 \times \frac{1}{1.2} \times (0.7 \times 0.8)}{25}$$

$$= 36.29 \, \text{m}^3/\text{h} (\text{본바닥 토량})$$

백호우 2대 1일 작업량 $= 36.29 \text{m}^3/\text{h} \times 7\text{h/day} \times 2$대 $= 508.06 \text{m}^3/\text{day}$ (본바닥 토량)

∴ 공기 = 굴착일수 + 굴착전 준비공 + 뒤처리

$$= \frac{20{,}000 \text{m}^3}{508.06 \text{m}^3/\text{day}} + 2\text{day} + 1\text{day} = 42.37\text{일} = 43\text{일}$$

★★★★★★★★★★

05 버킷용량 3.0m³인 셔블과 15t 덤프트럭을 사용하여 토공사를 하고 있다. 다음 물음에 답하시오. [단, 흙의 단위중량 : 1.8t/m³, 토량변화율(L) : 1.2, 셔블의 버킷계수 : 1.1, 사이클 타임 : 30초, 작업효율 : 0.5이다. 그리고 덤프트럭의 사이클 타임 : 30분이며, 30분 중 상차시간 : 2분이고, 작업효율 : 0.8이며, 덤프트럭 1대를 적재하는 데 필요한 셔블의 사이클 횟수 : 3이다.]

(1) 셔블의 시간당 작업량 $Q_s (\text{m}^3/\text{h})$은 얼마인가?
(2) 덤프트럭의 시간당 작업량 $Q_t (\text{m}^3/\text{h})$은 얼마인가?
(3) 셔블 1대당 덤프트럭의 소요 대수는 얼마인가?

해설

(1) $Q = \dfrac{3600 \cdot q \cdot k \cdot f \cdot E}{C_{ms}} = \dfrac{3600 \times 3 \times 1.1 \times \frac{1}{1.2} \times 0.5}{30} = 165 \, \text{m}^3/\text{h} (\text{본바닥 토량})$

(2) $Q = \dfrac{60 \cdot q_t \cdot f \cdot E_t}{C_{mt}} = \dfrac{60 \times 10 \times \frac{1}{1.2} \times 0.8}{30} = 13.33 \, \text{m}^3/\text{h}$ (본바닥 토량)

$q_t = \dfrac{T}{r_t} \cdot L = \dfrac{15\text{t}}{1.8\text{t/m}^3} \times 1.2 = 10 \, \text{m}^3$

(3) $N = \dfrac{\text{셔블}\,Q}{\text{덤프트럭}\,Q} = \dfrac{165}{13.33} = 12.38 = 13$ 대

06 사질토사 50,000m³(원지반 상태)를 굴착하여 2km 지점에 운반 사토시 장비 조합 및 1일 8시간 실가동시 실작업일수는?

[조건] • Dozer : 1cycle당 작업량(흐트러진 토량)=3m³, E=0.5, 토량변화율 C=0.9, L=1.25, cycle time=1.1분
• Shovel : 1cycle당 작업량(흐트러진 토량)=1.9m³, k=0.8, E=0.6, cycle time=42초
• Truck : 8t=5.25m³(실적재함 용량), E=0.9, cycle time=18분

해설

• Dozer 시간당 작업량 $Q = \dfrac{60 \cdot q \cdot f \cdot E}{C_m} = \dfrac{60 \times 3 \times \dfrac{1}{1.25} \times 0.5}{1.1} = 65.45\,\text{m}^3/\text{h}$

• Shovel 시간당 작업량 $Q = \dfrac{3600 \cdot q \cdot k \cdot f \cdot E}{C_{ms}} = \dfrac{3600 \times 1.9 \times 0.8 \times \dfrac{1}{1.25} \times 0.6}{42}$
$= 62.54\,\text{m}^3/\text{h}$

• Truck 시간당 작업량 $Q = \dfrac{60 \cdot q_t \cdot f \cdot E_t}{C_{mt}} = \dfrac{60 \times 5.25 \times \dfrac{1}{1.25} \times 0.9}{18} = 12.60\,\text{m}^3/\text{h}$

• Truck의 대수 $= \dfrac{Shovel의\ Q}{Truck의\ Q} = \dfrac{62.54}{12.60} = 4.96 = 5$ 대

∴ 장비조합=Dozer 1대, Shovel 1대, Truck 5대

∴ 실작업일수 $= \dfrac{굴착전토량}{Shovel의\ Q \times 1일실가동시간} = \dfrac{50,000\text{m}^3}{62.54\text{m}^3/\text{h} \times 8\text{h/day}}$
$= 99.94 = 100$일

07 성토장에서 다짐에 사용하는 roller의 유효폭은 3m, 평균 속도는 4km/h이며, 시방서에 규정된 바로는 다짐횟수 4회, 1층의 다짐 후 두께는 20cm이다. 이 roller는 시간당 유효 작업시간이 55분이며, 덤프트럭 1회전 시간(상차 → 운반 → 덤프 → 복귀)이 15분이라면, 최소한 몇 대의 덤프트럭을 가동시켜야 다짐장비와의 균형이 이루어지겠는가?(단, 토량환산계수 L=1.3, C=0.9, 덤프트럭 체적용량 : 12m³이다.)

해설

- Roller 시간당 작업량

$$Q = \frac{1{,}000v \cdot B \cdot H \cdot f \cdot E}{N} = \frac{1000 \times 4\text{km/h} \times 3\text{m} \times 0.2\text{m} \times \frac{1}{0.9} \times \frac{55}{60}}{4}$$

$$= 611.11\,\text{m}^3/\text{h}\,(\text{본바닥 상태})$$

- Dump Truck 시간당 작업량

$$Q = \frac{60 \cdot q_t \cdot f \cdot E_t}{C_{mt}} = \frac{60 \times 12 \times \frac{1}{1.3} \times 0.9}{15} = 33.23\,\text{m}^3/\text{h}\,(\text{본바닥 상태})$$

∴ Dump Truck 대수 $= \dfrac{611.11}{33.23} = 18.39 = 19$대

★★★★★

08 토취장(土取場)에서 원지반 토량 2,000m³를 굴착한 후 8t 덤프트럭으로 다음과 같은 단면의 도로를 축조하고자 한다. 이 토취장 흙의 40%는 점성토이고 60%는 사질토이다.

(1) 운반에 필요한 8t 덤프트럭의 연대수를 구하시오. (단, 덤프트럭은 적재 중량만큼 싣는 것으로 한다.)
(2) 시공 가능한 도로의 길이(m)를 산출하시오. (단, 도로의 시점 및 종점의 끝단은 수직으로 가정한다.)
(3) 전체 토량을 상차하는 데 소요되는 장비의 가동 시간을 계산하시오. (사용장비: 버킷 용량 0.9m³의 back hoe, 버킷 계수 0.9, 효율 0.7, 사이클 타임 21초)

구분\종류	토량 환산 계수 L	토량 환산 계수 C	자연상태의 단위 중량
점성토	1.3	0.9	1.75t/m³
사질토	1.25	0.87	1.80t/m³

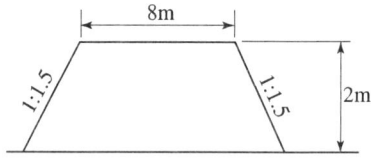

해설

- 토질 상태

토질	원지반 상태의 토량	다져진 상태의 토량
점성토	2,000 × 0.40 = 800m³	800 × 0.9 = 720m³
사질토	2,000 × 0.60 = 1,200m³	1,200 × 0.87 = 1,044m³
총 토량	800 + 1,200 = 2,000m³	720 + 1,044 = 1,7640m³

(1) 연대수 계산

$$N = \frac{\text{자연상태 토량}(\text{m}^3)}{\text{적재량}}$$

① 점성토 $N_1 = \dfrac{800}{8} \times 1.75 = 175$대

② 사질토 $N_2 = \dfrac{1,200}{8} \times 1.80 = 270$대

③ 연대수 $N = 175 + 270 = 445$대

(2) 도로의 길이 계산

① 도로 단면적 $= \dfrac{8 + (1.5 \times 2 + 8 + 1.5 \times 2)}{2} \times 2 = 22\,\text{m}^2$

② 도로 길이 $= \dfrac{\text{다져진 상태의 토량}}{\text{도로 단면적}} = \dfrac{1,764}{22} = 80.18\,\text{m}$

(3) 장비의 가동시간 계산

① Back hoe 작업량

$$Q = \frac{3,600 \cdot q \cdot K \cdot f \cdot E}{C_m}$$

여기서, q : 버킷 용량, K : 버킷 계수, f : 토량 환산 계수
E : 작업 효율, C_m : 사이클 타임

$$Q = \frac{3,600 \cdot q \cdot K \cdot f \cdot E}{C_m}$$

$$= \frac{3,600 \times 0.9 \times 0.9 \times \left(\dfrac{1}{1.3 \times 0.4 + 1.25 \times 0.6}\right) \times 0.7}{21}$$

$$= 76.54\,\text{m}^3/\text{hr}$$

② 장비의 가동 시간 $= \dfrac{2,000}{76.54} = 26.13$시간

09 자중 10t인 스크레이퍼가 20t의 흙을 싣고 구배가 1 : 12.5인 비포장길을 올라가고 있다. 이 길의 회전저항이 45kg/t이라 할 때 이 스크레이퍼가 필요한 구동력을 구하시오. (단, 구배 1%당 10kg/t의 구동력이 필요함.)

해설

Rim Pull = 회전저항 × 총중량 + 경사저항 × 총중량 × 경사

$$= 45\,\text{kg/t} \times (10 + 20)\text{t} + 10\,\text{kg/t} \times (10 + 20)\text{t} \times \left(\dfrac{1}{12.5} \times 100\%\right) = 3,750\,\text{kg}$$

10 자중 20t인 자주식 스크레이퍼가 30m³의 흙을 싣고 3% 경사의 길을 올라가려고 한다. 노면은 자갈로 덮여 있으며 적재시 구동륜에는 전 중량의 60%가 걸린 다고 한다. 다음 자료를 사용하여 이 스크레이퍼의 최대 주행속도를 구하시오.

[조건]
- 원지반 흙의 단위중량 : 1.8t/m³
- 토량환산계수 $L = 1.25$, $C = 0.93$
- 자갈길에서 타이어의 견인계수 : 0.30
- 소요 림풀(rim pull) = 견인계수 × 구동륜하중
- 경사저항 : 경사 1% 증가에 대하여 총 중량의 1%씩 증가
- 스크레이퍼의 주행제원

기어	속도(km/h)	Rim Pull
1단	10	17t
2단	27	8t
3단	58	4t

해설

- 총중량 = 자중 + 흙의 무게 = $20t + 30m^3 \times \dfrac{1}{1.25} \times 1.8t/m^3 = 63.2t$
- 경사지 Rim Pull = 구동륜하중 × 견인계수 ± 총중량 × 경사
  $= (63.2t \times 0.6) \times 0.3 + 63.2t \times 0.03 = 13.27t$
- Rim Pull이 13.27t이므로 1단 기어를 사용해야 한다.
∴ 최대 주행속도 = 10km/h

11 경험에 의하면 작업지반의 경사가 1% 변화됨에 따라 작업차량이 극복해야 할 저항은 장비중량의 1%만큼 변화한다. 중량 18t인 차량이 평지에서 작업을 할 때 필요한 rim pull(구동륜의 접지점에서의 접선방향 힘)이 8t이라고 하면 그림 과 같은 경사를 올라갈 때는 얼마의 Rimpull이 필요한가?

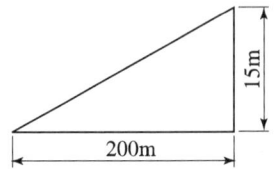

해설

경사지 Rim Pull = 평지 Rim Pull + 총중량 × 경사 = $8t + 18t \times \dfrac{15}{200} = 9.35t$

12

그림과 같은 등고선을 가진 지형으로 굴착하여 아래 그림과 같은 도로 성토를 하려고 한다. 다음 물음에 답하시오. (단, L=1.20, C=0.90, 토량은 각주 공식을 사용)

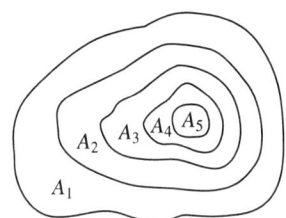

$A_1 = 1,400$
$A_2 = 950$
$A_3 = 600$
$A_4 = 250$
$A_5 = 100$

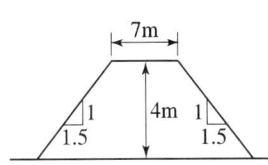

power shovel의 C_m : 20sec
dipper 계수 : 0.95
작업 효율 : 0.80,
1일 운전 시간 : 6hrs
유류 소모량 : $4l/hr$

(1) 도로 몇 m를 만들 수 있는가?
(2) 윗 그림과 같은 조건에서 1m3 power shovel 5대가 굴착할 때 작업 일수는 며칠인가?
(3) power shovel의 총 유류 소모량은 얼마나 되겠는가?

해설

(1) ① 토량

토량 공식 $Q = \dfrac{h}{3}(A_1 + 4A_2 + A_3)$을 사용하면

㉠ $Q_1 = \dfrac{20}{3}(1,400 + 4 \times 950 + 600) = 38,666.67 \mathrm{m}^3$

㉡ $Q_2 = \dfrac{h}{3}(A_3 + 4A_4 + A_5) = \dfrac{20}{3}(600 + 4 \times 250 + 100) = 11,333.33 \mathrm{m}^3$

㉢ $Q = 38,666.67 + 11,333.33 = 50,000 \mathrm{m}^3$

② 도로의 단면적 $A = \dfrac{7 + (1.5 \times 4 + 7 + 1.5 \times 4)}{2} \times 4 = 52 \mathrm{m}^2$

③ 도로 길이 $= \dfrac{\text{원지반 토량} \times C}{\text{도로 단면적}} = \dfrac{50,000 \times 0.90}{52} = 865.38 \mathrm{m}$

(2) ① Shovel의 작업량

$Q = \dfrac{3,600 \cdot q \cdot K \cdot f \cdot E}{C_m}$

$= \dfrac{3,600 \times 1 \times 0.95 \times \dfrac{1}{1.2} \times 0.80}{20} = 114 \mathrm{m}^3/\mathrm{hr}$ (본바닥 상태)

② 1일 작업량 $= 114 \mathrm{m}^3/\mathrm{hr} \times 6\mathrm{hr} \times 5\text{대} = 3,420 \mathrm{m}^3/\mathrm{day}$

③ 작업 일수 $= \dfrac{\text{원지반 토량}}{\text{1일 작업량}} = \dfrac{50,000}{3,420} = 14.62$ 일 ≒ 15일

(3) 총 유류 소모량 $= 4\mathrm{L/hr} \times 6\mathrm{hr} \times 14.62\text{일} \times 5\text{대} = 1,754.4\mathrm{L}$

Chapter 05
연약지반개량공법

 **5-1 연약지반 개량공법**

구조물의 기초로서 충분한 지지력이 없는 지반을 개량하는 공법

(1) 점성토 지반 개량공법 종류 ★★

① 치환공법 : ㉠ 기계적 굴착치환
　　　　　　㉡ 폭파치환
　　　　　　㉢ 강제치환
　　　　　　㉣ 동치환 공법
② 강제 압밀공법 : ㉠ Prelooding 공법
　　　　　　　　㉡ 압성토 공법
③ 탈수공법 : ㉠ Sand Drain Method
　　　　　　㉡ Paper Drain Method
④ 배수공법 : ㉠ Well Point Method
　　　　　　㉡ Deep Well Method
⑤ 고결공법 : ㉠ 생석회말뚝공법
　　　　　　㉡ 소결공법
　　　　　　㉢ 전기침투압(강제배수공법의 일종)
　　　　　　㉣ 전기화학 · 용융공법

(2) 사질토 지반 개량공법

① 진동다짐공법
② 다짐말뚝공법
③ 폭파다짐공법
④ 전기충격공법
⑤ 약액주입
⑥ 동압밀공법(동다짐공법)

(3) 압밀효과와 보강효과가 동시에 적용되는 공법 종류 ★

① Prelooding 공법
② Sand Drain Method
③ 다짐말뚝공법(Compaction Pile Method)
④ 다짐모래말뚝공법(Sand Compaction Pile Method, Compozer Method)
⑤ 동압밀공법(동다짐공법)

5-2 연약지반의 문제점

(1) 연약지반의 공학적 문제점 종류 ★
① 침하의 문제 : 장기침하, 부등침하
② 지반 안정의 문제 : 급속시공시 → 활동파괴 발생 → Heaving(융기) 현상 발생
③ 측방유동의 문제 : 측방유동으로 주변 구조물에 변형 초래(주변지반융기)

(2) 측방유동에 미치는 주요 영향요인 ★★★★
① 교대형식(교대의 교축방향 길이)
② 교대하부 연약층 두께
③ 교대배면의 성토 높이
④ 기초 형식(기초의 교축직각방향 폭)
⑤ 교대하부 연약층의 전단강도(일축압축강도 또는 점착력)
⑥ 교대 배면 쌓기재료의 단위중량
⑦ 교대 배면의 뒷채움 편재하중

(3) 측방유동을 최소화시킬 수 있는 방안 ★★★
① 하중을 경감시키는 방법
　㉠ 뒤채움 성토부의 편재하중 경감 ★
　　ⓐ box 매설공법
　　ⓑ 파이프 매설공법
　　ⓒ EPS공법
　　ⓓ 연속 culvert box 공법
　㉡ 배면토압 경감
② 지반을 개량하는 방법
　㉠ 압밀 촉진에 의한 지반강도 증대
　㉡ 화학반응에 의한 지반강도 증대
　㉢ 치환에 의한 지반 개량
③ 단단한 지반 및 구조물을 이용하여 지탱하는 방법

 ## 5-3 연약지반 계측 관리

(1) 계측계
① 침하측정 : ㉠ 지표면 침하측정계 ㉡ 심층 침하측정계
② 변위측정 : ㉠ 변위측정계 ㉡ 지중변위측정계 ㉢ 경사측정계
③ 토압측정계
④ 간극수압측정계 : ㉠ 간극수압계 ㉡ 지하수계
⑤ 변형률계

(2) 굴착공사 계측관리 ★★★★

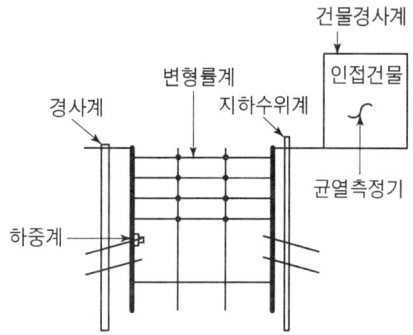

 ## 5-4 점성토 지반 개량공법

(1) 치환공법 종류 ★★★★★
연약점토지반의 일부 또는 전부를 제거한 후 양질의 사질토로 치환하여 지지력을 증대
① 기계적 굴착치환
  ㉠ 전면 굴착 치환 공법
  ㉡ 부분 굴착 치환 공법
② 폭파치환 : 폭약으로 연약점토층을 일시에 폭파시켜 사질토로 치환하는 공법

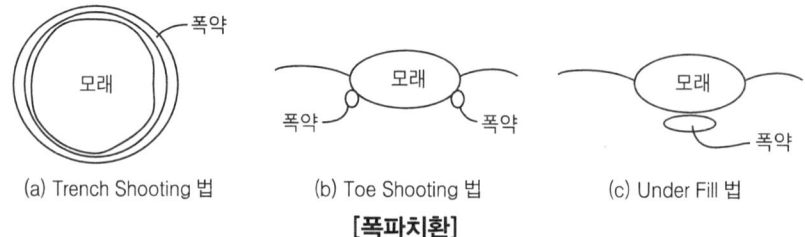

[폭파치환]

③ 강제치환(압출치환) : 성토자중에 의한 치환공법 ★
연약점토층에 사질토를 성토하여 그 자중으로 연약지반
이 미끄러짐을 일으키게 하여 연약지반을 주위로 배제시
킴으로써 지반을 사질토로 치환 하는 공법

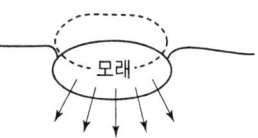

 **강제치환공법 단점** ★
㉠ 원하는 심도까지의 확실한 개량이 어렵다.
㉡ 시공 후 하부에 잔류할 수 있는 연약토로 인하여 잔류 침하 발생 우려가 있다.
㉢ 측방지반의 변형 및 융기가 발생한다.
㉣ 이론적이며 정략적인 설계가 어렵다.

(2) 강제 압밀공법

① Prelooding 공법(사전압밀공법) : 구조물을 축조하기 전에 성토 등에 의한 하중을 재하하여 미리 압밀을 끝나게 하는 공법
  ㉠ 장점
    ⓐ 압밀에 의한 침하를 미리 끝나므로 구조물에 해로운 잔류침하를 남기지 않는다.
    ⓑ 압밀에 의해 연약점토지반의 강도를 증가시켜 기초지반의 전단파괴를 방지
    ⓒ 압밀효과 균등
    ⓓ 공사비 저렴
  ㉡ 단점 : 공기가 길다.
② 압성토 공법(Surcharge Method)
  성토체에 의한 연약지반의 활동파괴를 방지코자 성토체 앞 바깥쪽에 설치하는 성토

(3) 탈수공법

① Vertical Drain Method : 연약점토층의 두께가 클 때 사용
  ㉠ Sand Drain Method
  ㉡ Paper Drain Method
  ㉢ Pack Drain Method
② Sand Mat 공법
  ㉠ Sand Drain을 박기 전에 약 50cm정도의 두께로 모래를 부설하여 연약지반 표층부를 개량하는 공법
  ㉡ 양질의 모래가 아닌 경우에는 그 상태에 따라 50~100cm정도의 두께로 깐다.

- ㉢ 샌드 매트(Sand Mat)역할 ★★★★★★★★
  - ⓐ **연약지반 상부의 배수층 형성** : 압밀촉진, 점토 중 간극수의 측방 배수
  - ⓑ **시공기계의 주행성(Trafficability) 확보**
  - ⓒ **성토시 성토내 지하 배수층 형성** : 지하수위 저하
  - ⓓ **지하수위 상승시 횡방향 배수로 형성** : 성토지반의 연약화 방지

③ Sand Drain Method

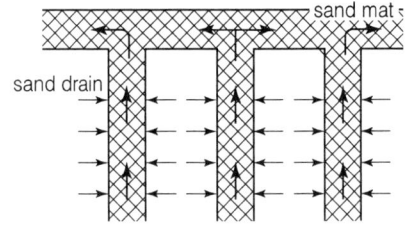

- ㉠ 연약점토층이 두꺼운 경우 연약한 점토층에 Sand Pile(모래기둥)을 다수 박아서 점토층의 배수거리를 짧게 하여 압밀을 촉진시키는 공법
- ㉡ 단기간 내에 연약지반을 처리하는 공법

④ Sand Drain의 설계

- ㉠ Sand Mat 배열
  - ⓐ 정3각형 배열 : $d_e = 1.05S$ 계산 ★★★★
  - ⓑ 정4각형 배열 : $d_e = 1.128S ≒ 1.13S$ 계산 ★★★★★★★★

  여기서, d_e : Drain의 영향원 지름, 유효직경
  S : Drain의 간격

- ㉡ 평균압밀도 계산 ★★★★★★★★★★

$$U_{vh} = 1 - (1 - U_v) \cdot (1 - U_h)$$

여기서, U_{vh} : 수직, 수평 양방향을 고려한 압밀도
U_v : 연직방향의 평균압밀도, 자연지반의 수직 압밀도
U_h : 수평방향의 평균압밀도, 자연지반의 수평 압밀도
※ Sand Drain의 간격이 길이 1/2 이하인 경우에 연직방향 압밀(Uv)은 무시
※ Sand Drain은 길이 15m 이하에서 효과적, 20m 이상이면 공비 대단히 증대

- ㉢ 압밀 소요시간(t)
  - ⓐ 수평방향의 압밀계수는 수직방향의 압밀계수 보다 일반적으로 크나, 모래말뚝 타입시 지반이 교란되므로 수평방향과 수직방향의 압밀계수를 같다고 본다.
  - ⓑ 모래말뚝의 간격(d)에 비해 압밀층 두께($2H$)가 대단히 큰 경우는 연직 방향의 배수를 무시하고 수평방향의 배수로부터 압밀의 소요시간을 구한다.

$$t = \frac{T_h \cdot d_e^2}{C_v}$$ 계산 ★★★★★★★★

여기서, T_h : 시간계수, d_e : 유효직경, C_v : 압밀계수
$\sqrt{t}$ 법의 경우 $T_h = T_{90} = 0.848$, $t = t_{90}$(압밀도 90%에 소요되는 압밀시간)
$\log t$ 법의 경우 $T_h = T_{50} = 0.197$, $t = t_{50}$(압밀도 50%에 소요되는 압밀시간)

Chapter 05 연약지반개량공법

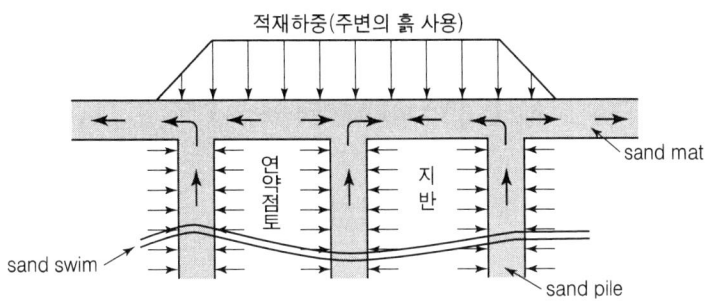

[모래말뚝 공법]

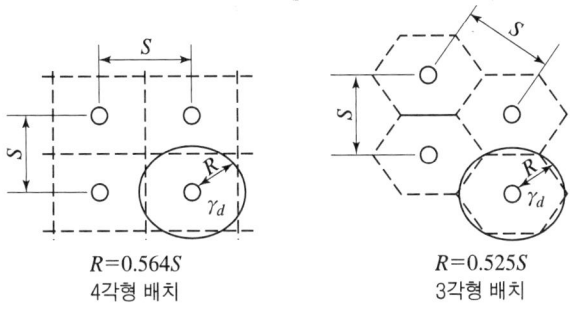

$R=0.564S$
4각형 배치

$R=0.525S$
3각형 배치

[모래말뚝의 배열(예)]

- ㉣ 압축계수(coefficient of compressibility, a_v) 계산 ★★★★
  - ⓐ 하중 증가에 대한 간극비의 감소비율
  - ⓑ $e - \sigma'$ 곡선의 기울기
  - ⓒ 단위 : cm^2/kg
  - ⓓ $a_v = \dfrac{e_1 - e_2}{\sigma_2' - \sigma_1}$

- ㉤ 체적변화계수(coefficient of volume change, m_v) 계산 ★★★★
  - ⓐ 하중 증가량에 대한 체적의 감소비율
  - ⓑ 단위 : cm^2/kg
  - ⓒ $m_v = \dfrac{\Delta V/V}{\Delta \sigma'} = \dfrac{\Delta V}{V \cdot \Delta \sigma'} = \dfrac{e_1 - e_2}{1+e} \cdot \dfrac{1}{\sigma_2' - \sigma_1'} = \dfrac{a_v}{1+e}$

- ㉥ 압밀계수 계산 ★★★★
  - ⓐ $C_v = \dfrac{k}{m_v \cdot \gamma_w}$

    여기서, C_v : 압밀계수(cm^2/sec)
    m_v : 체적변화계수(cm^2/kg)
    γ_w : 물의 단위중량(kg/cm^3)

⑤ Sand Drain 설치 방법 종류 ★★★★★★★★

㉠ 압축공기식 케이싱법

ⓐ 선단 Shoe를 달고 소정의 위치에 놓는다. (㉮)
ⓑ Hammer로 케이싱을 타격하여 지반에 관입시킨다.(㉯)
ⓒ 케이싱 내 모래 투입(㉰)
ⓓ 압축공기를 보내면서 케이싱을 인발한다. (㉱)

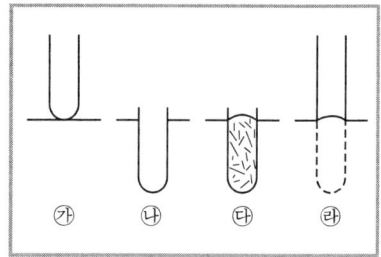

㉡ Water Jet 케이싱법

ⓐ 케이싱을 소정의 위치에 놓는다.
ⓑ 제트로드를 케이싱안에 넣는다.
ⓒ 제트로드를 통해 송수하면서 케이싱 자중에 의해 지반에 관입시킨다.
　: 제트로드를 통해 송수시 케이싱을 통해 이토제거되면서 케이싱은 관입된다.
ⓓ 케이싱 내 모래 투입
ⓔ 케이싱을 인발한다.

㉢ Rotary Drilling(Rotary Boring), Earth Auger, Mandrel 등에 의한 법
비트의 압력과 회전력 등 기계력에 의해 지반을 뚫어 Sand Pile을 설치

 **연약점토층이 두꺼운 경우**
Pre-Loading 공법으로는 장시간이 소요되므로 Sand Drain 공법이나 Paper Drain 공법을 치환공법과 함께 사용하여 압밀을 촉진시킨다.

⑥ Paper Drain Method(Card Board Wicks Method)
주위 지반을 흐트러지지 않게 Paper Drain(Card Board)을 타설기를 이용하여 지중에 넣는다.

㉠ Paper Drain 설치 방법

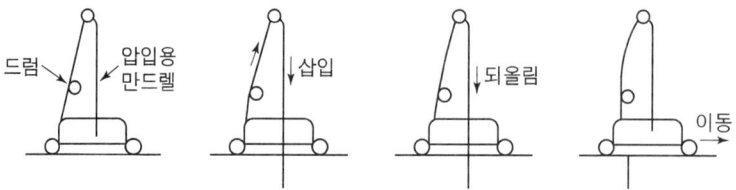

ⓐ Card Board를 Mandrel에 의하여 지중에 삽입한다.
ⓑ Mandrel 인발
ⓒ 지반 위에 올라온 Card Board 절단

ⓛ Paper Drain 타설기 종류
ⓐ TD형 타설기 ⓑ PDW형 타설기 ⓒ PDC형 타설기
ⓒ Paper Drain의 설계

$$d_w = \alpha \frac{2(B+H)}{\pi}$$ 계산 ★★★★★

여기서, d_w : Paper Drain의 등치환산원 지름 α : 형상계수, 0.75
   B : Paper Drain의 폭 H : Paper Drain의 두께

⑦ Sand Drain 공법에 비해 Paper Drain 공법의 장단점 종류 ★★★★★★★★★
ⓐ 장점 : ⓐ 비교적 시공속도가 빠르다.
   ⓑ 얕은 심도에서 공사비가 저렴
   ⓒ Drain 단면이 깊이, 방향에 대해서 일정
   ⓓ Drain Board의 중량이 가벼워서 운반, 취급이 용이
   ⓔ 타설에 의해 지반을 교란시키지 않는다.
ⓑ 단점 : 장기간 사용시 열화현상이 생겨 배수효과가 감소

⑧ Pack Drain Method
Sand Drain의 결점인 절단, **잘록함** 등을 **보완**하기 위해 개발한 공법으로 합성 섬유로 된 포대에 모래를 채워 만든 포대형 Sand Drain 공법

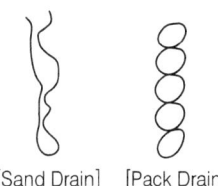
[Sand Drain] [Pack Drain]

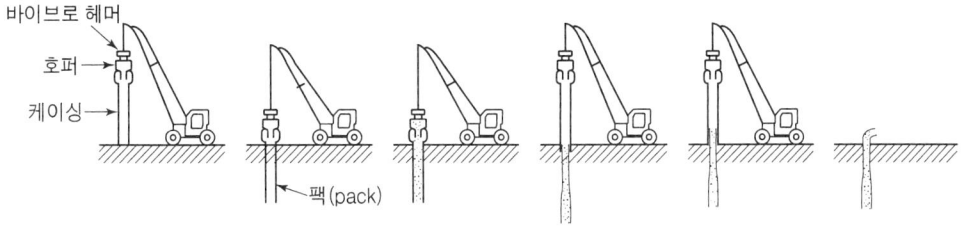

① 케이싱 타입 ② 포대 삽입 ③ 모래 충전 ④ 케이싱 인발 ⑤ 모래 기둥형성 ⑥ 완료

[Pack drain의 시공순서]

ⓐ 장점 : ⓐ 배수효과의 증대
   ⓑ 시공관리의 용이
   ⓒ 공사 비용의 절감
   ⓓ 시공기간의 단축
ⓑ 단점 : ⓐ 작업원의 숙련도 요구
   ⓑ 실적 및 경험부족
   ⓒ 4본을 동시에 시공해야 하므로 불균일한 지반조건에서 시공 깊이 조절이 어렵다.

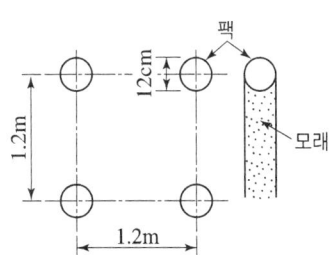

(4) 배수공법

① Well Point Method : 지하수위를 저하시키고자 하는 지역에 웰 포인트(지름 50mm, 길이 1m)를 양수관에 부착시켜 고압수를 분사시키면서 지반에 1~2m 간격으로 관입하고 이를 연결관을 사용하여 집수관에 연결하여 진공펌프로 배수하여 지하수위를 저하시켜 dry work를 하기 위한 강제배수공법

　㉠ 적용 : 실트질 모래지반에서 가장 경제적인 지하수위 저하 공법이다.
　㉡ 웰 포인트의 설계
　　ⓐ 웰 포인트의 간격은 1~2m로 한다.
　　ⓑ 배수 가능 심도는 6m이다.
　　ⓒ 배수 심도가 6m 이상일 때는 다단으로 설치한다.
　　ⓓ 공기 유입 방지를 위하여 웰 포인트의 스크린의 상단을 항상 굴착면보다 1m 정도 깊게 설치하며, 전체 스크린을 동일한 레벨상에 있도록 설계한다. ★★★

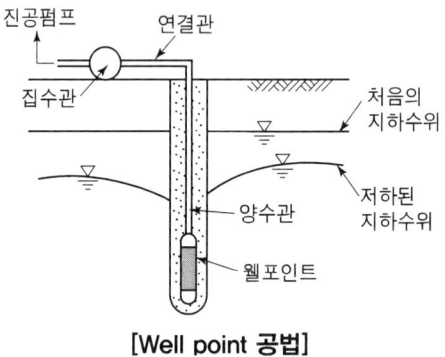

[Well point 공법]

② Deep Well Method : 깊은 우물을 파서 casing(우물관)을 삽입물을 뺀다.
　㉠ 적용
　　ⓐ 용수량이 **매우 많아** Well Point의 적용이 곤란한 경우
　　ⓑ 투수성이 큰 사질토층에서 지하수량이 **많아** 수위를 저하시키기 위하여 **다량의 양수**가 필요할 때
　　ⓒ 굴착 때 heaving이나 boiling현상이 발생할 우려가 있어 **깊은 체수층의 수압을** 감소시킬 필요가 있을 때
　　ⓓ 웰 포인트의 적용이 곤란한 경우

(5) 고결공법

① **생석회말뚝공법** : 생석회말뚝이 수분을 흡수함과 동시에 체적이 2배로 팽창되어 지반을 탈수 및 강제압밀시키는 공법
★★★ [효과] ㉠ 탈수 효과
　　　　　 ㉡ 건조 및 화학반응 효과

ⓒ 압밀 효과

ⓓ 말뚝 효과

② **소결공법** : 점토질의 연약지반 중에 연직 또는 수평 boring공 설치하고 그 안에 연료 연소시켜 고결 탈수하는 공법

③ **전기침투압**(강제배수공법의 일종) : 간극수는 (+)극에서 (−)극으로 흐르는데 이(−)극에 모인 물을 배수하여 압밀을 받을 때와 같이 전단저항을 증가시키는 공법

④ **전기화학·용융공법** : 연약지반 중에 하나의 전극을 설치한 후 전류를 흐르게 하여 전기 침수에 의하여 음극에 간극수를 모아 탈수하는 공법으로 알루미늄전극을 사용하기도 하며, 흙속에 전류로 약액을 흐르게 하기도 한다.

[종류] ㉠ 전기침수 탈수

㉡ 알루미늄 전극

㉢ 약액전해 고결

성토에 의한 점토 지반의 개량 후의 지반 강도 ★★★★★

① 압밀도 : $U_{vh} = 1 - (1 - U_v) \cdot (1 - U_h)$

② 증가하중(성토하중) : $\Delta p = \gamma H$

③ 점토지반의 강도 증가량 : $\Delta C = \dfrac{c}{P} \Delta p\, U$

④ 개량 후 지반 강도 : $C = C_o + \Delta C = C + \dfrac{c}{P} \Delta p\, U$

여기서, C_o : 개량 전 원지반 강도

C/P : 강도증가비

점토의 강도 증가율(C/P) 산정방법

① 소성지수(Ip)에 의한 방법

㉠ $Ip > 0.5$인 경우 : $C/P = 0.45(IP)^{1/2}$

㉡ $C/P = 0.11 + 0.0037 Ip$

② 비배수 전단강도에 의한 방법

③ 압밀비배수 삼축압축 시험에 의한 방법

④ 액성지수에 의한 방법

$Ip > 0.5$인 경우 : $C/P = 0.18(IP)^{1/2}$

⑤ 액성한계에 의한 방법

$WL > 0.2$인 경우 : $C/P = 0.5\, WL$

5-5 사질토 지반 개량공법

(1) 진동다짐공법(Vibro Flotation)

수평(횡)방향이 진동하는 **봉상**의 vibro flot로 사수와 진동을 동시에 일으켜서 생긴 빈틈에 모래나 자갈을 채워서 느슨한 모래지반을 개량하는 공법

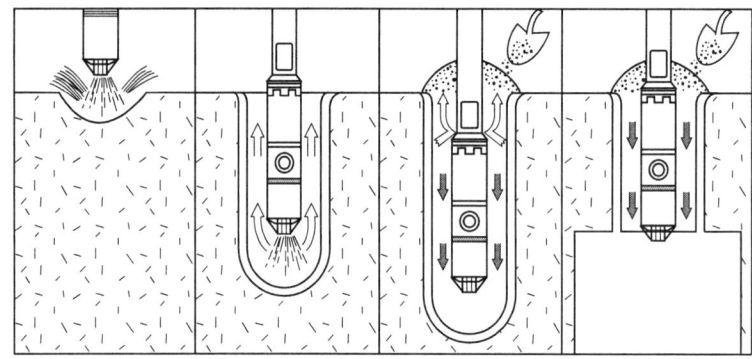

[바이브로 플로테이션의 작업공정]

(2) 다짐말뚝공법(Compaction Pile Method)

나무말뚝이나 RC, PC 말뚝 등을 땅 속에 다수 박아서 말뚝의 체적만큼 흙을 압축하므로써 모래지반을 개량하는 공법

> **다짐모래말뚝공법(Sand Compaction Pile Method, Compozer Method)** ★★★
> 다짐말뚝공법과 원리는 같으나 말뚝 대신 지반에 충격이나 진동타입에 의해서 모래를 압입하여 모래말뚝을 만드는 공법

(3) 폭파다짐공법

폭파에 의해 느슨한 사질지반을 다지는 공법

(4) 전기충격공법

Water Jet에 의해 방전전극을 지중에 삽입한 후 이 방전전극에 고압전류를 일으켜서 생긴 충격력에 의해 지반을 다지는 공법

(5) 약액주입공법

지반 내에 주입관을 통해 화학약액을 압송 충진시켜 일정시간 경과 후 지반을 고결시키는 공법이다.

그라우팅에 사용되는 그라우트재(주입재)는 일반적으로 차수용으로는 약액을 사용하고 차수와 지반강도 증진을 병행하기 위해서는 시멘트계를 주재료로 사용하고 있다.
이러한 재료는 일반적으로 약액을 주재료로 하는 경우 약액계와 비약액계로 구분하고, 시멘트를 주재료로 하는 경우에는 현탁액형, 약액형, 모르타르형으로 구분한다.

① 주입재료
　㉠ 강도목적
　　ⓐ 시멘트계
　　ⓑ 물유리계
　　ⓒ 요소계
　　ⓓ 우레탄계 : 지반주입시 물과 닿자마자 고결화가 이루어지므로 유속이 빠른 지하수의 차수용으로 효과가 대단히 좋다. 그러나 유독성이 문제가 된다.
　㉡ 지수목적
　　ⓐ 아스팔트계
　　ⓑ 벤토나이트
　㉢ 약액계 주입재
　　ⓐ 물유리계 : 알카리계(현탁액형, 용액형), 비알카리계(현탁액형, 용액형 water glass+산성반응재)
　　ⓑ 고분자계 : 아크릴 아미드계, 요소계, 우레탄계 등)
　㉣ 비약액계(현탁액형) 주입재 종류 ★★★★★
　　ⓐ 시멘트계
　　ⓑ 점토계
　　ⓒ 아스팔트계
　　ⓓ 모르타르계

② 주입 순서에 따른 분류

종 류	주입 순서
원 스테이지 그라우팅 (one Stage grouting)	㉠ 주입심도가 얕은 경우에 적용한다. ㉡ 천공 후 1회 주입한다.
스테이지 그라우팅 (Stage grouting)	㉠ 지반의 깊이에 따라 투수계수가 다른 경우에 적용한다. ㉡ 암질이 불량하고, 주입 심도가 깊은 경우에 적용한다. ㉢ 깊이 방향으로 여러 구간으로 나누어 지표면에서부터 단계별로 주입한다.
패커 그라우딩 (Packer grouting)	㉠ 암질이 좋고, 주입심도가 깊은 경우에 적용한다. ㉡ 최종깊이까지 천공한 후 공일에서부터 순차적으로 주입한다.

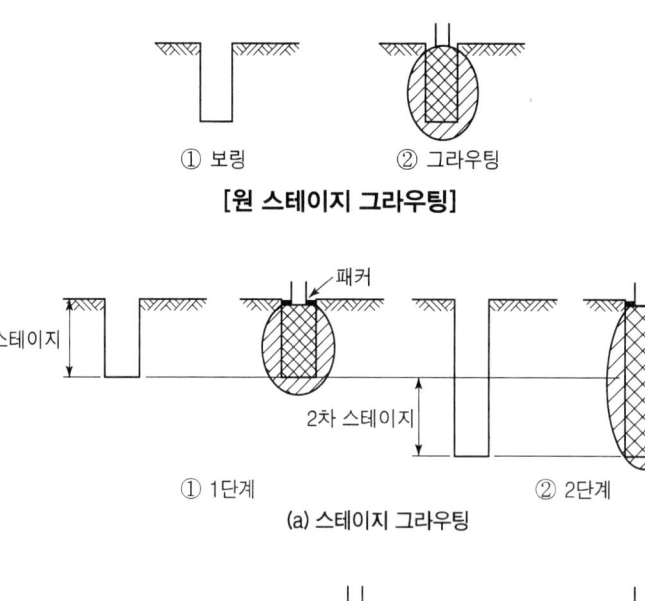

[원 스테이지 그라우팅]

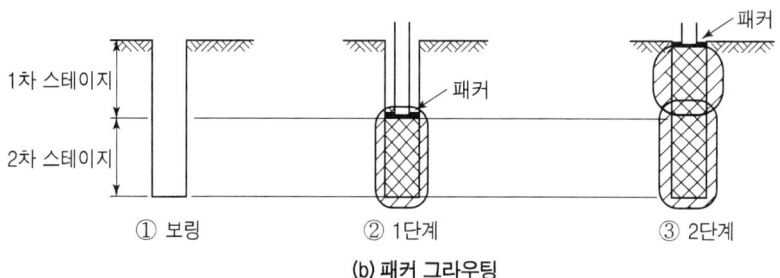

(a) 스테이지 그라우팅

(b) 패커 그라우팅

[주입 순서에 따른 약액주입공법]

③ 주입약액 구비 조건 ★
　㉠ 유동성을 갖을 수 있도록 초기점성이 작아야 한다.
　㉡ 간극으로 압송된 다음 일정한 응결시간 경과 후에 고강도를 발휘해야 한다.
　㉢ 흙 또는 지하수를 오염시키는 성분이 없어야 한다.
　㉣ 혼합과정과 주입과정에서 안정되어야 한다.
　㉤ 충분한 경제성이 있어야 한다.

④ 그라우팅 확인 시험 방법 종류 ★
　㉠ 원위치시험 : 적절한 방법에 의해 강도를 확인하는 방법
　㉡ 색소에 의한 판별법 : 고결체를 확인하는 방법
　㉢ 현장투수시험 : 투수성을 확인하는 방법

(6) 동압밀공법(Dynamic consolidation, 동다짐공법) 개념 ★★

크레인을 이용하여 10~40t의 강재블록이나 콘크리트 블록과 같은 중추를 10~30m 높은 곳에서 여러 차례 낙하시켜 지표면에 가해지는 충격과 진동으로 지반의 심층부까지 다져 지반을 개량하는 공법으로, 사질토지반이나 매립지반을 개량하는 데 효과적이며 포

화된 점성토에서도 사용이 가능하다.
① 동다짐공법의로 개량 가능한 심도(D) 계산 ★

$$D = C \cdot \alpha \sqrt{W \cdot H}$$

여기서, D : 개량심도(m), C : 토질계수, W : 추의 무게(t), H : 낙하고(m)
α : 낙하방법에 의한 계수(0.3~0.7 ; 평균 0.5)

동치환공법
크레인으로 무거운 추를 낙하시켜 연약점토층에 미리 포설하여 놓은 쇄석, 모래, 자갈 등의 재료를 타격하여 지반으로 관입시켜 대직경의 쇄석 기둥을 지중에 형성하는 공법

동압밀공법(동다짐공법)과 동치환공법의 문제점
① 지표면의 충격에 의한 진동 발생
② 인접건물의 침하 및 균열 발생
⇒ 고로 일반적인 곳은 이 공법을 사용할 수 없고 해안 매립지, 쓰레기 매립장의 지반 강화로 쓰인다.

동압밀공법(동다짐공법)과 동치환공법의 특징(장점)
① 광범위한 토질에 적용 가능하다. ② 지반 내 장애물이 있어도 시공이 가능하다.
③ 깊은 심도까지도 개량이 가능하다. ④ 전면적에 대하여 확실한 개량이 가능하다.
⑤ 특별한 약품이나 재료를 필요로 하지 않는다.

개량공법의 목적(약액주입공법의 목적, ****공법의 목적)
① 지반의 전단강도 증가   ② 투수계수 감소 = 지반의 차수성 증대
③ 압축률 감소 = 지반의 침하 감소   ④ 용수, 누수의 방지
⑤ 지반 개량   ⑥ 지반 내구성 증가

5-6 일시적 지반 개량공법 종류 ★★

(1) Well Point Method

well point라는 강재 흡수관을 시공 지역의 주위에 다수 설치하고 진공을 가하여 지하수위를 저하시켜 dry work를 하기 위한 **강제배수공법**으로 사질토 및 실트질 모래지반에서 가장 경제적인 지하수위 저하공법이다.

(2) Deep Well Method(깊은우물공법)

$\phi 0.3 \sim \phi 1.5$m 정도의 깊은 우물을 판 후 strainer를 부착한 casing(우물관)을 삽입하여 지하수를 펌프로 양수함으로써 지하수위를 저하시키는 **중력식 배수공법**이다.

(3) 대기압공법(진공압밀공법)

지표면을 비닐 sheet 등의 막으로 덮은 다음 진공 펌프를 작동시켜서 내부의 압력을 내려 재하중으로서 성토 대신 대기압으로 연약점 토층을 탈수에 의해 압밀을 촉진시키는 공법

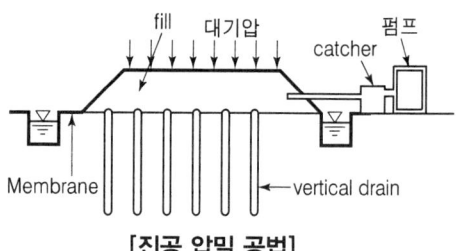

[진공 압밀 공법]

① 장점
  ㉠ 대기압을 이용하므로 재하중이 필요없다.
  ㉡ 압밀완료 후 철거시간과 비용이 필요없다.
  ㉢ 공기가 짧다.
  ㉣ Paper Drain 공법과 병용하면 깊은 심도까지 압밀효과를 증대시킬 수 있다.
② 단점 : 공사기간 동안 계속 펌프를 가동하여야 되므로 유지 관리비가 비싸다.

(4) 동결공법

동결관(1.5~3inch)을 지반 내에 설치하고, 액체질소 같은 냉각제를 흐르게 하여 주위의 흙을 동결시키는 공법이다.

(5) 소결공법

지반 내 보링공을 설치하고 그 안에 액체 또는 기체 연료를 장시간 연소시켜 공벽의 고결 및 주변 지반을 탈수, 건조시켜 기둥을 형성하여 지반 개량을 행하는 공법이다.

 5-7 지하수위 저하공법

(1) 중력배수공법

중력배수공법은 중력에 의해 침투하는 지하수를 집수하여 양수펌프로 배수하는 방식이다.
① **집수공법**(sump method) : 집수정을 이용하여 지하수를 배제하는 공법
② **심정공법**(deep well method) : 지하수위 저하나 용수이 저하, 수압의 감소 등을 위해 굴착부 내측 또는 외측에 지름 0.3~0.6m의 심정을 심도 5~6m, 간격 10~20m로 설치하여 펌프로 양수하는 공법
③ **암거공법** : 암거를 매설하고 필터재로 얕은 층의 지하수를 배제하는 공법

(2) 강제배수공법 종류 ★★★★

강제배수공법은 외부의 어떤 힘을 이용하여 지하수를 강제적으로 집수하여 배수하는 방식이다.

① **웰 포인트 공법**(well point method) : 흡수기구인 웰 포인트를 양수관에 부착하여 지반 속에 1~2m 간격으로 다수 설치하고 직경 0.15~0.3m의 집수관에 연결한 후 진공 펌프로 지하수를 양수하여 지하수위를 저하시키는 공법

② **전기침투공법**(electro osmosis method ; 전기삼투공법) : 지반에 직류전기를 걸어 주면 전위차에 의해 지하수가 (+)극에서 (−)극으로 흐르는데 이 (−)극에 모인 지하수를 배수하여 지하수위를 저하시키는 공법

③ **전공압밀공법**(진공배수공법) : 초연약점토층의 지표에 배수를 위한 샌드 매트를 시공하고 그 위에 외부와의 차단막인 진공보호막을 설치하여 지반을 밀폐시킨 후 진공압을 가하여 강제탈수 시키는 강제압밀촉진공법

5-8 기타 공법

(1) Wick Drain 공법(심지배수공법)

페이퍼나 플라스틱 띠를 넣은 튜부(Wick Drain)를 연약한 점토층에 삽입한후 **띠를 지중에 남겨 놓고** 튜브만 빼내어 이 띠가 연직 배수통로 역할을 하여 압밀을 촉진시켜 지반을 개량하는 공법

(2) 침투압(MAIS) 공법 ★★★★

함수비가 큰 점토층에 반투막 준공원통을 삽입하여 그 속에 **농도가 큰 용액을 넣어** 점토분의 수분을 빨아내는 공법

(3) JSP 공법(Jump Special Pile)

초고압의 Air Jet를 이용하여 **경화재**(cement milk 또는 cement paste)를 분사하여 차수, 지지말뚝, 기초 지반의 지지력 증대 등의 효과를 얻을 수 있는 지반고결제의 주입공법

(4) SGR 공법(Space Grouting System)

이중관 rod에 **rocket**(특수 선단장치)를 결합한 후 gel 상태의 약액 또는 시멘트 혼합액을 연약지반에 grouting하여 연약지반을 개량하는 공법

(5) 혼화제를 사용한 안정처리공법

세립토에 혼화제를 첨가하여 흙을 안정처리하는 공법
[혼화제 종류] ① 석회 ② fly ash ③ 시멘트 ④ 아스팔트

(6) 보강토 공법 개념 ★★

성토층에 인장력이 큰 보강재를 일정 간격으로 매설한 것으로 보강재와 흙 사이의 마찰작용으로 토압을 감소시키는 공법으로, 강봉이나 강봉띠 또는 토목섬유 등으로 옹벽에서 흙의 마찰저항을 증가시킬 목적으로 사용한다.

① 구성요소 ★★★★★★
  ㉠ 전면판(skin plate)   ㉡ 보강재(strip bar)
  ㉢ 뒷채움 흙(back fill)   ㉣ 연결재
② 보강띠의 설계방법
  ㉠ Rankine법
  ㉡ Coulomb의 응력법
  ㉢ Coulomb의 모멘트법
③ 특징
  ㉠ 공장제품을 사용하므로 시공속도가 빠르다.
  ㉡ 경제적이다.
  ㉢ 연약지반에서도 다른 기초 없이 시공이 가능하다.
  ㉣ 높은 옹벽의 축조가 가능하다.
  ㉤ 고성토에 적합하다.

(7) 표층혼합처리공법 개념 ★

① 연약지반의 표층에 석회계, 시멘트계, 플라이애시계 등의 첨가제를 혼합하여 안정처리함으로서 지표면을 고화시켜 지반강도를 증진시키는 공법이다.
② 표층혼합처리공법은 중장비의 트래피커빌리티 확보, 저성토 기초, 도로노상부의 개량 등이 목적이다.

③ 첨가제와 혼합법의 결정에 대해서는 흙의 물리·화학특성, 다짐특성, 강도특성 등 및 시공성, 재료의 공급, 환경, 시공시기 등에 여러 사항들에 대해 충분히 검토해야 한다.
④ 연약지반상에서 대형기계를 사용하여 첨가제를 혼합하는 것은 일반적으로 곤란하므로 안정처리의 가능 두께도 0.5~1m 정도로 제한된다.

 5-9 토목섬유(Geosynthetics)

(1) 토목섬유의 기능 ★★★★★★★★★★★

① 배수기능
② 분리기능
③ 필터기능(여과기능)
④ 보강기능
⑤ 방수기능
⑥ 차단기능

(2) 토목섬유의 종류 ★★★★★★★★

① 지오텍스타일(geotextile) : 토목섬유의 주를 이룸
② 지오멤브레인(geomembrane)
③ 지오그리드(geogrid)
④ 지오콤포지트(geocomposite)
⑤ 지오매트(geomat)

(3) 토목섬유의 제조 방식에 따른 분류

① 직포
② 부직포 : ㉠ 단섬유 부직포 ㉡ 장섬유 부직포
③ 편직포
④ 복합포

(4) 토목섬유의 특성

① 인장특성
② 마찰특성
③ 인열특성
④ 파열특성

 **5-10 연약 지반**

연약 지반은 유기질토, 화강 풍화토, 팽창성 흙, 붕괴성 흙 등으로 이루어져 있다.

(1) 연약지반 개요

① **점토 지반** : 함수비가 매우 큰 지반을 말하며, 압밀 침하와 간극수압의 변화가 현장 시공 관리에 중요하게 작용한다.
② **사질 지반** : 느슨하고 물에 포화된 지반을 말하며, 진동이나 충격하중이 작용하면 액상화 현상이 일어난다.

(2) 화강 풍화토

여러 원인에 의하여 풍화되어 잔류된 흙
[화강 풍화토의 특징]
① 풍화정도에 따라 입자의 크기가 다양하다.
② 물에 약하여 물로 포화되면 전단강도가 현저히 떨어진다.
③ 물에 약하여 물로 포화되면 점착력이 0에 가까워진다.
④ 토립자가 파쇄되어 세립화 되기 쉽다.
⑤ 다지기를 하면 불투수성이 된다.
⑥ 압축성은 사질토와 점성토의 중간이다.

(3) 팽창성 흙

물을 흡수하면 상당히 팽창하고 수분을 잃으면 수축하는 소성점토
① **팽창성 흙의 문제** : 팽창성 지반 위에 세워진 기초는 팽창으로 인해 큰 상향력을 받게 된다.
② **팽창성 흙의 대책 공법** ★★★★
  ㉠ **탈수 공법** : 탈수 시켜 팽창성흙의 융기를 근본적으로 감소시킨다.
  ㉡ **다짐 공법** : 다짐할 때 팽창성흙의 융기는 근본적으로 감소한다.
  ㉢ **차수 공법** : soil cement, asphalt로 모관상승을 차단하는 공법
  ㉣ **지반안정처리공법(흙의 안정처리공법)** : 석회와 시멘트를 이용한 화학적 안정처리 공법
  ㉤ **침수법** : 연못을 만들어 함수비를 증가시켜 건설전에 대부분의 융기가 일어나도록 하는 방법
③ 팽창성 지반에 행하는 시험
  ㉠ 불구속 팽창 시험(비구속 팽창 시험) : 압밀리에 시료를 넣고 약 $0.704t/m^2$의 상재

압을 가한다. 시료에 물을 채우면서 시료 부피 팽창량을 평형 상태에 이를 때까지 측정한다.
ⓒ 팽창압 시험 : 압밀링에 시료를 넣고 유효상재하중과 같은 압력에 기초로 인하여 발생될 것으로 예상되는 압력을 더하여 적용시킨다. 그리고 시료에 물을 첨가하여 시료가 팽창하기 시작함에 따라 팽창을 방지할 수 있도록 압력을 조금씩 증가시킨다. 시료의 팽창압이 완전히 발생될 때까지 계속한다.

(4) 붕괴성 지반

붕괴성 흙은 준안전성 흙으로 간주되며 포화되었을 때는 부피의 변화를 크게 일으키는 포화되지 않은 흙이다.

① 붕괴성 지반의 특징
  ㉠ 간극비가 크다.
  ㉡ 단위무게가 작다.
  ㉢ 점성이 없거나, 거의 없다.

② 붕괴성 토질의 대책 공법
  ㉠ 동다짐 공법
  ㉡ 화학적 안정처리 공법
  ㉢ 바이브로 플로테이션 공법

Chapter 05 연약지반개량공법

확인 학습 문제

01 연약지반개량공법 중 치환공법의 종류 3가지를 쓰시오.

해설

① 기계적 굴착 치환공법
② 폭파치환공법
③ 강제치환공법

02 압밀에 의한 침하를 미리 끝나게 하며 구조물에 해로운 잔류침하를 남지 않게 하고 압밀에 의하여 점성토지반의 강도를 증가시켜서 기초지반의 전단파괴를 방지 하는게 목적인 이 공법은 무엇인가?

해설

Prelooding method(사전압밀공법)

03 연약지반개량공법 중 축제가 침하하여 그의 측방이 융기할 때 실행하여 균형을 잡는 방법은?

해설

압성토 공법

04 지반의 파괴작용이 일어나기 전에 제방의 양측에 흙을 돋우어서 그 압력을 균형시켜 흙의 이동을 적게 하는 공법은?

해설

압성토 공법

Chapter 05 연약지반개량공법

05 연약지반처리공법의 하나로 모래말뚝을 다수 박아 점성토층의 배수거리를 짧게 하여 압밀을 촉진시켜서 공기를 단축하는 공법은?

해설

Sand drain 공법

★★★★★★★★

06 Sand mat의 중요한 역할 3가지를 쓰시오.

해설

① 연약지반 상부의 배수층 형성
② 시공기계의 주행성(Trafficability) 확보
③ 성토시 성토내 지하배수층 형성

07 연약점토지반의 Pack Drain 공법은 근본적으로 무슨 약점을 보완하기 위한 것인지 가장 중요한 것 1가지만 쓰시오.

해설

sand drain 공법의 결점인 절단, 잘록함을 보완하기 위함

08 다음 그림과 같은 지반이 있다. 인접 저수지의 영향으로 도로의 하부지반이 영향을 미쳐 도로가 파손되고 있다. 이에 대한 대책을 2가지 쓰시오.

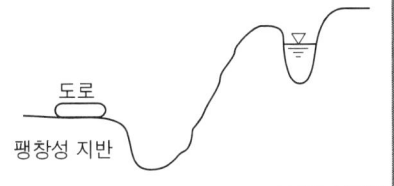

해설

① 차수공법　　② 흙의 안정처리공법
[설명] 일반적인 연약지반 대처방법 3가지
　　　① 물을 빼거나 : 시공완료된 상태이므로 적용 곤란
　　　② 물을 못들어오게 하거나 : 차수공법
　　　③ 병자 약으로 치료 : 흙의 안정처리공법
　　　④ 치환

Chapter 06

토질역학

6-1 흙의 분류

(1) 일반적인 분류

① 조립토
  ㉠ 조립토에는 돌(호박돌), 자갈, 모래 등이 있다.
  ㉡ 입자형이 모가 나 있으며 일반적으로 점착성이 없다.

② 세립토
  세립토에는 실트, 점토가 있다.

③ 유기질토 특징 ★★★★★
  동·식물의 부패물이 함유되어 있는 흙으로 한랭하고 습윤한 지역에서 잘 발달되며, 다음과 같은 특징이 있다.
  ㉠ 압축성이 크다.
  ㉡ 2차압밀 침하량이 크다.
  ㉢ 투수성이 낮다.
  ㉣ 자연함수비가 200~300% 정도이다.

(2) 입경에 따른 흙의 성질

성질	간극률	압축성	투수성	압밀속도	마찰력	소성	점착성	전단강도	지지력
조립토	작다	작다	크다	순간적	크다	NP	0	크다	크다
세립토	크다	크다	작다	장기적	작다	소성	크다	작다	작다

6-2 흙의 성질

(1) 흙의 연경도(consistency)

① 점착성이 있는 흙은 함수량이 점점 감소함에 따라 액성, 소성, 반고체, 고체의 상태로 변화하는데 함수량에 의하여 나타나는 이러한 성질을 **흙의 연경도**라 한다.

② 아터버그 한계(Atterberg limit)
  아터버그 한계는 함수비로 나타낸다.
  ㉠ 종류 ★
    • 액성한계(liquid limit, w_L)
    • 소성한계(plastic limit, w_p)

- 수축한계(shrinkage limit, w_s)

  ⓒ No.40 체를 통과한 흐트러진 시료(교란시료)를 사용한다.

  ⓒ 단위 : 함수비(%)

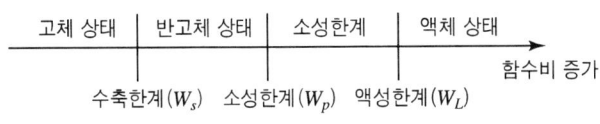

[아터버그 한계]

(2) 동상현상(frost heave)

흙 속의 공극수 동결 → 지표면이 위로 부풀어 오름

(3) 연화현상(frost boil)

공극수 동결 → 융해 → 흙속에 과잉수분 존재 → 연약화

(4) 액상화현상(액화현상)

외력에 의한 간극비 감소 → 간극수압 상승 → 전단강도 급격히 손실 → 현탁액과 같은 상태

 **함수비, 물, 포화와 관련된 문제 사항**
① 점토 : 압밀침하 문제
② 사질토 : 액상화 문제

(5) 연화현상 일어나는 원인

① 지표수 침투
② 지하수 상승
③ 융해수가 배수되지 않고 흙 속에 체수(저류) 될 때

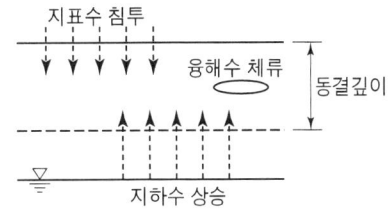

(6) 동상(동결) 원인 ★★★★★★

① 지반의 흙이 **동상받기 쉬운 실트질 흙**일 때
② 동결온도의 지속기간이 길 때
③ 동결심도 하단에서 지하수면까지의 거리가 모관상승고보다 적을 때
④ 모관상승고가 클 때
⑤ 물의 공급이 충분할 때

(7) 동상(동결)방지대책 공법 종류 ★★★★★

① **치환**공법 : 동결되지 않는 흙으로 바꾸는 공법
② **안정처리**공법 : 화학약액으로 처리하는 공법
③ **단열**공법 : 흙 속에 단열재료를 매입하는 공법
④ **차단**공법 : 지하수위 상층에 조립토층을 설치하는 공법
⑤ **지하수위 저하**공법 : 배수구 설치로 지하수위를 저하시키는 공법

(8) 동결 정도를 지배하는 인자

① 모관상승고   ② 투수성
③ 지하수위   ④ 동결지수

(9) 동결심도 구하는 방법 종류 ★

① 현장조사에 의한 방법
    ㉠ 동결심도계에 의한 방법
    ㉡ test pit를 통해 관찰
② 일 평균기온으로 구하는 방법(데라다공식) 계산 ★★★

$$Z = C\sqrt{F}$$

여기서, Z : 동결깊이(cm)
        C : 정수(3~5, 우리나라에서는 4를 쓴다.)
        F : 동결지수 계산 ★★★★★
           $F(℃ \cdot days)$ = 기온 × 일수 = 0℃ 이하의 기온 × 지속기간(지속일수)

③ 열전도율로 구하는 방법

$$Z = \sqrt{\frac{48kF}{L}}$$

여기서, k : 열전도율 F : 동결지수 L : 융해잠재열(cal/cm^3)

수정동결지수

① 수정동결지수 = 동결지수 + 0.9 × 동결시간 × $\dfrac{표고차}{100}$
② 표고차 = 설계노선 최대표고 − 측후소 표고

(10) 상대밀도(relative density, D_r)

자연상태의 조립토의 조밀한 정도를 나타내는 것으로, 사질토의 다짐 정도를 표시한다.
즉, 느슨한 상태에 있는가 촘촘한 상태에 있는가를 나타낸다.

① 상대밀도 공식 계산 ★★★★

$$D_r = \frac{e_{\max} - e}{e_{\max} - e_{\min}} \times 100 = \frac{\gamma_{d\max}}{\gamma_d} \times \frac{\gamma_d - \gamma_{d\min}}{\gamma_{d\max} - \gamma_{d\min}} \times 100$$

여기서, $e_{\max}$: 가장 느슨한 상태의 간극비
$e_{\min}$: 가장 조밀한 상태의 간극비
e : 자연상태의 간극비
$\gamma_{d\max}$: 가장 조밀한 상태에서의 건조 단위중량
$\gamma_{d\min}$: 가장 느슨한 상태에서의 건조 단위중량
γ_d : 자연상태의 건조 단위중량

② 현장 모래 지반의 상대밀도 및 표준관입시험값(N치) 판정 ★

흙의 상태	상대밀도(D_r, %)	N치
대단히 느슨	0~15(0~0.15)	0~4
느 슨	15~35(0.15~0.35)	4~10
중 간	35~65(0.35~0.65)	10~30
촘 촘	65~85(0.65~0.85)	30~50
대단히 촘촘	85~100(0.85~1)	50 이상

[연습문제 1] ★★★★★★★★★★

자연함수비 12%인 흙으로 성토하고자 한다. 시방서에서는 다짐한 흙의 함수비를 16%로 관리하도록 규정하였을 때 매 층마다 1m²당 몇 l의 물을 살수해야 하는가? (단, 1층의 다짐 두께는 20cm, 토량 변화율은 $C=0.9$이며, 원지반 상태에서 흙의 단위중량은 18kN/m³임)

해설

① 1m²당 본바닥체적 = $(1 \times 1 \times 0.2) \times \frac{1}{0.9} = 0.222 \text{m}^3$

② $w = 12\%$일 때 흙의 무게
$$\gamma_t = \frac{W}{V} \qquad 18 = \frac{W}{0.222}$$
∴ $W = 4\text{kN}$

③ $w = 12\%$일 때 물의 무게
$$W_s = \frac{W}{1+\frac{w}{100}} = \frac{4}{1+\frac{12}{100}} = 3.57\text{kN}$$
∴ $W_w = W - W_s = 4 - 3.57 = 0.43\text{kN}$

④ $w = 16\%$일 때 물의 무게
$$w = \frac{W_w}{W_s} \times 100 \qquad 16 = \frac{W_w}{3.57} \times 100$$
∴ $W_w = 0.57\text{kN}$

⑤ 살수량 = $0.57 - 0.43 = 0.14\text{kN} = \frac{140}{9.80} = 14.29\text{kg} = 14.29 l$

6-3 토질에 따른 전단 특성

(1) 점성토의 전단특성

① 예민비(sensitivity, S_t)

㉠ 개요 ★

예민비란 교란된 흙(재성형)의 일축압축강도에 대한 교란되지 않은 흙의 일축압축강도의 비를 말하며, 예민비를 이용하여 점토를 분류할 수 있다.

$$S_t = \frac{q_u}{q_{ur}}$$

여기서, S_t : 예민비
q_u : 자연 상태의 일축압축강도
q_{ur} : 재성형한 시료의 일축압축강도

㉡ 재성형한 시료의 일축압축강도

재성형한 시료의 파괴 양상은 진행성 파괴, 즉 첨두강도(peak strength)가 나타나지 않으며, 첨두강도가 나타나지 않는 경우는 변형률 15%에 해당하는 일축압축강도를 사용한다.

㉢ 예민비에 따른 점토의 분류

S_t	분 류	공학적 성질
≒1	비예민성 점토	강도의 변화가 크다. ↓ 공학적 성질이 나쁘다. 설계시 안전율을 크게 잡아야 한다.
1~8	예민성 점토	
8~64	quick clay	
>64	extra quick clay	

※ 예민비가 큰 점토는 흙을 다시 이겼을 때 강도가 감소한다.

② 틱소트로피(thixotropy)

틱소트로피란 재성형(remolding)한 시료를 함수비의 변화 없이 그대로 방치해 두면 시간이 경과되면서 강도가 회복되는 현상을 말한다.

③ 리칭(leaching) 현상

리칭 현상이란 수에 퇴적된 점토가 담수에 의해 오랜 시간에 걸쳐 염분이 빠져나가 단위중량이 감소되면서 강도가 저하되는 현상으로 quick clay의 원인이 된다.

(2) 사질토의 전단특성

① 전단시의 체적 변화

㉠ 촘촘한 모래는 입자 간의 간격이 전단력에 의해 떨어지기 때문에 전단시 체적이 증가한다.

   ⓛ 느슨한 모래는 입자 간에 서로 붙으려는 움직임 때문에 전단시 체적이 감소한다.
   ⓒ 느슨한 모래는 전단될 때 체적이 감소하고 조밀한 모래는 체적이 증가하며 어느 한 계에 도달하면 체적이 일정하게 된다. 이때의 간극비를 한계간극비(critical void ratio)라고 한다.
  ② 다일러턴시(dilatancy) 현상
   ⓛ 개요
    시료가 조밀하거나 과압밀된 경우에는 전단과정 중에 체적이 팽창하는 현상을 보이며, 느슨하거나 정규 압밀된 시료는 체적이 감소하는 현상을 보인다. 이렇듯 전단 중에 시료의 체적이 변하는 현상을 다일러턴시 현상이라 한다.
   ⓒ 흙 종류에 따른 특징

흙 종류	체적 변화	다일러턴시	간극수압
촘촘한 모래 (과압밀 점토)	팽창	(+) 다일러턴시	감소(−)
느슨한 모래 (정규 압밀 점토)	수축	(−) 다일러턴시	증가(+)

  ③ 액상화 현상(liquifaction : 액화현상) 개념 ★★★
   ⓛ 느슨하고 포화된 모래지반에 충격, 즉 지진이나 발파 등에 의한 충격하중이 작용하면 체적이 수축하여 지반 내에 간극수압이 증가하여 유효응력이 감소되어 전단강도가 작아지는 현상
   ⓒ $\tau = \sigma' \cdot \tan\phi = (\sigma - u) \cdot \tan\phi$
   ⓒ 방지 대책
    ⓐ 자연간극비를 한계간극비 이하로 한다.
    ⓑ 간극수압 제거 : Vertical Drain 공법, Gravel Drain 공법
    ⓒ 지하수위 저하 : Well Point 공법, Deep Well 공법
    ⓓ 밀도증가 : Vibro-Flotation 공법, Sand Compaction Pile 공법

6-4 지반조사

(1) 지반조사 방법

① 지하탐사법   ② Boring
③ 원위치시험   ④ 현장재하시험
⑤ 현장단위중량시험   ⑥ 지하수에 관한 시험

(2) 현장 탄성파시험

① 시추공 탐사법

㉠ 크로스홀 시험(Crosshole test, 시추공간 탄성파탐사) 정의 ★

ⓐ 크로스홀 시험방법은 지반에 두 개 이상의 홀을 뚫어 한쪽은 발진자로, 나머지 홀들은 감지기로 구성하며, 발진자에서 유발되는 진동이 지반을 통과하여 감지기까지 도달되는 파의 전파속도를 깊이별로 측정하여 깊이별 지반 물성값을 추정할 수 있다.

ⓑ 발진자는 홀의 벽에 공기압으로 팽창시켜 고정쇄기를 완전 고정시킨 후, 소정 무게의 추를 떨어뜨리거나 끌어 올려서 연직 충격을 발생시키면 전단파(연직으로 민감한 트랜스듀서(transducer)에 의해 SV파 측정)와 고정쇄기의 부피팽창에 의한 P파가 동시에 유발된다.

ⓒ 발진자와 동일한 깊이에 있는 다른 홀에 고정된 진동감지장치의 신호를 동시에 Oscilloscope로 측정하면 두 홀 사이의 P파 및 S파의 도달시간을 측정할 수 있다.

㉡ 다운홀 기법(Downhole Test, 공내탄성파 탐사)

ⓐ 다운홀시험은 발진자를 지표 위에 설치하고 감지기는 검측공내 계획된 측점 깊이에 설치한 후, 발진자에 충격을 가해 진동을 유발시켜 측정하는 방법으로 지반의 동적 물성값 측정에 널리 사용된다.

ⓑ 연직방향의 충격을 가하면 압축파 성분의 진동이 발생하고, 수평방향으로 충격을 가하면 전단파(SH) 성분의 풍부한 진동이 발생한다.

㉢ 부유식 음파검층(Suspension PS logging)

㉣ SPT 업홀 기법 (SPT-Uphole Method)

② 표면파 탐사법

㉠ SASW기법

ⓐ SASW 시험은 발진자와 감지기 모두를 지표면에 두고 시험하는 것으로 표면파의 특성을 이용하여 지반 물성값을 결정한다.

ⓑ SASW 시험은 지표면에서 시험이 수행되는 비파괴 시험으로 크로스홀 시험이나 다운홀 시험에 비해 시험이 간단하고, 지반내 시추공의 관입이 필요없다.

ⓒ SASW 시험의 장비는 고도의 숙련 기술자에 의해 시험 및 분석되어야 하고 시험자료 분석 프로그램의 국내 지반 검증성이 입증되지 않았다.

㉡ MASW기법

㉢ HWAW기법

6-5 원위치시험

(1) 사운딩(Sounding) 정의 ★★

사운딩은 Rod 선단에 설치한 저항체를 땅 속에 삽입하여 관입, 회전, 인발 등의 저항치로부터 지반의 특성을 파악하는 지반 조사방법인 원위치시험이다. 사운딩은 주로 원위치시험으로서의 의의가 있고 예비조사(지반의 형상을 알기위한 보조수단 등)에 사용하는 경우가 많다.

① **정적 사운딩(정역학적 사운딩) 종류 ★★★★★**
　㉠ 휴대용 원추관입시험 : 경량의 원추로 인력에 의하여 지층에 관입시킬 때의 저항치를 콘지수로서 측정(휴대용 원추관입 시험기 사용)
　㉡ 화란식 원추관입시험 : 콘을 약 20mm/s의 속도로 땅 속으로 압입시켜 콘의 관입저항과 흙에 대한 케이싱의 마찰저항을 측정하는 시험(화란식 원추관입시험기 사용)

$$\text{콘지수 } q_c = \frac{\text{콘관입력}}{\text{콘면적}} \, (\text{kg/cm}^2)$$

　㉢ 스웨덴식 관입시험 : 선단에 스크류 포인트를 달아 중추의 무게와 회전력에 의하여 관입저항을 측정하는 방법(스웨덴식 관입시험기 사용)
　㉣ 이스키 미터 : 닫혀진 상태로 땅 속에 압입한 후 wire rope를 이용하여 잡아당길 때의 저항을 측정하여 흙의 전단강도를 측정하는 시험(이스키미터 사용)
　㉤ 베인시험 : 연약한 점토지반의 전단저항(전단강도, 점착력)을 (현장)지반내에서 측정하는 시험기(베인전단시험기 사용)

② **동역학적 사운딩**
　㉠ 표준관입시험 : 중공의 split spoon sampler를 boring rod 끝에 붙여서 63.5kg의 해머로 낙하고 76cm에서 때려 sampler를 흙 속에 30cm 관입시킬 때의 타격횟수 N을 측정하는 시험
　㉡ piezo cone : 정적 콘관입시험(CPT)에다가 간극수압을 측정할 수 있도록 트랜스듀서를 부착한 것
　㉢ 동적 원추관입시험

점토지반에 적용하는 사운딩 시험
① 휴대용 원추관입시험
② 이스키미터
③ 베인 전단시험
④ 풀 사운딩

(2) 베인시험(Vane Test)

연약한 점토지반의 전단저항(전단강도, 점착력)을 (현장)지반내에서 측정하는 시험이다.

① 점성토의 비배수 전단강도

$$C_u = \frac{T_{\max}}{\pi D^2 \left(\dfrac{H}{2} + \dfrac{D}{6}\right)}$$

여기서, C_u : 점착력(kg/cm^2), 점성토의 비배수 전단강도
 H : 날개의 높이(m)
 $T_{\max}$: 날개 회전시 최대 비틀림 모멘트(kg · cm)
 D : 날개의 폭(m)
 ※ 베인(십자형 저항날개)의 직경과 높이의 비 ⇒ 1 : 2

② 설계에 사용하는 비배수 전단강도

$$C_u{'} = \lambda \cdot C_u$$

여기서, λ : 수정계수

6-6 현장재하시험

(1) 현장재하시험 종류

시 험 명	득할 토질정수
평판재하시험(PBT)	① 지반반력계수(K_v) ② 변형계수(E)
공내연직재하시험	① 지반반력계수(K_v) ② 변형계수(E)
공내수평재하시험	횡방향 지반반력계수(K_h)
현장 CBR	CBR

(2) 공내 수평재하시험 종류 ★★★★★★★

① PMT(Pressure MeterTest) : 1개의 압력 셀(cell)과 2개의 보호 셀(cell)로 이루어진 압력계로써, 현장지반 공내에 측정관을 넣어 내부에 유체압을 주어 공벽을 재하하고 공벽의 변형량과 가해진 압력과의 관계로 변형률 크기에 따른 전단탄성계수를 직접 평가할 수 있는 시험이다.

② DMT(Dilato MeterTest) : 칼날

③ LLT(Lateral Load Test)

6-7 표준관입시험(SPT)

63.5kg의 해머로 낙하고 76cm에서 때려 sampler를 흙 속에 30cm 관입시킬 때의 타격 횟수 N을 측정하는 시험 N치 정의 ★

※ **흙표면으로부터 15cm를 제외**하고 15~45cm사이의 30cm 관입길이로 **N치를 측정**하는데 그 이유는 **지표면에서는 흙입자가 흐트러져** 그 값이 정확하지 않기 때문이다.

(1) N치의 수정

N치의 수정값은 소수점에 관계없이 절상한다.

① rod 길이에 대한 수정 : 심도가 깊어지면 rod의 변형에 의한 타격에너지의 손실과 마찰 때문에 N치가 크게 나오므로 수정

$$N_1 = N'\left(1 - \frac{x}{200}\right)$$

여기서, N_1 : rod 길이에 대한 수정 N치 N' : 실측 N치 x : rod 길이(m)

② 토질에 의한 수정 : 포화된 실트질 모래층에서 한계 간극비에 해당하는 N치가 거의 15라 생각하기 때문에 측정 N치가 15이상일 때 수정

$$N_2 = 15 + \frac{1}{2}(N_1 - 15)$$

③ 상재압에 의한 수정 : 모래지반의 지표면 부근에서 N치가 작게 나오므로 수정

(2) N치로 추정할 수 있는 사항 ★

① 모래(사질토)지반에서 N치로 추정할 수 있는 사항 ★★★★★★
  ㉠ **상대밀도**(D_r)
  ㉡ **내부마찰각**(ϕ)
  ㉢ **침**하에 대한 허용지지력
  ㉣ 지지력 계수
  ㉤ 탄성계수

② 점토지반에서 N치로 추정할 수 있는 사항 종류 ★★
  ㉠ **일축압축강도**(q_u)
  ㉡ **점착력**(c)
  ㉢ **컨시스턴시**
  ㉣ 파괴에 대한 극한 지지력
  ㉤ 파괴에 대한 허용 지지력

(3) N치와 ϕ의 관계

① Dunham 공식 ★★★★★★★★★

㉠ 흙 입자가 모나고 입도가 양호한 경우

$$\phi = \sqrt{12N} + 25$$

㉡ 흙 입자가 모나고 입도가 불량한 경우
또는, 흙 입자가 둥글고 입도가 양호한 경우

$$\phi = \sqrt{12N} + 20$$

㉢ 흙 입자가 둥글고 입도가 불량한 경우

$$\phi = \sqrt{12N} + 15$$

 6-8 시료 판정

(1) 면적비(A_r) 계산 ★★★★

시료의 교란정도를 나타냄

$$A_r = \frac{\text{샘플러 벽의 단면적}}{\text{시료의 단면적}} = \frac{\frac{\pi}{4}D_w^2 - \frac{\pi}{4}D_e^2}{\frac{\pi}{4}D_e^2} \times 100(\%) = \frac{D_w^2 - D_e^2}{D_e^2} \times 100(\%)$$

여기서, D_w : 샘플러의 외경 $A_r \leq 10\%$: 비교란시료
D_e : 샘플러의 내경 $A_r > 10\%$: 교란시료

(2) 회수율(R_r) 계산 ★★★★

점성토나 암석시료의 교란된 정도를 나타냄

$$R_r = \frac{\text{채취된 시료의 실제길이}}{\text{채취된 시료의 이론적 길이}} = \frac{H'}{H}$$

여기서, $R_r < 1$: 보통의 경우
$R_r = 1$: 이론적으로 시료가 샘플러내에서 압축되지 않았다는 것
$R_r > 1$: 암석조각의 재배열, 선행하중의 제거나 다른 원인에 의해 시료가 느슨해진 것을 나타냄

(3) RQD(암질지수 ; Rock Quality Designation) 계산 ★★★

시료채취에서 얻어진 암석시료의 길이로부터 구한다.

$$RQD = \frac{100mm \text{ 이상인 암석조각들의 길이의 합}}{\text{암석시료의 이론상 길이}} \times 100(\%)$$

여기서,

RQD	0~0.25	0.25~0.5	0.5~0.75	0.75~0.9	0.9~1
암 질	매우불량	불량	보통	양호	우수

Thixotropy 현상
점토는 remolding(재성형) 하면 강도가 감소하지만 이 것을 함수량이 변하지 않게 하여 그대로 두면 시간이 경과함에 따라 강도의 일부가 회복되고 경화되는 현상

(4) Q-system에 의한 암반 분류

① 개요 : 암괴 크기 요소, Block간의 전단강도 특성, 활성응력(Active stress) 특성 등을 고찰하여 6개의 매개변수로 구분하고, 각 요소에 대한 값을 평가하여 대체적인 암반의 등급(Q-Value)을 0.001~1000까지 분류하는 방법이다.

② 공식 : 암반 등급 Q-value를 산정하는 6개의 매개변수는 아래와 같다. ★★★★★★★

$$Q = \frac{RQD}{J_n} \cdot \frac{J_r}{J_a} \cdot \frac{J_w}{SRF}$$

여기서, RQD : 암질지수
 J_n : 절리군 수(Joint set Number)
 J_r : 절리 거침도 수(Join Roughness Number, 절리 거칠기계수)
 J_a : 절리면 변질도 수(Joint Alteration Number, 절리면의 변질계수)
 J_w : 지하수 유출에 의한 감소계수(Join water Reduction Factor, 지하수 보정계수)
 SRF : 응력 감소 요인(Stress Reduction Factor, 응력저감계수)
 $\frac{RQD}{J_n}$: 암괴(block)크기를 상대적으로 표현하는 값 ★★
 $\frac{J_r}{J_a}$: 블럭간(절리)의 전단강도와 관련되는 지수 ★★
 $\frac{J_w}{SRF}$: 활동성 응력(active stress) ★★

③ 적용 : 각 Q값에 대하여 터널의 안정성을 분석하고, 터널 굴착 때 발생하는 이완 하중에 상응하는 지보 패턴을 보강 Category로 분류하여 제시한 것으로 NATM 터널에서 적용하기에 가장 간편한 방법이다.

(5) 암반평점에 의한 분류방법(Rock Mass Rating)

① 개요 : 암석의 강도, 암질지수, 절리의 상태, 절리의 간격, 지하수 상태 등으로 구분하여 채점한 다음 접수를 합산하여 암반의 평점을 정하고 이에 따라 암반을 5가지로 분

류하는 방법이다.
② 분류기준 : ㉠ 암석의 강도(일축압축강도)
㉡ 암질지수(RQD)
㉢ 절리의 상태
㉣ 절리의 간격
㉤ 지하수 상태

③ 평점에 의한 암반의 분류

평점 합계	100~81	80~61	60~41	40~21	20 이하
암반 분류	I	II	III	IV	V
평 가	매우 양호	양 호	보 통	약간 불량	불 량

(6) 암반의 투수성

① 류전 시험(Lugeon test)

암반층에 설치된 시추공 내의 일정 길이 부분을 Packer에 의하여 폐쇄하고, 이 부분부터 10kg/cm²의 압력으로 보링공에 송수하였을 때 보링공의 길이 1m에 대하여 매분의 투수량을 리터수로 표시하고, 보통 10분간의 시험 평균치로 나타낸다.

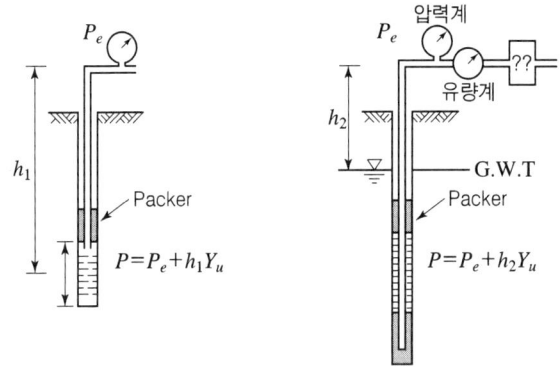

[류전 시험]

② Lugeon 계수

㉠ 암반의 투수성은 일반적으로 Lugeon 계수로 표시한다.
㉡ 주입압이 10kg/cm²로 투수구간 1m당 주입량이 1l/분 일 때 1 Lugeon이라 한다.
㉢ 공식

$$L_M = \frac{10 \cdot Q}{P \cdot L}$$

여기서, L_M : Lugeon 계수 P : 주입시의 전압력(kg/cm²)
L : 투수 구간장(m) Q : 주입량(l/분)

(7) 불연속면의 종류 ★

① 단층(fault) 개념 ★
  ㉠ 단층이란 어느 면을 경계로 양쪽 암석이 상대적으로 불연속하게 변위가 일어난 부분을 말한다. 단층에 너비가 있을 경우에는 파쇄대(fracture zone)라 한다.
  ㉡ 단층이란 양쪽의 암반과 암반사이에 뚜렷한 상대변위가 있는 불연속면이다.
  ㉢ 단층은 지질구조상의 응력 등으로 인해 접촉면에서의 전단응력이 전단강도를 초과하여 큰 상대변위가 발생된 경우에 해당된다.

② 절리(joint) 개념 ★
  ㉠ 절리란 암석의 지질적인 연속성이 깨진 암반 속에 포함되는 틈을 말한다. 같은 방향성에 속하는 절리들을 절리군(joint set)이라 한다.
  ㉡ 암반상에 갈라진 면을 가르키는 것에서는 단층과 같다고 할 수 있으나, 절리는 두 개의 암반과 암반사이에 상대변위가 없거나 아주 미세한 경우의 불연속면을 말한다.

③ 벽개(cleavage)
  ㉠ 벽개란 지층의 습곡이나 변형에 따라 형성된 간격이 좁은 틈을 말한다.
  ㉡ 벽개의 방향은 층리와는 상관이 없고 습곡과 같은 구조와 관계가 있으며 일반적으로 점판암이나 셰일과 같은 암석에 발달했다.

④ 편리(schistosity)
  ㉠ 편리란 편암이나 천매암과 같은 광역 변성암에 발달된 수 mm의 좁은 간격의 분리면이다.
  ㉡ 편리는 표면에 특정 방향으로 늘어선 가는 주름이 있다.

⑤ 층리(bedding plane)
  ㉠ 층리란 하나의 층과 층이 경계를 이루는 면을 말한다.
  ㉡ 층리는 퇴적암 내에 존재한다.

(8) 불연속면(절리면)의 공학적 평가를 위한 조사 항목 ★

① 불연속면의 방향성   ② 불연속면의 간격
③ 불연속면의 연장성   ④ 불연속면의 간극
⑤ 불연속면의 충전물   ⑥ 절리체적지수
⑦ 분리면의 거칠기   ⑧ 누수성
⑨ 풍화도

 **6-9 투수계수 측정**

투수계수 측정법으로는 실내시험과 현장시험으로 나누어지며 실내시험은 정수위투수시험과 변수위 투수시험이 있으며, 현장시험은 양수시험과 주수시험이 있다.

(1) 실내시험

① 정수위 투수시험(constant head test)
  ㉠ 수두차를 일정하게 유지하면서 일정 기간 동안 침투하는 유량을 측정한 후 Darcy의 법칙을 사용하여 투수계수를 구한다.
  ㉡ **투수계수가 큰 조립토에 적당**하다. ($k = 10^{-2} \sim 10^{-3}$ cm/sec)
  ㉢ 기본공식
   $Q = k \cdot i \cdot A \cdot t$ 에서
   $$k = \frac{Q}{i \cdot A \cdot t} = \frac{Q \cdot L}{h \cdot A \cdot t}$$
   여기서, t : 측정시간
   L : 물이 시료를 통과한 거리
   Q : t시간 동안 침투한 유량
   A : 시료의 단면적

② 변수위 투수시험(falling head test)
  ㉠ 스탠드 파이프(stand pipe) 내의 물이 시료를 통과해 수위차를 이루는 데 걸리는 시간을 측정하여 투수계수를 구한다.
  ㉡ **투수계수가 작은 세립토에 적당**하다.
   $k = 10^{-3} \sim 10^{-6}$ (cm/sec)

(2) 현장시험 종류 ★

① 양수시험
  양수시험은 굴착에 따른 지하수 유입량의 시간적 변화를 관찰함으로써 투수계수를 산정하는 시험방법으로 사질토나 자갈질 지반처럼 물이 잘 빠지는 곳에 적합하다.
  ㉠ 단공양수시험 : 유량계에 의해 수위가 완전히 회복된 후 실시하며 안정수위 도달시까지 시행하여야하고 양수정지 후 회복수위를 측정한다.
  ㉡ 단계양수시험 : 간이양수량을 기준으로 양수량을 여러 단계(예 : 60%, 80%, 100%, 120%, 140% 등)로 나누어 실시하며 각 단계별 시험은 일반적으로 최소 1시간 이상 소요되도록 한다.

② 주수시험

물을 양수하여도 지하수 변화가 미소할 것으로 판단되는 지반에서 오히려 물을 주입하여 투수계수를 측정하는 방법이다.
㉠ 정수위법 : 공내 수위변화가 일어나지 않도록 하여 투수계수를 측정하는 방법이다.
㉡ 변수위법 : 공내수위와 지하수위와의 차이에 변화가 일어나도록 하여 투수계수를 측정하는 방법이다.

6-10 입도분포곡선(입경가적곡선, grain size distribution curve)

(1) 입도분포곡선 – 반대수용지
① 입도 분석 결과를 이용하여 입도분포곡선을 그린다.
② 가로축에는 입자 지름을 대수(log) 눈금으로 표시
③ 세로축은 통과배분율을 산술 눈금으로 표시
④ 입도분포곡선의 중간에는 요철 부분이 있을 수 없다.

(2) 유효입경(effective diameter, D_{10})
① 통과중량 백분율 10%에 해당하는 입자의 지름
② 투수계수의 추정 등 공학적인 목적으로 사용

(3) 균등계수(coefficient of uniformity, C_u) 계산 ★★★★★

$$C_u = \frac{D_{60}}{D_{10}}$$

여기서, D_{60} : 통과중량 백분율 60%에 해당하는 입자의 지름

① 입도분포가 좋고 나쁜 정도를 나타내는 계수
② 균등계수가 크면, 입도분포곡선의 기울기가 완만하다. 즉, 입도분포가 양호하다.
③ 균등계수가 작으면, 입도분포곡선의 기울기가 급하다. 즉, 입도분포가 불량하다.

(4) 곡률계수(coefficient of curvature, C_g) 계산 ★★★★★
① 입도분포 상태를 정량적으로 나타내는 계수

$$C_g = \frac{D_{30}^2}{D_{10} \cdot D_{60}}$$

여기서, D_{30} : 통과중량 백분율 30%에 해당하는 입자의 지름

(5) 입도분포의 판정

① 양입도(well graded) ★★★★★★★★★
  ㉠ 흙일 때 : $C_u > 10$, $C_g = 1 \sim 3$
  ㉡ 모래일 때 : $C_u > 6$, $C_g = 1 \sim 3$
  ㉢ 자갈일 때 : $C_u > 4$, $C_g = 1 \sim 3$

② 빈입도(poorly graded)
  균등계수 C_u와 곡률계수 C_g 둘 중 어느 하나라도 만족하지 못하면 입도분포가 나쁘다.

③ 입도균등(uniform graded)
  하천이나 백사장의 모래와 같이 입경이 고른 흙은 균등계수가 거의 1($C_u \fallingdotseq 1$)이다.

6-11 흙의 분류

(1) Atterberg 한계를 사용한 흙의 분류

Atterberg 한계, 특히 액성한계, 소성한계, 소성지수를 써서 흙의 물리적 성질을 지수적으로 구분하는 방법이 몇 가지 있다.

① 소성 도표(plasticity chart)
  ㉠ 세립토를 분류하는 데 이용한다.
  ㉡ A선은 점토와 실트 또는 유기질 흙을 구분한다. 즉, A선 위는 점토를 A선 아래는 실트 및 유기질토를 나타낸다.
    A선의 방정식 $I_p = 0.73(W_c - 20)$
  ㉢ U선은 액성한계와 소성지수의 상한선을 나타낸다.
    U선의 방정식 $I_p = 0.9(W_c - 8)$
  ㉣ 액성한계 50%를 기준으로 H(고압축성), L(저압축성)을 구분한다.
    B선의 방정식 $LL = 50$

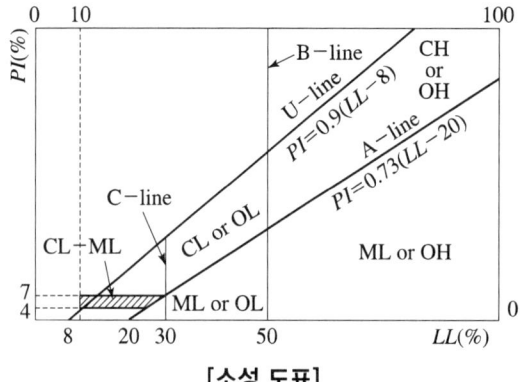

[소성 도표]

② 컨시스턴시 지수와 액성지수

흙의 컨시스턴시 지수는 생각하는 흙의 함수비가 소성 영역의 어느 부분에 해당하는가를 보여주는 하나의 지수이다.

(2) 통일분류법(Unified Soil Classification System, USCS) 분류 ★★★★

통일분류법은 제2차 세계대전 당시 미공병단의 비행장 활주로를 건설하기 위해 Casagrande가 고안한 분류법으로 1952년에 수정된 후 세계적으로 가장 많이 사용된다.

① 제1문자
  ㉠ 조립토와 세립토의 분류 : No.200 체 통과량 50% 기준
    ⓐ 조립토 : No.200체 통과량이 50% 이하(G 또는 S)
    ⓑ 세립토 : No.200체 통과량이 50% 이상(M 또는 C 또는 O)
  ㉡ 조립토의 분류
    ⓐ 자갈(G) : No.4체 통과량이 50% 이하
    ⓑ 모래(S) : No.4체 통과량이 50% 이상
  ㉢ 세립토의 분류
    ⓐ 세립토는 소성도를 이용하여 분류
    ⓑ 실트(M)
    ⓒ 점토(C)
    ⓓ 유기질의 실트 및 점토(O)
  ㉣ 고유기질토 : 이탄(Pt)

② 제2문자
  ㉠ 조립토의 표시
    ⓐ No.200 체 통과량이 5% 이하일 때(C_u, C_g)
      • W : 양입도(Well graded)
      • P : 빈입도(Poorly graded)
    ⓑ No.200 체 통과량이 12% 이상일 때(I_p)
      • M : 실트질(silty)
      • C : 점토질(clayey)
  ㉡ 세립토의 표시 : 액성한계(w_L) 50%를 기준으로 분류
    ⓐ $w_L > 50\%$: H(고압축성, high compressibility)
    ⓑ $w_L \leq 50\%$: L(저압축성, low compressibility)

③ 통일분류법에 사용되는 기호

흙의 종류		제1문자	흙의 특성	제2문자	
조립토	자갈(Gravel)	G	양입도, 세립분 5% 이하(Well graded)	W	조립토
	모래(Sand)	S	빈입도, 세립분 5% 이하(Poorly graded)	P	
세립토	실트(Silt)	M	세립분 12% 이상, A선 아래에 위치, 소성지수 4 이하	M	조립토
	점토(Clay)	C	세립준 12% 이상, A선 위에 위치, 소성지수 7 이상	C	
	유기질의 실트 및 점토 (Organic clay)	O	압축성 낮음, 액성한계 ≤ 50	L	세립토
유기질토	이탄(Peat)	Pt	압축성 높음, 액성한계 > 50	H	

(3) AASHTO 분류법(개정 PR법)

① 흙의 입도, 액성한계, 소성지수, 군지수 등을 사용한다.
② A-1에서 A-7까지 7개의 군으로 분류하고 각각을 세분하여 총 12개의 군으로 분류한다.
③ 조립토와 세립토의 분류
 ㉠ 조립토의 분류 : No.200 체 통과량 35% 이하 (G, S)
 ㉡ 세립토의 분류 : No.200 체 통과량 35% 이상 (M, C, O)
 ㉢ 군지수(GI : group index)

$$GI = 0.2a + 0.005ac + 0.01bd$$

여기서, a : No.200(0.075mm)체 통과중량 백분율-35(0~40의 정수)
 b : No.200(0.075mm)체 통과중량 백분율-15(0~40의 정수)
 c : $w_L - 40$, 0~20의 정수
 d : $I_p - 10$, 0~20의 정수

ⓐ GI값이 음(-)의 값을 가지면 0으로 한다.
ⓑ GI값은 가장 가까운 정수로 반올림한다.
ⓒ 군지수의 상한선은 없다. 그러나 a, b, c, d의 상한값을 사용하면 20이 되므로 0~20까지의 정수를 가진다.
ⓓ 군지수가 클수록 공학적 성질이 불량하며, 도로 노반재료로 부적당하다.
ⓔ 군지수의 지배요소는 위 식에서 알 수 있듯이 No.200(0.075mm)체 통과중량 백분율, 액성한계, 소성지수 이다. ★★★

(4) 통일분류법과 AASHTO 분류법의 차이점

① 조립토와 세립토의 분류

통일분류법에서는 No.200 체 통과량 50%를 기준으로 하지만 AASHTO 분류법에서는 35%를 기준으로 한다.

② 모래와 자갈의 분류

통일분류법에서는 No.4 체를 기준으로 하지만 AASHTO 분류법에서는 No.10 체를 기준으로 한다.

③ 통일분류법에서는 자갈질 흙과 모래질 흙의 구분이 명확하나 AASHTO 분류법에서는 명확하지 않다.

④ 유기질 흙은 통일분류법에는 있으나 AASHTO 분류법에는 없다.

6-12 Piezo Cone

Pieze cone은 현장의 지반조사에 널리 사용되는 정적콘관입시험에다가 간극수압을 측정할 수 있도록 트랜스듀서를 부착한 것

[측정 저항치(측정할 수 있는 값)] ★★★★★

① 선단 콘 저항(q_c)
② 마찰 저항(f_s)
③ 간극수압(u)

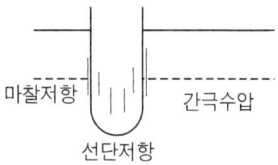

6-13 물리적 탐사법

자연적이거나 인공적인 물리현상(지진파, 탄성파, 전기, 자기, 온도, 음파, 방사능 등의 지중전파 거동을 측정 하여 지층구조, 지층의 공학적 특성, 지하수 상태 등을 간접적인 방법으로 파악하는 조사 방법으로 예비적인 작업으로만 사용된다.

[물리적 탐사법 종류]

① 탄성파탐사법   ② 전기탐사법   ③ 방사능탐사법
④ 온도탐사법   ⑤ 지진파탐사법

6-14 응력경로

(1) p-q diagram

① 흙의 강도정수
  ㉠ 내부마찰각 : $\phi = \sin^{-1} \tan\alpha$
  ㉡ 점착력 : $c = \dfrac{a}{\cos\phi}$

② 응력비
$$K = \dfrac{\sigma_h}{\sigma_v} = \dfrac{1-\tan\beta}{1+\tan\beta}$$

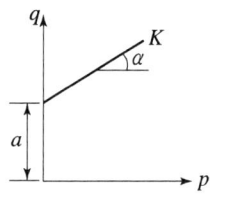
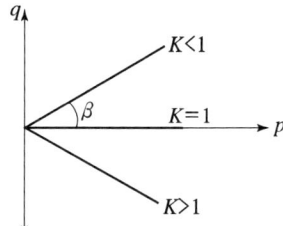

여기서, β : 응력경로의 기울기

[연습문제 2]

옆 그림과 같은 $p-q$ 다이어그램에서 Kf선이 파괴선을 나타낼 때, 이 흙의 강도 정수 c, ϕ를 구하고 응력비 K를 구하시오.

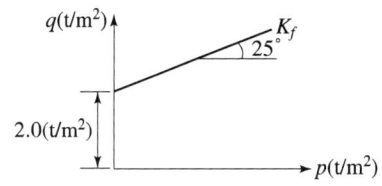

해설

① 내부마찰각 $\phi = \sin^{-1}\tan\alpha = \sin^{-1}\tan 25° = 27°47'41.58''$

② 점착력 $c = \dfrac{a}{\cos\phi} = \dfrac{2}{\cos 27°47'41.58''} = 2.26 \text{t/m}^2$

③ 응력비 $K = \dfrac{1-\tan\beta}{1+\tan\beta} = \dfrac{1-\tan 25°}{1+\tan 25°} = 0.36$

6-15 외력에 의한 지중응력

(1) 개요

지반에 외력이 작용하면 그 외력에 의해 지반 내의 응력의 분포가 달라진다. 이러한 외력에 의한 지반 내의 응력 증가는 한정된 깊이에서만 발생되며, 이 깊이를 한계깊이(critical depth)라 한다.

(2) 지중응력 구하는 방법

① Boussinesq 식을 이용하는 방법
② 경험치나 측정치를 이용하는 방법
③ 수치해석(유한요소법, 유한차분법 등)을 이용하는 방법

(3) 집중하중에 의한 지중응력 증가

무한히 넓은 지표면상(반무한체)에 작용하는 집중하중으로 인하여 지중응력은 증가한다.

① 집중하중에 의한 지반 내의 연직응력 증가량 계산 ★★★★

　㉠ 연직응력 증가량($\Delta\sigma_v$)

$$\Delta\sigma_v = \frac{3Q \cdot z^3}{2\pi \cdot R^5} = \frac{3Q}{2\pi \cdot z^2} \cdot \cos^5\phi = \frac{Q}{z^2} \cdot I$$

여기서, $R = \sqrt{r^2 + z^2}$, I : 영향계수

하중 작용점 연직 아래에서는 $R = z$ 이므로

$$\Delta\sigma_v = \frac{3Q}{2\pi \cdot z^2} = \frac{Q}{z^2} \cdot I$$

　㉡ 영향계수(influence value, I)

$$I = \frac{3 \cdot z^5}{2 \cdot \pi \cdot R^5}$$

하중 작용점 연직 아래에서는 $R = z$ 이므로

$$I = \frac{3}{2\pi} = 0.4775$$

② 집중하중에 의한 지반 내의 연직응력 특징

　㉠ 연직응력의 증가량은 깊이의 제곱에 반비례한다.
　㉡ 연직응력의 증가량은 하중의 작용점에서 수평방향으로 갈수록 작아진다.
　㉢ 윤하중과 같은 집중하중으로 인한 침하량 산정 시 유용하게 활용된다.

(4) 지중응력 약산법(2:1 분포법)

하중에 의한 지중응력이 수평 1, 연직 2의 비율로 분포된다고 가정하고, 하중이 분포되는 범위까지 동일하다고 가정하여 그 분포면적으로 하중을 나누어 평균 지중응력을 구하는 방법으로, 예비 설계 단계에서 흔히 적용한다.

① 등분포하중

$Q = q_s \cdot B \cdot L = \Delta\sigma_z \cdot (B+z) \cdot (L+z)$ 에서

$$\Delta\sigma_z = \frac{Q}{(B+z)(L+z)} = \frac{q_s \cdot B \cdot L}{(B+z)(L+z)}$$ 계산 ★★★

② 띠하중

$q_s \cdot B \times 1 = \Delta \sigma_z \cdot (B+z)$ 에서

$$\Delta \sigma_z = \frac{q_s \cdot B}{(B+z)}$$

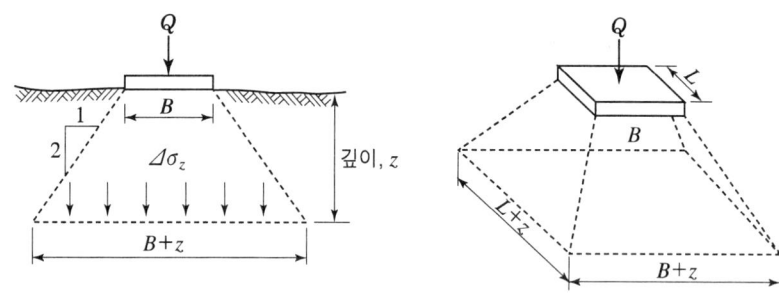

[2 : 1 분포법]

6-16 암반의 초기응력

(1) 개념

초기응력은 지반 내부에 터널과 같은 공동을 굴착할 때 그 이전에 지반에 작용하고 있던 1차응력을 가리키며, 굴착 이후에는 초기응력의 국부적 해방으로 지반내 응력상태가 변화하여 2차응력이 형성된다.

(2) 초기응력 측정방법 종류 ★★

① 플랫 잭 방법(Flat jack mathod)
  먼저 strain을 개방시킬 수 있도록 대응하는 측점 사이의 암반에 천공을 한 후 플랫 잭(평판 모양의 gage)을 투입한 후 그라우팅을 한다. 그라우트가 경화된 후 strain gage가 초기치를 나타낼 때까지 플랫 잭을 가압한 후 그 값을 읽어 초기응력을 측정한다.

② 공경변형법(Borehole defomation method)
  응력으로 인해 변형을 일으키고 있는 암반의 일부분을 굴착하거나 제거하면 그 부분은 무응력 상태가 되고 변형율이 소멸되므로 이때의 변형율의 변화량을 측정함으로써 응력을 구하는 방법이다.

③ Doorstopper method
  먼저 측정지점까지 borehole을 천공한 뒤 공의 바닥면을 연마하여 그 중앙에 doorstopper(rosette gage)를 부착시키고 gage의 초기치를 읽은 후 공경변형법과 같이 대구경 비트(bit)로 overcoring을 하여 변형율을 해방시키면서 변형치의 변화

량으로부터 공저면의 응력을 해석하는 방법으로 공저변형법의 일종이다.
④ **공벽변형법**(Borehole strain method)
공벽면 내의 한 단면에 3개의 rosette gage를 부착한 후 대구경 비트(bit)로 overcoring을 하여 응력을 해방시키고 이 때의 변형율의 변화량으로부터 암반의 응력을 측정하는 방법이다.
⑤ Borehole inclusion stressmeter method
공내에 stressmeter를 삽입하여 밀착시켜서 응력의 변화를 직접측정하는 방법이다.
⑥ **수압파쇄법**(Hydraulic fracturing) 개념 ★
시추공을 이용하여 수압펌프와 시추공 상하 양단의 물을 막는 팩커(packer)를 사용하여 시추공 내 수압을 가하여 암반에 균열을 발생시켜서 응력을 측정하는 방법으로, 암반 중에 천공한 보어 홀에 액체를 주입하여 압력을 상승시키고 공벽에 균열을 유도하여 현지 지압을 계산하는 방법이다.

 6-17 사면의 안정해석

(1) 사면 안정검토에 필요한 토질정수

① 흙의 점착력 : C
② 흙의 내부마찰각 : ϕ
③ 흙의 단위중량 : r_t

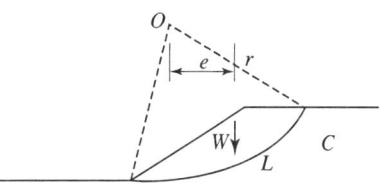

(2) 유한사면의 안정해석($\phi = 0$일 때의 사면의 안전율)

① 평면 파괴면을 갖는 단순사면의 안정 해석(Culmann의 도해법)

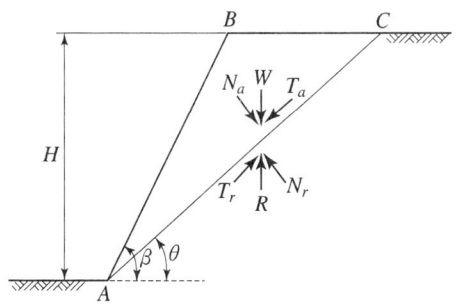

[Culmann의 도해법]

㉠ 한계고(임계높이)

$$H_c = \frac{4c}{\gamma_t} \cdot \frac{\sin\beta \cdot \cos\phi}{1-\cos(\beta-\phi)} \quad \text{계산} \bigstar\bigstar\bigstar\bigstar\bigstar$$

직립사면의 한계고는 $\beta = 90°$ 이므로

$$H_c = \frac{4c}{\gamma_t}\left(\frac{\cos\phi}{1-\sin\phi}\right) = \frac{4c}{\gamma_t}\tan\left(45°+\frac{\phi}{2}\right)$$

㉡ $F_s = \dfrac{H_c}{H}$, $F_c = \dfrac{c}{c_d}$, $F_\phi = \dfrac{\tan\phi}{\tan\phi_d}$ 계산 $\bigstar\bigstar\bigstar\bigstar\bigstar$

여기서, H : 사면의 높이
  c : 현 사면의 점착력 c_d : 변경 후 사면의 점착력
  ϕ : 현 사면의 내부마찰각 ϕ_d : 변경 후 사면의 내부마찰각

② 직립사면의 안정해석

㉠ 한계고

$$H_c = 2Z_c = \frac{4c}{\gamma_t} \cdot \tan\left(45°+\frac{\phi}{2}\right) = \frac{2q_u}{\gamma_t}$$

여기서, Z_c : 인장균열깊이, q_u : 일축압축강도

㉡ 안전율

$$F_s = \frac{H_c}{H}$$

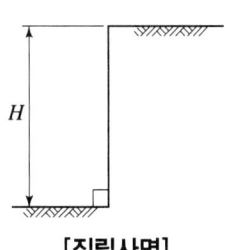
[직립사면]

③ 안정수를 이용한 단순사면의 안정 해석

㉠ Taylor(1937)에 의해 제안된 것으로 가장 불안정한 단면에 대한 사면 안정성 계산을 안정수(stability number)를 이용하여 구하는 방법

㉡ 한계고

$$H_c = \frac{N_s \cdot c}{\gamma_t}$$

여기서, N_s : 안정계수($N_s = \dfrac{1}{\text{안정수}}$)

㉢ 안전율

$$F_s = \frac{H_c}{H}$$

㉣ 심도계수(depth function, N_d)

$$N_d = \frac{H'}{H}$$

여기서, H' : 사면 상부에서 견고한 지반까지의 깊이

단단한 층
[단순사면]

(3) 무한사면의 안정해석

① 지하수위가 지표면과 일치할 경우(사면내 침투류가 있는 경우) 계산 ★★★★★★★★★

$$F_s = \frac{c}{r_{sat}Z\cos i \sin i} + \frac{r_{sub}}{r_{sat}} \cdot \frac{\tan\phi}{\tan i}$$

사질토($c = 0$)의 경우 계산 ★★★

$$F_s = \frac{r_{sub}}{r_{sat}} \cdot \frac{\tan\phi}{\tan i}$$

② 지하수위가 파괴면 아래에 있을 경우(사면내 침투류가 없는 경우) 계산 ★★★★

$$F_s = \frac{c}{r_t Z\cos i \sin i} + \frac{\tan\phi}{\tan i}$$

사질토($c = 0$)의 경우 계산 ★★★

$$F_s = \frac{\tan\phi}{\tan i}$$

③ 수중인 경우 : $F_s = \dfrac{c}{r_{sub}Z\cos i \sin i} + \dfrac{\tan\phi}{\tan i}$

여기서, i : 지표면 경사

(4) 복합 활동면의 사면안정해석

① 사면 흙의 $c = 0$일 때 안전율 계산 ★★★★★★★★★

$$F_s = \frac{c'L + W\tan\phi' + P_P}{P_A}$$

여기서, c' : 연약층의 점착력
  ϕ' : 연약 토층의 내부마찰각(전단저항각)
  ϕ : 흙의 전단저항각
  L : 연약층의 활동에 저항하는 부분의 길이
  P_A : 사면부분에 작용하는 주동토압
  P_P : 사면부분에 작용하는 수동토압

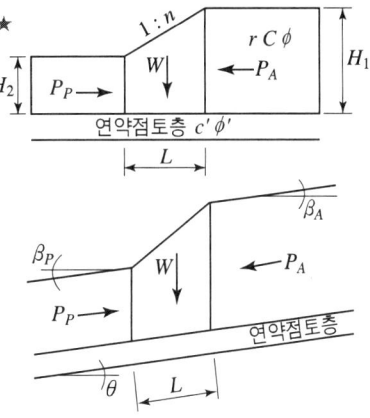

$$F_s = \frac{cL + [W\cos\theta + P_A\sin(\beta_A - \theta) - P_P\sin(\beta_P - \theta)]\tan\phi}{P_A\cos(\beta_A - \theta) - P_P\cos(\beta_P - \theta) + W\sin\theta}$$

(5) 사면 안정 해석법

① 질량법(mass method) : $\phi_u = 0$ 해석법, 마찰원법
② 절편법(분할법, slice method)
  ㉠ Fellenius의 간편법(Swedish method)
  ㉡ Bishop의 간편법(Bishop simplified method)

ⓒ Janbu의 간편법
　　ⓓ Spencer 방법
③ $\phi_u = 0$ 해석법
　　㉠ 사면 파괴 모멘트 : $M_o = W \cdot d \cdot 1 = W \cdot d$
　　㉡ 저항 모멘트 : $M_r = C \cdot L \cdot r \cdot 1 = C \cdot L \cdot r$
　　㉢ 안전율 : $F_s = \dfrac{M_r}{M_d} = \dfrac{c_u \cdot L_a \cdot r}{W \cdot d}$

　　　여기서, c_u : 파괴면에 작용하는 비배수점착력
　　　　　　 L_a : 파괴면의 길이(호의 길이)
　　　　　　 r : 임계원의 반지름
　　　　　　 W : 토체의 중량
　　　　　　 d : 임계원의 중심에서 토체의 중심까지의 거리

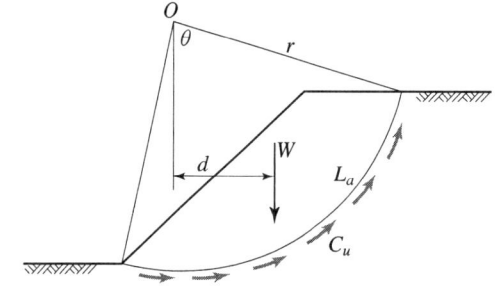

[$\phi_u = 0$ 해석법]

④ 마찰원법
　　㉠ F_ϕ와 F_c의 관계 곡선을 작도한 후, 가로축과 $45°$로 그은 직선이 이 곡선과 교차하는 $F_\phi = F_c = F_s$ 값을 구한다.
　　㉡ 마찰성분에 관한 안전율(F_ϕ) : $F_\phi = \dfrac{\tan \phi}{\tan \phi_d}$

　　　여기서, ϕ_d : 동원된 마찰각

　　㉢ 점착력에 관한 안전율(F_c) : $F_c = \dfrac{c}{c_d}$

　　　여기서, c_d : 점착력의 합력

⑤ 절편법(slice method)
　　㉠ Fellenius법 간편법
　　　ⓐ 파괴면 저면에 간극수압이 작용하지 않는 경우
$$F_s = \dfrac{M_r}{M_d} = \dfrac{\sum c \cdot l + \tan \phi \cdot \sum W \cdot \cos \alpha}{\sum W \cdot \sin \alpha}$$

　　　　여기서, l : 절편 저면의 길이, W : 절편의 중량
　　　　　　　　α : 절편의 저면이 수평면과 이루는 각

ⓑ 파괴면 저면에 간극수압이 작용하는 경우

$$F_s = \frac{\sum c \cdot l}{\sum \cdot \sin\alpha}$$

ⓒ Bishop의 간편법

$$F_s = \frac{1}{\sum W \cdot \sin\alpha} \cdot \sum [c \cdot b + (W - u \cdot b) \cdot \tan\phi] \cdot \frac{1}{m_\alpha}$$

여기서, $m_\alpha = \cos\alpha \cdot \left(1 + \dfrac{\tan\alpha \cdot \tan\phi}{F_s}\right)$

6-18 토압론

(1) 토압

흙과 접촉하는 옹벽, 흙막이벽, 지하매설물 등은 흙에 의하여 수평방향의 압력을 받게되며, 이때 받는 **수평방향의 압력을 토압**(earth pressure)이라 한다.

(2) 토압의 종류

① 정지토압(lateral earth pressure at rest, P_o)

횡방향 변위가 없는 상태에서 수평방향으로 작용하는 토압

㉠ 벽체의 변위가 없을 때의 토압

㉡ 지하구조물에 작용하는 토압 **구조물 종류 ★★**

정지 상태 지반 내 응력. 지하 배수구, 박스 암거, 지하실의 벽체 등과 같이 변위를 거의 허용하지 않는 구조물에 작용하는 토압을 계산하는 데 쓰인다.

② 주동토압(active earth pressure, P_a)

뒤채움 흙의 압력에 의해 벽체가 뒤채움 흙으로부터 멀어지는 경우, 뒤채움 흙이 팽창하여 파괴될 때(지표면이 가라앉는다)의 수평방향 토압

㉠ 벽체가 전면으로 변위가 생길 때의 토압

㉡ 배면 흙이 가라앉음

㉢ 정지토압보다 토압이 감소

㉣ 주로 옹벽에서 발생

③ 수동토압(passive earth pressure, P_p)

어떤 외력에 의하여 벽체가 뒤채움 흙 쪽으로 변위를 일으킬 경우, 뒤채움 흙이 압축하여 파괴될 때(지표면이 부풀어 오른다) 수평방향 토압

㉠ 벽체가 배면으로 변위가 생길 때의 토압

㉡ 배면 흙이 부풀어 오름

ⓒ 정지토압보다 토압이 증대
ⓔ 흙막이벽에서 주로 발생

(3) 토압의 크기

① 토압의 크기는 토압계수의 크기에 따라 결정된다.
② 토압계수 및 토압의 크기
  ㉠ 수동토압계수 > 정지토압계수 > 주동토압계수
  ㉡ 수동토압 > 정지토압 > 주동토압
③ Rankine의 토압론과 Coulomb 토압론
  ㉠ Rankine의 토압론
    벽면과 흙의 마찰을 무시한다.

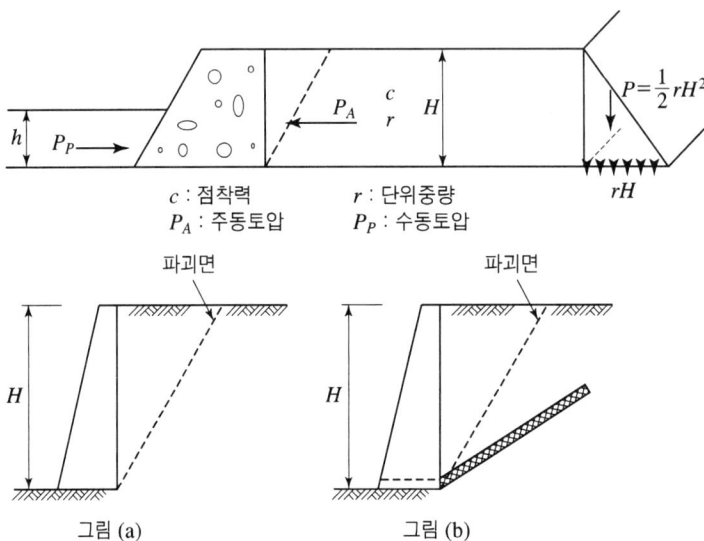

ⓐ 주동토압 계산 ★★★★★★★★★★

$$P_A = \frac{1}{2} \cdot \gamma \cdot H^2 \cdot K_A$$

물이 지표면까지 포화된 경우에는 $P_A = \frac{1}{2} \cdot \gamma_{sub} \cdot H^2 \cdot K_A + \frac{1}{2} \cdot \gamma_w \cdot H^2$

주동토압계수 : $K_A = \tan^2\left(45° - \frac{\phi}{2}\right) = \frac{1 - \sin\phi}{1 + \sin\phi}$

• 배수구가 없으므로 유효응력과 물의 간극수압에 의한 주동토압이 발생한다.
• 배수구가 있으므로 포화밀도에 의한 주동토압만 발생한다.

ⓑ 수동토압

$$P_P = \frac{1}{2} \cdot \gamma \cdot h^2 \cdot K_P$$

물이 지표면까지 포화된 경우에는 $P_P = \frac{1}{2} \cdot \gamma_{sub} \cdot h^2 \cdot K_P + \frac{1}{2} \cdot \gamma_w \cdot h^2$

수동토압계수 : $K_P = \tan^2\left(45° + \dfrac{\phi}{2}\right) = \dfrac{1+\sin\phi}{1-\sin\phi}$

ⓒ 뒤채움 흙이 점성토인 경우($c \neq 0$) Rankine의 토압론

ⓐ 주동토압 계산 ★★★★★

$$P_a = \dfrac{1}{2} \cdot \gamma \cdot H^2 \cdot K_a - 2c \cdot H \cdot \sqrt{K_a}$$

ⓑ 수동토압

$$P_p = \dfrac{1}{2} \cdot \gamma \cdot H^2 \cdot K_p + 2c \cdot H \cdot \sqrt{K_p}$$

ⓒ 인장균열깊이(점착고) 계산 ★★★★

주동토압강도의 크기가 0이 되는 지점까지의 깊이

$$Z_C = \dfrac{2c}{\gamma}\tan\left(45° + \dfrac{\phi}{2}\right) = \dfrac{2c}{\gamma}\sqrt{K_P} = \dfrac{2c}{\gamma}\dfrac{1}{\sqrt{K_A}}$$

완전포화된 점토지반의 경우($\phi = 0$)

$$Z_c = \dfrac{2c_u}{\gamma}$$

ⓓ 한계고

구조물의 설치 없이 사면이 유지되는 높이, 즉 토압의 합력이 0이 되는 깊이를 한계고라 한다.

$$H_C = 2 \cdot Z_C = \dfrac{4c}{r}\tan\left(45° + \dfrac{\phi}{2}\right)$$

ⓔ 인장균열 발생 후 주동토압 계산 ★★★★★

$$P_a = \dfrac{1}{2} \cdot \gamma \cdot H^2 \cdot K_a - 2c \cdot H \cdot \sqrt{K_a} + \dfrac{2c^2}{\gamma} + q_s K_a(H - Z_c)$$

여기서, q_s : 상재하중

[연습문제 3] ★

그림과 같이 지하수위가 지표면과 일치하는 지반에 하중을 가했더니 A지점에서 수위가 3m 증가하였다. A지점에서의 간극수압을 구하시오.

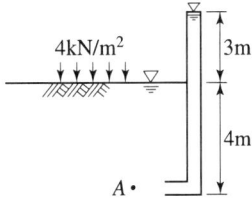

해설

$u = 9.81 \times (3+4) = 68.67 \text{kN/m}^2$

ⓒ Coulomb 토압론

벽면과 흙의 마찰을 고려한다.

ⓐ 주동토압 : $P_a = \dfrac{1}{2} \cdot \gamma \cdot H^2 \cdot C_a$ 계산 ★★★★★

주동토압계수 : $C_a = \dfrac{\cos^2(\phi-\alpha)}{\cos^2\alpha \cdot \cos(\delta+\alpha)\left[1+\sqrt{\dfrac{\sin(\delta+\phi) \cdot \sin(\phi-\beta)}{\cos(\delta+\alpha) \cdot \cos(\alpha-\beta)}}\right]^2}$

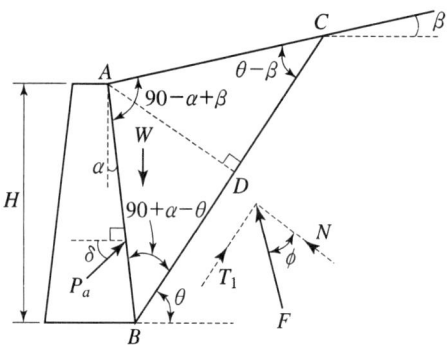

[Coulomb의 주동토압]

ⓑ 수동토압 : $P_p = \dfrac{1}{2} \cdot \gamma \cdot H^2 \cdot C_p$

수동토압계수 : $C_p = \dfrac{\cos^2(\phi+\alpha)}{\cos^2\alpha \cdot \cos(\phi-\delta)\left[1+\sqrt{\dfrac{\sin(\phi-\delta) \cdot \sin(\phi+\beta)}{\cos(\delta-\alpha) \cdot \cos(\beta-\alpha)}}\right]^2}$

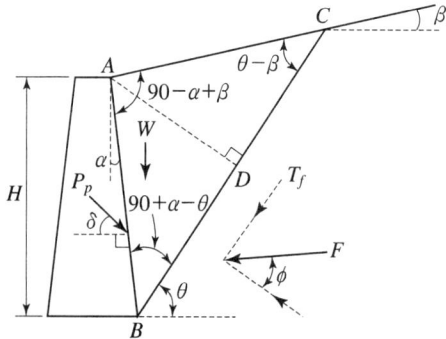

[Coulomb의 수동토압]

ⓒ Rankine의 토압론과 Coulomb 토압론

ⓐ 옹벽 배면각이 90°이고, 뒤채움 흙이 수평이고, 벽마찰을 무시하면 Coulomb의 토압은 Rankine의 토압과 같다.

ⓑ 옹벽 배면각이 90°이고 지표면의 경사각과 옹벽 배면과 흙의 마찰각이 같은 경우는 Coulomb의 토압은 Rankine의 토압과 같다.

6-19 부력과 양압력

(1) 정의 정의 ★

① 부력이란 어떤 물체가 수중에 있을 때 물속에 잠긴 물체의 비중이 물의 비중보다 작을 때 생기는 힘을 말한다. 예를 들면, 지하수위 아래 물에 잠긴 구조물 부피 만큼의 정수압이 상향으로 작용하는 힘으로서 물체 표면에 상향으로 작용하고 있는 물의 압력이다.

② 양압력이란 어떤 물체가 수중에 있을 경우 그 물체에 수압이 작용하며, 이런 수압 중 상향으로 작용하는 수압을 말한다. 예를 들면, 콘크리트 댐의 기저면 내부의 수평타설 이음에 작용하는 간극수압으로 댐 등 구조물을 들어올리는 압력이다.

(2) 부력과 양압력 영향

① 구조물의 자중이 기초바닥에 작용하는 양압력보다 작으면 건물은 부상하게 된다.

② 양압력으로 인해 구조물이 부상하게 되면 부재에 균열이 발생하거나 누수, 파손 등 여러 가지 문제들이 발생한다.

(3) 부력과 양압력에 의한 안정검토

① 수직방향 하중 검토

자중(W)+마찰력(R) > 부력(U) : 안정

자중(W)+마찰력(R) < 부력(U) : 불안정

② 모멘트 검토

저항모멘트(M_r) > 부력에 의한 모멘트(M_d) : 안정

저항모멘트(M_r) < 부력에 의한 모멘트(M_d) : 불안정

③ 지하구조물의 기둥과 기둥사이 검토

장지간의 경우 중앙부에서 발생되는 부력에 대한 안정성이 낮아진다.

(4) 부력과 양압력 처리방안 종류 ★★★★★

① 외력 증가 방법

㉠ 사하중에 의한 방법 : 구조물의 자중 등 고정하중을 증가시키는 방법으로 건물의 순수자중과 건물에 작용하는 마찰력이 양압력보다 크도록 설계하는 방법이다. 무게균형 검토를 위한 하중 산정 시에는 건물에 실제로 작용하는 하중만을 순수 자중으로 고려한다.

㉡ 영구앵카에 의한 방법 : 지반을 천공한 후 인장재를 투입하여 암반에 긴결하는 방법으로, 건물의 순수자중과 건물에 작용하는 마찰력이 양압력보다 작은 경우에 그

차의 양압력에 대한 부분만큼을 기초바닥 아래 암반층에 인위적으로 응력(stress)을 가하여 부족한 하중만큼을 상쇄시키는 방법이다. 최근 그 공법의 신뢰도와 경제성으로 대규모 굴착공사에서 널리 적용되고 있는 실정이다.
　　　　ⓐ Rock Anchor 공법
　　　　ⓑ Rock Bolt 공법
　② 강제배수공법(영구배수공법)
　　㉠ 외부배수시스템 : 외부배수시스템은 지하벽체 외부 소정의 심도에 배수층을 만들어 유공관을 통하여 집수정으로 지하수를 모은 후, 펌프에 의한 배수처리로 지하벽체에 작용하는 수압을 감소시켜 지하의 단면을 조절하는 방법이다.
　　㉡ 기초바닥영구배수시스템(내부배수시스템) : 기초바닥 영구배수시스템은 기초 슬래브 아래에 인위적으로 배수층을 만들고 유공관을 통하여 집수정으로 지하수를 모아 펌프에 의한 강제배수처리를 함으로써 양압력 및 수압을 감소시키는 방안이다.
　　　　ⓐ Trench System
　　　　ⓑ Drain Mat System

Chapter 07 기초공학

7-1 토류벽(흙막이벽) 공법

1. 종 류

(1) 재료에 의한 분류

① H말뚝(엄지말뚝) 공법 : 개수성
② 강널말뚝 : 차수성
③ 강관널말뚝 : 차수성
④ Slurry Wall : 차수성

(2) 지지방식에 의한 분류

① 버팀대식(Strut Type)
② Earth Anchor식
③ 자립식

(3) 구조방식에 의한 분류

① 엄지말뚝식 흙막이벽
② 널말뚝식 흙막이벽
③ 주열식 흙막이벽
④ 지하연속벽

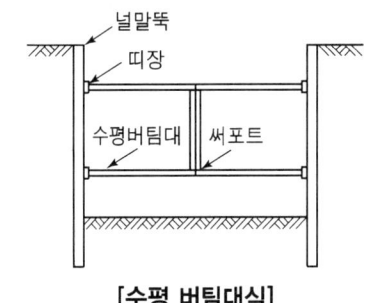
[수평 버팀대식]

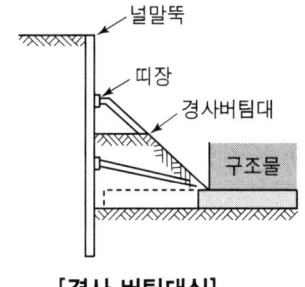
[경사 버팀대식]

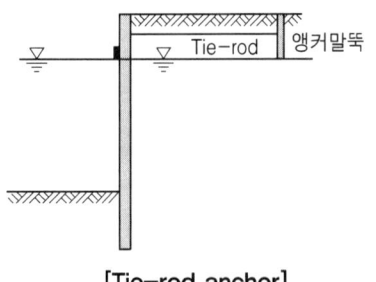
[Tie-rod anchor]

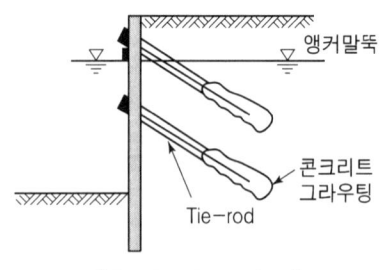
[Tie-back anchor]

2. 흙막이벽 구성요소 ★★★

① **엄지말뚝**(Soldier Beam) : 토류판에서 전달되는 하중을 지지하기 위해 설치되는 수직보를 말하며 엄지말뚝 사이에 토류판이 설치된다.
② **띠장**(Wale) : 토류판 또는 널말뚝에서 버팀에 반력을 전달하는 수평보
③ **버팀대**(Strut) : 굴착면의 한쪽에서 다른 한쪽으로 반력을 전달하는 압축부재

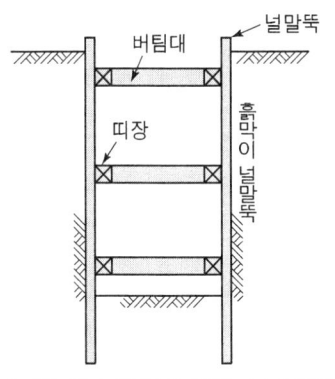

[버팀대로 받쳐진 흙막이 널말뚝]　　[버팀대식 흙막이공]

3. 흙막이공 근입깊이 계산시 중요사항 ★★★★★★

① 토압에 대한 안정
② 히빙에 대한 안정
③ 파이핑에 대한 안정

4. 흙막이공 토압에 대한 안정

(1) 토압분포

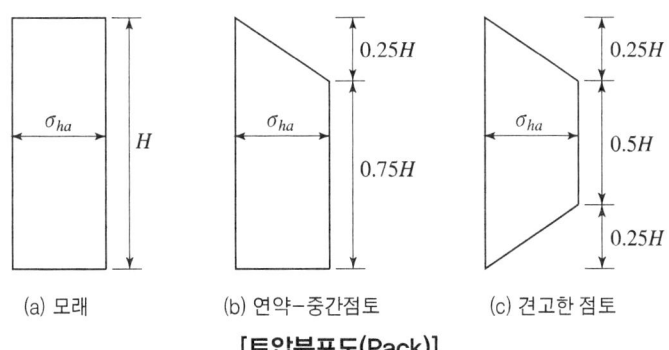

(a) 모래　　(b) 연약-중간점토　　(c) 견고한 점토

[토압분포도(Pack)]

① 모래

$$\sigma_{ha} = 0.65 \cdot \gamma \cdot H \cdot K_A$$

$$K_A = \tan^2\left(45° - \frac{\phi}{2}\right) = \frac{1-\sin\phi}{1+\sin\phi}$$

여기서, ϕ : 흙의 내부마찰각, K_A : 주동토압계수

② 연약점토, 중간점토 $\left(\dfrac{\gamma \cdot H}{c} > 4\right)$

$$\sigma_{ha} = \gamma \cdot H - \left(\frac{4c}{\gamma \cdot H}\right)$$

③ 견고한 점토 $\left(\dfrac{\gamma \cdot H}{c} \leq 4\right)$

$$\sigma_{ha} = 0.2 \cdot \gamma \cdot H - 0.4 \cdot \gamma \cdot H$$

5. H말뚝(엄지말뚝) 공법

① H형강이나 강관 등의 말뚝을 1~2m 간격으로 타입하고, 굴착과 동시에 말뚝 사이에 수평토류판을 설치
② 지반이 견고하고 용수의 우려가 없고 국부적인 붕괴가 없는 경우

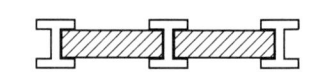

6. 강널말뚝(Steel Sheet Pile) 공법

(1) 개념

① 강재의 널말뚝을 지중에 연속적으로 타입하여 수밀성 있는 흙막이벽을 만드는 공법
② 띠장, 버팀대로 지지한다.(널말뚝 중 보통 강널말뚝을 사용한다.)

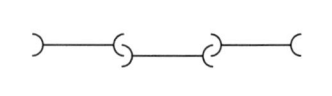

(2) 강널말뚝 타입방법 ★

① 유압식 압입 인발 공법
② 바이브로 해머에 의한 항타공법
③ Auger 압입공법
④ Water jet 공법

7. 강관널말뚝(Steel Pile) 공법

① 강널말뚝의 강성을 보완하기 위해 개발된 것
② 강관을 주열식으로 타입하여 흙막이벽을 만드는 공법

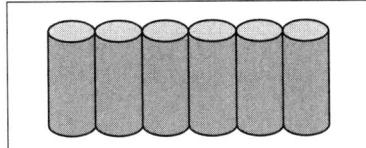

8. 지하연속벽(slurry wall) 공법

(1) 주열식 지하연속벽 공법

① 지반에 흙시멘트벽(Soil-Cement Wall)을 만들거나 현장타설 콘크리트 말뚝 또는 강관말뚝을 횡방향으로 연결하여 벽체를 형성한 후 굴착하는 방법
② 장점
    ㉠ 소음, 진동이 적다.
    ㉡ 벽식지하연속벽 공법에 비해 시공설비가 간단하며 기동성이 좋다.

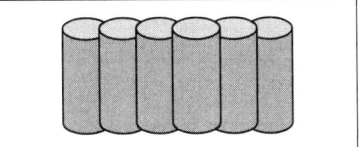

(2) 벽식 지하연속벽 공법

① 지하로 크고 깊은 도랑을 굴착하여 철근망을 삽입한 후 콘크리트를 타설하여 지하연속벽을 만드는 공법
② 장점
    ㉠ 벽체의 강성이 높고 지수성이 좋다.
    ㉡ 소음 진동이 적어 도심지 공사에 적합하다.
    ㉢ 암반을 포함한 대부분의 지반에서 시공이 가능하다.
    ㉣ 영구구조물로 이용할 수 있다.
    ㉤ 토질에 따라 최대 100m 이상의 깊이까지 시공이 가능하다.

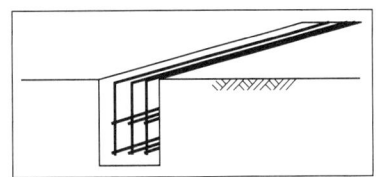

7-2 널말뚝 일반

1. 널말뚝 시공 형태

(1) 캔틸레버식 널말뚝(앵커 없는 널말뚝)

(2) 앵커식 널말뚝

① 앵커는 소요근입장을 최소화(널말뚝의 소요근입 깊이를 최소화 할 수 있다.)하고 널말뚝의 단면적과 중량을 감소시킨다.

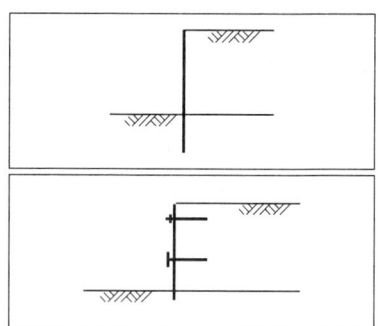

(3) 캔틸레버식 널말뚝에 비한 앵커식 널말뚝의 앵커효과로 인한 널말뚝 자체에 있는 경제적 효과

① 널말뚝의 소요근입장을 최소화할 수 있다.
② 널말뚝의 단면적과 중량을 감소시킬 수 있다.

(4) 널말뚝의 설계법

① 자유단 지지법 : 널말뚝의 근입깊이가 얕을 때 사용
② 고정단 지지법 : 널말뚝의 근입깊이가 깊을 때 사용

2. 널말뚝 시공 순서

① 타입 법선의 설정
② 타입 장비의 선정
③ 안내보 설치
④ 세워내리기
⑤ 타입

3. 널말뚝 앵커 종류 ★★★★★★

① 타이백앵커(tie back Anchor)
② 앵커판과 앵커보
③ 수직 앵커말뚝
④ 경사말뚝에 의해 지지되는 앵커보

7-3 지하연속벽 공법

1. 주열식 지하연속벽 공법

(1) 굴착방법에 의한 분류

① Earth Drill 공법(Calweld 공법) : 다른 지하연속벽 공법과 원리는 같으나 **표층 casing** 하고 bentonite**용액으로 공벽 보호**

② Benoto 공법(All Casing 공법) : 다른 지하연속벽 공법과 원리는 같으나 **전깊이에 걸쳐** casing을 삽입 하여 공벽의 붕괴나 여굴 방지

③ RCD 공법(Reverse Circulation Drill 공법 ; 역순환 공법) : 다른 지하연속벽 공법과 원리는 같으나 **정수압**으로 공벽 붕괴 방지

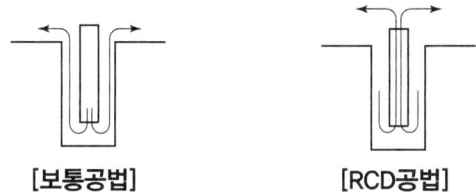

[보통공법]   [RCD공법]

(2) Pre-packed con'c pile에 의한 분류

① CIP(Cast In Place) 공법 : 지질이 양호한 지반에 적용

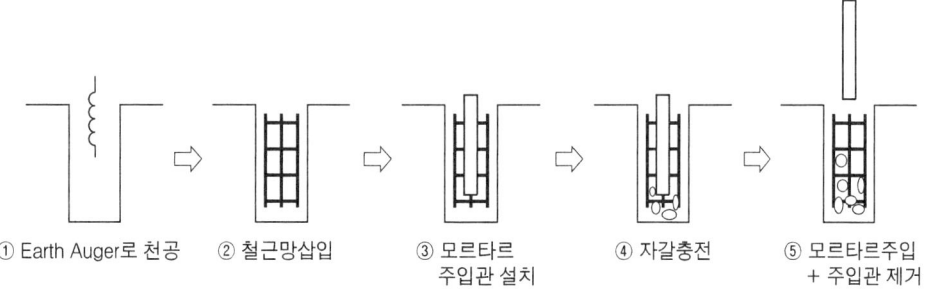

① Earth Auger로 천공   ② 철근망삽입   ③ 모르타르 주입관 설치   ④ 자갈충전   ⑤ 모르타르주입 + 주입관 제거

② MIP(Mixed In Place) 공법 : 지질이 양호한 지반에 적용

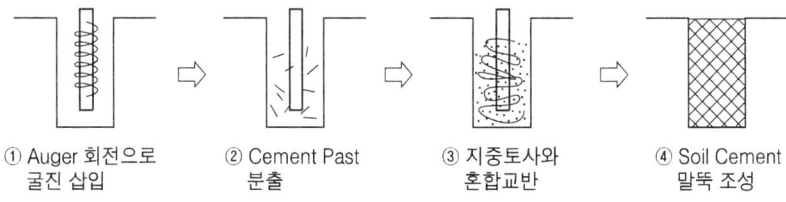

① Auger 회전으로 굴진 삽입   ② Cement Past 분출   ③ 지중토사와 혼합교반   ④ Soil Cement 말뚝 조성

③ PIP(Packed In Place) 공법 : 지질이 양호한 지반에 적용

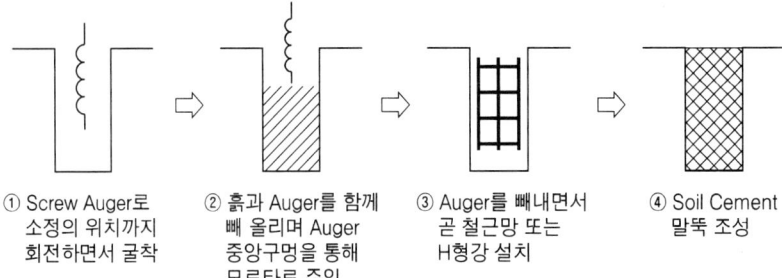

① Screw Auger로 소정의 위치까지 회전하면서 굴착
② 흙과 Auger를 함께 빼 올리며 Auger 중앙구멍을 통해 모르타르 주입
③ Auger를 빼내면서 곧 철근망 또는 H형강 설치
④ Soil Cement 말뚝 조성

PIP공법의 장점(특징) ⇔ **주열식 지하연속벽 공법의 공통 장점(특징) 사항임**
① Auger 만으로 굴착하므로 **소음, 진동이 적다.**
② 장치가 간단하며 **취급이 용이**하다.
③ 연속적으로 시공하여 주열식 흙막이 **지수벽으로 이용**한다.
④ **지지 말뚝**으로 사용한다.

④ SCW(Soil Cement Wall) 공법 : soil에 직접 cement paste를 혼합하여 현장콘크리트 파일을 연속시켜 지하연속벽을 만듦
㉠ 소음, 진동 등 주변피해가 적다.
㉡ 최근 도심지에서 인접구조물에 피해 줄임

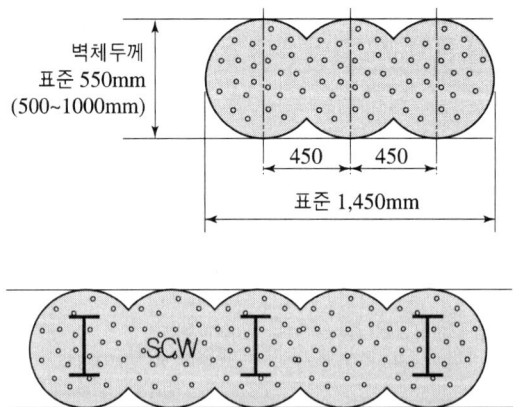

2. 벽식 지하연속벽 공법 개념 ★★★★

(1) 종 류

① Slurry Wall 공법 : 지하로 크고 깊은 도랑을 굴착 철근망 삽입 후 콘크리트 타설하여 지하연속벽을 만듦
② 이코스(ICOS) 공법 : 이태리 ICOS사에서 개발

③ 엘스(ELSE) 공법 : 이태리 ELSE사에서 개발
④ PC판 차수벽 공법

(2) Slurry Wall 개념 ★★★★

① 벤토나이트 안정액을 사용하여 벽면을 보호하면서 지반을 굴착하고 공내에 철근 콘크리트 벽을 구축하여 토압과 수압에 모두 견딜 수 있는 흙막이벽
② Slurry Wall장점 [88(3), 92(3), 12(4)]
　㉠ 소음, 진동이 작다.
　㉡ 벽체의 강성(EI)이 크다.
　㉢ 차수성이 크다.
　㉣ 흙막이 벽의 길이 조절이 자유롭다.
　㉤ 주변 지반의 영향이 작다.

(3) 벽식 지하연속법의 장점 ★★★★

① 벽체의 강성이 높고 지수성이 좋다.
② 소음 진동이 적어 도심지 공사에 적합하다.
③ 암반을 포함한 대부분의 지반에서 시공이 가능하다.
④ 영구구조물로 이용할 수 있다.
⑤ 토질에 따라 최대 100m 이상의 깊이까지 시공이 가능하다.

7-4 Top Down Method(역타공법)

① 지표면부터 가까운 부분부터 **역순으로 시공**
② 지하층 slab와 beam을 흙막이 지보공으로 이용하면서 **지상층과의 작업을 병행**
③ 지하연속벽과 지하층 기둥을 먼저 시공하고 지면을 기점으로 **지하 1, 2, 3층과 지상의 구조물을 동시에** 시공해 나가는 공법

7-5 JSP(Jump Special Place) 공법

소정의 깊이까지 굴착한 후 경화재(cement milk, cement paste)를 $200kg/cm^2$의 고압으로 분사시켜 원주형의 soil cement 기둥을 만듦

7-6 흙막이공 계측관리

1. 계측기기

① soil pressuremeter(토압계)
② piezometer(간극수압계)
③ water level meter(지하수위계)
④ inclinometer(수평변위측정 경사계)
⑤ extensometer(지반수직변위계)
⑥ strain gauge(변형률계)
⑦ tiltmeter

Chapter 07 기초공학

확인 학습 문제

01 어느 지역의 월평균 기온이 오른쪽 표와 같다. 동결지수를 구하시오.

월	월평균 기온(℃)
11	+ 1
12	− 6.3
1	− 8.3
2	− 6.4
3	− 0.2

해설

$F = 0℃$ 이하의 기온 × 지속기간(지속일수)
$= (6.3 \times 31) + (8.3 \times 31) + (6.4 \times 28) + (0.2 \times 31)$
$= 638℃ \cdot day$

02 물로 포화된 실트질 세사의 표준관입시험 결과 $N=40$이 되었다면 수정 N값은? (단, 측정까지의 rod의 길이는 50m임)

해설

① rod 길이에 대한 수정 $N_1 = N'\left(1 - \dfrac{x}{200}\right) = 40 \times \left(1 - \dfrac{50}{200}\right) = 30$

② 토질에 의한 수정 $N_2 = 15 + \dfrac{1}{2}(N_1 - 15) = 15 + \dfrac{1}{2}(30 - 15) = 22.5 ≒ 23$

03 흙막이벽을 크게 4가지로 나눌 때 종류를 쓰시오.

해설

① 엄지말뚝식 흙막이벽 ② 널말뚝식 흙막이벽
③ 주열식 흙막이벽 ④ 지하연속벽

04 기초암반을 조사하기 위해 길이 1m의 암석 core를 채취하여 추출한 암편의 길이를 측정하였더니 다음 그림과 같았다. 기초 암반의 RQD와 회수율을 산정하고 RQD로부터 암질을 판정하시오.(단, 암질은 '우수', '양호', '보통', '불량', '매우불량'으로 표시)

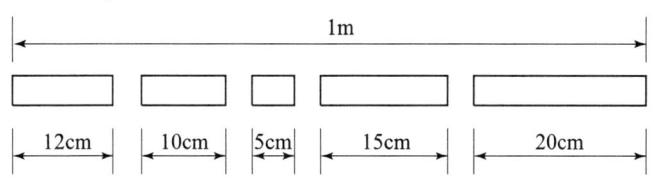

해설

$$\text{RQD} = \frac{100\text{mm 이상인 암석조각들의 길이의 합}}{\text{암석시료의 이론상 길이}} \times 100(\%)$$

$$= \frac{12+10+15+20}{100} \times 100 = 57\%$$

∴ 암질 : 보통

$$\therefore Rr = \frac{\text{채취된 시료의 실제길이}}{\text{채취된 시료의 이론적 길이}} \times 100(\%)$$

$$= \frac{12+10+5+15+20}{100} \times 100 = 62\%$$

05 내부마찰각 $\phi u = 0$, 점착력 $C_u = 45\text{kN/m}^2$, 단위중량이 19kN/m^3되는 포화된 점토층에 경사각 $45°$로 높이 8m인 사면을 만들었다. 그림과 같은 하나의 파괴면을 가정했을 때 안전율은?(단, 총 폭당 중량 $W = 1330\text{kN/m}$, 호의 길이 $L_a = 20\text{m}$이다.)

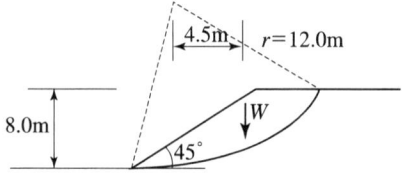

해설

안전율 $F_s = \dfrac{C_u L_a r}{We} = \dfrac{45\text{kN/m}^2 \times 20\text{m} \times 12\text{m}}{1{,}330\text{kN/m} \times 4.5\text{m}} = 1.8$

7-7 Earth anchor 공법

정착대상지반에 PS 강재(PS 강봉, PS 강선)를 사용하여 긴장력을 주어 흙막이 구조물을 정착시키는 공법

1. 지지방식에 의한 분류

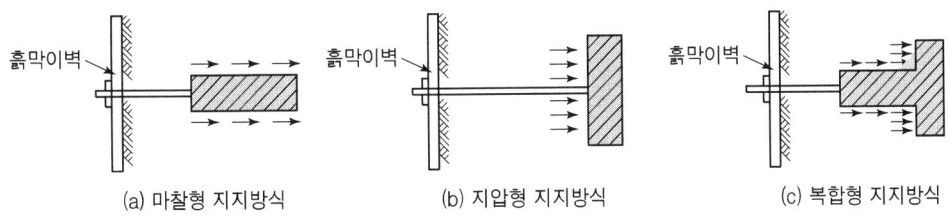

(a) 마찰형 지지방식   (b) 지압형 지지방식   (c) 복합형 지지방식

2. 어스 앵커의 구조 ★★

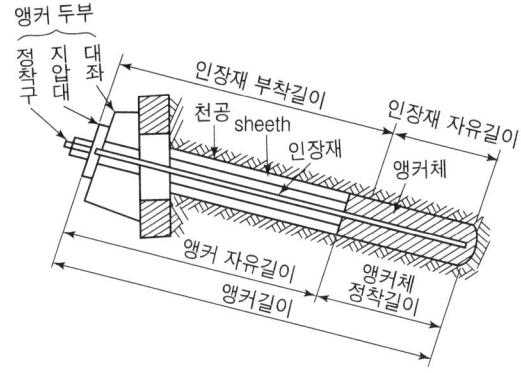

3. 어스 앵커의 용도

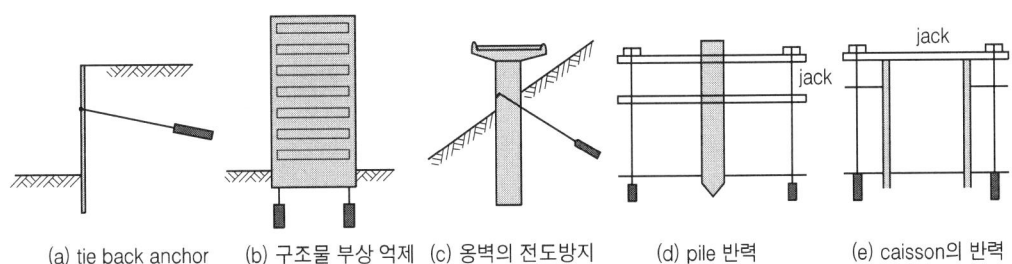

(a) tie back anchor   (b) 구조물 부상 억제   (c) 옹벽의 전도방지   (d) pile 반력   (e) caisson의 반력

4. 앵커의 설계

모래층에서 타이 백의 극한 저항 계산 ★

$$P_u = \pi dl \overline{\sigma_v} K \tan\phi$$

점토에서 타이 백의 극한 저항

$$P_u = \pi dl C_a$$

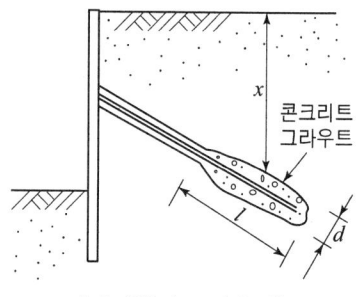

[타이백의 그라우팅]

여기서, P_u : 극한 저항
        d : 콘크리트 그라우팅의 직경
        l : 콘크리트 그라우팅의 길이
        $\overline{\sigma_v}$: 평균 유효 연직 응력(건조 모래 γ_t)
        K : 토압 계수
        ϕ : 흙의 마찰각
        C_a : 점착력(비배수 점착력 $\frac{2}{3}C$)

5. 지반앵커(Ground Anchor)

(1) 앵커축력 계산 ★★★★★

$$T = \frac{P \cdot a}{\cos\alpha}$$

여기서, T : 앵커축력, P : 앵커반력, a : 앵커 설치간격(Pile 설치간격)
        α : 앵커 설치각도(수평과의 각)

(2) 앵커 정착장 계산 ★★★★★★

$$F_s = \frac{\text{저항하는 힘}}{\text{활동하는 힘}} = \frac{\pi \cdot D \cdot L \cdot \tau}{T} \text{에서}$$

$$L = \frac{T \cdot F_s}{\pi \cdot D \cdot \tau}$$

여기서, L : 앵커 정착장, T : 앵커축력, F_s : 안전율, D : 천공직경, τ : 주면마찰저항

(3) 안전율

① 저항하는 힘(저항하는 앵커 정착부 힘)

$$P_r = \pi \cdot D \cdot L \cdot \tau$$

② 안전율

$$F_s = \frac{\text{저항하는 힘}}{\text{활동하는 힘}} = \frac{\pi \cdot D \cdot L \cdot \tau}{T}$$

여기서, L : 앵커 정착장, T : 앵커축력, F_s : 안전율, D : 천공직경, τ : 주면마찰저항

7-8 흙막이공

1. 히빙과 보일링

(1) 히빙(Heaving) ★★★

연약한 점토지반 굴착시 흙막이벽 전·후의 흙의 중량 차이 때문에 굴착저면이 부풀어 오르는 현상

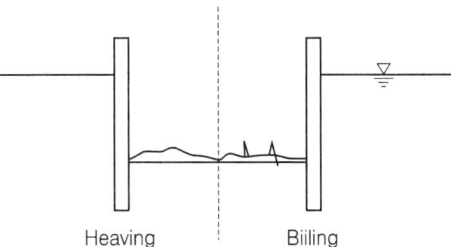

Heaving   Biiling

(2) 보일링(Boiling)

① quick sand(분사현상) : 모래지반에서 지하수위 아래를 굴착시 흙막이벽 배면 수위차로 인해 상향침투압이 발생 모래가 물과 함께 분출되는 현상
② boiling : 상향침투압이 조금 더 커져 모래가 지하수와 함께 물이 끓는 상태처럼 분출하는 현상
③ piping : 상향침투압이 좀 더 커져 지반 내에 pipe 모양의 구멍이 뚫리게 된다.

2. 방지대책

(1) Heaving ★★★★★★★★★★★	(2) Boiling ★★
① 흙막이의 근입깊이를 깊게 한다. ② 표토를 제거하여 하중을 적게 한다. ③ 굴착저면에 하중을 가한다. ④ 지반개량을 한다.	① 흙막이의 근입깊이를 깊게 한다. ② 지하수위를 저하 시킨다. ③ 굴착저면을 고결시킨다. (그라우팅, 약액주입 등)

[연습문제 1]

점성토나 사질토에서 근입깊이에 따라 안정성이 판별되는 사항은?

해설
① Heaving ② Boiling

3. 보일링 안전검토

(1) Boiling의 발생 조건 ★★★★★★★★★★

$$\frac{H}{H+2d} \geq \frac{G_S-1}{1+e} = \gamma_{sub}$$

(2) Boiling을 발생하지 않기 위한 조건

$$\frac{H}{H+2d} < \frac{G_S-1}{1+e} = \gamma$$

(3) Boiling의 안전율

$$F_s = \frac{(H+2d)\gamma_{sub}}{H} \text{ (보통 } 1.2 \sim 1.5)$$

여기서, H : 수위차, G_s : 흙의 비중
e : 흙의 공극비, γ : 흙의 수중 밀도

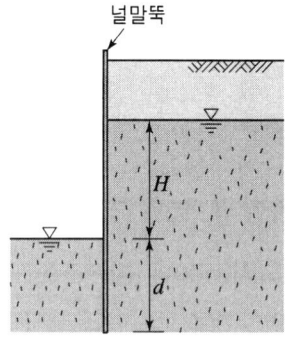

[보일링 현상]

[연습문제 2] ★★★★★★★★★★

그림과 같은 말뚝의 하단을 통하는 활동면에 대한 히빙(heaving)을 검토하시오.

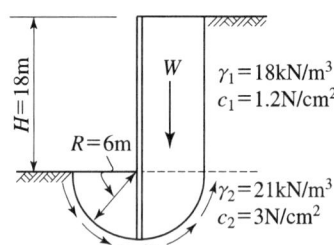

해설

① heaving을 일으키는 회전모멘트
$$M_d = (\gamma_1 HR)\frac{R}{2} = (18 \times 18 \times 6) \times \frac{6}{2} = 5{,}832 \text{kN} \cdot \text{m}$$

② heaving에 저항하는 회전모멘트
$$M_r = c_1 HR + c_2 \pi R^2 = 12 \times 18 \times 6 + 30 \times \pi \times 6^2 = 4{,}688.92 \text{kN} \cdot \text{m}$$

③ 안전율
$$F_s = \frac{M_r}{M_d} = \frac{4{,}688.92}{5{,}832} = 0.80 < 1.2$$

∴ heaving의 우려가 있다.

[연습문제 3]

3m의 모래층 위에 10m 두께의 단단한 포화점토가 있고 모래는 피압상태에 있다. A점에서 히빙(heaving)현상이 일어나지 않을 최대 깊이 H를 구하시오.

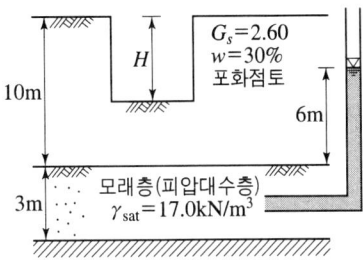

해설

① $s \cdot e = w \cdot G_s$에서 $e = \dfrac{w \cdot G_s}{s} = \dfrac{0.3 \times 2.60}{1} = 0.78$

② $\gamma_{sat} = \dfrac{G_s + e}{1 + e}\gamma_w = \dfrac{2.60 + 0.78}{1 + 0.78} \times 9.81 = 18.628 \text{kN/m}^3$

③ 전응력=유효응력+공극수압
   ㉠ 전응력 $\sigma = \gamma_{sat} \cdot Z = \gamma_{sat} \cdot (10 - H) = 18.628 \times (10 - H)$
   ㉡ 공극수압 $u = \gamma_w \cdot h = 9.81\text{kN/m}^3 \times 6\text{m} = 58.86\text{kN/m}^2$
   ㉢ 유효응력 $\bar{\sigma} = 0$ 일 때, heaving 발생하므로
   $\bar{\sigma} = \sigma - u = 18.628 \times (10 - H) - 58.86 \geqq 0$
   $H \leqq 10 - \dfrac{58.86}{18.628}$ $H \leqq 6.84\text{m}$

[연습문제 4]

그림에서와 같이 강널말뚝(steel sheet pile)으로 지지된 모레지반의 굴착에서 지하수의 분출로 인하여 예상되는 파이핑(piping)에 대한 안전율을 계산하시오. (단, 모래층의 포화단위중량은 17.0kN/m³이고, 입자의 비중은 2.65임)

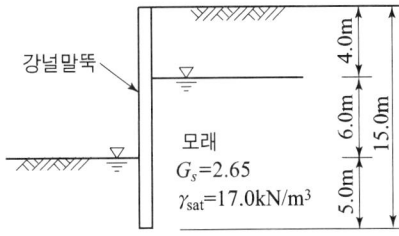

해설

$F_s = \dfrac{i_x}{i} = \dfrac{\dfrac{G_s - 1}{1 + e}}{\dfrac{h}{L}} = \dfrac{\dfrac{\gamma_{sub}}{\gamma_w}}{\dfrac{h}{L}} = \dfrac{\dfrac{17 - 9.80}{9.80}}{\dfrac{6}{6 + 5 + 5}} = 1.96$

7-9 기 초

1. 기초의 분류

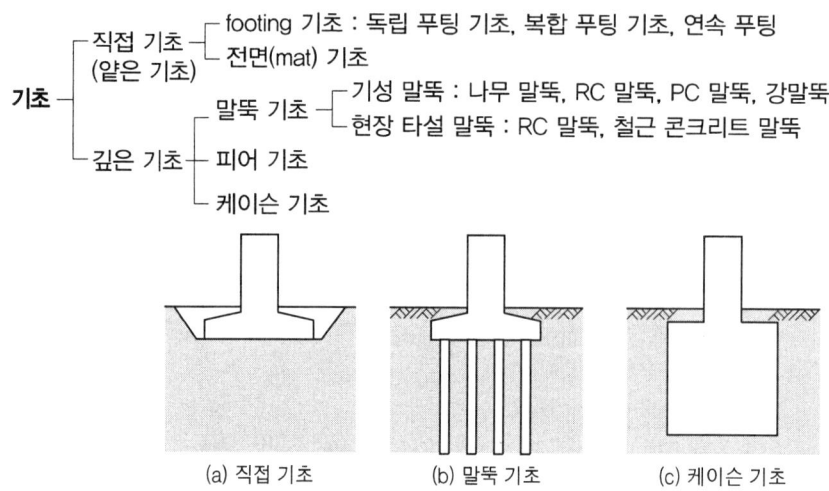

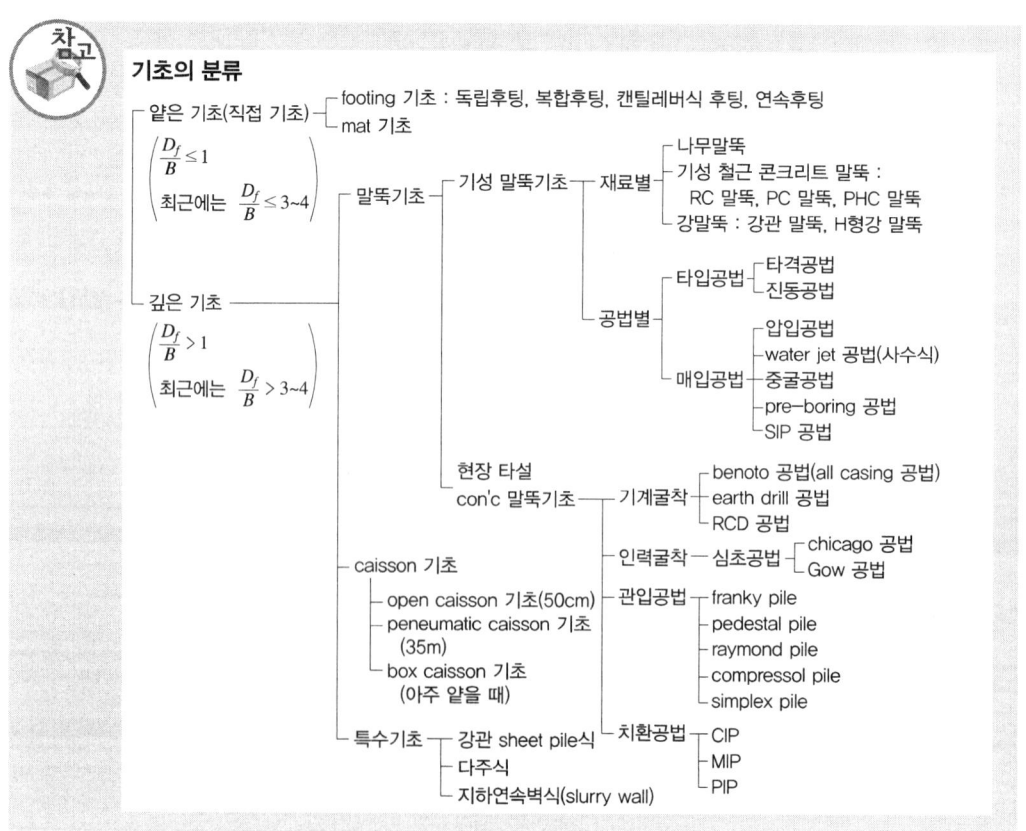

2. 직접기초의 구비조건 ★★★★★★★
(=기초의 필요조건=기초의 구조상 요구조건=기초지반을 선정하는 데 요하는 선정기준)

① 최소한의 근입깊이를 가질 것
② 안전하게 하중을 지지할 수 있을 것
③ 침하가 허용치를 넘지 않을 것
④ 경제적인 시공이 가능할 것
⑤ 내구적이고 경제적일 것

3. 얕은기초 지반의 파괴형태 종류 ★★★

① 전반전단파괴(general shear failure) - 그림 (a)
  ㉠ q_u보다 큰 하중이 가해지면 침하가 급격히 일어나고 주위 지반이 융기하며 지표면에 균열이 생긴다.
  ㉡ 지반 내의 파괴면이 지표면까지 확장된다.
  ㉢ **조밀한 모래나 굳은 점토지반**에서 일어난다.
  ㉣ 하중-침하곡선에서 피크점이 뚜렷하다.

② 국부전단파괴(local shear failure) - 그림 (b)
  ㉠ 활동 파괴면이 명확하지 않으며 파괴의 발달이 지표면까지 도달하지 않고 지반 내에서만 발생하므로 약간의 융기가 생기며 흙 속에서 국부적으로 파괴된다.
  ㉡ 느슨한 모래나 연약한 점토지반에서 일어난다.
  ㉢ 하중-침하곡선의 피크점이 뚜렷하지 않으며, 경사가 더욱 급해져서 직선으로 변하는 하중 q_u가 극한지지력이다.

③ 관입전단파괴(punching shear failure) - 그림 (c)
  ㉠ 기초가 지반에 관입할 때 주위 지반이 융기하지 않고 오히려 기초를 따라 침하를 일으키며 파괴된다.
  ㉡ **아주 느슨한 모래나 아주 연약한 점토지반에서 일어난다.**
  ㉢ 기초 아래 지반은 기초의 하중으로 다져지므로 기초가 침하할수록 하중은 증가한다.
  ㉣ 하중-침하곡선의 경사가 급하게 되어 직선에 가깝게(곡률이 최대) 변하는 하중 q_u가 극한지지력이다.

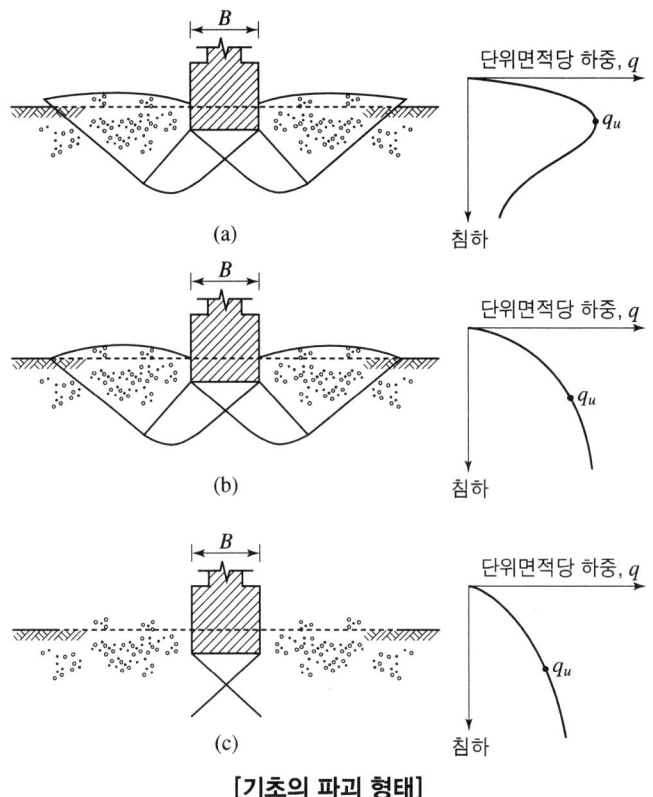

[기초의 파괴 형태]

4. 얕은기초(직접기초) 터파기 시공법 종류 ★

① 오픈 컷 공법(open cut mathod)
② 트랜츠 컷 공법(trench cut method)
③ 아이슬랜드 공법(island method)
④ 역타공법
⑤ 역권공법

7-10 얕은기초의 지지력

1. Terzaghi의 지지력 공식

(1) 극한 지지력(q_u)

① 전반전단파괴의 경우 극한 지지력 계산 ★★★★★★★★★★

$$q_u = \alpha C N_c + \beta r_1 B N_r + r_2 D_f N_q = \alpha C N_c + \beta r_1 B N_r + q N_q$$

여기서, α, β : 기초형상계수

구분	직사각형	정사각형	원 형	연속기초
α	$1 + 0.3 \dfrac{B}{L}$	1.3	1.3	1
β	$0.5 - 0.1 \dfrac{B}{L}$	0.4	0.3	0.5

C : 흙의 점착력
r_1 : 기초 아래 흙의 단위중량 B : 기초의 폭(직사각형 : 단변, 원형 : 직경)
r_2 : 기초 측면 흙의 단위중량 L : 직사각형 기초의 장변
D_f : 근입깊이 N_c, N_r, N_q : ϕ의 함수인 지지력계수

㉠ 지하수위 위치에 따른 r 과 q 의 변화 계산 ★★★★★★★★★★

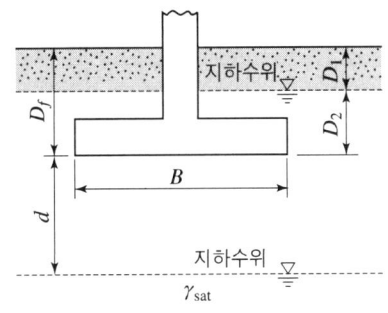
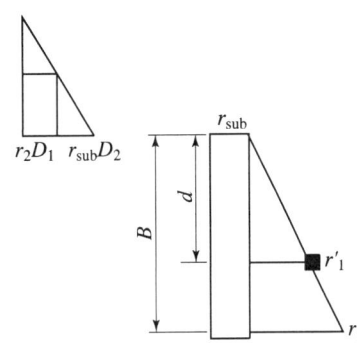

$$B : (r_1 - r_{sub}) = d : (r'_1 - r_{sub})$$

	r'_1	q
$D_1 = 0$인 경우(지표면)	$r'_1 = r_{sub}$	$q = r_{sub} D_f$
$0 \leq D_1 \leq D_f$인 경우(기초저면상단)	$r'_1 = r_{sub}$	$q = r_2 D_1 + r_{sub} D_2$
$D_1 = D_f$인 경우(기초저면)	$r'_1 = r_{sub}$	$q = r_2 D_f$
$0 \leq d \leq B$인 경우(기초저면하단)	$r'_1 = r_{sub} + \dfrac{d}{B}(r_1 - r_{sub})$	$q = r_2 D_f$
$B < d$(지하수영향 안받는다.)	$r'_1 = r_1$	$q = r_2 D_f$

② 국부전단파괴의 경우 극한 지지력 계산 ★★

전반전단파괴에서 점착력 C와 $\tan\phi$를 $\frac{2}{3}$만 취한다.

$$C' = \frac{2}{3}C \qquad \tan\phi' = \frac{2}{3}\tan\phi$$

③ 기초가 부담하는 전 극한 하중 계산 ★★★★★★

$$\text{전 극한 하중 } Q_u = q_u \times B \times L \qquad \text{안전율 } F_s = \frac{Q_u}{Q}$$

여기서, q_u' : 극한 지지력

(2) 허용 지지력(q_a) 계산 ★★★

$$F_s = \frac{q_u}{q_a} \text{에서 } q_a = \frac{q_u}{F_s}$$

여기서, 안전율 $F_s = 3$

(3) 허용하중(Q_a) 계산 ★★★

$$Q_a = q_a A$$

여기서, A : 기초의 면적

(4) 순극한 지지력과 순허용 지지력

① 순극한 지지력 $\qquad q_{u(net)} = q_u - q$

② 순허용 지지력 $\qquad q_{a(net)} = \dfrac{q_{u(net)}}{F_s} = \dfrac{q_u - q}{F_s}$

여기서, 안전율 $F_s = 3$

2. Meyerhof의 지지력 공식

(1) 극한 지지력(q_u)

① 일반식

$$q_u = CN_c F_{cs} F_{cd} F_{ci} + \frac{1}{2} r_1 B N_r F_{rs} F_{rd} F_{ri} + q N_q F_{qs} F_{qd} F_{qi}$$

여기서, N_c, N_r, N_q : 지지력계수 $\qquad F_{cs}$, F_{rs}, F_{qs} : 형상계수
$\qquad\quad\ F_{cd}$, F_{rd}, F_{qd} : 깊이계수 $\qquad F_{ci}$, F_{ri}, F_{qi} : 경사계수

② 사질토의 극한 지지력

$$q_u = 3NB\left(1 + \frac{D_f}{B}\right)$$

여기서, N : 표준관입시험치(N치)

(2) Skempton의 극한지지력

$\phi = 0$인 포화점토에 대한 식

$$q_u = C_u N_c + rD_f$$

여기서, C_u : 평균 비배수 강도, N_c : Skempton의 지지력계수(D_f/B에 의해 결정된다.)

3. 편심 하중을 받는 기초

(1) 기초폭 방향에 편심이 작용할 경우

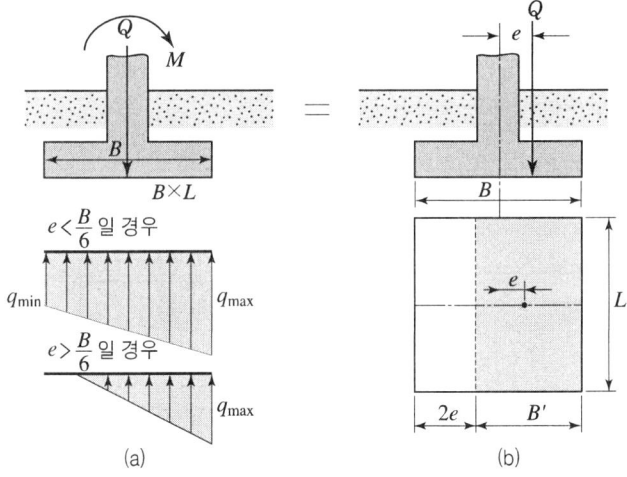

① 편심거리 $e = \dfrac{M}{Q}$ 일 때 압축 응력 편심계산 ★★★★★★★

㉠ $\dfrac{M}{Q} = e \leq \dfrac{B}{6}$ 일 때 $q_{\max} = \dfrac{Q}{A}\left(1 + \dfrac{6e}{B}\right)$

$$q_{\min} = \dfrac{Q}{A}\left(1 - \dfrac{6e}{B}\right)$$

㉡ $\dfrac{B}{6}$ 일 때 $q_{\min} = 0$

㉢ $e > \dfrac{B}{6}$ 일 때 $q_{\max} = \dfrac{Q}{A}\left(\dfrac{4B}{3B - 6e}\right)$

$q_{\min}$은 $(-)$가 되며, 인장력이 생겨 흙이 견디지 못하여 기초 분리가 생긴다.

② 기초의 유효 단면적

유효 폭 $B' = B - 2e$ 계산 ★★★★★★★

유효 길이 $L' = L$

기초의 길이 방향으로 편심이 작용하면 $L' = L - 2e$, $B' = B$이며, 기초의 유효 폭은 B'와 L'중 작은 값이 된다.

③ 기초가 부담하는 전 극한 하중(Meyerhof식)

$$\text{전 극한 하중 } Q_{ult} = q_u' \times B' \times L'$$

$$\text{안전율 } F_s = \frac{Q_{ult}}{Q}$$

여기서, q_u' : 극한 지지력

④ 안전검토

㉠ $q_{\max} \leq q_a$

여기서, $q_{\max}$: 지반에 작용하는 압력
q_a : 허용지지력(지반이 가지고 있는 지지력)$= q_u/F_s = q_u/3$

㉡ $q_{\max} > q_a$

불안전하므로 면적 A를 확대 시킨다.(Q/A에서)

(2) 편심하중을 받는 기초의 지지력(Meyerhof 방법)

① 편심거리 $\quad e = \dfrac{M}{Q}$

② 유효폭 $\quad B' = B - 2e_b$

③ 유효길이(장) $\quad L' = L - 2e_l$

④ 전극한하중 $\quad Q_{ult} = q_u' B' L'$

여기서, q_u' : 편심이 작용하는 경우의 극한 지지력

⑤ 지지력 파괴에 대한 안전율

$F_s = \dfrac{Q_{ult}}{Q}$

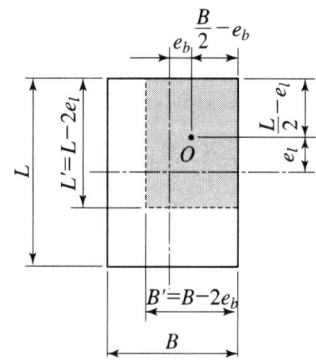

4. 재하시험에 의한 지지력

(1) 재하시험에 의한 허용 지지력 결정법

① 장기 허용지지력 $\quad q_a = q_t + \dfrac{1}{3} r D_f N_q$ 계산 ★★★★★★★

② 단기 허용지지력 $\quad q_a = 2q_t + \dfrac{1}{3} r D_f N_q$

여기서, q_t : 실험허용지지력 - 항복강도의 $\frac{1}{2}$, $q_t = \frac{f_y}{2}$

- 극한강도의 $\frac{1}{3}$, $q_t = \frac{S_u}{3}$ 중 작은값

rD_f : 상황에 따라 값이 변한다.($q = rD_f$)

(2) 재하시험에 의한 극한 지지력과 침하량 결정법 계산 ★★

① Scale effect 효과(크기효과) : 기초의 크기에 따라 단위면적당의 지지력이나 침하량의 크기가 달라지는 것

분 류	재하판(plat) 폭에 비례	재하판(plat) 폭에 무관
지지력	모래(sand) 지반	점토(clay) 지반
침하량	점토(clay) 지반	모래(sand) 지반

② 지지력

㉠ 모래지반 계산 ★★★★★★★★★★

$q_{u(기초)} : q_{u(재하판)} = B_{(기초)} : B_{(재하판)}$

$q_{u(기초)} = q_{u(재하판)} \times \frac{B_{(기초)}}{B_{(재하판)}}$

㉡ 점토지반

$q_{u(기초)} = q_{u(재하판)}$

③ 침하량

㉠ 모래지반 계산 ★★★★★★★★★

$S_{(기초)} = S_{(재하판)} \times \left[\frac{2B_{(기초)}}{B_{(기초)} + B_{(재하판)}} \right]^2$

㉡ 점토지반

$S_{(기초)} : S_{(재하판)} = B_{(기초)} : B_{(재하판)}$

$S_{(기초)} = S_{(재하판)} \times \frac{B_{(기초)}}{B_{(재하판)}}$

(3) 평판재하시험 결과에 따른 항복하중

① 평판재하시험 결과로부터 항복하중 구하는 방법 ★★

㉠ 하중-침하량 곡선법($P-S$ 곡선법)

㉡ 대수하중-대수 침하량 곡선법($\log P - \log S$ 곡선법)

㉢ 침하량-대수 시간 곡선법($S - \log t$ 곡선법)

㉣ 하중-대수 침하 속도 곡선법($P - \Delta S/\Delta(\log t)$ 곡선법)

② 평판재하시험에 의해 결정된 지반의 항복하중 결과를 기초지반에 이용할 때 고려사항
★★★★

㉠ 시험 지점의 토질종단을 알아야 한다.
㉡ 지하수면과 그 변동을 고려하여야 한다.
㉢ scale effect를 고려하여야 한다.
㉣ 부등침하를 고려하여야 한다.
㉤ 예민비를 고려하여야 한다.
㉥ 실험에 따른 문제점을 검토하여 고려한다.

[연습문제 5] ★★★

모래지반에 기초폭 $B=1.2m$인 얕은 기초에서 편심 $e=0.15m$로 연직하중이 작용하고 있다. 하중 작용점 아래의 탄성침하가 12mm, 하중 작용점 기초 모서리에서의 탄성침하가 16mm이었다. 이 기초의 침하각도를 구하시오. (단, prakash의 방법 이용)

① $x = \dfrac{B}{2} - e = \dfrac{1,200}{2} - 150 = 450mm$

② $\delta = 16 - 12 = 4mm$

③ $\theta = \sin^{-1}\left(\dfrac{S_1 - S_2}{\dfrac{B}{2} - e}\right)$

$= \sin^{-1}\left(\dfrac{\delta}{x}\right)$

$= \sin^{-1}\left(\dfrac{4}{450}\right) = 0.51°$

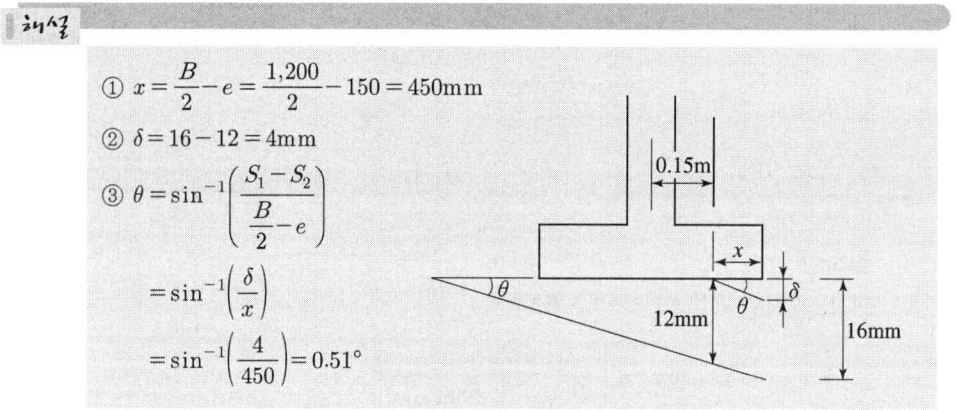

7-11 기초의 침하

1. 압밀도

(1) 개요

① 압밀도(degree of consolidation, U)란 지반 내의 임의의 지점에서 임의의 시간 t가 경과한 후의 압밀의 정도를 말한다.
② 지반 내의 임의의 지점에서 임의의 시간 t가 경과한 후의 과잉간극수압의 소산 정도를 압밀도라고 한다.

(2) 압밀도 계산 ★★★★★

$$U = \frac{\text{현재의 압밀량}}{\text{최종 압밀량}} \times 100 = \frac{\Delta H_t}{\Delta H} \times 100 \, (\%)$$

여기서, ΔH_t : 임의의 시간 t에서의 침하량, ΔH : 어느 하중에 의한 최종 압밀침하량

(3) 과잉간극수압에 의한 압밀도 계산 ★★★★★

$$U = \frac{u_i - u_e}{u_i} \times 100 = \left(1 - \frac{u_e}{u_i}\right) \times 100 \, (\%)$$

여기서, u_i : 초기 과잉간극수압, u_e : 임의의 점에서의 과잉간극수압

2. 점성토층의 침하 종류 ★

$$S = S_i + S_c + S_s$$

여기서, S : 총침하량, S_i : 즉시침하량, S_c : 압밀침하량, S_s : 2차 압밀침하량

(1) 즉시침하(탄성침하)량 계산 ★★

$$S_i = qB \frac{1-\mu^2}{E} I_w$$

여기서, q : 기초의 하중강도, B : 기초의 폭, μ : 프와송비
E : 흙의 탄성계수, I_w : 침하에 의한 영향치

(2) 1차 압밀침하

① 점성토층 1차 압밀침하량 산정법
  ㉠ 초기간극(e_o)법
  ㉡ 체적변화계수(m_v)법
  ㉢ 압축지수(C_c)법 종류 ★

② 정규압밀점토($P_o > P_c$)
  정규압밀점토는 현재 받고 있는 유효상재압력(P_o)이 과거에 받았던 최대압력(선행압밀압력 P_c)보다 큰 점토를 말한다.
  ㉠ $\Delta H = m_v \cdot \Delta P \cdot H$ 계산 ★★★★★★★
  ㉡ $\Delta H = \dfrac{a_v}{1+e_o} \cdot \Delta P \cdot H = \dfrac{e_1 - e_2}{1+e_1} \cdot H$ 계산 ★★★★★★★★★★

위 식에서 $m_v = \dfrac{a_v}{1+e_1}$ 와 $a_v = \dfrac{e_1-e_2}{P_2-P_1} = \dfrac{e_1-e_2}{\Delta P}$ 및 $\left\{C_c = \dfrac{e_1-e_2}{\log(P_2/P_1)}\right\}$를 대입하여 정리하면 다음과 같은 식이 나온다.

계산 ★★★★★★★★★

$$S_c = \dfrac{C_c}{1+e_o} \log \dfrac{P_o + \Delta P_{av}}{P_o} H$$

여기서, C_c : 압축지수, $C_c = 0.009(w_L - 10)$
  w_L : 액성한계 P_1 : 초기 유효연직응력
  P_2 : $P_1 + \Delta P_{av}$ e_1 : 초기간극비
  e_2 : P_2작용 후의 간극비 H : 점토층의 두께

③ 과압밀점토($P_o < P_c$)

과압밀점토는 현재 받고 있는 유효상재압력(P_o)보다 과거에 받았던 최대압력(선행압밀압력 P_c)이 큰 점토를 말한다.

㉠ $P_o < P_o + \Delta P_{av} < P_c$

$$S_c = \dfrac{C_s}{1+e_o} \log \dfrac{P_o + \Delta P_{av}}{P_o} H$$

㉡ $P_o < P_c < P_o + \Delta P_{av}$

$$S_c = \dfrac{C_s}{1+e_o} \log \dfrac{P_c}{P_o} H + \dfrac{C_c}{1+e_o} \log \dfrac{P_o + \Delta P_{av}}{P_c} H$$

여기서, C_s : 팽창지수

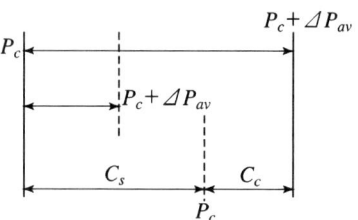

(3) 2차 압밀침하

2차 압밀침하는 값이 작아 보통 생략한다.

과압밀비 설명 ★★
과압밀비는 흙이 현재 받고 있는 유효연직하중에 대한 선행압밀하중과의 비이다.

$$OCR = \dfrac{\text{선행압밀하중}}{\text{현재의 유효상재하중}} = \dfrac{P_c}{P_o}$$

① OCR > 1 : 과압밀 점토 – 공학적으로 안정
② OCR = 1 : 정규압밀 점토
③ OCR < 1 : 압밀진행중인 점토 – 공학적으로 불안정

팽창지수를 사용할 수 있는 경우의 OCR ★★★★★★
팽창지수를 사용할 수 있는 경우는 과압밀점토($P_o < P_c$)에서 $P_o < P_o + \Delta P_{av} < P_c$인 경우이므로

$$OCR = \dfrac{P_c}{P_o} \geqq \dfrac{P_o + \Delta P_{av}}{P_o}$$

3. 모래층의 침하

(1) 즉시침하

$$S_i = qB\frac{1-\mu^2}{E}I_w$$

(2) 압밀침하량

$$S_c = \sum 0.4\frac{P_1}{N}H\log10\frac{P_2}{P_1}$$

 7-12 복합 확대기초

1. 장방형 복합 확대기초 계산 ★★★★★★★

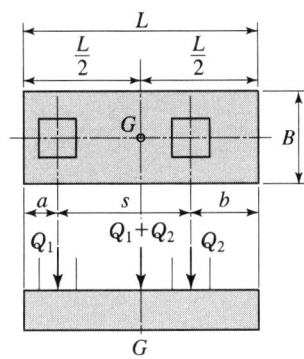

① 면적 $\quad A = \dfrac{\sum Q}{q_a} = \dfrac{Q_1+Q_2}{q_a}$

② 합력의 위치 $\quad x = \dfrac{Q_2 \times s}{Q_1+Q_2}$

③ 합력의 위치가 기초의 도심에 오게끔 기초의 길이(L)를 구한다.

$$a+x = \frac{L}{2} \text{에서} \quad \therefore L = 2(a+x)$$

$$\therefore B = \frac{A}{L}$$

2. 사다리꼴 복합 확대기초 계산 ★★★★

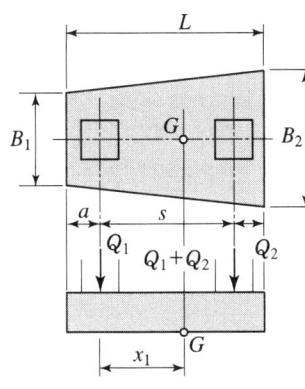

① 면적 $\quad A = \dfrac{\sum Q}{q_a} = \dfrac{Q_1+Q_2}{q_a}$

② 합력의 위치 $\quad x = \dfrac{Q_2 \times s}{Q_1+Q_2}$

③ 합력의 위치가 기초의 도심에 오게끔 기초의 길이(L)를 구한다.

$$a+x = \frac{L}{3}\frac{B_1+2B_2}{B_1+B_2} \quad \cdots\cdots (1)식$$

④ 면적 $A = \dfrac{B_1+B_2}{2}L \quad \cdots\cdots (2)식$

⑤ (1)식과 (2)식을 연립방정식에 의하여 풀어

$\quad\therefore B_1$과 B_2 계산

7-13 전면기초

1. 전면기초의 설계방법
① 재래식 강성도법
② 근사적인 연성도

7-14 보상기초

기초의 근입깊이 D_f를 증가시켜 흙에 작용하는 순압력을 감소시키면 전면기초의 침하를 줄일 수 있다.

1. 완전 보상 기초

전면 기초 밑에 있는 흙에 응력이 전혀 생기지 않는 기초($q=0$)

$$q = \frac{Q}{A} - rD_f = 0 \text{에서} \quad \therefore D_f = \frac{Q}{A \cdot r}$$

여기서, Q : 구조물의 하중(사하중+활하중)
A : 전면기초의 단면적
r : 흙의 단위 중량
D_f : 근입 깊이

2. 부분 보상 기초($q>0$) 계산 ★★★★

$$q = \frac{Q}{A} - rD_f$$

$$\text{안전율} \quad F_s = \frac{q_{u(net)}}{q} = \frac{q_{u(net)}}{\dfrac{Q}{A} - r \cdot D_f}$$

Chapter 07 기초공학

확인학습문제

01 평판재하시험 결과 이용시 scale effect는 중요하다. 이때, 지지력과 침하량에 대하여 재하판 폭에 비례하는 기초지반의 흙을 쓰시오.

해설

① 지지력 : 모래지반　　② 침하량 : 점토지반

02 흙막이의 파괴 원인 중에는 연약점토지반에서 굴착면의 팽출로 인한 (①) 현상과 연약사질토지반에서 굴착면에 침투수류가 용출하여 급격히 지반파괴가 생기는 (②) 현상이 있다.

해설

① heaving　　② piping

03 연약점토지반에 도로성토를 하는 경우, 공사완료기간이 120일 일 때 압밀이론에 의한 순간하중으로 보는 경우의 각 일수에 따른 침하량이 표와 같았다. Terzaghi 방법으로부터 점증 하중으로 보는 경우 공사시작 시각으로부터 60일, 90일, 120일, 150일 각각의 침하량을 구하시오.

일수(일)	침하량(mm)	일수(일)	침하량(mm)
30	14	75	34
45	24	90	37
60	30	120	39

해설

Terzaghi 개념
점증하중을 순간하중으로 보는 경우 그 기간을 절반으로 보고 압밀 침하량을 계산한다.

① 60일 침하량 : 점증하중 60일은 순간하중 30일 이므로

침하량 $= 14\text{mm} \times \dfrac{60}{120} = 7\text{mm}$

② 90일 침하량 : 점증하중 90일은 순간하중 45일 이므로

침하량 $= 24\text{mm} \times \dfrac{90}{120} = 18\text{mm}$

③ 120일 침하량 : 점증하중 120일은 순간하중 60일 이므로

침하량 $= 30\text{mm}$

④ 150일 침하량 : 점증하중 150일은 순간하중 60+30 = 90일 이므로

침하량 $= 37\text{mm}$

---

04 다음 그림과 같이 20×30m 전면기초의 부분보상기초의 지지력파괴에 대한 안전율을 구하시오. ★★★★

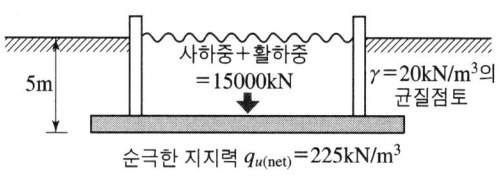

해설

안전율 $F_s = \dfrac{q_{u(net)}}{\dfrac{Q}{A} - \gamma \cdot D_f} = \dfrac{225}{\dfrac{150,000}{20 \times 30} - 20 \times 5} = 1.5$

---

05 두 개의 평판재하시험 결과가 다음과 같을 때, 허용침하량이 25mm인 원형 기초가 70t의 하중을 지지하기위한 기초의 크기를 Housel 방법을 이용하여 구하시오.

평판직경 B(m)	적용하중 Q(t)	침하량(mm)
0.3	4.0	25
0.6	9.0	25

해설

> **평판재하시험에서의 Housel 방법**
> 지반의 종류에 관계없이 서로 크기가 다른 두 개의 평판으로 실험하여 지반에 따라 필요한 기초의 면적을 구할 수 있다.
> 평판1 : $Q_1 = mA_1 + nP_1$
> 평판2 : $Q_2 = mA_2 + nP_2$
>   여기서, A_1, A_2 : 평판1과 평판2의 면적 P_1, P_2 : 평판1과 평판2의 둘레길이
> Q_1, Q_2 : 작용하중 m, n : 지지력 및 주변 전단에 대한 상수
>
> 위 평판1과 평판2의 두식을 연립방정식에 의해 m과 n을 구한 후 이 값을 실제 작용시의 식에 대입하여 Q 또는 A를 구한다.
> $Q = mA + nP$

평판1 : $4.0 \text{ton} = m \times \dfrac{\pi \times 0.3^2}{4} + n \times \pi \times 0.3$

평판2 : $9.0 \text{ton} = m \times \dfrac{\pi \times 0.6^2}{4} + n \times \pi \times 0.6$

$m = 7.19, n = 3.72$

$70 \text{ton} = 7.19 \times \dfrac{\pi \times D^2}{4} + 3.72 \times \pi \times D$ ∴ $D = 2.63 \text{m}$

> **[참고] 만약 실제기초가 정사각형이라면,** 계산 ★★★★★★
> ⟨계산⟩ ① 평판1
> $4.0 \text{ton} = m \times \dfrac{\pi \times 0.3^2}{4} + n \times \pi \times 0.3$ ·········· (1)식
>
> ② 평판2
> $9.0 \text{ton} = m \times \dfrac{\pi \times 0.6^2}{4} + n \times \pi \times 0.6$ ·········· (2)식
>
> ③ (1)식과 (2)식을 연립방정식으로 풀면
> $m = 7.19, n = 3.72$
> ④ 정사각형 기초의 크기(폭)
> $Q = mA + nP$
> $70 \text{ton} = 7.19 \times D^2 + 3.72 \times 4D$
> $7.19D^2 + 14.88D - 70 = 0$
> $D = \dfrac{-b \pm \sqrt{b^2 - 4ac}}{2a} = \dfrac{-14.88 + \sqrt{14.88^2 - 4 \times 7.19 \times (-70)}}{2 \times 7.19} = 2.25 \text{m}$
> ⑤ 기초의 크기 = $2.25 \text{nm} \times 2.25 \text{m}$

06 다음과 같은 지반에서 히빙(heaving)현상이 일어나지 않는 최대 굴착 깊이는 얼마인가?

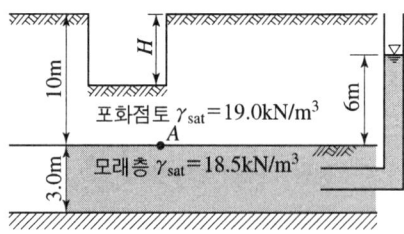

해설

전응력 = 유효응력 + 공극수압에서

① 전응력 $\sigma = \gamma_{sat} \cdot Z = 19.0 \times (10 - H)$

② 공극수압 $u = \gamma_w \cdot h = 9.81 \text{kN}/\text{m}^2 \times 6\text{m} = 58.86 \text{kN}/\text{m}^2$

③ 유효응력 $\overline{\sigma} = 0$일 때, heaving 발생하므로

$\overline{\sigma} = \sigma - u = 19.0 \times (10 - H) - 58.86 \geqq 0$

$H \leqq \dfrac{19.0 \times 10 - 58.86}{19.0}$

$H \leqq 6.90\text{m}$

07 다음의 그림에서 점토지반에 설치한 earth anchor(tie backs)의 극한 저항을 구하시오. (단, 점착진단저항은 c의 2/3를 취한다.)

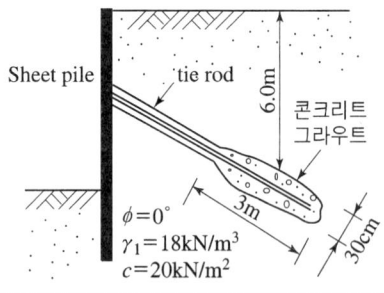

해설

$P_n = \pi dl C_a = \pi dl \cdot \dfrac{2}{3}c = \pi \times 0.3 \times 3 \times \left(\dfrac{2}{3} \times 20\right) = 37.70 \text{kN}$

08 다음의 그림에서 모래층에 설치한 earth anchor(=tie backs)의 극한저항은? (단, 콘크리트 그라우팅은 일정한 압력하에서 시공되었으므로 정지토압계수 상태 K_s로 본다. $K_s = 1 - \sin\phi$ 이용)

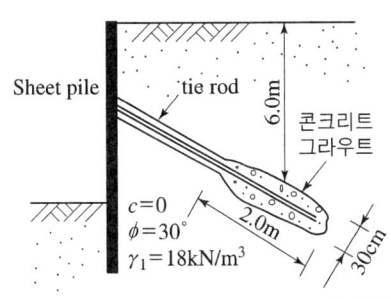

해설

$$P_n = \pi dl\sigma K_s \tan\phi = \pi dl\sigma (1-\sin\phi)\tan\phi$$
$$= \pi \times 0.3 \times 2 \times (18 \times 6) \times (1-\sin30°) \times \tan30° = 587.67 \text{kN}$$

09 그림과 같은 널말뚝이 앵커에 의해 지지되어 있다. 자유단 지지법에 의하여 산정된 널말뚝의 깊이 d는 약 몇 m 인가? (단, 수동토압에 대한 안전율을 $S=2$라 가정하고, 지반은 지하수위와 관계없이 $\phi=30°$인 모래지반으로 이루어져 있다.)

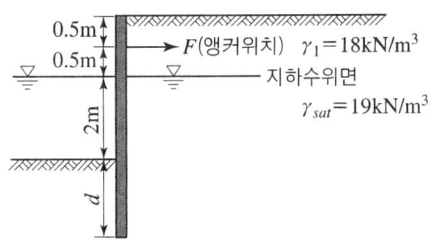

해설

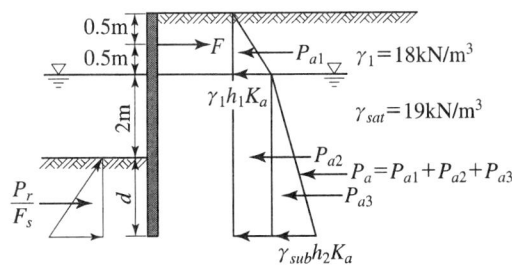

(1) 토압계수

① 주동토압계수
$$K_a = \tan^2\left(45° - \frac{\phi}{2}\right) = \tan^2\left(45° - \frac{30°}{2}\right) = \frac{1}{3}$$

② 수동토압계수
$$K_p = \tan^2\left(45° + \frac{\phi}{2}\right) = \tan^2\left(45° + \frac{30°}{2}\right) = 3$$

(2) 토압

① $P_{a1} = \frac{1}{2}\gamma_1 h_1^2 K_a = \frac{1}{2} \times 18 \times 1^2 \times \frac{1}{3} = 3\text{kN/m}$

② $P_{a2} = \gamma_1 h_1 h_2 K_a = \gamma_1 h_1 (2+d) K_a$
$= 18 \times 1 \times (2+d) \times \frac{1}{3} = 6(2+d)\text{kN/m}$

③ $P_{a3} = \frac{1}{2}\gamma_{sub} h_2^2 K_a = \frac{1}{2}\gamma_{sub}(2+d)^2 K_a$
$= \frac{1}{2} \times (19 - 9.8) \times (2+d)^2 \times \frac{1}{3}$
$= 1.53(2+d)^2 \text{kN/m}$

④ $P_p = \frac{1}{2}\gamma_{sub} d^2 K_p = \frac{1}{2} \times (19 - 9.8) \times d^2 \times 3 = 13.8d^2 \text{kN/m}$

(3) $\sum M = 0$ (정착점에서 모멘트합이 0 이다.)

$$P_{a1}\left(\frac{2}{3} \times 1 - 0.5\right) + P_{a2}\left(0.5 + \frac{2+d}{2}\right)$$
$$+ P_{a3}\left\{0.5 + \frac{2}{3} \times (2+d)\right\} - \frac{P_p}{F_s}\left(0.5 + 2 + \frac{2}{3} \times d\right) = 0$$

식을 정리하면 $d^2 + 2.06d^2 - 8.46d - 8.3 = 0$
반복법으로 계산하면 $d ≒ 2.55\text{m}$

Chapter 07 기초공학

10 점토지반에 그림과 같이 흙막이공을 설치하였다. 버팀보(strut)에 작용하는 힘 P_A, P_B, P_C를 간편법에 의하여 결정하시오. (단, 버팀보는 수평방향으로 2m 간격으로 설치하며, 토류벽에 작용하는 토압은 그림과 같이 Peck의 수평토압 분포로 가정한다.)

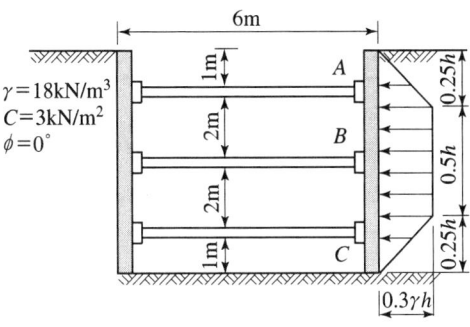

해설

$0.3\gamma h = 0.3 \times 18 \times 6$
$\qquad = 32.4 \text{kN/m}^2$

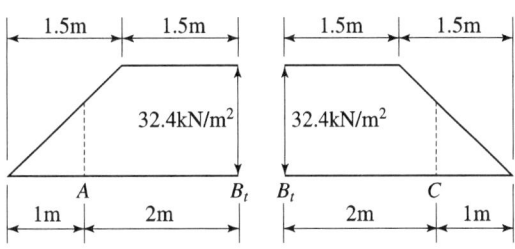

① $\sum M_{B1} = 0$에서

$A \times 2 - \left(\dfrac{1.5 \times 32.4}{2}\right) \times \left(1.5 + \dfrac{1.5}{3}\right) - (1.5 \times 32.4) \times \dfrac{1.5}{2} = 0$

∴ $A = 42.5 \text{kN/m}$

② $\sum V = 0$에서

$A + B_1 = \left(\dfrac{1.5 \times 32.4}{2}\right) + (1.5 \times 32.4) = 72.9 \text{kN/m}$

∴ $B_1 = 72.9 - 42.5 = 30.4 \text{kN/m}$

③ 대칭이기 때문에 $B_1 = 30.4 \text{kN/m}$, $C = 42.5 \text{kN/m}$

④ 지주가 받는 하중
  ㉠ $P_A = A \times$ 지주의 수평간격 $= 42.5 \times 2 = 85 \text{kN}$
  ㉡ $P_B = (B_1 + B_2) \times$ 지주의 수평간격 $= (30.4 + 30.4) \times 2 = 121.6 \text{kN}$
  ㉢ $P_C = C \times$ 지주의 수평간격 $= 42.5 \times 2 = 85 \text{kN}$

11 지하철 공사를 위하여 지반을 수직으로 굴착하면서 흙막이벽을 설치하고자 한다. 토질은 견고한 사질토이며, 이러한 지반에 설치한 흙막이벽에 작용하는 토압은 $0.2\gamma H$(γ : 흙의 단위중량, H : 굴착깊이)로 본다고 하다. 다음 시공자료에 따라 흙막이판의 두께를 결정하시오. (단, 소수 셋째자리에서 반올림하시오.)

[조건]
- 굴착깊이 : 12m
- 엄지말뚝 순간격 : 1.8m
- 흙의 단위중량 : 18kN/m²
- 흙막이 재료 : 미송(허용휨응력) : 10MPa

해설

① $\omega = 0.2\gamma H = 0.2 \times 18 \times 12 = 43.2 \text{kN/m}^2$

② $M_{\max} = \dfrac{wl^2}{8} = \dfrac{43.2 \times 1.8^2}{8} = 17.5 \text{kN} \cdot \text{m}$

③ $\sigma = 10\text{MPa} = 10\text{N/mm}^2 = 10,000\text{kN/m}^2$

④ 휨응력 $\sigma = \dfrac{M}{I} \cdot y = \dfrac{M}{Z} = \dfrac{6M}{bh^2}$

$10,000 = \dfrac{6 \times 17.5}{1 \times h^2}$

∴ $h = 0.1025\text{m} = 10.25\text{cm}$

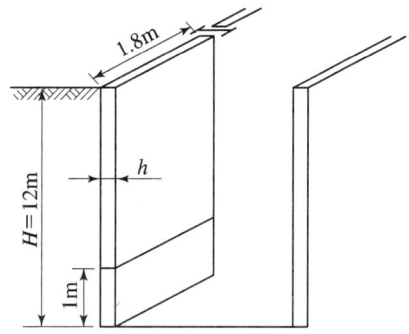

★★★★

12 그림과 같은 연속기초의 지지력을 Terzaghi(테르자기)식으로 구하시오. (단, 점착력 $c = 10\text{kN/m}^2$, 내부마찰각 $\phi = 15°$, $N_c = 6.5$, $N_q = 2.7$, $N_r = 1.2$이다.)

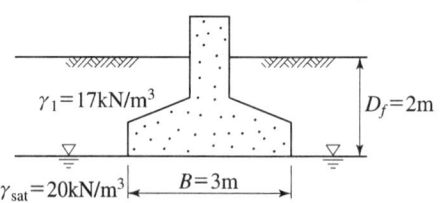

해설

① 연속기초의 형상계수는 $\alpha = 1.0$, $\beta = 0.5$

② 점착력 $c = 10\text{kN/m}^2$

③ 극한지지력 $q_u = \alpha CN_c + \beta r_1 BN_r + r_2 D_f N_q$

$= 1 \times 10 \times 6.5 + 0.5 \times (20 - 9.81) \times 3 \times 1.2 + 17 \times 2 \times 2.7$

$= 175.14 \text{kN/m}^2$

Chapter 07 기초공학

13 3m×3m 크기의 정사각형 기초를 마찰각 $\phi=30°$, 점착력 $c=50\text{kN/m}^2$인 지반에 설치하였다. 흙의 단위중량 $\gamma=17\text{kN/m}^3$이며, 기초의 근입깊이는 2m이다. 지하수위가 지표면에서 1m, 3m, 5m 깊이에 있을 때의 극한지지력을 각각 구하시오. (단, 지하수위 아래의 흙의 포화단위중량은 19kN/m^3이고, Terzaghi 공식을 사용하고, $\phi=30°$일 때 $N_c=36$, $N_r=19$, $N_q=22$)

해설

(1) 지하수위가 지표면하 1m 깊이에 있을 때

$q_u = \alpha c N_c + \beta B \gamma_1 N_r + D_f \gamma_2 N_q$

① $\gamma_1 = \gamma_{sub} = 19 - 9.81 = 9.19\text{kN/m}^3$

② $D_f \gamma_2 = D_f \gamma_1 + D_f \gamma_{sub} = 1 \times 17 + 1 \times 9.19$
  $= 26.19\text{kN/m}^2$

③ $q_u = \alpha c N_c + \beta B \gamma_1 N_r + D_f \gamma_2 N_q$
  $= 1.3 \times 50 \times 36 + 0.4 \times 3 \times 9.19 \times 19 + 26.19 \times 22$
  $= 3,125.71\text{kN/m}^2$

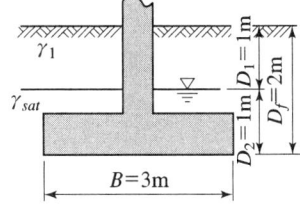

(2) 지하수위가 지표면하 3m 깊이에 있을 때

$q_u = \alpha c N_c + \beta B \gamma_1 N_r + D_f \gamma_2 N_q$

① $\gamma_1 = \gamma_{sub} + \dfrac{d}{B}(\gamma - \gamma_{sub})$

  $= 9.19 + \dfrac{1}{3} \times (17 - 9.19) = 11.79\text{kN/m}^3$

② $\gamma_2 = \gamma_1 = 17\text{kN/m}^2$

③ $q_u = \alpha c N_c + \beta B \gamma_1 N_r + D_f \gamma_2 N_q$
  $= 1.3 \times 50 \times 36 + 0.4 \times 3 \times 11.79 \times 19 + 2 \times 17 \times 22$
  $= 3,356.81\text{kN/m}^2$

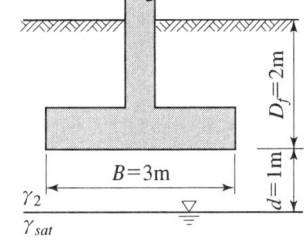

(3) 지하수위가 지표면하 5m 깊이에 있을 때

① $\gamma_1 = \gamma_2 = \gamma_1 = 17\text{kN/m}^2$

② $q_u = \alpha c N_c + \beta B \gamma_1 N_r + D_f \gamma_2 N_q$
  $= 1.3 \times 50 \times 36 + 0.4 \times 3 \times 17 \times 19 + 2 \times 17 \times 22$
  $= 3,475.6\text{kN/m}^2$

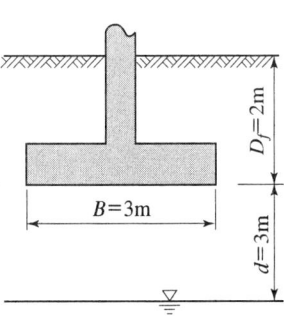

14 폭 10m에 걸쳐 q_u=100kN/m²의 무한 등분포하중이 점토지반 위에 놓여있다. 점토지반의 평균 비배수강도를 30kN/m²라 할 때 지지력에 대한 안전율은 얼마인가? (단, Skempton 방법일 때 N_c=5.1)

해설

① $q_u = cN_r + \gamma D_f = 30 \times 5.1 + 0 = 153 \text{kN/m}^2$

（∴ $\tau = c + \sigma \tan\phi$에서 $c = 30\text{kN/m}^2$）

② $F_s = \dfrac{q_u}{q_a} = \dfrac{153}{100} = 1.53$

15 다음 그림과 같은 구형 얕은 기초에 편심이 작용하는 경우의 극한지지력 $q_u{'}$=500kN/m² 이었다. 지지력 파괴에 대한 안전율을 Meyerhof 방법으로 구하시오.

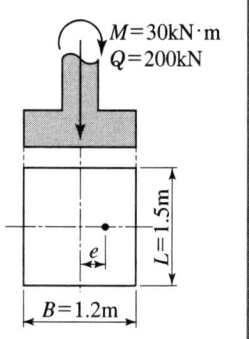

해설

① 편심거리

$M = Q \cdot e$에서 $30 = 200 \times e$ ∴ $e = 0.15\text{m}$

② 기초의 유효크기

㉠ 유효폭 : $B' = B - 2e = 1.2 - 2 \times 0.15 = 0.9\text{m}$

㉡ 유효길이 : $L' = L = 1.5\text{m}$

③ 기초가 부담할 수 있는 극한하중

$q_u{'} = \dfrac{Q_u}{B'L'}$에서 $500 = \dfrac{Q_u}{0.9 \times 1.5}$ ∴ $Q_u = 675\text{kN}$

④ 안전율

$F_s = \dfrac{Q_u}{Q} = \dfrac{675}{200} = 3.38$

Chapter 07 기초공학

16 다음 그림과 같이 연직하중과 모멘트를 받는 구형기초의 극한하중과 안전율을 Terzaghi 공식을 이용하여 구하시오.
(단, $N_c=37.2$, $N_q=22.5$, $N_r=19.7$ 이다.)

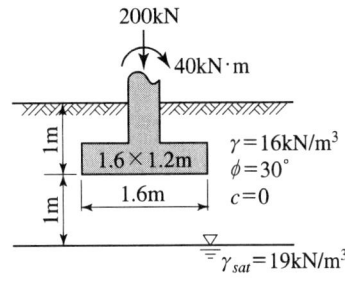

해설

① 편심거리
$$e = \frac{M}{Q} = \frac{40}{200} = 0.2\text{m}$$

② 기초의 유효크기
  ㉠ $B' = B - 2e = 1.6 - 2 \times 0.2 = 1.2\text{m}$
  ㉡ $B' = L' = L = 1.2\text{m}$

③ 유효길이
$B = L' = L - 2e = 1.6 - 2 \times 0.2 = 1.2\text{m}$

④ $d=1\text{m}$, $B'=1.2\text{m}$로 $0 \leq d \leq B'$인 경우이므로
$$r'_1 = r_{sub} + \frac{d}{B'}(r_1 - r_{sub}) = (19-9.81) + \frac{1}{1.2} \times (16-(19-9.81))$$
$$= 14.87\,\text{kN/m}^3$$

⑤ 직사각형이므로 $\beta = 0.5 - 0.1\dfrac{B'}{L} = 0.5 - 0.1 \times \dfrac{1.2}{1.2} = 0.4$

⑥ 극한지지력
$$q_u = \alpha C N_c + \beta r_1 B' N_r + r_2 D_f N_q$$
$$= 0 + 0.4 \times 14.87 \times 1.2 \times 19.7 + 16 \times 1 \times 22.5 = 500.61\,\text{kN/m}^3$$

⑦ 극한하중
$Q_u = q_u \times B' \times L = 500.61 \times 1.2 \times 1.2 = 720.88\text{kN}$

⑧ 안전율
$$F_s = \frac{Q_u}{Q} = \frac{720.88}{200} = 3.60$$

17 다음과 같은 점토지반에 직경이 10m, 지중이 4000t인 물탱크가 설치되어 있다. 극한지지력에 대한 안전율(F_s)이 3일 때 최대로 채울 수 있는 물의 높이는 얼마인가?
(단, N_c=5.14)

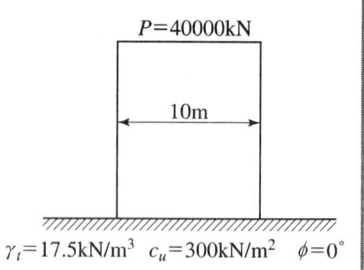

해설

① $q = acN_c = \beta B\gamma_1 N_r + D_f \gamma_2 N_q = 1.3 \times 300 \times 5.14 + 0 + 0 = 2{,}004.6 \text{kN/m}^2$

② $q_a = \dfrac{q_u}{F_s} = \dfrac{2{,}004.6}{3} = 668.2 \text{kN/m}^2$

③ 전수압(P) $P = W$ (물 기둥 무게) $= \omega_o h \cdot A = 9.81 \times h \times \dfrac{\pi \times 10^2}{4} = 770.48h$

여기서, 연직으로 작용하는 물기둥의 무게
수압강도 $p = \omega_o \cdot h$
전수압 $P = p \cdot A = \omega_o \cdot h \cdot A$

④ $770.48h + 40{,}000 = 668.2 \times \dfrac{\pi \times 10^2}{4}$ $\quad h = 16.20 \text{m}$

18 아래 그림과 같은 복합 footing에 있어서 L 및 B를 결정하시오. 기초지반의 허용지내력은 10kN/m^2 이다. (단, 소수 셋째자리에서 반올림 하시오.)

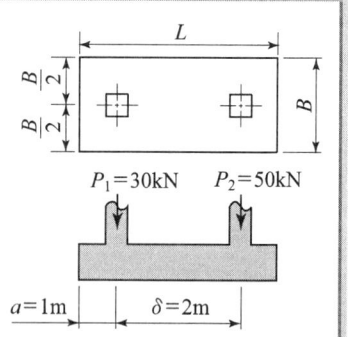

해설

$\sum W = 30 + 50 = 80 \text{kN}$

① $A = \dfrac{\sum W}{q_a} = \dfrac{80 \text{kN}}{10 \text{kN/m}^2} = 8 \text{m}^2$

② $8 \cdot x = 5 \times 2 \qquad x = 1.25 \text{m}$

③ $\dfrac{L}{2} = a + x = 1 + 1.25 \quad \therefore L = 4.5 \text{m} \quad \therefore B = \dfrac{A}{L} = \dfrac{8}{4.5} = 1.78 \text{m}$

Chapter 07 기초공학

★★★★★

19 다음과 같은 조건일 때 사다리꼴 복합확대기초의 크기 B_1, B_2를 구하시오.
(단, 지반의 허용지지력 $q_a = 100\text{kN/m}^2$)

[조건]
- 기둥 1 : 0.5m×0.5m, $Q_1 = 1000\text{kN}$
- 기둥 2 : 0.5m×0.5m, $Q_2 = 800\text{kN}$

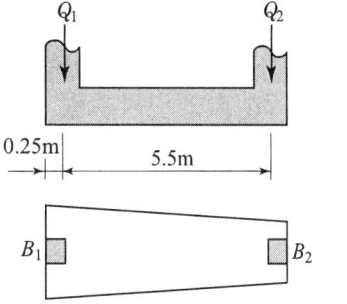

해설

$\sum Q = Q_1 + Q_2 = 1000 + 800 = 1{,}800\text{kN}$

① 면적 $A = \dfrac{\sum Q}{q_a} = \dfrac{1{,}800}{100} = 18\text{m}^2$

② 합력의 위치 $x = \dfrac{Q_2 \cdot s}{\sum Q} = \dfrac{800 \times 5.5}{1{,}800} = 2.44\text{m}$

③ $L_1 + x = \dfrac{L}{3}\dfrac{B_1 + 2B_2}{B_1 + B_2}$ $\qquad 0.25 + 2.44 = \dfrac{6}{3}\dfrac{B_1 + 2B_2}{B_1 + B_2}$ ·················· (1)식

④ $A = \dfrac{B_1 + B_2}{2} \times L = \dfrac{B_1 + B_2}{2} \times 6 = 18$ ·················· (2)식

연립방정식에 의해 풀면
$B_1 = 3.92\text{m} \qquad\qquad B_2 = 2.08\text{m}$

---

20 다음 그림과 같은 콘크리트벽이 전도되지 않으려면 폭 B를 얼마 이상으로 하여야 하는가? (단, 벽의 단위중량은 23kN/m³이다.)

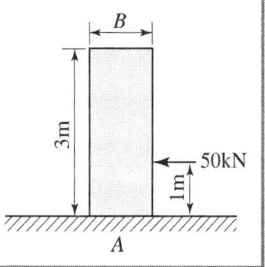

해설

$(3 \times B \times 1) \times 23 \times \dfrac{B}{2} \geq 50 \times 1$

$34.5 B^2 \geq 50 \qquad \therefore B \geq 1.2\text{m}$

21 그림에서와 같이 널말뚝의 흙막이벽이 있다. 이 흙막이벽의 히빙(heaving)에 대한 안전성을 검토하시오. (단, 지반은 점토이고 흙의 단위 중량 $\gamma_t =16.2\text{kN/m}^3$, 점착력 $c=13.1\text{kN/m}^2$ 이다.)

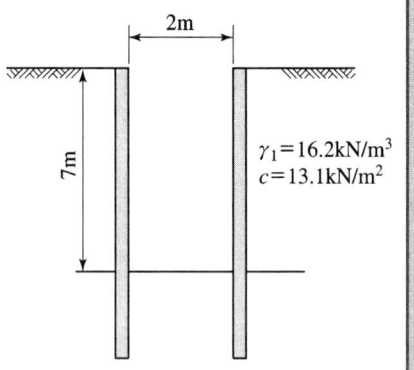

해설

안전율 F_s 공식에 의해서

$$F_s = \frac{5.7c}{\gamma_t H - \dfrac{cH}{0.7B}} = \frac{5.7 \times 13.1}{16.2 \times 7 - \dfrac{13.1 \times 7}{0.7 \times 2}} = 1.56 > 1.5$$

∴ 안전율이 1.5보다 크므로 안전하다.

22 다음 그림에서 piping 대책으로 가장 적당한 것은?

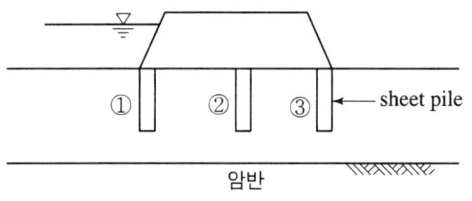

해설

③ : 침투 경로가 길어져서 동수 경사의 감소로 침투압이 감소된다.

★

23 모래 지반에 기초 폭 $B=1.2\text{m}$인 얕은 기초에서 편심 $e=0.15\text{m}$로 연직 하중이 작용하고 있다. 하중 작용점 아래의 탄성 침하가 12mm, 하중 작용점 기초ㆍ모서리에서의 탄성 침하가 16mm이었다. 기초의 침하 각도를 구하시오.

해설

• 침하각도 $t = \sin^{-1}\left[\dfrac{S_1 - S_2}{\dfrac{B}{2} - e}\right]$

$= \sin^{-1}\left[\dfrac{1.6 - 1.2}{\dfrac{120}{2} - 1.5}\right] = 0.509°$

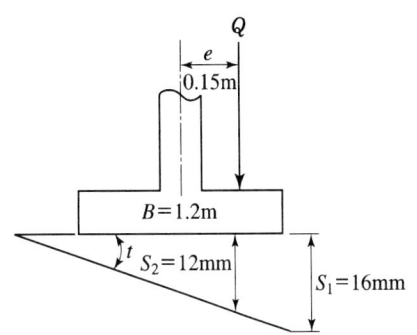

★★★★★★

24 아래 그림의 조건에서 기초의 장기 및 단기 허용지지력을 각각 구하시오.

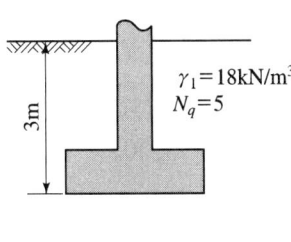

(a) 독립기초 설치단면   (b) 지표 3m지점 평판재하시험 결과

해설

$q_t = \dfrac{f_y}{2} = \dfrac{600}{2} = 300\,\text{kN}/\text{m}^2$

$q_t = \dfrac{S_u}{3} = \dfrac{1,000}{3} = 333.33\,\text{kN}/\text{m}^2$ 중 작은 값 $\therefore\ q_t = 300\,\text{kN}/\text{m}^2$

① 장기 허용지지력 : $q_t + \dfrac{1}{3}\gamma_t \cdot D_f \cdot N_g = 300 + \dfrac{1}{3} \times 18 \times 3 \times 5 = 390\,\text{kN}/\text{m}^2$

② 단기 허용지지력 : $2q_t + \dfrac{1}{3}\gamma_t \cdot D_f \cdot N_g = 2 \times 300 + \dfrac{1}{3} \times 18 \times 3 \times 5 = 690\,\text{kN}/\text{m}^2$

25 과압밀 점토(OC)의 정지 토압 계수는 정규 압밀 점토(NC)의 정지 토압 계수와 다음과 같은 관계가 있다.

$$K_{O(OC)} = K_{O(NC)}\sqrt{OCR}$$

이때 정규 압밀 점토의 정지 토압 계수를 0.5라고 하면 응력 경로(stress path)의 $p-q$ 다이어그램에서 p축 아래 K_o선이 있기 위해서는 OCR이 얼마 이상이어야 하는가?

해설

$K' = K_O\sqrt{OCR} = 0.5\sqrt{OCR} > 1$
$\sqrt{OCR} > 2$
$\therefore OCR > 4$

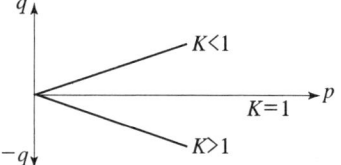

26 그림과 같은 과압밀 점토 지반 위에 넓은 지역에 걸쳐 $\gamma_t = 19.5\text{kN/m}^3$ 흙을 3.0m 높이로 성토 계획을 세우고 있다. 이 점토 지반의 중앙 단면에서의 압밀 침하량 계산에 압축 지수(C_c) 대신에 팽창 지수(C_s)만을 사용할 수 있는 OCR의 한계 값을 구하시오.

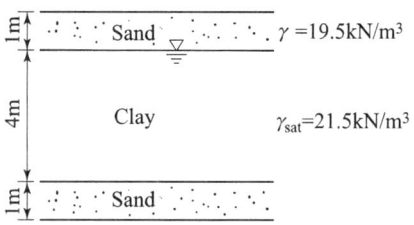

해설

팽창지수를 사용할 수 있는 경우는 과압밀점토($P_o < P_c$)에서 $P_o < P_o + \Delta P_{av} < P_c$인 경우이므로

① $P = 19.5 \times 1 + (21.5 - 9.81) \times \dfrac{4}{2} = 42.88\text{kN/m}^2$

② $\Delta P = 19.5 \times 3 = 58.5\text{kN/m}^2$

③ $OCR \geq \dfrac{P_o + \Delta P}{P_o} = \dfrac{42.88 + 58.5}{42.88} = 2.36$

27. 그림과 같은 무근 콘크리트 기초에 집중 하중 1000kN이 중심에 작용할 때 footing의 두께는? (단, 콘크리트의 허용 휨응력은 0.2MPa이고, 기초의 폭은 1m이며 지반은 경암임)

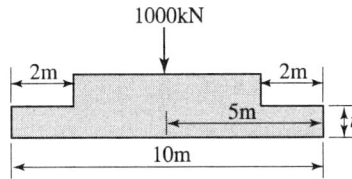

해설

① 지반응력 : $q = \dfrac{P}{A} = \dfrac{1{,}000}{10 \times 1} = 100 \text{kN/m}^2$

② 휨모멘트 : $M_A =$ 지반응력 × 하중 작용점 면적 × 도심거리

$$= 100 \times (2 \times 1) \times \dfrac{2}{2} = 200 \text{kN} \cdot \text{m}$$

③ 허용휨응력 : $\sigma_a = 0.2\text{MPa} = 0.2\text{N/mm}^2 = 200\text{kN/m}^2$

④ Foot 두께 : $\sigma_a = \dfrac{M}{Z}$ 에서

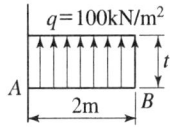

$$M = \sigma_a \cdot Z = \sigma_a \times \dfrac{bt^2}{6} = 200 \times \dfrac{1 \times t^2}{6} = 200$$

∴ 두께 $t = 2.45\text{m}$ (∵ 단면계수 $Z = \dfrac{bh^2}{6}$)

7-15 깊은 기초

1. 깊은 기초의 종류

① 말뚝 기초　② 피어 기초　③ 케이슨 기초

2. 말뚝 기초

(1) 지지방법에 의한 말뚝의 분류(지지력 전달상태에 따른 분류)

① 선단지지 말뚝　② 마찰말뚝　③ 하부지반지지 말뚝

(2) 기능에 따른 말뚝의 분류(사용목적에 따른 분류)

① 다짐 말뚝　② 인장 말뚝　③ 활동방지 말뚝　④ 횡력 저항 말뚝

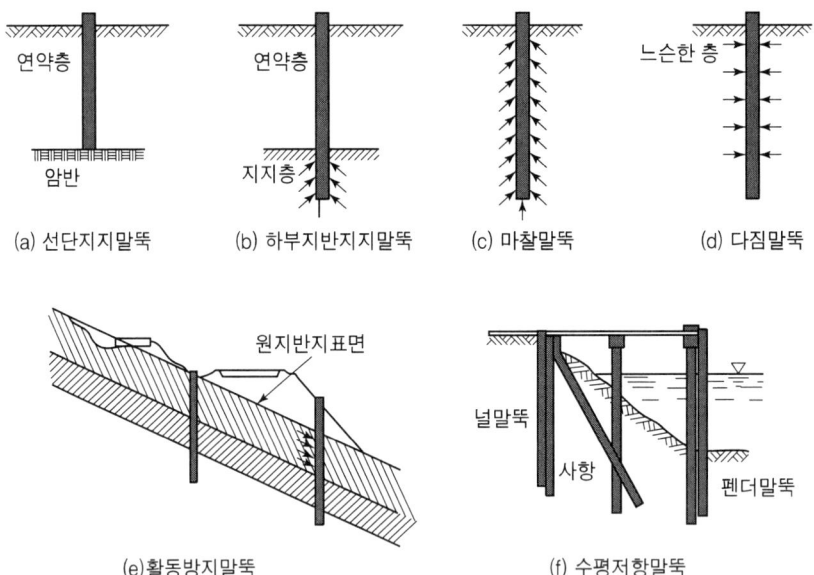

(3) 사용 재료에 따른 말뚝의 분류

① 나무 말뚝(Wooden pile)
② 원심력 철근 콘크리트 말뚝(RC-Pile)
　㉠ 개요 : 원심력을 이용하여 콘크리트 강도를 증가시킨 원심력 철근콘크리트 중공 말뚝이 많이 이용된다.

ⓒ 특징

장 점	단 점
• 말뚝 길이 15m 이하에서는 경제적인 공법이다. • 말뚝 재료의 구입이 용이하다. • 재질이 균일하여 신뢰성이 높다. • 강도가 크므로 지지 말뚝에 적합하다.	• 굳은 토층(N≒30)의 관통이 어렵다. • 말뚝 이음의 신뢰성이 적다. • 자중이 크다. • 타입시 말뚝 균열의 위험성이 있다. • 말뚝 균열이 생기면 철근이 부식하여 내구성이 떨어진다.

③ 프리스트레스트 콘크리트 말뚝

㉠ 특징

장 점 ★	단 점
• 타입시 프리스트레스가 유효하게 작용하여 인장파괴가 일어나지 않는다. • 타입시 균열이 생기지 않으므로 내구성이 크다. • 휨력을 받았을 때의 휨량이 적다. • 중량이 가벼워 운반, 취급이 용이하다. • 길이 조절이 용이하다. • 이음이 비교적 쉽다.	• 공사비가 비싸다. • 내화성에 있어서 불리하다. • 강성이 작아 변형하기 쉽다. • 운반 도중 응력 변화의 문제가 있다. • 단면이 작기 때문에 진동하기 쉽다. • PC 강선의 인장을 위한 별도의 시설비가 필요하다.

㉡ 시공방법

ⓐ 매입공법(압입공법) : Oil jack의 방력으로 말뚝에 정적압입력을 가해 말뚝을 압입
- 소음진동이 없다.
- 두부손상이 없다.
- 주위지반의 교란이 없다.

ⓑ Pre-Boring 방식 : 저소음, 저진동 오우거 스크루(Auger-Screw), 회전식 버킷(Bucket), 회전식 비트(Bit) 등을 이용하여 벤토나이트(Bentonite) 안정액으로 공벽을 보호하면서 굴착을 한 후 말뚝을 압입하는 공법이다.

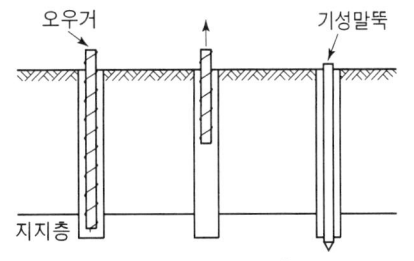

① 지반굴착 ② 오우거 인발 ③ 기성말뚝 삽입
[Pre-boring 방식]

ⓒ 중공 굴착 방식 : 저소음, 저진동, 두부손상이 없다.
말뚝의 중공부에 삽입한 특수한 오우거(Auger)나 버킷(Bucket)으로 굴착하면서 압입하는 공법이다.

ⓓ 제트(Jet) 방식 : Water Jet 공법, 사수식
- 소음, 진동이 거의 없다.
- 사질지반에 사용, 점토지반에 사용 안한다.

- 제트 파이프(Jet Pipe)를 말뚝에 설치하여 고압수를 분사시켜 굴착하여 흙을 말뚝의 중공부에 배출시키면서 시공하는 방법으로 타격, 압입, 진동 공법의 보조 공법으로 이용된다.

③ 강말뚝

　㉠ 강말뚝의 종류
　　ⓐ 강관(KS F 4602)
　　ⓑ H형강(KS F 4603)
　　ⓒ 강 널말뚝(KS F 4604)

　㉡ 특징

장 점	단 점
• 재질이 강하여 큰 타격에도 파손되지 않는다. • 재질이 강하여 굳은 토층을 관통하여 지지층에 도달시킬 수 있다. • 큰 지지력을 얻을 수 있다. • 휨강성이 크므로 수평저항력이 크다. • 중량이 가벼워서 운반, 취급이 용이하다. • 길이 조절이 용이하다. • 이음의 신뢰성이 높다. • 치수 효과가 좋다.	• 공사비가 비싸다. • 부식하기 쉽다. • 다짐 말뚝이나 마찰 말뚝으로 적합하지 않다.

　㉢ 부식 방지 대책
　　ⓐ 두께를 증가시키는 방법(일반적으로 2mm 정도)
　　ⓑ 도장에 의한 방법
　　ⓒ 콘크리트로 피복하는 방법
　　ⓓ 전기 방식법

(4) 말뚝 재료의 조합에 의한 분류

① 이음 말뚝(Connected Pile) : 같은 재료로 된 말뚝을 2개 이상 이은 말뚝을 말한다.
② 합성 말뚝(Composite Pile) : 다른 재료로 된 말뚝을 이은 말뚝을 말한다.

(5) 사용 특성에 따른 분류

① 종류

　㉠ 강관말뚝(Wooden pile) : 가볍고 전단 저항과 휨 저항이 우수하나 고가이다.
　㉡ 콘크리트말뚝(PHC 말뚝) : 가격이 저렴하여 경제적이나, 무겁다.
　㉢ 복합말뚝(Hybrid Composite Pile) : 재료수급이 비교적 용이한 콘크리트말뚝(PHC 말뚝)과 강관말뚝을 결합하여 사용본수를 줄일 수 있으므로 경제적이다. 개념 ★
　㉣ 내부충전 합성 PHC말뚝(ICP말뚝) : PHC말뚝 내부를 콘크리트로 충전하여 매우 경제적이다.

② 특성 비교

구분	강관말뚝	콘크리트말뚝	복합말뚝	ICP말뚝
말뚝두부	• 두부정리로 인한 구조적 손실이 없음	• 원컷팅으로 인한 구조적 손실이 없음	• 두부정리로 인한 구조적 손실이 없음	• 원컷팅으로 인한 구조적 손실이 없음
시공성	• 콘크리트말뚝에 비해 가벼워 시공성이 좋다. • 항타말뚝은 개단(end opes)되어 관입성이 우수하다. • 선굴착 매입말뚝의 경우 관입성이 말뚝의 재질과 무관하다.	• 강관말뚝에 비해 무거우나 시공성이 나쁘지는 않다. • 선굴착 매입말뚝의 경우 관입성이 오거(Auger)의 종류와 크기에 따라 경정된다.	• 강관말뚝보다는 무겁고 콘크리트 말뚝보다는 가볍다. • 항타말뚝이든 선굴착 매입말뚝이든 시공방법에 영향을 받지 않는다.	
지지력	• 항타말뚝의 경우 관입성과 지지력 및 축력이 우수하다. • 선굴착 매입말뚝의 경우 선단이 개단(end opes)되어 선단 지지력 확보가 어려워 별도의 시공이 필요하다. • 말뚝표면의 마찰계수가 적어 주면마찰력의 크기가 보통이다.	• 항타말뚝의 경우 강관말뚝에 비해 관입성은 떨어지고 축력에는 취약하나 지지력 확보에는 문제 없다. • 선굴착 매입말뚝의 경우 폐단(end close)말뚝으로 선단 지지력 확보가 강관말뚝보다 우수하여 별도의 시공이 필요치 않다. • 말뚝표면의 마찰계수가 커 주면 마찰력이 우수하다.	• 항타말뚝의 경우 강관말뚝에 비해 관입성은 떨어지나 지지력 확보에는 문제없다. • 선굴착 매입말뚝의 경우 폐단(end close)말뚝으로 선단 지지력 확보가 강관말뚝보다 우수하여 별도의 시공이 필요치 않다. • 말뚝표면의 마찰계수가 커 주면마찰력이 우수하다.	
경제성	• 콘크리트말뚝에 비해 고가이다. • 강재가격이 높고 재료를 수입에 많이 의존하므로 국내·외 자재 가격에 의한 가격변동 요인이 커 수급이 불안정한 경우가 많다.	• 강관말뚝에 비해 재료의 가격이 경제적이다. • 주재료인 콘크리트가 국내에서 주로 수급되므로 가격 또한 비교적 안정적이다.	• 말뚝의 주재료가 콘크리트로 구성되어 재료의 가격이 비교적 경제적이다. • 콘크리트말뚝에 비해 사용 본수를 줄일 수 있고, 주재료가 국내에서 주로 수급되므로 경제성이 우수하다.	

(6) 수평력을 받는 말뚝 종류 ★

수평력을 받는 말뚝은 말뚝과 지반 중 어느 것이 움직이는가에 따라 주동말뚝(active pile)과 수동말뚝(passive pile)으로 대별된다.

① **주동말뚝(active pile)** : 말뚝의 측방유동으로 인해 측방토압이 발생되는 말뚝
② **수동말뚝(passive pile)** : 지반의 측방유동으로 인하여 발생되는 측방토압을 받는 말뚝
  ㉠ 수동말뚝 종류
    ⓐ 흙막이용 말뚝   ⓑ 사면 안정용 말뚝   ⓒ 교대 기초말뚝
    ⓓ 구조물 기초말뚝   ⓔ 횡잔교 기초말뚝 등
  ㉡ 수동말뚝 변위 해석 방법 종류 ★★★
    ⓐ 간편법 : 지반의 측방변형으로 발생할 수 있는 최대 측방토압을 고려한 상태에서 해석하는 방법

ⓑ 지반 반력법 : 주동말뚝에서와 같이 지반을 독립된 Winkler 모델로 이상화시켜 해석하는 방법
ⓒ 탄성법 : 지반을 이상적 탄성체 혹은 탄소성체로 가정하여 해석하는 방법
ⓓ 유한요소법 : 지반을 유한개의 요소로 분할하여 해석하는 구조적 근사해법

(7) 말뚝의 설치 특성에 따른 분류 개념 ★

① 배토말뚝 : 콘크리트 말뚝이나 선단 폐쇄 강관말뚝과 같은 타입 말뚝은 흙을 횡방향으로 이동시켜서 주위의 흙을 다져주는 효과가 있는 말뚝
② 소배토말뚝 : H형강 말뚝이나 선단개방 강관말뚝은 타입 시 흙을 수평방향으로 약간만 이동시키는 말뚝
③ 비배토말뚝 : 천공말뚝은 수직으로 타입 설치하더라도 흙의 응력 상태에 변화가 거의 없는 말뚝

3. 현장 콘크리트 말뚝(Cast-in-place concrete pile)

[타격] ① Franky Pile   [굴착] ① 베노토 공법
       ② Pedestal Pile   ② 어스 드릴 공법
       ③ Raymond Pile   ③ 역순환 공법

(1) Franky 말뚝

① 개요 : 콘크리트를 외관 속에 채워서 Drop hammer로 콘크리트를 타격하여 소정의 깊이까지 관입한 후 콘크리트를 타격하여 구근을 형성한 후 외관을 잡아떼면서 콘크리트를 타격 말뚝을 만든다.
② 특징 : ㉠ 무각이다.
         ㉡ 해머가 콘크리트를 타격한다.
         ㉢ 소음과 진동이 작아 시가지 공사에 적당하다.

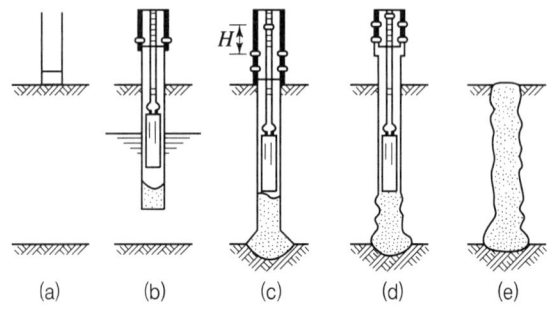

[Franky 말뚝의 시공순서]

(2) Pedestal 말뚝

① 개요 : 케이싱을 직업 타격하여 내관과 외관을 지반에 관입한 후 선단부에 구근을 만들고 콘크리트를 투입 케이싱을 현장 다짐을 되풀이하여 말뚝을 만든다.

② 특징 : ㉠ 무각이다.
　　　　㉡ 해머(Hammer)가 직접 케이싱을 타격한다.
　　　　㉢ 소음과 진동이 크다.

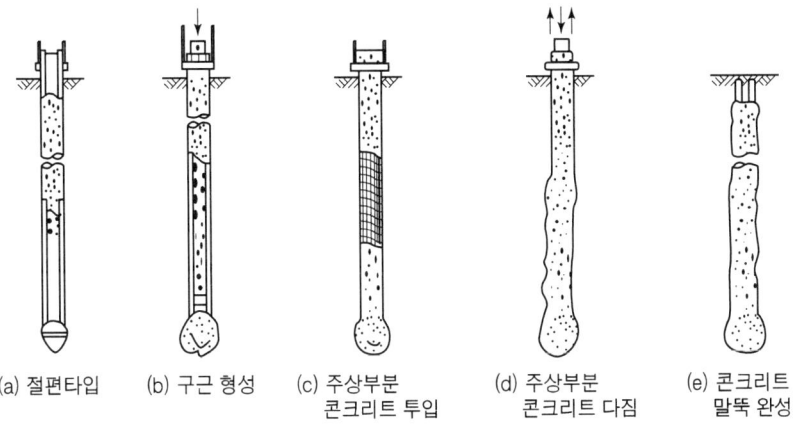

(a) 절편타입　(b) 구근 형성　(c) 주상부분 콘크리트 투입　(d) 주상부분 콘크리트 다짐　(e) 콘크리트 말뚝 완성

[Pedestal 말뚝의 시공순서]

Franky 말뚝과 Pedestal 말뚝

Franky 말뚝	Pedestal 말뚝
콘크리트 타격	케이싱 타격
소음이 작다	소음이 크다
진동이 작다	진동이 크다
외관	이중관
부각	부각

(3) Raymond 말뚝 개요 ★★★

① 개요 : 대, 외관을 동시에 지중에 관입한 후 내관을 빼내고, 외관 속에 콘크리트를 쳐서 말뚝을 만든다.

② 특징 : 유각이다.

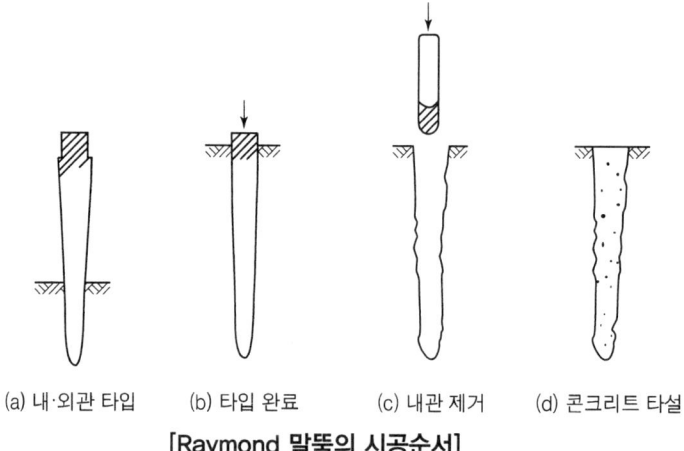

(a) 내·외관 타입　(b) 타입 완료　(c) 내관 제거　(d) 콘크리트 타설

[Raymond 말뚝의 시공순서]

4. SIP(Soil-Cement Injected Precast Pile) 공법

(1) 개요

지반을 말뚝 직경보다 5~10cm 정도 크게 연속 오우거(Auger)로 시멘트 풀(Cement Past)을 주입하면서 굴착 원지반 토사와 교반하고, 기성 말뚝을 자중에 의하여 굴착공의 내부에 압입한 후 Hammer로 말뚝 선단부 1.0~1.5m 정도를 해머로 타입 시키는 공법이다.

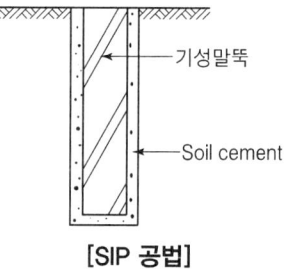

[SIP 공법]

(2) 장점

① 무소음, 무진동이다.
② 시가지 공사에 적합하다.
③ 말뚝 선단지지력을 증가시킨다.
④ 말뚝 주면마찰력을 증가시킨다.

(3) 시공순서

① 오우거(Auger)를 이용하여 말뚝심도까지 굴착한다.
② 오우거(Auger)로 시멘트 풀과 지반을 교반한다.
③ 오우거(Auger)를 인발하면서 시멘트 풀을 주입한다.
④ 기성 말뚝을 자중에 의해 삽입한다.
⑤ Hammer로 말뚝을 가볍게 타입하여 완료한다.

Chapter 07 기초공학

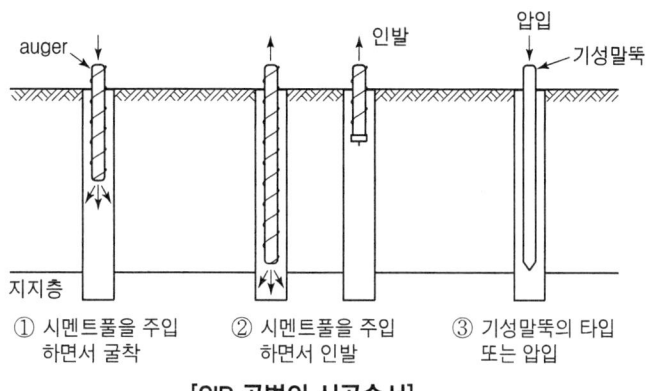

[SIP 공법의 시공순서]

7-16 말뚝의 압축재하시험

1. 말뚝의 지지력 산정을 위한 재하시험

(1) 압축재하시험 종류 ★

압축재하시험은 말뚝의 연직지지력을 평가하기 위한 시험이다.
① 정적재하시험 : 하중 재하방법으로는 사하중 이용방법, 반력말뚝이용방법, 어스앵커 이용방법이 있다. 종류 ★★★
  ㉠ 사하중 이용방법   ㉡ 반력말뚝이용방법   ㉢ 어스앵커이용방법
② 동적재하시험
③ 정동적재하시험
④ 간편재하시험

(2) 수평재하시험

수평재하시험은 말뚝의 수평지지력을 평가하기 위한 시험이다.

(3) 인발재하시험

인발재하시험은 말뚝의 주면 마찰력을 평가하기 위한 시험이다.

S.P.L.T (Simple Pile Load Test, 자체반력을 이용한 파일재하시험장치)
S.P.L.T는 기존 재하시험법이 가지고 있는 단점인 많은 시간과 비용, 위험요소 등의 비효율성을 획기적으로 개선하여 상재하중 대신 자체반력을 이용하여 선단지지력과 주면마찰력을 분리 측정함으로써 시험비용의 절감과 기간의 단축, 아울러 합리적인 설계를 통하여 원가절감 및 공기단축을 동시에 도모할 수 있는 시험방법이다.

7-17 말뚝의 지지력

1. 말뚝의 지지력을 구하는 방법 종류 ★★★★

(1) 정역학적 공식에 의한 방법

① Terzaghi 공식 ② Dörr 공식
③ Meyerhof 공식 ④ Dunham의 공식

(2) 동역학적 공식에 의한 방법

① Hiley 공식 ② Engineering News 공식
③ Sander 공식 ④ Weisbach 공식

(3) 말뚝재하시험에 의한 방법

2. 정역학적 공식

(1) Terzaghi의 공식 계산 ★★

① 극한지지력 계산 ★★★★★★★★

$$Q_u = Q_p + Q_f = q_u \cdot A_p + f_s \cdot A_s$$

여기서, Q_u : 말뚝의 극한지지력(t)
 Q_p : 말뚝의 선단지지력(t)
 Q_f : 말뚝의 주면마찰력(t)
 q_u : 말뚝 선단의 극한지지력(t/m²)
 A_p : 말뚝의 선단지지단면적(m²) = $\dfrac{\pi D^2}{4}$
 f_s : 말뚝 주면의 평균마찰력(t/m²)
 A_s : 말뚝의 주면적(m²) = πDL

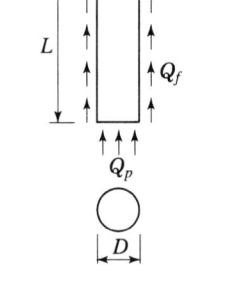

② 허용지지력

$$Q_a = \dfrac{Q_u}{F_s} = \dfrac{Q_u}{3}$$

(2) Dörr의 공식

주로 마찰 말뚝에 적용하며, 피어와 같이 말뚝 주면 지반을 압축하지 않은 말뚝에는 적용하지 못한다.

(3) Meyerhof의 공식 종류 ★★★★★★★★★★

① 극한지지력

$$Q_u = Q_p + Q_f = 40 \cdot N \cdot A_p + \frac{1}{5} \cdot \overline{N_s} \cdot A_s + \frac{1}{2} \cdot \overline{N_c} \cdot A_c$$

여기서, A_s : 모래층 내의 말뚝 주면적($A_s = U \cdot l_s$)
$\overline{N_s}$: 모래층의 평균 N치
$\overline{N_c}$: 점토층의 평균 N치
l_c : 점토층 내의 말뚝 길이(m)
U : 말뚝의 주면 길이(m)
N : 말뚝 선단지반(모래 지반)의 N치

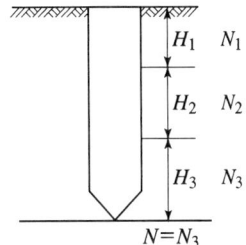

[모래층의 평균 N치($\overline{N}$)]

② 모래층의 평균 N치

$$\overline{N_s} = \frac{N_1 \cdot H_1 + N_2 \cdot H_2 + N_3 \cdot H_3}{H_1 + H_2 + H_3}$$

③ 허용지지력

$$Q_a = \frac{Q_u}{F_s} = \frac{Q_u}{3}$$

(4) Dunham의 공식

주로 마찰 말뚝에 적용하며, 피어와 같이 말뚝 주면 지반을 압축하지 않은 말뚝에는 적용하지 못한다.

3. 동역학적 공식

일-에너지 이론 즉, 말뚝에 가해진 에너지와 말뚝이 한 일은 같다는 조건으로 추정한다.

(1) Hiley의 공식 계산 ★★★

가장 합리적이며, 모래, 자갈에 적합하다.

① 극한지지력

$$Q_u = \frac{W_h \cdot H \cdot e}{S + \frac{1}{2}(C_1 + C_2 + C_3)} \left(\frac{W_h + n^2 \cdot W_p}{W_h + W_p} \right)$$

여기서, W_h : Hammer의 중량(t), H : 낙하고(cm), S : 말뚝의 최종 관입량(cm)
n : 반발계수, W_p : 말뚝의 중량(t), C_1, C_2, C_3 : 캡, 말뚝, 흙의 일시적 탄성 압축량(cm),
e : Hammer의 효율

② 허용지지력

$$Q_a = \frac{Q_u}{F_s} = \frac{Q_u}{3}$$

즉, Hiley 공식의 안전율은 $F_s = 3$이다.

(2) Engineering news 공식

① Drop hammer의 극한지지력

$$Q_u = \frac{W_h \cdot H}{S + 2.54}$$

② 단동식 Steam hammer의 극한지지력 계산 ★★★★★

$$Q_u = \frac{W_h \cdot H}{S + 0.254}$$

③ 복동식 Steam hammer의 극한지지력

$$Q_u = \frac{(W_h + A_p \cdot P) \cdot H}{S + 0.254}$$

여기서, A_p : 피스톤의 면적(cm^2) P : Hammer에 작용하는 증기압(t/cm^2)
       S : 타격당 말뚝의 평균관입량(cm) H : 낙하고(cm)

④ 허용지지력 계산 ★★★★★

$$Q_a = \frac{Q_u}{F_s} = \frac{Q_u}{6}$$

즉, 엔지니어링 뉴스 공식의 안전율은 $F_s = 6$이다.

(3) Sander의 공식

① 극한지지력

$$Q_u = \frac{W_h \cdot H}{S}$$

즉, Sander 공식의 안전율은 $F_s = 8$이다.

② 허용지지력

$$Q_a = \frac{W_h \cdot H}{8 \cdot S}$$

(4) Weisbach의 공식

① 극한지지력

$$Q_u = \frac{A \cdot E}{L} \cdot \left(-S + \sqrt{S^2 + W_h \cdot H \cdot \frac{2L}{A \cdot E}} \right)$$

여기서, A : 말뚝의 단면적(m^2) E : 말뚝의 탄성계수(t/m^2)
L : 말뚝의 길이(m) S : 말뚝의 최종관입량(m)

② 허용지지력

$$Q_a = 0.15 Q_u$$

동역학적 공식의 안전율

종 류	안전율
Hiley 공식	3
Engineering 공식	6
Sander 공식	8

4. 말뚝의 재하 시험에 의한 방법

① 시험 결과의 표시
  ㉠ 시간-하중곡선
  ㉡ 시간-침하곡선
  ㉢ 하중-침하곡선

② 장기 허용지지력 : 평판재하시험과 동일한 방법으로 구한다.

$$q_a = q_t + \frac{1}{3} \cdot \gamma \cdot D_f \cdot N_q$$

여기서, q_t : 재하시험에 의한 항복강도의 $\frac{1}{2}$ 또는 극한강도의 $\frac{1}{3}$ 중 작은 값(t/m^2)
D_f : 기초에 근접된 최저 지반면에서 기초 하중면까지의 깊이(m)
N_q : 지지력계수

③ 말뚝을 연약지반에 타입할 때 주위 흙이 교란되어 과잉간극수압이 발생하여 지반의 강도가 저하되므로 말뚝 재하 시험은 충분한 시간이 경과한 후에 하여야 한다.

5. 수평력에 의한 변위계산

수평력에 대한 허용지지력은 공내수평재하시험에서 얻은 횡방향 지반 반력계수 K_h를 이용하여 수평방향허용변위량에 대한 수평력이 허용지지력이다.

(1) 지반이 균일하고 말뚝길이가 $\dfrac{\pi}{\beta}$ 이상인 경우

① 수평력이 말뚝 상단에 작용하고 후팅과 말뚝상단의 연결이 힌지(hinge)일 때

$$\beta = \sqrt[4]{\dfrac{K_h \cdot D}{4 \cdot E \cdot I}}$$

여기서, K_h : 횡방향 지반반력계수(kg/cm^3) D : 말뚝의 직경(cm)
         E : 말뚝의 탄성계수(kg/cm^2) I : 말뚝의 단면 2차모멘트(cm^4)

계산 ★★★★★

$$\delta = \dfrac{2 \cdot \beta \cdot H}{K_h \cdot D}$$

여기서, δ : 말뚝상단의 수평변위량(cm) H : 말뚝상단의 작용하는 수평력(kg)

② 수평력이 말뚝 상단에 작용하고 후팅과 말뚝상단의 연결이 강결일 때

$$\delta = \dfrac{\beta \cdot H}{K_h \cdot D}$$

(2) 지반이 균일하지 않거나, 말뚝 길이가 $\dfrac{\pi}{\beta}$ 미만일 때 3분할 조건식을 풀어서 구한다.

Chapter 07 기초공학

01 말뚝의 지지력을 구하는 방법 3가지를 쓰시오.

해설

① 정역학적 지지력 공식
② 동역학적 지지력 공식
③ 말뚝 재하 시험에 의한 방법

02 직경 40cm, 깊이 10m의 말뚝 기초 시공시에 말뚝이 지탱할 수 있는 최대상부하중을 구하시오. (단, 지반의 극한 지지력=800kN/m², 주면마찰력=0.04MPa, 정역학적 지지력 공식의 개념으로부터)

해설

주면마찰력(f_s)
$f_s = 0.04\text{MPa} = 0.04\text{N/mm}^2 = 40\text{kN/m}^2$

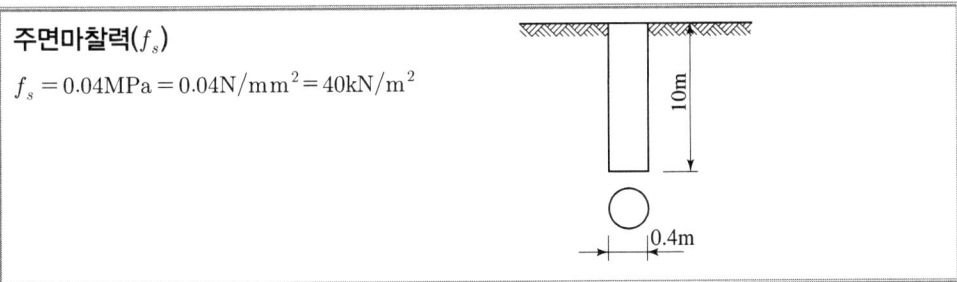

① 말뚝의 선단 단면적(A_p)

$$A_p = \frac{\pi \cdot D^2}{4} = \frac{\pi \times 0.4^2}{4} = 0.126\text{m}^2$$

② 말뚝의 주면 단면적(A_s)

$$A_s = \pi \cdot D \cdot L = \pi \times 0.4 \times 10 = 12.566\text{m}^2$$

③ 최대상부하중(말뚝의 극한지지력 Q_u)

$$Q_u = Q_p + Q_f = q_u \cdot A_p + f_s \cdot A_s = 800 \times 0.126 + 40 \times 12.566 = 603.44\text{kN}$$

03 극한지지력 Q_u =200kN이고, RC pile의 직경이 30cm, 주면마찰력이 25kN/m², 말뚝 선단의 지지력 q_u =280kN/m²이라 할 때 RC pile의 지중깊이는 얼마나 박으면 될 것인가? (단, 정역학적 지지력 공식 개념에 의함)

해설

① 말뚝의 극한지지력(Q_u)

$$Q_u = Q_p + Q_f = q_u \cdot A_p + f_s \cdot A_s = q_u \cdot \left(\frac{\pi \cdot D^2}{4}\right) + f_s \cdot (\pi \cdot D \cdot L)$$

② 지중깊이(L)

$$L = \frac{Q_u - \left[q_u \cdot \left(\frac{\pi \cdot D^2}{4}\right)\right]}{f_s \cdot \pi \cdot D} = \frac{200 - \left[280 \times \left(\frac{\pi \times 0.3^2}{4}\right)\right]}{25 \times \pi \times 0.3} = 7.65\text{m}$$

04 깊이 20m이고, 폭이 30cm인 정방형 철근 콘크리트 말뚝이 두꺼운 균질한 점토층에 박혀있다. 이 점토의 전단강도는 60kN/m², 단위중량은 18kN/m³이며, 부착력은 점착력의 0.9배이다. 지하수위는 지표면과 일치한다. 극한지지력을 구하시오. (단, N_c =9, N_q =1)

해설

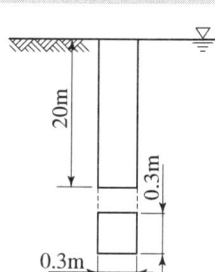

① 전단강도(τ)

$$\tau = c + \overline{\sigma} \cdot \tan\phi = c_u = 60\text{kN/m}^2$$

② 흙의 수중단위중량(γ_{sub})

$$\gamma' = \gamma_{sub} = 18 - 9.80 = 8.2\text{kN/m}^3$$

③ 선단지지력(q_u)

$$q_u = c \cdot N_c + \gamma \cdot D_f \cdot N_q = 60 \times 9 + 8.2 \times 20 \times 1 = 704\text{kN/m}^2$$

④ 말뚝의 선단 단면적(A_p)

$$A_p = B \cdot B = 0.3 \times 0.3 = 0.09\text{m}^2$$

⑤ 주면마찰력(f_s)

$$f_s = 0.9c = 0.9 \times 60 = 54\text{kN/m}^2$$

⑥ 말뚝의 주면적(A_s)

$$A_s = 4 \cdot B \cdot L = 4 \times 0.3 \times 20 = 24\text{m}^2$$

⑦ 말뚝의 극한지지력(Q_u)

$$Q_u = Q_p + Q_f = q_u \cdot A_p + f_s \cdot A_s = 704 \times 0.09 + 54 \times 24 = 1{,}359.36\text{kN}$$

05 균질한 사질토($c=0$)에 타입된 콘크리트 말뚝의 깊이가 12m이고, 말뚝은 한 변이 30cm인 정사각형 단면이다. 사질토의 표준 관입 시험치 N이 20으로 균일할 때 말뚝의 선단 지지력과 마찰 지지력을 구하시오. (단, Meyerhof 공식 적용)

해설

① 선단 지지력(Q_p)

$Q_p = 40 \cdot N \cdot A_p = 40 \times 20 \times (0.3 \times 0.3) = 72\text{t}$

② 마찰 지지력(Q_f)

$Q_f = \dfrac{1}{5} \cdot \overline{N_s} \cdot A_s = \dfrac{1}{5} \times 20 \times (0.3 \times 4 \times 12) = 57.6\text{t} \times 9.81\text{kN/t} = 565.06\text{kN}$

★★★★★★★★★★

06 그림과 같이 표준 관입 시험 값이 다른 3종의 모래 지층으로 되어 있는 기초 지반에 지름 30cm, 길이 12m의 콘크리트 말뚝을 박았을 때 말뚝의 허용지지력을 안전율 3으로 하여 Meyerhof의 공식으로 구하시오.

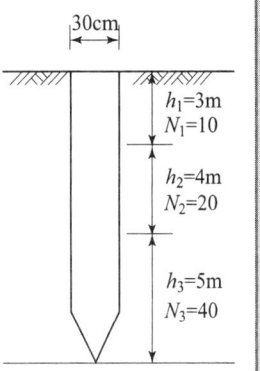

해설

① 선단 단면적(A_p)

$A_p = \dfrac{\pi \cdot D^2}{4} = \dfrac{\pi \times 0.3^2}{4} = 0.071\text{m}^2$

② 주면적(A_s)

$A_s = \pi \cdot D \cdot L = \pi \times 0.3 \times 12 = 11.310\text{m}^2$

③ 모래층의 평균 N치($\overline{N_s}$)

$\overline{N_s} = \dfrac{N_1 \cdot h_1 + N_2 \cdot h_2 + N_3 \cdot h_3}{h_1 + h_2 + h_3} = \dfrac{(10 \times 3) + (20 \times 4) + (40 \times 5)}{3 + 4 + 5} = 25.833$

④ 말뚝의 극한지지력(Q_u)

$Q_u = 40 \cdot N \cdot A_p + \dfrac{1}{5} \cdot \overline{N_s} \cdot A_s$

$$= 40 \times 40 \times 0.071 + \frac{1}{5} \times 25.833 \times 11.310 = 172.034\text{t}$$

⑤ 허용지지력(Q_a)

$$Q_a = \frac{Q_u}{F_s} = \frac{172.034}{3} = 57.34\text{t} \times 9.81\text{kN/t} = 562.51\text{kN}$$

07 그림과 같은 지층에 직경 400mm의 말뚝이 항타되어 박혀있을 때의 극한지지력은 얼마인가?

```
         ┌──────────────┐
     5m  │  느슨한 모래    N=5
 18m     │  모래섞인 실트  N=8
         │
     4m  │  촘촘한 모래    N=45
```

해설

① 선단 단면적(A_p)

$$A_p = \frac{\pi \cdot D^2}{4} = \frac{\pi \times 0.4^2}{4} = 0.126(\text{m}^2)$$

② 주면적(A_s)

$$A_s = \pi \cdot D \cdot L = \pi \times 0.4 \times 22 = 27.646(\text{m}^2)$$

③ 모래층의 평균 N치($\overline{N_s}$)

$$\overline{N_s} = \frac{N_1 \cdot h_1 \cdot N_2 \cdot h_2 \cdot N_3 \cdot h_3}{h_1 + h_2 + h_3} = \frac{(5 \times 5) + (8 \times 13) + (45 \times 4)}{5 + 13 + 4} = 14.045$$

④ 말뚝의 극한지지력(Q_u)

$$Q_u = 40 \cdot N \cdot A_p + \frac{1}{5} \cdot \overline{N_s} \cdot A_s$$

$$= 40 \times 45 \times 0.126 + \frac{1}{5} \times 14.045 \times 27.646 = 304.46(\text{t}) \times 9.81\text{kN/t}$$

$$= 2,986.75\text{kN}$$

08 그림과 같은 항타 기록을 보고 Hilley식을 이용하여 허용지지력을 산정하시오.
(단, 안전율은 3, 타격에너지 6000kN·cm, 해머 중량 20kN, 반발계수 0.5, 말뚝무게 40kN, 해머효율 50%, $C_1+C_2+C_3$ =리바운드량으로 가정한다.)

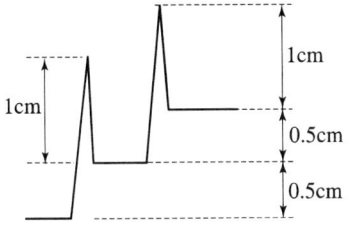

해설

- 문제에서 타격에너지 : $W \cdot H = 6,000\text{kN} \cdot \text{cm} \, 600\text{t} \cdot \text{cm}$

  리바운드량 : $C_1 + C_2 + C_3 = 1\text{cm}$

  관입량 : $S = 0.5\text{cm}$

① 극한지지력(Q_u)

$$Q_u = \frac{W_h \cdot H \cdot e_f}{S + \frac{1}{2} \times (C_1 + C_2 + C_3)} \cdot \left(\frac{W_h + n^2 \cdot W_p}{W_h + W_p} \right)$$

$$= \frac{6000 \times 0.5}{0.5 + \frac{1}{2} \times 1} \times \frac{20 + 0.5^2 \times 40}{20 + 40} = 1,500 (\text{kN})$$

② 허용지지력(Q_a)

$$Q_a = \frac{Q_u}{3} = \frac{1500}{3} = 500(\text{kN})$$

09 직경 30cm, 길이 10m인 RC 말뚝을 20kN의 증기 해머로 1.5m를 낙하시켜 박는 말뚝 타입 시험에서 최종관입량이 1.5cm이었다. 이때 말뚝의 탄성변형량은 1.0cm 이었으며, 말뚝 재료의 탄성계수는 5×10^7kPa이었다. 말뚝의 허용지지력을 Hiley와 Weisbach의 공식에 의하여 산출하고 그 지지력을 결정하시오. (단, Hiley의 공식에서 C_1=1.0, C_2=0.13, C_3=0.06, e_f=0.65로 가정한다.)

해설

- Hiley 공식에서는 말뚝의 낙하높이는 최종관입량과 단위 일치를 위하여 cm로 고친다.

- 완전 탄성체($n=1$)인 경우 $Q_u = \dfrac{W_h \cdot H \cdot e}{S + \dfrac{1}{2}(C_1 + C_2 + C_3)}$

- Weisbach 공식에서는 최종관입량을 다른 변수와 단위 통일을 위하여 m 단위로 고친다.

(1) Hiley의 공식

① 극한지지력(Q_u)

$$Q_u = \dfrac{W_h \cdot H \cdot e_f}{S + \dfrac{1}{2} \times (C_1 + C_2 + C_3)} \cdot \left(\dfrac{W_h + n^2 \cdot W_p}{W_h + W_p} \right)$$

$$= \dfrac{20 \times 150 \times 0.65}{1.5 + \dfrac{1}{2} \times (1.0 + 0.13 + 0.06)} = 930.79 (\text{kN})$$

② 허용지지력(Q_a)

$$Q_a = \dfrac{Q_u}{3} = \dfrac{930.79}{3} = 310.26 (\text{kN})$$

(2) Weisbash의 공식

① 단면적(A_p)

$$A_p = \dfrac{\pi \cdot D^2}{4} = \dfrac{\pi \times 0.3^2}{4} = 0.071 (\text{m}^2)$$

② 극한지지력(Q_u)

$E = 5 \times 10^7 \text{kPa} = 5 \times 10^4 \text{MPa} = 5 \times 10^4 \text{N/mm}^2 = 5 \times 10^7 \text{kN/m}^2$

$$Q_u = \dfrac{A \cdot E}{L} \cdot \left(-S + \sqrt{S^2 + W_h \cdot H \cdot \dfrac{2L}{A \cdot E}} \right)$$

$$= \dfrac{0.071 \times 5 \times 10^7}{10} \times \left(-0.015 + \sqrt{0.015^2 + 20 \times 1.5 \times \dfrac{2 \times 10}{0.071 \times 5 \times 10^7}} \right)$$

$$= 1{,}721.67 (\text{kN})$$

③ 허용지지력(Q_a)

$Q_a = 0.15 Q_u = 0.15 \times 1{,}721.67 = 258.25 (\text{kN})$

(3) 말뚝의 허용지지력(Q_a)

허용지지력은 둘 중 작은 값이므로 $Q_a = 258.25 (\text{kN})$

10 외경 30cm, 두께 6cm, 길이 10m인 원심력 철근 콘크리트 말뚝을 무게 20kN인 Drop hammer로 박는다. hammer의 낙하고가 3m일 때, 1회 타격당 최종 침하량이 2cm이면 지지력은 얼마인가? (단, Engineering News Record의 공식 적용)

해설

① 극한지지력(Q_u)

$$Q_u = \frac{W_h \cdot H}{S + 2.54} = \frac{20 \times 300}{2 + 2.54} = 1,321.59 (\text{kN})$$

② 허용지지력(Q_a)

$$Q_a = \frac{Q_u}{F_s} = \frac{1,321.59}{6} = 220.27 (\text{kN})$$

11 말뚝의 직경이 30cm, 길이가 5m인 말뚝을 해머 무게가 20kN, 추의 낙하고 2m, 1회 타격으로 인한 말뚝의 침하량이 1cm일 때 이 말뚝의 허용지지력을 구하시오. (단, 엔지니어링 뉴스(Engineering-News) 공식 단동식 증기 해머일 때)

해설

허용지지력(Q_a)

$$Q_a = \frac{W_h \cdot H}{6 \cdot (S + 0.254)} = \frac{20 \times 200}{6 \times (1 + 0.254)} = 531.63 (\text{kN})$$

12 드롭 해머의 무게가 3kN, 추의 낙하고 1.8m, 1회 타격으로 인한 말뚝의 침하량이 2cm이었다. 이때, 말뚝의 허용지지력을 샌더(Sander) 공식을 이용하여 구하시오.

해설

허용지지력(Q_a)

$$Q_a = \frac{W_h \cdot H}{8 \cdot S} = \frac{3 \times 180}{8 \times 2} = 33.75 (\text{kN}) \quad \therefore \ 33.75 \text{kN}$$

13 다음 그림과 같이 수평방향으로 10t의 하중이 작용할 때 말뚝머리의 수평변위는 얼마나 발생하겠는가? (단, 말뚝머리는 자유)

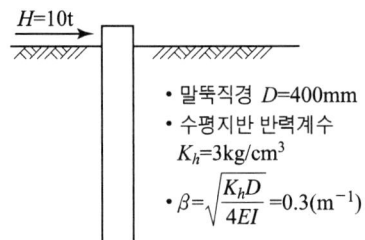

- 말뚝직경 D=400mm
- 수평지반 반력계수 K_h=3kg/cm³
- $\beta = \sqrt{\dfrac{K_h D}{4EI}} = 0.3(\text{m}^{-1})$

 해설

① $\beta = 0.3/\text{m} = 0.3/100\text{cm} = 0.003/\text{cm} = 0.003\text{cm}^{-1}$

② $\delta = \dfrac{2 \cdot \beta \cdot H}{K \cdot D} = \dfrac{2 \times 0.003 \times 10{,}000}{3 \times 40} = 0.5(\text{cm})$ ∴ 0.5cm

7-18 주면마찰력과 부주면마찰력

1. 주면마찰력

(1) 모래의 마찰저항력

① 공식

$$f_s = K \cdot \sigma_v' \cdot \tan\delta$$

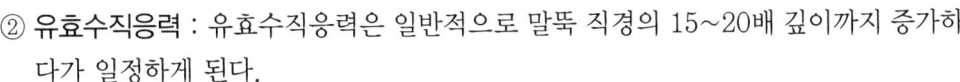

여기서, K : 토압계수 δ : 흙과 말뚝의 마찰각
σ_v' : 유효수직응력

② 유효수직응력 : 유효수직응력은 일반적으로 말뚝 직경의 15~20배 깊이까지 증가하다가 일정하게 된다.

(2) 점토의 마찰저항력 계산 ★★★★★

① α방법
  ㉠ 개요 : 전응력으로 마찰저항력을 구하는 방법이다.
  ㉡ 공식

$$f_s = \alpha \cdot c_u$$

   여기서, α : 말뚝과 흙사이의 부착계수

② β방법
  ㉠ 개요 : 유효응력으로 얻은 강도정수로 마찰저항력을 구하는 방법이다.
  ㉡ 공식

$$f_s = \beta \cdot \sigma_v'$$

   여기서, $\beta : K \cdot \tan\phi'$ σ_v' : 유효수직응력
   ϕ' : 교란된 점토의 내부마찰각 K : 정지토압계수($K_0 = 1 - \sin\phi$)

③ λ방법
  ㉠ 개요 : 전응력과 유효응력을 조합하여 평균마찰저항력을 구하는 방법이다. 이 방법은 말뚝 타입에 의한 흙의 변형으로 인한 수동토압 개념을 기초로 한다.
  ㉡ 공식

$$f_{av} = \lambda \cdot (\overline{\sigma_v'} + 2 \cdot c_u)$$

   여기서, $\overline{\sigma_v'}$: 전체 근입깊이에 대한 평균유효수직응력 c_u : 평균 비배수 전단강도

종 류	내 용
α 방법	전응력
β 방법	유효응력
λ 방법	전응력과 유효응력의 조합, 수동토압개념

점토의 마찰저항력을 구하는 방법

2. 부주면마찰력(부마찰력)

(1) 개요 ★★★

연약지반에 말뚝을 박은 다음 성토한 경우에는 성토하중에 의하여 압밀이 진행되어 말뚝 주면침하량이 말뚝의 침하량보다 상대적으로 클 때 말뚝을 아래로 끌어내리는(−)의 마찰력을 부주면마찰력이라 한다.

(2) 극한지지력

$$Q_u = Q_p - Q_{ns}$$

여기서, Q_{ns} : 부주면마찰력

즉, 부주면마찰력은 하중과 같은 역할을 하여 말뚝의 지지력을 감소시킨다.

(3) 부주면마찰력

① 모래지반의 단위면적당 부주면마찰력

$$f_{ns} = K' \cdot \sigma_v' \cdot \tan\delta$$

여기서, K' : 토압계수($K_0 = 1 - \sin\phi$)
       σ_v' : 중립점 깊이에서의 유효수직응력
       δ : 흙과 말뚝의 마찰각

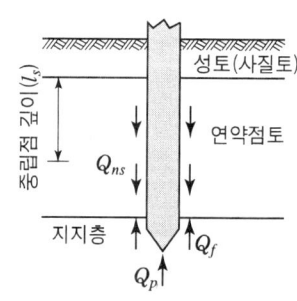

② 점토지반의 단위면적당 부주면마찰력 계산 ★★★★★★★★★★

$$f_{ns} = \frac{q_u}{2}$$

여기서, q_u : 일축압축강도

③ 부주면마찰력(Q_{ns}) 계산 ★★★★★★★★★★

$$Q_{ns} = f_{ns} \cdot A_s$$

여기서, A_s : 연약층 내의 말뚝주면적($U \cdot l_s$)

f_{ns} : 단위면적당 부주면마찰력
l_s : 부주면마찰력이 작용하는 말뚝의 길이

(4) 중립점 깊이

① 개요 : 압밀 지반 내의 한 점에서 지반 침하와 말뚝의 침하가 일치하여 상대침하량이 0이 되는 깊이를 중립점 깊이라 한다. 부주면마찰력은 중립점 이상에서만 발생한다.

② 중립점의 깊이

중립점의 깊이 = $n \cdot H$

여기서, H : 말뚝길이　　　　　n : 말뚝종류에 따른 계수

③ 말뚝종류에 따른 계수(n) 값

조 건	n
마찰말뚝, 불완전 지지말뚝	0.8
보통의 모래, 모래 자갈층에 지지된 말뚝	0.9
암반, 굳은 지층에 완전지지된 말뚝	1.0

(5) 부주면마찰의 발생원인 ★★★★★★★★★★

① 지반 중에 연약 점토지반의 압밀침하 진행
② 연약 점토지반 위의 성토(사질토) 하중에 의한 침하
③ 지하수위의 저하
④ pile 간격을 조밀하게 시공했을 경우
⑤ 진동으로 인한 압밀침하 발생
⑥ 지표면에 과적재물을 장기적으로 적재한 경우

(6) 부마찰력을 줄이는 방법 ★★★★★

① 표면적이 작은 말뚝(H-pile)을 사용한다.
② 말뚝지름보다 크게 Pre-boring 한다.
③ 말뚝지름보다 약간 큰 케이싱(casing)을 박는다.
④ 이중관을 사용한다.
⑤ 말뚝 표면에 역청재를 칠한다.
⑥ 항타 이전에 연약지반을 개량하여 지지력을 확보한다.
⑦ 지하수위를 미리 저하시킨다.
⑧ 말뚝에 진동을 주지 않는다.
⑨ 천공하여 벤토나이트 안정액을 넣고 말뚝을 박는다.

Chapter 07 기초공학

확인 학습 문제

01 말뚝의 마찰저항력 $Q_s = \sum P \Delta L f$에서 단위마찰저항력 $f = K \cdot \sigma_v \cdot \tan\delta$인데 유효수직응력 $\sigma_v{'}$는 일반적으로 말뚝 직경의 몇 배 깊이까지 증가하다가 거의 일정한 것으로 보는가?

해설

15~20배(안전한 값은 15배)

02 Pile 이론에서 λ, α, β방법을 이용하는 것은 어느 지반의 Pile의 무엇을 구하는 방법들인가?

해설

점토의 주면마찰저항력

03 점토지반 말뚝의 단위 마찰(표면) 부착저항력을 구하는 방법인 λ, α, β방법 중 발생된 과잉간극수압이 소산된 후, 즉 교란상태의 유효응력정수에 근거한 방법은?

해설

β방법

04 그림과 같은 직경 45cm, 길이 18.0m의 현장 콘크리트 말뚝에 대한 주면마찰력을 계산하시오. (단, 횡방향 토압계수 $K=1.0$, 부착계수(adhesion factor)는 0.40, 말뚝과 흙과의 마찰각은 0.5ϕ로 함.)

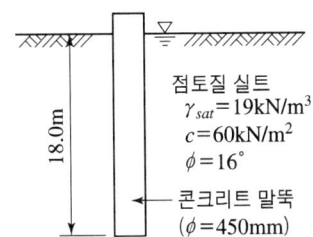

점토질 실트
$\gamma_{sat}=19\text{kN/m}^3$
$c=60\text{kN/m}^2$
$\phi=16°$

콘크리트 말뚝
($\phi=450\text{mm}$)

해설

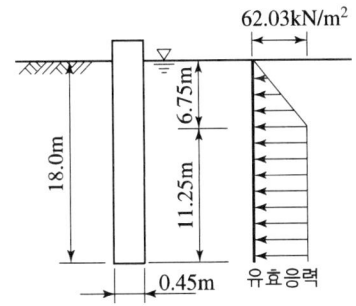

① 입계깊이(L')
   수직응력이 일정하게 되는 한계깊이는 말뚝지름의 15배 정도이므로
   $L' = 15D = 15 \times 0.45 = 6.75(\text{m})$이다.
   $\sigma' = \gamma_{sub} \cdot (15D) = (19-9.81) \times (15 \times 0.45) = 62.03(\text{kN/m}^2)$

② 수직응력이 증가하는 영역에서의 주면마찰력(Q_{s1})
   $f_{s1} = \alpha \cdot c + K \cdot \overline{\sigma_v} \cdot \tan\delta = 0.4 \times 60 + 1 \times \dfrac{62.03}{2} \times \tan 8° = 28.36(\text{kN/m}^2)$
   $Q_{s1} = f_{s1} \cdot (\pi \cdot D \cdot L_1) = 28.36 \times (\pi \times 0.45 \times 6.75) = 270.63(\text{kN})$

③ 수직응력이 일정한 영역에서의 주면마찰력(Q_{s2})
   $f_{s2} = \alpha \cdot c + K \cdot \overline{\sigma_v} \cdot \tan\delta = 0.4 \times 60 + 1 \times 62.03 \times \tan 8° = 32.72(\text{kN/m}^2)$
   $Q_{s2} = f_{s2} \cdot (\pi \cdot D \cdot L_2) = 32.72 \times (\pi \times 0.45 \times 11.25) = 520.39(\text{kN})$

④ 전체 주면 마찰력(Q_s)
   $Q = Q_{s1} + Q_{s2} = 270.63 + 520.39 = 791.02(\text{kN})$

05
그림과 같이 길이 10m, 직경 40cm의 원형말뚝이 점토지반에 설치되었다. 전주면마찰력을 α 방법으로 구하시오.

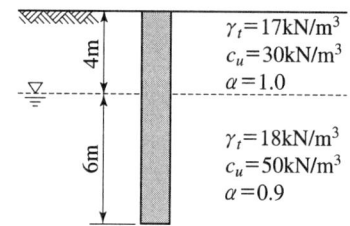

해설

- 연약층 내의 말뚝주면적(A_s)

  ① 상부 토층 : $A_{s1} = \pi \cdot D \cdot L_1 = \pi \times 0.4 \times 4 = 5.027(\mathrm{m}^2)$

  ② 하부 토층 : $A_{s2} = \pi \cdot D \cdot L_2 = \pi \times 0.4 \times 6 = 7.540(\mathrm{m}^2)$

(1) 단위면적당 주면마찰력(f_s)

  ① 상부 토층 : $f_{s1} = \alpha \cdot c_u = 1.0 \times 30 = 30(\mathrm{kN/m}^2)$

  ② 하부 토층 : $f_{s2} = \alpha \cdot c_u = 0.9 \times 50 = 45(\mathrm{kN/m}^2)$

(2) 전주면마찰력(Q_f)

  $Q_f = f_{s1} \cdot A_{s1} + f_{s2} \cdot A_{s2} = 30 \times 5.027 + 45 \times 7.540 = 490.09(\mathrm{kN})$

06
말뚝 기초에 발생하는 부마찰력의 발생 원인을 2가지만 쓰시오.

해설

① 지반 중에 연약 점토지반의 압밀 침하 발생

② 연약 점토지반 위의성토(사질토) 하중에 의한 침하

③ 지하수위의 저하

④ 말뚝간격을 조밀하게 시공

⑤ 진동으로 인한 압밀침하 발생

Chapter 07 기초공학

07 지반의 일축압축강도가 18kN/m²인 연약점성토층을 직경 40cm의 철근 콘크리트 파일로 관입길이 12m를 관통하도록 박았을 때 부마찰력(Negative friction)을 구하시오.

해설

① 직경의 단위 환산 : $D = 40\text{cm} = 0.4\,\text{m}$

② 주면적 : $A_s = \pi \cdot D \cdot l = \pi \times 0.4 \times 12 = 15.080\text{m}^2$

③ 단위면적당 부주면마찰력 : $f_{ns} = \dfrac{q_u}{2} = \dfrac{18}{2} = 9\text{kN/m}^2$

④ 부주면마찰력 $Q_{ns} = f_{ns} \cdot A_s = 9 \times 15.080 = 135.72\text{kN}$

08 말뚝 기초 시공에서 부마찰력을 줄이는 방법을 3가지만 쓰시오.

해설

① 표면적이 작은 말뚝(H-pile)을 사용한다.
② 말뚝 지름보다 크게 Pre-boring 한다.
③ 말뚝 지름보다 약간 큰 케이싱을 박는다.
④ 이중관을 사용한다.
⑤ 말뚝 표면에 역청재를 칠한다.

7-19 군말뚝(무리말뚝)

1. 판정기준 계산 ★

지반 중에 박은 2개 이상의 말뚝에서 지중응력이 서로 중복되는 경우 군항으로 판정한다.

$$D_0 = 1.5\sqrt{\gamma \cdot L}$$

여기서, D_0 : 군항의 최대중심간격
　　　　L : 말뚝의 관입깊이
　　　　γ : 말뚝의 반지름

① 만약, $S < D_0$ 이면 군항(무리말뚝)이다.
② 만약, $S > D_0$ 이면 단항(외말뚝)이다.
　　여기서, S : 말뚝 중심간격

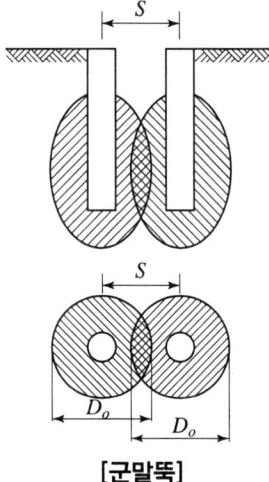

[군말뚝]

2. 군항의 허용지지력 계산 ★★★★★★★★★★

① ϕ각

$$\phi = \tan^{-1}\frac{D}{S}$$

② 효율(Converse – Labarre 공식)

$$E = 1 - \frac{\phi}{90} \cdot \left[\frac{(m-1)\cdot n + (n-1)\cdot m}{m \cdot n}\right]$$

여기서, S : 말뚝간격(m)
　　　　D : 말뚝 지름(m)
　　　　m : 각 열의 말뚝수
　　　　n : 말뚝 열의 수

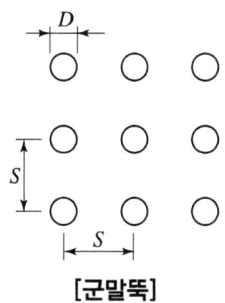

[군말뚝]

③ 군항의 허용지지력

$$Q_{ag} = E \cdot N \cdot Q_a$$

여기서, N : 말뚝의 총 객수($m \times n$)

3. 말뚝에 작용하는 반력 계산 ★★★★★★★★

$$P_n = \frac{P}{n} \pm \frac{M_y \cdot x}{\sum x^2} \pm \frac{M_x \cdot y}{\sum y^2}$$

여기서, P : 작용연직하중
  n : 말뚝의 객수
  M_y : y축에 대한 편심 모멘트
  M_x : x축에 대한 편심 모멘트
  x : 반력을 구하는 말뚝의 x값
  y : 반력을 구하는 말뚝의 y값
  $\sum x^2$: 각 말뚝의 x 좌표 값의 제곱의 합
  $\sum y^2$: 각 말뚝의 y 좌표 값의 제곱의 합

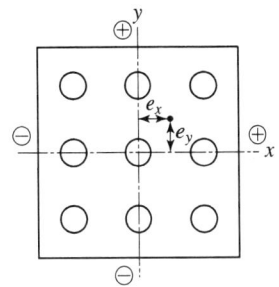

4. 말뚝의 간격

말뚝의 적당한 간격은 2.5D(D : 말뚝지름) 이상이고, $4D$ 이상이면 비경제적이다.

Chapter 07 기초공학

확인학습문제

01 그림과 같이 말뚝을 설치하였을 때, 군항 또는 단항인지 여부를 판정하시오. (단, 말뚝의 길이는 15m)

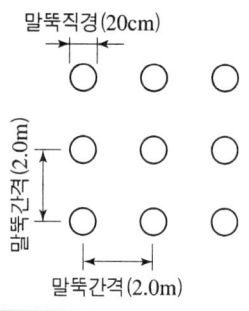

해설

- 말뚝의 반지름(γ) : $\gamma = \dfrac{20}{2}(\text{cm}) = 0.1(\text{m})$

① 군항의 최대중심간격(D_0)

$D_0 = 1.5\sqrt{r \cdot L} = 1.5\sqrt{0.1 \times 15} = 1.84(\text{m})$

② 군항의 판별

$D_0 = 1.84(\text{m}) < S = 2.0(\text{m})$ 이므로 단항이다.

∴ 단항이다.

02 아래 그림에서와 같이 20개의 말뚝으로 구성된 군항이 있다. 말뚝 한 개의 허용지지력이 200kN일 때 말뚝 기초의 허용지지력은?

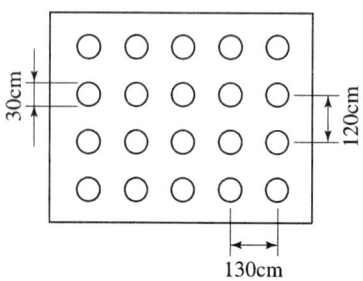

해설

① ϕ각 : $\phi = \tan^{-1}\dfrac{D}{S} = \tan^{-1}\dfrac{30}{120} = 14.04$

• 말뚝 간격은 가로, 세로 방향 중 작은 값이 된다.

② 효율(Converse-Labarre 공식)

$$E = 1 - \dfrac{\phi}{90} \cdot \left[\dfrac{(m-1)\cdot n + (n-1)\cdot m}{m \cdot n}\right]$$

$$= 1 - \dfrac{14.04}{90} \times \left[\dfrac{(5-1)\times 4 + (4-1)\times 5}{5 \times 4}\right] = 0.758$$

③ 군항의 허용지지력(Q_{ag})

$$Q_{ag} = E \cdot N \cdot Q_a = 0.758 \times 20 \times 200 = 3{,}032 (\text{kN})$$

03

아래 그림에서와 같이 9개의 말뚝으로 구성된 군항에서 A점에 450kN의 힘이 가해지고 있다. 1, 6, 8번 말뚝에 가해지는 하중은?

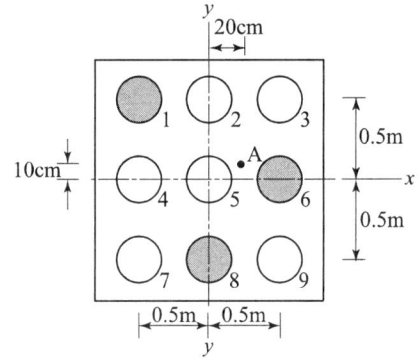

해설

① 1번 말뚝에 작용하는 하중(P_1)

$$P_1 = \dfrac{P}{n} \pm \dfrac{M_y \cdot x}{\sum x^2} \pm \dfrac{M_x \cdot y}{\sum y^2} = \dfrac{450}{9} - \dfrac{(450 \times 0.2)\times(0.5)}{6 \times 0.5^2} + \dfrac{(450 \times 0.1) \times 0.5}{6 \times 0.5^2}$$

$$= 35(\text{kN})$$

② 6번 말뚝에 작용하는 하중(P_6)

$$P_6 = \dfrac{P}{n} \pm \dfrac{M_y \cdot x}{\sum x^2} \pm \dfrac{M_x \cdot y}{\sum y^2} = \dfrac{450}{9} + \dfrac{(450 \times 0.2)\times 0.5}{6 \times 0.5^2} + 0 = 80(\text{kN})$$

③ 8번 말뚝에 작용하는 하중(P_8)

$$P_8 = \dfrac{P}{n} \pm \dfrac{M_y \cdot x}{\sum x^2} \pm \dfrac{M_x \cdot y}{\sum y^2} = \dfrac{450}{9} + 0 - \dfrac{(450 \times 0.1)\times 0.5}{6 \times 0.5^2} = 35(\text{kN})$$

04 다음과 같이 배치된 말뚝 A, 말뚝 B에 작용하는 하중을 검토(계산)하시오. (단, 말뚝의 부마찰력, 군항의 효과, 기초와 흙과의 사이에 작용하는 토압은 무시한다.)

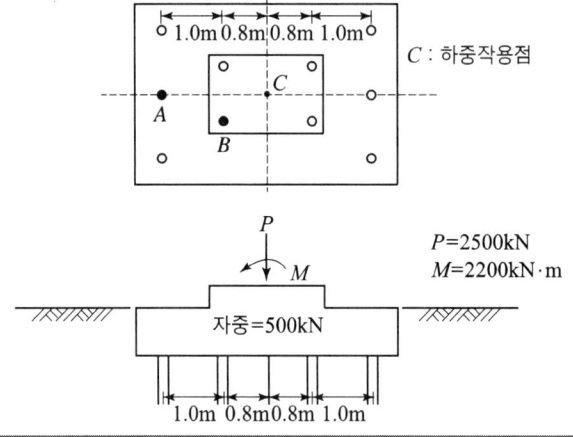

해설

① 편심거리(e)

$$e = \frac{M}{P} = \frac{220}{250} = 0.88 \text{(m)}$$

② 총하중(P)

$P =$ 하중 $+$ 자중 $= 2,500 + 500 = 3,000 \text{(kN)}$

③ 각 말뚝에 작용하는 하중

㉠ A 말뚝에 작용하는 하중 (P_A)

$$P_A = \frac{P}{n} \pm \frac{M_y \cdot x}{\sum x^2} \pm \frac{M_x \cdot y}{\sum y^2} = \frac{3,000}{10} + \frac{2,200 \times 1.8}{6 \times 1.8^2 + 4 \times 0.8^2} + 0 = 480 \text{kN}$$

㉡ B 말뚝에 작용하는 하중 (P_B)

$$P_B = \frac{P}{n} \pm \frac{M_y \cdot x}{\sum x^2} \pm \frac{M_x \cdot y}{\sum y^2} = \frac{3,000}{10} + \frac{2,200 \times 0.8}{6 \times 1.8^2 + 4 \times 0.8^2} + 0 = 380 \text{kN}$$

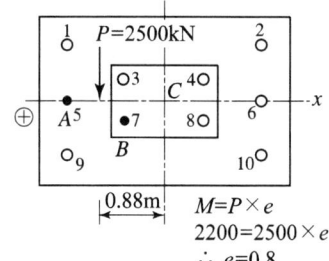

05 구조물 기초용 말뚝의 배열에 있어 말뚝 사이의 최소 간격 및 기초 측벽과 말뚝 중심과의 최소 간격은 얼마로 하는가?

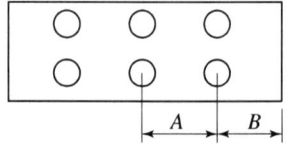

해설

- $A = 2.5D$ 이상
- $B = 1.5D$ 이상

 **7-20 기성 말뚝 기초의 시공**

[말뚝 박기의 항타기 종류]
① 타입식
② 진동식
③ 압입식
④ 사수식

1. 말뚝의 타입 방법

(1) 타입식

① 종류 및 특징

종 류	특 징
㉠ 낙하 해머 (Drop hammer)	ⓐ 토질에 대한 저항력이 좋다. ⓑ 낙하고 조절이 용이하고 가격이 저렴하다. ⓒ 해머의 중량은 말뚝 중량의 3배 정도로 하는 것이 보통이다.
㉡ 증기 해머 (Steam hammer)	ⓐ 시공능률이 양호하다. ⓑ 연속 타격으로 소음이 크다. ⓒ 장대 말뚝을 박는데 적합하다. ⓓ 항두 손상이 적다.
㉢ 디젤 해머 (Diesel hammer)	ⓐ 타격에너지가 크다. ⓑ 연료비가 적다. ⓒ 기동성이 좋다. ⓓ 연약지반에서는 효율이 감소한다. ⓔ 중량이 크며, 타격 소음이 크다.

② 단동식 증기해머와 복동식 증기해머의 차이점

종 류	특 징
단동식 증기 해머	피스톤의 하부에 증기압을 가하여 램을 올려서 증기를 배출시켜 피스톤과 램을 낙하시킨다.
복동식 증기 해머	피스톤의 하부에 증기압을 가하여 램을 올려서 증기의 배출과 동시에 상부에 증기압을 가해 타격에너지를 증가시킨다.

(2) 진동식

① 개요 : 바이블로 해머(Vibro-hammer)가 말뚝 종방향에 진동을 주어 항타하는 방법이다.

② 특징:

장 점	단 점
㉠ 진동식이므로 소음이 아주 작다. ㉡ 정확한 위치에 타격한다. ㉢ 타입과 인발이 쉽다. ㉣ 말뚝 두부의 손상이 적다. ㉤ 시공속도가 빠르다.	㉠ 전기 설비비가 많이 든다. ㉡ 특수 캡(Cap)이 필요하다. ㉢ 점토지반에 항타시 지반이 교란되므로 모래 지반에 적합하다.

(3) 압입식

① 개요 : 오일 잭크(Oil jack)를 사용하여 말뚝 주변 또는 선단부를 교란시키지 않고 말뚝을 압입시키는 공법이다.
② 특징 : ㉠ 무소음, 무진동 공법이다.　　　㉡ 시가지 공사에 적합하다.
　　　　　㉢ 말뚝 머리의 손상이 없다.　　　㉣ 말뚝 주변의 교란이 없다.
　　　　　㉤ N치가 30 이상에서는 관입이 불가능하다.

(4) 사수식(Water jet)

① 개요 : 기성 말뚝의 내부 또는 외측에 파이프를 설치하여 압력수를 말뚝 선단부에서 분출시켜 말뚝을 관입하는 공법이다.
② 특징 : ㉠ 모래 지반에 적합하다.
　　　　　㉡ 점토 지반에서는 사용이 곤란하다.

2. 항두손상

(1) 원인과 대책

원 인	대 책
① 쿠션(Cushion) 두께의 부족 ② 편심 항타 ③ 말뚝의 강도 부족 ④ 해머의 용량 과다 ⑤ 타격에너지의 과다	① Cushion 두께를 증가한다. ② 편타를 방지한다. ③ 말뚝 강도를 증가한다. ④ 적정 해머를 사용한다. ⑤ 낙하고를 줄인다.

(2) 항두 손상의 형태

① 말뚝 두부 파손　② 말뚝 두부의 종방향 균열
③ 횡방향 균열　　　④ 휨균열
⑤ 선단부 파손　　　⑥ 이음부 파손

[말뚝의 타입순서]
① 중앙부의 말뚝을 먼저 박은 다음 외측으로 향하여 타입한다.

② 육지 쪽에서 바닷가 쪽으로 타입한다.
③ 기존 구조물 부근에서 항타시 인접 구조물이 있는 곳에서 바깥쪽으로 타입한다.

[말뚝타입시 지반의 교란]

교란상태	범 위
완전 교란	말뚝주면에서 $0.5D$ (중심에서 $1.0D$)
교란에 의해 현저한 압축	말뚝주면에서 $1.5D$ (중심에서 $2.0D$)
포화점토에서 간극수압의 상승	말뚝주면에서 $6.0D$ (중심에서 $6.5D$)

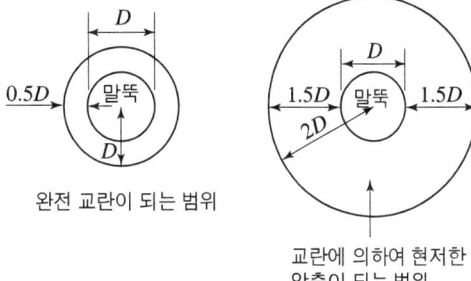

3. 시험 항타

(1) 개 요

Pile시공전 시험항타를 통해 지지층의 위치, Pile 길이의 산정 및 이에 따른 Pile이음과 타격공법을 선정하여야 한다.

(2) 시험항타 목적 ★

① 시공기준 결정
　㉠ Hammer의 무게
　㉡ 낙하높이
　㉢ 타격횟수
　㉣ 최종관입량
② 말뚝길이의 결정
　㉠ 지반조사(설계)와의 일치성
　㉡ 지지층 깊이에 따른 pile 길이 결정
③ 말뚝길이에 따른 이음공법 결정
④ 지지력 추정
⑤ 작업방법의 결정

7-21 피어 기초

1. 개 요

구조물의 하중을 단단한 지반에 전달하기 위하여 수직공을 굴착하고 그 속에 콘크리트를 타설하여 만들어진 주상의 기초이다.

2. 피어 공법(현장타설말뚝공법)의 일반적 특징

① 수평력에 대한 휨강도의 저항성이 크다.
② 말뚝의 타입이 곤란한 곳도 기계 굴착에 의해 시공이 가능하다.
③ 히빙이나 진동을 일으키지 않는다.
④ 인력 굴착시 선단 지반과 콘크리트와의 밀착을 잘 시켜서 선단지지력을 확실히 할 수 있고 토질조사가 용이하다.
⑤ 무소음, 무진동 공법이므로 시가지 공사에 적합하다.

3. 피어 공법의 종류

(1) Chicago 공법

① 수직흙막이판으로 흙막이한 다음 굴착하는 방법이다.
② 굳기가 중간정도의 점토에 이용된다.
③ 인력 굴착을 한다.

(2) Gow 공법

① 흙막이로서 강제 원통을 사용하는 공법이다.
② 연약한 지반에 적당하다.
③ 인력 굴착을 한다.

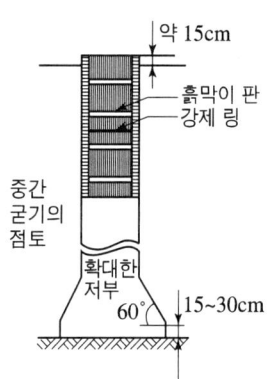

[Chicago 공법]

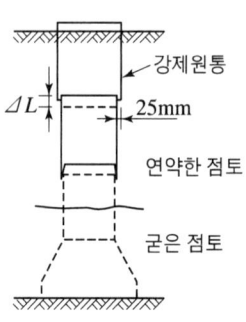

[Gow 공법]

[피어 공법(현장타설 말뚝공법) 중 인력 굴착]
- Chicago 공법
- Gow 공법

[피어 공법(현장타설 말뚝공법) 중 기계 굴착] 종류 ★★
- Reverse circulation drill 공법(RCD 공법 : 역순환공법)
- Benoto 공법
- Calwelde 공법(Earth drill 공법)

(3) Benoto 공법 개요 ★★★

① 개요 : 프랑스의 Benoto사에서 개발한 공법으로 케이싱 튜브(Casing tube)를 땅속에 압입하면서 해머 그래브(Hammer grab)라는 굴착기로 굴착하여 케이싱 내부에 콘크리트를 타설한 후 Casing tube를 끌어올려 현장 타설 콘크리트 말뚝을 만드는 all casing 공법이다.

② 특징

장 점	단 점
㉠ 암반을 제외한 모든 토질에 적용이 가능하다.	㉠ Casing tube를 뽑을 때 철근이 따라 나오는 공사현상의 우려가 있다.
㉡ 무소음, 무진동 공법이다.	㉡ 기계가 대형이고 고가이다.
㉢ 배출되는 흙으로 지질상태를 확인할 수 있다.	㉢ 케이싱의 인발저항이 큰 지반에서는 작업이 곤란하다.
㉣ 15° 정도의 경사말뚝의 시공이 가능하다.	㉣ 지하수 처리가 어렵다.
㉤ 토사의 붕괴나 여굴을 방지할 수 있다.	㉤ 굴착속도가 느리다.
㉥ Heaving, Boiling 우려가 없다.	㉥ 넓은 작업장($20m^2$ 이상)이 필요하다.

③ 시공순서

㉠ 케이싱의 압입과 굴착 → ㉡ 굴착 완료 → ㉢ 양수 → ㉣ 철근망의 넣기 → ㉤ 철근망 중앙부에 트레미관 삽입 → ㉥ 콘크리트 타설 → ㉦ 케이싱 인발 → ㉧ 말뚝머리 처리

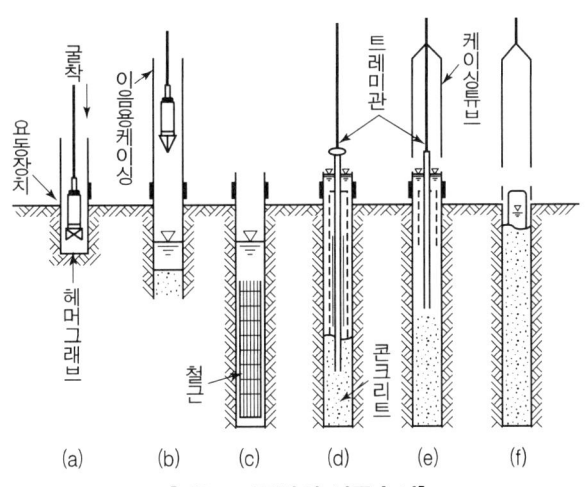

[베노토 공법의 시공순서]

(4) Calwelde 공법(Earth drill 공법)

① 개요 : 미국의 Calwelde사에서 개발한 공법으로 일반적으로 굴착공 내에 벤토나이트 안정액을 주입하여 공벽의 붕괴를 방지하면서 회전식 Bucket이 캐리바(Kelly – Bar)라고 불리는 회전축에 부착되어 있는 회전 굴착 방식으로 Bucket에 흙이 채워지면 지상으로 끌어 올려 버려 굴착한 후 철근망을 넣어 콘크리트를 타설하여 현장 타설 콘크리트 말뚝을 만드는 공법이다.

② 특징

장 점	단 점
㉠ 진동, 소음이 적다.	㉠ 전석층이나 암반층에는 시공이 곤란하다.
㉡ 굴착 속도가 빠르다.	㉡ Slime 처리가 곤란하다.
㉢ 기계장치가 간단하고 이동이 용이하다.	㉢ 지지력이 다소 떨어진다.
㉣ 공사비가 싸다.	㉣ 굴착깊이에 제한이 있다.

③ 베노토 공법과의 차이점
  ㉠ 케이싱 튜브를 원칙적으로 사용하지 않는다.
  ㉡ 회전식 버킷(Bucket)으로 굴착한다.

④ 시공순서
  ㉠ 기계장치 설치
  ㉡ 케이싱 삽입
  ㉢ 벤토나이트(Bentonite) 안정액 주입
  ㉣ 굴착
  ㉤ 슬라임(Slime) 처리
  ㉥ 철근망 삽입
  ㉦ 콘크리트 타설
  ㉧ 케이싱 인발

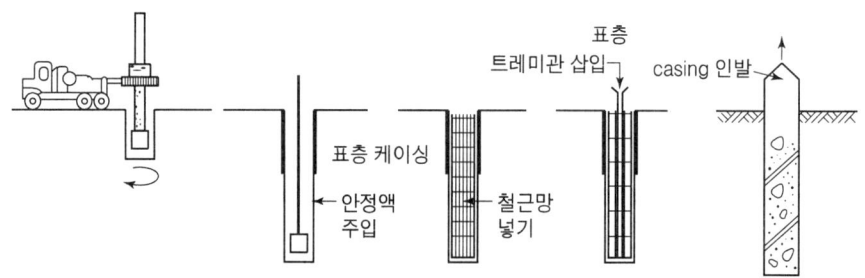

① 기계장치 설치 ② 케이싱 파이프 삽입 ③ 철근망 넣기 ④ 트레미관 삽입 ⑤ 표층 케이싱 인발
및 안정액 주입

[어스 드릴 공법의 시공순서]

(5) Reverse circulation drill 공법(RCD 공법 : 역순환공법) 개요 ★★★

① 개요 : 독일에서 개발한 공법으로 어느 정도 굴착한 후 구멍 속의 물의 정수압(0.2 kg/cm²)에 의해 공법을 유지하면서 물의 순환을 이용하여 Drill bit로 굴착한 후 Drill pipe로 흙을 배출하고 콘크리트를 타설하여 현장 타설 콘크리트 말뚝을 만드는 공법이다.

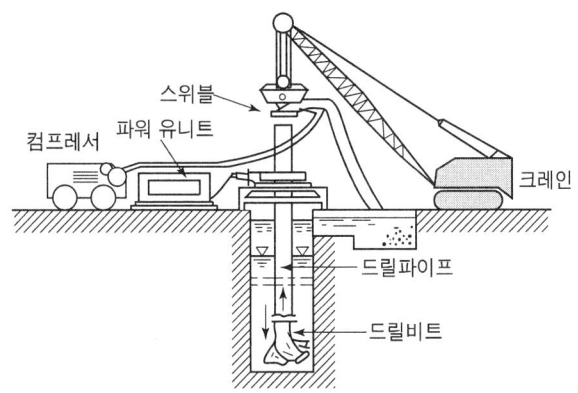

[리버스 셔클레이션 공법]

② 특징

장 점	단 점
㉠ 진동, 소음이 적다. ㉡ 케이싱 튜브(Cassing tube)가 필요 없다. ㉢ 장대 말뚝에 적합하다. ㉣ 대구경 말뚝에 적합하다.	㉠ 전석층이나 암반층에는 시공이 곤란하다. ㉡ 유속이 빠른 지하수가 있는 경우는 시공이 곤란하다. ㉢ 이수처리가 곤란하다.

③ 시공순서

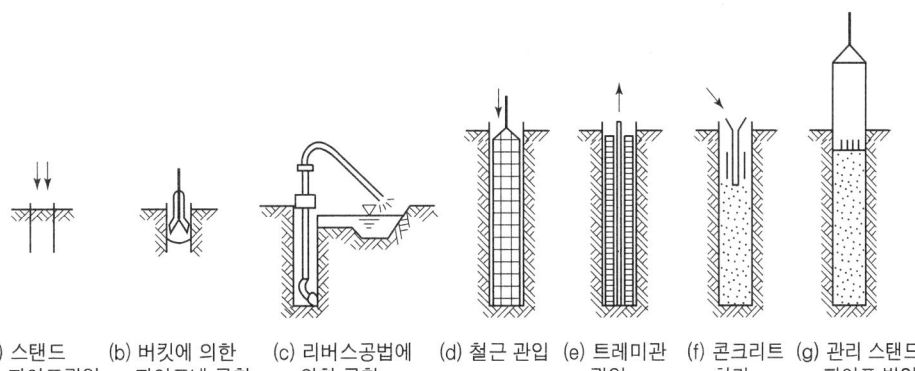

[Reverse Circulation 공법의 시공순서]

(6) 대구경 현장타설말뚝의 기계굴착공법 특징 비교 ★

공 법	Benoto 공법	Calwelde 공법 (Earth drill 공법)	Reverse circulation drill 공법 (RCD 공법 : 역순환공법)
공벽유지	케이싱 튜브 (Casing tube)	벤토나이트 안정액	물의 정수압($0.2\ kg/cm^2$)
적용토질	암반 제외 전 토질	점성토	사력토, 암반
굴착장비	해머 그래브 (Hammer grab)	회전식 Bucket	Drill bit
최대구경	2m	2m	6m
최대심도	40~50m	40~50m	100~200m

(7) 슬라임(Slim)

① 슬라임의 정의

말뚝 시공 시 굴착공내의 붕괴를 방지하기 위해 지하수위 등에 의한 수평토압에 저항할 수 있도록 사용하는 물, 또는 안정액(올케이싱 공법의 경우 굴착공내에 주변 지하수위 높이 이상의 물을 채워 놓음)에 굴착시 발생되는 흙입자들(점토입자, 모래, 실트, 암석 부스러기 등)이 떠다니거나 바닥에 깔리게 되며, 안정액 (폴리머, 밴토나이트) 사용시에는 안정액이 응집되어 가라 않게 되는데 이러한 부분들을 슬라임이라고 한다.

② 슬라임의 제거 방법 종류 ★★★★★★

㉠ 메카닉펌프 : 주사기 형태의 펌프로서 선단까지 장비를 내린 후 피스톤을 뽑아 올려 선단부의 슬라임을 펌프내부를 통해 상부로 빼내어 제거하는 방법이다. 이때 파쇄된 암편도 제거하기 위해서는 피스톤의 뽑는 속도가 빨라야하기 때문에 크레인의 케이블 인양 속도가 중요하다.

㉡ 석션 파이프 : 파이프를 통해 슬라임을 직접 뽑아 올리는 방법으로, 콘크리트 타설용 트리미 관을 주로 이용한다.

㉢ 에어리프팅 : 트리미 관 파이프를 이용하여 선단에 공기를 불어 넣어 선단부 슬라임을 부양시켜 버리는 방법이다.

ⓐ 일정시간이 지나면 다시 슬라임이 차기 때문에 콘크리트 타설 직전에 사용한다.

ⓑ 메카닉 펌프 또는 석션 파이프로 슬라임을 제거한 후 철근망을 근입 하는 동안 콘크리트 타설 직전까지 선단에 슬라임이 쌓이지 않도록 공기로 불어서 수중에 띄워 놓는 방법이다.

③ 슬라임 제거 이유

㉠ 선단지지력 감소

ⓐ 말뚝선단에 슬라임이 쌓인 상태에서 콘크리트를 타설하면 선단지지력이 거의

"0(zero)"가 되기 때문이다.
ⓑ 말뚝이 50~60m 이상이고 선단이 자갈층 또는 모래층의 경우에는 선단부에 슬라임이 발생하는 것은 당연하기 때문에 이를 최소화하기 위한 것이다.
ⓒ 대책으로는 말뚝양생후 말뚝선단을 그라우트 하는 방법이 있다. 이 방법은 효과는 매우 크나 비용이 많이 증가한다.
ⓛ 콘크리트의 품질 저하
ⓐ 공내부 안정액 또는 공내의 물에 슬라임 또는 부유물이 많은 경우 콘크리트와 섞임으로 인해 콘크리트의 강도가 낮아지는 경우가 있기 때문이다.
ⓑ 대책으로는 공내의 물 또는 안정액을 굴착완료 시점에서 새로운 것으로 교체하여 시공하는 방법이 있다.

Chapter 07 기초공학

확인 학습 문제

01 현장 타설 피어 공법으로 소정의 지지 지반까지 구멍을 파서 그 속에 콘크리트를 타설하여 확실한 원형의 주상 기초를 만드는 공법이다. 케이싱 튜브의 인발 시 철근이 따라 뽑히는 공상 현상이 일어나는 단점이 있는 공법은?

해설

베노토(Benoto) 공법

02 피어 기초 방법 중 Benoto 공법의 단점 3가지 쓰시오.

해설

① Casing tube를 뽑을 때 철근이 따라 나오는 공상현상의 우려가 있다.
② 기계가 대형이고 고가이다.
③ 케이싱의 인발저항이 큰 지반에는 작업이 어렵다.
④ 굴착속도가 느리다.
⑤ 지하수 처리가 어렵다.
⑥ 넓은 작업장($20m^2$ 이상)이 필요하다.

03 무공해 말뚝 시공 기계로서 유일하게 15° 정도의 경사 말뚝의 시공이 가능한 공법은?

해설

베노토(Benoto) 공법

Chapter 07 기초공학

04 다음 베노토(Benoto) 공법에 의한 제자리 말뚝 기초의 시공 방법을 나열한 것이다. 시공 순서를 쓰시오.

[보기] ① 양수 ② 트레미관의 삽입
③ 말뚝 머리 처리 ④ 케이싱의 압입 및 굴착
⑤ 조립 철근의 내림 ⑥ 콘크리트의 타설 및 케이싱의 인발

해설

④→①→⑤→②→⑥→③

05 다음은 피어 시공 방법 중 무슨 공법에 관한 설명인가?

절삭날(Cutting edge)이나 절삭 톱니(Cutting teeth)가 부착된 나선형 오거를 회전하여 구멍을 굴착하는 공법이다. 켈리(Kelly)라고 불리는 정사각형 축에 부착된 오거를 흙 속에 관입하고 회전하며, 날개(flight)에 흙이 채워지면 오거를 지표면 위로 끌어올린다.

해설

어스 드릴(Earth drill, Calwelde) 공법

06 어스 오거(Earth auger) 굴착기로 말뚝 구멍을 굴착하려고 공벽을 벤토나이트로 채운 후, 그 속에 철근망을 넣어서 타설하는 현장 말뚝 공법을 무엇이라 하는가?

해설

어스 드릴(Earth drill, Calwelde) 공법

07 독일에서 개발된 공법으로 특수 비트의 회전으로 굴착한 토사는 저수 탱크에 배출되며 물은 다시 구멍 속으로 돌아가며 연속 굴착이 가능하여 시공 능률이 좋은 기초 공법은?

해설

역순환(Reverse Circulation Drill) 공법

08 정수압으로 구멍의 붕괴를 막으면서 로터리식 특수 비트를 사용하여 구멍을 굴착하고, 굴착된 토사를 물로 배출시키는 제자리 말뚝 기초 공법은?

해설

역순환(Reverse Circulation Drill) 공법

7-22 케이슨 기초

1. 케이슨 기초의 종류 ★★★★★★

① 오픈 케이슨(open caisson)
② 공기 케이슨(pneumatic caisson)
③ 박스 케이슨(box caisson)

2. 오픈 케이슨(Open caisson, 정통) 기초

(1) 개요

우물통과 같이 뚜껑이 없는 케이슨을 소정의 위치에 설치한 후 우물통 내의 흙을 굴착하여 소정의 깊이까지 도달시켜서 이 속에 콘크리트, 자갈, 모래 등을 채우는 공법이다.

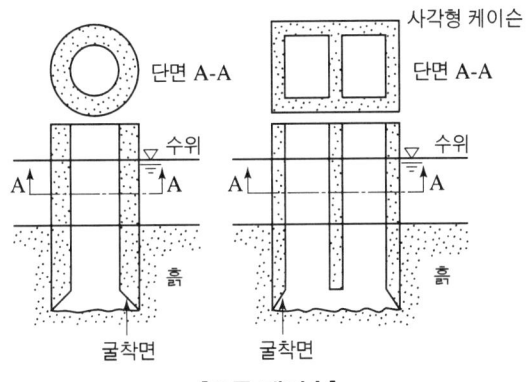

[오픈 케이슨]

(2) 특징

장 점 ★★★★	단 점 ★★★★
① 침하깊이에 제한을 받지 않는다. ② 기계설비가 간단하다. ③ 공사비가 싸다. ④ 소음이 작아 시가지 공사에 적합하다.	① 기초지반의 토질상태를 파악하기 어렵다. ② 기초지반의 지지력 측정이 어렵다. ③ 경사 수정이 어렵다. ④ 굴착시 Boiling, Heaving이 우려된다. ⑤ 수중 콘크리트 타설시 품질관리에 유의해야 한다. ⑥ 굴착 중 장애물이 있거나 수중굴착일 경우 공기가 길어진다.

(3) 오픈 케이슨의 크기

일반적으로 높이 2~3m 정도로 구분하여 제작하여 연결하면서 침하시키는데 이것을 1라드(Rod)라 한다.

(4) 케이슨의 선단부

오픈 케이슨의 제1라드는 직접 지반을 굴착하는 부분이므로 철제 커브 슈(Curve shoe)를 붙인다.

토 질	단단한 지반	중간정도의 지반	연약지반
각 도	30°	45°	60°

(5) 오픈 케이슨의 시공순서

① 제 1Rod를 소정에 위치에 놓는다.
② 다음 Rod를 연결한다.
③ 수중콘크리트를 타설한다.
④ 케이슨 내의 물을 양수하다.
⑤ 속채움을 한다.
⑥ 상부 슬래브를 만든다.

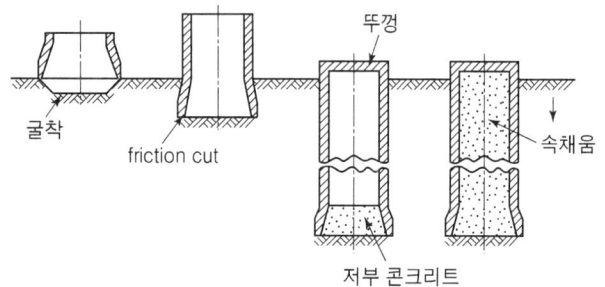

(7) 수중 거치 방법

종 류	특 징
① 축도법 (Island method)	㉠ 수심에 따라 흙가마니, 강널말뚝 등으로 물을 막고 내부를 흙을 채운다. ㉡ 수심 5m 정도까지 적용한다. ㉢ 가장 안전하고 일반적인 방법이다. ㉣ 신속히 구조물을 수저까지 침하시킨다.
② 비계식(발판식)	㉠ 케이슨을 발판 위에서 만든 다음 서서히 침하시키는 공법이다. ㉡ 케이슨을 내릴 때 케이슨이 수면 위로 50cm 이상 나올 수 있도록 비계를 설치한다. ㉢ 비교적 소형의 케이슨에 사용한다. ㉣ 케이슨을 내리는 지반은 미리 수평이 되도록 고른다.
③ 예향식(부동식)	㉠ 케이슨 측벽을 철제로 만들어서 부상 케이슨으로 하여 소정의 위치까지 예인하여 콘크리트를 타설하여 가라앉히는 공법이다. ㉡ 수심 5m 이상인 경우에 적용한다. ㉢ 안정한 축도의 시공이 어려운 경우에 적용한다.

(8) 우물통 굴착방법

굴착방법
① 인력굴착 ② 기계굴착 ③ 수중굴착

(9) 오픈 케이슨의 침하

① 침하 조건 ★

$$W > F + P + B$$

여기서, W : 케이슨의 수직 하중(케이슨의 자중+재하하중)
　　　　F : 케이슨의 총주면마찰력
　　　　P : 케이슨의 선단지지력
　　　　B : 부력

② 침하 공법 종류 ★★★★★★★

종 류	특 징
㉠ 재하중에 의한 공법	중고 레일, 콘크리트 블록, 흙가마니 등을 사용하여 하중에 의하여 침하하는 공법이다.
㉡ 분사식 침하공법	날끝 부분에 공기, 물, 혼합물을 분사하여 주면마찰력을 감소시켜 침하하는 공법이다.
㉢ 물하중식 침하공법	케이슨 하부에 수밀성 선반을 설치하고 여기에 물을 채워서 침하하중으로 이용하는 공법이다.
㉣ 발파에 의한 침하공법	케이슨 아래 부분에 화약 발파에 의한 충격을 가하여 마찰 저항을 감소시키는 공법이다.
㉤ 케이슨 내부의 수위 저하 공법	케이슨 내부의 수위를 저하하여 부력을 감소시킴으로 케이슨의 수중 무게를 상대적으로 증가시키는 공법이다. 그러나 Heaving 현상이 발생할 가능성이 있다.

(10) 우물통 속채움

① 수중 콘크리트의 조건
　㉠ 물-시멘트비는 50% 이하
　㉡ 단위 시멘트량은 370kg/m^3 이상
　㉢ 슬럼프는 130~180mm
② 콘크리트를 넣을 때에는 트레미(Tremie)를 사용하여 정수 중에 넣어야 한다.
③ 속채움에는 모래, 자갈, 조약돌, 콘크리트 등이 쓰인다.

(11) 우물통 침하시 편위의 원인

① 유수에 의해서 이동하는 경우
② 지층의 경사
③ 편토압

④ 우물통의 비대칭
⑤ 날 끝에 호박돌, 전석 등의 장해물이 있는 경우

3. 공기 케이슨(Pneumatic caisson) 기초

(1) 개요

케이슨 저부에 작업실을 만들고 압축공기를 공급하여 지하수의 유입을 막으면서 케이슨을 인력에 의해 굴착, 침하시키는 공법이다.

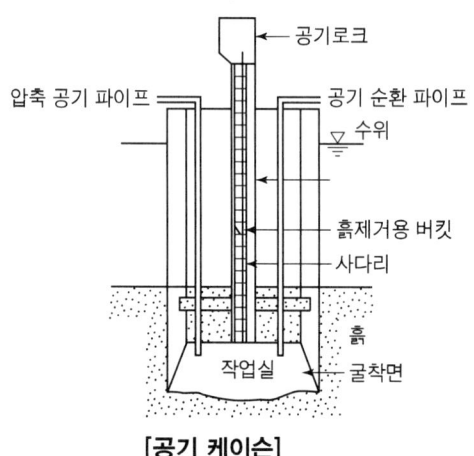

[공기 케이슨]

(2) 특징

장 점	단 점 ★★★★
① 건조 상태에서 굴착작업을 하므로 장애물 제거가 쉽고, 침하공정이 빠르다.	① 소음, 진동이 커서 시가지 공사에는 부적합하다.
② 토층의 확인 및 지지력 시험이 가능하다.	② 케이슨병이 발생한다.
③ 이동경사가 작고, 경사수정이 용이하다.	③ 굴착 깊이에 제한이 있다.
④ Boiling, Heaving을 방지할 수 있다.	④ 노무 관리비가 많이 든다.
⑤ 수중 작업이 아니므로 콘크리트 작업의 신뢰도가 높다.	⑤ 압축공기를 이용하여 시공하므로 기계설비가 비싸다.
	⑥ 소규모 공사에서는 비경제적이다.

(3) 적용범위

① 최대 심도는 수면하 35~40m 까지 가능하다.
② 압축공기의 압력은 $3.5~4.0 kg/cm^2$ (3.5~4.0기압) 정도이다.

(4) 공기 케이슨이 사용되는 경우 ★★

① 기초의 편심이나 경사를 억제하여 시공 정밀도를 확보하여야 하는 경우

② 기존 구조물에 인접하여 깊이가 더 깊은 기초를 시공하는 경우
③ 전석층이나 호박돌층, 두꺼운 풍화암층, 피압 지하수층 등을 관통해야 할 경우
④ 기초 암반이 경사졌거나 불규칙한 경우
⑤ 인접 구조물의 안전을 위해 기존 지반의 교란을 최소화해야 하는 경우
⑥ 지지층에 대한 지지력 시험이 필요한 경우

(5) 공기케이슨의 침하 조건

$$W > U + F + P + B$$

여기서, W : 케이슨의 수직 하중(케이슨의 자중 + 재하하중)
U : 작업공기에 의한 양압력
F : 케이슨의 총주면마찰력
P : 케이슨의 선단지지력
B : 부력

(6) 요양갑

공기 케이슨 작업시 고기압 상태에서 작업을 하다가 나올 때 사람의 건강채질, 기압 체류시간, 감압속도 등에 따라 케이슨병에 걸린다. 이의 치료방법으로 환자를 원래의 고기압 상태에서 서서히 기압을 낮추는 시설을 말한다.

4. 박스 케이슨(Box caisson) 기초

(1) 개요

밑이 막힌 박스형으로 육상에서 제작한 후 해상에 진수시켜 정위치에 온 다음 내부에 모래, 자갈, 콘크리트 또는 물을 채워 소정의 위치에 침하시키는 공법이다.

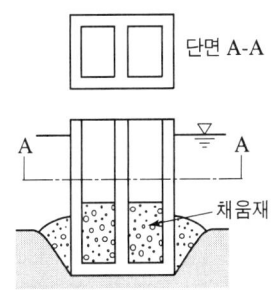

(2) 특징

장 점	단 점
① 공사비가 싸다. ② 일반적인 케이슨 설치가 부적당한 경우 사용된다.	① 지반의 수평을 유지해야 한다. ② 바닥의 세굴이 생기지 않아야 한다.

Chapter 07 기초공학

확인 학습 문제

01 케이슨(Caisson)은 깊은 기초 중 지지력과 수평저항력이 가장 큰 기초 형식이다. 시공방법에 따라 3가지로 분류하시오.

해설

① 오픈 케이슨(Open caisson)
② 공기 케이슨(Pneumatic caisson)
③ 박스 케이슨(Box caisson)

02 우물통 기초 콘크리트 타설 1 Rod의 높이는?

해설

2~3m

03 우물통 기초는 오픈 케이슨 또는 웰(Well) 공법이라고도 부르며 교각, 옹벽 등의 기초에 많이 사용되는 공법이다. 이 우물통 기초의 장점에 대하여 4가지만 쓰시오.

해설

① 침하 깊이에 제한이 없다.
② 기계설비가 간단하다.
③ 공사비가 싸다.
④ 소음이 작아 시가지 공사에 적합하다.

04 오픈 케이슨 공법이 공기 케이슨 공법에 비하여 시공상 단점이라고 생각되는 점을 구체적으로 4가지만 쓰시오.

해설

① 기초지반의 토질상태를 파악하기 어렵다.
② 기초지반의 지지력 측정이 어렵다.
③ 경사 수정이 어렵다.
④ 굴착시 Boiling, Heaving이 우려된다.

05 수중에 설치하는 우물통 기초공사에서 우물통의 제자리 놓기(거치)방법을 3가지만 쓰시오.

해설

① 축도법
② 비계식(발판식)
③ 예항식(부동식)

06 우물통 기초에서 우물통의 수직하중을 W, 단위면적당 주변 마찰력을 f_s, 우물통의 주변장을 u, 우물통의 관입깊이를 h, 지반의 극한지지력을 q_u, 날 끝의 면적을 A, 부력을 B라 할 때 다음 물음에 답하시오.
(1) 우물통 기초의 침하 조건식을 쓰시오.
(2) $W=20t$, $f_s=0.2t/m^2$, $u=10m$, $h=3m$, $q_u=15t/m^2$, $A=0.5m^2$, $B=0.3t$ 이라 할 때 침하 조건을 계산하시오.

해설

(1) 침하 조건식
$W > F + P + B = f_s \cdot u \cdot h + q_u \cdot A + B$

(2) 침하조건
$20 > 0.2 \times 10 \times 3 + 15 \times 0.5 + 0.3 = 13.8(t)$ 이므로 케이슨은 침하한다.

07 Open caisson의 침하시 굴착방법 3가지를 쓰시오.

해설

① 인력 굴착
② 기계 굴착
③ 수중 굴착

08 우물통 기초공사에서 특수 침하 공법 3가지를 쓰시오.

해설

① 분사식 침하공법
② 물하중식 침하공법
③ 발파에 의한 침하공법

09 케이슨 침하시 케이슨의 주면마찰력을 감소시키기 위해 날끝 부근에서 공기, 물 또는 그 외 혼합물을 분사시켜 침하를 촉진시키는 공법은?

해설

분사식 침하공법

10 공기 케이슨(Pneumatic caisson) 공법의 단점 4가지만 쓰시오.

해설

① 소음, 진동이 커서 시가지 공사에는 부적합하다.
② 케이슨병이 발생하다.
③ 굴착 깊이에 제한이 있다.
④ 노무 관리비가 많이 든다.

11 공기 케이슨(Pneumatic caisson) 공법을 적용할 수 있는 작업한계 깊이 및 압력 한도(기압)는?

해설

① 작업한계 : 수면하 35~40m
② 압력한도 : 3.5~40kg/cm^2

12 공기 케이슨 작업시 고기압 상태에서 작업을 하다가 나올 때 사람의 건강체질, 기압 체류시간, 감압 속도 등에 따라 케이슨병에 걸린다. 이의 치료법으로 환자를 원래의 고기압 상태에서 서서히 기압을 낮추는 시설이 필요한데 이것을 무엇이라 하는가?

해설

요양갑(Hospital lock)

Chapter 08 암석발파공

 8-1 암반분류(암반분류시험)

1. 암반의 분류 종류 ★★★

(1) RMR(rock mass rating) 분류법 평가요소 ★★★★★★★★

① RMR은 암반의 무결암 강도(점하중강도지수+일축압축강도), RQD(암질 지수), 불연속면(절리) 간격, 불연속면(절리) 상태, 지하수 등 5가지 평가요소에 대한 각각의 평점을 합산하여 총점으로 분류한 후, 보정항목인 절리면의 방향에 따라 RMR값을 보정하는 방법

② 객관성을 가질 수 있어 설계나 시공과정에서 넓게 적용되고 있는 방법이다.

평 점	100~81	80~61	60~41	40~21	20~0
암반분류	I	II	III	IV	V
상 태	매우 양호	양 호	보 통	약간 약함	약하다

(2) RQD(암질지수 ; Rock Quality Designation) :

시료채취에서 얻어진 4인치(100mm) 이상인 암석시료만을 합하여 전체 시추의 길이로 나눈 백분율을 말하며, 통상 2m간격으로 표시한다.

$$RQD = \frac{100\text{mm 이상인 암석조각들의 길이의 합}}{\text{암석시료의 이론상 길이}} \times 100(\%)$$

RQD	0~0.25	0.25~0.5	0.5~0.75	0.7~0.9	0.9~1
암 질	매우불량	불량	보통	양호	우수

(3) Q-system에 의한 암반 분류

① 개요 : 암괴 크기 요소, Block간의 전단강도 특성, 활성응력(Active stress) 특성 등을 고찰하여 6개의 매개변수로 구분하고, 각 요소에 대한 값을 평가하여 대체적인 암반의 등급(Q-Value)을 0.001~1000까지 분류하는 방법이다.

② 공식 계산 ★★★★★

암반 등급 Q-value를 산정하는 6개의 매개변수는 아래와 같다.

$$Q = \frac{RQD}{J_n} \cdot \frac{J_r}{J_a} \cdot \frac{J_w}{SRF}$$

여기서, RQD : 암질지수
J_n : 절리군 수(Joint set Number)
J_r : 절리 거칠기 수(Join Roughness Number)
J_a : 절리면 변질도 수(Joint Alteration Number)

J_w : 지하수 유출에 의한 감소계수 (Join water Reduction Factor)

SRF : 응력 감소 요인(Stress Reduction Factor)

㉠ $\dfrac{RQD}{J_n}$: 암반의 전체적인 구조를 나타내며, 암괴(block)크기를 상대적으로 표현하는 값

㉡ $\dfrac{J_r}{J_a}$: 블럭간(절리)의 전단강도와 관련되는 지수

㉢ $\dfrac{J_w}{SRF}$: 활동성 응력(active stress)

③ **적용** : 각 Q 값에 대하여 터널의 안정성을 분석하고, 터널 굴착 때 발생하는 이완하중에 상응하는 지보 패턴을 보강 Category로 분류하여 제시한 것으로 NATM 터널에서 적용하기에 가장 간편한 방법이다.

(4) Terzaghi의 암반하중분류법

터널 굴착시에 그 보강방법을 steel sets로 했을 경우에 이에 대한 암반하중을 추정하는데 적합한 방법으로 특히 steel support를 이용한 터널설계에 매우 적합하다.

(5) Lauffer의 암반분류법

터널보강 형태나 보강정도를 결정하는 것으로 터널보강 방법과 보강정도를 결정하는 요인인 active span의 stand-up time에 따라 암반이 여러 등급으로 나누어진다. 그러나 stand-up time과 span을 추정하기가 어려워 상당히 많은 실무경험을 토대로 이루어져야 가능하다. 터널 및 암반역학 분야에 널리 알려진 오스트리아의 Stini의 Tunnel geology에 근거를 두고 개발한 것이다.

(6) RSR(Rock structure rating) concept

터널보강을 위한 모델시험(RSR concept)을 통해 암반분류에 필요한 자료를 그 중요도별로 Rating한 방법이다.

(7) 국제암반역학회(ISRM)의 분류법

정량적인 인장에 의한 분석과 정성적인 판단기준에 의한 불연속 암반의 분류방법으로 국제암반역학회에서 제시한 암분류 기준이다.

(8) 균열계수에 의한 분류법

신선한 암반의 시편에서 구한 동적 탄성계수와 현장 암반에 대한 동적 탄성계수에서 구하는 균열계(C_r)로 암반을 분류하는 방법

(9) 표준품셈의 분류법

국내현장의 공사비 산정 기준이 되는 분류방법으로 최종적인 암의 분류는 시공기록, 시험결과 및 현장확인을 통한 암판정위원회의 판단에 의하도록 되어 있다. 암판정위원회는 발주자, 감리자, 시공자 및 외부 전문가로 구성된다.

2. 터널굴착의 암분류 방법

(1) 터널의 발파형태에 의한 암분류(지하철공사에 적용)

① 경   암 : 탄성파속도 4.5km/sec 이상
② 중경암 : 탄성파속도 4.5~4.0km/sec
③ 연   암 : 탄성파속도 4.0~3.5km/sec 이상
④ 풍화암, 풍화토 : 탄성파속도 3.5km/sec 이하

(2) 암반의 성질에 의한 분류

① 풍화암 : 손으로도 부서짐
② 연   암 : 해머로 치면 가볍게 부서짐
③ 보통암 : 해머로 치면 탁음을 내며 부서짐
④ 경   암 : 해머로 치면 금속음을 내고 잘 부서지지 않으며 튀는 경향을 보임
⑤ 극경암 : 해머로 치면 금속음을 내며 튀는 경향
⑥ 파쇄대 : 일반적으로 균열이 발달해 있거나 각력상, 점토 등으로 되어 있다.

암반 굴착 현장에서 직접 탄성계수를 결정하는 방법 종류 ★★★
① 암반의 평판재하시험
② 공내 변형시험
③ 동적 반복 재하시험
④ 압력수실(水室)시험
⑤ 슬리트법

8-2 Lugeon Test

- 원래 암석의 투수계수를 측정하기 위해 사용되었던 시험
- 굴착동안이나 굴착이 완료된 후 시추공에서 시행할 수 있는 시험
- 시험중인 시추공에 일정한 압력이 가해진 물을 공급해서 투수계수를 측정

1. 암반의 투수성

① 류전 시험(Lugeon test)

암반층에 설치된 시추공 내의 일정 길이 부분을 Packer에 의하여 폐쇄하고, 이 부분부터 $10kg/cm^2$의 압력으로 보링공에 송수하였을 때 보링공의 길이 1m에 대하여 매분의 투수량을 리터수로 표시하고, 보통 10분간의 시험 평균치로 나타낸다.

② Lugeon 계수

㉠ 암반의 투수성은 일반적으로 Lugeon 계수로 표시한다.
㉡ 주입압이 $10kg/cm^2$로 투수구간 1m당 주입량이 $1l/$분일 때 1Lugeon이라 한다.
㉢ 공식

$$L_u = \frac{10 \cdot Q}{P \cdot L}$$

여기서, L_u : Lugeon 계수 P : 주입시의 전압력(kg/cm^2)
        L : 투수 구간장(m) Q : 주입량($l/$분)

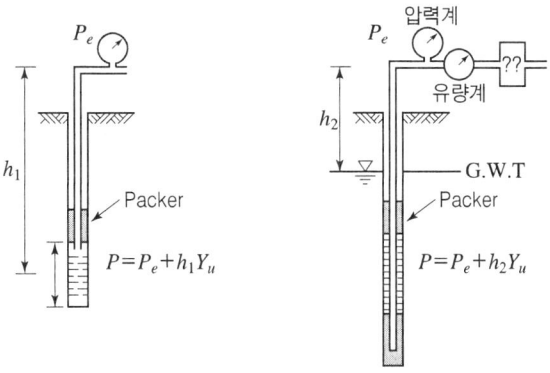

[류전 시험]

 **Lugeon cofficient(류전계수)**

보링공으로 부터의 투수를 나타내기 위한 것으로 $10kg/cm^2$의 압력으로 보링공에 송수하였을 때 공장 1m에 대하여 매초의 투수량을 리터수로 표시하고 보통 10분간의 시험 평균치를 취하며 투수계수 측정이 곤란할 때 쓰면 편리한 계수

8-3 착암기 종류

1. 운동방식에 의한 분류

(1) **타격식(충격식)** : 타격에 의하여 암석을 파괴하여 천공하는 방식
  ① 브레이커(Brea Ker)
  ② 픽 해머(Pick Hammer)
  ③ 픽 스틸(Pick Steel)

(2) **회전식** : 빗트에 회전과 압력을 가하여 암석을 천공하는 것으로 연암에 적합
  ① 로타리 드릴(Rotary Drill)
  ② 자주식 크롤러 드릴(Crawler)

(3) **타격 회전식(충격 회전식)** : 속이 비어 있는 중공관 철대 끝에 분리할 수 있는 비트를 달아 착암기로 사용하는 방식
  ① 왜곤 드릴(Wagon Drill) : 이동이 간편하며 어느 방향으로도 천공할 수 있다.
  ② 크롤러 드릴(Crawler Drill) : 수평·수직·경사 천공 등 댐, 도로공사, 채광, 채석 등의 큰 구멍 및 긴 구멍을 뚫고자 할 때
  ③ 점보 드릴(Jumbo Drill) : 대단면 굴착이나 갱도 굴착시 전면적으로 실시할 때
  ④ 레그 드릴(Leg Drill) : 진동 소음을 최대로 억제

2. 천공방향에 따른 분류

  ① 스토퍼(Stopper) : 상향천공용, rock bolt용의 천공 등에 쓰인다.
  ② 드리프터(Drifter) : 수평천공용
  ③ 싱커(Sinker ; jack hammer) : 하향천공용

8-4 발파일반

1. 일반사항

  ① 자유면 : 암석이 외계(공기 또는 물)와 접하는 표면[AB면]
  ② 최소저항선(W) : 장약의 중심에서 자유면까지의 최단거리
  ③ 누두공(분화구) : 폭파에 의해 자유면 방향에 생긴 원추형의 공

④ **누두반경(R)** : 누두공의 반지름
⑤ **여굴** : 폭파굴착을 하기 위하여 천공할 때 설계 굴착선을 넘어서 여분으로 굴착하게 되는 것으로 굴착하고자 하는 두께보다 많이 굴착된 것을 말한다. 통상 여굴의 허용범위는 15cm이하이다.
⑥ **시험발파** : 채석방법, 암석의 비산상태, 장약량, 안전성을 고려하여 발파방법, 사용약량 등을 여러 가지로 변화시키면서 암석과 폭약에 대한 계수를 결정하기 위하여 본격적인 발파이전에 하는 소규모의 발파

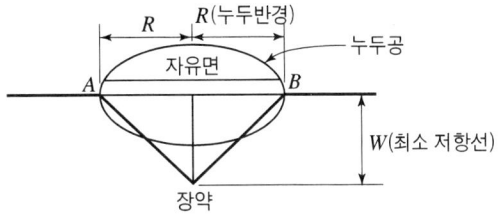

⑦ **임계심도** : 자유면에 균열이 생길 때의 폭약에서 자유면까지의 깊이(최단거리)
⑧ **최적심도** : 최대 체적의 누두공(분화구)을 가질 때의 장약 깊이
⑨ **누두지수** : 누두공의 형상을 나타내는 지수

2. 발파 방법

① **발파 작업 순서** : 천공 → 장약 → 결선 → 발파
② **천공** : 구멍 뚫기
③ **장약** : 폭약을 장진하는 것
  ㉠ 내부 장약법 : 폭파물에 구멍을 뚫어 폭약을 장진하고 발파하는 방법
  ㉡ 외부 장약법 : 폭파물에 폭약을 붙여서 발파하는 방법
④ **결선** : 상호 접속하여 선을 구성하는 것
⑤ **발파** : 광산, 탄광, 토목공사장에서 물체를 파괴하는 것

3. 기폭법

① 도화전 점화
② 도폭선 점화
③ 전기뇌관 점화
  ㉠ DS(Decisecond) 전기뇌관 : 지연시간이 0.1초 이상
  ㉡ MS(Millisecond) 전기뇌관 : 지연시간이 0.01초 이상
            (25MS가 토목공사에 널리 사용)
  ※ 효율면에서 MS 전기뇌관이 DS 전기뇌관에 비해 좋다.
④ 보통뇌관(비전기뇌관) 점화
⑤ 공업뇌관 점화

8-5 발파기본식(Hauser 공식)

1. 표준장약량

$$L = C \cdot W^3 = C \cdot V$$

여기서, L : 표준장약량(kg)
        W : 최소 저항선(m)
        V : 채합량, 채석량(채석용적)
        C : 발파계수(파괴물의 성질, 폭약의 성능 등에 의해 정해짐)

2. 1자유면의 경우 발파계수(C)

$$C = g \cdot e \cdot d \cdot f_{(n)}$$

여기서, g : 암석의 저항력 계수(표준암인 화강암의 값을 1로 했을 때의 기준)
        e : 폭약계수(다이너마이트 No.1(NG 60%)를 기준(e=1)으로 다른 폭약과의 폭파효력을 비교하는 계수
        d : 진공계수, 진쇄계수, 채움상태계수, 전색계수
           (항상 1 이상이며, 완전진공 즉 완전히 구멍을 진쇄하면 $d = 1$이다.)
           (모래나 점토를 진쇄(다짐)한 정도를 나타내는 계수)
        $f_{(n)}$: 약량 수정계수 – 여러 가지 공식이 있다.

8-6 암석발파의 종류

1. 갱도발파

갱도는 소형착암기를 사용하여 굴착함으로 경사가 급한 지형에서 대량의 굴착도 가능하나, 다량의 폭약을 취급함으로 안전관리에 각별히 주의하여야 한다.

$$L = C \cdot W^2 \cdot H = C \cdot W^2 \cdot \frac{W+S}{2}$$

여기서, L : 표준장약량(kg)
        C : 발파계수
        H : 약실 위에서 지표까지의 높이(m)
        W : 최소 저항선(m)
        S : 약실의 간격(m)

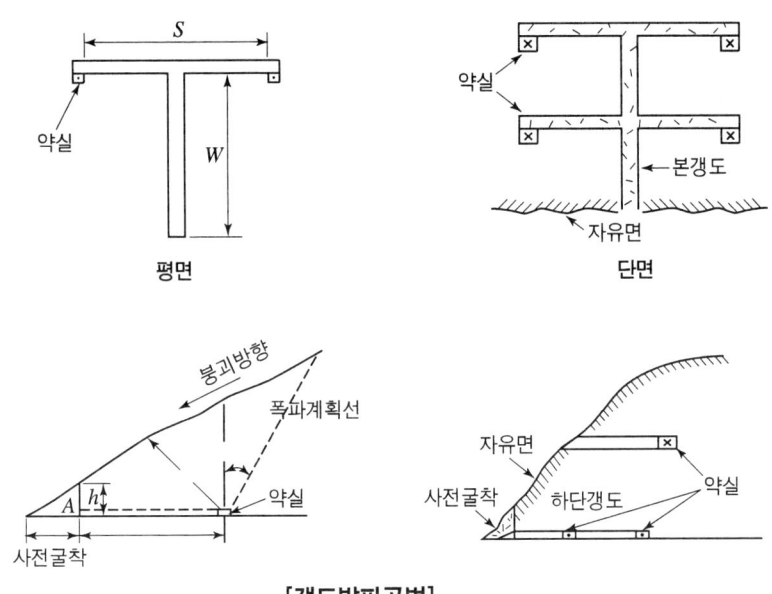

[갱도발파공법]

2. 심빼기 발파(심발공) 종류 ★★★★★★

- 발파시 첫 번의 발파에 의해 자유면을 증대시켜 다음 발파를 용이하게 하기 위한 발파
- V컷, 스윙 컷, 노 컷, 피라미드 컷, 번 컷 등이 있으며 터널발파 현장에서는 V컷과 피라미드 컷이 많이 사용된다.

(1) 번 컷(burn cut)

① 발파공에 인접하여 화약이 장진되지 않은 나공(裸孔)을 발파공과 평행으로 천공하여 이를 자유면으로 이용하는 발파공법이며, 터널공사의 중앙부 굴착 등에 흔히 이용된다.
② 빈 구멍으로서는 장약공과 같은 정도의 구멍을 여러개 뚫는 방법과 큰 구멍을 1~4개 뚫는 방법이 있다.

(2) 스윙 컷(swing cut)

스윙 컷은 버럭이 너무 비산하지 않는 심폐기에 유효하며 특히 용수가 많을 때 편리하다.

(3) 노 컷(no cut)

노 컷은 심빼기 부분에 수직한 평행공을 다수 구멍뚫기 하여 장약량을 집중시키고, 순발뇌관으로 폭파시켜 폭파 쇼크에 의하여 심빼기를 하는 방법을 노컷이라 한다.

(4) V컷(wedge cut : 다이아몬드 컷)

천공설비에 따라 횡방향 또는 종방향 쐐기 모양으로 되어 있다.

(5) 피라미드 컷(pyramid cut)

심빼기 구멍이 한 점에 마주치도록 하여 심빼기를 하는 방법이다.

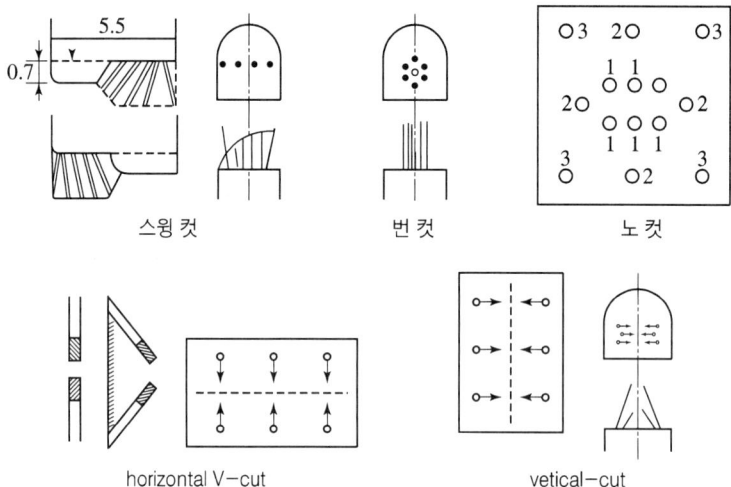

3. Bench Cut 발파

벤치 컷공법은 경사면을 계단상으로 굴착 또는 파쇄해 내려가는 공법으로 계단식 발파라고도 하며, 가능한 자유면을 많이 이용하여 폭파효과를 크게 하여야 한다.

$$L = C \cdot W_2 \cdot H = C \cdot W \cdot S \cdot H$$

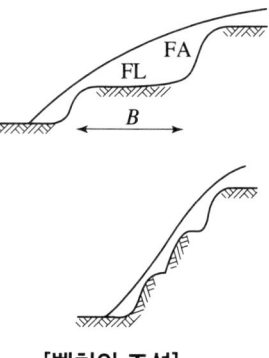

[벤치의 조성]

4. 조절폭파공법(Controlled Blasting ; 제어발파공법)

- 장약량을 가감하여 이론적인 굴착 계획선으로 암석을 파괴되도록 하는 것
- 미관, 소규모, 여굴방지, 소음방지 등과 같은 특수목적 발파일 경우 시행하는 발파
- 발파에 의해 인적, 물적 피해를 방지키 위해 제어하는 방법
- 여굴이나 혹이 생기는 것을 피할 수 없는 보통 폭파공법의 결점을 최소화 하는 방법이다.

(1) 특징(장점, 목적) ★

① 여굴이 감소한다.
② 암석면이 매끄럽고 뜬돌떼기 작업 감소한다.(버럭량이 적게 된다.)
③ 암반 손상이 적어 균열발생량이 감소하고, 낙석의 위험성이 적다.
④ 암반 표면의 균열발생량이 적으므로 보강을 위한 복공(lining) 콘크리트량이 절약된다.
⑤ 발파예정선에 거의 일치하는 발파면을 얻을 수 있다.

(2) 종류 ★★★★★★★

① 라인 드릴링 공법(Line Drilling Method)
② 쿠션 블라스팅 공법(Cushion Blasting Method)
③ 프리 스프리팅 공법(Pre-splitting Method)
④ 스무스 블라스팅 공법(Smooth Blasting Method)

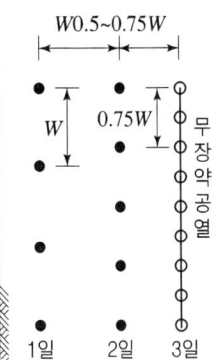

5. Line Drilling Method

파단선(굴착계획선)을 따라 천공하고 무장약 공열을 설치하여 이를 인공적인 파단면으로 설정함으로써 공열선보다 깊게 응력, 진동, 균열이 전해지지 않도록 하는 공법

6. Cushion Blasting Method

굴착 계획선에 따라 1열로 천공하고 분산 장약하며 주굴착이 완료 후에 폭파하는 공법 폭약은 굴착면에 가까이 장진하고 공간에는 모래, 점토 등으로 진충하지만 균질한 암반의 경우는 폭약 주위를 진충하지 않고 공기 쿠션으로 함이 좋다.

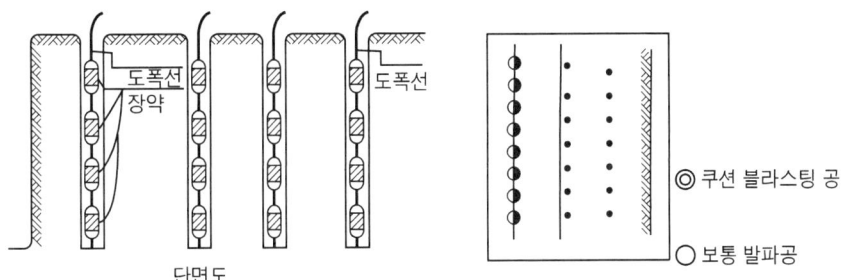

[쿠션 블라스팅 공법]

7. Pre-splitting Method

처음 굴착선을 폭파하여(후열의 균열을 먼저 일으킴) 파괴단면을 만든 후 전면의 주발파를 하여 진동, 파괴 영향을 적게하는 하는 공법으로 중부고속도로 법면 등에 시공하였다.

8. Smooth Blasting Method

쿠션 블라스팅과 같은 공법으로 굴착계획선을 따라 설치한 스무스 블라스팅공은 주발파와 동시에 점화하여 그 최종단에서 발파시키는 공법이다.

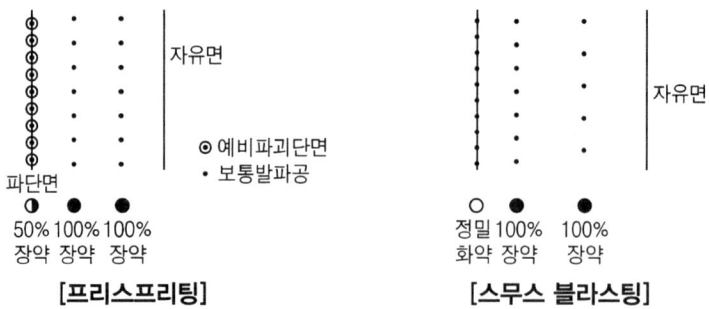

[프리스프리팅]   [스무스 블라스팅]

 **8-7 ABS(Agua Blasting System) 공법(수압 발파 공법)**

암반을 천공하여 장약한 후 물을 넣고 마개를 하여 봉한 다음 발파시키는 공법으로 폭파시 발생되는 충격파가 둘러싼 천공 벽면에 전체 길이에 균등하게 에너지가 전달되어 파쇄하는 공법

※ 물 : 가연성 가스가 다량 함유된 갱도발파에 있어서 전색물로서 가장 이상적
※ 전색물 : 발파위력을 크게 하고 안정도를 높이며, 후생가스를 적게 하기 위해 필요

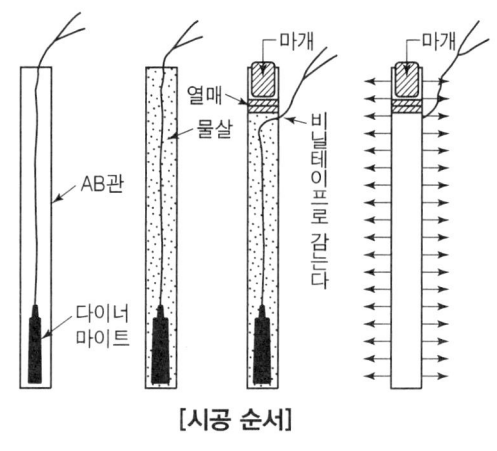

[시공 순서]

 **8-8 누두지수(n)**

누두공의 형상을 나타내는 지수 개념 ★

$$n = \frac{R}{W}$$

여기서, $n=1$: 표준장약(누두공의 꼭지각이 90°가 되는 경우)
  $n<1$: 약장약(최소저항선의 길이에 비해 장약량이 적은 상태, 누두공의 꼭지각이 90°보다 적은 경우)
  $n>1$: 과장약(최소저항선의 길이에 비해 장약량이 많은 상태, 누두공이 생기지 않고 암석이 비산된다.)

8-9 임계심도(N)

자유면에 균열이 생길 때의 폭약에서 자유면까지의 깊이 **개념 ★**

$$N = EL^{\frac{1}{3}}$$

여기서, N : 임계심도(m) E : 변형에너지계수(암석의 경우 4~5) L : 장약량(kg)

[연습문제 1]
암석발파에서 화약량이 8kg이고 변형에너지 계수 $E=4$일 때 임계심도 N을 구하시오.

해설

$N = EL^{1/3} = 4 \times 8^{1/3} = 8\mathrm{m}$

8-10 2차폭파(조각발파)

(1) 정의

2차폭파(조각발파)란 폭파에서 생긴 암석덩어리가 기계 등으로 처리 할 수 없을 정도로 클 때 조각을 내기 위한 폭파를 말한다.

$$L = CD^2$$

여기서, L : 장약량(g) C : 발파계수(0.15~0.2) D : 암석의 최소지름(cm)

(2) 2차폭파 종류 ★★★

① 블록 보링(Block Boring)법(천공법) : 수직천공 → 장약 → 흙으로 전색(진쇄)
② 스네이크 보링(Snake Boring)법(사혈법) : 바위덩어리 아래쪽에 장약
③ 머드 캡핑(Mud Caping)법(복토법) : 직경이 작은 곳에 장약 → 굳은 점토로 덮음

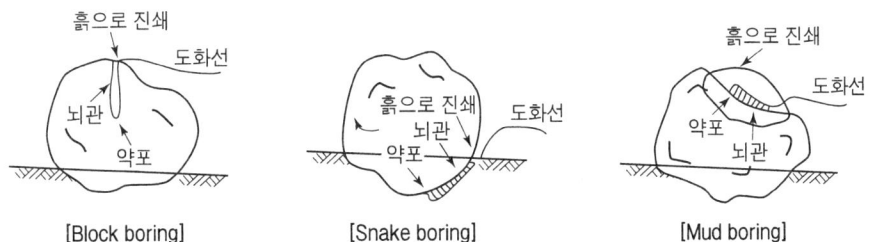

[Block boring]　　　　　[Snake boring]　　　　　[Mud boring]

8-11 폭약을 사용하지 않는 암파쇄 (무진동·무소음 발파공법)

(1) 폭약을 사용 않는 암파쇄 방법

① 기계에 의한 암반 굴착 ② 수력에 의한 굴착
③ 열에 의한 굴착 ④ 팽창성 파쇄제에 의한 굴착
⑤ 기계(유압장치 등)에 의한 암반절개 후 굴착

(2) 리퍼에 의한 굴착

(3) 브레이커에 의한 굴착

(4) 팽창성 파쇄제에 의한 굴착

암반층에 팽창제를 주입하여 무진동, 무소음으로 굴착하는 공법으로 도심지 굴착에서 유효하게 활용된다.

[파쇄제의 종류] ① 캄마이트(calmite, 팽창제)
② 브라이스트(brister)
③ CBR
④ S-마이트(S-mite)
⑤ 스플리터

(5) 유압장치에 의한 암반파쇄

천공(Drilling) → 절개(Splltting) → 분리 및 파쇄(Breaking & Nipping)

8-12 수중발파

암반(콘크리트 기타 물체)의 일부나 전부가 물에 덮힌 상태에서 실시되는 발파로 물에 의한 저항 및 수중작업으로 인한 작업능률의 저하 등에 대처하기 위하여 육지에서 보다 강력한 폭발력이 요구되는 성능 좋은 폭약의 사용이 수반되는 물 속의 발파

[수중발파 종류]

① 록 필에 의한 천공 및 발파 : 수심이 깊지 않을 경우 암석이나 토사를 매립한 후 육상에서처럼 천공 및 발파를 하고, 발파가 이루어진 후에는 매립된 토사나 암석을 제거하는 공법

② **플래트 폼에서의 천공 및 발파** : 수심이 깊은 곳에서 천공이나 발파작업을 하려면 별도의 해상 장비가 필요하게 되는데, 발파시는 작업원 및 장비의 대피가 용이한 이동식 해상장비가 필요하다.
③ **잠수부에 의한 천공 및 발파** : 잠수부에 의한 수중발파는 한정된 작업에 이용되며, 천공작업 동안에 수중에서는 시계가 대단히 좋지 않은 경우가 발생되므로 잠수부가 정확한 위치에 천공할 수 있도록 공 위치의 표식 철제틀을 사용하는 등 보조품을 사용하기도 한다.

8-13 발파에 의한 진동

(1) 진동 속도

① 일반식

$$v = K \cdot \left(\frac{D}{\sqrt{W}}\right)^{-n}$$

여기서, v : 최대 진동속도
  K, n : 지형, 지질, 암석 등의 상수
  D : 발파 지점까지의 거리
  W : 지발당 최대 장약량

② 진동 속도에 영향을 미치는 인자
  ㉠ 장약량
  ㉡ 진원에서부터의 거리
  ㉢ 파쇄할 암질의 종류
  ※ 진원 : 진동이 최초로 발생한 지점

(2) 발파에 의한 소음과 진동

[발파시 진동에 영향을 미치는 요인]
① **입지조건** : 조절이 불가능하다.
  ㉠ 현장과 인접구조물의 거리
  ㉡ 발파장소의 지형 및 암반상태
  ㉢ 대기 상태
② **발파조건** : 조절이 가능하다.
  ㉠ 폭약의 종류와 장약량
  ㉡ 천공의 크기와 길이 및 각도
  ㉢ 천공간격 및 지연 시차

(3) 발파시 진동 저감방안

① 발파원의 조절
  ㉠ 화약류의 선택
  ㉡ 장약량의 조정 및 분할 발파
  ㉢ 환산거리의 조절
② 자유면과 천공위치의 조절 : 심빼기 등으로 자유면의 수를 늘린다.
③ 진동전파 경로의 차단
  ㉠ 방진 차단벽의 설치
  ㉡ 프리스프리팅과 같은 제어발파 공법 추진

(4) 발파 진동을 감소시키는 방법

① 표준 발파를 한다.
② 자유면이 많으면 진동은 흡수된다.
③ 지발 발파의 효과를 이용 한다.
④ 분할 발파의 실시 및 지발 뇌관당 장약량을 감소시킨다.

(5) 발파시 소음 저감방안

① 지발당 장약량을 가능한 적게 한다.
② 1회 총 화약량을 가능한 적게 한다.
③ 발파전에 차음벽을 설치한다.

8-14 천공속도 계산 ★★★★★★★★★★

(1) 천공속도

$$V_T = \alpha(C_1 \cdot C_2)V$$

여기서, V_T : 천공속도(cm/min)
  α : 전천공시간에 대한 순천공시간의 비율(보통 $\alpha = 0.65$)
  C_1 : 표준함(화강암)에 대한 대상암의 암석 저항계수
  C_2 : 암석의 상태에 의한 작업조건계수
  V : 표준암을 천공하는 순천공속도(cm/min)

(2) 천공장

$$L = V_T \cdot t$$

여기서, L : 천공장(cm)
  t : 천공시간

(3) 1공의 천공시간(t)

$$t = \frac{L}{V_T}$$

(4) 1시간당 천공수

$$n = \frac{작업시간}{1공의 천공시간(t)}$$

 ## 8-15 시험발파

발파작업에서 채석방법, 암석의 비산상태, 장약량, 안전성을 고려해서 발파방법, 사용약량 등을 여러 가지로 변화시키면서 암석과 폭약에 대한 계수를 결정하기 위한 발파방법

(1) 발파계수(C)와 적정장약량(L_1)

$$C = \frac{L_1}{W^3 \cdot f_{(n)}}$$

(2) 장약량의 계산

$$L : L_1 = V : V_1 = W^3 : W_1^3$$

여기서, L, V, W : 구멍지름 d일 때의 장약량, 채석량(채석용적), 최소저항선
L_1, V_1, W_1 : 구멍지름 d_1일 때의 장약량, 채석량(채석용적), 최소저항선

 ## 8-16 기타공식

(1) 저항선

$$W = \frac{0.46 \cdot d}{C}$$

여기서, W : 최소저항선(cm)
d : 발파공경(cm)
C : 암석계수

(2) 천공길이

$$D = W + \frac{m}{2}$$

여기서, D : 천공길이(cm)
m : 장약길이(cm)

(3) 장약량

$$L = 9.42 \cdot d^3 \cdot G$$

여기서, L : 장약량(g)
G : 폭약비중

8-17 암반굴착현장에서 직접 탄성계수를 결정하는 방법

(1) 탄성파시험

탄성파 굴절탐사 계산 ★★★

P파의 속도 $V = \sqrt{\dfrac{E}{\left(\dfrac{\gamma}{g}\right)}} \cdot \sqrt{\dfrac{(1-\mu)}{(1-2\mu)(1+\mu)}}$

프와송비를 무시하는 P파의 속도 $V = \sqrt{\dfrac{E}{\left(\dfrac{\gamma}{g}\right)}}$

여기서, E : 탄성계수
γ : 암반의 단위중량
g : 중력가속도
μ : 프와송비

(2) 공내재하시험
(3) Flat Jack Test
(4) PBT

8-18 비 산

발파시 암석이 불규칙하게 튀어 나가는 것을 비산이라 하며 이는 주변 구조물 및 인명살상을 초래할 수 있다.

(1) 암석발파시 비산이 발생되는 원인 ★★

① 과다한 장약량
② 점화 순서 착오에 의한 지나친 지발 시간

③ 단층, 균열, 연약면 등에 의한 암반의 강도 저하
④ 천공 오차로 인한 국부적인 장약공의 집중 현상
⑤ 전색 불량

(2) 비산석에 대한 안전대책

① 장약량 조절
② 지발 발파
③ 이완된 암반과 공극을 잘 조사학 이완된 부분은 무장약공으로 전색만 한다.
④ 천공 오차를 줄여 국부적인 장약공의 집중을 피한다.
⑤ 전색을 충분히 하고 공발이 되지 않도록 한다.(저항선보다 짧은 전색을 피한다.)

단기완성 토목기사 실기

Chapter 09
콘크리트공

시멘트풀 = 공기 + 물 + 시멘트
모르타르 = 공기 + 물 + 시멘트 + 잔골재
콘크리트 = 공기 + 물 + 시멘트 + 잔골재 + 굵은골재
　　　　　 (5%)　 (15%)　 (10%)　　　 [골재 (70%)]

 9-1 콘크리트 재료

(1) 시멘트 제조방식

① 건식법 : 건조상태의 원료 사용. 열효율이 가장 좋아 많이 사용한다.
② 반건식법 : 건조상태의 원료에 10~12%의 물 가한다.
③ 습식법 : 물을 넣어 미분쇄한 것으로 슬러리[1] 상태의 원료를 공급한다.

(2) 시멘트 풍화시 나타나는 현상

① 시멘트의 비중이 감소한다.　　② 응결시간이 늦어진다.
③ 조기강도가 작아진다.　　　　④ 강열 감량이 커진다.
⑤ 건조수축, 균열이 커진다.　　⑥ 내구성이 작아진다.

(3) 시멘트 저장

① 저장시 주의사항
　㉠ 30cm 이상 높이의 마루에 쌓는다.
　㉡ 쌓아올리는 높이는 13포대 이하로 하고, 장기간 저장시 7포대 이상 쌓아 올려서는 않된다.
　㉢ 저장 중에 약간이라도 굳은 시멘트는 사용해서는 안된다.
　㉣ 3개월 이상 장기간 저장한 시멘트는 재시험 후 사용한다.

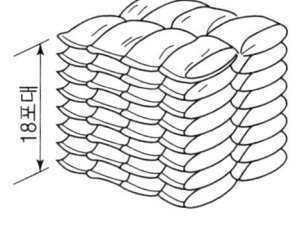

5kg포대

② 시멘트 저장 창고면적(A)

$$A = 0.4 \times \frac{N}{n}$$

여기서, N : 시멘트 총포대수
　　　　n : 쌓아올린 포대수

---

[1] 슬러리란 고체와 액체의 혼합물 또는 미세한 고체입자가 물 속에 현탁된 현탁액상태의 것을 말한다.

(4) 혼화재료(Admixture)

① 혼화재료의 분류
혼화재료는 사용량에 따라 분류된다.

혼화재료	
혼화재 종류 ★★	혼화제
• 콘크리트 배합계산에 고려 • 시멘트 중량의 5% 이상 사용 • 미분말 • 대부분 무기계 • 시멘트와 수화반응	• 콘크리트 배합계산에서 무시 • 시멘트 중량의 1% 전후 첨가 • 액체 또는 분체(통상 물에 희석하여 사용) • 대부분 유기계 • 시멘트 수화물과 반응
• 고로 슬래그(Slag) • 플라이애시(Fly-ash) • 포졸란(Pozzolan) • 실리카 퓸(Silica Fume)	• AE제 • 촉진제 • 감수제 • 고성능 감수제(유동화제) • 수축저감제

② 응결 경화 촉진제
㉠ 특징
- ⓐ 조기강도를 증대한다.
- ⓑ 수화열이 증대한다.
- ⓒ 팽창, 수축을 증대한다.
- ⓓ 균열을 증대한다.
- ⓔ 내구성을 감소한다.
- ⓕ 슬럼프를 감소한다.
- ⓖ 철근을 부식시킨다.

㉡ 종류
- ⓐ 염화칼슘
- ⓑ 염화나트륨
- ⓒ 규산칼슘
- ⓓ 탄산염
- ⓔ 황산염
- ⓕ 초산염
- ⓖ 트리에탄올아민

③ 플라이애시(Fly Ash)
㉠ 특징 ★
- ⓐ 수화열이 작다.
- ⓑ 건조수축이 작다.
- ⓒ 수밀성이 양호하다.
- ⓓ 장기강도가 증가한다.
- ⓔ 워커빌리티를 증대시킨다.
- ⓕ 단위수량을 감소시킨다.
- ⓖ 해수에 대한 화학적 저항성이 크다.
- ⓗ 알칼리 골재반응을 억제한다.
- ⓘ 재령 28일까지의 콘크리트 강도는 보통 포틀랜드 시멘트를 사용한 경우보다 다소 작지만 장기재령에서는 비슷하거나 오히려 크다.

㉡ 용도
댐 등의 수리구조물에 적합하다.

(5) 골재함수상태

① 골재 함수상태

㉠ 절대 건조상태(노건상태, 절건상태) : 골재를 건조로에서 105±5℃의 온도로 무게가 일정하게 될 때까지 완전히 건조시킨 상태 ; D

㉡ 공기 중 건조상태(기건상태) : 습기가 없는 실내에서 건조시켜 골재 공극의 일부에는 수분이 있지만 표면에는 수분이 없는 상태 ; C

㉢ 표면건조 포화상태(표건상태) : 콘크리트 배합설계시 기준이 된다. 골재 알의 표면에는 물기가 없고, 골재 공극 속은 물로 차 있는 상태 ; B

㉣ 습윤상태 : 골재 속의 공극 및 표면에 물기가 있는 상태 ; A

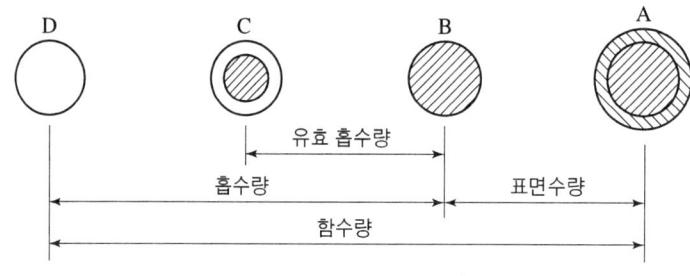

[골재의 함수상태] 그림 ★

② 각종 산식

㉠ 함수량 : 골재의 안과 바깥에 들어 있는 물의 양

함수량 = 습윤상태(A) − 노건상태(D)

㉡ 표면수량 : 골재의 표면에 묻어 있는 물의 양

표면수량 = 습윤상태(A) − 표건상태(B)

㉢ 흡수량 : 노건조상태에서 골재의 알이 표면건조 포화상태로 되기까지의 흡수된 물의 양

흡수량 = 표건상태(B) − 노건상태(D)

㉣ 유효 흡수량 : 공기 중 건조상태에서 골재의 알이 표면건조 포화상태로 되기까지 흡수된 물의 양

유효 흡수량 = 표건상태(B) − 기건상태(C)

㉤ 함수율[%] = $\dfrac{A-D}{D} \times 100$

㉥ 표면수율[%] = $\dfrac{A-B}{B} \times 100$ 계산 ★

㉦ 흡수율[%] = $\dfrac{B-D}{D} \times 100$

㉧ 유효 흡수율[%] = $\dfrac{B-C}{C} \times 100$ 계산 ★

ⓩ 밀도 = $\dfrac{\text{노건상태 무게}}{\text{표건상태 무게} - \text{수중상태 무게}}$

ⓒ 표면건조 포화상태의 밀도 = $\dfrac{\text{표건상태 무게}}{\text{표건상태 무게} - \text{수중상태 무게}}$

㉠ 겉보기밀도 = $\dfrac{\text{노건상태 무게}}{\text{노건상태 무게} - \text{수중상태 무게}}$

9-2 콘크리트의 성질

(1) 블리딩

콘크리트를 친 후 시멘트와 골재 알이 가라앉으면서 물이 올라와 콘크리트 표면에 떠오르는 현상

① 영향
  ㉠ 수밀성 저하
  ㉡ 내구성 저하
  ㉢ 강도 저하
  ㉣ 콘크리트와 철근의 부착강도 저하

② 방지대책
  ㉠ 단위 수량을 감소한다.
  ㉡ 분말도가 높은 시멘트를 사용한다.
  ㉢ 1회 타설 높이를 작게 한다.
  ㉣ 적당한 혼화제(AE제, 감수제)를 사용한다.

(2) 콘크리트의 초기균열 종류 ★★★★★★★

① 침하 균열(침하수축균열)
② 플라스틱 수축 균열(초기 건조 균열) : 콘크리트의 개방표면에서 수분 증발속도가 블리딩 속도를 초월한 경우 발생
③ 거푸집 변형에 의한 균열
④ 진동 및 경미한 재하에 따른 균열

(3) 콘크리트 비파괴 시험 방법

① 반발경도법(슈미트 해머법) : 콘크리트 표면을 타격하여 반발계수를 측정하여 강도를 추정
② 공진법 : 피측정물 공진 때의 동적 특성치로 강도를 추정
③ 음속법 : 콘크리트 중의 음파의 속도에 의해 강도를 추정
④ 복합법 : 반발 경도법과 음속법을 병행하여 추정
⑤ 인발법 : 콘크리트에 묻힌 볼트 중에서 강도를 추정한다.

⑥ 철근 탐사법 : 전자 유도에 의한 병렬공진회로의 진폭감소를 응용하여 콘크리트 구조물의 철근을 탐사한다.

(4) 콘크리트 손식(損蝕)

콘크리트가 여러 가지 환경하에서 표면에 손상을 받는 것을 말하며 이는 결국 콘크리트 구조물의 내구성에 나쁜 영향을 끼치게 된다.

[손식작용의 4가지 현상]
① 콘크리트 강도 저하 ② 콘크리트 균열 발생
③ 철근 부식 ④ 수밀성 저하
⑤ 콘크리트 구조물에 백화 발생

(5) 콘크리트의 열화 증상

① 균열 ② 표면붕괴
③ 박리현상 ④ 마모

(6) 콘크리트의 열화원인

① 시공관리 불량 ② 재료불량
③ 건조수축의 영향요인 ④ 온도의 변화
⑤ 철근부식
⑥ 화학적요인
　㉠ 염해
　㉡ 중성화 : 콘크리트 표면에서 공기 중의 탄산가스의 작용을 받아 콘크리트 중의 수산화 칼슘이 서서히 탄산칼슘으로 되어 콘크리트의 알칼리성을 상실하는 것
　㉢ 알칼리 골재반응
⑦ 동결융해 ⑧ 충격파
⑨ 마모침식 ⑩ 불량설계세목
⑪ 설계불량

(7) 탄산화(중성화)

① 개념 ★
　㉠ 콘크리트 중의 수산화칼슘(pH 12~13)이 공기 중의 탄산가스(CO_2)와 반응(결합)하여 탄산칼슘으로 변화한 부분의 pH가 8.5~10(산성화) 정도로 낮아지는 현상으로 물리적, 환경적 요인보다는 화학적 요인에 의해 더 큰 영향을 받는다.
　㉡ 탄산화(중성화, Carbonization)란 공기 중의 탄산가스(이산화탄소)의 작용을 받아 콘크리트 중의 수산화칼슘(pH 12~13)이 서서히 탄산칼슘으로 바뀌어 알칼리성을 잃는 것을 말한다.

② 탄산화(중성화)의 결과
  ㉠ 콘크리트의 수소이온농도(pH)가 10 또는 12보다 크면 강재 위에 산화막을 생성하여 부식을 막지만 탄산화로 인해 pH가 10 또는 12 이하로 되면 산화막은 안정성을 잃고 파괴되어 철근을 녹슬게 한다.
  ㉡ 철근은 녹슬면 그 부피가 약 2.5배로 팽창하게 된다.

③ 탄산화(중성화) 판정방법
  ㉠ 탄산화(중성화)의 판정에는 페놀프탈레인 1%의 알콜 용액을 콘크리트 표면에 분무하여 조사하는 방법이 일반적이다.
  ㉡ pH 10 또는 12 이하에서 무색이 되며 탄산화(중성화)가 진행된 것으로 판단되며, pH가 10 또는 12보다 높은 곳은 자적색(紫赤色)을 나타내게 된다. 그러나 pH를 정확히 알 수 있는 것은 아니다.

④ 탄산화(중성화) 속도
  탄산화(중성화) 깊이(X, mm)와 경과한 기간(t, 년)
  $$X = A\sqrt{t}$$
  여기서, A : 탄산화(중성화) 속도계수

⑤ 탄산화(중성화) 방지대책 ★
  ㉠ 충분한 다짐을 한다.　　㉡ 콘크리트의 피복두께를 크게 한다.
  ㉢ 물-결합재비를 가능한 낮게 한다.　㉣ 충분한 초기 양생을 한다.
  ㉤ 콘크리트를 부배합으로 한다.

(8) 콘크리트 시험 종류

시 기	종 류
공사 개시 전 검사	① 골재와 체가름 시험　　② 콘크리트의 슬럼프 시험 ③ 콘크리트의 공기량 시험　④ 콘크리트의 압축강도 시험 ⑤ 시멘트 비중 시험, 잔골재 비중 시험, 굵은 골재 비중 시험, 골재 마모 시험 등
공사 중 검사	① 골재의 염화물 함유량 시험　② 콘크리트의 슬럼프 시험 ③ 콘크리트의 공기량 시험　④ 콘크리트의 단위용적중량 시험 ⑤ 콘크리트의 압축강도 시험　⑥ 콘크리트의 온도
공사 후 검사	① 콘크리트의 비파괴 시험 ② 구조물의 콘크리트에서 절취한 코어에 대하여 실시하는 압축강도 시험 ③ 구조물의 재하 시험

(9) 굳지 않은 콘크리트의 워커빌리티 측정방법 종류 ★★★

① 슬럼프 시험(slump test)　　　　② 흐름 시험(flow test)
③ 리몰딩 시험(remolding test)　　④ 구관입 시험(ball penetration test)
⑤ 비비(vee-bee) 반죽질기 시험　⑥ 이리바렌 시험(iribaren test)

워커빌리티(workability) 정의 ★
반죽질기에 의한 작업의 난이한 정도와 균일한 질의 콘크리트를 만들기 위하여 필요한 재료의 분리에 저항하는 정도를 나타내는 굳지 않는 콘크리트의 성질

유동성(fluidity) 정의 ★
중력이나 외력에 의해 유동하기 쉬운 정도를 나타내는 굳지 않는 콘크리트의 성질

9-3 콘크리트 배합설계

(1) 물-결합재비

① 물-결합재비 결정법 항목 ★★
  ㉠ 압축강도를 기준으로 해서 정하는 경우
  ㉡ 내구성을 고려하여 정하는 경우
  ㉢ 수밀성을 고려하여 정하는 경우
  ㉣ 탄산화(중성화) 저항성을 고려해야 하는 경우

② 압축강도를 기준으로 해서 정하는 경우
  ㉠ 압축강도와 물-결합재비와의 관계는 시험에 의해 정하는 것을 원칙으로 한다. 이 때 공시체는 재령 28일을 표준으로 한다.
  ㉡ 압축강도 표준편차를 이용하는 경우 계산 ★★★★★★★★★★
    배합강도(f_{cr})는 다음 식과 같이 구조계산에서 정해진 설계기준압축강도(f_{ck})와 내구성 기준 압축강도(f_{cd})중에서 큰 값으로 결정된 품질기준강도(f_{cq})보다 크게 정한다.

$$f_{cq} = \max(f_{ck}, f_{cd}) \text{ [MPa]}$$

  ㉢ 레디믹스트 콘크리트의 경우에는 현장 콘크리트의 품질변동을 고려하여 배합강도 (f_{cr})를 호칭강도(f_{cn})보다 크게 정한다.
  ㉣ 레디믹스트 콘크리트 사용자는 다음 식에 따라 기온보정강도(T_n)를 더하여 생산자에게 호칭강도(f_{cn})로 주문하여야 한다.

$$f_{cn} = f_{cq} + T_n \text{ [MPa]}$$

여기서, T_n : 기온보정강도(MPa)

[콘크리트 강도의 기온에 따른 보정값(T_n)]

결합재 종류	재령(일)	콘크리트 타설일로부터 재령까지의 예상평균기온의 범위(℃)		
보통포틀랜드 시멘트 플라이애시 시멘트 1종 고로슬래그 시멘트 1종	28	18 이상	8 이상~18 미만	4 이상~8 미만
	42	12 이상	4 이상~12 미만	−
	56	7 이상	4 이상~7 미만	−
	91	−	−	−
플라이애시 시멘트 2종	28	18 이상	10 이상~18 미만	4 이상~10 미만
	42	13 이상	5 이상~13 미만	4 이상~5 미만
	56	8 이상	4 이상~8 미만	−
	91	−	−	−
고로슬래그 시멘트 2종	28	18 이상	13 이상~18 미만	4 이상~13 미만
	42	14 이상	10 이상~14 미만	4 이상~10 미만
	56	10 이상	5 이상~10 미만	4 이상~5 미만
	91	−	−	−
콘크리트 강도의 기온에 따른 보정값 T_n(MPa)		0	3	6

㉰ 배합강도(f_{cr})는 호칭강도(f_{cn}) 범위를 35MPa 기준으로 분류한 아래의 계산식 중 각 두 식에 의한 값 중 큰 값으로 정하여야 한다. 단, 현장 배치플랜트인 경우는 아래 식에서 호칭강도(f_{cn}) 대신에 기온보정강도(T_n)가 고려된 품질기준강도(f_{cq})를 사용한다.

ⓐ $f_{cn} \leq 35$MPa인 경우 계산 ★★★★★★★★★★

$$f_{cr} = f_{cn} + 1.34s \text{[MPa]}$$
$$f_{cr} = (f_{cn} - 3.5) + 2.33s \text{[MPa]}$$

− 이 두 식에 의한 값 중 큰 값으로 정한다.

ⓑ $f_{cn} > 35$MPa인 경우 계산 ★★★★★★★★

$$f_{cr} = f_{cn} + 1.34s \text{[MPa]}$$
$$f_{cr} = 0.9 f_{cn} + 2.33s \text{[MPa]}$$

− 이 두 식에 의한 값 중 큰 값으로 정한다.

여기서, f_{cr} : 배합강도
  f_{cn} : 호칭강도
  s : 압축강도의 표준편차[MPa]

호칭강도를 고려하지 않는 경우의 배합강도(콘크리트구조설계기준)
- 압축강도 표준편차를 이용하는 경우

① $f_{ck} \leq 35\text{MPa}$인 경우 —— $f_{cr} = f_{ck} + 1.34s\,[\text{MPa}]$
$\qquad\qquad\qquad\qquad f_{cr} = (f_{ck} - 3.5) + 2.33s\,[\text{MPa}]$
이 두 식에 의한 값 중 큰 값으로 정한다.

② $f_{ck} > 35\text{MPa}$인 경우 —— $f_{cr} = f_{ck} + 1.34s\,[\text{MPa}]$
$\qquad\qquad\qquad\qquad f_{cr} = 0.9f_{ck} + 2.33s\,[\text{MPa}]$
이 두 식에 의한 값 중 큰 값으로 정한다.

여기서, f_{cr} : 배합강도 f_{ck} : 설계기준강도 s : 압축강도의 표준편차[MPa]

ⓒ 콘크리트 압축강도의 표준편차는 실제 사용한 콘크리트를 30회 이상 시험한 실적으로부터 결정한다.

ⓓ 압축강도의 시험횟수가 29회 이하이고 15회 이상인 경우는 시험에서 구한 표준편차에 보정계수를 곱한 값을 표준편차로 하고, 명시되지 않은 경우에는 보간법으로 보정계수를 구한다. 계산 ★★★★★★★★★★

[시험 횟수가 29회 이하일 때 표준편차의 보정계수]

시험 횟수	표준편차의 보정계수
15	1.16
20	1.08
25	1.03
30 이상	1.00

ⓔ 배합강도 결정을 위한 압축강도의 표준편차(σ) 계산 ★★★★★★★★★★

$$\sigma = \sqrt{\frac{S}{n-1}}$$

여기서, S : 잔차의 제곱합(편차) $S = \sum(x - \bar{x})^2$
$\qquad \bar{x}$: 평균치 $\bar{x} = \dfrac{\sum x}{n}$
$\qquad n$: 시료 개수

ⓐ 콘크리트 압축강도의 표준편차를 알지 못할 때, 또는 압축강도의 시험횟수가 14회 이하인 경우 콘크리트의 배합강도는 다음과 같이 정할 수 있다.

호칭강도 f_{cn}(MPa)	배합강도 f_{cr}(MPa)
21 미만	$f_{cn} + 7$ 계산 ★★
21 이상 35 이하	$f_{cn} + 8.5$ 계산 ★
35 초과	$1.1f_{cn} + 5$

ⓞ 호칭강도(nominal strength)는 레디믹스트 콘크리트 주문시 KS F 4009의 규정에 따라 사용되는 콘크리트 강도로서, 구조물 설계에서 사용되는 설계기준압축강

도나 배합 설계 시 사용되는 배합강도와는 구분되며, 기온, 습도, 양생 등 시공적인 영향에 따른 보정값을 고려하여 주문한 강도를 말한다.

ⓐ 레디믹스트 콘크리트의 경우에는 배합강도(f_{cr})를 호칭강도(f_{cn})보다 크게 정한다.

ⓑ 레디믹스트 콘크리트 사용자는 다음 식에 따라 기온보정강도(T_n)를 더하여 생산자에게 호칭강도(f_{cn})로 주문하여야 한다.

$$f_{cn} = f_{cq} + T_n [\text{MPa}]$$

여기서, T_n : 기온보정강도(MPa)

③ 내구성을 고려하여 정하는 경우
  ㉠ 콘크리트는 원칙적으로 공기연행 콘크리트(AE콘크리트)로 하여야 한다.
  ㉡ 콘크리트의 물-결합재비는 원칙적으로 60% 이하로 하며, 단위수량은 185kg/m³을 초과하지 않도록 하여야 한다.
  ㉢ 콘크리트는 침하균열, 소성수축균열, 건조수축균열, 자기수축균열 혹은 온도균열에 의한 균열폭이 허용균열폭 이내여야 한다.
  ㉣ 구조물에 사용되는 콘크리트는 적절한 내구성을 확보하기 위해 내구성에 영향을 미치는 환경조건에 대해 노출되는 정도를 고려하여 다음 표에 따른 노출등급을 정하여야 한다.

[노출범주 및 등급]

범주	등급	조건	예
일반	E0	• 물리적, 화학적 작용에 의한 콘크리트 손상의 우려가 없는 경우 • 철근이나 내부 금속의 부식 위험이 없는 경우	• 공기 중 습도가 매우 낮은 건물 내부의 콘크리트
EC (탄산화)	EC1	• 건조하거나 수분으로부터 보호되는 또는 영구적으로 습윤한 콘크리트	• 공기 중 습도가 낮은 건물 내부의 콘크리트 • 물에 계속 침지되어 있는 콘크리트
EC (탄산화)	EC2	• 습윤하고 드물게 건조되는 콘크리트로 탄산화의 위험이 보통인 경우	• 장기간 물과 접하는 콘크리트 표면 • 외기에 노출되는 기초
EC (탄산화)	EC3	• 보통 정도의 습도에 노출되는 콘크리트로 탄산화 위험이 비교적 높은 경우	• 공기 중 습도가 보통 이상으로 높은 건물 내부의 콘크리트[1] • 비를 맞지 않는 외부 콘크리트[2]
EC (탄산화)	EC4	• 건습이 반복되는 콘크리트로 매우 높은 탄산화 위험에 노출되는 경우	• EC2 등급에 해당하지 않고, 물과 접하는 콘크리트(예를 들어 비를 맞는 콘크리트 외벽[2], 난간 등)
ES (해양환경, 제설염 등 염화물)	ES1	• 보통 정도의 습도에서 대기 중의 염화물에 노출되지만 해수 또는 염화물을 함유한 물에 직접 접하지 않는 콘크리트	• 해안가 또는 해안 근처에 있는 구조물[3] • 도로 주변에 위치하여 공기 중의 제빙화학제에 노출되는 콘크리트

범주	등급	조건	예
	ES2	• 습윤하고 드물게 건조되며 염화물에 노출되는 콘크리트	• 수영장 • 염화물을 함유한 공업용수에 노출되는 콘크리트
	ES3	• 항상 해수에 침지되는 콘크리트	• 해상 교각의 해수 중에 침지되는 부분
	ES4	• 건습이 반복되면서 해수 또는 염화물에 노출되는 콘크리트	• 해양 환경의 물보라 지역(비말대) 및 간만대에 위치한 콘크리트 • 염화물을 함유한 물보라에 직접 노출되는 교량 부위[4] • 도로 포장 • 주차장[5]
EF (동결융해)	EF1	• 간혹 수분과 접촉하나 염화물에 노출되지 않고 동결융해의 반복작용에 노출되는 콘크리트	• 비와 동결에 노출되는 수직 콘크리트 표면
	EF2	• 간혹 수분과 접촉하고 염화물에 노출되며 동결융해의 반복작용에 노출되는 콘크리트	• 공기 중 제빙화학제와 동결에 노출되는 도로 구조물의 수직 콘크리트 표면
	EF3	• 지속적으로 수분과 접촉하나 염화물에 노출되지 않고 동결융해의 반복작용에 노출되는 콘크리트	• 비와 동결에 노출되는 수평 콘크리트 표면
	EF4	• 지속적으로 수분과 접촉하고 염화물에 노출되며 동결융해의 반복작용에 노출되는 콘크리트	• 제빙화학제에 노출되는 도로와 교량 바닥판 • 제빙화학제가 포함된 물과 동결에 노출되는 콘크리트 표면 • 동결에 노출되는 물보라 지역(비말대) 및 간만대에 위치한 해양 콘크리트
EA (황산염)	EA1	• 보통 수준의 황산염 이온에 노출되는 콘크리트	• 토양과 지하수에 노출되는 콘크리트 • 해수에 노출되는 콘크리트
	EA2	• 유해한 수준의 황산염 이온에 노출되는 콘크리트	• 토양과 지하수에 노출되는 콘크리트
	EA3	• 매우 유해한 수준의 황산염 이온에 노출되는 콘크리트	• 토양과 지하수에 노출되는 콘크리트 • 하수, 오·폐수에 노출되는 콘크리트

[주] 1) 중공 구조물의 내부는 노출등급 EC3로 간주할 수 있다. 다만, 외부로부터 물이 침투하거나 노출되어 영향을 받을 수 있는 표면은 EC4로 간주하여야 한다.
2) 비를 맞는 외부 콘크리트라 하더라도 규정에 따라 방수처리된 표면은 노출등급 EC3로 간주할 수 있다.
3) 비래 염분의 영향을 받는 콘크리트로 해양환경의 경우 해안가로부터 거리에 따른 비래 염분량은 지역마다 큰 차이가 있으므로 측정결과 등을 바탕으로 한계 영향 거리를 정해야 한다. 또한 공기 중의 제빙화학제에 영향을 받는 거리도 지역에 따라 편차가 크게 나타나므로 기존 구조물의 염화물 측정결과 등으로부터 한계 영향 거리를 정하는 것이 바람직하다.
4) 차도로부터 수평방향 10m, 수직방향 5m 이내에 있는 모든 콘크리트 노출면은 제빙화학제에 직접 노출되는 것으로 간주해야 한다. 또한 도로로부터 배출되는 물에 노출되기 쉬운 신축이음(expansion joints) 아래에 있는 교각 상부도 제빙화학제에 직접 노출되는 것으로 간주해야 한다.
5) 염화물이 포함된 물에 노출되는 주차장의 바닥, 벽체, 기둥 등에 적용한다.

㉣ 콘크리트 배합은 구조물의 노출범주 및 등급에 따라 다음 표의 내구성 확보를 위한 요구조건에서 규정된 내구성 기준압축강도, 물-결합재비, 결합재량, 결합재 종류, 연행공기량, 염화물함유량 등에 대한 요구조건을 만족하여야 한다.

[내구성 확보를 위한 요구조건]

항목		일반	EC (탄산화)				ES (해양환경, 제설염 등 염화물)				EF (동결융해)				EA (황산염)		
		E0	EC1	EC2	EC3	EC4	ES1	ES2	ES3	ES4	EF1	EF2	EF3	EF4	EA1	EA2	EA3
내구성 기준압축강도 f_{cd}(MPa)		21	21	24	27	30	30	30	35	35	24	27	30	30	27	30	30
최대 물-결합재비[1]		–	0.60	0.55	0.50	0.45	0.45	0.45	0.40	0.40	0.55	0.50	0.45	0.45	0.50	0.45	0.45
최소 단위 결합재량 (kg/m^3)		–	–	–	–	–	해양콘크리트 최소단위결합재량				–	–	–	–	–	–	–
최소 공기량(%)		–	–	–	–	–	–				공기연행콘크리트 공기량 표준값				–	–	–
수용성 염소 이온량 (결합재 중량비 %)[2]	무근 콘크리트	–	–				–				–				–		
	철근 콘크리트	1.00	0.30				0.15				0.30				0.30		
	프리스트레스트 콘크리트	0.06	0.06				0.06				0.06				0.06		
추가 요구조건		–	KDS 14 20 50 (4.3)의 피복두께 규정을 만족할 것.								결합재 종류 및 결합재 중 혼화재 사용비율 제한				결합재 종류 및 염화칼슘 혼화제 사용 제한		

[주] 1) 경량골재 콘크리트에는 적용하지 않음. 실적, 연구성과 등에 의하여 확증이 있을 때는 5% 더한 값으로 할 수 있음.
2) KS F 2715 적용, 재령 28일~42일 사이

[내구성으로 정해지는 해양콘크리트 최소단위결합재량(kg/m^3)]

환경구분 \ 굵은 골재의 최대 치수(mm)	20	25	40
물보라 지역, 간만대 및 해양대기중 (노출등급 ES1, ES4)[1]	340	330	300
해중 (노출등급 ES3)[1]	310	300	280

[주] 1) 일반콘크리트 배합강도 규정의 노출등급

ⓑ AE제, AE감수제 또는 고성능AE감수제를 사용한 콘크리트의 공기량은 굵은 골재 최대 치수와 노출등급을 고려하여 다음 표와 같이 정하며, 운반 후 공기량은 이 값에서 ±1.5% 이내이어야 한다.

[공기연행콘크리트 공기량의 표준값]

굵은 골재의 최대 치수 (mm)	공기량(%)	
	심한 노출[1]	일반 노출[2]
10	7.5	6.0
15	7.0	5.5
20	6.0	5.0
25	6.0	4.5
40	5.5	4.5

[주] 1) 노출등급 EF2, EF3, EF4
    2) 노출등급 EF1

ⓒ 공기연행콘크리트의 공기량은 같은 단위 AE제량을 사용하는 경우라도 여러 조건에 따라 상당히 변화하므로 공기연행콘크리트 시공에서는 반드시 KS F 2409 또는 KS F 2421에 따라 공기량 시험을 실시하여야 한다.

④ 위의 내동해성에 의한 기준과 황산염에 의한 기준을 동시에 고려하여야 할 때는 보다 엄격한 기준을 따라야 한다.

⑤ 수밀성을 고려하여 정하는 경우
수밀을 요하는 콘크리트의 물-결합재비는 50% 이하를 표준으로 한다.

⑥ 탄산화 저항성을 고려해야 하는 경우
콘크리트의 탄산화 저항성을 고려해야 하는 경우 물-결합재비는 55% 이하를 표준으로 한다.

(2) 단위수량

소요 워커빌리티 범위 내에서 가능한 한 단위수량이 적게 되도록 시험에 의해 정하며, 혼화제를 녹이는 데 사용하는 물이나 혼화제를 묽게 하는 데 사용하는 물은 단위수량의 일부로 보아야 한다.

(3) 단위시멘트량

단위시멘트량은 단위수량과 물-결합재비로부터 정한다.

(4) 잔골재율(S/a)

잔골재율은 사용하는 잔골재의 입도, 콘크리트의 공기량, 단위 시멘트량, 혼화재료의 종류에 따라 다르므로 시험에 의해 정한다.

계산 ★★★★★

$$\text{잔골재율}(S/a) = \frac{\text{잔골재의 절대용적}}{\text{전체골재의 절대용적}} \times 100(\%)$$

① 잔골재율을 작게하면 소요의 워커빌리티를 가지는 콘크리트를 얻기 위하여 필요한 단위수량 및 단위시멘트량이 감소되어 경제적으로 된다.
② 잔골재율이 너무 작으면 콘크리트가 거칠고 재료분리 발생 및 워커블한 콘크리트를 얻기 어렵다.

(5) 슬럼프 증가시키는 방법

① 분말도가 큰 시멘트를 사용한다.
② AE제를 첨가한다.
③ 감수제를 첨가한다.

(6) 시방배합의 설계

[연습문제 1] ★★★★★★★★★★

콘크리트 $1m^3$을 만드는데 필요한 잔골재 및 굵은 골재량을 구하시오. (단, 단위 시멘트량=220kg, 물-시멘트비=55%, 잔골재율(S/a)=34%, 시멘트의 비중=3.17, 모래의 비중=2.65, 자갈의 비중=2.70, 공기량2%)

해설

(1) 잔골재량

① 단위 수량(W)

$$\frac{W}{C}=0.55\text{에서 } W=0.55\times C=0.55\times 220=121\text{kg}$$

② 단위 골재량의 절대부피

$$=1-\left(\frac{\text{단위 수량}}{1000}+\frac{\text{단위 시멘트량}}{\text{시멘트의 비중}\times 1000}+\frac{\text{공기량}}{100}\right)$$

$$=1-\left(\frac{121}{1000}+\frac{220}{3.17\times 1000}+\frac{2}{100}\right)=0.790(m^3)$$

③ 단위 잔골재량의 절대부피
  = 단위 골재량의 절대부피 × 잔골재율
  $=0.790\times 0.34=0.269(m^3)$

④ 단위 굵은 골재량의 절대부피
  = 단위 골재량의 절대부피 − 단위 잔골재량의 절대부피
  $=0.790-0.269=0.521(m^3)$

⑤ 잔골재량(S)
  단위 잔골재량 = 단위 잔골재량의 절대부피 × 잔골재의 비중 × 1000
  $=0.269\times 2.65\times 1000=712.85(kg/m^3)$

(2) 굵은 골재량(G)

단위 굵은 골재량 = 단위 굵은 골재량의 절대부피 × 굵은 골재의 비중 × 1000
$=0.521\times 2.70\times 1000=1,406.70(kg/m^3)$

(7) 시방배합에 대한 현장배합으로의 조정

[연습문제 2]

어떤 골재를 이용하여 시방배합을 수행한 결과 단위 시멘트 320kg, 단위 수량 165kg, 단위 잔골재 650kg, 단위 굵은 골재 1,200kg이 얻어졌다. 이 골재의 현장 야적 상태가 표와 같을 때 이를 이용하여 현장배합 설계를 수행하여 단위 수량, 현장 잔골재량, 현장 굵은 골재량을 구하시오.

잔골재		굵은 골재	
체	잔유량(g)	체	잔유량(g)
#4	20	40mm	10
#8	55	30mm	120
#16	120	25mm	150
#30	145	19mm	160
#50	110	15mm	180
#100	35	10mm	220
#200	15	#4	140
팬	0	팬	20
표면수=3%		표면수=−1%	

해설

(1) 체가름

잔골재				굵은 골재			
체	잔유량(g)	잔유율(%)	누적잔유율(%)	체	잔유량(g)	잔유율(%)	누적잔유율(%)
#4	20	4	4	40mm	10	1	1
#8	55	11	15	30mm	120	12	13
#16	120	24	39	25mm	150	15	28
#30	145	29	68	19mm	160	16	44
#50	110	22	90	15mm	180	18	62
#100	35	7	97	10mm	220	22	84
#200	15	3	100	#4	140	14	98
팬	0	0	100	팬	20	2	100
합계	500	100		합계	1,000	100	

따라서, 잔골재가 5.0mm체에 남는 량이 4%이고, 굵은 골재가 5.0mm체를 통과하는 량이 2% 이다.

(2) 입도에 대한 보정

$x+y=650+1,200=1,850$ ·············· ①

$0.96x+0.02y=650$ ·············· ②

$0.04x+0.98y=1,200$ ·············· ③

식①에서 $x=1,850-y$ ·············· ④

식④를 식②에 대입하면

$0.96\times(1,850-y)+0.02y=650$

$1,776.00-0.96y+0.02y=650$

$0.94y=1,126.00$

$y=1,197.87(kg)$

따라서, 식④에서 $x=1,850-y=1,850-1,197.87=652.13(kg)$ 이다.

[참고] 입도에 의한 보정은 다음 식을 사용하여 구할 수도 있다.
① 잔골재량
$$x = \frac{100S - b(S+G)}{100-(a+b)} = \frac{100 \times 650 - 2(650 + 1,200)}{100-(4+2)} = 652.13 \,[\text{kg}]$$
② 굵은골재량
$$y = \frac{100G - a(S+G)}{100-(a+b)} = \frac{100 \times 1,200 - 4(650+1,200)}{100-(4+2)} = 1,197.87 \,[\text{kg}]$$

(3) 표면수에 대한 보정
① 잔골재 표면수량 = 잔골재의 량 × 잔골재의 표면수율 = 652.13 × 0.03
  = 19.56(kg)
② 굵은 골재의 표면수량 = 굵은골재의 량 × 굵은 골재의 표면수율
  = 1,197.87 × (−0.01)
  = −11.98(kg)

(4) 현장배합
① 단위 시멘트량 : 320(kg)
② 물 = 165 − (19.56 − 11.98) = 157.42(kg)
③ 잔골재 = 652.13 + 19.56 = 671.69(kg)
④ 굵은골재 = 1,197.87 − 11.98 = 1,185.89(kg)

[연습문제 3] ★

콘크리트의 배합설계에서 f_{ck} = 28MPa, 30회 이상의 압축강도 시험으로부터 구한 표준편차 s = 5MPa이며, 실험을 통해 시멘트·물(C·W비와 재령 28일 압축강도 f_{28} = −14.7+20.7C/W로 얻어졌을 때 콘크리트의 물·시멘트(W/C)비를 구하시오.

해설

(1) 배합강도
 ① $f_{cr} = f_{ck} + 1.34s = 28 + 1.34 \times 5 = 34.7\text{MPa}$
 ② $f_{ck} = (f_{ck} - 3.5) + 2.33s = (28-3.5) + 2.33 \times 5 = 36.15\text{MPa}$
 ③ 둘 중에서 큰 값이 배합강도이므로 $f_{ck} = 36.15\text{MPa}$

(2) 물시멘트비
$$f_{28} = -14.7 + 20.7\frac{C}{W}$$
$$36.15 = -14.7 + 20.7 \times \frac{C}{W} \text{에서}$$
$$\frac{W}{C} = 0.4071 = 40.71\%$$

(8) 콘크리트 배합 변경(시방배합 보정) 계산 ★★★★★★★

구 분	S/a[%] 보정	단위수량[kg] 보정
모래 조립률이 0.1 만큼 클(작을) 때마다	0.5 만큼 크게(작게)	×
슬럼프 값이 1cm 만큼 클(작을) 때마다	×	1.2% 만큼 크게(작게)
공기량이 1% 만큼 클(작을) 때마다	0.5~1 만큼 작게(크게)	3% 만큼 작게(크게)
W/C가 0.05 만큼 클(작을) 때마다	1 만큼 크게(작게)	×

 9-4 계량, 비비기, 운반, 타설, 다지기, 양생

(1) 계량의 허용오차

재료의 종류	측정단위 원칙	1회 계량분량의 한계오차
시멘트	질량	1% 이내
골 재	질량	3% 이내
물	질량 또는 부피	1% 이내
혼화재	질량	2% 이내
혼화제	질량 또는 부피	3% 이내

※ 고로슬래그 미분말의 계량 오차의 최대치는 1%로 한다.

(2) 콘크리트 비비기

① 거듭비비기와 되 비비기
  ㉠ 거듭비비기 : 콘크리트 또는 모르타르가 엉기기 시작하지는 않았으나, 비빈 후 상당한 시간이 지났거나 재료가 분리된 경우 다시 비비는 작업
  ㉡ 되 비비기 : 콘크리트 또는 모르타르가 엉기기 시작하였을 경우 다시 비비는 작업

② 비비기 시간 ★
  ㉠ 비비기 시간은 시험에 의해 정하는 것을 원칙으로 한다.
  ㉡ 비비기 시간에 대한 시험을 실시하지 않은 경우의 최소시간 표준
    ⓐ 가경식 믹서 : 1분 30초 이상
    ⓑ 강제식 믹서 : 1분 이상
  ㉢ 비비기는 미리 정해 둔 시간의 3배 이상 계속해서는 안 된다.

(3) 콘크리트 운반

① 콘크리트 운반 시 중요사항
  ㉠ 재료분리 방지

ⓒ 슬럼프값 저하 방지
　　　ⓒ 운반시간 단축
　　　ⓔ 재료의 손실 방지
　② 주의사항
　　　㉠ 운반거리는 가급적 짧아야 한다.
　　　㉡ 콘크리트는 신속하게 운반하여 즉시 타설하고, 충분히 다져야 한다.
　　　㉢ 비비기로부터 타설이 끝날 때까지의 시간 ★
　　　　　ⓐ 외기온도가 25℃ 이상 : 1.5시간 이내
　　　　　ⓑ 외기온도가 25℃ 미만 : 2.0시간 이내
　　　　　ⓒ 다만, 양질의 지연제 등을 사용하여 응결을 지연시키는 등의 특별한 조치를 강
　　　　　　 구한 경우에는 콘크리트의 품질 변동이 없는 범위 내에서 책임기술자의 승인을
　　　　　　 받아 이 시간제한을 변경할 수 있다.
　　　㉣ 운반할 때는 콘크리트의 재료분리가 가능한 한 적게 일어나도록 하여야 한다.
　　　㉤ 슬럼프, 공기량 등의 품질 변화가 적어야 한다.

Plugging 현상
콘크리트 펌프 사용도중 파이프가 막히는 현상

Plugging 현상 이유
① 굵은 골재 최대치수가 지나치게 큰 경우　② 슬럼프 값이 작은 경우
③ 압송관의 지름이 작고, 길이가 긴 경우　　④ 압송관의 청소불량
⑤ 직사광선에 과다하게 노출된 경우

(4) 거푸집 및 동바리

① 콘크리트 압축강도를 시험할 경우 거푸집널의 해체시기 ★★★★

　기초, 보의 측면, 기둥, 벽의 거푸집널의 해체는 시험에 의해 아래 표의 값을 만족할 때 시행하여야 한다. 특히, 내구성이 중요한 구조물에서는 콘크리트의 압축강도가 10MPa 이상일 때 거푸집널을 해체할 수 있다.

부재		콘크리트 압축강도(f_{cu})
확대기초, 보, 기둥 등의 측면		5MPa 이상
슬래브 및 보의 밑면, 아치 내면	단층구조의 경우	설계기준 압축강도의 2/3 배 이상 또한, 최소 14MPa 이상
	다층구조의 경우	설계기준 압축강도 이상(필러 동바리 구조를 이용할 경우는 구조계산에 의해 기간을 단축할 수 있음. 단, 이 경우라도 최소강도는 14MPa 이상으로 함)

② 콘크리트 압축강도를 시험하지 않을 경우 거푸집널의 해체시기(기초, 보, 기둥 및 벽의 측면)
거푸집널 존치기간 중 평균기온이 10℃ 이상인 경우는 콘크리트 재령이 아래 표의 재령이상 경과하면 압축강도시험을 하지 않고도 해체할 수 있다.

시멘트의 종류 평균기온	조강 포틀랜드 시멘트	보통 포틀랜드 시멘트 고로 슬래그 시멘트(1종) 포틀랜드 포졸란 시멘트(1종) 플라이애시 시멘트(1종)	고로 슬래그 시멘트(2종) 포틀랜드 포졸란 시멘트(2종) 플라이애시 시멘트(2종)
20℃ 이상	2일	4일	5일
20℃ 미만 10℃ 미만	3일	6일	8일

③ 보, 슬래브 및 아치 하부의 거푸집널은 원칙적으로 동바리를 해체한 후에 해체한다. 그러나 구조계산으로 안전성이 확보된 양의 동바리를 현 상태대로 유지하도록 설계, 시공된 경우 콘크리트를 10℃ 이상 온도에서 4일 이상 양생한 후 사전에 책임기술자의 승인을 받아 해체할 수 있다.

④ 거푸집에 작용하는 콘크리트의 측압
  ㉠ 거푸집 속의 콘크리트 온도가 높을수록 측압이 작아진다.
  ㉡ 콘크리트의 슬럼프가 클수록 측압은 커진다.
  ㉢ 단면이 작은 벽보다 단면이 큰 기둥에서 측압이 크다.
  ㉣ 응결시간이 빠른 시멘트를 사용할수록 측압이 크다.

(5) 콘크리트 타설(치기)

① 타설 준비
  ㉠ 배치 및 계획서 확인한다.
  ㉡ 콘크리트를 타설하기 전에 운반장치, 타설설비 및 거푸집 안을 청소하여 콘크리트 속에 잡물의 혼입되는 것을 방지하여야 한다.
  ㉢ 콘크리트가 닿았을 때 흡수할 우려가 있는 곳은 미리 습하게 해두어야 하며, 이때 물이 고이지 않도록 주의한다.
  ㉣ 콘크리트를 직접 지면에 칠 경우 버림콘크리트(바닥콘크리트)를 까는 것이 좋다.
  ㉤ 터파기 안의 물은 타설 전에 제거하여야 한다. 또한, 터파기 안에 흘러 들어온 물에 이미 친 콘크리트가 씻기지 않도록 적당한 조치를 취하여야 한다.

② 타설작업의 유의사항
  ㉠ 콘크리트의 타설은 원칙적으로 시공계획서에 따라야 한다.
  ㉡ 콘크리트의 타설작업은 철근 및 매설물의 배치나 거푸집이 변형 및 손상되지 않도록 주의하여야 한다.
  ㉢ 타설한 콘크리트를 거푸집 안에서 횡방향으로 이동시켜서는 안 된다.
  ㉣ 타설 도중에 심한 재료분리가 생겼을 때에는 재료분리를 방지할 방법을 강구하여

야 한다.
ⓜ 한 구획 내의 콘크리트는 타설이 완료될 때까지 연속해서 타설하여야 하며, 콘크리트는 그 표면이 한 구획 내에서는 거의 수평이 되도록 타설하는 것을 원칙으로 한다.
ⓗ 콘크리트 타설 1층 높이는 다짐능력을 고려하여 결정하여야 한다. 또한 콘크리트를 2층 이상으로 나누어 타설할 경우, 상층의 콘크리트 타설은 원칙적으로 하층의 콘크리트가 굳기 시작하기 전에 타설하여야 하며, 상층과 하층이 일체가 되도록 시공하여야 한다.
ⓢ 콜드 조인트(cold joint)가 발생하지 않도록 하나의 시공구획의 면적, 콘크리트의 공급능력, 이어치기 허용시간 간격 등을 정하여야 한다. ★★★★
ⓞ 이어치기 허용시간 간격 ★★★★
콘크리트를 비비기 시작하면서부터 하층 콘크리트 타설을 완료한 후, 정치시간을 포함하여 상층 콘크리트가 타설되기까지의 시간을 말한다.

외기온도	이어치기 허용시간 간격
25℃ 초과	2.0 시간
25℃ 이하	2.5 시간

ⓩ 거푸집의 높이가 높을 경우
재료분리를 막고 상부의 철근 또는 거푸집에 콘크리트가 부착하여 경화하는 것을 방지하기 위해 거푸집에 투입구를 설치하거나, 연직슈트 또는 펌프배관의 배출구를 타설면 가까운 곳까지 내려서 콘크리트를 타설하여야 한다. 이 경우 슈트, 펌프배관, 버킷, 호퍼 등의 배출구와 타설면까지의 높이는 1.5m 이하를 원칙으로 한다.
ⓒ 콘크리트 타설 도중 표면에 떠올라 고인 블리딩수가 있을 경우에는 적당한 방법으로 이 물을 제거한 후가 아니면 그 위에 콘크리트를 쳐서는 안 되며, 고인 물을 제거하기 위하여 콘크리트 표면에 홈을 만들어 흐르게 해서는 안 된다.
ⓚ 벽 또는 기둥과 같이 높이가 높은 콘크리트를 연속해서 타설할 경우에는 타설 및 다질 때 재료분리가 가능한 적게 되도록 콘크리트의 반죽질기 및 타설 속도를 조정하여야 한다.(벽 또는 기둥의 콘크리트 타설속도는 30분에 1~1.5m가 적당하다)
ⓔ 경사면으로 된 콘크리트를 타설할 경우 낮은 곳에서 높은 곳으로 타설하며, 콘크리트의 타설 속도는 가급적 느린 속도가 좋다.
ⓟ 넓은 장소에서는 콘크리트의 공급원으로부터 먼 쪽에서 시작하여 가까운 쪽으로 끝내야 타설이 끝난 후 콘크리트 운반로의 철거도 쉽게 할 수 있고 콘크리트에 해를 끼치는 일도 없다.

③ 기상조건과 콘크리트 타설
㉠ 태풍 등의 폭풍우에서는 콘크리트 타설을 하지 않는다.
㉡ 평균 1일 기온(1일의 최고와 최저온도의 평균)이 4℃ 이하, 특히 0℃ 이하로 될 때는 한중 콘크리트로 시공한다.

ⓒ 콘크리트 작업시에 기온이 30℃ 이상이(매스 콘크리트의 경우는 20℃ 이상) 될 우려가 있을 때는 서중 콘크리트로 시공한다.
ⓔ 1일 강우량이 10mm를 넘을 때는 옥외작업은 일반적으로 곤란하다.
ⓜ 콘크리트의 표면을 시트 등으로 보호할 경우
1시간에 4mm 정도의 우량이면 일반적으로 콘크리트 타설이 가능하다.

④ 콘크리트 타설 온도
㉠ 매스 콘크리트의 타설 온도는 온도균열을 제어하기 위한 관점에서 가능한 한 낮게 하여야 한다.
㉡ 콘크리트의 타설 온도를 낮추는 것은 부재 내외부의 온도차와 최고 온도를 줄여 줌으로써 온도균열을 제어하는 데 매우 효과가 있다.
㉢ 콘크리트 타설 온도를 낮추는 방법에는 물, 골재 등의 재료를 미리 냉각시키는 방법인 프리쿨링 방법(선행냉각 방법 ; Pre-cooling)이 있다. **종류 ★**
ⓐ 냉수나 얼음을 따로따로 혹은 조합해서 사용하는 방법
ⓑ 냉각한 골재를 사용하는 방법
ⓒ 액체질소를 사용하는 방법

⑤ 높이가 높은 콘크리트를 급속하게 연속 타설하는 경우 나타나는 현상
㉠ 재료분리 발생
㉡ 블리딩 발생
㉢ 상부 콘크리트의 품질 저하
㉣ 수평철근의 부착강도 저하

⑥ 콘크리트의 타설 순서

(a) 아치교의 콘크리트 타설 : 3, 5→1, 7→2, 6→4

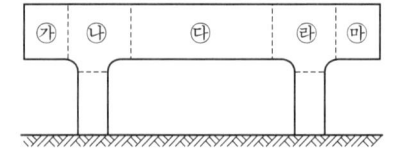

(b) 교각의 콘크리트 타설 : ㉰→㉮, ㉲→㉯, ㉱

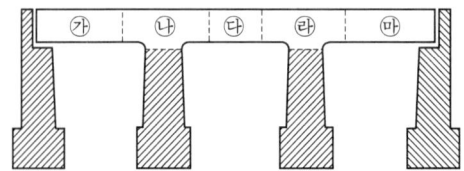

(c) 연속 슬래브교의 슬래브 콘크리트 타설 : ㉰→㉮, ㉲→㉯, ㉱

[콘크리트 타설 순서]

㉠ 경사면은 하부에서 상부로 타설한다.
㉡ 처짐에 의한 침하가 큰 곳(휨모멘트가 크게 작용)부터 타설한다.
㉢ 아치 구조는 중심에 대해 대칭으로 타설하되 중심부를 가장 늦게 타설한다.

(6) 콘크리트 다지기

① 다지기 일반
㉠ 콘크리트 강도, 내구성, 수밀성 등이 개선된다.
㉡ 콘크리트 다지기에는 내부진동기 사용을 원칙으로 하나, 얇은 벽 등 내부진동기 사용이 곤란한 장소에서는 거푸집 진동기를 사용해도 좋다.
㉢ 콘크리트는 타설 직후 바로 충분히 다져서 콘크리트가 철근 및 매설물 등의 주위와 거푸집 구석구석까지 잘 채워져 밀실한 콘크리트가 되도록 하여야 한다.
㉣ 거푸집 판에 접하는 콘크리트는 되도록 평탄한 표면이 얻어지도록 타설하고 다져야 한다.

② 다짐 방법
㉠ 봉 다짐법 : 각목, 통나무 등을 이용하여 많은 횟수를 다지는 것이 효과적이며, 묽은 반죽 콘크리트에 사용한다.
㉡ 진동 다짐법
㉢ 거푸집을 두드리는 법
㉣ 진공법
㉤ 원심력 다지기 : 속이 빈 중공형 콘크리트 말뚝과 같이 원통형 제품을 만드는데 주로 이용된다.
㉥ 가압법

(7) 콘크리트 양생

양생(Curing)이란 콘크리트를 친 다음 콘크리트가 수화작용에 의하여 충분한 강도를 내고 균열이 생기지 않도록 하기 위하여, 일정한 기간 동안 콘크리트에 충분한 온도와 습도를 유지하며, 유해한 작용의 영향을 받지 않도록 보존하는 작업을 말한다.

① 보통 양생
일반적으로 습윤양생과 막양생 방법을 사용한다.
㉠ 습윤양생 : 콘크리트의 수분 증발을 막기 위해서 콘크리트의 노출면에 양생용 매트, 가마니, 마포, 모래 등을 적셔서 덮거나 또는 살수하여 습윤상태로 보호하는 방법
㉡ 막양생(피복양생) : 콘크리트의 수분 증발을 막기 위해서 콘크리트의 노출면에 막을 만드는 충분한 양의 막생생제를 적절한 시기에 균일하게 살포하여 증발을 막는 방법
– 종류 : 방수지, 플라스티 시트, 비닐 유제, 아스팔트 유제, 합성수지

② **촉진 양생 종류** ★★★★
   콘크리트의 경화나 강도 발현을 촉진하기 위해 실시하는 양생
   ㉠ 오토클레이브 양생(Autoclaved Curing, 고온고압 증기양생) : 오토클래이브(Autoclave, 고온고압의 용기) 내에서 180℃ 전후의 고온과 7~15기압(평균 1MPa)의 고압을 이용하여 양생하는 방법으로 단시간 내에 높은 강도의 콘크리트를 얻기 위한 양생 방법이다.
   ㉡ 증기양생 : 콘크리트의 거푸집을 빨리 제거하고 단시일 내에 소요의 강도를 발현하기 위하여 고온의 증기로 양생하는 방법
   – 증기양생방법
     제 1단계(전 양생) : 거푸집과 함께 증기 양생실에 넣어 온도를 균등하게 한다.
     제 2단계(온도상승) : 비빈 후 2~3시간 경과된 이후부터 증기양생을 실시
                        온도 상승 속도는 시간당 20℃ 이하
                        최고 온도는 65℃
     제 3단계(고온유지) : 온도 상승 후 4~10시간정도 고온을 유지한다.
     제 4단계(후 양생) : 증기 양생실의 온도를 외부 온도 정도까지 서서히 내린다.
                        증기 양생실에서 제품을 꺼내 실외 저장 장소로 옮겨 보관한다.
   ㉢ 전기양생 : 콘크리트에 저압(100V내외)의 교류(50~60Hz) 전류를 보내어 콘크리트의 전기 저항에 의해 발생되는 열을 이용하여 양생하는 방법
   ㉣ 온도제어양생 : 콘크리트가 충분한 경화가 진행될 때까지 필요한 온도 조건을 일정하게 유지하여 저온, 고온 등의 급격한 온도 변화에 의한 유해한 영향을 받지 않도록 하는 양생
   ㉤ 상압증기양생
   ㉥ 적외선양생
③ **콘크리트 표준시방서에 따른 표준 습윤양생기간 종류** ★★★★★

일평균 기온	보통 포틀랜드 시멘트	고로슬래그 시멘트 플라이애시 시멘트	조강 포틀랜드 시멘트
15℃ 이상	5일	7일	3일
10℃ 이상	7일	9일	4일
5℃ 이상	9일	12일	5일

9-5 콘크리트 이음

(1) 시공이음

먼저 친 콘크리트(구 콘크리트)와 새로 친 콘크리트(신 콘크리트) 사이에 생기는 이음

① 시공이음 목적
   ㉠ 야간 작업 등 무리한 작업을 피한다.
   ㉡ 거푸집의 조립 및 반복 사용한다.
   ㉢ 철근 조립을 쉽게 한다.
   ㉣ 콘크리트의 수화열 억제
   ㉤ 콘크리트의 검사

② 시공이음 설치위치 및 방향
   ㉠ 전단력이 작은 곳에 설치한다.
   ㉡ 부재의 압축력이 작용하는 방향과 직각이 되게 한다.
   ㉢ 수평이음은 미관상 일직선으로 설치한다.
   ㉣ 연직 시공이음은 거푸집을 사용한다.

③ 부득이 전단이 큰 위치에 시공이음을 설치할 경우
   ㉠ 시공이음에 장부(요철) 또는 홈을 둔다.
   ㉡ 적절한 강재를 배치하여 보강하여야 한다.
   ㉢ 철근 정착길이는 콘크리트와 철근의 부착강도가 충분히 확보되도록 철근 지름의 20배 이상(20d 이상)으로 하고, 원형철근의 경우에는 갈고리를 붙여야 한다.

철근의 정착 방법 종류 ★★
① 묻힘길이(매입길이)에 의한 방법
② 표준 갈고리에 의한 방법 : 압축철근의 정착에는 유효하지 않다.
③ 확대머리 이형철근 및 기계적 인장 정착
④ 이들을 조합하는 방법

④ 방향에 따른 시공이음 종류
   ㉠ 수평시공이음
      ⓐ 수평시공이음이 거푸집에 접하는 선은 가능한 한 수평한 직선이 되도록 하여야 한다.
      ⓑ 경화가 시작되면 되도록 빨리 쇠솔이나 모래분사 등으로 면을 거칠게 하며 충분히 습윤상태로 양생하여야 한다.
      ⓒ 역방향 타설 콘크리트 시공시에는 콘크리트의 침하를 고려하여 시공이음이 일체가 되도록 콘크리트의 재료, 배합 및 시공 방법을 선정하여야 한다.

ⓓ 수평시공이음 역방향 타설 콘크리트 이음방법
  • 직접법 : 경사지게 하여 기포와 블리딩수가 배출되기 쉽도록 한 이음방법
  • 충전법 : 팽창계의 모르타르를 충전
  • 주입법 : 주입관을 붙여 두고 시멘트 풀이나 수지(Resin) 등을 주입하는 방법

ⓒ 연직시공이음
  ⓐ 연직시공이음 시공에서는 시공이음면의 거푸집을 견고하게 지지하고 이 음부분의 콘크리트는 진동기를 써서 충분히 다져야 한다.
  ⓑ 시공이음면의 거푸집 철거는 콘크리트가 굳은 후 되도록 빠른 시기에 한다. 다만, 거푸집 제거시기를 너무 빨리하면 콘크리트에 유해한 영향을 주기 때문에 주의하여야 한다. 일반적으로 연직시공이음부의 거푸집 제거시기는 콘크리트를 타설하고 난 후 여름에는 4~6시간 정도, 겨울에는 10~15시간 정도로 한다. ★

ⓒ 바닥틀과 일체로 된 기둥, 벽의 시공이음
  ⓐ 바닥틀과 일체로 된 기둥 또는 벽의 시공이음은 바닥틀과의 경계부근에 설치하는 것이 좋다. ★★
  ⓑ 헌치는 바닥틀과 연속해서 콘크리트를 타설하여야 한다.
  ⓒ 내민부분을 가진 구조물의 경우에도 마찬가지로 시공하여야 한다.
  ⓓ 헌치부 콘크리트는 다짐이 불량하기 쉬우므로 다짐에 각별히 주의하여 조밀한 콘크리트가 얻어지도록 하여야 한다.

ⓔ 바닥틀의 시공이음
  ⓐ 바닥틀의 시공이음은 슬래브 또는 보의 경간 중앙부 부근에 두어야 한다. ★★
  ⓑ 다음 그림과 같이 보가 그 경간 내에서 작은 보와 교차할 경우에는 작은 보의 폭의 약 2배 거리만큼 떨어진 곳에 보의 시공이음을 설치하고, 시공이음을 통하는 경사진 인장철근을 배치하여 전단력에 대하여 보강하여야 한다.

ⓜ 아치의 시공이음
  ⓐ 아치의 시공이음은 아치축에 직각방향이 되도록 설치하여야 한다. ★★
  ⓑ 아치축에 평행한 방향으로 연직시공이음을 부득이 설치할 경우에는 시공이음부의 위치, 보강방법 등에 대하여 충분히 검토한 후 이것을 설치하여야 한다.

(2) 신축이음(팽창줄눈)

콘크리트 구조물의 온도변화에 따른 팽창 수축, 건조수축, 부등침하, 진동 등에 의해 생기는 균열을 방지하기 위해 설치하는 이음

① 신축이음재의 구비조건
  ㉠ 온도변화에 의한 신축이 자유로울 것
  ㉡ 변형이 자유로울 것
  ㉢ 구조가 간단하고 시공이 용이할 것

ⓔ 수밀성 및 내구성이 클 것
ⓜ 방수 및 배수가 완전할 것
ⓗ 평탄성 및 주행성이 있을 것

② 신축이음재 종류
㉠ 충전재 : 컴파운드, 합성수지, Brown Asphalt, Asphalt Mortar
㉡ 지수판 : 동판, 강판, 염화비닐판, 고무재

(3) 수축이음(균열유발줄눈)

콘크리트의 건조수축에 의해서 발생되는 균열을 미리 어느 정해진 장소에 균열을 집중시킬 목적으로 만든 이음

콜드조인트(Cold joint)
연속해서 콘크리트를 치는 경우 먼저 친 콘크리트와 나중 친 콘크리트 사이에 비교적 긴 시간 차로 인하여 일체화되지 않아 계획되지 않은 장소에 발생된 이음

9-6 거푸집 및 동바리

(1) 설계시 고려해야 할 하중
① 연직방향 하중   ② 수평방향 하중
③ 콘크리트 측압   ④ 특수 하중

(2) 콘크리트 측압에 영향을 미치는 인자
① 사용재료   ② 배합
③ 타설속도   ④ 타설높이
⑤ 다짐방법   ⑥ 타설시의 콘크리트 온도

(3) 동바리의 설계
① 설계, 시공 등을 고려하여 알맞은 형식과 재료를 선택한다.
② 받는 하중을 완전하게 기초에 전달하도록 한다.
③ 조립이나 때어내기가 편리한 구조로 한다.
④ 이음이나 접속부에서 하중을 확실하게 전달할 수 있도록 한다.
⑤ 콘크리트 자중에 따른 침하, 변형을 고려한다.

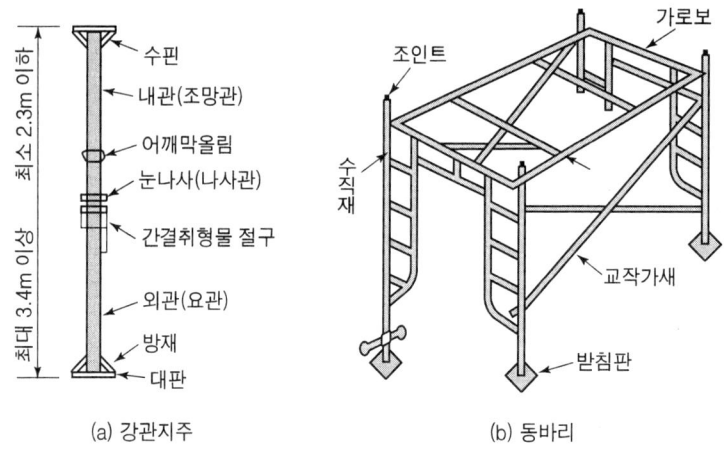

[강제 동바리공의 예]

(4) 특수 거푸집 종류 ★★★★

① 갱폼(Gang Form) : 대형 벽체 거푸집
② 클라이밍 폼(Climbing Form) : 벽체용 거푸집으로 거푸집과 벽체 마감공사를 위한 비계틀을 일체로 조립하여 한꺼번에 인양시켜 사용하는 거푸집
③ 슬립 폼(Slip Form) : 수직적 또는 수평적으로 반복된 구조물을 시공이음이 없이 균일한 형상으로 시공하기 위하여 거푸집을 연속적으로 이동하면서 콘크리트를 타설하여 구조물을 시공하는 거푸집

슬립 폼 주요 부품
① 요크(Yoke) : 거푸집을 끌어올리는 틀로서 심봉에 따라 올라간다.
② 잭(Jack) : 거푸집 및 작업잭을 이동하는 유압잭을 말한다.
③ 잭 라드(Jack rod) : 유압잭이 이동하는 레일과 같은 역할을 한다.
④ 웨일(Wale)
⑤ 거푸집판(Form)

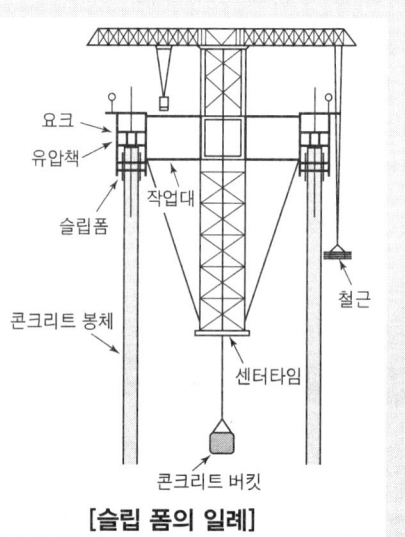

[슬립 폼의 일례]

④ 슬라이딩 폼(Sliding Form) : 사일로 등의 변화가 전혀 없는 평면형의 구조물에 적합하고 일정한 형의 거푸집을 상승시키면서 연속하여 콘크리트를 쳐가는 거푸집
⑤ 셀프 클라이밍 폼(Self Climbing Form) : 고가의 거푸집 시스템임에도 불구하고 타워 크레인 지원 없이 자체인양하여 중장비 사용의 효율을 극대화하고, 일체화된 형틀 조립으로 공사종료까지 반복 사용하여 정밀시공을 가능하게 하는 거푸집
⑥ 트래블링 폼(Travelling Form) : 한 구간의 콘크리트를 타설한 후 거푸집을 낮추고 다음 콘크리트 타설 구간까지 거푸집을 이동시키면서 콘크리트를 계속 적으로 타설한다. 수평적으로 연속된 구조물에 적용하는 거푸집
⑦ 테이블 폼(Table Form) : 바닥 콘크리트 타설용 거푸집으로 바닥판 거푸집과 동바리를 테이블 모양으로 만들어 수평 이동하면서 콘크리트를 타설하는 거푸집
⑧ 다공질 거푸집 : 경사진 콘크리트 타설시 발생기포의 분출을 쉽게 해주는 거푸집

9-7 특수 콘크리트

(1) 프리스트레스트 콘크리트(PSC ; Prestress concrete)

외력에 의해 콘크리트에 발생되는 인장응력을 상쇄시키기 위해 콘크리트 단면에 사전에 압축응력을 준 콘크리트를 프리스트레스트 콘크리트라고 한다.

① 용어 정리
  ㉠ 프리스트레스(Prestress) : 외력에 의하여 일어나는 인장응력을 소정의 한도로 상쇄할 수 있도록 미리 계획적으로 콘크리트에 주는 응력
  ㉡ 프리스트레싱(Prestsessing) : 프리스트레스를 가하는 작업
  ㉢ 프리스트레스력(Prestress Force) : 부재에 작용되는 힘
② PSC 장점
  ㉠ 설계하중이 작용하여도 균열이 발생하지 않는다.
  ㉡ 탄력성이 복원성이 크다.
  ㉢ 전체 단면이 유효하게 작용한다.
  ㉣ 자중이 작고 지간을 길게 할 수 있다.
  ㉤ 부재의 처짐이 작다.
③ PSC 단점
  ㉠ 단면이 작기 때문에 변형이 크게 일어난다.
  ㉡ 단면이 작기 때문에 진동하기 쉽다.

ⓒ 철근 콘크리트에 비해 내화성에 있어서 불리하다.
ⓓ 고강도의 재료를 사용하므로 공사비가 비싸다.
④ 프리텐션(Pre-tension) 방식과 포스트텐션(Post-tension)방식
  ㉠ PS강재 긴장 시기
    ⓐ 프리텐션(Pre-tension) 방식 : 콘크리트 경화 이전에 PS강재를 긴장시킨다.
    ⓑ 포스트텐션(Post-tension)방식 : 콘크리트 경화 이후에 PS강재를 긴장시킨다.
  ㉡ 작업순서
    ⓐ 프리텐션(Pre-tension) 방식 : 지주와 인장대 설치 → 거푸집 조립 → PS강재 긴장 → 콘크리트 타설(양생 → 응결 → 경화) → PS강재의 긴장력 이완
    ⓑ 포스트텐션(Post-tension)방식 : 거푸집 조립 및 덕트를 이용 시스 배치 → 콘크리트 타설(양생 → 응결 → 경화) → 시스 속에 PS강재 삽입 → PS강재 긴장 후 정착 → 그라우팅
  ㉢ 프리스트레스 도입 방식
    ⓐ 프리텐션(Pre-tension) 방식 : PS강재와 콘크리트의 부착력에 의해 프리스트레스가 도입된다.
    ⓑ 포스트텐션(Post-tension)방식 : 부재단의 정착장치에 의해 프리스트레스가 도입된다.
  ㉣ 공법

프리텐션(Pre-tension) 방식	포스트텐션(Post-tension)방식
공장 생산에 사용한다. ㉠ 연속식(Long-Line Method) • 여러 개의 거푸집을 인장대에 일렬로 배치하고 1회의 긴장으로 한 번에 다수의 부재를 제작하는 방식이다. • 넓은 부지와 공장 설비가 필요하다. • 대량생산이 가능하다. ㉡ 단독식(Individual Mold Method) • 거푸집 자체를 인장대로 하여 1회 긴장에 1개의 부재를 제작하는 방식이다. • 거푸집 비용이 많이 들지만 거푸집 회전율이 높다. • 제조 공장을 분산시킬 수 있고, 그에 따른 운반비용 절감이 가능하다.	현장 생산에 사용한다. **정착방법에 따른 구분 종류 ★★★★** ㉠ 쐐기식(마찰저항을 이용한 정착방법) • PS강재와 정착장치 사이의 마찰력을 이용하여 쐐기작용으로 PS강재를 정착하는 방식 • Freyssinet 공법 • Grum & Bilfinger 공법 • Magnel 공법 • Held & Franke AG 공법 • VSL 공법 • CCL공법 ㉡ 지압식(너트와 지압판에 의한 정착방법) • BBRV 공법 • Dywidag 공법 • Lee-Macall 공법 • Prescon 공법 • Texas P.I 공법 ㉢ 루프식 • Leoba 공법 • Baur-Leonhardt 공법

⑤ 프리스트레스 도입 시기
  ㉠ 프리텐션 방식 : 부착에 의해 도입된다.

$f_{ci} \geq 1.7f_{ci}'$

$f_{ci} \geq 30\text{MPa}$

여기서, f_{ci} : 프리스트레스를 도입하고자 할 때 부재의 콘크리트 압축강도
f_{ci}' : 프리스트레스 도입 직후 콘크리트에 생기는 최대 압축 응력

ⓒ 포스트텐션 방식 : 정착에 의해 도입된다.

$f_{ci} \geq 1.7f_{ci}'$

$f_{ci} \geq 28\text{MPa}$(다발강연선) 또는 17MPa(단일강연선, 강봉)

도 입 방 식	설계기준강도	프리스트레스 도입시 콘크리트 압축강도	
프리텐션 방식	35MPa	30MPa	
포스트텐션 방식	30MPa	다발 강연선	28MPa
		단일 강연선, 강봉	17MPa

⑥ PS강재의 긴장 공법
  ㉠ 프리텐션 방법
    • 롱 라인 공법   • 단일 몰드 공법
  ㉡ 포스트텐션 방법
    • 프리시네 공법   • VSL 공법
    • BBRV 공법   • 디비닥 공법
    • 레온할트 공법

⑦ 프리스트레스 손실 원인 ★★★
  프리스트레스 손실이란 PS강재의 인장응력이 감소하면 콘크리트에 도입된 프리스트레스도 같이 감소하게되는 현상을 말한다.
  ㉠ 프리스트레스 도입시 : 즉시 손실
    ⓐ 콘크리트의 탄성변형(수축)
    ⓑ PS강재와 시스(덕트) 사이의 마찰(포스트텐션 방식에만 해당)
    ⓒ 정착단의 활동
  ㉡ 프리스트레스 도입후 : 시간적 손실
    ⓐ 콘크리트의 건조수축
    ⓑ 콘크리트의 크리프
    ⓒ PS강재의 리랙세이션(Relaxation)

이 외에도 콘크리트의 물리적 성질, 단면 형상, 프리스트레스 도입시기, PS강재의 품질, 사용량, 배치 등에 의하여 달라진다.

(2) 유동화 콘크리트

미리 비빈 콘크리트에 유동화제를 넣어 콘크리트의 품질은 변화시키지 않고 유동성을 증가시켜 치기 및 다짐 등의 시공성을 개선한 콘크리트

(3) AE 콘크리트

콘크리트에 AE제를 첨가하여 콘크리트 속에 작고 많은 독립된 기포를 고르게 생기게 한 콘크리트

① 장점 : ㉠ 워커빌리티가 개선된다.
　　　　 ㉡ 단위 수량을 15%정도 감소한다.
　　　　 ㉢ 재료의 분리가 적고, 블리딩이 감소한다.
　　　　 ㉣ 동결융해에 대한 내구성이 증대한다.
　　　　 ㉤ 건조수축, 균열이 감소한다.
　　　　 ㉥ 수밀성이 증대한다.
② AE제의 종류 : ㉠ 빈졸레진　㉡ 다렉스　㉢ 포조리스　㉣ 프로텍스

(4) 섬유 보강 콘크리트

콘크리트 속에 짧은 불연속의 단섬유를 고르게 분산시켜 인장강도, 휨강도, 내충격성, 균열에 대한 저항성 등을 개선한 콘크리트

① 장점 : ㉠ 인장강도, 휨강도, 전단강도가 크다.
　　　　 ㉡ 인성이 증대한다.
　　　　 ㉢ 균열에 대한 저항성이 크다.
　　　　 ㉣ 내열성, 내구성, 내충격성이 크다.
　　　　 ㉤ 동결융해에 대한 저항성이 크다.
　　　　 ㉥ 압축강도는 별로 증대되지 않는다.
② 종류
　　㉠ 무기계 섬유 보강 콘크리트
　　　・강섬유 보강 콘크리트
　　　・유리 섬유 보강 콘크리트
　　　・탄소 섬유 보강 콘크리트
　　㉡ 유기계 섬유 보강 콘크리트
　　　・폴리 아미드 섬유 보강 콘크리트
　　　・폴리프로필렌 섬유 보강 콘크리트
　　　・폴리에틸렌 섬유 보강 콘크리트

(5) 경량 콘크리트

보통 콘크리트보다 단위 용적질량이 작은 콘크리트

① 제조방법에 따른 종류 ★★
　　㉠ 경량 골재 콘크리트 : 비중이 낮은 다공질의 경량 골재를 사용한 콘크리트
　　㉡ 경량 기포 콘크리트 : 잔골재를 사용하지 않고 규산질과 석회질을 주원료로 하여

기포제에 의해 무수한 기포를 골고루 형성시켜 고온·고압증기로 양생시킨 것으로 단열과 방음효과가 크고 경화 후 변형이 적은 장점이 있으나 부서지기 쉽고 흡수율이 큰 단점이 있다.
ⓒ 무세골재 콘크리트 : 골재사이에 공극을 형성시키기 위하여 잔골재의 사용을 배제한 콘크리트

(6) 방사선 차폐용 콘크리트(중량 콘크리트)

생체방호를 위하여 X선, γ선, 중성자 등의 방사선을 차폐할 목적으로 비중이 큰 중량 골재를 사용하여 만든 콘크리트

(7) 콘크리트–폴리머 복합체 종류 ★★★

폴리머를 사용해서 시멘트 콘크리트가 갖는 결점을 개선할 목적으로 결합재의 일부 또는 전부를 폴리머를 사용하여 골재를 결합시켜 만든 콘크리트

① 폴리머콘크리트(PC ; polymer concrete) : 결합재로 시멘트와 같은 무기질 시멘트를 전혀 사용치 않고, 폴리미만으로 골재를 결합시켜 콘크리트를 제조한 것으로서, 플라스틱 콘크리트 또는 레진 콘크리트라고 부르기도 했으나, 국제기구를 간에 용어의 통일을 보아 폴리머 콘크리트(Polymer concrete)라고 부르고 있다.

② 폴리머 시멘트 콘크리트(PIC ; polymer impregnated concrete) : 결합재인 시멘트의 일부를 폴리머 라텍스 또는 디스퍼션, 재유화형 폴리머 분말, 수용성 폴리머, 액상수지 그리고 모노머로 대체시켜 제조한다.

③ 폴리머 합침 콘크리트(PIC ; polymer impregnated concrete) : 시멘트계의 재료를 건조시켜 미세한 공극에 액주 모노머를 합침, 중합시켜 일체화시킨 콘크리트를 말한다.

(8) 레디 믹스트 콘크리트

공장에서 수요자가 주문하는 배합의 콘크리트
① 종류
  ㉠ 센트럴 믹스트 콘크리트   ㉡ 쉬링크 믹스트 콘크리트   ㉢ 트랜싯 믹스트 콘크리트
② 운반시간
  ㉠ 기온 25℃미만 : 120분
  ㉡ 기온 25℃이상 : 90분
③ 강도허용범위
  ㉠ 1회 시험 : 호칭강도의 85% 이상
  ㉡ 3회 시험 : 호칭강도의 100% 이상
④ 공기량 허용 오차 : ±1.5%
⑤ 레미콘 인수시 시험 : ㉠ 슬럼프 시험   ㉡ 공기량 시험
              ㉢ 염화물 함유량 시험 ㉣ 압축강도 시험

(9) 한중 콘크리트

콘크리트를 타설할 때 하루 평균 기온이 4℃ 이하로 기온이 낮을 때 시공되는 콘크리트 기온이 -3℃ 이하로 될 경우 본격적인 한중 콘크리트 시공을 한다.

① 비비기
　㉠ 동결되어 있는 골재나 빙설이 혼입되어 있는 골재는 그대로 사용해서는 안 된다.
　㉡ 재료를 가열할 경우, 물 또는 골재를 가열하도록 하며, 시멘트는 어떠한 경우라도 직접 가열해서는 안 된다. 골재의 가열은 온도가 균등하게 되고 또 건조되지 않는 방법을 적용하여야 한다.
　㉢ 타설 종료 후 콘크리트 온도 계산 ★★★★★★

$$T_2 = T_1 - 0.15(T_1 - T_0)t$$

　　여기서, T_2 : 타설 종료 후 콘크리트 온도(℃)
　　　　　 T_1 : 믹싱시의 콘크리트 온도(℃)
　　　　　 T_0 : 주위 기온(℃)
　　　　　 t : 비빈 후부터 타설 종료 때까지 시간(hr)
　　　　　 0.15 : 타설이 끝났을 때 콘크리트의 온도는 운반, 타설 도중의 열손실 때문에 믹서에서 비볐을 때의 온도보다 저하하는데, 이 저하의 정도는 일반적으로 운반 및 타설시간 1시간에 대하여 콘크리트 온도와 주위 기온과의 차이는 15% 정도로 본다.

　㉣ 가열한 재료를 믹서에 투입하는 순서는 시멘트가 급결하지 않도록 정하여야 한다.
　㉤ 가열한 물과 시멘트가 접촉하면 시멘트가 급결할 우려가 있으므로 먼저 가열한 물과 굵은골재, 다음에 잔골재를 넣어서 믹서 안의 재료온도가 40℃ 이하가 된 후 최후에 시멘트를 넣는 것이 좋다.

② 시공시 주의 사항
　㉠ 응결 경화의 초기에 동결하지 않도록 한다.
　㉡ 양생 후 동결융해작용에 대하여 충분한 저항성을 가지게 한다.
　㉢ 공사 중의 각 단계에서 예상되는 하중에 대하여 충분한 강도를 가지게 한다.

③ 콘크리트 온도와 혼화 재료의 온도 관계

$$T = \frac{S(T_a W_a + T_c W_c) + T_w W_w + T_f W_f}{S(W_a + W_c) + W_w + W_f}$$

　여기서, T : 콘크리트의 내부 온도(℃)　　　　S : 시멘트, 골재의 비열(0.2로 가정)
　　　　 W_a, T_a : 골재의 중량, 온도　　　　W_c, T_c : 시멘트의 중량, 온도
　　　　 W_w, T_w : 비비기에 사용한 물의 중량, 온도　W_f, T_f : 골재에 포함된 물의 중량, 온도

④ 배합
　㉠ AE 콘크리트를 사용하는 것이 원칙이다.
　㉡ 초기동해를 작게하기 위하여 소요의 워커빌리티를 유지할 수 있는 범위 내에서 단위 수량을 되도록 적게 정한다.

⑤ 가열한 재료 믹서에 투입하는 순서
   ㉠ 가열한 물과 굵은골재를 넣는다.
   ㉡ 잔골재를 넣어서 믹서 안의 온도를 40℃ 이하가 되게 한다.
   ㉢ 시멘트를 넣는다.

(10) 서중 콘크리트

콘크리트를 타설할 때 하루 평균 기온이 25℃ 또는 타설시 최고온도가 30℃를 초과하는 시기에 시공할 경우에는 일반적으로 서중 콘크리트로 시공한다.

① 운반시 유의사항
   ㉠ 비빈 콘크리트는 가열되거나 건조해져서 슬럼프가 저하하지 않도록 적당한 장치를 사용하여 되도록 빨리 운송하여 쳐야 한다.
   ㉡ 덤프트럭 등을 사용하여 운반할 경우에는 콘크리트의 표면을 덮어서 일광의 직사나 바람으로부터 보호하는 것이 바람직하며, 펌프로 수송할 경우에는 수송관을 젖은 천으로 덮는 것이 좋다.

② 타설시 유의사항 ★★★★★
   ㉠ 콘크리트를 타설하기 전에는 지반, 거푸집 등 콘크리트로부터 물을 흡수할 우려가 있는 부분을 습윤상태로 유지하여야 한다.
   ㉡ 거푸집, 철근 등이 직사일광을 받아서 고온이 될 우려가 있는 경우에는 살수, 덮개 등의 적절한 조치를 하여야 한다.
   ㉢ 콘크리트는 비빈 후 되도록 빨리 타설하는 것이 바람직하며, KS F 2560의 지연형 감수제를 사용하는 등의 일반적인 대책을 강구한 경우라도 1.5시간 이내에 타설하여야 한다.
   ㉣ 콘크리트를 타설할 때의 콘크리트 온도는 35℃ 이하이어야 한다.
   ㉤ 콘크리트 타설은 콜드 조인트가 생기지 않도록 적절한 계획에 따라 실시하여야 한다.

(11) 수중 콘크리트

담수 중이나 안정액 또는 해수 중에 타설하는 콘크리트

① 수중 콘크리트 타설 장비 종류 ★★★★★
   ㉠ 트레미
   ㉡ 콘크리트 펌프
   ㉢ 밑열림 상자
   ㉣ 밑열림 포대

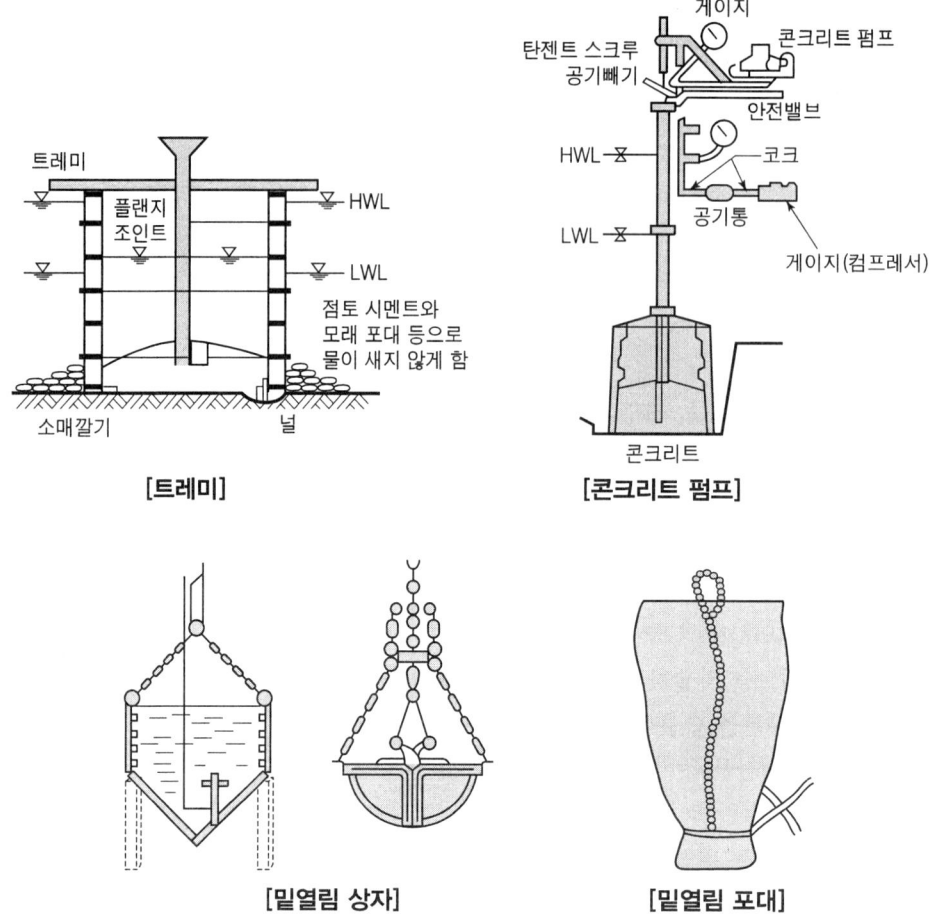

[트레미]   [콘크리트 펌프]

[밑열림 상자]   [밑열림 포대]

② 수중 콘크리트 작업 시 주의사항(타설 원칙) ★★★★
  ㉠ 수중 콘크리트에서 시멘트의 유실, 레이턴스의 발생을 방지하기 위해 물막이를 설치하여 물을 정지시킨 정수 중에 타설하는 것이 좋다. 완전히 물막이를 할 수 없는 경우에도 유속은 1초간 50mm 이하로 하여야 한다.
  ㉡ 콘크리트를 수중에 낙하시키면 재료분리가 일어나고 시멘트가 유실되기 때문에 콘크리트는 수중에 낙하시켜서는 안 된다.
  ㉢ 콘크리트면을 가능한 한 수평하게 유지하면서 소정의 높이 또는 수면상에 이를 때까지 연속해서 타설해야 한다.
  ㉣ 수중 타설시에 1회 연속해서 타설해 올라가는 높이가 너무 클 경우 거푸집에 작용하는 측압에 의해 거푸집이 변형되고 모르타르가 누출할 염려가 있으므로 거푸집의 강도 및 조립에 주의하여야 한다.
  ㉤ 물과 접촉하는 부분의 콘크리트 재료분리를 적게 하기 위하여 타설하는 도중에 가능한 콘크리트가 흐트러지지 않도록 물을 휘젓거나 펌프의 선단부분을 이동시키지

않아야 하며, 콘크리트가 경화될 때까지 물의 유동을 방지하여야 한다.
ⓑ 한 구획의 콘크리트 타설을 완료한 후 레이턴스를 모두 제거하고 다시 타설해야 한다.
ⓐ 수중 콘크리트 시공시 시멘트가 물에 씻겨서 흘러나오지 않도록 트레미나 콘크리트 펌프를 사용해서 타설해야 한다. 그러나 부득이한 경우 및 소규모 공사의 경우 밑열림 상자나 밑열림 포대를 사용할 수 있다.

(12) 프리팩트 콘크리트

특정한 입도를 가진 굵은 골재를 거푸집 안에 미리 다져 넣고, 그 공극 사이에 유동성이 좋고, 재료분리가 적은 모르타르를 압력을 가하여 주입하여 만든 콘크리트

[프리팩트 콘크리트의 혼화재료]
① 플라이 애시   ② 고로 슬래그
③ 감수제   ④ 팽창제

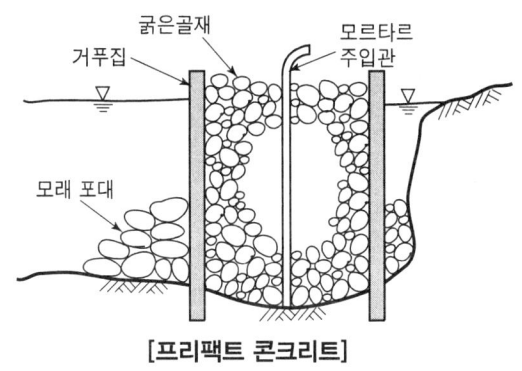

[프리팩트 콘크리트]

(13) 숏크리트(뿜어 붙이기 콘크리트)

모르타르 또는 콘크리트를 시공면에 압축공기로 뿜어 붙여서 만드는 콘크리트를 말하며 터널이나 구조물의 라이닝, 비탈면의 보호, 댐이나 교량의 보수, 보강 공사 등에 사용된다.

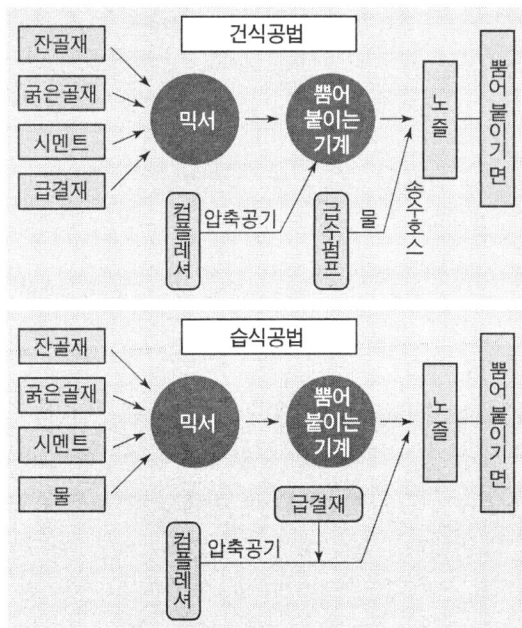

[숏크리트 공법 계통도]

① 종류

숏크리트의 시공에서 매우 중요한 숏크리트 방식은 건식과 습식으로 대별된다.

② **건식공법** 특징 ★★★★

물을 가하지 않은 채 골재, 급결제, 시멘트 등을 혼합한 후 압력수와 함께 고속 분사하여 뿜어 붙이는 공법이다.

㉠ 장점
ⓐ 기계설비가 간단하다.
ⓑ 가격이 저렴하다.
ⓒ 장거리 수송이 가능하다(수평거리 500m 까지).
ⓓ 재료 공급이나 운반에 제한이 적다.
ⓔ 청소가 용이하다.

㉡ 단점 ★★★★★★
ⓐ 작업원 숙련도에 따라 품질이 좌우된다.
ⓑ 리바운드(Rebound)량이 많다.
ⓒ 분진 발생이 많다.
ⓓ 잔골재의 표면수 관리가 필요하다.
ⓔ 품질관리면에서 변화가 크다.(콘크리트 품질관리가 어렵다.)
ⓕ 물-시멘트비의 변동이 크다.

③ **습식공법**

믹서에 물을 포함한 각 재료를 혼합한 후 압축공기로 뿜어 붙이는 공법이다.

㉠ 장점
ⓐ 품질관리가 쉽고 품질 변동이 적다.(콘크리트 품질관리가 양호하다.)
ⓑ 분진 발생이 적다.
ⓒ 리바운드량이 적다.
ⓓ 배합 및 혼합관리가 용이하다.
ⓔ 작업원의 숙련도에 따라 품질이 크게 좌우되지 않는다.

㉡ 단점
ⓐ 장비가 고가이다.
ⓑ 슬럼프가 낮을 경우(80mm 이하) 수송이 곤란하다.
ⓒ 믹서에서 응결이 시작되므로 수송시간에 제한을 받는다.
ⓓ 수송거리가 짧다(수평거리 100m 이내).
ⓔ 청소하기가 어렵다.

④ **급결제(조강제)**

㉠ 염화칼슘
㉡ 탄산나트륨

ⓒ 수산화 알루미늄

ⓔ 알루민산 나트륨

ⓜ 알카리 탄산염

⑤ **용수가 있는 뿜어 붙일면 대책** ★

ⓐ 급결제, 시멘트량을 증가시키는 등 배합설계를 변경한다.

ⓑ 배수파이프나 배수필터를 설치하여 배수처리를 한다.

ⓒ 초기에 드라이믹스 콘크리트(dry mix concrete)를 뿜어 부쳐서 용수와 융합시키고 서서히 물을 첨가한 후 뿜어 붙인다.

ⓓ 물빼기 보링(boring)을 설치한다.

⑥ **시공 일반사항**

ⓐ 건식 숏크리트는 배치 후 45분 이내에 뿜어붙이기를 실시해야 하며, 습식 숏크리트는 배치 후 60분 이내에 뿜어붙이기를 실시해야 한다. ★

ⓑ 숏크리트는 대기 온도가 10℃ 이상일 때 뿜어붙이기를 실시한다. ★

ⓒ 뿜어붙일 면이 흡수성인 경우에는 뿜어붙인 재료로부터 과도한 수분이 흡수되지 않도록 미리 붙일 면에 물을 뿌리는 등 적절한 처리를 하여야 한다.

ⓓ 비탈면이 동결하였거나 빙설이 있는 경우에는 녹여서 표면의 물을 없앤 다음 뿜어 붙여야 한다.

ⓔ 절취면이 비교적 평활하고 넓은 법면에 대해서는 수축에 의한 균열 발생이 많으므로 세로방향으로 적당한 간격으로 신축줄눈을 설치하여야 한다.

⑦ **뿜어붙일 면의 사전처리** ★★★

ⓐ 작업 중 낙하할 위험이 있는 들뜬 돌, 풀, 나무 등은 제거해야 한다.

ⓑ 뿜어붙일 면에 용수가 있을 경우에는 배수파이프나 배수필터를 설치하는 등 적절한 배수처리를 하여야 한다.

ⓒ 뿜어붙일 면이 흡수성인 경우에는 뿜어붙인 재료로부터 과도한 수분이 흡수되지않도록 미리 붙일 면에 물을 부리는 등 적절한 처리를 해야 한다.

ⓓ 비탈면이 동결하였거나 빙설이 있는 경우에는 녹여서 표면의 물을 없앤 다음 뿜어 붙여야 한다.

ⓔ 절취면이 비교적 평활하고 넓은 벽면은 수축에 의한 균열 발생이 많으므로 세로 방향의 적당한 간격으로 신축이음을 설치해야 한다.

ⓕ 숏크리트의 층간을 작업할 때 1차 숏크리트면에 부착된 이물질을 완전히 제거해야 한다.

ⓖ 숏크리트에 의한 보수, 보강을 할 때는 미리 콘크리트의 손상부를 충분히 제거해야 한다.

⑧ 숏크리트의 장단점

장점 ★	단점
㉠ 급결제를 첨가하면 조기강도가 발현된다.	㉠ 리바운드량과 분진이 많이 생긴다.
㉡ 급속 시공이 가능하다.	㉡ 매끄러운 마무리면을 얻기 어렵다.
㉢ 소규모 시공이 가능하다.	㉢ 물이 나오는 면은 뿜어붙이기가 곤란하다.
㉣ 임의방향 시공이 가능하다.	㉣ 시공조건, 시공자의 숙련도에 따라 품질 변동이 생긴다.
㉤ 협소한 장소에서 시공이 가능하다.	㉤ 수밀성이 좋지 않다.
㉥ 급경사면 등 나쁜 작업조건에서도 시공이 가능하다.	
㉦ 거푸집이 필요없다.	

⑨ 리바운드량 저감대책(분진대책)
    ㉠ 분진 발생원 억제대책
        ⓐ 잔골재의 표면수율 관리 : 가장 대표적인 분진 발생원 억제대책이다.
        ⓑ 단위 시멘트량을 크게 하는 것이 좋다.
        ⓒ 단위수량을 크게한다.(물시멘트비는 40~60%)
        ⓓ 잔골재율을 크게 한다.(55~75%)
        ⓔ 굵은골재 최대치수를 작게 한다.(10~15mm)
        ⓕ 노즐을 뿜어붙일면에 직각이 되도록 유지한다.
        ⓖ 건식 보다는 습식법을 사용한다.
        ⓗ 숙련된 노즐맨이 작업한다.
        ⓘ 뿜는 압력을 일정하게 유지한다.
    ㉡ 발생된 분진대책
        ⓐ 환기에 의한 배출·희석
        ⓑ 집진장치 설치
        ⓒ 양호한 작업환경 확보

(14) 해양 콘크리트

항만, 해안, 해양 등에서 해수 작용을 받는 구조물에 시공하는 콘크리트

[철근의 부식방지 방법]
① 피복두께를 크게 한다.
② 균열 폭을 적게 한다.
③ 철근을 피복 한다.
④ 콘크리트 표면을 피복한다.
⑤ 제염법

표면 건조 포화 상태의 비중
몰드 500g과 물 500ml로 측정

$$\text{표면 건조 포화 상태의 비중} = \frac{\text{표면건조 포화상태의 중량}}{\text{표면건조 포화상태의 중량} - \text{수중상태의 중량}}$$

$$= \frac{B}{A+B-C} = \frac{500}{A+500-C}$$

성숙도
성숙도＝온도×시간

(15) 매스 콘크리트

매스 콘크리트로 다루어야 하는 구조물의 부재치수는 일반적인 표준으로서 넓이가 넓은 평판구조에서는 두께 0.8m 이상, 하단이 구속된 벽체에서는 두께 0.5m 이상으로 한다.

① 균열
  ㉠ 내부구속에 의한 균열(Internal Restrained Stress)
    콘크리트 단면 내의 온도차에 의해 발생하는 내부구속 작용에 의한 응력으로 콘크리트 타설 후 중앙부와 표면부의 변형률이 다르기 때문에 응력(내부구속)이 발생하여 표면균열이 발생한다.

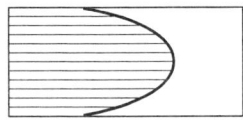
부재 내 온도분포

내부구 속에 의한 응력

  ㉡ 외부구속에 의한 균열(External Restricted Stress)
    새로 타설된 콘크리트 블록의 자유로운 열변형이 외부로부터 구속되는 경우에 발생하는 응력으로 냉각과정에서 콘크리트의 체적은 수축하지만 이것이 기초에 구속되어 콘크리트의 하부가 응력을 받아 균열이 발생한다.

② 매스 콘크리트의 온도균열 제어방법 종류 ★★★★
구조물에 필요한 기능 및 품질을 손상시키지 않도록 온도균열을 제어하기 위한 적절한 조치를 강구하되, 그 효과와 경제성을 종합적으로 판단하여 결정한다.
  ㉠ 온도저하 또는 제어방법
    ⓐ 콘크리트의 프리쿨링(Pre-cooling) : 콘크리트의 선행냉각
      콘크리트에 사용되는 재료의 일부 또는 전부를 냉각시켜 콘크리트의 온도를 낮추는 방법이다.
    ⓑ 콘크리트의 파이프 쿨링(Pipe cooling) : 콘크리트의 관로식 냉각
      매스 콘크리트의 시공에서 콘크리트를 타설한 후 콘크리트의 온도를 제어하기

위해 미리 콘크리트 속에 묻은 파이프 내부에 냉수 또는 공기를 보내 콘크리트를 냉각하는 방법이다. 정의 ★
ⓒ 팽창 콘크리트의 사용에 의한 균열 방지방법
ⓒ 온도 제어 철근의 배치에 의한 방법

③ 온도균열 발생 검토
㉠ 실적에 의한 평가
㉡ 온도균열지수에 의한 평가

$$I_{cr}(t) = f_t(t)/f_x(t)$$

여기서, $I_{cr}(t)$: 온도균열 지수
$f_x(t)$: 재령 t 일에서의 수화열에 의하여 생긴 부재 내부의 온도응력 최대값[MPa]
$f_t(t)$: 재령 t 일에서의 콘크리트의 쪼갬 인장강도로서, 재령 및 양생온도를 고려하여 구하여야 한다[MPa].

㉢ 온도균열지수의 산정
ⓐ 정밀한 방법
필요한 임의의 재령에서의 온도응력 해석은 유한요소법 등과 같은 정밀한 방법을 사용하는 것이 좋다.
ⓑ 간이적인 방법
• 연질의 지반 위에 친 평판 등과 같이 내부구속응력이 큰 경우

$$온도균열지수 = \frac{15}{\Delta T_i}$$

여기서, ΔT_i : 내부온도가 최고일 때의 내부와 표면과의 온도차(℃)

• 암반이나 매시브한 콘크리트 위에 친 평판 등과 같이 외부구속응력이 큰 경우

$$온도균열지수 = \frac{10}{R \Delta T_0} \quad \text{계산 ★★★}$$

여기서, R : 외부구속의 정도를 표시하는 계수
ΔT_0 : 부재 평균 최고온도와 외기온도와의 균형시의 온도차(℃)

조건	외부구속의 정도를 표시하는 계수(R)
비교적 연한 암반 위에 콘크리트를 타설할 때	0.50
중간 정도의 단단한 암반 위에 콘크리트를 타설할 때	0.65
경암 위에 콘크리트를 타설할 때	0.80
이미 경화된 콘크리트 위에 타설할 때	0.60

ⓒ 온도균열지수는 구조물의 중요도, 기능, 환경조건 등에 대응할 수 있도록 선정하여야 한다.
ⓓ 철근이 배치된 일반적인 구조물에서의 표준적인 온도균열지수 값
• 균열 발생을 방지하여야 할 경우 : 1.5 이상

- 균열 발생을 제한할 경우 : 1.2 이상 1.5 미만
- 유해한 균열 발생을 제한할 경우 : 0.7 이상 1.2 미만

④ 매스 콘크리트의 온도균열 방지대책
  ㉠ 적절한 콘크리트의 품질 및 시공 방법의 선정, 균열제어철근의 배치 등의 조치를 강구한다.
  ㉡ 온도균열지수를 높인다.
  ㉢ 균열발생 방지대책 혹은 균열폭, 간격, 발생 위치에 대한 제어를 실시한다.
  ㉣ 유동화 콘크리트 공법을 도입한다.
  ㉤ 발열량이 적은 시멘트를 사용한다.
  ㉥ 단위 시멘트량을 줄인다.
  ㉦ 외부구속을 받는 벽체구조물의 경우에는 균열유발 줄눈을 설치하는 것이 효과적이다.
  ㉧ 프리쿨링, 파이프쿨링 등에 의한 온도저하 또는 제어방법을 활용한다.
  ㉨ 균열제어철근의 배치에 의한 방법을 활용한다.

[연습문제 1]

한중 콘크리트를 시공하려고 한다. 시멘트, 조골재 및 잔골재, 물의 온도가 아래표와 같으며 조골재 및 잔골재의 표면수는 각각 1%, 4%이며 표면수의 온도는 4℃이며 표면수의 온도는 4℃이다. 콘크리트 타설시 온도를 10℃ 이상으로 하기 위해 물의 온도는 얼마로 해야 하는가? (단, 건조 재료의 비열은 0.2, 비비기 중의 콘크리트 온도 저하는 2℃로 가정하다.)

구 분	시멘트	조골재	잔골재	물
단위 재료량(kg/m³)	310	1,160	700	135
온도(℃)	2	4	3	

해설

① $T = 10 + 2 = 12℃$
② $W_f = 1160 \times 0.01 + 700 \times 0.04 = 39.6 \text{kg/m}^3$
③ $W_w = 135 - 39.6 = 95.4 \text{kg/m}^3$
④ 혼합수의 온도(T_w)

$$T = \frac{S \cdot (T_a \cdot W_a + T_c \cdot W_c) + T_f \cdot W_f + T_w \cdot W_w}{S \cdot (W_a + W_c) + W_f + W_w}$$ 에서

$$T_w = \frac{1}{W_w} \cdot [T \cdot \{S \cdot (W_a + W_c) + W_f + W_w\} - S \cdot (T_a \cdot W_a + T_c \cdot W_f) - T_f \cdot W_f]$$

$$= \frac{1}{95.4} \times [12 \times \{0.2 \times (700 + 1,160 + 310) + 39.6 + 95.4\}$$
$$- 0.2 \times (3 \times 700 + 4 \times 1,160 + 2 \times 310) - 4 \times 39.6]$$

$$= 54.48(℃)$$

(16) 댐 콘크리트

댐 콘크리트는 많은 양의 콘크리트를 연속적으로 시공하는 관계로 매스 콘크리트로 취급하여야 한다. 또한, 댐 콘크리트는 일반적으로 대규모 구조물로 시공기간이 길어서 하절기나 동절기에 시공되는 경우가 있으므로 이 경우의 댐 콘크리트는 서중 콘크리트나 한중 콘크리트로 취급하여야 한다.

① 용어 정의
　㉠ 매스콘크리트(mass concrete)
　　부재 혹은 구조물의 치수가 커서 시멘트의 수화열에 의한 온도 상승 및 강하를 고려하여 설계·시공해야 하는 콘크리트 ★
　㉡ 프리플레이스트콘크리트(preplaced concrete ; 프리캐스트(precast) 콘크리트)
　　미리 거푸집 속에 특정한 입도를 가지는 굵은 골재를 채워놓고, 그 간극에 모르타르를 주입하여 제조한 콘크리트 ★
　㉢ 빈배합 콘크리트(lean mixture concrete)
　　비교적 시멘트 사용량이 적은 배합의 콘크리트 ★
　㉣ 부배합 콘크리트(rich mix concrete)
　　비교적 시멘트 사용량이 많은 배합의 콘크리트

9-8 보수공법 및 보강공법

(1) 보수공법

① 개요
　㉠ 보수란 열화된 부재나 구조물의 성능과 기능을 원상복구시키거나 사용상 지장이 없는 상태까지 회복시키는 것을 말한다.
　㉡ 철근부식에 의해서 생긴 부재의 변형과 내하력의 저하를 개선하여 초기 상태로 회복시키는 것을 말한다.
　㉢ 균열이나 박리 등 콘크리트 구조물의 손상을 복구하여 내부 철근의 부식이나 균열 주위부 콘크리트의 열화 진행을 억제하는 것을 목적으로 한다.

② 보수공법의 종류 ★★★
　㉠ 균열보수공법
　　ⓐ 표면처리공법(표면도포공법) : 균열이 발생한 부위에 에폭시수지 등의 피복재료 도막을 형성하는 공법으로 균열의 폭이 좁고 경미한 잔균열 보수에 적용하며, 균열부 표면처리공법과 전면처리공법이 있다.

ⓑ 주입공법 : 균열폭이 0.2mm 이상의 경우에 사용되며 균열 내부에 점성이 낮은 수지계 또는 시멘트계의 재료를 주입하여 방수성과 내수성을 향상시키는 공법으로 비교적 단기간에 접착강도가 발현된다.
ⓒ 충전공법 : 0.5mm 이상의 비교적 큰 폭을 가진 균열의 보수에 적용하는 공법으로 균열을 따라서 약 10mm 폭으로 콘크리트를 V형 또는 U형으로 잘라낸 후 그 부분에 가요성 에폭시수지 또는 폴리머 시멘트 모르타르 등의 보수재를 충전하는 공법이다.
ⓓ 강판 보강공법 : 각종 형태의 강재를 사용하여 균열폭의 확대를 방지하고 균열이 보이지 않게 하는 공법이다.
ⓔ 탄소섬유 보강공법
ⓛ 단면복구공법
ⓒ 침투재 도포공법
ⓔ 표면피복공법
ⓜ 외벽 복합 개수공법
ⓗ 전기화학적 보수공법 : 탈염공법, 재알칼리화공법
ⓢ 전기방식공법
ⓞ 기타 공법 : 핀그라우트공법, 부식된 콘크리트의 보수공법, 기초 부등침하시의 보수공법 등이 있다.

(2) 보강공법

① 개요
  ㉠ 보수은 부재 혹은 구조물의 내하력이나 강성 등의 역학적인 열화를 회복 또는 향상시킬 목적으로 실시하는 대책이다.
  ㉡ 역학적인 성능저하는 주로 재료의 손상이나 과대한 하중의 재하에 의해서 일어난다.

② 토목구조물의 보강공법 종류
  ㉠ 상면두께 증설공법
  ㉡ 하면두께 증설공법
  ㉢ 강판 접착공법
  ㉣ 연속 섬유시트 접착공법
  ㉤ 라이닝공법(뿜어붙이기공법)
    ⓐ 강판 라이닝공법
    ⓑ 연속섬유를 이용한 라이닝공법
    ⓒ 콘크리트 라이닝공법
  ㉥ 외부 케이블 공법

Chapter 10 터 널 공

 **10-1 터널의 개요**

1. 터널의 분류

(1) 터널연장에 따른 분류

① 짧은 터널
② 장대터널
③ 초장대터널

(2) 터널 단면형상에 따른 분류 종류 ★

터널의 단면은 응력, 변형 등에 대하여 구조적으로 안정하고 경제적인 형상이 되도록 해야한다. 일반적으로는 3심 혹은 5심원으로 이루어지는 마제형이나 난형으로 계획되고 있으나, 역학적으로는 원형에 가까운 것이 좋다. 이외에도 타원형터널, 사각형터널, 계란형터널 등이 있다.

① 원형터널

장점	단점
• 구조적으로 가장 안정 • 양수압에 안정	• 굴착시공이 공법에 따라 난이 • 굴착량이 크므로 비경제적

② 난형터널

장점	단점
• 구조적으로 안정 • 양수압에 안정 • 원형보다 굴착량이 적어 경제적	• 마제형보다 굴착량이 크므로 다소 비경제적

③ 마제형터널

장점	단점
• 굴착 시공성 양호 • 여굴량이 적어 경제적	• 원형보다 구조적으로 다소 불안정 • 양수압에 불안정

2. 터널에 작용하는 하중

(1) 토압

(2) 이상지압

① 편압 : 편압 발생시 동바리공이나 콘크리트가 변형 또는 파괴될 수 있으므로 위험하다.

편압의 원인(이상지압의 원인)
① 터널의 흙 피복이 얕은 경우 발생
② 지형이 급경사인 경우 발생

대책공법
① 압성토
② 보호절취
③ 갱구 부근에서의 복공 콘크리트 시공

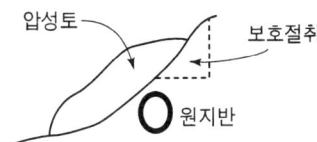

② 팽창성 토압 : 암반 터널의 경우 동바리공 및 복공 콘크리트에는 원지반의 이완에 의하여 생기는 압력, 영향권 내의 원지반 무게 등이 토압으로 작용하게 된다.

팽창성 토압의 원인
① 흡수에 의한 단순한 물리적 팽창
② 화학적 변화에 의한 팽창
③ 터널 위의 하중에 의한 원지반의 소성변형과 파괴현상
④ 응력의 해방 : 지각 변동시 선행 하중의 해방에 의한 소성유동

3. 터널의 보조공법 종류 ★★★★★

(1) 막장 안정을 위한 보조공법

① 천단부 안정을 위한 보조공법 종류 ★

㉠ 훠폴링(Fore Poling, Fore Piling) 공법 : 터널 천단부 원지반 내에 경사 볼트, 단관 파이프 등의 보조재를 삽입 시공하여 막장 천단의 지지(천정부에서의 낙반이나 붕낙방지를 목적으로 설치)와 원지반의 이완방지(일반적으로 풍화암 이상의 균열이 심하게 발달된 지반에 사용)를 위해 설치하는 것을 훠폴링이라고 하며 이러한 공법을 훠폴링공법이라 한다. ★

㉡ 미니 파이프 루프(Mini Pipe Roof) 공법 : 주로 토사 터널을 대상으로 천공 후에 천공 구경보다 약간 큰 파이프를 타입하고 파이프 내 그라우트를 충진시켜 지반과 파이프가 일체가 되도록 하여 지반이완을 최소화하기 위해 사용한다.

㉢ 스틸 시트(Steel Sheet) 공법 : 지반이 나쁜 토사 터널에서 Steel Plate의 타입이 가능한 경우에 적용할 수 있는 방법이다.

㉣ 강관보강형 다단 그라우팅 공법 : 터널 굴착 전에 소구경관을 적절한 형상으로 배열하여 설치한 후 그 강관의 내측으로 패커를 설치하여 그리우트재를 주입함으로써 주입재에 의해 지반을 고결시켜 강관과 지반을 일체로 만든다. 이로 인해 형성된 강관 및 주변 지반의 Beam 작용에 의해 터널에 가해지는 상재하중과 토압 등의

분산효과 및 경감효과가 얻어진다.

ⓜ 파이프 루프(Pipe Roof) 공법 : 강관추진에 의해 미리 강관에 의한 루프(Roof)를 형성시키고 굴착시 강관의 Beam작용에 의한 상부 및 주변 지반을 지지해주는 역할을 하는 공법으로 강관 추진을 위한 발진 개구부 설치 및 장비 반출입 등이 가능한 조건에서만 적용된다.

② 막장부 안정공법 종류 ★★★★★

㉠ 록볼트(Rock Bolt) : 암반의 이완부분부터 경암까지 볼트를 고정시켜 암반의 탈락을 방지하고 터널공사에서는 터널 측면에 본바닥의 아치를 형성시켜 주는 효과가 있다. 개념 ★

㉡ 숏크리트(Face Shotcrete)

㉢ 마이크로 파일(Micro Pile, Root Pile) : 지중에 소형 Pile을 형성하여 터널굴착에 따른 막장안정이나 주변건물 보강목적으로 널리 사용된다. 터널 내부에서는 시공이 다소 곤란하여 대부분 지상에서 수직 또는 경사시공으로 현장여건과 공사 목적에 따라 다양하게 적용한다.

㉣ 주입공법(Grouting)j에 의한 지반보강

㉤ Ring Cut(Core 형성)

㉥ 강관보강형 주입공사

록볼트 정착방법의 선정 시 고려 사항
① 록볼트의 정착방법으로는 선단정착형, 전면접착형, 혼합형 등이 있다. ★★★★★
② 록볼트 정착방법은 사용목적, 지반조건, 시공성 등을 고려하여 정착방법을 선정하여야 한다.
③ 정착재료는 시멘트계와 수지계를 현장여건에 따라 사용할 수 있다.
④ 설치위치에 따라 정착재료의 흘러내림을 최대한 방지하도록 조치하여야 한다.
⑤ 지반이 연약하여 록볼트 천공의 자립이 어려운 경우에는 자천공형 록볼트를 사용할 수 있다.
⑥ 긴급한 록볼트 기능 도입이 요구되는 경우에는 마찰력을 즉시 발휘시킬 수 있는 구조의 록볼트를 이용하여야 한다.
⑦ 록볼트의 정착재료는 보통 포틀랜드 시멘트를 사용하는 것을 원칙으로 한다.
⑧ 사용하는 모래는 최대 직경이 2mm 이하의 입도가 양호한 모래를 사용해야 한다.

주입공법(Grouting)
① 침투주입공법 : 침투주입공법은 원지반을 흐트러뜨리지 않고 주입재가 지반의 공극 속에 맥상 또는 침투주입에 의해 골결되는 주입공법이다. 주입방식에 따라 1액 1공정(1.0 Shot), 2액 1공정(1.5 Shot), 2액 2공정(2.0 Shot)으로 구분된다.
   ㉠ Rod 또는 Strainer(1.0 Shot) : Cement Milk, Mortar
   ㉡ Double packer(1.5 Shot) : L/W
   ㉢ 복합약액주입공법(2.0 Shot) : S.G.R
② 강재교반공법 : 주입관 노즐(nozzle)에서 분사되는 주입재의 고속분출류를 가진 에너지를 이용하여 원지반과 주입재를 교반한다. 분사주입공법은 JSP, JET Grouting이 있다.

4. 지하수 처리에 따른 터널 분류

(1) 배수형 터널

① 배수터널 장점　㉠ 공사비 저렴
　　　　　　　　　㉡ Lining(복공) 콘크리트의 두께가 감소하여 경제적인 시공 가능
　　　　　　　　　㉢ 누수시 보수가 용이하다.
② 배수터널 단점　㉠ 터널 내구연한 동안 유입수 처리 경비가 필요
　　　　　　　　　㉡ 지하수의 배수로 지반 침하를 유발시킬 수 있다.
　　　　　　　　　㉢ 배수시설의 기능 마비시에는 구조물에 해를 미친다.

(2) 비배수형 터널

① 비배수 터널 장점
　㉠ 유지비가 적게 든다.
　㉡ 지하수 배수(지하수위 저하)에 따른 지반 침하를 유발시키지 않는다.
　㉢ 터널 내부의 관리가 용이하고 청결하다.
② 비배수 터널 단점 ★
　㉠ 시공비가 많이 든다.
　㉡ 수압의 작용을 인해 라이닝 두께가 커진다.
　㉢ 누수 발생시 완전보수가 어렵고 보수비가 많이 든다.
　㉣ 완전 방수 시공이 어렵다.
　㉤ 대단면 적용이 곤란하다.

(3) 방배수터널

5. 용수에 대한 대책 공법 종류 ★★★★★

(1) 배수 공법

① 자연배수공법
　㉠ 펌핑(Pumping)　　㉡ 심정공법(Deep Well)
　㉢ 물빼기 갱(수발 갱)　㉣ 물빼기 시추(수발공선진 보링)
② 강제배수공법
　㉠ 웰 포인트(Well Point)　㉡ 배큠 딥 웰(Vacuum Deep Well)
　㉢ 전기삼투압공법(電氣滲透壓工法)

(2) 차수

① 주입 공법　② 압기 공법　③ 동결 공법

6. 터널의 환기

(1) 공사 중 터널의 환기

① 자연환기
② 기계환기 – 집중방식 : 배기식, 송기식
　　　　　　– 직렬방식 : 흡인식(연속식, 단속식)

(2) 완성된 터널의 환기

① 자연환기
② 기계환기 : 횡류식, 반횡류식, 종류식

동바리 설계시 고려사항
① 연직하중에 대해 충분한 강도를 가지며, 좌굴에 안정해야 한다.
② 동바리의 기초가 과도한 침하나 부등침하가 일어나지 않도록 해야 한다.
③ 콘크리트 자중에 따른 침하, 변형을 고려하여 적당한 솟음을 둔다.
④ 이음이나 접속부에서 하중을 안전하게 전달해야 한다.
⑤ 조립이나 떼어내기가 편리한 구조이어야 한다.

7. 터널의 방재설비 종류 ★

방재시설(소화설비, 경보설비, 피난대피설비, 소화활동설비, 비상전원설비)의 설치를 계획하여야 하며, 시설별 설치여부 및 시설별 세부설치기준은 개별 터널별로 수치해석, 모형실험, 정량적 위험도평가 등을 수행하여 계획한다.

 **10-2 터널 굴착공법**

터널의 굴착은 원지반의 손상이나 여굴 발생이 최소가 되도록 하여야 한다.

1. 여굴 발생

(1) 여굴 발생 원인 ★

① 발파 잘못에 의한 원인
② 천공위치 및 천공 기술자의 숙련도에 의한 원인

③ 사용장비에 의한 원인
④ 지반조건(전단력이 약한 지반)에 의한 원인

(2) 원지반 손상 및 여굴 최소화를 위한 대책 ★★

① 정밀 폭약 사용 및 적정량의 폭약량 사용
② 숙련된 작업원 활용 및 교육 실시
③ 적정한 장비의 선정 및 사용
④ 연약 지반의 경우 굴착 전 보강 실시
⑤ 제어발파공법 적용
⑥ 빠른 초기 보강(숏크리트 치기) 실시

(3) 여굴 처리 방안

① 여굴의 규모에 따라 여굴부를 모르타르 및 경량콘크리트 등으로 채운다.
② 필요시 록볼트 및 강재로 보강 후 숏크리트로 마감 처리한다.

2. 터널굴착공법의 종류

(1) 전단면 굴착공법

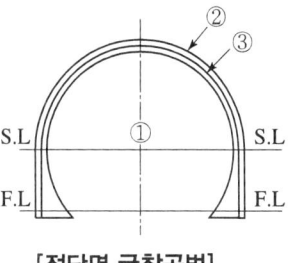

[전단면 굴착공법]

Jumbo Drill로 전단면에 걸쳐 천공한 후 폭파하여 전단면을 굴착 후 동바리를 세울 때까지 막장의 자립이 가능한 암질인 경우 적용 된다.

(2) 반단면 굴착공법

① 상부반단면 선진공법 : 상부 반단면을 전장에 걸쳐 먼저 굴착한 후 하부 반단면을 굴착하는 공법

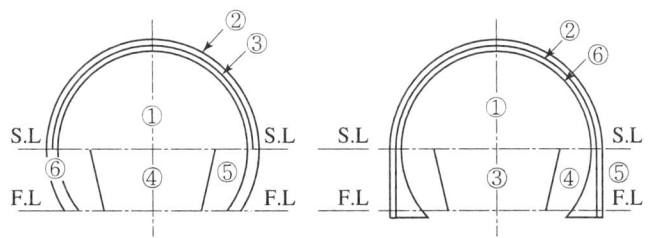

[상부 반단면 선진공법]

② 저설도갱 선진상부 반단면공법(저설도갱 선진링 공법) : 도갱을 하부에 설치하여 도갱에서 상부 반단면의 넓히기를 한 후 하부 넓히기를 하는 공법 먼저 저변에 도갱을 파서 용수를 확인한 후 링상으로 굴착 동바리공, 복공을 행하는 공법

③ 측벽도갱 선진상부 반단면공법(측벽도갱 선진링 공법) : 좌우의 양측벽에 도갱을 굴착하여 도갱내에 측벽 콘크리트를 타설하고 아치부를 링컷하여 강아치 동바리를 측벽 콘크리트 위에 세워서 아치 콘크리트를 타설한 다음 나머지 부분을 굴착한다.

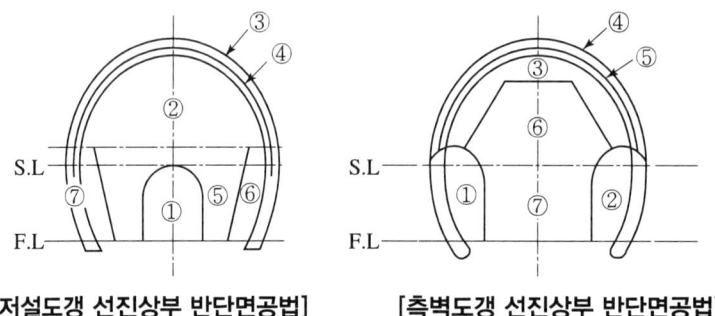

[저설도갱 선진상부 반단면공법]   [측벽도갱 선진상부 반단면공법]

④ 링컷공법 : 상부 반단면을 굴착할 때 한번에 굴착하지 않고 중심부를 남기고 우선 링상으로 외주를 굴착하여 우선 강아치 동바리공을 세워 지지한 내부를 굴착해 나가는 공법

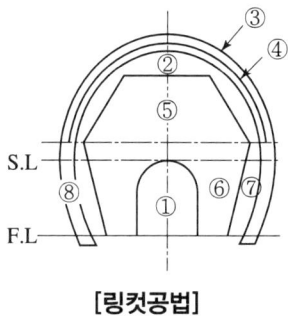

[링컷공법]

⑤ 벤치 컷 공법 : 상부와 하부를 동시에 굴진시키는 공법으로 먼저 상부 반단면을 굴착하면서 곧 뒤에서 하부 반단면을 굴착하는 공법

[벤치 컷 공법의 종류] ★

종 별	벤치길이	적 용
롱벤치 컷 (long bench cut)	50M 이상	원지반이 안정되고 초기에 인버트 폐합이 불필요한 경우
숏벤치 컷 (shot bench cut)	10M~35M	별띠방식이나 기계방식 어느 경우에도 적용가능
미니 벤치 컷 (mini bench cut)	2M~터널지름	인버트 조기 폐합 전단침하 방지가 필요한 토사터널 억제할 경우
다단(多段)벤치 컷 (multi bench cut)	–	보통의 벤치 컷 공법으로 막장이 자립되지 않는 경우

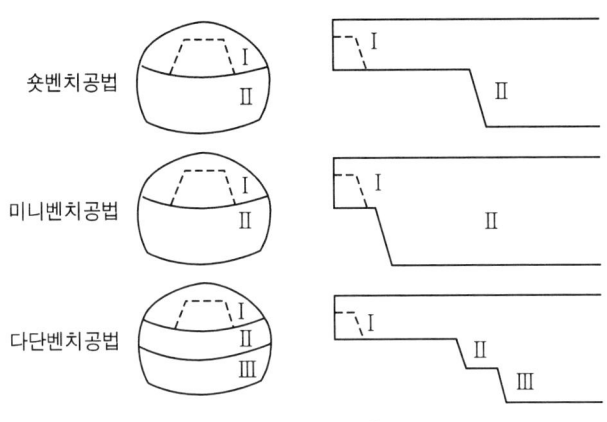

[벤치 컷 공법]

(3) 선진 도갱(Pilot drift)공법

본 터널과 다소 떨어진 곳에 도갱을 병렬시켜 먼저 굴착한 후 본터널과의 연락갱도를 만들어 본터널을 굴착하는 공법

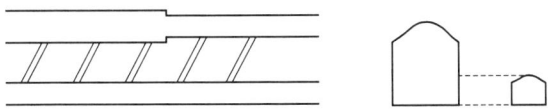

 **정규분포곡선 선진 도갱의 역할**
① 버럭 반출　　② 재료 운반
③ 환기　　　　　④ 배수
⑤ 지질조사　　　⑥ 본 터널의 부분 굴착

(4) 수직 도갱 공법

수직 도갱과 연결되는 반출용 터널을 굴착하여 수직 도갱의 굴착이나 발파에 의해 자연 낙하되는 버럭을 밑에서 받아 이를 배출 터널을 통하여 반출하는 공법

3. 기타 특수 공법

(1) 개착공법(Open Cut Meyhod)

지상에서 큰 도랑을 굴착하여 그 속에 터널 본체를 구축한 후 되메움하여 원상태로 복구하는 공법

(2) 쉴드 공법(Shield Tunneling)

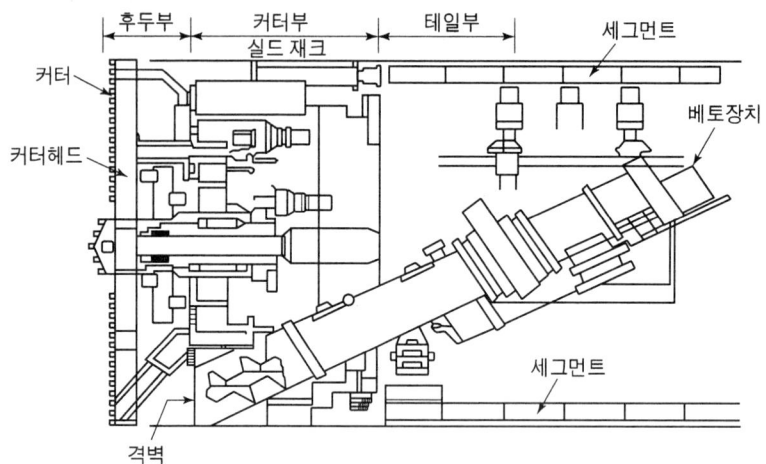

[쉴드 각부의 명칭]

① 쉴드(Shield)라는 둘레가 날카로운 강제 원통을 땅속에 추진시켜 토사의 붕괴나 유동을 막으면서 터널을 굴착하는 공법
② 쉴드 뒷부분에서 세그먼트라 하는 복공을 매번 조립하고 이를 반력으로 삼아 쉴드를 전진시킨다.
③ 본래는 하천, 바다밑 등의 연약지반이나 대수층 지반의 터널공법으로 개발된 것이나 지상에서 모든 영향을 받지 않으므로 최근에는 도시터널 시공에 널리 사용하고 있다. (광주지하철공사 이용)
④ 연약지반에 대단히 유리한 공법
⑤ 쉴드공법의 특징

장점	단점
① 공사 중 지상에 미치는 영향이 적다.	① 굴착단면 변경이 어렵다.
② 시공속도가 빠르다.	② 급곡선의 시공이 어렵다.
③ 반복작업이므로 공정관리가 용이하다.	③ 초기 투자비가 크고 전문 기능공이 필요하다.
④ 암반을 제외한 모든지반에 적용할 수 있고 특히 연약지반에 대단히 유리하다.	④ 단거리 공사인 경우 공사비가 고가이다.

(3) 침매 공법

터널 일부를 육상에서 제작 → 물에 띄워 침설장소까지 운반 → 소정의 위치에 침하 → 되메우기 한 후 물을 빼 터널 구축

(4) 잠함 공법(Pneumatic Casson Method)

(5) 체절공법(Coffer Dam Method)

터널굴착 위치의 주위에 다수의 흡수관을 박아 강력한 펌프로 지하수위를 저하시킨 후 굴착하는 공법

(6) TBM(Tunnel Boring Mechine) : 터널 굴착기계, 전단면 굴착기계

① TBM 공법의 장점 ★★★★
㉠ 주위지반을 이완시키지 않는다.
㉡ 낙반이 적고 작업자의 안전성이 높다.
㉢ 버럭 반출이 용이하다.
㉣ 여굴이 적다.
㉤ 노무비가 절약된다.
㉥ 발파공법에 비해 진동이나 소음이 적다.
㉦ 지산을 손상시키지 않으므로 지보공이 절약된다.

② TBM 공법의 단점 ★★★
㉠ 설비투자액이 고가이므로 초기 투자비가 많이 든다.
㉡ 본바닥 변화에 대하여 적응이 곤란하여 굴착단면을 변경하기 어렵다.
㉢ 지질에 따라 적용에 제약이 따른다.
㉣ 구형, 마제형 등의 단면에는 적용할 수 없는 등 굴착형상의 단면에 제약을 받는다.
㉤ 기계 중량이 커 현장 반입 및 반출이 어렵다.

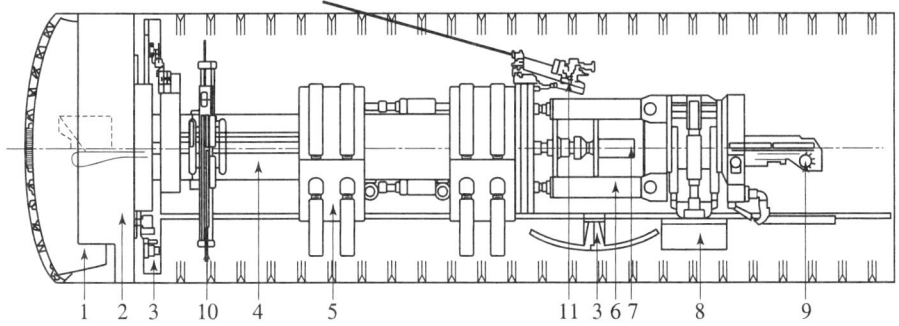

1. Cutter head 2. Kutter head shield. Hydraulically adjustable 3. Support installation system and transport system
4. Inner kelly 5. Outer kelly, two-piece, with grippers and adjusting cylinders 6. Thrust cyfinder
7. Cutter head drive 8. Rear support 9. Belt conveyor 10. Roof-bolting drill 11. Probe drill

[TBM의 구조]

TBM 적용이 곤란한 지반
① 팽창성 지반 ② 풍화된 지반 ③ 단층 ④ 파쇄대 등이 많은 지반

(7) 터널 굴착기계의 종류

① TBM(Hard Rock Tunnel Boring Machine) : 전단면 굴착기계, 연암·경암에 적용
   ㉠ 로빈슨형 TBM : 주판알 같이 생긴 disk cuter라 하는 커터를 다수 붙인 커터 헤드를 막장 앞면을 눌러 회전하면서 커터의 쐐기력으로 암면을 갈아서 전단파괴하여 암반을 원형단면으로 굴착 ★★
   ㉡ 월마이어형 TBM : 절삭형 커터 헤드로 암반을 굴착하는 것
② Shield(Shield Tunnel Boring Machine) : 전단면 굴착기계, 토사지반에 적용(인력+기계굴착)
③ Jumbo Drill과 발파 공법(Drill and Blast 공법)
④ Road Header : 부분단면 굴착기계

(8) 메서공법(Messer Method)

터널 형상에 따라 조합한 특수강판(메서 흙막이판)을 특수 jack으로 1매씩 본바닥에 관입시켜서 이 흙막이판으로 둘러싼 공간을 안전하게 터널 막장을 굴착하면서 동바리공을 설치하는 공법

보통 공법에 비하여 메서공법의 특징	Shield 공법에 비하여 메서공법의 특징
① 무소음 무진동	① 임의의 단면(대·소단면)으로 굴착할 수 있다.
② 막장 단면의 급변화에 적응할 수 있다.	② 시공기계가 간단하고 공사비가 저렴
③ 안전하다.	③ 숙련공이 필요없다.
④ 흙막이판이 적어도 되고 공사비가 저렴	④ 압기공법을 병용할 수 없다.
⑤ 곡선부의 시공이 어렵다.	

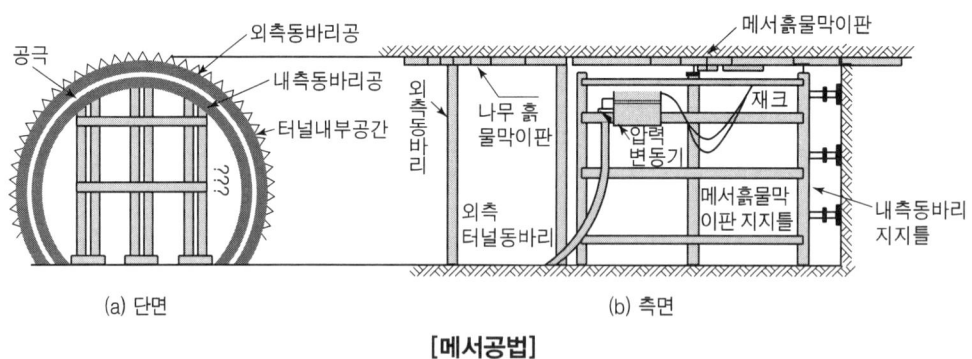

[메서공법]

(9) NATM 공법

NATM기법을 이용한 터널굴착공법에서는 지반자체를 터널의 주지보재로 생각하고 1차 지보재로 보강하여 내공변위를 억제하게 한다.

① 1차 지보재(NATM Tunnel의 보조지보재, 암반보강공법) 종류 ★★★★
  ㉠ 숏크리트(Shotcrete)   ㉡ 와이어 매시(Wire Mesh)
  ㉢ 강지보공(Steel rib)   ㉣ 록 볼트(Rock Bolt)
② 계측항목
  ㉠ 일상계측 종류 ★★★★★
    ⓐ 천단침하측정   ⓑ 내공변위측정
    ⓒ 갱내관찰조사   ⓓ 록볼트인발시험
  ㉡ 정밀계측
    ⓐ Shortcrete 응력 측정   ⓑ Rock bolt 축력 측정
    ⓒ 지중변위측정   ⓓ 지중침하측정
    ⓔ 지하수위측정   ⓕ Con'c Lining 응력 측정

강지보재 종류 ★★
㉠ H형강 지보재   ㉡ U형강 지보재(가축성지보)   ㉢ 격자 지보재

4. 기존 도로 및 철도 하부 터널공법

교통량이 많은 기존 도로 또는 철도 등의 하부를 통과하는 터널공사시 적용가능한 공법은 다음의 종류가 있다. 종류 ★★

(1) Pipe Pushing 공법
수직구멍을 파고 잭키 다동용 가압판을 설치한 후 매설할 관을 후방에서 잭키로 밀어넣어 관을 부설하는 공법이다.

(2) Front Jacking Method
수직구멍을 뚫은 다음 견인용 철선으로 암거나 원관 등을 jack으로 전방에서 직접 당겨 부설하는 공법이다.

(3) Front Shield Method
한쪽의 견인설비에 의해 shield를 직접 전방에서 잡아당긴 후 Shield 공법과 같이 세그먼트(segment)를 조립하여 터널을 구축하는 공법으로 철도, 수도, 도로 등의 횡단, 기타 개착공법(open cut)이 곤란한 경우에 사용하는 것이며, 소구경의 강관을 입갱 사이에 삽입하거나 또는 당김으로써 토층에 관을 매설하는 공법 개념 ★★

(4) Front Semi Shield Method
Shield Method에서 사용하는 segment를 조립 대신 흄관을 사용함으로써 간단하고 시간이 절약되는 공법이다.

10-3 암반 보강 공법

암반보강공법으로는 록볼트(Rock Bolt), 숏크리트(Shotcrete), 록 앵커공법(Rock Anchor) 등이 있다. **종류 ★★★**

1. Rock Bolt

원지반 자체가 가진 강도를 이용해 원지반을 지지

[효과] ① 매달기 효과(암반의 탈락방지) ② 층리에 대한 구속작용
　　　③ 보강 효과(암반보강)　　　　　　④ 보의 형성 효과

지반에서의 Rock Bolt 효과 ★★★
㉠ 봉합효과　㉡ 내압효과　㉢ 지반보강효과　㉣ 보 형성 효과

록볼트(Rock Bolt) 인발시험 목적 ★
㉠ 지반과 록볼트 간의 정착력 확인
㉡ 볼트의 파단강도 확인
㉢ 볼트와 충전재 간의 부착강도 확인

2. Shotcrete(뿜어붙이기 콘크리트)

(1) 효과

① 암반의 낙석방지　　② crack 발달의 방지
③ 보강 효과(암반보강)　④ 굴착 후 안정성 확보

터널 보강공법으로서의 숏크리트(Shotcrete) 기능 ★
㉠ 암괴의 낙락 방지　　　　　　　㉡ 볼트의 파단강도 확인
㉢ 요철부 매움에 따른 응력집중 방지　㉣ 하중 분담

(2) 종류

① 건식 공법의 단점
　㉠ 작업 중 분진발생이 많다.

○ 뿜어붙이기 중 반발량(Rebound)이 많다.
© 작업원의 숙련도에 따라 품질이 크게 좌우된다.
② 습식 공법의 장점
㉠ 작업 중 분진발생이 적다.
○ 뿜어붙이기 중 반발량(Rebound)이 적다.
© 작업원의 숙련도에 따라 품질이 크게 좌우 되지 않는다.

(3) Shotcrete 배합결정시 검토사항

① 부착성이 양호할 것
② Rebound량(탈락률)이 적을 것
③ 소요강도 유지
④ 단위수량 적합
※ Rock Bolt와 Shotcrete는 원지반이 이완되기 전에 원지반에 시공하는 동바리공 역할을 한다.

복공(Lining)
불규칙하게 굴착된 터널 내벽면에 콘크리트를 쳐서 터널 내면을 매끈하게 하는 것

조강제
Shocrete 타설은 암석의 이완을 신속히 차단시켜야 되므로 높은 조기 강도를 얻기 위하여 시멘트 중량의 3~5%의 조강제를 쓴다.
[조강제의 종류]
① 염화칼슘   ② 탄산소다   ③ 수산화 칼슘   ④ Sodium Alluminate

(4) 그라우팅 공법

① 1단식
㉠ 예정심도 주입을 1회로 하는 방법
○ 얕은 공에 적용
② Stage식
㉠ 각 stage마다 착공과 주입을 반복하는 방법
○ 암질이 좋지 않은 깊은 공에 적용
③ Packer식
㉠ 최종 깊이까지 한 번에 착공한 후 하부부터 순차적으로 grouting 하는 방법
○ 암질이 좋고 주입심도가 깊은 공에 적용

> **[연습문제 1]**
> 지하철 공사를 한강 하저로 횡단통과한다고 가정할 때 이 통과개소의 시공 방법으로 볼 수 있는 것은?
>
> 해설
> ① Shield Method   ② NATM 공법   ③ 잠함 공법   ③ 침매 공법

10-4 기타 사항

1. Under Pinning 공법

기존 구조물이 얕은 기초에 인접하고 있고 새로이 깊은 별도의 기초를 축조할 때 구기초를 보강하는 공법(구기초를 보강하는 모든 공법의 형태)

(1) Under Pinning 공법의 종류

① 이중널말뚝공법 : 인접건물과 여유 있을 때 널말뚝 외측에 또 하나의 널말뚝을 박는 공법
② 차단벽공법 : 인접건물과 흙막이벽 사이에 설치
③ Well Point공법 : 인접건물 주변
④ 현장콘크리트말뚝공법
⑤ 약액주입공법
⑥ 강재파일공법

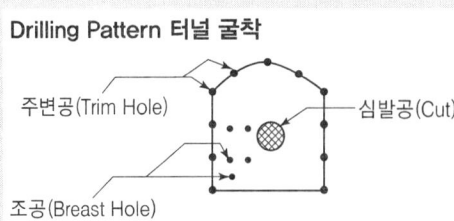

Drilling Pattern 터널 굴착

주변공(Trim Hole) / 심발공(Cut) / 조공(Breast Hole)

 ## 10-5 관련용어

(1) 공동구(共同溝, utility tunnel)

① 도시가수, 상하수도, 급배수, 지역난방 등의 복수관로를 일괄하여 수용하기 위한 지하 터널을 말한다.
② 대도시 지하철 시공시 지하철 구조물과 접하여 시공되기도 한다.

(2) 파이롯 터널(pilot tunnel)

① 굴착할 터널 단면보다 작은 단면으로 먼저 시공되는 터널을 말한다.
② 암질의 판정과 본 터널의 작업로를 위한 터널 시공시 활용되고 있다.
③ 최근 대형 단면의 터널은 T.B.M공법에 의한 파이롯 터널을 이용하여 NATM공법으로 본 터널을 굴착하는 방식으로 시공되기도 한다.(서울의 남산 1호 터널)
④ 대형 프랜트(plant) 공사에서는 소규모의 프랜트를 먼저 제작 시공하여 시운전을 통한 문제점을 보완 후 대형 프랜트를 제작 시공하고 있는 바, 먼저 제작 시공하는 소규모의 공장을 파이롯 프랜트(pilot plant)라 한다.

(3) 갱구(坑口, 갱문)

터널의 입구(철구)를 말하며, 갱문이라고도 한다.

(4) 막장(facing)

① 굴착하고 있는 선단 부분
② 현재 굴진하고 있는 장소(위치)

(5) 도갱(導坑, drift, heading))

① 굴진 작업에서 진행되는 부분
② 앞서 뚫어 진행하는 굴착단면

(6) 블록(block)

① 발파나 굴착현장에서 나온 암 부스러기를 말한다.
② 현장에서는 "암브럭" 또는 "브럭처리" 등으로 불리어지고 있다.

(7) 인버터(invert)

터널의 양측 벽체를 바닥에서 연결시킨 것을 말한다.

(8) Spring line ★

터널 단면에서 최대 폭을 형성하는 점 중 최상부의 점을 종방향으로 연결하는 선을 말한다.

(9) 버럭(muck) ★

터널굴착과정에서 발생하는 암석덩어리, 암석조각, 토사 등을 총칭하는 말이다.

Chapter 11 암거배수공

[배수 암거의 구조]

 11-1 암거의 배열방식 종류 ★★★★★

① 자연식 ② 빗식 ③ 어골식(오늬무늬식) ④ 차단식 ⑤ 이중간선식 ⑥ 집단식

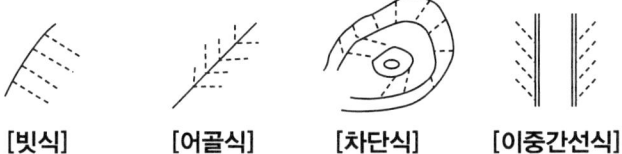

[빗식]   [어골식]   [차단식]   [이중간선식]

 11-2 암거배수공

(1) 지표의 배수량(m³)

$$Q = \frac{CRa}{1,000}$$

여기서, C : 유출계수, 유출물
R : 강우량(mm)
a : 집수면적(m²)
1/1,000 : 강우량의 단위가 mm이므로 m단위로 환산한 것이다.

(2) 유출량(m³/sec)의 계산

$$Q = \frac{1}{3.6}CIA = \frac{1}{360}CIA = \frac{1}{3.6}CIa\frac{1}{10^6}$$

여기서, A : 유역면적(km²), (ha)
a : 집수면적(m²)
C : 유출계수, 유출물
I : 강우강도(mm/hr)
$\frac{1}{3.6}$, $\frac{1}{360}$, $\frac{1}{106}$: 모두 단위를 m단위 및 sec단위로 환산한 값이다.
$\frac{1}{3.6}$: A가 [km²]일 때
$\frac{1}{360}$: A가 [ha]일 때

 **11-3 암거내의 유속**

(1) Giesler 공식 계산 ★★★★★★★★★

$$v = 20\sqrt{\dfrac{Dh}{L}}$$

여기서, v : 관내의 평균유속(m/sec)
D : 관의 직경(m)
L : 암거의 길이(m)
h : 길이 L에 대한 낙차(m)

(2) Vincent 공식

$$v = 3.59k\sqrt{\dfrac{50Dh}{L+500}}$$

여기서, k : 관거의 보정계수

(3) VSDA 공식

$$v = 92.89R^{\frac{2}{3}}I^{\frac{1}{2}}$$

여기서, R : 경사(m)
I : 수면구배

 **11-4 암거 매설깊이와 매설간격과의 관계**

(1) 암거간의 간격(D)

$$D = \dfrac{2(H-h-h_1)}{\tan\beta}$$

여기서, H : 암거 매설깊이
h : 지하수면의 깊이
h_1 : 암거와 지하수면의 최저점과의 거리
β : 지하수면 구배

(2) 암거 매설간격과 배수량과의 관계 계산 ★★★★★

$$D = \dfrac{4k}{Q}\left(H_0^2 - h_0^2\right)$$

여기서, D : 암거간의 간격
k : 투수계수
Q : 배수량
H_0 : 불투수층에서 최소 침강 지하수면까지의 거리
h_0 : 불투수층에서 암거매립 위치까지의 거리

11-5 암거 시공 공법

(1) 개착공법(Open Cut 공법)

(2) 추진공법(Pipe Pushing 공법)

수직구멍을 파고 잭키 다동용 가압판을 설치한 후 매설할 관을 후방에서 잭키로 밀어넣어 관을 부설하는 공법

(3) Front Jacking Method

① 수직구멍을 뚫은 다음 견인용 철선으로 암거나 원관 등을 jack으로 전방에서 직접 당겨 부설하는 공법
② 철도, 수로, 도로 횡단 등 개착공법이 곤란한 경우에 쉽게 시공할 수 있는 비개착공법
③ 연약지반의 터널 시공에 사용할 수 있다.
④ 고속도로 및 철도하부로 횡단하여 암거구조물을 설치할 경우 개착공법에 의하지 않고 양측에 발진기지를 설치하여 함체를 직접 견인시켜 구조물 안으로 들어오는 토사를 굴착하여 소정의 구조물을 설치함으로써 상부교통에 지장을 주지 않고 시공하는 암거 매설 공법 개념 ★★★★★

(4) Front Shield Method

한쪽의 견인설비에 의해 shield를 직접 전방에서 잡아당긴 후 Shield 공법과 같이 segment를 조립하여 터널을 구축하는 공법

(5) Front Semi Shield Method

Shield Method가 segment를 조립 하는 대신 Semi Shield Method는 흄관을 사용하므로 시간이 절약되고 Shield Method 보다 대단히 간단한 공법

Chapter 12

교량공

 ## 12-1 교량의 구성

① 상부구조 - 차량하중을 직접 지지하는 부분
  - 상판 바닥틀, 주형으로 이루어짐
② 하부구조 - 상부구조를 지지
  - 상부구조로 부터의 하중을 지반으로 전달하는 부분으로 교대, 교각 및 기초로 이루어짐.

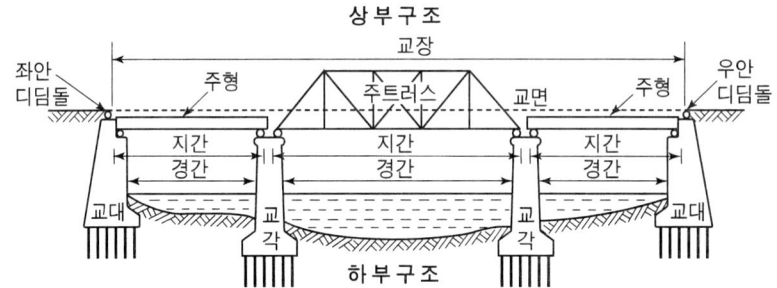

1. 상부구조

(1) 상판

차량 하중을 직접 받는 부분 (철근 콘크리트 슬래브, 강바닥판 구조)

(2) 주형

① 상부구조의 주체를 이루는 부분
② 상판을 지지
③ 상부구조에 작용하는 모든 하중을 지점에 전달

(3) 브레이싱

① 수평 브레이싱 : 횡방향 하중에 저항
② 수직 브레이싱(Diaphragm) : 하중분배의 역할

(4) 교량받침(Shoe, 교좌장치) 개념 ★

가동받침(Roller), 힌지받침(Hinge), 고정받침(Fixed) 등이 있다.
① 상부구조와 하부구조를 연결하는 구조부분
② 상부구조로부터의 모든 힘은 이 받침을 통해 하부구조에 전달됨
③ 상하부 간의 상대변위 및 상부구조의 회전변형을 흡수하는 구조

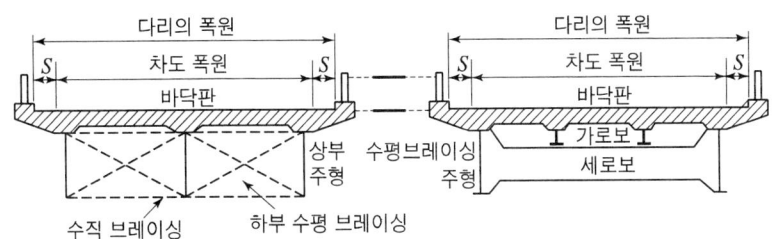

[교량의 상부 구조]

2. 하부구조

(1) 교대

교량의 양쪽에 있으며 상부구조에서 오는 연직하중을 기초지반에 전달하는 것과 배면에서 오는 토압에 저항하는 옹벽으로서의 역할을 가짐

① 교대의 구조

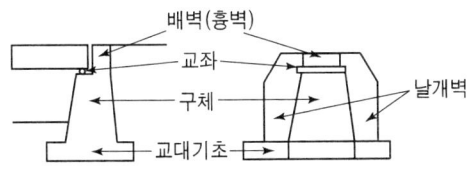

- ㉠ 배벽(흉벽) : 뒷면 축제의 상부를 지지하며 교좌에 무너지는 것을 방지하는 벽체
- ㉡ 교좌 : 교량의 일단을 지지하는 곳
- ㉢ 구체 : 상부구조에서 오는 전하중을 기초에 전달하고 배후 토압에 저항
- ㉣ 교대기초 : 하중을 기초지반에 넓게 분포시킴
- ㉤ 날개벽 : 배면토사를 보호하고 교대부근의 세굴 방지

② **평면형상에 의한 분류** ★
- ㉠ 직벽교대
- ㉡ U형교대
- ㉢ T형교대
- ㉣ 익벽교대

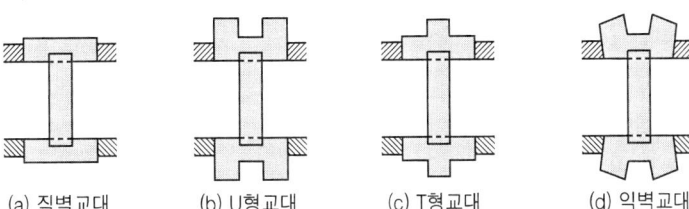

(a) 직벽교대   (b) U형교대   (c) T형교대   (d) 익벽교대

③ **구조형식에 의한 분류** ★
- ㉠ 중력식
- ㉡ 반중력식
- ㉢ 역 T형식
- ㉣ 부벽식
- ㉤ 라멘식

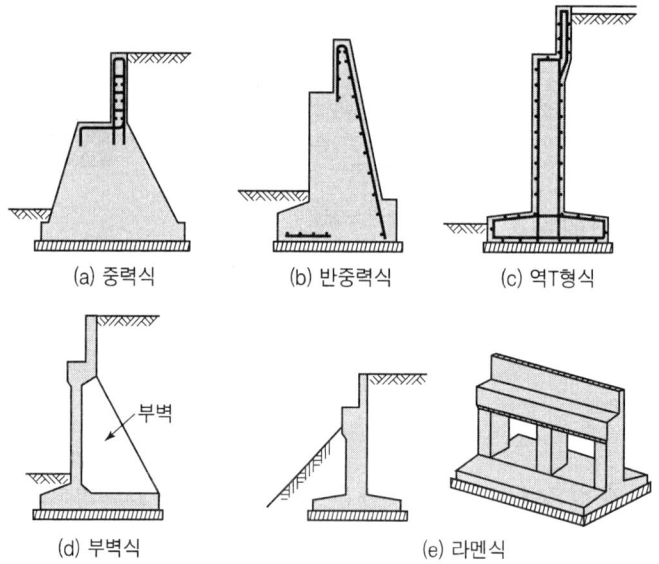

(a) 중력식 (b) 반중력식 (c) 역T형식
(d) 부벽식 (e) 라멘식

(2) 교각

교량의 보를 지지하고, 보의 하중을 지반으로 전달하는 구조물

① 교각 구조의 명칭

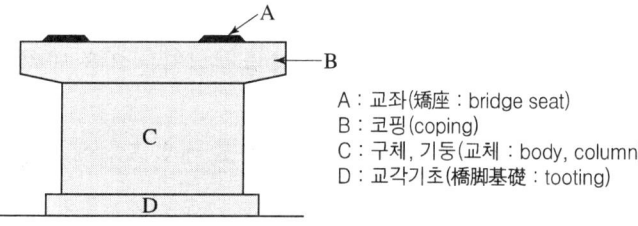

A : 교좌(矯座 : bridge seat)
B : 코핑(coping)
C : 구체, 기둥(교체 : body, column)
D : 교각기초(橋脚基礎 : tooting)

② 구조형식에 의한 교각의 분류

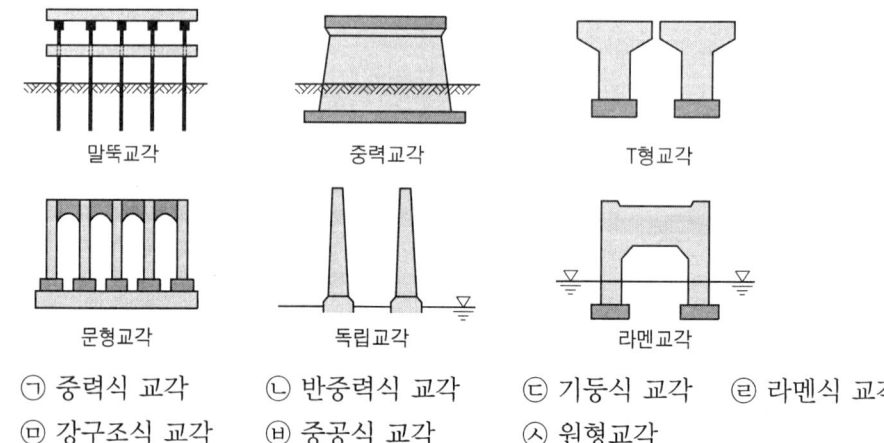

말뚝교각 중력교각 T형교각
문형교각 독립교각 라멘교각

㉠ 중력식 교각   ㉡ 반중력식 교각   ㉢ 기둥식 교각   ㉣ 라멘식 교각
㉤ 강구조식 교각 ㉥ 중공식 교각   ㉦ 원형교각

③ 교각의 단면 형상

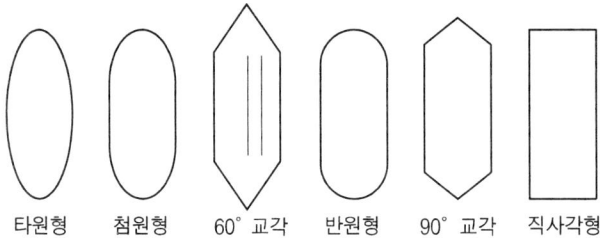

④ 교각의 평면형상에 의한 분류
  ㉠ 단형체교각 ㉡ 문형교각 ㉢ 직주형교각 ㉣ 돌출형교각

답괘판(Approach Slab) 목적 ★
교대 구조물이나 박스암거와 같은 구조물과 뒷채움 사이의 단차, 즉 부등침하를 방지하기 위해서 설치(부등침하로 인한 단차 발생 방지)

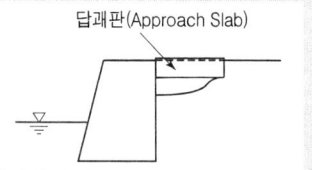

⑤ 교각의 세굴방지 공법 종류 ★

세굴방지공법이란 교각(Pier) 주위의 세굴(Scouring)이 예상되는 부분의 하상에 세굴에 저항성이 높은 재료를 부설하여 세굴을 방지 또는 감소시키는 것을 말한다.
교각 주위의 세굴을 방지하기 위한 세굴보호공법으로는 다음과 같은 공법이 있다.
 ㉠ 사석공   ㉡ 돌망태공
 ㉢ 시트파일공 ㉣ 콘크리트 블록공

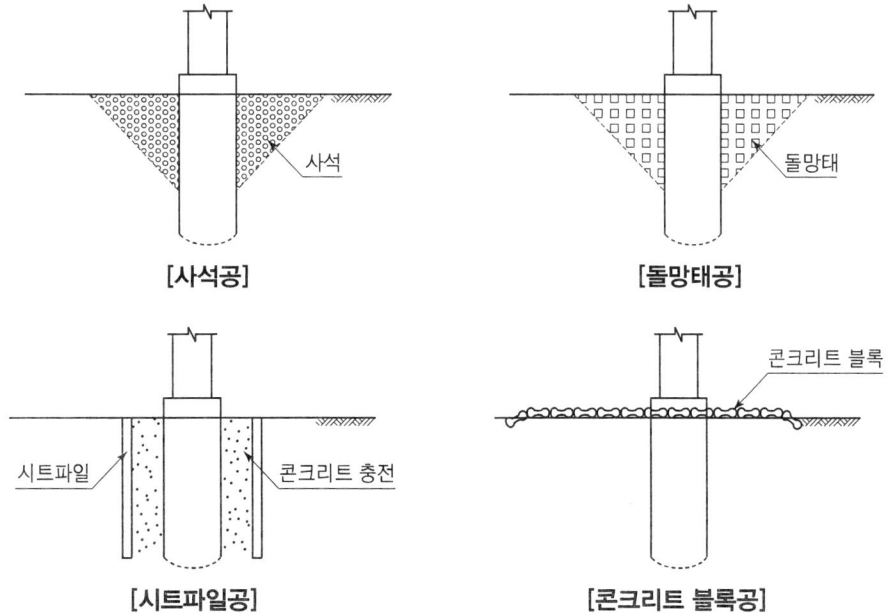

⑥ 교각에 작용하는 수평력
  ㉠ 활하중의 견인력   ㉡ 풍압
  ㉢ 유수압   ㉣ 지진력
  ㉤ 유수 혹은 유목 및 선박 등에 의한 충격력

12-2 교량의 하중과 측방유동

1. 교량의 설계 차량활하중

(1) 표준트럭하중

표준트럭의 중량과 축간거리는 그림과 같으며, 충격하중은 규정에 따라 적용된다.

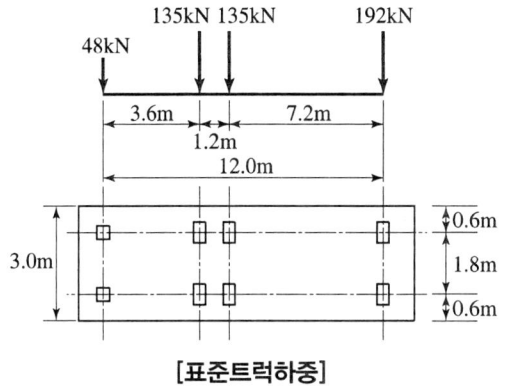

[표준트럭하중]

도로교 설계시 적용되는 표준트럭하중(DB하중)은 다음과 같다. **종류 ★**
① 1등교 : DB24   ② 2등교 : DB18   ③ 3등교 : DB13.5

(2) 표준차로하중

① 표준차로하중은 종방향으로 균등하게 분포된 하중으로 아래 표의 값을 적용한다.
② 횡방향으로는 3,000mm의 폭으로 균등하게 분포되어있다.
③ 표준차로하중의 영향에는 충격하중을 적용하지 않는다.
④ 도로교 설계시 적용되는 표준차로하중은 다음과 같다.
  ㉠ 1등교 : DL24   ㉡ 2등교 : DL18   ㉢ 3등교 : DL13.5
⑤ 철도교 설계시 적용되는 표준차로하중은 다음과 같다.
  ㉠ 1, 2급선 : LS22   ㉡ 3, 4급선 : LS18

2. 측방유동

(1) 측방유동에 미치는 주요 영향요인 ★★★★

① 교대형식(교대의 교축방향 길이)
② 교대하부 연약층 두께
③ 교대배면의 성토 높이
④ 기초 형식(기초의 교축직각방향 폭)
⑤ 교대하부 연약층의 전단강도(일축압축강도 또는 점착력)
⑥ 교대 배면 쌓기재료의 단위중량
⑦ 교대 배면의 뒷채움 편재하중

(2) 측방유동을 최소화시킬 수 있는 방안 ★★★

① 하중을 경감시키는 방법
　㉠ 뒤채움 성토부의 편재하중 경감
　㉡ 배면토압 경감
② 지반을 개량하는 방법
　㉠ 압밀 촉진에 의한 지반강도 증대
　㉡ 화학반응에 의한 지반강도 증대
　㉢ 치환에 의한 지반 개량
③ 단단한 지반 및 구조물을 이용하여 지탱하는 방법

측방유동을 최소화시킬 수 있는 방안 중 뒤채움 성토부의 편재하중을 경감하는 공법 ★
① 연속 culvert box 공법　② 파이프 매설 공법
③ box 매설 공법　　　　　④ EPS 공법

EPS(Expanded Poly-Styrene) 공법 (발포 폴리스티렌 공법) 개념 ★
① 경량 성토 공법의 일종으로 합성수지 발포제로 블록화하여 성토체에 활용하거나 구조물의 뒷채움부에 이용하여 특히 연약지반상의 측방 유동문제 및 교대 배면에 적용하는 공법이다.
② 발포폴리스틸렌 합성수지에 발포제를 첨가한 후 가열, 연화시켜 만든 재료를 사용하는 초경량성 발포폴리스틸렌으로 단위체적중량이 일반 흙의 1/100 정도밖에 되지 않는 초경량성이다.
③ 인력시공과 급속시공이 가능하고 내구성, 자립성 등이 뛰어나 연약지반이나 급경사지 확폭으로 적용할 수 있는 공법이다.

12-3 교량의 종류

1. 교면의 위치(상판의 위치)에 따른 분류 종류 ★★★★★

① **상로교** : 차선이 주형 위에 있는 경우, 대부분의 한강 교량
② **중로교** : 차선이 주형 안에 있는 경우, 구 당산철교
③ **하로교** : 차선이 주형 아래 있는 경우, 동호대교, 한강철교 트러스 구간
④ **2층교** : 한 교량에 교면(상판)이 2개 있는 것으로 교량 면적 점유율을 줄이면서 많은 교통량을 처리하고자 할 때 또는 도로와 철도를 하나의 교량에 건설하고자 할 때 사용된다. 한강의 잠수교, 청담대교, 인천공항의 영종대교

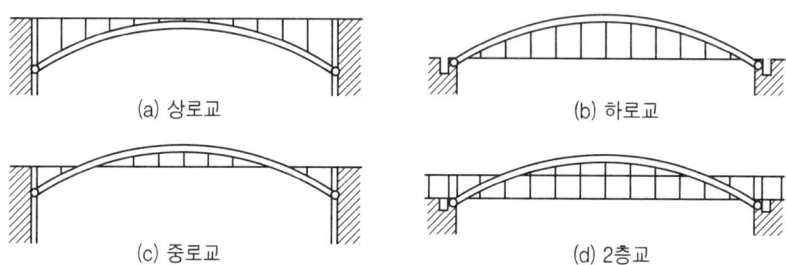

[상판의 위치에 의한 교량의 분류]

2. 사용 재료에 따른 분류

① 목교(Wooden Bridge)   ② 철근 콘크리트교(Reinforced-Concrete Bridge)
③ 석교(Stone Bridge)   ④ PSC 콘크리트교(Prestressed Concrete Bridge)
⑤ 강교(Steel Bridge)   ⑥ Preflex-Beam교(Preflex Beam Bridge)

3. 상부구조 형식에 따른 분류

(1) 거더교(Girder Bridge)

들보의 성질을 이용하여 외부의 차륜하중을 부재내의 휨과 전단 또는 비틈저항에 의하여 지점으로 전달시킨다.
[종류] 단순교, 연속교, 게르버교, 합성형교

(2) 아치교(Arch Bridge)

부재 내에 압축력만 발생케 하는 아치 구조의 성질을 이용한 교량 형식

① 종류
　㉠ 2힌지 아치
　㉡ 3힌지 아치
　㉢ 고정 아치
② 바닥 구조와 아치리브 구조의 연결방법에 따른 종류
　㉠ 타이드 아치교 : 지점상의 횡변위를 타이드 바가 잡아주는 구조 형식(한강대교)
　㉡ 랭거 아치교 : 아치부가 축력만을 받도록 설계되는 형식(동작대교 철도교 구간)
　㉢ 로제 아치교 : 아치부가 축력과 휨에 저항 하도록 설계하는 방식
　㉣ 닐센 아치교 : 아치부의 행거가 케이블로 이루어져 있으며, 약간 경사지게 배치되는 형식(서강대교)

(a) 2힌지 브레이스드리브 타이드아치교

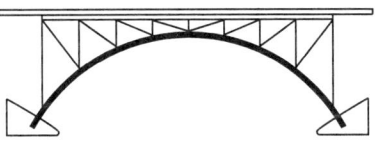
(b) 스팬드럴 브레미스드 고정아치교

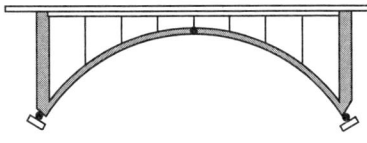
(c) 2힌지 솔리드리브 아치교

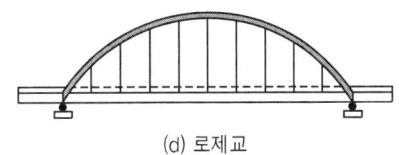
(d) 로제교

(e) 랭거교

※ 주 : ●는 힌지의 위치를 나타낸다.

[아치교의 종류]

(3) 트러스교(Truss Bridge)

몇 개의 직선 부재를 한 평면 내에서 연속된 삼각형의 뼈대 구조로 조립한 트러스를 이용한 교량으로 지간이 길 때 효과적인 응력분산이 될 수 있어 거더교보다 유리하다.

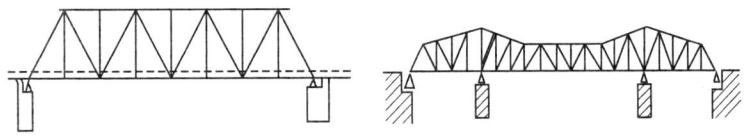

[트러스교의 종류]

(4) 라멘교(Rahmen Bridge)

교량의 상부구조와 하부구조를 강절로 연결함으로써 거더와 지주가 일체가 되도록 하여 전체구조의 강성을 높임과 동시에 지간내에 발생하는 휨모멘트의 크기를 줄이는 대신 이를 교대나 교각이 부담하게 하는 교량(고속도로 횡단 교량이 많음)

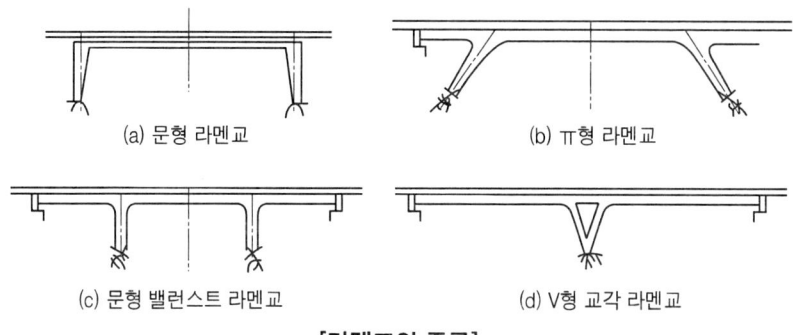

(a) 문형 라멘교   (b) π형 라멘교
(c) 문형 밸런스트 라멘교   (d) V형 교각 라멘교

[라멘교의 종류]

(5) 사장교(Cable Stayed Bridge)

사장교는 중간의 교각위에 세운 교탑으로부터 비스듬히 내려 드리운 케이블로 주형을 매단 구조물로 장대교량에 사용된다.
[사장교의 종류]는 다음과 같다.
① 주부재인 케이블의 교축방향 배치방식에 따른 사장교의 종류 종류 ★★★★★★

   ㉠ 부채형(fan type)

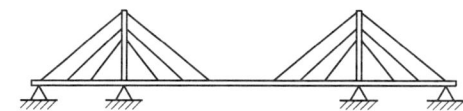

   ㉡ 스타형(star type)

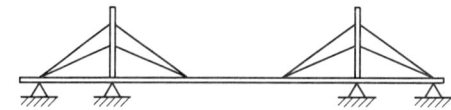

   ㉢ 하프형(harp type)

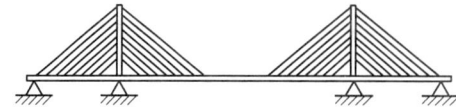

   ㉣ 방사형(radial type)

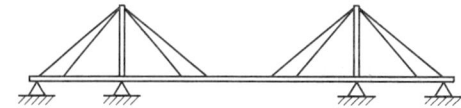

② 주형의 단면형상
  ㉠ 1면 케이블 형식 : 비틂 강성이 큰 단면이 필수적으로 필요하다. 1본주, A형, 역 Y형
  ㉡ 2면 케이블 형식 : 비틂 강성이 큰 단면이 반드시 필요한 것은 아니다. 2본주, 문형, H형, A형

(6) 현수교(Suspension Bridge)

주탑(Tower) 및 앵커리지(Anchorage)로 주케이블(Main Cable)을 지지하고 이 케이블에 현수재(Suspender 또는 Hanger)를 매달아 보강형(Stiffening Girder)을 지지하는 구조물

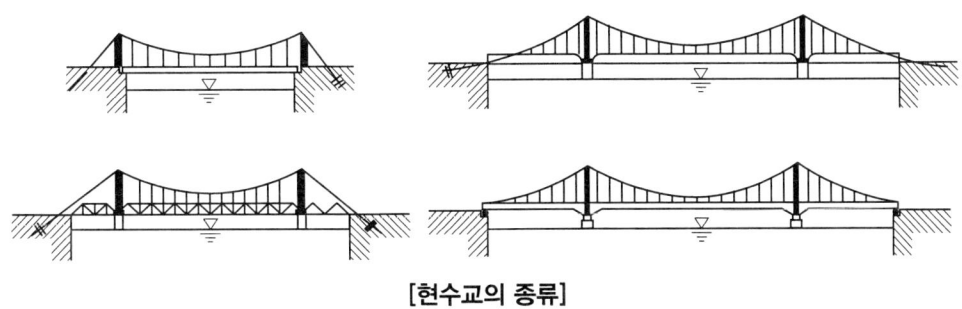

[현수교의 종류]

4. 용도에 따른 분류

(1) 도로교

도로로 사용하기 위하여 축조된 교량
① 1등교 : DB24 또는 DL24 하중으로 설계
② 2등교 : DB18 또는 DL18 하중으로 설계
③ 3등교 : DB13.5 또는 DL13.5 하중으로 설계

(2) 철도교

철도차량을 통과시키기 위한 목적으로 만들어진 교량
① 1, 2급선 : LS22 하중으로 설계
② 3, 4급선 : LS18 하중으로 설계

(3) 인도교

사람의 통행만을 위하여 만들어진 교량

(4) 수로교

발전용수로나 수도용수로 또는 관개용수도 등을 통하기 위하여 가설된 교량

(5) 군용교
군사용에 사용되는 교량

(6) 혼용교
도로와 철도가 병설되어 있는 교량과 같이 2개 이상의 용도에 사용되는 교량

(7) 운하교
운하를 통과시키기 위해서 가설된 교량

강상자형교(Steel box girder bridge)
① 얇은 강판을 상자형 단면으로 결합하여 외력에 저항하는 구조
② 박스(box) 단면의 구성 형태에 따른 분류 ★★★★
  ㉠ 단실 박스(single-cell box)
  ㉡ 다실 박스(multi-cell box)
  ㉢ 다중 박스(multiple single-cell box)

 12-4 교량가설공법

1. 강교의 가설

(1) 벤트(bent) 공법
부재를 교량 하부에 설치한 임시 지지대로 직접 지지하면서 가설 조립하는 공법으로 이러한 임시 지지대(임시교각)을 벤트라 한다. 벤트의 기둥부분은 H형강이 주로 이용되며 브레이싱(bracing) 및 보강재료는 L형강이 주로 사용된다.

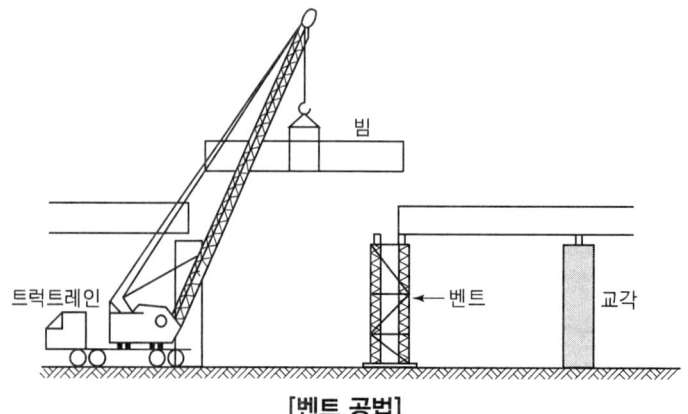

[벤트 공법]

(2) 케이블 일렉션(cable erection) 공법

깊은 계곡이나 하천 등을 횡단하는 교량과 같이 하부공간이 깊을 경우 교대나 교각에 철탑을 세우고, 양쪽 철탑을 연결하는 케이블에 장치된 작업차를 이용하여 부재를 설치 조립하는 공법

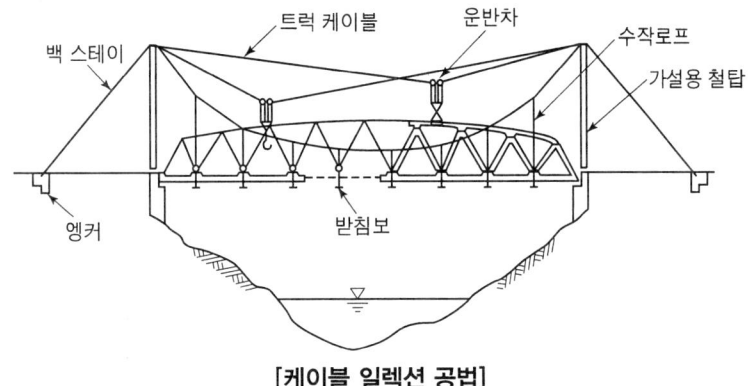

[케이블 일렉션 공법]

(3) 압출공법(ILM : Incremental Launching Method)

가설하려는 경간의 후방에서 조립된 거더를 다음 교각이나 교대까지 밀어내어 가설해 나가는 방식으로 압출하는 거더 선단에 압출 추진코(nose)를 부착한 후 연속해서 압출을 추진하여 가설하는 공법

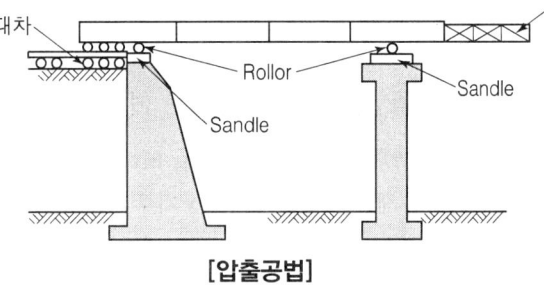

[압출공법]

(4) 캔틸레버(cantilever) 공법

가설 지점이 깊은 계곡이나 하천에 위치하고 있어 지형적으로 벤트를 세울 수 없거나 형하공간의 사용에 제한이 있는 경우, 교체의 내력을 이용하여 가설용 크레인을 이용 캔틸레버 부재를 조립해 가는 공법

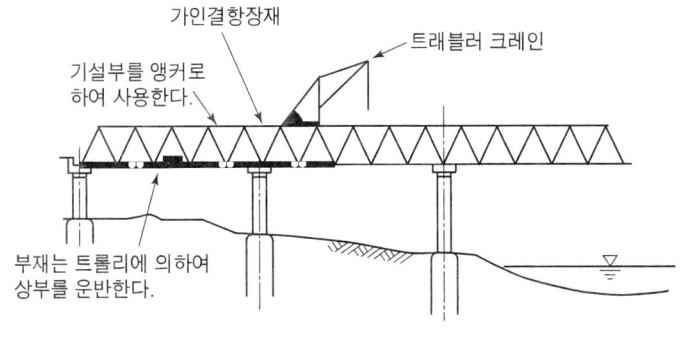

[캔틸레버 공법]

(5) 대형 Block 공법(크레인 가설공법)

현장 이음부를 제외한 완성된 부재를 지상에서 제작 조립후 기중기(crane)를 사용하여 설치하는 방식으로, 작업이 용이할뿐아니라, 가설비용이나 가설시간에서도 유리한점이 많아 육상에서 가설되는 PC빔이나 강교 거치에 가장 보편적이고 널리 사용되는 공법

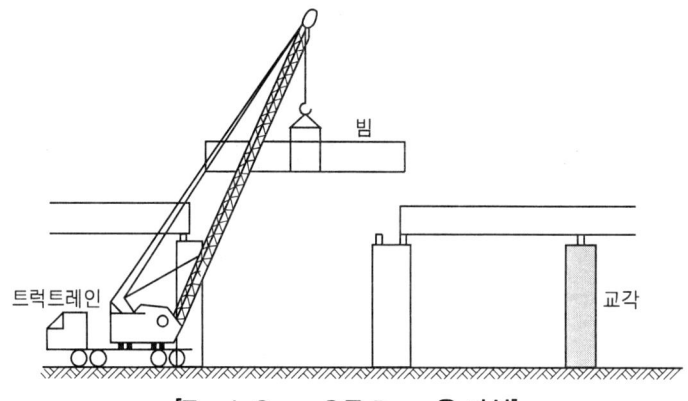

[Truck Crane으로 Beam을 가설]

2. 콘크리트교의 가설

(1) 동바리를 사용하여 가설하는 현장타설공법

① F.S.M 공법(Full Staging Method, 전동바리 공법)
  ㉠ 전체 지지식   ㉡ 지주 지지식   ㉢ 거더 지지식

(2) 동바리를 사용하지 않고 가설하는 현장타설공법

① P.C(precast) 거더공법
② P.S.C 박스 거더공법 종류 ★★★★★★★★★★
  ㉠ FCM(캔틸레버 공법)   ㉡ ILM(압출 공법)
  ㉢ PSM(Precast Segment 공법) ㉣ MSS(이동식비계 공법)

3. FSM(Full Staging Method ; 전동바리공법)

동바리를 설치한 후 con'c를 타설하여 상부구조를 제작하고 prestressing 작업을 실시한다.

(1) 전체 지지식 공법

여러 개의 동바리가 상부 하중을 직접 지지하도록 하는 방법으로 운반 및 조립 해체가 용이해야 하며, 높이가 얕은 슬래브교 등에서 적용된다.

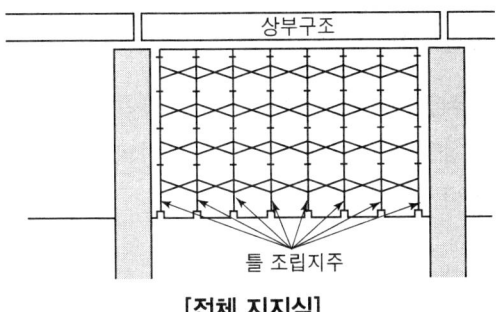

[전체 지지식]

(2) 지주 지지식 공법

상부 하중을 상부 구조 바로 밑에 설치된 거더가 지지하고, 이 거더를 적당한 간격으로 설치된 지주가 지지하는 방식이며, 지주에는 상부콘크리트와 가설재의 전 하중이 집중되므로 지주의 기초가 견고해야 한다.

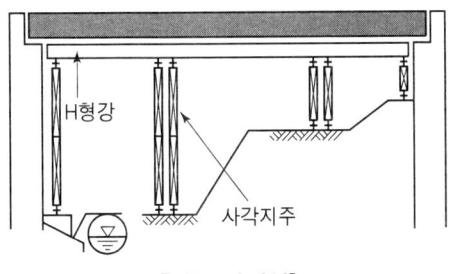

[지주 지지식]

(3) 거더 지지식 공법

경간사이에 설치된 조립 거더가 상부 하중을 지지하고, 이 조립 거더는 교각에 설치된 브래킷(bracket)가 지지하는 방식이다.

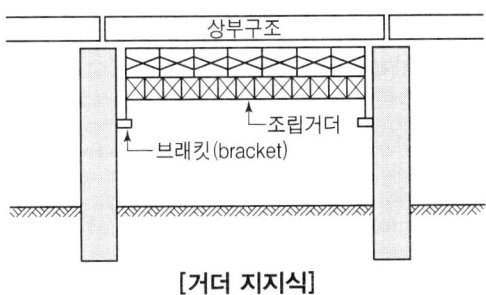

[거더 지지식]

4. FCM(캔틸레버 공법, Dywidag 공법 ; Free Cantilever Method)

기시공한 교각위에 주두부를 시공한 후 이동식 작업차(form traveller)를 이용하여 교각을 중심으로 좌우평형을 유지하면서 3~5m 길이의 분절(sagment) 단위로 순차적으로 콘크리트를 타설해 나가는 시공방법

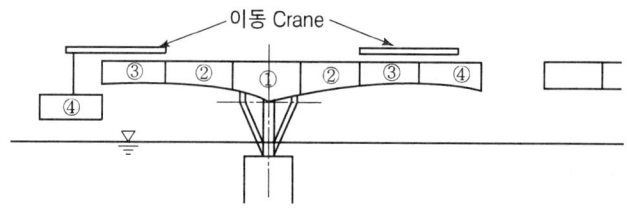

[균형 Cantilever 가설(맞대임 가설)]

(1) 구조형식의 분류(중앙 힌지 형식)

① 라멘형식
  ㉠ 별도의 교좌장치 필요없다.   ㉡ 힌지 부분에서 처짐이 크다.
  ㉢ 주행성이 나쁘다.   ㉣ 불규칙 모멘트의 대책이 필요 없다.

② 연속보식
  ㉠ 별도의 교좌장치 필요하다.   ㉡ 처짐이 적다.
  ㉢ 주행성이 좋다.   ㉣ 불규칙 모멘트의 대책이 필요하다.

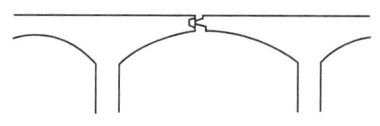

[Rahmen 구조형식]

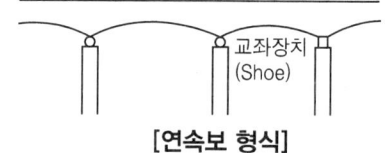

[연속보 형식]

Form Traveller(이동작업차)에 의한 공법
Form Traveller(폼바우바겐)를 이용하여 교각을 중심으로 좌우로 1segment(3~4m의 시공블록)씩 Con'c를 현장타설하며 prestress 도입하여 일체화시키면서 이어나가는 공법

5. ILM(압출공법) 개념 ★★★

교량의 상부 구조물을 교대 또는 제 1교각(교대)의 후방에 설치한 주형 후방의 제작장에서 일정한 길이의 프리캐스트 세그먼트(1segment씩)를 연속적으로 제작 양생한 후 소요강도에 도달했을 때 압출잭과 추진코(nose)를 이용하여, 전방에 미리 가설된 PSC 빔에 연결시켜 지간을 통과할 수 있도록 전방 교각 방향으로 밀어서 전진시켜 연속된 직선 또는 일정 곡률반지름의 교량을 가설하는 공법

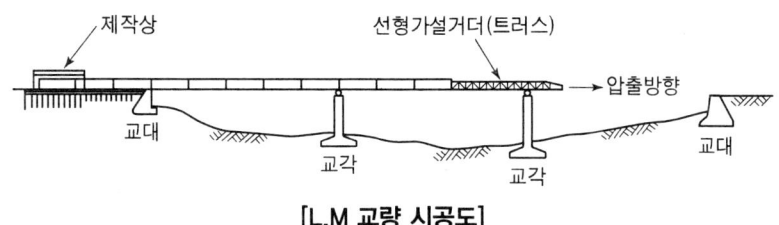

[L.M 교량 시공도]

(1) 압출 방법

① 압출력 적용 방식에 따른 종류
  ㉠ 집중 압출방식 : 교대 뒤편 한 곳에만 압출 잭을 설치하여 교량 전장(全長)을 압출하는 방법
  ㉡ 분산 압출방식 : 교량 연장이 길어 1개소 압출력으로는 부족할 경우 교대 및 교각에서 분산 압출하는 방법

② 단면력 감소 방식에 따른 종류
  ㉠ Launching Nose에 의한 방법
  ㉡ 경간 중앙에 가교각을 설치하는 방법
  ㉢ 가교각과 추진코를 병용하는 방법 : 만경강교 적용
  ㉣ 케이블 또는 케이블과 추진코의 병용방법
  ㉤ 양방향 압출방법

③ 압출방식에 따른 종류 ★★★★
  ㉠ Pulling 방법 : 세그먼트(segment) 후방에 PS강재를 슬래브 하단에 고정시켜 압출교대 전면에서 잭(jack)을 이용하여 세그먼트(segment)를 압출하는 방법
  ㉡ Lift & Pushing 방법 : 압출교대 위에 압출 잭(jack)을 설치하여 구체 하면을 들어올려 전방으로 밀어내는 방법
  ㉢ Lift & Pushing and Pulling 방법 : 만경강교 적용

④ 제작장 형식에 따른 종류
  ㉠ Wall Support 방식
  ㉡ Up-Down 방식 : 만경강교 적용

(2) 시공순서

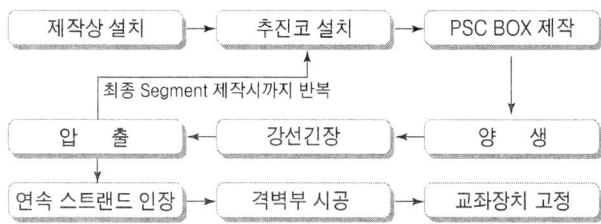

(3) 압출공법(ILM)의 단점 ★★

① 교량의 선형은 직선 및 단일곡선만 적용가능하다.
② 교량의 연장이 짧으면 비경제적이다.
③ 제작장 부지 확보에 상당히 넓은 면적이 필요하다.
④ 상부구조물의 횡단면이 일정해야 하며, 단면 변화시 적용이 곤란하다.
⑤ 콘크리트 타설시 엄격한 품질관리가 필요하다.

6. PSM(Precast Segment Method)

일정한 길이로 분할된 상부 부재인 세그먼트를 별도의 제작장에서 제작(precast 된)한 con'c segment를 가설 현장으로 운반한 후 크레인 등의 가설장비를 사용하여 거치, 연결하고 post tention 공법으로 각 segment(교량 상부부재)를 일체화 시켜 나가는 공법

7. MSS(Movable Scaffolding System ; 이동동바리공법)

교량 상부 시공시 지상에 설치하던 동바리를 사용하지 않고, 거푸집이 부착된 특수한 이동식 동바리(비계)를 이용하여 한 경간씩 한 번에 추진하면서 콘크리트를 타설하는 공법 main girde(거푸집)의 상하좌우 이동 가능

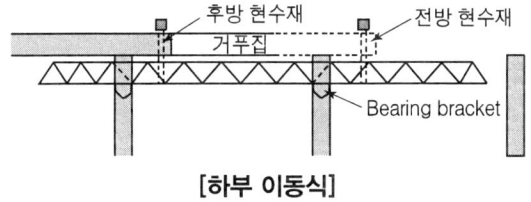

[하부 이동식]

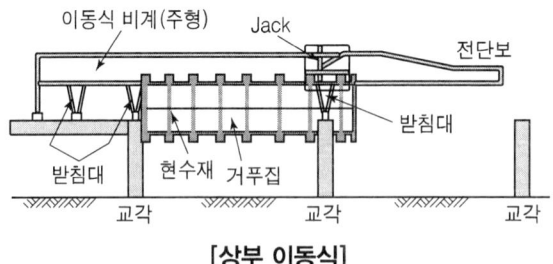

[상부 이동식]

12-5 기타 교량 가설 공법

1. Cable식 공법

Beam을 cable, 탑(Tower) 등으로 조성한 지지설비로 지지하면서 가설하는 공법

[종류] ① 보강형과 같이 매다는 매달기식 공법
② 사장 cable에 의하여 매다는 매달기식 공법

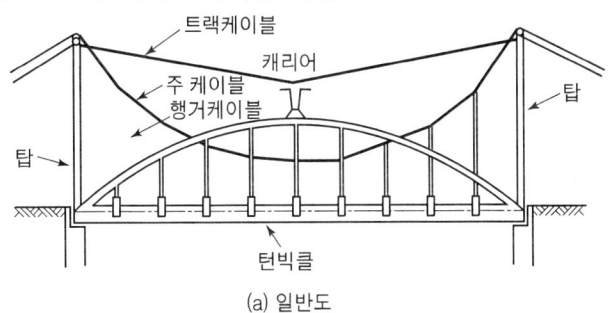

(a) 일반도

[매달기식 Cable 공법]

2. Lift-Up Barge 공법

Lift Up Barge는 Decky Barge 위에 가설 Beam을 달아 올렸다, 내렸다 하는 유압식 Crane과 상부 Frame Erection Tower, Attachment, 조선용 기기 등을 장착한 Barge로서 이미 제작된 Beam을 Marge 위의 가설 탑에 얹어 놓고 Barge를 끌어 소정의 교각 상에 이를 안치하는 공법

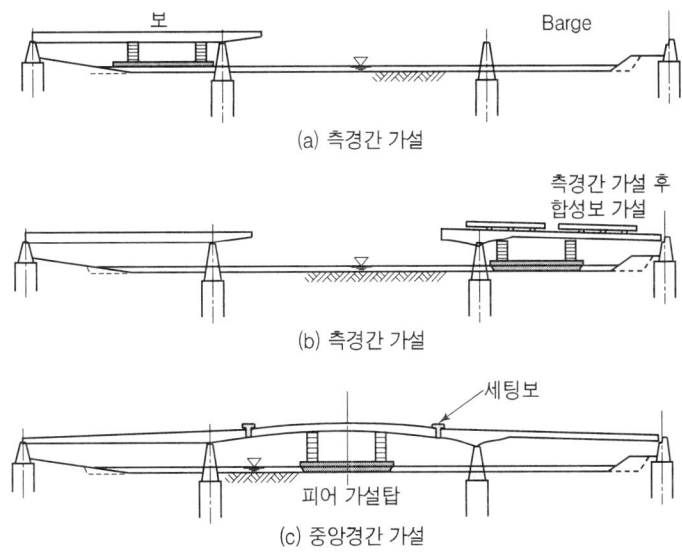

[Lift Up Barge 공법의 예]

12-6 내진 설계

교량의 내진설계는 지진에 의해 교량이 입는 피해정도를 최소화 시키 수 있는 내진성을 확보하기 위해 실시한다.

1. 내진 해석 방법

(1) 종류 ★★★★★

① 등가정적 해석법(equivalent load analysis)
② 스펙트럼 해석법(spectrum analysis) : 단일모드 스펙트럼 해석법, 복합모드 스펙트럼 해석법
③ 시간이력 해석법(time history analysis)

(2) 탄성지진응답계수 정의 ★

탄성지진응답계수(Elastic Seismic Response Coefficient)는 단일모드 스펙트럼 또는 다중모드 스펙트럼 해석법에서 지진하중을 구하기 위한 무차원량이다.

① 단일모드스펙트럼해석 시 설계하중의 결정에 쓰이는 탄성지진응답계수(C_s)

$$C_s = \frac{1.2\,A\,S}{T^{2/3}}$$

여기서, C_s : 단일모드스펙트럼해석에서의 탄성지진응답계수
A : 가속도 계수(Site Coefficient)
S : 지반 특성에 대한 무차원의 계수
T : 적합한 방법에 의하여 결정된 교량의 주기

② 다중모드스펙트럼해석 시 설계하중의 결정에 쓰이는 탄성지진응답계수(C_{sm})

$$C_{sm} = \frac{1.2\,A\,S}{T_m^{2/3}}$$

여기서, C_{sm} : 다중모드스펙트럼해석에서의 m번째 징동모드에 대한 탄성지진응답계수
A : 가속도 계수(Site Coefficient)
S : 지반 계수(Site Coefficient)
T_m : m번째 진동모드의 주기

③ T_m의 값이 4.0초를 넘는 구조물에 대해서 m번째 진동모드에 대한 C_{sm} 값은 다음 값에 따라 결정할 수 있다.

$$C_{sm} = \frac{3\,A\,S}{T_m^{4/3}}$$

(3) 설계 일반사항

① 지진구역

지진구역		행정구역(5)
I	시	서울특별시, 인천광역시, 대전광역시, 부산광역시, 대구광역시, 울산광역시, 광주광역시
	도	경기도, 강원도 남부(1), 충청북도, 충청남도, 경상북도, 경상남도, 전라북도, 전라남도 북동부(2)
II	도	강원도 북부(3), 전라남도 남서부(4), 제주도

주 : (1) 강원도 남부(군, 시) : 영월, 정선, 삼척시, 강릉시, 동해시, 원주시, 태백시
　　(2) 전라남도 북동부(군, 시) : 장성, 담양, 곡성, 구례, 장흥, 보성, 화순, 광양시, 나주시, 여수시, 순천시
　　(3) 강원도 북부(군, 시) : 홍천, 철원, 화천, 횡성, 평창, 양구, 인제, 고성, 양양, 춘천시, 속초시
　　(4) 전라남도 남서부(군, 시) : 무안, 신안, 완도, 영광, 진도, 해남, 영암, 강진, 고흥, 함평, 목포시
　　(5) 행정구역의 경계를 통과하는 교량의 경우에는 구역계수가 큰 값을 적용한다.

② 지진구역계수(재현주기 500년에 해당)

지진구역	I	II
구역계수	0.11	0.07

③ 위험도계수

재현주기 (년)	500	1000
위험도계수, I	1	1.4

(4) 내진등급과 설계지진수준

① 교량의 내진등급은 아래 표와 같이 교량의 중요도에 따라서 내진I등급과 내진II등급으로 분류한다. 단, 교량의 관할기관에서 교량의 내진등급을 별도로 정할 수 있다.

② 교량은 아래 표에서 내진등급별로 규정된 평균재현주기를 갖는 설계지진에 대하여 설계되어야 한다.

내진등급	교　　　량	설계지진의 평균재현주기
내진 I 등급교	• 고속도로, 자동차전용도로, 특별시도, 광역시도 또는 일반국도상의교량 • 지방도, 시도 및 군도 중 지역의 방재계획상 필요한 도로에 건설된 교량, 해당도로의 일일계획교통량을 기준으로 판단했을 때 중요한 교량 • 내진I등급교가 건설되는 도로 위를 넘어가는 고가교량	1000년
내진 II 등급교	−내진I등급교에 속하지 않는 교량	500년

(5) 일반교량 해석방법

① 일반 교량의 지진해석방법은 단일모드스펙트럼해석법을 사용하는 것을 기본으로 한다.
② 정밀한 해석을 요한다고 판단되는 교량에 대해서는 다중모드스펙트럼해석법 또는 발주자가 인정하는 검증된 정밀 해석법을 사용할 수 있다.
③ 단경간교 및 지진구역 Ⅱ에 위치하는 내진Ⅱ등급교는 상세한 지진해석을 할 필요가 없다.

(6) 케이블교량 해석방법

① 케이블 교량의 지진해석방법은 다중모드스펙트럼 해석법 또는 시간이력해석법을 사용하는 것을 기본으로 한다.
② 시간이력해석은 실험 또는 공인된 방법으로 검증된 적절한 재료 및 부재이력모델을 사용하여 수행하여야 한다.
③ 시간이력해석은 두 개의 직교하는 주축방향(교축 및 교축직각방향)과 하나의 수직방향에 통계학적으로 독립된 지진입력이 동시에 작용하는 것으로 하여 해석한다.

(7) 지진보호장치 종류 ★★

지진 발생시 교량의 안전에 대하여 다음과 같은 지진보호장치를 사용한다.
① **받침보호장치** : 지진 시 교량 상부구조의 받침에 작용하는 수평력을 부담해 지진력을 분산시키는 장치
② **점성댐퍼** : 지진발생 시 고정단(교량 기둥)에 급격하게 전달되는 에너지를 감쇠력을 발휘해 부재에 걸리는 지진에너지를 분산시키는 장치
③ **낙교방지장치** : 지진 시 교량 상부구조의 낙교를 방지하여 지진 피해를 방지하는 장치
④ **내진보강 탄성받침장치**

 12-7 콘크리트 타설 순서

1. 일반적인 슬래브 콘크리트 타설 순서

Type	Bending Moment Diagram(BMD)	타설순서
단순보 (Simple Beam)	고정단 ─── 가동단 $M_{max} = \dfrac{Wl^2}{8}$ (t.m)(활하중)	교량중앙에서 시작하여 양쪽으로 타설해 나감 ③ ② ① ② ③ $M_{max} = \dfrac{Pl}{4}$ (t.m)(사하중)

Type	Bending Moment Diagram(BMD)	타설순서
내민보 (Cantilever Beam)	$M_{max} = \dfrac{Wl^2}{2}$ (t.m)(활하중)	③ ← ② ← ①
내다지보 (Cabtukever Beam)	고정단 가동단	교량중앙에서 시작하여 양쪽으로 타설한다. ② ③ ① ③ ②
게르버보 (Gerber Beam)	가동 고정 가동 고정	② ③ ① ③ ②
연속보	가동 고정 가동 고정 ② ① ②	중앙지점부는 나중에 타설한다. ② ③ ① ③ ② 교대 교대

[주] 콘크리트 타설원칙 : ⊕Moment 부분을 먼저 타설하고, ⊖Moment 부분을 나중에 타설하여 균열 방지한다.

2. 타설순서 2

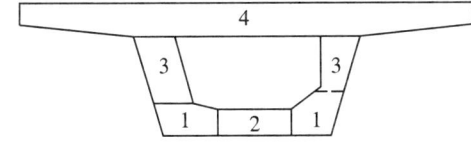

12-8 교량 신축이음장치

교량의 신축이음장치는 대기 온도변화에 의한 교량 상부구조의 수축과 팽창, 콘크리트의 재령에 의한 크리프, 건조수축 및 활하중에 의한 이동과 회전 등의 변위 및 변형을 원활하게 수용하여 2차 응력을 줄이고 교면 평탄성을 유지시켜 주는 역할을 하는 것으로, 차륜의 하중이 반복적으로 작용하여 충격이 증폭되는 교량 상판의 불연속부에 설치한다.

1. 신축이음장치 종류

(1) 구조적 측면에서의 분류

신축이음장치를 구조적인 측면에서 분류하면, 신축이음장치 자체가 차량하중을 지지하지 않는 맞댐식과 신축이음장치 자체가 차량하중을 지지하는 지지식으로 분류된다.

① 맞댐식
  ㉠ 맹 조인트 : 맹 조인트, 절삭 조인트
  ㉡ 맞댐 시공 조인트 : 줄눈판 조인트, 보강강재 조인트, 앵글 보강 조인트
  ㉢ 맞댐 후시공 조인트 : Cut-off joint, Coupling joint, Mono Cell joint, Gai Top joint, Rubber Top joint

② 지지식(지승식)
  ㉠ 고무 조인트 : 샌드위치 조인트, Transflex 조인트, NB 조인트
  ㉡ 강재 조인트 : 강핑거 조인트, 강겹침 조인트, 레일 조인트
  ㉢ 특수 조인트 : 롤러셧터 조인트

(2) 도로교 신축이음장치의 종류 ★

일반적으로 레일형이 전체 신축이음장치의 절반 가까이를 차지하며 점사 그 사용 비중이 증가하고 있고, 핑거 조인트의 경우 약 20%에 가까운 사용률을 보이며 점차 그 사용이 증가하고 있다.

① 레일 조인트   ② 핑거 조인트
③ NB 조인트   ④ 모노셀 조인트
⑤ T/F 조인트   ⑥ 탄성형 고무받침

2. 신축이음장치 파손

신축이음장치의 파손은 설계조건을 충분히 만족하지 못한 경우에 발생하는 것이 일반적이며, 파손원인을 분석해보면 매우 다양하다.

(1) 신축이음장치의 파손 유형

① 후타 콘크리트의 균열 및 탈락
② 신축이음장치의 누수
③ 신축량 과다로 인한 파손
④ 유간부족으로 인한 파손
⑤ 신축이음장치 정착부 파손
⑥ 반복 및 충격하중에 의한 피로파괴
⑦ 고무와 강재 접촉부의 파손

(2) 강재형 신축이음장치의 파손 유형과 원인

① 레일형 신축이음장치
  ㉠ 후타 콘크리트의 균열 및 탈락 : 후타 콘크리트 시공 중의 다짐 불충분과 양생 불량으로 발생한다.
  ㉡ 유간 부족으로 인한 파손 : 시공 중 구조물 유간을 잘못 계산하여 발생하며, 자칫 교량받침까지 영향을 받을 수 있다.
  ㉢ 연결부 및 정착부 파손 : 교통차량 통과 시 힌지, 핀 등에 진동 및 충격으로 풀림현상 발생한다.
  ㉣ 주요 부재의 피로 파괴 : 설계하중이 부적절하여 하중지지 부재 단면이 작고 지지보 간격이 과다하거나, 시공 중 용접불량 및 고정 볼트의 풀림등으로 발생한다.

② 핑거형 신축이음장치
  ㉠ 핑거 부분 파손 : 상부 구조의 단차 또는 횡방향 거동에 의해 발생한다.
  ㉡ 고정 볼트 풀림 파손 : 인장력을 받는 고정 볼트의 시공 중의 불량으로 인해 발생한다.
  ㉢ 방수장치 파손 : 방수 쉬트의 노화 및 설치 불량으로 인해 발생한다.

12-9 강교의 용접이음 검사

1. 강교 용접이음부 비파괴 검사방법 종류 ★

강교 제작 및 가설에 있어서 용접이음의 비파괴 검사방법은 다음과 같다.
① 방사선 투과 검사(RT ; Radiographic test)
② 초음파 탐상 검사(UT ; Ultraonic test)
③ 침투 탐상 검사(PT ; Penetratoin test)
④ 자기분말 탐상 검사(MT ; Magnetic test)

Chapter 13 옹벽공

13-1 옹벽 설계시 고려할 하중

옹벽은 배면에 쌓인 흙으로 인한 토압에 저항하여 그 붕괴를 방지하기 위해서 축조하는 구조물

(1) 평상시
① 상재하중
② 옹벽의 자중
③ 옹벽에 작용되는 토압
④ 저판 뒷굽판 상위의 흙무게
⑤ 수압(필요시)

(2) 지진시
① 지진토압
② 옹벽의 자중
③ 옹벽에 작용하는 토압

13-2 옹벽의 종류

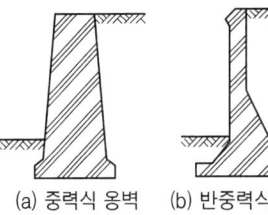

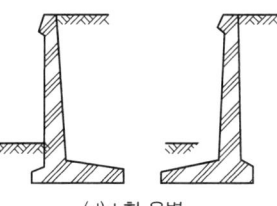

(a) 중력식 옹벽　　(b) 반중력식 옹벽　　(c) 역 T형 옹벽　　(d) L형 옹벽

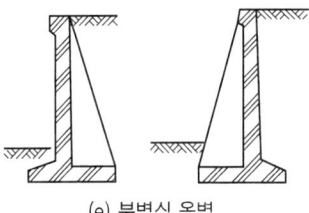
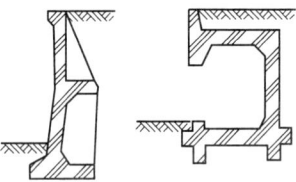

(e) 부벽식 옹벽　　　　　　(f) 특수 옹벽

[옹벽의 종류]

 ## 13-3 철근콘크리트옹벽 종류

(1) 캔틸레버식 옹벽
① 역T형 옹벽
② L형 옹벽

(2) 부벽식 옹벽
일정한 간격으로 벽과 바닥판을 결합시켜 주는 부벽이라는 얇고 수직인 콘크리트 슬래브가 있다는 점을 제외하면 캔틸레버식 옹벽과 비슷하다.

① 종류
　㉠ 앞부벽식 옹벽 : 앞부벽은 직사각형보로 설계
　㉡ 뒷부벽식 옹벽 : 뒷부벽은 T형보로 설계

② 부벽세우는 목적
　㉠ 전단력 감소
　㉡ 휨모멘트 감소 : 6m 이상의 캔틸레버 옹벽은 벽체의 밑면에 상당히 큰 휨모멘트를 발생시키는데 이것은 옹벽의 설계를 비경제적으로 만든다.

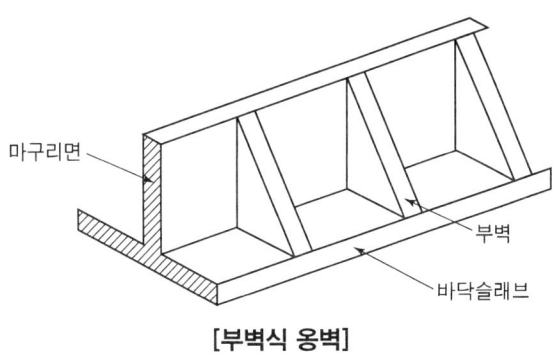

[부벽식 옹벽]

 ## 13-4 옹벽 시공의 문제점(옹벽 시공시 유의사항)

① **배수공 종류** ★★★
옹벽에 시공되는 배수공의 종류는 간이배수공, 경사배수공, 연속배면배수공, 저면배수공이 있다.

② 뒷채움 시공

③ 줄눈 시공

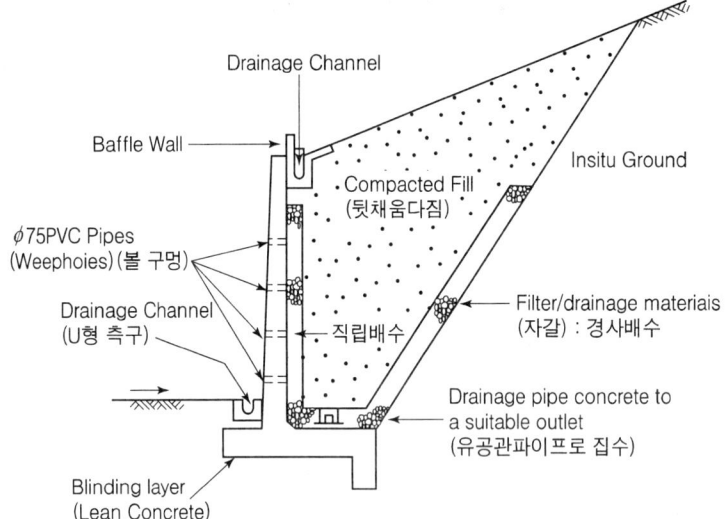

※ 옹벽의 기초 밑에는 모래를 깐다. 그 이유는 옹벽의 기초밑에 자갈이나 잡석을 깔면 강도가 고르지 못해 부등침하의 원인이 되고, 또 콘크리트가 수분을 흡수하게 되므로 콘크리트가 약해진다.

 **13-5 구조물 이음(줄눈) 종류(옹벽, 교량, …… 등에서의)**

① 시공이음(시공줄눈)
② 신축이음(신축줄눈)
③ 수축이음(수축줄눈)

 **13-6 유수압(P)**

$$P = K \cdot A \cdot V^2 (t)$$

여기서, K : 교각의 단면형 계수
A : 교각의 단면적(m^2)
V : 유속(m/sec)

 ## 13-7 기타 옹벽

(1) 개비온 옹벽
① 육각형의 강철선으로 만들어진 직사각형의 육면체 내부에 돌을 채워 시공된 옹벽
② 토공사에서 발생된 암을 유용할 수 있고, 비탈면의 배수 처리시설이 추가로 필요치 않아 유용한 공법이다.

(2) 보강토 옹벽
흙을 성토하면서 인장력이 큰 스트립의 보강재(철, 알미늄, 프라스틱, 합성섬유 등)를 일정한 간격으로 매설하여 보강재와 흙 사이의 마찰작용으로 토압을 감소하도록 설계하는 옹벽

① **보강토 옹벽 기본 요소(구성)** ★★★★★
  ㉠ 전면판(skin plate)
  ㉡ 보강재(strip bar)
  ㉢ 뒤채움 흙(Back fill)

② **보강토 옹벽 장점**
  ㉠ 전면판과 보강재가 제품화되어 공기가 단축된다.
  ㉡ 편심하중이 적어 기초 처리를 단단하게 할 수 있다.
  ㉢ 옹벽의 높이에 제한이 없어 고성토 부분에 사용이 가능하다.
  ㉣ 충격과 진동에 강한 구조를 갖는다.

③ **보강토 벽의 설계 방법**
  보강토 벽은 옹벽, 교대, 방수벽에 사용되는 최신 공법으로 횡토압에 저항하는 타입의 설계 방법으로 다음의 3가지 기본 방법이 있다.
  ㉠ Rankine 방법
  ㉡ Coulomb 응력법
  ㉢ Coulomb 모멘트법

13-8 옹벽의 안정

(1) 옹벽의 안정조건 종류 ★★★ 안전율 계산 ★★★★★★★

① 전도에 대한 안정
② 활동에 대한 안정
③ 지지력(침하)에 대한 안정

(2) 전도에 대한 안정율 계산 ★★★★★★★★★★

$$F_s = \frac{M_r}{M_t} = \frac{W \cdot b + P_V \cdot B}{P_H \cdot y} > 2.0$$

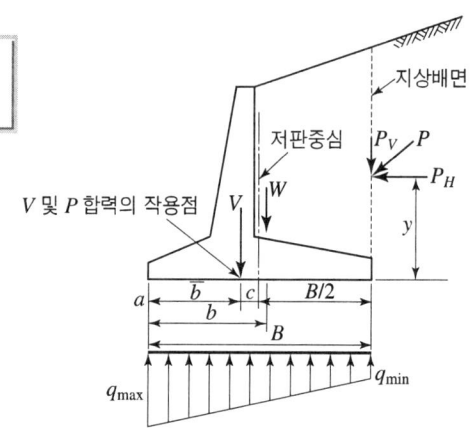

여기서, M_r : 저항모멘트
M_t : 전도모멘트
W : 옹벽의 자중과 저판 위의 흙의 중량
B : 옹벽의 폭
b : 옹벽의 자중과 저판 위의 흙의 중량에 대한 도심거리
P_H : 토압의 수평분력
P_V : 토압의 연직분력

합력의 작용점 위치가 저판 중앙 $\frac{1}{3}$ 이내에 있으면 전도(Over turning)에 대해 안정이다.

(3) 활동에 대한 안정율 계산 ★★★★★★

$$F_s = \frac{c \cdot B + (W + P_V) \cdot \tan\delta + P_P}{P_H} > 1.5$$

여기서, P_P : 수동 토압
δ : 옹벽의 저판과 저판 아래의 흙과의 마찰각

(4) 지지력(침하)에 대한 안전율 계산 ★★

① 지반 반력

㉠ 편심거리 $e \leq \dfrac{B}{6}$ 일 경우

$$q = \frac{P}{A} \pm \frac{M}{I} \cdot y = \frac{W + P_V}{B} \cdot \left(1 \pm \frac{6e}{B}\right)$$

여기서, B : 옹벽의 폭

e : 편심거리 $e = \dfrac{B}{2} - \dfrac{W \cdot a - P_H \cdot y}{W}$

a : 옹벽의 자중과 저판 앞(전면부)까지의 수직거리

ⓒ 편심거리 $e > \dfrac{B}{6}$ 일 경우

$$q_{max} = \dfrac{4}{3} \cdot \dfrac{W + P_V}{B - 2e} \qquad q_{min} = 0$$

② 안전율

$$F_s = \dfrac{q_a}{q_{max}} > 1.0$$

지반이 받는 최대 압축응력이 지반의 허용지지력 보다 작으면 지지력에 대해 안정이다.

(5) 원호 활동에 대한 안정

지반의 지지력이 충분하여도 경사지에 쌓기를 하면 하부에 연약층이 있을 때는 옹벽 배면 및 기초 지반 전체를 포함한 활동 파괴에 대한 안정을 검토하여야 한다. 이와 같은 경우의 해석 방법에는 마찰원법, 절편법 등의 방법이 사용된다.

$$F_s = \dfrac{M_r}{M_d} > 1.5$$

여기서, M_d : 활동모멘트

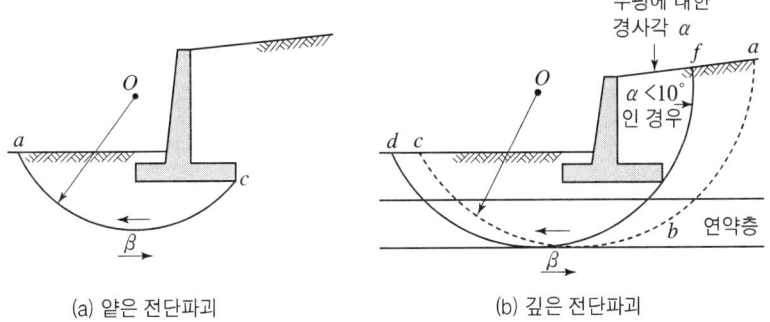

(a) 얕은 전단파괴 (b) 깊은 전단파괴

[원호 활동]

13-9 지진을 고려한 옹벽의 설계

(1) Mononobe-Okabe 이론 계산 ★★★★★

토압의 작용점은 $\bar{y}$이며, 지진에 의한 토압의 증가량(ΔP_{ac})은 옹벽 저면에서 $0.6H$지점에 작용한다고 가정한다.

① 지진력에 의한 주동토압

$$P_w = \frac{1}{2}\gamma h^2 (1-K_V)K_{ae}$$

② 정적인 상태의 전체 주동토압

$$P_a = \frac{1}{2}rh^2 C_a$$

③ 지진에 의한 토압의 증가량

$$\Delta P_{ae} = P_w - P_a$$

④ $\Delta P_{ae} \cdot 0.6h + P_a \cdot \dfrac{h}{3} = P_{ae} \cdot y$

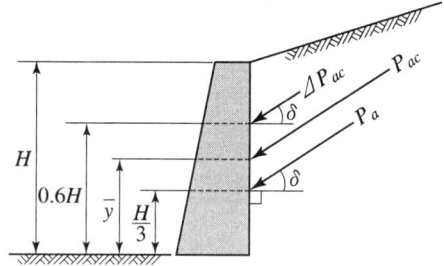

[지진 토압의 작용점]

$$\bar{y} = \frac{P_A \cdot \dfrac{H}{3} + \Delta P_{ac} \cdot (0.6H)}{P_{av}}$$

단기완성 토목기사 실기

Chapter 14

댐

(1) 댐의 정의

댐은 계곡, 하천 등을 횡단해서 저수, 취수, 토사의 유출 방지 등을 목적으로 축조된 구조물로서, 유수를 저장하거나 수위를 높이는 기능을 가진다.

(2) 용어 정리

① 거듭비비기(remixing) : 콘크리트 또는 모르타르가 엉기기 시작하지는 않았으나, 비빈 후 상당한 시간이 지났을 경우나 또는 재료가 분리된 경우 다시 비비는 작업을 말한다.

② 되비비기(retempering) : 콘크리트 또는 모르타르가 엉기기 시작하였을 경우에 다시 비비는 작업을 말한다.

③ 내구성(durability) : 품질의 시간경과에 따른 열화(劣化)가 작고 소요의 사용기간 중 요구되는 성능의 수준을 지속시킬 수 있는 정도를 말한다.

④ 목표내구연한(required service life) : 구조물의 설계자, 사용자 및 소유자 등이 구조물의 용도, 기능 등의 요구조건을 기준으로 구조물을 계획할 때 결정하는 내구연한을 말한다.

⑤ 배합강도(required average concrete strength) : 댐 콘크리트의 배합을 정하는 경우에 목표로 하는 재령(28일, 56일, 91일)의 압축강도를 말한다.

⑥ VC 값(vibrating consistency value) : 롤러다짐용 콘크리트의 반죽질기를 나타내는 값으로서 진동대식 반죽질기 시험 방법에 의하여 얻어지는 시험값을 초로서 나타낸 것이다.

⑦ 설계기준압축강도(specified compressive strength) : 댐 콘크리트의 설계에서 기준이 되는 재령 91일의 압축강도를 말한다.

⑧ 수축이음(contraction joint) : 콘크리트의 수축으로 인한 균열을 방지하기 위하여 설치하는 이음으로, 이 중에서 댐축에 직각으로 설치하는 수축이음을 가로수축이음, 댐축의 평행으로 설치하는 수축이음을 세로수축이음이라 한다.

⑨ 시공이음(construction joint) : 콘크리트 치기를 일시 중지할 때 만드는 이음으로, 각 리프트마다 생기는 시공이음 중에서 리프트 경계에 수평방향으로 설치하는 시공이음을 수평시공이음, 리프트에 연직 또는 연직에 가까운 방향에 설치하는 시공이음을 수직시공이음이라 한다.

⑩ 표면차수벽댐용 콘크리트(concrete faced rockfill dam-face concrete) : 표면차수벽형 석괴댐의 상류 차수벽 콘크리트에 사용하는 댐 콘크리트를 말한다.

⑪ 롤러다짐 콘크리트 댐(roller compacted concrete dam) : 진동 롤러를 사용하여 다짐 시공을 위한 슬럼프가 0인 댐 콘크리트를 말한다. 개념 ★★★

⑫ RI 시험(RI test) : 진동 롤러로 다짐 후 다짐면의 다짐 정도를 판단하기 위해 라디오 아이스토프(Radio Isotope)을 이용하여 다짐도를 판정하는 것을 말한다.

⑬ 그린컷(green cut) : 롤러다짐 콘크리트의 시공할 때 타설이음면을 고압살수 청소, 진

공흡입청소 등을 실시하는 것을 말한다.
⑭ 콜드 조인트(cold joint) : 계속해서 콘크리트를 칠 때, 예기하지 않은 상황으로 인하여 먼저 친 콘크리트와 나중에 친 콘크리트 사이에 완전히 일체가 되지 않은 이음을 말한다.
⑮ 관로식 냉각(pipe-cooling) : 콘크리트를 타설한 후 콘크리트의 온도를 제어하기 위해 미리 콘크리트 속에 묻은 파이프 내부에 냉수 또는 공기를 보내 콘크리트를 냉각하는 방법을 말한다. 개념 ★
⑯ 선행 냉각(pre-cooling) : 콘크리트의 타설온도를 낮추기 위하여 타설 전에 콘크리트용 재료의 일부 또는 전부를 냉각시키는 것을 말한다. 개념 ★
⑰ 매스 콘크리트(mass concrete) : 부재 혹은 구조물의 치수가 커서 시멘트의 수화열에 의한 온도 상승 및 강하를 고려하여 설계·시공해야 하는 콘크리트를 말한다.
⑱ 온도균열지수(thermal crack index) : 매스 콘크리트의 균열 발생 검토에 쓰이는 것으로, 콘크리트의 인장강도를 온도에 의한 인장응력으로 나눈 값을 말한다.
⑲ 보온양생(insulation curing) : 단열성이 높은 재료 등으로 콘크리트 표면을 덮어 열의 방출을 적극 억제하여 시멘트의 수화열을 이용해서 필요한 온도를 유지하고 부재의 내부와 표면의 온도 차이를 저감하는 양생을 말한다.
⑳ 급열양생(heat curing) : 양생 기간 중 어떤 열원을 이용하여 콘크리트를 보온하여 시행하는 양생을 말한다.
㉑ 온도제어양생(temperature-controlled curing) : 콘크리트를 타설한 후 일정 기간 콘크리트의 온도를 제어하는 양생을 말한다.
㉒ 수축·온도철근(shrinkage-temperature reinforcement) : 수축과 온도 변화에 의한 균열을 억제하기 위해 쓰이는 철근을 말한다.
㉓ 내부구속(internal restraint) : 콘크리트 단면 내의 온도 차이에 의한 변형의 부등분포에 의해 발생하는 구속작용을 말한다.
㉔ 외부구속(external restraint) : 새로 타설된 콘크리트 블록의 온도에 의한 자유로운 변형이 외부로부터 구속되는 작용을 말한다.
㉕ 플린스(Plinth) : 표면 차수벽형 석괴댐에서 상류 바닥면의 차수를 도모하고 차수벽과 댐 기초를 연결시켜 주며 그라우트 주입시 압력 누출을 방지하는 그라우트 캡의 역할을 하는 것을 말한다. 개념 ★

14-1 댐의 형식

(1) 축조재료에 따른 형식

① 필 댐(fill-type dam) 종류 ★★
   필 댐은 대부분 토석으로 구성되어 있다.
   ㉠ 흙 댐(earth dam) : 균일형, 존형, 코어(심벽)형
   ㉡ 록필 댐(rock-fill dam ; 석괴댐) : 댐의 1/2이상이 암석으로 구성된 댐이며, 록필댐의 종류로는 표면 차수벽형, 내부 차수벽형, 중앙 차수벽형이 있다. 종류 ★★
   ㉢ 토석댐(earth rockl dam)

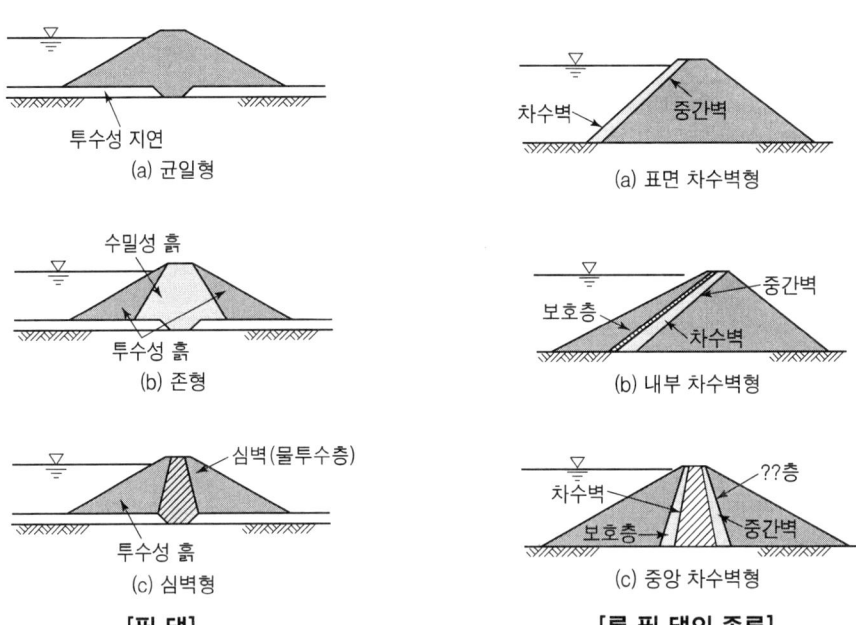

[필 댐] [록 필 댐의 종류]

② 콘크리트 댐
   ㉠ 중력댐(gravity dam)
   ㉡ 중공중력식댐(hollow-gravity dam)
   ㉢ 아치댐(arch dam)
   ㉣ 부벽댐(buttres dam)
   이외 목조 댐(timber dam)과 강철 댐(steel dam)이 있으나 특별한 경우 외에는 쓰이지 않으며 콘크리트 댐과 필 댐을 조합시킨 복합 댐도 있다.

Chapter 14 댐

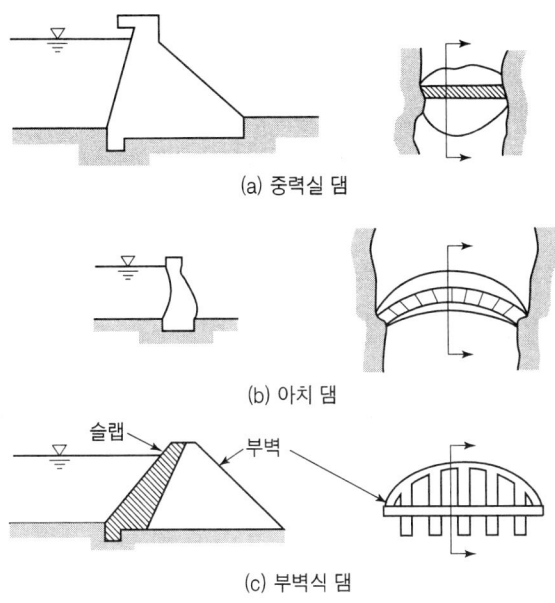

(a) 중력실 댐

(b) 아치 댐

(c) 부벽식 댐

(2) 용도에 의한 댐의 분류

① **저류댐** : 우리나라의 다목적 댐은 모두 해당된다.
② **취수댐**
③ **지체댐** : 치수 목적(홍수를 잠시동안 지체시키는 목적)
④ **방사댐**
⑤ **월류댐과 비월류댐**

다목적댐
농업용수, 공업용수, 수력발전, 홍수조절, 관광, 어류증식 등의 목적 중 2개 이상의 기능을 가지는 댐

(3) 수리구조에 의한 댐의 분류

① 월류댐
② 비월류댐
③ 하부방류댐
④ 합성형댐(월류부와 비월류부를 조합)

(4) 설계형식에 의한 댐의 분류

① **균일형** : 사면보호재를 제외한 제체 단면의 80% 이상의 재료가 동일한 형식이다.
② **존형** : 불투성 재료를 사용하는 차수목적의 코어가 있는 형식으로 코어 최대폭이 댐

높이 보다 작다.
③ **코어형** : 몇 개의 존(zone)으로 이루어진 형식으로 투수계수가 높은 인근 가용재료를 사용하여 불투성부를 축조하며 불투수성부 두께가 댐 높이보다 크다.
④ **표면 차수벽형** : 흙 이외의 차수재료로 상류 사면을 포장하는 형식으로 포장재는 아스팔트, 콘크리트 등이 있다.

(5) Earth Dam에 사용되는 filter 재료의 입도설계 조건에 적용되는 가적통과율의 입경

① $D_{15(F)}$: filter 재료의 15% 입경
② $D_{15(S)}$: filter로 보호되는 재료의 15% 입경
③ $D_{85(S)}$: filter로 보호되는 재료의 85% 입경

(6) 필댐(Fill Dam)의 필터재(filter)의 역할 ★★★★

① 토립자의 유출을 방지하며 물만 통과시키는 역할
② 역학적 완충역할
③ 코어(심벽)재의 자기치유작용 지원역할

14-2 특수 콘크리트 댐

(1) BCP(Belt Conveyer Placing System) 공법

베쳐 플랜트에서 비빈 콘크리트를 belt conveyer로 댐 시공장소까지 운반타설하는 공법

(2) PCD(Pump Compacted Dam) 공법

콘크리트 pump에 의하여 콘크리트를 시공장소까지 압송하는 공법

(3) 롤러다짐 콘크리트 댐(RCCD, Roller Compacted Dam) 공법 개념 ★★★

① 슬럼프가 낮은 빈배합 콘크리트를 운반하여 불도저(bulldozer)로 포설하고 진동 롤러(roller)로 다져 콘크리트댐을 축조하는 형식이다.
② 콘크리트 댐은 높은 수화열이 발생하며 이로인해 온도균열을 유발하므로 시공이 복잡해진다. 이러한 문제점을 개선하기 위해 슬럼프가 낮은 빈배합 콘크리트를 사용하며, 일반 콘크리트 댐과는 달리 파이프 쿨링이나 프리 쿨링이 필요 없는 공법이다.

14-3 전류공

댐 건설을 위해 하천수류의 방향을 전환하는 유수전환시설은 크게 가물막이 방법과 가배수로를 시공하는 방법으로 나눌 수 있다.

(1) 시공 방법에 따른 가물막이 방법 종류 ★★

① 전면식 가물막이
② 부분식 가물막이
③ 단계 가물막이

(2) 가배수로 시공 방법(하천 수류 전환방식) 종류 ★★★★★

① **전체절공법**(가배수 터널공법) : 댐 가설지점의 하천을 완전히 막고 가배수 터널을 설치하여 유수를 전환하는 공법
② **반체절공법** : 하천의 반을 막아 유수를 다른 반으로 전환하여 제체를 축조하고 나머지 반을 이와 같이 시공하는 공법
③ **가배수로 개거공법** : 한쪽 하안에 가배수로를 설치하여 유수를 유도 소통시켜 제체를 축조하고 다시 하천을 돌려서 반체절방식과 같은 방법으로 시공하는 공법

14-4 가체절공(가물막이공)

댐 구조물이 물 속 또는 물 인근에 축조되는 경우 건작업(dry work)을 하기 위해 물을 배제하는 물막기 공을 가체절공(가물막이공, coffer dam)이라고 한다. 가물막이는 토압, 수압등의 외력에 견딜 수 있는 강도와 수밀성이 요구되는 한편, 가설 구조물로써 철거가 쉽고 경제적이어야 한다. 개념 ★★★

1. 사전조사

① 토질조사
② 홍수위, 유속, 유량조사
③ 조위, 조류, 파도, 풍향, 풍속조사
④ 부근의 준설공사 여부.

2. 공법선정시 고려사항

① 지수성 확보
③ 시공의 안전성
⑤ 가물막이내의 작업성
⑦ 가설공사의 경제성
② 외력(수압 및 토압)에 대한 안정성
④ 철거의 용이성
⑥ 물막이 내부의 안전성
⑧ 소음, 진동 등 주위 환경에의 영향

3. 가체절공(coffer dam, 가물막이공) 종류

(1) 하천 수류 전환방식에 의한 가체절공 분류 종류 ★★★★★

① 반제철방식
  ㉠ 하천 폭의 절반을 먼저 체절하여 나머지 절반의 폭으로 물을 유하시키고 체절한 부분에 댐을 축조하는 방식이다.
  ㉡ 체제내에 가 배수로를 만들어 물을 유도하고 나머지 하천 폭을 체절하여 체절한 부분에서 체제시공을 완성시키는 방식이다.
  ㉢ 하천 폭이 넓고 퇴적층이 깊지 않으며 처리유량이 클 때 적합한 방식이다.

② 가배수 터널방식
  ㉠ 하천을 전면체절하여 산을 뚫은 가배수 터널을 통해 물을 배제하는 방식이다.
  ㉡ 댐기초 굴착을 전면적으로 실시하기 때문에 효율적인 댐 시공이 가능하다.
  ㉢ 하천 폭이 좁은 협곡 지점에 적합하며, 터널굴착에 따른 공사기간과 공사비가 많이 소요된다.

③ 가배수로 방식
  ㉠ 하천 한 쪽의 하안에 접하여 수로를 설치하여 물을 유도하고, 반체절 방식과 같은 방식으로 시공한다.
  ㉡ 방체절 방식과 마찬가지로 댐 시공을 전면적으로 실시할 수 없는 단점이 있다.
  ㉢ 하천 폭이 넓고 유량이 비교적 적은 하천에 적합하며, 공사기간과 공사비가 비교적 적게 소요된다.

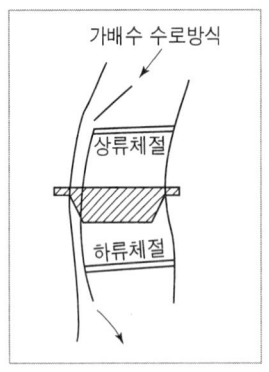
[전체절과 가배수 수로방식 조합시공]

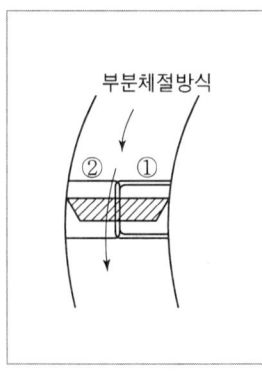
[반체절 방식]

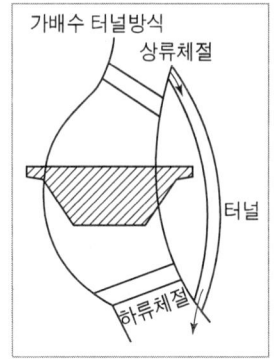
[가배수 터널방식전체절 조합시공]

(2) 가체절 축조 공법에 의한 가체절공 분류 종류 ★★★★

① **간이식 가체절공**
   구조적으로 매우 간단하고 단순한 형태이다.

② **흙댐식 가체절공**
   ㉠ 구조적으로 비교적 간단하고 단순한 형태이다.
   ㉡ 수심이 얕은 하천에 적합하다.
   ㉢ 수심에 비해 넓은 부지가 필요하며, 규모에 비해 많은 토사가 필요하나, 재료 입수가 용이하다.
   ㉣ 상류측에는 가마니 또는 암으로 세굴 방지공을 하여야 한다.

③ **한겹식 가체절공**
   ㉠ 말뚝의 강성으로 수압 등의 외력에 저항하는 공법으로 캔틸레버식과 버팀보식이 있다.
   ㉡ 단면이 외력에 대해 부족할 경우에는 강관을 사용하기도 한다.
   ㉢ 버팀보식의 경우 시트파일(sheet pile)의 맞물림(inter locking)이 잘 되어 누수가 방지된다.

④ **두겹식 가체절공**
   ㉠ 이중으로 시트파일(sheet pile)을 박고 내측에는 양질의 모래를 채워 타이로드(tie rod)를 설치하여 토압 및 수압을 지탱하는 공법으로 수위가 깊은 곳에 적용된다.
   ㉡ 오버플로우(over flow)에 대비하여 표면을 콘크리트 포장(concrete paving)을 실시한다.
   ㉢ 시트파일(sheet pile)의 근입깊이를 충분히 확보하여 보링(Boring)이나 히빙(Heaving)에 대한 안전을 확보하여야 한다.
   ㉣ 철거 작업에 어려움이 있다.

⑤ **셀식 가체절공**
   ㉠ 일반적으로 강널말뚝을 원통형으로 박고 그 속에 토사를 채워 셀(cell)을 만든다.
   ㉡ 셀(cell)을 뺑렬시켜 연결부인 아크(arc)부와 함께 연속된 벽체를 적용한다.
   ㉢ 파일(pile) 내부를 모르타르로 충진시킨 경우는 수밀성이 우수하다.
   ㉣ 누수 발생시 내부토사가 유실되므로 말뚝 연결부의 정확한 시공이 요구된다.

(3) 지탱 방식에 의한 가체절공 분류

가체절공(가물막이 공사)은 하천이나 해안 등에 구조물을 시공할 때 dry work를 위한 가설구조물 시공으로 크게 중력식 공법과 sheet pile 식의 2가지 방식이 있다.

① **중력식 공법** 종류 ★
   ㉠ 흙댐식공법 : 토사를 축제하는 형식으로 수심이 3.0m 이내로 얕은 단기간의 공사에 적용한다. 비교적 구조가 단순하고 재료입수가 용이 하지만 넓은 부지를 필요로

하는 단점이 있다.
  ⓒ 케이슨(caisson)식 공법 : 육상에서 제작된 케이슨(Cassion)을 거치한 후 속채움하는 공법으로 수심이 깊어 널말뚝의 타입이 곤란할 때 적용한다. 안정성이 우수하며, 시공속도가 빠르고, 본 구조물로도 이용할 수 있지만, 공사비가 많이 소요된다.
  ⓒ 박스(box)식 공법 : 격자형 블록 조립식(Crib) 옹벽 또는 가비온(Gabion, 돌망태) 옹벽이라 부르고, 토사 속채움시 월류나 세굴이 일어나지 않는 곳에 적용한다. 목재 또는 강재의 박스를 철치한 후 자갈 등으로 속채움하여 중력으로 토압과 수압에 저항시키며, 지수성이 나쁘고, 누수에 대한 지수대책이 필요하다. 기초가 암반인 소규모 물막이에 적합하며, 보수나 복구가 비교적 쉽다.
  ⓔ corrugate cell식 공법 : 강판으로 조립된 셀(Cell)을 육지에서 운반하여 설치한 후 토사로 속채움 하는 공법으로 가설호안에 사용한다. 셀(Cell) 운반용 크레인(Crane)선이 필요하고 시공이 간단하며 안정성이 좋은 장점이 있다.
  ⓜ Cellular Block(중공 Block) 식 : 케이슨(Caisson) 대신 작게 분할된 소형 중공 Block(Cellular Block)을 소정 위치에 설치한 후 속채움을 시행하여 중력에 의해 토압, 수압에 저항하는 가물막이 공법이다. 속채움은 석재나 콘크리트 등을 사용하며, Block과 Block접속부는 콘크리트를 사용한다. 케이슨보다 지수성이 떨어지므로 기초와 Block 사이 용수대책이 필요하고, 파도나 유수의 영향을 받거나 파랑 및 조류조건이 나쁠 때 적용한다. 연약지반에는 부적합하다.

② **sheet pile식 공법** 종류 ★★★★★
  ⓐ 한 겹 시트파일(sheet pile)식 : 시트파일(Sheet Pile)과 스트럿(Strut)에 의해 수압에 저항하는 형식으로 수심 5m 정도에 적당하며, 지반이 좋은 곳의 소규모 물막이에 적합하다. 또한 누름 성토를 병용하거나 강널 말뚝을 사용하면 깊은 수심에도 적용이 가능하다.
  ⓑ 두 겹 시트파일(sheet pile)식 : 시트파일(Sheet Pile)을 2열로 타설하고 타이로드(Tie rod)로 연결한 후 그 사이를 모래, 자갈로 속채움을 하는 방식으로 수심이 10m 정도인 깊은 대규모 물막이에 적용한다. 속채움 토사가 있어 지수성은 한 겹 시트파일(Sheet Pile) 보다 우수하며, 히빙(Heaving)이나 파이핑(Piping)에 대한 안전성이 높다. 공종이 적고 단순하여 시공하기 좋으며, 가물막이로 이용하는 경우 유리한 장점을 가지고 있다.
  ⓒ 링빔(ring beam)식 : 지반에 타입된 시트파일(Sheet Pile) 내측에 링(Ring)식으로 Beam을 장치해서 수압에 저항하는 형식의 물막이하는 공법으로 링빔(Ring Beam)으로는 H형강이 사용되며 필요에 따라 여러 단을 설치한다. 스트럿(Strut)이 없기 때문에 본 구조물 시공이 편리하며, 수심은 5~10m 정도의 교각 기초에 주로 사용한다. 유수, 파도 영향이 없는 조용한 장소에 사용하며 시공속도가 비교적 빠르고 경제적이다. 빔(Beam) 허용지지력은 한계가 있어 최대 직경 20m 정도

ⓔ 셀(cell)식 : 시트파일(Sheep Pile)을 원통 형태로 타입한 후 그 속에 토사로 속채움하는 방식으로 수심 10m 정도에 적용가능하다. 강널말뚝이 타입 되지 않는 암반 상에 적용하며, 안전성과 수밀성이 높은 장점을 가지고 있다.

ⓜ 자립식 : 시트파일(Sheet Pile) 자체가 수압에 저항하는 형식으로 부지가 작게 소요되지만, 연약지반에 적용이 곤란하고 깊은 수심에는 부적당하다.

4. 시공시 유의사항

(1) 수직도 유지
시트파일(Sheet pile)은 직선으로 타입하여 벽체의 수직을 유지하여야 한다.

(2) 벽체와 지반의 밀착
중력식에서는 가물막이 벽체와 지반과는 완전히 밀착되도록 시공하여야 한다.

(3) 수밀성 대책
한 겹 시트파일(Sheet Pile)식에서는 벽체의 수밀성을 높이기 위해 타입 널말뚝의 완전 폐합이 중요하다.

(4) 지반 처리
하천부근과 같은 연약지반에서는 하상의 모래치환에 의한 지반개량이 필요하다.

(5) 세굴 처리
댐식 가물막이에서는 제외지 비탈 끝에 대한 세굴방지 대책을 강구하여야 한다.

(6) 보링 및 히빙 대책
시트파일(Sheet Pile)식 가물막이에서는 보링(Boiling)이나 히빙(Heaving)에 대한 안정성을 높이기 위해 시트파일을 가능한 한 깊게 타입하여야 한다.

(7) 속채움재
속채움 재료로서는 실트분이 적은 양질의 모래 또는 자갈을 사용하여야 한다.

(8) 벽체의 변형 방지
가물막이 벽체의 변형은 대부분 속채움 작업 시 발생되므로 세심한 시공관리가 요구된다.

(9) 타이로드 설치
타이로드(Tie rod)의 설치는 시트파일 타입, 띠장의 설치완료 후 즉시 시행하여야 한다.

(10) 지수벽의 설치
댐식 가물막이에서 공사가 장기화가 될 경우 지수벽을 제방 내에 설치하여야 한다.

14-5 댐의 기초처리

(1) 그라우팅 공법 주요목적
① 지반강도 증가   ② 누수 방지   ③ 기존 기초의 보강

(2) 그라우팅 공법 종류 ★★★★

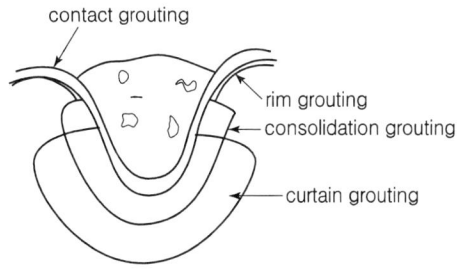

① 컨택 그라우팅(Contact Grouting) : 암반과 댐의 접속부 차수를 목적으로 공극을 채우기 위한 그라우팅으로 콘크리트 및 암반이 안정상태에 도달한 후에 실시한다.
② 림 그라우팅(Rim Grouting) : 댐 취부부 또는 전저수지에 걸쳐 댐주변의 지수를 목적으로 시행하는 그라우팅
③ 컨솔리데이션 그라우팅(Consolidation Grouting) : 지반개량(보강)을 목적으로 얕게 구멍을 뚫어 Cement Paste를 주입하여 기초지반의 지지력과 수밀성을 증대시키는 그라우팅 정의 ★★★
  ㉠ 목적
    ⓐ 암반 변형 억제
    ⓑ 기초지반의 균질화 도모
    ⓒ 지지력 증대
  ㉡ 시공구간
    ⓐ 균열, 파쇄대 등의 틈이 많은 곳에 시행한다.
    ⓑ 시임(seam)이 집중해 있는 곳에 시행한다.
    ⓒ 단층구간에 시행한다.
④ 커튼 그라우팅(Curtain Grouting) : 댐 시공시 댐축에 따라 1~2열의 깊은 구멍을 뚫어 Cement Paste를 주입하여 댐 기초 암반층에 지수막을 만드는 그라우팅으로

댐 축방향 기초 상류쪽에 병풍모양으로 컨솔리데이션 그라우팅보다 깊게 그라우팅 하는 방법 정의 ★★★★★
　㉠ 목적 ★★
　　　ⓐ 기초암반의 누수를 방지하여 차수성 증진
　　　ⓑ 침투수 제어를 통해 침투압에 의한 파이핑 방지
　　　ⓒ 댐 하류측의 양압력 감소
　㉡ 시공구간
　　　ⓐ 중심코아의 중심부나 약간 상류부에서 시행한다.
　　　ⓑ 기초지반이 불량한 경우 블랭킷 그라우팅과 병행한다.
⑤ 블랭킷 그라우팅(Blanket Grouting) : Fill Dam의 비교적 얕은 기초지반 및 차수영역과 기초지반의 접촉부의 차수성을 개량할 목적으로 하는 그라우팅
　㉠ 목적
　　　ⓐ 기초의 표층부로 흐르는 침투류 억제
　　　ⓑ 컨솔리데이션과 커튼그라우팅의 효과 증대 목적
　㉡ 시공구간
　　　ⓐ 암반이 풍화되거나 터파기로 심하게 파쇄된 곳에 시행한다.
　　　ⓑ 수평 층상의 암반을 따라 물이 흐르는 곳에 시행한다.
　　　ⓒ 컨솔리데이션과 커튼그라우팅 사이에 시공한다.

Grouting 공사의 주입재료 종류 ★★
① 시멘트 용액
② 아스팔트 용액
③ 벤토나이트와 점토 용액
④ 약액

14-6 댐의 부속설비

(1) 종류
　① 여수로(Spill Way)
　② 수문(Gate)
　③ 취수탑(Intake Tower)
　④ 검사랑

(2) 여수로(Spill Way) 종류 ★★★★★★★

① 슈트 여수로
② 측수로 여수로
③ 그롤리 홀 여수로(나팔관형 여수로)
④ 사이펀 여수로
⑤ 댐마루 월류식 여수로(제정월류식 여수로)

(3) 수문

① 테인터 게이트
② 스토니 게이트
③ 롤링 게이트

수문(Gate)
취수, 역류방지 등 다양한 목적으로 하천 흐름을 조절하기 위해 설치되는 수리구조물

부채꼴 수문
댐 또는 둑에서 수문 개폐 형식 중 하나로 하류단에 힌지가 있어 권양기로 구동하여 부채꼴로 개폐하는 수문이가. 정의 ★
① 섹터게이트(Sector Gate) : 부채꼴의 중심을 기준으로 회전하여 개폐된다. 상부에 콘크리트 구조물이 불필요하기 때문에 선박의 출입이 용이하며 정역방향 수류를 제어할 수 있다.
② 테인터 게이트(Tainter Gate) : 방사형 부채꼴 모양으로 부채꼴의 중심을 회전축으로 하여 상하로 개폐하는 구조이다. 구조가 간단하고 비용이 저렴하며 신뢰성이 높아 대규모 댐의 여수로 수문으로 가장 널리 사용되나, 수밀성이 좋지 않고 월류에 대해 매우 취약하다.
③ 드럼수문(Drum Gate) : 여수로에 위치하는 수문의 일종으로 부채꼴 모양의 단면을 가진 수문이다.

(4) 취수탑

취수탑은 원래 호소나 저수지에서 취수하는 데 이용되는 것이며 하천에서는 수심이 충분한 하류부에 이용된다.

(5) 검사랑

① 댐시공 후 댐관리상 예상된 사항을 알기 위해 댐 내부에 설치
② 검사랑 설치 목적(이유) ★★★★★★
    ㉠ 댐 내부의 균열검사   ㉡ 댐 내부의 누수 및 배수검사
    ㉢ 댐 내부의 수축량검사   ㉣ 양압력, 온도측정
    ㉤ grouting 이용

단층지대(fault zone)
구조선의 일종, 단열, 압쇄 등 작용에 의해 각력-점토상으로 파쇄된 암반 중의 불규칙한 균열의 집합이 어떤 방향으로 달려 거의 일정한 폭을 갖는 zone으로 댐 건설에 장애가 된다.

단층(fault)
지각변동에 의해 지각내부에 생긴 힘 때문에 지층, 암체에 형성된 파괴면을 따라 변위가 생긴 것으로 정단층과 역단층이 있다.

(6) 감세공

① 감세공이란 급경사 수로를 유하한 고속류의 운동에너지를 감세시켜 하류하천에 안전하게 유하시키기 위한 시설로 댐 하류단의 세굴이나 침식 등 인근 구조물에 피해를 주지 않도록 설치하는 시설물이다. ★★★

② 감세공의 종류 ★★
   ㉠ 정수지(stilling basin)형 : 도수작용을 이용하여 감세시키는 방법으로, 일반적으로 하류수심이 도수 후의 수심과 거의 같을 때 채택하며, 수리학적으로 가장 안전한 방법이다. 정수지형으로는 수평정수지, 경사정수지, 역경사정수지가 있다.
   ㉡ 플립버킷(flip bucket)형 : 방수로 끝에서 수맥을 공중으로 사출시켜 하상암반이나 하류수심에 떨어뜨려 감세하는 방법으로, 하류수심이 도수수의 수심보다 현저하게 낮을 때 채택하며, 지형 및 지질이 좋아야 하고, 감세효과는 떨어지나 경제적이다.
   ㉢ 잠수버킷(submerged bucket)형 : 경사면을 따라 흐르는 수맥을 물속에 관입시켜 감세시키는 방법으로, 하류수심이 도수 후의 수심보다 깊을 때 채택한다.

 14-7 댐의 위치 선정

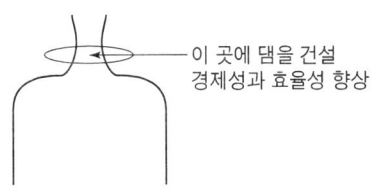

이 곳에 댐을 건설
경제성과 효율성 향상

① 댐을 건설할 계곡폭이 가장 좁고, 양안이 높고, 마주보고 있는 곳
② 댐 기초 바닥부는 양질의 암으로 두꺼운 층
③ 다량의 저수가 가능하고 집수면적이 큰 곳
④ 집수분지를 이루고 있는 곳

14-8 댐성토 시험

① 다짐 시험   ② 함수비 시험
③ 투수 시험   ④ 전압 시험
⑤ 전단강도 시험

14-9 유선망

유선과 유선사이의 총침투유량과 등수두선간의 공극수압을 구하기 위해 유선망을 그린다.

(1) 용어 정리

① 유선(flow line) : 물이 흐르는 경로
② 등수두선(equipotential line) : 손실수두가 같은 점을 연결한 선으로 동일 선상의 모든 점에서 전수두는 같다.
③ 유로(flow channel) : 인접한 두 유선 사이의 통로
④ 등수두면(equipotential of area) : 인접한 두 등수두선 사이의 공간

(2) 유선망 특성 ★

① 각 유로의 침투유량은 같다.
② 각 등수두면 간의 손실수두는 같다.
③ 유선과 등수두선은 서로 직교한다.
④ 유선만으로 되는 사각형은 이론상 정사각형이므로 유선망의 폭과 길이는 같다.
⑤ 침투속도 및 동수구배는 유선망 폭에 반비례한다.
⑥ 유선은 다른 유선과 교차하지 않는다.
⑦ 유선망은 경계조건을 만족하여야 한다.

(3) 유선망 경계조건

① 투수층의 상류표면(ab), 하류표면(de)은 등수두선이다.
② 선 ab와 de는 등수두선이므로 모든 유선은 이 선에 직교한다.
③ 불투수층의 경계면(fg)은 유선이다.

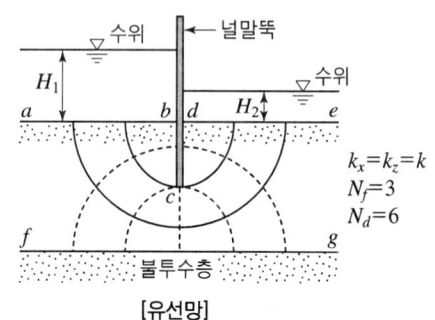

[유선망]

④ 널말뚝(acd)도 불투수층이므로 유선이다.
⑤ 선 bcd, fg는 유선이므로 모든 등수두선은 이 선에 직교한다.

(4) 유선망 작도 목적

① 침투 수량을 알 수 있다.(유선망 작도의 주된 목적)
② 임의의 점에 작용하는 간극수압을 알 수 있다.
③ 동수경사의 결정이 가능하다.
④ 파이핑(piping)에 대한 안전 검토를 할 수 있다.

(5) 침투 유량

① 등방성 흙인 경우($k_h = k_z$) 계산 ★★★★★

$$전수두 = 수두차 \times \frac{N_f}{N_d}$$
$$Q = k \cdot H \cdot \frac{N_f}{N_d}$$

여기서, Q : 단위폭당 댐 하류에 침투하는 유량
N_f : 유로수
N_d : 등압면수
k : 투수계수(cm/sec)
H : 상류와 하류면의 수두차(cm)
 (= 전수두차)

② 이방성 흙인 경우($K_h \ne K_z$) 계산 ★★★★★

$$Q = \sqrt{k_h \cdot k_v} \cdot H \cdot \frac{N_f}{N_d}$$

[연습문제 1]

댐에서 유선망이 그림과 같이 주어졌을 때 댐의 단위폭당 하류에 침투하는 유량은 몇 m³인가?
(단, $H = 20$m, 투수계수 $k = 0.001$cm/min, 소수 셋째자리까지 구하시오.)

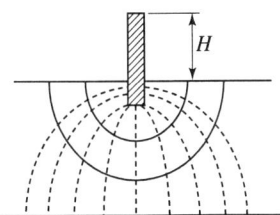

해설

단위폭당 댐 하류에 침투하는 유량
$$Q = k \cdot H \cdot \frac{N_f}{N_d} = (0.001 \times 0.01 \times 60 \times 24) \text{m/day} \times 20\text{m} \times \frac{3}{9} = 0.096 \text{m}^3/\text{day}$$

[연습문제 2] ★★★★★

다음 그림과 같은 sheet pile의 유선망도에서 A점의 간극수압은?

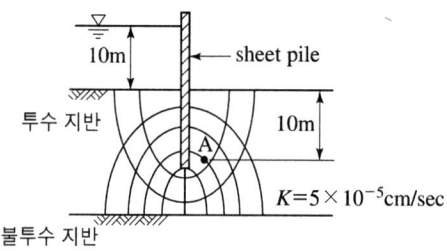

① A점의 전수두

$$n_d = 3, \ N_d = 10, \ h_t = \frac{n_d}{N_d} \cdot H = \frac{3}{10} \times 10 = 3\text{m}$$

② A점의 위치수두

$h_e = -10\text{m}$ (기준선보다 아래쪽에 있으면 (−)값을 갖는다.)

③ A점의 압력수두 : $h_p = h_t - h_e = 3 - (-10) = 13\text{m}$

④ A점의 간극수압 : $u_p = \gamma_w h_p = 1 \times 13 = 13\text{t/m}^2$

14-10 댐의 piping에 대한 안정성 검토

(1) Lane의 가중 크리프 방법 계산 ★★★★★★★★★★

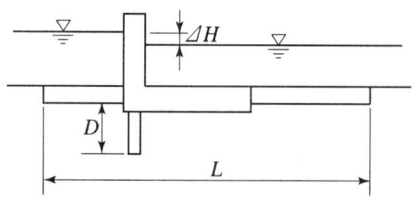

가중 creep 거리 = 수직거리(45° 보다 급한 거리) + 수평거리(45° 이하 거리)의 $\frac{1}{3}$

$$= 2D + \frac{L}{3}$$

유효 수두 = 수두차 = ΔH

가중 creep비 = $\dfrac{\text{가중} creep \text{거리}}{\text{유효수두}} > F_s$ 이면 안정

흙댐(Earth Dam)의 안정조건 ★
① 활동에 대해 안정할 것
② 사면에 대해 안정할 것
③ 기초지반의 누수 및 지내력 등에 안정할 것

[연습문제 3]

위의 그림에서 $\Delta H = 1.5\text{m}$, $L = 10\text{m}$라고 하면 piping 작용을 막기 위한 시판의 최소 깊이 D를 구하시오.(단, creep ratio $C = 12$)

해설

- 가중 creep 거리
  $$2D + \frac{L}{3} = 2 \times D + \frac{10}{3}$$
- 유효 수두
  $\Delta H = 1.5\text{m}$
- 가중 creep비 $= \dfrac{\text{가중} creep \text{거리}}{\text{유효수두}}$

  $12 = \dfrac{2 \times D + 10/3}{1.5}$ 에서 ∴ $D = 7.33\text{m}$

[연습문제 4]

다음 그림과 같은 콘크리트 댐을 건설하려고 한다. 필요한 콘크리트량을 계산하시오.

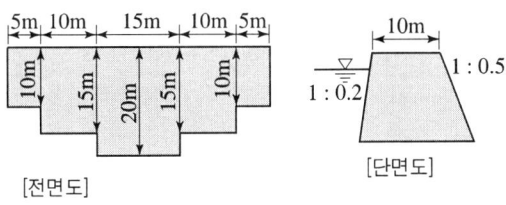

[전면도]　　　　　　　　　　[단면도]

해설

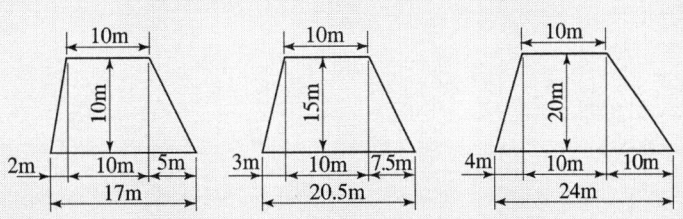

① 단면적(A)

$$A_{10} = \frac{(\text{윗변} + \text{아랫변})}{2} \times \text{높이} = \frac{(10+17)}{2} \times 10 = 135(\text{m}^2)$$

$$A_{15} = \frac{(윗변+아랫변)}{2} \times 높이 = \frac{(10+20.5)}{2} \times 15 = 228.75(\text{m}^2)$$

$$A_{20} = \frac{(윗변+아랫변)}{2} \times 높이 = \frac{(10+24)}{2} \times 20 = 340(\text{m}^2)$$

② 콘크리트량(V)

$V_1 = A_{10} \times 5 = 135 \times 5 = 675(\text{m}^3)$

$V_2 = A_{15} \times 10 = 228.75 \times 10 = 2,287.5(\text{m}^3)$

$V_3 = A_{20} \times 15 = 340 \times 15 = 5,100(\text{m}^3)$

$V_4 = A_{15} \times 10 = 228.75 \times 10 = 2,287.5(\text{m}^3)$

$V_5 = A_{10} \times 5 = 135 \times 5 = 675(\text{m}^3)$

콘크리트량(V) = $V_1 + V_2 + V_3 + V_4 + V_5$
$= 675 + 2,287.5 + 5,100 + 2,287.5 + 675 = 11,025(\text{m}^3)$

Chapter 15 항 만

항만의 정의 : 선박이 안전하게 정박할 수 있는 수역을 가지고 있는 동시에 물건이나 사람이 오르고 내림이 편리하도록 모든 설비를 해 놓은 곳

 15-1 항만의 종류

(1) 사용 목적상의 분류

① 상항(商港) : 상선이 출·입항 하는 항만
② 공업항(工業港) : 공장에 필요한 공업원자재와 공산품을 취급하는 항만
③ 어항(漁港) : 어선이 출·입항하고 어획물을 처리, 수송할 수 있는 시설을 가진 항만
④ 군항(軍港) : 해군의 군함 및 기타 선박이 출·입항하는 항만
⑤ 피난항(避難港) : 대양 또는 연안을 항행하는 선박이 태풍, 기타 악천후시 잠시 입항하여 피난하는 항만

(2) 위치상의 분류

① 연안항(沿岸港) : 우리 나라 대부분의 항만같이 일반해안에 위치하는 항만
② 하구항(河口港) : 하구에 위치하는 항만
③ 하항(河港) : 하천의 중·상류에 있는 항만
④ 호수항(湖水港) : 호수에 있는 항만
⑤ 운하항(運河港) : 운하에 만든 항만

(3) 구조상의 분류

① 폐구항(閉口港) : 항내와 항외에 수문을 설치하는 항만
② 개구항(開口港) : 항내와 항외 사이에 수문이 없는 일반항만

(4) 축조 형태에 의한 분류

① 천연항 : 천연의 지형에 의한 항만
② 인공항 : 인공에 의하여 조성된 항만

 ## 15-2 항만 및 어항시설 내진설계

(1) 벽체구조물(벽체구조물 : 중력식, 널말뚝식)에 대한 내진해석·설계방법

① 등가정적해석법 : 내진 2등급 중력식벽체와 2등급 항만구조물의 내진설계에 적용하며, 붕괴방지수준에 대하여 수행한다.
② 변위를 고려한 해석방법
③ 동적해석법 등이 있다.

(2) 등가정적해석법

① 내진 2등급 중력식벽체에 대한 설계는 붕괴방지수준에 대한 등가정적해석법을 사용한다.
② 하중산정
　등가정적해석법으로 벽체구조물의 안정을 평가하기 위하여 정적하중, 지진시 토압증가, 지진시 수압증가, 관성력 등을 결정하여야 하며, 이들 하중이 동일한 방향으로(in phase) 작용된다고 가정한다.
③ 설계지진 가속도의 결정
　등가정적해석법 설계에서 설계지진가속도는 내진 2등급 구조물의 붕괴방지수준으로 결정한다.
④ 액상화 평가
　외국의 항만구조물 지진피해사례를 보면, 피해상황의 주원인이 지반의 액상화임을 알 수 있다. 따라서, 우선적으로 액상화 평가수행을 통해 지반의 안정성을 확보해야 한다.

(3) 변위를 고려한 해석방법

① 과거 지진하중 조건에만 의존하여 설계하던 방법 대신, 벽체구조물의 허용변위를 고려하여 설계하는 방법이 점점 일반화되고 있다.
　㉠ 등가정적해석법 해석에서는 벽체구조물에 가해지는 지진하중을 산정하는데 유용하게 이용될 수 있으나 변위에 대한 정보는 알 수 없다.
　㉡ 지진 발생 후 벽체구조물이 제기능을 발휘할 수 있는 지는, 지진시 발생된 구조물의 영구변위의 크기에 좌우되는 경우가 많다.
② 변위를 고려한 설계시에는 구조물의 허용변위를 산정하고 이에 따라 벽체의 항복가속도를 결정하여 이를 설계수평가속도로 보고 등가정적해석법에 의해 내진설계를 수행한다.

(4) 동적해석법

① 동적해석법은 해석시 모형이 복잡하고, 시간이 오래 걸리는 단점이 있지만, 다양한 수치해석 모델의 적용이 가능하고 지진파의 시간이력 특성을 고려한 변형 해석이 가능하므로 중요구조물인 1등급 구조물에서는 동적해석이 수행되어야 한다.
② 동적해석 프로그램을 이용하여 벽체구조물의 변위를 산정하고 허용변위와 비교하여 안정성을 검토한다.

(5) 액상화 평가

① 액상화 현상은 지반에 가해진 진동하중으로 간극수압은 상승하고 지반의 유효응력은 감소하여 그 결과, 포화사질토가 외력에 대해 전단저항을 잃게 되는 현상이다.
② 액상화 평가는 내진 2등급의 경우 액상화 간편예측법에 다르고 내진 1등급의 경우 액상화 상세예측법에 따른다.
③ 기초지반의 액상화 평가시 실시되는 현장시험 **종류 ★★**
  ㉠ 표준관입시험(SPT) : 액상화 전단저항응력비 산정 시 사용
  ㉡ 보링 및 표준관입시험 : 액상화 상세예측법의 시료 채취 시 사용
  ㉢ 진동압축시험 : 액상화 상세예측법의 전단저항응력비 특성곡선 특성곡선(진동 전단응력비-진동재하회수)을 구하는데 사용
  ㉣ 현장탄성파탐사 : 지반의 액상화저항 응력비 산정에 사용

(6) 액상화 간편예측법

액상화 지역의 지반거동을 해석적이나 물리적으로 모형화하기 어려우므로 Seed와 Idriss (1971)의 간편법에 기초한 방법을 통해 액상화에 대한 안전율을 산정한다.
① 액상화에 대한 안전율은 지진시 발생하는 지반내 한점의 진동 전단응력비(τ_d/σ_v')와 액상화에 전단저항응력비(τ_l/σ_v')를 비교하여 산정한다.
② 지진력을 표현한 진동 전단응력비(τ_d/σ_v')는 다음과 같이 산정한다.

$$\frac{\tau_d}{\sigma_v'} = 0.65 \left(\frac{a_{\max}}{g}\right)\left(\frac{\sigma_v}{\sigma_v'}\right)$$

여기서, $a_{\max}$: 액상화 평가 대상지반의 최대 지반가속도(지진응답해석 수행)
  g : 중력가속도
  σ_v : 액상화를 평가하고자 하는 깊이의 총 상재압
  σ_v' : 액상화를 평가하고자 하는 깊이에서의 유효 상재압

③ 액상화 전단저항응력비(τ_l/σ_v') 산정시에는 표준관입시험(SPT) 결과인 N값을 이용한다.

④ 안전율 기준
  ㉠ $F \geq 1.5$: 액상화에 대하여 안전하다.
  ㉡ $F < 1.5$: 액상화에 대한 상세예측이 필요하다.

(7) 액상화 상세예측법

대상지반의 액상화에 대한 안전율이 F<1.5인 경우 또는 내진 1등급 구조물인 경우, 지진응답해석과 실내 진동삼축시험을 이용하여 액상화 평가를 수행한다.

① 진동 전단응력비는 액상화 간평예측법과 동일하게 산정한다.
② 액상화 전단저항응력비는 진동재하회수에 따른 액상화 전단저항응력비(전응력치) 특성곡선을 이용하여 산정한다.
③ 액상화 전단저항응력비는 특성곡선에서 지진규모 6.5에 해당하는 진동재하회수 10회시의 값으로 정한다. 이때 시료채취는 보링 및 표준관입시험으로 하고 액상화 전단저항응력비 특성곡선(진동 전단응력비-진동재하회수)은 진동삼축시험(3회 이상)으로 구한다.
④ 상세예측법 평가시 기준안전율은 1.0이다. 이때, 안전율이 1.0 이상인 경우, 액상화에 대해 안전한 것으로 판정하며 1.0 미만인 경우, 대책공법수행 및 수행 후 지반에 대한 액상화 재평가를 수행한다.

 15-3 방파제

파도로부터 항만시설물과 항만내에 정박중인 선박을 보관하기 위한 구조물 정의 ★

(1) 방파제 종류 ★★★★★★

① **경사방파제** : 파도가 제체에 부디쳐 에너지를 줄이도록 고안된 것으로 막돌, 콘크리트브록, 테트라포트(tetrapot)가 활용된다.
② **직립방파제** : 콘크리트브럭, 케이슨 등을 이용하여 벽체를 수직에 가깝게 축조된 방파제
③ **혼성방파제** : 하부를 사석 방파제로 축조하고, 상부에 직립 방파제를 얹어 놓은 형식의 방파제

(2) 방파제의 활동에 대한 안전율

[연습문제 1] ★★★★★

다음 그림과 같은 방파제의 활동에 대한 안전율을 계산하시오. (소수 셋째자리에서 반올림하시오.)

[조건]
- 파고(h) = 3.0m
- 케이슨 단위중량(w) = 20kN/m³
- 해수 단위중량(w) = 10kN/m³
- 마찰계수(f) = 0.6
- 파압공식(P) = $1.5 \cdot w \cdot h$ (kN/m²)

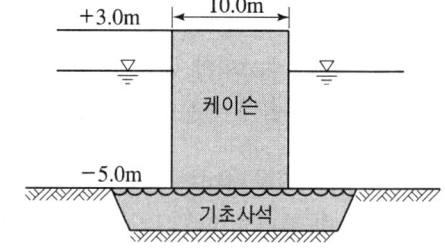

해설

① 파압(P)
$P = 1.5 \cdot w \cdot h = 1.5 \times 10 \times 3 = 45 (kN/m^2)$

② 케이슨에 작용하는 수평력(P_h)
$P_h = P \cdot$ (케이슨의 높이) $= 45 \times (3+5) = 360 (kN/m)$

③ 케이슨의 수직하중(W)
W = 자중 − 부력 = 케이슨의 부피 × 케이슨의 단위중량 − 배수량 × 해수의 단위중량
$= (8 \times 10) \times 20 - (8 \times 10) \times 10 = 800 kN/m$

④ 케이슨의 수직하중에 의한 마찰력
$f \cdot W = 0.6 \times 800$

⑤ 안전율(F_s)
$F_s = \dfrac{f \cdot W}{P_h} = \dfrac{0.6 \times 800}{360} = 1.33$

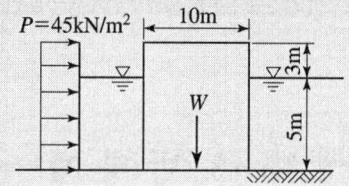

15-4 하 천

(1) 하천 제방의 누수

제방의 누수는 제외지측에서 하천수위가 상승하여 기초지반을 통해 침투수가 제내지측에 누출되는 현상을 말하며, 침투수로 인한 파이핑 현상은 제붕붕괴의 원인이 되기도 한다.

① 제방 누수의 원인

  ㉠ 제체누수

  제체누수란 제외측 하천수위 상승과 더불어 제체 내에 발생하는 침투수가 비탈면으로 누출되는 것을 말한다. 침윤선이 제내지 비탈면에 도달하면 누수가 시작되고, 그 양이 많으면 파이핑에 의한 붕괴위험을 내포하게 된다.

ⓐ 제방단면 폭이 부족한 경우 발생한다.
ⓑ 제방 시공 시 투수성이 큰 재료를 사용할 경우 발생한다. 제방이 사질토 또는 조립토를 다량으로 함유한 풍화토로 만들어진 경우 발생한다.
ⓒ 차수벽의 설치 불량 시나 제외지 또는 중심부에 차수벽이 없는 경우에 발생한다.
ⓓ 제체를 충분히 다지지 않은 경우 발생한다.
ⓔ 두더지 등의 동물에 의해 구멍이 뚫린 경우 발생한다.
ⓕ 제체내에 매설되어 있는 구조물과의 접합부에 흐름이 생기는 경우 발생한다.
ⓒ 기초지반 누수
기초지반의 누수는 제내지와 제외지의 수위차로 인해 제내지측 기초지반으로 누수현상 발생하는 것을 말한다.
ⓐ 기초지반이 침투성이 큰 사질지반인 경우
ⓑ 기초지반의 차수벽 시공이 불량한 경우
ⓒ 다음과 같은 원인에 의해 투수층이 노출되었을 경우
- 고수부지 부근의 표토가 유수에 의해 세굴되어 투수층이 노출
- 제방 제외지 비탈면 부근에서 골재를 채취하여 투수층이 노출
- 제방 제내지 비탈가슴 부근에서 골재를 채취하여 투수층이 노출
ⓓ 지반침하에 의해 하천수위와 제체 지반고의 차가 커져 침투압이 증가한 경우
ⓔ 불투수성 표토의 두께가 얇은 경우
② **하천 제방의 누수방지 방법 종류** ★
㉠ 제방의 폭을 넓혀 침윤선을 충분히 연장하여 제방부지 밖에 위치하도록 한다.
㉡ 제체 및 기초지반의 투수층 내에 차수벽(Sheet pile, 심벽 등) 설치하여 누수경로를 차단한다.
㉢ 제체 비탈면에 피복재를 설치한다.
㉣ 제내지 비탈면을 보강한다.
㉤ 제방과 제내지 또는 제외지가 접하는 부분을 불투수성 표면층으로 피복한다.
㉥ 제외지 앞부분에 수제를 설치하고 세굴을 방지하며 토사의 퇴적을 도모한다.
㉦ 제방에 배수로를 설치한다.

(2) 보(weir)

① **개념** ★
㉠ 수위를 높여 수심을 유지하거나 또는 역류를 방지하기 위하여 하천을 횡단하여 설치하는 구조물이다.
㉡ 각종 용수의 취수, 주운 등을 위하여 수위를 높이고 조수의 역류를 방지하기 위해 하천을 횡단하여 설치한다.
㉢ 제방의 기능은 갖지 않는다.

② 보의 종류
  ㉠ 취수보 : 하천의 수위를 조절하여 생활용수, 공업용수, 발전용수 등을 취수하기 위해 설치하는 보이다.
  ㉡ 분류보 : 하천의 홍수를 조절하고 저수를 유지하기 위해 하천의 분류점 부근에 설치하여 유량을 조절 또는 분류시킴으로써 수위를 조절하는 보이다.
  ㉢ 방조보 : 하구나 감조구간에 설치하여 조수의 역류를 방지하고 유수의 정상적인 기능을 유지하기 위해 설치하는 보이며 하구둑은 방조보에 속한다.

(3) 수제(spur, dike groin)

① 개념 ★★★★
수제란 물이 흐르는 방향과 유속 등을 제어하기 위하여 호안 또는 하안 전면부에 설치하는 구조물을 말하며, 수제의 규모, 형식 및 배치는 수리적으로 안정되고 물이 충분히 흘러다닐 수 있도록 계획하여야 하며, 자연친화적으로 설치하여야 한다. 아울러 수제를 설치하려는 경우에는 수치해석 및 수리모형실험 등 검증된 방법을 통하여 세굴, 퇴적, 물 흐름 및 수위 변화 등의 영향을 검토하여야 한다.

② 수제 설치 목적
  ㉠ 하안의 침식이나 호안의 파손 방지
  ㉡ 저수로나 유로(流路)의 유도
  ㉢ 생태계 보전
  ㉣ 경관 개선
  ㉤ 유량 확보

우수조정지 개념 ★
우수조정지란 하천이나 하수도 시설의 유하능력이 부족하게 되는 경우 일단 유출우수를 저류하여 조정을 하기 위한 시설을 말한다.

Chapter 16

포장공

16-1 아스팔트콘크리트 포장

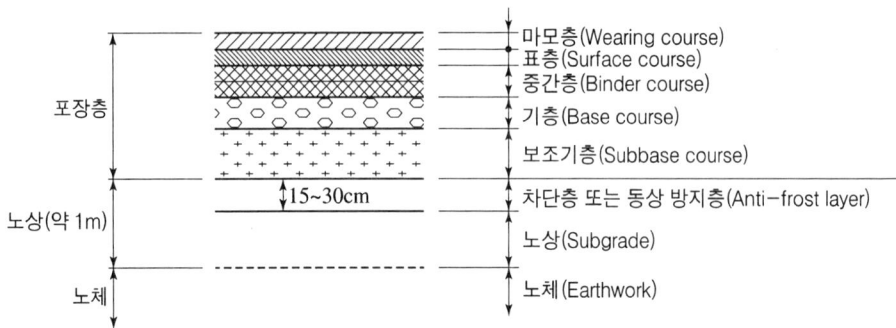

[아스팔트콘크리트포장 구조]

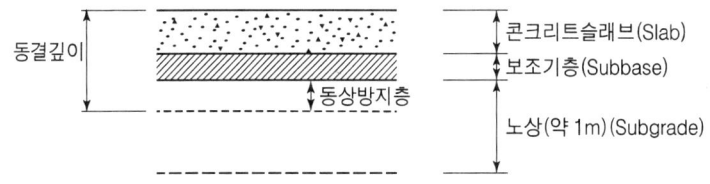

[시멘트콘크리트포장 구조]

1. 아스팔트콘크리트포장 일반사항

(1) 아스팔트콘크리트포장 장점 ★★★★

① 주행성이 좋다.
② 양생 기간이 짧다.
③ 시공성이 좋다.
④ 유지 보수 작업이 용이하다.

(2) 아스팔트콘크리트포장 구조

① 노상 : 보조기층 아래 약 1m의 흙 부분을 말하며, 포장 두께를 결정하는 기초가 되는 흙 부분으로 포장에 작용하는 모든 하중을 최종적으로 지지하는 부분

포장 두께를 결정하기 위한 지지력 시험
① 노상토 지지력비 시험
② 평판재하시험
③ 동탄성계수 시험

노상 및 노체 지지력 현장시험 평가방법 종류 ★★★★★
① 도로의 평판재하시험 : 도로의 노상(路床)과 노반(路盤)의 지반반력 계수를 구하기 위한 평판 재하 시험방법
② 노상토 지지력비(CBR)시험 : 흐트러진 시료, 흐트러지지 않은 시료 및 현장의 흙에 대하여 관입법으로 노상토 지지력비(이하 CBR이라 한다.)를 결정하는 시험방법
③ 프루프롤링(proof rolling) 시험 : 노상이나 보조기층의 다짐이 부족한 곳이나 불량한 부분을 발견하기 위해 덤프트럭(Dump Truck)이나 타이어롤러(Tire Roller) 등을 전구간에 3회 이상 주행하여 변형 형태나 변형량을 검사하는 방법
④ 현장들밀도시험 : 지반의 다짐도를 확인하기 위한 시험으로 실내시험에서 구한 다짐밀도와 현장에서 구한 다짐밀도의 비를 구해 다짐도를 확인한다. 현재 모래치환법이 가장 많이 사용되고 있으며, 다짐도는 노상은 95% 이상 노체는 90% 이상이어야 한다.

② **보조기층** : 표층으로부터의 하중을 지지하고 분산시켜 노상으로 전달하는 역할을 하며, 배수와 동상방지역할을 한다. 개념 ★
③ **기층** : 보조기층과 마찬가지로 하중을 노상에 전달하는 부분이다.
④ **중간층** : 기층 위에 있는 것으로 교통 하중이나 기상작용의 영향을 많이 받는 부분으로서 가열 아스팔트 혼합물로 만들어진다.
[역할] • 표층에서 전달되는 하중을 분산시켜 기층에 전달한다.
• 기층의 요철(凹凸)을 수정하여 표층의 평탄성을 양호하게 한다.
⑤ **표층** : 포장의 가장 위에 있는 것으로 교통 하중이나 기상작용의 영향을 가장 많이 받는 부분으로서 가열 아스팔트 혼합물로 만들어진다.
[역할] ㉠ 포장 구조의 최상부에 있다.
㉡ 차륜에 의한 마모 및 전단에 저항한다.
㉢ 표면수의 침입을 막으며 방수성이 있다.
㉣ 미끄럼 방지와 평탄성을 갖고 있다.

도로 토공현장 다짐도 판정 방법 종류 ★★★
① 건조밀도로 규정하는 방법   ② 포화도와 공극률로 규정하는 방법
③ 강도 특성으로 규정하는 방법   ④ 상대밀도로 규정하는 방법
⑤ 변형량 특성으로 규정하는 방법   ⑥ 다짐장비와 다짐회수로 규정하는 방법

(3) 기타 포장 공법

① SMA(Stone Mastic Asphalt : 쇄석 매스틱 아스팔트) 포장공법 개념 ★★
아스팔트 자체의 성능보다는 골재의 맞물림 효과를 최대로 하여 소성변형의 발생을 최소로 하고, 가능한 한 많은 양의 아스팔트를 함유함으로써 골재에 대한 아스팔트의 피복두께를 두껍게 하여 골재 탈리나 균열 및 노화를 방지하는 포장공법이다. SMA포

장공법은 아스팔트 포장의 단점인 소성변형(Rutting)에 대한 저항성이 우수한 포장공법으로 아스팔트 바인더(Asphalt Binder) 자체의 물성에 따른 혼합물 개념보다는 골재의 맞물림 효과를 최대로 하여 기존 밀입도 아스팔트 혼합물의 단점을 개선한 공법이다.

> stone(굵은골재) + Mastic Asphalt(잔골재 + 필러(filler) + 아스팔트)

㉠ 장점 ★
    ⓐ 소성변형에 대한 저항성이 크다.
    ⓑ 균열발생을 최소화 한다.
    ⓒ 마찰 저항성이 우수하다.
    ⓓ 마모에 대한 저항성이 우수하다.
    ⓔ 유지 보수가 경제적이다.
    ⓕ 소음 감소 효과가 크다.

㉡ 단점
    ⓐ 10~13mm 정도의 중간입도의 골재만 사용하므로 별도의 골재원 확보가 필요하다.
    ⓑ 섬유보강재를 첨가하기 위한 별도의 투입장치가 필요하다.

② 에코팔트(Ecophalt) 포장공법
  ㉠ 개념
    포장체가 약 20%의 공극을 갖는 개립도 아스팔트 혼합물로 이루어져 여러 가지 장점을 가진 기능성 포장으로 Porous Asphalt, Drain Asphalt, Silent Asphalt 등으로 불리운다.

  ㉡ 특징 ★
    ⓐ 공극률이 높은 다공질의 아스팔트 혼합물을 표층 또는 기층에 사용함으로써 강우시 빗물이 포장체 내에서 공극을 통해 배수되므로 수막현상 및 물보라의 발생이 없어 시인성과 미끄럼저항성이 개선되어 통행차량의 안전을 확보하는 포장이다.
    ⓑ 우천 시 빗물은 공극으로 침투하며, 이때 물로 채워지게 되면 빗물이 밑면의 수평방향, 즉 길이께 방향으로 흘러 투수가 시작되는 개립도 아스팔트 포장이다.
    ⓒ 포장체의 공극에 의해 차량 주행소음을 현저히 감소시킨다.
    ⓓ 열가소성 비닐로 포장된 분말형 아스팔트 혼합물 첨가재인 다마(DAMA)를 플랜트 믹서안에 직접 투입하는 간편한 건식방법이다.
    ⓔ 별도의 추가시설의 투자 없이 기존의 가열혼합 아스팔트 콘크리트 생산설비를 이용하므로 어느 곳에서나 첨가재인 다마(DAMA)만 준비하면 에코팔트의 생산이 가능하다.

ⓕ 기존의 가열 아스팔트 혼합물 포설 및 다짐 장비를 사용하여 시공한다. 다만, 조인트 다짐을 제외하고는 진동다짐은 하지 않는다.
　　ⓖ 차도에 에코팔트 포장을 시공시에는 필히 불투수층 위에 시공하여야 하며 배수 처리에 유의하여야 한다.
　　ⓗ 에코팔트는 개립도 혼합물이므로 시공시 온도 관리 및 조인트 처리에 특히 유의하여야 한다.
③ **반강성 포장공법** 개념 ★
　㉠ 20~30[%]의 공극률을 갖는 개립도 아스팔트를 포설하고 특수한 페이스트를 침투시키는 아스팔트 포장공법
　㉡ 콘크리트 포장의 장점인 강성과 아스팔트 포장의 가요성을 겸비한 포장공법
　㉢ 개립도 아스팔트 혼합물에 시멘트 또는 플라이애시(fly ash) 등을 사용하고 별도의 첨가제를 추가하는 포장공법

(4) 역청 재료

① **석유 아스팔트** : 원유를 증류할 때 얻어진다.
　㉠ 스트레이트 아스팔트 : 아스팔트 성분이 변하지 않도록 상압증류, 가압증류하여 윤활유를 뺀 나머지 것으로 만든 것이다.
　㉡ 블론 아스팔트 : 스트레이트 아스팔트를 가열하여 고온의 공기를 불어넣어 아스팔트 성분에 화학변화를 일으켜 만든 것이다.
② **커트 백 아스팔트**(cut back asphalt) : 석유 아스팔트에 휘발성 유분을 용제로 넣고, 기계적으로 섞어서 만든 것이다.
　㉠ 급속 경화(Rapid Curing, RS) : 아스팔트에 휘발유로 희석시킨 것으로 증발 속도가 가장 빠르다.
　㉡ 중속 경화(Medium Curing, MC) : 아스팔트에 경유, 등유 등으로 희석시킨 것으로 증발 속도가 중간정도이다.
　㉢ 완속 경화(Slow Curing, SC) : 아스팔트에 중유로 희석시킨 것으로 증발 속도가 가장 느리다.
③ **유화 아스팔트**(아스팔트 유제) : 석유 아스팔트와 안정제를 넣은 유화액을 유화기 속에 넣고 잘 섞어서 아스팔트 입자를 유화액 속에 분산시켜 액체로 만든 것이다.
　㉠ 급속 응결(Rapid Setting, RC) : 침투 공법용
　㉡ 중속 응결(Medium Setting, MC) : 굵은골재 혼합용
　㉢ 완속 응결(Slow Setting, SC) : 잔골재 혼합용
④ **포장 타르** : 석유 원유, 석탄, 수복 등의 유기물의 견류에 의하여 얻어지는 짙은 갈색의 액상 물질이다.
　㉠ 직류 타르 : 쿨 타르, 가스 타르를 증류하여 수분과 휘발 성분의 일부를 없애서 만든

것이다.
　　ⓒ 컷백 타르 : 타르를 증류해서 유분과 피치를 나누어 이것을 알맞게 섞어서 만든 것이다.
⑤ 고무 아스팔트 : 스트레이트 아스팔트에 천연고무, 합성고무 등을 2~5% 정도 넣어서 성질을 좋게 한 것으로 매우 나쁜 환경 조건에서의 포장에 사용된다.
　　[특징] ㉠ 감온성이 작다.　　　　　㉡ 침입도, 연화점이 높다.
　　　　　 ㉢ 균열 발생이 줄어든다.　 ㉣ 충격에 대한 저항성이 증대한다.
　　　　　 ㉤ 탄력성이 증대한다.　　　㉥ 내구성, 내마모성이 증가한다.
　　　　　 ㉦ 응집력과 부착력이 크다.　㉧ 표면의 마찰계수가 크다.
　　　　　 ㉨ 도로 표면이 평활해진다.
⑥ 구스 아스팔트(Guss Asphalt) 개념 ★
　　㉠ 기존 아스팔트와 달리 아스팔트 플랜트에서 생산된 혼화재를 쿠커(Cooker)에 넣어 교반가열하며 롤러로 전압하지 않고 피니셔나 인력으로 포설하는 아스팔트
　　㉡ 응집력이 강하고 수밀성이 높으며, 마모저항성이 커서 교면포장에 쓰는 아스팔트
　　㉢ 롤러 전압에 의하지 않고 조골재, 세골재 및 필러를 고온으로 혼합하여 고온시 혼합물의 유동성을 이용하여 된비비기 콘크리트처럼 평활하게 고르게 하는 공법을 구스 아스팔트(Guss Asphalt) 포장 공법이라 한다.

(5) 골재

① 굵은 골재 : 입자의 지름이 2.5mm 이상인 골재를 말한다.
② 잔골재 : 입자의 지름이 0.075mm~2.5mm 골재를 말한다.
③ 필러 : 입자의 지름이 0.075mm 이하인 골재를 말한다.
　　[역할] ㉠ 아스팔트 사용량을 줄인다.
　　　　　 ㉡ 아스팔트 혼합물의 안정성을 높인다.
　　　　　 ㉢ 맞물림(interlocking) 효과가 증대한다.

(6) 도로 배수처리 ★★

도로의 배수처리는 도로의 기능 및 교통안전에 중요한 요소이다.
① 표면 배수 : 측구(L형 측구, U형 측구, V형 측구, 산마루형 측구) 종류 ★★
② 횡단 배수 : 배수관, 암거
③ 지하 배수 : 맹암거, 유공관

2. 아스팔트 포장두께 설계법(T_A법) : 일본도로협회 설계법

(1) 입력자료

① 교통량 : 설계에 사용되는 교통조건은 5년 후 대형차의 1일 1방향 교통량을 추정하여 5종으로 구분한다.

[설계 교통량 구분]

교통량의 구분	5년 후 대형차의 교통량	설계 윤하중
L	100대 미만	2.08
A	100~250	3.11
B	250~1000	5.00
C	1000~3000	8.13
D	3000 이상	12.16

② 노상토의 설계 CBR

③ 환경 조건

④ 재료 조건

(2) 설계 CBR의 결정

① 평균 CBR 결정 : 노상이 깊이 방향으로 토질이 다른 몇 개의 층으로 이루고 있는 경우에는 노상면으로부터 100cm 사이의 평균 CBR을 구한다.

$$h_1 + h_2 + \cdots\cdots + h_n = 100$$

$$CBR_n = \left(\frac{h_1 \cdot CBR_1^{\frac{1}{3}} + h_2 \cdot CBR_2^{\frac{1}{3}} + \cdots\cdots + h_n \cdot CBR_n^{\frac{1}{3}}}{100}\right)^3$$

여기서, CBR_m : 평균 CBR

CBR_1, CBR_2, CBR_n : 각 각 제1층, 제2층, 제n층 흙의 CBR값

h_1, h_2, h_n : 각 각 제1층, 제2층, 제n층 흙의 두께

② 설계 CBR 결정 ★★★★★★★★★★

$$\text{설계 } CBR = \text{각 지점의 } CBR \text{ 평균} - \left(\frac{CBR \text{최대치} - CBR \text{최소치}}{d_2}\right)$$

[설계 CBR 계산용 계수(d_2)]

개수(n)	2	3	4	5	6	7	8	9	10 이상
d_2	1.41	1.91	2.24	2.48	2.67	2.83	2.96	3.08	3.18

(3) 소요 T_A와 총 두께 H 결정

① 설계식

$$T_A = \frac{3.84 \times N^{0.16}}{CBR^{0.3}}, \quad H = \frac{28.0 \times N^{0.1}}{CBR^{0.6}}$$

여기서, N : 5톤 윤하중(10년 후)

② 표를 이용하는 방법 : 교통량과 설계 CBR값을 이용하여 다음 표에서 T_A와 총두께 (H)의 목표 값을 결정한다.

[T_A와 총두께(H)의 목표 값]

설계 CBR	목표로 하는 값(cm)									
	L교통		A교통		B교통		C교통		D교통	
	T_A	두께	T_A	두께	T_A	두께	T_A	두께	T_A	두께
2	17	52	21	61	29	74	39	90	51	105
3	15	41	19	48	26	58	35	70	45	83
4	14	35	18	41	24	49	32	59	41	70
6	12	27	16	32	21	38	28	47	37	55
8	11	23	14	27	19	32	26	39	34	46
12	–	–	13	21	17	26	23	31	30	36
20 이상	–	–	–	–	–	–	20	23	26	27

여기서, T_A : 포장을 표층용 가열 아스팔트 혼합물로 할 때에 필요한 두께
$CBR4$: CBR값이 4 이상 6 미만

(4) 포장 단면의 가정

포장 단면의 가정은 다음의 최소 두께 이상이 되도록 가정하여야 한다.

[포장층별 최소 두께]

단위 : cm

층 종류	두께	층 종류		두께
아스팔트 콘크리트 표층	5	쇄석보 조기층	모래/자갈 선택층 위에 부설되는 경우	15
아스팔트 안정처리 기층	5		모래 선택층 위에 부설되는 경우	20
빈배합 콘크리트 보조기층	15		비선별 모래/자갈 보조기층	20
아스팔트 콘크리트 기층	10		슬래그 보조기층	20
입상 재료 기층	15		시멘트 또는 토사 약액처리 보조기층	20

[포장+중간층의 최소 두께]

교통량의 구분	표층+중간층의 최소두께(cm)	교통량의 구분	표층+중간층의 최소두께(cm)
L, A	5	C	15(10)
B	10(5)	D	20(15)

(5) 설 계

교통량의 구분과 설계 CBR에 의해 목표로 하는 T_A보다 적지 않고, 또한 총 두께도 목표로 하는 총 두께의 80% 이상의 두께가 되도록 포장 각 층의 두께를 결정한다.

그러나, T_A가 목표로 하는 T_A보다 작고, 또한 총 두께(H)가 목표로 하는 총 두께보다 $\frac{1}{5}$ 이상 감소하면 포장 단면의 가정을 다시 하여야 한다.

계산 ★★★

$$T_A = a_1 \cdot T_1 + a_2 \cdot T_2 + \cdots\cdots + a_n \cdot T_n$$
$$H = T_1 + T_2 + \cdots\cdots + T_n$$

여기서, T_A : 포장두께 지수(SN)
       a_1, a_2, a_n : 각 재료의 등치환산계수
       T_1, T_2, T_n : 포장을 구성하는 각 층의 두께

[T_A의 계산에 사용하는 등치환산계수]

위 치	재 료	조 건	등치환산계수
표층, 중간층	가열아스팔트혼합물		1.00
기 층	역청 안정처리	안정도 350kg 이상	0.80
		안정도 250~350kg	0.65
	시멘트 안정처리	일축압축강도 30kg/cm2	0.55
	입도조정	수정 CBR 80 이상	0.35
	침투식		0.55
	머캐덤		0.35
	고로 슬래그	입도조정 고로슬래그 부순돌	0.35
	고로 슬래그	입도조정 고로슬래그 부순돌	0.55
보조기층	막부순돌, 자갈, 모래 등	수정 CBR 30 이상	0.25
		수정 CBR 20~30	0.25
	시멘트 안정처리	일축압축강도 10kg/cm^2	0.25
	석회 안정처리	일축압축강도 7kg/cm^2	0.25
	고로 슬래그	고로 슬래그 크럿셔런	0.25

등치환산계수 : 포장을 구성하는 어느 층의 1cm 두께가 표층용 가열 아스팔트 혼합물 몇 cm에 해당하는 가를 나타내는 값이다.

가요성포장의 두께결정요소

설계인자	'72AASHTO 잠정지침 종류 ★★★	'86AASHTO 설계법	TA 설계법	CBR 설계법
교통조건	교통량 (8.2t ESAL)	교통량 (8.2t ESAL)	• 공용개시 5년 후 대형차 1일 1방향 교통량 • L, A, B, C, D구분	• 설계기간동안의 일 평균교통량 • A, B, C 3등급 구분
노상강도	노상지지력 계수(SSV)	회복탄성 계수	설계 CBR	설계 CBR
환경조건	지역계수(R) 적용	• 융해, 동상에 의한 손실	동결깊이	동결깊이
시간변수	해석기간적용 (20년)	• 공용기간, 해석기간구분 • 단계건설적용		
신뢰도 및 표준편차		신뢰도 및 표준편차		
재료특성 (강도)	상대강도계수	상대강도계수, 배수계수	등치환산계수	CBR
전체강도				각층재료의 CBR에 따른 두께만 고려

2. 노상, 노반의 안정처리 공법

(1) 개 요

노상, 노반의 불량 재료를 치환, 입도조정, 첨가제를 혼합하여 안정성, 내구성, 내수성, 강도를 증가하기 위한 공법이다.

(2) 공법의 종류 ★★★★

① 물리적 방법

　　종류 : 치환, 입도조정, 다짐 및 함수비 조절

② 첨가제에 의한 방법

종 류		개요 및 특징
시멘트 안정처리 공법	개요	현장 재료 또는 이것에 보충 재료를 섞은 것에 시멘트를 넣어서 처리하는 공법이며, 시멘트에 의해 안정 처리된 흙을 소일 시멘트라 한다.
	특징	① 강도를 증가시킨다. ② 함수량의 변화에 의한 강도의 저하를 방지한다. ③ 내구성을 좋게 한다.
석회 안정처리 공법	개요	현장 재료에 석회를 넣어서, 안정 처리 속의 점토 광물과 석회와의 화학 반응에 의하여 굳어지게 하는 공법을 말한다.
	특징	① 점성토에 안정처리 효과가 크다. ② 석회량이 증가하면 소성지수가 작아지고 강도가 크다. ③ 장기강도의 발현이 우수하다.

종 류		개요 및 특징
역청 안정처리 공법	개요	현장 재료 또는 이것에 보충 재료를 섞은 것에 역청 재료를 넣어서 안정 처리하는 공법이며 가열 혼합식, 상온 혼합식이 있다.
	특징	① 평탄성을 얻기 쉽다. ② 가요성과 내구성이 크다. ③ 조기에 교통량을 개방할 수 있다.
화학적 안정처리 공법	개요	현장 재료에 화학 약품을 넣어서 안정처리하는 공법을 말한다.
	특징	① 염화칼슘을 사용하면 동결온도저하, 흙 속의 물의 증발속도저하 효과가 있다. ② 염화나트륨을 사용하면 건습에 따른 강도변등 감소효과가 있다.

③ 머캐덤(Macadam) 공법

가장 오래된 공법으로 주골재인 큰 입자의 큰 부순돌을 깔고, 이들이 서로 잘 맞물림(interlocking)될 때까지 다지기를 하여, 그 맞물림 상태가 교통하중에 의하여 파손되지 않도록 채움 골재로 공극을 채워서 마무리하는 기층처리 공법을 말한다.

④ Membrane 공법

아스팔트와 아스팔트 루핑을 번갈아가며 적층하여 방수층을 만드는 공법으로 아스팔트 방수 공법이라고도 한다.

3. 노상 및 기층 안정처리 공법

(1) 개요

노상 또는 기층의 지지력이 부족할 때 현지재료를 이용하거나 입도조정, 첨가제 혼합 등의 방법을 통해 지지력 증대, 안정성과 내구성을 증대·개선하기 위한 공법이다.

(2) 공법의 종류 ★★★★★★

① 물리적인 방법
  ㉠ 입도조정공법
  ㉡ 치환공법 – 아스팔트 기층 사용 불가
  ㉢ 함수비 조절, 다짐공법 – 아스팔트 기층 사용 불가

② 첨가제에 의한 방법
  ㉠ 역청안정처리공법
  ㉡ 시멘트 안정처리공법
  ㉢ 석회 안정처리공법

③ 기타 방법
  ㉠ 머캐덤(Macadam)공법
  ㉡ 맴브레인(Membrane)공법

4. 프라임 코트(Prime coat), 택 코트(Tack coat), 실 코트(Seal coat)

(1) 프라임 코트(Prime coat) 개요 ★★

① 개요 : 보조기층, 입도조정 기층 등의 입상재료 층에 점성이 낮은 역청 재료를 살포, 침투시켜 이들 층의 방수성을 높이고, 기층의 모세 공극을 메워서 그 위에 포설하는 아스팔트 혼합물과의 부착을 좋게 하기 위해 점도가 낮은 역청 재료를 얇게 피복하는 것을 말한다.

② 목적 : ㉠ 기층과 가열 아스팔트 혼합물과의 부착을 좋게 한다.
　　　　㉡ 보조기층, 기층 등의 방수성 증대한다.
　　　　㉢ 입상 기층의 모세 공극을 메운다.
　　　　㉣ 보조기층으로부터의 모관상승을 차단한다.

③ 위치 : 보조기층 또는 기층 위에 시공한다.

④ 재료 : 커트 백 아스팔트, 유화 아스팔트, 포장 타르

(2) 택 코트(Tack coat) 개요 ★

① 개요 : 이미 시공한 아스팔트 포장이나 콘크리트 포장층 또는 역청 안정처리 기층과 그 위에 포설하는 아스팔트 혼합물의 부착을 좋게 하기 위하여 이미 시공한 포장면 또는 역청 안정처리 기층에 역청 재료를 살포하는 것을 말한다.

② 목적 : ㉠ 구 포장층과 신 포장층의 부착을 좋게 한다.
　　　　㉡ 안정처리 기층과 신 포장층과의 부착을 좋게 한다.
　　　　㉢ 일체성을 도모한다.

③ 위치 : 표층 바로 아래에 시공한다.

④ 재료 : 석유 아스팔트, 커트 백 아스팔트, 유화 아스팔트

(3) 실 코트(Seal coat)

① 개요 : 아스팔트 포장에서 급커브 또는, 경사가 심한 내리막길의 미끄럼 저항을 크게 하기 위하여 기설 포장 위에 역청 재료와 골재를 살포하여 전압하는 아스팔트 표면처리를 말한다. 실 코트는 일반적으로 포장의 유지보수에 이용되며 목적에 따라서 골재를 배합하거나 하지 않을 수도 있다.

② 목적 ★★★★★★★★★★
　㉠ 포장면의 노화를 방지한다.
　㉡ 포장면의 미끄럼 저항성을 증대한다.
　㉢ 포장면의 내구성을 증대한다.
　㉣ 포장면의 수밀성을 증대한다.

③ 위치 : 포장 표면처리에 시공한다.

5. 아스팔트 다짐

(1) 깔 기

가열 아스팔트 혼합물은 현장에 도착하면 온도가 내려가기 전에 바로 깔아야 한다. 깔 때의 혼합물의 온도는 110℃ 이하가 되지 않도록 하고, 기온이 5℃ 이하인 때는 플랜트에서 혼합 온도를 약간 올려서 현장 도착 온도가 160℃를 내려가지 않도록 한다.

(2) 다짐의 종류

① 이음다지기 : 가로방향 이음, 세로방향 이음 및 구조물과의 이음부는 택 코트를 하여 다져서, 혼합물이 잘 붙도록 해야 한다.
② 1차 다지기 : 보통 8t 정도의 로드 롤러를 사용한다. 다지기는 2번(1회 왕복) 정도로 다진다.
③ 2차 다지기 : 타이어 롤러 또는 8t 이상의 머캐덤 롤러를 사용하며, 1차 다지기에서 생긴 가는 균열을 없애고, 혼합물의 밀도를 고르게 한다.
④ 마무리 다지기 : 탠덤 롤러 또는, 머캐덤 롤러를 사용하여 롤러의 자국을 없앨 수 있는 동안에 한다.

(3) 품질관리기준 종류 ★★

노 체	노 상	기층, 중간층, 표층
① 함수량 시험	① 함수량 시험	① 폭 측정
② 다짐 시험	② 다짐 시험	② 높이 측정
③ 현장 밀도 시험	③ 현장 밀도 시험	③ 두께 측정
④ 평판재하 시험	④ 평판재하 시험	
	⑤ 프루프 롤링	

아스팔트 품질 시험 종류 ★★

① 침입도(Penetration Number) 시험 : 아스팔트의 컨시스턴시를 나타내는데 사용되는 경험적 시험이며, 일반적으로 침입도는 아스팔트 포장의 대략적 평균 온도인 25℃에서 측정하는 시험이다. 원래 아스팔트의 컨시스턴시를 나타내는데는 점도를 측정하는 것이 가장 좋으나, 25℃에서는 아스팔트가 단단해지기 때문에 점도를 측정할 수 없어 경험적인 물성인 침입도를 사용한다.
② 연화점(Softening Point) 시험 : 아스팔트에 발생하는 상태의 변화온도를 결정하기 위한 시험이다.
③ 회전점도(Rotational Viscometer ; RV) 시험 : 아스팔트가 펌핑 및 혼합할 때 충분한 유동성을 갖도록 하기 위해서, 100℃이상의 고온에서의 아스팔트의 점도를 측정하기 위한 시험이다. 아스팔트는 일반적으로 고온에서는 유체거동을 보이므로 점성 측정을 통해 아스팔트의 작업성을 나타낼 수 있다.

④ 신도(Ductility) 시험 : 아스팔트의 표준 시편이 끊어지기 전까지 늘어난 길이를 cm 단위로 측정하는 시험이다.
⑤ 인화점(Flash point) 시험 : 화기가 있는 곳에서 순간적인 점화의 위험이 없이 안전하게 아스팔트를 가열할 수 있는 온도인 인화점을 측정하는 시험이다. 인화점은 재료가 타는 연소점(fire point) 보다 약간 낮은 온도이며, 아스팔트가 상당히 높은 온도까지 가열되면, 화재를 발생시킬 수 있을 정도의 증기가 발생하게 되기 때문에 화재 방지를 위해 측정한다.

6. 아스팔트 포장 파손 원인과 대책

(1) 아스팔트 포장 파손 원인

포장의 안정은 노상토의 지지력, 교통량, 포장 두께의 3가지 요소가 균형을 이루어야 된다.

① 파손의 종류 및 원인

파손의 종류		발생 원인
노면상에 관한 파손	국부적인 균열	㉠ 노상, 보조기층 등 기초 지지력 부족 ㉡ 다짐불량 ㉢ 혼합물의 품질불량 ㉣ 다짐온도의 부적당에 의한 다짐 초기의 균열
	단차	㉠ 노상, 보조기층, 혼합물의 다짐불량 ㉡ 구조물 부근의 부등침하
	변형	㉠ Prime/Tack Coat의 시공불량　㉡ 혼합물의 품질불량 ㉢ 노상, 보조기층의 지지력 불균일　㉣ 대형차의 과다 교통량
	마모	㉠ 다짐부족　㉡ 혼합물의 품질불량 ㉢ Tire Chain, Spike Tire의 사용
	붕괴	㉠ 다짐불량　㉡ 혼합물의 품질불량 ㉢ 골재와 Asphalt 친화력의 부족　㉣ 혼합물에 침입한 수분
구조적인 파손	거북등 균열	㉠ 노상, 보조기층, 혼합물의 부적당　㉡ 지하수위 상승 ㉢ 포장두께 부족
	펌핑 및 동상	㉠ 과다 교통량　㉡ 지하수 ㉢ 포장두께 부족　㉣ 동상억제층 두께의 부족

② 펌핑(pumping) 개념 ★★
　㉠ 시멘트 콘크리트 포장에서 보조기층이나 노상의 흙이 우수의 침입과 교통하중의 반복에 의해 이토화(泥土化)되어 균열 틈이나 줄눈부로 뿜어오르는 현상을 말한다.
　㉡ 펌핑 현상이 반복됨에 따라 슬래브(Slab) 하부에 공극과 공동이 생겨 단차가 발생하고 콘크리트 슬래브가 파괴에 이르게 된다.

(2) 유지보수 공법 종류 ★★★★★

① **패칭(Patching) 공법** : 파손을 발견즉시 시행하는 긴급보수 방법으로 아스팔트 포장의 Pot hole, 단차, 부분적인 균열, 침하 등과 같은 파손이 발생하였을 때 부분적으로 걷어내고 수선 후 포장 재료를 채우는 공법을 말한다.

[종류] ㉠ 가열 혼합식 : 부착성이 좋고, 내구성과 안정성이 우수하다.
　　　 ㉡ 상온 혼합식 : 혼합물을 상온에서 취급하므로 운반, 포설이 편리하다.
　　　 ㉢ 침투식 : 플랜트가 없는 지역에서 사용하는 공법이다.

② **표면처리 공법** : 아스팔트 포장이 노후하여 표면에 부분적인 균열, 변형, 마모, 붕괴되었을 때 손상 표면에 2.5cm 이하의 얇은 층으로 실링(Sealing)층을 시공하는 공법을 말한다.

[종류] ㉠ 실 코트 : 급커브 또는 경사가 급한 내리막길의 미끄럼 저항성을 크게 하기 위하여 역청 재료와 골재를 살포하여 전압하는 공법
　　　 ㉡ 아머 코트 : 실 코트를 2회 이상 반복하여 두께를 두껍게 하는 공법
　　　 ㉢ 카펫 코트 : 포장 표면에 아스팔트 혼합물을 얇게 포설하여 다지는 공법
　　　 ㉣ 포그 실 : 아스팔트 유제만을 얇게 포설하는 공법
　　　 ㉤ 슬러리 실 : 잔골재, 필러, 아스팔트 유제에 적정량의 물을 가하여 혼합한 Slurry를 만들어 이것을 포장면에 얇게 깔아 미끄럼 방지와 균열을 덮어씌우는 데 사용되는 표면처리 공법

③ **절삭(Milling) 공법** : 아스팔트 표면에 연속적 또는 단속적 요철이 생긴 경우 포장의 요철 부분을 기계로 절삭하여 표면의 평탄성과 미끄럼 저항성을 증가시키는 공법을 말한다.

[적용] 소성 변형(Rutting)이 발생한 경우에 효과적이다.

④ **덧씌우기(Over lay) 공법** : 기존 포장의 강도 부족을 보충하고, 균열로 인한 빗물 침투 방지를 위하여 포장 전면을 아스팔트 혼합물로 덧씌우는 공법을 말한다.

[적용] ㉠ 균열이 심해 표면처리 공법으로는 보수가 어려운 경우에 적용한다.
　　　 ㉡ 전면적으로 파손이 생긴 경우에 적용한다.
　　　 ㉢ 교통량의 증가로 포장 구조가 불충분할 경우에 적용한다.

⑤ **절삭 덧씌우기(Over lay) 공법** : 표면처리 등의 공법으로 노면을 유지하기는 어렵고 재포장 하기는 이른 경우 포장의 표면을 절삭한 후 덧씌우기(Over lay)하는 공법을 말한다.

[적용] ㉠ 인접지 보도, 배수 시설 높이 등으로 덧씌우기 공법이 어려운 경우에 적용한다.
　　　 ㉡ 소성 변형(Rutting)이 심한 경우에 적용한다.

⑥ **재포장 공법** : 포장의 파손이 심한 경우 기존 포장을 제거한 후 재포장하는 공법으로 부분 재포장 공법과 전면 재포장 공법이 있다.

[적용] 다른 공법으로는 보수할 수 없을 정도로 포장의 파손 정도가 심한 경우에 적용

한다.

[연습문제 1] ★★★★★★★

다음과 같은 조건에서 설계 CBR을 계산하시오. (단, 포장 두께를 설계할 구간 내의 각 지점의 평균 CBR 및 개수(n)에 따른 계수(d)는 다음과 같다.)

[조건] • 각 지점의 평균 CBR치 : 4.5, 5.4, 6.2, 7.1, 7.4, 8.4

n	2	3	4	5	6	7	8	9
d_2	1.41	1.91	2.24	2.48	2.60	2.83	2.96	3.08

해설

① 각 지점의 CBR 평균

$$\text{각 지점의 } CBR \text{ 평균} = \frac{4.5+5.4+6.2+7.1+7.4+8.4}{6} = 6.50$$

② $n=6$이므로 $d_2=2.60$이다.

③ 설계 CBR = 각 지점의 CBR 평균 $- \left(\dfrac{CBR \text{최대치} - CBR \text{최소치}}{d_2} \right)$

$$= 6.50 - \left(\frac{8.4-4.5}{2.60} \right) = 5.0 = 5$$

여기서, 설계 CBR은 소수점 이하는 절사하여야 한다.

[연습문제 2]

도로 포장을 설계하기 위해 다음과 같이 CBR을 구하였다. 포장 설계를 위한 설계 CBR을 구하시오. (단, $d_2=2.83$)

> 4.6, 3.9, 5.9, 4.8, 7.0, 3.3, 4.8

해설

① 각 지점의 CBR 평균

$$\text{각 지점의 } CBR \text{ 평균} = \frac{4.6+3.9+5.9+4.8+7.0+3.3+4.8}{7} = 4.90$$

② 설계 CBR = 각 지점의 CBR 평균 $- \left(\dfrac{CBR \text{최대치} - CBR \text{최소치}}{d_2} \right)$

$$= 4.90 - \left(\frac{7.0-3.3}{2.83} \right) = 3.59 = 3$$

여기서, 설계 CBR은 소수점 이하는 절사하여야 한다.

[연습문제 3]

가요성포장(Flexible Pavement)의 구조설계시, AASHTO(1972) 설계법에 의한 소요포장 두께지수(SN)가 4.3으로 계산되었다. 포장을 표층, 기층 및 보조기층의 3개 층으로 구성하고 각 층 재료별 상대강도계수와 표층 및 기층의 두께를 다음과 같이 배분할 경우의 보조기층 두께를 계산하시오.

포장층	재료	상대강도계수	두께(cm)
표층	높은 안정도의 아스팔트 콘크리트	0.176	5
기층	쇄석	0.055	25
보조기층	모래섞인 자갈	0.043	

해설

$SN = a_1 D_1 + a_2 D_2 + a_3 D_3$

$4.3 = 0.176 \times 5 + 0.055 \times 25 + 0.043 D_3$ 에서

$D_3 = 47.56 \, \text{cm}$

[연습문제 4]

다음의 조건하에서 설계 CBR과 포장 두께를 T_A법에 의하여 구하시오.

[조건]
① 실내 CBR 시험 결과치 : 5.6, 6.0, 5.0, 5.3, 6.2
② 설계 CBR 계산용 계수

n	2	3	4	5	6	7
d_2	1.41	1.91	2.24	2.48	2.60	2.83

③ 교통량 "B" 교통
④ T_A와 포장 총 두께 목표치

설계 CBR	B 교통	
	T_A(cm)	두께(cm)
3	26	58
4	24	49
6	21	38
8	19	32

⑤ 등치환산계수
  표층 : 1.0, 아스팔트 역청 안정처리 기층 : 0.8, 보조기층 : 0.25
⑥ 동결 심도는 고려치 않는다.

해설

(1) 각 지점의 CBR 평균

각 지점의 CBR 평균 $= \dfrac{5.6+6.0+5.0+5.3+6.2}{5} = 5.62$

(2) $n=5$이므로, $d_2 = 2.48$이다.

(3) 설계 CBR = 각 지점의 CBR 평균 $- \left(\dfrac{CBR \text{최대치} - CBR \text{최소치}}{d_2} \right)$

$= 5.62 - \left(\dfrac{6.2-5.0}{2.48} \right) = 5.14 ≒ 5$

(4) T_A 법에 의한 포장두께 설계

계산된 설계 $CBR=5$이므로 목표로 하는 설계 CBR이 4이고 B교통인 $T_A = 24\text{cm}$, 두께는 49cm를 적용하여야 한다.

① 가정 : 기층을 안정처리 하였으므로 표층의 최소 두께는 5cm 이상이 되어야 하므로 표층은 5cm, 아스팔트 안정처리기층은 20cm, 보조기층은 25cm로 가정한다.

② T_A값의 확인 : $T_A = a_1 \cdot T_1 + a_2 \cdot T_2 + a_3 \cdot T_3$

$= 1.0 \times 5 + 0.8 \times 20 + 0.25 \times 25 = 27.25\text{cm} > 24\text{cm}$

따라서, 안전하다.

③ 총 두께(H)의 확인

H = 표층 + 기층 + 보조기층 = $5+20+25 = 50\text{cm} > 49\text{cm}$

따라서, 안전하다.

즉, 두 가지 조건을 모두 만족한다.

16-2 시멘트콘크리트 포장

1. 콘크리트 포장의 개요

(1) 기본개념

① 콘크리트 포장은 노상 및 보조기층 위에 설치된 얇은 판으로 생각한다.
② 재하중에 의한 응력의 대부분을 시멘트 콘크리트 슬래브가 분담한다.
③ 하중에 의한 응력은 슬래브에서 넓게 분산되므로 그 이하 층은 표층을 균등하게 지지하는 기능을 갖는다.

(2) 특 징

장 점	단 점
① 유지비가 저렴하다.	① 양생 기간이 길다.
② 내구성이 풍부하다.	② 보수 작업이 어렵다.
③ 노면의 청소가 용이하고 차량의 견인저항이 적다.	③ 주행성이 나쁘다.
	④ 소음, 진동이 있다.
④ 역청질 포장에 비해 수분 또는 유분에 의한 영향이 적다.	⑤ 신축 줄눈을 설치하여도 포장 균열은 피하지 못하며 포장 노면 파괴의 원인이 된다.
⑤ 숙련된 인부를 많이 요하지 않는다.	
⑥ 골재의 채취가 용이하고 재료의 특별한 시공이 필요하지 않다.	⑥ 타이어 마모율이 크다.
	⑦ 기술과 경험이 필요하다.

(3) 종 류

① **무근 콘크리트 포장 공법**(JCP ; Jointed Concrete Pavement)
  철근 보강이 없는 포장 형태로서, 일정한 간격으로 줄눈을 두어 균열의 발생 위치를 인위적으로 조절하고, 필요에 따라 다우월바를 사용하여 하중 전달을 한다.

② **철근 콘크리트 포장 공법**(JRCP ; Jointed Reinforced concrete Pavement)
  줄눈의 개수를 감소시키는 대신 줄눈 이외의 부분에서 발생되는 균열을 어느 정도 허용하는 데 이렇게 발생된 균열들이 과대하게 벌어지는 것을 방지하기 위하여 종방향 철근을 설치한다.

③ **연속 철근 콘크리트 포장 공법** 개요 ★★
  (CRCP ; Continuously Reinforced concrete Pavement)
  ㉠ 개요 : 연속된 세로 방향 철근을 사용하여 시공 줄눈 이외의 가로 줄눈을 생략한 것으로 콘크리트의 건조수축에 따른 균열 저항성을 증가시켜 차량의 주행성을 좋게 하는 포장 공법이다.
  ㉡ 특성 :

장 점	단 점
• 가로 수축 줄눈을 설치하지 않는다.	• 초기 건설비가 많다.
• 포장의 평탄성을 개선한다.	• 시공경험이 부족하다.
• 포장의 수명이 길다.	• 부등 침하시 치명적이다.
• 줄눈이 없으므로 유지 관리비가 적다.	• 보수가 어렵다.
• 차량의 주행성이 좋다.	

④ **롤러 전압 콘크리트 포장 공법** 개요, 특성 ★★★★★★★★★★
  (RCCP ; Roller Concrete Compacted Pavement)
  ㉠ 개요 : 캐나다에서 최초로 개발하여 실용화되고 있는 포장 공법으로 낮은 슬럼프의 된비빔 콘크리트를 타설한 후 다짐기계로 다지는 공법을 말한다.

ⓒ 특성 : • 건조수축이 작다.
　　　　　• 줄눈 간격을 줄일 수 있다.
　　　　　• 골재의 맞물림(interlocking) 효과가 크다.
　　　　　• 공사 기간이 짧다.(공기단축이 가능하다)
　　　　　• 포장 표면의 평탄성이 결여된다.
⑤ 진공 콘크리트 포장 공법
　㉠ 개요 : 표면 마무리를 하고 콘크리트 표면에 진공 매트(mat)를 놓고 진공 펌프로 매트 내의 압력을 떨어뜨려 콘크리트 중의 여분의 수분을 빨아냄과 함께 대기압을 이용하여 콘크리트를 다지는 공법이다.
　㉡ 특성 : • 동결융해에 대한 내구성이 증가한다.
　　　　　• 경화수축이 감소한다.
　　　　　• 조기강도가 증대한다.
　　　　　• 즉시 교통 개방이 가능하다.
　　　　　• 흡수성 및 수축율이 감소하다.
　　　　　• 마모에 대한 저항이 증가한다.

(4) 횡방향 줄눈 및 보강 철근의 유무에 따른 콘크리트 포장 종류 ★★★★

① 무근 콘크리트 포장(JCP ; Jointed Concrete Pavement)
② 철근 콘크리트 포장(JRCP ; Jointed Reinforced Concrete Pavement)
③ 연속 철근콘크리트 포장(CRCP ; Continously Reinforced Concrete Pavement)
④ PS 콘크리트 포장(PCP ; Prestressed Concrete Pavement)

(5) 포장의 구성

① 노상
　㉠ 개요 : 포장 밑 약 1m의 흙 부분이며, 포장층의 기초로서 포장에 작용하는 모든 하중을 최종적으로 받는 부분이다.
　㉡ 노상의 지지력 판정
　　ⓐ 평판재하 시험
　　ⓑ 노상토 지지력비(CBR) 시험
② 보조기층
　㉠ 개요 : 보조기층에는 입도 조정한 재료, 부순돌, 슬래그, 막자갈 등의 입상 재료, 시멘트 안정처리 재료, 역청 안정처리 재료, 빈배합 콘크리트 등을 사용한다.
　㉡ 역할
　　ⓐ 콘크리트 슬래브를 균등하고 안전하게 지지한다.
　　ⓑ 콘크리트 슬래브에서 전달하는 교통 하중을 분산하여 노상에 전달한다.

ⓒ 동결작용에 의한 손상을 극소화한다.
ⓓ 콘크리트 슬래브의 줄눈부, 균열부 및 단부에서의 펌핑을 방지한다.
ⓔ 배수기능을 가진다.
③ 콘크리트 슬래브
 콘크리트 슬래브는 직접 교통 하중을 지지하는 가장 중요한 층이다.

2. 시공 및 유지관리

(1) 표면 마무리의 종류

① **초벌마무리** : 기계로 깔 경우에는 콘크리트 피니셔 또는 콘크리트 슬립폼 페이버로 한다.
② **평탄마무리** : 콘크리트 피니셔 등으로 초벌 마무리를 한 후에 표면 마무리 기계 또는 마무리 판으로 가로 및 세로 방향의 울퉁불퉁한 곳을 평탄하게 고른다.
③ **거친면마무리** : 평탄 마무리를 하면, 노면이 너무 미끄러우므로, 콘크리트 슬래브의 표면에 물기가 없어지면 즉시 솔이나 튼튼한 비 등을 사용해서 표면에 가는 줄을 그어 주어 미끄럼을 막는다.
 ㉠ 홈의 크기 : 깊이 3mm 이상, 간격 2~3cm로 한다.
 ㉡ 홈의 방향 : 도로 중심선에 직각으로 한다.
 ㉢ 줄눈 절단 부위의 양측 3cm는 타이닝 하지 않는다.

슬립 폼 페이버(slip form paver) 개념 ★★
콘크리트 포장 슬래브의 포설, 다짐, 표면 끝손질 등의 기능을 겸비하여 거푸집을 설치하지 않고 연속적으로 포설할 수 있는 장비

(2) 줄눈의 종류 ★★★

① **세로줄눈** : 응력을 경감시켜 세로 방향에 틈이 생기는 것을 방지할 목적으로 설치한다. 도로의 중심선에 평행하게 만드는 줄눈을 말한다.
 ㉠ 타설줄눈 : 콘크리트가 굳기 전에 홈을 판다.
 ㉡ 커터줄눈 : 콘크리트가 굳은 후 커터로 잘라 홈을 판다.
② **가로줄눈**
 ㉠ 팽창줄눈 : 콘크리트 슬래브의 팽창 수축을 쉽게 하도록 설치한 줄눈
 ㉡ 수축줄눈 : 콘크리트 슬래브가 수축할 때 불규칙한 균열이 생기지 않도록 하기 위하여 설치하는 줄눈
③ **시공 줄눈** : 시공성을 고려하여 설치하며 세로 줄눈 사이의 간격은 포장 지반의 폭과 포장 두께에 따라서 결정한다.

(3) 균 열

① 콘크리트 경화시 발생하는 균열
  ㉠ 침하 균열 : 콘크리트 타설 후 콘크리트의 압밀현상에 의해 발생되는 균열로서 철근, 철망의 설치 깊이와 포설 속도, 기온, 바람 등의 기상조건 및 콘크리트의 재료, 배합 등의 각종 원인이 복합적인 것으로 알려져 있다.
  ㉡ 플라스틱 수축 균열 : 콘크리트 표면의 직사광선, 온도의 급격한 저하, 강풍에 의하여 양행이 불량하여 생기는 균열을 말한다.
  ㉢ 온도 균열 : 콘크리트가 수화반응을 할 때 발생하는 고온의 내부 온도와 콘크리트 표면의 온도차에 의해 발생하는 균열을 말한다.
② 반사 균열(reflection crack) : 시멘트 콘크리트 포장 덧씌우기 층에서 윤하중의 반복으로 인해 하부의 기존층에 존재하던 균열이 급속히 덧씌우기 층으로 전달되어 포장체의 조기 파손을 초래시키는 균열을 말한다.

(4) 콘크리트 포장 양생

① 초기양생
  초기양생이란 비교적 수화작용이 급속하게 진행되는 초기 단계에서 필요한 온도, 습도를 유지 시켜주며 하중이나 충격등의 해로운 영향을 주지 않도록 콘크리트 포장 치기 후에 소요강도가 발현 될 때까지 보호하는 작업이다.
② 후기양생 정의 ★
  후기양생이란 초기양생에 연이어 콘크리트 슬래브의 수화작용이 충분히 이루어져 소요의 강도를 얻는 동시에 충분한 강도가 얻어지기 전에 과도한 온도응력이 슬래브에 일어나지 않도록 온도변화를 될 수 있는 대로 줄이기 위한 양생이다.

(5) 평탄성 관리

종류 : 프루프 롤링, 프로 파일 미터, 도로 종단 분석기, 벤켈만 빔

(6) 콘크리트 포장 파손원인과 대책

① 무근 콘크리트 포장의 파손 및 원인

종 류	원 인	
노상, 보조기층에 관한 손상	• 부등침하 • 재료품질변화	• 침투수에 의한 세굴 • 동상
표면에 미세한 균열 다수 발생	• 콘크리트의 배합불량 • 동결에 의한 표면 Sealing	• 시공, 양생불량 • 알카리 반응을 받은 골재사용
가로방향 균열	• 슬래브 두께의 부족 및 불균일 • 펌핑(Pumping) 작용 • 수축줄눈 절단시기의 늦음	• 노상보조기층의 지지력 부족 • 줄눈 간격의 부적합 • 콘크리트의 품질불량

종 류	원 인
횡방향 균열	• 노상 및 보조기층의 지지력 부족 • 절·성토부 부등침하
망상 균열	• 균열의 진행 • 콘크리트의 품질불량 • 철망의 시공불량 • 노상 및 보조기층 지지력 부족
우각부 균열	• 노상 및 보조기층의 지지력 불균일 • 콘크리트의 품질불량 • 우각부의 보강 불충분
펌핑(Pumping) 현상 개념 ★★	• 슬래브 상부의 펌핑 현상으로 인한 공극과 공동으로 인한 파손 • 보조기층 또는 노상에 우수가 침투하여 반복하중에 의한 지지력 저하로 인해 발생하며, 단차의 원인이 된다.
교통의 마모 작용	한랭지에서 Spike Tire 또는 Chain에 의한 Rutting
블로우업 (Blow up) 개념 ★	슬래브의 줄눈, 균열 부근에서 온도, 습도가 높을 때 이물질 때문에 열 팽창을 흡수하지 못해 발생하는 좌굴현상
스폴링 (Spalling) 개념 ★★	줄눈이나 균열부에 단단한 입자가 침입하면 슬래브 팽창을 방해하게 되어, 이로 인해 국부적인 압축파괴를 일으켜 발생하는 균열

② 연속 철근 콘크리트 포장(CRCP)의 파손 및 원인

종 류	원 인
조각 파손 (Spalling)	• 줄눈 단부에서 포장 슬래브가 조각지면서 파손되는 현상이다. • 철근 부식에 의한 철근의 체적 팽창으로 발생한다. • 균열 부위에 수분이나 염화물 침투에 의해 발생한다.
철근의 파단	• 콘크리트 속의 철근이 파단되는 현상이다. • 펀치 아웃(punch out)이나 철근의 부식 등 복합적인 현상이다.
펀치 아웃 (Punch out) 개념 ★	• 포장체에서 작은 부분이 탈락하는 현상이다. • 균열간격이 좁은 경우 지지력 부족 및 피로하중에 의해 발생한다. • 자유 연단부와 가로 및 세로 균열로 둘러싸인 부분에서 생긴다. • 2줄의 가로 균열과 2줄의 세로 균열로 둘러싸인 부분에서 생긴다.

③ 유지보수 공법

종 류	특 성
줄눈 및 균열의 충전	• 줄눈이나 균열 부분에 줄눈 충전재를 주입하는 공법을 말한다. • 줄눈이나 균열부를 통하여 표면수가 노상과 보조기층에 침투하는 것을 방지한다. • 줄눈 및 균열부에 이물질이 들어가는 것을 방지한다.
주입 공법	• 콘크리트 슬래브에 주입공을 뚫어 주입재료를 주입하여 콘크리트 슬래브와 보조기층 사이의 공극과 공동을 채우는 공법이다. • 침하가 생긴 콘크리트 슬래브에 압력을 가하여 정상의 위치로 교정하는 효과가 있다. • 주입 공법은 아스팔트 주입 공법과 시멘트 주입 공법이 있다.
결손부 보수	• 파손이 발생하였을 때 부분적으로 걷어내고 수선 후 아스팔트 혼합물, 시멘트 콘크리트, 시멘트 모르타르 등을 채우는 공법을 말한다.

종 류	특 성
표면처리 공법	• 손상 표면에 얇은 층의 포장을 시공하는 공법이다. • 노면 결함이 광범위한 경우에 적용한다.
덧씌우기 공법	• 포장의 설계 하중을 증가하기 위하여 한다. • 포장의 표면 상태를 개선하기 위하여 한다.
재포장 공법	• 포장의 파손이 심하여 다른 유지보수공법으로는 어려운 경우에 적용한다.

16-3 용어 설명

1. 마찰 안정도 시험

(1) 개요

포장용 아스팔트 혼합물이 하중을 받을 때 변형에 대하여 저항하는 정도를 알기 위하여 마찰 안정도 시험을 한다.

[항목별 기준] ★★

항 목	기준
항온 수조의 온도	60±1℃
항온 수조에 담그는 시간	30~40분
재하 속도	50±5mm/분
최대 하중	kg 단위
흐름값	1/100cm 단위

(2) 시험 방법

마찰 시험기를 사용하여 원통형 시험체의 옆면에 하중을 주어 소성 흐름에 대한 저항력을 측정하는 것이며, 시험 방법은 KS M 2337에 규정되어 있다.

(3) 마찰 안정도 시험 결과로부터 얻을 수 있는 설계 기준 ★★★★★★

① 안정도 ② 밀도 ③ 플로우 값 ④ 공극률

2. 동탄성 계수 개념 ★★★

포장층 아래의 다층 포장 재료들을 실제로는 반복적인 윤하중을 받고 있는데, 이들 응력-변형 관계의 상황을 좀 더 합리적으로 나타낼 수 있는 재료의 물성치로서 노상 지지력 계수, CBR 대신에 사용되는 포장재료 물성으로서 동적시험에 의해 결정되는 탄성물성이며, 회복탄성계수(Resilient modulus)를 도입하여 도로 포장 구조 설계에 이용하고 있다.

$$M_R = \frac{\sigma_d}{\epsilon_r}$$

여기서, σ_d : 반복 축차 응력(kg/cm^2)
ϵ_r : 축방향 회복 변형률

3. 최소곡선반지름

자동차가 곡선부를 주행할 때에는 원심력에 의해 곡선부의 바깥쪽으로 미끄러지거나 전도될 위험이 있으며 안전율을 유지하는 한도는 자동차의 주행속도 곡선 반지름, 편경사, 노면의 마찰 계수에 따라 달라진다.

계산 ★★★★★★

$$R = \frac{v^2}{127(f+i)}$$

여기서, R : 최소곡선반지름(m)　　　v : 자동차 속도(km/h)
　　　　i : 노면의 편경사(%)　　　f : 노면과 타이어 사이의 가로방향 마찰계수

4. 프루프 롤링(Proof rolling)

(1) 개요

노상의 다짐도를 판정하기 위하여 노상의 최종 마무리를 하기 전에 다짐 기계와 동등 이상의 다짐 효과를 갖는 장비를 이용, 노상의 다짐이 불량한 부분을 조사하는 것을 말한다.

(2) 목적

① 노상면의 변형이 큰 곳, 불균일한 부분을 조사하기 위하여 한다.
② 장래 다짐 부족에 의한 침하와 변형을 방지하기 위하여 한다.
③ 시공 도중에 있어서 흙쌓기면의 시공관리로서 유효하게 사용한다.

(3) 목적에 따른 종류

① 추가 다짐 : 노상면의 변형이 큰 곳, 불균일한 부분을 조사하기 위하여 한다.
② 검사 다짐 : 장래 다짐 부족에 의한 침하와 변형을 방지하기 위하여 한다.

5. 러팅(Rutting)

(1) 개요

아스팔트 포장의 어느 한 부분을 차량이 집중적으로 통과하게 되어 표층 재료가 마모 또는 밀림으로 골 모양으로 패이는 파손 형태를 러팅(Rutting)이라 한다.

(2) 원인

도로 횡단 방향의 요철로 차량 통과 빈도가 많은 차선에 국부적으로 발생되는 凹형 패임을 말하며 소성 변형의 일종이다.

6. 블로 업(Blow up)

여름철에 기온이 상승하거나 비압축성의 단단한 이물질이 줄눈에 침입하여 콘크리트 슬래브가 팽창하여 가로 팽창 줄눈에 만들어져 있는 여유폭으로는 부족하게 되어 맞대여져 있는 콘크리트 슬래브가 솟아오르는 현상을 말한다.

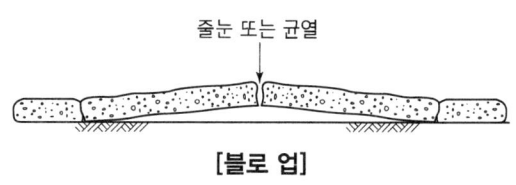

[블로 업]

7. 박리 현상(Stripping)

아스팔트 혼합물의 골재와 아스팔트의 접착성이 소멸하여 포장 표면에서 골재가 분리되는 현상을 말한다.

8. 펌핑(Pumping) 개념 ★★★

콘크리트 포장 슬래브의 줄눈부, 균열부에서 자동차 하중에 의하여 슬래브가 휘면서 침하함과 동시에 포장 슬래브는 아래의 물을 줄눈 또는 균열을 통하여 뿜어 올린다. 이 때 물과 함께 포장 슬래브 아래에 있는 흙을 포장 슬래브 위로 뿜어 올리는 현상을 말한다.

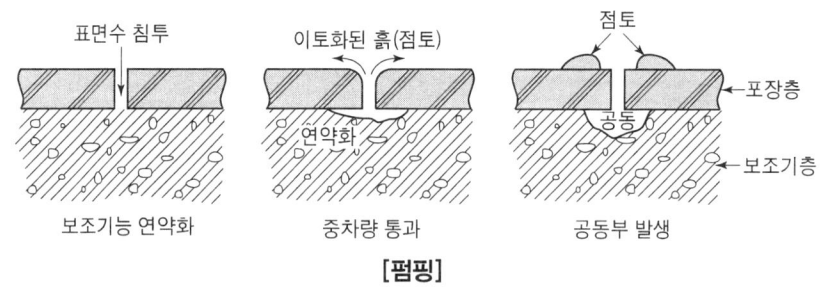

[펌핑]

9. 화이트 베이스(White Base)와 블랙 베이스(Black Base)

(1) 화이트 베이스(white base) 개념 ★★

아스팔트 포장의 기층으로서 사용하는 시멘트콘크리트 슬래브

(2) 블랙 베이스(black base) 개념 ★

아스팔트 포장의 기층으로서 사용하는 가열혼합식에 의한 아스팔트 안정처리기층

10. 충격 흡수 시설

(1) 기능

도로 시설물과 충돌한 자동차가 받는 동력 에너지를 흡수하거나 소산시키는 기능이 있다. 즉, 충돌 자동차를 정지시키거나 진행방향을 되돌려서 도로 안정성을 향상시키는 기능을 갖는다.

(2) 충격흡수시설 (재료)종류 ★★★

① 철제 드럼
② 모래 채우기 플라스틱통
③ 하이드로 셀 샌드위치(hydro cell sandwich)
④ 하이드리 셀 샌드위치(highdri cell sandwich)
⑤ 하이드로 셀 클러스터

11. 배수시설

(1) 개념

도로의 배수처리는 도로의 기능 및 교통안전에 중요한 요소이다.

(2) 배수시설 종류

① 표면 배수 : 측구(L형, U형)
② 지하 배수 : 맹암거, 유공관
③ 횡단 배수 : 배수관, 암거

12. 동상방지층

(1) 개념

겨울철 0℃ 이하의 기온이 계속되면 흙 속의 물이 동결하여 얼음층(Ice Lens)이 발생하고 이로 인해 지표면이 융기하는 현상을 동상(凍上)현상이라 하며, 이러한 동상을 방지하기 위해 두는 층을 동상방지층이라 한다.

(2) 동상방지층 설계방법 ★★

① 감소 노상 강도법(reduced subgrade strength method)
② 완전 방지법(complete protection method)
③ 노상 동결 관입허용법(limited subgrade frost protection method)

[연습문제 4]

Asphalt 혼합물의 marshall 안정도 시험 결과가 아래와 같았다. 안정도와 흐름치를 각각 구하시오. 또한, 안정도 시험의 압축 변위 속도는 얼마인가?

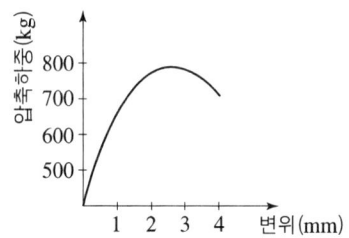

해설

① 안정도 : 800(kg)   ② 흐름치 : 25   ③ 압축변위 속도 : 50±5(mm)

- 흐름치(흐름값) 변위 = 2.5mm = 0.25cm = $\frac{25}{100}$ cm

[연습문제 5] ★★★★★

마셜 안정도 시험(Mershall stability test)은 포장용 아스팔트 혼합물의 소성 유동에 대한 저항성을 측정하여 설계 아스팔트의 결정에 적용되는데 이 시험 결과로부터 얻을 수 있는 3가지의 설계 기준은?

해설

① 안정도(kg)   ② 흐름값($\frac{1}{100}$ cm)   ③ 공극률(%)

[연습문제 6]

우측 그림은 도로의 보조기층 배수구이다. 구멍 뚫린 관의 내경은 (①)cm를 표준으로 하고 (②)cm 이하는 관속이 토사로 막히기 쉬우므로 사용하지 않는 것이 좋다. 구멍 뚫린 관의 구멍수는 관 둘레 면적 1m² 당 (③)개 이상, 구멍의 면적은 관 둘레 면적당 (④)cm² 이상을 뚫어 놓는 것이 좋다. 또, 배수구의 폭은 배수관의 외경보다도 약 (⑤)cm 더 넓혀야 한다. ( )안에 알맞은 말을 써넣으시오.

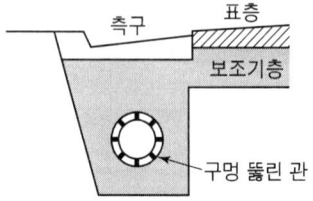

해설

① 20~30   ② 10   ③ 50   ④ 150~200   ⑤ 30

[연습문제 7]
콘크리트 포장 방법을 크게 나누면 사이드 폼(Side form) 방식과 슬립 폼(Slip form) 방식이 있다. 이 두 가지 시공법의 차이점을 4가지만 쓰시오.

해설

구분 \ 종류	사이드 폼(Side form)	슬립 폼(Slip form)
시공속도	느리다.	빠르다.
공사규모	소규모 공사	대규모 고사(연속시공)
거푸집	필요하다.	필요없다.
작업방법	독립방법	연속된 일관작업
구조물 접속부	별도의 시공이 불필요하다.	별도의 시공이 필요하다.

 16-4 배수성 포장

(1) 개 요

① 배수성 포장은 노면에서 빗물을 신속히 포장체밖으로 배수하는 것을 목적으로 하며 배수성 포장용 아스팔트 혼합물을 표층 또는 기층에 이용하여 보조기층 이하로 빗물이 침투하지 않는 구조로 한다.
② 투수성 포장과 달리 배수성 포장은 중차량의 통행을 허용할 수 있는 조건을 갖추어야 하며, 아스팔트 혼합물은 안정성, 내구성에 관하여 각종 내구성시험에 의해 충분히 확인된 것으로 하여야 한다.

(2) 배수성 포장 효과 ★

① 특성을 고려하여 필요한 적용 개소를 선정할 수 있다.
② 우천시 물튀김을 방지할 수 있다.
③ 수막현상을 방지할 수 있다.
④ 야간 우천시 시인성을 향상시킬 수 있다.
⑤ 차량의 주행소음을 경감시킬 수 있다.

(3) 적용시 주의사항

① 공극률이 큰 개립도형태의 혼합물을 적용하므로 재료선정과 배합, 시공 시 신중해야 한다.
② 공극률이 커 빗물, 햇빛, 공기 등에 의한 열화를 방지해야 한다.

㉠ 결합재의 피막두께를 크게 해야 한다.
㉡ 특수 고점도 개질 아스팔트나 식물성 섬유 등을 사용해야 한다.
③ 배수성 포장의 기능 유지를 위해 당초의 공극률을 유지해야 한다.
㉠ 공용개시 후 먼지, 토사 등 침투 시 공극기능을 상실할 우려가 있다.
㉡ 그러므로 정기적인 기능 회복을 위한 유지관리와 주변토사의 유입을 방지해야 한다.
④ 종단 경사가 큰 경우에 적용할 경우에는 경사구간 중간에 길어깨쪽 배수구조물을 설치하는 대책 수립이 필요하다.

(4) 포장 구성

① 표층 또는 표층과 기층에 배수성 포장용 아스팔트혼합물을 적용한다.
② 하부층이 불투수층으로 빗물 등이 포장 내부에 정체되지 않는 구조이어야 한다.
③ 배수성 포장은 길어깨에 배수하는 경우와 측구에 배수하는 경우로 구성된다.

단기완성 토목기사 실기

부록

최근 기출문제

2014년 04월 19일 시행
2014년 07월 05일 시행
2014년 11월 01일 시행

2015년 04월 19일 시행
2015년 07월 12일 시행
2015년 11월 07일 시행

2016년 04월 17일 시행
2016년 06월 26일 시행
2016년 11월 12일 시행

2017년 04월 16일 시행
2017년 06월 25일 시행
2017년 11월 11일 시행

2018년 04월 15일 시행
2018년 06월 30일 시행
2018년 10월 07일 시행

2019년 04월 14일 시행
2019년 06월 29일 시행
2019년 10월 13일 시행

2020년 05월 24일 시행
2020년 07월 25일 시행
2020년 10월 17일 시행
2020년 11월 15일 시행

2021년 04월 24일 시행
2021년 07월 10일 시행
2021년 11월 14일 시행

국가기술자격검정 실기시험문제

2014년도 기사 일반검정(제1회) (2014-04-20)

자격종목 및 등급(선택분야)	종목코드	시험시간	형별	수험번호	성 명
토목기사		3시간	A		

※ 다음 물음의 답을 해당 답란에 답하시오.(배점)

14①, 08①, 00③

01 다음 그림과 같은 항타기록을 보고 Hiley식을 이용하여 허용지지력을 산정하시오. (단, 안전율 3, 타격에너지 6,000kN·cm, 햄머중량 20kN, 반발계수 5kN, 말뚝무게 40kN, 햄머효율 50%, $C_1+C_2+C_3$=리바운드량으로 가정한다)

[3점]

$$\text{Hiley식} = \frac{W_h he}{S + \frac{1}{2}(C_1+C_2+C_3)} \cdot \left(\frac{W_h + n^2 W_P}{W_h + W_P}\right)$$

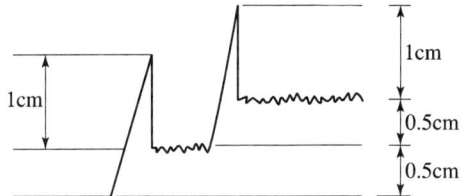

[계산과정] [답]

해답

[계산과정]

- 문제에서 타격에너지 : $W \cdot H = 6{,}000$ kN·cm

  리바운드량 : $C_1+C_2+C_3 = 1$ cm

  관입량 : $S = 0.5$ cm

① $R_u = \dfrac{W_h he}{S+\frac{1}{2}(C_1+C_2+C_3)} \cdot \left(\dfrac{W_h+n^2 W_p}{W_h+W_p}\right) = \dfrac{6{,}000 \times 0.5}{0.5+\frac{1}{2} \times 1} \times \dfrac{20+0.5^2 \times 40}{20+40}$

$= 1{,}500$ kN

② $R_u = \dfrac{R_u}{F_u} = \dfrac{1{,}500}{3} = 500$ kN

[답] 500kN

[부록] 2014년 4월 20일 시행

19①, 14①, 07②, 04④, 99④

02 어떤 골재를 이용하여 시방배합을 수행한 결과 단위시멘트량 320kg/m³, 단위수량 165kg/m³, 단위잔골재량 650kg/m³, 단위굵은골재량 1200kg/m³이 얻어졌다. 이 골재의 현장 야적상태가 표와 같을 때 이를 이용하여 현장배합을 수행하여 단위수량, 단위 잔골재량, 단위굵은골재량을 구하시오. [6점]

잔골재		굵은골재	
체	잔유량(g)	체	잔유량(g)
5mm	20	40mm	10
2.5mm	55	30mm	120
1.2mm	120	25mm	150
0.6mm	145	20mm	160
0.3mm	110	15mm	180
0.15mm	35	10mm	220
0.07mm	15	5mm	140
팬	0	팬	20
표면수=3%		표면수=-1%	

가. 단위수량을 구하시오.
   [계산과정]   [답] _____

나. 단위잔골재량을 구하시오.
   [계산과정]   [답] _____

다. 단위굵은골재량을 구하시오.
   [계산과정]   [답] _____

해답

가. 단위수량

[계산과정] ① No.4체 잔류 잔골재량 $= \dfrac{20}{500} \times 100 = 4\%$

② ㉠ No.4체 잔류 굵은골재량 $= \dfrac{980}{1000} \times 100 = 98\%$

   ㉡ No.4체 통과 굵은골재량 $= 100 - 98 = 2\%$

③ 골재량의 수정 : 잔골재량을 x(kg), 굵은골재량을 y(kg)이라 하면

   $x + y = 650 + 1200 = 1850$ ⋯⋯⋯⋯⋯⋯⋯⋯⋯⋯⋯⋯⋯⋯ ⓐ

   $0.04x + (1 - 0.02)y = 1200$ ⋯⋯⋯⋯⋯⋯⋯⋯⋯⋯⋯⋯⋯⋯ ⓑ

   식 ⓐ, ⓑ에서 $x = 652.13$kg, $y = 1197.87$kg

④ 표면수량 수정

   ㉠ 잔골재 표면수량 $= 652.13 \times 0.03 = 19.56$kg

   ㉡ 굵은골재 표면수량 $= 1197.87 \times (-0.01) = -11.98$kg

⑤ 현장배합

단위수량 = 165 - (19.56 - 11.98) = 157.42kg

[답] 157.42kg

나. 단위잔골재량(현장배합)

[계산과정] 잔골재량 = 652.13 + 19.56 = 671.69kg

[답] 671.69kg

다. 단위굵은골재량

[계산과정] 굵은골재량 = 1197.87 - 11.98 = 1185.89kg

[답] 1185.89kg

14①, 05①, 01③, 97①

03 마샬 안정도시험(Marshall Stability test)은 포장용 아스팔트 혼합물의 소성유동에 대한 저항성을 측정하여 설계아스팔트량 결정에 적용된다. 이 시험결과로부터 얻을 수 있는 3가지의 설계기준을 쓰시오. [3점]

① _____ ② _____ ③ _____

[답] ① 안정도 ② 밀도 ③ 플로우값 ④ 공극률

14①, 08④, 06②, 03②

04 방파제(防波堤)란 외곽시설(外廓施設)로 항내정온을 유지하고 선박의 항행을 원활히 하기 위해 축조된 항만 구조물이다. 방파제의 구조 형식에 따른 종류를 3가지 쓰시오. [3점]

① _____ ② _____ ③ _____

[답] ① 직립방파제 ② 경사방파제 ③ 혼성방파제

05 아래와 같은 작업 List가 있다. 아래 물음에 답하시오. [10점]

작업명	선행작업	후속작업	표준 일수	표준 공비(만원)	특급 일수	특급 공비(만원)
A	–	B,C	6	210	5	240
B	A	D,E	4	450	2	630
C	A	F,G	4	160	3	200
D	B	G	3	300	2	370
E	B	H	2	600	2	600
F	C	I	7	240	5	340
G	C,D	I	5	100	3	120
H	E	I	4	130	2	170
I	F,G,H	–	2	250	1	350

가. Net Work(화살선도)를 작도하고, 표준일수에 대한 Critical Path를 나타내시오.

　○

나. 작업 List의 빈칸을 채우시오.

작업명	공비증가율 (만원/일)	개시 EST	개시 LST	완료 EFT	완료 LFT	여유시간 TF	여유시간 FF	여유시간 DF
A								
B								
C								
D								
E								
F								
G								
H								
I								

다. 총 공기에 대한 간접비가 2천만원인데 표준일수를 단축하는 경우 1일당 80만원씩 감소한다고 할 때 최적 공기와 그 때의 총 공비를 구하시오.

　[계산과정]

　[답] _____

해답

가. 화살선도와 C.P

[답] ① network

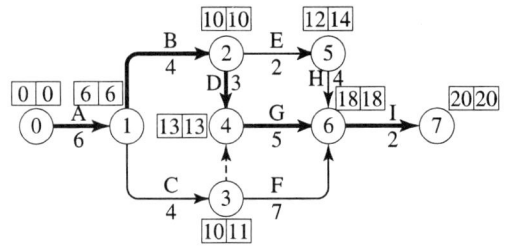

② CP : ⓪ → ① → ② → ④ → ⑥ → ⑦

나. 공비증가율(비용경사) 및 일정계산

[답]

작업명	공비증가율 (만원/일)	개시 EST	개시 LST	완료 EFT	완료 LFT	여유시간 TF	여유시간 FF	여유시간 DF
A	$\dfrac{240-210}{6-5}=30$	0	6-6=0	0+6=6	6	6-0-6=0	6-0-6=0	0-0=0
B	$\dfrac{630-450}{4-2}=90$	6	10-4=6	6+4=10	10	10-6-4=0	10-6-4=0	0-0=0
C	$\dfrac{200-160}{4-3}=40$	6	11-4=7	6+4=10	11	11-6-4=1	10-6-4=0	1-0=1
D	$\dfrac{370-300}{3-2}=70$	10	13-3=10	10+3=13	13	13-10-3=0	13-10-3=0	0-0=0
E	0	10	14-2=12	10+2=12	14	14-10-2=2	12-10-2=2	2-0=2
F	$\dfrac{340-240}{7-5}=50$	10	18-7=11	10+7=17	18	18-10-7=1	18-10-7=1	1-0=1
G	$\dfrac{120-100}{5-3}=10$	13	18-5=13	13+5=18	18	18-13-5=0	18-13-5=0	0-0=0
H	$\dfrac{170-130}{4-2}=20$	12	18-4=14	12+4=16	18	18-12-4=2	18-12-4=2	2-2=0
I	$\dfrac{350-250}{2-1}=100$	18	20-2=18	18+2=20	20	20-18-2=0	20-18-2=0	0-0=0

다. 공기 단축

[계산과정]

① 제1단계 단축(총 공기 20일 경로에서)

소요 공기	단축 작업명	1일 단축비용	간접비	직접비	총 공사비
20일	-	-	2000만원	2440만원	4440만원
19일	G	10만원	1920만원	2440만원	4370만원

② 제2단계 단축(총 공기 19일 경로에서)

소요 공기	단축 작업명	1일 단축비용	간접비	직접비	총 공사비
19일	A	30만원	1840만원	2440만원	4320만원

여기서, 4320만원 = (10+30) + 1840 + 2440

③ 제3단계 단축(총 공기 18일 경로에서)

소요 공기	단축 작업명	1일 단축비용	간접비	직접비	총 공사비
17일	G, C	10+40=50만원	1760만원	2440만원	4290만원

여기서, 4290만원 = (10+30+50)+1760+2440

④ 제4단계 단축(총 공기 17일 경로에서)

소요 공기	단축 작업명	1일 단축비용	간접비	직접비	총 공사비
16일	I	100만원	1680만원	2440만원	4310만원

여기서, 4310만원 = (10+30+50+100)+1680+2440

∴ 최적공기 : 17일, 이때의 총 공사비 4290만원

[답] 최적공기 : 17일, 이때의 총 공사비 4290만원

14①, 10④

06
콘크리트의 호칭강도는 40MPa이고, 27회의 압축강도 시험으로부터 구한 표준편차는 5.0MPa이다. 아래 표를 참고하여 이 콘크리트의 배합강도를 구하시오. [3점]

[표] 시험횟수가 29회 이하일 때 표준편차의 보정계수

시험횟수	표준편차의 보정계수
15	1.16
20	1.08
25	1.03
30 이상	1.00

주) 위 표에 명시되지 않은 시험횟수는 직선 보간한다.

[계산과정]   [답] _____

해답

[계산과정]

① 직선보간한 표준편차

$\sigma = 5 \times 1.018 = 5.09 \text{MPa}$

② $f_{cn} = 40\text{MPa} > 35\text{MPa}$ 이므로

㉠ $f_{cr} = f_{cn} + 1.34S = 40 + 1.34 \times 5.09 = 46.82\text{MPa}$

㉡ $f_{cr} = 0.9 f_{cn} + 2.33S = 0.9 \times 40 + 2.33 \times 5.09 = 47.86\text{MPa}$

③ ㉠, ㉡ 중 큰 값이 배합강도이므로

$f_{cr} = 47.86\text{MPa}$

[답] 47.86MPa

07 아래 그림과 같이 백호로 굴착을 한 후 통로박스를 시공하고 다시 되메우기를 하려고 한다. 이때 15ton 덤프트럭 2대를 사용하며, 1일 작업시간은 6시간이다. 덤프트럭의 작업효율 $E=0.9$, cycle time $C_m=300$분일 경우 다음 물음에 답하시오. (단, 암거길이는 10m, $C=0.8$, $L=1.25$, $\gamma_t=1.8t/m^3$) [6점]

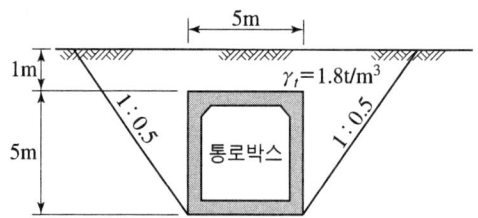

가. 사토량(捨土量)을 본바닥토량으로 구하시오.
　[계산과정]　　　　　　　　　　　　　　[답] _____

나. 덤프트럭 1대의 시간당 작업량을 구하시오.
　[계산과정]　　　　　　　　　　　　　　[답] _____

다. 덤프트럭 2대를 사용할 경우 사토에 필요한 소요일수는 몇 일인가?
　[계산과정]　　　　　　　　　　　　　　[답] _____

해답

가. 사토량

[계산과정] ① 굴착토량 = $\dfrac{5+11}{2} \times 6 \times 10 = 480\,m^3$

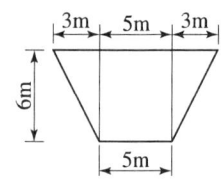

② 되메움 토량 = $(480 - 5 \times 5 \times 10) \times \dfrac{1}{0.9} = 255.56\,m^3$

③ 사토량 = $480 - 255.56 = 224.44\,m^3$

[답] $224.44\,m^3$

나. 덤프트럭 1대의 시간당 작업량

[계산과정] ① $q_t = \dfrac{T}{\gamma_t} \cdot L = \dfrac{15}{1.8} \times 1.25 = 10.42\,m^3$

② $Q = \dfrac{60 \cdot q_t \cdot f \cdot E_t}{C_{mt}} = \dfrac{60 \cdot q_t \cdot \dfrac{1}{L} \cdot E_t}{C_{mt}} = \dfrac{60 \times 10.42 \times \dfrac{1}{1.25} \times 0.9}{300}$

$= 1.5\,m^3/hr$

[답] $1.5\,m^3/hr$

다. 덤프트럭 2대를 사용할 경우 사토에 필요한 소요일수

[계산과정] 소요일수 = $\dfrac{224.44}{1.5 \times 6 \times 2} = 12.47 = 13$일

[답] 13일

08 콘크리트는 타설한 후 습윤상태로 노출면이 마르지 않도록 하여야 하며, 수분의 증발에 따라 살수를 하여 습윤상태로 보호하여야 한다. 보통포틀랜드시멘크를 사용한 경우로서 일평균기온에 따른 습윤상태 보호기간의 표준일수를 쓰시오. [3점]

① 일평균기온이 15℃ 이상인 경우 : _____
② 일평균기온이 10℃ 이상 15℃ 미만인 경우 : _____
③ 일평균기온이 5℃ 이상 10℃ 미만인 경우 : _____

해답

[답] ① 5일 ② 7일 ③ 9일

참고하세요

콘크리트 표준시방서(2009)에 따른 표준 습준양생기간

일평균 기온	보통 포틀랜드 시멘트	고로 슬래그 시멘트 플라이애시 시멘트	조강 포틀랜드 시멘트
15℃ 이상	5일	7일	3일
10℃ 이상	7일	9일	4일
5℃ 이상	9일	12일	5일

09 일반적으로 도로에서 차량의 충격위험을 방지하는 충격흡수시설의 종류를 3가지만 쓰시오. [3점]

① _____ ② _____ ③ _____

해답

[답] ① 철제 드럼
② 모래채우기 플라스틱통
③ 하이드로 셀 샌드위치 (hydro cell sandwich)
④ 하이드리 셀 샌드위치 (highdri cell sandwich)
⑤ 하이드로 셀 클러스터

10 샌드 드레인공법의 시공절차는 우선 지반에 샌드매트를 포설하고, 중공강관 등을 지중에 삽입하거나 오거 등으로 소요의 구멍을 굴착하여 모래를 상비입한 후 강관을 제거하여 모래기둥을 형성하는 절차로 진행된다. 이 때 샌드매트의 역할을 3가지만 쓰시오. [3점]

① _____ ② _____ ③ _____

해답

[답] ① 연약지반 상부의 배수층 형성
② 시공기계의 주행성(trafficability) 확보
③ 성토 내 지하 배수층 형성

11 그림과 같은 말뚝의 하단을 통하는 활동면에 대한 히빙(heaving) 현상의 안전율을 구하시오. [3점]

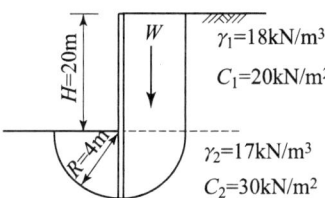

[계산과정] [답]

해답

[계산과정]
① 히빙을 일으키는 모멘트(M_d)

$$M_d = \gamma_1 \cdot H \cdot R \times \frac{R}{2} = 18 \times 20 \times 4 \times \frac{4}{2} = 2,880 [\text{kN/m}]$$

② 히빙에 저항하는 모멘트(M_r)

$$M_r = C_1 \cdot H \cdot R + \frac{\pi D}{2} \cdot C_2 \cdot R = 20 \times 20 \times 4 + \frac{\pi \times (2 \times 4)}{2} \times 30 \times 4$$
$$= 3,107.96 [\text{kN/m}]$$

③ 안전율

$$F_s = \frac{M_r}{M_d} = \frac{3,107.96}{2,880} = 1.08$$

[답] 1.08

12 주어진 반중력식 교대 도면을 보고 다음 물량을 산출하시오. (단, 교대 전체길이는 10m이며, 도면의 치수 단위는 mm이다.) [8점]

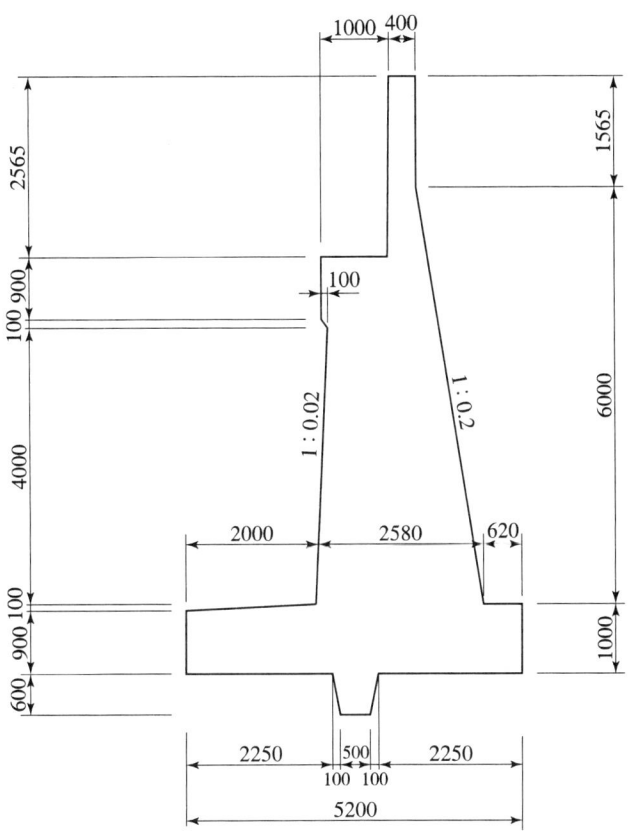

가. 교대의 전체 콘크리트량을 구하시오. (단, 소수 4째자리에서 반올림하시오.)

[계산과정]

[답] _____

나. 교대의 전체 거푸집량을 구하시오.(단, 돌출부(전단 key)에 거푸집을 사용하며, 소수 4째자리에서 반올림하시오.)

[계산과정]

[답] _____

해답

가. 콘크리트량

[계산과정]

① $A_1 = 0.4 \times 1.565 = 0.626 \text{m}^2$

② $A_2 = \dfrac{0.4 + (0.4 + 1 \times 0.2)}{2} \times 1 = 0.5 \text{m}^2$

③ $A_3 = \dfrac{1.6 + (1.6 + 0.9 + 0.2)}{2} \times 0.9 = 1.521 \text{m}^2$

④ $A_4 = \dfrac{1.78 + (1.68 + 0.1 \times 0.2)}{2} \times 0.1 = 0.174 \text{m}^2$

⑤ $A_5 = \dfrac{1.7 + 2.28}{2} \times 4 = 8.56 \text{m}^2$

⑥ $A_6 = \dfrac{(2.58 + 0.62) + 5.2}{2} \times 0.1 = 0.42 \text{m}^2$

⑦ $A_7 = 5.2 \times 0.9 = 4.68 \text{m}^2$

⑧ $A_8 = \dfrac{0.7 + 0.5}{2} \times 0.6 = 0.36 \text{m}^2$

⑨ 콘크리트량 $= (A_1 + A_2 + \cdots\cdots + A_8) \times 10 = 16.841 \times 10 = 16.840 \text{m}^3$

[답] 16.840m^3

나. 거푸집량

[계산과정]

거푸집량 $= \left(2.565 + 0.9 + \sqrt{0.1^2 + 0.1^2} + \sqrt{4^2 + (4 \times 0.02)^2} + 0.9 \right.$
$\left. + \sqrt{0.1^2 + 0.5^2} \times 2 + 1 + \sqrt{6^2 + (6 \times 0.2)^2} + 1.565 \right) \times 10 + 16.841 \times 2$
$= 215.790 \text{m}^2$

[답] 215.790m^2

14①, 11④, 99③, 92②

13 수분이 많은 점토층에 반투막 중공원통을 넣고 그 안에 농도가 큰 용액을 넣어서 점토속의 수분을 빨아내는 방법으로 상재하중 없이 압밀을 촉진시킬 수 있는 지반개량 공법은? [2점]

○ _____

해답

[답] 침투압(MAIS) 공법

14 기초 평판재하시험에 대한 아래의 물음에 답하시오. [8점]

가. 직경 30cm인 평판으로 재하시험을 실시한 결과, 침하량 25.4mm일 때 극한지지력이 400kN/m²이었다. 동일한 허용침하량이 발생할 때 직경 1.2m인 실제 기초의 극한지지력을 사질토 지반인 경우와 점토 지반인 경우에 대하여 각각 구하시오.
  ① 사질토인 경우 : [계산과정]   [답] _____
  ② 점토인 경우 : [계산과정]   [답] _____

나. 직경 30cm인 평판의 평판재하시험에서 작용압력이 300kN/m²일 때 침하량이 20mm발생하였다. 직경 1.2m의 실제기초에서 동일한 압력이 작용할 때 침하량을 사질토의 경우와 점토의 경우에 대하여 각각 구하시오.
  ① 사질토인 경우 : [계산과정]   [답] _____
  ② 점토인 경우 : [계산과정]   [답] _____

해답

가. 극한지지력

[계산과정]

① 사질토인 경우 : $q_{u(기초)} = q_{u(재하판)} \cdot \dfrac{B_{(기초)}}{B_{(재하판)}} = 400 \times \dfrac{1.2}{0.3} = 1,600 \text{kN/m}^2$

② 점토인 경우 : $q_{u(기초)} = 400 \text{kN/m}^2$

[답] ① $1,600 \text{kN/m}^2$ ② 400kN/m^2

나. 침하량

[계산과정]

① 사질토인 경우 : $S_{(기초)} = S_{(재하판)} \cdot \left[\dfrac{2B_{(기초)}}{B_{(기초)} + B_{(재하판)}} \right]^2 = 20 \times \left[\dfrac{2 \times 1.2}{1.2 + 0.3} \right]^2$
$= 51.2 \text{mm}$

② 점토인 경우 : $S_{(기초)} = S_{(재하판)} \cdot \dfrac{B_{(기초)}}{B_{(재하판)}} = 20 \times \dfrac{1.2}{0.3} = 80 \text{mm}$

[답] ① 51.2mm   ② 80mm

15 그림과 같은 옹벽이 점성토를 지지하고 있다. 인장균열이 발생한 후의 옹벽에 작용하는 전체 주동토압을 구하시오. (단, Rankine의 토압이론을 사용하며, 인장균열 위 토압은 무시하고 상재하중으로 고려하여 구하시오.) [3점]

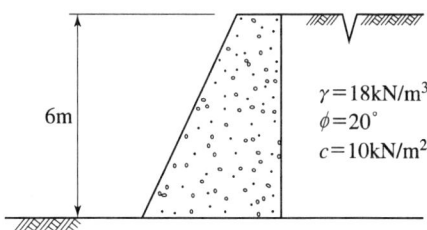

[계산과정] [답] _____

해답

[계산과정]

① $K_a = \tan^2\left(45° - \dfrac{\phi}{2}\right)$

  $= \tan^2\left(45° - \dfrac{20°}{2}\right) = 0.49$

② $Z_c = \dfrac{2c \tan\left(45° + \dfrac{\phi}{2}\right)}{\gamma_t}$

  $= \dfrac{2 \times 10 \times \tan\left(45° + \dfrac{20°}{2}\right)}{18} = 1.59\text{m}$

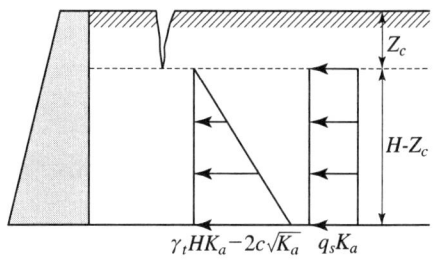

③ $P_a = \dfrac{1}{2}\gamma_t H^2 K_a - 2c\sqrt{K_a}\,H + \dfrac{2c^2}{\gamma_t} + q_s K_a (H - Z_c)$

  $= \dfrac{1}{2} \times 18 \times 6^2 \times 0.49 - 2 \times 10 \times \sqrt{0.49} \times 6 + \dfrac{2 \times 10^2}{18}$

  $\quad + (18 \times 1.59) \times 0.49 \times (6 - 1.59)$

  $= 147.72\text{kN/m}$

[답] 147.72kN/m

16 연약지반 개량공법 중 강제치환공법에 대해 간단히 설명하고, 강제치환공법의 단점을 3가지만 쓰시오. [6점]

가. 강제치환공법 :

나. 강제치환공법의 단점 3가지
① _____ ② _____ ③ _____

[답] 가. 강제치환공법 : 연약점토층에 사질토를 성토하여 그 자중으로 연약지반이 미끄러짐을 일으키게 하여 사질토로 치환하게 하는 공법이다.

나. 강제치환공법의 단점
① 원하는 심도까지 확실한 개량이 어렵다.
② 시공 후 하부에 잔류할 수 있는 연약토로 인하여 잔류침하 발생 우려가 있다.
③ 측방지반의 변형 및 융기가 발생한다.

17 그림과 같은 과압밀 점토지반 위에 넓은 지역에 걸쳐 $\gamma_t = 19.5\text{kN/m}^3$ 흙을 3.0m 높이로 성토계획을 세우고 있다. 이 점토지반의 중앙단면에서의 압밀 침하량 계산에 압축지수(C_c) 대신에 팽창지수(C_e)만을 사용할 수 있는 OCR의 한계값을 구하시오. [3점]

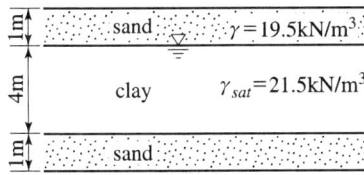

[계산과정] [답] _____

[계산과정] 팽창지수를 사용할 수 있는 경우는 과압밀점토($P_o < P_c$)에서
$P_o < P_o + \Delta P_{av} < P_c$인 경우이므로

① $P = 19.5 \times 1 + (21.5 - 9.81) \times \dfrac{4}{2} = 42.88\text{kN/m}^2$

② $\Delta P = 19.5 \times 3 = 58.5\text{kN/m}^2$

③ $\text{OCR} \geq \dfrac{P_o + \Delta P}{P_o} = \dfrac{42.88 + 58.5}{42.88} = 2.36$

[답] 2.36

18 한 사질토 사면의 경사가 26°로 측정되었다. 지표면으로부터 5m 깊이에 암반층이 존재하여 사면흙을 채취하여 토질시험을 한 결과 $c=0$, $\phi=42°$, $\gamma_{sat}=1.9\text{t/m}^3$였다. 갑자기 폭우가 쏟아져 지하수위가 지표면과 일치한 상태에서 침투가 발생한다면 이때 사면의 안전율을 구하시오. [3점]

해답

[계산과정] $F_s = \dfrac{\gamma_{sub}}{\gamma_{sat}} \cdot \dfrac{\tan\phi}{\tan i} = \dfrac{19-9.81}{19} \times \dfrac{\tan 42°}{\tan 26°} = 0.89$

[답] 0.89

19 다음과 같은 작업조건에서의 Bulldozer의 단위시간당 작업량을 산출하시오. [3점]

[조건]
- 흙 운반거리 80m
- 후진속도 48m/min
- 변속시간 0.26min
- 작업효율 85%
- 전진속도 40m/min
- 삽날의 용량 2.3m³
- 토량변화율 (L) 1.20

[계산과정]   [답]

해답

[계산과정] ① $C_m = \dfrac{l}{V_1} + \dfrac{l}{V_2} + t_g = \dfrac{80}{40} + \dfrac{80}{48} + 0.26 = 3.93$분

② $Q = \dfrac{60q \cdot f \cdot E}{C_m} = \dfrac{60 \times 2.3 \times \dfrac{1}{1.2} \times 0.85}{3.93} = 24.87\text{m}^3/\text{hr}$

[답] $24.87\text{m}^3/\text{hr}$

20 터널 보강재의 하나인 강지보재의 종류를 3가지만 쓰시오. [3점]

①_____ ②_____ ③_____

해답

[답] ① H형강 지보재   ② U형강 지보재   ③ 격자 지보재

14①, 10②

21 도로의 노상 및 노체 등의 지지력을 평가하는 방법을 3가지만 쓰시오. [3점]

① _____ ② _____ ③ _____

해답

[답] ① 도로의 평판재하시험
② 노상토 지지력비(CBR)시험
③ 프루프롤링(proof rolling) 시험

참고하세요

노상 및 노체 지지력 현장시험 평가방법
① 도로의 평판재하시험   ② 노상토 지지력비(CBR)시험
③ 프루프롤링(proof rolling) 시험   ④ 현장들밀도시험

17②, 14①, 11④, 10④, 06①, 04②, 00①, 97④, 94②

22 도로를 설계하기 위하여 5개 지점의 건설구간에서 시료를 채취하여 각 지점에 있어서의 평균 CBR을 구하였다. 이때의 설계 CBR을 계산하시오. [3점]

[조건]
• 각 지점의 평균 CBR : 6.8, 8.5, 4.8, 6.3, 7.2
• 계수

개수(n)	2	3	4	5	6	7	8	9	10 이상
d_2	1.41	1.91	2.24	2.48	2.67	2.83	2.96	3.08	3.18

[계산과정]   [답] _____

해답

[계산과정]

① 각 지점의 CBR 평균 $= \dfrac{6.8+8.5+4.8+6.3+7.2}{5} = 6.72$

② 설계 CBR = 각 지점의 CBR 평균 $- \left(\dfrac{\text{CBR 최대치} - \text{CBR 최소치}}{d_2} \right)$

$= 6.72 - \left(\dfrac{8.5-4.8}{2.48} \right) = 5.23 = 5$

[답] 5

19①, 18①, 14①, 08④

23 측량성과가 아래와 같고 시공기준면을 12m로 할 경우 총 토공량을 구하시오. (단, 격자점의 숫자는 표고이며, m 단위이다.) [3점]

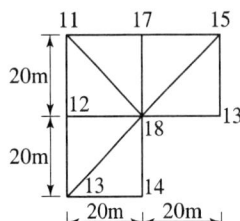

[계산과정]

[답] _____

해답

[계산과정]

① 시공기준면 12m일 때 절토량

$$V = \frac{ab}{6}(\sum h_1 + 2\sum h_2 + \cdots + 8\sum h_8)$$

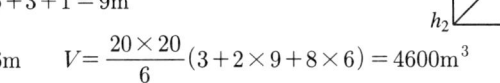

㉠ $\sum h_1 = 1+2 = 3m$

㉡ $\sum h_2 = 5+3+1 = 9m$

㉢ $\sum h_6 = 6m$ $V = \frac{20 \times 20}{6}(3 + 2 \times 9 + 8 \times 6) = 4600 m^3$

② 시공기준면 12m일 때 성토량

$$V = \frac{ab}{6}(\sum h_1 + 2\sum h_2 + \cdots + 8\sum h_8)$$

$\sum h_2 = 1m$ $V = \frac{20 \times 20}{6}(2 \times 1) = 133.33 m^3$

③ 문제의 조건에서 토량환산계수가 주어지지 않았으므로

$V = 4600 - 133.33 = 4466.67 m^3$ (절토량)

[답] $4466.67 m^3$ (절토량)

14①

24 발파를 효과적으로 수행하자면 가능한 자유면이 많게 하여야 하며 이를 위하여 터널 또는 원지반의 굴착면에 심빼기 발파를 한다. 이러한 심빼기 발파공법의 종류를 4가지만 쓰시오. [3점]

① _____ ② _____ ③ _____ ④ _____

해답

[답] ① 번 컷(burn cut)   ② 스윙 컷(swing cut)
③ 노 컷(no cut)   ④ V컷(wedge cut : 다이아몬드 컷)

참고하세요

심빼기 발파(심발공)
① 번 컷(burn cut) ② 스윙 컷(swing cut)
③ 노 컷(no cut)   ④ V컷(wedge cut : 다이아몬드 컷)
⑤ 피라미드 컷(pyramid cut)

18②, 14①, 11②, 05②, 03①, 98②

25 다음과 같이 점토지반에 직경이 10m, 자중이 40000kN인 물통크가 설치되어 있다. 극한 지지력에 대한 안전율(F_s)이 3일 때 최대로 채울 수 있는 물의 높이는 얼마인가? (단, N_c = 5.14) [3점]

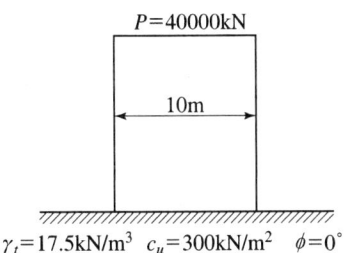

[계산과정]   [답] _____

해답

[계산과정]

① $q = acN_c = \beta B\gamma_1 N_r + D_{f\gamma2}N_q = 1.3 \times 300 \times 5.14 + 0 + 0 = 2,004.6 \text{kN/m}^2$

② $q_a = \dfrac{q_u}{F_s} = \dfrac{2,004.6}{3} = 668.2 \text{kN/m}^2$

③ 전수압(P)

$$P = W \text{(물 기둥 무게)} = \omega_o h \cdot A = 9.81 \times h \times \dfrac{\pi \times 10^2}{4} = 770.48h$$

여기서, 연직으로 작용하는 물 기둥의 무게

수압강도 $p = \omega_o \cdot h$

전수압 $P = p \cdot A = \omega_o \cdot h \cdot A$

④ $770.48h + 40,000 = 668.2 \times \dfrac{\pi \times 10^2}{4}$ $h = 16.20\text{m}$

[답] 16.20m

국가기술자격검정 실기시험문제

2014년도 기사 일반검정(제2회) (2014-07-06)

자격종목 및 등급(선택분야)	종목코드	시험시간	형별
토목기사		3시간	A

※ 다음 물음의 답을 해당 답란에 답하시오.(배점)

14②, 09②, 99②, 96④, 88③

01 80kg의 램머를 사용하여 보조기층의 다짐작업을 할 경우 시간당 작업량을 구하시오. [3점]

[조건]
- 1회 유효찍기 다짐면적(A) : 0.033m^2
- 1시간당의 찍기 다짐횟수 : 3600회
- 1층의 포설두께 : 0.3m
- 토량환산계수(f) : 0.7
- 작업효율 : 0.5
- 되풀이 찍기 다짐횟수 : 6회

[계산과정]　　　　　　　　　　　　　　　　　　[답] _____

해답

[계산과정] $Q = \dfrac{A \cdot N \cdot H \cdot f \cdot E}{P} = \dfrac{0.033 \times 3600 \times 0.3 \times 0.7 \times 0.5}{6}$

　　　　　 $= 2.08\text{m}^3/\text{h}$(다짐토량)

[답] $2.08\text{m}^3/\text{h}$

14②

02 횡방향 줄눈 및 보강 철근의 유무에 따른 콘크리트 포장의 종류 3가지를 쓰시오. [3점]

① _____　② _____　③ _____

해답

[답] ① 무근콘크리트포장(JCP)　② 철근콘크리트포장(JRCP)
　　 ③ 연속철근콘크리트포장(CRCP)　④ PS콘크리트포장(PCP)

03
말뚝을 항타하여 설치하는 현장에서 시험항타의 목적 5가지를 쓰시오. [3점]

① _____ ② _____ ③ _____
④ _____ ⑤ _____

해답

[답] ① 시공기준 결정　　② 말뚝길이의 결정
③ 말뚝길이에 따른 이음공법 결정　④ 지지력 추정
⑤ 작업방법의 결정

04
도로 토공에 있어서 현장에서의 다짐도를 측정하는 방법 3가지를 쓰시오. [3점]

① _____ ② _____ ③ _____

해답

[답] ① 건조밀도로 규정하는 방법　　② 포화도와 공극률로 규정하는 방법
③ 강도 특성으로 규정하는 방법　　④ 상대밀도로 규정하는 방법
⑤ 변형량 특성으로 규정하는 방법　⑥ 다짐장비와 다짐회수로 규정하는 방법

05
도로의 배수처리는 도로의 기능 및 교통안전에 중요한 요소로 작용한다. 다음 배수시설 종류별로 대표적인 것 1가지씩만 쓰시오. [3점]

① 표면배수 : _____
② 지하배수 : _____
③ 횡단배수 : _____

해답

[답] ① 측구(L형, U형)
② 맹암거, 유공관
③ 배수관, 암거

06. 직접기초의 터파기 시공법 3가지를 쓰시오. [3점]

① _____ ② _____ ③ _____

[답] ① open cut 공법 ② trench cut 공법 ③ island 공법

07. Meyerhof 공식을 이용하여 콘크리트 말뚝지름 30cm, 길이 14m인 말뚝을 표준관입치가 다른 3종의 지층으로 되어있는 기초지반에 박을 경우 말뚝의 허용지지력을 구하시오.(단, 안전율은 3을 적용한다.) [3점]

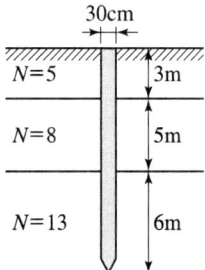

[계산과정]   [답] _____

[계산과정]

① ㉠ $A_p = \dfrac{\pi \cdot D^2}{4} = \dfrac{\pi \times 0.3^2}{4} = 0.07 \text{m}^2$

㉡ $A_s = \pi \cdot D \cdot l = \pi \times 0.3 \times 14 = 13.19 \text{m}^2$

㉢ $\overline{N_s} = \dfrac{N_1 h_1 + N_2 h_2 + N_3 h_3}{h_1 + h_2 + h_3} = \dfrac{5 \times 3 + 8 \times 5 + 13 \times 6}{3 + 5 + 6} = 9.5$

㉣ $R_u = 40 N A_p + \dfrac{1}{5} \overline{N_s} A_s = 40 \times 13 \times 0.07 + \dfrac{1}{5} \times 9.5 \times 13.19 = 61.46 \text{t}$

② $R_a = \dfrac{R_u}{F_s} = \dfrac{61.46}{3} = 20.49 \text{t} \times 9.81 \text{kN/t} = 201.01 \text{kN}$

[답] 201.01kN

14②, 10②, 06④, 01③, 96③

08 그림과 같은 중력식 옹벽의 전도(overturning)에 대한 안전율을 계산하시오. (단, 콘크리트의 단위중량은 23kN/m³이고, 옹벽전면에 작용하는 수동토압은 무시한다.) [3점]

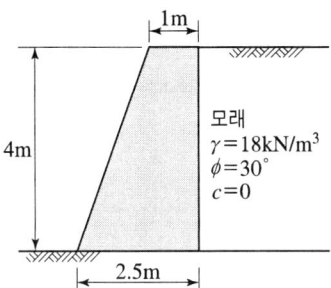

[계산과정]   [답] _____

해답

[계산과정]

① 주동토압

$$P_A = \frac{1}{2} \cdot r \cdot H^2 \cdot K_A = \frac{1}{2} \cdot r \cdot H^2 \cdot \tan^2\left(45° - \frac{\phi}{2}\right)$$

$$= \frac{1}{2} \times 18 \times 4^2 \times \tan^2\left(45° - \frac{30°}{2}\right) = 48\,\text{kN/m}$$

② 옹벽의 자중

㉠ $W_1 = 1 \times 4 \times 23 = 92\,\text{kN/m}$

㉡ $W_2 = \frac{1}{2} \times (2.5-1) \times 4 \times 23 = 69\,\text{kN/m}$

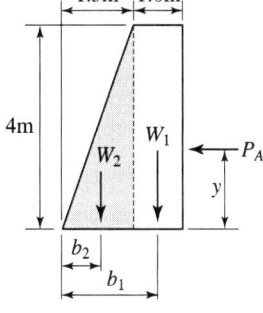

③ 전도 안전율

$$F_s = \frac{M_r}{M_t} = \frac{W_1 \cdot b_1 + W_2 \cdot b_2}{P_A \cdot y} = \frac{92 \times \left(1.5 + \frac{1}{2}\right) + 69 \times \left(1.5 \times \frac{2}{3}\right)}{48 \times \frac{4}{3}} = 3.95$$

[답] 3.95

14②, 10②, 09①

09 압출공법(ILM : Incremental Launching Method)에 적용하는 압출방법 3가지를 쓰시오. [3점]

① _____ ② _____ ③ _____

해답

[답] ① Pulling 방법   ② Lift & Pushing 방법   ③ Lift & Pushing and Pulling 방법

> **참고하세요**
>
> **압출방식에 따른 종류**
> ① Pulling 방법 : 세그먼트(segement) 후방에 PS강재를 슬래브 하단에 고정시켜 압출교대 전면에서 잭(jack)을 이용하여 세그먼트(segement)를 압출하는 방법
> ② Lift & Pushing 방법 : 압출교대 위에 압출 잭(jack)을 설치하여 구체 하면을 들어 올려 전방으로 밀어내는 방법
> ③ Lift & Pushing and Pulling 방법 : 만경강교 적용

14②, 10①, 08①, 84①

10 콘크리트는 타설한 후 습윤상태로 노출면이 마르지 않도록 하여야 하며, 수분의 증발에 따라 살수를 하여 습윤상태로 보하하여야 한다. 보통 포틀랜드 시멘트를 사용한 경우로서 일평균기온에 따른 습윤상태 보호기간의 표준일수를 쓰시오. [3점]

① 보통 포틀랜드 시멘트 :
② 고로 슬래그 시멘트 :
③ 조강 포틀랜드 시멘트 :

해답

[답] ① 5일
② 7일
③ 3일

14②

11 PERT기법에 의한 공정관리 방법에서 낙관적인 시간이 5일, 정상시간이 8일, 비관적인 시간이 11일일 때 공정상의 기대시간(Expected time)을 구하시오. [3점]

[계산과정]   [답] _____

해답

[계산과정] $t_e = \dfrac{t_o + 4t_m + t_p}{6} = \dfrac{5 + 4 \times 8 + 11}{6} = 8$일

[답] 8일

12

가. 공정표

작업일정 계산 결과:

작업명	선행작업	작업일수	EST	EFT	LST	LFT
A	없음	4	0	4	0	4
B	A	6	4	10	4	10
C	A	5	4	9	5	10
D	A	4	4	8	5	9
E	B	3	10	13	14	17
F	B,C,D	7	10	17	10	17
G	D	8	8	16	9	17
H	E	6	13	19	19	25
I	E,F	5	17	22	20	25
J	E,F,G	8	17	25	17	25
K	H,I,J	6	25	31	25	31

CP : A → B → F → J → K (공기 31일)

나. 여유시간

작업명	TF	FF	DF
A	0	0	0
B	0	0	0
C	1	1	0
D	1	0	1
E	4	0	4
F	0	0	0
G	1	1	0
H	6	6	0
I	3	3	0
J	0	0	0
K	0	0	0

해답

가. 공정표

[답]

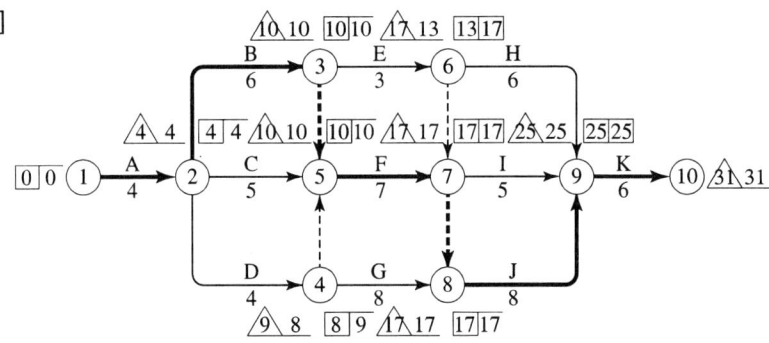

나. 여유시간

[답]

작업명	TF(총 여유)	FF(자유 여유)	DF(독립 여유)
A	4−(0+4)=0	4−(0+4)=0	0−0=0
B	10−(4+6)=0	10−(4+6)=0	0−0=0
C	10−(4+5)=1	10−(4+5)=1	1−1=0
D	9−(4+4)=1	8−(4+4)=0	1−0=1
E	17−(10+3)=4	13−(10+3)=0	4−0=4
F	17−(10+7)=0	17−(10+7)=0	0−0=0
G	17−(8+8)=1	17−(8+8)=1	1−1=0
H	25−(13+6)=6	25−(13+6)=6	6−6=0
I	25−(17+5)=3	25−(17+5)=3	3−3=0
J	25−(17+8)=0	25−(17+8)=0	0−0=0
K	31−(25+6)=0	31−(25+6)=0	0−0=0

14②, 04②, 98①, 86①

13 기초는 직접기초(Direct Foundation)와 깊은 기초(Deep Foundation)으로 대별된다. 직접 기초의 구비조건을 4가지만 쓰시오. [3점]

① _____ ② _____ ③ _____ ④ _____

해답

[답] ① 최소한의 근입깊이를 가질 것 ② 안전하게 하중을 지지할 수 있을 것
③ 침하가 허용치를 넘지 않을 것 ④ 경제적인 시공이 가능할 것
⑤ 내구적이고 경제적일 것

14②, 12①, 09④, 04①, 03④, 02①, 00⑤, 99①, 96④, 94①, 87③

14 직경 300mm RC 말뚝을 평균 비배수 일축압축강도가 20kN/m²인 포화점토지반에 1m간격으로 가로방향 3개, 세로방향 4개씩 15m 깊이까지 타입하였다. 아래 물음에 답하시오. (단, 점토지반의 지지력 계수 $N_C'=9$이며, 점착계수 $\alpha=1.25$이다. 또한 말뚝 자체의 중량은 무시하고 안전율은 3으로 하며, 무리말뚝의 효율은 Conversc-Labbarre식에 의한다.) [6점]

가. 말뚝 한 개의 극한지지력을 구하시오.
  [계산과정] [답] _____

나. 무리말뚝의 효율을 구하시오.
  [계산과정] [답] _____

다. 무리말뚝의 효용지지력을 구하시오.
  [계산과정] [답] _____

해답

가. 극한지지력

[계산과정] ① $q_u = 2c$ $20 = 2c$ ∴ $c = 10\text{kN/m}^2$

② $A_P = \dfrac{\pi \cdot D^2}{4} = \dfrac{\pi \times 0.3^2}{4} = 0.07\text{m}^2$

③ $f_s = ac = 1.25 \times 10 = 12.5\text{kN/m}^2$

④ $R_u = R_P + R_f = (cN_c^* + q'N_q^*)A_P + f_s ul$
$= (10 \times 9) \times 0.07 + 12.5 \times (\pi \times 0.3) \times 15 = 183.01\text{kN}$

[답] 183.0kN

나. 효율

[계산과정] ① $\phi = \tan^{-1}\dfrac{D}{S} = \tan^{-1}\dfrac{0.3}{1} = 16.70°$

② $E = 1 - \phi\left[\dfrac{(m-1)n + m(n-1)}{90mn}\right] = 1 - 16.7 \times \left[\dfrac{2 \times 4 + 3 \times 3}{900 \times 3 \times 4}\right] = 0.74$

[답] 0.74

다. 효용지지력

[계산과정] ① $R_a = \dfrac{R_u}{F_s} = \dfrac{183.01}{3} = 61.0\text{kN}$

② $R_{ag} = ENR_a = 0.74 \times 12 \times 61.0 = 541.68\text{kN}$

[답] 541.68kN

15 아래 그림과 같은 지층 위에 성토로 인한 등분포하중 $q=50\text{kN/m}^2$이 작용할 때 다음 물음에 답하시오. (단, 점토층은 정규압밀점토이며, W_L은 액성한계이다.)

[6점]

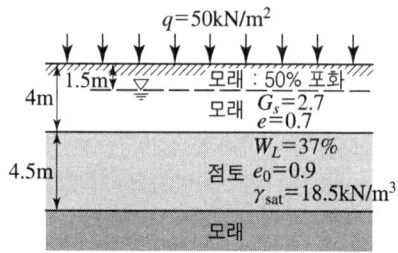

가. 점토층 중앙의 초기 유효연직압력(p_1)을 구하시오.

　[계산과정]　　　　　　　　　　　　　　　　　[답] _____

나. 점토층의 압밀침하량을 구하시오.

　[계산과정]　　　　　　　　　　　　　　　　　[답] _____

해답

가. 유효연직압력

[계산과정] ① 모래지반 단위중량

㉠ $\gamma_t = \dfrac{G_s + se}{1+e}\gamma_w = \dfrac{2.7+0.5\times 0.7}{1+0.7}\times 9.80 = 17.58\text{kN/m}^3$

㉡ $\gamma_{sat} = \dfrac{G_s + e}{1+e}\gamma_w = \dfrac{2.7+0.7}{1+0.7}\times 9.80 = 19.6\text{kN/m}^3$

② $p_1 = 17.58\times 1.5 + 9.80\times 2.5 + (18.5-9.80)\times \dfrac{4.5}{2} = 70.45\text{kN/m}^2$

[답] 70.45kN/m^2

나. 압밀침하량

[계산과정] ① $C_c = 0.009(W_L - 10) = 0.009(37-10) = 0.243$

② $\Delta H = \dfrac{C_c}{1+e_1}\log \dfrac{P_2}{P_2} H$

$= \dfrac{0.243}{1+0.9} \times \log\left(\dfrac{70.45+50}{70.45}\right)\times 4.5 = 0.1341\text{m} = 13.41\text{cm}$

[답] 13.41cm

16 가요성포장(Flexible Pavement)의 구조설계시, AASHTO(1972) 설계법에 의한 소요포장 두께지수(SN)가 4.3으로 계산되었다. 포장을 표층, 기층 및 보조기층의 3개 층으로 구성하고 각층 재료별 상대강도계수와 표층 및 기층의 두께를 다음과 같이 배분할 경우의 보조기층 두께를 계산하시오. [3점]

포장층	재료	상대강도계수	두께(cm)
표층	높은 안정도의 아스팔트 콘크리트	0.176	5
기층	쇄석	0.055	25
보조기층	모래섞인 자갈	0.043	

[계산과정] [답] _____

해답

[계산과정] $SN = a_1 D_1 + a_2 D_2 + a_3 D_3$

$4.3 = 0.176 \times 5 + 0.055 \times 25 + 0.043 D_3$

$D_3 = 47.56 \text{cm}$

[답] 47.56cm

---

17 사질토 지반에서 30×30cm 크기의 재하판을 이용하여 평판재하시험을 실시하였다. 재하시험결과 극한지지력이 240kPa, 침하량이 10mm이었다. 실제 3×3m의 기초를 설치할 때 예상되는 극한지지력과 침하량을 구하시오. [4점]

[계산과정]
[답] 극한지지력 : _____, 침하량 : _____

해답

[계산과정] ① 극한지지력

$$q_{u(기초)} = q_{u(재하판)} \cdot \frac{B_{(기초)}}{B_{(재하판)}} = 240 \times \frac{3}{0.3} = 2,400 \text{kPa}$$

② 침하량

$$S_{(기초)} = S_{(재하판)} \cdot \left[\frac{2B_{(기초)}}{B_{(기초)} + B_{(재하판)}} \right]^2 = 10 \times \left[\frac{2 \times 3}{3 + 0.3} \right]^2 = 33.06 \text{mm}$$

[답] 극한지지력 : 2,400kPa
　　　침하량 : 33.06mm

18 뒤채움 지표면에 재하중이 없는 높이 6m의 옹벽에 작용하는 지진력에 의한 전체 주동토압(P_{ae})이 Mononobe-Okabe식에 의해 160kN/m이고, 정적인 상태의 전체 주동토압(P_a)이 100kN/m일 때 지진력에 의한 전체 주동 토압의 작용위치는 옹벽저면으로부터 몇 m로 보는가? [3점]

[계산과정]   [답] _____

[계산과정] ① 지진력에 의한 주동토압

$$P_w = \frac{1}{2}\gamma h^2 (1-K_V) K_{ae} = 160\text{kN/m}$$

② $P_a = \frac{1}{2} r h^2 C_a = 100\text{kN/m}$

③ $\Delta P_{ae} = P_w - P_a = 160 - 100 = 60\text{kN/m}$

④ $\Delta P_{ae} \cdot 0.6h + P_a \cdot \frac{h}{3} = P_{ae} \cdot y$

$60 \times (0.6 \times 6) + 100 \times \frac{6}{3} = 160 \times y$ 에서 $y = 2.6\text{m}$

[답] 2.6m

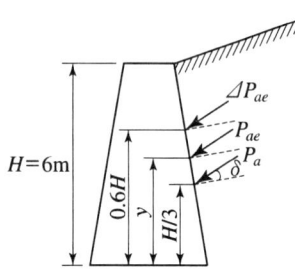

---

19 암반 사면의 파괴 형태를 4가지만 쓰시오. [3점]

① _____ ② _____ ③ _____ ④ _____

[답] ① 원호파괴 ② 평면파괴 ③ 쐐기파괴 ④ 전도파괴

---

20 PS 콘크리트 교량 건설공법 중 동바리를 사용하지 않는 현장타설 공법의 종류를 3가지만 쓰시오. [3점]

① _____ ② _____ ③ _____

[답] ① 캔틸레버공법(FCM) ② 이동식비계공법 (MSS)
　　③ 압출공법(ILM) ④ 프리캐스트 세그먼트 공법 (PSM)

21 그림과 같은 유토곡선(Mass Curve)에서 다음 물음에 답하시오. [4점]

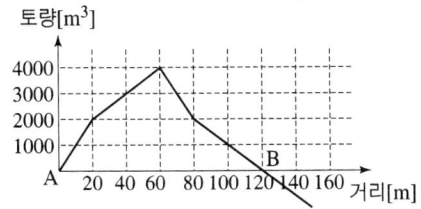

가. AB구간에서 절토량 및 평균운반거리를 구하시오.
   [계산과정]   [답] _____

나. AB구간에서 불도저(Bull Dozer) 1대로 흙을 운반하는데 필요한 소요일수를 구하시오. (단, 1일 작업시간은 8시간, 불도저의 $q=3.2\text{m}^3$, $L=1.25$, $E=0.6$, 전진속도 : 40m/분, 후진속도 : 46m/분, 기어변속시간 : 0.25분)
   [계산과정]   [답] _____

해답

가. 평균운반거리

[계산과정] ① 절토량 : 4000m³
   극대점(절토에서 성토로 변하는 변이점)의 값
② 평균 운반거리 : 60m
   절토량 4000m³의 중간인 2000m³의 거리
   80 − 20 = 60m

[답] 60m

나. 소요일수

[계산과정] ① dozer 1대 작업량

㉠ $C_m = \dfrac{1}{V_1} + \dfrac{1}{V_2} + t_g = \dfrac{60}{40} + \dfrac{40}{46} + 0.25 = 3.05$분

㉡ $Q = \dfrac{60 \cdot q \cdot f \cdot E}{C_m} = \dfrac{60 \times 3.2 \times \dfrac{1}{1.25} \times 0.6}{3.05} = 30.22\text{m}^3/\text{hr}$

② 소요일수 $= \dfrac{4000}{30.22 \times 8} = 16.55 = 17$일

[답] 17일

14②, 09②, 08②, 05①, 00②, 94②

22 Sand Drain 공법에서 U_v(연직방향의 압밀도)=0.95, U_h(수평방향의 압밀도)= 0.20인 경우, 수직·수평방향을 고려한 압밀도(U)는 얼마인가? [3점]

[계산과정] [답] _____

▎해답

[계산과정] $U = 1 - (1-U_h)(1-U_v) = 1 - (1-0.2)(1-0.95) = 0.96 = 96\%$
[답] 96%

14②

23 지표면에서 깊이 약 3m 이내의 연약토를 석회, 시멘트, 플라이애시 등의 안정재와 혼합하여 지반강도를 증진시키는 공법으로 주로 해안매립지와 같이 초연약지반의 지표면을 고화시키기 위해 사용하는 공법의 명칭을 쓰시오. [2점]

▎해답

[답] 표층혼합처리공법

14②

24 도로토공을 위한 횡단측량결과가 아래 그림과 같다. Simpson 제1법칙에 의한 횡단면적을 구하시오. (단위 : m) [3점]

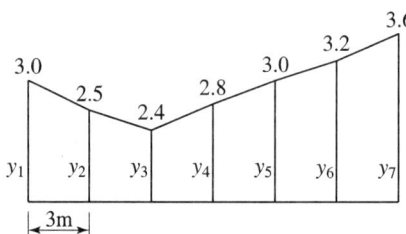

[계산과정] [답] _____

▎해답

[계산과정] $A = \dfrac{h}{3}(y_1 + 4\sum y_{\text{짝수}} + 2\sum y_{\text{홀수}} + y_n)$

$= \dfrac{3}{3}[3.0 + 4(2.5+2.8+3.2) + 2(2.4+3.0) + 3.6]$

$= 51.4 \text{m}^2$

[답] 51.4m^2

25 콘크리트의 배합설계에서 $f_{ck}=28\text{MPa}$, 30회 이상의 압축강도 시험으로부터 구한 표준편차 $s=5\text{MPa}$이며, 실험을 통해 시멘트·물(C·W)비와 재령 28일 압축강도 $f_{28}=-14.7+20.7C/W$로 얻어졌을 때 콘크리트의 물·시멘트(W/C)비를 구하시오. [3점]

[계산과정] [답] _____

해답

[계산과정]

① 품질기준강도(f_{cq})

품질기준강도(f_{cq})는 설계기준압축강도(f_{ck})와 내구성 기준 압축강도(f_{cd})중에서 큰 값으로 결정하나, 내구성 기준 압축강도(f_{cd})가 주어져 있지 않으므로 품질기준강도(f_{cq})는 설계기준압축강도(f_{ck}) 값과 같다.

$f_{cq} = f_{ck}$

② 호칭강도(f_{cn})

레디믹스트 콘크리트의 경우에는 현장 콘크리트의 품질변동을 고려하여 배합강도(f_{cr})를 호칭강도(f_{cn})보다 크게 정하며, 호칭강도(f_{cn})는 품질기준강도에 기온보정강도(T_n)를 더한다.

콘크리트 강도의 기온에 따른 보정값(T_n)은 콘크리트 타설일로부터 재령까지의 예상평균기온의 범위(℃)와 결합재의 종류가 주어져 있지 않으므로 구할 수 없어 무시한다.

$f_{cn} = f_{cq} + T_n = 28 + 0 = 28\text{MPa}$ [여기서, T_n : 기온보정강도(MPa)]

③ 배합강도(f_{cr})는

$f_{cn} = 28\text{MPa} \leq 35\text{MPa}$인 경우이므로

㉠ $f_{cr} = f_{cn} + 1.34s = 28 + 1.34 \times 5 = 34.7\text{MPa}$

㉡ $f_{cr} = (f_{cn} - 3.5) + 2.33s = (28 - 3.5) + 2.33 \times 5 = 36.15\text{MPa}$

㉢ 둘 중에서 큰 값이 배합강도이므로 $f_{cr} = 36.15\text{MPa}$

④ $f_{28} = -14.7 + 20.7\dfrac{C}{W}$

$36.15 = -14.7 + 20.7 \times \dfrac{C}{W}$ $\dfrac{C}{W} = 2.4565$

$\dfrac{W}{C} = 0.4071 = 40.71\%$

[답] 40.71%

26 주어진 도면에 다음 물량을 산출하시오. (단, 도면의 치수 단위는 mm이다.)

[8점]

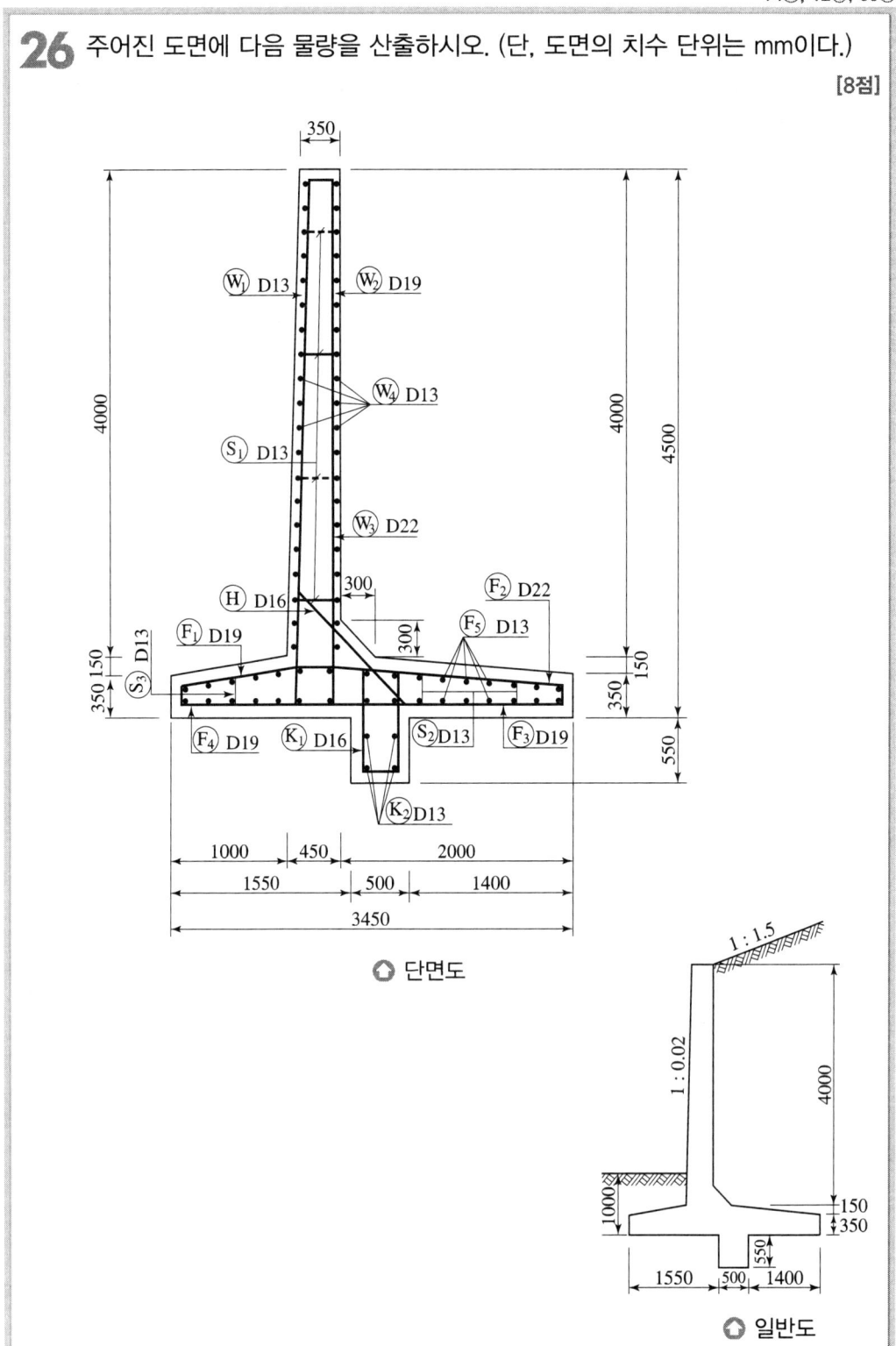

○ 단면도

○ 일반도

가. 옹벽길이 1m에 대한 콘크리트량을 구하시오. (단, 소수 4째자리에서 반올림하시오.)

[계산과정]

[답] _____

나. 옹벽길이 1m에 대한 거푸집량을 구하시오. (단, 돌출부(전단 key)에 거푸집을 사용하며, 마구리면의 거푸집은 무시하며, 소수 4째자리에서 반올림하시오.)

[계산과정]

[답] _____

해답

가. 길이 1m에 대한 콘크리트량

[계산과정]

① $A_1 = \dfrac{0.35 + 0.444}{2} \times 3.7 = 1.4689\text{m}^2$

② $A_2 = \dfrac{0.444 + 0.75}{2} \times 0.3 = 0.1791\text{m}^2$

③ $A_3 = \dfrac{0.75 + 3.45}{2} \times 0.15 = 0.315\text{m}^2$

④ $A_4 = 3.45 \times 0.35 = 1.2075\text{m}^2$

⑤ $A_5 = 0.5 \times 0.55 = 0.275\text{m}^2$

⑥ 콘크리트량 $= (A_1 + A_2 + \cdots\cdots + A_5) \times 1$
$= 3.4455 \times 1 = 3.446\text{m}^3$

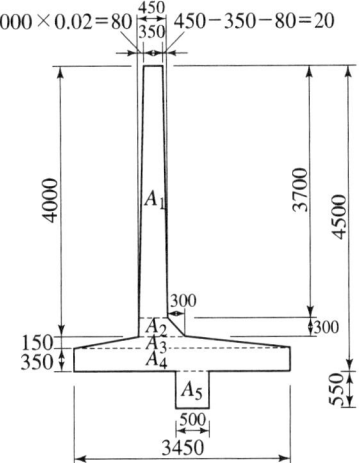

[답] 3.446m^3

나. 길이 1m에 대한 거푸집량

[계산과정]

① $\overline{ab} = \sqrt{4^2 + 0.08^2} = 4.0008\text{m}$

② $\overline{cd} = 0.35\text{m}$

③ $\overline{ef} = 0.55\text{m}$

④ $\overline{gh} = 0.55\text{m}$

⑤ $\overline{ij} = 0.35\text{m}$

⑥ $\overline{kl} = \sqrt{0.3^2 + 0.3^2} = 0.4243\text{m}$

⑦ $\overline{lm} = \sqrt{3.7^2 + 0.02^2} = 3.7001\text{m}$

⑧ 거푸집량 $= (① + ② + \cdots\cdots + ⑦) \times 1$
$= 9.9252 \times 1 = 9.925\text{m}^2$

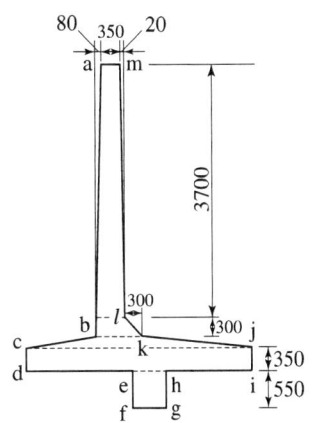

[답] 9.925m^2

27. 터널에 대한 아래 표의 내용에서 ( )안에 적합한 용어를 쓰시오. [3점]

터널 단면에서 최대폭을 형성하는 점 중 최상부의 점을 종방향으로 연결하는 선을 (①)(이)라고 하며 터널굴착과정에서 발생하는 암석덩어리, 암석조각, 토사 등을 총칭해서 (②)(이)라고 한다.

① _____ ② _____

해답

[답] ① spring line ② 버력(muck)

국가기술자격검정 실기시험문제

2014년도 기사 일반검정(제4회) (2014-11-01)

자격종목 및 등급(선택분야)	종목코드	시험시간	형별	수험번호	성 명
토목기사		3시간	A		

※ 다음 물음의 답을 해당 답란에 답하시오.(배점)

14④, 03②, 94①, 85①

01 공기케이슨(Pneumatic Caisson) 공법의 단점을 4가지만 쓰시오. [3점]

① _____ ② _____ ③ _____ ④ _____

해답

[답] ① 소음, 진동이 커서 시가지 공사에는 부적합하다.
② 케이슨병이 발생한다.
③ 굴착 깊이에 제한이 있다.
④ 노무 관리비가 많이 든다.

참고하세요

공기 케이슨 기초의 단점
① 소음, 진동이 커서 시가지 공사에는 부적합하다.
② 케이슨병이 발생한다.
③ 굴착 깊이에 제한이 있다.
④ 노무 관리비가 많이 든다.
⑤ 압축공기를 이용하여 시공하므로 기계설비가 비싸다.
⑥ 소규모 공사에서는 비경제적이다.

14④, 09②, 06④, 01①

02 도로 예정노선에서 일곱지점의 CBR을 측정하여 아래 표와 같은 결과를 얻었다. 설계 CBR은 얼마인가? (단, 설계계산용 계수 d_2는 2.83) [3점]

지점	1	2	3	4	5	6	7
CBR	4.2	3.6	6.8	5.2	4.3	3.4	4.9

[계산과정]   [답] _____

해답

[계산과정] ① 각 지점의 CBR 평균

각 지점의 CBR 평균 $= \dfrac{4.2+3.6+6.8+5.2+4.3+3.4+4.9}{7} = 4.63$

② $d_2 = 2.83$이다.

③ 설계 $CBR =$ 각 지점의 CBR 평균 $- \left(\dfrac{CBR \text{최대치} - CBR \text{최소치}}{d_2} \right)$

$= 4.63 - \left(\dfrac{6.8 - 3.4}{2.83} \right) = 3.43 = 3$

여기서, 설계 CBR은 소수점 이하는 절사하여야 한다.

[답] 3

14④, 10①, 06②, 04④

03 장대교량에 사용되는 사장교는 주부재인 케이블의 교축방향 배치방식에 따라 크게 4가지로 분류되는데 이를 쓰시오. [3점]

① _____ ② _____ ③ _____ ④ _____

해답

[답] ① 부채형(fan type)   ② 스타형(star type)
   ③ 하프형(harp type)   ④ 방사형(radial type)

참고하세요

주부재인 케이블의 교축방향 배치방식에 따른 사장교의 종류

① 부채형(fan type)

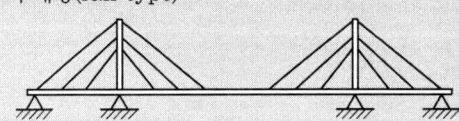

② 스타형(star type)

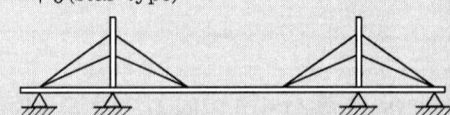

③ 하프형(harp type)

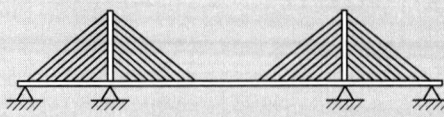

④ 방사형(radial type)

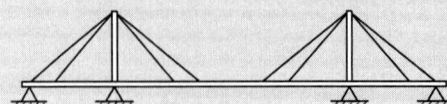

04
콘크리트 타설온도를 낮추는 방법으로 물, 골재 등의 재료를 미리 냉각시키는 방법인 선행 냉각방법(Pre-cooling)의 종류 3가지를 쓰시오. [3점]

① _____ ② _____ ③ _____

[답] ① 냉수나 얼음을 따로따로 혹은 조합해서 사용하는 방법
② 냉각한 골재를 사용하는 방법
③ 액체질소를 사용하는 방법

05
그림과 같이 매우 넓은 면적에 120kN/m²의 등분포하중이 작용할 때, 정규압밀 점토층에 발생하는 압밀침하량을 구하시오. [3점]

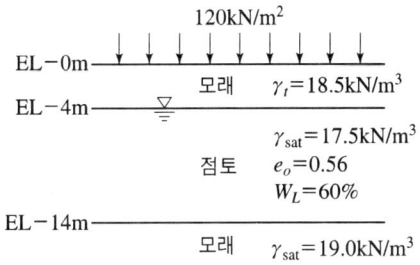

[계산과정] [답] _____

[계산과정] ① 지하수위 위에 있는 모래의 습윤단위중량 : $\gamma_t = 18.5 \, \text{kN/m}^3$

② 지하수위 아래에 있는 점토의 수중단위중량 : $\gamma_{sub} = \gamma_{sat} - \gamma_w = 17.5 - 9.81$
$= 7.69 \, \text{kN/m}^3$

③ 유효상재압력 : $P_o = 18.5 \times 4 + 7.69 \times \dfrac{10}{2} = 112.45 \, \text{kN/m}^2$

④ $P_o + \Delta P_{av} = 112.45 + 120$

⑤ 압축지수 : $C_c = 0.009(W_L - 10) = 0.009 \times (60 - 10) = 0.45$

⑥ 1차 압밀침하량
$$S_c = \dfrac{C_c}{1+e_o} \log \dfrac{P_o + \Delta P_{av}}{P_o} H = \dfrac{0.45}{1+0.56} \log\left(\dfrac{112.45+120}{112.45}\right) \times 10 = 0.9097 \, \text{m}$$
$= 90.97 \, \text{cm}$

[답] 90.97cm

06
어떤 모래의 건조단위중량이 17kN/m³이고, 이 모래지반의 최대건조단위중량이 18kN/m³, 최소건조단위중량이 $\gamma_{d\min}$ =16kN/m³일 때 상대밀도를 구하고 판정하시오. [3점]

[계산과정] [답] 상대밀도 : _____ , 판정 : _____

해답

[계산과정] ① $D_r = \dfrac{\gamma_{d\max}}{\gamma_d} \times \dfrac{\gamma_d - \gamma_{d\min}}{\gamma_{d\max} - \gamma_{d\min}} \times 100 = \dfrac{18}{17} \times \dfrac{17-16}{18-16} \times 100 = 52.94\%$

② 상대밀도가 52.94%로 35~65% 사이이므로 흙의 상태는 중간이다.

[답] 상대밀도 : 52.94%
   판정 : 중간

참고하세요

현장 모래 지반의 상대밀도 및 표준관입시험값(N치)

흙의 상태	상대밀도(D_r, %)	N치
대단히 느슨	0~15(0~0.15)	0~4
느 슨	15~35(0.15~0.35)	4~10
중 간	35~65(0.35~0.65)	10~30
촘 촘	65~85(0.65~0.85)	30~50
대단히 촘촘	85~100(0.85~1)	50 이상

14④, 10①, 04③, 99⑤, 98③, 95③

07
횡방향 지반반력계수(K_h)를 구하는 현장시험을 3가지만 쓰시오. [3점]

① _____ ② _____ ③ _____

해답

[답] ① PMT(Pressure MeterTest)
   ② DMT(Dilato MeterTest)
   ③ LLT(Lateral Load Test)

08 현장흙을 다진 후 모래치환법으로 아래와 같은 결과를 얻었다. 실내다짐시험에서 구한 최대건조단위중량은 18.7kN/cm³(1.87g/cm³)일 때 상대다짐도를 구하시오. [3점]

[결과]
- 시험구덩이에서 파낸 흙의 무게 : 18N(1,800g)
- 시험구덩이에서 파낸 흙의 함수비 : 12.5%
- 샌드 콘 내 전체 모래 무게 : 27N(2,700g)
- 시험구덩이를 채우고 남은 모래의 무게 : 12N(1,200g)
- 모래의 건조단위중량 : 16.5kN/cm³(1.65g/cm³)

[계산과정] [답] _____

해답

[계산과정] ① 시험공의 체적

$$V = \frac{W_{sand}}{\gamma_{sand,d}} = \frac{27 \times 10^{-3} - 12 \times 10^{-3}}{16.5} = 9.09 \times 10^{-4} \, \text{m}^3$$

② 습윤단위중량

$$\gamma_t = \frac{W}{V} = \frac{18 \times 10^{-3}}{9.09 \times 10^{-4}} = 19.80 \, \text{kN/m}^3$$

③ 건조단위중량

$$\gamma_d = \frac{W_s}{V} = \frac{\gamma_t}{1 + \frac{w}{100}} = \frac{19.80}{1 + \frac{12.5}{100}} = 17.6 \, \text{kN/m}^3$$

④ 다짐도(%)

$$U = \frac{r_d}{r_{d\max}} \times 100 = \frac{17.6}{18.7} \times 100 = 94.12\%$$

[답] 94.12%

참고하세요

MKS 단위

① 시험공의 체적 $V = \dfrac{W_{sand}}{\gamma_{sand,d}} = \dfrac{2{,}700 - 1{,}200}{1.65} = 909.09 \, \text{cm}^3$

② 습윤단위중량 $\gamma_t = \dfrac{W}{V} = \dfrac{1{,}800}{909.09} = 1.98 \, \text{g/cm}^3$

③ 건조단위중량 $\gamma_d = \dfrac{W_s}{V} = \dfrac{\gamma_t}{1 + \frac{w}{100}} = \dfrac{1.98}{1 + \frac{12.5}{100}} = 1.76 \, \text{g/cm}^3$

④ 다짐도(%) $U = \dfrac{r_d}{r_{d\max}} \times 100 = \dfrac{1.76}{1.87} \times 100 = 94.12\%$

09
현장타설말뚝은 일반적으로 지지말뚝으로 사용되기 때문에 콘크리트를 타설할 때 공저에 슬라임(Slime)이 퇴적되어 있으면 침하 원인이 되고 말뚝으로서 기능이 현저하게 저하된다. 이 같은 슬라임을 제거하기 위한 방법을 3가지만 쓰시오. [3점]

① _____ ② _____ ③ _____

해답

[답] ① 메카닉펌프   ② 석션 파이프   ③ 에어리프팅

참고하세요

슬라임의 제거 방법
① 메카닉펌프 : 주사기 형태의 펌프로서 선단까지 장비를 내린 후 피스톤을 뽑아 올려 선단부의 슬라임을 펌프내부를 통해 상부로 빼내어 제거하는 방법이다.
② 석션 파이프 : 파이프를 통해 슬라임을 직접 뽑아 올리는 방법으로, 콘크리트 타설용 트리미 관을 주로 이용한다.
③ 에어리프팅 : 트리미 관 파이프를 이용하여 선단에 공기를 불어 넣어 선단부 슬라임을 부양시켜 버리는 방법이다.

10
다음과 같은 모래지반에 위치한 댐의 piping에 대한 안정성을 검토하시오. (단, safe weighted creep ratio는 6.0) [3점]

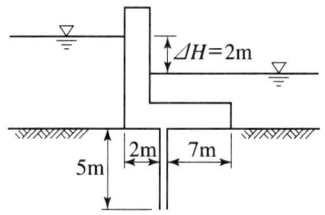

[계산과정]   [답] _____

해답

[계산과정] ① 가중 creep 거리 $= 2D + \dfrac{L}{3} = 2 \times 5 + \dfrac{2+7}{3} = 13$

② 유효 수두 $= \Delta H = 2\text{m}$

③ 가중 creep비 $= \dfrac{\text{가중}\,creep\,\text{거리}}{\text{유효수두}} = \dfrac{13}{2} = 6.5 > F_s = 6$ 이므로 안정하다.

[답] 안정

[부록] 2014년 11월 1일 시행

14④, 12①, 09①, 05①

11 다음의 작업리스트를 보고 아래 물음에 답하시오. [10점]

작업명	선행작업	후속작업	표준상태		특급상태	
			작업일수	비용	작업일수	비용
A	–	B, C	3	30만원	2	33만원
B	A	D	2	40만원	1	50만원
C	A	E	7	60만원	5	80만원
D	B	F	7	100만원	5	130만원
E	C	G, H	7	80만원	5	90만원
F	D	G, H	5	50만원	3	74만원
G	E, F	I	5	70만원	5	70만원
H	E, F	I	1	15만원	1	15만원
I	G, H	–	3	20만원	3	20만원

가. Network(화살선도)를 작도하고, 표준상태에 대한 C.P를 표시하시오.

　○

나. 공기를 3일 단축했을 때 추가로 소요되는 비용을 구하시오.

　[계산과정]

　[답] _____

|해답|

가. 화살선도와 C.P
　[답]

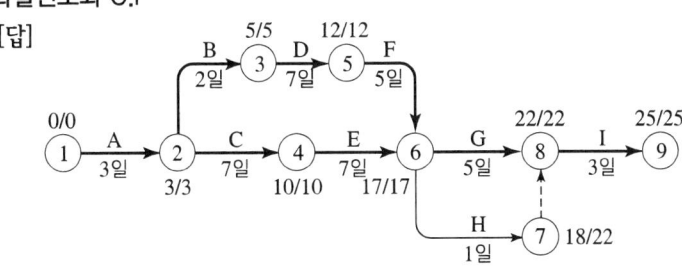

CP : A → B → D → F → G → I
　　 A → C → E → G → I

나. 추가로 소요되는 비용

[계산과정] ① 비용경사

작업명	단축 가능 일수	단축순서	비용 구배	단축일수	추가 비용
A	1	1단계	3만원	1	3만원
B	1	2단계(B+E)	10만원	1	10만원
C	2		10만원		
D	2		15만원		
E	2	2단계(B+E) 3단계(E+F)	5만원	2	2×5만원 =10만원
F	2	3단계(E+F)	12만원	1	12만원
계				3	35만원

② 추가 소요되는 비용 = 3만원+(10만원+5만원)+(5만원+12만원)
  = 35만원

[답] 35만원

14④, 09④, 07④, 04④

12 지하수 침강 최소깊이 2m, 암거 매립간격 8m, 투수계수 10^{-5}cm/sec일 때 불투수층에 놓인 암거를 통한 단위 길이당 배수량을 구하시오. (단, 소수점 이하 넷째 자리까지 구하시오.) [3점]

[계산과정] [답] _____

해답

[계산과정] 단위 길이당 배수량

$$D = \frac{4k}{Q}(H_0^2 - h_0^2) \text{에서}$$

$$Q = \frac{4k}{D}(H_0^2 - h_0^2) = \frac{4 \times 10^{-5}}{8}(200^2 - 0^2) = 0.002 \, \text{cm}^3/\text{cm}/\text{sec}$$

[답] 0.002cm³/cm/sec

참고하세요

암거 매설간격과 배수량과의 관계

$$D = \frac{4k}{Q}(H_0^2 - h_0^2)$$

여기서, D : 암거간의 간격, k : 투수계수
  Q : 배수량
  H_0 : 불투수층에서 최소 침강 지하수면까지의 거리
  h_0 : 불투수층에서 암거매립 위치까지의 거리

14④, 09②, 06②, 05①

13 다음 지반조건으로 지반굴착을 할 경우 이에 설치한 지반앵커(Ground Anchor)의 정착장(L)을 구하시오. (단, 안전율은 1.5 적용) [3점]

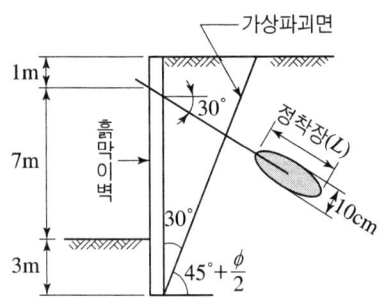

- 앵커반력 : 250kN
- 정착부의 주면마찰저항 : 0.2MPa
- 천공직경 : 10cm
- 설치각도 : 수평과 30°
- H-Pile 설치간격(앵커 설치간격) : 1.5m

[계산과정]

[답] _____

해답

[계산과정] ① 앵커축력

$$T = \frac{P \cdot a}{\cos \alpha} = \frac{250 \times 1.5}{\cos 30°} = 433.01 \text{kN}$$

② 앵커 정착장

$$L = \frac{T \cdot F_s}{\pi \cdot D \cdot \tau} = \frac{433.01 \times 1.5}{\pi \times 0.1 \times 200} = 10.34 \text{m}$$

($\therefore \tau = 0.2 \text{MPa} = 0.2 \text{N/mm}^2 = 200 \text{kN/m}^2$)

[답] 10.34m

참고하세요

1. 앵커축력

$$T = \frac{P \cdot a}{\cos \alpha}$$

여기서, T : 앵커축력
P : 앵커반력
a : 앵커 설치간격(Pile 설치간격)
α : 앵커 설치각도(수평과의 각)

2. 앵커 정착장

$$L = \frac{T \cdot F_s}{\pi \cdot D \cdot \tau}$$

여기서, L : 앵커 정착장, T : 앵커축력, F_s : 안전율
D : 천공직경, τ : 주면마찰저항

14④, 09①

14 암반의 공학적 분류방법을 4가지만 쓰시오. [3점]

① _____ ② _____ ③ _____ ④ _____

[해답]

[답] ① RMR(rock mass rating) 분류법
② RQD(암질지수 ; Rock Quality Designation)
③ Q-system에 의한 암반 분류
④ Lauffer의 암반분류법

참고하세요

암반의 분류
① RMR(rock mass rating) 분류법
② RQD(암질지수 ; Rock Quality Designation)
③ Q-system에 의한 암반 분류
④ Terzaghi의 암반하중분류법
⑤ Lauffer의 암반분류법
⑥ RSR(Rock structure rating) concept

14④, 04①, 97④, 95⑤

15 중력식 댐의 시공 후 관리상 댐 내부에 설치하는 검사랑의 시공목적을 3가지만 쓰시오. [3점]

① _____ ② _____ ③ _____

[해답]

[답] ① 댐 내부의 균열검사
② 댐 내부의 누수 및 배수검사
③ 댐 내부의 수축량검사

참고하세요

검사랑 설치 목적(이유)
① 댐 내부의 균열검사   ② 댐 내부의 누수 및 배수검사
③ 댐 내부의 수축량검사   ④ 양압력, 온도측정
⑤ grouting 이용

16 그림과 같은 유한사면에서 사면파괴가 한 평면을 따라 발생한다면(Culmann의 가정) 사면의 임계높이, 활동에 대한 안전율이 2가 되도록 사면높이 H를 구하시오.　　　　　　　　　　　　　　　　　　　　　　　　　　　　　　　　[6점]

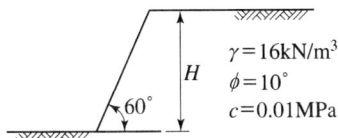

가. 사면의 임계높이를 구하시오.
　　[계산과정]　　　　　　　　　　　　　　　　[답] _____

나. 활동에 대한 안전율이 2가 되도록 사면높이 H를 구하시오.
　　[계산과정]　　　　　　　　　　　　　　　　[답] _____

해답

가. 사면의 임계높이

[계산과정] ① $c = 0.01\text{MPa} = 0.01\text{N/mm}^2 = 10\text{kN/m}^2$

② $H_c = \dfrac{4c}{\gamma_t} \cdot \dfrac{\sin\beta \cdot \cos\phi}{1-\cos(\beta-\phi)} = \dfrac{4 \times 10}{16} \times \dfrac{\sin 60° \times \cos 10°}{1-\cos(60°-10°)} = 5.97\text{m}$

[답] 5.97m

나. 사면높이

[계산과정] ① $F_c = \dfrac{c}{c_d}$ 에서 $c_d = \dfrac{c}{F_c} = \dfrac{10}{2} = 5\text{kN/m}^2$

② $F_\phi = \dfrac{\tan\phi}{\tan\phi_d}$ 에서 $\phi_d = \tan^{-1}\dfrac{\tan\phi}{F_\phi} = \tan^{-1}\dfrac{\tan 10°}{2} = 5.038°$

③ $H_{cd} = \dfrac{4c_d}{\gamma_t} \cdot \dfrac{\sin\beta \cdot \cos\phi_d}{1-\cos(\beta-\phi_d)} = \dfrac{4 \times 5}{16} \times \dfrac{\sin 60° \times \cos 5.038°}{1-\cos(60°-5.038°)} = 2.53\text{m}$

[답] 2.53m

17 여굴을 적게 하고 파단선을 매끈하게 하기 위한 조절발파 공법(controlled blasting)에 대한 다음 물음에 답하시오. [5점]

가. 조절발파공법의 목적 2가지를 쓰시오.
   ① _____   ② _____

나. 조절발파 공법의 종류를 4가지만 쓰시오.
   ① _____   ② _____   ③ _____   ④ _____

해답

[답] 가. ① 여굴이 감소한다.
       ② 암석면이 매끄럽고 뜬돌떼기 작업 감소한다.
   나. ① Line Drilling Method   ② Cushion Blasting Method
       ③ Pre-splitting Method   ④ Smooth Blasting Method

참고하세요

조절폭파공법(Controlled Blasting ; 제어발파공법)특징(장점, 목적)
① 여굴이 감소한다.
② 암석면이 매끄럽고 뜬돌떼기 작업 감소한다.(버럭량이 적게 된다.)
③ 암반 손상이 적어 균열발생량이 감소하고, 낙석의 위험성이 적다.
④ 암반 표면의 균열발생량이 적으므로 보강을 위한 복공(lining) 콘크리트량이 절약된다.
⑤ 발파예정선에 거의 일치하는 발파면을 얻을 수 있다.

18 지름 30cm인 나무말뚝 36본이 기초슬래브를 지지하고 있다. 이 말뚝의 배치는 6열 각열 6본이다. 말뚝의 중심간격은 1.3m이고 말뚝 1본의 허용지지력이 150kN일 때 converse-Labarre 공식을 사용하여 말뚝기초의 허용지지력을 구하시오. [3점]

해답

[계산과정] ① ϕ각 : $\phi = \tan^{-1}\dfrac{D}{S} = \tan^{-1}\dfrac{30}{130} = 13°$

② 군항의 효율 $E = 1 - \dfrac{\phi}{90} \cdot \left[\dfrac{(m-1)\cdot n + (n-1)\cdot m}{m \cdot n}\right]$

$= 1 - \dfrac{13°}{90} \times \left[\dfrac{(6-1)\times 6 + (6-1)\times 6}{6 \times 6}\right] = 0.759$

③ 군항의 허용지지력
$Q_{ag} = E \cdot N \cdot Q_a = 0.759 \times (6 \times 6) \times 150 = 4,098.6\text{kN}$

[답] 4,098.6kN

19 3m의 모래층 위에 10m 두께의 단단한 포화점토가 있고 모래는 피압상태에 있다. A점에서 히빙(heaving)현상이 일어나지 않은 최대깊이 H를 구하시오. [3점]

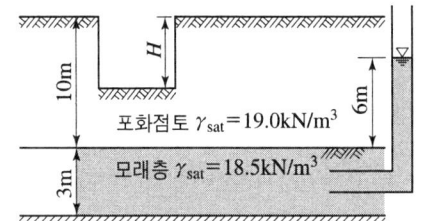

[계산과정]

[답] _____

해답

[계산과정] 전응력 = 유효응력 + 공극수압에서

① 전응력 $\sigma = \gamma_{sat} \cdot Z = 19.0 \times (10-H)$

② 공극수압 $u = \gamma_w \cdot h = 9.81 \text{kN/m}^2 \times 6\text{m} = 58.86 \text{kN/m}^2$

③ 유효응력 $\overline{\sigma} = 0$ 일 때, heaving 발생하므로
$\overline{\sigma} = \sigma - u = 19.0 \times (10-H) - 58.86 \geq 0$

$H \leq \dfrac{19.0 \times 10 - 58.86}{19.0}$ $H \leq 6.90\text{m}$

[답] 6.90m

---

20 이미 경화한 매시브한 콘크리트 위에 슬래브를 타설할 때 부재 평균 최고온도와 외기온도와의 균형시의 온도차가 12.8℃ 발생하였을 때 아래의 표를 이용하여 온도균열 발생확률을 구하시오. (단, 간이법 적용) [3점]

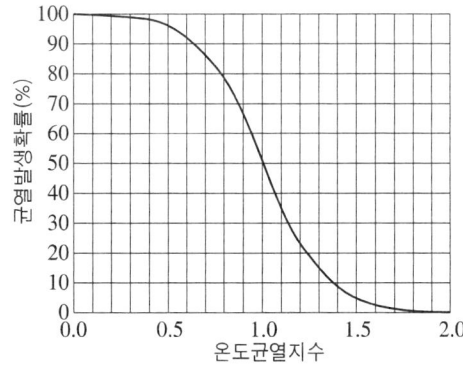

[계산과정]

[답] _____

해답

[계산과정]

① 외부구속의 정도를 표시하는 계수(R)

이미 경화된 콘크리트 위에 타설하는 경우이므로 $R = 0.60$

② 부재 평균 최고온도와 외기온도와의 균형시의 온도차는 $\Delta T_0 = 12.8℃$

③ 온도균열지수 $= \dfrac{10}{R\Delta T_0} = \dfrac{10}{0.60 \times 12.8} = 1.30$

④ 주어진 그래프에서 온도균열지수 1.30일 때 균열발생확률은 약 15%이다.

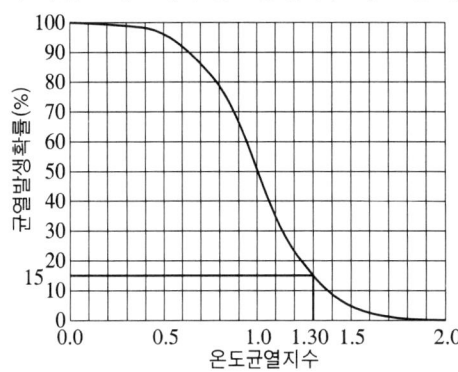

[답] 약 15%

참고하세요

온도균열지수의 산정(간이적인 방법)

① 연질의 지반 위에 친 평판 등과 같이 내부구속응력이 큰 경우

온도균열지수 $= \dfrac{15}{\Delta T_i}$

여기서, ΔT_i : 내부온도가 최고일 때의 내부와 표면과의 온도차(℃)

② 암반이나 매시브한 콘크리트 위에 친 평판 등과 같이 외부구속응력이 큰 경우

온도균열지수 $= \dfrac{10}{R\Delta T_0}$

여기서, R : 외부구속의 정도를 표시하는 계수

ΔT_0 : 부재 평균 최고온도와 외기온도와의 균형시의 온도차(℃)

조건	외부구속의 정도를 표시하는 계수(R)
비교적 연한 암반 위에 콘크리트를 타설할 때	0.50
중간 정도의 단단한 암반 위에 콘크리트를 타설할 때	0.65
경암 위에 콘크리트를 타설할 때	0.80
이미 경화된 콘크리트 위에 타설할 때	0.60

21 그림과 같은 등고선을 가진 지형으로 굴착하여 오른편 그림과 같은 도로성토를 하려고 한다. 물음에 답하시오. (단, $L=1.20$, $C=0.90$, 토량은 각주공식을 사용)

[6점]

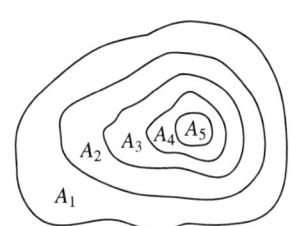

면적(m²)
$A_1=1,400$
$A_2=950$
$A_3=600$
$A_4=250$
$A_5=100$
한 등고선
높이 : 20m

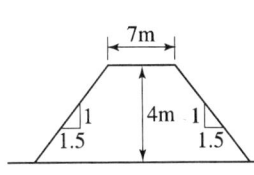

shovel의 C_m : 20sec
dipper 계수 : 0.95
작업효율 : 0.80, $f=1$
1일 운전시간 : 6hrs
유류소모량 : 4L/hr

가. 도로 몇 m를 만들 수 있는가?

　　[계산과정]　　　　　　　　　　　　　　　　[답] _____

나. 위의 그림과 같은 조건에서 $1m^3$ Pover shovel 5대가 굴착할 때 작업일수는 몇 일인가?

　　[계산과정]　　　　　　　　　　　　　　　　[답] _____

다. Power shovel의 총 유류 소모량은 얼마나 되겠는가?

　　[계산과정]　　　　　　　　　　　　　　　　[답] _____

해답

가. 도로

[계산과정] ① 토량

토량 공식 $Q=\dfrac{h}{3}(A_1+4A_2+A_3)$을 사용하면

㉠ $Q_1=\dfrac{20}{3}(1,400+4\times 950+600)=38,666.67m^3$

㉡ $Q_2=\dfrac{h}{3}(A_3+4A_4+A_5)=\dfrac{20}{3}(600+4\times 250+100)=11,333.33m^3$

㉢ $Q=38,666.67+11,333.33=50,000m^3$

② 도로의 단면적 $A=\dfrac{7+(1.5\times 4+7+1.5\times 4)}{2}\times 4=52m^2$

③ 도로 길이 $=\dfrac{원지반\ 토량\times C}{도로\ 단면적}=\dfrac{50,000\times 0.90}{52}=865.38m$

[답] 865.38m

나. 작업일수

[계산과정] ① Shovel의 작업량

$$Q = \frac{3{,}600 \cdot q \cdot K \cdot f \cdot E}{C_m}$$

$$= \frac{3{,}600 \times 1 \times 0.95 \times \frac{1}{1.2} \times 0.80}{20} = 114\,\text{m}^3/\text{hr}\,(\text{본바닥 상태})$$

② 1일 작업량 = $114\,\text{m}^3/\text{hr} \times 6\,\text{hr} \times 5\,\text{대} = 3{,}420\,\text{m}^3/\text{day}$

③ 작업 일수 = $\dfrac{\text{원지반 토량}}{1일 작업량} = \dfrac{50{,}000}{3{,}420} = 14.62\,$일 ≒ 15일

[답] 15일

다. 총 유류 소모량

[계산과정] 총 유류 소모량 = $4l/\text{hr} \times 6\,\text{hr} \times 14.62\,$일 $\times 5\,$대 $= 1{,}754.4\,\text{L}$

[답] 1,754.4L

14④

22
터널의 단면은 그 속을 지나가는 대상에 의하여 정해지는 것이나 시공상의 난이, 라이닝에 미치는 외력 등에 의하여 변한다. 터널을 단면형상에 의한 분류를 3가지 쓰시오. [3점]

① _____   ② _____   ③ _____

해답

[답] ① 원형터널   ② 난형터널   ③ 마제형터널

참고하세요

터널의 단면은 응력, 변형 등에 대하여 구조적으로 안정하고 경제적인 형상이 되도록 해야 한다. 일반적으로는 3심 혹은 5심원으로 이루어지는 마제형이나 난형으로 계획되고 있으나, 역학적으로는 원형에 가까운 것이 좋다. 이외에도 타원형터널, 사각형터널, 계란형터널 등이 있다.

14④, 11②, 10①

23 주어진 반중력식 교대 도면을 보고 다음 물량을 산출하시오. (단, 교대 전체 길이는 10m이며, 도면의 치수 단위는 mm이다.) [8점]

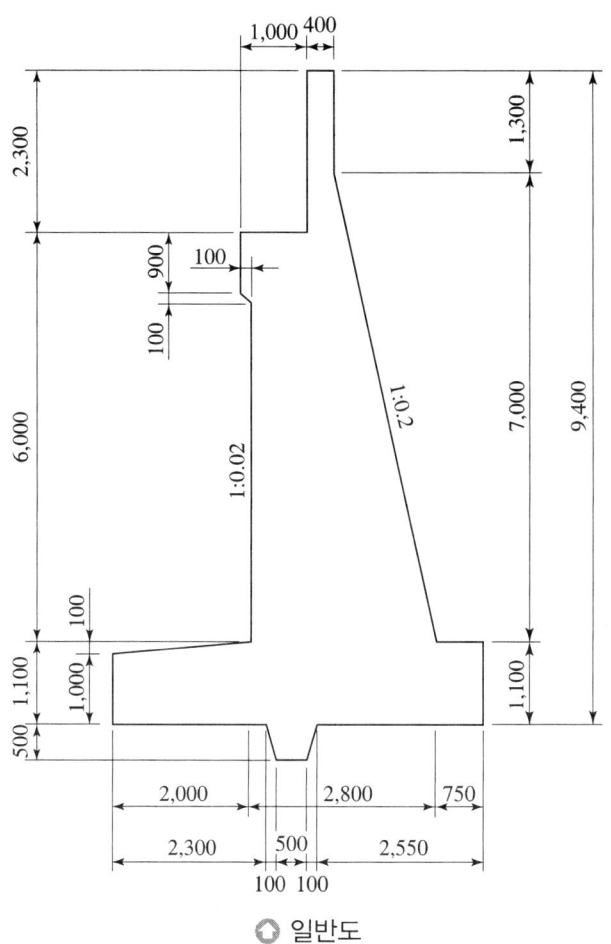

◎ 일반도

가. 교대의 전체 콘크리트량을 구하시오.(단, 소수 4째자리에서 반올림하시오.)

[계산과정] [답] _____

나. 교대의 전체 거푸집량을 구하시오.(단, 돌출부(전단 key)에 거푸집을 사용하며, 소수 4째자리에서 반올림하시오.)

[계산과정] [답] _____

해답

가. 콘크리트량

[계산과정]

① 구체 면적

$A_1 = 0.4 \times 1.3 = 0.52\text{m}^2$

$A_2 = \dfrac{0.4 + (0.4 + 7 \times 0.2)}{2} \times 7 = 7.7\text{m}^2$

$A_3 = 1.0 \times 0.9 = 0.9\text{m}^2$

$A_4 = \dfrac{1.0 + 0.9}{2} \times 0.1 = 0.095\text{m}^2$

$A_5 = \dfrac{0.9 + (0.9 + 5 \times 0.02)}{2} \times 5 = 4.75\text{m}^2$

$A_6 = \dfrac{(5.55 - 2) + 5.55}{2} \times 0.1 = 0.455\text{m}^2$

$A_7 = 5.55 \times 1 = 5.55\text{m}^2$

$A_8 = \dfrac{0.5 + (0.5 + 0.1 \times 2)}{2} \times 0.5 = 0.3\text{m}^2$

$\sum A = 20.270\text{m}^2$

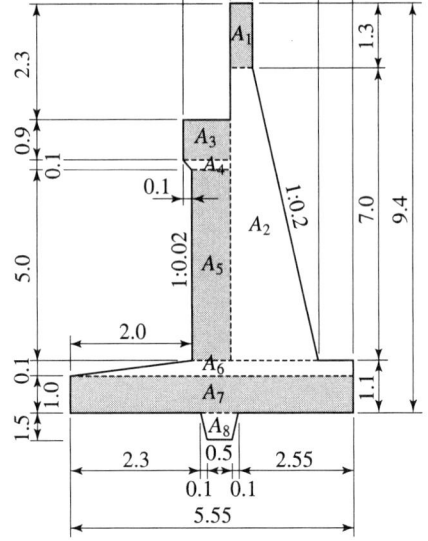

② 총 콘크리트량 = 구체 면적 × 교대 길이 = $20.27 \times 10 = 202.700\text{m}^3$

[답] 202.700m^3

나. 거푸집량

[계산과정]

① 측면도에서의 거푸집 길이

$A = 2.3\text{m}$

$B = 0.9\text{m}$

$C = \sqrt{0.1^2 + 0.1^2} = 0.1414\text{m}$

$D = \sqrt{(5 \times 0.02)^2 + 5^2} = 5.0010\text{m}$

$E = 1\text{m}$

$F = \sqrt{0.1^2 + 0.5^2} \times 2 = 1.0198\text{m}$

$G = 1.1\text{m}$

$H = \sqrt{(7 \times 0.2)^2 + 7^2} = 7.1386\text{m}$

$I = 1.3\text{m}$

$\sum L = 19.9008\text{m}$

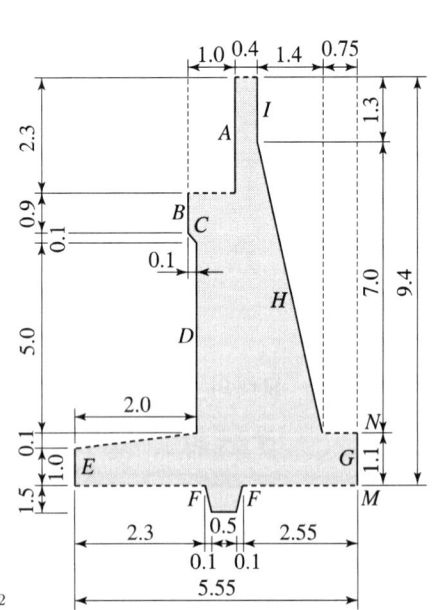

② 측면 거푸집량 = $19.9008 \times 10 = 199.008\text{m}^2$

③ 마구리면 거푸집량 = $20.270 \times 2(\text{양단}) = 40.540\text{m}^2$

④ 총 거푸집량 = $199.008 + 40.540 = 239.548\text{m}^2$

[답] 239.548m^3

14④

24 콘크리트의 배합강도를 구하기 위해 전체 시험횟수 17회의 콘크리트 압축강도 측정결과가 아래 표와 같고 호칭강도가 24MPa일 때 다음 물음에 답하시오.

[8점]

◎ 압축강도 측정결과(단위 : MPa)

26.8	22.1	26.5	26.2	26.4	22.8	23.1
25.7	27.8	27.7	22.3	22.7	26.1	27.1
22.2	22.9	26.6				

가. 위의 표를 보고 압축강도의 평균값을 구하시오.

　　[계산과정]　　　　　　　　　　　　　[답] _____

나. 압축강도 측정결과 및 아래의 표를 이용하여 배합강도를 구하기 위한 표준편차를 구하시오.

시험횟수	표준편차의 보정계수	비고
15	1.16	이 표에 명시되지 않은 시험횟수에 대해서는 직선보간한다.
20	1.08	
25	1.03	
30 또는 그 이상	1.00	

　　[계산과정]　　　　　　　　　　　　　[답] _____

다. 배합강도를 구하시오.

　　[계산과정]　　　　　　　　　　　　　[답] _____

|해답|

가. 압축강도의 평균값

[계산과정]

① $\sum x = 26.8+22.1+26.5+26.2+26.4+22.8+23.1+25.7+27.8+27.7$
$+22.3+22.7+26.1+27.1+22.2+22.9+26.6$
$= 425$

② $\bar{x} = \dfrac{\sum x}{n} = \dfrac{425}{17} = 25\text{MPa}$

[답] 25MPa

나. 배합강도를 구하기 위한 표준편차

[계산과정] ① 편차의 제곱합

$\sum x_i^2 = (26.8-25)^2+(22.1-25)^2+(26.5-25)^2+(26.2-25)^2+(26.4-25)^2$
$+(22.8-25)^2+(23.1-25)^2+(25.7-25)^2+(27.8-25)^2+(27.7-25)^2$
$+(22.3-25)^2+(22.7-25)^2+(26.1-25)^2+(27.1-25)^2+(22.2-25)^2$
$+(22.9-25)^2+(26.6-25)^2$

$= 74.38$

② 표준편차 : $\sigma = \sqrt{\dfrac{S}{n-1}} = \sqrt{\dfrac{74.38}{17-1}} = 2.16\text{MPa}$

③ 17회의 보정계수 : $1.16 - \dfrac{1.16-1.08}{20-15} \times (17-15) = 1.128$

④ 수정표준편차 : $2.16 \times 1.128 = 2.44\text{MPa}$

[답] 2.44MPa

다. 배합강도

[계산과정]

$f_{cn} = 24\text{MPa} < 35\text{MPa}$이므로

① $f_{cr} = f_{cn} + 1.34s = 24 + 1.34 \times 2.44 = 27.27\text{MPa}$

② $f_{cr} = (f_{cn} - 3.5) + 2.33s = (28 - 3.5) + 2.33 \times 2.44 = 26.19\text{MPa}$

③ 둘 중 큰 값인 27.27MPa가 배합강도이다.

[답] 27.27MPa

14④, 06④, 05①

25 다음의 기초파일공법의 명칭을 각각 기입하시오. [3점]

A. 굴착 소요깊이까지 케이싱 관입 후 및 내부굴착 후, 케이싱 인발, 철근망 투입, 콘크리트 타설, 완성
B. 표층 케이싱 설치, 굴착공 내에 압력수를 순환시킴, 드릴 파이프 내의 굴착토사 배출
C. 얇은 철판의 내외관 동시 관입, 내관 인발, 외관 내부에 콘크리트 타설

A. _____ B. _____ C. _____

해답

[답] A : Benoto 공법
B : RCD 공법(역순환공법)
C : Raymond 말뚝공법

참고하세요

현장콘크리트 말뚝

(1) 타격

① Franky 말뚝공법 : 콘크리트를 외관 속에 채워서 Drop hammer로 콘크리트를 타격하여 소정의 깊이까지 관입한 후 콘크리트를 타격하여 구근을 형성한 후 외관을 잡아떼면서 콘크리트를 타격 말뚝을 만든다.

② Pedestal 말뚝공법 : 케이싱을 직업 타격하여 내관과 외관을 지반에 관입한 후 선단부

에 구근을 만들고 콘크리트를 투입 케이싱을 현장 다짐을 되풀이하여 말뚝을 만든다.
③ Raymond 말뚝공법 : 대, 외관을 동시에 지중에 관입한 후 내관을 빼내고, 외관 속에 콘크리트를 쳐서 말뚝을 만든다.

(2) 굴착
① Benoto 공법 : 케이싱 튜브(Casing tube)를 땅속에 압입하면서 해머 그래브(Hammer grab)라는 굴착기로 굴착하여 케이싱 내부에 콘크리트를 타설한 후 Casing tube를 끌어올려 현장 타설 콘크리트 말뚝을 만드는 all casing 공법이다.
② Calwelde 공법(Earth drill 공법) : 일반적으로 굴착공 내에 벤토나이트 안정액을 주입하여 공벽의 붕괴를 방지하면서 회전식 Bucket이 캐리바(Kelly-Bar)라고 불리는 회전축에 부착되어 있는 회전 굴착 방식으로 Bucket에 흙이 채워지면 지상으로 끌어올려 버려 굴착한 후 철근망을 넣어 콘크리트를 타설하여 현장 타설 콘크리트 말뚝을 만드는 공법이다.
③ Reverse circulation drill 공법(RCD 공법 : 역순환공법) : 어느 정도 굴착한 후 구멍 속의 물의 정수압(0.2 kg/cm^2)에 의해 공법을 유지하면서 물의 순환을 이용하여 Drill bit로 굴착한 후 Drill pipe로 흙을 배출하고 콘크리트를 타설하여 현장 타설 콘크리트 말뚝을 만드는 공법이다.

국가기술자격검정 실기시험문제

2015년도 기사 일반검정(제1회) (2015-04-19)

자격종목 및 등급(선택분야)	종목코드	시험시간	형별
토목기사		3시간	A

수험번호	성 명

※ 다음 물음의 답을 해당 답란에 답하시오.(배점)

15①, 12②, 95③, 93③

01 아래 그림과 같은 기초지반에 평판재하시험을 실시하여 $\log P - \log S$ 곡선을 그려 항복하중을 구했더니 210kN, 극한하중은 300kN이었다. 이때 기초지반의 장기허용지지력은 얼마인가? (단, 기초하중면보다 아래에 있는 지반의 토질에 따른 계수(N_q)는 30이다.) [3점]

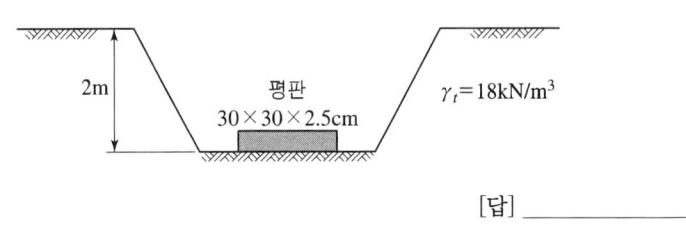

[계산과정] [답] _____

해답

[계산과정]

① 항복강도

$$f_y = \frac{P_y}{A} = \frac{210}{0.3 \times 0.3} = 2{,}333.33 \, \text{kN/m}^2$$

② 극한강도

$$S_u = \frac{P_u}{A} = \frac{300}{0.3 \times 0.3} = 3{,}333.33 \, \text{kN/m}^2$$

③ 실험허용지지력

㉠ $q_t = \dfrac{f_y}{2} = \dfrac{2{,}333.33}{2} = 1{,}166.67 \, \text{kN/m}^2$

㉡ $q_t = \dfrac{S_u}{3} = \dfrac{3{,}333.33}{3} = 1{,}111.11 \, \text{kN/m}^2$

㉢ 둘 중 작은 값인 $1{,}111.11 \, \text{kN/m}^2$이 실험허용지지력이다.

④ 장기허용지지력

$$q_a = q_t + \frac{1}{3} r D_f N_q = 1{,}111.11 + \frac{1}{3} \times 18 \times 2 \times 3 = 1{,}147.11 \, \text{kN/m}^2$$

[답] $1{,}147.11 \, \text{kN/m}^2$

15①, 11①, 05②, 04①, 00⑤

02
어느 암반지대에서 RQD의 평균값은 60%, 절리군의 수는 6, 절리 거칠기 계수는 2, 절리면의 변질계수는 2, 지하수 보정계수 J_w는 1, 응력저감계수 SRF는 1일 경우 Q값을 계산하시오. [3점]

[계산과정] [답] _____

해답

[계산과정] $Q = \dfrac{RQD}{J_n} \cdot \dfrac{J_r}{J_a} \cdot \dfrac{J_w}{SRF} = \dfrac{60}{6} \times \dfrac{2}{2} \times \dfrac{1}{1} = 10$

[답] 10

참고하세요

$$Q = \dfrac{RQD}{J_n} \cdot \dfrac{J_r}{J_a} \cdot \dfrac{J_w}{SRF}$$

여기서, RQD : 암질지수
 J_n : 절리군 수(Joint set Number)
 J_r : 절리 거침도 수(Join Roughness Number, 절리 거칠기계수)
 J_a : 절리면 변질도 수(Joint Alteration Number, 절리면의 변질계수)
 J_w : 지하수 유출에 의한 검소계수(Join water Reduction Factor, 지하수 보정계수)
 SRF : 응력 감소 요인(Stress Reduction Factor, 응력저감계수)

15①

03
균일한 모래층 위에 설치한 폭(B) 1m, 길이(L) 2m 크기의 직사각형 강성기초에 150kN/m²의 등분포하중이 작용할 경우 기초의 탄성침하량을 구하시오. (단, 흙의 푸아송비(μ)=0.4, 지반의 탄성계수(E_s)=15,000kN/m², 폭과 길이(L/B)에 따라 변하는 계수(α_r)=1.2) [3점]

[계산과정] [답] _____

해답

[계산과정] $S_i = qB \dfrac{1-\mu^2}{E} I_w = 150 \times 1 \times \dfrac{1-0.4^2}{15,000} \times 1.2 = 0.01008\text{m} = 1.01\text{cm}$

[답] 1.01cm

참고하세요

즉시침하(탄성침하)량 $S_i = qB \dfrac{1-\mu^2}{E} I_w$

여기서, q : 기초의 하중강도, B : 기초의 폭, μ : 프와송비
 E : 흙의 탄성계수, I_w : 침하에 의한 영향치

04 아래 그림과 같이 지표면에 10t의 집중하중이 작용할 때 다음 물음에 답하시오. (단, 소수점 이하 넷째자리에서 반올림하시오.) [4점]

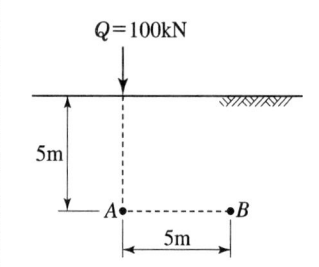

가. A점에서의 연직응력의 증가량을 구하시오.

[계산과정]

[답] _____

나. B점에서의 연직응력의 증가량을 구하시오.

[계산과정]

[답] _____

해답

가. A점에서의 연직응력 증가량

[계산과정] A점은 하중작용점 바로 아래이므로

$$\Delta\sigma_{vA} = \frac{3Q}{2\pi \cdot z^2} = \frac{3 \times 100}{2\pi \times 5^2} = 1.910 \text{kN/m}^2$$

[답] 1.910kN/m^2

나. B점에서의 연직응력 증가량

[계산과정] ① $R = \sqrt{r^2 + z^2} = \sqrt{5^2 + 5^2} = 7.071\text{m}$

② $\Delta\sigma_{vB} = \frac{3Q \cdot z^3}{2\pi \cdot R^5} = \frac{3 \times 100 \times 5^3}{2\pi \times 7.071^5} = 0.338 \text{kN/m}^2$

[답] 0.338kN/m^2

05 공사관리의 3대 요소를 쓰시오. [3점]

① _____ ② _____ ③ _____

해답

[답] ① 품질 관리 ② 공정 관리 ③ 원가 관리

참고하세요

1. 공사관리 3대 요소
   ① 품질 관리 ② 공정 관리 ③ 원가 관리
2. 공사관리 4대 요소
   ① 품질 관리 ② 공정 관리 ③ 원가 관리 ④ 안전 관리

15①, 11④, 09④, 07②, 05④

06 한중콘크리트 시공에서 비볐을 때의 콘크리트의 온도는 기상조건, 운반시간 등을 고려하여 타설할 때 소요의 콘크리트 온도가 얻어지도록 해야 한다. 비볐을 때의 콘크리트 온도 및 주위기온이 아래와 같을 때 타설이 끝났을 때의 콘크리트 온도를 계산하시오. [3점]

- 비볐을 때의 콘크리트 온도 : 25℃
- 주위온도 : 3℃
- 비빈 후부터 타설이 끝났을 때까지의 시간 : 1시간 30분

[계산과정]   [답] _____

해답

[계산과정] $T_2 = T_1 - 0.15(T_1 - T_0)t = 25 - 0.15 \times (25-3) \times 1.5 = 20.05℃$

[답] 20.05℃

참고하세요

타설 종료 후 콘크리트 온도
$T_2 = T_1 - 0.15(T_1 - T_0)t$
여기서, T_2 : 타설 종료 후 콘크리트 온도(℃)
T_1 : 믹싱시의 콘크리트 온도(℃)
T_0 : 주위 기온(℃)
t : 비빈 후부터 타설 종료 때까지 시간(hr)
0.15 : 타설이 끝났을 때 콘크리트의 온도는 운반, 타설 도중의 열손실 때문에 믹서에서 비볐을 때의 온도보다 저하하는데, 이 저하의 정도는 일반적으로 운반 및 타설시간 1시간에 대하여 콘크리트 온도와 주위 기온과의 차이는 15% 정도로 본다.

15①, 10①

07 그림과 같이 지표면과 지하수위가 같은 옹벽에 작용하는 전체 주동토압을 구하시오. (단, 흙의 내부마찰각 $\phi = 30°$, 점착력 $C=0$, 흙의 단위중량 $\gamma_{sat} = 18kN/m^3$, 마찰각은 무시함.) [3점]

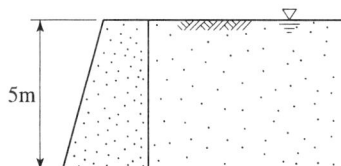

[계산과정]   [답] _____

해답

[계산과정]

① 주동토압계수 : $K_A = \tan^2\left(45° - \dfrac{\phi}{2}\right) = \tan^2\left(45° - \dfrac{30°}{2}\right) = \dfrac{1}{3}$

② $\gamma_{sub} = \gamma_{sat} - \gamma_w = 18 - 9.81 = 8.19\,\text{kN/m}^3$

③ $P_A = \dfrac{1}{2} \cdot \gamma_{sub} \cdot H^2 \cdot K_A + \dfrac{1}{2} \cdot \gamma_w \cdot H^2 = \dfrac{1}{2} \times 8.19 \times 5^2 \times \dfrac{1}{3} + \dfrac{1}{2} \times 9.81 \times 5^2$

$= 156.75\,\text{kN/m}$

[답] 156.75 kN/m

15①

08 함수비가 20%인 토취장의 습윤밀도(γ_t)가 19.2kN/m³이었다. 이 흙으로 도로를 축조할 때 함수비는 15%이고 습윤밀도는 19.8kN/m³이이었다. 이 경우 흙의 토량변화율(C)는 대략 얼마인가? [3점]

[계산과정] [답] _____

해답

[계산과정]

① 본바닥 흙의 건조단위중량 $\gamma_d = \dfrac{\gamma_t}{1+w} = \dfrac{19.2}{1+0.2} = 16.0\,\text{kN/m}^3$

② 다져진 흙의 건조단위중량 $\gamma_{dC} = \dfrac{\gamma_t}{1+w} = \dfrac{19.8}{1+0.15} = 17.22\,\text{kN/m}^3$

③ 토량변화율 $C = \dfrac{\gamma_d}{\gamma_{dC}} = \dfrac{16.0}{17.22} = 0.93$

[답] 0.93

15①, 12①, 05④, 02②

09 댐 건설을 위해 댐 지점의 하천수류를 전환시키는 댐의 유수전환방식을 3가지 쓰시오. [3점]

① _____ ② _____ ③ _____

해답

[답] ① 반제철방식 ② 가배수 터널방식 ③ 가배수로 방식

참고하세요

하천 수류 전환방식에 의한 분류
① 반제철방식 : 하천 폭의 절반을 먼저 체절하여 나머지 절반의 폭으로 물을 유하시키고 체절한 부분에 댐을 축조하는 방식이다.
② 가배수 터널방식 : 하천을 전면체절하여 산을 뚫은 가배수 터널을 통해 물을 배제하는 방식이다.
③ 가배수로 방식 : 하천 한 쪽의 하안에 접하여 수로를 설치하여 물을 유도하고, 반체절 방식과 같은 방식으로 시공한다.

15①, 12①, 06②, 03④, 02②

10 불투수층 위에 놓인 8m 두께의 연약점토지반에 직경 40cm의 샌드 드레인(sand drain)을 정사각형으로 배치하고 그 위에 상재유효압력 100kN/m²인 제방을 축조하였다. 축조 6개월 후 제방의 허용압밀침하량을 25mm로 하려고 한다. 다음 물음에 답하시오.(단, 연약점토지반의 체적변화계수 $m_v = 2.5 \times 10^{-4}$ m²/kN이다.) [6점]

가. 축조 6개월 후 압밀도는 몇 %까지 해야 하는가?
　[계산과정]　　　　　　　　　　　　　　　[답] _____

나. 축조 6개월 후 연직방향 압밀도가 20%이었다면 이때의 수평방향 압밀도는?
　[계산과정]　　　　　　　　　　　　　　　[답] _____

다. 배수 영향반경이 샌드 드레인 반경의 10배라면 샌드 드레인 간의 중심간격은?
　[계산과정]　　　　　　　　　　　　　　　[답] _____

해답

가. 압밀도(%)

[계산과정] ① 압밀침하량
$$\Delta H = m_v \cdot \Delta P \cdot H = 2.5 \times 10^{-4} \times 100 \times 8 = 0.2\text{m} = 20\text{cm}$$

② 축조 6개월 후 압밀량은 2.5cm까지만 허용하므로
$$\Delta H_t = (20 - 2.5)\text{cm}$$

③ 축조 6개월 후 압밀도
$$U = \frac{\text{현재의 압밀량}}{\text{최종 압밀량}} \times 100 = \frac{\Delta H_t}{\Delta H} \times 100 = \frac{20 - 2.5}{20} \times 100 = 87.5\%$$

[답] 87.5%

나. 수평방향 압밀도(%)

[계산과정] $U_{vh} = 1 - (1 - U_v) \cdot (1 - U_h) = 1 - (1 - 0.2) \cdot (1 - U_h) = 0.875$ 에서

$$U_h = 0.84375 = 84.38\%$$

[답] 84.38%

다. 중심간격(cm)

[계산과정] ① 샌드 드레인 반경 $d = \dfrac{40}{2} = 20\,\text{cm}$

② 배수 영향반경 $r_e = 10\,d = 10 \times 20 = 200\,\text{cm}$

③ 샌드 드레인의 중심간격

정사각형배열이므로 $d_e = 2\,r_e = 1.13S$에서

$$S = \dfrac{2\,r_e}{1.13} = \dfrac{2 \times 200}{1.13} = 353.98\,\text{cm}$$

[답] 353.98cm

> **참고하세요**
>
> **Sand Mat 배열**
> ① 정3각형 배열 : $d_e = 1.05S$
> ② 정4각형 배열 : $d_e = 1.128S ≒ 1.13S$
> 여기서, d_e : Drain의 영향원 지름, 유효직경
> S : Drain의 간격

15①, 98⑤

11 토적곡선(mass curve)을 작성하는 목적을 4가지만 쓰시오. [3점]

① _____ ② _____ ③ _____ ④ _____

해답

[답] ① 토량분배
② 운반토량을 산출
③ 평균운반거리 산출
④ 운반거리에 의한 토공기계 선정

> **참고하세요**
>
> **토적곡선 작성 목적**
> ① 토량분배   ② 운반토량을 산출
> ③ 평균운반거리 산출   ④ 운반거리에 의한 토공기계 선정
> ⑤ 시공방법의 산출   ⑥ 토취장, 토사장의 위치 결정

12 토취장(土取場)에서 원지반 토량 2,000m³를 굴착한 후 8t 덤프트럭으로 다음과 같은 단면의 도로를 축조하고자 한다. 이 토취장 흙의 40%는 점성토이고 60%는 사질토이다. [6점]

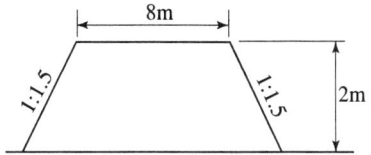

구분\종류	토량 환산 계수 L	C	자연상태의 단위 중량
점성토	1.3	0.9	1.75t/m³
사질토	1.25	0.87	1.80t/m³

가. 운반에 필요한 8t 덤프트럭의 연대수를 구하시오.
(단, 덤프트럭은 적재 중량만큼 싣는 것으로 한다.)
[계산과정]   [답] _____

나. 시공 가능한 도로의 길이(m)를 산출하시오.
(단, 도로의 시점 및 종점의 끝단은 수직으로 가정한다.)
[계산과정]   [답] _____

다. 전체 토량을 상차하는 데 소요되는 장비의 가동 시간을 계산하시오.
(사용 장비 : 버킷 용량 0.9m³의 back hoe, 버킷 계수 0.9, 효율 0.7, 사이클 타임 21초)
[계산과정]   [답] _____

해답

가. 8t 덤프트럭의 연 대수

[계산과정]

① 토질 상태

토질	원지반 상태의 토량	다져진 상태의 토량
점성토	2,000 × 0.40 = 800m³	800 × 0.9 = 720m³
사질토	2,000 × 0.60 = 1,200m³	1,200 × 0.87 = 1,044m³
총 토량	800 + 1,200 = 2,000m³	720 + 1,044 = 1,764m³

② 연대수 계산

$$N = \frac{\text{자연상태 토량}(m^3)}{\text{적재량}}$$

㉠ 점성토 $N_1 = \frac{800}{8} \times 1.75 = 175$대

㉡ 사질토 $N_2 = \frac{1,200}{8} \times 1.80 = 270$대

㉢ 연대수 $N = 175 + 270 = 445$대

[답] 445대

나. 시공가능한 도로의 길이

[계산과정]

① 도로 단면적 = $\dfrac{8+(1.5\times2+8+1.5\times2)}{2}\times2=22\,\text{m}^2$

② 도로 길이 = $\dfrac{\text{다져진 상태의 토량}}{\text{도로 단면적}}=\dfrac{1{,}764}{22}=80.18\,\text{m}$

여기서, 다져진 상태의 토량(V)

점성토 : $2{,}000\times0.4\times0.9=720\,\text{m}^3$

사질토 : $2{,}000\times0.6\times0.87=1{,}044\,\text{m}^3$

∴ $720+1044=1{,}764\,\text{m}^3$

[답] 80.18m

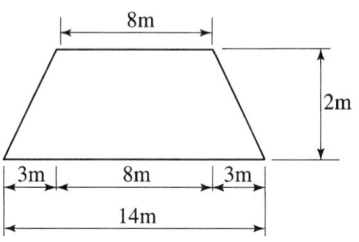

다. 소요되는 장비의 가동 시간

[계산과정]

① Back hoe 작업량

$Q=\dfrac{3{,}600\cdot q\cdot K\cdot f\cdot E}{C_m}=\dfrac{3{,}600\times0.9\times0.9\times\left(\dfrac{1}{1.3\times0.4+1.25\times0.6}\right)\times0.7}{21}$

$=76.54\,\text{m}^3/\text{hr}$

② 장비의 가동 시간 = $\dfrac{2{,}000}{76.54}=26.13\,\text{시간}$

[답] 26.13시간

> **참고하세요**
>
> Back hoe 작업량 $Q=\dfrac{3{,}600\cdot q\cdot K\cdot f\cdot E}{C_m}$
>
> 여기서, q : 버킷 용량, K : 버킷 계수, f : 토량 환산 계수, E : 작업 효율, C_m : 사이클 타임

15①, 11④

13 유수(流水)의 흐름방향과 유속을 제어하여 하안, 제방의 침식현상을 방지하기 위해 호안이나 하안 전면부에 설치하는 구조물을 무엇이라 하는가? [2점]

○ _____

해답

[답] 수제

> **참고하세요**
>
> 수제(spur, dike groin) : 물이 흐르는 방향과 유속 등을 제어하기 위하여 호안 또는 하안 전면부에 설치하는 구조물을 말하며, 수제의 규모, 형식 및 배치는 수리적으로 안정되고 물이 충분히 흘러다닐 수 있도록 계획하여야 한다.

15①, 11①

14 교통량이 많은 기존 도로 또는 철도 등의 하부를 통과하는 터널공사가 일반화되고 있다. 이 같은 경우 적용되는 터널공법 3가지만 쓰시오. [3점]

① _____ ② _____ ③ _____

해답

[답] ① Pipe Pushing 공법 ② Front Jacking Method ③ Front Shield Method

참고하세요

기존 도로 및 철도 하부 터널공법
① Pipe Pushing 공법 : 수직구멍을 파고 잭키 다동용 가압판을 설치한 후 매설할 관을 후방에서 잭키로 밀어넣어 관을 부설하는 공법이다.
② Front Jacking Method : 수직구멍을 뚫은 다음 견인용 철선으로 암거나 원관 등을 jack으로 전방에서 직접 당겨 부설하는 공법이다.
③ Front Shield Method : 한쪽의 견인설비에 의해 shield를 직접 전방에서 잡아당긴 후 Shield 공법과 같이 세그먼트(segment)를 조립하여 터널을 구축하는 공법이다.
④ Front Semi Shield Method : Shield Method에서 사용하는 segment를 조립 대신 흄관을 사용함으로써 간단하고 시간이 절약되는 공법이다.

15①

15 포장 파손의 현상에 대한 아래 표의 설명에서 ( )에 적합한 용어를 쓰시오. [3점]

일종의 좌굴현상을 줄눈 또는 균열부에 이물질이 침투하여 슬래브(slab)가 솟아오르는 현상을 (①)현상이라 하며 연속철근 콘크리트 포장(CRCP)에서 균열간격이 좁은 경우, 지지력 부족 및 피로하중에 의해 (②)이 발생한다. 또는 보조기층 또는 노상에 우수가 침투하여 반복하중에 의한 지지력 저하 및 단차 원인이 되는 (③)현상이 발생한다.

① _____ ② _____ ③ _____

해답

[답] ① 블로우업(Blow up) ② 펀치 아웃(Punch out) ③ 펌핑(Pumping)

참고하세요

① **블로우업(Blow up)** : 슬래브의 줄눈, 균열 부근에서 온도, 습도가 높을 때 이물질 때문에 열팽창을 흡수하지 못해 발생하는 좌굴현상
② **펀치 아웃(Punch out)** : 포장체에서 작은 부분이 탈락하는 현상으로 균열간격이 좁은 경우 지지력 부족 및 피로하중에 의해 발생한다.
③ **펌핑(Pumping) 현상** : 슬래브 상부의 펌핑 현상으로 인한 공극과 공동으로 인한 파손

16 다음 그림과 같이 연직하중과 모멘트를 받는 구형 기초의 극한하중과 안전율을 Terzaghi 공식을 이용하여 구하시오. (단, N_c=37.2, N_q=22.5, N_r=19.70이다.)

[3점]

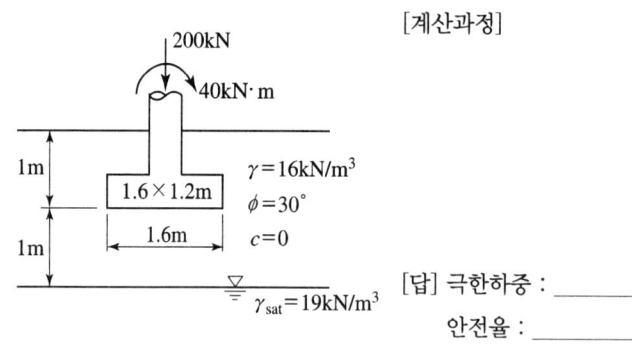

[계산과정]

[답] 극한하중 : _____
안전율 : _____

해답

[계산과정]

① 편심거리
$$e = \frac{M}{Q} = \frac{40}{200} = 0.2\text{m}$$

② 기초의 유효크기
   ㉠ $B' = B - 2e = 1.6 - 2 \times 0.2 = 1.2\text{m}$
   ㉡ $B' = L' = L = 1.2\text{m}$

③ 유효길이
$B = L' = L - 2e = 1.6 - 2 \times 0.2 = 1.2\text{m}$

④ $d = 1\text{m}$, $B' = 1.2\text{m}$로 $0 \leq d \leq B'$인 경우이므로
$$r'_1 = r_{sub} + \frac{d}{B'}(r_1 - r_{sub}) = (19 - 9.81) + \frac{1}{1.2} \times (16 - (19 - 9.81)) = 14.87\,\text{kN/m}^3$$

⑤ 직사각형이므로 $\beta = 0.5 - 0.1\dfrac{B'}{L} = 0.5 - 0.1 \times \dfrac{1.2}{1.2} = 0.4$

⑥ 극한지지력
$q_u = \alpha C N_c + \beta r_1 B' N_r + r_2 D_f N_q = 0 + 0.4 \times 14.87 \times 1.2 \times 19.7 + 16 \times 1 \times 22.5$
$= 500.61\,\text{kN/m}^3$

⑦ 극한하중
$Q_u = q_u \times B' \times L = 500.61 \times 1.2 \times 1.2 = 720.88\text{kN}$

⑧ 안전율
$$F_s = \frac{Q_u}{Q} = \frac{720.88}{200} = 3.60$$

[답] 극한하중 : 720.88kN, 안전율 : 3.60

17 다음의 작업리스트를 보고 아래 물음에 답하시오. [10점]

작업명	선행작업	후속작업	표준상태		특급상태	
			작업일수	비용	작업일수	비용
A	-	B, C	3	30만원	2	33만원
B	A	D	2	40만원	1	50만원
C	A	E	7	60만원	5	80만원
D	B	F	7	100만원	5	130만원
E	C	G, H	7	80만원	5	90만원
F	D	G, H	5	50만원	3	74만원
G	E, F	I	5	70만원	5	70만원
H	E, F	I	1	15만원	1	15만원
I	G, H	-	3	20만원	3	20만원

가. Network(화살선도)를 작도하고, 표준상태에 대한 C.P를 표시하시오.

○

나. 공기를 3일 단축했을 때 추가로 소요되는 비용을 구하시오.

[계산과정] [답] _____

해답

가. 화살선도와 C.P

[답]

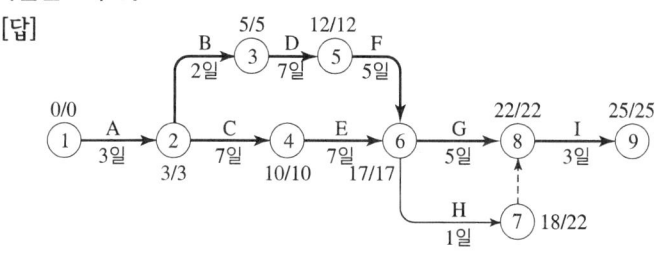

CP : A → B → D → F → G → I
A → C → E → G → I

나. 추가로 소요되는 비용

[계산과정]

① 비용경사

작업명	단축 가능 일수	단축순서	비용 구배	단축일수	추가 비용
A	1	1단계	3만원	1	3만원
B	1	2단계(B+E)	10만원	1	10만원
C	2		10만원		
D	2		15만원		
E	2	2단계(B+E) 3단계(E+F)	5만원	2	2×5만원=10만원
F	2	3단계(E+F)	12만원	1	12만원
		계		3	35만원

② 추가 소요되는 비용 = 3만원+(10만원+5만원)+(5만원+12만원) = 35만원

[답] 35만원

18 탄성파 속도 1,200m/sec 중질사암으로 된 수평한 지반을 운반거리 40m, 트랙터 규격 30톤급의 불도저로 리퍼날 2본 사용, 리핑하면서 도저작업을 할 때의 1시간당 작업량의 본바닥 토량을 구하시오. (단, 토공판 용량 q_o=4.8m³, 운반거리계수 ρ=0.88, 1회 리핑 단면적 A_n=0.4m²(2개날 사용), 토량환산계수 f=1 (리핑작업시), $f=\frac{1}{1.7}$(도저작업시), E=0.5, C_m=0.05l+0.33(리핑작업시), C_m=0.05l+0.250(도저작업시)) [3점]

[계산과정] [답] _____

해답

[계산과정]

① Bulldozer 1시간당 작업량

㉠ $q = q_0 \cdot \rho = 4.8 \times 0.88$ (흐트러진 상태)

㉡ $f = \dfrac{1}{L} = \dfrac{1}{1.7}$

㉢ $E = 0.5$

㉣ $C_m = 0.037l + 0.25 = 0.037 \times 40 + 0.25$

㉤ $Q = \dfrac{60 \cdot q \cdot f \cdot E}{C_m} = \dfrac{60 \times (4.8 \times 0.88) \times \dfrac{1}{1.7} \times 0.5}{0.037 \times 40 + 0.25} = 43.09\,\text{m}^3/\text{h}$ (자연상태)

② Ripper 1시간당 작업량

㉠ $A_n = 0.4\,\text{m}^2$

㉡ $l = 40\,\text{m}$

㉢ $q = A_n \cdot l\,\text{m}^3$ (본바닥 상태)

㉣ $f = 1$

㉤ $E = 0.5$

㉥ C_m : 사이클 타임(min) $C_m = 0.05l + 0.33 = 0.05 \times 40 + 0.33$

㉦ $Q = \dfrac{60 \cdot A_n \cdot l \cdot f \cdot E}{C_m} = \dfrac{60 \times 0.4 \times 40 \times 1 \times 0.5}{0.05 \times 40 + 0.33} = 206.01\,\text{m}^3/\text{h}$ (자연상태)

③ 1시간당 작업량

$Q = \dfrac{Q_1 \times Q_2}{Q_1 + Q_2} = \dfrac{43.09 \times 206.01}{43.09 + 206.01} = 35.64\,\text{m}^3/\text{h}$

[답] 35.64m³/h

19 연약지반에서 발생할 수 있는 공학적 문제점을 3가지 쓰시오. [3점]

① _____ ② _____ ③ _____

[답] ① 침하의 문제 ② 지반 안정의 문제 ③ 측방유동의 문제

연약지반의 문제점
① 침하의 문제 : 장기침하, 부등침하
② 지반 안정의 문제 : 급속시공시 → 활동파괴 발생 → Heaving(융기) 현상 발생
③ 측방유동의 문제 : 측방유동으로 주변 구조물에 변형 초래(주변지반융기)

20 숏크리트의 작업에 대한 아래의 물음에 답하시오. [3점]

가. 건식 숏크리트는 배치 후 몇 분 이내에 뿜어붙이기를 실시하는가?
  ○ _____

나. 습식 숏크리트는 배치 후 몇 분 이내에 뿜어붙이기를 실시하는가?
  ○ _____

다. 숏크리트는 대기 온도가 몇 ℃ 이상일 때 뿜어붙이기를 실시하는가?
  ○ _____

[답] 가. 45분
   나. 60분
   다. 10℃

21 점성토 연약지반상에서 1차 압밀침하량 산정방법 3가지를 쓰시오. [3점]

① _____ ② _____ ③ _____

[답] ① 초기간극(e_o)법 ② 체적변화계수(m_v)법 ③ 압축지수(C_c)법

22. 연약지반 개량공법 중 일시적인 지반개량공법을 4가지만 쓰시오. [3점]

① _____ ② _____ ③ _____ ④ _____

[답] ① Well Point Method ② Deep Well Method(깊은우물공법)
③ 대기압공법(진공압밀공법) ④ 동결공법

참고하세요

일시적지반개량공법
① Well Point Method : well point라는 강재 흡수관을 시공 지역의 주위에 다수 설치하고 진공을 가하여 지하수위를 저하시켜 dry work를 하기 위한 **강제배수공법**으로 사질토 및 실트질 모래지반에서 가장 경제적인 지하수위 저하공법
② Deep Well Method(깊은우물공법) : $\phi 0.3 \sim \phi 1.5m$ 정도의 깊은 우물을 판 후 strainer를 부착한 casing(우물관)을 삽입하여 지하수를 펌프로 양수함으로써 지하수위를 저하시키는 **중력식 배수공법**
③ 대기압공법(진공압밀공법) : 지표면을 비닐 sheet 등의 막으로 덮은 다음 진공 펌프를 작동시켜서 내부의 압력을 내려 재하중으로서 성토 대신 대기압으로 연약점토층을 탈수에 의해 압밀을 촉진시키는 공법
④ 동결공법 : 동결관(1.5~3inch)을 지반 내에 설치하고, 액체질소 같은 냉각제를 흐르게 하여 주위의 흙을 동결시키는 공법
⑤ 소결공법 : 지반 내 보링공을 설치하고 그 안에 액체 또는 기체 연료를 장시간 연소시켜 공벽의 고결 및 주변 지반을 탈수, 건조시켜 기둥을 형성하여 지반 개량을 행하는 공법

23. 약액주입공법에서 그라우팅의 확인 시험 방법 3가지를 쓰시오. [3점]

① _____ ② _____ ③ _____

[답] ① 원위치시험 ② 색소에 의한 판별법 ③ 현장투수시험

참고하세요

그라우팅 확인 시험 방법
① 원위치시험 : 적절한 방법에 의해 강도를 확인하는 방법
② 색소에 의한 판별법 : 고결체를 확인하는 방법
③ 현장투수시험 : 투수성을 확인하는 방법

24. 주어진 도면 및 조건에 따라 다음 물량을 산출하시오. (단, 주어진 도면의 치수는 축척에 맞지 않을 수 있으며, 주어진 치수로만 물량을 산출할 것) [18점]

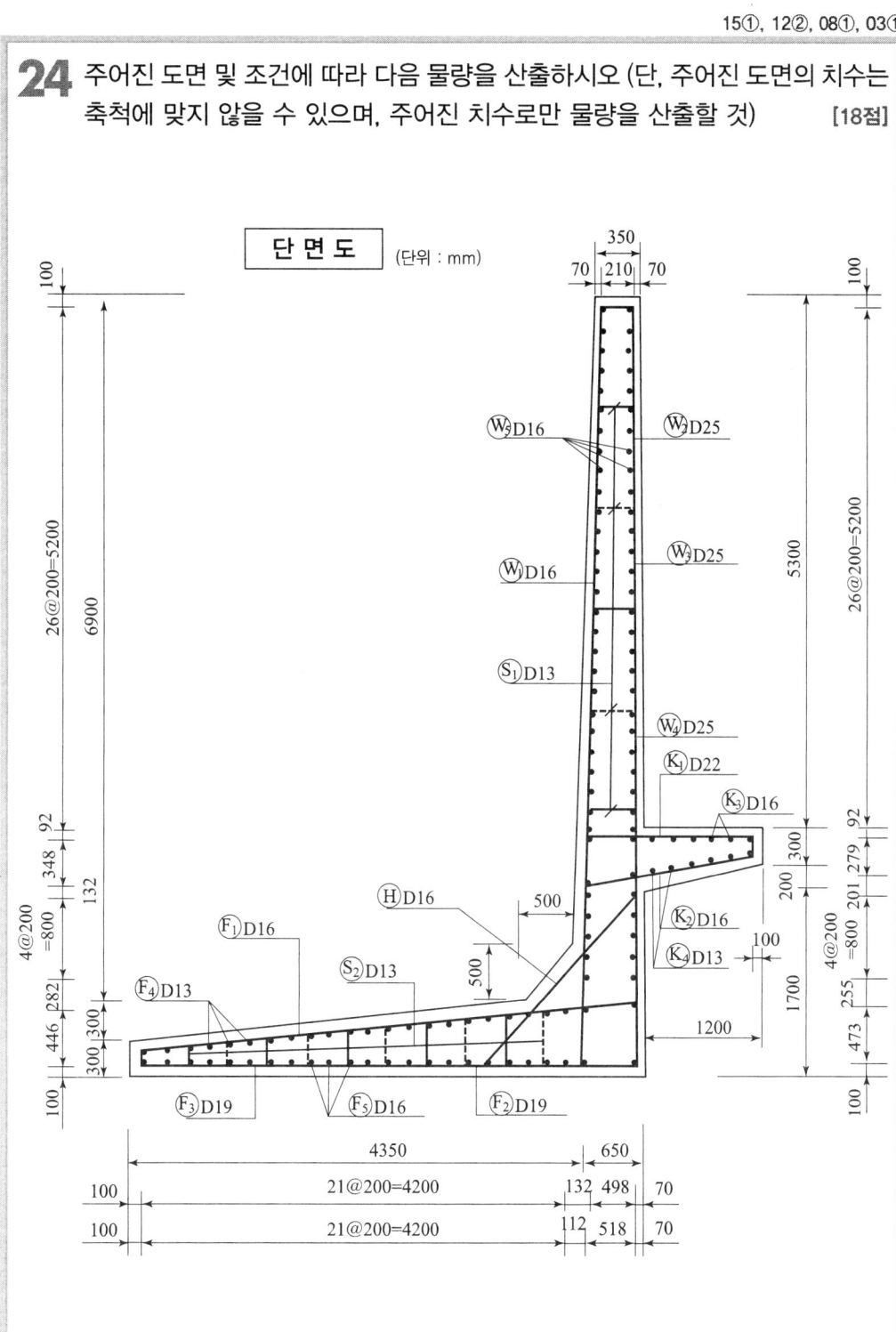

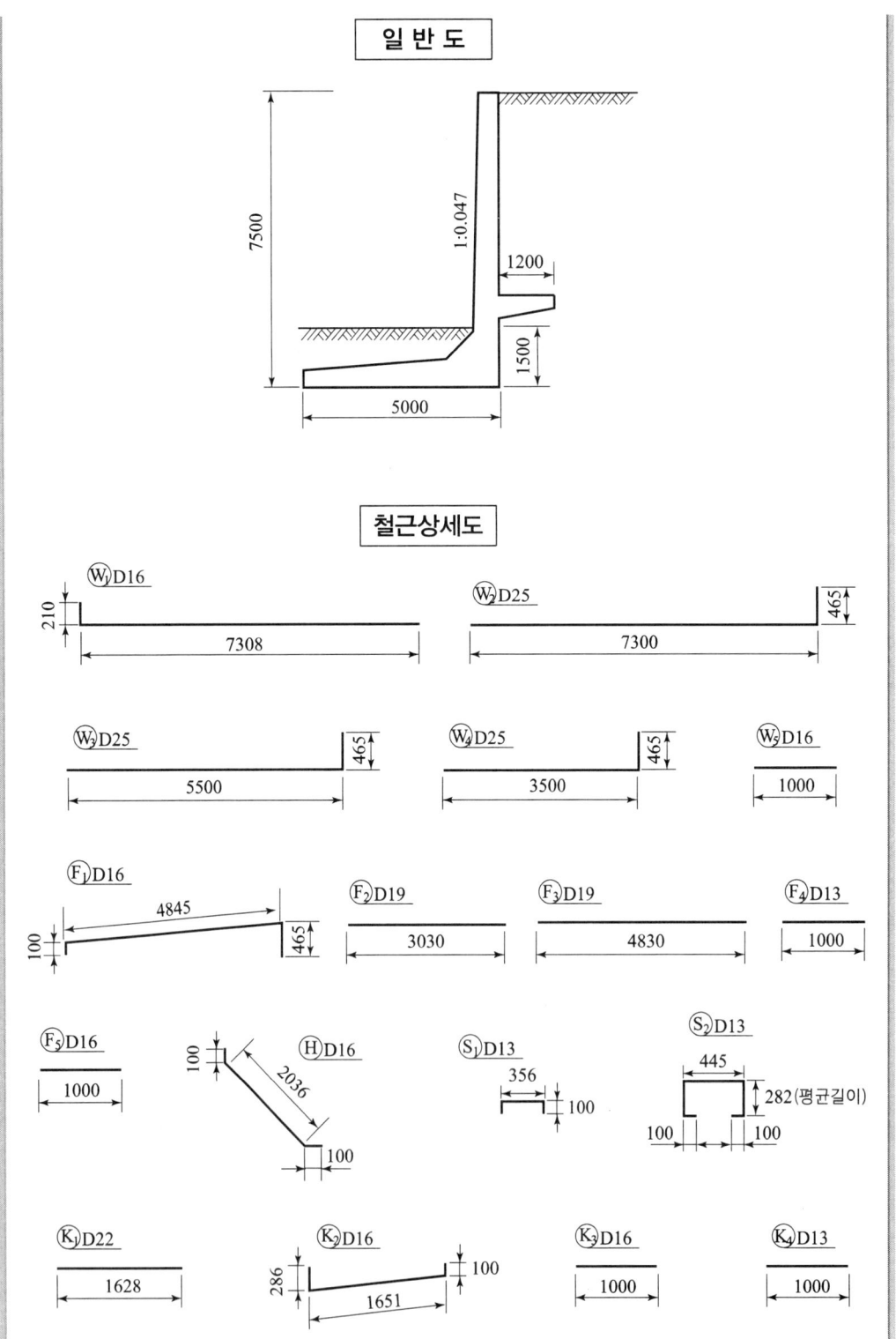

[조건]
① W_1, W_4, H, K_1, K_2, K_3, K_4, F_1, F_2, F_3 철근은 각각 200mm 간격으로 배근한다.
② W_2, W_3 철근은 각각 400mm 간격으로 배근한다.
③ S_1, S_2 철근은 건너서(지그재그) 배근한다.
④ 물량 산출에서의 할증률 및 양측 마구리면과 상면 노출부는 무시한다.
⑤ 철근 길이 계산에서 상세도에 표시되어 있지 않은 이음길이는 계산하지 않는다.
⑥ mm 단위 이하는 반올림하여 mm까지 구한다.

가. 길이 1m에 대한 콘크리트량을 구하시오.(단, 소수 4째자리에서 반올림)
[계산과정]   [답] _____

나. 길이 1m에 대한 거푸집량을 구하시오.(단, 소수 4째자리에서 반올림)
[계산과정]   [답] _____

다. 길이 1m에 대한 철근량 산출을 위한 철근물량표를 완성하시오.

기호	직경	길이(mm)	수량	총길이(mm)	기호	직경	길이(mm)	수량	총길이(mm)
W_2					F_4				
W_5					S_1				
H					S_2				

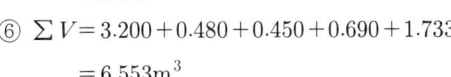

해답

가. 콘크리트량
[계산과정]

① $A = \left(\dfrac{0.35+0.65}{2} \times 6.4\right) \times 1$
$= 3.200 \text{m}^3$

② $B = \left(\dfrac{0.30+0.50}{2} \times 1.2\right) \times 1$
$= 0.480 \text{m}^3$

③ $C = \left(\dfrac{0.65+1.150}{2} \times 0.50\right) \times 1$
$= 0.450 \text{m}^3$

④ $D = (1.150 \times 0.60) \times 1 = 0.690 \text{m}^3$

⑤ $E = \left(\dfrac{0.30+0.60}{2} \times 3.850\right) \times 1$
$= 1.733 \text{m}^3$

⑥ $\sum V = 3.200 + 0.480 + 0.450 + 0.690 + 1.733$
$= 6.553 \text{m}^3$

[답] 6.553m^3

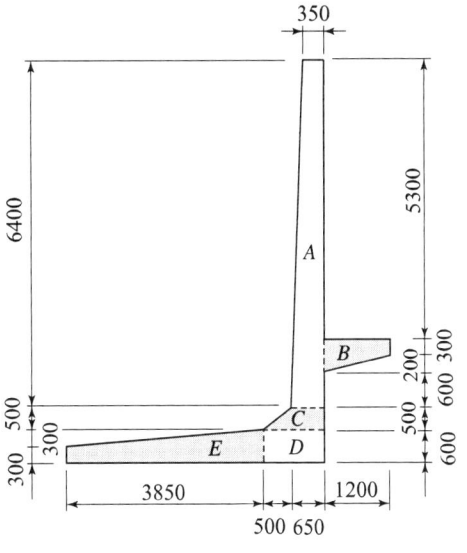

나. 거푸집량

[계산과정]

① $x = 0.047 \times 6.4 = 0.3008\text{m}$

② $A = 0.30 \times 1 = 0.300\text{m}^2$

③ $B = 1.700 \times 1 = 1.70\text{m}^2$

④ $C = \sqrt{0.50^2 + 0.50^2} \times 1 = 0.707\text{m}^2$

⑤ $D = \sqrt{1.20^2 + 0.20^2} \times 1 = 1.217\text{m}^2$

⑥ $E = 0.30 \times 1 = 0.30\text{m}^2$

⑦ $F = \sqrt{6.4^2 + 0.3008^2} \times 1 = 6.407\text{m}^2$

⑧ $G = 5.30 \times 1 = 5.30\text{m}^2$

⑨ $\sum A = 0.300 + 1.700 + 0.707 + 1.217 + 0.300 + 6.407 + 5.300$
$= 15.931\text{m}^2$

[답] 15.93m^2

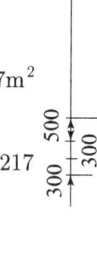

다. 철근물량표

[계산과정]

① 철근 길이

㉠ W_2철근 길이 $= 7,300 + 465 = 7,765\text{mm}$

㉡ W_5철근 길이 $= 1,000\text{mm}$

㉢ H철근 길이 $= 100 \times 2 + 2,036 = 2,236\text{mm}$

㉣ F_4철근 길이 $= 1,000\text{mm}$

㉤ S_1철근 길이 $= 356 + 100 \times 2 = 556\text{mm}$

㉥ S_2철근 길이 $= (100 + 282) \times 2 + 445 = 1,209\text{mm}$

② 철근 수량

㉠ W_2철근 수량 $= \dfrac{\text{총길이}}{\text{철근 간격}} = \dfrac{1,000}{400} = 2.5\text{본}$

㉡ W_5철근 수량 $=$ 단면도 벽체 전후면에서 세면 $= 68\text{본}$

㉢ H철근 수량 $= \dfrac{\text{총길이}}{\text{철근 간격}} = \dfrac{1,000}{200} = 5\text{본}$

㉣ F_4철근 수량 $=$ 단면도 저판 상부에서 세면 $= 24\text{본}$

㉤ S_1철근 수량 $= \dfrac{\text{옹벽 길이}}{W_1 \text{의 간격} \times 2} \times$ 단면도에서 S_1 줄수 $= \dfrac{1,000}{200 \times 2} \times 5 = 12.5\text{본}$

㉥ S_2철근 수량 $= \dfrac{\text{옹벽 길이}}{F_1 \text{의 간격} \times 2} \times$ 단면도에서 S_2 줄수 $= \dfrac{1,000}{400 \times 2} \times 10 = 12.5\text{본}$

③ 총길이는 각 철근의 길이에 각 철근의 수량을 곱하여 구한다.

[답]

기호	직경	길이(mm)	수량	총길이(mm)	기호	직경	길이(mm)	수량	총길이(mm)
W_2	D25	7,765	2.5	19,413	F_4	D13	1,000	24	24,000
W_5	D16	1,000	68	68,000	S_1	D13	556	12.5	6,950
H	D16	2,236	5	11,180	S_2	D13	1,209	12.5	15,113

국가기술자격검정 실기시험문제

2015년도 기사 일반검정(제2회) (2015-07-12)

자격종목 및 등급(선택분야)	종목코드	시험시간	형별	수험번호	성 명
토목기사		3시간	A		

※ 다음 물음의 답을 해당 답란에 답하시오.(배점)

15②, 11②, 08①, 05②, 04④, 02④, 01②, 99②, 93③

01 양면배수인 점토층의 두께 5m, 간극률 60%, 액성한계 50%인 점토층 위의 유효 상재 압력이 100kN/m²에서 140kN/m²로 증가할 때 침하량은? [3점]

[계산과정]   [답] _____

해답

[계산과정]

① 간극비
$$e = \frac{n}{100-n} = \frac{60}{100-60} = 1.5$$

② 압축지수
$$C_c = 0.009(w_L - 10) = 0.009 \times (50-10) = 0.36$$

③ 침하량
$$S_c = \frac{C_c}{1+e_o} \log \frac{P_2}{P_1} H = \frac{0.36}{1+1.5} \times \log \frac{140}{100} \times 5 = 0.1052\text{m} = 10.52\text{cm}$$

[답] 10.52cm

15②, 12②, 01①, 99①

02 다음 그림과 같은 사면에서 AC는 가상파괴면을 나타낸다. 쐐기 ABC가 활동에 대한 안전율은 얼마인가? [3점]

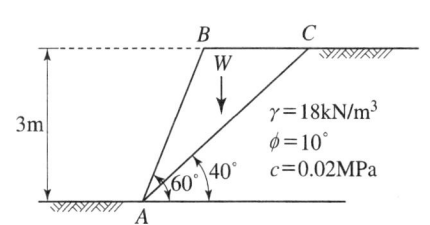

[계산과정]

[답] _____

해답

[계산과정]

① BC 거리

㉠ $x_1 = 3 \times \tan 30° = 1.732\text{m}$

㉡ $x = 3 \times \tan 50° = 3.575\text{m}$

㉢ BC 거리 $= x - x_1 = 33.575 - 1.732 = 1.843\text{m}$

② AC 거리 $= L = \dfrac{3}{\cos 50°} = 4.667\text{m}$

③ 쐐기 $\triangle ABC$의 중량

$W = A \cdot \gamma = \left(\dfrac{1}{2} \times 3 \times 1.843\right) \times 18 = 49.761\,\text{kN/m}$

④ 활동에 대한 안전율

$F_s = \dfrac{cL + W_V \tan\phi}{W_H}$

$= \dfrac{cL + W\sin 50° \tan\phi}{W\cos 50°}$

$= \dfrac{20 \times 4.667 + 49.761 \times \sin 50° \times \tan 10°}{49.761 \times \cos 50°}$

$= 3.13$

[답] 3.13

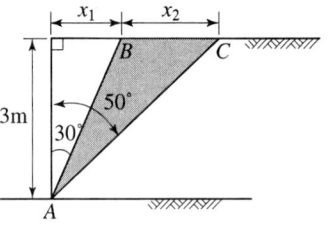
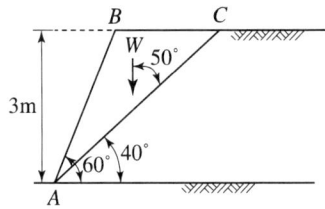

03 토취장 선정조건을 4가지만 쓰시오. [3점]

① _____ ② _____ ③ _____ ④ _____

해답

[답] ① 토질이 양호할 것.
② 토량이 충분할 것.
③ 성토장소를 향하여 하향구배 1/50~1/100 정도 유지할 것
④ 운반로가 양호하고 장애물이 적을 것

참고하세요

토취장 선정조건
① 토질이 양호할 것.
② 토량이 충분할 것.
③ 성토장소를 향하여 하향구배 1/50~1/100 정도 유지할 것
④ 운반로가 양호하고 장애물이 적을 것
⑤ 용수 및 붕괴의 위험이 없고 배수가 양호한 지형일 것.
⑥ 용지매수 및 보상 등이 싸고 용이할 것.

15②, 01①, 00③, 98③

04 NATM 공법을 이용한 터널시공시 보조공법에 대해 물음에 답하시오. [6점]

가. 터널의 막장 안정을 위한 공법을 3가지만 쓰시오.
① _____ ② _____ ③ _____

나. 지하수 처리를 위한 대책공법 3가지만 쓰시오.
① _____ ② _____ ③ _____

해답

[답] 가. ① 록 볼트 ② 숏크리트 ③ 마이크로 파일(Micro Pile, Root Pile)
나. ① 웰 포인트 ② 물빼기 시추 ③ 압기 공법

참고하세요

1. 터널의 보조공법
   (1) 막장 안정을 위한 보조공법
      ① 록 볼트(Rock Bolt)
      ② 숏크리트(Face Shotcrete)
      ③ 마이크로 파일(Micro Pile, Root Pile)
      ④ 주입공법(Grouting)에 의한 지반보강
      ⑤ Ring Cut(Core 형성)
      ⑥ 강관보강형 주입공사
   (2) 천단부 안정 보조공법
      ① 훠폴링(Fore Poling, Fore Piling) 공법
      ② 미니 파이프 루프(Mini Pipe Roof) 공법
      ③ 스틸 시트(Steel Sheet) 공법
      ④ 강관보강형 다단 그라우팅 공법
      ⑤ 파이프 루프(Pipe Roof) 공법
2. 용수에 대한 대책 공법
   (1) 배수
      ① 자연배수공법
         ㉠ 펌핑(Pumping)
         ㉡ 심정공법(Deep Well)
         ㉢ 물빼기 갱(수발 갱)
         ㉣ 물빼기 시추(수발공선진 보링)
      ② 강제배수공법
         ㉠ 웰 포인트(Well Point)
         ㉡ 배큠 딥 웰(Vacuum Deep Well)
         ㉢ 전기삼투압공법(電氣滲透壓工法)
   (2) 차수
      ① 주입 공법
      ② 압기 공법
      ③ 동결 공법

15②, 08②, 03③, 99⑤, 94④, 91③

05 그림과 같은 연속기초의 지지력(q_u)을 Terzaghi(테르자기)식으로 구하시오. (단, 점착력 $c=10\text{kN/m}^2$, 내부마찰각 $\phi=15°$, $N_c=6.5$, $N_r=1.2$, $N_q=2.7$이다.)

[3점]

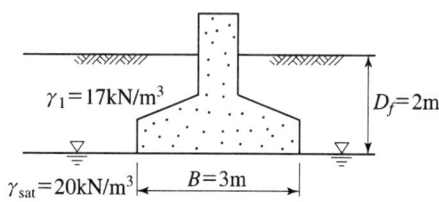

[계산과정]

[답] _____

해답

[계산과정]

① 기초형상계수

연속기초이므로 $\alpha=1$, $\beta=0.5$

② 점착력

$c=10\,\text{kN/m}^2$

③ 극한지지력

$q_u = \alpha C N_c + \beta r_1 B N_r + r_2 D_f N_q$
$= 1 \times 10 \times 6.5 + 0.5 \times (20-9.81) \times 3 \times 1.2 + 17 \times 2 \times 2.7$
$= 175.14\,\text{kN/m}^2$

[답] $175.14\,\text{kN/m}^2$

15②, 11①, 01②, 98⑤

06 다음과 같은 조건일 때 사다리꼴 복합 확대기초의 크기 B_1, B_2를 구하시오. (단, 지반의 허용지지력 $q_a = 100\text{kN/m}^2$) [4점]

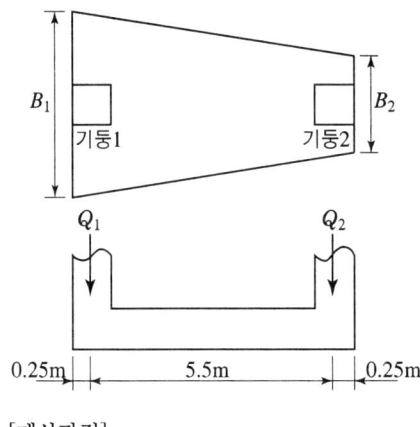

[조건]
- 기둥 1 : 0.5m×0.5m, $Q_1 = 1,000\text{kN}$
- 기둥 2 : 0.5m×0.5m, $Q_2 = 800\text{kN}$

[계산과정]   [답] B_1 : _____, B_2 : _____

해답

[계산과정]

① $\Sigma Q = Q_1 + Q_2 = 1,000 + 800 = 1,800\text{kN}$

② 면적 $A = \dfrac{\Sigma Q}{q_a} = \dfrac{1,800}{100} = 18\text{m}^2$

③ 합력의 위치 $x = \dfrac{Q_2 \cdot s}{\Sigma Q} = \dfrac{800 \times 5.5}{1,800} = 2.44\text{m}$

④ $L_1 + x = \dfrac{L}{3} \dfrac{B_1 + 2B_2}{B_1 + B_2}$

$0.25 + 2.44 = \dfrac{6}{3} \dfrac{B_1 + 2B_2}{B_1 + B_2}$ ·· (1)식

⑤ $A = \dfrac{B_1 + B_2}{2} \times L = \dfrac{B_1 + B_2}{2} \times 6 = 18$ ·· (2)식

⑥ 연립방정식에 의해 풀면

$B_1 = 3.92\text{m}$ $B_2 = 2.08\text{m}$

[답] B_1 : 3.92m, B_2 : 2.08m

15②, 10①, 08②, 00⑤

07 터널 보강재인 록볼트(Rock Bolt)를 정착방법에 따라 분류할 때 그 종류를 3가지만 쓰시오. [3점]

① _____ ② _____ ③ _____

[답] ① 선단정착형   ② 전면접착형   ③ 혼합형

15②

08 아래의 표에서 시멘트 콘크리트 포장의 양생을 무엇이라고 하는가? [2점]

> 초기양생에 연이어 콘크리트 슬래브의 수화작용(水和作用)이 충분히 이루어져 소요의 강도를 얻는 동시에 충분한 강도가 얻어지기 전에 과대한 온도응력이 슬래브에 일어나지 않도록 온도변화를 될 수 있는 대로 줄이기 위한 양생

○ _____

[답] 후기양생

15②

09 수평력을 받는 말뚝은 말뚝과 지반 중 어느 것이 움직이는가에 따라 2종류로 대별할 수 있는 말뚝을 2가지만 쓰시오. [3점]

① _____ ② _____

[답] ① 주동말뚝(active pile)   ② 수동말뚝(passive pile)

10 다음 준설기계에 대한 설명에 적합한 준설선의 명칭을 쓰시오. [3점]

가. 준설과 매립을 동시에 신속하게 시공할 수 있고 해저 토사를 회전형 Cutter로 깎아 펌프로 흡입하여 매립지로 배송(拜送)하는 준설선
　○ _____

나. 해저의 암반이나 암초를 쇄암추나 쇄암기의 끝에 특수한 강철로 된 날끝을 달아 암석을 파쇄하는 준설선
　○ _____

다. 파워셔블(power shovel)을 대선에 설치해 사암이나 혈암 등의 수중에 적합한 준설선
　○ _____

해답

[답] 가. 펌프준설선(Pump Dredger)
　　 나. 쇄암준설선(Rock Cutter Dredger)
　　 다. 디퍼준설선(Dipper Dredger)

11 현장타설 말뚝공법 중 굴착식 공법의 종류 3가지를 쓰시오. [3점]

① _____ ② _____ ③ _____

해답

[답] ① Reverse circulation drill 공법(RCD 공법 : 역순환공법)
　　 ② Benoto 공법
　　 ③ Calwelde 공법(Earth drill 공법)

참고하세요

피어 공법(현장타설 말뚝공법)
(1) 인력 굴착
　　① Chicago 공법
　　② Gow 공법
(2) 기계 굴착
　　① Reverse circulation drill 공법(RCD 공법 : 역순환공법)
　　② Benoto 공법
　　③ Calwelde 공법(Earth drill 공법)

15②, 11②, 10①, 04①, 00③, 97③, 94③, 92②

12 탄성파속도가 1,100m/s인 사암으로 된 수평한 지반을 1개의 리퍼날이 부착된 21t급의 불도저(q_0=3.3m³)로 리핑하면서 작업을 할 때 1시간당 작업량을 본바닥 토량으로 구하시오.(단, 소수 셋째자리에서 반올림하시오.) [3점]

[조건]
- 1개 날의 1회 리핑 단면적 : 0.14m^2
- 작업거리 : 40m
- 불도저의 구배계수 : 0.9
- 리퍼의 사이클 타임 $C_m = 0.05l + 0.33$
- 불도저의 사이클 타임 $C_m = 0.037l + 0.25$
- 리퍼의 작업효율 : 0.9
- 불도저의 작업효율 : 0.4
- 토량변화율 $L=1.6$, $C=1.1$

[계산과정] [답] _____

해답

[계산과정]

① Bulldozer 1시간당 작업량

㉠ $q = q_0 \cdot \rho = 3.3 \times 0.9$ (흐트러진 상태)

㉡ $f = \dfrac{1}{L} = \dfrac{1}{1.6}$

㉢ $E = 0.4$

㉣ $C_m = 0.037l + 0.25 = 0.037 \times 40 + 0.25$

㉤ $Q = \dfrac{60 \cdot q \cdot f \cdot E}{C_m} = \dfrac{60 \times (3.3 \times 0.9) \times \dfrac{1}{1.6} \times 0.4}{0.037 \times 40 + 0.25} = 25.75\,\text{m}^3/\text{h}$ (자연상태)

② Ripper 1시간당 작업량

㉠ $A_n = 0.14\,\text{m}^2$

㉡ $l = 40\,\text{m}$

㉢ $q = A_n \cdot l\,\text{m}^3$ (본바닥 상태)

㉣ $f = 1$

㉤ $E = 0.9$

㉥ C_m : 사이클 타임(min) $C_m = 0.05l + 0.33 = 0.05 \times 40 + 0.33$

㉦ $Q = \dfrac{60 \cdot A_n \cdot l \cdot f \cdot E}{C_m} = \dfrac{60 \times 0.14 \times 40 \times 1 \times 0.9}{0.05 \times 40 + 0.33} = 129.79\,\text{m}^3/\text{h}$ (자연상태)

③ 1시간당 작업량

$Q = \dfrac{Q_1 \times Q_2}{Q_1 + Q_2} = \dfrac{25.75 \times 129.79}{25.75 + 129.79} = 21.49\,\text{m}^3/\text{h}$

[답] $21.49\,\text{m}^3/\text{h}$

20①, 15②, 12②④, 10④, 09④, 06④

13 배합강도 결정을 위한 콘크리트의 압축강도 측정결과가 다음과 같을 때 물음에 답하시오. (단, 소수점 이하 넷째자리에서 반올림하시오.) [6점]

[압축강도 측정결과(MPa)]

| 48.5 | 40 | 45 | 50 | 48 | 42.5 | 54 | 51.5 |
| 52 | 40 | 42.5 | 47.5 | 46.5 | 50.5 | 46.5 | 47 |

가. 배합강도 결정에 적용할 표준편차를 구하시오.(단, 시험횟수가 15회일 때 표준편차의 보정계수는 1.16이고, 20회일 때는 1.08이다.)

[계산과정] [답] _____

나. 호칭강도가 45MPa일 때 콘크리트의 배합강도를 구하시오.

[계산과정] [답] _____

해답

가. 표준편차

[계산과정]

① $\sum x = 48.5+40+45+50+48+42.5+54+51.5+52+40+42.5+47.5+46.5+50.5+46.5+47$
   $= 752$

② $\bar{x} = \dfrac{\sum x}{n} = \dfrac{752}{16} = 47\text{MPa}$

③ 편차의 제곱합

$\sum x_i^2 = (48.5-47)^2+(40-47)^2+(45-47)^2+(50-47)^2+(48-47)^2+(42.5-47)^2$
$+(54-47)^2+(51.5-47)^2+(52-47)^2+(40-47)^2+(42.5-47)^2$
$+(47.5-47)^2+(46.5-47)^2+(50.5-47)^2+(46.5-47)^2+(47-47)^2$
$=262$

④ 표준편차

$\sigma = \sqrt{\dfrac{S}{n-1}} = \sqrt{\dfrac{262}{16-1}} = 4.18\text{MPa}$

⑤ 16회의 보정계수

$1.16 - \dfrac{1.16-1.08}{20-15} \times (16-15) = 1.144$

⑥ 수정표준편차

$4.18 \times 1.144 = 4.78\text{MPa}$

[답] 4.78MPa

나. 배합강도

[계산과정]

$f_{cn} = 45\text{MPa} > 35\text{MPa}$ 이므로

① $f_{cr} = f_{cn} + 1.34s = 45 + 1.34 \times 4.78 = 51.41\text{MPa}$

② $f_{cr} = 0.9f_{cn} + 2.33s = 0.9 \times 45 + 2.33 \times 4.78 = 51.64\text{MPa}$

③ 둘 중 큰 값인 51.64MPa가 배합강도이다.

[답] 51.64MPa

14 필댐(fill dam)의 필터재(filter)의 역할을 3가지 쓰시오. [3점]

① _____   ② _____   ③ _____

해답

[답] ① 토립자의 유출을 방지하며 물만 통과시키는 역할
② 역학적 완충역할
③ 코어(심벽)재의 자기치유작용 지원역할

15 콘크리트 구조물에 발생하는 균열을 보수하기 위한 보수공법을 3가지만 쓰시오. [3점]

① _____   ② _____   ③ _____

해답

[답] ① 표면처리공법(표면도포공법)   ② 주입공법   ③ 충전공법

참고하세요

균열보수공법

① **표면처리공법(표면도포공법)** : 균열이 발생한 부위에 에폭시수지 등의 피복재료 도막을 형성하는 공법으로 균열의 폭이 좁고 경미한 잔균열 보수에 적용하며, 균열부 표면처리공법과 전면처리공법이 있다.
② **주입공법** : 균열폭이 0.2mm 이상의 경우에 사용되며 균열 내부에 점성이 낮은 수지계 또는 시멘트계의 재료를 주입하여 방수성과 내수성을 향상시키는 공법으로 비교적 단기간에 접착강도가 발현된다.
③ **충전공법** : 0.5mm 이상의 비교적 큰 폭을 가진 균열의 보수에 적용하는 공법으로 균열을 따라서 약 10mm 폭으로 콘크리트를 V형 또는 U형으로 잘라낸 후 그 부분에 가요성 에폭시수지 또는 폴리머 시멘트 모르타르 등의 보수재를 충전하는 공법이다.

15②, 00⑤, 99③, 96③

16 다음과 같은 공정표에서 임계공정선(CP)을 구하고, 정상공사기간과 공사비용, 정상공사기간을 4일 줄일 때 발생하는 추가비용의 최소치를 계산하시오. (단, 기간의 단위는 '일'이며 비용의 단위는 '만원'이다.) [10점]

node	공정명	정상기간	정상비용	특급기간	특급비용
0-2	A	3	15	3	15
0-4	B	5	20	4	25
2-6	D	6	36	5	43
2-8	F	8	40	6	50
4-6	E	7	49	5	65
4-10	G	9	27	7	33
6-8	H	2	10	1	15
6-10	C	2	16	1	25
10-12	K	4	28	3	38
8-12	J	3	24	3	24

가. 네트워크 공정표를 작성하고 임계공정선(CP)을 구하시오.
  ○

나. 정상공사기간과 공사비용을 구하시오.
  [계산과정]

  [답] 정상공사기간 : _____, 공사비용 : _____

나. 정상공사기간을 4일 줄일 때 발생하는 추가비용의 최소치를 구하시오.
  [계산과정]   [답] _____

해답

가. 네트워크 및 C.P
  [답]

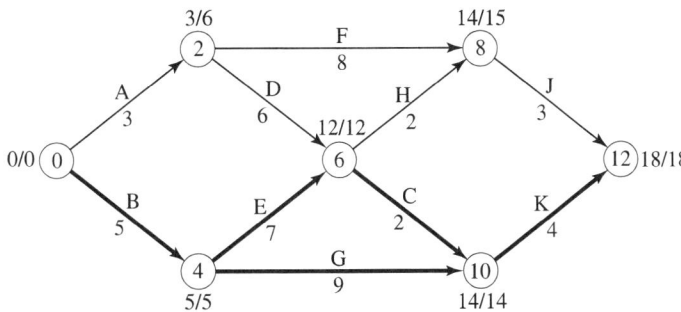

CP : B → E → C → K,
     B → G → K

나. 정상공사기간과 공사비용

[계산과정]

① 정상공사기간은 네트워크 공정표에서 18일이다.

② 공사비용은 모든 공정의 정상비용을 모두 더하면 된다.

③ 공사비용 = 15+20+36+40+49+27+10+16+28+24 = 265만원

[답] 정상공사기간 : 18일, 공사비용 : 265만원

다. 추가비용의 최소치

[계산과정]

① 비용경사

소요 작업	공정명	단축 가능 일수	비용 경사(만원)
0 → 2	A	3−3=0	0
0 → 4	B	5−4=1	$\frac{25-20}{5-4}=5$
2 → 6	D	6−5=1	$\frac{43-36}{6-5}=7$
2 → 8	F	8−6=2	$\frac{50-40}{8-6}=5$
4 → 6	E	7−5=2	$\frac{65-49}{7-5}=8$
4 → 10	G	9−7=2	$\frac{33-27}{9-7}=3$
6 → 8	H	2−1=1	$\frac{15-10}{2-1}=5$
6 → 10	C	2−1=1	$\frac{25-16}{2-1}=9$
10 → 12	K	4−3=1	$\frac{38-28}{4-3}=10$
8 → 12	J	3−3=0	0

② 공기 4일 단축

소요 작업	단축 가능 일수	단축 일수	비용 경사	추가비용 18일→17일	17일→16일	16일→14일	C.P
0 → 4	1	1	5만원	1×5만원 =5만원			★
10 → 12	1	1	10만원		1×10만원 =10만원		★
4 → 6	2	2	8만원			2×8만원 =16만원	★
4 → 10	2	2	3만원			2×3만원 =6만원	★

③ 추가비용의 최소치 = 5+10+16+6 = 37만원

[답] 37만원

17 아래 그림과 같은 옹벽의 안전율을 구하시오. (단, 지반의 허용지지력은 200kN/m², 뒤채움흙과 저판 아래의 흙의 단위중량은 18kN/m³, 내부마찰각은 37°, 점착력은 0이고, 콘크리트의 단위중량은 24kN/m³이다.) [9점]

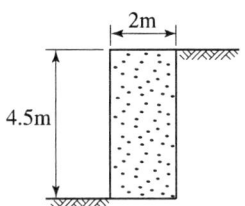

가. 전도에 대한 안전율을 구하시오.
　　[계산과정]　　　　　　　　　　　　　　　　[답] _____

나. 활동에 대한 안전율을 구하시오.
　　[계산과정]　　　　　　　　　　　　　　　　[답] _____

다. 지지력에 대한 안전율을 구하시오.
　　[계산과정]　　　　　　　　　　　　　　　　[답] _____

해답

가. 전도에 대한 안전율

[계산과정]

① 주동토압계수
$$K_A = \tan^2\left(45° - \frac{\phi}{2}\right) = \tan^2\left(45° - \frac{37°}{2}\right)$$

② 주동토압
$$P_A = \frac{1}{2} \cdot r \cdot H^2 \cdot K_A = \frac{1}{2} \times 18 \times 4.5^2 \times \tan^2\left(45° - \frac{37°}{2}\right) = 45.3 \text{kN/m}$$

③ 옹벽 자중
$$W = (2 \times 4.5) \times 24 = 216 \text{kN/m}$$

④ 전도에 대한 안전율
$$F_s = \frac{M_r}{M_t} = \frac{W \cdot b}{P_H \cdot y} = \frac{216 \times 1}{45.3 \times \frac{4.5}{3}} = 3.18 > 2.0 \text{ 로 안전}$$

[답] 3.18

나. 활동에 대한 안전율

[계산과정] $F_s = \dfrac{c \cdot B + W \cdot \tan\delta}{P_H} = \dfrac{0 + 216 \times \tan 37°}{45.3} = 3.59 > 1.5$ 로 안전

[답] 3.59

다. 지지력에 대한 안전율

[계산과정]

① 편심거리

$$e = \frac{B}{2} - \frac{W \cdot a - P_H \cdot y}{W} = \frac{2}{2} - \frac{216 \times 1 - 45.3 \times \frac{4.5}{3}}{216} = 0.31\,\text{m}$$

여기서, a : 옹벽의 자중과 저판 앞(전면부)까지의 수직거리

② 지반 반력

편심거리 $(e = 0.31\,\text{m}) < \left(\dfrac{B}{6} = \dfrac{2}{6} = 0.33\,\text{m}\right)$ 이므로

$$q = \frac{P}{A} + \frac{M}{I} \cdot y = \frac{W}{B} \cdot \left(1 + \frac{6e}{B}\right) = \frac{216}{2} \times \left(1 + \frac{6 \times 0.31}{2}\right) = 208.4\,\text{kN/m}^2$$

③ 지지력에 대한 안전율

$$F_s = \frac{q_a}{q_{\max}} = \frac{200}{208.4} = 0.96 < 1.0 \text{로 불안전}$$

[답] 0.96

15②, 14①, 05①, 01③, 97①

18 마샬 안정도시험(Marshall Stability Test)은 포장용 아스팔트 혼합물의 소성유동에 대한 저항성을 측정하여 설계아스팔트량 결정에 적용된다. 이 시험결과로부터 얻을 수 있는 3가지의 설계기준을 쓰시오. [3점]

① _____ ② _____ ③ _____

해답

[답] ① 안정도(kg)

② 흐름값($\dfrac{1}{100}$ cm)

③ 공극률(%)

참고하세요

마샬 안정도시험(Marshall Stability Test) 결과로부터 얻을 수 있는 설계기준

① 안정도(kg)   ② 흐름값($\dfrac{1}{100}$ cm)   ③ 공극률(%)
④ 공시체의 밀도   ⑤ 포화도

19 다음 히빙(heaving)현상에 대한 물음에 답하시오. [6점]

가. 그림과 같은 말뚝 하단의 활동면에 대한 히빙현상에 대한 안전율을 구하시오.

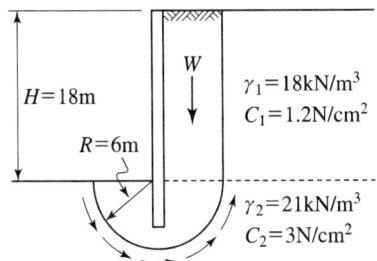

[계산과정]

[답] _____

나. 히빙(heaving)이 발생할 우려가 있는 지반의 방지대책을 3가지만 쓰시오.

① _____ ② _____ ③ _____

해답

가. 히빙현상에 대한 안전율

[계산과정]

① heaving을 일으키는 회전모멘트

$$M_d = (\gamma_1 HR)\frac{R}{2} = (18 \times 18 \times 6) \times \frac{6}{2} = 5{,}832\,\text{kN}\cdot\text{m}$$

② heaving에 저항하는 회전모멘트

$$M_r = c_1 HR + c_2 \pi R^2 = 12 \times 18 \times 6 + 30 \times \pi \times 6^2 = 4{,}688.92\,\text{kN}\cdot\text{m}$$

$c_1 = 1.2\,\text{N/cm}^2 = 12\,\text{kN/m}^2$

$c_2 = 3\,\text{N/cm}^2 = 30\,\text{kN/m}^2$

③ 안전율

$$F_s = \frac{M_r}{M_d} = \frac{4{,}688.92}{5{,}832} = 0.80 < 1.2$$

∴ heaving의 우려가 있다.

[답] 0.80

나. [답] ① 흙막이의 근입깊이를 깊게 한다.
② 표토를 제거하여 하중을 적게 한다.
③ 굴착저면에 하중을 가한다.

히빙(Heaving) 방지대책
① 흙막이의 근입깊이를 깊게 한다. ② 표토를 제거하여 하중을 적게 한다.
③ 굴착저면에 하중을 가한다. ④ 지반개량을 한다.

15②, 13①, 12④, 10①②, 07④, 03④, 01③, 00②, 99①, 97④, 94②, 93③

20 그림과 같이 표준관입값이 다른 3종의 모래지름층으로 되어 있는 기초 지반에 지름 30cm, 길이 12m의 콘크리트말뚝을 박았을 때 말뚝의 허용지지력을 안전율 3으로 하여 Meyerhof의 공식으로 구하시오. [3점]

[계산과정]

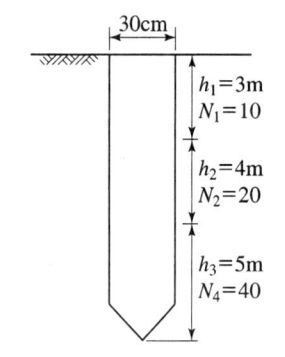

[답]

해답

[계산과정]

① 선단 단면적(A_p)

$$A_p = \frac{\pi \cdot D^2}{4} = \frac{\pi \times 0.3^2}{4} = 0.071 \text{m}^2$$

② 주면적(A_s)

$$A_s = \pi \cdot D \cdot L = \pi \times 0.3 \times 12 = 11.310 \text{m}^2$$

③ 모래층의 평균 N치($\overline{N_s}$)

$$\overline{N_s} = \frac{N_1 \cdot h_1 + N_2 \cdot h_2 + N_3 \cdot h_3}{h_1 + h_2 + h_3} = \frac{10 \times 3 + 20 \times 4 + 40 \times 5}{3 + 4 + 5} = 25.833$$

④ 말뚝의 극한지지력(Q_u)

$$Q_u = 40 \cdot N \cdot A_p + \frac{1}{5} \cdot \overline{N_s} \cdot A_s = 40 \times 40 \times 0.071 + \frac{1}{5} \times 25.833 \times 11.310 = 172.034 \text{t}$$

⑤ 허용지지력(Q_a)

$$Q_a = \frac{Q_u}{F_s} = \frac{172.034}{3} = 57.34 \text{t} \times 9.81 \text{kN/t} = 562.51 \text{kN}$$

[답] 562.51kN

21 주어진 도면 및 조건에 따라 다음 물량을 산출하시오. (단, 도면의 단위는 mm이다.) [18점]

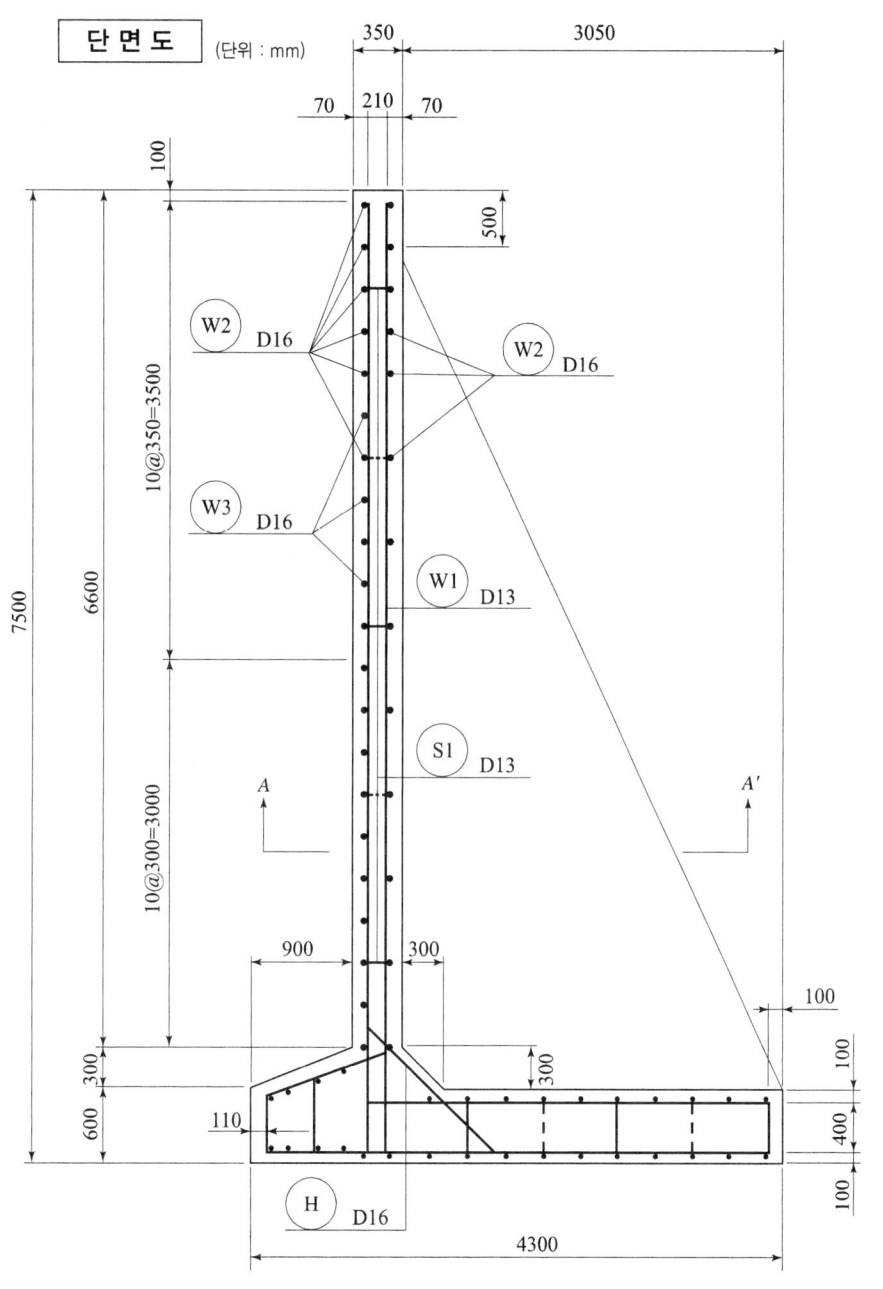

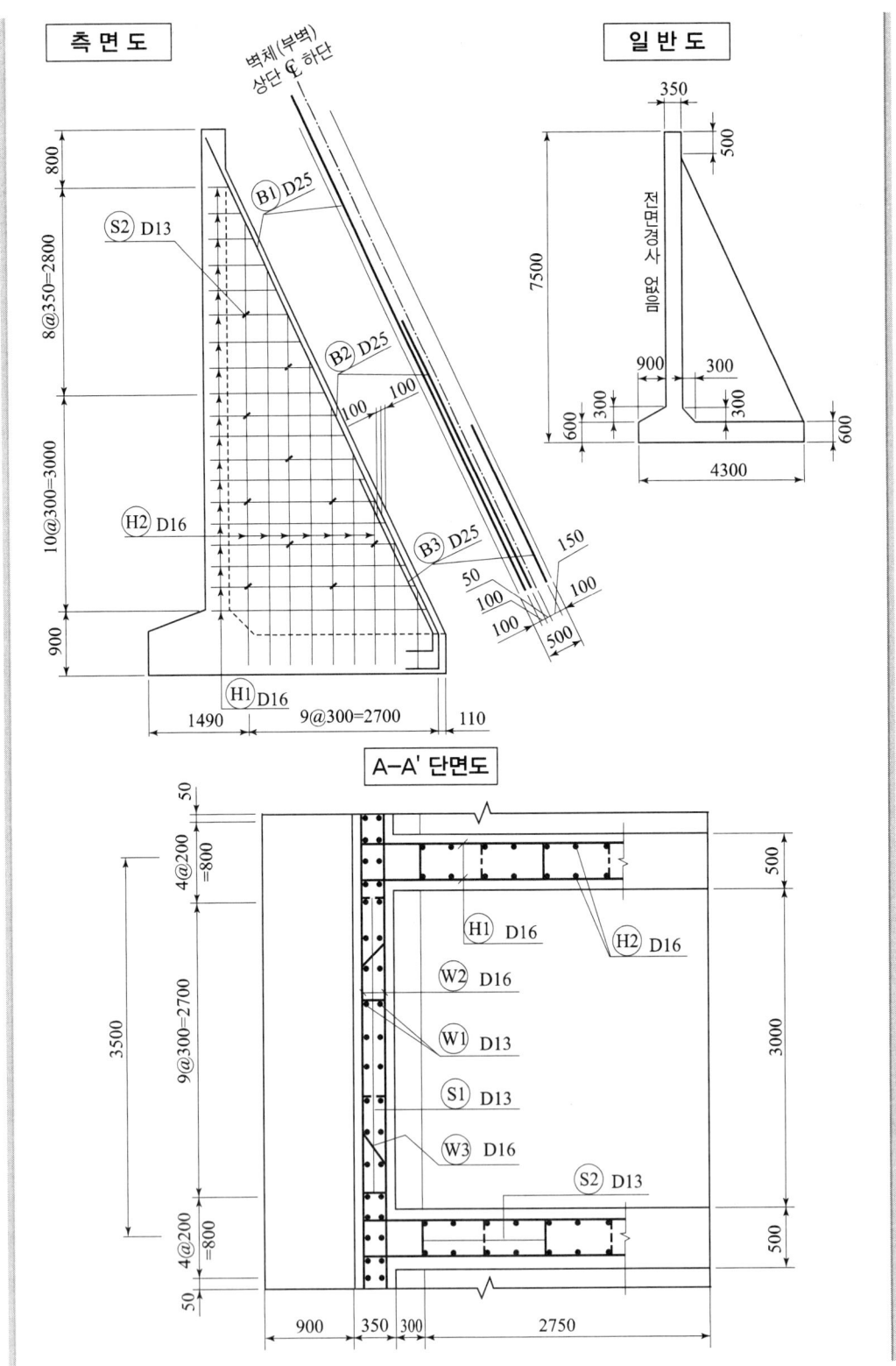

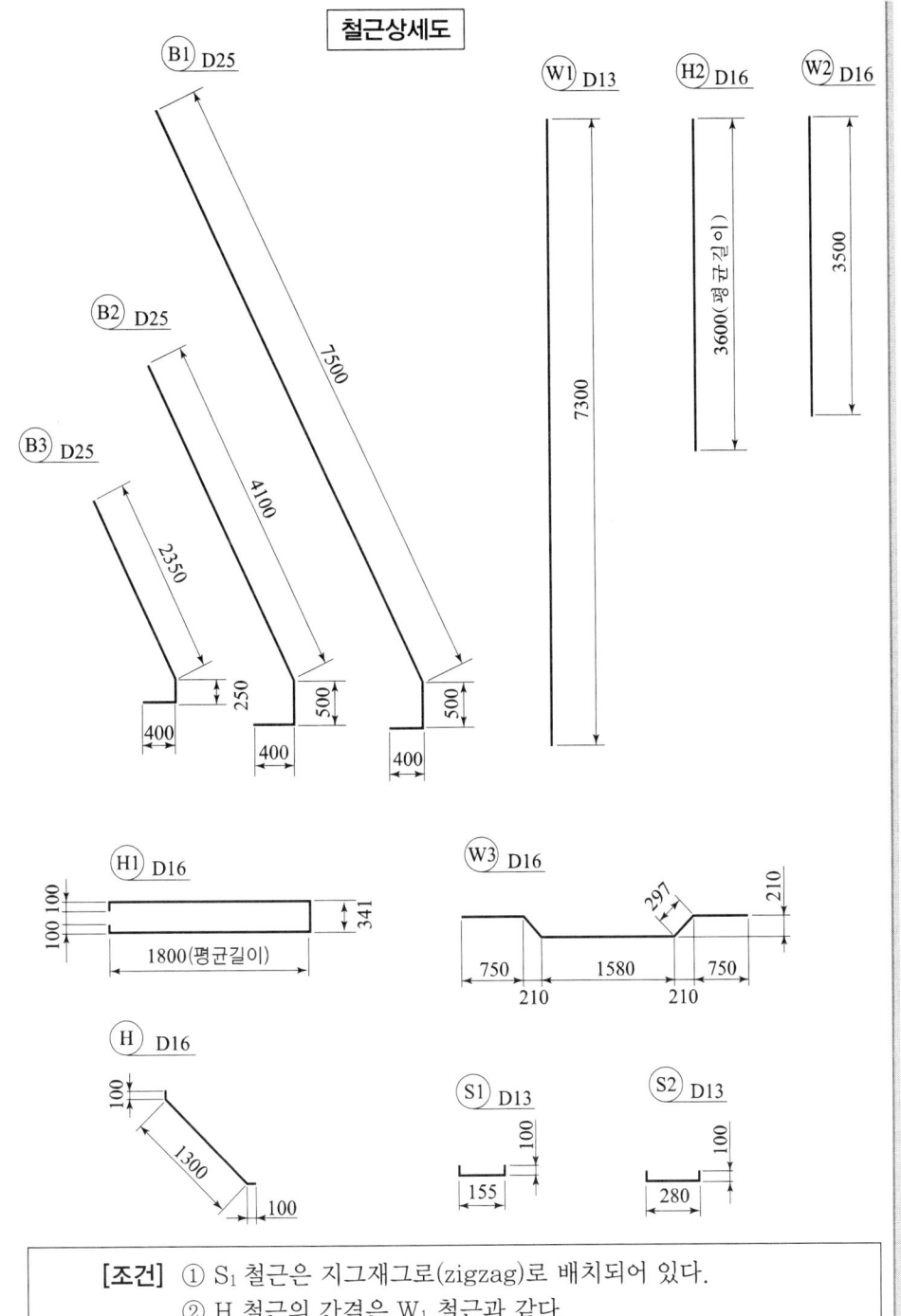

철근상세도

[조건] ① S₁ 철근은 지그재그로(zigzag)로 배치되어 있다.
② H 철근의 간격은 W₁ 철근과 같다.
③ 물량 산출에서의 할증률 및 마구리는 없는 것으로 한다.
④ 철근길이 계산에서 이음길이는 계산하지 않는다.
⑤ 저판의 철근량은 계산하지 않는다.

가. 부벽을 포함하는 옹벽길이 3.5m에 대한 콘크리트량을 구하시오.
   (단, 소수 4째자리에서 반올림)
   [계산과정]   [답] _____

나. 부벽을 포함하는 옹벽길이 3.5m에 대한 거푸집량을 구하시오.
   (단, 소수 4째자리에서 반올림)
   [계산과정]   [답] _____

다. 부벽을 포함하는 옹벽길이 3.5m에 대한 철근 물량표를 완성하시오.

기호	직경	길이(mm)	수량	총길이(mm)	기호	직경	길이(mm)	수량	총길이(mm)
W_1					H_1				
W_2					B_1				
W_3					S_1				

해답

가. 콘크리트량

[계산과정]

① 부벽 1개의 콘크리트량
$$= \left(\frac{6.40 \times 3.05}{2} - \frac{0.30 \times 0.30}{2}\right) \times 0.50$$
$$= 4.8575 \text{m}^3$$

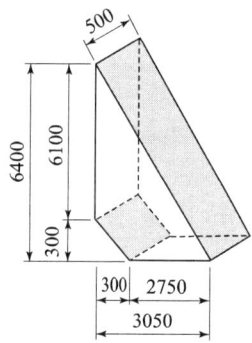

② 옹벽의 콘크리트량
  ㉠ 벽체 $A = (0.35 \times 6.6) \times 3.5 = 8.085 \text{m}^3$
  ㉡ 헌치 $B = \dfrac{0.35 + 1.55}{2} \times 0.30 \times 3.5 = 0.9975 \text{m}^3$
  ㉢ 저판 $C = (0.6 \times 4.30) \times 3.5 = 9.03 \text{m}^3$

③ 총 콘크리트량
   $\sum V = 4.8575 + 8.085 + 0.9975 + 9.03 = 22.970 \text{m}^3$

[답] 22.970m^3

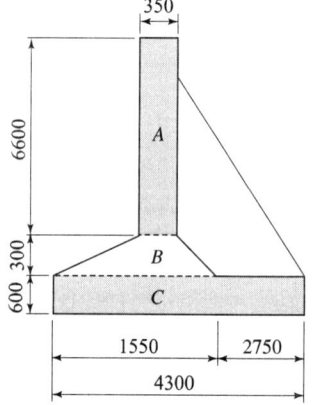

나. 거푸집량

[계산과정]

① 부벽 1개의 거푸집량

㉠ $A면 = \left(\dfrac{6.4 \times 3.05}{2} - \dfrac{0.3 \times 0.3}{2}\right) \times 2(양면)$
   $= 19.430\text{m}^2$

㉡ $B면 = \sqrt{6.4^2 + 3.05^2} \times 0.50 = 3.545\text{m}^2$

㉢ $\Sigma A = 19.430 + 3.545 = 22.975\text{m}^2$

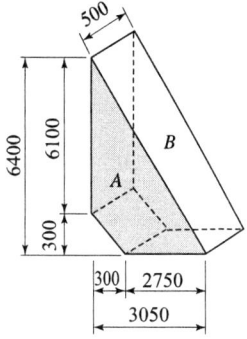

② 역T형 옹벽에 대한 거푸집량

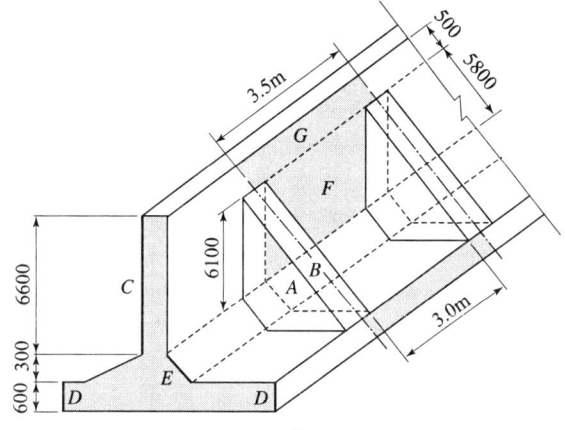

㉠ $C면 = 6.6 \times 3.5 = 23.10\text{m}^2$

㉡ $D면 = (0.6 \times 3.5) \times 2(양면) = 4.20\text{m}^2$

㉢ $E면 = \sqrt{0.3^2 + 0.3^2} \times 3.00 = 1.2728\text{m}^2$

㉣ $F면 = 6.1 \times 3.0 = 18.30\text{m}^2$

㉤ $G면 = 0.50 \times 3.5 = 1.75\text{m}^2$

③ $\Sigma A = 22.975 + 23.10 + 4.20 + 1.2728 + 18.30 + 1.75 = 71.598\text{m}^2$

[답] 71.598m^2

다. 철근 물량표

[계산과정]

① 철근 길이

㉠ W_1철근 길이 $= 7,300\text{mm}$

㉡ W_2철근 길이 $= 3,500\text{mm}$

㉢ W_3철근 길이 $= 750 + 297 + 1,580 + 297 + 750 = 3,674\text{mm}$

㉣ H_1철근 길이 $= 100 + 1,800 + 341 + 1,800 + 100 = 4,141\text{mm}$

㉤ B_1철근 길이 $= 7,500 + 500 + 400 = 8,400\text{mm}$

㉥ S_1철근 길이 $= 100 + 155 + 100 = 355\text{mm}$

② 철근 수량

㉠ W_1철근 수량 $= A - A'$ 단면도에서 세면 $= 26$본

ⓛ W_2철근 수량=단면도에서 세면=26본
ⓒ W_3철근 수량=단면도에서 세면=8본
ⓔ H_1철근 수량=측면도에서 세면=19본
ⓜ B_1철근 수량=측면도 부벽 좌우=2본
ⓗ S_1철근 수량= ⓐ 단면도 실선 3, 점선 2

ⓑ $\dfrac{5줄(단면도)\times 4줄(A-A'단면도)}{2(지그재그)}=10본$

③ 총길이는 각 철근의 길이에 각 철근의 수량을 곱하여 구한다.

[답]

기호	직경	길이(mm)	수량	총길이(mm)	기호	직경	길이(mm)	수량	총길이(mm)
W_1	D13	7,300	26	189,800	H_1	D16	4,141	19	78,679
W_2	D16	3,500	26	91,000	B_1	D25	8,400	2	16,800
W_3	D16	3,674	8	29,392	S_1	D13	355	10	3,550

국가기술자격검정 실기시험문제

2015년도 기사 일반검정(제4회) (2015-11-07)

자격종목 및 등급(선택분야)	종목코드	시험시간	형별
토목기사		3시간	A

※ 다음 물음의 답을 해당 답란에 답하시오.(배점)

15④, 11①

01 댐의 기초암반에 보링공을 천공한 후, 시멘트 풀, 점토 및 약액 등을 압력으로 주입하여 지반개량 및 치수를 목적으로 시행하는 것을 그라우팅이라고 한다. 이러한 그라우팅의 종류를 4가지만 쓰시오. [3점]

① _____ ② _____ ③ _____ ④ _____

해답

[답] ① 컨택 그라우팅(Contact Grouting)
② 림 그라우팅(Rim Grouting)
③ 컨솔리데이션 그라우팅(Consolidation Grouting)
④ 커튼 그라우팅(Curtain Grouting)

참고하세요

그라우팅 공법
① **컨택 그라우팅(Contact Grouting)** : 암반과 댐의 접속부 차수를 목적으로 하는 그라우팅
② **림 그라우팅(Rim Grouting)** : 댐 취부부 또는 전저수지에 걸쳐 댐주변의 지수를 목적으로 하는 그라우팅
③ **컨솔리데이션 그라우팅(Consolidation Grouting)** : 지반개량(보강)을 목적으로 얕게 구멍을 뚫어 Cement Paste를 주입하여 기초지반의 지지력과 수밀성을 증대 시키는 그라우팅
④ **커튼 그라우팅(Curtain Grouting)** : 댐 시공시 댐축에 따라 1~2열의 깊은 구멍을 뚫어 Cement Paste를 주입하여 댐 기초 암반층에 지수막을 만드는 그라우팅으로 댐 축방향 기초 상류쪽에 병풍모양으로 컨솔리데이션 그라우팅보다 깊게 그라우팅 하는 방법
⑤ **블랭킷 그라우팅(Blanket Grouting)** : Fill Dam의 비교적 얕은 기초지반 및 차수영역과 기초지반의 접촉부의 차수성을 개량할 목적으로 하는 그라우팅

02

어떤 콘크리트 공사현장에서 압축강도 시험결과 및 관리한계 계수표는 아래와 같다. 이 시험결과를 이용하여 빈칸을 채우고, 다음 물음에 답하시오. [8점]

[압축강도시험의 결과]

조번호	측정값			계 ΣX	각 조의 평균치 $\overline{X}$	범위 R
	x_1	x_2	x_3			
1	2.1	1.6	2.4			
2	2.5	1.6	2.8			
3	2.1	2.6	1.8			
4	2.5	1.6	2.7			
5	2.6	1.8	2.5			

[관리한계 계수표]

n	A_2	D_3	D_4
2	1.880	–	3.267
3	1.023	–	2.575
4	0.729	–	2.282
5	0.577	–	2.115
6	0.483	–	2.004
7	0.419	0.076	1.924

가. 전체평균($\overline{\overline{X}}$)과 범위(R)의 평균값을 구하시오.

[계산과정]

[답] 전체평균($\overline{\overline{X}}$) : _____, 범위(R)의 평균값 : _____

나. $\overline{X}$관리도의 상한관리한계(UCL)와 하한관리한계(LCL)를 구하시오.

[계산과정]

[답] 상한관리한계(UCL) : _____, 하한관리한계(LCL) : _____

다. R관리도의 상한관리한계(UCL)와 하한관리한계(LCL)를 구하시오.

[계산과정]

[답] 상한관리한계(UCL) : _____, 하한관리한계(LCL) : _____

해답

가. 전체평균($\overline{X}$)과 범위(R)의 평균값

[계산과정]

조번호	측정값			합계 ΣX	평균치 $\overline{X}$	범위 R
	x_1	x_2	x_3			
1	2.1	1.6	2.4	2.1+1.6+2.4=6.1	2.033	2.4-1.6=0.8
2	2.5	1.6	2.8	2.5+1.6+2.8=6.9	2.300	2.8-1.6=1.2
3	2.1	2.6	1.8	2.1+2.6+1.8=6.5	2.167	2.6-1.8=0.8
4	2.5	1.6	2.7	2.5+1.6+2.7=6.8	2.267	2.7-1.6=1.1
5	2.6	1.8	2.5	2.6+1.8+2.5=6.9	2.300	2.6-1.8=0.8
합 계					11.067	4.7

① 전체평균 $\overline{\overline{X}} = \dfrac{\Sigma \overline{X}}{n} = \dfrac{11.067}{5} = 2.21$

② 범위의 평균값 $\overline{R} = \dfrac{\Sigma R}{n} = \dfrac{4.7}{5} = 0.94$

[답] 전체($\overline{X}$)평균 : 2.21, 범위($\overline{R}$)의 평균값 : 0.94

나. $\overline{X}$관리도의 상한관리한계(UCL)와 하한관리한계(LCL)

[계산과정]

각 조의 측정값의 수가 3개일 때의 $A_2 = 1.023$이므로

① $UCL = \overline{\overline{X}} + A_2\overline{R} = 2.21 + 1.023 \times 0.94 = 3.17$

② $LCL = \overline{\overline{X}} - A_2\overline{R} = 2.21 - 1.023 \times 0.94 = 1.25$

[답] 상부관리한계(UCL) : 3.17, 하부관리한계(LCL) : 1.25

다. R관리도의 상한관리한계(UCL)와 하한관리한계(LCL)

[계산과정]

각 조의 측정값의 수가 3개일 때의 $D_4 = 2.575$이고, D_3는 n이 6개 이하이므로 고려하지 않는다.

① $UCL = D_4\overline{R} = 2.575 \times 0.94 = 2.42$

② $LCL = D_3\overline{R} =$ 고려하지 않음

[답] 상부관리한계(UCL) : 2.42, 하부관리한계(LCL) : 고려하지 않음

03 다짐되지 않은 두께 1.5m, 상대밀도 45%의 느슨한 사질토지반이 있다. 실내시험결과 최대 및 최소 간극비가 0.70, 0.35로 각각 산출되었다. 이 사질토를 상대밀도 80%까지 다짐할 때 두께의 감소량을 구하시오. [3점]

[계산과정]   [답]

해답

[계산과정]

① 상대밀도 45%의 느슨한 모래지반의 간극비

$$D_r = \frac{e_{max} - e_1}{e_{max} - e_{min}} \times 100 = \frac{0.70 - e_1}{0.70 - 0.35} \times 100 = 45\% \text{에서}$$

$e_1 = 0.5425$

② 상대밀도 80%까지 다진 모래지반의 간극비

$$D_r = \frac{e_{max} - e_2}{e_{max} - e_{min}} \times 100 = \frac{0.70 - e_2}{0.70 - 0.35} \times 100 = 80\% \text{에서}$$

$e_2 = 0.42$

③ 두께의 감소량(침하량)

$$\Delta H = \frac{e_1 - e_2}{1 + e_1} \cdot H = \frac{0.5425 - 0.42}{1 + 0.5425} \times 1.5 = 0.1191\text{m} = 11.91\text{cm}$$

[답] 11.91cm

참고하세요

상대밀도(relative density, D_r)
자연상태의 조립토의 조밀한 정도를 나타내는 것으로, 사질토의 다짐 정도를 표시한다. 즉, 느슨한 상태에 있는가 촘촘한 상태에 있는가를 나타낸다.

$$D_r = \frac{e_{max} - e}{e_{max} - e_{min}} \times 100 = \frac{\gamma_{dmax}}{\gamma_d} \times \frac{\gamma_d - \gamma_{dmin}}{\gamma_{dmax} - \gamma_{dmin}} \times 100$$

여기서, e_{max} : 가장 느슨한 상태의 간극비
e_{min} : 가장 조밀한 상태의 간극비
e : 자연상태의 간극비
γ_{dmax} : 가장 조밀한 상태에서의 건조 단위중량
γ_{dmin} : 가장 느슨한 상태에서의 건조 단위중량
γ_d : 자연상태의 건조 단위중량

04 구조물 공사는 지하수가 배제된 상태에서 시공하거나 또는 원지반에 구조물 축조 후 주변을 성토하여 구조물을 완성하게 되면 지하수의 상승 등에 의해 양압력에 의한 피해가 발생한다. 이러한 구조물의 기초바닥에 작용하는 양압력(부력)에 저항하는 방법을 3가지 쓰시오. [3점]

① _____ ② _____ ③ _____

해답

[답] ① 사하중에 의한 방법   ② 영구앵카에 의한 방법   ③ 외부배수시스템

참고하세요

부력과 양압력 처리방안
① 외력 증가 방법
  ㉠ 사하중에 의한 방법
  ㉡ 영구앵카에 의한 방법
    ⓐ Rock Anchor 공법
    ⓑ Rock Bolt 공법
② 강제배수공법(영구배수공법)
  ㉠ 외부배수시스템
  ㉡ 기초바닥영구배수시스템(내부배수시스템)
    ⓐ Trench System
    ⓑ Drain Mat System

05 해안, 준설, 매립 공사시 사용되는 준설선의 종류를 4가지만 쓰시오. [3점]

① _____ ② _____ ③ _____ ④ _____

해답

[답] ① Bucket Dredger   ② Grab Dredger
    ③ Dipper Dredger   ④ Pump Dredger

참고하세요

Dredger(준설선)
① 버킷준설선(Bucket Dredger)   ② 그래브준설선(Grab Dredger)
③ 디퍼준설선(Dipper Dredger)   ④ 펌프준설선(Pump Dredger)
⑤ 쇄암준설선(Rock Cutter Dredger) ⑥ 호퍼준설선(Hopper Dredger)

15④, 11④, 08②, 05④

06 다음 그림과 같은 유선망에서 단위폭(1m)당 1일 침투유량을 구하고, 점 A에서 간극수압을 계산하시오. (단, 수평방향 투수계수 $k_h = 5.0 \times 10^{-4}$ cm/sec, 수직방향 투수계수 $k_v = 8.0 \times 10^{-5}$ cm/sec) [6점]

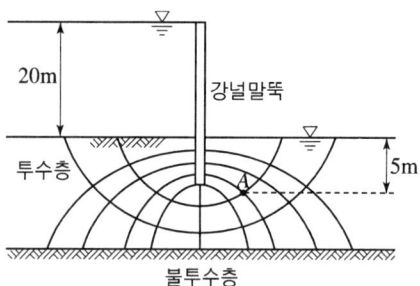

가. 단위폭(1m)당 1일 침투수량을 구하시오.
  [계산과정]   [답] _____
나. A점의 간극수압을 구하시오.
  [계산과정]   [답] _____

해답

가. 침투수량

[계산과정]

이방성 흙이므로

① $Q = \sqrt{k_h \cdot k_v} \cdot H \cdot \dfrac{N_f}{N_d} = \sqrt{(5.0 \times 10^{-6}) \times (8.0 \times 10^{-7})} \times 20 \times \dfrac{3}{10}$

  $= 1.2 \times 10^{-5} \, \text{m}^3/\text{sec}$

② $Q = 1.2 \times 10^{-5} \, \text{m}^3/\text{sec} \times \dfrac{24 \times 60 \times 60}{1 \, \text{day}} = 1.04 \, \text{m}^3/\text{day}$

[답] $1.04 \, \text{m}^3/\text{day}$

나. 간극수압

[계산과정]

① A점의 전수두

  $n_d = 3$, $N_d = 10$, $h_t = \dfrac{n_d}{N_d} \cdot H = \dfrac{3}{10} \times 20 = 6 \, \text{m}$

② A점의 위치수두

  $h_e = -5 \, \text{m}$ (기준선보다 아래쪽에 있으면 ($-$)값을 갖는다.)

③ A점의 압력수두 : $h_p = h_t - h_e = 6 - (-5) = 11 \, \text{m}$

④ A점의 간극수압 : $u_p = \gamma_w h_p = 9.81 \times 11 = 107.91 \, \text{kN/m}^2$

[답] $107.91 \, \text{kN/m}^2$

> **참고하세요**
>
> ① $Q = \sqrt{k_h \cdot k_v} \cdot H \cdot \dfrac{N_f}{N_d}$
>
> ② 전수두 = 수두차 × $\dfrac{N_f}{N_d}$
>
> 여기서, Q : 단위폭당 댐 하류에 침투하는 유량
> N_f : 유로수
> N_d : 등압면수
> k : 투수계수(cm/sec)
> H : 상류와 하류면의 수두차(cm)(= 전수두차)

15④, 11④, 07②

07 말뚝의 정적재하시험의 재하방법 3가지만 쓰시오. [3점]

① _____ ② _____ ③ _____

해답

[답] ① 사하중 이용방법 ② 반력말뚝이용방법 ③ 어스앵커이용방법

15④, 00④, 94④, 92①

08 케이슨 기초의 침하공법을 아래의 표와 같이 4가지만 쓰시오. [3점]

| 재하중에 의한 공법 |

① _____ ② _____ ③ _____ ④ _____

해답

[답] ① 분사에 의한 공법
② 물하중에 의한 공법
③ 발파에 의한 공법
④ 케이슨 매부의 수위 저하에 의한 공법

> **참고하세요**
>
> **침하 공법의 종류**
> ① 재하중에 의한 공법   ② 분사식 침하공법
> ③ 물하중식 침하공법   ④ 발파에 의한 침하공법
> ⑤ 케이슨 내부의 수위 저하 공법

09 호칭강도가 40MPa이고, 22회의 콘크리트 압축강도시험으로부터 구한 표준편차가 4.5MPa이었다. 이 콘크리트의 배합강도를 구하시오. (단, 압축강도 시험횟수가 20회일 때 표준편차의 보정계수는 1.08, 25회일 때 보정계수는 1.03이다.) [3점]

[계산과정]   [답] _____

해답

[계산과정]

① 22회의 보정계수 : $1.08 - \dfrac{1.08 - 1.03}{25 - 20} \times (22 - 20) = 1.06$

② 수정표준편차 : $4.5 \times 1.06 = 4.77 \text{MPa}$

③ 배합강도

$f_{cn} = 40\text{MPa} > 35\text{MPa}$이므로

㉠ $f_{cr} = f_{cn} + 1.34s = 40 + 1.34 \times 4.77 = 46.39\text{MPa}$

㉡ $f_{cr} = 0.9 f_{cn} + 2.33s = 0.9 \times 40 + 2.33 \times 4.77 = 47.11\text{MPa}$

㉢ 둘 중 큰 값인 47.11MPa가 배합강도이다.

[답] 47.11MPa

10 다음과 같은 조건으로 불도저를 사용하여 흙을 굴착할 때 불도저의 시간당 작업량을 본바닥 토량으로 구하시오. [3점]

[조건]
- 흙의 운반거리 : 30m
- 후진속도 : 70m/min
- 토량변화율(L) : 1.25
- 작업효율(E) : 0.8
- 전진속도 : 37.5m/min
- 기어변속시간 : 20sec
- 1회의 압토량 : 2.2m³

[계산과정]   [답] _____

해답

[계산과정]

① $C_m = \dfrac{l}{v_1} + \dfrac{l}{v_2} + t_g = \dfrac{30}{37.5} + \dfrac{30}{70} + \dfrac{20}{60} = 1.56$분

② 시간당작업량 $Q = \dfrac{60 \cdot q \cdot f \cdot E}{C_m} = \dfrac{60 \times 2.2 \times \dfrac{1}{1.25} \times 0.8}{1.56} = 54.15\text{m}^3/\text{h}$(본바닥토량)

[답] 54.15m³/h

15④, 12②, 09④, 07①, 06①②, 00⑤, 95④, 93③, 92③, 85③

11 토목시공에서 사용하고 있는 토목섬유의 주요기능을 4가지만 쓰시오. [3점]

① _____ ② _____ ③ _____ ④ _____

해답

[답] ① 배수기능 ② 분리기능 ③ 필터기능(여과기능) ④ 보강기능

참고하세요

토목섬유의 기능
① 배수기능 ② 분리기능 ③ 필터기능(여과기능)
④ 보강기능 ⑤ 방수기능 ⑥ 차단기능

15④, 13②, 10④, 05④, 02②, 97②, 93②

12 극한지지력 Q_u=200kN이고, RC pile의 직경이 30cm, 주변마찰력이 25kN/m², 말뚝선단의 지지력 q_w=280kN/m²이라 할 때 RC pile의 최소지중깊이를 구하시오. (단, 정역학적 지지력 공식 개념에 의함.) [3점]

[계산과정]   [답] _____

해답

[계산과정]
$$Q_u = Q_p + Q_f = q_u \cdot A_p + f_s \cdot A_s = q_u \cdot (\pi \cdot r^2) + f_s \cdot (2\pi \cdot r \cdot l)$$에서

지중깊이 $l = \dfrac{Q_u - q_u \cdot \pi \cdot r^2}{f_s \cdot 2\pi \cdot r} = \dfrac{200 - 280 \times \pi \times 0.15^2}{25 \times 2\pi \times 0.15} = 7.65\text{m}$

[답] 7.65m

참고하세요

$Q_u = Q_p + Q_f = q_u \cdot A_p + f_s \cdot A_s$
여기서, Q_u : 말뚝의 극한지지력(t)
   Q_p : 말뚝의 선단지지력(t)
   Q_f : 말뚝의 주면마찰력(t)
   q_u : 말뚝 선단의 극한지지력(t/m²)
   A_p : 말뚝의 선단지지단면적(m²) = $\dfrac{\pi D^2}{4}$
   f_s : 말뚝 주면의 평균마찰력(t/m²)
   A_s : 말뚝의 주면적(m²) = πDL

13 연약지반 개량공법 중 일시적인 지반개량공법을 4가지만 쓰시오. [3점]

① _____ ② _____ ③ _____ ④ _____

[답] ① Well Point Method ② Deep Well Method(깊은우물공법)
③ 대기압공법(진공압밀공법) ④ 동결공법

일시적지반개량공법
① Well Point Method : well point라는 강재 흡수관을 시공 지역의 주위에 다수 설치하고 진공을 가하여 지하수위를 저하시켜 dry work를 하기 위한 **강제배수공법**으로 사질토 및 실트질 모래지반에서 가장 경제적인 지하수위 저하공법
② Deep Well Method(깊은우물공법) : $\phi 0.3 \sim \phi 1.5m$ 정도의 깊은 우물을 판 후 strainer를 부착한 casing(우물관)을 삽입하여 지하수를 펌프로 양수함으로써 지하수위를 저하시키는 **중력식 배수공법**
③ 대기압공법(진공압밀공법) : 지표면을 비닐 sheet 등의 막으로 덮은 다음 진공 펌프를 작동시켜서 내부의 압력을 내려 재하중으로서 성토 대신 대기압으로 연약점토층을 탈수에 의해 압밀을 촉진시키는 공법
④ 동결공법 : 동결관(1.5~3inch)을 지반 내에 설치하고, 액체질소 같은 냉각제를 흐르게 하여 주위의 흙을 동결시키는 공법
⑤ 소결공법 : 지반 내 보링공을 설치하고 그 안에 액체 또는 기체 연료를 장시간 연소시켜 공벽의 고결 및 주변 지반을 탈수, 건조시켜 기둥을 형성하여 지반 개량을 행하는 공법

14 도심지 굴착공사 중 계측관리시 아래 그림에서 빈칸에 해당하는 계측기기를 쓰시오. [3점]

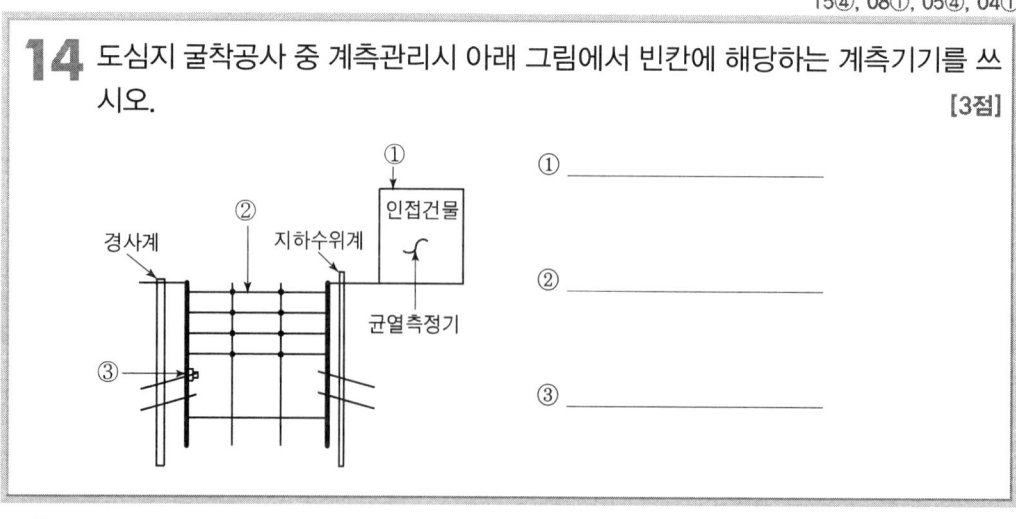

[답] ① 건물경사계 ② 변형률계 ③ 하중계

15④, 11②, 10②, 07①, 03②, 01②

15 아래 그림과 같은 무한사면에서 지하수위면과 지표면이 일치한 경우 사면의 안전율을 구하시오. (단, 지반의 $c=0$, $\phi=30°$, $\gamma_{sat}=18.0\text{kN/m}^3$이다.) [3점]

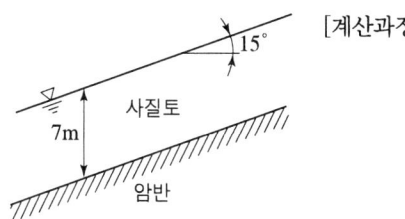

[계산과정]

[답] _____

해답

[계산과정]

$$F_s = \frac{c}{\gamma_{sat}Z\cos i \sin i} + \frac{\gamma_{sub}}{\gamma_{sat}} \cdot \frac{\tan\phi}{\tan i} = \frac{0}{18.0 \times 7 \times \cos 15° \sin 15°} + \frac{18.0-9.81}{18.0} \times \frac{\tan 30°}{\tan 15°}$$
$$= 0.98$$

[답] 0.98

15④, 10①, 04③, 92③

16 PERT 기법에 의한 공정관리기법에서 낙관시간치 2일, 정상시간치 5일, 비관시간치 8일일 때 기대시간과 분산을 구하시오. [4점]

[계산과정]

[답] 기대시간 : _____, 분산 : _____

해답

[계산과정]

① 기대시간 : $t_e = \dfrac{t_o + 4t_m + t_p}{6} = \dfrac{2+4\times 5+8}{6} = 5$일

② 분산 : $\sigma^2 = \left(\dfrac{t_p - t_o}{6}\right)^2 = \left(\dfrac{8-2}{6}\right)^2 = 1$

[답] 기대시간 : 5일, 분산 : 1

참고하세요

$t_e = \dfrac{t_o + 4t_m + t_p}{6}$

여기서, t_e : 기대시간(사사오입하여 계산)
t_o : 낙관시간, t_m : 정상시간, t_p : 비관시간

17 아래 그림과 같은 옹벽에서 다음 물음에 답하시오. [6점]

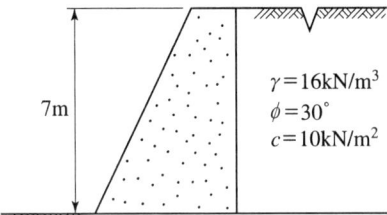

가. 인장균열의 깊이를 구하시오.
　　[계산과정]　　　　　　　　　　　　　　　　[답] _____

나. 인장균열이 발생하기 전의 전체 주동토압을 구하시오.
　　[계산과정]　　　　　　　　　　　　　　　　[답] _____

다. 인장균열이 발생한 후의 전체 주동토압을 구하시오.
　　[계산과정]　　　　　　　　　　　　　　　　[답] _____

해답

가. 인장균열의 깊이

[계산과정]
$$Z_C = \frac{2c}{\gamma}\tan\left(45° + \frac{\phi}{2}\right) = \frac{2 \times 10}{16}\tan\left(45° + \frac{30°}{2}\right) = 2.17$$

[답] 2.17

나. 인장균열이 발생하기 전의 전체 주동토압

[계산과정]

① 주동토압계수 $K_A = \tan^2\left(45° - \frac{30°}{2}\right) = \frac{1}{3}$

② $P_a = \frac{1}{2} \cdot \gamma \cdot H^2 \cdot K_a - 2c \cdot H \cdot \sqrt{K_a} = \frac{1}{2} \times 16 \times 7^2 \times \frac{1}{3} - 2 \times 10 \times 7 \times \sqrt{\frac{1}{3}}$
　　$= 49.84\,\text{kN/m}$

[답] 49.84kN/m

다. 인장균열이 발생한 후의 전체 주동토압

[계산과정]
$$P_a = \frac{1}{2} \cdot \gamma \cdot H^2 \cdot K_a - 2c \cdot H \cdot \sqrt{K_a} + \frac{2c^2}{\gamma}$$
$$= \frac{1}{2} \times 16 \times 7^2 \times \frac{1}{3} - 2 \times 10 \times 7 \times \sqrt{\frac{1}{3}} + \frac{2 \times 10^2}{16}$$
$$= 62.34\,\text{kN/m}$$

[답] 62.34kN/m

18 어떤 사질 기초지반의 평판 재하실험 결과 항복강도가 600kN/m², 극한강도 1,000kN/m²이었다. 그리고 그 기초는 지표에서 1.5m 깊이에 설치된 것이고 그 기초지반의 단위중량이 18kN/m³일 때, 이때의 지지력계수 N_q=5이었다. 이 기초의 장기 허용지지력을 구하시오. [3점]

[계산과정] [답] _____

해답

[계산과정]
① 실험허용지지력

㉠ $q_t = \dfrac{f_y}{2} = \dfrac{600}{2} = 300\,\text{kN/m}^2$

㉡ $q_t = \dfrac{S_u}{3} = \dfrac{1,000}{3} = 333.33\,\text{kN/m}^2$

㉢ 둘 중 작은 값인 $300\,\text{kN/m}^2$이 실험허용지지력이다.

② 장기허용지지력

$q_a = q_t + \dfrac{1}{3}rD_f N_q = 300 + \dfrac{1}{3} \times 18 \times 1.5 \times 5 = 345\,\text{kN/m}^2$

[답] $345\,\text{kN/m}^2$

19 흙의 동결을 방지하기 위한 동상대책을 3가지만 쓰시오. [2점]

① _____ ② _____ ③ _____

해답

[답] ① 치환공법 ② 안정처리공법 ③ 단열공법

참고하세요

동상(동결)방지대책 공법
① **치환공법** : 동결되지 않는 흙으로 바꾸는 공법
② **안정처리공법** : 화학약액으로 처리하는 공법
③ **단열공법** : 흙 속에 단열재료를 매입하는 공법
④ **차단공법** : 지하수위 상층에 조립토층을 설치하는 공법
⑤ **지하수위 저하공법** : 배수구 설치로 지하수위를 저하시키는 공법

15④, 11②, 05②, 04④, 02④, 01②, 99②, 93③

20 연약점토층의 두께가 10m인 현장 지반에서 시료를 채취하여 압밀시험을 실시하였다. 이때 압밀 시험한 결과 하중강도가 240kN/m²(2.4kg/cm²)에서 360kN/m²(3.6kg/cm²)으로 증가할 때, 간극비는 1.8에서 1.2로 감소하였다. 이 지반 위에 단위중량 20kN/m³(2.0t/m³)인 성토재를 5m 성토할 때 최종침하량을 구하시오. (단, 원지반의 간극비(e_o)는 2.2이다.) [3점]

[계산과정]   [답] _____

해답

[계산과정]

① $a_v = \dfrac{e_1 - e_2}{P_2 - P_1} = \dfrac{1.8 - 1.2}{360 - 240} = 0.005 \, \text{m}^2/\text{kN}$

② $\Delta P = 20 \times 5 = 100 \, \text{kN/m}^2$

③ $\Delta H = \dfrac{a_v}{1 + e_o} \cdot \Delta P \cdot H = \dfrac{0.005}{1 + 2.2} \times 100 \times 10 = 1.56 \, \text{m}$

[답] 1.56m

참고하세요

[MKS 단위]

① $a_v = \dfrac{e_1 - e_2}{P_2 - P_1} = \dfrac{1.8 - 1.2}{3.6 - 2.4} = 0.5 \, \text{cm}^2/\text{kg} = 0.05 \, \text{m}^2/\text{t}$

② $\Delta P = 2.0 \times 5 = 10 \, \text{t/m}^2$

③ $\Delta H = \dfrac{a_v}{1 + e_o} \cdot \Delta P \cdot H = \dfrac{0.05}{1 + 2.2} \times 10 \times 10 = 1.56 \, \text{m}$

15④

21 교량의 상부구조와 하부구조의 접점에 위치하여 상부구조에서 전달되는 하중을 하부구조에 전달하고, 상하부 간의 상대변위 및 상부구조의 회전변형을 흡수하는 구조를 무엇이라 하는가? [2점]

○ _____

해답

[답] 교량받침(Shoe, 교좌장치)

[부록] 2015년 11월 7일 시행

15④, 05④, 01①, 00③, 98③

22 숏크리트 및 록볼트 공법을 제외한 터널보조공법의 종류를 4가지만 쓰시오.
[3점]

① _____ ② _____ ③ _____ ④ _____

해답

[답] ① 훠폴링(Fore Poling, Fore Piling) 공법
② 강관보강형 다단 그라우팅 공법
③ 주입공법(Grouting)에 의한 지반보강
④ 파이프 루프(Pipe Roof) 공법

참고하세요

터널의 보조공법
(1) 막장 안정을 위한 보조공법
① 록 볼트(Rock Bolt)
② 숏크리트(Face Shotcrete)
③ 마이크로 파일(Micro Pile, Root Pile)
④ 주입공법(Grouting)에 의한 지반보강
⑤ Ring Cut(Core 형성)
⑥ 강관보강형 주입공사
(2) 천단부 안정 보조공법
① 훠폴링(Fore Poling, Fore Piling) 공법
② 미니 파이프 루프(Mini Pipe Roof) 공법
③ 스틸 시트(Steel Sheet) 공법
④ 강관보강형 다단 그라우팅 공법
⑤ 파이프 루프(Pipe Roof) 공법

15④, 00①

23 그림과 같은 Network에서 Critical Path상의 표준공기를 구하시오. (단, 화살선상의 숫자는 공사 소요일수이다.) [3점]

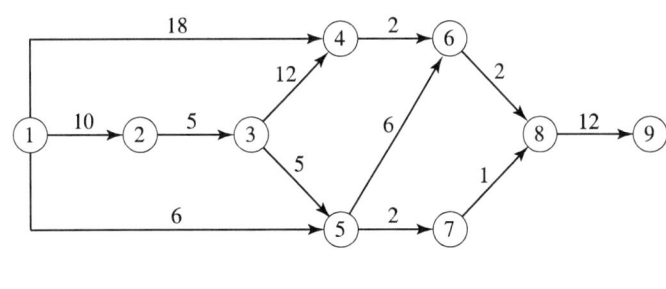

○ _____

해답

[풀이과정]

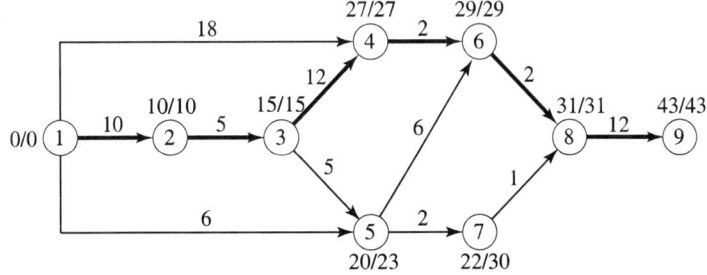

① CP : ① → ② → ③ → ④ → ⑥ → ⑧
② CP상의 표준공기 = 43일

[답] 43일

24 주어진 슬래브의 도면 및 조건에 따라 다음 물량을 산출하시오. (단위 : mm)

[18점]

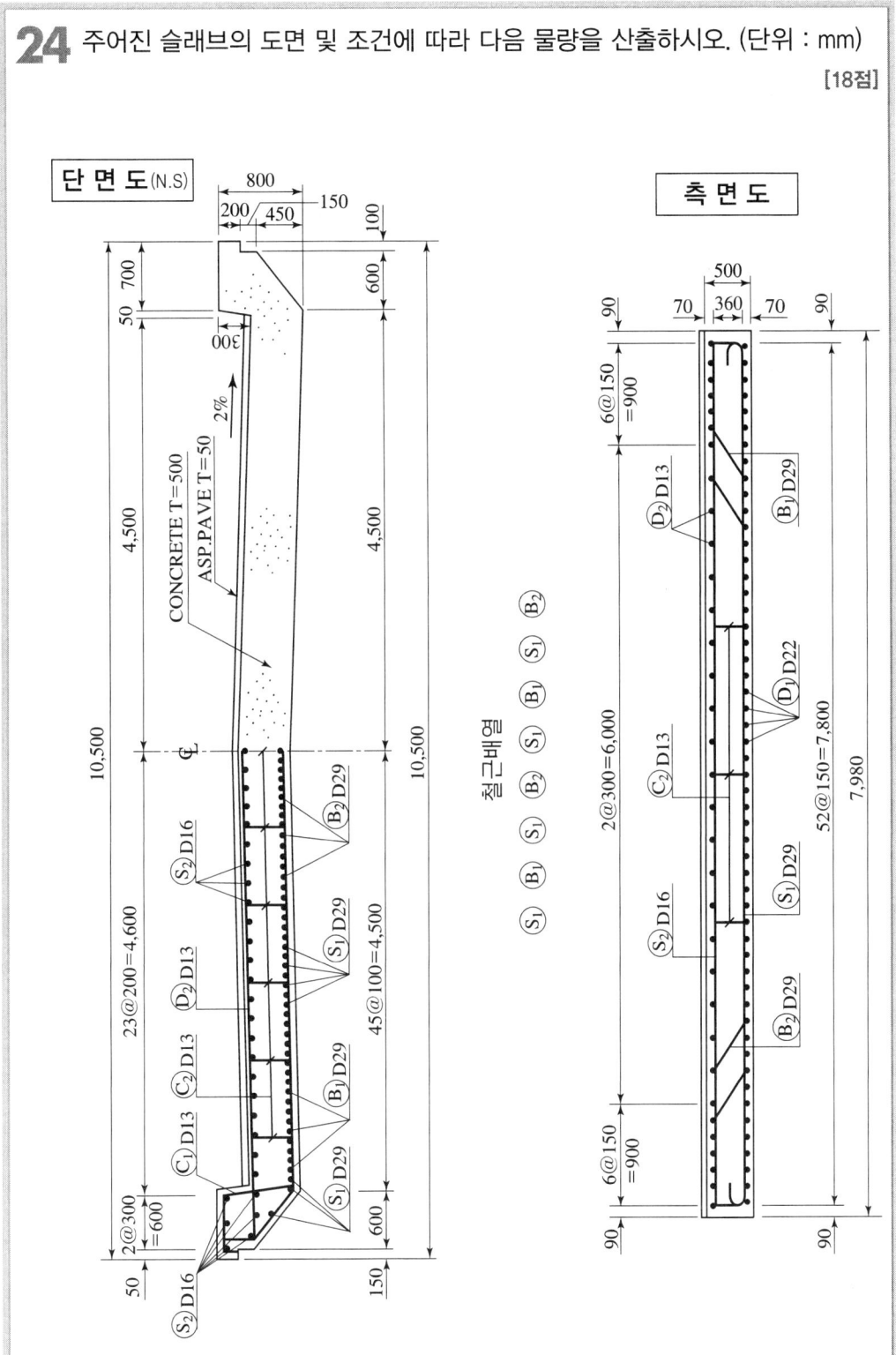

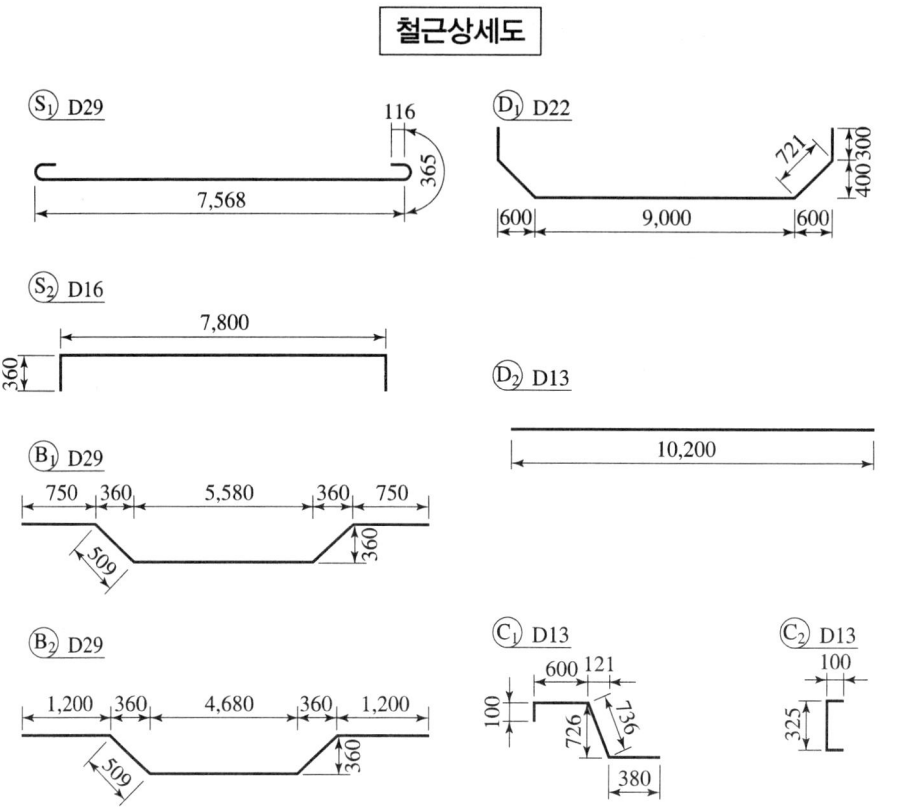

[조건]
- B_1과 B_2 철근은 400mm 간격으로 200mm 간격의 S_1 철근 사이에 교대로 배치되어 있다.
- D_2와 C_1 철근은 동일한 위치에 동일한 간격으로 배치된 것으로 측면도와 같이 중앙부에서는 300mm, 양쪽 단부에서는 150mm 간격으로 배근되어 있다.
- 물량산출에서의 할증률은 무시한다.
- 철근길이 계산에서 이음길이는 계산하지 않는다.
- 슬래브 기울기 2%는 시공시에만 고려할 사항으로 물량산출에서는 무시한다.

가. 한 경간(1span)에 대한 콘크리트량을 구하시오. (단, 소수4째자리에서 반올림)

[계산과정]   [답] _____

나. 한 경간(1span)에 대한 아스팔트량을 구하시오. (단, 소수4째자리에서 반올림)

[계산과정]   [답] _____

다. 한 경간(1span)에 대한 거푸집량을 구하시오. (단, 소수4째자리에서 반올림)

[계산과정]   [답] _____

라. 한 경간(1span)에 대한 다음 철근물량표를 완성하시오.

기호	직경	길이(mm)	수량	총길이(mm)	기호	직경	길이(mm)	수량	총길이(mm)
B_1					D_1				
B_2					S_1				
C_1					S_2				

해답

가. 콘크리트량

[계산과정]

① 단면적 계산

㉠ $A_1 = 0.10 \times 0.20 = 0.02 \text{m}^2$

㉡ $A_2 = \dfrac{0.8 + (0.2 + 0.15)}{2} \times 0.6$
  $= 0.345 \text{m}^2$

㉢ $A_3 = \dfrac{0.05 \times 0.30}{2} = 0.0075 \text{m}^2$

㉣ $A_4 = 4.55 \times 0.5 = 2.275 \text{m}^2$

㉤ 총단면적 $= \sum A \times 2(좌우) = 2.6475 \times 2 = 5.295 \text{m}^2$

② 콘크리트량 $= 5.295 \times 7.98 = 42.254 \text{m}^3$

[답] 42.254m^3

나. 아스팔트량

[계산과정]

① 아스팔트 포장 두께 : 50mm

② 포장 면적

$A = \sqrt{(4.5 \times 0.02)^2 + 4.5^2} \times 0.05 = 0.225 \text{m}^2$

③ 아스팔트량

$V = 0.225 \times 2(좌우) \times 7.98 = 3.591 \text{m}^3$

[답] 3.591m^3

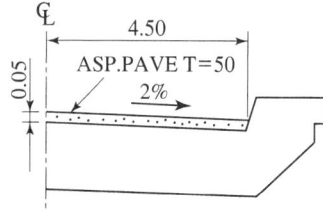

다. 거푸집량

[계산과정]

① 거푸집면 길이계산

㉠ $AB = \sqrt{(4.5 \times 0.02)^2 + 4.5^2}$
  $= 4.5009 \text{m}$

㉡ $BC = \sqrt{0.6^2 + 0.45^2} = 0.75 \text{m}$

㉢ $CD = 0.15 \text{m}$

㉣ $DE = 0.1 \text{m}$

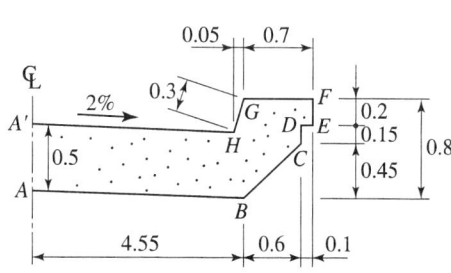

ⓜ $EF = 0.2$m

ⓗ $F = \sqrt{0.3^2 + 0.05^2} = 0.304$m

ⓢ $\sum L = 6.0049$m

② 거푸집량

ⓐ $6.0049 \times 7.98 \times 2 = 98.838\,\text{m}^2$

ⓑ Span 양쪽 끝단 $= 5.295 \times 2 = 10.59\,\text{m}^2$

ⓒ 총 거푸집량 $= 98.838 + 10.59 = 109.428\,\text{m}^2$

[답] $109.428\,\text{m}^2$

라. 철근물량표

[계산과정]

① 철근 길이

ⓐ B1철근 길이 $= 750+509+5{,}580+509+750 = 8{,}098$mm

ⓑ B2철근 길이 $= 1{,}200+509+4{,}680+509+1{,}200 = 8{,}098$mm

ⓒ C1철근 길이 $= 100+600+736+380 = 1{,}816$mm

ⓓ D1철근 길이 $= 300+721+9{,}000+721+300 = 11{,}042$mm

ⓔ S1철근 길이 $= 116+365+7{,}568+365+116 = 8{,}530$mm

ⓕ S2철근 길이 $= 360+7{,}800+360 = 8{,}520$mm

② 철근 수량

ⓐ B1철근 수량 = 단면도에서 세면 22본

ⓑ B2철근 수량 = 단면도에서 세면 22본

ⓒ C1철근 수량 = C1철근은 D2철근과 같은 간격으로 양단 배근되므로, 측면도에서 D2철근의 개수를 센 후 D2철근의 개수의 두 배를 하면 된다.

D2철근의 개수를 측면도에서 세면 33본이므로 C1철근은 $33 \times 2 = 66$본이다.

ⓓ D1철근 수량 = 측면도에서 세면 53본

ⓔ S1철근 수량 = 단면도에서 세면 $24+1+24 = 49$본

ⓕ S2철근 수량 = 단면도에서 세면 $228+1+28 = 57$본

③ 총길이는 각 철근의 길이에 각 철근의 수량을 곱하여 구한다.

[답]

기호	직경	길이(mm)	수량	총길이(mm)	기호	직경	길이(mm)	수량	총길이(mm)
B_1	D29	8,098	22	178,156	D_1	D22	11,042	53	585,226
B_2	D29	8,098	22	178,156	S_1	D29	8,530	49	417,970
C_1	D13	1,816	66	119,856	S_2	D16	8,520	57	485,640

18③, 15④, 06④, 00⑤, 99④, 94④

25 그림과 같이 연직하중과 모멘트를 받는 구형기초의 극한하중과 안전율을 Terzaghi(테르자기) 공식을 이용하여 구하시오. (단, N_c=37.2, N_q=22.5, N_r=19.7이다.) [3점]

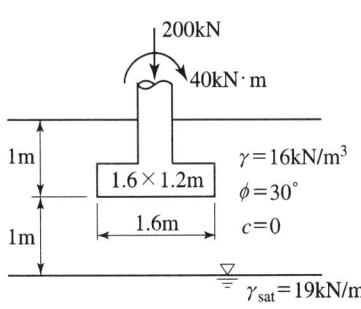

[계산과정]

[답] 극한하중 : _____
안전율 : _____

해답

[계산과정]

① 편심거리

$$e = \frac{M}{Q} = \frac{40}{200} = 0.2\text{m}$$

② 기초의 유효크기
   ㉠ $B' = B - 2e = 1.6 - 2 \times 0.2 = 1.2\text{m}$
   ㉡ $B' = L' = L = 1.2\text{m}$

③ 유효길이
$B = L' = L - 2e = 1.6 - 2 \times 0.2 = 1.2\text{m}$

④ $d = 1\text{m}$, $B' = 1.2\text{m}$로 $0 \leq d \leq B'$ 인 경우이므로

$$r'_1 = r_{sub} + \frac{d}{B'}(r_1 - r_{sub}) = (19 - 9.81) + \frac{1}{1.2} \times (16 - (19 - 9.81)) = 14.87\,\text{kN/m}^3$$

⑤ 직사각형이므로 $\beta = 0.5 - 0.1\dfrac{B'}{L} = 0.5 - 0.1 \times \dfrac{1.2}{1.2} = 0.4$

⑥ 극한지지력

$$q_u = \alpha C N_c + \beta r_1 B' N_r + r_2 D_f N_q = 0 + 0.4 \times 14.87 \times 1.2 \times 19.7 + 16 \times 1 \times 22.5$$
$$= 500.61\,\text{kN/m}^3$$

⑦ 극한하중
$Q_u = q_u \times B' \times L = 500.61 \times 1.2 \times 1.2 = 720.88\text{kN}$

⑧ 안전율

$$F_s = \frac{Q_u}{Q} = \frac{720.88}{200} = 3.60$$

[답] 극한하중 : 720.88kN, 안전율 : 3.60

국가기술자격검정 실기시험문제

2016년도 기사 일반검정(제1회) (2016-04-17)

자격종목 및 등급(선택분야)	종목코드	시험시간	형별	수험번호	성 명
토목기사		3시간	A		

※ 다음 물음의 답을 해당 답란에 답하시오.(배점)

16①, 15④, 11②, 09①

01
지하수가 높은 경우 지하구조물 설계시 양압력에 대해 검토하고 그에 따른 처리방안을 강구해야 한다, 양압력 처리방법을 3가지만 쓰시오. [3점]

① _____ ② _____ ③ _____

해답

[답] ① 사하중에 의한 방법 ② 영구앵카에 의한 방법 ③ 외부배수시스템

참고하세요

부력과 양압력 처리방안
① 외력 증가 방법 – ㉠ 사하중에 의한 방법
　　　　　　　　　㉡ 영구앵카에 의한 방법
　　　　　　　　　　　ⓐ Rock Anchor 공법
　　　　　　　　　　　ⓑ Rock Bolt 공법
② 강제배수공법(영구배수공법) – ㉠ 외부배수시스템
　　　　　　　　　　　　　　　㉡ 기초바닥영구배수시스템(내부배수시스템)
　　　　　　　　　　　　　　　　　ⓐ Trench System
　　　　　　　　　　　　　　　　　ⓑ Drain Mat System

16①, 87②

02
록볼트(rock bolt)의 역할을 3가지만 쓰시오. [3점]

① _____ ② _____ ③ _____

해답

[답] ① 봉합효과 ② 내압효과 ③ 지반보강효과

참고하세요

지반에서의 Rock Bolt 효과
① 봉합효과 ② 내압효과 ③ 지반보강효과 ④ 보 형성 효과

03 도로에서 기층은 표층에 가해지는 하중을 분산시켜 보조기층에 전달하며, 교통하중에 의한 전단에 저항하는 역할을 한다. 이러한 역할을 하는 기층을 만들기 위해 사용되는 공법을 3가지만 쓰시오. [3점]

① _____ ② _____ ③ _____

[답] ① 입도조정공법 ② 시멘트 안정처리공법 ③ 석회 안정처리공법

기층 및 보조기층 안정처리 공법의 종류
① 입도조정공법
② 시멘트 안정처리공법
③ 석회 안정처리공법
④ 물다짐 머캐덤공법

---

04 기존 아스팔트 포장에 생긴 균열에 대한 일반적인 보수방법을 3가지만 쓰시오. [3점]

① _____ ② _____ ③ _____

[답] ① 패칭(Patching) 공법 ② 표면처리 공법 ③ 절삭(Milling) 공법

유지보수 공법
① **패칭(Patching) 공법** : 파손을 발견즉시 시행하는 긴급보수 방법으로 아스팔트 포장의 Pot hole, 단차, 부분적인 균열, 침하 등과 같은 파손이 발생하였을 때 부분적으로 걷어내고 수선 후 포장 재료를 채우는 공법을 말한다.
② **표면처리 공법** : 아스팔트 포장이 노후하여 표면에 부분적인 균열, 변형, 마모, 붕괴되었을 때 손상 표면에 2.5cm 이하의 얇은 층으로 실링(Sealing)층을 시공하는 공법을 말한다.
③ **절삭(Milling) 공법** : 아스팔트 표면에 연속적 또는 단속적 요철이 생긴 경우 포장의 요철 부분을 기계로 절삭하여 표면의 평탄성과 미끄럼 저항성을 증가시키는 공법을 말한다.
④ **덧씌우기(Over lay) 공법** : 기존 포장의 강도 부족을 보충하고, 균열로 인한 빗물 침투 방지를 위하여 포장 전면을 아스팔트 혼합물로 덧씌우는 공법을 말한다.
⑤ **절삭 덧씌우기(Over lay) 공법** : 표면처리 등의 공법으로 노면을 유지하기는 어렵고 재포장 하기는 이른 경우 포장의 표면을 절삭한 후 덧씌우기(Over lay)하는 공법을 말한다.
⑥ **재포장 공법** : 포장의 파손이 심한 경우 기존 포장을 제거한 후 재포장하는 공법으로 부분 재포장 공법과 전면 재포장 공법이 있다.

05
버킷 용량 3.0m³의 쇼벨과 15ton 덤프트럭을 사용하여 토공사를 하고 있다. 아래 조건에 따라 다음 물음에 답하시오. [6점]

16①, 09①, 07①, 04②④, 03①, 01②, 97①, 94②, 89②, 88③

[조건]
- 흙의 단위중량 : 1.8t/m³
- 쇼벨의 버킷계수 : 1.1
- 쇼벨의 작업효율 : 0.5
- 덤프트럭의 작업효율 : 0.8
- 덤프트럭 1대를 적재하는 데 필요한 셔블의 사이클 횟수 : 3
- 토량변화율(L) : 1.2
- 사이클타임 : 30초
- 덤프트럭의 사이클타임 : 30분
- 덤프트럭의 사이클타임 중 상차시간 : 2분

가. 쇼벨의 시간당 작업량은 얼마인가?
  [계산과정]   [답] _____
나. 덤프트럭의 시간당 작업량은 얼마인가?
  [계산과정]   [답] _____
다. 쇼벨 1대당 덤프트럭의 소요대수는 얼마인가?
  [계산과정]   [답] _____

해답

가. 쇼벨의 시간당 작업량
[계산과정]
$$Q = \frac{3600 \cdot q \cdot k \cdot f \cdot E}{C_{ms}} = \frac{3600 \times 3 \times 1.1 \times \frac{1}{1.2} \times 0.5}{30} = 165 \, \text{m}^3/\text{h (본바닥 토량)}$$
[답] 165m³/h

나. 덤프트럭의 시간당 작업량
[계산과정]
① $q_t = \frac{T}{r_t} \cdot L = \frac{15t}{1.8t/m^3} \times 1.2 = 10 \, \text{m}^3$

② $Q = \frac{60 \cdot q_t \cdot f \cdot E_t}{C_{mt}} = \frac{60 \times 10 \times \frac{1}{1.2} \times 0.8}{30} = 13.33 \, \text{m}^3/\text{h (본바닥 토량)}$

[답] 13.33m³/h

다. 쇼벨 1대당 덤프트럭의 소요대수
[계산과정]
$$N = \frac{\text{셔블}Q}{\text{덤프트럭}Q} = \frac{165}{13.33} = 12.38 = 13 \, \text{대}$$
[답] 13대

16①, 10②

06. 다음 표와 같은 설계조건 및 재료, 참고표를 이용하여 콘크리트를 배합설계하여 아래 배합표를 완성하시오. [10점]

[설계조건 및 재료]
- 물-시멘트비는 50%로 한다.
- 굵은골재는 최대치수 20mm의 부순돌을 사용한다.
- 양질의 공기연행제(AE제)를 사용하며 그 사용량은 시멘트 질량의 0.03%로 한다.
- 목표로 하는 슬럼프는 100mm, 공기량은 5%로 한다.
- 사용하는 시멘트는 보통포틀랜드시멘트로서 밀도는 0.00315g/mm^{3}이다.
- 잔골재의 표건밀도는 0.0026g/mm^{3}이고, 조립률은 2.85이다.
- 굵은골재의 표건밀도는 0.0027g/mm^{3}이다.

[배합설계 참고표]

굵은골재 최대치수 (mm)	단위 굵은골재 용적 (%)	공기연행제를 사용하지 않은 콘크리트			공기연행 콘크리트				
		갇힌 공기 (%)	잔골재율 S/a(%)	단위수량 (kg/m^3)	공기량 (%)	양질의 공기연행제를 사용한 경우		양질의 공기연행감수제를 사용한 경우	
						잔골재율 S/a(%)	단위수량 (kg/m^3)	잔골재율 S/a(%)	단위수량 (kg/m^3)
15	58	2.5	53	202	7.0	47	180	48	170
20	62	2.0	49	197	6.0	44	175	45	165
25	67	1.5	45	187	5.0	42	170	43	160
40	72	1.2	40	177	4.5	39	165	40	155

[주] 1) 이 표의 값은 보통의 입도를 가진 잔골재(조립률 2.8 정도)와 부순돌을 사용한 물-시멘트비 55% 정도, 슬럼프 80mm 정도의 콘크리트에 대한 것이다.
2) 사용재료 또는 콘크리트의 품질이 주1)의 조건과 다를 경우에는 위의 표의 값을 아래 표에 따라 보정한다.

구분	S/a의 보정(%)	W의 보정(kg)
잔골재의 조립률이 0.1만큼 클(작을) 때마다	0.5만큼 크게(작게) 한다.	보정하지 않는다.
슬럼프값이 10mm만큼 클(작을) 때마다	보정하지 않는다.	1.2%만큼 크게(작게) 한다.
공기량이 1%만큼 클(작을) 때마다	0.5~1만큼 작게(크게) 한다.	3%만큼 작게(크게) 한다.
물-시멘트비가 0.05만큼 클(작을) 때마다	1만큼 크게(작게) 한다.	보정하지 않는다.

[비고] 단위굵은골재용적에 의하는 경우에는 모래의 조립률이 0.1만큼 커질(작아질) 때마다 단위굵은골재용적을 1만큼 작게(크게) 한다.

[답] 배합표

굵은골재 최대치수 (mm)	슬럼프 (mm)	공기량 (%)	W/C (%)	잔골재율 S/a(%)	단위량(kg/m³) 물 (W)	단위량(kg/m³) 시멘트 (C)	단위량(kg/m³) 잔골재 (S)	단위량(kg/m³) 굵은골재 (G)	혼화제 단위량 (g/m³)
20	100	5	50						

해답

[계산과정]

① 콘크리트 배합 변경(시방배합 보정)

구 분	S/a[%] 보정	단위수량[kg] 보정
모래 조립률이 0.1 만큼 클(작을) 때마다	0.5 만큼 크게(작게) 설계조건의 잔골재 조립률이 2.85로 배합설계 참고표의 2.8보다 크므로 $\dfrac{2.85-2.8}{0.1} \times 0.5 = 0.25\%$ 크게	×
슬럼프 값이 10mm 만큼 클(작을) 때마다	×	1.2% 만큼 크게(작게) 설계조건의 슬럼프 값이 100mm로 배합설계 참고표의 80mm보다 크므로 $\dfrac{100-80}{10} \times 1.2 = 2.4\%$ 크게
공기량이 1% 만큼 클(작을) 때마다	0.5~1 만큼 작게(크게) 설계조건의 공기량이 5%로 배합설계 참고표(굵은골재최대치수 20mm, 양질의 공기 연행제 사용한 공기 연행 콘크리트)의 6.0%보다 작으므로 $\dfrac{6-5}{1} \times 0.75 = 0.75\%$ 크게	3% 만큼 작게(크게) 설계조건의 공기량이 5%로 배합설계 참고표(굵은골재최대치수 20mm, 양질의 공기 연행제 사용한 공기 연행 콘크리트)의 6.0%보다 작으므로 $\dfrac{6-5}{1} \times 3 = 3\%$ 크게
W/C가 0.05 만큼 클(작을) 때마다	1 만큼 크게(작게) 설계조건의 W/C가 50%로 배합설계 참고표의 55%보다 작으므로 $\dfrac{0.5-0.55}{0.05} \times 1 = 1\%$ 작게	×
잔골재율 보정값	㉠ S/a(굵은골재최대치수 20mm, 양질의 공기 연행제 사용한 공기 연행 콘크리트의 배합설계표 값) = 44% ㉡ S/a = 44+(0.25+0.75-1) = 44%	
단위수량 보정값		㉠ 단위수량(굵은골재최대치수 20mm, 양질의 공기 연행제 사용한 공기 연행 콘크리트의 배합설계표 값) = 175kg ㉡ 단위수량 = 175 + $\left(\dfrac{2.4+3}{100}\right) \times 175$ = 184.45kg/m³

② 단위시멘트량

$W/C = 0.5$에서 $C = \dfrac{W}{0.5} = \dfrac{184.45}{0.5} = 368.9 \text{kg/m}^3$

③ 단위잔골재량

㉠ 단위 골재량의 절대부피

$$\text{단위 골재량의 절대부피} = 1 - \left(\dfrac{\text{단위 수량}}{1000} + \dfrac{\text{단위 시멘트량}}{\text{시멘트의 비중} \times 1000} + \dfrac{\text{공기량}}{100}\right)$$

$$= 1 - \left(\dfrac{184.45}{1000} + \dfrac{368.9}{3.15 \times 1000} + \dfrac{5}{100}\right) = 0.648 \text{m}^3$$

㉡ 단위 잔골재량의 절대부피 = 단위 골재량의 절대부피 × 잔골재율
$= 0.648 \times 0.44 = 0.28512 \text{m}^3$

㉢ 단위 잔골재량 = 단위 잔골재량의 절대부피 × 잔골재의 비중 × 1000
$= 0.28512 \times 2.6 \times 1000 = 741.31 \text{kg/m}^3$

④ 단위굵은골재량

㉠ 단위 굵은 골재량의 절대부피 = 단위 골재량의 절대부피 - 단위 잔골재량의 절대부피
$= 0.648 - 0.28512 = 0.36288 \text{m}^3$

㉡ 단위 굵은 골재량 = 단위 굵은 골재량의 절대부피 × 굵은 골재의 비중 × 1000
$= 0.36288 \times 2.7 \times 1000 = 979.78 \text{kg/m}^3$

⑤ 혼화제(공기연행제) 단위량

공기연행제는 시멘트 질량의 0.03%를 사용하므로

$368.9 \times \dfrac{0.03}{100} = 0.11067 \text{kg} = 110.67 \text{g}$

[답]

굵은골재 최대치수 (mm)	슬럼프 (mm)	공기량 (%)	W/B (%)	잔골재율 S/a(%)	단위량(kg/m³)				혼화제 단위량 (g/m³)
					물 (W)	시멘트 (C)	잔골재 (S)	굵은골재 (G)	
20	100	5	50	37.88	184.45	368.90	741.31	979.78	110.67

16①, 12④, 11②, 08④, 98③, 96①

07 직경 30cm 평판재하시험에서 작용압력이 200kN/m²일 때 침하량이 15mm라면, 직경 1.5m의 실제 기초에 200kN/m²의 압력이 작용할 때 사질토 지반에서의 침하량의 크기는 얼마인가? [3점]

[계산과정]   [답] _____

해답

[계산과정]

$$S_{(기초)} = S_{(재하판)} \times \left[\dfrac{2B_{(기초)}}{B_{(기초)} + B_{(재하판)}}\right]^2 = 15 \times \left[\dfrac{2 \times 1.5}{1.5 + 0.3}\right]^2 = 41.67 \text{mm}$$

[답] 41.67mm

08 10m 깊이의 쓰레기층을 동다짐(dynamic compaction 또는 heavy tamping)을 이용하여 개량하려고 한다. 사용할 해머 중량이 20t, 하부 면적 반경 2m의 원형블록을 이용한다면 해머의 낙하고를 구하시오. (단, 보정계수 α : 0.5이다.) [3점]

[계산과정]　　　　　　　　　　　　　　　　　　　[답] _____

해답

[계산과정] $D = \alpha\sqrt{W \cdot H}$ 에서

$$H = \frac{D^2}{\alpha^2 \cdot W} = \frac{10^2}{0.5^2 \times 20} = 20\text{m}$$

[답] 20m

참고하세요

$D = C \cdot \alpha\sqrt{W \cdot H}$

여기서, D : 개량심도(m), C : 토질계수
　　　α : 낙하방법에 의한 계수(0.3~0.7 ; 평균 0.5)
　　　W : 추의 무게(t), H : 낙하고(m)

09 연약지반에 설치한 교대에 발생하기 쉬운 측방유동에 영향을 미치는 주요 요인을 3가지만 쓰시오. [3점]

① _____　② _____　③ _____

해답

[답] ① 교대하부 연약층 두께
　　② 교대배면의 성토 높이
　　③ 교대하부 연약층의 전단강도(일축압축강도 또는 점착력)

참고하세요

측방유동에 미치는 주요 영향요인
① 교대형식(교대의 교축방향 길이)
② 교대하부 연약층 두께
③ 교대배면의 성토 높이
④ 기초 형식(기초의 교축직각방향 폭)
⑤ 교대하부 연약층의 전단강도(일축압축강도 또는 점착력)
⑥ 교대 배면 쌓기재료의 단위중량
⑦ 교대 배면의 뒷채움 편재하중

16①, 12④, 08④, 06②, 04①

10 다음의 작업리스트를 이용하여 아래 물음에 답하시오. (단, 표준일수에 대한 간접비가 60만원이고 1일 단축 시 5만원씩 감소하며, 표준일수에 대한 직접비는 60만원이다.) [10점]

작업명	선행작업	후속작업	표준일수	특급일수	1일 단축하는 데 필요한 직접비용 증가액(만원/일)
A	-	B, C	5	2	6
B	A	E	4	2	4
C	A	F	6	4	7
D	-	G	5	4	5
E	B	H	6	3	8
F	C	-	4	3	5
G	D	H	7	5	8
H	E, G	-	5	3	9

가. Network(화살선도)를 작도하고 표준일수에 대한 C.P를 구하시오.
  ㅇ

나. 최적공기와 그때의 총공사비를 구하시오.
  [계산과정]

  [답] 최적공기 : _____, 총공사비 : _____

해답

가. 화살선도와 C.P
  [답]

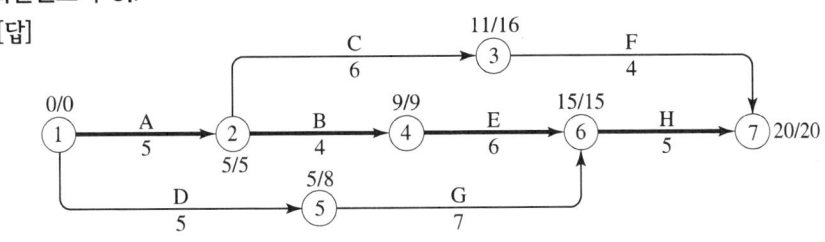

  CP : A → B → E → H

나. 최적공기와 총공사비
  [계산과정]
  ① 단축일수 및 공비 증가율

작업명	단축가능일수	공비 증가율	작업명	단축가능일수	공비 증가율
A	5-2=3일	6만원/일	E	6-3=3일	8만원/일
B	4-2=2일	4만원/일	F	4-3=1일	5만원/일
C	6-4=2일	7만원/일	G	7-5=2일	8만원/일
D	5-4=1일	5만원/일	H	5-3=2일	9만원/일

② 최적 공기 계산

작업명	단축가능일수	비용경사(만원)	단축순서	단축일수	공사기간	직접비	간접비	총공사비
A	3	6			20일	60만원	60만원	120만원
B	2	4	1단계 : B	1일	19일	60+4=64만원	60-5=55만원	119만원
C	2	7	2단계 : B	1일	18일	64+4=68만원	55-5=50만원	118만원
D	1	5	3단계 : A	1일	17일	68+6=74만원	50-5=45만원	119만원
E	3	8						
F	1	5				1		
G	2	8						
H	2	9					1	

㉠ 최적 공기 = 18일
㉡ 총 공사비 = 118만원

[답] 최적공기 : 18일, 총공사비 : 118만원

11

현장투수시험은 보링에 의하여 형성된 공내의 수위를 양수 혹은 주수에 의해 변화시켜 놓고 이의 회복상황과 시간과의 관계를 관측하여 투수계수를 산출하여 지반의 투수성을 판단하는 시험으로 양수시험과 주수시험으로 구분한다. 다음 물음에 답하시오. [3점]

가. 양수시험의 종류 2가지를 쓰시오.
　① _____　② _____

나. 주수시험의 종류 2가지를 쓰시오.
　① _____　② _____

해답

가. [답] ① 단공양수시험　② 단계양수시험
나. [답] ① 정수위법　② 변수위법

참고하세요

현장시험
① 양수시험 : 양수시험은 굴착에 따른 지하수 유입량의 시간적 변화를 관찰함으로써 투수계수를 산정하는 시험방법으로 사질토나 자갈질 지반처럼 물이 잘 빠지는 곳에 적합하다.
　㉠ 단공양수시험　　㉡ 단계양수시험
② 주수시험 : 물을 양수하여도 지하수 변화가 미소할 것으로 판단되는 지반에서 오히려 물을 주입 하여 투수계수를 측정하는 방법이다.
　㉠ 정수위법　　㉡ 변수위법

16①, 12④, 09①, 08①, 01①, 99③, 92④

12 다음과 같은 조건일 때, 직사각형 복합확대기초에 있어서 L 및 B를 결정하시오.

[3점]

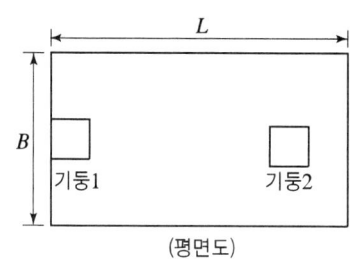
(평면도)

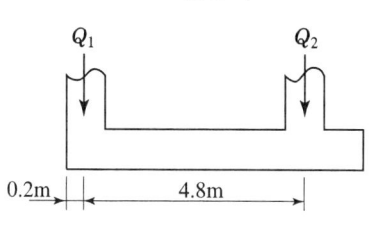
0.2m, 4.8m

[조건]
- 지반의 허용지지력 : $q_a = 150\text{kN/m}^2$
- 기둥 1 : $0.4\text{m} \times 0.4\text{m}$, $Q_1 = 600\text{kN}$
- 기둥 2 : $0.5\text{m} \times 0.5\text{m}$, $Q_2 = 900\text{kN}$

[계산과정]   [답] L : _____, B : _____

해답

[계산과정]
$\sum W = 600 + 900 = 1{,}500\text{kN}$

① $A = \dfrac{\sum W}{q_a} = \dfrac{1{,}500\text{kN}}{150\text{kN/m}^2} = 10\text{m}^2$

② $1{,}500 \cdot x = 900 \times 4.8$에서 $x = 2.88\text{m}$

③ $\dfrac{L}{2} = a + x = 0.2 + 2.88$에서 $L = 6.16\text{m}$

④ $B = \dfrac{A}{L} = \dfrac{10}{6.16} = 1.62\text{m}$

[답] L : 6.16m, B : 1.62m

16①

13 Sand Drain 공법으로 연약지반을 개량할 때 U_v(연직방향의 압밀도)=0.9, U_h(수평방향의 압밀도)=0.4인 경우 전체 압밀도(U)는 얼마인가? [3점]

[계산과정]   [답] _____

해답

[계산과정] $U_{vh} = 1 - (1 - U_v) \cdot (1 - U_h) = 1 - (1 - 0.9) \times (1 - 0.4) = 0.94 = 94\%$

[답] 94%

> **참고하세요**
>
> $U_{vh} = 1 - (1 - U_v) \cdot (1 - U_h)$
> 여기서, U_{vh} : 수직, 수평 양방향을 고려한 압밀도
> U_v : 연직방향의 평균압밀도, 자연지반의 수직 압밀도
> U_h : 수평방향의 평균압밀도, 자연지반의 수평 압밀도

16①, 12①, 10④, 09④, 07①

14 아래 그림과 같은 지반에서 지하수위가 지표면에 위치하다가 지표하부 2m까지 저하하였다. 점토지반의 압밀침하량을 산정하시오.(단, 정규압밀 점토임) [3점]

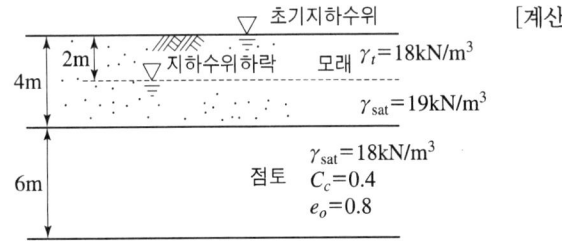

[계산과정]

[답] _____

해답

[계산과정]
① 지하수위 위에 있는 모래의 습윤단위중량
$\gamma_t = 18 \text{kN/m}^3$
② 지하수위 아래에 있는 모래의 수중단위중량
$\gamma_{sub} = \gamma_{sat} - \gamma_w = 19 - 9.81 = 9.19 \text{kN/m}^3$
③ 지하수위 아래에 있는 점토의 수중단위중량
$\gamma_{sub} = \gamma_{sat} - \gamma_w = 18 - 9.81 = 8.19 \text{kN/m}^3$
④ 유효상재압력
$P_o = 9.19 \times 4 + 8.19 \times \dfrac{6}{2} = 61.33 \text{kN/m}^2$
⑤ 지하수 하락에 따른 하중증가량 고려
$P_o = 18 \times 2 + 9.19 \times 2 + 8.19 \times \dfrac{6}{2} = 78.95 \text{kN/m}^2$
⑥ 압축지수
$C_c = 0.4$
⑦ 1차 압밀침하량
$S_c = \dfrac{C_c}{1+e_o} \log \dfrac{P_o + \Delta P_{av}}{P_o} H = \dfrac{0.4}{1+0.8} \log\left(\dfrac{78.95}{61.33}\right) \times 6 = 0.1462 \text{m} = 14.62 \text{cm}$

[답] 14.62cm

16①, 10①④, 09②, 07②④

15 어떤 토공현장에서 흙시료를 채취하여 실내 다짐시험을 하여 최대건조단위중량 19.4kN/m³, 최적함수비 10.3%를 얻었다. 이 현장에서 다짐을 실시하여 여 상대다짐도 95% 이상을 얻으려고 한다. 다짐을 실시한 후 들밀도시험을 실시하였더니 $V=1,630\text{cm}^3$, $W=29.34\text{N}$이었다. 흙의 비중이 2.62, 현장 흙의 함수비가 9.8%일 때 합격 여부를 판정하시오. [3점]

[계산과정] [답] _____

해답

[계산과정]
① 시험공의 체적
$$V=1,630\text{cm}^3$$
② 습윤단위중량
$$\gamma_t = \frac{W}{V} = \frac{29.34 \times 10^{-3}}{1,630 \times 10^{-6}} = 18\,\text{kN/m}^3$$
③ 건조단위중량
$$\gamma_d = \frac{W_s}{V} = \frac{\gamma_t}{1+\frac{w}{100}} = \frac{18}{1+\frac{9.8}{100}} = 16.39\,\text{kN/m}^3$$
④ 다짐도(%)
$$U = \frac{r_d}{r_{d\max}} \times 100 = \frac{16.39}{19.4} \times 100 = 84.5\% < 95\%\text{이므로 불합격이다.}$$

[답] 불합격

16①

16 모터그레이더로 작업거리 50m인 노상을 정지작업할 때 1시간당 작업량을 구하시오. (단, 블레이드의 유효길이 $l=2.9\text{m}$, 흙 고르기 두께 $D=0.3\text{m}$, 사이클타임 $C_m=0.96\text{min}$, 부설횟수 $N=3$회, 토량환산계수 $f=1.0$, 작업효율 $E=0.6$이다.) [3점]

[계산과정] [답] _____

해답

[계산과정] $$Q = \frac{60 \cdot B_e \cdot L \cdot D \cdot f \cdot E}{C_m \cdot N} = \frac{60 \times 2.9 \times 50 \times 0.3 \times 1.0 \times 0.6}{0.96 \times 3}$$
$$= 543.75\text{m}^3/\text{h (자연상태)}$$

[답] $543.75\text{m}^3/\text{h}$

16①, 87③

17 $\phi=0°$이고, $c=0.04$MPa, $\gamma_t=18$kN/m³인 단단한 점토지반 위에 근입깊이 1.5m의 정방형 기초가 놓여 있다. 이때, 이 기초의 도심에 1,500kN의 하중이 작용하고 지하수위의 영향은 없다고 한다. 이 기초의 기초폭 B는? (단, Terzaghi(테르자기)의 지지력공식을 이용하고, 안전율 $F_s=3$, 형상계수 $\alpha=1.3$, $\beta=0.4$, $\phi=0°$일 때 지지력계수는 $N_c=5.14$, $N_r=0$, $N_q=1.0$이다.) [3점]

[계산과정] [답] _____

▎해답

[계산과정]

① 점착력

$$c = 0.04\,\text{MPa} = 0.04\,\text{N/mm}^2 = 40\,\text{kN/m}^2$$

② Terzaghi의 극한지지력

$$q_u = \alpha C N_c + \beta r_1 B N_r + r_2 D_f N_q$$
$$= 1.3 \times 40 \times 5.14 + 0.4 \times 18 \times B \times 0 + 18 \times 1.5 \times 1.0$$
$$= 294.28\,\text{kN/m}^2$$

③ 허용 지지력

$$q_a = \frac{q_u}{F_s} = \frac{q_u}{3} = \frac{294.28}{3} = 98.09\,\text{kN/m}^2$$

④ 기초폭

$$Q_a = q_a A = q_a B^2 \text{에서}\ \ B = \sqrt{\frac{Q_a}{q_a}} = \sqrt{\frac{1{,}500\,\text{kN}}{98.09\,\text{kN/m}^2}} = 3.91\,\text{m}$$

[답] 3.91m

16①

18 다음은 피어공법인 대구경 현장타설말뚝의 기계굴착공법의 특징을 정리한 표이다. (a), (b), (c)에 들어갈 공법의 명칭을 쓰시오. [3점]

공법명칭	(a)	(b)	(c)
공벽유지	정수압	casing tube	bentonite
적용토질	사력토, 암반	암반을 제외한 전 토질	점성토
굴착장비	drill bit	hammer grab	회전 bucket
최대구경	6m	2m	2m
최대심도	100~200m	40~50m	40~50m

(a) _____ (b) _____ (c) _____

해답

[답] (a) : Reverse circulation drill 공법(RCD 공법 : 역순환공법)
(b) : Benoto 공법
(c) : Calwelde 공법(Earth drill 공법)

참고하세요

① **Benoto 공법** : 프랑스의 Benoto사에서 개발한 공법으로 케이싱 튜브(Casing tube)를 땅속에 압입하면서 해머 그래브(Hammer grab)라는 굴착기로 굴착하여 케이싱 내부에 콘크리트를 타설한 후 Casing tube를 끌어올려 현장 타설 콘크리트 말뚝을 만드는 all casing 공법이다.
② **Calwelde 공법(Earth drill 공법)** : 미국의 Calwelde사에서 개발한 공법으로 일반적으로 굴착공 내에 벤토나이트 안정액을 주입하여 공벽의 붕괴를 방지하면서 회전식 Bucket이 캐리바(Kelly-Bar)라고 불리는 회전축에 부착되어 있는 회전 굴착 방식으로 Bucket에 흙이 채워지면 지상으로 끌어 올려 버려 굴착한 후 철근망을 넣어 콘크리트를 타설하여 현장 타설 콘크리트 말뚝을 만드는 공법이다.
③ **Reverse circulation drill 공법(RCD 공법 : 역순환공법)** : 독일에서 개발한 공법으로 어느 정도 굴착한 후 구멍 속의 물의 정수압($0.2kg/cm^2$)에 의해 공법을 유지하면서 물의 순환을 이용하여 Drill bit로 굴착한 후 Drill pipe로 흙을 배출하고 콘크리트를 타설하여 현장 타설 콘크리트 말뚝을 만드는 공법이다.

16①, 14④, 09②, 06④, 01①

19 도로 예정노선에서 일곱지점의 CBR을 측정하여 아래 표와 같은 결과를 얻었다. 설계 CBR은 얼마인가? (단, 설계계산용 계수 d_2는 2.83) [3점]

지점	1	2	3	4	5	6	7
CBR	4.2	3.6	6.8	5.2	4.3	3.4	4.9

[계산과정]   [답] _____

해답

[계산과정]

① 각 지점의 CBR 평균

각 지점의 CBR 평균 $= \dfrac{4.2+3.6+6.8+5.2+4.3+3.4+4.9}{7} = 4.63$

② $d_2 = 2.83$이다.

③ 설계 $CBR =$ 각 지점의 CBR 평균 $- \left(\dfrac{CBR최대치 - CBR최소치}{d_2} \right)$

$= 4.63 - \left(\dfrac{6.8-3.4}{2.83} \right) = 3.43 ≒ 3$

여기서, 설계 CBR은 소수점 이하는 절사하여야 한다.

[답] 3

16①, 09④, 07④, 01①

20 교량을 상판의 위치에 따라 분류할 때 그 종류를 4가지만 쓰시오. [3점]

① _____ ② _____ ③ _____ ④ _____

해답

[답] ① 상로교 ② 중로교 ③ 하로교 ④ 2층교

참고하세요

교면의 위치(상판의 위치)에 따른 분류
① 상로교 : 차선이 주형 위에 있는 경우, 대부분의 한강 교량
② 중로교 : 차선이 주형 안에 있는 경우, 구 당산철교
③ 하로교 : 차선이 주형 아래 있는 경우, 동호대교, 한강철교 트러스 구간
④ 2층교 : 한 교량에 교면(상판)이 2개 있는 것으로 교량 면적 점유율을 줄이면서 많은 교통량을 처리하고자 할 때 또는 도로와 철도를 하나의 교량에 건설하고자 할 때 사용된다. 한강의 잠수교, 청담대교, 인천공항의 영종대교

16①, 13④, 10②, 07②

21 아래 그림과 같이 6.0m의 연직옹벽에 연속적인 강우로 뒤채움 흙이 완전 포화되어 있다. 뒤채움 흙은 포화밀도 γ_{sat}=19kN/m³, 내부마찰각 ϕ=38°인 사질토이며, 벽면마찰각 δ=15°이다. 이때 Coulomb의 주동토압계수는 0.219이고 파괴면이 수평면과 55°라고 가정할 경우 아래의 물음에 답하시오. [4점]

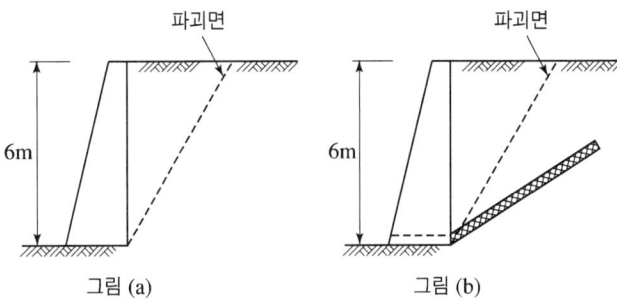

그림 (a)   그림 (b)

가. 그림 (a)와 같이 옹벽면에 배수구가 없을 경우 옹벽에 작용하는 전 주동토압을 구하시오.

[계산과정]   [답] _____

나. 그림 (b)와 같이 파괴면 아래쪽에 배수구를 경사지게 설치했을 경우 옹벽에 작용하는 전 주동토압을 구하시오.

[계산과정]   [답] _____

해답

가. 그림 (a)와 같이 옹벽면에 배수구가 없을 경우 옹벽에 작용하는 전 주동토압

[계산과정] $P_a = \frac{1}{2} \cdot \gamma_{sub} \cdot H^2 \cdot C_a + \frac{1}{2} \cdot \gamma_w \cdot H^2$

$= \frac{1}{2} \times (19-9.81) \times 6^2 \times 0.219 + \frac{1}{2} \times 9.81 \times 6^2 = 212.81 \, \text{kN/m}$

[답] 212.81 kN/m

나. 그림 (b)와 같이 파괴면 아래쪽에 배수구를 경사지게 설치했을 경우 옹벽에 작용하는 전 주동토압

[계산과정] $P_a = \frac{1}{2} \cdot \gamma_{sat} \cdot H^2 \cdot C_a = \frac{1}{2} \times 19 \times 6^2 \times 0.219 = 74.90 \, \text{kN/m}$

[답] 74.90 kN/m

참고하세요

① 배수구가 없으므로 유효응력과 물의 간극수압에 의한 주동토압이 발생한다.
② 배수구가 있으므로 포화밀도에 의한 주동토압만 발생한다.

16①, 11④, 07②

22 얕은 기초(직접기초) 지반에 하중을 가하면 그에 따라서 침하가 발생되면서 기초 지반은 점진적으로 파괴가 발생한다. 이에 대표적인 파괴형태를 3가지를 쓰시오. [3점]

① _____ ② _____ ③ _____

해답

[답] ① 전반전단파괴(general shear failure)
② 국부전단파괴(local shear failure)
③ 관입전단파괴(punching shear failure)

16①, 08②, 96②③

23 절취사면 및 굴착면에 대한 유연한 지보 등을 목적으로 네일을 프리스트레싱 없이 비교적 촘촘하게 원지반 자체의 전단강도를 증대시키고 지반변위를 억제시키는 공법은? [3점]

○ _____

해답

[답] 소일 네일링(Soil Nailing) 공법

16①, 13②, 03②, 01①

24. 표준관입시험의 N치가 35이고, 현장에서 채취한 모래는 입자가 둥글고 입도시험결과가 다음과 같다. Dunham의 식을 이용하여 이 모래의 내부마찰각을 추정하시오. [3점]

입도시험 결과값 : $D_{10}=0.08$mm, $D_{30}=0.12$mm, $D_{60}=0.14$mm

[계산과정]   [답]

해답

[계산과정]

① 균등계수 $C_u = \dfrac{D_{60}}{D_{10}} = \dfrac{0.14}{0.08} = 1.75 > 6$

② 곡률계수 $C_g = \dfrac{D_{30}^2}{D_{10} \cdot D_{60}} = \dfrac{0.12^2}{0.08 \times 0.14} = 1.29$

③ 모래의 입도판정
   균등계수 $C_u = 1.75 > 6$이고 $C_g = 1.29$로 1~3 사이에 있으므로 양입도이다.

④ 입자가 둥글고 입도가 양호한 모래의 내부마찰각
   Dunham 공식
   $\phi = \sqrt{12N} + 20 = \sqrt{12 \times 35} + 20 = 40.49°$

[답] 40.49°

참고하세요

1. 입도분포의 판정
① 양입도(well graded)
  ㉠ 흙일 때 : $C_u > 10$, $C_g = 1 \sim 3$
  ㉡ 모래일 때 : $C_u > 6$, $C_g = 1 \sim 3$
  ㉢ 자갈일 때 : $C_u > 4$, $C_g = 1 \sim 3$
② 빈입도(poorly graded)
  균등계수 C_u와 곡률계수 C_g 둘 중 어느 하나라도 만족하지 못하면 입도분포가 나쁘다.
③ 입도균등(uniform graded)
  하천이나 백사장의 모래와 같이 입경이 고른 흙은 균등계수가 거의 1($C_u \fallingdotseq 1$)이다.

2. Dunham 공식
① 흙 입자가 모나고 입도가 양호한 경우
  $\phi = \sqrt{12N} + 25$
② 흙 입자가 모나고 입도가 불량한 경우 또는, 흙 입자가 둥글고 입도가 양호한 경우
  $\phi = \sqrt{12N} + 20$
③ 흙 입자가 둥글고 입도가 불량한 경우
  $\phi = \sqrt{12N} + 15$

25 주어진 역T형 교대 도면을 보고 다음 물량을 산출하시오. (단, 교대 전체길이는 10.3m이며, 도면의 치수단위는 mm이며, 소수점 이하 4째자리에서 반올림하시오.) [8점]

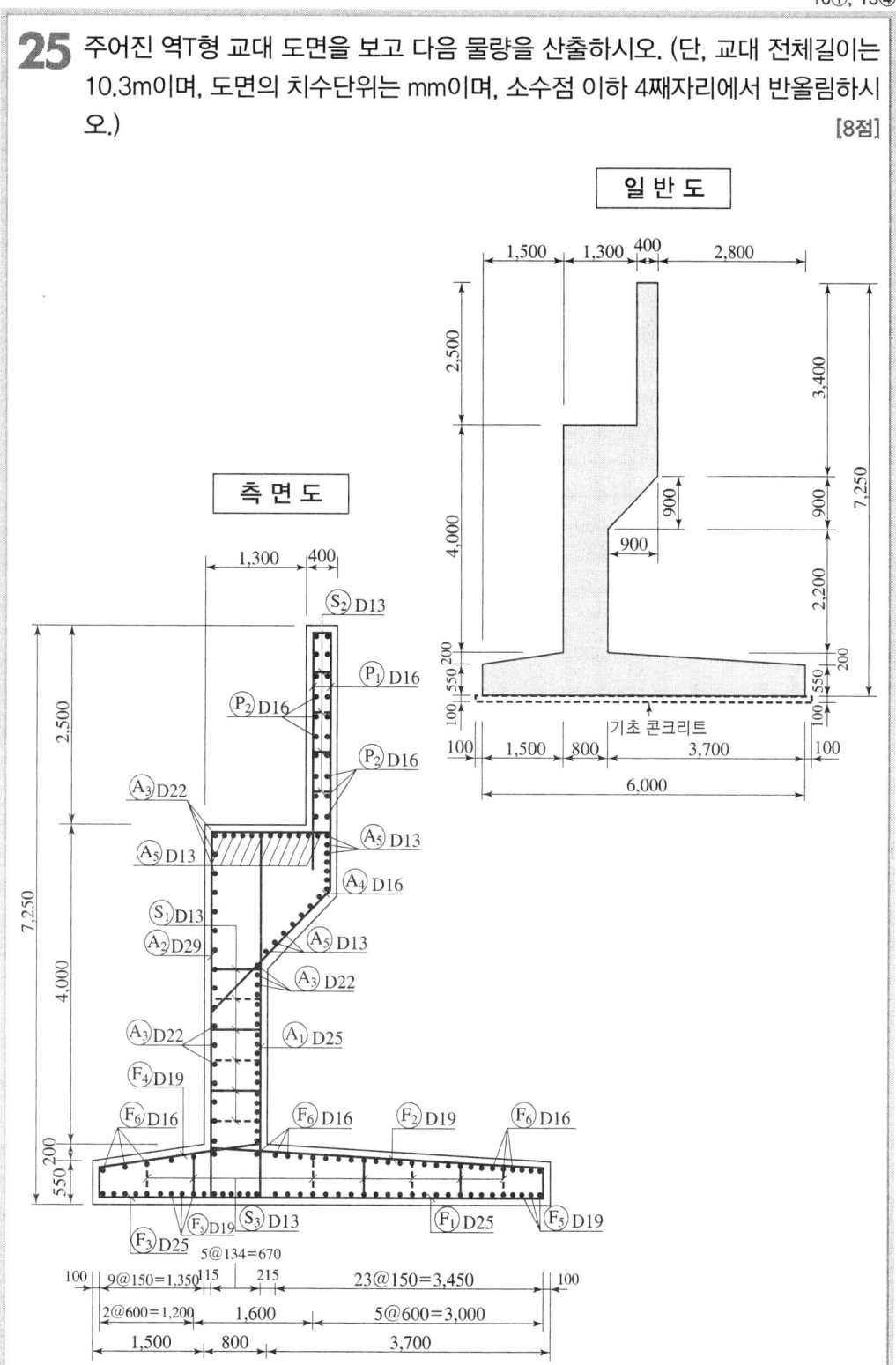

가. 교대의 전체 콘크리트량을 구하시오.(단, 기초 콘크리트량은 무시한다.)
　　[계산과정]　　　　　　　　　　　　　　　　　[답] _____

나. 교대의 전체 거푸집량을 구하시오.(단, 기초 콘크리트에 사용되는 거푸집량은 무시한다.)
　　[계산과정]　　　　　　　　　　　　　　　　　[답] _____

해답

가. 콘크리트량

[계산과정]

① $A_1 = 0.4 \times 2.5 = 1\,\text{m}^2$

② $A_2 = (1.3+0.4) \times 0.9 = 1.53\,\text{m}^2$

③ $A_3 = \dfrac{(1.3+0.4)+0.8}{2} \times 0.9 = 1.125\,\text{m}^2$

④ $A_4 = 0.8 \times 2.2 = 1.76\,\text{m}^2$

⑤ $A_5 = \dfrac{0.8+6.0}{2} \times 0.2 = 0.68\,\text{m}^2$

⑥ $A_6 = 0.55 \times 6.0 = 3.3\,\text{m}^2$

⑦ $\Sigma A = 9.395\,\text{m}^2$

⑧ 총 콘크리트량 = 측면도 면적 × 교대 길이
　　　　　　　 = 9.395×10.3
　　　　　　　 = $96.769\,\text{m}^3$

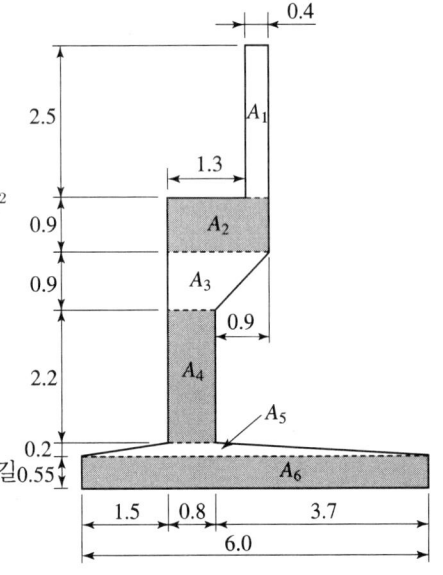

[답] $96.769\,\text{m}^3$

나. 거푸집량

[계산과정]

① $A = 2.5\,\text{m}$

② $B = 3.4\,\text{m}$

③ $C = 4.0\,\text{m}$

④ $D = \sqrt{0.9^2 + 0.9^2} = 1.2728\,\text{m}$

⑤ $E = 2.2\,\text{m}$

⑥ $F = 0.55 \times 2 = 1.1\,\text{m}$

⑦ $\Sigma L = 14.4728\,\text{m}$

⑧ 마구리면 $9.395 \times 2 = 18.79\,\text{m}^2$

⑨ 총 거푸집량
　 = $14.4728 \times 10.3 + 18.79$
　 = $167.860\,\text{m}^2$

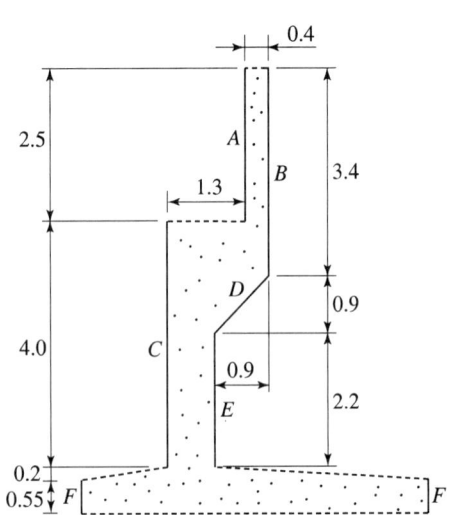

[답] $167.860\,\text{m}^2$

[부록] 2016년 4월 17일 시행

16①, 10②, 09①, 99①, 94②

26 유기질토는 대개 지하수가 지면 위나 가까이에 있는 넓은 지역에서 발견된다. 지하수면이 높으면 수생식물이 썩어 유기질토가 형성된다. 이 유기질토의 특징을 3가지만 쓰시오. [3점]

① _____ ② _____ ③ _____

해답

[답] ① 압축성이 크다. ② 2차압밀 침하량이 크다. ③ 투수성이 낮다.

참고하세요

유기질토 특징
① 압축성이 크다.
② 2차압밀 침하량이 크다.
③ 투수성이 낮다.
④ 자연함수비가 200~300% 정도이다.

국가기술자격검정 실기시험문제

2016년도 기사 일반검정(제2회) (2016-06-26)

자격종목 및 등급(선택분야)	종목코드	시험시간	형별	수험번호	성 명
토목기사		3시간	A		

※ 다음 물음의 답을 해당 답란에 답하시오.(배점)

16②, 10④, 09①, 07②

01 그림과 같이 지하 5m되는 곳에 피에조미터를 설치하고 연약지반에서 공사를 진행한다. 구조물 축조 직후에 수주가 지표면으로부터 8m였다. 8개월 후 수주가 3m가 되었다면 지하 5m되는 곳의 압밀도를 구하시오. [3점]

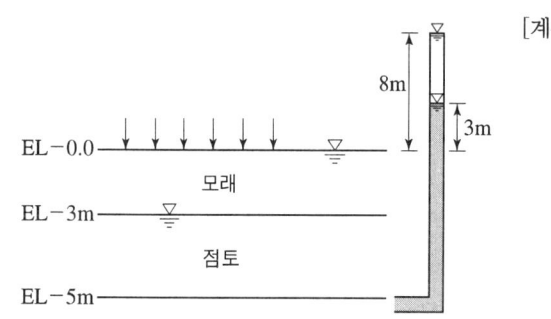

[계산과정]

[답]

해답

[계산과정] $U = \dfrac{u_i - u_e}{u_i} \times 100 = \left(1 - \dfrac{u_e}{u_i}\right) \times 100 = \left(1 - \dfrac{3}{8}\right) \times 100 = 62.5\%$

[답] 62.5%

참고하세요

과잉간극수압에 의한 압밀도

$U = \dfrac{u_i - u_e}{u_i} \times 100 = \left(1 - \dfrac{u_e}{u_i}\right) \times 100 \ (\%)$

여기서, u_i : 초기 과잉간극수압
u_e : 임의의 점에서의 과잉간극수압

02 아래 그림과 같이 지하수위가 지표면에 위치하다가 완전갈수기에 지하수위 넓은 범위에 걸쳐 3m 하락하였다. 이 경우 점토지반에서의 압밀침하량을 구하시오.
[3점]

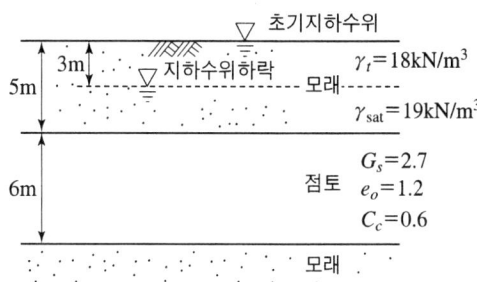

[계산과정]   [답] _____

해답

[계산과정]

① 지하수위 위에 있는 모래의 습윤단위중량
$\gamma_t = 18\,\text{kN/m}^3$

② 지하수위 아래에 있는 모래의 수중단위중량
$\gamma_{sub} = \gamma_{sat} - \gamma_w = 19 - 9.81 = 9.19\,\text{kN/m}^3$

③ 지하수위 아래에 있는 점토의 수중단위중량
$\gamma_{sub} = \dfrac{G_s - 1}{1 + e}\gamma_w = \dfrac{2.7 - 1}{1 + 1.2} \times 9.81 = 7.580\,\text{kN/m}^3$

④ 유효상재압력
$P_o = 9.19 \times 5 + 7.580 \times \dfrac{6}{2} = 68.69\,\text{kN/m}^2$

⑤ 지하수 하락에 따른 하중증가량 고려
$P_o = 18 \times 3 + 9.19 \times 2 + 7.580 \times \dfrac{6}{2} = 95.12\,\text{kN/m}^2$

⑥ 압축지수
$C_c = 0.6$

⑦ 1차 압밀침하량
$S_c = \dfrac{C_c}{1 + e_o}\log\dfrac{P_o + \Delta P_{av}}{P_o}H = \dfrac{0.6}{1 + 1.2}\log\left(\dfrac{95.12}{68.69}\right) \times 6 = 0.2313\,\text{m} = 23.13\,\text{cm}$

[답] 23.13cm

16②, 12①, 97③, 93③

03 교량의 내진설계는 지진에 의해 교량이 입는 피해정도를 최소화 시킬 수 있는 내진성을 확보하기 위해 실시한다. 이러한 내진설계시 사용하는 내진해설방법을 3가지만 쓰시오. [3점]

① _____ ② _____ ③ _____

해답

[답] ① 단일모드 스펙트럼 해석법 ② 복합모드 스펙트럼 해석법 ③ 시간이력 해석법

16②, 00②, 98②

04 아스팔트 콘크리트 포장의 장점을 3가지만 쓰시오. [3점]

① _____ ② _____ ③ _____

해답

[답] ① 주행성이 좋다. ② 양생 기간이 짧다. ③ 시공성이 좋다.

참고하세요

아스팔트콘크리트포장 장점
① 주행성이 좋다.   ② 양생 기간이 짧다.
③ 시공성이 좋다.   ④ 유지 보수 작업이 용이하다.

16②

05 항만구조물 설계시 기초지반의 액상화 평가시 실시되는 현장시험을 3가지만 쓰시오. [3점]

① _____ ② _____ ③ _____

해답

[답] ① 표준관입시험(SPT) ② 진동압축시험 ③ 현장탄성파탐사

참고하세요

기초지반의 액상화 평가시 실시되는 현장시험
① 표준관입시험(SPT) : 액상화 전단저항응력비 산정 시 사용
② 보링 및 표준관입시험 : 액상화 상세예측법의 시료 채취 시 사용
③ 진동압축시험 : 액상화 상세예측법의 전단저항응력비 특성곡선 특성곡선(진동 전단응력비-진동재하회수)을 구하는데 사용
④ 현장탄성파탐사 : 지반의 액상화저항 응력비 산정에 사용

06 어느 현장의 콘크리트 일축압축강도의 하한규격치는 18MPa이고 상한규격치는 24MPa로 정해져 있다. 측정결과 평균치($\bar{x}$)는 19.5MPa이고, 표준편차의 추정치(δ)는 0.8MPa이라 할 때, 공정능력지수와 규격치에 대한 여유치를 구하시오. [3점]

[계산과정]

[답] 공정능력지수(C_p) : _____, 여유치 : _____

해답

[계산과정]

① 공정능력 지수

$$C_p = \frac{SU - SL}{6\sigma} = \frac{24 - 18}{6 \times 0.8} = 1.25$$

② 규격치에 대한 여유치

$$여유치 = \left[\left(\frac{SU - SL}{\sigma}\right) - 6\right] \cdot \sigma = \left[\left(\frac{24 - 18}{0.8}\right) - 6\right] \times 0.8 = 1.2 \text{MPa}$$

[답] 공정능력지수(C_p) : 1.25, 여유치 : 1.2MPa

07 아래 그림과 같이 10m 두께의 비교적 단단한 포화점토층 밑에 모래층이 있다. 모래층은 피압상태(artesian pressure)에 있을 때, 점토층에서 바닥의 융기(heaving)현상이 없이 굴착할 수 있는 최대깊이 H를 구하시오. [3점]

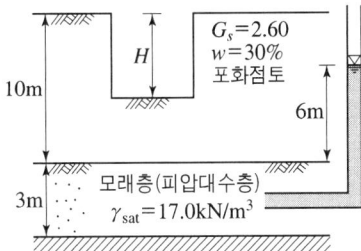

[계산과정]   [답] _____

해답

[계산과정]

① $s \cdot e = w \cdot G_s$에서 $e = \dfrac{w \cdot G_s}{s} = \dfrac{0.3 \times 2.60}{1} = 0.78$

② $\gamma_{sat} = \dfrac{G_s + e}{1+e}\gamma_w = \dfrac{2.60+0.78}{1+0.78} \times 9.81 = 18.628\,\text{kN/m}^3$

③ 전응력 = 유효응력 + 공극수압

  ㉠ 전응력 $\sigma = \gamma_{sat} \cdot Z = \gamma_{sat} \cdot (10-H) = 18.628 \times (10-H)$

  ㉡ 공극수압 $u = \gamma_w \cdot h = 9.81\,\text{kN/m}^3 \times 6\,\text{m} = 58.86\,\text{kN/m}^2$

  ㉢ 유효응력 $\overline{\sigma} = 0$ 일 때, heaving 발생하므로

  $\overline{\sigma} = \sigma - u = 18.628 \times (10-H) - 58.86 \geqq 0$

  $H \leqq 10 - \dfrac{58.86}{18.628}$

  $H \leqq 6.84\,\text{m}$

[답] 6.84m

16②, 11①, 09①, 08④

08 어떤 흙의 입도분석시험 결과가 다음과 같을 때 통일분류법에 따라 이 흙을 분류하시오. [3점]

[시험결과]
- $D_{10} = 0.077\,\text{mm}$, $D_{30} = 0.54\,\text{mm}$, $D_{60} = 2.27\,\text{mm}$
- No.4(4.76mm)체 통과율 = 58.1%, No.200(0.074mm)체 통과율 = 4.34%

[계산과정]   [답] _____

해답

[계산과정]

① 제1문자

  ㉠ No.200체 통과량이 4.34%로 50% 이하이므로 조립토(G 또는 S)이다.

  ㉡ No.4체 통과량이 58.1%로 50% 이상이므로 모래(S)이다.

② 제2문자

  No.200 체 통과량이 4.34%로 5% 이하이므로 양입도(W) 또는 빈입도(P)이다.

  ㉠ 균등계수 $C_u = \dfrac{D_{60}}{D_{10}} = \dfrac{2.27}{0.077} = 29.48$

  ㉡ 곡률계수 $C_g = \dfrac{{D_{30}}^2}{D_{10} \cdot D_{60}} = \dfrac{0.54^2}{0.077 \times 2.27} = 1.67$

  ㉢ $C_u = 29.48 > 6$ 이고 $C_g = 1.67$로 1~3 사이이므로 양입도(W)이다.

③ 양입도 모래이므로 제1문자는 S 제2문자는 W이다. 고로 SW이다.

[답] SW

[부록] 2016년 6월 26일 시행

16②, 12④, 11②, 08④, 98③, 96①

09
직경 30cm 평판재하시험에서 작용압력이 300kPa일 때 침하량이 20mm라면, 1.5m의 실제 기초에 300kPa의 압력이 작용할 때 사질토지반에서의 침하량의 크기는 얼마인가? [3점]

[계산과정]   [답] _____

해답

[계산과정] $S_{(기초)} = S_{(재하판)} \times \left[\dfrac{2B_{(기초)}}{B_{(기초)} + B_{(재하판)}}\right]^2 = 20 \times \left[\dfrac{2 \times 1.5}{1.5 + 0.3}\right]^2 = 55.56\text{mm}$

[답] 55.56mm

참고하세요

침하량
① 모래지반
$$S_{(기초)} = S_{(재하판)} \times \left[\dfrac{2B_{(기초)}}{B_{(기초)} + B_{(재하판)}}\right]^2$$
② 점토지반
$$S_{(기초)} : S_{(재하판)} = B_{(기초)} : B_{(재하판)}$$
$$S_{(기초)} = S_{(재하판)} \times \dfrac{B_{(기초)}}{B_{(재하판)}}$$

16②, 11①, 08①, 03①, 99⑤, 93②

10
계획된 저수량 이상으로 댐에 유입하는 홍수량을 조절하여 자연하천으로 방류하는 중요한 구조물인 여수로(spill way)의 종류를 4가지만 쓰시오. [3점]

① _____ ② _____ ③ _____ ④ _____

해답

[답] ① 슈트 여수로   ② 측수로 여수로   ③ 그롤리 홀 여수로   ④ 사이펀 여수로

참고하세요

여수로(Spill Way)
① 슈트 여수로
② 측수로 여수로
③ 그롤리 홀 여수로(나팔관형 여수로)
④ 사이펀 여수로
⑤ 댐마루 월류식 여수로(제정월류식 여수로)

11 매스콘크리트에서는 구조물에 필요한 기능 및 품질을 손상시키지 않도록 온도균열을 제어하기 위한 적절한 조치를 강구해야 한다. 온도 균열을 억제하기 위한 방법을 3가지만 쓰시오. [3점]

① _____ ② _____ ③ _____

[답] ① 온도저하 또는 제어방법(Pre-cooling 또는 Pipe cooling)
② 팽창 콘크리트의 사용에 의한 균열 방지방법
③ 온도 제어 철근의 배치에 의한 방법

매스 콘크리트의 온도균열 제어방법
① 온도저하 또는 제어방법
  ㉠ 콘크리트의 프리쿨링(Pre-cooling) : 콘크리트의 선행냉각
    콘크리트에 사용되는 재료의 일부 또는 전부를 냉각시켜 콘크리트의 온도를 낮추는 방법이다.
  ㉡ 콘크리트의 파이프 쿨링(Pipe cooling) : 콘크리트의 관로식 냉각
    매스 콘크리트의 시공에서 콘크리트를 타설한 후 콘크리트의 온도를 제어하기 위해 미리 콘크리트 속에 묻은 파이프 내부에 냉수 또는 공기를 보내 콘크리트를 냉각하는 방법이다.
② 팽창 콘크리트의 사용에 의한 균열 방지방법
③ 온도 제어 철근의 배치에 의한 방법

---

12 어느 지역에 지표경사가 30°인 지연사면이 있다. 지표면에서 6m 깊이에 암반층이 있고, 지하수위면은 암반층 아래 존재할 때 이 지면의 활동파괴에 대한 안전율을 구하시오.(단, 사면 흙을 채취하여 토질시험을 실시한 결과 c'=25kN/m^3, ϕ=35°, γ_t=18kN/m^{3}이다.) [3점]

[계산과정] [답] _____

[계산과정]
지하수위가 파괴면 아래에 있을 경우(사면내 침투류가 없는 경우)
$$F_s = \frac{c}{r_t Z \cos i \sin i} + \frac{\tan\phi}{\tan i} = \frac{25}{18 \times 6 \times \cos 30° \sin 30°} + \frac{\tan 35°}{\tan 30°} = 1.75$$

[답] 1.75

16②

13 콘크리트 구조물에서 시공이음을 설치하고자 할 때 그 위치 또는 방향에 대해 아래의 각 물음에 답하시오. [3점]

① 바닥틀과 일체로 된 기둥 또는 벽의 시공이음 위치로 적합한 곳 : _____
② 바닥틀의 시공이음 위치로 적합한 곳 : _____
③ 아치에 시공이음을 설치하고 할 때 적합한 방향 : _____

해답

[답] ① 바닥틀과의 경계부근
② 슬래브 또는 보의 경간 중앙부 부근
③ 아치축에 직각방향

참고하세요

방향에 따른 시공이음 종류
① 수평시공이음 : 수평시공이음이 거푸집에 접하는 선은 가능한 한 수평한 직선이 되도록 하여야 한다.
② 연직시공이음 : 연직시공이음 시공에서는 시공이음면의 거푸집을 견고하게 지지하고 이음부분의 콘크리트는 진동기를 써서 충분히 다져야 한다.
③ 바닥틀과 일체로 된 기둥, 벽의 시공이음은 바닥틀과의 경계부근에 설치하는 것이 좋다.
④ **바닥틀의 시공이음은 슬래브 또는 보의 경간 중앙부 부근에 두어야 한다.**
⑤ 아치의 시공이음은 아치축에 직각방향이 되도록 설치하여야 한다.

16②, 12②, 03②

14 15t 덤프트럭으로 보통토사를 운반하고자 한다. 적재장비는 버킷용량 2.4m³인 백호를 사용하는 경우 덤프트럭 1대를 적재하는데 소요되는 소요시간을 구하시오. (단, 흙의 단위중량은 1.6t/m³, 토량변화율 $L=1.2$, 버킷계수 $K=0.8$, 적재기계의 사이클시간 $C_{ms}=30$초, 적재기계의 작업효율 $E_s=0.75$) [3점]

[계산과정]　　　　　　　　　　　　　　　　　[답] _____

해답

[계산과정]

① 1회 적재량 : $q_t = \dfrac{T}{r_t} \cdot L = \dfrac{15t}{1.6t/m^3} \times 1.2 = 11.25 m^3$

② 백호 적재 횟수 : $n = \dfrac{q_t}{q \cdot k} = \dfrac{11.25}{2 \times 0.8} = 5.86 = 6$회

③ 적재시간 : $t_1 = \dfrac{C_{ms} \cdot n}{60 \cdot E_s} = \dfrac{30 \times 6}{60 \times 0.75} = 4$분

[답] 4분

15 다음과 같은 모양의 중력식 옹벽을 설치하려고 한다. 흙의 단위중량 $\gamma_t =$ 17.5kN/m³, 내부마찰각 $\phi=31°$, 점착력 $c=0$, 콘크리트의 단위중량 $\gamma_c =$ 24kN/m³일 때 옹벽의 전도(over turning)에 대한 안전율을 Rankine의 식을 이용하여 계산하시오. (단, 옹벽 전면에 작용하는 수동토압은 무시한다.) [3점]

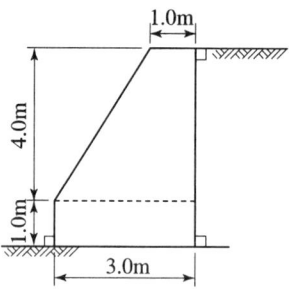

[계산과정]   [답] _____

해답

[계산과정]

① 주동토압

$$P_A = \frac{1}{2} \cdot r \cdot H^2 \cdot K_A = \frac{1}{2} \cdot r \cdot H^2 \cdot \tan^2\left(45° - \frac{\phi}{2}\right)$$

$$= \frac{1}{2} \times 17.5 \times 5^2 \times \tan^2\left(45° - \frac{31°}{2}\right) = 70.02 \text{kN/m}$$

② 옹벽의 자중

㉠ $W_1 = \frac{1}{2} \times 2 \times 4 \times 24 = 96 \text{ kN/m}$

㉡ $W_2 = 1 \times 4 \times 24 = 96 \text{ kN/m}$

㉢ $W_3 = 3 \times 1 \times 24 = 72 \text{ kN/m}$

③ 전도 안전율

$$F_s = \frac{M_r}{M_t} = \frac{W_1 \cdot b_1 + W_2 \cdot b_2 + W_3 \cdot b_3}{P_A \cdot y} = \frac{96 \times \left(2 \times \frac{2}{3}\right) + 96 \times \left(2 + \frac{1}{2}\right) + 72 \times \frac{3}{2}}{70.02 \times \frac{5}{3}}$$

$$= 4.08$$

[답] 4.08

16②, 12④

16
콘크리트 배합강도를 구하기 위한 시험횟수 15회의 콘크리트 압축강도 측정결과가 아래 표와 같고 호칭강도가 40MPa일 때 아래 물음에 답하시오.

[6점]

[압축강도 측정결과(MPa)]

36	40	42	36	44	43	36	38
44	42	44	46	42	40	42	

가. 배합설계에 적용할 표준편차를 구하시오.(단, 압축강도의 시험횟수가 15회일 때 표준편차의 보정계수는 1.16이다.)

[계산과정]   [답] _____

나. 배합강도를 구하시오.

[계산과정]   [답] _____

해답

가. 표준편차

[계산과정]

① $\sum x = 36+40+42+36+44+43+36+38+44+42+44+46+42+40+42 = 615$

② $\bar{x} = \dfrac{\sum x}{n} = \dfrac{615}{15} = 41\text{MPa}$

③ 편차의 제곱합
$$\sum x_i^2 = (36-41)^2 + (40-41)^2 + (42-41)^2 + (36-41)^2 + (44-41)^2$$
$$+ (43-41)^2 + (36-41)^2 + (38-41)^2 + (44-41)^2 + (42-41)^2$$
$$+ (44-41)^2 + (46-41)^2 + (42-41)^2 + (40-41)^2 + (42-41)^2$$
$$= 146$$

④ 표준편차
$$\sigma = \sqrt{\dfrac{S}{n-1}} = \sqrt{\dfrac{146}{15-1}} = 3.23\text{MPa}$$

⑤ 15회의 보정계수 = 1.16

⑥ 수정표준편차

$3.23 \times 1.16 = 3.75\text{MPa}$

[답] 3.75MPa

나. 배합강도

[계산과정]

$f_{cn} = 40\text{MPa} > 35\text{MPa}$이므로

① $f_{cr} = f_{cn} + 1.34s = 40 + 1.34 \times 3.75 = 45.03\text{MPa}$

② $f_{cr} = 0.9 f_{cn} + 2.33s = 0.9 \times 40 + 2.33 \times 3.75 = 44.74\text{MPa}$

③ 둘 중 큰 값인 45.03MPa가 배합강도이다.

[답] 45.03MPa

참고하세요

시험 횟수가 29회 이하일 때 표준편차의 보정계수

시험 횟수	표준편차의 보정계수
15	1.16
20	1.08
25	1.03
30 이상	1.00

16②

17 연약지반개량공법 중 압밀효과와 보강효과에 동시 적용되는 공법을 3가지만 쓰시오. [3점]

① _____ ② _____ ③ _____

해답

[답] ① Prelooding 공법
② Sand Drain Method
③ 다짐말뚝공법(Compaction Pile Method)

참고하세요

압밀효과와 보강효과가 동시에 적용되는 공법
① Prelooding 공법
② Sand Drain Method
③ 다짐말뚝공법(Compaction Pile Method)
④ 다짐모래말뚝공법(Sand Compaction Pile Method, Compozer Method)
⑤ 동압밀공법(동다짐공법)

16②

18 수평길이 L의 간격으로 땅속에 굴착된 두 개의 홀에 어느 하나의 시추공의 바닥에서 충격막대에 의해 연직충격을 발생시켜 연직으로 민감한 트랜스듀서(transducer)에 의해 전단파를 기록할 수 있는 지구물리학적인 지반조사 방법은? [2점]

○ _____

해답

[답] 크로스홀 시험(Crosshole test, 시추공간 탄성파탐사)

19 콘크리트의 경화나 강도발현을 촉진하기 위해 실시하는 양생을 촉진양생이라고 한다. 이러한 촉진양생법의 종류를 3가지만 쓰시오. [3점]

① _____ ② _____ ③ _____

해답

[답] ① 오토클레이브 양생 ② 증기양생 ③ 전기양생

참고하세요

촉진양생 방법
① 오토클레이브 양생   ② 증기양생   ③ 전기양생
④ 온도제어양생   ⑤ 상압증기양생   ⑥ 적외선양생

20 다음과 같은 공정표(CPM table)를 보고 아래 물음에 답하시오. [10점]

NODE		공정명	정상기간	정상비용	특급기간	특급비용
1	2	A	3일	30만원	3일	30만원
1	3	B	4일	24만원	3일	30만원
1	4	C	4일	40만원	3일	60만원
2	3	DUMMY	0일	0만원	0일	0만원
2	5	E	7일	35만원	5일	49만원
3	5	F	4일	32만원	4일	32만원
3	6	H	6일	48만원	5일	60만원
3	7	G	9일	45만원	6일	69만원
4	6	I	7일	56만원	6일	66만원
5	7	J	10일	40만원	7일	55만원
6	7	K	8일	64만원	8일	64만원
7	8	M	5일	60만원	3일	96만원

가. Network(화살선도)를 작도하고 표준일수에 대한 Critical Path를 표시하시오.
○

나. 정상공사시간 4일을 줄일 때 발생하는 추가비용의 최소치를 구하시오.
[계산과정]   [답] _____

가. [답]

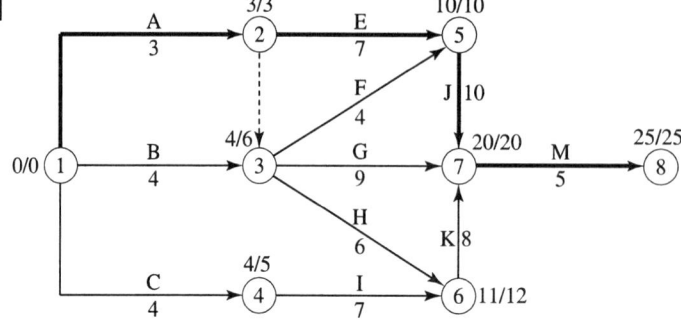

C.P : A → E → J → M

나. [계산과정]

① 비용경사

소요 작업	단축 가능 일수	비용 경사(원)
1→2	3-3=0	0
1→3	4-3=1	$\dfrac{300{,}000-240{,}000}{4-3}=60{,}000$
1→4	4-3=1	$\dfrac{600{,}000-400{,}000}{4-3}=200{,}000$
2→5	7-5=2	$\dfrac{490{,}000-350{,}000}{7-5}=70{,}000$
3→5	4-4=0	0
3→6	6-5=1	$\dfrac{600{,}000-480{,}000}{6-5}=120{,}000$
3→7	9-6=3	$\dfrac{690{,}000-450{,}000}{9-6}=80{,}000$
4→6	7-6=1	$\dfrac{660{,}000-560{,}000}{7-6}=100{,}000$
5→7	10-7=3	$\dfrac{550{,}000-400{,}000}{10-7}=50{,}000$
6→7	8-8=0	0
7→8	5-3=2	$\dfrac{960{,}000-600{,}000}{5-3}=180{,}000$

② 공기 3일 단축

소요 작업	단축 가능 일수	단축 일수	비용경사	추가비용 25일→24일	추가비용 24일→23일	추가비용 23일→22일	C.P
5→7	3	1	50,000원	1×50,000원 =50,000원			★
5→7	2	1	50,000원		1×50,000원 =50,000원		★
4→6	1	1	100,000원		1×100,000원 =100,000원		
7→8	2	2	180,000원			2×180,000원 =360,000원	★

③ 추가로 소요되는 비용 = 50,000+50,000+100,000+360,000
= 560,000원

[답] 560,000원

21 지하수위가 지표면과 일치하는 포화된 연약 점토층의 깊이 2m 지점에 폭 1.2m의 연약기초를 설치하였다. 연약점토층의 포화단위중량은 18.5kN/m³이며, 강도정수 c_u=25kN/m², ϕ_u=0일 때 극한 지지력을 구하시오. (단, 물의 단위중량 γ_w=9.81kN/m³, ϕ_u=0일 때 N_c=5.14, N_r=0, N_q=1.0이며, 전단전단파괴로 가정하며, Terzaghi공식을 사용하시오.) [3점]

[계산과정]   [답] _____

해답

[계산과정]
① 기초형상계수
   $\alpha = 1$, $\beta = 0.5$
② 전반전단파괴의 경우 극한 지지력
   $q_u = \alpha C N_c + \beta r_1 B N_r + r_2 D_f N_q$
   $= 1 \times 25 \times 5.14 + 0.5 \times (18.5-9.81) \times 1.2 \times 0 + (18.5-9.81) \times 2 \times 1$
   $= 145.88 \, kN/m^2$

[답] $145.88 \, kN/m^2$

22 농공단지 조성을 위하여 다음 그림과 같이 기준면으로부터 고저측량을 하였다. 이 용지를 수평으로 정지하고자 할 때 절토량과 성토량이 같게 하려고 하면 기준면으로부터 몇 m의 높이로 하면 되는가? [3점]

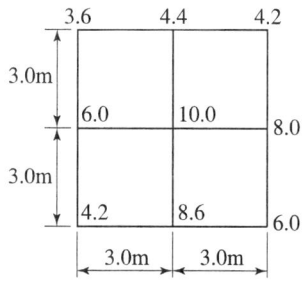

[계산과정]   [답] _____

해답

[계산과정]

① $V = \dfrac{A}{4}(\sum h_1 + 2\sum h_2 + 4\sum h_4)$

$= \dfrac{3 \times 3}{4} \times (3.6 + 4.2 + 6.0 + 4.2 + 2 \times (4.4 + 8.0 + 8.6 + 6.0) + 4 \times 10.0)$

$= 252\,\text{m}^3$

② $h = \dfrac{V}{\sum A} = \dfrac{252}{(3 \times 3) \times 4} = 7\,\text{m}$

[답] 7m

16②, 11①, 07①

23 토류벽 공법은 지하수 처리에 의해 개수성 토류벽 공법과 차수성 토류벽 공법으로 대별한다. 아래 그림과 같은 개수성 토류벽 공법에서 H-pile 흙막이 공법의 부재 명칭을 쓰시오. [3점]

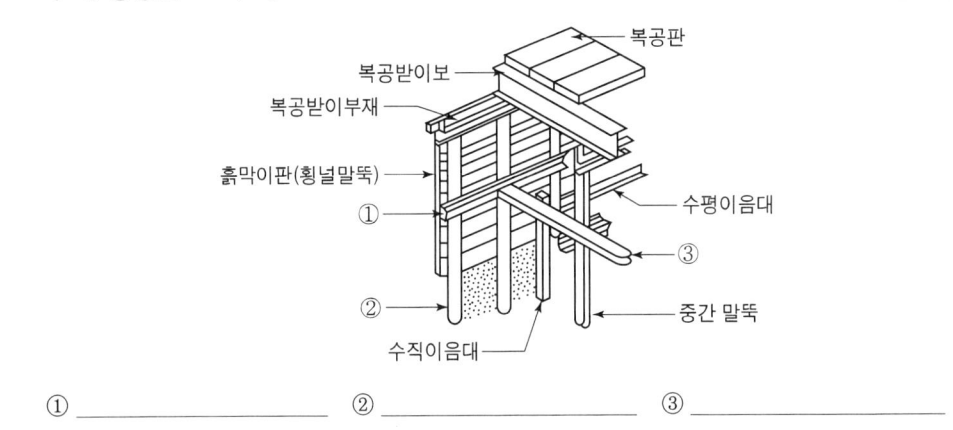

① _____ ② _____ ③ _____

해답

[답] ① 띠장(Wale) ② 엄지말뚝(Soldier Beam) ③ 버팀대(Strut)

참고하세요

흙막이벽 구성요소
① **엄지말뚝(Soldier Beam)** : 토류판에서 전달되는 하중을 지지하기 위해 설치되는 수직보
② **띠장(Wale)** : 토류판 또는 널말뚝에서 버팀에 반력을 전달하는 수평보
③ **버팀대(Strut)** : 굴착면의 한쪽에서 다른 한쪽으로 반력을 전달하는 압축부재

16②, 09②, 04①, 01②

24. 주어진 도면 및 조건에 따라 다음 물량을 산출하시오. (단, 주어진 도면의 치수는 축적에 맞지 않을 수 있으며, 주어진 치수로만 물량을 산출할 것) [18점]

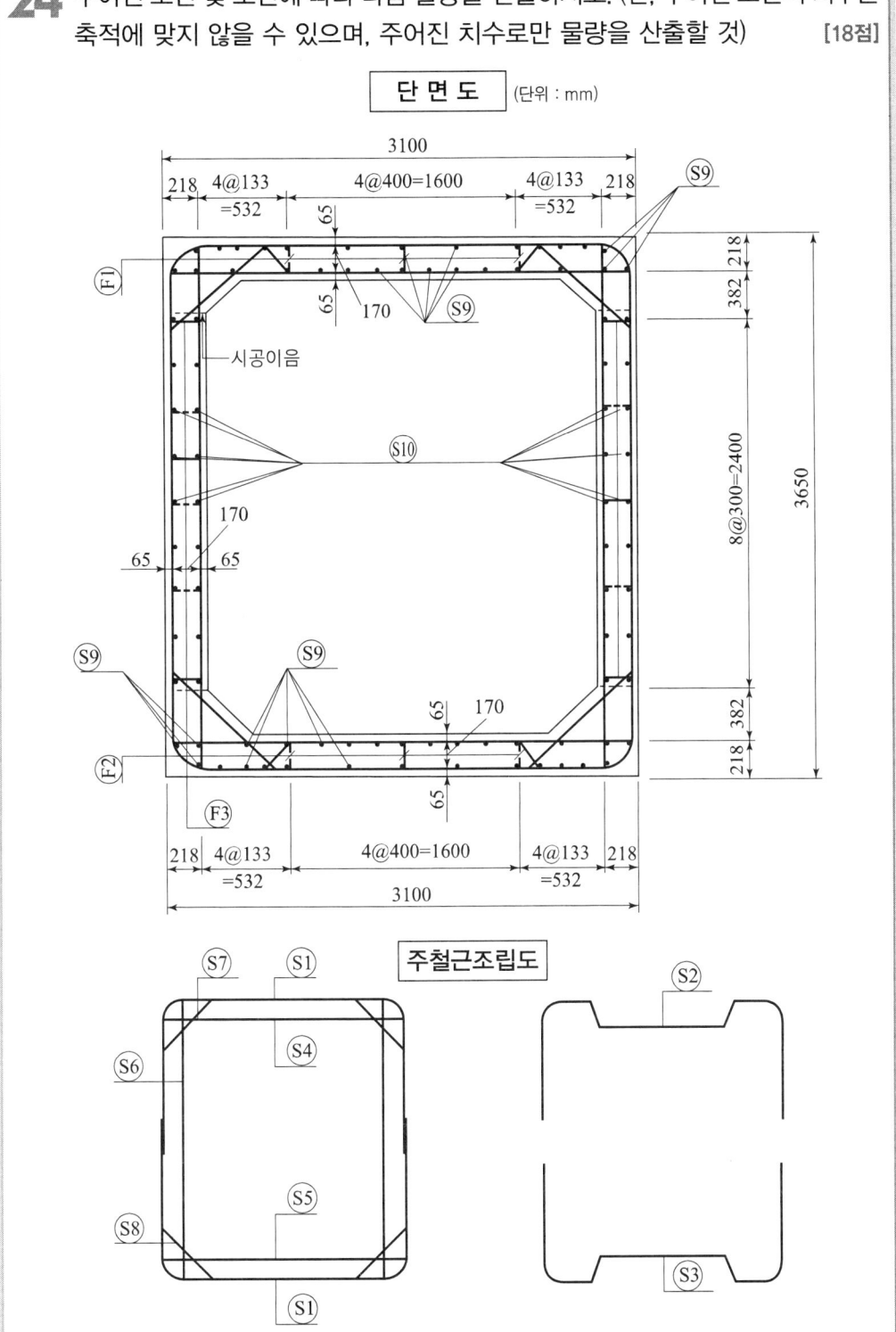

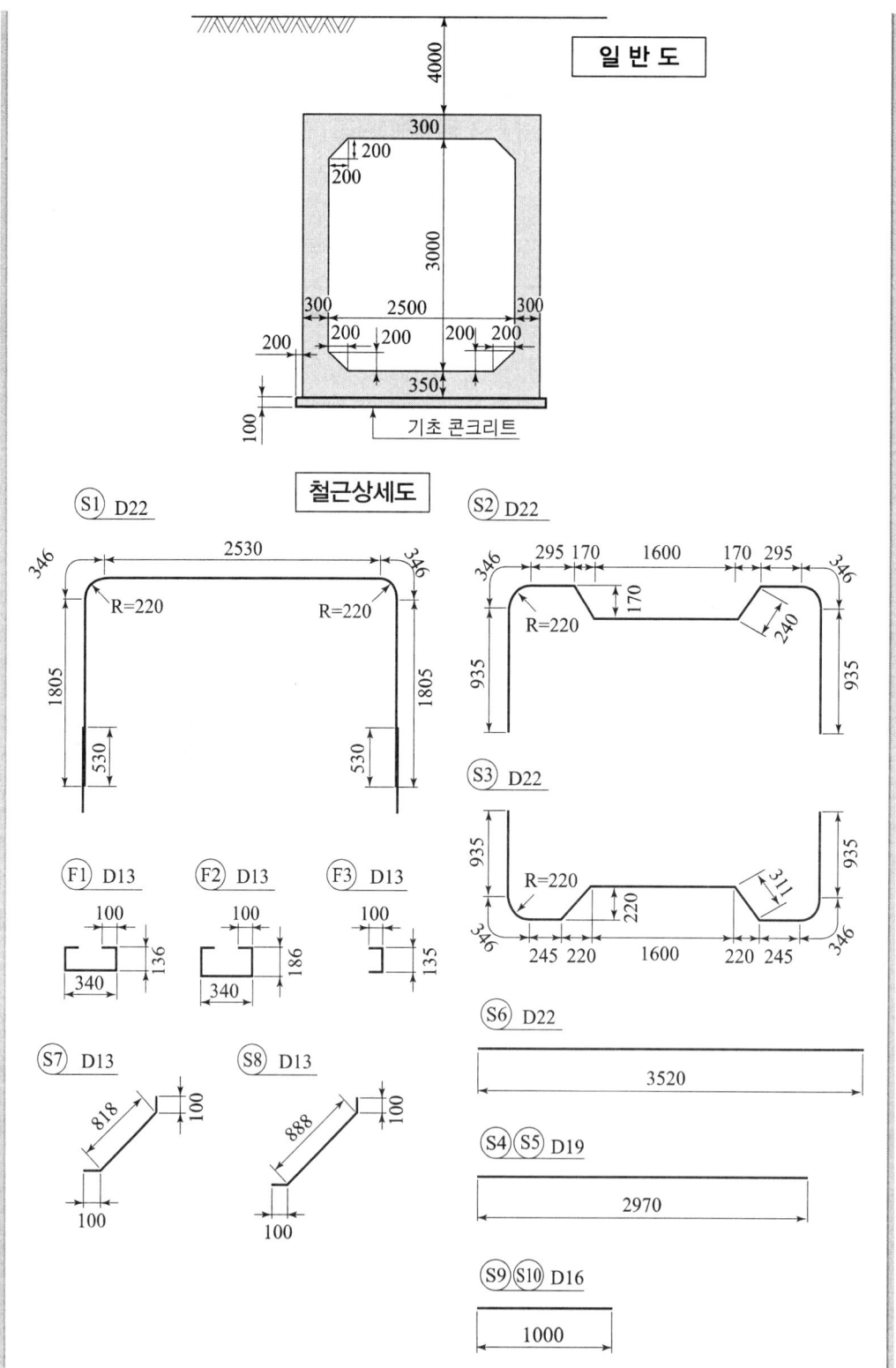

[조건]
- S_1~S_8 철근은 300mm 간격으로 배치되어 있다.
- F_1, F_2, F_3 철근은 300mm 간격으로 지그재그로 배치되어 있다.
- 철근의 이음과 할증은 무시한다.
- 지형상태는 일반도와 같으며 터파기는 기초 콘크리트 양끝에서 100cm 여유폭을 두고, 비탈기울기는 1:0.5로 한다.
- 거푸집량의 계산에서 마구리면은 무시한다.

가. 길이 1m에 대한 기초와 구체의 콘크리트량을 구하시오.
   (단, 소수 넷째자리에서 반올림한다.)
   [계산과정]

   [답] 기초 콘크리트량 : _____, 구체 콘크리트 : _____

나. 길이 1m에 대한 거푸집량을 구하시오.(단, 소수 넷째자리에서 반올림한다.)
   [계산과정]   [답] _____

다. 길이 1m에 대한 터파기량을 구하시오.(단, 소수 넷째자리에서 반올림한다.)
   [계산과정]   [답] _____

라. 길이 1m에 대한 철근량을 산출하기 위한 다음 철근물량표를 완성하시오.
   (단, 소수 셋째자리에서 반올림한다.)
   [계산과정]

   [답]

기호	직경	길이(mm)	수량	총길이(mm)	기호	직경	길이(mm)	수량	총길이(mm)
S_1					S_9				
S_7					F_1				

해답

가. 기초 콘크리트량, 구체 콘크리트량

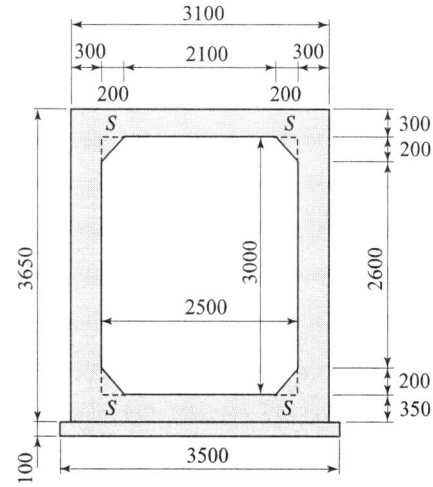

[계산과정]

① 기초 콘크리트량 $= 3.5 \times 0.1 \times 1 = 0.350 \, \text{m}^3$

② 구체 콘크리트량 $= \left\{ (3.100 \times 3.65) - (2.5 \times 3.0) + \dfrac{1}{2} \times 0.200 \times 0.200 \times 4 \right\} \times 1$
$= 3.895 \, \text{m}^3$

[답] $3.895 \, \text{m}^3$

나. 거푸집량

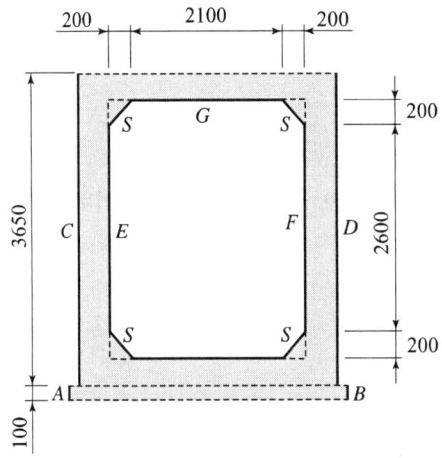

[계산과정]

① 개개의 거푸집량

㉠ $A = 0.1 \, \text{m}$　㉡ $B = 0.1 \, \text{m}$　㉢ $C = 3.65 \, \text{m}$　㉣ $D = 3.65 \, \text{m}$　㉤ $E = 2.60 \, \text{m}$

㉥ $F = 2.60 \, \text{m}$　㉦ $G = 2.10 \, \text{m}$　㉧ $S = \sqrt{0.20^2 + 0.20^2} \times 4 = 1.1314 \, \text{m}$

② 총 거푸집량

㉠ 총 거푸집 길이 $= 0.1 \times 2 + 3.65 \times 2 + 2.60 \times 2 + 2.10 + 1.1314 = 15.9314 \, \text{m}$

㉡ 총 거푸집량 $= 15.9314 \times 1 = 15.931 \, \text{m}^2$

[답] $15.931 \, \text{m}^2$

다. 터파기량

[계산과정]

① $a = 7{,}750 \times 0.5 = 3{,}875$

② 터파기량 $= \left(\dfrac{13.25 + 5.50}{2} \times 7.75 \right) \times 1 \, \text{m} = 72.656 \, \text{m}^3$

[답] $72.656 \, \text{m}^3$

라. 철근물량표

[계산과정]

① 철근 길이

㉠ S_1 철근 길이 $= (1{,}805 \times 2) + (346 \times 2) + 2{,}530 = 6{,}832 \, \text{mm}$

    ⓒ S_7철근 길이 $= 100 \times 2 + 818 = 1,018$mm

    ⓓ S_8철근 길이 $= 1,000$mm

    ⓔ F_1철근 길이 $= 100 \times 2 + 136 \times 2 + 340 = 812$mm

  ② 철근 수량

    ⓐ S_1철근 수량 $= \dfrac{1,000}{300} \times 2(2쌍) = 6.67$본

    ⓑ S_7철근 수량 $= \dfrac{1,000}{300} \times 2(2쌍) = 6.67$본

    ⓒ S_8철근 수량 = 단면도에서 세면 = 56본

    ⓓ F_1철근 수량 $= \dfrac{1,000}{300 \times 2} \times 3줄 = 5$본

  ③ 총길이는 각 철근의 길이에 각 철근의 수량을 곱하여 구한다.

[답]

기호	직경	길이(mm)	수량	총길이(mm)	기호	직경	길이(mm)	수량	총길이(mm)
S_1	D22	6,832	6.67	45,569.44	S_9	D16	1,000	56	56,000
S_7	D13	1,018	6.67	6,790.06	F_1	D13	812	5	4,060

16②, 85①

25 말뚝의 지지력을 산정하는 방법을 3가지만 쓰시오. [3점]

 ① _____ ② _____ ③ _____

해답

[답] ① 정역학적 공식에 의한 방법
  ② 동역학적 공식에 의한 방법
  ③ 말뚝재하시험에 의한 방법

참고하세요

말뚝의 지지력을 구하는 방법
① 정역학적 공식에 의한 방법
  ㉠ Terzaghi 공식   ㉡ Dörr 공식
  ㉢ Meyerhof 공식   ㉣ Dunham의 공식
② 동역학적 공식에 의한 방법
  ㉠ Hiley 공식   ㉡ Engineering News 공식
  ㉢ Sander 공식   ㉣ Weisbach 공식
③ 말뚝재하시험에 의한 방법

국가기술자격검정 실기시험문제

2016년도 기사 일반검정(제4회) (2016-11-12)

자격종목 및 등급(선택분야)	종목코드	시험시간	형별	수험번호	성 명
토목기사		3시간	A		

※ 다음 물음의 답을 해당 답란에 답하시오.(배점)

16④, 09①, 02④, 99⑤, 95③, 93①, 91③, 89①

01. 품질관리를 위해 콘크리트 압축강도시험을 실시하여 다음과 같은 자료를 얻었다. 콘크리트 압축강도의 변동계수를 구하시오. [3점]

> 21, 19, 20, 22, 23(MPa)

[계산과정]　　　　　　　　　　　　　　　　　　　　[답] _____

해답

[계산과정]

① 평균
$$\bar{x} = \frac{21+19+20+22+23}{5} = 21\text{MPa}$$

② 표준편차

㉠ 편차의 제곱합
$$\sum x_i^2 = (21-21)^2 + (19-21)^2 + (20-21)^2 + (22-21)^2 + (23-21)^2 = 10$$

㉡ 표준편차
$$\sigma = \sqrt{\frac{S}{n-1}} = \sqrt{\frac{10}{5-1}} = 1.58$$

③ 변동계수
$$CV = \frac{1.58}{21} \times 100 = 7.52\%$$

[답] 7.52%

16④, 15④, 00④, 94④, 92①

02. 케이슨 기초의 침하공법을 아래의 표와 같이 4가지만 쓰시오. [3점]

재하중에 의한 공법
① _____　② _____　③ _____　④ _____

해답

[답] ① 분사에 의한 공법　　② 물하중에 의한 공법
　　③ 발파에 의한 공법　　④ 케이슨 내부의 수위 저하에 의한 공법

참고하세요

침하 공법의 종류
① 재하중에 의한 공법　　② 분사식 침하공법
③ 물하중식 침하공법　　④ 발파에 의한 침하공법
⑤ 케이슨 내부의 수위 저하 공법

16④, 12④, 11①, 09②, 06④, 04②, 03④, 01②, 00①

03 굵은골재 최대치수 25mm, 단위수량 157kg, 물-시멘트비 50%, 슬럼프 80mm, 잔골재율 40%, 잔골재 표건밀도 2.60g/cm³, 굵은골재 표건밀도 2.65g/cm³, 시멘트 3.14g/cm³, 공기량 4.5%일 때 콘크리트 1m³에 소요되는 굵은골재량을 구하시오. [3점]

[계산과정]　　　　　　　　　　　　　　　　　　[답] _____

해답

[계산과정]

① 단위시멘트량

$W/C = 0.5$ 에서 $C = \dfrac{W}{0.5} = \dfrac{157}{0.5} = 314\text{kg/m}^3$

② 단위 골재량의 절대부피

단위 골재량의 절대부피 $= 1 - \left(\dfrac{\text{단위 수량}}{1000} + \dfrac{\text{단위 시멘트량}}{\text{시멘트의 비중} \times 1000} + \dfrac{\text{공기량}}{100} \right)$

$= 1 - \left(\dfrac{157}{1000} + \dfrac{314}{3.14 \times 1000} + \dfrac{4.5}{100} \right)$

$= 0.698\text{m}^3$

③ 단위 잔골재량의 절대부피 = 단위 골재량의 절대부피 × 잔골재율
$= 0.698 \times 0.4$
$= 0.2792\text{m}^3$

④ 단위 굵은 골재량의 절대부피 = 단위 골재량의 절대부피 - 단위 잔골재량의 절대부피
$= 0.698 - 0.2792$
$= 0.4188\text{m}^3$

⑤ 단위 굵은 골재량 = 단위 굵은 골재량의 절대부피 × 굵은 골재의 비중 × 1000
$= 0.4188 \times 2.65 \times 1000$
$= 1,109.82\text{kg/m}^3$

[답] $1,109.82\text{kg/m}^3$

16④, 13②, 03②, 01①

04 표준관입시험의 N치가 35이고, 현장에서 채취한 모래는 입자가 둥글고 균등계수가 5이고 곡률계수가 5이었다. Dunham의 식을 이용하여 이 모래의 내부마찰각을 추정하시오. [3점]

[계산과정] [답] _____

해답

[계산과정]
① 모래의 입도판정
   균등계수 $C_u = 5 < 6$이고 곡률계수 $C_g = 5$로 1~3 사이에 없으므로 빈입도이다.
② 입자가 둥글고 입도가 불량한 모래의 내부마찰각
   Dunham 공식
   $\phi = \sqrt{12N} + 15 = \sqrt{12 \times 35} + 15 = 35.49°$

[답] $35.49°$

참고하세요

1. 입도분포의 판정
   ① 양입도(well graded)
      ㉠ 흙일 때 : $C_u > 10$, $C_g = 1 \sim 3$
      ㉡ 모래일 때 : $C_u > 6$, $C_g = 1 \sim 3$
      ㉢ 자갈일 때 : $C_u > 4$, $C_g = 1 \sim 3$
   ② 빈입도(poorly graded)
      균등계수 C_u와 곡률계수 C_g 둘 중 어느 하나라도 만족하지 못하면 입도분포가 나쁘다.
   ③ 입도균등(uniform graded)
      하천이나 백사장의 모래와 같이 입경이 고른 흙은 균등계수가 거의 1($C_u \fallingdotseq 1$)이다.
2. Dunham 공식
   ① 흙 입자가 모나고 입도가 양호한 경우
      $\phi = \sqrt{12N} + 25$
   ② 흙 입자가 모나고 입도가 불량한 경우 또는, 흙 입자가 둥글고 입도가 양호한 경우
      $\phi = \sqrt{12N} + 20$
   ③ 흙 입자가 둥글고 입도가 불량한 경우
      $\phi = \sqrt{12N} + 15$

16④, 13①

05 도로 노상의 지지력을 평가할 수 있는 현장시험 평가방법을 3가지만 쓰시오. [3점]

① _____ ② _____ ③ _____

해답

[답] ① 도로의 평판재하시험
② 노상토 지지력비(CBR)시험
③ 프루프롤링(proof rolling) 시험

참고하세요

노상 및 노체 지지력 현장시험 평가방법
① 도로의 평판재하시험
② 노상토 지지력비(CBR)시험
③ 프루프롤링(proof rolling) 시험
④ 현장들밀도시험

16④, 14①, 11①, 07②, 03④

06 아래 그림과 같이 백호로 굴착을 한 후 통로박스를 시공하고 다시 되메우기를 하려고 한다. 이때 15ton 덤프트럭 2대를 사용하며, 1일 작업시간은 6시간이다. 덤프트럭의 작업효율 $E=0.9$, cycle time $C_m=300$분일 경우 다음 물음에 답하시오. (단, 암거길이는 10m, $C=0.8$, $L=1.25$, $\gamma_t=1.8$t/m³) [6점]

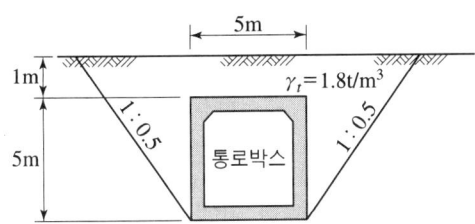

가. 사토량(捨土量)을 본바닥토량으로 구하시오.
　[계산과정]　　　　　　　　　　　　　　　　[답] _____

나. 덤프트럭 1대의 시간당 작업량을 구하시오.
　[계산과정]　　　　　　　　　　　　　　　　[답] _____

다. 덤프트럭 2대를 사용할 경우 사토에 필요한 소요일수는 몇 일인가?
　[계산과정]　　　　　　　　　　　　　　　　[답] _____

해답

가. 사토량(捨土量)을 본바닥토량
[계산과정]
① 굴착량 $= \dfrac{(6\times0.5+5+6\times0.5)+5}{2}\times 6\times 10 = 480\,\mathrm{m^3}$
② 통로박스 부피 $= 5\times5\times10 = 250\,\mathrm{m^3}$

③ 되메우기량 $= (480-250) \times \dfrac{1}{0.8} = 287.5\,\text{m}^3$

④ 사토량 $= 480 - 287.5 = 192.5\,\text{m}^3$

[답] $192.5\,\text{m}^3$

나. 덤프트럭 1대의 시간당 작업량

[계산과정]

① 1회 적재량

$$q_t = \dfrac{T}{r_t} \cdot L = \dfrac{15}{1.8} \times 1.25 = 10.42\,\text{m}^3$$

② $Q = \dfrac{60 \cdot q_t \cdot f \cdot E_t}{C_{mt}} = \dfrac{60 \times 10.42 \times \dfrac{1}{1.25} \times 0.9}{300} = 1.50\,\text{m}^3/\text{h}$

[답] $1.50\,\text{m}^3/\text{h}$

다. 덤프트럭 2대를 사용할 경우 사토에 필요한 소요일수

[계산과정]

① 덤프트럭 1대의 시간당 작업량 $= 1.50 \times 2 = 3.0\,\text{m}^3/\text{h}$

② 소요일수 $= \dfrac{192.5\,\text{m}^3}{3.0\,\text{m}^3/\text{h} \times 6\,\text{h/d}} = 10.69 = 11$ 일

[답] 11일

07 이미 경화한 매시브한 콘크리트 위에 슬래브를 타설할 때 부재 평균 최고온도와 외기온도와의 균형시의 온도차가 12.8℃ 발생하였을 때 아래의 표를 이용하여 온도균열 발생확률을 구하면? (단, 간이법 적용) [3점]

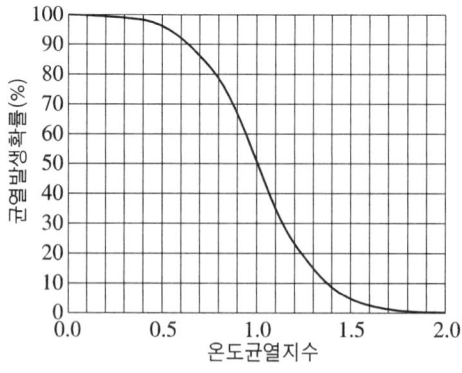

[계산과정]   [답] _____

해답

[계산과정]

① 외부구속의 정도를 표시하는 계수(R)
   이미 경화된 콘크리트 위에 타설하는 경우이므로 $R = 0.60$

② 부재 평균 최고온도와 외기온도와의 균형시의 온도차
   $\Delta T_0 = 12.8℃$

③ 온도균열지수 $= \dfrac{10}{R \Delta T_0} = \dfrac{10}{0.60 \times 12.8} = 1.30$

④ 주어진 그래프에서 온도균열지수 1.30일 때 균열발생확률은 약 15%이다.

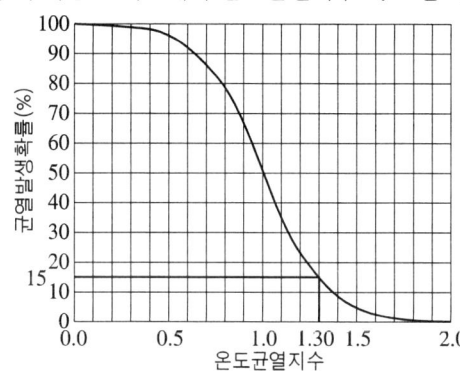

[답] 약 15%

참고하세요

온도균열지수의 산정(간이적인 방법)

① 연질의 지반 위에 친 평판 등과 같이 내부구속응력이 큰 경우

온도균열지수 $= \dfrac{15}{\Delta T_i}$

여기서, ΔT_i : 내부온도가 최고일 때의 내부와 표면과의 온도차(℃)

② 암반이나 매시브한 콘크리트 위에 친 평판 등과 같이 외부구속응력이 큰 경우

온도균열지수 $= \dfrac{10}{R \Delta T_0}$

여기서, R : 외부구속의 정도를 표시하는 계수
ΔT_0 : 부재 평균 최고온도와 외기온도와의 균형시의 온도차(℃)

조건	외부구속의 정도를 표시하는 계수(R)
비교적 연한 암반 위에 콘크리트를 타설할 때	0.50
중간 정도의 단단한 암반 위에 콘크리트를 타설할 때	0.65
경암 위에 콘크리트를 타설할 때	0.80
이미 경화된 콘크리트 위에 타설할 때	0.60

16④, 10④, 02①, 98①, 95⑤

08 함수비가 20%인 토취장의 습윤밀도(γ_t)가 1.9g/cm³이었다. 이 흙으로 도로를 축조할 때 함수비는 15%이고 습윤밀도는 1.98g/cm³이었다. 이 경우 흙의 토량변화율(C)는 대략 얼마인가? [3점]

[계산과정]   [답] _____

해답

[계산과정]

① 본바닥 흙의 건조단위중량 : $\gamma_d = \dfrac{\gamma_t}{1+w} = \dfrac{1.9}{1+0.2} = 1.58\,\text{g/cm}^3$

② 다져진 흙의 건조단위중량 : $\gamma_{dC} = \dfrac{\gamma_t}{1+w} = \dfrac{1.98}{1+0.15} = 1.72\,\text{g/cm}^3$

③ 토량변화율 : $C = \dfrac{\gamma_d}{\gamma_{dC}} = \dfrac{1.58}{1.72} = 0.92$

[답] 0.92

16④, 06④

09 점성토지반에서 표준관입시험 결과 N치로 판정·추정할 수 있는 사항을 4가지만 쓰시오. [3점]

① _____ ② _____ ③ _____ ④ _____

해답

[답] ① 일축압축강도   ② 점착력
③ 컨시스턴시   ④ 파괴에 대한 허용 지지력

참고하세요

N치로 추정할 수 있는 사항
① 모래지반에서 N치로 추정할 수 있는 사항
 ㉠ 상대밀도(D_r)
 ㉡ 내부마찰각(ϕ)
 ㉢ 침하에 대한 허용지지력
 ㉣ 지지력 계수
 ㉤ 탄성계수
② 점토지반에서 N치로 추정할 수 있는 사항
 ㉠ 일축압축강도(q_u)
 ㉡ 점착력(c)
 ㉢ 컨시스턴시
 ㉣ 파괴에 대한 극한 지지력
 ㉤ 파괴에 대한 허용 지지력

[부록] 2016년 11월 12일 시행

16④, 02①

10 보통콘크리트보다 단위중량이 작은 $2t/m^3$ 이하인 콘크리트를 경량콘크리트라 하는데, 이러한 경량콘크리트를 제조하는 방법에 따라 크게 3가지로 구분하시오. [3점]

① _____ ② _____ ③ _____

해답

[답] ① 경량 골재 콘크리트
② 경량 기포 콘크리트
③ 무세골재 콘크리트

참고하세요

제조방법에 따른 종류
① 경량 골재 콘크리트 : 비중이 낮은 다공질의 경량 골재를 사용한 콘크리트
② 경량 기포 콘크리트 : 잔골재를 사용하지 않고 규산질과 석회질을 주원료로 하여 기포제에 의해 무수한 기포를 골고루 형성시켜 고온·고압증기로 양생시킨 것으로 단열과 방음효과가 크고 경화 후 변형이 적은 장점이 있으나 부서지기 쉽고 흡수율이 큰 단점이 있다.
③ 무세골재 콘크리트 : 골재사이에 공극을 형성시키기 위하여 잔골재의 사용을 배제한 콘크리트

16④, 12④, 96②

11 폭파에서 생긴 암덩어리가 쇼벨 등으로 처리할 수 없을 정도로 크다면 이것을 조각낼 필요가 있다. 이와 같이 조작을 내기 위한 폭파를 2차 폭파 또는 조각발파라고 한다. 이러한 2차 폭파방법을 3가지만 쓰시오. [3점]

① _____ ② _____ ③ _____

해답

[답] ① Block Boring법
② Snake Boring법
③ Mud Caping법

참고하세요

2차폭파
폭파에서 생긴 암석덩어리가 기계 등으로 처리 할 수 없을 정도로 클 때 조각을 내기 위한 폭파
① 블록 보링(Block Boring)법(천공법) : 수직천공 → 장약 → 흙으로 전색(진쇄)
② 스네이크 보링(Snake Boring)법(사혈법) : 바위덩어리 아래쪽에 장약
③ 머드 캡핑(Mud Caping)법(복토법) : 직경이 작은 곳에 장약 → 굳은 점토로 덮음

12 그림과 같은 중력식 옹벽의 전도(overturning)에 대한 안전율을 계산하시오. (단, 콘크리트의 단위중량은 23kN/m³이고, 옹벽전면에 작용하는 수동토압은 무시한다.) [3점]

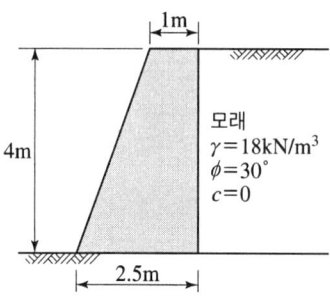

[계산과정]　　　　　　　　　　　　　　　　　　　　　　[답] _____

[계산과정]

① 주동토압

$$P_A = \frac{1}{2} \cdot r \cdot H^2 \cdot K_A = \frac{1}{2} \cdot r \cdot H^2 \cdot \tan^2\left(45° - \frac{\phi}{2}\right)$$

$$= \frac{1}{2} \times 18 \times 4^2 \times \tan^2\left(45° - \frac{30°}{2}\right) = 48 \text{kN/m}$$

② 옹벽의 자중

㉠ $W_1 = 1 \times 4 \times 23 = 92 \text{kN/m}$

㉡ $W_2 = \frac{1}{2} \times (2.5 - 1) \times 4 \times 23 = 69 \text{kN/m}$

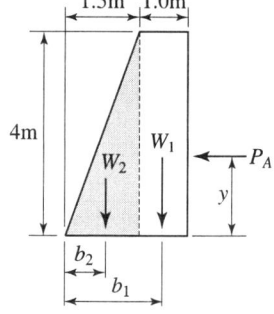

③ 전도 안전율

$$F_s = \frac{M_r}{M_t} = \frac{W_1 \cdot b_1 + W_2 \cdot b_2}{P_A \cdot y} = \frac{92 \times \left(1.5 + \frac{1}{2}\right) + 69 \times \left(1.5 \times \frac{2}{3}\right)}{48 \times \frac{4}{3}} = 3.95$$

[답] 3.95

13 록필댐(Rock fill Dam)의 종류를 3가지만 쓰시오. [3점]

① _____　② _____　③ _____

[답] ① 표면차수벽형　② 내부차수벽형　③ 중앙차수벽형

14 그림에서와 같이 강널말뚝(steel sheet pile)으로 지지된 모래지반의 굴착에서 지하수의 분출로 인하여 예상되는 파이핑(piping)에 대한 안전율을 계산하시오.
[3점]

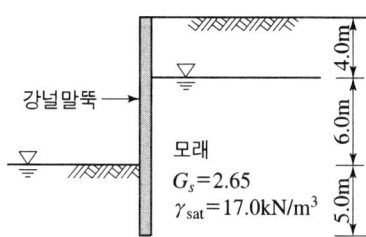

[계산과정]   [답] _____

해답

[계산과정] $F_s = \dfrac{i_x}{i} = \dfrac{\dfrac{G_s-1}{1+e}}{\dfrac{h}{L}} = \dfrac{\dfrac{\gamma_{sub}}{\gamma_w}}{\dfrac{h}{L}} = \dfrac{\dfrac{17-9.80}{9.80}}{\dfrac{6}{6+5+5}} = 1.96$

[답] 1.96

15 제방, 터널, 배수로, 사면 안전 및 보호 등에 사용되는 토목섬유의 종류를 4가지만 쓰시오.
[3점]

① _____ ② _____ ③ _____ ④ _____

해답

[답] ① geotextile ② geomembrane ③ geogrid ④ geocomposite

참고하세요

토목섬유의 종류
① 지오텍스타일(geotextile) : 토목섬유의 주를 이룸
② 지오멤브레인(geomembrane)
③ 지오그리드(geogrid)
④ 지오콤포지트(geocomposite)
⑤ 지오매트(geomat)

16④, 08④, 96②

16 그림과 같이 표고가 20m씩 차이나는 등고선으로 둘러싸인 지역의 흙을 굴착하여 택지조성을 계획할 때 1.0m³ 용적의 굴삭기 2대를 동원하면 굴착에 소요되는 기간은 며칠인가? (단, 굴삭기 사이클타임은 20초, 효율은 0.8, 디퍼계수는 0.8, L=1.2, 1일 작업시간은 8시간, 등고선 면적 A_1=100m², A_2=80m², A_3=50m²이다.) [3점]

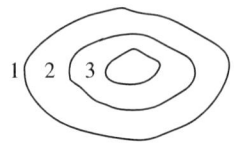

[계산과정]

[답] _____

해답

[계산과정]

① 굴착토량

$$V = \frac{h}{3}(A_1 + A_3 + 4 \cdot A_2) = \frac{20}{3} \times (100 + 50 + 4 \times 80) = 3{,}133.33 \text{m}^3$$

② 굴삭기 1대의 시간당 작업량

$$Q = \frac{3600 \cdot q \cdot k \cdot f \cdot E}{C_{ms}} = \frac{3600 \times 1.0 \times 0.8 \times \frac{1}{1.2} \times 0.8}{20} = 96 \text{m}^3/\text{h (본바닥 토량)}$$

③ 굴삭기 2대의 1일 작업량 = 96m³/h × 8h/day × 2대 = 1,536m³/day (본바닥 토량)

④ 소요 공기 = $\dfrac{\text{총 굴착토량}}{\text{굴삭기 2대의 1일 작업량}} = \dfrac{3{,}133.33\text{m}^3}{1{,}536\text{m}^3/\text{day}} = 2.04$일 = 3일

[답] 3일

16④, 88①, 87②

17 연약지반 중에 진동 또는 충격하중을 사용하여 모래를 압입하고, 직경이 큰 압축된 모래기둥을 조성하여 지반을 안정시키는 공법으로, 느슨한 사질토 지반에 널리 활용되고, 점성토도 적용이 가능한 공법은? [2점]

○ _____

해답

[답] 다짐모래말뚝공법(Sand Compaction Pile Method)

18 3m×3m 크기의 정사각형 기초를 마찰각 $\phi=30°$, 점착력 $c=50\text{kN/m}^2$인 지반에 설치하였다. 흙의 단위중량 $\gamma=17\text{kN/m}^3$이며, 기초의 근입깊이는 2m이다. 지하수위가 지표면에서 1m, 3m, 5m 깊이에 있을 때의 극한지지력을 각각 구하시오. (단, 지하수위 아래의 흙의 포화단위중량은 19kN/m^3이고, Terzaghi 공식을 사용하고, $\phi=30°$일 때, $N_c=36$, $N_r=19$, $N_q=22$) [6점]

가. 지하수위 1m 깊이에 있는 경우
   [계산과정]   [답] _____

나. 지하수위 3m 깊이에 있는 경우
   [계산과정]   [답] _____

다. 지하수위 5m 깊이에 있는 경우
   [계산과정]   [답] _____

해답

가. 지하수위 1m 깊이

[계산과정]

지하수위가 지표면하 1m 깊이에 있을 때

① $\gamma_1 = \gamma_{sub} = 19 - 9.81 = 9.19\text{kN/m}^3$

② $D_f \gamma_2 = D_f \gamma_1 + D_f \gamma_{sub} = 1 \times 17 + 1 \times 9.19$
   $= 26.19\text{kN/m}^2$

③ $q_u = \alpha c N_c + \beta B \gamma_1 N_r + D_f \gamma_2 N_q$
   $= 1.3 \times 50 \times 36 + 0.4 \times 3 \times 9.19 \times 19 + 26.19 \times 22$
   $= 3{,}125.71\text{kN/m}^2$

[답] $3{,}125.71\text{kN/m}^2$

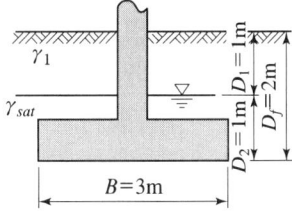

나. 지하수위 3m 깊이

[계산과정]

지하수위가 지표면하 3m 깊이에 있을 때

① $\gamma_1 = \gamma_{sub} + \dfrac{d}{B}(\gamma - \gamma_{sub})$
   $= 9.19 + \dfrac{1}{3} \times (17 - 9.19) = 11.79\text{kN/m}^3$

② $\gamma_2 = \gamma_1 = 17\text{kN/m}^2$

③ $q_u = \alpha c N_c + \beta B \gamma_1 N_r + D_f \gamma_2 N_q$
   $= 1.3 \times 50 \times 36 + 0.4 \times 3 \times 11.79 \times 19 + 2 \times 17 \times 22$
   $= 3{,}356.81\text{kN/m}^2$

[답] $3{,}356.81\text{kN/m}^2$

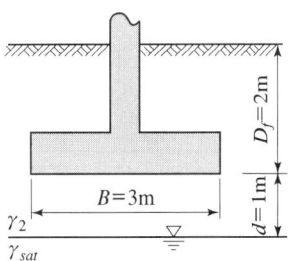

다. 지하수위 5m 깊이
[계산과정]
지하수위가 지표면하 5m 깊이에 있을 때
① $\gamma_1 = \gamma_2 = \gamma_1 = 17\text{kN/m}^2$
② $q_u = \alpha c N_c + \beta B \gamma_1 N_r + D_f \gamma_2 N_q$
$= 1.3 \times 50 \times 36 + 0.4 \times 3 \times 17 \times 19 + 2 \times 17 \times 22$
$= 3,475.6\text{kN/m}^2$
[답] $3,475.6\text{kN/m}^2$

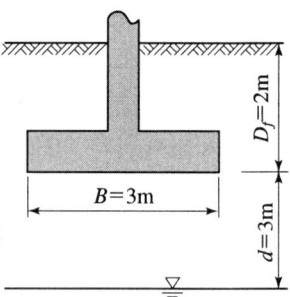

16④, 14④, 09④, 07④, 04④

19 지하수 침강 최소깊이 2m, 암거 매립간격 8m, 투수계수 10^{-5}cm/sec일 때 불투수층에 놓인 암거를 통한 단위길이당 배수량을 구하시오. (단, 소수점 이하 넷째 자리까지 구하시오.) [3점]

[계산과정]   [답] _____

해답

[계산과정]
단위 길이당 배수량

$D = \dfrac{4k}{Q}(H_0^2 - h_0^2)$ 에서 $Q = \dfrac{4k}{D}(H_0^2 - h_0^2) = \dfrac{4 \times 10^{-5}}{8}(200^2 - 0^2) = 0.002\,\text{cm}^3/\text{cm/sec}$

[답] $0.002\text{cm}^3/\text{cm/sec}$

참고하세요

암거 매설간격과 배수량과의 관계
$D = \dfrac{4k}{Q}(H_0^2 - h_0^2)$
여기서, D : 암거간의 간격, k : 투수계수, Q : 배수량
H_0 : 불투수층에서 최소 침강 지하수면까지의 거리
h_0 : 불투수층에서 암거매립 위치까지의 거리

20 다음의 작업리스트를 보고 아래 물음에 답하시오. [10점]

작업명	선행작업	후속작업	표준상태		특급상태	
			작업일수	비용(만원)	작업일수	비용(만원)
A	–	B, C	3	30	2	33
B	A	D	2	40	1	50
C	A	E	7	60	5	80
D	B	F	7	100	5	130
E	C	G, H	7	80	5	90
F	D	G, H	5	50	3	74
G	E, F	I	5	70	5	70
H	E, F	I	1	15	1	15
I	G, H	–	3	20	3	20

가. Network(화살선도)를 작도하고, 표준상태에 대한 C.P를 표시하시오.
  ○

나. 공기를 3일 단축했을 때 추가로 소요되는 비용을 구하시오.
  [계산과정]   [답] _____

해답

가. 화살선도와 C.P
  [답]

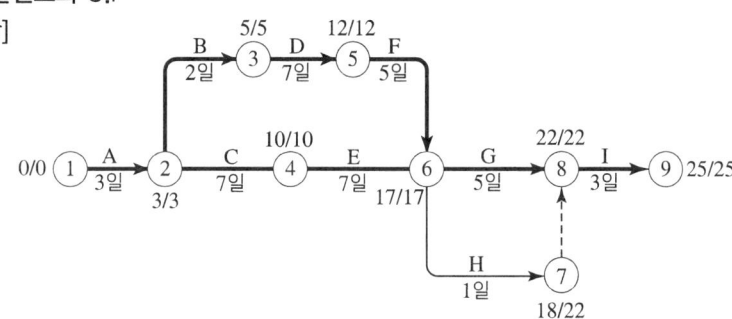

  C.P : A → B → D → F → G → I
       A → C → E → G → I

나. 소요되는 비용
  [계산과정]
    ① 비용경사

소요 작업	단축 가능 일수	비용 경사(원)
1 → 2	3−2=1	$\dfrac{330,000-300,000}{3-2}=30,000$
2 → 3	2−1=1	$\dfrac{500,000-400,000}{2-1}=50,000$
2 → 4	7−5=2	$\dfrac{800,000-600,000}{7-5}=100,000$
3 → 5	7−5=2	$\dfrac{1,300,000-1,000,000}{7-5}=150,000$
4 → 6	7−5=2	$\dfrac{900,000-800,000}{7-5}=50,000$
5 → 6	5−3=2	$\dfrac{740,000-500,000}{5-3}=120,000$
6 → 7	1−1=0	0
6 → 8	5−5=0	0
8 → 9	3−3=0	0

② 공기 3일 단축

소요 작업	단축 가능 일수	단축 일수	비용경사	추가비용 25일→24일	추가비용 24일→23일	추가비용 23일→22일	C.P
1→2	1	1	30,000원	1×30,000원 =30,000원			★
2→3	1	1	100,000원		1×100,000원 =100,000원		★
4→6	2	2	50,000원		1×50,000원 =50,000원	1×50,000원 =50,000원	★
5→6	2	1	120,000원			1×120,000원 =120,000원	★

③ 추가로 소요되는 비용 = 30,000+100,000+50,000+50,000+120,000
    = 350,000원

[답] 350,000원

16④

21 암반보강공법을 3가지만 쓰시오. [3점]

① _____ ② _____ ③ _____

해답

[답] ① 록볼트(Rock Bolt)   ② 숏크리트(Shotcrete)   ③ 록 앵커공법(Rock Anchor)

16④, 13①, 10④, 99③, 98④, 96①

22 두 번의 평판재하시험 결과가 다음과 같을 때 허용침하량이 25mm인 정사각형 기초가 1,500kN의 하중을 지지하기 위한 실제 기초의 크기를 구하시오. [3점]

원형평판직경 B(m)	0.3	0.6
작용하중 Q(kN)	100	250
침하량(mm)	25	25

[계산과정]   [답] _____

해답

[계산과정]

① 평판1

$$100\,\text{kN} = m \times \frac{\pi \times 0.3^2}{4} + n \times \pi \times 0.3 \quad \cdots\cdots (1)식$$

② 평판2

$$250\,\text{kN} = m \times \frac{\pi \times 0.6^2}{4} + n \times \pi \times 0.6 \quad \cdots\cdots (2)식$$

③ (1)식 × 2 − (2)식

$-50\,\text{kN} = -0.1413716694\,m$

$m = 353.68$

m을 (1)식에 대입하여 n을 구하면

$$100\,\text{kN} = 353.68 \times \frac{\pi \times 0.3^2}{4} + n \times \pi \times 0.3$$

$n = 79.58$

④ 정사각형 기초의 크기(폭)

$Q = mA + nP$

$1,500\,\text{ton} = 353.68 \times D^2 + 79.58 \times 4D$

$353.68 D^2 + 318.32 D - 1,500 = 0$

$$D = \frac{-b \pm \sqrt{b^2 - 4ac}}{2a} = \frac{-318.32 + \sqrt{318.32^2 - 4 \times 353.68 \times (-1,500)}}{2 \times 353.68} = 1.66\,\text{m}$$

[답] 1.66m × 1.66m

16④, 14②, 12①, 06②

23 주어진 도면에 따라 다음 물량을 산출하시오. (단 도면의 치수단위는 mm이다.)

[8점]

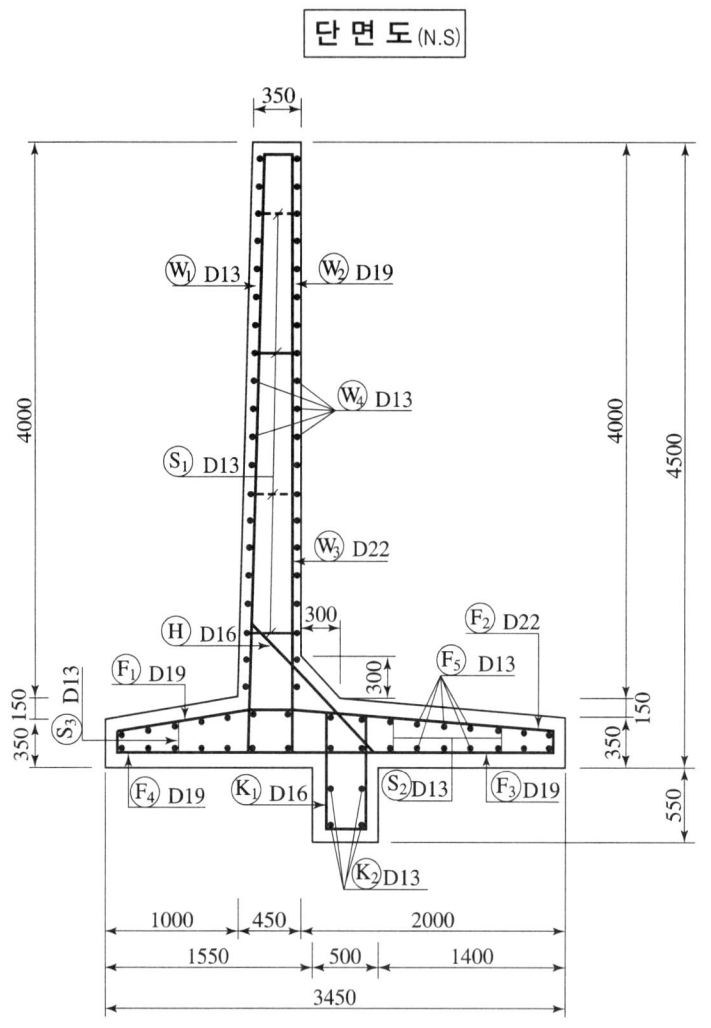

단 면 도 (N.S)

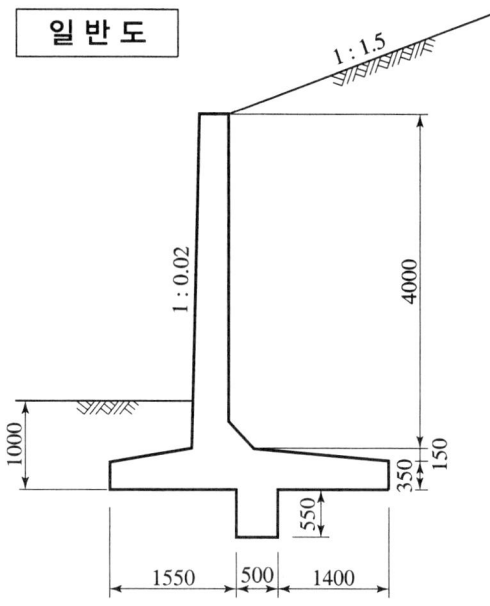

일 반 도

가. 옹벽길이 1m에 대한 콘크리트량을 구하시오.(단, 소수 4째자리에서 반올림하시오.)

　　[계산과정]　　　　　　　　　　　　　　　　　　[답]

나. 옹벽길이 1m에 대한 거푸집량을 구하시오.(단, 돌출부(전단 key)에 거푸집을 사용하며, 마구리면의 거푸집을 무시하며, 소수 4째자리에서 반올림하시오.)

　　[계산과정]　　　　　　　　　　　　　　　　　　[답]

해답

가. 길이 1m에 대한 콘크리트량

[계산과정]

① $x_1 = 4{,}000 \times 0.02 = 80\,\mathrm{mm} = 0.08\,\mathrm{m}$

② $x_2 = 450 - 80 - 350 = 20\,\mathrm{mm} = 0.02\,\mathrm{m}$

③ $A_1 = \dfrac{0.35 + (0.35 + 0.15)}{2} \times 1 = 0.425\,\mathrm{m}^2$

④ $A_2 = \dfrac{(0.35 + 0.15) + (0.35 + 0.15 + 4)}{2} \times 0.08 = 0.2\,\mathrm{m}^2$

⑤ $A_3 = 0.35 \times (0.35 + 0.15 + 4) = 1.575\,\mathrm{m}^2$

⑥ $A_4 = \dfrac{(0.35 + 0.15 + 4) + (0.35 + 0.15 + 0.3)}{2} \times 0.02 = 0.053\,\mathrm{m}^2$

⑦ $A_5 = \dfrac{(0.35 + 0.15 + 0.3) + (0.35 + 0.15)}{2} \times 0.3 = 0.195\,\mathrm{m}^2$

⑧ $A_6 = \dfrac{(0.35 + 0.15) + 0.35}{2} \times 1.7 = 0.7225\,\mathrm{m}^2$

⑨ $A_7 = 0.5 \times 0.55 = 0.275 \mathrm{m}^2$

⑩ $\Sigma A = 3.4455 \mathrm{m}^2$

⑪ 총 콘크리트량 = 총 단면적 × 단위 길이 = $3.4455 \mathrm{m}^2 \times 1\mathrm{m} = 3.446 \mathrm{m}^3$

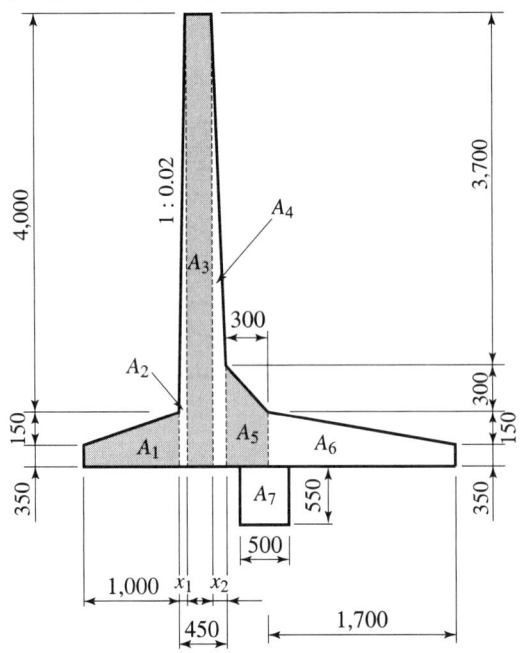

[답] $3.446 \mathrm{m}^3$

나. 길이 1m에 대한 거푸집량

[계산과정]

① $A = 0.55 \times 2 = 1.1 \mathrm{m}$

② $B = 0.35 \times 2 = 0.7 \mathrm{m}$

③ $C = \sqrt{0.3^2 + 0.3^2} = 0.424 \mathrm{m}$

④ $D = \sqrt{0.08^2 + 4^2} = 4.001 \mathrm{m}$

⑤ $E = \sqrt{0.02^2 + 3.7^2} = 3.700 \mathrm{m}$

⑥ 총 거푸집 길이 = $9.925 \mathrm{m}$

⑦ 총 거푸집량
  = 총 거푸집 길이 × 단위 길이
  = $9.925 \mathrm{m} \times 1 \mathrm{m}$
  = $9.925 \mathrm{m}^2$

[답] $9.925 \mathrm{m}^2$

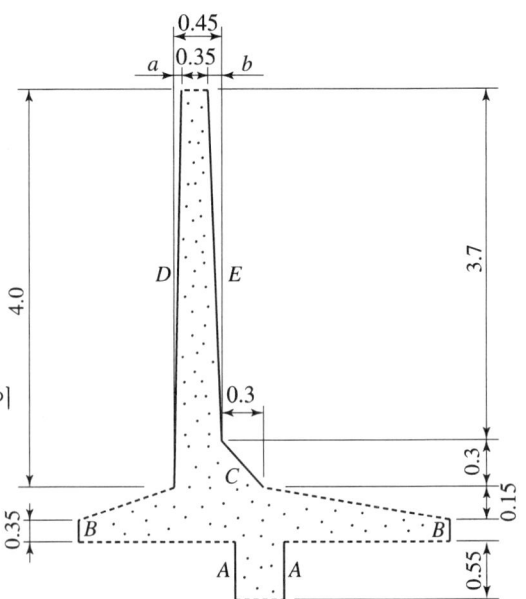

24 장대교량에 사용되는 사장교는 주부재인 케이블의 교축방향 배치방식에 따라 3가지를 쓰고 예와 같이 그림을 그리시오. [6점]

[예] 방사형

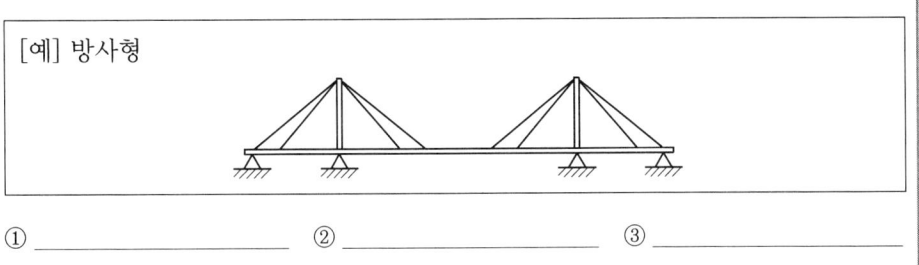

① _____ ② _____ ③ _____

해답

[답] ① 부채형(fan type)

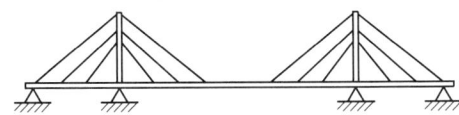

② 스타형(star type)

③ 하프형(harp type)

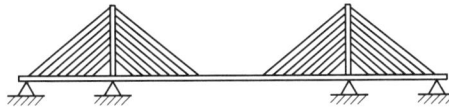

참고하세요

주부재인 케이블의 교축방향 배치방식에 따른 사장교의 종류

① 부채형(fan type)

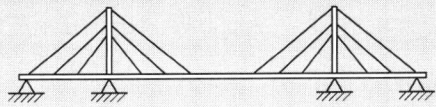

② 스타형(star type)

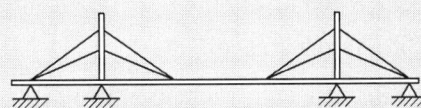

③ 하프형(harp type)

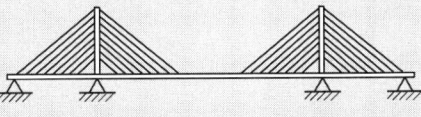

④ 방사형(radial type)

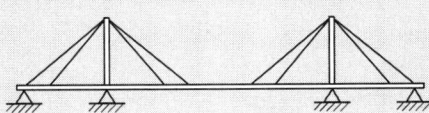

25 교량의 내진설계에 사용하는 모드 스펙트럼 해석법에서 등가 정적 지진하중을 구하기 위한 무차원량을 무엇이라 하는가? [2점]

○ _____

[답] 탄성지진응답계수(Elastic Seismic Response Coefficient)

26 지하수위 저하공법을 크게 중력배수공법과 강제배수공법으로 나눌 수 있다. 여기서 강제배수공법의 종류를 3가지만 쓰시오. [3점]

① _____ ② _____ ③ _____

[답] ① 웰 포인트 공법(well point method)
② 전기침투공법(electro osmosis method ; 전기삼투공법)
③ 진공압밀공법(진공배수공법)

27 건설기계에서 주행저항의 종류를 3가지만 쓰시오. [3점]

① _____ ② _____ ③ _____

[답] ① 회전저항(rolling resistance)
② 공기저항(air resistance)
③ 경사저항(grade resistance)

참고하세요

주행저항 종류
① 회전저항(rolling resistance, 구름저항) : 바퀴가 노면 또는 지면을 굴러가는 경우 발생하는 저항
② 공기저항(air resistance) : 기계의 주행을 방해하는 공기의 저항으로 대부분 압력저항
③ 경사저항(grade resistance, 구배저항, 등판저항) : 기계가 경사 도로를 주행할 때 중력이 경사면에 평행한 분력으로 작용하여 기계의 전진을 방해하는 저항
④ 가속저항(accelerate resistance, 관성저항) : 기계의 속도를 가속 또는 감속 시키려 할 때 발생하는 관성 저항

국가기술자격검정 실기시험문제

2017년도 기사 일반검정(제1회) (2017-04-16)

자격종목 및 등급(선택분야)	종목코드	시험시간	형별	수험번호	성 명
토목기사		3시간	A		

※ 다음 물음의 답을 해당 답란에 답하시오.(배점)

17①, 14①, 10④, 06①, 04③

01 심발공사(심빼기 발파공)의 종류 중 4가지만 쓰시오. [3점]

① _____ ② _____ ③ _____ ④ _____

해답

[답] ① 번 컷(burn cut) ② 스윙 컷(swing cut)
③ 노 컷(no cut) ④ V컷(wedge cut : 다이아몬드 컷)

참고하세요

심빼기 발파(심발공)
① 번 컷(burn cut)
② 스윙 컷(swing cut)
③ 노 컷(no cut)
④ V컷(wedge cut : 다이아몬드 컷)
⑤ 피라미드 컷(pyramid cut)

17①, 13①

02 공정관리법 중 막대공정표의 장점을 3가지만 쓰시오. [3점]

① _____ ② _____ ③ _____

해답

[답] ① 작성이 쉽다. ② 개요 파악이 용이하다. ③ 수정이 쉽다.

참고하세요

횡선식 공정표(막대 그래프 공정표, bar chart, gantt chart) 특징
① 작성이 쉽다. ② 개요 파악이 용이하다.
③ 수정이 쉽다. ④ 작업간의 관계가 불명확하다.
⑤ 전체적인 합리성이 적다.

20②, 17①, 13①, 09②, 07②④, 04②, 00④, 99①

03 관암거의 직경이 20cm, 유속이 0.8m/sec, 암거길이가 300m일 때 원활한 배수를 위한 암거낙차를 Giesler 공식을 이용하여 구하시오. [3점]

[계산과정] [답] _____

■해답

[계산과정] $v = 20\sqrt{\dfrac{Dh}{L}}$ 에서 $h = \dfrac{v^2 \cdot L}{20^2 \cdot D} = \dfrac{0.8^2 \times 300}{20^2 \times 0.2} = 2.4\text{m}$

[답] 2.4m

■참고하세요

$$v = 20\sqrt{\dfrac{Dh}{L}}$$

여기서, v : 관내의 평균유속(m/sec), D : 관의 직경(m)
L : 암거의 길이(m), h : 길이 L에 대한 낙차(m)

17①, 12①, 03②, 01①, 93④, 88③

04 어느 공사에서 콘크리트 슬럼프시험을 하여 다음 표와 같은 데이터를 얻었을 때 $\bar{x}$관리도의 상한과 하한관리선을 구하시오. [4점]

조번호	1	2	3	4	5	비고
$\bar{x}$	8.5	9.0	7.5	7.0	8.0	$n=4$
R	1.0	1.5	1.5	1.0	1.0	$A_2=0.729$

[계산과정]

[답] 상한관리선 : _____, 하한관리선 : _____

■해답

[계산과정]

① 전체평균 $\bar{X} = \dfrac{\sum \bar{X}}{n} = \dfrac{8.+9.0+7.5+7.0+8.0}{5} = 8.0$

② 범위평균 $\bar{R} = \dfrac{\sum R}{n} = \dfrac{1.0+1.5+1.5+1.0+1.0}{5} = 1.2$

③ 상한 관리선 및 하한 관리선

㉠ 상한관리선 $UCL = \bar{X} + A_2\bar{R} = 8.0 + 0.729 \times 1.2 = 8.87$

㉡ 하한관리선 $LCL = \bar{X} - A_2\bar{R} = 8.0 - 0.729 \times 1.2 = 7.13$

[답] 상한관리선 : 8.87, 하한관리선 : 7.13

05 3m 모래층 위에 10m 두께의 단단한 포화점토가 있고 모래는 피압상태에 있다. A점에서 히빙(heaving)현상이 일어나지 않은 최대깊이 H를 구하시오. [3점]

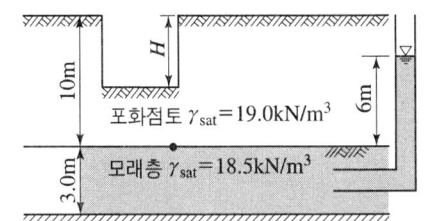

[계산과정]

[답] _____

해답

[계산과정]

전응력 = 유효응력 + 공극수압에서

① 전응력 $\sigma = \gamma_{sat} \cdot Z = 19.0 \times (10-H)$

② 공극수압 $u = \gamma_w \cdot h = 9.81 \text{kN/m}^2 \times 6\text{m} = 58.86 \text{kN/m}^2$

③ 유효응력 $\bar{\sigma} = 0$ 일 때, heaving 발생하므로

$\bar{\sigma} = \sigma - u = 19.0 \times (10-H) - 58.86 \geq 0$

$H \leq \dfrac{19.0 \times 10 - 58.86}{19.0}$ $H \leq 6.90\text{m}$

[답] 6.90m

---

06 댐 콘크리트에서 사용되는 용어의 정의를 간단하게 쓰시오. [6점]

가. 롤러다짐용 콘크리트(roller compacted concrete)의 정의

  ○ _____

나. 관로식 냉각(pipe cooling)의 정의

  ○ _____

다. 선행 냉각(pre cooling)의 정의

  ○ _____

해답

[답] 가. 진동 롤러를 사용하여 다짐 시공을 위한 슬럼프가 0인 댐 콘크리트

나. 콘크리트를 타설한 후 콘크리트의 온도를 제어하기 위해 미리 콘크리트 속에 묻은 파이프 내부에 냉수 또는 공기를 보내 콘크리트를 냉각하는 방법

다. 콘크리트의 타설온도를 낮추기 위하여 타설 전에 콘크리트용 재료의 일부 또는 전부를 냉각시키는 것

17①, 11①, 87②

07 콘크리트의 슬래브 포장에서 팽창, 수축 등을 어느 정도 자유롭게 일어나도록 하여 온도응력을 경감하고 피할 수 없는 균열을 규칙적으로 일정한 장소로 제어할 목적으로 줄눈을 설치한다. 이 같은 줄눈의 종류를 3가지만 쓰시오. [3점]

① _____ ② _____ ③ _____

해답

[답] ① 세로줄눈
② 가로수축줄눈
③ 시공 줄눈

참고하세요

줄눈의 종류
① 세로줄눈
㉠ 타설줄눈 : 콘크리트가 굳기 전에 홈을 판다.
㉡ 커터줄눈 : 콘크리트가 굳은 후 커터로 잘라 홈을 판다.
② 가로줄눈
㉠ 팽창줄눈 : 콘크리트 슬래브의 팽창 수축을 쉽게 하도록 설치한 줄눈
㉡ 수축줄눈 : 콘크리트 슬래브가 수축할 때 불규칙한 균열이 생기지 않도록 하기 위하여 설치하는 줄눈
③ 시공 줄눈

17①, 10②, 04①, 01①

08 가체절공(coffer dam)의 종류를 3가지만 쓰시오. [3점]

① _____ ② _____ ③ _____

해답

[답] ① 흙댐식 가체절공
② 한겹식 가체절공
③ 두겹식 가체절공

참고하세요

가체절 축조 공법에 의한 분류(가체절공 종류)
① 간이식 가체절공   ② 흙댐식 가체절공
③ 한겹식 가체절공   ④ 두겹식 가체절공
⑤ 셀식 가체절공

18①, 17①, 11②, 10①, 04①, 00③, 97③, 94③, 92②

09 탄성파속도가 1,100m/s인 사암으로 된 수평한 지반을 1개의 리퍼날이 부착된 21t급의 불도저($q_0=3.3\text{m}^3$)로 리핑하면서 작업을 할 때 1시간당 작업량을 본바닥 토량으로 구하시오.(단, 소수 셋째자리에서 반올림하시오.) [3점]

[조건]
- 1개 날의 1회 리핑 단면적 : 0.14m^2
- 작업거리 : 40m
- 불도저의 구배계수 : 0.9
- 리퍼의 사이클 타임 $C_m = 0.05l + 0.33$
- 불도저의 사이클 타임 $C_m = 0.037l + 0.25$
- 리퍼의 작업효율 : 0.9
- 불도저의 작업효율 : 0.4
- 토량변화율 $L=1.6$, $C=1.1$

[계산과정]   [답] _____

해답

[계산과정]

① Bulldozer 1시간당 작업량

㉠ $q = q_0 \cdot \rho = 3.3 \times 0.9$(흐트러진 상태)

㉡ $f = \dfrac{1}{L} = \dfrac{1}{1.6}$

㉢ $E = 0.4$

㉣ $C_m = 0.037l + 0.25 = 0.037 \times 40 + 0.25$

㉤ $Q = \dfrac{60 \cdot q \cdot f \cdot E}{C_m} = \dfrac{60 \times (3.3 \times 0.9) \times \dfrac{1}{1.6} \times 0.4}{0.037 \times 40 + 0.25} = 25.75\,\text{m}^3/\text{h}$(자연상태)

② Ripper 1시간당 작업량

㉠ $A_n = 0.14\,\text{m}^2$

㉡ $l = 40\,\text{m}$

㉢ $q = A_n \cdot l\,\text{m}^3$(본바닥 상태)

㉣ $f = 1$

㉤ $E = 0.9$

㉥ $C_m = 0.05l + 0.33 = 0.05 \times 40 + 0.33$

㉦ $Q = \dfrac{60 \cdot A_n \cdot l \cdot f \cdot E}{C_m} = \dfrac{60 \times 0.14 \times 40 \times 1 \times 0.9}{0.05 \times 40 + 0.33} = 129.79\,\text{m}^3/\text{h}$(자연상태)

③ 1시간당 작업량

$Q = \dfrac{Q_1 \times Q_2}{Q_1 + Q_2} = \dfrac{25.75 \times 129.79}{25.75 + 129.79} = 21.49\,\text{m}^3/\text{h}$

[답] $21.49\text{m}^3/\text{h}$

17①, 10④, 05④, 03②, 01②, 00②, 99③, 96⑤

10 RMR(Rock Mass Rating)에 의한 암반분류 시 적용되는 평가요소를 4가지만 쓰시오. [3점]

① _____ ② _____ ③ _____ ④ _____

해답

[답] ① 암반의 무결암 강도　② RQD
　　③ 불연속면(절리) 간격　④ 지하수

참고하세요

RMR은 암반의 무결암 강도(점하중강도지수+일축압축강도), RQD(암질 지수), 불연속면(절리) 간격, 불연속면(절리) 상태, 지하수 등 5가지 평가요소에 대한 각각의 평점을 합산하여 총 점으로 분류한 후, 보정항목인 절리면의 방향에 따라 RMR값을 보정하는 방법

17①, 10①, 09④, 08④, 06④

11 콘크리트의 배합강도를 구하기 위한 시험횟수 16회의 콘크리트 압축강도 측정결과가 아래 표와 같고 호칭강도가 28MPa일 때 아래 물음에 답하시오. [8점]

[압축강도 측정결과(단위 : MPa)]

26.0	29.5	25.0	34.0	25.5	34.0	29.0
24.5	27.54	33.0	33.5	27.5	25.5	28.5
26.0	35.0					

가. 위 표를 보고 압축강도의 평균값을 구하시오.

[계산과정] [답] _____

나. 압축강도 측정결과 및 아래의 표를 이용하여 배합강도를 구하기 위한 표준편차를 구하시오.

시험횟수	표준편차의 보정계수	비고
15	1.16	이 표에 명시되지 않은 시험횟수에 대해서는 직선보간한다.
20	1.08	
25	1.03	
30 또는 그 이상	1.00	

[계산과정] [답] _____

다. 배합강도를 구하시오.

[계산과정] [답] _____

해답

가. 압축강도의 평균값

[계산과정]

① $\sum x = 26.0 + 29.5 + 25.0 + 34.0 + 25.5 + 34.0 + 29.0 + 24.5 + 27.5 + 33.0 + 33.5$
$\qquad + 27.5 + 25.5 + 28.5 + 26.0 + 35.0$
$\quad = 464$

② $\bar{x} = \dfrac{\sum x}{n} = \dfrac{464}{16} = 29\text{MPa}$

[답] 29MPa

나. 배합강도를 구하기 위한 표준편차

[계산과정]

① 편차의 제곱합

$\sum x_i^2 = (26-29)^2 + (29.5-29)^2 + (25-29)^2 + (34-29)^2 + (25.5-29)^2 + (34-29)^2$
$\qquad + (29-29)^2 + (24.5-29)^2 + (27.5-29)^2 + (33-29)^2 + (33.5-29)^2$
$\qquad + (27.5-29)^2 + (25.5-29)^2 + (28.5-29)^2 + (26-29)^2 + (35-29)^2$
$\quad = 206$

② 표준편차

$\sigma = \sqrt{\dfrac{S}{n-1}} = \sqrt{\dfrac{206}{16-1}} = 3.71\text{MPa}$

③ 16회의 보정계수

$1.16 - \dfrac{1.16 - 1.08}{20 - 15} \times (16 - 15) = 1.144$

④ 수정표준편차

$3.71 \times 1.144 = 4.24\text{MPa}$

[답] 4.24MPa

다. 배합강도

[계산과정]

$f_{cn} = 28\text{MPa} < 35\text{MPa}$ 이므로

① $f_{cr} = f_{cn} + 1.34s = 28 + 1.34 \times 4.24 = 33.68\text{MPa}$

② $f_{cr} = (f_{cn} - 3.5) + 2.33s = (28 - 3.5) + 2.33 \times 4.24 = 34.38\text{MPa}$

③ 둘 중 큰 값인 34.38MPa가 배합강도이다.

[답] 34.38MPa

12 CPT(원추형 콘관입 시험)의 일종인 piezocone으로 측정할 수 있는 값을 3가지 쓰시오. [3점]

① _____ ② _____ ③ _____

해답

[답] ① 선단 콘 저항(q_c)
② 마찰 저항(f_s)
③ 간극수압(u)

---

13 어느 암반 지층에서 core를 채취하여 탄성파 시험을 한 결과, 압축파(P파)의 속도가 3,500m/sec로 측정되었다. 암반의 단위중량이 23kN/m³이라 할 때 암반의 탄성계수(E)를 구하시오. [3점]

[계산과정] [답] _____

해답

[계산과정]

P파의 속도 $V = \sqrt{\dfrac{E}{\left(\dfrac{\gamma}{g}\right)}}$ 에서

$E = V^2 \cdot \left(\dfrac{\gamma}{g}\right) = 3,500^2 \times \left(\dfrac{23}{9.8}\right) = 28,750,000 \, \text{kN/m}^2$

[답] $28,750,000 \, \text{kN/m}^2$

---

14 흙의 애터버그(Atterberg) 한계의 종류를 3가지만 쓰시오. [3점]

① _____ ② _____ ③ _____

해답

[답] ① 액성한계 ② 소성한계 ③ 수축한계

17①, 13②, 01④, 99③, 98⑤, 85②③

15 지반의 일축압축강도가 18kN/m²인 연약점성토층을 직경 40cm의 철근 콘크리트 파일로 관입길이 12m를 관통하도록 박았을 때 부마찰력(Negative friction)을 구하시오. [3점]

[계산과정]   [답] _____

해답

[계산과정]
① 직경의 단위 환산 : $D = 40\text{cm} = 0.4\text{m}$
② 주면적 : $A_s = \pi \cdot D \cdot l = \pi \times 0.4 \times 12 = 15.080\text{m}^2$
③ 단위면적당 부주면마찰력 : $f_{ns} = \dfrac{q_u}{2} = \dfrac{18}{2} = 9\text{kN/m}^2$
④ 부주면마찰력 $Q_{ns} = f_{ns} \cdot A_s = 9 \times 15.080 = 135.72\text{kN}$

[답] 135.72kN

17①, 09③

16 말뚝 기초에 발생하는 부마찰력(Negative friction)의 발생원인을 4가지만 쓰시오. [3점]

① _____ ② _____ ③ _____ ④ _____

해답

[답] ① 지반 중에 연약 점토지반의 압밀침하 진행
② 연약 점토지반 위의 성토(사질토) 하중에 의한 침하
③ 지하수위의 저하
④ pile 간격을 조밀하게 시공했을 경우

참고하세요

부주면마찰의 발생원인
① 지반 중에 연약 점토지반의 압밀침하 진행
② 연약 점토지반 위의 성토(사질토) 하중에 의한 침하
③ 지하수위의 저하
④ pile 간격을 조밀하게 시공했을 경우
⑤ 진동으로 인한 압밀침하 발생
⑥ 지표면에 과적재물을 장기적으로 적재한 경우

17 다음 작업리스트에서 네트워크 공정표를 작성하고, 각 작업의 여유시간을 구하시오. [10점]

작업명	선행작업	작업일수	비고
A	없음	4	
B	A	6	
C	A	5	① C.P는 굵은 선으로 표시하시오.
D	A	4	② 각 결합점에는 아래와 같이 표시하시오.
E	B	3	
F	B, C, D	7	LFT / EFT EST	LST
G	D	8	③ 각 작업은 다음과 같다.
H	E	6	i —작업명→ j
I	E, F	5	작업일수
J	E, F, G	8	
K	H, I, J	6	

가. 공정표를 작성하시오.
  ○

나. 여유시간을 구하시오.

작업명	TF	FF	DF
A			
B			
C			
D			
E			
F			
G			
H			
I			
J			
K			

[부록] 2017년 4월 16일 시행

해답

가. 공정표

[답]

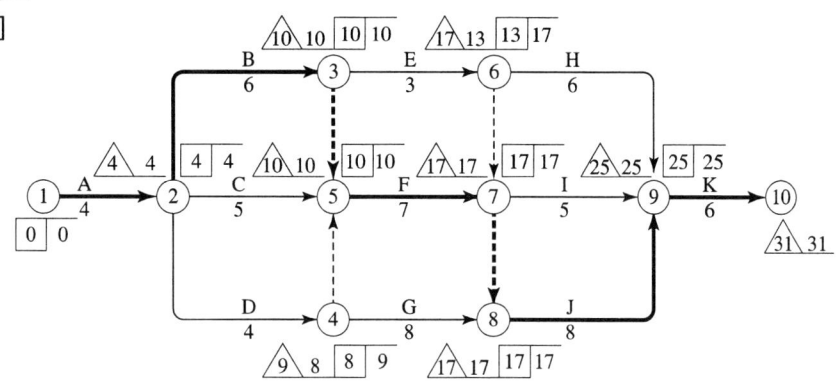

나. 여유시간

[답]

작업명	TF(총 여유)	FF(자유 여유)	DF(독립 여유)
A	4−(0+4)=0	4−(0+4)=0	0−0=0
B	10−(4+6)=0	10−(4+6)=0	0−0=0
C	10−(4+5)=1	10−(4+5)=1	1−1=0
D	9−(4+4)=1	8−(4+4)=0	1−0=1
E	17−(10+3)=4	13−(10+3)=0	4−0=4
F	17−(10+7)=0	17−(10+7)=0	0−0=0
G	17−(8+8)=1	17−(8+8)=1	1−1=0
H	25−(13+6)=6	25−(13+6)=6	6−6=0
I	25−(17+5)=3	25−(17+5)=3	3−3=0
J	25−(17+8)=0	25−(17+8)=0	0−0=0
K	31−(25+6)=0	31−(25+6)=0	0−0=0

참고하세요

① 각 결합점 계산 근거

같은 숫자를 기록한다.(역방향 ←)

→ 정방향, 작업 전진 방향으로 작업일수를 더해서 큰 값
← 역방향, 작업 후진 방향으로 작업일수를 빼어서 작은 값

같은 숫자를 기록한다.(정방향 →)

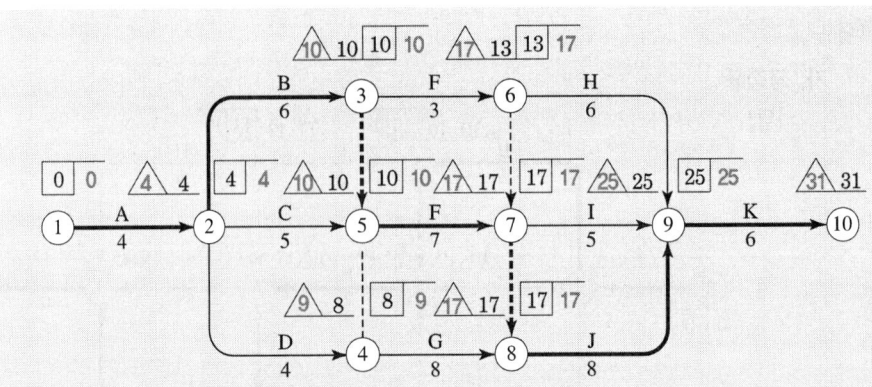

② TF계산 근거

△LFT -일수 - EFT

- 작업명 "C"의 경우   ⑤의 △10 - 일수(5) - ②의 4 = 1
- 작업명 "H"의 경우   ⑨의 △25 - 일수(6) - ⑥의 13 = 6

③ FF계산 근거

EST - 일수 - EFT

- 작업명 "C"의 경우   ⑤의 10 - 일수(5) - ②의 4 = 1
- 작업명 "E"의 경우   ⑥의 13 - 일수(3) - ③의 10 = 0

④ DF계산 근거

TF-FF

17①, 14②, 11①, 10④, 07②, 04④, 03④, 00②, 94③, 92②

18 PS 콘크리트 교량 건설공법 중 동바리를 사용하지 않는 현장타설공법의 종류를 3가지만 쓰시오. [3점]

① _____ ② _____ ③ _____

해답

[답] ① FCM   ② ILM   ③ PSM

참고하세요

동바리를 사용하지 않고 가설하는 현장타설공법
① P.C(precast) 거더공법
② P.S.C 박스 거더공법
    ㉠ FCM(외팔보 공법)   ㉡ ILM(압출 공법)
    ㉢ PSM(Precast Segment 공법)   ㉣ MSS(이동식비계 공법)

[부록] 2017년 4월 16일 시행

17①, 12②

19 아래 그림과 같은 지반에서 다음 물음에 답하시오. [8점]

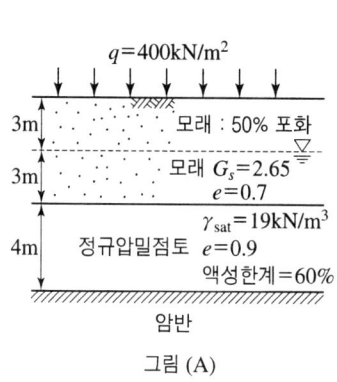

그림 (A) 그림 (B)

가. 그림(A)와 같이 지표면에 400kN/m^2의 무한히 넓은 등분포하중이 작용하는 경우 압밀침하량을 구하시오.

[계산과정] [답] _____

나. 그림(B)와 같이 지표면에 설치한 정사각형 기초에 900kN의 하중이 작용하는 경우 압밀침하량을 구하시오.(단, 응력증가량 계산은 2:1 분포법을 사용하고, 평균유효응력 증가량($\Delta \sigma$)은 $\dfrac{\Delta \sigma_t + 4\Delta \sigma_m + \Delta \sigma_b}{6}$으로 구한다. 여기서, $\Delta \sigma_t$, $\Delta \sigma_m$, $\Delta \sigma_b$는 점토층의 상단부, 중간층, 하단부의 응력증가량이다.)

[계산과정] [답] _____

해답

가. 그림(A)의 압밀침하량

[계산과정]

① 지하수위 위에 있는 모래의 습윤단위중량

$$\gamma_t = \frac{G_s + S \cdot e}{1+e}\gamma_w = \frac{2.65 + 0.5 \times 0.70}{1+0.70} \times 9.81 = 17.31 \text{kN/m}^3$$

② 지하수위 아래에 있는 모래의 수중단위중량

$$\gamma_{sub} = \frac{G_s - 1}{1+e}\gamma_w = \frac{2.65 - 1}{1+0.70} \times 9.81 = 9.52 \text{kN/m}^3$$

③ 지하수위 아래에 있는 점토의 수중단위중량

$$\gamma_{sub} = \gamma_{sat} - \gamma_w = 19 - 9.81 = 9.19 \text{kN/m}^3$$

④ 유효상재압력

$$P_o = 17.31 \times 3 + 9.52 \times 3 + 9.19 \times \frac{4}{2} = 98.87 \text{kN/m}^2$$

⑤ 압축지수

$$C_c = 0.009(W_L - 10) = 0.009 \times (60 - 10) = 0.45$$

⑥ 1차 압밀침하량

$$S_c = \frac{C_c}{1+e_o} \log \frac{P_o + \Delta P_{av}}{P_o} H = \frac{0.45}{1+0.9} \log\left(\frac{400+98.87}{98.87}\right) \times 4$$

$$= 0.6659\,\text{m} = 66.59\,\text{cm}$$

[답] 66.59cm

나. 그림(B)의 압밀침하량
[계산과정]

① 지하수위 위에 있는 모래의 습윤단위중량

$\gamma_t = 17.31\,\text{kN/m}^3$

② 지하수위 아래에 있는 모래의 수중단위중량

$\gamma_{sub} = 9.52\,\text{kN/m}^3$

③ 지하수위 아래에 있는 점토의 수중단위중량

$\gamma_{sub} = 9.19\,\text{kN/m}^3$

④ 유효상재압력

$P_o = 98.87\,\text{kN/m}^2$

⑤ 압축지수

$C_c = 0.45$

⑥ 지중응력 증가량

㉠ 점토층 상단

$$\Delta\sigma_{z상단} = \frac{Q}{(B+z)(L+z)} = \frac{900}{(1.5+6)(1.5+6)} = 16\,\text{kN/m}^2$$

㉡ 점토층 중심

$$\Delta\sigma_{z중심} = \frac{Q}{(B+z)(L+z)} = \frac{900}{(1.5+8)(1.5+8)} = 9.97\,\text{kN/m}^2$$

㉢ 점토층 하단

$$\Delta\sigma_{z하단} = \frac{Q}{(B+z)(L+z)} = \frac{900}{(1.5+10)(1.5+10)} = 6.81\,\text{kN/m}^2$$

㉣ 점토층 지중응력 증가량

$$\Delta\sigma_z = \frac{\Delta\sigma_{z상단} + 4 \cdot \Delta\sigma_{z중심} + \Delta\sigma_{z하단}}{6} = \frac{16 + 4 \times 9.97 + 6.81}{6} = 10.45\,\text{kN/m}^2$$

⑦ 1차 압밀침하량

$$S_c = \frac{C_c}{1+e_o} \log \frac{P_o + \Delta P_{av}}{P_o} H = \frac{0.45}{1+0.9} \log\left(\frac{98.87+10.45}{98.87}\right) \times 4$$

$$= 0.0413\,\text{m} = 4.13\,\text{cm}$$

[답] 4.13cm

20 말뚝상부에는 모멘트를 받는 강관말뚝을 사용하며, 하부는 압축력을 받는 고강도 콘크리트 말뚝(PHC)으로 된 말뚝의 명칭을 쓰시오. [2점]

○ _____

해답

[답] 복합말뚝

참고하세요

복합말뚝(Hybrid Composite Pile)은 재료수급이 비교적 용이한 콘크리트말뚝(PHC말뚝)과 강관말뚝을 결합하여 사용본수를 줄일 수 있으므로 경제적이다.

21 아스팔트 포장 중 실코트(seal coat)의 중요한 목적 3가지만 쓰시오. [3점]

① _____ ② _____ ③ _____

해답

[답] ① 포장면의 노화를 방지한다. ② 포장면의 미끄럼 저항성을 증대한다.
③ 포장면의 내구성을 증대한다.

참고하세요

실 코트(Seal coat) 목적
① 포장면의 노화를 방지한다. ② 포장면의 미끄럼 저항성을 증대한다.
③ 포장면의 내구성을 증대한다. ④ 포장면의 수밀성을 증대한다.

22 터널 굴착시 여굴(over break)이 발생하는 원인을 3가지만 쓰시오. [3점]

① _____ ② _____ ③ _____

해답

[답] ① 발파 잘못에 의한 원인 ② 천공위치 및 천공 기술자의 숙련도에 의한 원인
③ 사용장비에 의한 원인

참고하세요

여굴 발생 원인
① 발파 잘못에 의한 원인 ② 천공위치 및 천공 기술자의 숙련도에 의한 원인
③ 사용장비에 의한 원인 ④ 지반조건(전단력이 약한 지반)에 의한 원인

23 아래 그림과 같이 연약토층 위에 있는 사면의 복합활동 파괴면에 대한 안전율을 구하시오. [3점]

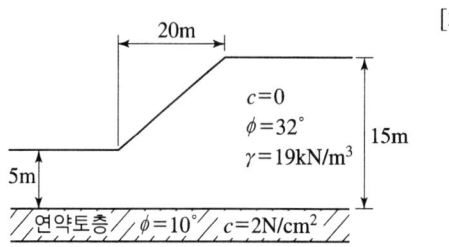

[계산과정]

[답] _____

해답

[계산과정]

① 주동토압

$$P_A = \frac{1}{2} \cdot r \cdot H^2 \cdot K_A = \frac{1}{2} \cdot r \cdot H^2 \cdot \tan^2\left(45° - \frac{\phi}{2}\right)$$

$$= \frac{1}{2} \times 19 \times 15^2 \times \tan^2\left(45° - \frac{32°}{2}\right) = 656.77 \text{kN/m}$$

② 수동토압

$$P_P = \frac{1}{2} \cdot r \cdot h^2 \cdot K_P = \frac{1}{2} \cdot r \cdot h^2 \cdot \tan^2\left(45° + \frac{\phi}{2}\right)$$

$$= \frac{1}{2} \times 19 \times 5^2 \times \tan^2\left(45° + \frac{32°}{2}\right) = 772.96 \text{kN/m}$$

③ $c' = 2 \text{N/cm}^2 = 20 \text{kN/m}^2$

④ $F_s = \dfrac{c'L + W\tan\phi' + P_P}{P_A} = \dfrac{20 \times 20 + \left(\dfrac{5+15}{2} \times 20 \times 19\right)\tan 10° + 772.96}{656.77} = 2.81$

[답] 2.81

참고하세요

① 사면 흙의 $c = 0$일 때 안전율

$$F_s = \frac{c'L + W\tan\phi' + P_P}{P_A}$$

여기서, c' : 연약층의 점착력
ϕ' : 연약 토층의 내부마찰각(전단저항각)
ϕ : 흙의 전단저항각
L : 연약층의 활동에 저항하는 부분의 길이
P_A : 사면부분에 작용하는 주동토압
P_P : 사면부분에 작용하는 수동토압

② $F_s = \dfrac{cL + [W\cos\theta + P_A\sin(\beta_A - \theta) - P_P\sin(\beta_P - \theta)]\tan\phi}{P_A\cos(\beta_A - \theta) - P_P\cos(\beta_P - \theta) + W\sin\theta}$

24. 아래 그림과 같은 2연암거의 일반도를 보고 다음 물량을 산출하시오. (단, 도면치수의 단위는 mm이다.) [8점]

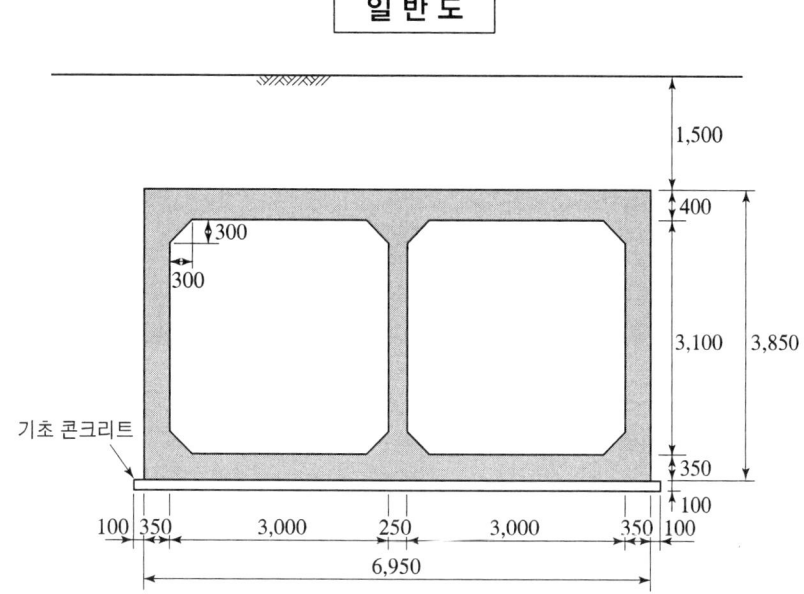

가. 암거길이 1m에 대한 콘크리트량을 산출하시오.(단, 기초 콘크리트량도 포함하며, 소수점 이하 넷째자리에서 반올림하시오.)

[계산과정]   [답] _____

나. 암거길이 1m에 대한 거푸집량을 산출하시오.(단, 양쪽 마구리면은 무시하며, 기초 거푸집량도 포함하며, 소수점 이하 넷째자리에서 반올림하시오.)

[계산과정]   [답] _____

다. 암거길이 1m에 대한 터파기량을 산출하시오.(단, 지형상태는 일반도와 같으며 터파기는 기초 콘크리트 양끝에서 0.6m 여유폭을 두고 비탈기울기는 1:0.5로 하며, 소수점 이하 넷째자리에서 반올림하시오.)

[계산과정]   [답] _____

해답

가. 콘크리트량

[계산과정]

① 기초 콘크리트량

(단면적) × 단위 길이 = (7.15 × 0.1) × 1 = 0.715 m³

② 구체 콘크리트량

$$\left[[6.95\times3.85)-(3.1\times3)\times2\right]+\frac{0.3\times0.3}{2}\times8\right]\times1=8.518\text{m}^3$$

③ 총 콘크리트량 $=0.715+8.518=9.233\text{m}^3$

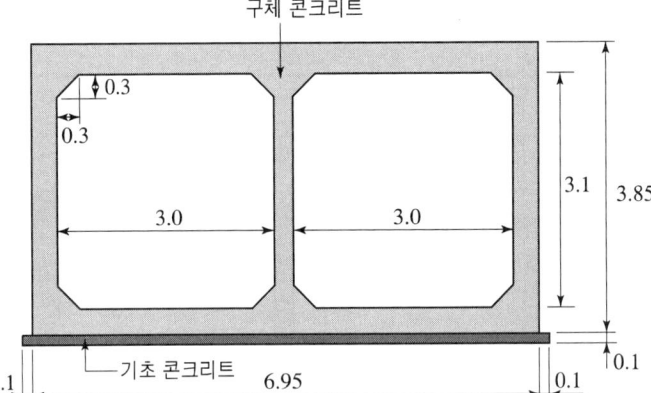

[답] 9.233m^3

나. 거푸집량

[계산과정]

① 기초 거푸집량

$A=0.1\times1\times2(\text{양면})=0.2\text{m}^2$

② 구체 거푸집량

㉠ $B=3.85\times1\times2(\text{양면})=7.7\text{m}^2$

㉡ $C=(3.1-0.3\times2)\times1\times4(4\text{면})=10\text{m}^2$

㉢ $D=(3-0.3\times2)\times1\times2(\text{양면})=4.8\text{m}^2$

㉣ $E=\sqrt{0.3^2+0.3^2}\times1\times8=3.3941\text{m}^2$

㉤ 구체 거푸집량 $=7.7+10+4.8+3.3941=25.894\text{m}^2$

③ 총 거푸집량 $=0.2+25.894=26.094\text{m}^2$

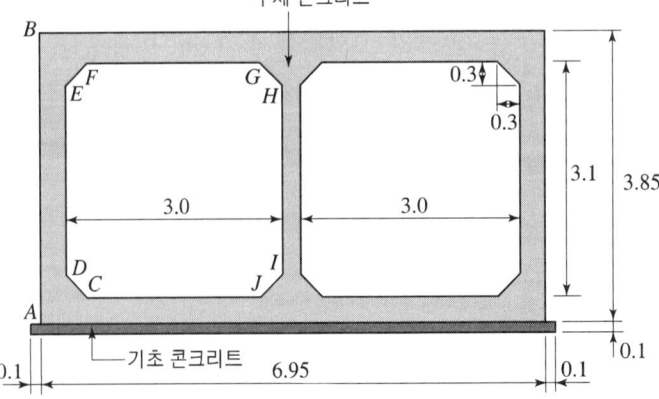

[답] 26.094m^2

다. 터파기량

[계산과정]

① 기초 터파기 밑면 $= 0.6 + (0.1 + 6.95 + 0.1) + 0.6 = 8.35\text{m}$

② 기초 터파기 높이 $= 1.5 + 3.85 + 0.1 = 5.45\text{m}$

③ 기초 터파기 윗면 $= (5.45 \times 0.5) + 8.35 + (5.45 \times 0.5) = 13.8\text{m}$

④ 터파기량 $= \dfrac{13.8 + 8.35}{2} \times 5.45 \times 1 = 60.359\text{m}^3$

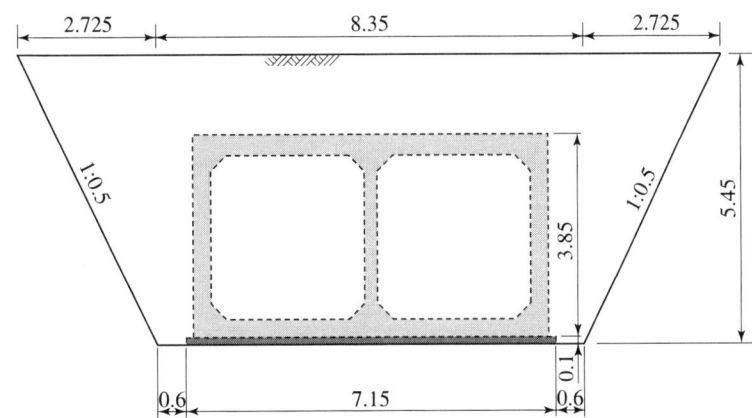

[답] 60.359m^3

17①, 11④, 05④, 03①, 97①, 94①

25 도로토공을 위한 횡단측량 결과 다음 그림과 같은 결과를 얻었다. Simpson 제2 법칙에 의한 횡단면적은? (단위 : m) [3점]

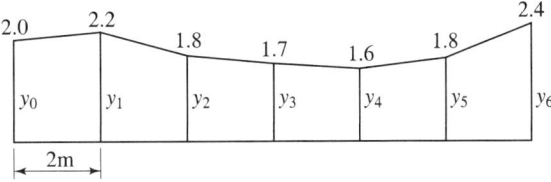

[계산과정]   [답] _____

해답

[계산과정]

$A = \dfrac{3d}{8}[y_0 + y_6 + 2(y_3) + 3(y_1 + y_2 + y_4 + y_5)]$

$= \dfrac{3 \times 2}{8} \times [2.0 + 2.4 + 2 \times 1.7 + 3 \times (2.2 + 1.8 + 1.6 + 1.8)]$

$= 22.5\text{m}^2$

[답] 22.5m^2

국가기술자격검정 실기시험문제

2017년도 기사 일반검정(제2회) (2017-06-25)

자격종목 및 등급(선택분야)	종목코드	시험시간	형별	수험번호	성 명
토목기사		3시간	A		

※ 다음 물음의 답을 해당 답란에 답하시오.(배점)

17②, 11②, 07①, 98③, 89②

01 그림과 같은 방파제의 활동에 대한 안전율을 계산하시오. (단, 파고(H)=3.0m, 케이슨 단위중량(w)=20kN/m³, 해수 단위중량(w')=10kN/m³, 마찰계수(f)= 0.6, 파압공식(P)=1.5$w'H$(kN/m²)) [3점]

[계산과정]   [답] _____

해답

[계산과정]

① 파압(P)

$P = 1.5 \cdot w \cdot h = 1.5 \times 10 \times 3 = 45 (\text{kN/m}^2)$

② 케이슨에 작용하는 수평력(P_h)

$P_h = P \cdot (케이슨의 높이) = 45 \times (3+5)$
$= 360 (\text{kN/m})$

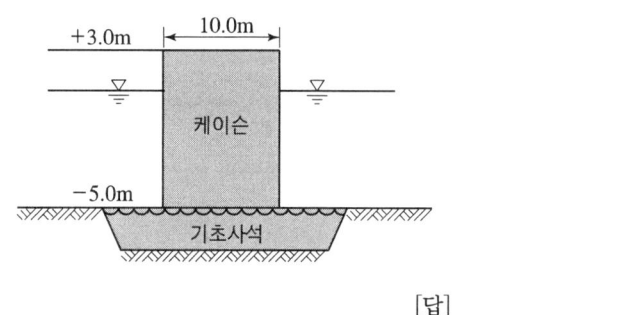

③ 케이슨의 수직하중(W)

W = 자중 − 부력
    = 케이슨의 부피 × 케이슨의 단위중량 − 배수량 × 해수의 단위중량
    = $(8 \times 10) \times 20 - (8 \times 10) \times 10 = 800 \text{kN/m}$

④ 케이슨의 수직하중에 의한 마찰력

$f \cdot W = 0.6 \times 800$

⑤ 안전율(F_s)

$F_s = \dfrac{f \cdot W}{P_h} = \dfrac{0.6 \times 800}{360} = 1.33$

[답] 1.33

[부록] 2017년 6월 25일 시행

17②, 08①, 04③, 85①③

02 연약지반 개량공법 중 치환공법의 종류 3가지만 쓰시오. [3점]

① _____ ② _____ ③ _____

해답

[답] ① 기계적 굴착치환 ② 폭파치환 ③ 강제치환(압출치환)

참고하세요

기계적 굴착치환 공법에는 전면 굴착 치환 공법과 부분 굴착 치환 공법이 있다.

17②, 02④, 95③, 93①, 91③, 89①

03 어느 샘플값에서 측정한 다음 데이터의 변동계수를 구하시오. (단, 소수 둘째자리에서 반올림하시오.) [3점]

[데이터] 4, 7, 3, 10, 6

[계산과정]   [답] _____

해답

[계산과정]
① 평균
$$\bar{x} = \frac{4+7+3+10+6}{5} = 6$$

② 표준편차
  ㉠ 편차의 제곱합
  $$\sum x_i^2 = (4-6)^2 + (7-6)^2 + (3-6)^2 + (10-6)^2 + (6-6)^2 = 30$$
  ㉡ 표준편차
  $$\sigma = \sqrt{\frac{S}{n-1}} = \sqrt{\frac{30}{5-1}} = 2.74$$

③ 변동계수
$$CV = \frac{2.74}{6} \times 100 = 45.67(\%)$$

[답] 45.67%

04 표준관입시험의 N치가 35일 때, 현장에서 채취한 모래는 모나고 균등계수가 7이고 곡률계수가 2이었다. Dunham의 식을 이용하여 이 모래의 내부마찰각을 추정하시오. [3점]

[계산과정] [답] _____

해답

[계산과정]

① 모래의 입도판정

균등계수 $C_u = 7 > 6$이고 곡률계수 $C_g = 2$로 1 이상 3 이하이므로 양입도이다.

② 모나고 입도분포가 양호한 모래의 내부마찰각

Dunham 공식

$$\phi = \sqrt{12N} + 25 = \sqrt{12 \times 35} + 25 = 45.49°$$

[답] 45.49°

참고하세요

1. 입도분포의 판정

① 양입도(well graded)
  ㉠ 흙일 때 : $C_u > 10$, $C_g = 1 \sim 3$
  ㉡ 모래일 때 : $C_u > 6$, $C_g = 1 \sim 3$
  ㉢ 자갈일 때 : $C_u > 4$, $C_g = 1 \sim 3$

② 빈입도(poorly graded)
  균등계수 C_u와 곡률계수 C_g 둘 중 어느 하나라도 만족하지 못하면 입도분포가 나쁘다.

③ 입도균등(uniform graded)
  하천이나 백사장의 모래와 같이 입경이 고른 흙은 균등계수가 거의 $1(C_u \fallingdotseq 1)$이다.

2. Dunham 공식

① 흙 입자가 모나고 입도가 양호한 경우
  $\phi = \sqrt{12N} + 25$

② 흙 입자가 모나고 입도가 불량한 경우 또는, 흙 입자가 둥글고 입도가 양호한 경우
  $\phi = \sqrt{12N} + 20$

③ 흙 입자가 둥글고 입도가 불량한 경우
  $\phi = \sqrt{12N} + 15$

05
주동토압, 수동토압, 정지토압이 있다. 정지토압을 받는 구조물의 종류 3가지를 쓰시오. [3점]

① _____ ② _____ ③ _____

[답] ① 지하 배수구   ② 박스 암거   ③ 지하실의 벽체

06
콘크리트 타설시 타설에서 콘크리트의 응력이 종료할 때까지 발생하는 초기균열의 종류를 3가지만 쓰시오. [3점]

① _____ ② _____ ③ _____

[답] ① 침하균열   ② 플라스틱 수축 균열   ③ 거푸집 변형에 의한 균열

참고하세요

콘크리트의 초기균열
① 침하 균열(침하수축균열) ② 플라스틱 수축 균열(초기 건조 균열)
③ 거푸집 변형에 의한 균열 ④ 진동 및 경미한 재하에 따른 균열

07
차량이 곡선부를 주행할 때 원심력으로 인하여 곡선부 바깥쪽으로 미끄러지거나 전도할 위험이 있으므로 최소곡선반경을 산정하여 차량이 안전하고 쾌적하게 주행할 수 있도록 하고 있다. 다음의 주어진 값을 적용하여 최소곡선반경(R)을 구하시오. [3점]

[조건] 설계속도 : 100km/hr, 횡방향 미끄럼 마찰계수(f) : 0.11, 편구배(i) : 6%

[계산과정] [답] _____

[계산과정] $R = \dfrac{v^2}{127(f+i)} = \dfrac{100^2}{127 \times (0.11 + 0.06)} = 463.18\text{m}$

[답] 463.18m

08 직경 30cm, 길이 12m의 말뚝이 점토지반에 설치되었다. 극한지지력을 구하시오. (단, N_C'=9, 점착계수 α=1.2, 점착력 c_u=10kN/m²이다.) [3점]

[계산과정]   [답] _____

해답

[계산과정]
$$Q_u = Q_p + Q_f = q_u \cdot A_p + f_s \cdot A_s = (c_u \cdot N_c') \cdot \frac{\pi D^2}{4} + (\alpha \cdot c_u) \cdot (\pi \cdot D \cdot L)$$
$$= (10 \times 9) \times \frac{\pi \times 0.3^2}{4} + (1.2 \times 10) \times (\pi \times 0.3 \times 12) = 6.36 + 135.72 = 142.08 \, \text{kN}$$

[답] 142.08kN

09 호칭강도가 40MPa이고, 22회의 콘크리트 압축강도시험으로부터 구한 표준편차가 4.5MPa이었다. 이 콘크리트의 배합강도를 구하시오. (단, 압축강도시험 횟수가 20회일 때 표준편차의 보정계수는 1.08, 25회일때 보정계수는 1.03이다.) [3점]

[계산과정]   [답] _____

해답

[계산과정]

① 시험 횟수에 따른 보정계수
   시험 횟수가 22회이므로
   $$\text{표준편차 보정계수} = 1.08 - \frac{1.08 - 1.03}{25 - 20} \times (22 - 20) = 1.06$$

② 수정 표준편차
   $s = 4.5 \times 1.06 = 4.77 \text{MPa}$

③ 배합강도
   $f_{cn} = 40\text{MPa} > 35\text{MPa}$인 경우이므로
   ㉠ $f_{cr} = f_{cn} + 1.34s = 40 + 1.34 \times 4.77 = 46.39 \text{MPa}$
   ㉡ $f_{cr} = 0.9 f_{cn} + 2.33s = 0.9 \times 40 + 2.33 \times 4.77 = 47.11 \text{MPa}$
   ㉢ 위 두 값 중 큰 값이 배합강도이다.
   $f_{cr} = 47.11 \text{MPa}$

[답] 47.11MPa

17②, 14④, 11②, 10①

10 주어진 반중력식 교대 도면을 보고 다음 물량을 산출하시오. (단, 교대 전체길이는 10m이며, 도면의 치수단위는 mm이다.) [8점]

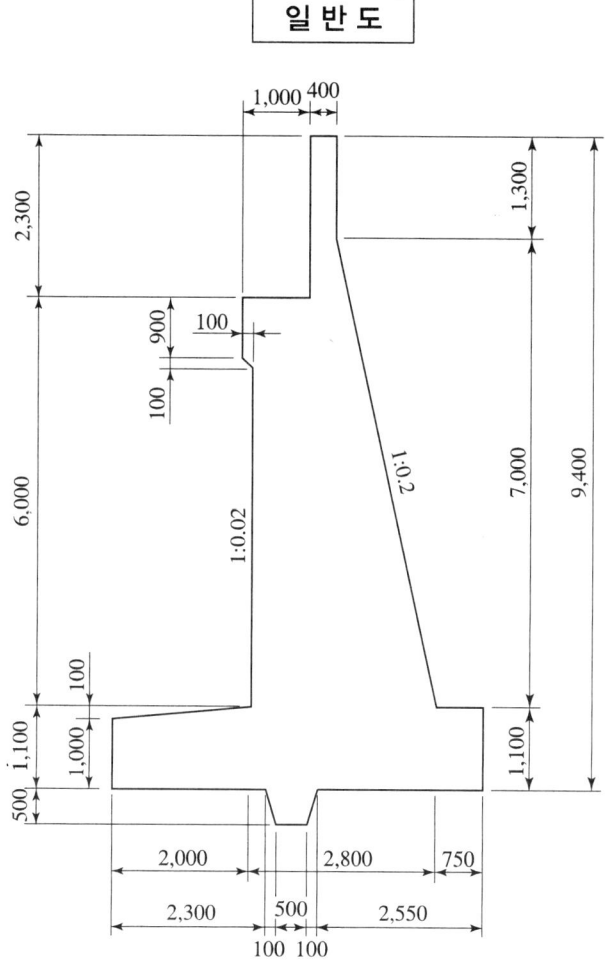

일 반 도

가. 교대의 전체 콘크리트량을 구하시오. (단, 소수 넷째자리에서 반올림하시오.)

  [계산과정]   [답] _____

나. 교대의 전체 거푸집량을 구하시오. (단, 돌출부(전단 key)에 거푸집을 사용하며, 소수 넷째자리에서 반올림하시오.)

  [계산과정]   [답] _____

해답

가. 콘크리트량

[계산과정]

① 구체 면적

$A_1 = 0.4 \times 1.3 = 0.52 \text{m}^2$

$A_2 = \dfrac{0.4 + (0.4 + 7 \times 0.2)}{2} \times 7 = 7.7 \text{m}^2$

$A_3 = 1.0 \times 0.9 = 0.9 \text{m}^2$

$A_4 = \dfrac{1.0 + 0.9}{2} \times 0.1 = 0.095 \text{m}^2$

$A_5 = \dfrac{0.9 + (0.9 + 5 \times 0.02)}{2} \times 5 = 4.75 \text{m}^2$

$A_6 = \dfrac{(5.55 - 2) + 5.55}{2} \times 0.1 = 0.455 \text{m}^2$

$A_7 = 5.55 \times 1 = 5.55 \text{m}^2$

$A_8 = \dfrac{0.5 + (0.5 + 0.1 \times 2)}{2} \times 0.5 = 0.3 \text{m}^2$

$\sum A = 20.270 \text{m}^2$

② 총 콘크리트량 = 구체 면적 × 교대 길이 = $20.27 \times 10 = 202.700 \text{m}^3$

[답] 202.700m^3

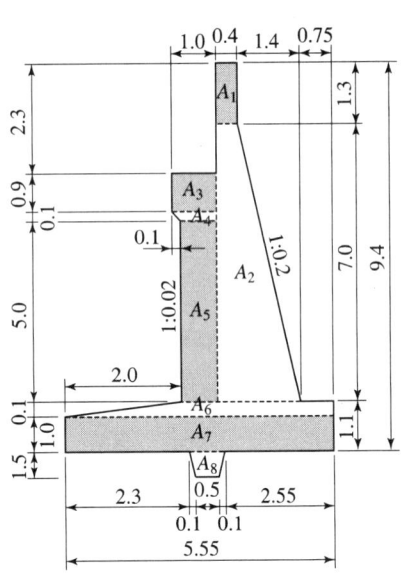

나. 거푸집량

[계산과정]

① 측면도에서의 거푸집 길이

$A = 2.3 \text{m}$

$B = 0.9 \text{m}$

$C = \sqrt{0.1^2 + 0.1^2} = 0.1414 \text{m}$

$D = \sqrt{(5 \times 0.02)^2 + 5^2} = 5.0010 \text{m}$

$E = 1 \text{m}$

$F = \sqrt{0.1^2 + 0.5^2} \times 2 = 1.0198 \text{m}$

$G = 1.1 \text{m}$

$H = \sqrt{(7 \times 0.2)^2 + 7^2} = 7.1386 \text{m}$

$I = 1.3 \text{m}$

$\sum L = 19.9008 \text{m}$

② 측면 거푸집량 = $19.9008 \times 10 = 199.008 \text{m}^2$

③ 마구리면 거푸집량 = $20.270 \times 2 (\text{양단}) = 40.540 \text{m}^2$

④ 총 거푸집량 = $199.008 + 40.540 = 239.548 \text{m}^2$

[답] 239.548m^2

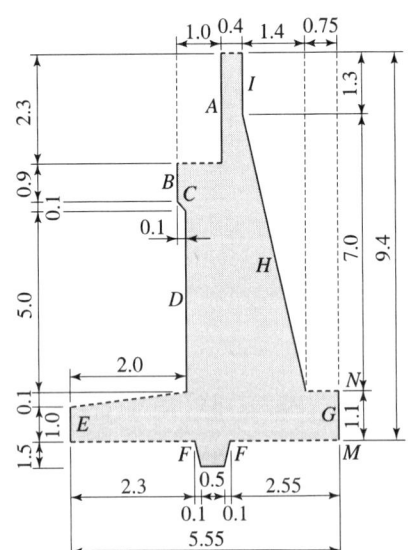

11 15ton 덤프트럭에 버킷용량이 1.0m³의 백호 1대로 토사를 적재하는 경우, 트럭 1대에 적재하는 데 필요한 시간은 얼마인가? (단, 굴착시 효율은 1.0, 버킷계수는 0.9, 자연상태의 γ_t =1.9t/m³, L=1.2, 적재정비 사이클타임은 20초이다.) [3점]

[계산과정]   [답] _____

해답

[계산과정]

① $q_t = \dfrac{T}{r_t} \cdot L = \dfrac{15t}{1.9t/m^3} \times 1.2 = 9.47 m^3$

② $n = \dfrac{q_t}{q \cdot k} = \dfrac{9.47}{1 \times 0.9} = 10.52 = 11$회

③ 적재시간 $t_1 = \dfrac{C_{ms} \cdot n}{60 \cdot E_s} = \dfrac{20 \times 11}{60 \times 1.0} = 3.67$분

[답] 3.67분

---

12 다음에 답하시오.   [6점]

가. 사운딩의 정의에 대해 간단히 설명하시오.

○ _____

나. 정적사운딩의 종류 3가지를 쓰시오.

① _____ ② _____ ③ _____

해답

가. 사운딩의 정의

[답] 사운딩은 Rod 선단에 설치한 저항체를 땅 속에 삽입하여 관입, 회전, 인발 등의 저항치로부터 지반의 특성을 파악하는 지반 조사방법인 원위치시험이다.

나. 정적사운딩의 종류

[답] ① 휴대용 원추관입시험
② 베인시험
③ 이스키 미터

참고하세요

정적사운딩의 종류로는 화란식 원추관입시험과 스웨덴식 관입시험이 더 있다.

13 다음과 같은 연속기초의 극한지지력을 테르자기(Terzaghi)식을 이용하여 ①, ②의 경우에 대해 각각 구하시오. (단, 점착력 $c=0.01\text{MPa}$, 내부마찰각 $\phi=15°$, $N_c=6.5$, $N_r=1.2$, $N_q=2.7$이며 전반전단파괴가 발생하며, 흙은 균질이다.)

[4점]

①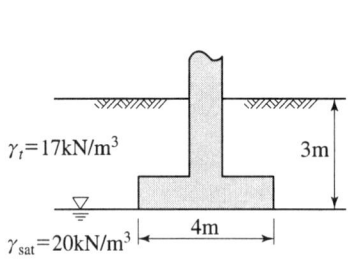

②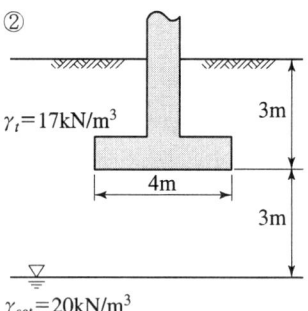

가. ①의 경우에 대한 극한지지력을 구하시오.

[계산과정] [답] _____

나. ②의 경우에 대한 극한지지력을 구하시오.

[계산과정] [답] _____

해답

가. ①의 경우에 대한 극한지지력

[계산과정]

지하수위가 지표면하 3m 깊이에 있을 때

① $\gamma_1 = \gamma_{sub} = 20 - 9.81 = 10.19 \text{kN/m}^3$

② 연속기초이므로 $\alpha=1$, $\beta=0.5$

③ $c = 0.01\text{MPa} = 0.01\text{N/mm}^2 = 10\text{kN/m}^2$

④ $q_a = \alpha c N_c + \beta B \gamma_1 N_r + D_f \gamma_2 N_q = 1 \times 10 \times 6.5 + 0.5 \times 4 \times 10.19 \times 1.2 + 3 \times 17 \times 2.7$
  $= 227.16 \text{kN/m}^2$

[답] 227.16kN/m^2

나. ②의 경우에 대한 극한지지력

[계산과정]

지하수위가 지표면하 6m 깊이에 있을 때

① $\gamma_1 = \gamma_{sub} + \dfrac{d}{B}(\gamma - \gamma_{sub}) = 10.19 + \dfrac{3}{4} \times (17 - 10.19) = 15.30 \text{kN/m}^3$

② 연속기초이므로 $\alpha=1$, $\beta=0.5$

③ $q_a = \alpha c N_c + \beta B \gamma_1 N_r + D_f \gamma_2 N_q = 1 \times 10 \times 6.5 + 0.5 \times 4 \times 15.30 \times 1.2 + 3 \times 17 \times 2.7$
  $= 239.42 \text{kN/m}^2$

[답] 239.42kN/m^2

14 도로나 댐공사에서 흙을 다질 때 탬핑롤러를 사용하는 경우가 많다. 탬핑롤러의 종류를 3가지만 쓰시오. [3점]

① _____ ② _____ ③ _____

해답

[답] ① Turn Foot Roller ② Sheeps Foot Roller ③ Tapper Foot Roller

참고하세요

Tamping Roller
드럼에 많은 양발굽형 돌기를 붙여 땅 깊숙이 다지는 기계로 함수비가 높은 점토질의 다짐에 적합하다.
① Turn Foot Roller ② Sheeps Foot Roller
③ Tapper Foot Roller ④ Grid Roller

---

15 강상자형교(steel box girder bridge)는 얇은 강판을 상자형 단면으로 결합하여 외력에 저항하는 구조이다. 이러한 강상자형교를 box 단면의 구성형태에 따라 3가지로 분류하시오. [3점]

① _____ ② _____ ③ _____

해답

[답] ① 단실 박스(single-cell box)
② 다실 박스(multi-cell box)
③ 다중 박스(multiple single-cell box)

---

16 무근콘크리트 포장에서 줄눈이나 균열부에 단단한 입자가 침입하면 슬래브 팽창을 방해하게 된다. 이로 인해 국부적인 압축파괴를 일으켜 발생하는 균열을 무엇이라 하는가? [2점]

○ _____

해답

[답] 스폴링(Spalling)

17 아래 그림과 같이 지표면에 100kN의 집중하중이 작용할 때 다음 물음에 답하시오. (단, 소수점 이하 넷째자리에서 반올림하시오.) [4점]

20③, 17②, 15①, 10②

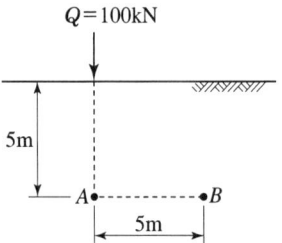

가. A점에서의 연직응력의 증가량을 구하시오.
   [계산과정]   [답] _____

가. B점에서의 연직응력의 증가량을 구하시오.
   [계산과정]   [답] _____

해답

가. A점에서의 연직응력의 증가량

[계산과정]

A점은 하중작용점 바로 아래이므로

$$\Delta\sigma_{vA} = \frac{3Q}{2\pi \cdot z^2} = \frac{3 \times 100}{2\pi \times 5^2} = 1.910 \text{kN/m}^2$$

[답] 1.910kN/m^2

나. B점에서의 연직응력의 증가량

[계산과정]

① $R = \sqrt{r^2 + z^2} = \sqrt{5^2 + 5^2} = 7.071\text{m}$

② $\Delta\sigma_{vB} = \dfrac{3Q \cdot z^3}{2\pi \cdot R^5} = \dfrac{3 \times 100 \times 5^3}{2\pi \times 7.071^5} = 0.338 \text{kN/m}^2$

[답] 0.338kN/m^2

18

아래 그림과 같은 지층의 지표면에 40kN/m²의 압력이 작용할 때, 이로 인한 점토층의 압밀침하량을 구하시오. (단, 이 점토층은 정규압밀점토이다.) [3점]

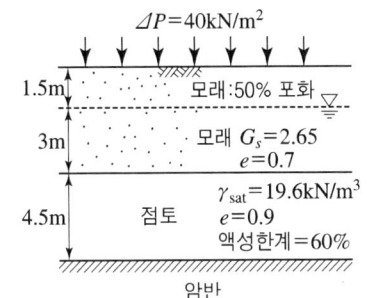

[계산과정]

[답] _____

해답

[계산과정]

① 지하수위 위에 있는 모래의 습윤단위중량

$$\gamma_t = \frac{G_s + S \cdot e}{1+e}\gamma_w = \frac{2.65 + 0.5 \times 0.70}{1+0.70} \times 9.81 = 17.31\,\text{kN/m}^3$$

② 지하수위 아래에 있는 모래의 수중단위중량

$$\gamma_{sub} = \frac{G_s - 1}{1+e}\gamma_w = \frac{2.65-1}{1+0.70} \times 9.81 = 9.52\,\text{kN/m}^3$$

③ 지하수위 아래에 있는 점토의 수중단위중량

$$\gamma_{sub} = \gamma_{sat} - \gamma_w = 19.6 - 9.81 = 9.79\,\text{kN/m}^3$$

④ 유효상재압력

$$P_o = 17.31 \times 1.5 + 9.52 \times 3 + 9.79 \times \frac{4.5}{2} = 76.55\,\text{kN/m}^2$$

⑤ 압축지수

$$C_c = 0.009(W_L - 10) = 0.009 \times (60 - 10) = 0.45$$

⑥ 1차 압밀침하량

$$S_c = \frac{C_c}{1+e_o}\log\frac{P_o + \Delta P_{av}}{P_o}H = \frac{0.45}{1+0.9}\log\left(\frac{76.55+40}{76.55}\right) \times 4.5 = 0.1946\,\text{m} = 19.46\,\text{cm}$$

[답] 19.46cm

19

압출공법(ILM : Incremental Launching Method)에 적용되는 압출방법 3가지를 쓰시오. [3점]

① _____ ② _____ ③ _____

해답

[답] ① Pulling 방법
② Lift & Pushing 방법
③ Lift & Pushing and Pulling 방법

참고하세요

압출방식에 따른 종류
① Pulling 방법 : 세그먼트(segement) 후방에 PS강재를 슬래브 하단에 고정시켜 압출교대 전면에서 잭(jack)을 이용하여 세그먼트(segement)를 압출하는 방법
② Lift & Pushing 방법 : 압출교대 위에 압출 잭(jack)을 설치하여 구체 하면을 들어 올려 전방으로 밀어내는 방법
③ Lift & Pushing and Pulling 방법 : 만경강교 적용

17②, 12②

20 댐 여수로의 급경사수로를 유하한 고속류의 운동에너지를 감세시켜 하류하천에 안전하게 유하시키기 위한 시설을 감세공이라 한다. 이러한 감세공의 종류를 3가지만 쓰시오. [3점]

① _____ ② _____ ③ _____

해답

[답] ① 정수지(stilling basin)형
② 플립버킷(flip bucket)형
③ 잠수버킷(submerged bucket)형

참고하세요

도수식은 수평수인식, 경사수인식, Bucket식이 있다.

17②

21 터널의 방재설비 종류를 3가지만 쓰시오. [3점]

① _____ ② _____ ③ _____

해답

[답] ① 소화설비 ② 경보설비 ③ 피난대피설비

참고하세요

터널은 방재시설(소화설비, 경보설비, 피난대피설비, 소화활동설비, 비상전원설비)의 설치를 계획하여야 하며, 시설별 설치여부 및 시설별 세부설치기준은 개별 터널별로 수치해석, 모형실험, 정량적 위험도평가 등을 수행하여 계획한다.

22. 성토 후 다짐을 하는 목적을 3가지만 쓰시오. [3점]

① _____ ② _____ ③ _____

[답] ① 지반의 지지력이 증대된다.
② 간극비가 감소되어 투수성이 감소된다.
③ 압축성이 감소되어 지반의 침하를 감소시킬 수 있다.

다짐 목적
① 지반의 지지력이 증대된다.
② 간극비가 감소되어 투수성이 감소된다.
③ 압축성이 감소되어 지반의 침하를 감소시킬 수 있다.
④ 흙의 단위중량이 증가시킨다.
⑤ 흙의 전단강도를 증가시켜 사면의 안정성이 개선된다.
⑥ 동상, 팽창, 건조수축 등의 영향을 감소시킬 수 있다.

23. 어느 암반지대에서 RQD의 평균값은 60, 절리군의 수는 6, 절리 거칠기계수는 2, 절리면의 변질계수는 2, 지하수 보정계수 J_w는 1, 응력저감계수 SRF는 1일 경우 Q값을 계산하시오. [3점]

[계산과정]　　　　　　　　　　　　　　　　[답] _____

[계산과정] $Q = \dfrac{RQD}{J_n} \cdot \dfrac{J_r}{J_a} \cdot \dfrac{J_w}{SRF} = \dfrac{60}{6} \times \dfrac{2}{2} \times \dfrac{1}{1} = 10$

[답] 10

$$Q = \dfrac{RQD}{J_n} \cdot \dfrac{J_r}{J_a} \cdot \dfrac{J_w}{SRF}$$

여기서, RQD : 암질지수
J_n : 절리군 수(Joint set Number)
J_r : 절리 거침도 수(Join Roughness Number, 절리 거칠기계수)
J_a : 절리면 변질도 수(Joint Alteration Number, 절리면의 변질계수)
J_w : 지하수 유출에 의한 검소계수(Join water Reduction Factor, 지하수 보정계수)
SRF : 응력 감소 요인(Stress Reduction Factor, 응력저감계수)

18②, 17②, 16②, 13①

24 콘크리트의 경화나 강도발현을 촉진하기 위해 실시하는 양생을 촉진양생이라고 한다. 이러한 촉진양생법의 종류를 3가지만 쓰시오. [3점]

① _____ ② _____ ③ _____

해답

[답] ① 오토클레이브 양생   ② 증기양생   ③ 전기양생

참고하세요

촉진양생 방법
① 오토클레이브 양생   ② 증기양생
③ 전기양생   ④ 온도제어양생
⑤ 상압증기양생   ⑥ 적외선양생

17②, 16④, 15①, 14④, 12①, 09①, 05①

25 다음의 작업리스트를 보고 아래 물음에 답하시오. [10점]

작업명	선행작업	후속작업	표준상태		특급상태	
			작업일수	비용	작업일수	비용
A	-	B, C	3	30만원	2	33만원
B	A	D	2	40만원	1	50만원
C	A	E	7	60만원	5	80만원
D	B	F	7	100만원	5	130만원
E	C	G, H	7	80만원	5	90만원
F	D	G, H	5	50만원	3	74만원
G	E, F	I	5	70만원	5	70만원
H	E, F	I	1	15만원	1	15만원
I	G, H	-	3	20만원	3	20만원

가. Network(화살선도)를 작도하고, 표준상태에 대한 C.P를 표시하시오.
  ○

나. 공기를 3일 단축했을 때 추가로 소요되는 비용을 구하시오.
  [계산과정]   [답] _____

해답

가. [답]

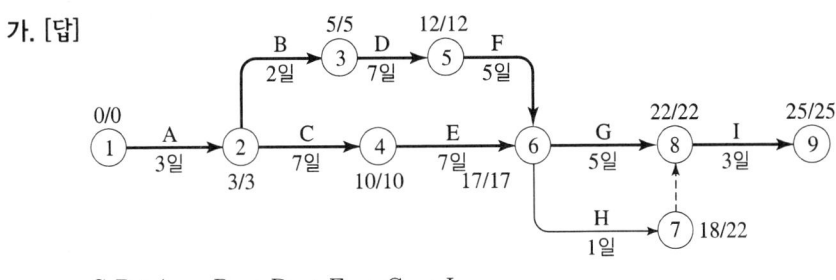

C.P : A → B → D → F → G → I
A → C → E → G → I

나. [계산과정]

① 비용경사

소요 작업	단축 가능 일수	비용 경사(원)
1 → 2	3−2=1	$\dfrac{330,000-300,000}{3-2}=30,000$
2 → 3	2−1=1	$\dfrac{500,000-400,000}{2-1}=50,000$
2 → 4	7−5=2	$\dfrac{800,000-600,000}{7-5}=100,000$
3 → 5	7−5=2	$\dfrac{1,300,000-1,000,000}{7-5}=150,000$
4 → 6	7−5=2	$\dfrac{900,000-800,000}{7-5}=50,000$
5 → 6	5−3=2	$\dfrac{740,000-500,000}{5-3}=120,000$
6 → 7	1−1=0	0
6 → 8	5−5=0	0
8 → 9	3−3=0	0

② 공기 3일 단축

소요 작업	단축가능 일수	단축 일수	비용경사	추가비용 25일→24일	추가비용 24일→23일	추가비용 23일→22일	C.P
1→2	1	1	30,000원	1×30,000원 =30,000원			★
2→3	1	1	100,000원		1×100,000원 =100,000원		★
4→6	2	2	50,000원		1×50,000원 =50,000원	1×50,000원 =50,000원	★
5→6	2	1	120,000원			1×120,000원 =120,000원	★

③ 추가로 소요되는 비용 = 30,000+100,000+50,000+50,000+120,000
= 350,000원

[답] 350,000원

17②, 08①, 01④, 99②, 97④, 91③

26 그림과 같은 등고선을 가진 지형으로 굴착하여 아래 그림과 같은 도로 성토를 하려고 한다. 다음 물음에 답하시오. (단, $L=1.20$, $C=0.90$, 토량은 각주 공식을 사용하며, 등고선의 높이는 20m 간격이며, A_1의 면적은 1,400m², A_2의 면적은 950m², A_3의 면적은 600m², A_4의 면적은 250m², A_5의 면적은 100m², power shovel의 C_m은 20초, 디퍼계수는 0.95, 작업효율은 0.80, 1일 운전시간은 6시간, 유류 소모량은 4L/hr를 적용한다.) [6점]

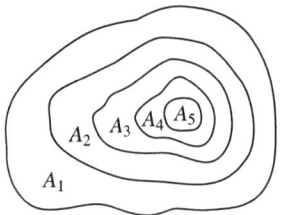 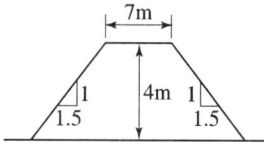

가. 도로 몇 m를 만들 수 있는가?

[계산과정] [답] _____

나. 위의 그림과 같은 조건에서 1m³ Pawer Shovel 5대가 굴착할 때 작업일수는 몇 일 인가?

[계산과정] [답] _____

다. Pawer Shovel의 총 유류 소모량은 얼마나 되겠는가?

[계산과정] [답] _____

해답

가. 도로길이

[계산과정]

① 토량

토량 공식 $Q=\dfrac{h}{3}(A_1+4A_2+A_3)$을 사용하면

㉠ $Q_1 = \dfrac{20}{3}(1,400+4\times 950+600) = 38,666.67 \text{m}^3$

㉡ $Q_2 = \dfrac{h}{3}(A_3+4A_4+A_5) = \dfrac{20}{3}(600+4\times 250+100) = 11,333.33 \text{m}^3$

㉢ $Q = 38,666.67 + 11,333.33 = 50,000 \text{m}^3$

② 도로의 단면적 $A = \dfrac{7+(1.5\times 4+7+1.5\times 4)}{2}\times 4 = 52 \text{m}^2$

③ 도로 길이 = $\dfrac{원지반\ 토량 \times C}{도로\ 단면적} = \dfrac{50,000\times 0.90}{52} = 865.38 \text{m}$

[답] 865.38m

나. 작업일수

[계산과정]

① Shovel의 작업량

$$Q = \frac{3{,}600 \cdot q \cdot K \cdot f \cdot E}{C_m} = \frac{3{,}600 \times 1 \times 0.95 \times \frac{1}{1.2} \times 0.80}{20}$$

$= 114 \text{m}^3/\text{hr}$ (본바닥 상태)

② 1일 작업량 $= 114\text{m}^3/\text{hr} \times 6\text{hr} \times 5\text{대} = 3{,}420\text{m}^3/\text{day}$

③ 작업 일수 $= \dfrac{원지반\ 토량}{1일\ 작업량} = \dfrac{50{,}000}{3{,}420} = 14.62$일 ≒ 15일

[답] 15일

다. 총 유류 소모량

[계산과정]

총 유류 소모량 $= 4\text{L/hr} \times 6\text{hr} \times 14.62$일 $\times 5$대 $= 1{,}754.4\text{L}$

[답] 1,754.4L

17②, 14①, 11④, 10④, 06①, 04②, 00①, 97④, 94②

27 도로를 설계하기 위하여 5개 지점의 시료를 채취하여 각 지점에 있어서의 평균 CBR을 구하였다. 이때의 설계 CBR을 계산하시오. [3점]

- 각 지점의 평균 CBR : 6.8, 8.5, 4.8, 6.3, 7.2
- 설계 CBR 계산용 계수

개수(n)	2	3	4	5	6	7	8	9	10 이상
d_2	1.41	1.91	2.24	2.48	2.67	2.83	2.96	3.08	3.18

[계산과정]   [답] _____

해답

[계산과정]

① 각 지점의 CBR 평균

각 지점의 CBR 평균 $= \dfrac{6.8 + 8.5 + 4.8 + 6.3 + 7.2}{5} = 6.72$

② $n = 5$이므로 $d_2 = 2.48$이다.

③ 설계 $CBR =$ 각 지점의 CBR 평균 $- \left(\dfrac{CBR 최대치 - CBR 최소치}{d_2} \right)$

$= 6.72 - \left(\dfrac{8.5 - 4.8}{2.48} \right) = 5.23 ≒ 5$

여기서, 설계 CBR은 소수점 이하는 절사하여야 한다.

[답] 5

국가기술자격검정 실기시험문제

2017년도 기사 일반검정(제4회) (2017-11-11)

자격종목 및 등급(선택분야)	종목코드	시험시간	형별	수험번호	성 명
토목기사		3시간	A		

※ 다음 물음의 답을 해당 답란에 답하시오.(배점)

17④, 03①, 00④

01 그림과 같이 길이 10m, 직경 40cm의 원형말뚝이 점토지반에 설치되었다. 전주면마찰력을 α 방법으로 구하시오. [3점]

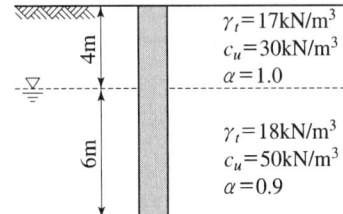

[계산과정] [답]

해답

[계산과정]

① 연약층 내의 말뚝주면적(A_s)
  ㉠ 상부 토층 : $A_{s1} = \pi \cdot D \cdot L_1 = \pi \times 0.4 \times 4 = 5.027 (\text{m}^2)$
  ㉡ 하부 토층 : $A_{s2} = \pi \cdot D \cdot L_2 = \pi \times 0.4 \times 6 = 7.540 (\text{m}^2)$

② 단위면적당 주면마찰력(f_s)
  ㉠ 상부 토층 : $f_{s1} = \alpha \cdot c_u = 1.0 \times 30 = 30 (\text{kN/m}^2)$
  ㉡ 하부 토층 : $f_{s2} = \alpha \cdot c_u = 0.9 \times 50 = 45 (\text{kN/m}^2)$

③ 전주면마찰력(Q_f)
  $Q_f = f_{s1} \cdot A_{s1} + f_{s2} \cdot A_{s2} = 30 \times 5.027 + 45 \times 7.540 = 490.09 (\text{kN})$

[답] 490.09kN

02 조절발파(controlled blasting) 공법의 종류를 4가지만 쓰시오. [3점]

① _____ ② _____ ③ _____ ④ _____

[답] ① Line Drilling Method
② Cushion Blasting Method
③ Pre-splitting Method
④ Smooth Blasting Method

03 현장토공에서 모래치환법에 의해 들밀도시험 결과가 다음 표와 같을 때 현장 흙의 다짐도를 구하시오. [3점]

[결과]
- 시험구덩이에서 파낸 흙의 무게 : 1,600g
- 시험구덩이에서 파낸 흙의 함수비 : 20%
- 실험구멍에 채워진 표준모래의 무게 : 1,380g
- 실험구멍에 채워진 표준모래의 단위중량 : 1.65g/cm³
- 실험실에서 얻은 최대건조단위중량 : 1.87g/cm³

[계산과정]   [답] _____

[계산과정]

① 시험공의 체적 $V = \dfrac{W_{sand}}{\gamma_{sand}} = \dfrac{1,380}{1.65} = 836.36\,\mathrm{cm}^3$

② 건조 흙 무게 $W_s = \dfrac{W}{1+w} = \dfrac{1,600}{1+0.2} = 1,333.33\,\mathrm{g}$

③ 건조단위중량 $\gamma_d = \dfrac{W_s}{V} = \dfrac{1,333.333}{836.36} = 1.59\,\mathrm{g/cm}^3$

④ 다짐도(%) $U = \dfrac{r_d}{r_{d\max}} \times 100 = \dfrac{1.59}{1.87} \times 100 = 85.03\%$

[답] 85.03%

04

콘크리트를 2층 이상으로 나누어 타설할 경우 상층의 콘크리트 타설은 원칙적으로 하층의 콘크리트가 굳기 시작하기 전에 해야 하며, 상층과 하층이 일체가 되도록 시공하여야 한다. 이러한 시공을 위하여 아래의 각 경우에 대한 답을 쓰시오.
[4점]

가. 허용 이어치기 시간 간격을 두는 이유를 간단히 쓰시오.
   ○ _____

나. 허용 이어치기 시간 간격의 표준을 쓰시오.
   ① 외기온도가 25℃를 초과하는 경우 : _____
   ② 외기온도가 25℃ 이하인 경우 : _____

해답

가. [답] 콜드 조인트(cold joint)가 발생하지 않도록 하기 위해서
나. [답] ① 2시간
        ② 2.5시간

05

3m×3m 크기의 정사각형 기초를 마찰각 $\phi=20°$, 점착력 $c=30\text{kN/m}^2$인 지반에 설치하였다. 흙의 단위중량 $\gamma=19\text{kN/m}^3$이고, 안전율(F_s)이 3일 때, 기초의 허용하중을 구하시오. (단, 기초의 깊이는 1m이고 전반전단파괴가 일어난다고 가정하고, Terzaghi 공식을 사용하고, $\phi=20°$일 때, $N_c=18$, $N_r=5$, $N_q=7.5$)
[3점]

[계산과정]   [답] _____

해답

[계산과정]
① 정사각형 기초의 형상계수는 $\alpha=1.3$, $\beta=0.4$
② $\gamma_1=19\text{kN/m}^3$
③ $q_u=\alpha c N_c + \beta B \gamma_1 N_r + D_f \gamma_2 N_q$
   $= 1.3 \times 30 \times 18 + 0.4 \times 3 \times 19 \times 5 + 1 \times 19 \times 7.5 = 958.5\text{kN/m}^2$
④ $q_a = \dfrac{q_u}{F_s} = \dfrac{958.5}{3} = 319.5\text{kN/m}^2$
⑤ $Q_a = q_a \cdot A = 319.5 \times (3 \times 3) = 2{,}875.5\text{kN}$

[답] 2,875.5kN

06 다음과 같은 지형에서 시공기준면을 15m로 성토하고자 할 때 다음 물음에 답하시오. (단, 격자점 숫자는 표고, 단위는 m) [6점]

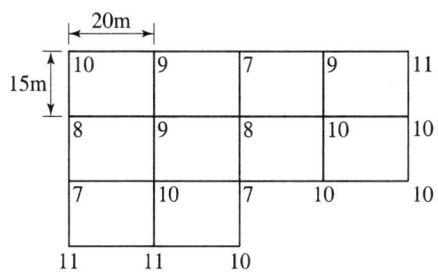

가. 성토에 필요한 운반토량을 구하시오. (단, $L=1.25$, $C=0.9$)

[계산과정]   [답] _____

나. 적재용량 8t의 덤프트럭으로 운반할 때 연대수를 구하시오. (단, 굴착 흙의 단위중량은 $1.8t.m^3$)

[계산과정]   [답] _____

해답

가. 운반토량

[계산과정]

① 성토량

성토기준면 15m와 지형의 표고차를 구하면 다음 그림과 같다.

$$V = \frac{A}{4}(\Sigma h_1 + 2\Sigma h_2 + 3\Sigma h_3 + 4\Sigma h_4)$$

$$= \frac{20 \times 15}{4}\{(5+4+5+5+4) + 2 \times (6+8+6+5+5+4+8+7) + 3 \times 8 + 4 \times (6+7+5+5)\}$$

$$= 17{,}775\,m^3 (\text{다짐상태})$$

② 성토에 필요한 운반토량

$$V_L = 성토량 \times \frac{L}{C} = 17{,}775 \times \frac{1.25}{0.9} = 24{,}687.5\,m^3$$

[답] $24{,}687.5\,m^3$

나. 연대수

[계산과정]

① 덤프트럭 적재량

$$q_t = \frac{T}{r_t} \cdot L = \frac{8t}{1.8t/m^3} \times 1.25 = 5.56 m^3$$

② 연대수

$$N = \frac{운반토량}{트럭 적재량} = \frac{24,687.5 m^3}{5.56 m^3} = 4,440.2 = 4,441 대$$

[답] 4,441대

17④, 12①, 99⑤, 98②, 96⑤

07 도로연장 3km 건설구간에서 7지점의 시료를 채취하여 다음과 같은 CBR을 구하였다. 이때의 설계 CBR은 얼마인가? [3점]

- 7지점의 CBR : 5.3, 5.7, 7.6, 8.7, 7.4, 8.6, 7.2
- 설계 CBR 계산용 계수

개수(n)	2	3	4	5	6	7	8	9	10 이상
d_2	1.41	1.91	2.24	2.48	2.67	2.83	2.96	3.08	3.18

[계산과정]   [답] _____

해답

[계산과정]

① 각 지점의 CBR 평균

$$각\ 지점의\ CBR\ 평균 = \frac{5.3 + 5.7 + 7.6 + 8.7 + 7.4 + 8.6 + 7.2}{7} = 7.21$$

② $n = 7$이므로 $d_2 = 2.83$이다.

③ 설계 $CBR =$ 각 지점의 CBR 평균 $- \left(\frac{CBR 최대치 - CBR 최소치}{d_2} \right)$

$$= 7.21 - \left(\frac{8.7 - 5.3}{2.83} \right) = 6.01 = 6$$

여기서, 설계 CBR은 소수점 이하는 절사하여야 한다.

[답] 6

08 다음과 같은 작업리스트가 있다. 아래 물음에 답하시오. [8점]

작업명	진행작업	후속작업	표준일수 (일)	단축가능일수 (일)	1일 단축의 소요비용 (만원/일)
A	–	B, C	6	2	5
B	A	D	8	1	7
C	A	F	10	2	3
D	B	E	6	2	4
E	D	G	4	1	8
F	C	G	7	1	9
G	E, F	–	5	2	10

가. Network(화살선도)를 작도하고, 표준일수에 대한 C.P를 찾으시오.
   ○

나. 공시기간을 4일 단축하고자 하는 경우 최소의 여분출비(extra cost)를 계산하시오.

[계산과정]　　　　　　　　　　　　　　　　[답] _____

해답

가. 화살선도 및 C.P
[답]

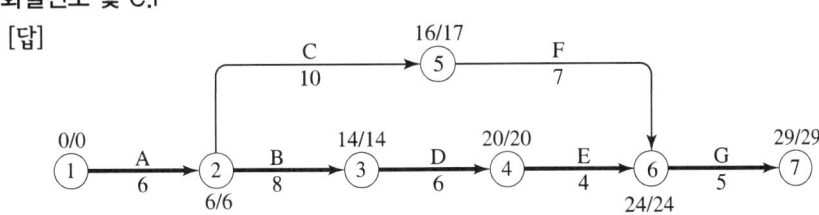

C.P : A → B → D → E → G

나. 최소의 여분출비
[계산과정]
① 비용경사

소요 작업	단축 가능 일수	비용 경사(원)
1 → 2	2	50,000
2 → 3	1	70,000
3 → 4	2	40,000
4 → 6	1	80,000
2 → 5	2	30,000
5 → 6	1	90,000
6 → 7	2	100,000

② 공기 4일 단축

소요 작업	단축가능 일수	단축 일수	비용경사	추가비용 29일→28일	28일→26일	26일→25일	C.P
3→4	2	1, 1	40,000원	1×40,000원 =40,000원		1×40,000원 =40,000원	★
1→2	2	2	50,000원		2×50,000원 =100,000원		★
2→5	2	1	30,000원			1×30,000원 =30,000원	

③ 여분출비=40,000+100,000+40,000+30,000=210,000원

[답] 210,000원

09 도로교 신축이음장치의 종류를 3가지만 쓰시오. [3점]

① _____ ② _____ ③ _____

해답

[답] ① 레일 조인트 ② 핑거 조인트 ③ NB 조인트

참고하세요

도로교 신축이음장치의 종류
① 레일 조인트   ② 핑거 조인트   ③ NB 조인트
④ 모노셀 조인트   ⑤ T/F 조인트   ⑥ 탄성형 고무받침

10 말뚝의 압축재하시험의 재하방법을 3가지만 쓰시오. [3점]

① _____ ② _____ ③ _____

해답

[답] ① 정적재하시험 ② 동적재하시험 ③ 정동적재하시험

참고하세요

말뚝의 압축재하시험의 재하방법에 간편재하시험도 있다.

11.

지하수위 저하공법은 크게 중력배수공법과 강제배수공법으로 나눌 수 있다. 여기서 강제배수공법의 종류를 3가지만 쓰시오. [3점]

① _____ ② _____ ③ _____

해답

[답] ① 웰 포인트 공법 ② 전기침투공법 ③ 진공압밀공법

12.

아래 그림과 같은 옹벽의 안전율을 구하시오. (단, 지반의 허용지지력은 200kN/m², 뒤채움흙과 저판 아래의 흙의 단위중량은 18kN/m³, 내부마찰각은 37°, 점착력은 0이고, 콘크리트의 단위중량은 24kN/m³이다.) [10점]

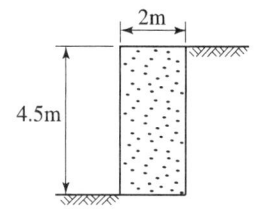

가. 전도에 대한 안전율을 구하시오.

[계산과정] [답] _____

나. 활동에 대한 안전율을 구하시오.

[계산과정] [답] _____

다. 지지력에 대한 안전율을 구하시오.

[계산과정] [답] _____

해답

가. 전도에 대한 안전율

[계산과정]

① 주동토압계수

$$K_A = \tan^2\left(45° - \frac{\phi}{2}\right) = \tan^2\left(45° - \frac{37°}{2}\right)$$

② 주동토압

$$P_A = \frac{1}{2} \cdot r \cdot H^2 \cdot K_A = \frac{1}{2} \times 18 \times 4.5^2 \times \tan^2\left(45° - \frac{37°}{2}\right) = 45.3 \text{kN/m}$$

③ 옹벽 자중

$$W = (2 \times 4.5) \times 24 = 216 \text{kN/m}$$

④ 전도에 대한 안전율

$$F_s = \frac{M_r}{M_t} = \frac{W \cdot b}{P_H \cdot y} = \frac{216 \times 1}{45.3 \times \frac{4.5}{3}} = 3.18 > 2.0 \text{로 안전}$$

[답] 3.18

나. 활동에 대한 안전율

[계산과정]

활동에 대한 안전율

$$F_s = \frac{c \cdot B + W \cdot \tan\delta}{P_H} = \frac{0 + 216 \times \tan 37°}{45.3} = 3.59 > 1.5 \text{ 로 안전}$$

[답] 3.59

다. 지지력에 대한 안전율

[계산과정]

① 편심거리

$$e = \frac{B}{2} - \frac{W \cdot a - P_H \cdot y}{W} = \frac{2}{2} - \frac{216 \times 1 - 45.3 \times \frac{4.5}{3}}{216} = 0.31\text{m}$$

여기서, a : 옹벽의 자중과 저판 앞(전면부)까지의 수직거리

② 지반 반력

편심거리 $(e = 0.31\text{m}) < \left(\frac{B}{6} = \frac{2}{6} = 0.33\text{m}\right)$이므로

$$q = \frac{P}{A} + \frac{M}{I} \cdot y = \frac{W}{B} \cdot \left(1 + \frac{6e}{B}\right) = \frac{216}{2} \cdot \left(1 + \frac{6 \times 0.31}{2}\right) = 208.44\,\text{kN/m}^2$$

③ 지지력에 대한 안전율

$$F_s = \frac{q_a}{q_{\max}} = \frac{200}{208.44} = 0.96 < 1.0 \text{로 불안전}$$

[답] 0.96

17 ④

13 예민비를 간단히 설명하시오. [3점]

[답] 예민비란 교란된 흙(재성형)의 일축압축강도에 대한 교란되지 않은 흙의 일축압축강도의 비를 말하며, 예민비를 이용하여 점토를 분류할 수 있다.

14 주어진 반중력식 교대 도면을 보고 다음 물량을 산출하시오. (단, 교대 전체길이는 10m이며, 도면의 치수단위는 mm이다.) [8점]

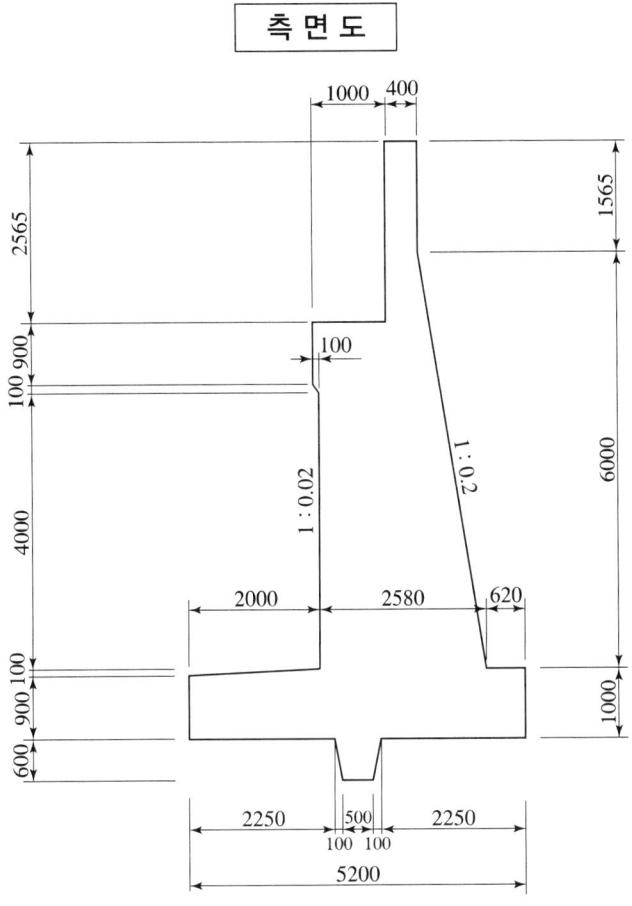

가. 교대의 전체 콘크리트량을 구하시오. (단, 소수 넷째자리에서 반올림하시오.)

[계산과정]

[답] _____

나. 교대의 전체 거푸집량을 구하시오. (단, 돌출부(전단 key)에 거푸집을 사용하며, 소수 넷째자리에서 반올림하시오.)

[계산과정]

[답] _____

가. 콘크리트량

[계산과정]

① 구체 면적

$A_1 = 0.4 \times 1.565 = 0.626 \text{m}^2$

$A_2 = \dfrac{0.4 + (0.4 + 6 \times 0.2)}{2} \times 6 = 6\text{m}^2$

$A_3 = 1.0 \times 0.9 = 0.9\text{m}^2$

$A_4 = \dfrac{1.0 + 0.9}{2} \times 0.1 = 0.095\text{m}^2$

$A_5 = \dfrac{0.9 + (0.9 + 4 \times 0.02)}{2} \times 4 = 3.76\text{m}^2$

$A_6 = \dfrac{(5.2 - 2) + 5.2}{2} \times 0.1 = 0.42\text{m}^2$

$A_7 = 5.2 \times 0.9 = 4.68\text{m}^2$

$A_8 = \dfrac{0.5 + (0.5 + 0.1 \times 2)}{2} \times 0.6 = 0.36\text{m}^2$

$\sum A = 16.841\text{m}^2$

② 총 콘크리트량 = 구체 면적 × 교대 길이 = $16.841 \times 10 = 168.410\text{m}^3$

[답] 168.410m^3

나. 거푸집량

[계산과정]

① 측면도에서의 거푸집 길이

$A = 2.565\text{m}$

$B = 0.9\text{m}$

$C = \sqrt{0.1^2 + 0.1^2} = 0.1414\text{m}$

$D = \sqrt{(4 \times 0.02)^2 + 4^2} = 4.0008\text{m}$

$E = 0.9\text{m}$

$F = \sqrt{0.1^2 + 0.6^2} \times 2 = 1.2166\text{m}$

$G = 1\text{m}$

$H = \sqrt{(6 \times 0.2)^2 + 6^2} = 6.1188\text{m}$

$I = 1.565\text{m}$

$\sum L = 18.4076\text{m}$

② 측면 거푸집량 = $18.4076 \times 10 = 184.076\text{m}^2$

③ 마구리면 거푸집량 = 16.841×2(양단)
$= 33.682\text{m}^2$

④ 총 거푸집량 = $184.076 + 33.682 = 217.758\text{m}^2$

[답] 217.758m^2

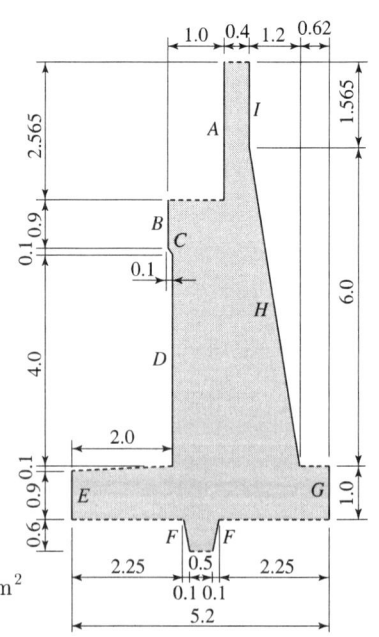

[부록] 2017년 11월 11일 시행

17④, 08④, 06②, 99⑤

15 암거의 배열방식을 3가지만 쓰시오. [3점]

① _____ ② _____ ③ _____

해답

[답] ① 자연식   ② 빗식   ③ 어골식

참고하세요

암거의 배열방식
① 자연식   ② 빗식   ③ 어골식(오늬무늬식)
④ 차단식   ⑤ 이중간선식   ⑥ 집단식

17④, 08④, 06①, 01③, 98②, 96③

16 한 무한 자연사면의 경사가 20°이고, 경사방향으로 흐르는 지하수면이 지표면과 일치하여 지표면에서 5m 깊이에 암반층이 있다고 할 때 이 사면의 안전율은 얼마인가? [3점]

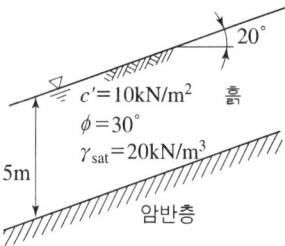

[계산과정]   [답] _____

해답

[계산과정]

지하수위가 지표면과 일치할 경우이므로

$$F_s = \frac{c}{r_{sat} Z \cos i \sin i} + \frac{r_{sub}}{r_{sat}} \cdot \frac{\tan\phi}{\tan i} = \frac{10}{20 \times 5 \cos 20° \sin 20°} + \frac{(20-9.81)}{20} \times \frac{\tan 30°}{\tan 20°}$$

$= 1.12$

[답] 1.12

17④, 12④, 09②, 05①, 02②, 00④, 88③

17 어떤 데이터의 히스토그램에서 하한규격치가 25.6MPa라 할 때, 평균치 27.6MPa, 표준편차 0.5MPa라면 공정능력지수는 얼마인가? (단, 이 규격은 편측규격이라 한다.) [3점]

[계산과정] [답]

해답

[계산과정] $C_p = \dfrac{\bar{x} - SL}{3\sigma} = \dfrac{27.6 - 25.6}{3 \times 0.5} = 1.33$

[답] 1.33

17④, 14④, 07④, 01①

18 그림과 같은 지반조건에서 유효증가하중이 200kN/m²일 때, 점토층의 1차 압밀침하량을 계산하시오. (단, 정규압밀점토로 가정하며, 압축지수는 경험식을 사용하며, LL은 액성한계임.) [3점]

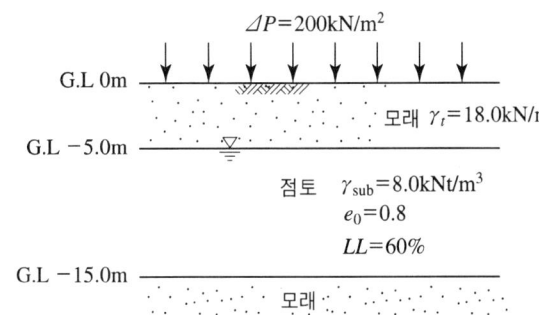

[계산과정] [답]

해답

[계산과정]

① 유효상재압력

$P_o = 18 \times 5 + 8 \times \dfrac{(15-5)}{2} = 130 \, \text{kN/m}^2$

② 압축지수

$C_c = 0.009(LL - 10) = 0.009 \times (60 - 10) = 0.45$

③ 1차 압밀침하량

$S_c = \dfrac{C_c}{1 + e_o} \log \dfrac{P_o + \Delta P_{av}}{P_o} H = \dfrac{0.45}{1 + 0.8} \log \dfrac{130 + 200}{130} \times (15 - 5)$

$= 1.0114 \, \text{m} = 101.14 \, \text{cm}$

[답] 101.14cm

17④, 10①

19 주동말뚝은 말뚝머리에 기지(旣知)의 하중(수평력 및 모멘트)이 작용하는 반면에 수동말뚝은 어떤 원인에 의해 지반이 먼저 변형하고 그 결과 말뚝에 측방토압이 작용한다. 이러한 수동말뚝을 해설하는 방법을 3가지만 쓰시오. [3점]

① _____ ② _____ ③ _____

해답

[답] ① 간편법 ② 지반 반력법 ③ 탄성법

참고하세요

1. **수동말뚝** : 지반의 측방유동으로 인하여 발생되는 측방토압을 받는 말뚝
2. **수동말뚝 종류**
   ① 흙막이용 말뚝 ② 사면 안정용 말뚝 ③ 교대 기초말뚝
   ④ 구조물 기초말뚝 ⑤ 횡잔교 기초말뚝 등
3. **수동말뚝 변위 해석 방법**
   ① **간편법** : 지반의 측방변형으로 발생할 수 있는 최대 측방토압을 고려한 상태에서 해석하는 방법
   ② **지반 반력법** : 주동말뚝에서와 같이 지반을 독립된 Winkler 모델로 이상화시켜 해석하는 방법
   ③ **탄성법** : 지반을 이상적 탄성체 혹은 탄소성체로 가정하여 해석하는 방법
   ④ **유한요소법** : 지반을 유한개의 요소로 분할하여 해석하는 구조적 근사해법

17④, 09④, 01③, 97①, 96③

20 가물막이(coffer dam) 공사에서 sheet pile식 공법의 종류를 3가지만 쓰시오. [3점]

① _____ ② _____ ③ _____

해답

[답] ① 한 겹 시트파일(sheet pile)식
② 두 겹 시트파일(sheet pile)식
③ 링빔(ring beam)식

참고하세요

sheet pile식 공법
① 한 겹 시트파일(sheet pile)식 ② 두 겹 시트파일(sheet pile)식
③ 링빔(ring beam)식 ④ 셀(cell)식
⑤ 자립식

21 도로 노상의 지지력을 평가할 수 있는 현장시험 평가방법을 3가지만 쓰시오. [3점]

① _____ ② _____ ③ _____

[답] ① 도로의 평판재하시험
② 노상토 지지력비(CBR)시험
③ 프루프롤링(proof rolling) 시험

노상 및 노체 지지력 현장시험 평가방법
① 도로의 평판재하시험 ② 노상토 지지력비(CBR)시험
③ 프루프롤링(proof rolling) 시험 ④ 현장들밀도시험

22 방파제(防波堤, break water)란 외곽시설(外郭施設)로 항내정온을 유지하고 선박의 항행을 원활히 하기 위해 축조된 항만구조물이다. 방파제의 구조형식에 따른 종류를 3가지 쓰시오. [3점]

① _____ ② _____ ③ _____

[답] ① 경사방파제 ② 직립방파제 ③ 혼성방파제

23 도로구조물 뒤채움 작업을 80kg의 래머를 사용하여 다짐작업시 작업량 Q (m³/hr)를 계산하시오. (단, 깔기두께 $D=0.15$m, 토량변화계수 $f=0.7$, 중복다짐횟수 $P=7$회, 작업효율 $E=0.6$, 1회당 유효다짐면적 $A=0.0924$m³, 시간당 타격횟수 $N=3,600$회/h이다.) [3점]

[계산과정]   [답] _____

[계산과정] $Q = \dfrac{ANHfE}{P} = \dfrac{0.0924 \times 3600 \times 0.15 \times 0.7 \times 0.6}{7} = 2.99 \text{m}^3/\text{hr}$

[답] $2.99\text{m}^3/\text{hr}$

24 다음 표와 같은 설계조건 및 재료, 참고표를 이용하여 콘크리트를 배합설계하여 아래 배합표를 완성하시오. [10점]

[설계조건 및 재료]
- 물-시멘트비는 50%로 한다.
- 굵은골재는 최대치수 40mm의 부순돌을 사용한다.
- 양질의 공기연행제(AE제)를 사용하며 그 사용량은 시멘트 질량의 0.03%로 한다.
- 목표로 하는 슬럼프는 100mm, 공기량은 5%로 한다.
- 사용하는 시멘트는 보통포틀랜드시멘트로서 밀도는 $0.00315 g/mm^3$이다.
- 잔골재의 표건밀도는 $0.0026 g/mm^3$이고, 조립률은 2.85이다.
- 굵은골재의 표건밀도는 $0.0027 g/mm^3$이다.

[배합설계 참고표]

굵은골재 최대치수 (mm)	단위굵은골재용적 (%)	공기연행제를 사용하지 않은 콘크리트			공기연행 콘크리트				
		갇힌공기 (%)	잔골재율 S/a(%)	단위수량 (kg/m³)	공기량 (%)	양질의 공기연행제를 사용한 경우		양질의 공기연행감수제를 사용한 경우	
						잔골재율 S/a(%)	단위수량 (kg/m³)	잔골재율 S/a(%)	단위수량 (kg/m³)
15	58	2.5	53	202	7.0	47	180	48	170
20	62	2.0	49	197	6.0	44	175	45	165
25	67	1.5	45	187	5.0	42	170	43	160
40	72	1.2	40	177	4.5	39	165	40	155

[주] 1) 이 표의 값은 보통의 입도를 가진 잔골재(조립률 2.8 정도)와 부순돌을 사용한 물-시멘트비 55% 정도, 슬럼프 80mm 정도의 콘크리트에 대한 것이다.

2) 사용재료 또는 콘크리트의 품질이 주1)의 조건과 다를 경우에는 위의 표의 값을 아래 표에 따라 보정한다.

구분	S/a의 보정(%)	W의 보정(kg)
잔골재의 조립률이 0.1만큼 클(작을) 때마다	0.5만큼 크게(작게) 한다.	보정하지 않는다.
슬럼프값이 10mm만큼 클(작을) 때마다	보정하지 않는다.	1.2%만큼 크게(작게) 한다.
공기량이 1%만큼 클(작을) 때마다	0.75만큼 작게(크게) 한다.	3%만큼 작게(크게) 한다.
물-시멘트비가 0.05만큼 클(작을) 때마다	1만큼 크게(작게) 한다.	보정하지 않는다.
S/a가 1% 클(작을) 때마다	보정하지 않는다.	1.5%만큼 크게(작게) 한다.

[비고] 단위굵은골재용적에 의하는 경우에는 모래의 조립률이 0.1만큼 커질(작아질) 때마다 단위굵은골재용적을 1만큼 작게(크게) 한다.

[답] 배합표

굵은골재 최대치수 (mm)	슬럼프 (mm)	공기량 (%)	W/C (%)	잔골재율 S/a(%)	단위량(kg/m³)				혼화제 단위량 (g/m³)
					물 (W)	시멘트 (C)	잔골재 (S)	굵은골재 (G)	
40	100	5	50						

해답

[계산과정]

① 콘크리트 배합 변경(시방배합 보정)

구 분	S/a[%] 보정	단위수량[kg] 보정
모래 조립률이 0.1 만큼 클(작을) 때마다	0.5 만큼 크게(작게) 설계조건의 잔골재 조립률이 2.85로 배합설계 참고표의 2.8보다 크므로 $\dfrac{2.85-2.8}{0.1} \times 0.5 = 0.25\%$ 크게	×
슬럼프 값이 1cm 만큼 클(작을) 때마다	×	1.2% 만큼 크게(작게) 설계조건의 슬럼프 값이 10cm로 배합설계 참고표의 8cm보다 크므로 $\dfrac{10-8}{1} \times 1.2 = 2.4\%$ 크게
공기량이 1% 만큼 클(작을) 때마다	0.75 만큼 작게(크게) 설계조건의 공기량이 5%로 배합설계 참고표(굵은골재최대치수 40mm, 양질의 공기 연행제 사용한 공기 연행 콘크리트)의 4.5%보다 크므로 $\dfrac{5-4.5}{1} \times 0.75 = 0.375\%$ 작게	3% 만큼 작게(크게) 설계조건의 공기량이 5%로 배합설계 참고표(굵은골재최대치수 40mm, 양질의 공기 연행제 사용한 공기 연행 콘크리트)의 4.5%보다 크므로 $\dfrac{5-4.5}{1} \times 3 = 1.5\%$ 작게
W/C가 0.05 만큼 클(작을) 때마다	1 만큼 크게(작게) 설계조건의 W/C가 50%로 배합설계 참고표의 55%보다 작으므로 $\dfrac{0.5-0.55}{0.05} \times 1 = 1\%$ 작게	×
잔골재율 보정값	㉠ S/a(굵은골재최대치수 40mm, 양질의 공기 연행제 사용한 공기 연행 콘크리트의 배합설계표 값)=39% ㉡ S/a = 39 + (0.25 − 0.375 − 1) = 37.875 = 37.88%	
S/a가 1% 클(작을) 때마다	×	1.5kg만큼 크게(작게)한다. 설계조건의 S/a이 37.88%로 배합설계 참고표(굵은골재최대치수 40mm, 양질의 공기 연행제 사용한 공기 연행 콘크리트)의 39%보다 작으므로 $\dfrac{37.88-39}{1} \times 1.5 = 1.68$kg 작게

구 분	S/a[%] 보정	단위수량[kg] 보정
단위수량 보정값		㉠ 단위수량(굵은골재최대치수 40mm, 양질의 공기 연행제 사용한 공기 연행 콘크리트의 배합설계표 값)=165kg ㉡ 단위수량 $= 165 + \left(\dfrac{2.4-1.5}{100}\right) \times 165 - 1.68$ $= 164.805 \doteq 164.81 \text{kg/m}^3$

② 단위시멘트량

$W/C = 0.5$에서 $C = \dfrac{W}{0.5} = \dfrac{164.81}{0.5} = 329.62 \text{kg/m}^3$

③ 단위잔골재량

  ㉠ 단위 골재량의 절대부피

  단위 골재량의 절대부피 $= 1 - \left(\dfrac{\text{단위 수량}}{1000} + \dfrac{\text{단위 시멘트량}}{\text{시멘트의 비중} \times 1000} + \dfrac{\text{공기량}}{100}\right)$

  $= 1 - \left(\dfrac{164.81}{1000} + \dfrac{329.62}{3.15 \times 1000} + \dfrac{5}{100}\right) = 0.681 \text{m}^3$

  ㉡ 단위 잔골재량의 절대부피 = 단위 골재량의 절대부피 × 잔골재율
  $= 0.681 \times 0.3788 = 0.258 \text{m}^3$

  ㉢ 단위 잔골재량 = 단위 잔골재량의 절대부피 × 잔골재의 비중 × 1000
  $= 0.258 \times 2.6 \times 1000 = 670.80 \text{kg/m}^3$

④ 단위굵은골재량

  ㉠ 단위굵은골재량의 절대부피 = 단위골재량의 절대부피 − 단위잔골재량의 절대부피
  $= 0.681 - 0.258 = 0.423 \text{m}^3$

  ㉡ 단위굵은골재량 = 단위굵은골재량의 절대부피 × 굵은골재의 비중 × 1000
  $= 0.423 \times 2.7 \times 1000 = 1,142.10 \text{kg/m}^3$

⑤ 혼화제(공기연행제) 단위량

  공기연행제는 시멘트 질량의 0.03%를 사용하므로

  $329.62 \times \dfrac{0.03}{100} = 0.098886 \text{kg} = 98.89 \text{g}$

[답]

굵은골재 최대치수 (mm)	슬럼프 (mm)	공기량 (%)	W/B (%)	잔골재율 S/a(%)	단위량(kg/m³)				혼화제 단위량 (g/m³)
					물 (W)	시멘트 (C)	잔골재 (S)	굵은골재 (G)	
40	100	5	50	37.88	164.81	329.62	670.70	1,142.20	98.89

국가기술자격검정 실기시험문제

2018년도 기사 일반검정(제1회) (2018-04-15)

자격종목 및 등급(선택분야)	종목코드	시험시간	형별
토목기사		3시간	A

※ 다음 물음의 답을 해당 답란에 답하시오.(배점)

18①, 11①, 08②, 06①, 00⑤

01 두께가 3[m]인 정규 압밀 점토층에서 시료를 채취하여 압밀 시험을 하였다. 시험결과와 같을 때 이 점토층이 압밀도 60[%]에 이르는데 걸리는 시간을 구하시오. (단, 배수는 일면 배수이다.) [3점]

[시험결과]
- 초기상태의 유효응력(P_1) : 20[kN/m²]
- 초기 간극비(e_1) : 1.2
- 시험 후 유효응력(P_2) : 40[kN/m²]
- 시험 후 간극비(e_2) : 0.97
- 시험 점토의 투수계수(K) : 3.0×10^{-7}[cm/sec]
- 60[%] 압밀시 시간계수(T_v) : 0.287

[계산과정]   [답] _____

해답

[계산과정]

① 압축계수 $a_v = \dfrac{e_1 - e_2}{P_2 - P_1} = \dfrac{1.2 - 0.97}{40 - 20} = 0.0115 [\text{m}^2/\text{kN}]$

② 체적의 변화계수 $m_v = \dfrac{a_v}{1+e} = \dfrac{0.0115}{1+1.2} = 0.005227 [\text{m}^2/\text{kN}]$

③ 압밀계수 C_v

$k = m_v \cdot C_v \cdot \gamma_\omega$

$\therefore C_v = \dfrac{k}{m_v \cdot \gamma_\omega} = \dfrac{3.0 \times 10^{-9}}{0.005227 \times 9.81} = 5.851 \times 10^{-8} [\text{m}^2/\text{sec}]$

여기서, $\gamma_\omega = 1[\text{t}/\text{m}^3] = 9,810[\text{N}/\text{m}^3] = 9.81[\text{kN}/\text{m}^3]$

④ 압밀계수 $C_v = \dfrac{T_v \cdot H^2}{t}$ 에서

$\therefore t_{60} = \dfrac{T_v \cdot H^2}{C_v} = \dfrac{0.287 \times 3^2}{5.851 \times 10^{-8}} = 44,146,299.78 \text{초} = 511\text{일}$

[답] 511일

02 터널에서 사용하고 있는 록볼트(Rock Bolt)의 인발시험 목적 2가지를 쓰시오. [3점]

① _____ ② _____

해답

[답] ① 지반과 록볼트 간의 정착력 확인
　　② 볼트의 파단강도 확인
　　③ 볼트와 충전재 간의 부착강도 확인

03 방파제(防波堤)란 외곽시설(外廓施設)로 항내정온을 유지하고 선박의 항행을 원활히 하기 위해 축조된 항만 구조물이다. 방파제의 구조 형식에 따른 종류를 3가지 쓰시오. [3점]

① _____ ② _____ ③ _____

해답

[답] ① 직립방파제　② 경사방파제　③ 혼성방파제

04 한중콘크리트 시공에서 비볐을 때의 콘크리트의 온도는 기상조건, 운반시간 등을 고려하여 타설할 때 소요의 콘크리트 온도가 얻어지도록 해야 한다. 비볐을 때의 콘크리트 온도 및 주위기온이 아래와 같을 때 타설이 끝났을 때의 콘크리트 온도를 계산하시오. [3점]

- 비볐을 때의 콘크리트 온도 : 25℃
- 주위온도 : 3℃
- 비빈 후부터 타설이 끝났을 때까지의 시간 : 1시간 30분

[계산과정]　　　　　　　　　　　　　　　　　　[답] _____

해답

[계산과정] $T_2 = T_1 - 0.15(T_1 - T_0)t = 25 - 0.15 \times (25 - 3) \times 1.5 = 20.05$℃

[답] 20.05℃

> **참고하세요**
>
> **타설 종료 후 콘크리트 온도**
> $T_2 = T_1 - 0.15(T_1 - T_0)t$
> 여기서, T_2 : 타설 종료 후 콘크리트 온도(℃)
> T_1 : 믹싱시의 콘크리트 온도(℃)
> T_0 : 주위 기온(℃)
> t : 비빈 후부터 타설 종료 때까지 시간(hr)
>   0.15 : 타설이 끝났을 때 콘크리트의 온도는 운반, 타설 도중의 열손실 때문에 믹서에서 비볐을 때의 온도보다 저하하는데, 이 저하의 정도는 일반적으로 운반 및 타설시간 1시간에 대하여 콘크리트 온도와 주위 기온과의 차이는 15% 정도로 본다.

18①, 13④, 11②, 07②, 05②, 02④, 94④, 91②

05 Sand drain을 연약지반에 타설하는 방법을 3가지만 쓰시오. [3점]

① _____   ② _____   ③ _____

[해답]

[답] ① 압축공기식 케이싱법   ② water jet 케이싱법
    ③ earth auger법   ④ rotary boring법(rotary drilling)
    ⑤ mandrel법

18①, 17②, 13①, 07④, 05①, 00④, 95①

06 콘크리트 타설시 타설에서 콘크리트의 응력이 종료할 때까지 발생하는 초기균열의 종류를 3가지만 쓰시오. [3점]

① _____   ② _____   ③ _____

[해답]

[답] ① 침하균열   ② 플라스틱 수축 균열   ③ 거푸집 변형에 의한 균열

> **참고하세요**
>
> **콘크리트의 초기균열**
> ① 침하 균열(침하수축균열)   ② 플라스틱 수축 균열(초기 건조 균열)
> ③ 거푸집 변형에 의한 균열   ④ 진동 및 경미한 재하에 따른 균열

07 다음 데이터를 이용하여 Normal time 네트워크 공정표를 작성하고 공기를 3일 단축할 때 최소의 추가공사비를 산출하시오. (단, ① Net Work 공정표 작성은 화살표 Net Work로 하고 ② 주공정선(Critical path)은 굵은 선 또는 이중선으로 한다.) [9점]

작업명	정상비용		특급비용	
	공기(일)	공비(원)	공기(일)	공비(원)
A(0→1)	3	20,000	2	26,000
B(0→2)	7	40,000	5	50,000
C(1→2)	5	45,000	3	59,000
D(1→4)	8	50,000	7	60,000
E(2→3)	5	35,000	4	44,000
F(2→4)	4	15,000	3	20,000
G(3→5)	3	15,000	3	15,000
H(4→5)	7	60,000	7	60,000
계		280,000		334,000

가. Normal time 네트워크 공정표를 작성하시오.

　　○

나. 공기를 3일간 단축할 때 최소의 추가공사비를 구하시오.

　[계산과정]

　　　　　　　　　　　　　　　　　　　　　　　　[답] _____

해답

가. Network 공정표
　[답]

나. 최소의 추가공사비
[계산과정]
① 비용경사(cost slope)

작업명	단축가능 일수	비용경사(원)
A	1	$\dfrac{26{,}000-20{,}000}{3-2}=6{,}000$
B	2	$\dfrac{50{,}000-40{,}000}{7-5}=5{,}000$
C	2	$\dfrac{59{,}000-45{,}000}{5-3}=7{,}000$
D	1	$\dfrac{60{,}000-50{,}000}{8-7}=10{,}000$
E	1	$\dfrac{44{,}000-35{,}000}{5-4}=9{,}000$
F	1	$\dfrac{20{,}000-15{,}000}{4-3}=5{,}000$
G	0	0
H	0	0

② 공기단축

단축단계	작업명	단축일수	추가비용(원)
1단계	F	1	5,000
2단계	A	1	6,000
3단계	B, C, D	1	5,000+7,000+10,000=22,000

③ 추가비용(extra cost)
  EC = 5,000+6,000+22,000 = 33,000원

[답] 33,000원

---

08 점토층의 두께 5m, 간극비 1.4, 액성한계 50%, 점토층 위에 유효상재압력이 100kN/m² 에서 140kN/m² 로 증가할 때의 침하량은 얼마인가? [3점]

[계산과정]   [답] _____

해답

[계산과정]
① $C_C = 0.009(\omega_L - 10) = 0.009(50-10) = 0.36$
② $e = 1.4$
③ $\Delta H = \dfrac{C_C}{1+e}\log\dfrac{P_2}{P_1} H = \dfrac{0.36}{1+1.4}\log\dfrac{140}{100}\times 5 = 0.1096\text{m} = 10.96\text{cm}$

[답] 10.96cm

[부록] 2018년 4월 15일 시행

18①, 17①, 15②, 11②, 10①, 04①, 00③, 97③, 94③, 92②

09 탄성파속도가 1,100m/s인 사암으로 된 수평한 지반을 1개의 리퍼날이 부착된 21t급의 불도저($q_0 = 3.3\text{m}^3$)로 리핑하면서 작업을 할 때 1시간당 작업량을 본바닥 토량으로 구하시오.(단, 소수 셋째자리에서 반올림하시오.) [3점]

[조건]
- 1개 날의 1회 리핑 단면적 : 0.14m^2
- 작업거리 : 40m
- 불도저의 구배계수 : 0.9
- 리퍼의 사이클 타임 $C_m = 0.05l + 0.33$
- 불도저의 사이클 타임 $C_m = 0.037l + 0.25$
- 리퍼의 작업효율 : 0.9
- 불도저의 작업효율 : 0.4
- 토량변화율 $L = 1.6$, $C = 1.1$

[계산과정]　　　　　　　　　　　　　　　　　　　　[답]＿＿＿＿＿＿＿

해답

[계산과정]

① Bulldozer 1시간당 작업량

　㉠ $q = q_0 \cdot \rho = 3.3 \times 0.9$(흐트러진 상태)

　㉡ $f = \dfrac{1}{L} = \dfrac{1}{1.6}$

　㉢ $E = 0.4$

　㉣ $C_m = 0.037l + 0.25 = 0.037 \times 40 + 0.25$

　㉤ $Q = \dfrac{60 \cdot q \cdot f \cdot E}{C_m} = \dfrac{60 \times (3.3 \times 0.9) \times \dfrac{1}{1.6} \times 0.4}{0.037 \times 40 + 0.25} = 25.75\,\text{m}^3/\text{h}$(자연상태)

② Ripper 1시간당 작업량

　㉠ $A_n = 0.14\,\text{m}^2$

　㉡ $l = 40\,\text{m}$

　㉢ $q = A_n \cdot l\,\text{m}^3$(본바닥 상태)

　㉣ $f = 1$

　㉤ $E = 0.9$

　㉥ $C_m = 0.05l + 0.33 = 0.05 \times 40 + 0.33$

　㉦ $Q = \dfrac{60 \cdot A_n \cdot l \cdot f \cdot E}{C_m} = \dfrac{60 \times 0.14 \times 40 \times 1 \times 0.9}{0.05 \times 40 + 0.33} = 129.79\,\text{m}^3/\text{h}$(자연상태)

③ 1시간당 작업량

$$Q = \dfrac{Q_1 \times Q_2}{Q_1 + Q_2} = \dfrac{25.75 \times 129.79}{25.75 + 129.79} = 21.49\,\text{m}^3/\text{h}$$

[답] $21.49\text{m}^3/\text{h}$

10 흙의 다짐에 관한 다음 물음에 답하시오. [6점]

가. 흙 다짐의 정의에 대해 간단히 설명하시오.
　○ _____

나. 흙 다짐의 기대되는 효과 3가지를 쓰시오.
　① _____　② _____　③ _____

[답] 가. 흙 다짐의 정의

다짐이란 흙에 타격, 누름, 진동, 반죽 등의 인위적인 방법으로 에너지를 가하여 간극 내의 공기를 배출시킴으로써 입자 간의 결합을 치밀하게 하여 흙의 단위중량을 증대시키는 것을 말한다.

나. 흙 다짐의 기대되는 효과

① 지반의 지지력 증대된다.
② 간극비가 감소되어 투수성이 감소된다.
③ 압축성이 감소되어 지반의 침하를 감소시킬 수 있다.
④ 흙의 단위중량을 증가시킨다.
⑤ 흙의 전단강도를 증가시켜 사면의 안정성이 개선된다.
⑥ 동상, 팽창, 건조수축 등의 영향을 감소시킬 수 있다.

---

11 지진 발생시 교량의 안전에 대하여 지진보호장치 3가지를 쓰시오. [3점]

① _____　② _____　③ _____

[답] ① 받침보호장치　② 점성댐퍼
　　　③ 낙교방지장치　④ 내진보강 탄성받침장치

지진보호장치

① **받침보호장치** : 지진 시 교량 상부구조의 받침에 작용하는 수평력을 부담해 지진력을 분산시키는 장치
② **점성댐퍼** : 지진발생 시 고정단(교량 기둥)에 급격하게 전달되는 에너지를 감쇠력을 발휘해 부재에 걸리는 지진에너지를 분산시키는 장치
③ **낙교방지장치** : 지진 시 교량 상부구조의 낙교를 방지하여 지진 피해를 방지하는 장치

18①, 15①, 12②, 08①, 03①

12 주어진 도면 및 조건에 따라 다음 물량을 산출하시오 (단, 주어진 도면의 치수는 축척에 맞지 않을 수 있으며, 주어진 치수로만 물량을 산출할 것) [18점]

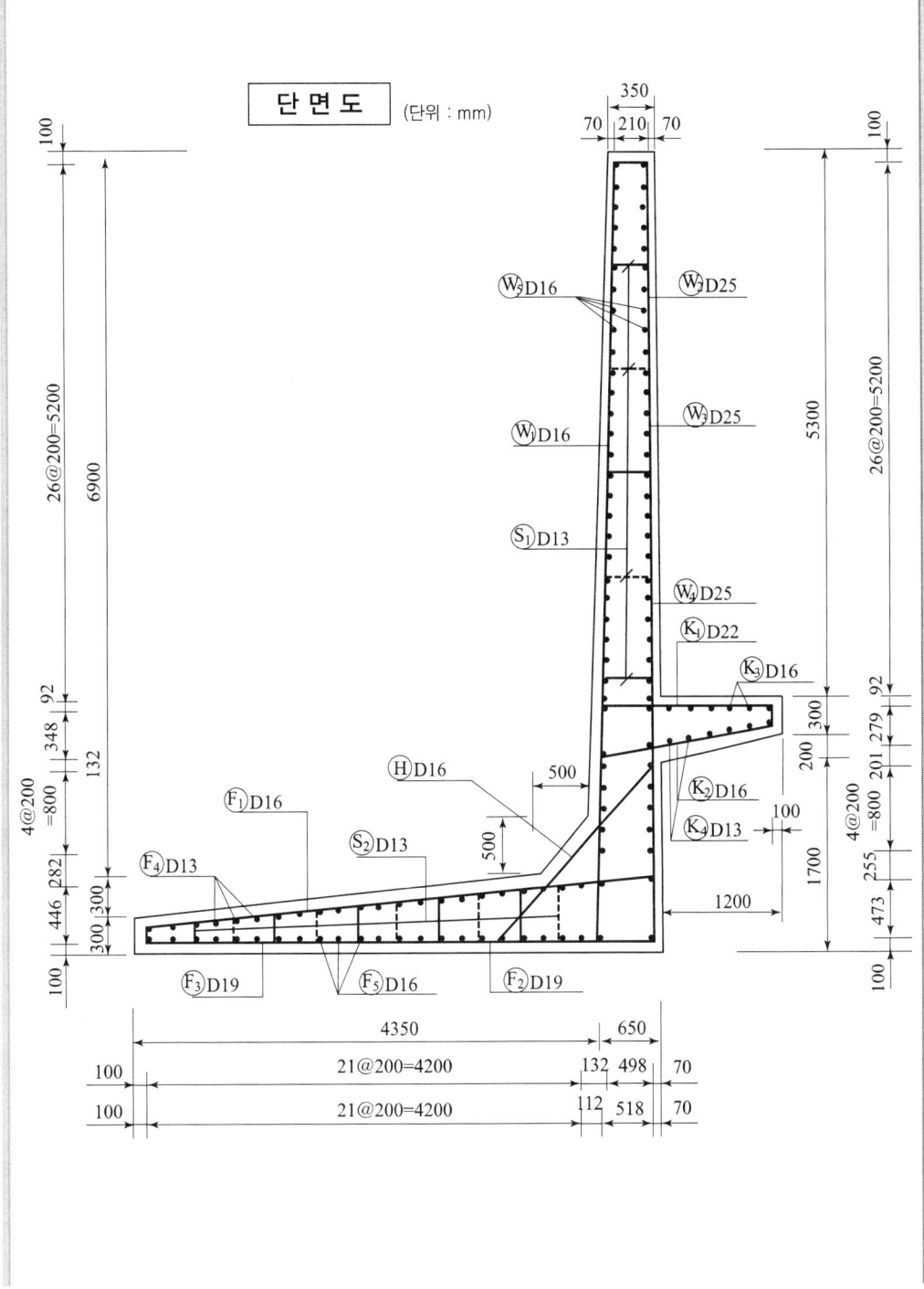

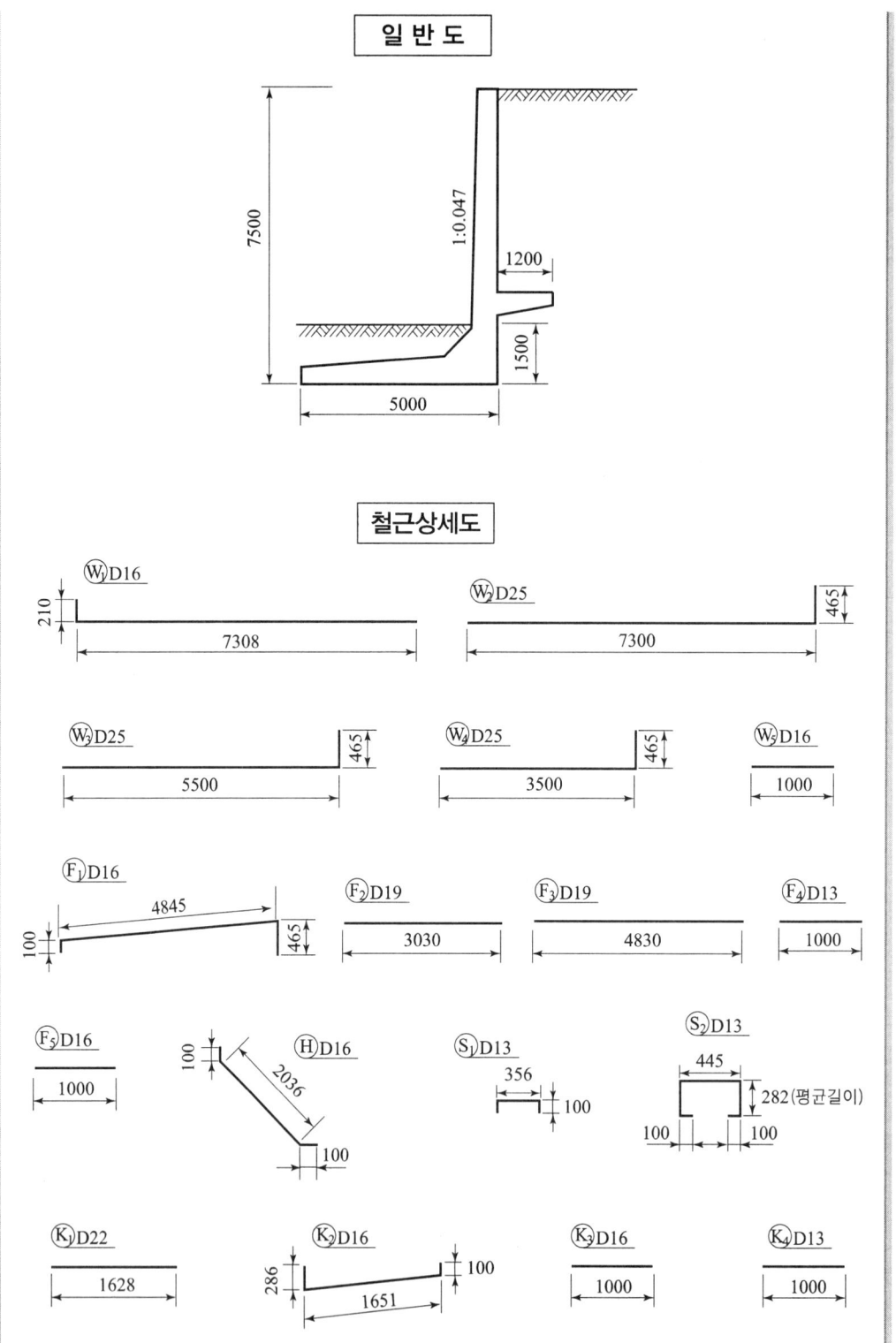

[조건]
① W_1, W_4, H, K_1, K_2, K_3, K_4, F_1, F_2, F_3 철근은 각각 200mm 간격으로 배근한다.
② W_2, W_3 철근은 각각 400mm 간격으로 배근한다.
③ S_1, S_2 철근은 건너서(지그재그) 배근한다.
④ 물량 산출에서의 할증률 및 양측 마구리면과 상면 노출부는 무시한다.
⑤ 철근 길이 계산에서 상세도에 표시되어 있지 않은 이음길이는 계산하지 않는다.
⑥ mm 단위 이하는 반올림하여 mm까지 구한다.

가. 길이 1m에 대한 콘크리트량을 구하시오.(단, 소수 4째자리에서 반올림)
[계산과정]   [답] _____

나. 길이 1m에 대한 거푸집량을 구하시오.(단, 소수 4째자리에서 반올림)
[계산과정]   [답] _____

다. 길이 1m에 대한 철근량 산출을 위한 철근물량표를 완성하시오.

기호	직경	길이(mm)	수량	총길이(mm)	기호	직경	길이(mm)	수량	총길이(mm)
W_2					F_4				
W_5					S_1				
H					S_2				

해답

가. 콘크리트량

[계산과정]

① $A = \left(\dfrac{0.35 + 0.65}{2} \times 6.4 \right) \times 1$
$= 3.200 \text{m}^3$

② $B = \left(\dfrac{0.30 + 0.50}{2} \times 1.2 \right) \times 1$
$= 0.480 \text{m}^3$

③ $C = \left(\dfrac{0.65 + 1.150}{2} \times 0.50 \right) \times 1$
$= 0.450 \text{m}^3$

④ $D = (1.150 \times 0.60) \times 1 = 0.690 \text{m}^3$

⑤ $E = \left(\dfrac{0.30 + 0.60}{2} \times 3.850 \right) \times 1$
$= 1.733 \text{m}^3$

⑥ $\sum V = 3.200 + 0.480 + 0.450 + 0.690 + 1.733$
$= 6.553 \text{m}^3$

[답] 6.553m^3

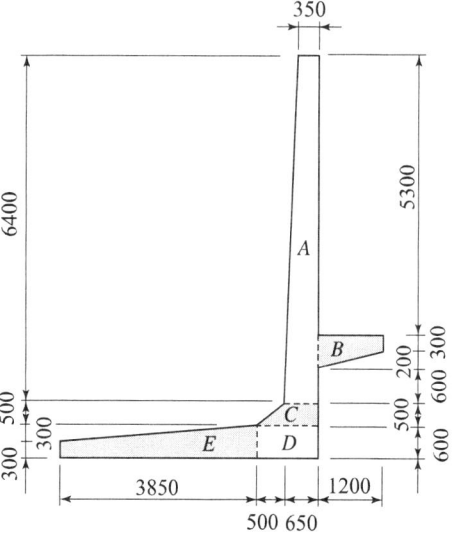

나. 거푸집량

[계산과정]

① $x = 0.047 \times 6.4 = 0.3008$m

② $A = 0.30 \times 1 = 0.300$m^2

③ $B = 1.700 \times 1 = 1.70$m^2

④ $C = \sqrt{0.50^2 + 0.50^2} \times 1 = 0.707$m^2

⑤ $D = \sqrt{1.20^2 + 0.20^2} \times 1 = 1.217$m^2

⑥ $E = 0.30 \times 1 = 0.30$m^2

⑦ $F = \sqrt{6.4^2 + 0.3008^2} \times 1 = 6.407$m^2

⑧ $G = 5.30 \times 1 = 5.30$m^2

⑨ $\sum A = 0.300 + 1.700 + 0.707 + 1.217 + 0.300 + 6.407 + 5.300$

$= 15.931$m^2

[답] 15.93m^2

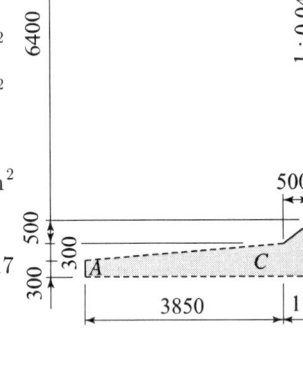

다. 철근물량표

[계산과정]

① 철근 길이

㉠ W_2철근 길이 $= 7,300 + 465 = 7,765$mm

㉡ W_5철근 길이 $= 1,000$mm

㉢ H철근 길이 $= 100 \times 2 + 2,036 = 2,236$mm

㉣ F_4철근 길이 $= 1,000$mm

㉤ S_1철근 길이 $= 356 + 100 \times 2 = 556$mm

㉥ S_2철근 길이 $= (100 + 282) \times 2 + 445 = 1,209$mm

② 철근 수량

㉠ W_2철근 수량 $= \dfrac{\text{총길이}}{\text{철근 간격}} = \dfrac{1,000}{400} = 2.5$본

㉡ W_5철근 수량 = 단면도 벽체 전후면에서 세면 = 68본

㉢ H철근 수량 $= \dfrac{\text{총길이}}{\text{철근 간격}} = \dfrac{1,000}{200} = 5$본

㉣ F_4철근 수량 = 단면도 저판 상부에서 세면 = 24본

㉤ S_1철근 수량 $= \dfrac{\text{옹벽 길이}}{W_1\text{의 간격} \times 2} \times \text{단면도에서 } S_1 \text{줄수} = \dfrac{1,000}{200 \times 2} \times 5 = 12.5$본

㉥ S_2철근 수량 $= \dfrac{\text{옹벽 길이}}{F_1\text{의 간격} \times 2} \times \text{단면도에서 } S_2 \text{줄수} = \dfrac{1,000}{400 \times 2} \times 10 = 12.5$본

③ 총길이는 각 철근의 길이에 각 철근의 수량을 곱하여 구한다.

[답]

기호	직경	길이(mm)	수량	총길이(mm)	기호	직경	길이(mm)	수량	총길이(mm)
W_2	D25	7,765	2.5	19,413	F_4	D13	1,000	24	24,000
W_5	D16	1,000	68	68,000	S_1	D13	556	12.5	6,950
H	D16	2,236	5	11,180	S_2	D13	1,209	12.5	15,113

13 측량성과가 아래와 같고 시공기준면을 12m로 할 경우 총 토공량을 구하시오. (단, 격자점의 숫자는 표고이며, m 단위이다.) [3점]

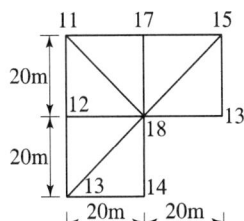

[계산과정]

[답] _____

해답

[계산과정]

① 시공기준면 12m일 때 절토량

$$V = \frac{ab}{6}(\Sigma h_1 + 2\Sigma h_2 + \cdots\cdots + 8\Sigma h_8)$$

㉠ $\Sigma h_1 = 1 + 2 = 3\text{m}$

㉡ $\Sigma h_2 = 5 + 3 + 1 = 9\text{m}$

㉢ $\Sigma h_6 = 6\text{m}$ $V = \dfrac{20 \times 20}{6}(3 + 2 \times 9 + 8 \times 6) = 4600\text{m}^3$

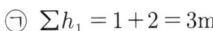

② 시공기준면 12m일 때 성토량

$$V = \frac{ab}{6}(\Sigma h_1 + 2\Sigma h_2 + \cdots\cdots + 8\Sigma h_8)$$

$\Sigma h_2 = 1\text{m}$ $V = \dfrac{20 \times 20}{6}(2 \times 1) = 133.33\text{m}^3$

③ 문제의 조건에서 토량환산계수가 주어지지 않았으므로

$V = 4600 - 133.33 = 4466.67\text{m}^3$(절토량)

[답] 4466.67m^3(절토량)

---

14 공기케이슨 공법과 비교했을 때 오픈케이슨 공법의 시공상 단점을 3가지 쓰시오. [3점]

① _____   ② _____   ③ _____

해답

[답] ① 기초 지반의 토질 상태를 파악하기 어렵다.
② 경사수정이 어렵다.
③ 굴착시 boiling, heaving의 우려가 있다.

18①, 10②, 09①, 07④

15 흙의 노상재료 분류법으로서 흙의 성질을 숫자로 나타낸 것을 군지수(group index)라고 한다. 이러한 군지수를 구할 때 필요로 하는 지배요소 3가지를 쓰시오. [3점]

① _____ ② _____ ③ _____

해답

[답] ① No.200(0.075mm)체 통과중량 백분율
② 액성한계
③ 소성지수

참고하세요

군지수(GI : group index)
$GI = 0.2a + 0.005ac + 0.01bd$
여기서, a : No.200(0.075mm)체 통과중량 백분율-35(0~40의 정수)
b : No.200(0.075mm)체 통과중량 백분율-15(0~40의 정수)
c : $w_L - 40$, 0~20의 정수
d : $I_p - 10$, 0~20의 정수

18①, 14④, 11①, 06④, 04④, 03①

16 현장타설말뚝은 일반적으로 지지말뚝으로 사용되기 때문에 콘크리트를 타설할 때 공저에 슬라임(Slime)이 퇴적되어 있으면 침하 원인이 되고 말뚝으로서 기능이 현저하게 저하된다. 이 같은 슬라임을 제거하기 위한 방법을 3가지만 쓰시오. [3점]

① _____ ② _____ ③ _____

해답

[답] ① 메카닉펌프 ② 석션 파이프 ③ 에어리프팅

참고하세요

슬라임의 제거 방법
① 메카닉펌프 : 주사기 형태의 펌프로서 선단까지 장비를 내린 후 피스톤을 뽑아 올려 선단부의 슬라임을 펌프내부를 통해 상부로 빼내어 제거하는 방법이다.
② 석션 파이프 : 파이프를 통해 슬라임을 직접 뽑아 올리는 방법으로, 콘크리트 타설용 트리미 관을 주로 이용한다.
③ 에어리프팅 : 트리미 관 파이프를 이용하여 선단에 공기를 불어 넣어 선단부 슬라임을 부양시켜 버리는 방법이다.

18①, 14①, 11①, 09①, 04②, 00④, 99⑤, 98⑤, 88①②

17 그림과 같은 말뚝의 하단을 통하는 활동면에 대한 히빙(heaving) 현상의 안전율을 구하시오. [3점]

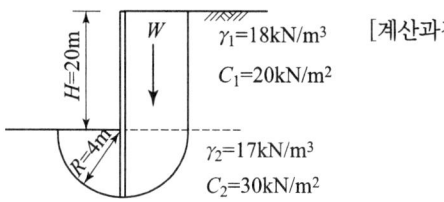

[계산과정]

[답] _____

해답

[계산과정]

① 히빙을 일으키는 모멘트(M_d)

$$M_d = \gamma_1 \cdot H \cdot R \times \frac{R}{2} = 18 \times 20 \times 4 \times \frac{4}{2} = 2,880 [\text{kN/m}]$$

② 히빙에 저항하는 모멘트(M_r)

$$M_r = C_1 \cdot H \cdot R + \frac{\pi D}{2} \cdot C_2 \cdot R = 20 \times 20 \times 4 + \frac{\pi \times (2 \times 4)}{2} \times 30 \times 4$$

$$= 3,107.96 [\text{kN/m}]$$

③ 안전율

$$F_s = \frac{M_r}{M_d} = \frac{3,107.96}{2,880} = 1.08$$

[답] 1.08

18①, 14④, 04①, 97④, 95⑤

18 중력식 댐의 시공 후 관리상 댐 내부에 설치하는 검사랑의 시공목적을 3가지만 쓰시오. [3점]

① _____ ② _____ ③ _____

해답

[답] ① 댐 내부의 균열검사 ② 댐 내부의 누수 및 배수검사 ③ 댐 내부의 수축량검사

참고하세요

검사랑 설치 목적(이유)
① 댐 내부의 균열검사   ② 댐 내부의 누수 및 배수검사
③ 댐 내부의 수축량검사   ④ 양압력, 온도측정
⑤ grouting 이용

18①, 01①

19 다음 콘크리트의 시방 배합을 현장 배합으로 환산하시오. [3점]

[시방 배합]
- 단위수량 : 200kg/m³
- 모래 : 800kg/m³
- 모래의 표면수 : 5%
- 모래의 N04(5mm)체에 잔류량 : 4%
- 단위시멘트량 : 400kg/m³
- 자갈 : 1,500kg/m³
- 자갈의 표면수 : 1%
- 자갈의 N04(5mm)체에 통과량 : 5%

[계산과정]

[답] 단위 수량 : _____ 단위 모래량 : _____ 단위 자갈량 : _____

해답

[계산과정]

① 입도 보정

모래를 x(kg), 자갈을 y(kg)이라 하면

$x + y = 800 + 1,500 = 2,300$ ··· ㉠식

$0.04x + (1 - 0.05)y = 1,500$ ··· ㉡식

㉠식에서 y값을 구해 ㉡식에 대입하여 x를 구하면,

$y = 2,300 - x$

$0.04x + (1 - 0.05)(2,300 - x) = 1,500$

$0.04x + 2,185 - 0.95x = 1,500$

$x = \dfrac{2,185 - 1,500}{0.91} = 752.75 \text{kg}$

x값을 y식에 대입하여 y값을 구하면,

$y = 2,300 - x = 2,300 - 752.75 = 1,547.25 \text{kg}$

② 표면수 보정

㉠ 잔골재 표면수량 $= 752.75 \times 0.05 = 37.64 \text{kg}$

㉡ 굵은골재 표면수량 $= 1,547.25 \times 0.01 = 15.47 \text{kg}$

③ 현장배합

단위수량 $= 200 - (37.64 + 15.47) = 146.89 \text{kg/m}^3$

단위 모래량 $= 752.75 + 37.64 = 790.39 \text{kg/m}^3$

단위 자갈량 $= 1,547.25 + 15.47 = 1,562.72 \text{kg/m}^3$

[답] 단위수량 : 146.89kg/m^3

단위 모래량 : 790.39kg/m^3

단위 자갈량 : $1,562.72 \text{kg/m}^3$

18①, 13④, 10②, 07④, 05④, 04④, 00⑤, 98②, 96①④, 94②, 92④

20
어느 작업의 정상 소요 일수는 15일이며, 가장 빨리 끝낼 경우 12일이 소요되고 아무리 늦어도 20일 이내에는 끝낼 수 있다. 이 작업이 기대되는 소요일수를 구하고, 이때의 분산을 구하시오. [4점]

가. 기대소요일수를 구하시오.
　　[계산과정]　　　　　　　　　　　　　　　　　　[답] _____

나. 분산을 구하시오.
　　[계산과정]　　　　　　　　　　　　　　　　　　[답] _____

해답

가. 기대소요일수(기대치)

[계산과정] $t_e = \dfrac{t_0 + 4t_m + t_p}{6} = \dfrac{12 + 4 \times 15 + 20}{6} = 15.33$ 일

[답] 15.33일

나. 분산

[계산과정] $\sigma^2 = \left(\dfrac{t_p - t_0}{6}\right)^2 = \left(\dfrac{20 - 12}{6}\right)^2 = 1.78$

[답] 1.78

18①, 13②, 09①, 07④, 05④, 02②, 01②, 00②, 99③, 96⑤, 91③

21
자연함수비 10%인 흙으로 성토하고자 한다. 시방서에서는 다짐한 흙의 함수비를 15%로 관리하도록 규정하였을 때 매 층마다 1m²당 몇 L의 물을 살수해야 하는가? (단, 1층의 다짐 두께는 20cm, 토량 변화율은 $C = 0.9$이며, 원지반 상태에서 흙의 단위중량은 18kN/m³임.) [3점]

[계산과정]　　　　　　　　　　　　　　　　　　[답] _____

해답

[계산과정]

① 1m²당 본바닥체적 $= (1 \times 1 \times 0.2) \times \dfrac{1}{0.9} = 0.222 \text{m}^3$

② $w = 10\%$일 때 흙의 무게

$\gamma_t = \dfrac{W}{V}$　　$18 = \dfrac{W}{0.222}$　　　　　　∴ $W = 4\text{kN}$

③ $w = 10\%$일 때 물의 무게

$$W_s = \frac{W}{1+\dfrac{w}{100}} = \frac{4}{1+\dfrac{10}{100}} = 3.64\text{kN} \qquad \therefore\ W_w = W - W_s = 4 - 3.64 = 0.36\text{kN}$$

④ $w = 15\%$ 일 때 물의 무게

$$w = \frac{W_w}{W_s} \times 100 \qquad 15 = \frac{W_w}{3.64} \times 100 \qquad \therefore\ W_w = 0.55\text{kN}$$

⑤ 살수량 $= 0.55 - 0.36 = 0.19\text{kN} = \dfrac{190}{9.80} = 19.39\text{kg} = 19.39\text{L}$

[답] 19.36L

18①, 99⑤, 98②, 96①

22

높은 교각이나 사이로, 수조 등의 공사에 사용하는 특수 거푸집으로 시공속도가 빠르고 이음이 없는 수밀성의 콘크리트 구조물을 만들 수 있는 대표적 특수 거푸집 공법 3가지를 쓰시오. [4점]

① _____ ② _____ ③ _____

해답

[답] ① 슬립 폼(Slip Form)
② 슬라이딩 폼(Sliding Form)
③ 트래블링 폼(Travelling Form)

참고하세요

2차폭파
폭파에서 생긴 암석덩어리가 기계 등으로 처리 할 수 없을 정도로 클 때 조각을 내기 위한 폭파
① 슬립 폼(Slip Form) : 수직적 또는 수평적으로 반복된 구조물을 시공이음이 없이 균일한 형상으로 시공하기 위하여 거푸집을 연속적으로 이동하면서 콘크리트를 타설하여 구조물을 시공하는 거푸집
② 슬라이딩 폼(Sliding Form) : 사일로 등의 변화가 전혀 없는 평면형의 구조물에 적합하고 일정한 형의 거푸집을 상승시키면서 연속하여 콘크리트를 쳐가는 거푸집
③ 트래블링 폼(Travelling Form) : 한 구간의 콘크리트를 타설한 후 거푸집을 낮추고 다음 콘크리트 타설 구간까지 거푸집을 이동시키면서 콘크리트를 계속 적으로 타설한다. 수평적으로 연속된 구조물에 적용하는 거푸집

23 다음 그림과 같은 사면에서 AC는 가상파괴면을 나타낸다. 쐐기 ABC가 활동에 대한 안전율은 얼마인가? [3점]

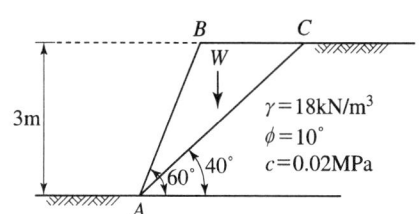

[계산과정]

[답] _____

해답

[계산과정]

① BC 거리

    ㉠ $x_1 = 3 \times \tan 30° = 1.732$m

    ㉡ $x = 3 \times \tan 50° = 3.575$m

    ㉢ BC 거리 $= x - x_1 = 33.575 - 1.732 = 1.843$m

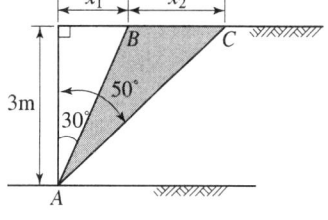

② AC 거리 $= L = \dfrac{3}{\cos 50°} = 4.667$m

③ 쐐기 $\triangle ABC$의 중량

$$W = A \cdot \gamma = \left(\dfrac{1}{2} \times 3 \times 1.843\right) \times 18 = 49.761 \text{kN/m}$$

④ 활동에 대한 안전율

$$F_s = \dfrac{cL + W_V \tan\phi}{W_H}$$

$$= \dfrac{cL + W\sin 50° \tan\phi}{W\cos 50°}$$

$$= \dfrac{20 \times 4.667 + 49.761 \times \sin 50° \times \tan 10°}{49.761 \times \cos 50°}$$

$$= 3.13$$

※ $0.02\text{MPa} = 20\text{kN/m}^2$

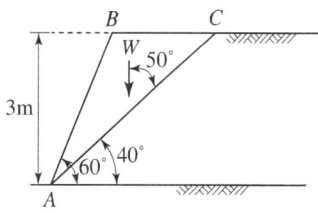

[답] 3.13

24 3m×3m 크기의 정사각형 기초를 마찰각 $\phi=20°$, 점착력 $C=31\text{kN/m}^2$인 지반에 설치하였다. 흙의 단위중량 $\gamma=17\text{kN/m}^3$이며 기초의 근입 깊이는 2m이다. 지하수위가 지표면에서 3m 깊이에 있을 때의 극한 지지력을 구하시오. (단, 지하수위 아래의 흙의 포화단위중량은 18.7kN/m^3이고 Terzaghi 공식을 사용하고, $\phi=20°$일 때 $N_c=17.7$, $N_r=5$, $N_q=7.4$) [3점]

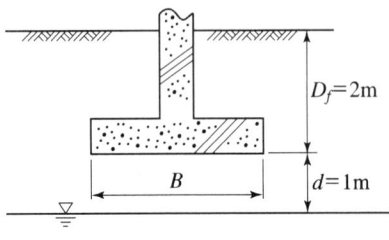

[계산과정]   [답] _____

[해답]

[계산과정]
① $\gamma_{sub}=18.7-9.81=8.89\text{kN/m}^3$
② $d<B$의 경우
$$\gamma_1=\gamma_{sub}+\frac{d}{B}(\gamma_t-\gamma_{sub})=8.89+\frac{1}{3}(17-8.89)=12.95\text{kN/m}^3$$
③ $\gamma_2=\gamma_t=17\text{kN/m}^3$
④ $q_u=\alpha CN_c+\beta\gamma_1 BN_r+\gamma_2 D_f N_q$
　　$=1.3\times31\times17.7+0.4\times12.95\times3\times5+17\times2\times7.4=1{,}042.61\text{kN/m}^2$

[답] $1{,}042.61\text{kN/m}^2$

---

25 다음 표에서 설명하고 있는 사면보호공법의 명칭을 쓰시오. [2점]

> 사면의 활동토체를 관통하여 부동지반까지 말뚝을 일렬로 시공함으로써 사면의 활동하중을 말뚝의 수평저항으로 받아 부동지반에 전달시키는 공법이다.

○ _____

[해답]

[답] 억지말뚝공법

국가기술자격검정 실기시험문제

2018년도 기사 일반검정(제2회) (2018-06-30)

자격종목 및 등급(선택분야)	종목코드	시험시간	형별	수험번호	성 명
토목기사		3시간	A		

※ 다음 물음의 답을 해당 답란에 답하시오.(배점)

18②, 17①

01 터널 굴착시 여굴(over break)이 발생하는 원인을 3가지만 쓰시오. [3점]

① _____ ② _____ ③ _____

해답

[답] ① 발파 잘못에 의한 원인
② 천공위치 및 천공 기술자의 숙련도에 의한 원인
③ 사용장비에 의한 원인

참고하세요

여굴 발생 원인
① 발파 잘못에 의한 원인 ② 천공위치 및 천공 기술자의 숙련도에 의한 원인
③ 사용장비에 의한 원인 ④ 지반조건(전단력이 약한 지반)에 의한 원인

18②, 08①, 03④, 02①, 93①, 91③, 87②

02 연약지반 상에 성토할 때 성토재료가 굵은 모래, 자갈, 암석과 같이 투수성이고 기초지반 지지력이 크지 않은 경우 먼저 sand mat(부사)를 깔고 성토하는데 이 때에 sand mat의 중요한 역할을 3가지 쓰시오. [3점]

① _____ ② _____ ③ _____

해답

[답] ① 연약층 압밀을 위한 상부 배수층을 형성한다.
② 시공 기계의 주행성(trafficability)을 확보한다.
③ 성토시 성토내 지하 배수층 형성한다.
④ 지하수위 상승시 횡방향 배수로 형성한다.

18②, 13②, 09②, 04②

03 PSC교량에 사용되는 PS강재의 정착방법 중에서 가장 보편적으로 쓰이는 정착방식들은 정착장치의 형식에 따라 3가지로 분류할 수 있다. 그 3가지를 쓰시오.
[3점]

① _____ ② _____ ③ _____

[답] ① 쐐기식 ② 지압식 ③ 루프식

18②, 09①, 08④, 99⑤, 93③

04 구획정리를 위한 측량결과값이 그림과 같은 경우 계획고 10.00m로 하기 위한 토량은? (단위 : m)
[3점]

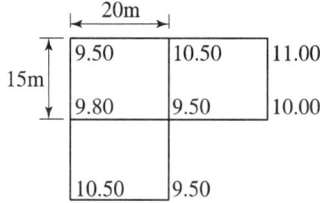

[계산과정] [답] _____

[계산과정]

$$V = \frac{A}{4}(\Sigma h_1 + 2\Sigma h_2 + 4\Sigma h_4)$$

$$= \frac{20 \times 15}{4} \times (0.5 - 1 + 0 + 0.5 - 0.5 + 2 \times (-0.5 + 0.2) + 3 \times 0.5)$$

$$= 30\,\mathrm{m}^3$$

[답] $30\,\mathrm{m}^3$

18②, 17①, 11②, 10①, 09④, 08④, 06④

05 콘크리트의 배합강도를 구하기 위한 시험횟수 16회의 콘크리트 압축강도 측정 결과가 아래 표와 같고 호칭강도가 28MPa일 때 아래 물음에 답하시오.

[8점]

[압축강도 측정결과(단위 : MPa)]

26.0	29.5	25.0	34.0	25.5	34.0	29.0
24.5	27.54	33.0	33.5	27.5	25.5	28.5
26.0	35.0					

가. 위 표를 보고 압축강도의 평균값을 구하시오.

[계산과정]   [답] _____

나. 압축강도 측정결과 및 아래의 표를 이용하여 배합강도를 구하기 위한 표준편차를 구하시오.

시험횟수	표준편차의 보정계수	비고
15	1.16	이 표에 명시되지 않은 시험횟수에 대해서는 직선보간한다.
20	1.08	
25	1.03	
30 또는 그 이상	1.00	

[계산과정]   [답] _____

다. 배합강도를 구하시오.

[계산과정]   [답] _____

해답

가. 압축강도의 평균값

[계산과정]

① $\sum x = 26.0 + 29.5 + 25.0 + 34.0 + 25.5 + 34.0 + 29.0 + 24.5 + 27.5 + 33.0 + 33.5$
$+ 27.5 + 25.5 + 28.5 + 26.0 + 35.0$

$= 464$

② $\bar{x} = \dfrac{\sum x}{n} = \dfrac{464}{16} = 29 \text{MPa}$

[답] 29MPa

나. 배합강도를 구하기 위한 표준편차

[계산과정]

① 편차의 제곱합

$\sum x_i^2 = (26-29)^2 + (29.5-29)^2 + (25-29)^2 + (34-29)^2 + (25.5-29)^2 + (34-29)^2$
$+ (29-29)^2 + (24.5-29)^2 + (27.5-29)^2 + (33-29)^2 + (33.5-29)^2$

$$+(27.5-29)^2+(25.5-29)^2+(28.5-29)^2+(26-29)^2+(35-29)^2$$
$$=206$$

② 표준편차
$$\sigma=\sqrt{\frac{S}{n-1}}=\sqrt{\frac{206}{16-1}}=3.71\text{MPa}$$

③ 16회의 보정계수
$$1.16-\frac{1.16-1.08}{20-15}\times(16-15)=1.144$$

④ 수정표준편차
$$3.71\times1.144=4.24\text{MPa}$$

[답] 4.24MPa

다. 배합강도

[계산과정]

$f_{cn}=28\text{MPa}<35\text{MPa}$ 이므로

① $f_{cr}=f_{cn}+1.34s=28+1.34\times4.24=33.68\text{MPa}$

② $f_{cr}=(f_{cn}-3.5)+2.33s=(28-3.5)+2.33\times4.24=34.38\text{MPa}$

③ 둘 중 큰 값인 34.38MPa가 배합강도이다.

[답] 34.38MPa

18②, 10②, 02②, 87③, 85①③

06

어떤 도저(Dozer)가 폭 3.58m의 철제 브레이드(Blade)를 달고 속도 5.9km/h의 3단 기어로 작업하고 있다. 이때 블레이드의 효율이 72%라면 폭 7.62m, 길이 100m의 면적에서 제거작업을 할 경우, 필요한 작업시간(분)을 구하시오.

[3점]

[계산과정]   [답] _____

해답

[계산과정]

- 블레이드 유효폭 $B_e=B\times E=3.58\text{m}\times0.72=2.58\text{m}$

- 통과횟수 $n=\dfrac{7.62\text{m}}{2.58\text{m}}=3$회

$$\therefore t=\frac{n\cdot\sum l}{v}=\frac{3\text{회}\times2\times100\text{m}}{5.9\text{km/h}\times1000\text{m/km}\times\dfrac{1}{60}\text{h/min}}=6.09\text{분}$$

[답] 6.09분

18②, 18①, 13②, 09①, 07④, 05④, 02②, 01②, 00②, 99③, 96⑤, 91③

07 자연함수비 12%인 흙으로 성토하고자 한다. 시방서에서는 다짐한 흙의 함수비를 16%로 관리하도록 규정하였을 때 매 층마다 1m²당 몇 L의 물을 살수해야 하는가? (단, 1층의 다짐 두께는 20cm, 토량 변화율은 $C=0.9$이며, 원지반 상태에서 흙의 단위중량은 18kN/m³임.) [3점]

[계산과정] [답] _____

해답

[계산과정]

① 1m²당 본바닥체적 $= (1 \times 1 \times 0.2) \times \dfrac{1}{0.9} = 0.222 \text{m}^3$

② $w = 12\%$일 때 흙의 무게

$\gamma_t = \dfrac{W}{V} \qquad 18 = \dfrac{W}{0.222} \qquad \therefore\ W = 4\text{kN}$

③ $w = 12\%$일 때 물의 무게

$W_s = \dfrac{W}{1 + \dfrac{w}{100}} = \dfrac{4}{1 + \dfrac{12}{100}} = 3.57\text{kN} \qquad \therefore\ W_w = W - W_s = 4 - 3.57 = 0.43\text{kN}$

④ $w = 16\%$일 때 물의 무게

$w = \dfrac{W_w}{W_s} \times 100 \qquad 16 = \dfrac{W_w}{3.57} \times 100 \qquad \therefore\ W_w = 0.57\text{kN}$

⑤ 살수량 $= 0.57 - 0.43 = 0.14\text{kN} = \dfrac{140}{9.80} = 14.29\text{kg} = 14.29\text{L}$

[답] 14.29L

18②, 10①

08 1.5m×1.5m의 정사각형 독립확대기초가 점착력 $C=10\text{kN/m}^2$, 흙의 단위중량 $\gamma=19\text{kN/m}^3$인 지반에 설치되어 있다. 기초의 깊이는 지표면 아래 1m에 있고 지하수위에 대한 영향이 없을 때 얕은 기초의 극한지지력을 Terzaghi의 방법으로 구하시오. (단, 국부전단파괴가 발생하는 지반이며, $N_c=12$, $N_r=8$, $N_q=1.8$이다.) [3점]

[계산과정] [답] _____

해답

[계산과정]

① 국부전단파괴의 점착력

$$c' = \frac{2}{3}c = \frac{2}{3} \times 10 = \frac{20}{3} \text{kN/m}^3$$

② $q_u = \alpha C N_c + \beta \gamma_1 B N_r + \gamma_2 D_f N_q$

$= 1.3 \times \frac{20}{3} \times 12 + 0.4 \times 19 \times 1.5 \times 8 + 19 \times 1 \times 1.8$

$= 229.4 \text{kN/m}^2$

[답] 229.4kN/m^2

18②, 05④

09 유수전환시설은 크게 가물막이 방법과 가배수로를 시공하는 방법으로 나눌 수 있다. 이 때 시공방법에 따른 가물막이 방법의 종류를 3가지만 쓰시오. [3점]

① _____ ② _____ ③ _____

■해답

[답] ① 전면식 가물막이 ② 부분식 가물막이 ③ 단계 가물막이

18②, 16②, 85①

10 말뚝의 지지력을 산정하는 방법을 3가지만 쓰시오. [3점]

① _____ ② _____ ③ _____

■해답

[답] ① 정역학적 공식에 의한 방법
② 동역학적 공식에 의한 방법
③ 말뚝재하시험에 의한 방법

참고하세요

말뚝의 지지력을 구하는 방법
① 정역학적 공식에 의한 방법
　㉠ Terzaghi 공식　　㉡ Dörr 공식
　㉢ Meyerhof 공식　　㉣ Dunham의 공식
② 동역학적 공식에 의한 방법
　㉠ Hiley 공식　　㉡ Engineering News 공식
　㉢ Sander 공식　　㉣ Weisbach 공식
③ 말뚝재하시험에 의한 방법

11 다음과 같은 높이 7m인 토류벽이 있다. 토류벽 배면지반은 포화된 점성토지반 위에 사질토지반을 형성하고 있다. 이 때 토류벽에 가해지는 전 주동토압을 구하시오.(단, 지하수위는 점성토지반 상부에 위치하며, 벽마찰각은 무시한다.)

[3점]

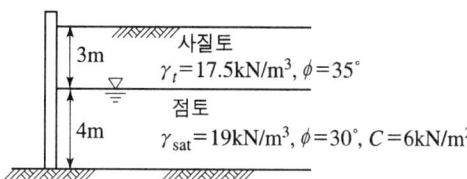

[계산과정]   [답] _____

해답

[계산과정]

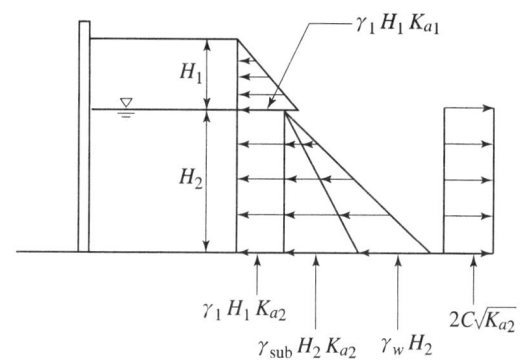

① $K_{a1} = \tan^2\left(45° - \dfrac{35°}{2}\right) = 0.271$

② $K_{a2} = \tan^2\left(45° - \dfrac{30°}{2}\right) = 0.333$

③ $P_a = \dfrac{1}{2}\gamma_t H_1^2 K_{a1} + \gamma_t H_1 K_{a2} H_2 + \dfrac{1}{2}\gamma_{sub} H_2^2 K_{a2} + \dfrac{1}{2}\gamma_w H_2^2 - 2CH_2\sqrt{K_{a2}}$

$= \dfrac{1}{2} \times 17.5 \times 3^2 \times 0.271 + 17.5 \times 3 \times 0.333 \times 4$

$\quad + \dfrac{1}{2} \times (19 - 9.80) \times 4^2 \times 0.333 + \dfrac{1}{2} \times 9.80 \times 4^2 - 2 \times 6 \times 4\sqrt{0.333}$

$= 166.48 \text{kN/m}$

[답] 166.48kN/m

12 다음과 같이 배치된 말뚝 A, 말뚝 B에 작용하는 하중을 계산하시오. (단, 말뚝의 부마찰력, 군항의 효과, 기초와 흙과의 사이에 작용하는 토압은 무시한다.)

[4점]

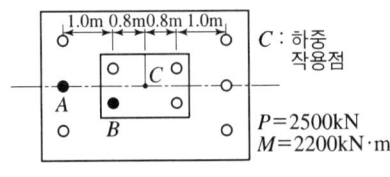

[계산과정]   [답] _____

해답

[계산과정]

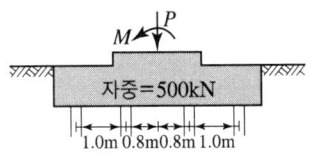

$M = P \times e$
$2200 = 2500 \times e$
$\therefore e = 0.88$

① 편심거리(e)

$$e = \frac{M}{P} = \frac{220}{250} = 0.88 \text{(m)}$$

② $P = 2,500 + 500 = 3,000 \text{kN}$

③ $P_n = \dfrac{P}{n} \pm \dfrac{M_y \cdot x}{\sum x^2} \pm \dfrac{M_x \cdot y}{\sum y^2}$

㉠ $P_A = \dfrac{3,000}{10} + \dfrac{2,200 \times 1.8}{6 \times 1.8^2 + 4 \times 0.8^2} + 0 = 480 \text{kN}$

㉡ $P_B = \dfrac{3,000}{10} + \dfrac{2,200 \times 0.8}{6 \times 1.8^2 + 4 \times 0.8^2} + 0 = 380 \text{kN}$

[답] ① 말뚝 A에 작용하는 하중 : 480kN
    ② 말뚝 B에 작용하는 하중 : 380kN

13 아래와 같은 List가 있다. 물음에 답하시오. [10점]

작업명	선행작업	후속작업	표준		특급	
			일수	공비(만원)	일수	공비(만원)
A	-	B, C	6	210	5	240
B	A	D, E	4	450	2	630
C	A	F, G	4	160	3	200
D	B	G	3	300	2	370
E	B	H	2	600	2	600
F	C	I	7	240	5	340
G	C, D	I	5	100	3	120
H	E	I	4	130	2	170
I	F, G, H	-	2	250	1	350

가. Net Work(화살선도)를 작도하시오.
   (단, 주공정선은 굵은 선으로 표시하고 각 결합점(Event)에는 다음(예)와 같이 시간을 표시한다.)

   [예] △LFT\EFT   EST|LST

나. 표준일수에 대한 C.P를 찾으시오.
   ○

다. 작업 List 빈칸을 채우시오.

작업명	공비증가율 (만원/일)	개시		완료		여유시간		
		EST	LST	EFT	LFT	TF	FF	DF
A								
B								
C								
D								
E								
F								
G								
H								
I								

라. 총 공기에 대한 간접비가 2천만원인데 표준일수를 단축하는 경우 1일당 80만 원씩 감소한다고 할 때, 최적 공기와 그 때의 총 공사비를 구하시오.

   [계산과정]   [답] _____

가. Net Work

[답]

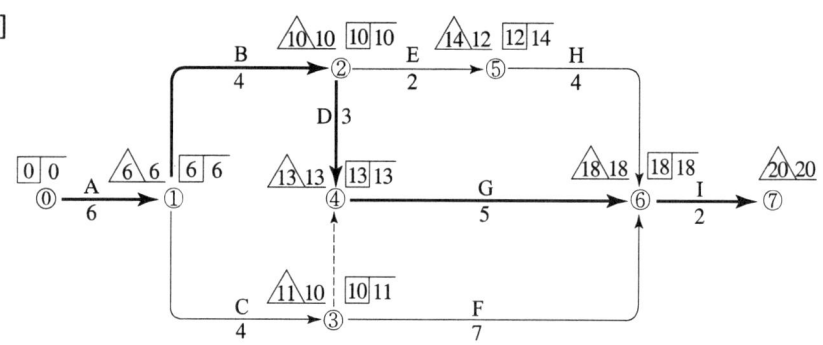

나. CP

[답] ⓪ → ① → ② → ④ → ⑥ → ⑦

다. 공비증가율(비용경사) 및 일정계산

[답]

작업명	공비증가율 (만원/일)	개시		완료		여유시간		
		EST	LST	EFT	LFT	TF	FF	DF
A	$\dfrac{240-210}{6-5}=30$	0	6-6=0	0+6=6	6	6-0-6=0	6-0-6=0	0-0=0
B	$\dfrac{630-450}{4-2}=90$	6	10-4=6	6+4=10	10	10-6-4=0	10-6-4=0	0-0=0
C	$\dfrac{200-160}{4-3}=40$	6	11-4=7	6+4=10	11	11-6-4=1	10-6-4=0	1-0=1
D	$\dfrac{370-300}{3-2}=70$	10	13-3=10	10+3=13	13	13-10-3=0	13-10-3=0	0-0=0
E	0	10	14-2=12	10+2=12	14	14-10-2=2	12-10-2=2	2-0=2
F	$\dfrac{340-240}{7-5}=50$	10	18-7=11	10+7=17	18	18-10-7=1	18-10-7=1	1-1=0
G	$\dfrac{120-100}{5-3}=10$	13	18-5=13	13+5=18	18	18-13-5=0	18-13-5=0	0-0=0
H	$\dfrac{170-130}{4-2}=20$	12	18-4=14	12+4=16	18	18-12-4=2	18-12-4=2	2-2=0
I	$\dfrac{350-250}{2-1}=100$	18	20-2=18	18+2=20	20	20-18-2=0	20-18-2=0	0-0=0

라. 공기 단축

[계산과정]

① 제1단계 단축(총 공기 20일 경로에서)

소요 공기	단축 작업명	1일 단축비용	간접비	직접비	총 공사비
20일	–	–	2000만원	2440만원	4440만원
19일	G	10만원	1920만원	2440만원	4370만원

② 제2단계 단축(총 공기 19일 경로에서)

소요 공기	단축 작업명	1일 단축비용	간접비	직접비	총 공사비
19일	A	30만원	1840만원	2440만원	4320만원

여기서, 4320만원 = (10+30) + 1840 + 2440

③ **제3단계 단축**(총 공기 18일 경로에서)

소요 공기	단축 작업명	1일 단축비용	간접비	직접비	총 공사비
17일	G, C	10+40=50만원	1760만원	2440만원	4290만원

여기서, 4290만원 = (10+30+50) + 1760 + 2440

④ **제4단계 단축**(총 공기 17일 경로에서)

소요 공기	단축 작업명	1일 단축비용	간접비	직접비	총 공사비
16일	I	100만원	1680만원	2440만원	4310만원

여기서, 4310만원 = (10+30+50+100) + 1680 + 2440

∴ 최적공기 : 17일, 이때의 총 공사비 4290만원

[답] 최적공기 : 17일, 이때의 총 공사비 4290만원

18②, 99④, 96④, 92③

14 팽창성 지반에 기초를 건설할 때 공사방법으로 흙을 치환하는 것과 팽창성 흙의 성질을 변화시키는 두 방법을 생각할 수 있다. 그 중 후자의 방법에 대해서 4가지만 쓰시오. [3점]

①ㅤㅤㅤㅤㅤㅤ ②ㅤㅤㅤㅤㅤㅤ ③ㅤㅤㅤㅤㅤㅤ ④ㅤㅤㅤㅤㅤㅤ

해답

[답] ① 탈수공법　② 다짐공법
　　③ 차수공법　④ 지반안정처리공법

참고하세요

팽창성 지반의 대책 공법
① 탈수 공법 : 탈수시켜 팽창성흙의 융기를 근본적으로 감소시킨다.
② 다짐 공법 : 다짐할 때 팽창성흙의 융기는 근본적으로 감소한다.
③ 차수 공법 : soil cement, asphalt로 모관상승을 차단하는 공법
④ 지반안정처리공법(흙의 안정처리공법) : 석회와 시멘트를 이용한 화학적 안정처리공법
⑤ 침수법 : 연못을 만들어 함수비를 증가시켜 건설전에 대부분의 융기가 일어나도록 하는 방법

15 흐트러진 상태의 L=1.15, 단위중량이 1.7t/m³인 토사를 싣기는 1.34m³의 payloader 1대를 사용하고 운반은 8t 덤프트럭을 사용하여 운반로 10km인 공사현장까지 운반하고자 한다. 이때, 조합토공에 있어서 덤프트럭의 소요대수를 구하시오. (단, payloader의 사이클 타임(C_m)=44.4초, 버킷계수(k)=1.15, 작업효율(E_s)=0.7이고, 덤프트럭의 적재시 주행속도=15km/hr, 공차시 주행속도=20km/hr, t_1=0.5분, t_2=0.4분, 작업효율(E_t)=0.90이다.) [3점]

[계산과정] [답] _____

해답

[계산과정]

(1) payloader의 시간당 작업량

$$Q_s = \frac{3600 \cdot q \cdot k \cdot f \cdot E_s}{C_m} = \frac{3600 \times 1.34 \times 1.15 \times \frac{1}{1.15} \times 0.7}{44.4} = 76.05 \text{m}^3/\text{h}$$

(2) 덤프트럭의 시간당 작업량

① $q_t = \dfrac{T}{\gamma_t} \cdot L = \dfrac{8}{1.7} \times 1.15 = 5.41 \text{m}^3$

② $n = \dfrac{q_t}{qk} = \dfrac{5.41}{1.34 \times 1.15} = 3.51 = 4$회

③ $C_{mt} = \dfrac{C_{ms} \cdot n}{60 \cdot E_s} + T_1 + T_2 + t_1 + t_2 + t_3$

$= \dfrac{44.4 \times 4}{60 \times 0.7} + \dfrac{10}{15} \times 60 + \dfrac{10}{20} \times 60 + 0.5 + 0.4 = 75.13$분

④ $Q_t = \dfrac{60 \cdot q_t \cdot f \cdot E_t}{C_{mt}} = \dfrac{60 \times 5.41 \times \frac{1}{1.15} \times 0.9}{75.13} = 3.38 \text{m}^3/\text{h}$

(3) 덤프트럭의 소요대수

$N = \dfrac{76.05}{3.38} = 22.5 = 23$대

[답] 23대

16 주어진 도면 및 조건에 따라 다음 물량을 산출하시오. (단, 주어진 도면의 치수는 축척에 맞지 않을 수 있으며, 주어진 치수로만 물량을 산출할 것.) [18점]

18②, 13①, 09④, 07②, 05①, 02③, 99①

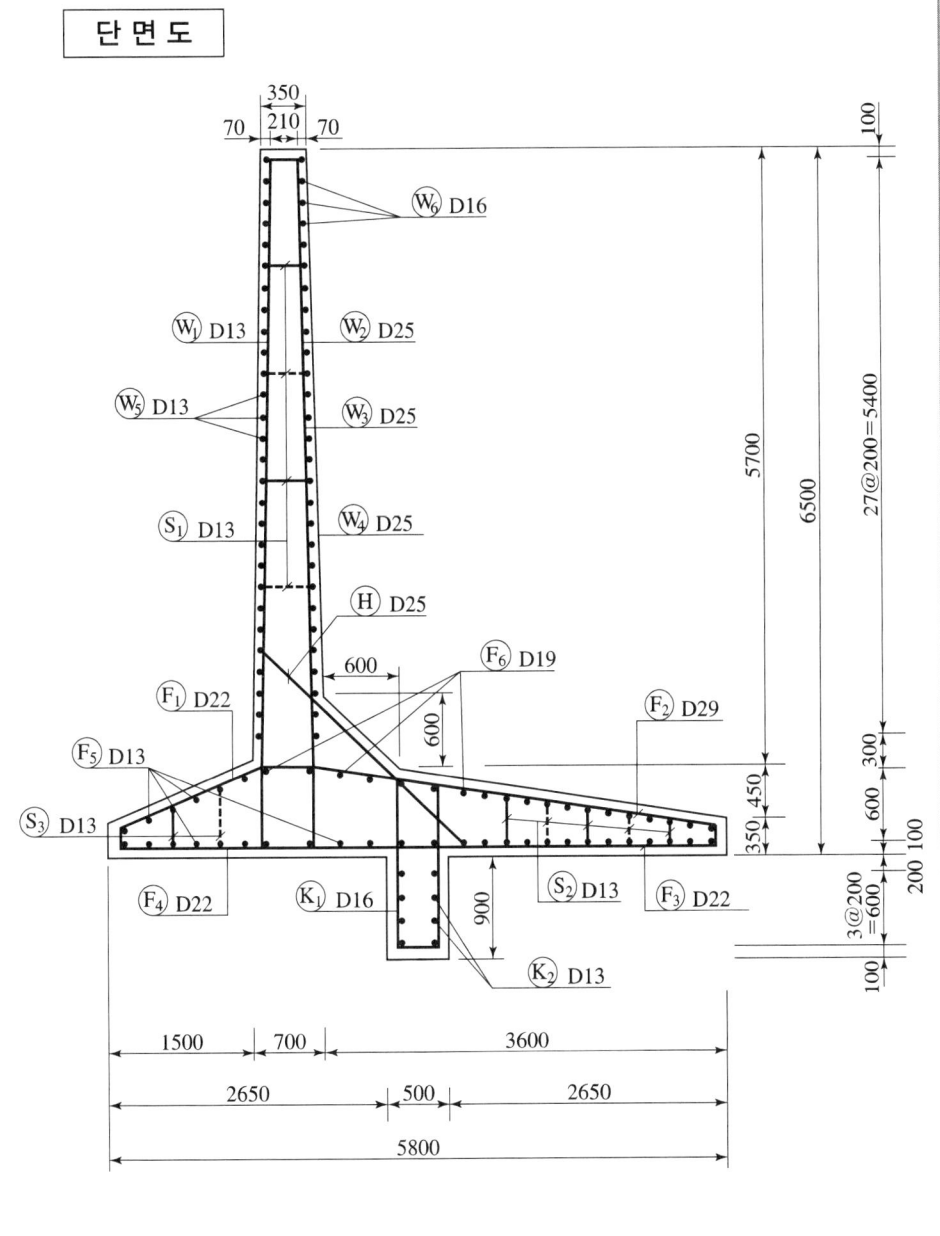

단 면 도

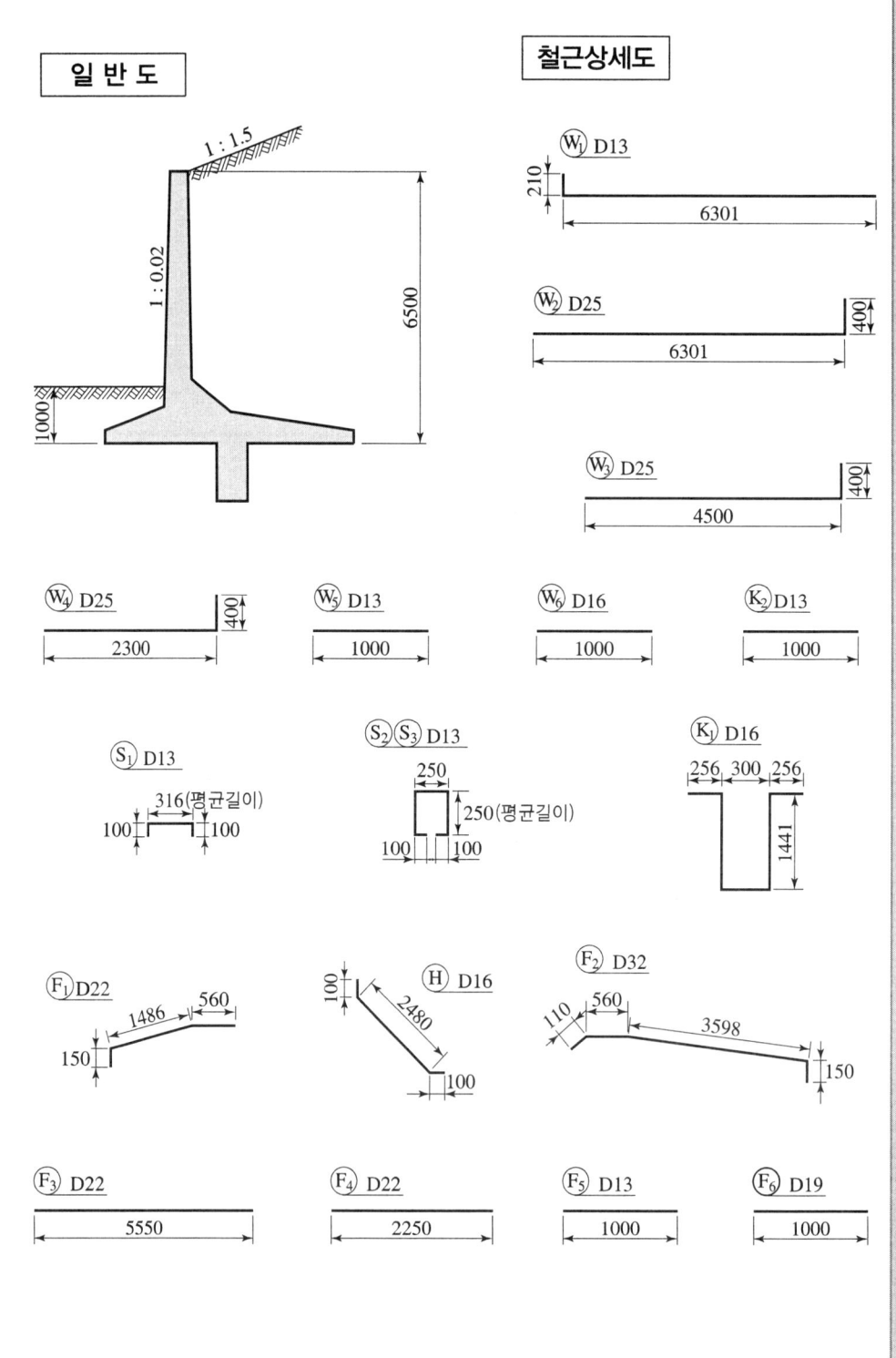

[조건]
① W_1, W_2, W_3, W_4, W_5, W_6, F_1, F_3, K_1, K_2 철근은 각각 200mm 간격으로 배근한다.
② F_1, K_1, H 철근은 각각 100mm 간격으로 배근한다.
③ S_1, S_2, S_3 철근은 각각 지그재그로 배근한다.
④ 옹벽의 돌출부(전단 key)에는 거푸집을 사용하는 경우로 계산한다.
⑤ 물량산출에서 할증률 및 마구리는 없는 것으로 하고 상세도에 표시되어 있지 않은 이음길이는 계산하지 않는다.

가. 길이 1m에 대한 기초와 구체의 콘크리트량을 구하시오. (단, 소수 4자리에서 반올림)

[계산과정]　　　　　　　　　　　　　　　　　[답] _____

나. 길이 1m에 대한 거푸집량을 구하시오. (단, 소수 4자리에서 반올림)

[계산과정]　　　　　　　　　　　　　　　　　[답] _____

다. 길이 1m에 대한 철근물량표를 완성하시오.

기호	직경	길이(mm)	수량	총 길이(mm)	기호	직경	길이(mm)	수량	총 길이(mm)
W_1					K_1				
F_1					K_2				
F_5					S_2				

해답

가. 길이 1m에 대한 콘크리트량

[계산과정]

$$\text{콘크리트량} = \left(\frac{0.35+(0.7-0.02\times0.6)}{2}\times 5.1 + \frac{(0.7-0.6\times0.02)+0.7+0.6}{2}\times 0.6 \right.$$
$$\left. + \frac{1.3+5.8}{2}\times 0.45 + 5.8\times 0.35 + 0.5\times 0.9\right)\times 1$$
$$= 7.3208 = 7.321\text{m}^3$$

[답] 7.321m^3

나. 길이 1m에 대한 거푸집량

[계산과정]

$$\text{거푸집량} = \left(\sqrt{5.7^2+(5.7+0.02)^2}+0.35\times 2+0.9\times 2+\sqrt{0.6^2+0.6^2}+\sqrt{0.6^2+0.6^2}\right)\times 1$$
$$= 14.1551 = 14.155\text{m}^2$$

[답] 14.155m^2

다. 길이 1m에 대한 철근 물량표

[계산과정]

① 철근 길이
  ㉠ W_1 철근 길이 $= 210 + 6,301 = 6,511\text{mm}$
  ㉡ F_1 철근 길이 $= 150 + 1,486 + 560 = 2,196\text{mm}$
  ㉢ F_5 철근 길이 $= 1,000\text{mm}$
  ㉣ K_1 철근 길이 $= 256 + 1,441 + 300 + 1,441 + 256 = 3,694\text{mm}$
  ㉤ K_2 철근 길이 $= 1,000\text{mm}$
  ㉥ S_2 철근 길이 $= 100 + 250 + 250 + 250 + 100 = 950\text{mm}$

② 철근 수량
  ㉠ W_1 철근 수량 $= \dfrac{\text{단위길이}}{\text{간격}} = \dfrac{1,000\text{mm}}{200\text{mm}} = 5\text{본}$
  ㉡ F_1 철근 수량 $= \dfrac{\text{단위길이}}{\text{간격}} = \dfrac{1,000\text{mm}}{200\text{mm}} = 5\text{본}$
  ㉢ F_5 철근 수량 = 저판부 철근, 단면도에서 세면 = 31본
  ㉣ K_1 철근 수량 $= \dfrac{\text{단위길이}}{\text{간격}} = \dfrac{1,000\text{mm}}{100\text{mm}} = 10\text{본}$
  ㉤ K_1 철근 수량 = 돌출부 철근, 단면도에서 세면 = 8본
  ㉥ S_2 철근 수량 $= \dfrac{\text{단위길이}}{F_6 \text{의 간격} \times 2} \times \text{단면도에 배치된 } S_2 \text{ 줄수}$
    $= \dfrac{1,000}{200 \times 2} \times 5 = 12.5\text{본}$

③ 총길이는 각 철근의 길이에 각 철근의 수량을 곱하여 구한다.

[답]

기호	직경	길이(mm)	수량	총길이(mm)	기호	직경	길이(mm)	수량	총길이(mm)
W_1	D13	6511	5	32,555	K_1	D16	3694	10	36,940
F_1	D22	2196	5	10,980	K_2	D13	1000	8	8,000
F_5	D13	1000	31	31,000	S_2	D13	950	12.5	11,875

18②, 14②, 11④

17 아래 그림과 같은 지층 위에 성토로 인한 등분포하중 $q=50\text{kN/m}^2$이 작용할 때 다음 물음에 답하시오. (단, 점토층은 정규압밀점토이며, W_L은 액성한계이다.)

[6점]

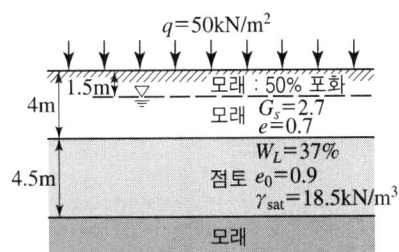

가. 점토층 중앙의 초기 유효연직압력(p_1)을 구하시오.

[계산과정]　　　　　　　　　　　　　　　[답] _____

나. 점토층의 압밀침하량을 구하시오.

[계산과정]　　　　　　　　　　　　　　　[답] _____

해답

가. 유효연직압력

[계산과정] ① 모래지반 단위중량

㉠ $\gamma_t = \dfrac{G_s + se}{1+e}\gamma_w = \dfrac{2.7 + 0.5 \times 0.7}{1+0.7} \times 9.80 = 17.58\text{kN/m}^3$

㉡ $\gamma_{sat} = \dfrac{G_s + e}{1+e}\gamma_w = \dfrac{2.7 + 0.7}{1+0.7} \times 9.80 = 19.6\text{kN/m}^3$

② $p_1 = 17.58 \times 1.5 + 9.80 \times 2.5 + (18.5 - 9.80) \times \dfrac{4.5}{2} = 70.45\text{kN/m}^2$

[답] 70.45kN/m^2

나. 압밀침하량

[계산과정] ① $C_c = 0.009(W_L - 10) = 0.009(37 - 10) = 0.243$

② $\Delta H = \dfrac{C_c}{1+e_1} \log \dfrac{P_2}{P_2} H$

$= \dfrac{0.243}{1+0.9} \times \log\left(\dfrac{70.45+50}{70.45}\right) \times 4.5 = 0.1341\text{m} = 13.41\text{cm}$

[답] 13.41cm

18②, 08②, 03②

18 공정관리기법 중 기성고 공정곡선의 장점을 3가지만 쓰시오. [3점]

① _____ ② _____ ③ _____

해답

[답] ① 전체 공정의 진도 파악이 용이하다.
② 계획과 실적의 차이를 파악하기 쉽다.
③ 시공속도 파악이 용이하다.

참고하세요

기성고 공정곡선의 장점
① 전체 공정의 진도 파악이 용이하다.   ② 계획과 실적의 차이를 파악하기 쉽다.
③ 시공속도 파악이 용이하다.   ④ 작성이 쉽다.

18②, 17②, 16②, 13①

19 콘크리트의 경화나 강도발현을 촉진하기 위해 실시하는 양생을 촉진양생이라고 한다. 이러한 촉진양생법의 종류를 3가지만 쓰시오. [3점]

① _____ ② _____ ③ _____

해답

[답] ① 오토클레이브 양생   ② 증기양생   ③ 전기양생

참고하세요

촉진양생 방법
① 오토클레이브 양생   ② 증기양생   ③ 전기양생
④ 온도제어양생   ⑤ 상압증기양생   ⑥ 적외선양생

18②

20 점성토의 공학적 특성은 다짐 시 높은 다짐 에너지로 다지면 오히려 강도가 저하돼 비경제적이며 건조단위중량도 증가하지 않는 상태로 되는 현상을 무엇이라 하는가? [2점]

해답

[답] 과다짐(over compaction; 과도전압)

21 다음과 같이 점토지반에 직경이 10m, 자중이 40000kN인 물통크가 설치되어 있다. 극한 지지력에 대한 안전율(F_s)이 3일 때 최대로 채울 수 있는 물의 높이는 얼마인가? (단, N_c = 5.14) [3점]

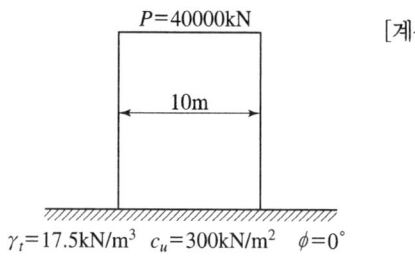

[계산과정]

[답] _____

해답

[계산과정]

① $q = acN_c + \beta B\gamma_1 N_r + D_{f\gamma2}N_q = 1.3 \times 300 \times 5.14 + 0 + 0 = 2{,}004.6 \text{kN/m}^2$

② $q_a = \dfrac{q_u}{F_s} = \dfrac{2{,}004.6}{3} = 668.2 \text{kN/m}^2$

③ 전수압(P)

$P = W$ (물 기둥 무게) $= \omega_o h \cdot A = 9.81 \times h \times \dfrac{\pi \times 10^2}{4} = 770.48h$

여기서, 연직으로 작용하는 물 기둥의 무게

수압강도 $p = \omega_o \cdot h$

전수압 $P = p \cdot A = \omega_o \cdot h \cdot A$

④ $770.48h + 40{,}000 = 668.2 \times \dfrac{\pi \times 10^2}{4}$ \qquad $h = 16.20\text{m}$

[답] 16.20m

---

22 퍼트(PERT)기법에 의한 공정관리 방법에서 낙관적인 시간이 7일, 정상시간이 9일, 비관적인 시간이 23일일 때 공정상의 기대시간(Expected time)은 얼마인가? [3점]

[계산과정] \qquad [답] _____

해답

[계산과정] $t_e = \dfrac{t_o + 4t_m + t_p}{6} = \dfrac{7 + 4 \times 9 + 23}{6} = 11$일

[답] 11일

18②, 09④, 02②, 01③, 96①, 95③

23 보강토 옹벽의 구성은 크게 3요소로 이루어진다. 그 3가지는 무엇인지 쓰시오. [3점]

① _____   ② _____   ③ _____

해답

[답] ① 전면판(skin plate)   ② 보강재(strip bar)   ③ 뒷채움 흙(back fill)

참고하세요

보강토 옹벽의 구성 요소
① 전면판(skin plate)   ② 보강재(strip bar)
③ 뒷채움 흙(back fill)   ④ 연결재

18②, 16②, 12④, 11②, 08④, 98③, 96①

24 직경 30cm 평판재하시험에서 작용압력이 300kPa일 때 침하량이 20mm라면, 직경 1.5m의 실제 기초에 300kPa의 압력이 작용할 때 사질토지반에서의 침하량의 크기는 얼마인가? [3점]

[계산과정]   [답] _____

해답

[계산과정] $S_{(기초)} = S_{(재하판)} \times \left[\dfrac{2B_{(기초)}}{B_{(기초)} + B_{(재하판)}}\right]^2 = 20 \times \left[\dfrac{2 \times 1.5}{1.5 + 0.3}\right]^2 = 55.56\text{mm}$

[답] 55.56mm

참고하세요

침하량
① 모래지반

$$S_{(기초)} = S_{(재하판)} \times \left[\dfrac{2B_{(기초)}}{B_{(기초)} + B_{(재하판)}}\right]^2$$

② 점토지반

$S_{(기초)} : S_{(재하판)} = B_{(기초)} : B_{(재하판)}$

$S_{(기초)} = S_{(재하판)} \times \dfrac{B_{(기초)}}{B_{(재하판)}}$

[부록] 2018년 6월 30일 시행

18②, 09②, 07①, 04①, 98①, 94③

25 숏크리트의 shotting 방법은 건식방법과 습식방법이 있다. 그 중 건식방법의 단점을 3가지만 쓰시오. [3점]

① _____ ② _____ ③ _____

해답

[답] ① 작업원 숙련도에 따라 품질이 좌우된다.
② 리바운드(Rebound)량이 많다.
③ 분진 발생이 많다.

참고하세요

건식공법
물을 가하지 않은 채 골재, 급결제, 시멘트 등을 혼합한 후 압력수와 함께 고속 분사하여 뿜어 붙이는 공법이다.
① 장점
 ㉠ 기계설비가 간단하다.
 ㉡ 가격이 저렴하다.
 ㉢ 장거리 수송이 가능하다(수평거리 500m까지).
 ㉣ 재료 공급이나 운반에 제한이 적다.
 ㉤ 청소가 용이하다.
② 단점
 ㉠ 작업원 숙련도에 따라 품질이 좌우된다.
 ㉡ 리바운드(Rebound)량이 많다.
 ㉢ 분진 발생이 많다.
 ㉣ 잔골재의 표면수 관리가 필요하다.
 ㉤ 품질관리면에서 변화가 크다.(콘크리트 품질관리가 어렵다.)
 ㉥ 물-시멘트비의 변동이 크다.

국가기술자격검정 실기시험문제

2018년도 기사 일반검정(제3회) (2018-10-07)

자격종목 및 등급(선택분야)	종목코드	시험시간	형별	수험번호	성 명
토목기사		3시간	A		

※ 다음 물음의 답을 해당 답란에 답하시오.(배점)

18③

01 댐 콘크리트에서 사용되는 아래의 용어에 대한 정의를 간단히 쓰시오. [6점]

가. 매스콘크리트(mass concrete)의 정의를 쓰시오.
  ○ _____

나. 빈배합콘크리트(lean mixture concrete)의 정의를 간단히 쓰시오.
  ○ _____

다. 프리캐스트콘크리트(precast concrete)의 정의를 간단히 쓰시오.
  ○ _____

해답

[답] 가. 매스콘크리트(mass concrete)란 부재 혹은 구조물의 치수가 커서 시멘트의 수화열에 의한 온도 상승 및 강하를 고려하여 설계·시공해야 하는 콘크리트를 말한다.
나. 빈배합 콘크리트(lean mixture concrete)란 비교적 시멘트 사용량이 적은 배합의 콘크리트를 말한다.
다. 프리캐스트콘크리트(precast concrete)란 미리 거푸집 속에 특정한 입도를 가지는 굵은 골재를 채워놓고, 그 간극에 모르타르를 주입하여 제조한 콘크리트를 말한다.

18③, 08①, 05④, 00②

02 도로곡선부의 평면선형을 설계함에 있어서 곡선반경이 710m, 설계속도가 120km/hr일 때의 최소편구배를 계산하시오.(단, 타이어와 노면의 횡방향 미끄럼 마찰계수는 0.10이다.) [3점]

[계산과정]   [답] _____

해답

[계산과정] $R = \dfrac{v^2}{127(f+i)} = \dfrac{120^2}{127 \times (0.10+i)} = 710\text{m}$ 에서 $i = 0.06 = 6\%$

[답] 6%

18③, 15④, 06④, 00⑤, 99④, 94④

03 그림과 같이 연직하중과 모멘트를 받는 구형기초의 극한하중과 안전율을 Terzaghi(테르자기) 공식을 이용하여 구하시오. (단, $N_c = 37.2$, $N_q = 22.5$, $N_r = 19.7$이다.) [3점]

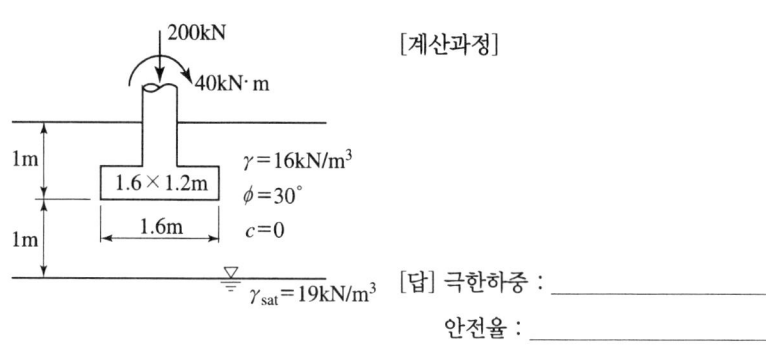

[답] 극한하중 : _____
안전율 : _____

해답

[계산과정]

① 편심거리

$$e = \frac{M}{Q} = \frac{40}{200} = 0.2\text{m}$$

② 기초의 유효크기
  ㉠ $B' = B - 2e = 1.6 - 2 \times 0.2 = 1.2\text{m}$
  ㉡ $B' = L' = L = 1.2\text{m}$

③ 유효길이

$B = L' = L - 2e = 1.6 - 2 \times 0.2 = 1.2\text{m}$

④ $d = 1\text{m}$, $B' = 1.2\text{m}$로 $0 \leq d \leq B'$인 경우이므로

$$r'_1 = r_{sub} + \frac{d}{B'}(r_1 - r_{sub}) = (19 - 9.81) + \frac{1}{1.2} \times (16 - (19 - 9.81)) = 14.87\,\text{kN/m}^3$$

⑤ 직사각형이므로 $\beta = 0.5 - 0.1\dfrac{B'}{L} = 0.5 - 0.1 \times \dfrac{1.2}{1.2} = 0.4$

⑥ 극한지지력

$q_u = \alpha C N_c + \beta r_1 B' N_r + r_2 D_f N_q = 0 + 0.4 \times 14.87 \times 1.2 \times 19.7 + 16 \times 1 \times 22.5$
$= 500.61\,\text{kN/m}^3$

⑦ 극한하중

$Q_u = q_u \times B' \times L = 500.61 \times 1.2 \times 1.2 = 720.88\text{kN}$

⑧ 안전율

$$F_s = \frac{Q_u}{Q} = \frac{720.88}{200} = 3.60$$

[답] 극한하중 : 720.88kN, 안전율 : 3.60

04 다음 지반조건으로 지반굴착을 할 경우 이에 설치한 지반앵커(Ground Anchor)의 정착장(L)을 구하시오. (단, 안전율은 1.5 적용) [3점]

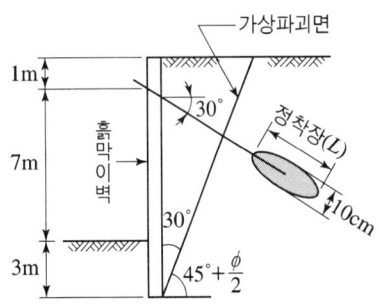

- 앵커반력 : 250kN
- 정착부의 주면마찰저항 : 0.2MPa
- 천공직경 : 10cm
- 설치각도 : 수평과 30°
- H-Pile 설치간격(앵커 설치간격) : 1.5m

[계산과정]

[답] _____

해답

[계산과정]

① 앵커축력

$$T = \frac{P \cdot a}{\cos \alpha} = \frac{250 \times 1.5}{\cos 30°} = 433.01 \text{kN}$$

② 앵커 정착장

$$L = \frac{T \cdot F_s}{\pi \cdot D \cdot \tau} = \frac{433.01 \times 1.5}{\pi \times 0.1 \times 200} = 10.34 \text{m}$$

($\therefore \tau = 0.2 \text{MPa} = 0.2 \text{N/mm}^2 = 200 \text{kN/m}^2$)

[답] 10.34m

참고하세요

1. 앵커축력

$$T = \frac{P \cdot a}{\cos \alpha}$$

여기서, T : 앵커축력, P : 앵커반력
a : 앵커 설치간격(Pile 설치간격), α : 앵커 설치각도(수평과의 각)

2. 앵커 정착장

$$L = \frac{T \cdot F_s}{\pi \cdot D \cdot \tau}$$

여기서, L : 앵커 정착장, T : 앵커축력, F_s : 안전율, D : 천공직경, τ : 주면마찰저항

[부록] 2018년 10월 7일 시행

18③, 15④, 11②, 05②, 04④, 02④, 01②, 99②, 93③

05 연약점토층의 두께가 10m인 현장 지반에서 시료를 채취하여 압밀시험을 실시하였다. 이때 압밀 시험한 결과 하중강도가 240kN/m²(2.4kg/cm²)에서 360kN/m²(3.6kg/cm²)으로 증가할 때, 간극비는 1.8에서 1.2로 감소하였다. 이 지반 위에 단위중량 20kN/m³(2.0t/m³)인 성토재를 5m 성토할 때 최종침하량을 구하시오. (단, 원지반의 간극비(e_o)는 2.2이다.) [3점]

[계산과정] [답] _____

해답

[계산과정]

① $a_v = \dfrac{e_1 - e_2}{P_2 - P_1} = \dfrac{1.8 - 1.2}{360 - 240} = 0.005 \, \text{m}^2/\text{kN}$

② $\Delta P = 20 \times 5 = 100 \, \text{kN/m}^2$

③ $\Delta H = \dfrac{a_v}{1 + e_o} \cdot \Delta P \cdot H = \dfrac{0.005}{1 + 2.2} \times 100 \times 10 = 1.56 \, \text{m}$

[답] 1.56m

참고하세요

[MKS 단위]

① $a_v = \dfrac{e_1 - e_2}{P_2 - P_1} = \dfrac{1.8 - 1.2}{3.6 - 2.4} = 0.5 \, \text{cm}^2/\text{kg} = 0.05 \, \text{m}^2/\text{t}$

② $\Delta P = 2.0 \times 5 = 10 \, \text{t/m}^2$

③ $\Delta H = \dfrac{a_v}{1 + e_o} \cdot \Delta P \cdot H = \dfrac{0.05}{1 + 2.2} \times 10 \times 10 = 1.56 \, \text{m}$

18③, 11②, 10②, 07①, 03②, 01②

06 한 사질토 사면의 경사가 23°로 측정되었다. 지표면으로부터 5m 깊이에 암반층이 존재하여 사면흙을 채취하여 토질시험을 한 결과 $c = 0$, $\phi = 35°$, $\gamma_{sat} = 19.0 \, \text{kN/m}^3$였다. 갑자기 폭우가 쏟아져 지하수위가 지표면과 일치한 상태에서 침투가 발생한다면 이때 사면의 안전율은 얼마인가? [3점]

[계산과정] [답] _____

해답

[계산과정] $F_s = \dfrac{\gamma_{sub}}{\gamma_{sat}} \cdot \dfrac{\tan \phi}{\tan i} = \dfrac{19.0 - 9.81}{19.0} \times \dfrac{\tan 35°}{\tan 23°} = 0.80$

[답] 0.80

07 아래 그림과 같은 옹벽에서 인장균열이 발생한 후의 옹벽에 작용하는 전체 주동토압을 구하시오. (단, 인장균열 위의 토압은 무시하고 상재하중으로 고려하여 계산하시오.) [3점]

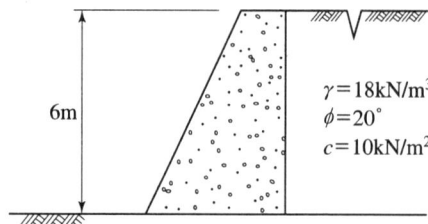

[계산과정]

[답] _____

해답

[계산과정]

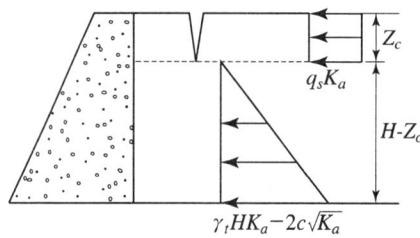

① $K_a = \tan^2\left(45° - \dfrac{\phi}{2}\right) = \tan^2\left(45° - \dfrac{20°}{2}\right) = 0.49$

② $Z_c = \dfrac{2c\tan\left(45° + \dfrac{\phi}{2}\right)}{\gamma_t} = \dfrac{2 \times 1 \times \tan\left(45° + \dfrac{20°}{2}\right)}{1.8} = 1.59\text{m}$

③ $P_a = \dfrac{1}{2}\gamma_t H^2 K_a - 2c\sqrt{K_a}\,H + \dfrac{2c^2}{\gamma_t} + q_s K_a(H - Z_c)$

$= \dfrac{1}{2} \times 18 \times 6^2 \times 0.49 - 2 \times 10 \times \sqrt{0.49} \times 6 + \dfrac{2 \times 10^2}{18}$

$+ (18 \times 1.59) \times 0.49 \times (6 - 1.59)$

$= 147.72 \text{kN/m}$

[답] 147.72kN/m

18③, 11②

08 콘크리트의 압축강도 측정결과가 다음과 같을 때 배합설계에 적용할 표준편차를 구하고 호칭강도가 40MPa일 때 콘크리트의 배합강도를 구하시오. [8점]

[압축강도 측정결과(단위 : MPa)]

44	40	45	48	37	36	45
40	35	47	42	40	46	36
35	40					

가. 위 표를 보고 압축강도의 평균값을 구하시오.

[계산과정]　　　　　　　　　　　　　　　　　　[답] _____

나. 압축강도 측정결과 및 아래의 표를 이용하여 배합강도를 구하기 위한 표준편차를 구하시오.

[시험횟수가 29회 이하일 때 표준편차의 보정계수]

시험횟수	표준편차의 보정계수	비고
15	1.16	이 표에 명시되지 않은 시험횟수에 대해서는 직선보간한다.
20	1.08	
25	1.03	
30 이상	1.00	

[계산과정]　　　　　　　　　　　　　　　　　　[답] _____

다. 배합강도를 구하시오.

[계산과정]　　　　　　　　　　　　　　　　　　[답] _____

해답

가. 압축강도의 평균값

[계산과정]

① $\sum x = 44+40+45+48+37+36+45+40+35+47+42+40+46$
　$+36+35+40 = 656$

② $\bar{x} = \dfrac{\sum x}{n} = \dfrac{656}{16} = 41\text{MPa}$

[답] 41MPa

나. 배합강도를 구하기 위한 표준편차

[계산과정]

① 편차의 제곱합

$\sum x_i^2 = (44-41)^2 + (40-41)^2 + (45-41)^2 + (48-41)^2 + (37-41)^2 + (36-41)^2$
　$+ (45-41)^2 + (40-41)^2 + (35-41)^2 + (47-41)^2 + (42-41)^2$
　$+ (40-41)^2 + (46-41)^2 + (36-41)^2 + (35-41)^2 + (40-41)^2$

$$= 294$$

② 표준편차

$$\sigma = \sqrt{\dfrac{S}{n-1}} = \sqrt{\dfrac{294}{16-1}} = 4.43\text{MPa}$$

③ 16회의 보정계수

$$1.16 - \dfrac{1.16 - 1.08}{20 - 15} \times (16 - 15) = 1.144$$

④ 수정표준편차

$$4.43 \times 1.144 = 5.07\text{MPa}$$

[답] 5.07MPa

다. 배합강도

[계산과정]

$f_{cn} = 40\text{MPa} > 35\text{MPa}$이므로

① $f_{cr} = f_{cn} + 1.34s = 40 + 1.34 \times 5.07 = 46.79\text{MPa}$

② $f_{cr} = 0.9f_{cn} + 2.33s = 0.9 \times 40 + 2.33 \times 5.07 = 47.81\text{MPa}$

③ 둘 중 큰 값인 47.81MPa가 배합강도이다.

[답] 47.81MPa

18③, 16④, 13②, 11①, 10①, 08②, 05②, 03②, 00⑤, 99③, 96⑤

09 그림에서와 같이 강널말뚝(steel sheet pile)으로 지지된 모래지반의 굴착에서 지하수의 분출로 인하여 예상되는 파이핑(piping)에 대한 안전율을 계산하시오.

[3점]

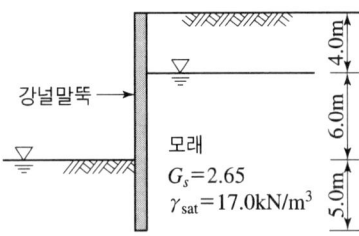

[계산과정]   [답] _____

해답

[계산과정] $F_s = \dfrac{i_x}{i} = \dfrac{\dfrac{G_s - 1}{1+e}}{\dfrac{h}{L}} = \dfrac{\dfrac{\gamma_{sub}}{\gamma_w}}{\dfrac{h}{L}} = \dfrac{\dfrac{17 - 9.80}{9.80}}{\dfrac{6}{6+5+5}} = 1.96$

[답] 1.96

10 깊이 20m이고, 폭이 30cm인 정방형 철근 콘크리트 말뚝이 두꺼운 균질한 점토층에 박혀있다. 이 점토의 전단강도는 60kN/m², 단위중량은 18kN/m³이며, 부착력은 점착력의 0.9배이다. 지하수위는 지표면과 일치한다. 극한지지력을 구하시오. (단, $N_c=9$, $N_q=1$)) [3점]

[계산과정]

[답] _____

해답

[계산과정]

① 전단강도(τ)
$$\tau = c + \overline{\sigma} \cdot \tan\phi = c_u = 60\text{kN/m}^2$$

② 흙의 수중단위중량(γ_{sub})
$$\gamma' = \gamma_{sub} = 18 - 9.80 = 8.2\text{kN/m}^3$$

③ 선단지지력(q_u)
$$q_u = c \cdot N_c + \gamma \cdot D_f \cdot N_q = 60 \times 9 + 8.2 \times 20 \times 1 = 704\text{kN/m}^2$$

④ 말뚝의 선단 단면적(A_p)
$$A_p = B \cdot B = 0.3 \times 0.3 = 0.09(\text{m}^2)$$

⑤ 주면마찰력(f_s)
$$f_s = 0.9c = 0.9 \times 60 = 54\text{kN/m}^2$$

⑥ 말뚝의 주면적(A_s)
$$A_s = 4 \cdot B \cdot L = 4 \times 0.3 \times 20 = 24\text{m}^2$$

⑦ 말뚝의 극한지지력(Q_u)
$$Q_u = Q_p + Q_f = q_u \cdot A_p + f_s \cdot A_s = 704 \times 0.09 + 54 \times 24 = 1,359.36\text{kN}$$

[답] 1,359.36kN

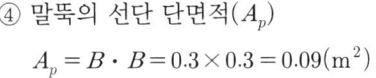

11 연약지반 개량공법 중 강제치환공법의 단점 3가지만 쓰시오. [3점]

① _____ ② _____ ③ _____

해답

[답] ① 원하는 심도까지 확실한 개량이 어렵다.
② 시공 후 하부에 잔류할 수 있는 연약토로 인하려 잔류침하 발생 우려가 있다.
③ 측방지반의 변형 및 융기가 발생한다.

> **참고하세요**
>
> **강제치환공법 단점**
> ① 원하는 심도까지의 확실한 개량이 어렵다.
> ② 시공 후 하부에 잔류할 수 있는 연약토로 인하여 잔류 침하 발생 우려가 있다.
> ③ 측방지반의 변형 및 융기가 발생한다.
> ④ 이론적이며 정량적인 설계가 어렵다.

18③, 17①, 07②, 04①, 03①, 99①③, 98①, 96②, 94①, 93③

12 아스팔트 포장 중 실코트(seal coat)의 중요한 목적 3가지만 쓰시오. [3점]

① _____ ② _____ ③ _____

|해답|

[답] ① 포장면의 노화를 방지한다.
② 포장면의 미끄럼 저항성을 증대한다.
③ 포장면의 내구성을 증대한다.

> **참고하세요**
>
> **실 코트(Seal coat) 목적**
> ① 포장면의 노화를 방지한다.   ② 포장면의 미끄럼 저항성을 증대한다.
> ③ 포장면의 내구성을 증대한다.   ④ 포장면의 수밀성을 증대한다.

18③, 17①, 14②, 11①, 10④, 07②, 04④, 03④, 00②, 94③, 92②

13 PS 콘크리트 교량 건설공법 중 동바리를 사용하지 않는 현장타설공법의 종류를 3가지만 쓰시오. [3점]

① _____ ② _____ ③ _____

|해답|

[답] ① FCM   ② ILM   ③ PSM

> **참고하세요**
>
> **동바리를 사용하지 않고 가설하는 현장타설공법**
> ① P.C(precast) 거더공법
> ② P.S.C 박스 거더공법
>   ㉠ FCM(외팔보 공법)   ㉡ ILM(압출 공법)
>   ㉢ PSM(Precast Segment 공법) ㉣ MSS(이동식비계 공법)

14 다음의 작업리스트를 이용하여 아래 물음에 답하시오. (단, 표준일수에 대한 간접비가 60만원이고 1일 단축 시 5만원씩 감소하며, 표준일수에 대한 직접비는 60만원이다.) [10점]

작업명	선행작업	후속작업	표준일수	특급일수	1일 단축하는 데 필요한 직접비용 증가액(만원/일)
A	–	B, C	5	2	6
B	A	E	4	2	4
C	A	F	6	4	7
D	–	G	5	4	5
E	B	H	6	3	8
F	C	–	4	3	5
G	D	H	7	5	8
H	E, G	–	5	3	9

가. Network(화살선도)를 작도하고 표준일수에 대한 C.P를 구하시오.

나. 최적공기와 그때의 총공사비를 구하시오.
  [계산과정]

  [답] 최적공기 : _____, 총공사비 : _____

해답

가. 화살선도와 C.P
  [답]

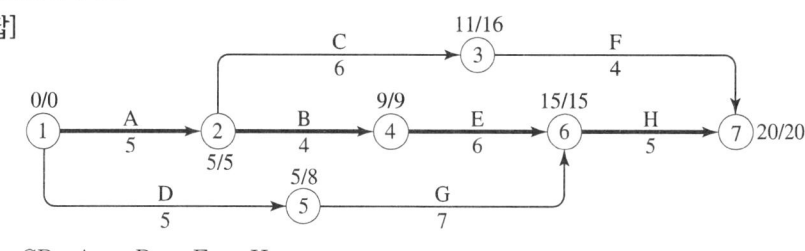

  CP : A → B → E → H

나. 최적공기와 총공사비
  [계산과정]
  ① 단축일수 및 공비 증가율

작업명	단축가능일수	공비 증가율	작업명	단축가능일수	공비 증가율
A	5-2=3일	6만원/일	E	6-3=3일	8만원/일
B	4-2=2일	4만원/일	F	4-3=1일	5만원/일
C	6-4=2일	7만원/일	G	7-5=2일	8만원/일
D	5-4=1일	5만원/일	H	5-3=2일	9만원/일

② 최적 공기 계산

작업명	단축가능일수	비용경사(만원)	단축순서	단축일수	공사기간	직접비	간접비	총공사비
A	3	6			20일	60만원	60만원	120만원
B	2	4	1단계 : B	1일	19일	60+4=64만원	60-5=55만원	119만원
C	2	7	2단계 : B	1일	18일	64+4=68만원	55-5=50만원	118만원
D	1	5	3단계 : A	1일	17일	68+6=74만원	50-5=45만원	119만원
E	3	8						
F	1	5				1		
G	2	8						
H	2	9					1	

㉠ 최적 공기 = 18일
㉡ 총 공사비 = 118만원

[답] 최적공기 : 18일, 총공사비 : 118만원

18③, 02②, 00②

15 어떤 도저(Dozer)가 폭 3.58m의 철제 브레이드(Blade)를 달고 속도 5.9km/h의 3단 기어로 작업하고 있다. 이 때 블레이드의 효율이 72%라면 폭 30m, 길이 100m의 면적에서 제거작업을 할 경우, 필요한 작업시간은 몇 분인가? (단, 후진 속도는 7km/hr이다.) [3점]

[계산과정]   [답] _____

해답

[계산과정]

- 블레이드 유효폭 $B_e = B \times E = 3.58\text{m} \times 0.72 = 2.58\text{m}$

- 통과횟수 $n = \dfrac{30\text{m}}{2.58\text{m}} = 11.63 = 12$회

- 1회 왕복통과시간

$$t = \frac{l_1}{v_1} + \frac{l_2}{v_2}$$

$$= \frac{100}{5.9\text{km/h} \times 1000\text{m/km} \times \frac{1}{60}\text{h/min}} + \frac{100}{7\text{km/h} \times 1000\text{m/km} \times \frac{1}{60}\text{h/min}}$$

$$= 1.87\text{분}$$

- 작업시간 = 1회 통과시간 × 통과횟수 = 1.87분 × 12회 = 22.44분

[답] 22.44분

16 버킷 용량 3.0m³의 쇼벨과 15ton 덤프트럭을 사용하여 토공사를 하고 있다. 아래 조건에 따라 다음 물음에 답하시오. [6점]

[조건]
- 흙의 단위중량 : 1.8t/m³
- 쇼벨의 버킷계수 : 1.1
- 쇼벨의 작업효율 : 0.5
- 덤프트럭의 작업효율 : 0.8
- 덤프트럭 1대를 적재하는 데 필요한 셔블의 사이클 횟수 : 3
- 토량변화율(L) : 1.2
- 사이클타임 : 30초
- 덤프트럭의 사이클타임 : 30분
- 덤프트럭의 사이클타임 중 상차시간 : 2분

가. 쇼벨의 시간당 작업량은 얼마인가?
  [계산과정] [답] _____
나. 덤프트럭의 시간당 작업량은 얼마인가?
  [계산과정] [답] _____
다. 쇼벨 1대당 덤프트럭의 소요대수는 얼마인가?
  [계산과정] [답] _____

해답

가. 쇼벨의 시간당 작업량

[계산과정]

$$Q = \frac{3600 \cdot q \cdot k \cdot f \cdot E}{C_{ms}} = \frac{3600 \times 3 \times 1.1 \times \frac{1}{1.2} \times 0.5}{30} = 165\,\text{m}^3/\text{h (본바닥 토량)}$$

[답] 165m³/h

나. 덤프트럭의 시간당 작업량

[계산과정]

① $q_t = \frac{T}{r_t} \cdot L = \frac{15\text{t}}{1.8\text{t/m}^3} \times 1.2 = 10\,\text{m}^3$

② $Q = \frac{60 \cdot q_t \cdot f \cdot E_t}{C_{mt}} = \frac{60 \times 10 \times \frac{1}{1.2} \times 0.8}{30} = 13.33\,\text{m}^3/\text{h}$ (본바닥 토량)

[답] 13.33m³/h

다. 쇼벨 1대당 덤프트럭의 소요대수

[계산과정]

$$N = \frac{\text{셔블}\,Q}{\text{덤프트럭}\,Q} = \frac{165}{13.33} = 12.38 = 13\,\text{대}$$

[답] 13대

18③, 18①, 14④, 04①, 97④, 95⑤

17 중력식 댐의 시공 후 관리상 댐 내부에 설치하는 검사랑의 시공목적을 3가지만 쓰시오. [3점]

① _____ ② _____ ③ _____

해답

[답] ① 댐 내부의 균열검사
② 댐 내부의 누수 및 배수검사
③ 댐 내부의 수축량검사

참고하세요

검사랑 설치 목적(이유)
① 댐 내부의 균열검사 ② 댐 내부의 누수 및 배수검사
③ 댐 내부의 수축량검사 ④ 양압력, 온도측정
⑤ grouting 이용

18③, 17④, 10①

18 주동말뚝은 말뚝머리에 기지(旣知)의 하중(수평력 및 모멘트)이 작용하는 반면에 수동말뚝은 어떤 원인에 의해 지반이 먼저 변형하고 그 결과 말뚝에 측방토압이 작용한다. 이러한 수동말뚝을 해설하는 방법을 3가지만 쓰시오. [3점]

① _____ ② _____ ③ _____

해답

[답] ① 간편법 ② 지반 반력법 ③ 탄성법

참고하세요

1. **수동말뚝** : 지반의 측방유동으로 인하여 발생되는 측방토압을 받는 말뚝
2. **수동말뚝 종류**
   ① 흙막이용 말뚝 ② 사면 안정용 말뚝 ③ 교대 기초말뚝
   ④ 구조물 기초말뚝 ⑤ 횡잔교 기초말뚝 등
3. **수동말뚝 변위 해석 방법**
   ① **간편법** : 지반의 측방변형으로 발생할 수 있는 최대 측방토압을 고려한 상태에서 해석하는 방법
   ② **지반 반력법** : 주동말뚝에서와 같이 지반을 독립된 Winkler 모델로 이상화시켜 해석하는 방법
   ③ **탄성법** : 지반을 이상적 탄성체 혹은 탄소성체로 가정하여 해석하는 방법
   ④ **유한요소법** : 지반을 유한개의 요소로 분할하여 해석하는 구조적 근사해법

19 아래 그림과 같은 2연암거의 일반도를 보고 다음 물량을 산출하시오. (단, 도면치수의 단위는 mm이다.) [8점]

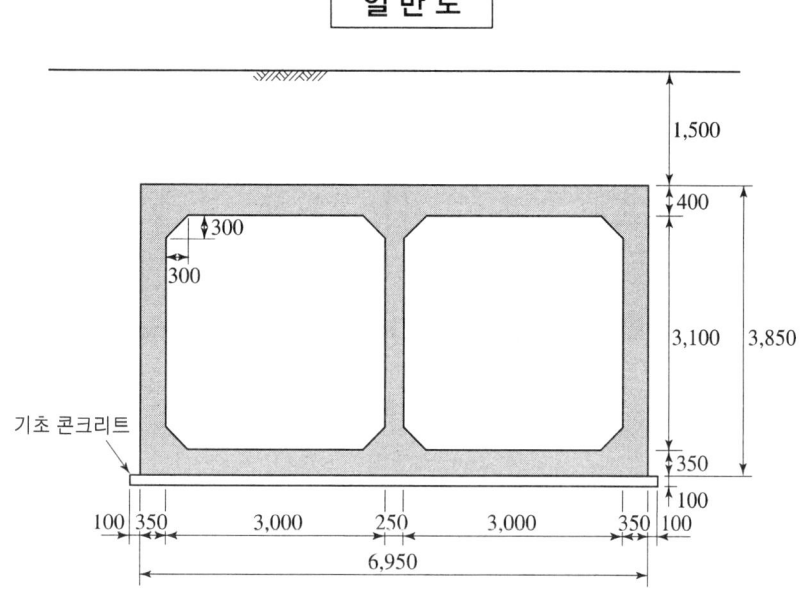

가. 암거길이 1m에 대한 콘크리트량을 산출하시오.(단, 기초 콘크리트량도 포함하며, 소수점 이하 넷째자리에서 반올림하시오.)
[계산과정]   [답] _____

나. 암거길이 1m에 대한 거푸집량을 산출하시오.(단, 양쪽 마구리면은 무시하며, 기초 거푸집량도 포함하며, 소수점 이하 넷째자리에서 반올림하시오.)
[계산과정]   [답] _____

다. 암거길이 1m에 대한 터파기량을 산출하시오.(단, 지형상태는 일반도와 같으며 터파기는 기초 콘크리트 양끝에서 0.6m 여유폭을 두고 비탈기울기는 1:0.5로 하며, 소수점 이하 넷째자리에서 반올림하시오.)
[계산과정]   [답] _____

해답

가. **콘크리트량**
[계산과정]
① 기초 콘크리트량
(단면적)×단위 길이 = $(7.15 \times 0.1) \times 1 = 0.715 \, \text{m}^3$

② 구체 콘크리트량

$$\left[[6.95\times3.85)-(3.1\times3)\times2]+\frac{0.3\times0.3}{2}\times8\right]\times1=8.518\mathrm{m}^3$$

③ 총 콘크리트량 $=0.715+8.518=9.233\mathrm{m}^3$

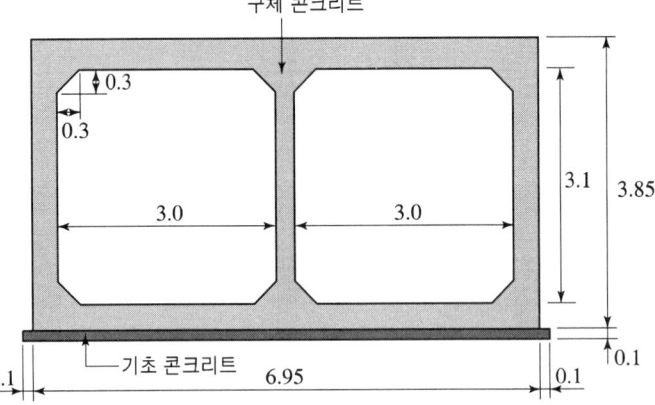

[답] $9.233\mathrm{m}^3$

나. 거푸집량

[계산과정]

① 기초 거푸집량

$A=0.1\times1\times2(양면)=0.2\mathrm{m}^2$

② 구체 거푸집량

㉠ $B=3.85\times1\times2(양면)=7.7\mathrm{m}^2$

㉡ $C=(3.1-0.3\times2)\times1\times4(4면)=10\mathrm{m}^2$

㉢ $D=(3-0.3\times2)\times1\times2(양면)=4.8\mathrm{m}^2$

㉣ $E=\sqrt{0.3^2+0.3^2}\times1\times8=3.3941\mathrm{m}^2$

㉤ 구체 거푸집량 $=7.7+10+4.8+3.3941=25.894\mathrm{m}^2$

③ 총 거푸집량 $=0.2+25.894=26.094\mathrm{m}^2$

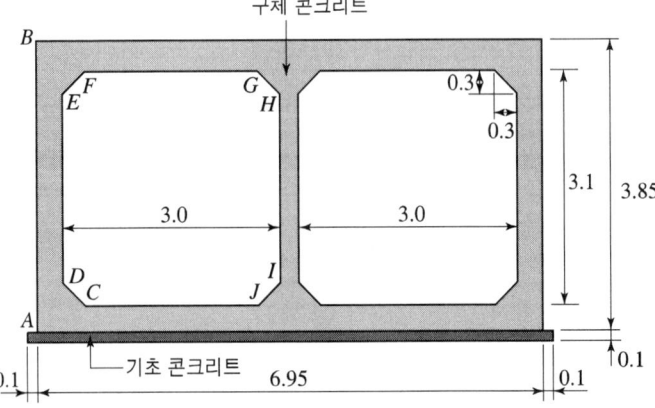

[답] $26.094\mathrm{m}^2$

다. 터파기량

[계산과정]

① 기초 터파기 밑면 = $0.6 + (0.1 + 6.95 + 0.1) + 0.6 = 8.35\text{m}$

② 기초 터파기 높이 = $1.5 + 3.85 + 0.1 = 5.45\text{m}$

③ 기초 터파기 윗면 = $(5.45 \times 0.5) + 8.35 + (5.45 \times 0.5) = 13.8\text{m}$

④ 터파기량 = $\dfrac{13.8 + 8.35}{2} \times 5.45 \times 1 = 60.359\text{m}^3$

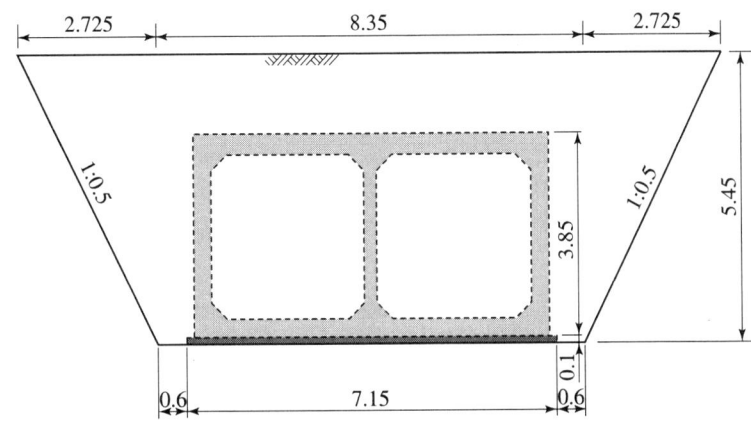

[답] 60.359m^3

20. 공정관리법 중 공정표의 종류 3가지만 쓰시오. [3점]

① _____ ② _____ ③ _____

[답] ① 막대 그래프 공정표 ② 기성고공정표 ③ 네트워크 공정표

21. 콘크리트 구조물에 발생하는 균열을 보수하기 위한 보수공법을 3가지만 쓰시오. [3점]

① _____ ② _____ ③ _____

[답] ① 표면처리공법(표면도포공법) ② 주입공법
   ③ 충전공법   ④ 강판 보강공법

> **참고하세요**
>
> **균열보수공법**
> ① 표면처리공법(표면도포공법) : 균열이 발생한 부위에 에폭시수지 등의 피복재료 도막을 형성하는 공법으로 균열의 폭이 좁고 경미한 잔균열 보수에 적용하며, 균열부 표면처리공법과 전면처리공법이 있다.
> ② 주입공법 : 균열폭이 0.2mm 이상의 경우에 사용되며 균열 내부에 점성이 낮은 수지계 또는 시멘트계의 재료를 주입하여 방수성과 내수성을 향상시키는 공법으로 비교적 단기간에 접착강도가 발현된다.
> ③ 충전공법 : 0.5mm 이상의 비교적 큰 폭을 가진 균열의 보수에 적용하는 공법으로 균열을 따라서 약 10mm 폭으로 콘크리트를 V형 또는 U형으로 잘라낸 후 그 부분에 가요성 에폭시수지 또는 폴리머 시멘트 모르타르 등의 보수재를 충전하는 공법이다.
> ④ 강판 보강공법 : 각종 형태의 강재를 사용하여 균열폭의 확대를 방지하고 균열이 보이지 않게 하는 공법이다.
> ⑤ 탄소섬유 보강공법

18③, 00③

22 다음 ( ) 안에 알맞은 말을 넣으시오. [3점]

> 댐 공사 시 기초암반의 비교적 얇은 부분의 절리를 충전시켜 댐 기초의 변형을 억제하고 지지력을 증가시키기 위해 기초 전반에 걸쳐 격자형으로 그라우팅을 하는데, 이것을 (①)이라고 하며, 기초암반의 지수성을 시공 중 침수에 의한 공사의 지연을 막기 위한 그라우팅을 (②)이라고 한다.
>
> ① _____ ② _____

해답

[답] ① 컨솔리데이션 그라우팅(Consolidation Grouting)
② 커튼 그라우팅(Curtain Grouting)

> **참고하세요**
>
> **그라우팅 공법**
> ① 컨택 그라우팅(Contact Grouting) : 암반과 댐의 접속부 차수를 목적으로 하는 그라우팅
> ② 림 그라우팅(Rim Grouting) : 댐 취부부 또는 전저수지에 걸쳐 댐주변의 지수를 목적으로 하는 그라우팅
> ③ 컨솔리데이션 그라우팅(Consolidation Grouting) : 지반개량(보강)을 목적으로 얕게 구멍을 뚫어 Cement Paste를 주입하여 기초지반의 지지력과 수밀성을 증대 시키는 그라우팅
> ④ 커튼 그라우팅(Curtain Grouting) : 댐 시공시 댐축에 따라 1~2열의 깊은 구멍을 뚫어 Cement Paste를 주입하여 댐 기초 암반층에 지수막을 만드는 그라우팅으로 댐 축방향 기초 상류쪽에 병풍모양으로 컨솔리데이션 그라우팅보다 깊게 그라우팅 하는 방법
> ⑤ 블랭킷 그라우팅(Blanket Grouting) : Fill Dam의 비교적 얕은 기초지반 및 차수영역과 기초지반의 접촉부의 차수성을 개량할 목적으로 하는 그라우팅

23 아스팔트 포장의 단점인 소성변형(Rutting)에 대한 저항성이 우수한 포장공법으로 아스팔트 바인더(Asphalt Binder) 자체의 물성에 따른 혼합물 개념보다는 골재의 맞물림 효과를 최대로 하여 기존 밀입도 아스팔트 혼합물의 단점을 개선한 공법은? [2점]

○ _____

[답] SMA(Stone Mastic Asphalt : 쇄석 매스틱 아스팔트) 포장공법

> **SMA(Stone Mastic Asphalt : 쇄석 매스틱 아스팔트) 포장공법**
> 아스팔트 자체의 성능보다는 골재의 맞물림 효과를 최대로 하여 소성변형의 발생을 최소로 하고, 가능한 한 많은 양의 아스팔트를 함유함으로써 골재에 대한 아스팔트의 피복두께를 두껍게 하여 골재 탈리나 균열 및 노화를 방지하는 포장공법이다.

24 연약지반상에 교대를 설치하면 측방으로 이동하여 성토체가 침하함은 물론 수평변위가 생겨 포장파손 등 문제점을 유발한다. 이와 같은 측방유동을 최소화시킬 수 있는 방안을 3가지만 쓰시오. [3점]

① _____ ② _____ ③ _____

[답] ① 뒤채움 성토부의 편재하중 경감
② 배면토압 경감
③ 압밀 촉진에 의한 지반강도 증대

> **측방유동을 최소화시킬 수 있는 방안**
> ① 하중을 경감시키는 방법
>   ㉠ 뒤채움 성토부의 편재하중 경감
>   ㉡ 배면토압 경감
> ② 지반을 개량하는 방법
>   ㉠ 압밀 촉진에 의한 지반강도 증대
>   ㉡ 화학반응에 의한 지반강도 증대
>   ㉢ 치환에 의한 지반 개량
> ③ 단단한 지반 및 구조물을 이용하여 지탱하는 방법

18③, 03②

25 모래지반에서 지하수위 이하를 굴착 할 때 흙막이공의 기초깊이에 비해서 배면의 수위가 너무 높으면 굴착 저면의 모래입자가 지하수와 더불어 분출하여 굴착 저면이 마치 물이 끓는 상태와 같이 되는 현상을 보일링(boiling) 또는 퀵 샌드(quick sand)라고 하는데 이러한 보일링 현상을 방지하기 위한 대책 3가지를 쓰시오. **[3점]**

① ______ ② ______ ③ ______

해답

[답] ① 흙막이의 근입깊이를 깊게 한다.
② 지하수위를 저하 시킨다.
③ 굴착저면을 고결시킨다.(그라우팅, 약액주입 등)

18③, 13①, 10①, 09④, 06②, 04②

26 그림과 같은 지형에서 절 · 성토량이 균형을 이루는 지반고를 구하시오.(단, 토량 변화율은 무시하고, 격자점의 숫자는 지반고를 나타내며 단위는 m이다.) **[3점]**

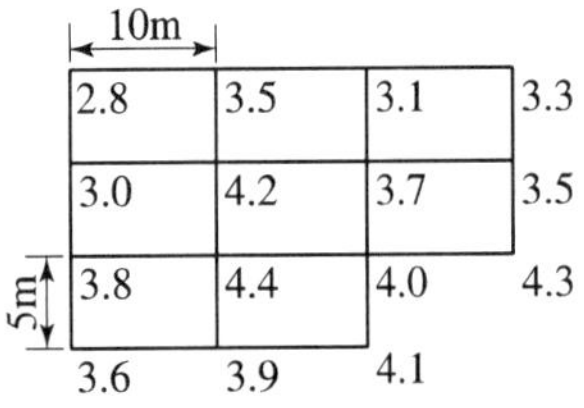

[계산과정]

[답] ______

해답

[계산과정]

① $V=\frac{ab}{4}(\Sigma h_1+2\Sigma h_2+3\Sigma h_3+4\Sigma h_4)$

㉠ $\Sigma h_1=2.8+3.3+4.3+4.1+3.6=18.1\text{m}$

㉡ $\Sigma h_2=3.5+3.1+3.5+3.9+3.8+3=20.8\text{m}$

㉢ $\Sigma h_3=4\text{m}$

㉣ $\Sigma h_4=4.2+3.7+4.4=12.3\text{m}$

㉤ $V=\frac{10\times5}{4}(18.1+2\times20.8+3\times4+4\times12.3)$

② $h=\frac{1,511.25}{10\times5\times8}=3.78\text{m}$

[답] 3.78m

국가기술자격검정 실기시험문제

2019년도 기사 일반검정(제1회) (2019-04-14)

자격종목 및 등급(선택분야)	종목코드	시험시간	형별	수험번호	성 명
토목기사		3시간	A		

※ 다음 물음의 답을 해당 답란에 답하시오.(배점)

19①, 14④, 06②, 02①, 00③

01 그림과 같은 유한사면에서 사면파괴가 한 평면을 따라 발생한다면(Culmann의 가정) 사면의 임계높이, 활동에 대한 안전율이 2가 되도록 사면높이 H를 구하시오.

[6점]

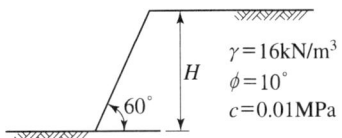

$\gamma = 16 \text{kN/m}^3$
$\phi = 10°$
$c = 0.01 \text{MPa}$

가. 사면의 임계높이를 구하시오.

[계산과정]　　　　　　　　　　　　　　　　　[답] _____

나. 활동에 대한 안전율이 2가 되도록 사면높이 H를 구하시오.

[계산과정]　　　　　　　　　　　　　　　　　[답] _____

해답

가. 사면의 임계높이

[계산과정] ① $c = 0.01 \text{MPa} = 0.01 \text{N/mm}^2 = 10 \text{kN/m}^2$

② $H_c = \dfrac{4c}{\gamma_t} \cdot \dfrac{\sin\beta \cdot \cos\phi}{1 - \cos(\beta - \phi)} = \dfrac{4 \times 10}{16} \times \dfrac{\sin 60° \times \cos 10°}{1 - \cos(60° - 10°)} = 5.97 \text{m}$

[답] 5.97m

나. 사면높이

[계산과정] ① $F_c = \dfrac{c}{c_d}$ 에서 $c_d = \dfrac{c}{F_c} = \dfrac{10}{2} = 5 \text{kN/m}^2$

② $F_\phi = \dfrac{\tan\phi}{\tan\phi_d}$ 에서 $\phi_d = \tan^{-1} \dfrac{\tan\phi}{F_\phi} = \tan^{-1} \dfrac{\tan 10°}{2} = 5.038°$

③ $H_{cd} = \dfrac{4 c_d}{\gamma_t} \cdot \dfrac{\sin\beta \cdot \cos\phi_d}{1 - \cos(\beta - \phi_d)} = \dfrac{4 \times 5}{16} \times \dfrac{\sin 60° \times \cos 5.038°}{1 - \cos(60° - 5.038°)} = 2.53 \text{m}$

[답] 2.53m

19①, 12④, 10①

02 옹벽이라 함은 흙의 붕괴를 방지하기 위하여 흙을 지지할 목적으로 절취, 성토비탈면에 축조하는 구조물이다. 이때의 옹벽의 안정성 검토항목 중 3가지만 쓰시오. [3점]

① _____ ② _____ ③ _____

해답

[답] ① 전도에 대한 안정   ② 활동에 대한 안정   ③ 지지력에 대한 안정

19①, 18①, 14①, 08④

03 측량성과가 아래와 같고 시공기준면을 12m로 할 경우 총 토공량을 구하시오. (단, 격자점의 숫자는 표고이며, m 단위이다.) [3점]

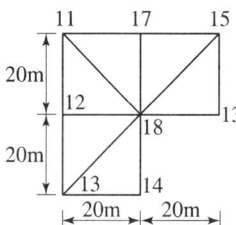

[계산과정]   [답] _____

해답

[계산과정]
① 시공기준면 12m일 때 절토량

$$V = \frac{ab}{6}(\sum h_1 + 2\sum h_2 + \cdots\cdots + 8\sum h_8)$$

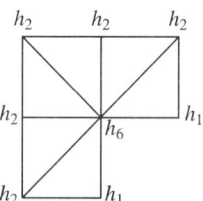

㉠ $\sum h_1 = 1 + 2 = 3\text{m}$
㉡ $\sum h_2 = 5 + 3 + 1 = 9\text{m}$
㉢ $\sum h_6 = 6\text{m}$ $V = \frac{20 \times 20}{6}(3 + 2 \times 9 + 8 \times 6) = 4600\text{m}^3$

② 시공기준면 12m일 때 성토량

$$V = \frac{ab}{6}(\sum h_1 + 2\sum h_2 + \cdots\cdots + 8\sum h_8)$$

$\sum h_2 = 1\text{m}$ $V = \frac{20 \times 20}{6}(2 \times 1) = 133.33\text{m}^3$

③ 문제의 조건에서 토량환산계수가 주어지지 않았으므로
$V = 4600 - 133.33 = 4466.67\text{m}^3$(절토량)

[답] 4466.67m^3(절토량)

04

어떤 골재를 이용하여 시방배합을 수행한 결과 단위시멘트량 320kg/m³, 단위수량 165kg/m³, 단위잔골재량 650kg/m³, 단위굵은골재량 1200kg/m³이 얻어졌다. 이 골재의 현장 야적상태가 표와 같을 때 이를 이용하여 현장배합을 수행하여 단위수량, 단위 잔골재량, 단위굵은골재량을 구하시오. [6점]

잔골재		굵은골재	
체	잔유량(g)	체	잔유량(g)
5mm	20	40mm	10
2.5mm	55	30mm	120
1.2mm	120	25mm	150
0.6mm	145	20mm	160
0.3mm	110	15mm	180
0.15mm	35	10mm	220
0.07mm	15	5mm	140
팬	0	팬	20
표면수=3%		표면수=-1%	

가. 단위수량을 구하시오.
  [계산과정]   [답] _____

나. 단위잔골재량을 구하시오.
  [계산과정]   [답] _____

다. 단위굵은골재량을 구하시오.
  [계산과정]   [답] _____

해답

가. 단위수량

[계산과정] ① No.4체 잔류 잔골재량 $= \dfrac{20}{500} \times 100 = 4\%$

② ㉠ No.4체 잔류 굵은골재량 $= \dfrac{980}{1000} \times 100 = 98\%$

㉡ No.4체 통과 굵은골재량 $= 100 - 98 = 2\%$

③ 골재량의 수정 : 잔골재량을 $x(\text{kg})$, 굵은골재량을 $y(\text{kg})$이라 하면

$x + y = 650 + 1200 = 1850$ ⋯⋯⋯⋯⋯⋯⋯⋯⋯⋯⋯⋯ ⓐ

$0.04x + (1 - 0.02)y = 1200$ ⋯⋯⋯⋯⋯⋯⋯⋯⋯⋯⋯⋯ ⓑ

식 ⓐ, ⓑ에서 $x = 652.13\text{kg}$, $y = 1197.87\text{kg}$

④ 표면수량 수정

㉠ 잔골재 표면수량 $= 652.13 \times 0.03 = 19.56\text{kg}$

㉡ 굵은골재 표면수량 $= 1197.87 \times (-0.01) = -11.98\text{kg}$

⑤ 현장배합
    단위수량 = 165 − (19.56 − 11.98) = 157.42kg

[답] 157.42kg

나. 단위잔골재량(현장배합)
[계산과정] 잔골재량 = 652.13 + 19.56 = 671.69kg
[답] 671.69kg

다. 단위굵은골재량
[계산과정] 굵은골재량 = 1197.87 − 11.98 = 1185.89kg
[답] 1185.89kg

05 다음 그림은 토적곡선(mass curve)을 나타낸 것이다. 다음 물음에 답하시오.
[3점]

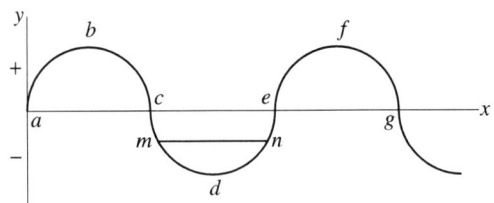

가. x축과 y축은 각각 무엇을 나타내는가?
  ○ x축 : _____ y축 : _____

나. 절토에서 성토로 옮기는 점은?
  ○ _____

다. 성토량과 절토량이 처음으로 균형을 이루는 점은?
  ○ _____

라. 선분 $\overline{mn}$이 x축과 평행을 이룰 때 구간 내의 성토량과 절토량은 어떠한가?
  ○ _____

해답

[답] 가. x축 : 거리, y축 : 누가토량
    나. b, f
    다. c
    라. 성토량과 절토량이 같다.

06 다음의 도로포장에 관련된 명칭을 각각 쓰시오. [3점]

A. 콘크리트 포장 슬래브의 포설, 다짐, 표면 끝손질 등의 기능을 겸비하여 거푸집을 설치하지 않고 연속적으로 포설하는 장비는 무엇인가?

○ _____

B. 입도조정공법이나 머캐덤공법 등으로 시공된 기층의 방수성을 높이고, 그 위에 포설하는 아스팔트 혼합물층과의 부착을 잘되게 하기 위하여 기층 위에 역청재료를 살포하는 것을 무엇이라 하는가?

○ _____

C. 아스팔트 포장의 기층으로서 사용하는 시멘트 콘크리트 슬래브를 무엇이라 하는가?

○ _____

해답

[답] A. 슬립 폼 페이버(slip form paver)
B. 프라임 코트(Prime coat)
C. 화이트 베이스(white base)

참고하세요

① 슬립 폼 페이버(slip form paver) : 콘크리트 포장 슬래브의 포설, 다짐, 표면 끝손질 등의 기능을 겸비하여 거푸집을 설치하지 않고 연속적으로 포설할 수 있는 장비를 말한다.
② 프라임 코트(Prime coat) : 보조기층, 입도조정 기층 등의 입상재료 층에 점성이 낮은 역청 재료를 살포, 침투시켜 이들 층의 방수성을 높이고, 기층의 모세 공극을 메워서 그 위에 포설하는 아스팔트 혼합물과의 부착을 좋게 하기 위해 점도가 낮은 역청 재료를 얇게 피복하는 것을 말한다.
③ 화이트 베이스(white base) : 아스팔트 포장의 기층으로서 사용하는 시멘트콘크리트 슬래브를 말한다.
④ 블랙 베이스(black base) : 아스팔트 포장의 기층으로서 사용하는 가열혼합식에 의한 아스팔트 안정처리기층를 말한다.

07 아스팔트 품질시험의 종류를 4가지 쓰시오. [4점]

① _____ ② _____ ③ _____ ④ _____

해답

[답] ① 침입도 시험 ② 연화점 시험
③ 회전점도 시험 ④ 신도 시험

참고하세요

아스팔트 품질시험

① **침입도(Penetration Number) 시험** : 아스팔트의 컨시스턴시를 나타내는데 사용되는 경험적 시험이며, 일반적으로 침입도는 아스팔트 포장의 대략적 평균 온도인 25℃에서 측정하는 시험이다. 원래 아스팔트의 컨시스턴시를 나타내는데는 점도를 측정하는 것이 가장 좋으나, 25℃에서는 아스팔트가 단단해지기 때문에 점도를 측정할 수 없어 경험적인 물성인 침입도를 사용한다.

② **연화점(Softening Point) 시험** : 아스팔트에 발생하는 상태의 변화온도를 결정하기 위한 시험이다.

③ **회전점도(Rotational Viscometer ; RV) 시험** : 아스팔트가 펌핑 및 혼합할 때 충분한 유동성을 갖도록 하기 위해서, 100℃이상의 고온에서의 아스팔트의 점도를 측정하기 위한 시험이다. 아스팔트는 일반적으로 고온에서는 유체거동을 보이므로 점성 측정을 통해 아스팔트의 작업성을 나타낼 수 있다.

④ **신도(Ductility) 시험** : 아스팔트의 표준 시편이 끊어지기 전까지 늘어난 길이를 cm 단위로 측정하는 시험이다.

⑤ **인화점(Flash point) 시험** : 화기가 있는 곳에서 순간적인 점화의 위험이 없이 안전하게 아스팔트를 가열할 수 있는 온도인 인화점을 측정하는 시험이다. 인화점은 재료가 타는 연소점(fire point) 보다 약간 낮은 온도이며, 아스팔트가 상당히 높은 온도까지 가열되면, 화재를 발생시킬 수 있을 정도의 증기가 발생하게 되기 때문에 화재 방지를 위해 측정한다.

19①, 92③

08 그레이더를 사용하여 도로연장 20km의 정지작업을 한다. 2단 기어속도(6km/h)로 1회, 3단 기어속도(10km/h)로 2회, 4단 기어속도(15km/h)로 2회 통과작업을 행할 때 소요작업시간은? (단, 기계의 작업효율 : 0.7) **[3점]**

[계산과정]   [답] _____

해답

[계산과정] ① 평균 작업속도 $= \dfrac{1회 \times 6 + 2회 \times 10 + 2회 \times 15}{1회 + 2회 + 2회} = 11.2 \text{km/h}$

② 작업소요시간 $= \dfrac{통과횟수 \times 작업거리}{평균작업속도 \times 작업효율} = \dfrac{n \times l}{v \times E}$

$= \dfrac{5회 \times 20\text{km}}{11.21\text{km/h} \times 0.7} = 12.76$시간

[답] 12.76시간

참고하세요

바리논의 정리 응용

$\sum v \sum n = v_1 n_1 + v_2 n_2 + v_3 n_3$ $\qquad\qquad \sum v = \dfrac{v_1 n_1 + v_2 n_2 + v_3 n_3}{\sum n}$

09 다음의 작업 리스트에서 Net Work(화살선도)를 작도하고, 공사기간을 6일 단축했을 때 추가로 소요되는 최소비용을 구하시오. [10점]

작업명	작업일수	선행작업	단축가능일수(일)	비용경사(원/일)
A	5일	없음	1	60,000
B	7일	A	1	40,000
C	10일	A	1	70,000
D	9일	B	2	60,000
E	12일	C	2	50,000
F	6일	D	2	80,000
G	4일	E, F	2	100,000

가. Net Work(화살선도)를 작도하시오.
  ○

나. 공사기간을 6일 단축했을 때 추가로 소요되는 최소비용을 구하시오.
  [계산과정]   [답] _____

해답

가. 화살선도
  [답]

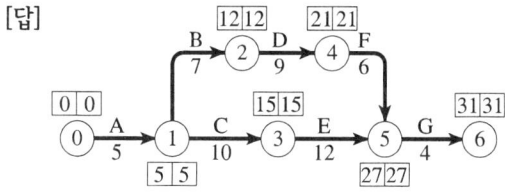

나. 추가로 소요되는 최소비용
  [계산과정] ① 공기단축 : 전 공정이 모두 CP이다.

단축단계	작업명	단축일수	추가비용(만원)
1단계	A	1	1×6=6
2단계	B, E	1	1×4+1×5=9
3단계	G	2	2×10=20
4단계	D, E	1	1×6+1×5=11
5단계	C, D	1	1×7+1×6=13

② 추가비용(extra cost)
  EC=6+9+20+11+13=59만원

[답] 59만원

10 점성토 지반의 개량공법 4가지를 쓰시오. [4점]

① _____ ② _____ ③ _____ ④ _____

해답

[답] ① 치환공법 ② 강제압밀공법 ③ 탈수공법 ④ 배수공법

참고하세요

점성토 지반 개량공법
① 치환공법
   ㉠ 기계적 굴착치환, ㉡ 폭파치환, ㉢ 강제치환, ㉣ 동치환 공법
② 강제 압밀공법
   ㉠ Prelooding 공법, ㉡ 압성토 공법
③ 탈수공법
   ㉠ Sand Drain Method, ㉡ Paper Drain Method
④ 배수공법
   ㉠ Well Point Method, ㉡ Deep Well Method
⑤ 고결공법
   ㉠ 생석회말뚝공법, ㉡ 소결공법, ㉢ 전기침투압(강제배수공법의 일종),
   ㉣ 전기화학·용융공법

11 도심지 굴착공사 중 계측관리시 아래 그림에서 빈칸에 해당하는 계측기기를 쓰시오. [3점]

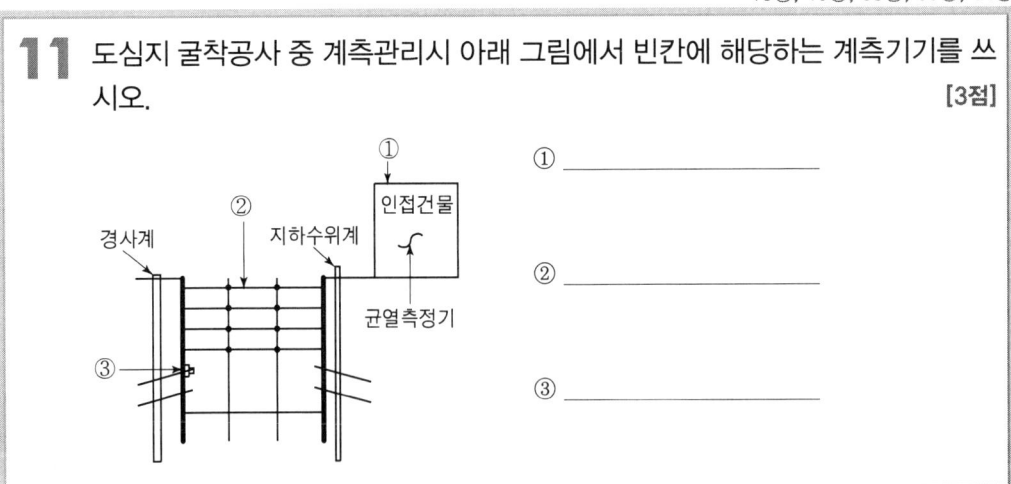

① _____

② _____

③ _____

해답

[답] ① 건물경사계 ② 변형률계 ③ 하중계

19①, 97②

12 강봉이나 강봉띠 또는 토목섬유 등으로 옹벽에서 흙의 마찰저항을 증가시킬 목적으로 사용되는 공법은? [2점]

○ _____

해답

[답] 보강토 공법

참고하세요

보강토 공법
성토층에 인장력이 큰 보강재를 일정 간격으로 매설한 것으로 보강재와 흙 사이의 마찰작용으로 토압을 감소시키는 공법이다.

19①, 16②, 12①, 97③, 93③

13 교량의 내진설계는 지진에 의해 교량이 입는 피해정도를 최소화 시킬 수 있는 내진성을 확보하기 위해 실시한다. 이러한 내진설계시 사용하는 내진해설방법을 3가지만 쓰시오. [3점]

① _____ ② _____ ③ _____

해답

[답] ① 등가정적 해석법(equivalent load analysis)
② 스펙트럼 해석법(spectrum analysis)
③ 시간이력 해석법(time history analysis)

19①, 05②

14 도로 토공현장에서 다짐도를 판정하는 방법을 5가지만 쓰시오. [3점]

① _____ ② _____ ③ _____
④ _____ ⑤ _____

해답

[답] ① 건조밀도로 규정하는 방법
② 포화도와 공극률로 규정하는 방법
③ 강도 특성으로 규정하는 방법
④ 상대밀도로 규정하는 방법
⑤ 변형량 특성으로 규정하는 방법

> **참고하세요**
>
> **도로 토공현장 다짐도 판정 방법**
> ① 건조밀도로 규정하는 방법   ② 포화도와 공극률로 규정하는 방법
> ③ 강도 특성으로 규정하는 방법   ④ 상대밀도로 규정하는 방법
> ⑤ 변형량 특성으로 규정하는 방법   ⑥ 다짐장비와 다짐회수로 규정하는 방법

19①, 08②, 06③, 04②, 02①, 95①, 94③, 93③, 92②, 89②

15 풍화 파쇄작용을 받는 상태의 사암을 천공할 목적으로 굴착기로 표준암을 천공하니 55cm/min의 천공속도를 얻었다. 이 파쇄대의 사암을 같은경으로 천공장 3.0m, 천공본수 15본을 1대의 착암기로 암반을 천공하는 데 소요되는 총천공시간을 구하시오.(단, α=0.65, 저항력계수, C_1=1.35, 작업조건계수 C_2=0.6으로 함.) [3점]

[계산과정]   [답] _____

해답

[계산과정]

① 천공속도
$$V_T = \alpha(C_1 \cdot C_2)V = 0.65 \times (1.35 \times 0.6) \times 55 = 28.96 \text{cm/min}$$

② 1본 천공시간
$$t = \frac{L}{V_T} = \frac{300}{28.96}$$

③ 총 천공시간
$$t_g = tn = \frac{300}{28.96} \times 15 = 155.39 \text{분} = 2.59 \text{시간}$$

[답] 2.59시간

> **참고하세요**
>
> **천공속도**
> $V_T = \alpha(C_1 \cdot C_2)V$
>   여기서, V_T : 천공속도(cm/min)
> α : 전천공시간에 대한 순천공시간의 비율(보통 α=0.65)
> C_1 : 표준함(화강암)에 대한 대상암의 암석 저항계수
> C_2 : 암석의 상태에 의한 작업조건계수
> V : 표준암을 천공하는 순천공속도(cm/min)

16 어떤 콘크리트 공사현장에서 압축강도 시험결과 및 관리한계 계수표는 아래와 같다. 이 시험결과를 이용하여 빈칸을 채우고, [관리한계 계수표]를 참고하여 다음 물음에 답하시오. [4점]

[압축강도시험의 결과]

조번호	측정값(cm)				계 $\sum X$	각 조의 평균치 $\overline{X}$	범위 R
	x_1	x_2	x_3	x_4			
1	6.1	5.5	6.4	6.0			
2	6.4	5.5	6.7	6.2			
3	6.0	6.6	5.7	6.1			
4	6.5	5.5	6.6	6.2			
5	6.4	5.6	6.3	6.1			

[관리한계 계수표]

n	A_2	D_3	D_4
2	1.880	–	3.267
3	1.023	–	2.575
4	0.729	–	2.282
5	0.577	–	2.115

가. $\overline{X}$ 관리도의 상한관리한계(UCL)와 하한관리한계(LCL)를 구하시오.

[계산과정]

[답] 상한관리한계(UCL) : _____, 하한관리한계(LCL) : _____

나. R 관리도의 상한관리한계(UCL)와 하한관리한계(LCL)를 구하시오.

[계산과정]

[답] 상한관리한계(UCL) : _____, 하한관리한계(LCL) : _____

해답

※ 전체평균, 범위의 평균값

조 번호	측정값(cm)				합계 $\sum X$	평균치 $\overline{X}$	범위 R
	x_1	x_2	x_3	x_4			
1	6.1	5.5	6.4	6.0	6.1+5.5+6.4+6.0=24.0	6.0	6.4−5.5=0.9
2	6.4	5.5	6.7	6.2	6.4+5.5+6.7+6.2=24.8	6.2	6.7−5.5=1.2
3	6.0	6.6	5.7	6.1	6.0+6.6+5.7+6.1=24.4	6.1	6.6−5.7=0.9
4	6.5	5.5	6.6	6.2	6.5+5.5+6.6+6.2=24.8	6.2	6.6−5.5=1.1
5	6.4	5.6	6.3	6.1	6.4+5.6+6.3+6.1=24.4	6.1	6.4−5.6=0.8
합 계						30.6	4.9

① 전체평균 $\overline{\overline{X}} = \dfrac{\sum \overline{X}}{n} = \dfrac{30.6}{5} = 6.12\text{cm}$

② 범위의 평균값 $\overline{R} = \dfrac{\Sigma R}{n} = \dfrac{4.9}{5} = 0.98\text{cm}$

가. $\overline{X}$관리도의 상한관리한계(UCL)와 하한관리한계(LCL)

[계산과정]

각 조의 측정값의 수가 4개일 때의 $A_2 = 0.729$이므로

① $UCL = \overline{X} + A_2\overline{R} = 6.12 + 0.729 \times 0.98 = 6.83\text{cm}$

② $LCL = \overline{X} - A_2\overline{R} = 6.12 - 0.729 \times 0.98 = 5.41\text{cm}$

[답] 상부관리한계(UCL) : 6.83cm, 하부관리한계(LCL) : 5.41cm

나. R관리도의 상한관리한계(UCL)와 하한관리한계(LCL)

[계산과정]

각 조의 측정값의 수가 4개일 때의 $D_4 = 2.282$이고, D_3는 고려하지 않는다.

① $UCL = D_4\overline{R} = 2.282 \times 0.98 = 2.24$

② $LCL = D_3\overline{R} =$ 고려하지 않음

[답] 상부관리한계(UCL) : 2.24, 하부관리한계(LCL) : 고려하지 않음

19①, 96④

17 철도, 수도, 도로 등의 횡단, 기타 개착공법(open cut)이 곤란한 경우에 사용하는 것이며, 소구경의 강관을 입갱 사이에 삽입하거나 또는 당김으로써 토층에 관을 매설하는 이 공법은 무엇인가? [2점]

○ _____

해답

[답] Front Jacking Method

참고하세요

기존 도로 및 철도 하부 터널공법
① Pipe Pushing 공법 : 수직구멍을 파고 잭키 다동용 가압판을 설치한 후 매설할 관을 후방에서 잭키로 밀어넣어 관을 부설하는 공법이다.
② Front Jacking Method : 수직구멍을 뚫은 다음 견인용 철선으로 암거나 원관 등을 jack으로 전방에서 직접 당겨 부설하는 공법이다.
③ Front Shield Method : 한쪽의 견인설비에 의해 shield를 직접 전방에서 잡아당긴 후 Shield 공법과 같이 세그먼트(segment)를 조립하여 터널을 구축하는 공법이다.
④ Front Semi Shield Method : Shield Method에서 사용하는 segment를 조립 대신 흄관을 사용함으로써 간단하고 시간이 절약되는 공법이다.

19①, 93④, 96①

18 교량의 상부 구조물을 교대 또는 제 1교각의 후방에 설치한 주형 제작장에서 프리캐스트 세그먼트를 연속적으로 제작하여 직선 또는 일정 곡률반지름의 교량을 가설하는 공법을 무엇이라 하는가? [2점]

○ _____

해답

[답] 압출공법(ILM : Incremental Launching Method)

참고하세요

압출공법(ILM : Incremental Launching Method)
가설하려는 경간의 후방에서 조립된 거더를 다음 교각이나 교대까지 밀어내어 가설해 나가는 방식으로 압출하는 거더 선단에 압출 추진코(nose)를 부착한 후 연속해서 압출을 추진하여 가설하는 공법

19①, 10①, 04④

19 전체 심도 5m의 시추작업을 통해 획득한 6개 암석코어의 길이는 각각 145cm, 35cm, 120cm, 50cm, 45cm, 95cm이었고 풍화토 시료도 함께 산출되었다. 시추 대상 암반에 대한 코어 회수율을 계산하시오. [3점]

[계산과정] [답] _____

해답

[계산과정] 회수율 $R_r = \dfrac{채취된\ 시료의\ 실제길이}{채취된\ 시료의\ 이론적\ 길이} = \dfrac{H'}{H}$

$= \dfrac{145+35+120+50+45+95}{500} \times 100 = 98\%$

[답] 98%

19①, 15②, 08④, 04②

20 필댐(fill dam)의 필터재(filter)의 역할을 3가지 쓰시오. [3점]

① _____ ② _____ ③ _____

해답

[답] ① 토립자의 유출을 방지하며 물만 통과시키는 역할
② 역학적 완충역할
③ 코어(심벽)재의 자기치유작용 지원역할

21 다음 그림과 같이 연직하중과 모멘트를 받는 정사각형 기초의 극한하중과 안전율을 Terzaghi 공식을 이용하여 구하시오. (단, N_c = 37.2, N_q = 22.5, N_r = 19.7이다. 기초지반은 균일한 점토지반으로 ϕ = 30°, c = 0, γ_t = 16kN/m³, γ_{sat} = 19kN/m³) [3점]

[계산과정]

[답] 극한하중 : _____
안전율 : _____

해답

[계산과정]

① 편심거리
$$e = \frac{M}{Q} = \frac{40}{800} = 0.05\text{m}$$

② 기초의 유효크기
$$B' = B - 2e = 2.5 - 2 \times 0.05 = 2.4\text{m}$$

③ 유효길이
$$L' = L = 2.5\text{m}$$

④ $d = 3\text{m}$, $B' = 2.4\text{m}$로 $d \geq B'$인 경우이므로 지하수위를 무시한다.
$$r_1 = r_t = 16\text{kN/m}^3$$

⑤ 직사각형이므로
$$\beta = 0.5 - 0.1\frac{B'}{L} = 0.5 - 0.1 \times \frac{2.4}{2.5} = 0.404$$

⑥ 극한지지력
$$q_u = \alpha C N_c + \beta r_1 B' N_r + r_2 D_f N_q = 0 + 0.404 \times 16 \times 2.4 \times 19.7 + 16 \times 1 \times 22.5$$
$$= 665.62 \text{kN/m}^3$$

⑦ 극한하중
$$Q_u = q_u \times B' \times L = 665.62 \times 2.4 \times 2.5 = 3,993.72\text{kN}$$

⑧ 안전율
$$F_s = \frac{Q_u}{Q} = \frac{3,993.72}{800} = 4.99$$

[답] 극한하중 : 3,993.72kN, 안전율 : 4.99

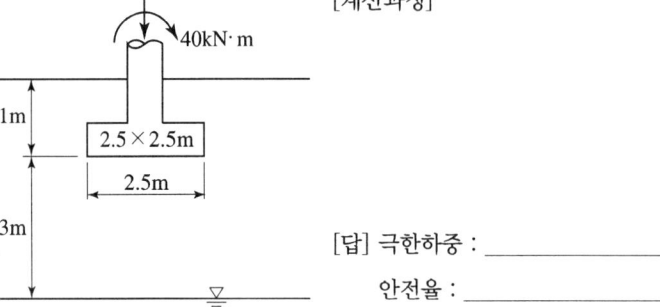

22 주어진 도면 및 조건에 따라 다음 물량을 산출하시오. (단, 주어진 도면의 치수는 축척에 맞지 않을 수 있으며, 주어진 치수로만 물량을 산출할 것.) [18점]

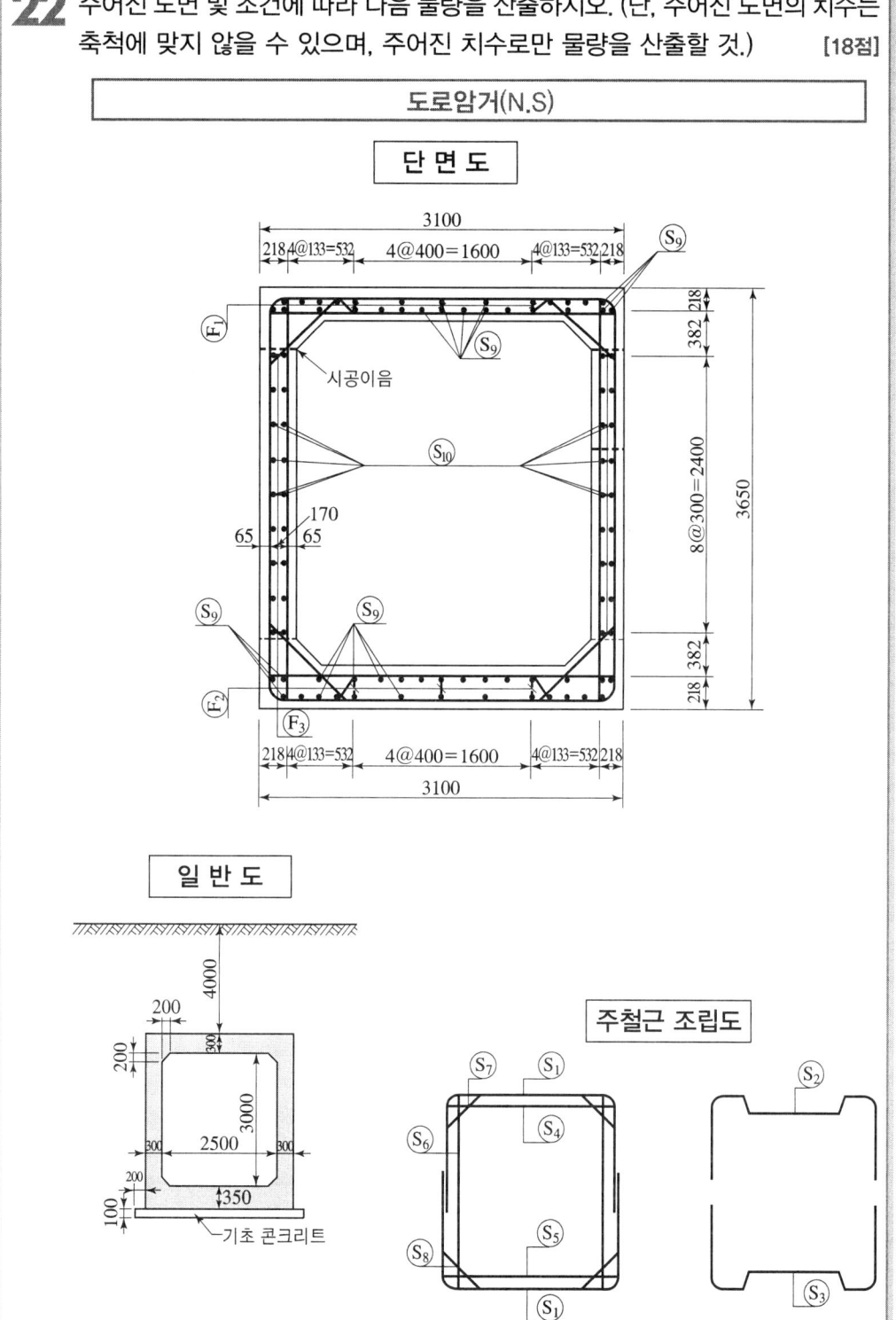

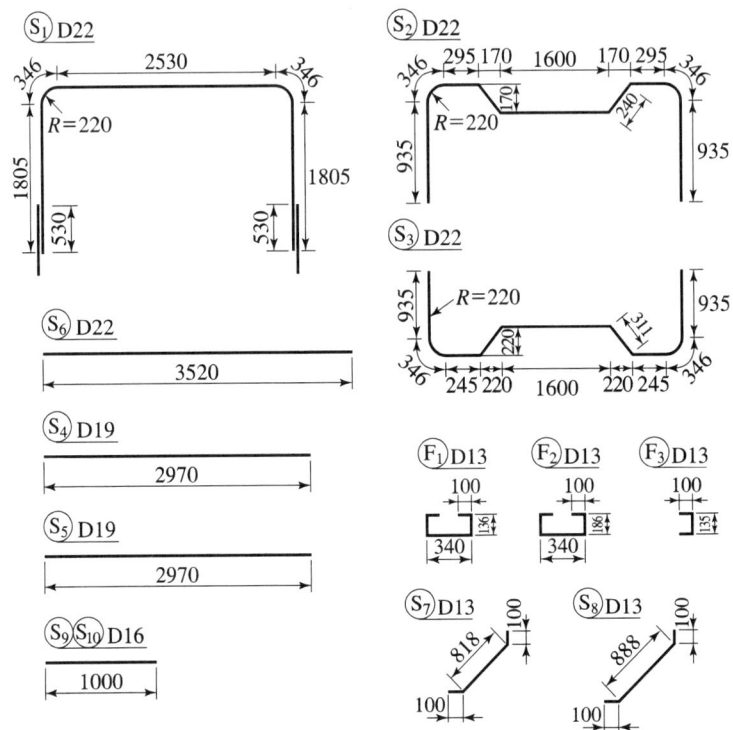

철근상세도

[조건] ① $S_1 \sim S_8$ 철근은 300mm 간격으로 배치되어 있다.
② F_1, F_2, F_3 철근은 300mm 간격으로 지그재그로 배치되어 있다.
③ 철근의 이음과 할증은 무시한다.
④ 지형상태는 일반도와 같으며 터파기는 기초콘크리트 양끝에서 100cm 여유폭을 두고 비탈기울기는 1 : 0.5로 한다.
⑤ 거푸집량의 계산에서 마구리면은 무시한다.

가. 길이 1m에 대한 기초와 구체의 콘크리트량을 구하시오. (단, 소수 4자리에서 반올림하시오.)

[계산과정]

[답] ① 기초 콘크리트량 : _____, ② 구체 콘크리트량 : _____

나. 길이 1m에 대한 거푸집량을 구하시오. (단, 소수 4자리에서 반올림하시오.)

[계산과정]   [답] _____

다. 길이 1m에 대한 터파기양을 구하시오. (단, 소수 4자리에서 반올림하시오.)

[계산과정]   [답] _____

라. 길이 1m에 대한 철근량을 산출하기 위한 다음 철근 물량표를 완성하시오. (단, 소수 셋째자리에서 반올림하시오.)

기호	직경	길이(mm)	수량	총길이(mm)	기호	직경	길이(mm)	수량	총길이(mm)
S_1					S_9				
S_7					F_1				

[계산과정]

해답

가. 길이 1m에 대한 콘크리트량

[계산과정]

① 기초 콘크리트량 $= 3.5 \times 0.1 \times 1 = 0.350 \, m^3$

② 구체 콘크리트량 $= \left\{ (3.100 \times 3.65) - (2.5 \times 3.0) + \dfrac{1}{2} \times 0.200 \times 0.200 \times 4 \right\} \times 1$

$\qquad = 3.895 \, m^3$

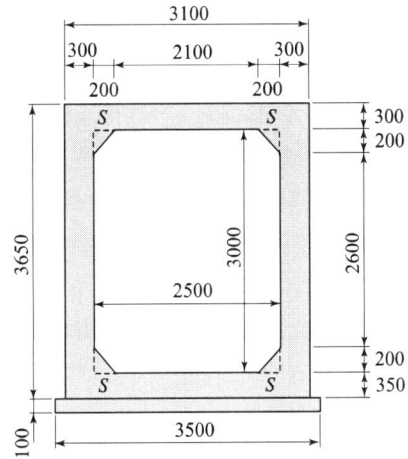

[답] $3.895 \, m^3$

나. 길이 1m에 대한 거푸집량

[계산과정]

① 개개의 거푸집량

㉠ $A = 0.1 m$　㉡ $B = 0.1 m$

㉢ $C = 3.65 m$　㉣ $D = 3.65 m$

㉤ $E = 2.60 m$　㉥ $F = 2.60 m$

㉦ $G = 2.10 m$

㉧ $S = \sqrt{0.20^2 + 0.20^2} \times 4 = 1.1314 m$

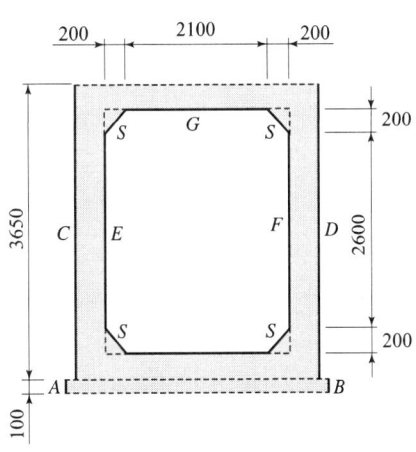

② 총 거푸집량

　　㉠ 총 거푸집 길이

　　　　$= 0.1 \times 2 + 3.65 \times 2 + 2.60 \times 2 + 2.10 + 1.1314$

　　　　$= 15.9314\text{m}$

　　㉡ 총 거푸집량 $= 15.9314 \times 1 = 15.931\text{m}^2$

[답] 15.931m^2

다. 길이 1m에 대한 터파기량

[계산과정]

　① $a = 7,750 \times 0.5 = 3,875$

　② 터파기량 $= \left(\dfrac{13.25 + 5.50}{2} \times 7.75\right) \times 1\text{m} = 72.656\text{m}^3$

[답] 72.656m^3

라. 길이 1m에 대한 철근물량표

[계산과정]

① 철근 길이

　㉠ S_1 철근 길이 $= (1,805 \times 2) + (346 \times 2) + 2,530 = 6,832\text{mm}$

　㉡ S_7 철근 길이 $= 100 \times 2 + 818 = 1,018\text{mm}$

　㉢ S_9 철근 길이 $= 1,000\text{mm}$

　㉣ F_1 철근 길이 $= 100 \times 2 + 136 \times 2 + 340 = 812\text{mm}$

② 철근 수량

　㉠ S_1 철근 수량 $= \dfrac{1,000}{300} \times 2(2쌍) = 6.67$본

　㉡ S_7 철근 수량 $= \dfrac{1,000}{300} \times 2(2쌍) = 6.67$본

　㉢ S_9 철근 수량 = 단면도에서 세면 = 56본

　㉣ F_1 철근 수량 $= \dfrac{1,000}{300 \times 2} \times 3줄 = 5$본

③ 총길이는 각 철근의 길이에 각 철근의 수량을 곱하여 구한다.

[답]

기호	철근호칭	본당길이(mm)	수량(개)	총길이(mm)
S_1	D22	6,832	6.67	45,569.44
S_7	D13	1,018	6.67	6790.06
S_9	D16	1,000	56	56,000
F_1	D13	812	5	4,060

23 다음 그림은 골재의 함수상태를 나타낸 그림이다. ( ) 안에 알맞은 말을 적으시오. [4점]

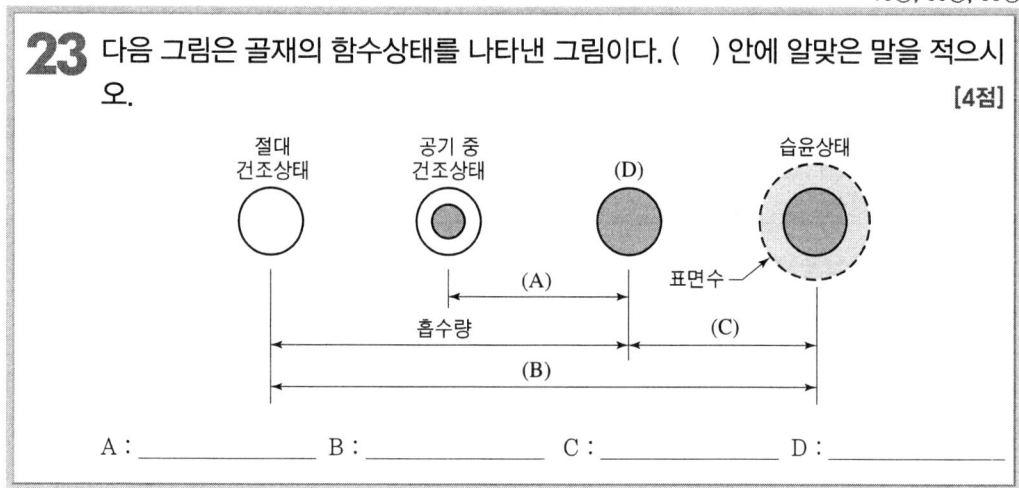

A : _____ B : _____ C : _____ D : _____

해답

[답] A : 유효 흡수량
B : 함수량
C : 표면수량
D : 표면건조 포화상태

참고하세요

골재함수상태
① 절대 건조상태(노건상태, 절건상태) : D
② 공기 중 건조상태(기건상태) : C
③ 표면건조 포화상태(표건상태) : B
④ 습윤상태 : A

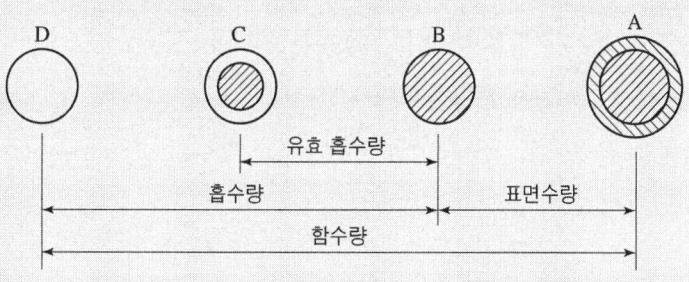

국가기술자격검정 실기시험문제

2019년도 기사 일반검정(제2회) (2019-06-29)

자격종목 및 등급(선택분야)	종목코드	시험시간	형별	수험번호	성 명
토목기사		3시간	A		

※ 다음 물음의 답을 해당 답란에 답하시오.(배점)

01 다음과 같은 모래지반에 위치한 댐의 piping에 대한 안전율을 구하시오. (단, safe weighted creep ratio는 6.0) [3점]

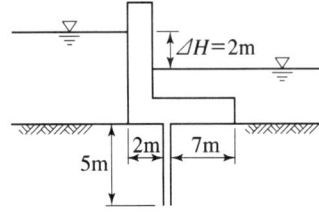

[계산과정]   [답] _____

해답

[계산과정] ① 가중 creep 거리 $= 2D + \dfrac{L}{3} = 2 \times 5 + \dfrac{2+7}{3} = 13$

② 유효 수두 $= \Delta H = 2\text{m}$

③ 가중 creep비 $= \dfrac{\text{가중} creep \text{거리}}{\text{유효수두}} = \dfrac{13}{2} = 6.5$

④ 안전율 $F_s = \dfrac{6.5}{6.0} = 1.08$

[답] 1.08

02 댐의 기초처리 공사 시 Grouting 공사의 주입재료를 3가지만 쓰시오. [3점]

① _____ ② _____ ③ _____

해답

[답] ① 시멘트 용액   ② 아스팔트 용액
③ 벤토나이트와 점토 용액   ④ 약액

19②

03 아스팔트 포장 시 기존의 포장면 또는 아스팔트 안정처리기층에 역청재료를 살포하여 그 위에 포설할 아스팔트 혼합물층과 부착성을 높이는 것을 무엇이라고 하는가? [2점]

○ _____

해답

[답] 택 코트(Tack coat)

참고하세요

택 코트(Tack coat)
이미 시공한 아스팔트 포장이나 콘크리트 포장층 또는 역청 안정처리 기층과 그 위에 포설하는 아스팔트 혼합물의 부착을 좋게 하기 위하여 이미 시공한 포장면 또는 역청 안정처리 기층에 역청 재료를 살포하는 것을 말한다.

19②, 06①, 00①, 93④

04 표준관입시험(S.P.T)기의 split spoon sampler의 외경이 50.8mm, 내경이 34.93mm이다. 면적비를 구하고, 왜 이 S.P.T 시료를 교란된 시료로 간주하는지 설명하시오. [3점]

[계산과정]

[답] ① 면적비 : _____ ② 판단 : _____

해답

[계산과정] ① $A_r = \dfrac{D_w^2 - D_e^2}{D_e^2} \times 100 = \dfrac{50.8^2 - 34.93^2}{34.93^2} \times 100 = 111.51\%$

② $A_r = 111.51\% > 10\%$이므로 교란 시료이다.

[답] ① 면적비 : 111.51%   ② 판단 : 교란시료

참고하세요

면적비

$$A_r = \dfrac{\text{샘플러 벽의 단면적}}{\text{시료의 단면적}} = \dfrac{\dfrac{\pi}{4}D_w^2 - \dfrac{\pi}{4}D_e^2}{\dfrac{\pi}{4}D_e^2} \times 100(\%) = \dfrac{D_w^2 - D_e^2}{D_e^2} \times 100(\%)$$

여기서, D_w : 샘플러의 외경 $A_r \leq 10\%$: 비교란시료
        D_e : 샘플러의 내경 $A_r > 10\%$: 교란시료

05

Asphalt 혼합물의 Marshall 안정도 시험에 대한 아래 내용 중 (   )에 들어갈 알맞은 수치를 쓰시오. [3점]

- 공시체를 (①)분 동안 수조 속에 침수시켜, 가열 아스팔트 공시체 온도가 (②)℃로 유지하도록 한다.
- 재하 잭 혹은 분당 (③)mm의 비율로 움직이는 시험기 두부를 가진 시험기로 공시체의 일정한 비율로 하중을 가한다.

① _____ ② _____ ③ _____

해답

[답] ① 30~40   ② 60±1   ③ 50±5

06

뒤채움 지표면에 재하중이 없는 높이 6m의 옹벽에 작용하는 지진력에 의한 전체 주동토압(P_{ae})이 Mononobe-Okabe식에 의해 160kN/m이고, 정적인 상태의 전체 주동토압(P_a)이 100kN/m일 때 지진력에 의한 전체 주동 토압의 작용위치는 옹벽저면으로부터 몇 m로 보는가? [3점]

[계산과정]   [답] _____

해답

[계산과정]

① 지진력에 의한 주동토압

$$P_w = \frac{1}{2}\gamma h^2 (1-K_V) K_{ae} = 160 \text{kN/m}$$

② $P_a = \frac{1}{2} r h^2 C_a = 100 \text{kN/m}$

③ $\Delta P_{ae} = P_w - P_a = 160 - 100 = 60 \text{kN/m}$

④ $\Delta P_{ae} \cdot 0.6h + P_a \cdot \frac{h}{3} = P_{ae} \cdot y$

$60 \times (0.6 \times 6) + 100 \times \frac{6}{3} = 160 \times y$ 에서

$y = 2.6\text{m}$

[답] 2.6m

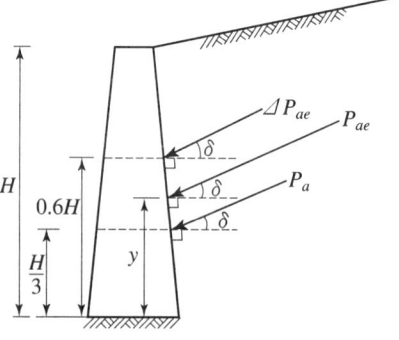

19②, 87②③

07 사암(砂岩)을 천공하는데 천공속도는 V_T=45cm/min이다. 이 때 표준암을 천공하는 순속도는 얼마인가?(단, C_1=1.50, C_2=0.8, α=0.5) [3점]

[계산과정]　　　　　　　　　　　　　　　　　　　[답] _____

해답

[계산과정] 천공속도 $V_T = \alpha(C_1 \cdot C_2)V$ 에서

$$V = \frac{V_T}{\alpha(C_1 \cdot C_2)} = \frac{45}{0.5 \times (1.50 \times 0.8)} = 75\text{cm/min}$$

[답] 75cm/min

참고하세요

천공속도

$V_T = \alpha(C_1 \cdot C_2)V$

여기서, V_T : 천공속도(cm/min)
α : 전천공시간에 대한 순천공시간의 비율(보통 α = 0.65)
C_1 : 표준함(화강암)에 대한 대상암의 암석 저항계수
C_2 : 암석의 상태에 의한 작업조건계수
V : 표준암을 천공하는 순천공속도(cm/min)

19②, 03④

08 어느 불도저의 1회 굴착압토량이 3.6m³이며 토량변화율(L)은 1.25, 작업효율은 0.6, 평균 굴착압토거리 60m, 전진속도 30m/분, 후진속도 60m/분, 기어변속시간 및 가속시간이 0.5분일 때, 이 불도저 운전 1시간당의 작업량은 본바닥토량으로 얼마인가? [3점]

[계산과정]　　　　　　　　　　　　　　　　　　　[답] _____

해답

[계산과정] ① $C_m = \dfrac{l}{V_1} + \dfrac{l}{V_2} + t_g = \dfrac{60}{30} + \dfrac{60}{60} + 0.5 = 3.5$분

② $Q = \dfrac{60 \cdot q \cdot f \cdot E}{C_m} = \dfrac{60 \cdot q \cdot \dfrac{1}{L} \cdot E}{C_m} = \dfrac{60 \times 3.6 \times \dfrac{1}{1.25} \times 0.6}{3.5} = 29.62\text{m}^3/\text{hr}$

[답] 29.62m³/hr

09 암거 매설공법을 고속도로 및 철도하부로 횡단하여 암거구조물을 설치할 경우 개착공법에 의하지 않고 양측에 발진기지를 설치하여 함체를 직접 견인시켜 구조물 안으로 들어오는 토사를 굴착하여 소정의 구조물을 설치함으로써 상부교통에 지장을 주지 않고 시공하는 공법은? [2점]

○ _____

해답

[답] Front Jacking Method

참고하세요

기존 도로 및 철도 하부 터널공법
① Pipe Pushing 공법 : 수직구멍을 파고 잭키 다동용 가압판을 설치한 후 매설할 관을 후방에서 잭키로 밀어넣어 관을 부설하는 공법이다.
② Front Jacking Method : 수직구멍을 뚫은 다음 견인용 철선으로 암거나 원관 등을 jack으로 전방에서 직접 당겨 부설하는 공법이다.
③ Front Shield Method : 한쪽의 견인설비에 의해 shield를 직접 전방에서 잡아당긴 후 Shield 공법과 같이 세그먼트(segment)를 조립하여 터널을 구축하는 공법이다.
④ Front Semi Shield Method : Shield Method에서 사용하는 segment를 조립 대신 흄관을 사용함으로써 간단하고 시간이 절약되는 공법이다.

10 굳지 않은 콘크리트의 워커빌리티(Workability) 측정방법을 3가지 쓰시오. [3점]

① _____ ② _____ ③ _____

해답

[답] ① 슬럼프 시험(slump test)
② 흐름 시험(flow test)
③ 리몰딩 시험(remolding test)

참고하세요

굳지 않은 콘크리트의 워커빌리티 측정방법
① 슬럼프 시험(slump test) ② 흐름 시험(flow test)
③ 리몰딩 시험(remolding test) ④ 구관입 시험(ball penetration test)
⑤ 비비(vee-bee) 반죽질기 시험 ⑥ 이리바렌 시험(iribaren test)

11 연약지반 처리공법 중 Vertical Drain 공법으로서는 Paper Drain과 Sand Drain을 많이 사용하고 있으나, 근래에는 시공상과 공기 및 재료 구득의 난이 등으로 인하여 Paper Drain 공법 채택이 증가하고 있다. Paper Drain 공법이 Sand Drain 공법과 비교하여 유리한 점 5가지를 쓰시오. [3점]

① _____ ② _____ ③ _____
④ _____ ⑤ _____

해답

[답] ① 비교적 시공속도가 빠르다.
② 얕은 심도에서 공사비가 저렴하다.
③ Drain 단면이 깊이, 방향에 대해서 일정하다.
④ Drain Board의 중량이 가벼워서 운반, 취급이 용이하다.
⑤ 타설에 의해 지반을 교란시키지 않는다.

12 이미 경화한 매시브한 콘크리트 위에 슬래브를 타설할 때 부재 평균 최고온도와 외기온도와의 균형시의 온도차가 12.8℃ 발생하였을 때 아래의 표를 이용하여 온도균열 발생확률을 구하면? (단, 간이법 적용) [3점]

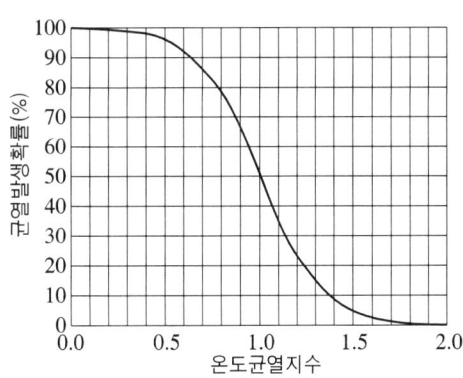

[계산과정]

[답] _____

해답

[계산과정]
① 외부구속의 정도를 표시하는 계수(R)
이미 경화된 콘크리트 위에 타설하는 경우이므로 $R = 0.60$

② 부재 평균 최고온도와 외기온도와의 균형시의 온도차
   $\Delta T_0 = 12.8℃$

③ 온도균열지수 $= \dfrac{10}{R\Delta T_0} = \dfrac{10}{0.60 \times 12.8} = 1.30$

④ 주어진 그래프에서 온도균열지수 1.30일 때 균열발생확률은 약 15%이다.

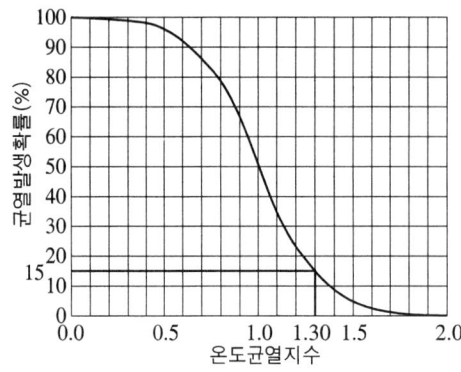

[답] 약 15%

참고하세요

온도균열지수의 산정(간이적인 방법)

① 연질의 지반 위에 친 평판 등과 같이 내부구속응력이 큰 경우

온도균열지수 $= \dfrac{15}{\Delta T_i}$

여기서, ΔT_i : 내부온도가 최고일 때의 내부와 표면과의 온도차(℃)

② 암반이나 매시브한 콘크리트 위에 친 평판 등과 같이 외부구속응력이 큰 경우

온도균열지수 $= \dfrac{10}{R\Delta T_0}$

여기서, R : 외부구속의 정도를 표시하는 계수
ΔT_0 : 부재 평균 최고온도와 외기온도와의 균형시의 온도차(℃)

조건	외부구속의 정도를 표시하는 계수(R)
비교적 연한 암반 위에 콘크리트를 타설할 때	0.50
중간 정도의 단단한 암반 위에 콘크리트를 타설할 때	0.65
경암 위에 콘크리트를 타설할 때	0.80
이미 경화된 콘크리트 위에 타설할 때	0.60

13 토취장(土取場)에서 원지반 토량 2,000m³를 굴착한 후 8t 덤프트럭으로 다음과 같은 단면의 도로를 축조하고자 한다. 이 토취장 흙의 40%는 점성토이고 60%는 사질토이다. [6점]

구분\종류	토량 환산 계수		자연상태의 단위 중량
	L	C	
점성토	1.3	0.9	1.75t/m³
사질토	1.25	0.87	1.80t/m³

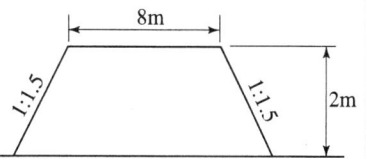

가. 운반에 필요한 8t 덤프트럭의 연대수를 구하시오.
 (단, 덤프트럭은 적재 중량만큼 싣는 것으로 한다.)
 [계산과정]   [답] _____

나. 시공 가능한 도로의 길이(m)를 산출하시오.
 (단, 도로의 시점 및 종점의 끝단은 수직으로 가정한다.)
 [계산과정]   [답] _____

다. 전체 토량을 상차하는 데 소요되는 장비의 가동 시간을 계산하시오.
 (사용 장비 : 버킷 용량 0.9m³의 back hoe, 버킷 계수 0.9, 효율 0.7, 사이클 타임 21초)
 [계산과정]   [답] _____

해답

가. 8t 덤프트럭의 연 대수

[계산과정] ① 토질 상태

토질	원지반 상태의 토량	다져진 상태의 토량
점성토	2,000×0.40=800m³	800×0.9=720m³
사질토	2,000×0.60=1,200m³	1,200×0.87=1,044m³
총 토량	800+1,200=2,000m³	720+1,044=1,764m³

② 연대수 계산

$$N = \frac{\text{자연상태 토량(m}^3\text{)}}{\text{적재량}}$$

㉠ 점성토 $N_1 = \dfrac{800}{8} \times 1.75 = 175$대

㉡ 사질토 $N_2 = \dfrac{1,200}{8} \times 1.80 = 270$대

㉢ 연대수 $N = 175 + 270 = 445$대

[답] 445대

나. 시공가능한 도로의 길이

[계산과정]

① 도로 단면적 = $\dfrac{8+(1.5\times2+8+1.5\times2)}{2}\times2 = 22\,\text{m}^2$

② 도로 길이 = $\dfrac{\text{다져진 상태의 토량}}{\text{도로 단면적}} = \dfrac{1{,}764}{22} = 80.18\,\text{m}$

여기서, 다져진 상태의 토량(V)

점성토 : $2{,}000\times0.4\times0.9 = 720\,\text{m}^3$

사질토 : $2{,}000\times0.6\times0.87 = 1{,}044\,\text{m}^3$

∴ $720+1044 = 1{,}764\,\text{m}^3$

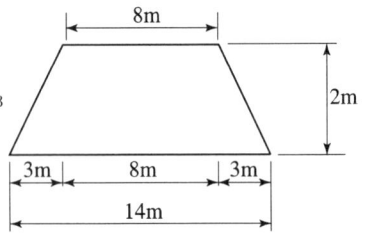

[답] 80.18m

다. 소요되는 장비의 가동 시간

[계산과정]

① Back hoe 작업량

$Q = \dfrac{3{,}600\cdot q\cdot K\cdot f\cdot E}{C_m} = \dfrac{3{,}600\times0.9\times0.9\times\left(\dfrac{1}{1.3\times0.4+1.25\times0.6}\right)\times0.7}{21}$

$= 76.54\,\text{m}^3/\text{hr}$

② 장비의 가동 시간 = $\dfrac{2{,}000}{76.54} = 26.13$시간

[답] 26.13시간

19②, 95①, 89①

14 트럭과 굴착기를 조합하여 작업을 하는데 이런 경우에는 트럭의 적당한 대수를 준비해 두어야 한다. 이 때 왕복과 사토(捨土)에 요하는 시간이 30분, 원위치에 도착하였을 때부터 싣기를 완료한 후 출발할 때까지의 시간이 5분이라면 굴착기가 쉬지 않고 작업할 수 있는 여유 대수는 얼마인가? [3점]

[계산과정]   [답] _____

해답

[계산과정]

트럭의 여유대수

$N(\text{여유대수}) = 1 + \dfrac{T_1}{T_2} = 1 + \dfrac{30}{5} = 7$대

여기서, T_1 : 왕복과 사토에 요하는 시간

T_2 : 원위치에 도착한 후부터 싣기를 완료하고 출발할 때까지의 시간

[답] 7대

15 아래 그림과 같이 6.0m의 연직옹벽에 연속적인 강우로 뒤채움 흙이 완전 포화되어 있다. 뒤채움 흙은 포화밀도 $\gamma_{sat}=19\text{kN/m}^3$, 내부마찰각 $\phi=38°$인 사질토이며, 벽면마찰각 $\delta=15°$이다. 이때 Coulomb의 주동토압계수는 0.219이고 파괴면이 수평면과 55°라고 가정할 경우 아래의 물음에 답하시오. [4점]

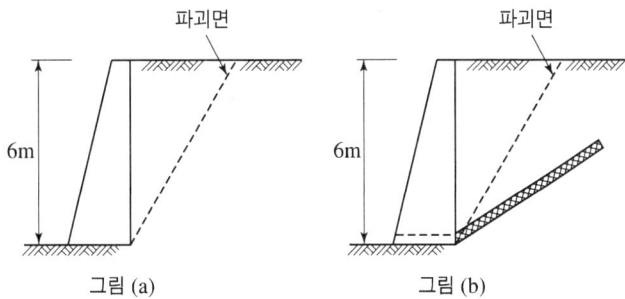

그림 (a)　　　　　　　　그림 (b)

가. 그림 (a)와 같이 옹벽면에 배수구가 없을 경우 옹벽에 작용하는 전 주동토압을 구하시오.
[계산과정]　　　　　　　　　　　[답] _____

나. 그림 (b)와 같이 파괴면 아래쪽에 배수구를 경사지게 설치했을 경우 옹벽에 작용하는 전 주동토압을 구하시오.
[계산과정]　　　　　　　　　　　[답] _____

해답

가. 그림 (a)와 같이 옹벽면에 배수구가 없을 경우 옹벽에 작용하는 전 주동토압

[계산과정] $P_a = \dfrac{1}{2} \cdot \gamma_{sub} \cdot H^2 \cdot C_a + \dfrac{1}{2} \cdot \gamma_w \cdot H^2$

$= \dfrac{1}{2} \times (19-9.81) \times 6^2 \times 0.219 + \dfrac{1}{2} \times 9.81 \times 6^2 = 212.81 \text{kN/m}$

[답] 212.81 kN/m

나. 그림 (b)와 같이 파괴면 아래쪽에 배수구를 경사지게 설치했을 경우 옹벽에 작용하는 전 주동토압

[계산과정] $P_a = \dfrac{1}{2} \cdot \gamma_{sat} \cdot H^2 \cdot C_a = \dfrac{1}{2} \times 19 \times 6^2 \times 0.219 = 74.90 \text{kN/m}$

[답] 74.90 kN/m

참고하세요

① 배수구가 없으므로 유효응력과 물의 간극수압에 의한 주동토압이 발생한다.
② 배수구가 있으므로 포화밀도에 의한 주동토압만 발생한다.

19②, 96①, 94③

16 다음 옹벽에서 전도 및 활동에 대한 안정을 검토하시오. (단, 안전율은 모두 2.0 이상이어야 한다.) [8점]

[조건]
- $c = 0$
- W(옹벽자중+저판위의 흙의 무게)$= 240\text{kN}/\text{m}$
- $P_H = 200\text{kN}/\text{m}$
- $P_V = 100\text{kN}/\text{m}$
- $B = 4\text{m}$
- $b = 2.5\text{m}$
- $h = 6\text{m}$
- $\bar{y} = 2\text{m}$
- μ(옹벽 저판과 기초와의 마찰계수)$= 0.5$

가. 전도에 대한 안정검토
[계산과정]   [답] _____

나. 활동에 대한 안정 검토
[계산과정]   [답] _____

해답

가. 전도에 대한 안전율
[계산과정]
$$F_s = \frac{M_r}{M_t} = \frac{W \cdot b + P_V \cdot B}{P_H \cdot y} = \frac{240 \times 2.5 + 100 \times 4}{200 \times 2.0} = 2.5 > 2.0 \text{로 안정}$$

[답] 안정

나. 활동에 대한 안전율
[계산과정]
$$F_s = \frac{c \cdot B + (W + P_V) \cdot \mu}{P_H} = \frac{0 \times 4 + (240 + 100) \times 0.5}{200} = 0.85 < 2.0 \text{ 로 불안정}$$

[답] 불안정

19②, 06④, 04②

17 콘크리트포장은 콘크리트 균열을 조절하기 위해 설치하는 줄눈 및 철근의 유무에 따라 그 종류가 구분되는데 그 종류를 3가지만 기술하시오. [3점]

① _____ ② _____ ③ _____

해답

[답] ① 무근콘크리트포장(JCP) ② 철근콘크리트포장(JRCP)
    ③ 연속철근콘크리트포장(CRCP) ④ 프리스트레스트 콘크리트포장(PCP)

18 하류측의 하천이나 하수도 시설의 유하능력이 부족하게 되는 경우 일단 유출우수를 저류하여 조정을 하기 위한 시설은? [2점]

○ _____

[답] 우수조정지

19 다음과 같은 작업리스트가 있다. 아래 물음에 답하시오. [8점]

작업명	진행작업	후속작업	표준일수 (일)	단축가능일수 (일)	1일 단축의 소요비용 (만원/일)
A	-	B, C	6	2	5
B	A	D	8	1	7
C	A	F	10	2	3
D	B	E	6	2	4
E	D	G	4	1	8
F	C	G	7	1	9
G	E, F	-	5	2	10

가. Network(화살선도)를 작도하고, 표준일수에 대한 C.P를 찾으시오.

○

나. 공시기간을 4일 단축하고자 하는 경우 최소의 여분출비(extra cost)를 계산하시오.

[계산과정]   [답] _____

가. 화살선도 및 C.P

[답]

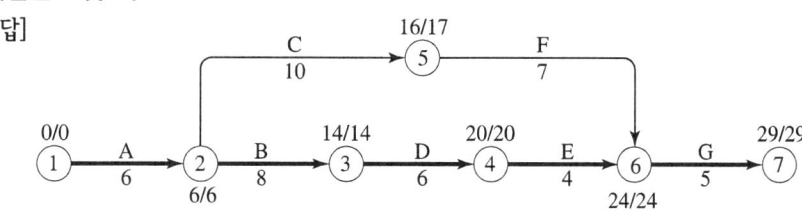

C.P : A → B → D → E → G

나. 최소의 여분출비
[계산과정]
① 비용경사

소요 작업	단축 가능 일수	비용 경사(원)
1 → 2	2	50,000
2 → 3	1	70,000
3 → 4	2	40,000
4 → 6	1	80,000
2 → 5	2	30,000
5 → 6	1	90,000
6 → 7	2	100,000

② 공기 4일 단축

소요 작업	단축가능 일수	단축 일수	비용경사	추가비용 29일→28일	28일→26일	26일→25일	C.P
3→4	2	1, 1	40,000원	1×40,000원 =40,000원		1×40,000원 =40,000원	★
1→2	2	2	50,000원		2×50,000원 =100,000원		★
2→5	2	1	30,000원			1×30,000원 =30,000원	

③ 여분출비 = 40,000 + 100,000 + 40,000 + 30,000 = 210,000원

[답] 210,000원

19②, 89①

20 도로공사의 성토작업 시 노체 시공의 현장 품질관리시험 종목 중 가장 중요한 것을 3가지만 쓰시오. [3점]

① _____ ② _____ ③ _____

해답

[답] ① 함수량 시험 ② 다짐 시험 ③ 현장밀도 시험

참고하세요

품질관리 기준

노 체	노 상	기층, 중간층, 표층
① 함수량 시험	① 함수량 시험	① 폭 측정
② 다짐 시험	② 다짐 시험	② 높이 측정
③ 현장 밀도 시험	③ 현장 밀도 시험	③ 두께 측정
④ 평판재하 시험	④ 평판재하 시험	
	⑤ 프루프 롤링	

21 주어진 역T형 교대 도면을 보고 다음 물량을 산출하시오. (단, 교대 전체길이는 10.3m이며, 도면의 치수단위는 mm이며, 소수점 이하 4째자리에서 반올림하시오.) [8점]

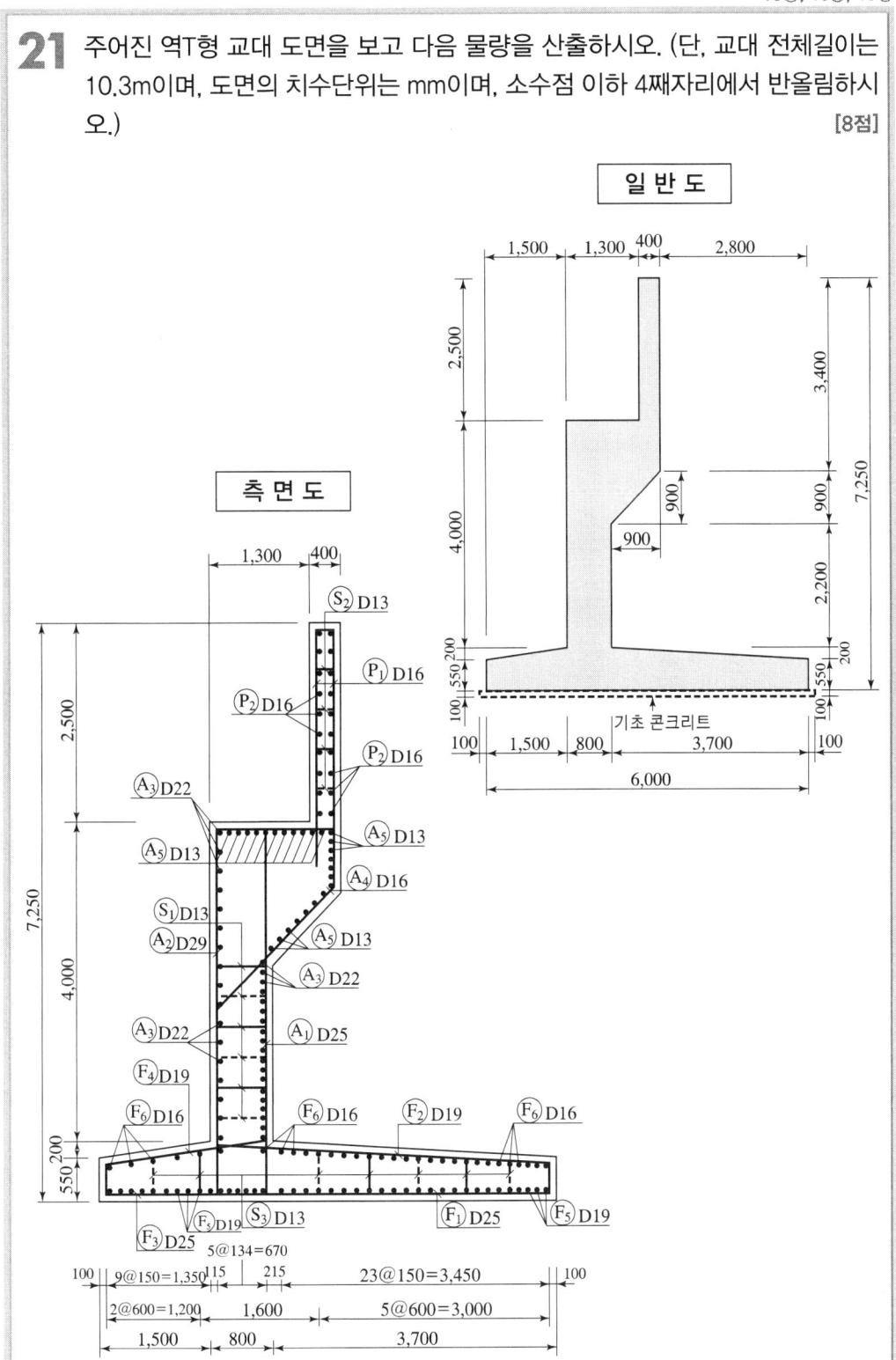

가. 교대의 전체 콘크리트량을 구하시오.(단, 기초 콘크리트량은 무시한다.)

[계산과정]   [답] _____

나. 교대의 전체 거푸집량을 구하시오.(단, 기초 콘크리트에 사용되는 거푸집량은 무시한다.)

[계산과정]   [답] _____

해답

가. 콘크리트량

[계산과정]

① $A_1 = 0.4 \times 2.5 = 1\,\text{m}^2$

② $A_2 = (1.3 + 0.4) \times 0.9 = 1.53\,\text{m}^2$

③ $A_3 = \dfrac{(1.3+0.4)+0.8}{2} \times 0.9 = 1.125\,\text{m}^2$

④ $A_4 = 0.8 \times 2.2 = 1.76\,\text{m}^2$

⑤ $A_5 = \dfrac{0.8+6.0}{2} \times 0.2 = 0.68\,\text{m}^2$

⑥ $A_6 = 0.55 \times 6.0 = 3.3\,\text{m}^2$

⑦ $\sum A = 9.395\,\text{m}^2$

⑧ 총 콘크리트량 = 측면도 면적 × 교대 길이
 = 9.395×10.3
 = $96.769\,\text{m}^3$

[답] $96.769\,\text{m}^3$

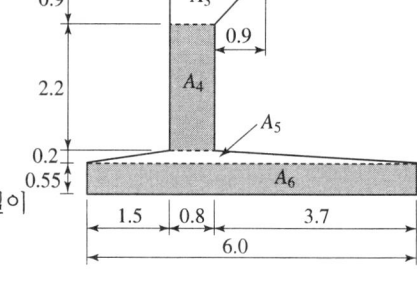

나. 거푸집량

[계산과정]

① $A = 2.5\,\text{m}$

② $B = 3.4\,\text{m}$

③ $C = 4.0\,\text{m}$

④ $D = \sqrt{0.9^2 + 0.9^2} = 1.2728\,\text{m}$

⑤ $E = 2.2\,\text{m}$

⑥ $F = 0.55 \times 2 = 1.1\,\text{m}$

⑦ $\sum L = 14.4728\,\text{m}$

⑧ 마구리면 $9.395 \times 2 = 18.79\,\text{m}^2$

⑨ 총 거푸집량
 = $14.4728 \times 10.3 + 18.79$
 = $167.860\,\text{m}^2$

[답] $167.860\,\text{m}^2$

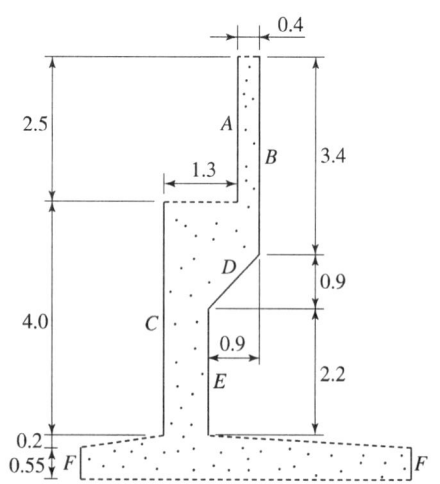

22 기초의 폭(B)이 6m 길이(L)가 12m인 직사각형 기초가 있다. 이 기초의 근입심도는 3.5m이고 지하수위는 1.5m 아래에 있다. 기초지반의 흙의 단위중량이 18.5kN/m³인 사질토로서 $c=8.5$kN/m², $\phi=22°$일 때 지반의 허용지지력(kN/m²)을 구하시오. (단, 물의 단위중량 $\gamma_w=9.8$kN/m³, $\phi=22°$일 때, $N_c=21.1$, $N_\gamma=11.6$, $N_q=13.5$) [3점]

[계산과정]

[답] _____

해답

[계산과정]

$D_1 = 1.5$m, $D_f = 3.5$m로 $0 \leq D_1 \leq D_f$인 경우이므로 지하수위가 기초의 근입깊이 사이에 있다.

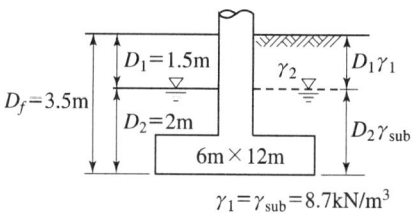

$\gamma_1 = \gamma_{sub} = 8.7$kN/m³

① $\gamma_1 = \gamma_{sub} = \gamma_{sat} - \gamma_w = 18.5 - 9.8 = 8.7$kN/m³

② $D_f \gamma_2 = D_1 \gamma_t + D_2 \gamma_{sub} = 1.5 \times 18.5 + 2 \times 8.7 = 45.15$kN/m²

③ $\alpha = 1 + 0.3 \dfrac{B}{L} = 1 + 0.3 \times \dfrac{6}{12} = 1.15$

④ $\beta = 0.5 - 0.1 \dfrac{B}{L} = 0.5 - 0.1 \times \dfrac{6}{12} = 0.45$

⑤ 극한지지력

$q_u = \alpha c N_c + \beta B \gamma_1 N_r + D_f \gamma_2 N_q$
$= 1.15 \times 6 \times 21.1 + 0.45 \times 6 \times 8.7 \times 11.6 + 45.15 \times 13.5$
$= 1{,}027.60$kN/m²

⑥ 허용지지력

$q_a = \dfrac{q_u}{F_s} = \dfrac{q_u}{3} = \dfrac{1{,}027.60}{3} = 342.53$ kN/m²

[답] 342.53kN/m²

23 그림과 같은 모래지반에 지표면으로부터 2m 지점에 지하수위가 있을 때 지표면으로 부터의 5m 지점의 전단강도를 구하시오.(단, 내부마찰각 30°, 점착력=0)   [4점]

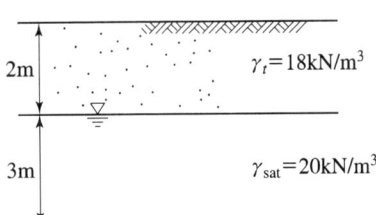

[계산과정]   [답] _____

해답

[계산과정] ① 유효응력 $\bar{\sigma} = 2 \times 18 = 3 \times (20 - 9.80) = 66.6 \text{kN/m}^2$

② 전단강도 $\tau = c + \bar{\sigma} \cdot \tan\phi = c_u = 60 \text{kN/m}^2$

[답] 38.45 kN/m²

---

24 다음 용어에 관한 정의를 간단히 쓰시오.   [4점]

가. 최적심도(最適深度)

  ○ _____

나. 누두지수(漏斗指數)

  ○ _____

해답

[답] 가. 최대 체적의 누두공(분화구)을 가질 때의 장약 깊이
    나. 누두공의 형상을 나타내는 지수

참고하세요

누두지수(n)

$n = \dfrac{R}{W}$

여기서, $n = 1$: 표준장약(누두공의 꼭지각이 90°가 되는 경우)
       $n < 1$: 약장약(최소저항선의 길이에 비해 장약량이 적은 상태,
                 누두공의 꼭지각이 90°보다 적은 경우)
       $n > 1$: 과장약(최소저항선의 길이에 비해 장약량이 많은 상태,
                 누두공이 생기지 않고 암석이 비산된다.)

25 사질토 지반에서 30×30cm 크기의 재하판을 이용하여 평판재하시험을 실시하였다. 재하시험결과 극한지지력이 240kPa, 침하량이 10mm이었다. 실제 3×3m의 기초를 설치할 때 예상되는 극한지지력과 침하량을 구하시오. [4점]

[계산과정]

[답] 극한지지력 : _____, 침하량 : _____

해답

[계산과정] ① 극한지지력

$$q_{u(기초)} = q_{u(재하판)} \cdot \frac{B_{(기초)}}{B_{(재하판)}} = 240 \times \frac{3}{0.3} = 2{,}400\,\text{kPa}$$

② 침하량

$$S_{(기초)} = S_{(재하판)} \cdot \left[\frac{2B_{(기초)}}{B_{(기초)} + B_{(재하판)}}\right]^2 = 10 \times \left[\frac{2 \times 3}{3 + 0.3}\right]^2 = 33.06\,\text{mm}$$

[답] 극한지지력 : 2,400kPa
      침하량 : 33.06mm

국가기술자격검정 실기시험문제

2019년도 기사 일반검정(제3회) (2019-10-13)

자격종목 및 등급(선택분야)	종목코드	시험시간	형별
토목기사		3시간	A

※ 다음 물음의 답을 해당 답란에 답하시오.(배점)

19③, 86②

01 현장 다짐시 최대 건조단위중량 $\gamma_{d\max}$=19.51kN/m³이였다. 다짐도를 95%로 정했을 때 흙의 건조밀도를 구하고, 이 흙의 비중을 2.70, 함수비 13%라 할 때 포화도(S_r)를 구하시오. (단, 물의 단위중량 γ_w=9.81kN/m³, 소수 3자리에서 반올림하시오.) **[4점]**

가. 건조 단위중량을 구하시오.
 [계산과정]   [답] _____

나. 포화도를 구하시오.
 [계산과정]   [답] _____

해답

가. 건조 단위중량

[계산과정] 다짐도 $U = \dfrac{\gamma_d}{\gamma_{d\max}} \times 100 = \dfrac{\gamma_d}{19.51} \times 100 = 95\%$ 에서

$$\gamma_d = \dfrac{95 \times 19.51}{100} = 18.53 \text{kN/m}^3$$

[답] 18.53kN/m³

나. 포화도

[계산과정] ① 공극비 $e = \dfrac{\gamma_w G_s}{\gamma_d} - 1 = \dfrac{9.81 \times 2.70}{18.53} - 1 = 0.429$

② 포화도 $S_r e = w G_s$ 에서 $S_r = \dfrac{w G_s}{e} = \dfrac{13 \times 2.70}{0.429} = 81.82\%$

[답] 81.82%

19③, 18②, 16②, 85①

02 말뚝의 지지력을 산정하는 방법을 3가지만 쓰시오. [3점]

① _____ ② _____ ③ _____

해답

[답] ① 정역학적 공식에 의한 방법
② 동역학적 공식에 의한 방법
③ 말뚝재하시험에 의한 방법

참고하세요

말뚝의 지지력을 구하는 방법
① 정역학적 공식에 의한 방법
　㉠ Terzaghi 공식　　㉡ Dörr 공식
　㉢ Meyerhof 공식　　㉣ Dunham의 공식
② 동역학적 공식에 의한 방법
　㉠ Hiley 공식　　㉡ Engineering News 공식
　㉢ Sander 공식　　㉣ Weisbach 공식
③ 말뚝재하시험에 의한 방법

19③, 11④

03 도로 포장을 설계하기 위해 다음과 같이 CBR을 구하였다. 포장설계를 위한 설계 CBR을 구하시오.(단, CBR계수에 상관되는 계수 $d_2=2.83$을 적용한다.) [3점]

| 4.6 | 3.9 | 5.9 | 4.8 | 7.0 | 3.3 | 4.8 |

[계산과정]　　　　　　　　　　　　　　　　　　　[답] _____

해답

[계산과정]

① 평균 CBR $= \dfrac{4.6+3.9+5.9+4.8+7.0+3.3+4.8}{7} = 4.9$

② 설계 CBR = 평균 $CBR - \dfrac{CBR_{max} - CBR_{min}}{d_2} = 4.9 - \dfrac{7.0-3.3}{2.83} = 3.59 = 3$

여기서, 설계 CBR은 절사하여야 한다.

[답] 3

04 필댐의 종류를 3가지만 쓰시오. [3점]

① _____ ② _____ ③ _____

[답] ① 흙 댐(earth dam)　② 록필 댐(rock-fill dam)　③ 토석댐(earth rock fill dam)

05 그림과 같은 중력식 옹벽의 전도(overturning)에 대한 안전율을 계산하시오. (단, 콘크리트의 단위중량은 23kN/m³이고, 옹벽전면에 작용하는 수동토압은 무시한다.) [3점]

[계산과정]　　　　　　　　　　　　　　　[답] _____

[계산과정]

① 주동토압

$$P_A = \frac{1}{2} \cdot r \cdot H^2 \cdot K_A = \frac{1}{2} \cdot r \cdot H^2 \cdot \tan^2\left(45° - \frac{\phi}{2}\right)$$

$$= \frac{1}{2} \times 18 \times 4^2 \times \tan^2\left(45° - \frac{30°}{2}\right) = 48 \text{kN/m}$$

② 옹벽의 자중

㉠ $W_1 = 1 \times 4 \times 23 = 92 \text{kN/m}$

㉡ $W_2 = \frac{1}{2} \times (2.5 - 1) \times 4 \times 23 = 69 \text{kN/m}$

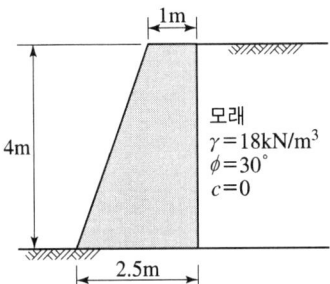

③ 전도 안전율

$$F_s = \frac{M_r}{M_t} = \frac{W_1 \cdot b_1 + W_2 \cdot b_2}{P_A \cdot y} = \frac{92 \times \left(1.5 + \frac{1}{2}\right) + 69 \times \left(1.5 \times \frac{2}{3}\right)}{48 \times \frac{4}{3}} = 3.95$$

[답] 3.95

19③, 02④, 96③

06 어느 지역의 월평균 기온이 아래 표와 같다. 데라다의 공식을 이용하여 동결깊이를 구하시오.(단, 정수 $C=4.0$으로 한다.) [3점]

월	월평균 기온(℃)
11	3.5
12	-7.8
1	-9.6
2	-4.2
3	-1.1

[계산과정]

[답] _____

해답

[계산과정] ① 동결지수(F)=영하온도×지속일수
$$= 7.8 \times 31 + 9.6 \times 31 + 4.2 \times 28 + 1.1 \times 31$$
$$= 691.1℃ \cdot day$$

② 동결깊이 $Z = C\sqrt{F} = 4.0 \times \sqrt{691.1} = 105.16 \text{cm}$

여기서, Z : 동결깊이(cm)
C : 정수(3~5, 우리나라에서는 4를 쓴다.)
F : 동결지수
$F(℃ \cdot days)$=기온×일수=0℃ 이하의 기온×지속기간(지속일수)

[답] 105.16cm

19③, 12④, 03①, 92②

07 폭이 10cm, 두께 0.3m인 Paper drain(Card Board)을 이용하여 점토지반에 0.6m 간격으로 정사각형 배치로 설치하였다면, Sand drain이론의 등가환산원(등가원)의 직경(d_w)과 영향원의 직경(d_e)을 각각 구하시오. [4점]

[계산과정]

[답] 등가원 직경 : _____, 영향원 직경 : _____

 해답

[계산과정]

① $d_w = \alpha \dfrac{2A+2B}{\pi} = 0.75 \times \dfrac{2 \times 10 + 2 \times 0.3}{\pi} = 4.92 \text{cm}$

② $d_e = 1.13d = 1.13 \times 60 = 67.8 \text{cm}$

[답] 등가원 직경 $d_w = 4.92\text{cm}$, 영향원 직경 $d_e = 67.8\text{cm}$

08 그림과 같이 표준관입값이 다른 3종의 모래지름층으로 되어 있는 기초 지반에 지름 30cm, 길이 12m의 콘크리트말뚝을 박았을 때 말뚝의 허용지지력을 안전율 3으로 하여 Meyerhof의 공식으로 구하시오. [3점]

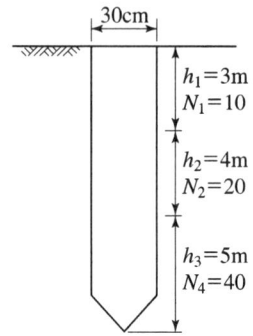

[계산과정]

[답]

해답

[계산과정]

① 선단 단면적(A_p)

$$A_p = \frac{\pi \cdot D^2}{4} = \frac{\pi \times 0.3^2}{4} = 0.071 \mathrm{m}^2$$

② 주면적(A_s)

$$A_s = \pi \cdot D \cdot L = \pi \times 0.3 \times 12 = 11.310 \mathrm{m}^2$$

③ 모래층의 평균 N치($\overline{N_s}$)

$$\overline{N_s} = \frac{N_1 \cdot h_1 + N_2 \cdot h_2 + N_3 \cdot h_3}{h_1 + h_2 + h_3} = \frac{10 \times 3 + 20 \times 4 + 40 \times 5}{3 + 4 + 5} = 25.833$$

④ 말뚝의 극한지지력(Q_u)

$$Q_u = 40 \cdot N \cdot A_p + \frac{1}{5} \cdot \overline{N_s} \cdot A_s = 40 \times 40 \times 0.071 + \frac{1}{5} \times 25.833 \times 11.310 = 172.034 \mathrm{t}$$

⑤ 허용지지력(Q_a)

$$Q_a = \frac{Q_u}{F_s} = \frac{172.034}{3} = 57.34 \mathrm{t} \times 9.81 \mathrm{kN/t} = 562.51 \mathrm{kN}$$

[답] 562.51kN

09 터널 보링기 중에는 암석 굴착공법 중 디스크 커터(disk cutter)라고 부르는 주판알과 같은 커터를 다수 부착한 대원반을 막장면에 눌러 회전하면서 커터의 쐐기력으로 암면을 갈아서 전단파괴 하는 것이 있다. 압축강도가 100~150MPa 정도까지의 암석에 적합한 이 기계는? [2점]

○_____

해답

[답] 로빈슨형 TBM

참고하세요

터널 굴착기계의 종류
① TBM(Hard Rock Tunnel Boring Machine) : 전단면 굴착기계, 연암·경암에 적용
  ㉠ 로빈슨형 TBM : 주판알 같이 생긴 disk cuter라 하는 커터를 다수 붙인 커터 헤드를 막장 앞면을 눌러 회전하면서 암반을 원형단면으로 굴착
  ㉡ 윌마이어형 TBM : 절삭형 커터 헤드로 암반을 굴착하는 것
② Shield(Shield Tunnel Boring Machine) : 전단면 굴착기계, 토사지반에 적용(인력+기계 굴착)
③ Jumbo Drill과 발파 공법(Drill and Blast 공법)
④ Road Header : 부분단면 굴착기계

10 다음 그림은 토적도(mass curve)이다. 다음의 빈칸을 채우시오. [5점]

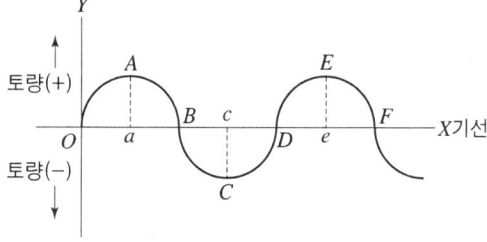

가. 토적곡선의 절토부분은 (①)이다.
  토적곡선의 성토부분은 (②)이다.
나. 토적곡선에서 절토·성토의 경계를 표시하는 점은 (③)이다.
다. 기선 OX 상에서 토량의 이동이 없는 부분은 (④)이다.
라. 토적곡선이 기선 OX보다 아래에서 끝날 때는 토량이 (⑤)하다.

해답

[답] ① OA, CE ② AC, EF ③ A, C, E ④ B, D, F ⑤ 부족

11 $c=20\text{kN/m}^2$, $\phi=15°$, $\gamma_t=17\text{kN/m}^3$인 지반에 3.0m×3.0m 크기의 정사각형 기초가 근입깊이 2m에 놓여있고 지하수위 영향은 없다. 이때 이 정사각형 기초의 극한 지지력과 총 허용하중을 구하시오. (단, Terzaghi 공식을 이용하고 안전율은 3이고 $N_c=6.5$, $N_r=1.1$, $N_q=4.7$) [6점]

가. 극한 지지력을 구하시오.
  [계산과정] [답] _____

나. 기초 지반이 받을 수 있는 총 허용하중을 구하시오.
  [계산과정] [답] _____

해답

가. 극한지지력

[계산과정] ① 정사각형 기초의 형상계수는 $\alpha=1.3$, $\beta=0.4$
② $\gamma_1 = 17\text{kN/m}^3$
③ $q_u = \alpha c N_c + \beta B \gamma_1 N_r + D_f \gamma_2 N_q$
  $= 1.3 \times 20 \times 6.5 + 0.4 \times 3 \times 17 \times 1.1 + 2 \times 17 \times 4.7$
  $= 351.24\text{kN/m}^2$

[답] 351.25kN/m^2

나. 총 허용하중

[계산과정] ① $q_a = \dfrac{q_u}{F_s} = \dfrac{351.24}{3} = 117.08\text{kN/m}^2$
② $Q_a = q_a \cdot A = 117.08 \times (3 \times 3) = 1,053.72\text{kN}$

[답] $1,053.72\text{kN}$

12 콘크리트댐은 높은 수화열 발생으로 인해 온도균열을 유발하여 시공관리가 복잡하다. 이러한 무제점을 개선하기 위해 슬럼프(Slump)가 낮은 빈배합 콘크리트를 덤프트럭으로 운반, 불도저로 포설하고 진동롤러로 다져 콘크리트댐을 축조하는 형식을 무엇이라 하는가? [2점]

○ _____

해답

[답] 롤러다짐 콘크리트 댐(roller compacted concrete dam)

13 다음의 작업리스트를 보고 아래 물음에 답하시오. [10점]

작업명	선행작업	후속작업	표준상태		특급상태	
			작업일수	비용	작업일수	비용
A	–	B, C	3	30만원	2	33만원
B	A	D	2	40만원	1	50만원
C	A	E	7	60만원	5	80만원
D	B	F	7	100만원	5	130만원
E	C	G, H	7	80만원	5	90만원
F	D	G, H	5	50만원	3	74만원
G	E, F	I	5	70만원	5	70만원
H	E, F	I	1	15만원	1	15만원
I	G, H	–	3	20만원	3	20만원

가. Network(화살선도)를 작도하고, 표준상태에 대한 C.P를 표시하시오.
 ○

나. 공기를 3일 단축했을 때 추가로 소요되는 비용을 구하시오.
 [계산과정]

 [답] _____

해답

가. 화살선도와 C.P
 [답]

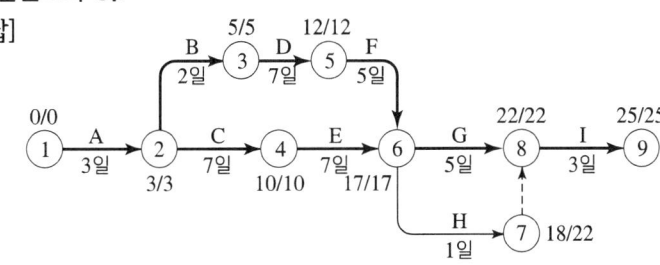

CP : A → B → D → F → G → I
   A → C → E → G → I

나. 추가로 소요되는 비용

[계산과정]

① 비용경사

작업명	단축 가능 일수	단축순서	비용 구배	단축일수	추가 비용
A	1	1단계	3만원	1	3만원
B	1	2단계(B+E)	10만원	1	10만원
C	2		10만원		
D	2		15만원		
E	2	2단계(B+E) 3단계(E+F)	5만원	2	2×5만원=10만원
F	2	3단계(E+F)	12만원	1	12만원
계				3	35만원

② 추가 소요되는 비용 = 3만원+(10만원+5만원)+(5만원+12만원) = 35만원

[답] 35만원

19③, 17②, 12②

14 호칭강도가 40MPa이고, 22회의 콘크리트 압축강도시험으로부터 구한 표준편차가 4.5MPa이었다. 이 콘크리트의 배합강도를 구하시오. (단, 압축강도시험 횟수가 20회일 때 표준편차의 보정계수는 1.08, 25회일때 보정계수는 1.03이다.)

[3점]

[계산과정]   [답] _____

해답

[계산과정]

① 시험 횟수에 따른 보정계수

시험 횟수가 22회이므로

표준편차 보정계수 $= 1.08 - \dfrac{1.08-1.03}{25-20} \times (22-20) = 1.06$

② 수정 표준편차

$s = 4.5 \times 1.06 = 4.77\text{MPa}$

③ 배합강도

$f_{cn} = 40\text{MPa} > 35\text{MPa}$인 경우이므로

㉠ $f_{cr} = f_{cn} + 1.34s = 40 + 1.34 \times 4.77 = 46.39\text{MPa}$

㉡ $f_{cr} = 0.9f_{cn} + 2.33s = 0.9 \times 40 + 2.33 \times 4.77 = 47.11\text{MPa}$

㉢ 위 두 값 중 큰 값이 배합강도이다.

$f_{cr} = 47.11\text{MPa}$

[답] 47.11MPa

15 주어진 도면 및 조건에 따라 다음 물량을 산출하시오. (단, 도면의 단위는 mm이다.) [18점]

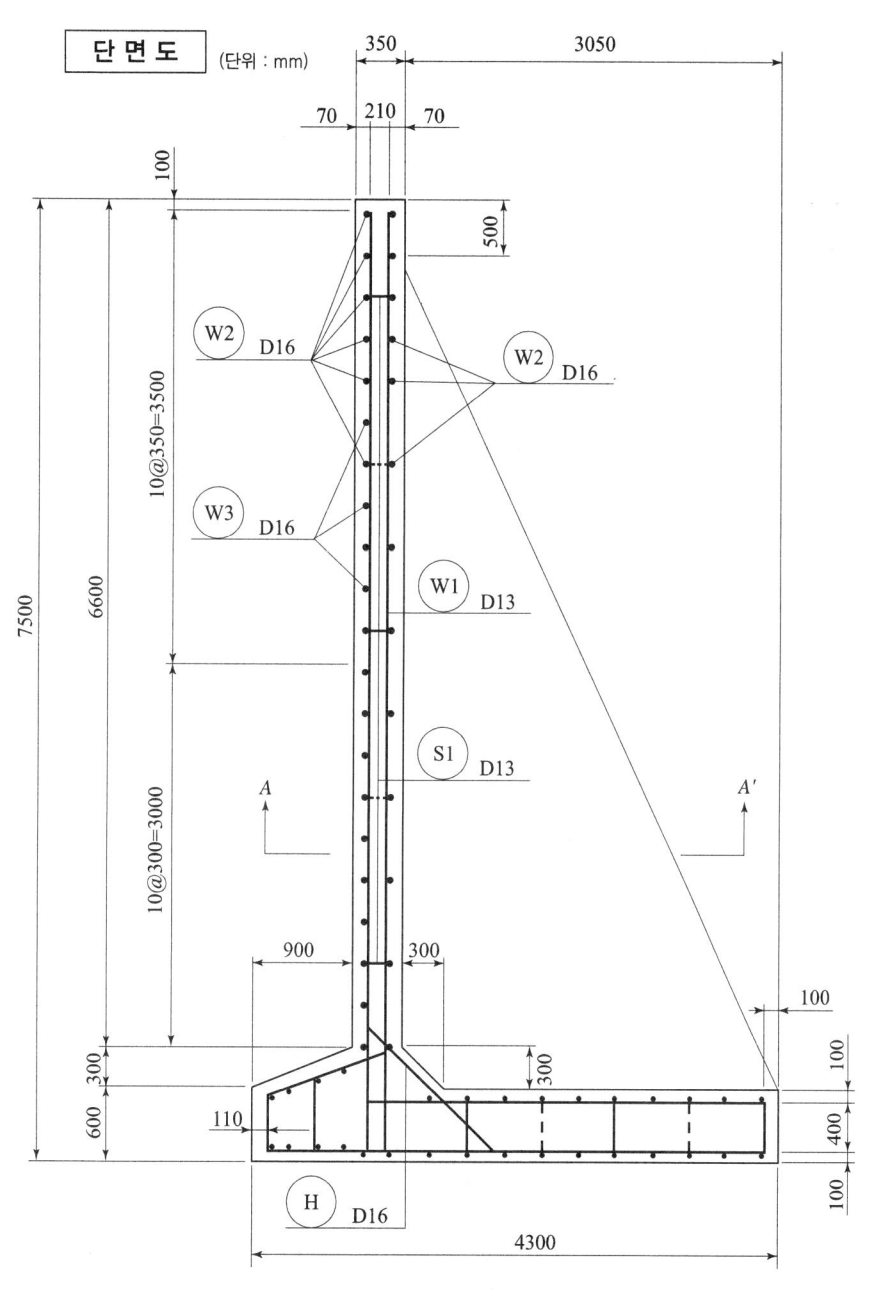

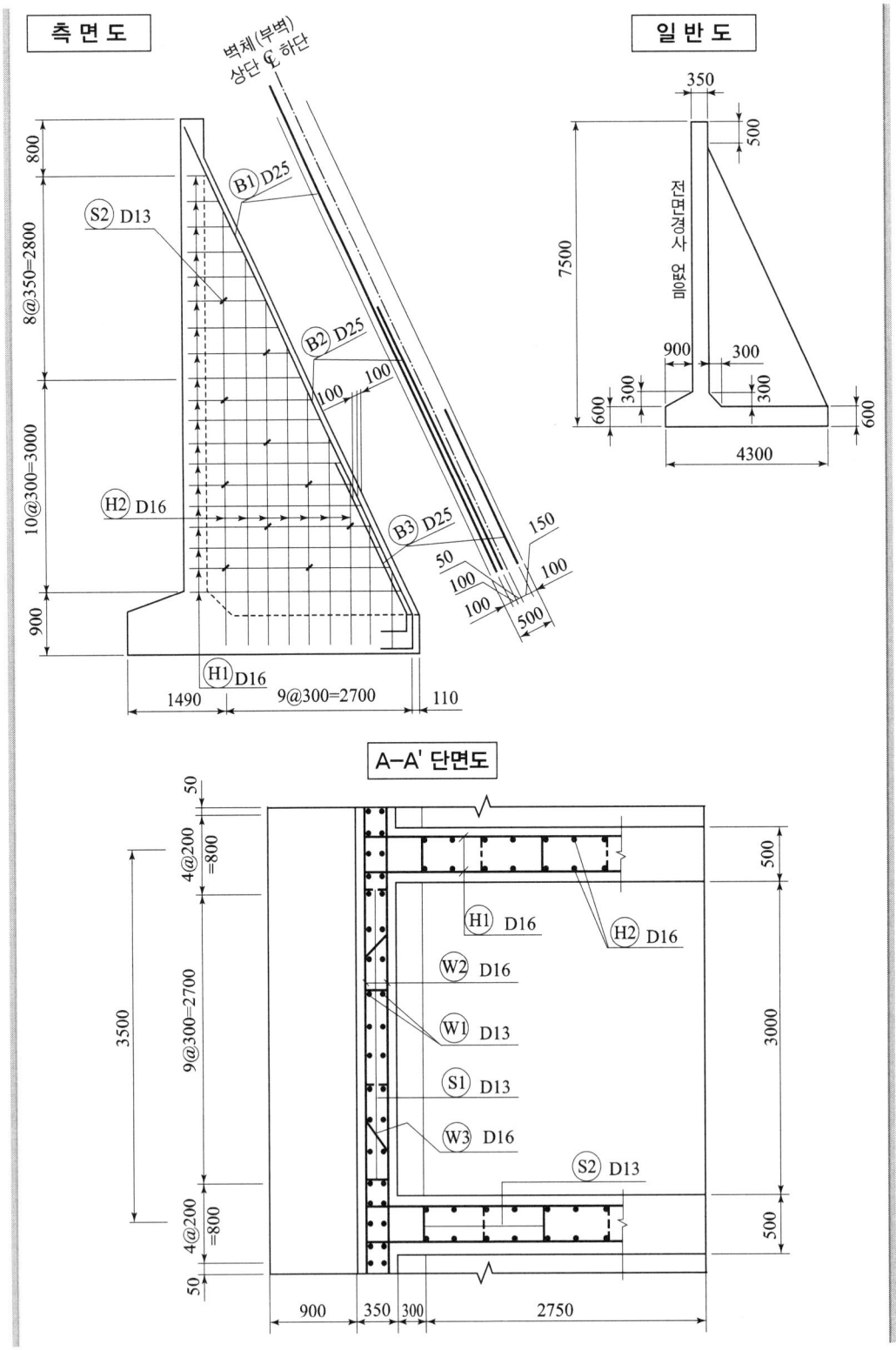

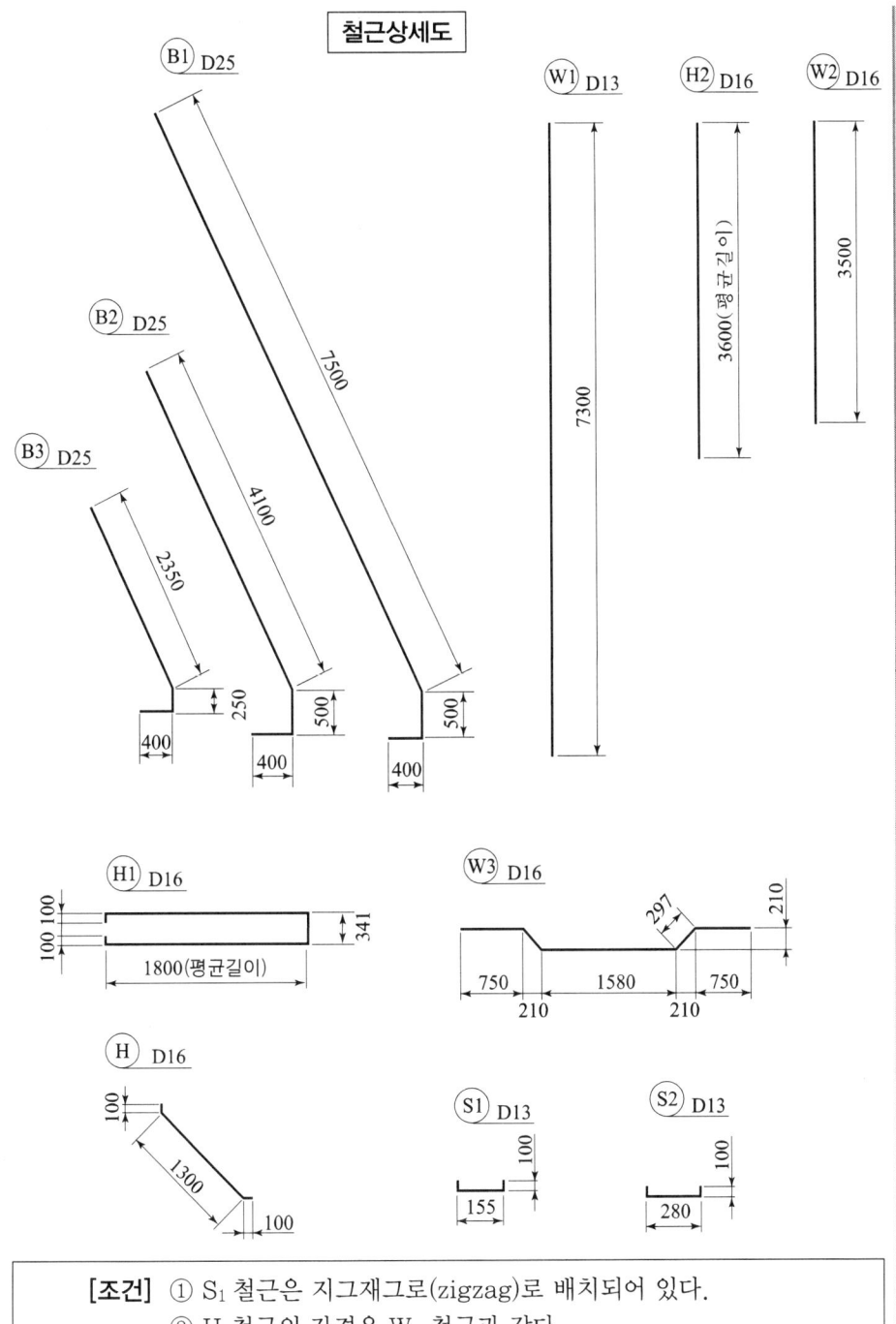

[조건] ① S_1 철근은 지그재그(zigzag)로 배치되어 있다.
② H 철근의 간격은 W_1 철근과 같다.
③ 물량 산출에서의 할증률 및 마구리는 없는 것으로 한다.
④ 철근길이 계산에서 이음길이는 계산하지 않는다.
⑤ 저판의 철근량은 계산하지 않는다.

가. 부벽을 포함하는 옹벽길이 3.5m에 대한 콘크리트량을 구하시오.
(단, 소수 4째자리에서 반올림)

[계산과정]

[답] _____

나. 부벽을 포함하는 옹벽길이 3.5m에 대한 거푸집량을 구하시오.
(단, 소수 4째자리에서 반올림)

[계산과정]

[답] _____

다. 부벽을 포함하는 옹벽길이 3.5m에 대한 철근 물량표를 완성하시오.

기호	직경	길이(mm)	수량	총길이(mm)	기호	직경	길이(mm)	수량	총길이(mm)
W_1					H_1				
W_2					B_1				
W_3					S_1				

해답

가. 콘크리트량

[계산과정]

① 부벽 1개의 콘크리트량

$$= \left(\frac{6.40 \times 3.05}{2} - \frac{0.30 \times 0.30}{2}\right) \times 0.50$$

$$= 4.8575 \text{m}^3$$

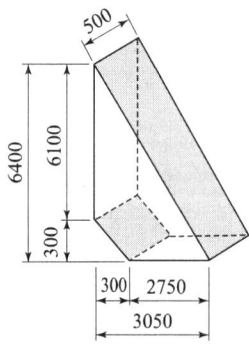

② 옹벽의 콘크리트량

㉠ 벽체 $A = (0.35 \times 6.6) \times 3.5 = 8.085 \text{m}^3$

㉡ 헌치 $B = \dfrac{0.35 + 1.55}{2} \times 0.30 \times 3.5 = 0.9975 \text{m}^3$

㉢ 저판 $C = (0.6 \times 4.30) \times 3.5 = 9.03 \text{m}^3$

③ 총 콘크리트량

$$\sum V = 4.8575 + 8.085 + 0.9975 + 9.03 = 22.970 \text{m}^3$$

[답] 22.970m^3

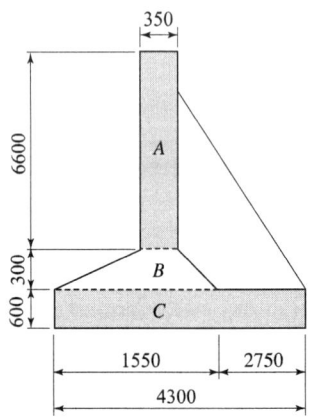

나. 거푸집량
[계산과정]
① 부벽 1개의 거푸집량

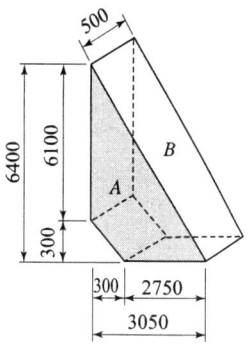

㉠ A면 $=\left(\dfrac{6.4\times 3.05}{2}-\dfrac{0.3\times 0.3}{2}\right)\times 2(양면)$
$\qquad = 19.430\text{m}^2$

㉡ B면 $=\sqrt{6.4^2+3.05^2}\times 0.50 = 3.545\text{m}^2$

㉢ $\Sigma A = 19.430 + 3.545 = 22.975\text{m}^2$

② 역T형 옹벽에 대한 거푸집량

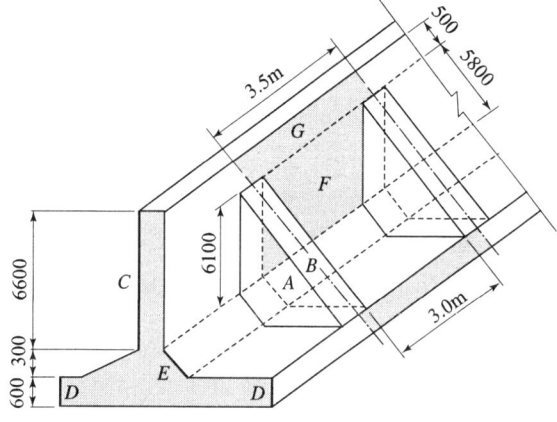

㉠ C면 $= 6.6\times 3.5 = 23.10\text{m}^2$

㉡ D면 $= (0.6\times 3.5)\times 2(양면) = 4.20\text{m}^2$

㉢ E면 $= \sqrt{0.3^2+0.3^2}\times 3.00 = 1.2728\text{m}^2$

㉣ F면 $= 6.1\times 3.0 = 18.30\text{m}^2$

㉤ G면 $= 0.50\times 3.5 = 1.75\text{m}^2$

③ $\Sigma A = 22.975 + 23.10 + 4.20 + 1.2728 + 18.30 + 1.75 = 71.598\text{m}^2$

[답] 71.598m^2

다. 철근 물량표
[계산과정]
① 철근 길이
   ㉠ W_1철근 길이 $= 7,300\text{mm}$
   ㉡ W_2철근 길이 $= 3,500\text{mm}$
   ㉢ W_3철근 길이 $= 750+297+1,580+297+750 = 3,674\text{mm}$
   ㉣ H_1철근 길이 $= 100+1,800+341+1,800+100 = 4,141\text{mm}$
   ㉤ B_1철근 길이 $= 7,500+500+400 = 8,400\text{mm}$
   ㉥ S_1철근 길이 $= 100+155+100 = 355\text{mm}$
② 철근 수량
   ㉠ W_1철근 수량 $= A-A'$ 단면도에서 세면 $= 26$본

ⓒ W_2철근 수량 = 단면도에서 세면 = 26본
ⓒ W_3철근 수량 = 단면도에서 세면 = 8본
ⓔ H_1철근 수량 = 측면도에서 세면 = 19본
ⓜ B_1철근 수량 = 측면도 부벽 좌우 = 2본
ⓗ S_1철근 수량 = ⓐ 단면도 실선 3, 점선 2
　　　　　　　　　ⓑ $\dfrac{5줄(단면도) \times 4줄(A-A'단면도)}{2(지그재그)} = 10본$

③ 총길이는 각 철근의 길이에 각 철근의 수량을 곱하여 구한다.

[답]

기호	직경	길이(mm)	수량	총길이(mm)	기호	직경	길이(mm)	수량	총길이(mm)
W_1	D13	7,300	26	189,800	H_1	D16	4,141	19	78,679
W_2	D16	3,500	26	91,000	B_1	D25	8,400	2	16,800
W_3	D16	3,674	8	29,392	S_1	D13	355	10	3,550

19③, 12②, 03①

16 다음 그림에서 (A)의 본바닥을 모래부터 굴착 운반하여 (B), (C)에 성토하면 사토량(본바닥 토량)은 얼마인가? (단, 점토의 $C=0.92$, 모래의 $C=0.9$) [3점]

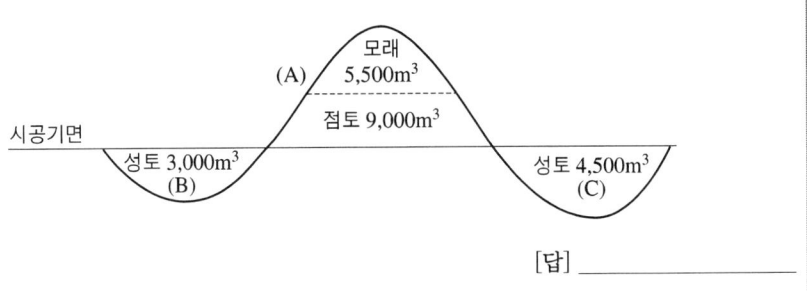

[계산과정]　　　　　　　　　　　　　　　　[답]

해답

[계산과정]
① 성토량 = $3000 + 4500 = 7500\text{m}^3$
② 모래의 성토량 = $5500 \times C = 5500 \times 0.9 = 4950\text{m}^3$
③ 성토 부족량 = $7500 - 4950 = 2550\text{m}^3$
④ 사토량 = $9000 - 2550 \times \dfrac{1}{C} = 9000 - 2550 \times \dfrac{1}{0.92} = 6228.26\text{m}^3$ (본바닥 토량)

[답] 6228.26m^3 (본바닥 토량)

19③, 13①, 02①

17 급경사수로를 유하한 고속류의 운동에너지를 감세시켜 하류하천에 안전하게 유하시키기 위한 시설로 댐 하류단의 세굴이나 침식 등 인근 구조물에 피해를 주지 않도록 설치하는 시설물의 명칭을 쓰시오. [2점]

○ _____

해답

[답] 감세공

19③, 15①, 12①, 05④, 02②

18 댐 건설을 위해 댐 지점의 하천수류를 전환시키는 댐의 유수전환방식을 3가지 쓰시오. [3점]

① _____ ② _____ ③ _____

해답

[답] ① 반제철방식 ② 가배수 터널방식 ③ 가배수로 방식

참고하세요

하천 수류 전환방식에 의한 분류
① **반제철방식** : 하천 폭의 절반을 먼저 체절하여 나머지 절반의 폭으로 물을 유하시키고 체절한 부분에 댐을 축조하는 방식이다.
② **가배수 터널방식** : 하천을 전면체절하여 산을 뚫은 가배수 터널을 통해 물을 배제하는 방식이다.
③ **가배수로 방식** : 하천 한 쪽의 하안에 접하여 수로를 설치하여 물을 유도하고, 반체절 방식과 같은 방식으로 시공한다.

19③, 15④, 12②, 09④, 07①, 06①②, 00⑤, 95④, 93③, 92③, 85③

19 토목시공에서 사용하고 있는 토목섬유의 주요기능을 4가지만 쓰시오. [3점]

① _____ ② _____ ③ _____ ④ _____

해답

[답] ① 배수기능 ② 분리기능 ③ 필터기능(여과기능) ④ 보강기능

참고하세요

토목섬유의 기능
① 배수기능   ② 분리기능   ③ 필터기능(여과기능)
④ 보강기능   ⑤ 방수기능   ⑥ 차단기능

19③, 18③, 17①, 14②, 11①, 10④, 07②, 04④, 03④, 00②, 94③, 92②

20 PS 콘크리트 교량 건설공법 중 동바리를 사용하지 않는 현장타설공법의 종류를 3가지만 쓰시오. [3점]

① _____ ② _____ ③ _____

해답

[답] ① FCM ② ILM ③ PSM

참고하세요

동바리를 사용하지 않고 가설하는 현장타설공법
① P.C(precast) 거더공법
② P.S.C 박스 거더공법
  ㉠ FCM(외팔보 공법)　　　㉡ ILM(압출 공법)
  ㉢ PSM(Precast Segment 공법)　㉣ MSS(이동식비계 공법)

19③, 96④

21 댐 콘크리트 배합설계시 물시멘트비를 결정할 때 반드시 고려해야 하는 기본 항목을 3가지 쓰시오. [3점]

① _____ ② _____ ③ _____

해답

[답] ① 압축강도 ② 내구성 ③ 수밀성

참고하세요

물-결합재비 결정법
① 압축강도를 기준으로 해서 정하는 경우
② 내구성을 고려하여 정하는 경우
③ 수밀성을 고려하여 정하는 경우
④ 탄산화(중성화) 저항성을 고려해야 하는 경우

19③, 17①

22 흙의 애터버그(Atterberg) 한계의 종류를 3가지만 쓰시오. [3점]

① _____ ② _____ ③ _____

해답

[답] ① 액성한계 ② 소성한계 ③ 수축한계

23 다음은 암반층의 무엇을 말하는지 쓰시오. [4점]

> 암반 내에 규칙적으로 깨져있는 불연속면으로 현저하게 움직인 면이 없는 것을 (①)이라 하며, 불연속면을 따라 현저하게 움직인 불연속면을 (②)이라 한다.

① _____   ② _____

해답

[답] ① 절리(joint)   ② 단층(fault)

참고하세요

불연속면의 종류
① **단층(fault)**이란 어느 면을 경계로 양쪽 암석이 상대적으로 불연속하게 변위가 일어난 부분을 말하며, 양쪽의 암반과 암반사이에 뚜렷한 상대변위가 있는 불연속면이다.
② **절리(joint)**란 암석의 지질적인 연속성이 깨진 암반 속에 포함되는 틈을 말하며, 같은 방향성에 속하는 절리들을 절리군(joint set)이라 한다. 암반상에 갈라진 면을 가르키는 것에서는 단층과 같다고 할 수 있으나, 절리는 두 개의 암반과 암반사이에 상대변위가 없거나 아주 미세한 경우의 불연속면을 말한다.
③ **벽개(cleavage)**란 지층의 습곡이나 변형에 따라 형성된 간격이 좁은 틈을 말한다.
④ **편리(schistosity)**란 편암이나 천매암과 같은 광역 변성암에 발달된 수 mm의 좁은 간격의 분리면을 말하며, 표면에 특정 방향으로 늘어선 가는 주름이 있다.
⑤ **층리(bedding plane)**란 하나의 층과 층이 경계를 이루는 면을 말한다.

24 다음 준설기계에 대한 설명에 적합한 준설선의 명칭을 쓰시오. [3점]

가. 준설과 매립을 동시에 신속하게 시공할 수 있고 해저 토사를 회전형 Cutter로 깎아 펌프로 흡입하여 매립지로 배송(拜送)하는 준설선
나. 해저의 암반이나 암초를 쇄암추나 쇄암기의 끝에 특수한 강철로 된 날끝을 달아 암석을 파쇄하는 준설선
다. 파워셔블(power shovel)을 대선에 설치해 사암이나 혈암 등의 수중에 적합한 준설선

[답] 가. _____ 나. _____ 다. _____

해답

[답] 가. 펌프준설선(Pump Dredger)
  나. 쇄암준설선(Rock Cutter Dredger)
  다. 디퍼준설선(Dipper Dredger)

국가기술자격검정 실기시험문제

2020년도 기사 일반검정(제1회) (2020-05-24)

자격종목 및 등급(선택분야)	종목코드	시험시간	형별	수험번호	성 명
토목기사		3시간	A		

※ 다음 물음의 답을 해당 답란에 답하시오.(배점)

20①, 13④, 04④, 00④

01 지반조사 시추현장에서 다음과 같은 크기의 암석시료를 코아 채취기로부터 채취하였다. 회수율과 암질지수(RQD)의 값을 구하시오. (단, 굴착된 암석의 코아 배럴 진행 길이는 2.0m이다.) [4점]

코아번호	1	2	3	4	5	6	7	8	9
코아크기(cm)	10.5	16.5	6.0	8.5	3.9	18.0	20.5	3.0	5.5
개수	1	2	1	1	1	1	2	1	2

가. 회수율을 구하시오.

　[계산과정]

　　　　　　　　　　　　　　　　　　　　　　　[답] _____

나. 암질지수(RQD)를 구하시오.

　[계산과정]

　　　　　　　　　　　　　　　　　　　　　　　[답] _____

해답 ······

가. 회수율

[계산과정] 회수율 $= \dfrac{10.5 + 16.5 \times 2 + 6 + 8.5 + 3.9 + 18 + 20.5 \times 2 + 3 + 5.5 \times 2}{200} \times 100$

$= 67.45\%$

[답] 67.45%

나. 암질지수

[계산과정] RQD $= \dfrac{10.5 + 16.5 \times 2 + 18 + 20.5 \times 2}{200} \times 100 = 51.25\%$

[답] 51.25%

20①, 15④, 11④, 08②, 05④

02 다음 그림과 같은 유선망에서 단위폭(1m)당 1일 침투유량을 구하고, 점 A에서 간극수압을 계산하시오. (단, 수평방향 투수계수 $k_h = 5.0 \times 10^{-4}$cm/sec, 수직방향 투수계수 $k_v = 8.0 \times 10^{-5}$cm/sec) [6점]

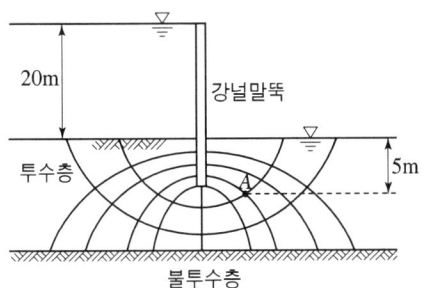

가. 단위폭(1m)당 1일 침투수량을 구하시오.

[계산과정]　　　　　　　　　　　　　　[답] _____

나. A점의 간극수압을 구하시오.

[계산과정]　　　　　　　　　　　　　　[답] _____

해답

가. 침투수량

[계산과정]

　이방성 흙이므로

　① $Q = \sqrt{k_h \cdot k_v} \cdot H \cdot \dfrac{N_f}{N_d} = \sqrt{(5.0 \times 10^{-6}) \times (8.0 \times 10^{-7})} \times 20 \times \dfrac{3}{10}$

　　　$= 1.2 \times 10^{-5} \, \text{m}^3/\text{sec}$

　② $Q = 1.2 \times 10^{-5} \, \text{m}^3/\text{sec} \times \dfrac{24 \times 60 \times 60}{1\,\text{day}} = 1.04 \, \text{m}^3/\text{day}$

[답] $1.04 \, \text{m}^3/\text{day}$

나. 간극수압

[계산과정]

　① A점의 전수두

　　　$n_d = 3$, $N_d = 10$, $h_t = \dfrac{n_d}{N_d} \cdot H = \dfrac{3}{10} \times 20 = 6 \, \text{m}$

　② A점의 위치수두

　　　$h_e = -5 \, \text{m}$ (기준선보다 아래쪽에 있으면 $(-)$값을 갖는다.)

　③ A점의 압력수두 : $h_p = h_t - h_e = 6 - (-5) = 11 \, \text{m}$

　④ A점의 간극수압 : $u_p = \gamma_w h_p = 9.81 \times 11 = 107.91 \, \text{kN/m}^2$

[답] $107.91 \, \text{kN/m}^2$

참고하세요

① $Q = \sqrt{k_h \cdot k_v} \cdot H \cdot \dfrac{N_f}{N_d}$

② 전수두 = 수두차 $\times \dfrac{N_f}{N_d}$

여기서, Q : 단위폭당 댐 하류에 침투하는 유량
N_f : 유로수
N_d : 등압면수
k : 투수계수(cm/sec)
H : 상류와 하류면의 수두차(cm)(=전수두차)

20①, 14④, 10①, 06②, 04④

03 장대교량에 사용되는 사장교는 주부재인 케이블의 교축방향 배치방식에 따라 크게 4가지로 분류되는데 이를 쓰시오. [3점]

① _____ ② _____ ③ _____ ④ _____

해답

[답] ① 부채형(fan type)   ② 스타형(star type)
    ③ 하프형(harp type) ④ 방사형(radial type)

참고하세요

주부재인 케이블의 교축방향 배치방식에 따른 사장교의 종류
① 부채형(fan type)

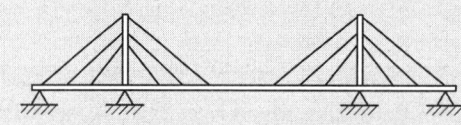

② 스타형(star type)

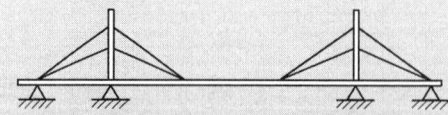

③ 하프형(harp type)

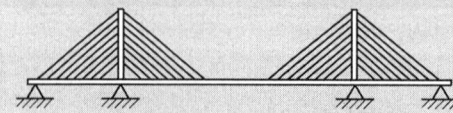

④ 방사형(radial type)

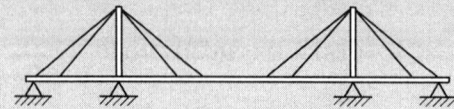

20①, 19③, 15④, 12②, 09④, 07①, 06①②, 00⑤, 95④, 93③, 92③, 85③

04 토목시공에서 사용하고 있는 토목섬유의 주요기능을 4가지만 쓰시오. [3점]

① _____ ② _____ ③ _____ ④ _____

해답

[답] ① 배수기능 ② 분리기능 ③ 필터기능(여과기능) ④ 보강기능

참고하세요

토목섬유의 기능
① 배수기능 ② 분리기능 ③ 필터기능(여과기능)
④ 보강기능 ⑤ 방수기능 ⑥ 차단기능

20①, 92①

05 토량의 변화율이 다음과 같을 경우, 답란에 빈칸을 채우시오. [5점]

기준이 되는 토량 Q \ 구하는 토량 Q	자연상태의 토량	흐트러진 토량	다진 후의 토량
자연상태의 토량			
흐트러진 토량			

해답

[답]

기준이 되는 토량 Q \ 구하는 토량 Q	자연상태의 토량	흐트러진 토량	다진 후의 토량
자연상태의 토량	$\times 1$	$\times L$	$\times C$
흐트러진 토량	$\times \dfrac{1}{L}$	$\times 1$	$\times \dfrac{C}{L}$

참고하세요

기준이 되는 토량 Q \ 구하는 토량 Q	자연상태의 토량	흐트러진 토량	다진 후의 토량
자연상태의 토량	$\times 1$	$\times L$	$\times C$
흐트러진 토량	$\times \dfrac{1}{L}$	$\times 1$	$\times \dfrac{C}{L}$
다짐 토량	$\times \dfrac{1}{C}$	$\times \dfrac{L}{C}$	$\times 1$

20①, 17②, 11②, 07①, 98③, 89②

06 그림과 같은 방파제의 활동에 대한 안전율을 계산하시오. (단, 파고(H)=3.0m, 케이슨 단위중량(w)=20kN/m³, 해수 단위중량(w')=10kN/m³, 마찰계수(f)= 0.6, 파압공식(P)=1.5$w'H$(kN/m²)) [3점]

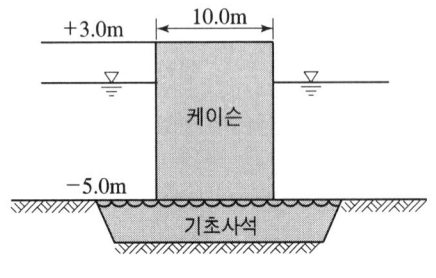

[계산과정]   [답] _____

해답

[계산과정]

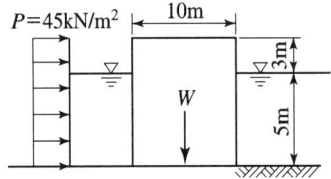

① 파압(P)

$$P = 1.5 \cdot w \cdot h = 1.5 \times 10 \times 3 = 45 (\text{kN/m}^2)$$

② 케이슨에 작용하는 수평력(P_h)

$$P_h = P \cdot (\text{케이슨의 높이}) = 45 \times (3+5)$$
$$= 360 (\text{kN/m})$$

③ 케이슨의 수직하중(W)

$W =$ 자중 $-$ 부력
  $=$ 케이슨의 부피 $\times$ 케이슨의 단위중량 $-$ 배수량 $\times$ 해수의 단위중량
  $= (8 \times 10) \times 20 - (8 \times 10) \times 10 = 800 \text{kN/m}$

④ 케이슨의 수직하중에 의한 마찰력

$f \cdot W = 0.6 \times 800$

⑤ 안전율(F_s)

$$F_s = \frac{f \cdot W}{P_h} = \frac{0.6 \times 800}{360} = 1.33$$

[답] 1.33

07 모래지반 상에 그림과 같이 작은 Dam을 축조할 때 Piping 작용을 막기 위한 시판(矢板)의 최소깊이 D를 구하시오. (단, Creep는 12임) [3점]

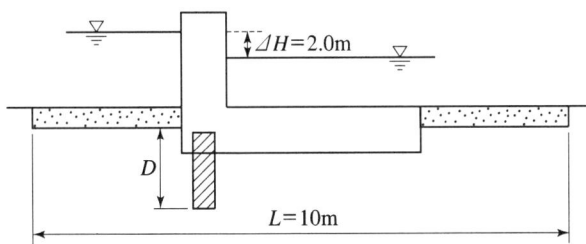

[계산과정]

[답] _____

해답

[계산과정]

① 가중 creep 거리 $= 2D + \dfrac{L}{3} = 2D + \dfrac{10}{3}$

② 유효 수두 $= \Delta H = 2\text{m}$

③ 가중 creep비 $= \dfrac{\text{가중} creep \text{거리}}{\text{유효수두}} = \dfrac{2D + \dfrac{10}{3}}{2} = 12$ 에서

$D = \dfrac{2 \times 12 - \dfrac{10}{3}}{2} = 10.33\text{m}$

[답] 10.33m

---

08 벤토나이트 안정액을 사용하여 벽면을 보호하면서 지반을 굴착하고 공내에 철근콘크리트벽을 구축하여 토압과 수압에 모두 견딜 수 있는 흙막이 벽의 명칭을 쓰고, 이 흙막이 벽의 장점을 3가지만 쓰시오. [5점]

가. 이 흙막이벽의 명칭을 쓰시오.

  ○ _____

나. 이 흙막이벽의 장점 3가지를 쓰시오.

  ① _____ ② _____ ③ _____

[답] 가. 명칭
벽식 지하연속법 공법(또는 slurry wall 공법)

나. 장점
① 벽체의 강성이 높고 지수성이 좋다.
② 소음 진동이 적어 도심지 공사에 적합하다.
③ 암반을 포함한 대부분의 지반에서 시공이 가능하다.

참고하세요

벽식 지하연속법 공법의 장점
① 벽체의 강성이 높고 지수성이 좋다.
② 소음 진동이 적어 도심지 공사에 적합하다.
③ 암반을 포함한 대부분의 지반에서 시공이 가능하다.
④ 영구구조물로 이용할 수 있다.
⑤ 토질에 따라 최대 100m 이상의 깊이까지 시공이 가능하다.

20①, 03②, 87②

09 모래지반에서 지하수위 이하를 굴착 할 때 흙막이공의 기초깊이에 비해서 배면의 수위가 너무 높으면 굴착 저면의 모래입자가 지하수와 더불어 분출하여 굴착 저면이 마치 물이 끓는 상태와 같이 되는 현상을 무엇이라 하며, 이 현상의 방지대책 3가지를 쓰시오. [5점]

가. 이 현상을 무엇이라 하는가?
○ _____

나. 이 현상의 방지대책 3가지를 쓰시오.
① _____ ② _____ ③ _____

[답] 가. 일어나는 현상
보일링(Boiling)

나. 방지대책
① 흙막이의 근입깊이를 깊게 한다.
② 지하수위를 저하 시킨다.
③ 굴착저면을 고결시킨다.(그라우팅, 약액주입 등)

[부록] 2020년 5월 24일 시행

20①, 15②, 12②④, 10④, 09④, 06④

10 배합강도 결정을 위한 콘크리트의 압축강도 측정결과가 다음과 같을 때 배합설계에 적용할 표준편차를 구하고 호칭강도가 45MPa일 때 콘크리트의 배합강도를 구하시오. (단, 소수점 이하 넷째자리에서 반올림하시오.) [6점]

[압축강도 측정결과(MPa)]

48.5	40	45	50	48	42.5	54	51.5
52	40	42.5	47.5	46.5	50.5	46.5	47

가. 배합강도 결정에 적용할 표준편차를 구하시오.(단, 시험횟수가 15회일 때 표준편차의 보정계수는 1.16이고, 20회일 때는 1.08이다.)

[계산과정]

[답] _____

나. 배합강도를 구하시오.

[계산과정]

[답] _____

해답

가. 표준편차

[계산과정]

① $\sum x = 48.5 + 40 + 45 + 50 + 48 + 42.5 + 54 + 51.5 + 52 + 40 + 42.5 + 47.5 + 46.5 + 50.5 + 46.5 + 47$
  $= 752$

② $\bar{x} = \dfrac{\sum x}{n} = \dfrac{752}{16} = 47\text{MPa}$

③ 편차의 제곱합

$\sum x_i^2 = (48.5-47)^2 + (40-47)^2 + (45-47)^2 + (50-47)^2 + (48-47)^2 + (42.5-47)^2$
$\qquad\quad + (54-47)^2 + (51.5-47)^2 + (52-47)^2 + (40-47)^2 + (42.5-47)^2$
$\qquad\quad + (47.5-47)^2 + (46.5-47)^2 + (50.5-47)^2 + (46.5-47)^2 + (47-47)^2$
$\quad\;\; = 262$

④ 표준편차

$\sigma = \sqrt{\dfrac{S}{n-1}} = \sqrt{\dfrac{262}{16-1}} = 4.18\text{MPa}$

⑤ 16회의 보정계수

$1.16 - \dfrac{1.16 - 1.08}{20 - 15} \times (16 - 15) = 1.144$

⑥ 수정표준편차

$4.18 \times 1.144 = 4.78\text{MPa}$

[답] 4.78MPa

나. 배합강도

[계산과정]

$f_{cn} = 45\text{MPa} > 35\text{MPa}$이므로

① $f_{cr} = f_{cn} + 1.34s = 45 + 1.34 \times 4.78 = 51.41\text{MPa}$

② $f_{cr} = 0.9 f_{cn} + 2.33s = 0.9 \times 45 + 2.33 \times 4.78 = 51.64\text{MPa}$

③ 둘 중 큰 값인 51.64MPa가 배합강도이다.

[답] 51.64MPa

20①, 14②, 09②, 08②, 05①, 00②, 94②

11 Sand Drain 공법에서 U_v(연직방향의 압밀도)=0.95, U_h(수평방향의 압밀도)=0.20인 경우, 수직·수평방향을 고려한 압밀도(U)는 얼마인가? [3점]

[계산과정]   [답] _____

해답

[계산과정] $U = 1 - (1 - U_h)(1 - U_v) = 1 - (1 - 0.2)(1 - 0.95) = 0.96 = 96\%$

[답] 96%

참고하세요

$U_{vh} = 1 - (1 - U_v) \cdot (1 - U_h)$

여기서, U_{vh} : 수직, 수평 양방향을 고려한 압밀도
　　　　U_v : 연직방향의 평균압밀도, 자연지반의 수직 압밀도
　　　　U_h : 수평방향의 평균압밀도, 자연지반의 수평 압밀도

20①, 18②, 10②, 07②, 06②, 04①, 89②, 84②

12 퍼트(PERT)기법에 의한 공정관리 방법에서 낙관적인 시간이 7일, 정상시간이 9일, 비관적인 시간이 23일일 때 공정상의 기대시간(Expected time)은 얼마인가? [3점]

[계산과정]   [답] _____

해답

[계산과정] $t_e = \dfrac{t_o + 4t_m + t_p}{6} = \dfrac{7 + 4 \times 9 + 23}{6} = 11$일

[답] 11일

13 아래 작업 List를 가지고 화살선도를 그리고 표준일수에 대한 Critical path를 구하고, 이 작업의 공기를 3일 단축되었을 때 추가되는 최소비용을 구하시오.

[10점]

작업명	선행 작업	후속 작업	표 준		특 급	
			일수	직접비(만원)	일수	직접비(만원)
A	–	C, D	4	210	3	280
B	–	E, F	8	400	6	560
C	A	E, F	6	500	4	600
D	A	H	9	540	7	600
E	B, C	G	4	500	1	1,100
F	B, C	H	5	150	4	240
G	E	–	3	150	3	150
H	D, F	–	7	600	6	750

가. 표준일수에 대한 화살선도를 그리고, Critical path를 구하시오.

○

나. 정상공사기간을 3일 단축시 발생되는 최소 추가비용을 구하시오.

[계산과정]   [답] _____

해답

가. 화살선도, Critical Pach

[답] ① 화살선도

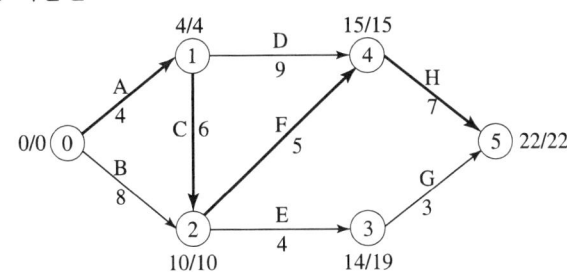

② Critical path : ⓪ → ① → ② → ④ → ⑤

나. 최소 추가비용

[계산과정]

① 공비 증가율 $\left(= \text{비용 경사} = \dfrac{\text{특급 공비} - \text{표준 공비}}{\text{표준 시간} - \text{특급 시간}}\right)$

작업명	공비 증가율(만원/일)	작업명	공비 증가율(만원/일)
A	$\dfrac{280-210}{4-3}=70$	E	$\dfrac{1100-500}{4-1}=200$
B	$\dfrac{560-400}{8-6}=80$	F	$\dfrac{240-150}{5-4}=90$
C	$\dfrac{600-500}{6-4}=50$	G	$\dfrac{150-150}{3-3}=0$
D	$\dfrac{600-540}{9-7}=30$	H	$\dfrac{750-600}{7-6}=150$

② 공기단축

작업명	단축가능일수	비용경사(만원)	단축순서	단축일수	공사기간	직접비(만원)	간접비(만원)	총공사비(만원)
A	1	70			22일	3,050	1,320	4,370
B	2	80	1단계 : C	1일	21일	3,050+50 =3,100	1,320-60 =1,260	4,360
C	2	50	2단계 : C	1일	20일	3,100+50 =3,150	1,260-60 =1,200	4,350
D	2	30	3단계 : D,F	1일	19일	3,150+30+90 =3,270	1,200-60 =1,140	4,410
E	3	200						
F	1	90		1				
G	-	0						
H	1	150					1	

③ 추가비용(extra cost)

EC = 4,410만원 - 4370만원 = 40만원

[답] 40만원

14 도로의 배수에서 노면에 흐르는 물 및 근접하는 지대로부터 도로면에 흘러 들어오는 물을 집수하고, 배수하기 위하여 도로의 종단방향에 따라 설치한 배수구를 측구(側溝)라 한다. 측구의 형식을 3가지만 쓰시오. [3점]

① _____ ② _____ ③ _____

해답

[답] ① L형 측구 ② U형 측구 ③ V형 측구 ④ 산마루형 측구

15. 널말뚝에 사용되는 일반적인 Anchor 종류를 3가지만 쓰시오. [3점]

① _____ ② _____ ③ _____

[답] ① Tie Back Anchor ② 수직 앵커말뚝
③ 경사말뚝에 의해 지지되는 앵커보 ④ 앵커판과 앵커보

16. 터널 굴착시 여굴(over break)량을 감소시키는 방안을 3가지만 쓰시오. [3점]

① _____ ② _____ ③ _____

[답]
① 정밀 폭약 사용 및 적정량의 폭약량 사용
② 숙련된 작업원 활용 및 교육 실시
③ 적정한 장비의 선정 및 사용
④ 연약 지반의 경우 굴착 전 보강 실시
⑤ 제어발파공법 적용
⑥ 빠른 초기 보강(숏크리트 치기) 실시

17. 부마찰력이란 하향의 마찰력에 의해 말뚝을 아래쪽으로 끌어내리는 힘을 말한다. 이 같은 부마찰력의 발생 원인을 4가지만 쓰시오. [4점]

① _____ ② _____
③ _____ ④ _____

[답]
① 연약한 점토지반의 압밀침하
② 연약한 점토지반 위의 성토(사질토) 하중에 의한 침하
③ 지하수위의 저하
④ pile 간격을 조밀하게 시공했을 경우
⑤ 진동으로 인한 압밀 침하 발생
⑥ 지표면에 과적재물을 장기적으로 적재한 경우

18 아래 그림과 같이 연약토층 위에 있는 사면의 복합활동 파괴면에 대한 안전율을 구하시오. [3점]

20①, 17①, 12④, 09②, 05①, 94④, 89①

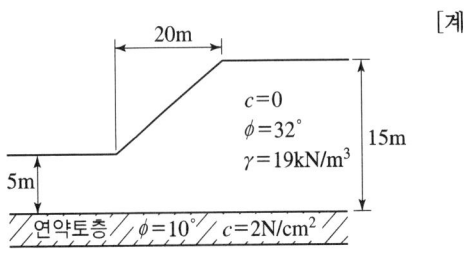

[계산과정]

[답]

해답

[계산과정]

① 주동토압

$$P_A = \frac{1}{2} \cdot r \cdot H^2 \cdot K_A = \frac{1}{2} \cdot r \cdot H^2 \cdot \tan^2\left(45° - \frac{\phi}{2}\right)$$

$$= \frac{1}{2} \times 19 \times 15^2 \times \tan^2\left(45° - \frac{32°}{2}\right) = 656.77 \text{kN/m}$$

② 수동토압

$$P_P = \frac{1}{2} \cdot r \cdot h^2 \cdot K_P = \frac{1}{2} \cdot r \cdot h^2 \cdot \tan^2\left(45° + \frac{\phi}{2}\right)$$

$$= \frac{1}{2} \times 19 \times 5^2 \times \tan^2\left(45° + \frac{32°}{2}\right) = 772.96 \text{kN/m}$$

③ $c' = 2 \text{N/cm}^2 = 20 \text{kN/m}^2$

④ $F_s = \dfrac{c'L + W\tan\phi' + P_P}{P_A} = \dfrac{20 \times 20 + \left(\dfrac{5+15}{2} \times 20 \times 19\right)\tan 10° + 772.96}{656.77} = 2.81$

[답] 2.81

참고하세요

① 사면 흙의 $c=0$일 때 안전율

$$F_s = \frac{c'L + W\tan\phi' + P_P}{P_A}$$

여기서, c' : 연약층의 점착력
ϕ' : 연약 토층의 내부마찰각(전단저항각)
ϕ : 흙의 전단저항각
L : 연약층의 활동에 저항하는 부분의 길이
P_A : 사면부분에 작용하는 주동토압
P_P : 사면부분에 작용하는 수동토압

② $F_s = \dfrac{cL + [W\cos\theta + P_A\sin(\beta_A - \theta) - P_P\sin(\beta_P - \theta)]\tan\phi}{P_A\cos(\beta_A - \theta) - P_P\cos(\beta_P - \theta) + W\sin\theta}$

19. 아래 그림과 같은 지반에서 다음 물음에 답하시오. [8점]

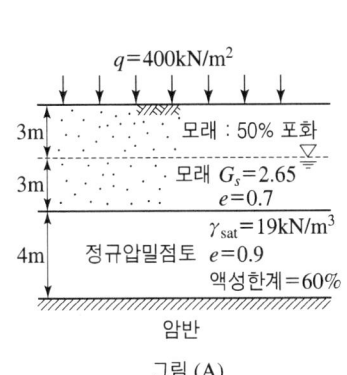

그림 (A)　　　　　그림 (B)

가. 그림(A)와 같이 지표면에 $400\,\text{kN/m}^2$의 무한히 넓은 등분포하중이 작용하는 경우 압밀침하량을 구하시오.

[계산과정]

[답] _____

나. 그림(B)와 같이 지표면에 설치한 정사각형 기초에 $900\,\text{kN}$의 하중이 작용하는 경우 압밀침하량을 구하시오.(단, 응력증가량 계산은 2:1 분포법을 사용하고, 평균유효응력 증가량$(\Delta\sigma)$은 $\dfrac{\Delta\sigma_t + 4\Delta\sigma_m + \Delta\sigma_b}{6}$으로 구한다. 여기서, $\Delta\sigma_t$, $\Delta\sigma_m$, $\Delta\sigma_b$는 점토층의 상단부, 중간층, 하단부의 응력증가량이다.)

[계산과정]

[답] _____

해답

가. 그림(A)의 압밀침하량

[계산과정]

① 지하수위 위에 있는 모래의 습윤단위중량

$$\gamma_t = \frac{G_s + S\cdot e}{1+e}\gamma_w = \frac{2.65 + 0.5\times 0.70}{1+0.70}\times 9.81 = 17.31\,\text{kN/m}^3$$

② 지하수위 아래에 있는 모래의 수중단위중량

$$\gamma_{sub} = \frac{G_s - 1}{1+e}\gamma_w = \frac{2.65 - 1}{1+0.70}\times 9.81 = 9.52\,\text{kN/m}^3$$

③ 지하수위 아래에 있는 점토의 수중단위중량

$$\gamma_{sub} = \gamma_{sat} - \gamma_w = 19 - 9.81 = 9.19\,\text{kN/m}^3$$

④ 유효상재압력

$$P_o = 17.31\times 3 + 9.52\times 3 + 9.19\times \frac{4}{2} = 98.87\,\text{kN/m}^2$$

⑤ 압축지수
$$C_c = 0.009\,(W_L - 10) = 0.009 \times (60 - 10) = 0.45$$

⑥ 1차 압밀침하량
$$S_c = \frac{C_c}{1+e_o}\log\frac{P_o + \Delta P_{av}}{P_o}H = \frac{0.45}{1+0.9}\log\left(\frac{400+98.87}{98.87}\right) \times 4$$
$$= 0.6659\,\text{m} = 66.59\,\text{cm}$$

[답] 66.59cm

나. 그림(B)의 압밀침하량

[계산과정]

① 지하수위 위에 있는 모래의 습윤단위중량
$$\gamma_t = 17.31\,\text{kN/m}^3$$

② 지하수위 아래에 있는 모래의 수중단위중량
$$\gamma_{sub} = 9.52\,\text{kN/m}^3$$

③ 지하수위 아래에 있는 점토의 수중단위중량
$$\gamma_{sub} = 9.19\,\text{kN/m}^3$$

④ 유효상재압력
$$P_o = 98.87\,\text{kN/m}^2$$

⑤ 압축지수
$$C_c = 0.45$$

⑥ 지중응력 증가량

㉠ 점토층 상단
$$\Delta\sigma_{z상단} = \frac{Q}{(B+z)(L+z)} = \frac{900}{(1.5+6)(1.5+6)} = 16\,\text{kN/m}^2$$

㉡ 점토층 중심
$$\Delta\sigma_{z중심} = \frac{Q}{(B+z)(L+z)} = \frac{900}{(1.5+8)(1.5+8)} = 9.97\,\text{kN/m}^2$$

㉢ 점토층 하단
$$\Delta\sigma_{z하단} = \frac{Q}{(B+z)(L+z)} = \frac{900}{(1.5+10)(1.5+10)} = 6.81\,\text{kN/m}^2$$

㉣ 점토층 지중응력 증가량
$$\Delta\sigma_z = \frac{\Delta\sigma_{z상단} + 4\cdot\Delta\sigma_{z중심} + \Delta\sigma_{z하단}}{6} = \frac{16 + 4 \times 9.97 + 6.81}{6} = 10.45\,\text{kN/m}^2$$

⑦ 1차 압밀침하량
$$S_c = \frac{C_c}{1+e_o}\log\frac{P_o + \Delta P_{av}}{P_o}H = \frac{0.45}{1+0.9}\log\left(\frac{98.87+10.45}{98.87}\right) \times 4$$
$$= 0.0413\,\text{m} = 4.13\,\text{cm}$$

[답] 4.13cm

20 아래 그림과 같은 2연암거의 일반도를 보고 다음 물량을 산출하시오. (단, 도면치수의 단위는 mm이다.) [8점]

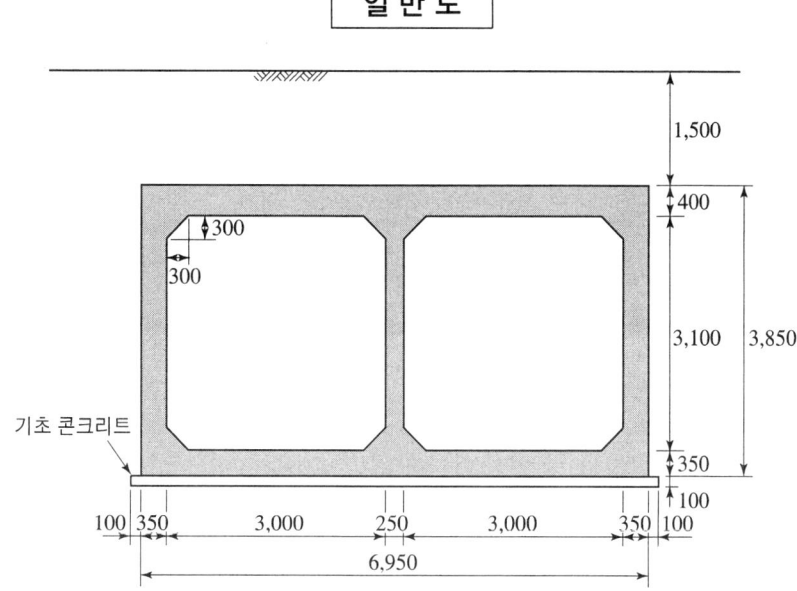

가. 암거길이 1m에 대한 콘크리트량을 산출하시오.(단, 기초 콘크리트량도 포함하며, 소수점 이하 넷째자리에서 반올림하시오.)
[계산과정]   [답] _____

나. 암거길이 1m에 대한 거푸집량을 산출하시오.(단, 양쪽 마구리면은 무시하며, 기초 거푸집량도 포함하며, 소수점 이하 넷째자리에서 반올림하시오.)
[계산과정]   [답] _____

다. 암거길이 1m에 대한 터파기량을 산출하시오.(단, 지형상태는 일반도와 같으며 터파기는 기초 콘크리트 양끝에서 0.6m 여유폭을 두고 비탈기울기는 1:0.5로 하며, 소수점 이하 넷째자리에서 반올림하시오.)
[계산과정]   [답] _____

해답

가. 콘크리트량
[계산과정]
① 기초 콘크리트량
(단면적) × 단위 길이 = (7.15 × 0.1) × 1 = 0.715 m³

② 구체 콘크리트량

$$\left[[6.95\times3.85)-(3.1\times3)\times2]+\frac{0.3\times0.3}{2}\times8\right]\times1=8.518\text{m}^3$$

③ 총 콘크리트량 $= 0.715 + 8.518 = 9.233\text{m}^3$

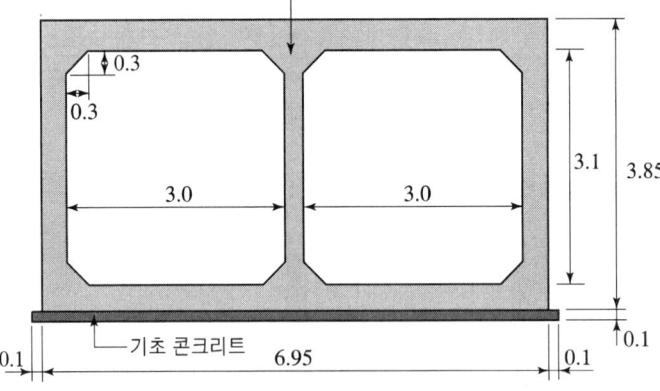

[답] 9.233m^3

나. 거푸집량

[계산과정]

① 기초 거푸집량

$A = 0.1 \times 1 \times 2(양면) = 0.2\text{m}^2$

② 구체 거푸집량

㉠ $B = 3.85 \times 1 \times 2(양면) = 7.7\text{m}^2$

㉡ $C = (3.1 - 0.3 \times 2) \times 1 \times 4(4면) = 10\text{m}^2$

㉢ $D = (3 - 0.3 \times 2) \times 1 \times 2(양면) = 4.8\text{m}^2$

㉣ $E = \sqrt{0.3^2 + 0.3^2} \times 1 \times 8 = 3.3941\text{m}^2$

㉤ 구체 거푸집량 $= 7.7 + 10 + 4.8 + 3.3941 = 25.894\text{m}^2$

③ 총 거푸집량 $= 0.2 + 25.894 = 26.094\text{m}^2$

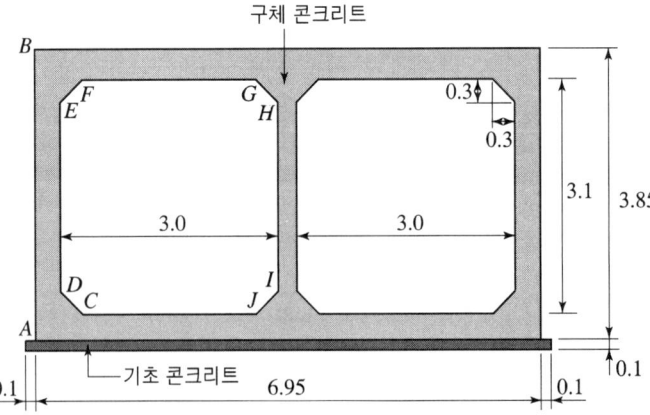

[답] 26.094m^2

다. 터파기량

[계산과정]

① 기초 터파기 밑면 = $0.6 + (0.1 + 6.95 + 0.1) + 0.6 = 8.35$m

② 기초 터파기 높이 = $1.5 + 3.85 + 0.1 = 5.45$m

③ 기초 터파기 윗면 = $(5.45 \times 0.5) + 8.35 + (5.45 \times 0.5) = 13.8$m

④ 터파기량 = $\dfrac{13.8 + 8.35}{2} \times 5.45 \times 1 = 60.359$m^3

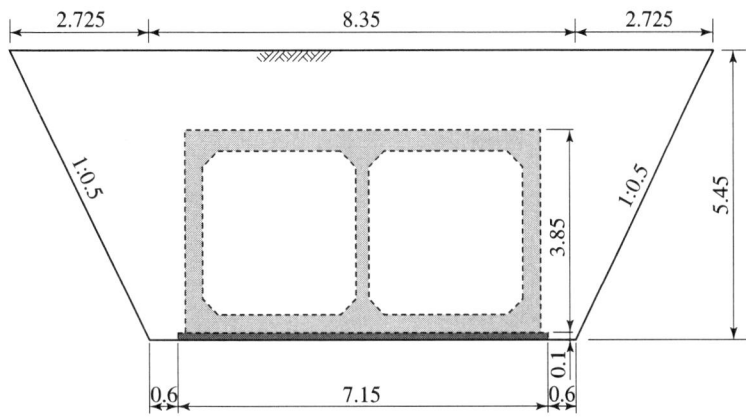

[답] 60.359m^3

21 아스팔트 포장 중 실코트(seal coat)의 중요한 목적 3가지만 쓰시오. [3점]

20①, 18③, 17①, 07②, 04①, 03①, 99①③, 98①, 96②, 94①, 93③

① _____ ② _____ ③ _____

해답

[답] ① 포장면의 노화를 방지한다.
② 포장면의 미끄럼 저항성을 증대한다.
③ 포장면의 내구성을 증대한다.

참고하세요

실 코트(Seal coat) 목적
① 포장면의 노화를 방지한다.
② 포장면의 미끄럼 저항성을 증대한다.
③ 포장면의 내구성을 증대한다.
④ 포장면의 수밀성을 증대한다.

22

매스콘크리트에서는 구조물에 필요한 기능 및 품질을 손상시키지 않도록 온도균열을 제어하기 위한 적절한 조치를 강구해야 한다. 온도 균열을 억제하기 위한 방법을 3가지만 쓰시오. [3점]

① _____ ② _____ ③ _____

해답

[답] ① 온도저하 또는 제어방법(Pre-cooling 또는 Pipe cooling)
② 팽창 콘크리트의 사용에 의한 균열 방지방법
③ 온도 제어 철근의 배치에 의한 방법

참고하세요

매스 콘크리트의 온도균열 제어방법
① 온도저하 또는 제어방법
  ㉠ 콘크리트의 프리쿨링(Pre-cooling) : 콘크리트의 선행냉각
    콘크리트에 사용되는 재료의 일부 또는 전부를 냉각시켜 콘크리트의 온도를 낮추는 방법이다.
  ㉡ 콘크리트의 파이프 쿨링(Pipe cooling) : 콘크리트의 관로식 냉각
    매스 콘크리트의 시공에서 콘크리트를 타설한 후 콘크리트의 온도를 제어하기 위해 미리 콘크리트 속에 묻은 파이프 내부에 냉수 또는 공기를 보내 콘크리트를 냉각하는 방법이다.
② 팽창 콘크리트의 사용에 의한 균열 방지방법
③ 온도 제어 철근의 배치에 의한 방법

23

도로포장에서 노상 위에 위치하여 표층에서 전달되는 교통하중을 노상에 고르게 나누어 주는 중간부분으로 배수와 동상방지역할을 하는 포장구조체의 명칭을 쓰시오. [2점]

○ _____

해답

[답] 보조기층

국가기술자격검정 실기시험문제

2020년도 기사 일반검정(제2회) (2020-07-25)

자격종목 및 등급(선택분야)	종목코드	시험시간	형별	수험번호	성 명
토목기사		3시간	A		

※ 다음 물음의 답을 해당 답란에 답하시오.(배점)

20②, 15②, 08②, 03③, 99⑤, 94④, 91③

01 그림과 같은 연속기초의 지지력(q_u)을 Terzaghi(테르자기)식으로 구하시오. (단, 점착력 $c=10\text{kN/m}^2$, 내부마찰각 $\phi=15°$, $N_c=6.5$, $N_r=1.2$, $N_q=2.7$이다.)

[3점]

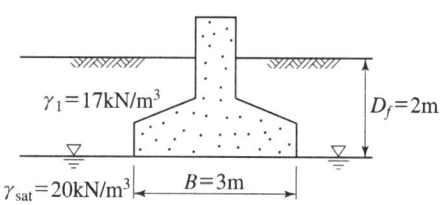

[계산과정]

[답] _____

해답

[계산과정]

① 기초형상계수

    연속기초이므로 $\alpha=1$, $\beta=0.5$

② 점착력

    $c=10\text{kN/m}^2$

③ 극한지지력

$q_u = \alpha C N_c + \beta r_1 B N_r + r_2 D_f N_q$

$= 1 \times 10 \times 6.5 + 0.5 \times (20-9.81) \times 3 \times 1.2 + 17 \times 2 \times 2.7$

$= 175.14 \text{kN/m}^2$

[답] 175.14kN/m^2

20②, 17②, 15①, 11①, 05②, 04①, 00⑤

02
어느 암반지대에서 RQD의 평균값은 60%, 절리군의 수는 6, 절리 거칠기 계수는 2, 절리면의 변질계수는 2, 지하수 보정계수 J_w는 1, 응력저감계수 SRF는 1일 경우 Q값을 계산하시오. [3점]

[계산과정] [답] _____

해답

[계산과정] $Q = \dfrac{RQD}{J_n} \cdot \dfrac{J_r}{J_a} \cdot \dfrac{J_w}{SRF} = \dfrac{60}{6} \times \dfrac{2}{2} \times \dfrac{1}{1} = 10$

[답] 10

참고하세요

$$Q = \dfrac{RQD}{J_n} \cdot \dfrac{J_r}{J_a} \cdot \dfrac{J_w}{SRF}$$

여기서, RQD : 암질지수
 J_n : 절리군 수(Joint set Number)
 J_r : 절리 거칠도 수(Join Roughness Number, 절리 거칠기계수)
 J_a : 절리면 변질도 수(Joint Alteration Number, 절리면의 변질계수)
 J_w : 지하수 유출에 의한 검소계수(Join water Reduction Factor, 지하수 보정계수)
 SRF : 응력 감소 요인(Stress Reduction Factor, 응력저감계수)

20②, 16①, 87②

03
록볼트(rock bolt)의 역할을 3가지만 쓰시오. [3점]

① _____ ② _____ ③ _____

해답

[답] ① 봉합효과 ② 내압효과 ③ 지반보강효과

참고하세요

지반에서의 Rock Bolt 효과
① 봉합효과 ② 내압효과 ③ 지반보강효과 ④ 보 형성 효과

20②, 17②, 08①, 01④, 99②, 97④, 91③

04 그림과 같은 등고선을 가진 지형으로 굴착하여 아래 그림과 같은 도로 성토를 하려고 한다. 다음 물음에 답하시오. (단, $L=1.20$, $C=0.90$, 토량은 각주 공식을 사용하며, 등고선의 높이는 20m 간격이며, A_1의 면적은 1,400m², A_2의 면적은 950m², A_3의 면적은 600m², A_4의 면적은 250m², A_5의 면적은 100m², power shovel의 C_m은 20초, 디퍼계수는 0.95, 작업효율은 0.80, 1일 운전시간은 6시간, 유류 소모량은 4L/hr를 적용한다.) [6점]

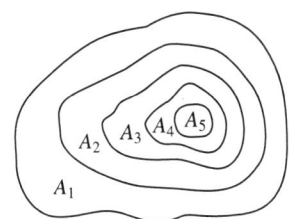 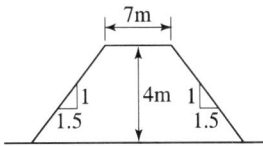

가. 도로 몇 m를 만들 수 있는가?
　　[계산과정]　　　　　　　　　　　　　　[답] _____

나. 위의 그림과 같은 조건에서 1m³ Pawer Shovel 5대가 굴착할 때 작업일수는 몇 일 인가?
　　[계산과정]　　　　　　　　　　　　　　[답] _____

다. Pawer Shovel의 총 유류 소모량은 얼마나 되겠는가?
　　[계산과정]　　　　　　　　　　　　　　[답] _____

해답

가. 도로길이

[계산과정]

① 토량

토량 공식 $Q = \dfrac{h}{3}(A_1 + 4A_2 + A_3)$ 을 사용하면

㉠ $Q_1 = \dfrac{20}{3}(1,400 + 4 \times 950 + 600) = 38,666.67 \text{m}^3$

㉡ $Q_2 = \dfrac{h}{3}(A_3 + 4A_4 + A_5) = \dfrac{20}{3}(600 + 4 \times 250 + 100) = 11,333.33 \text{m}^3$

㉢ $Q = 38,666.67 + 11,333.33 = 50,000 \text{m}^3$

② 도로의 단면적 $A = \dfrac{7 + (1.5 \times 4 + 7 + 1.5 \times 4)}{2} \times 4 = 52 \text{m}^2$

③ 도로 길이 $= \dfrac{\text{원지반 토량} \times C}{\text{도로 단면적}} = \dfrac{50,000 \times 0.90}{52} = 865.38 \text{m}$

[답] 865.38m

나. 작업일수

[계산과정]

① Shovel의 작업량

$$Q = \frac{3{,}600 \cdot q \cdot K \cdot f \cdot E}{C_m}$$

$$= \frac{3{,}600 \times 1 \times 0.95 \times \frac{1}{1.2} \times 0.80}{20} = 114\,m^3/hr\,(본바닥\ 상태)$$

② 1일 작업량 = $114\,m^3/hr \times 6hr \times 5대 = 3{,}420\,m^3/day$

③ 작업 일수 = $\dfrac{원지반\ 토량}{1일\ 작업량} = \dfrac{50{,}000}{3{,}420} = 14.62일 ≒ 15일$

[답] 15일

다. 총 유류 소모량

[계산과정]

총 유류 소모량 = $4L/hr \times 6hr \times 14.62일 \times 5대 = 1{,}754.4L$

[답] 1,754.4L

20②, 18①

05 흙의 다짐에 관한 다음 물음에 답하시오. [6점]

가. 흙 다짐의 정의에 대해 간단히 설명하시오.

○ _____

나. 흙 다짐의 기대되는 효과 3가지를 쓰시오.

① _____ ② _____ ③ _____

해답

가. 흙 다짐의 정의

[답] 다짐이란 흙에 타격, 누름, 진동, 반죽 등의 인위적인 방법으로 에너지를 가하여 간극 내의 공기를 배출시킴으로써 입자 간의 결합을 치밀하게 하여 흙의 단위중량을 증대시키는 것을 말한다.

나. 흙 다짐의 기대되는 효과

[답] ① 지반의 지지력 증대된다.
② 간극비가 감소되어 투수성이 감소된다.
③ 압축성이 감소되어 지반의 침하를 감소시킬 수 있다.
④ 흙의 단위중량을 증가시킨다.
⑤ 흙의 전단강도를 증가시켜 사면의 안정성이 개선된다.
⑥ 동상, 팽창, 건조수축 등의 영향을 감소시킬 수 있다.

06 그림과 같은 구형 유조탱크를 주유소에 묻고 나머지 흙은 660m²(200평)의 마당에 고루 펴고 다지려 한다. 마당은 최소한 얼마나 더 높아지겠는가? (단, L=1.2, C=0.9, 1평=3.3m², 구의 체적=$\frac{4}{3}\pi r^3$) [4점]

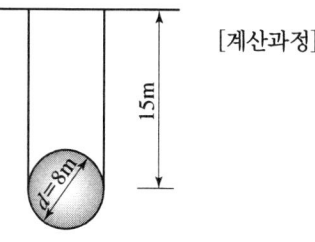

[계산과정]

[답] _____

해답

[계산과정]

① 터파기량 = $\frac{\pi \times 8^2}{4} \times 15 + \frac{4}{3} \times \pi \times 4^3 \times \frac{1}{2}$

  = 888.02m³(자연상태)

② 되메우기 = $\frac{\pi \times 8^2}{4} \times 15 - \frac{4}{3} \times \pi \times 4^3 \times \frac{1}{2}$

  = 619.94m³(다짐상태)

  = $\frac{619.94}{0.9}$ = 688.82m³(자연상태)

③ 잔토량 = 888.02 − 688.82 = 199.2m³(자연상태)

④ 높아지는 마당의 최소 높이 = $\frac{199.2\text{m}^3 \times 0.9}{200\text{평} \times 3.3\text{m}^2/\text{평}}$ = 0.272m

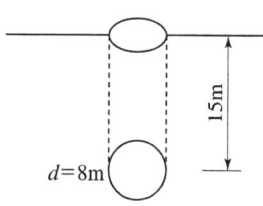

[답] 0.272m

---

07 토취장의 선정 조건을 3가지만 쓰시오. [3점]

① _____ ② _____ ③ _____

해답

[답] ① 토질이 양호할 것
  ② 토량이 충분할 것
  ③ 성토장소를 향하여 하향구배 1/50~1/100 정도 유지할 것
  ④ 운반로가 양호하고 장애물이 적을 것
  ⑤ 용수, 붕괴의 염려가 없고 배수가 양호한 지형일 것
  ⑥ 용지 매수 및 보상 등이 싸고 용이할 것

08 직경 30cm의 평판재하시험을 한 결과 침하량 25mm일 때 극한지지력이 300kPa이고, 침하량이 10mm이었다. 허용침하량이 25mm인 직경 1.2m의 실제 기초의 극한지지력과 침하량을 구하시오. (단, 점토지반과 사질토지반인 경우에 대하여 각각 구하시오.) [8점]

가. 점토지반인 경우에 대해서 구하시오.

[계산과정]

[답] 극한지지력 : _____, 침하량 : _____

나. 사질토지반인 경우에 대해서 구하시오.

[계산과정]

[답] 극한지지력 : _____, 침하량 : _____

해답

가. 점토지반

[계산과정] ① $q_{u(기초)} = 300\text{kPa} = 300\text{kN/m}^2$

② $S_{(기초)} = S_{(재하판)} \cdot \dfrac{B_{(기초)}}{B_{(재하판)}} = 10 \times \dfrac{1.2}{0.3} = 40\text{mm}$

[답] 극한지지력 : 300kN/m^2, 침하량 : 40mm

나. 사질토지반

[계산과정] ① $q_{u(기초)} = q_{u(재하판)} \cdot \dfrac{B_{(기초)}}{B_{(재하판)}} = 300 \times \dfrac{1.2}{0.3} = 1,200\text{kN/m}^2$

② $S_{(기초)} = S_{(재하판)} \cdot \left[\dfrac{2B_{(기초)}}{B_{(기초)} + B_{(재하판)}}\right]^2 = 10 \times \left[\dfrac{2 \times 1.2}{1.2 + 0.3}\right]^2 = 25.6\text{mm}$

[답] 극한지지력 : $1,200\text{kN/m}^2$, 침하량 : 25.6mm

---

09 흙막이공의 흙막이벽 근입깊이 계산 시 가장 중요한 것 3가지만 쓰시오. [3점]

① _____ ② _____ ③ _____

해답

[답] ① 토압에 대한 안정
② 히빙에 대한 안정
③ 파이핑에 대한 안정

20②, 13②, 10①, 08②, 06①, 04①, 99②, 94③, 93②

10 시방배합이 단위시멘트량이 310kg/m³, 단위수량이 160kg/m³, 단위잔골재량이 690kg/m³, 단위굵은골재량이 1390kg/m³인 콘크리트를 아래 표의 현장 골재상태에 맞게 현장배합으로 환산할 때, 이때의 단위수량을 구하시오. [3점]

[현장 골재 상태]
- 잔골재가 5mm체에 남는 양 : 3.5%
- 잔골재의 표면수 : 4.6%
- 굵은골재가 5mm체를 통과하는 양 : 4.5%
- 굵은골재의 표면수 : 0.7%

[계산과정]

[답] _____

해답

[계산과정]

① 골재량의 수정

잔골재량을 x(kg), 굵은골재량을 y(kg)이라 하면

$x + y = 690 + 1390 = 2080$ ········· ㉠

$0.035x + (1 - 0.045)y = 1390$ ········· ㉡

식 ㉠, ㉡를 연립방정식으로 풀면 $x = 648.26$kg, $y = 1431.74$kg

② 표면수량 수정

㉠ 잔골재 표면수량 $= 648.26 \times 0.046 = 29.82$kg

㉡ 굵은골재 표면수량 $= 1431.74 \times 0.007 = 10.02$kg

③ 현장배합

단위수량 $= 160 - (29.82 + 10.02) = 120.16$kg

[답] 120.16kg

참고하세요

① 단위시멘트량 $= 310$kg
② 잔골재량 $= 648.26 + 29.82 = 678.08$kg
③ 굵은골재량 $= 1431.74 + 10.02 = 1441.76$kg

11 다음 작업리스트에서 네트워크 공정표를 작성하고, 각 작업의 여유시간을 구하시오. [10점]

작업명	선행작업	작업일수	비고
A	없음	4	
B	A	6	① C.P는 굵은 선으로 표시하시오.
C	A	5	② 각 결합점에는 아래와 같이 표시하시오.
D	A	4	
E	B	3	
F	B, C, D	7	
G	D	8	③ 각 작업은 다음과 같다.
H	E	6	
I	E, F	5	
J	E, F, G	8	
K	H, I, J	6	

가. 공정표를 작성하시오.
○

나. 여유시간을 구하시오.

작업명	TF	FF	DF
A			
B			
C			
D			
E			
F			
G			
H			
I			
J			
K			

[부록] 2020년 7월 25일 시행

해답

가. 공정표

[답]

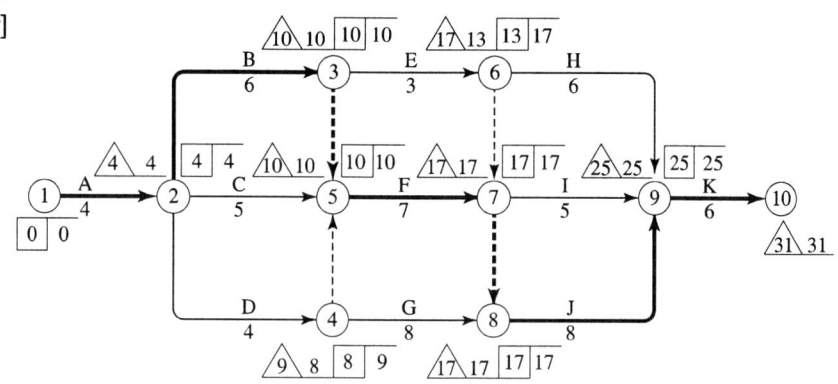

나. 여유시간

[답]

작업명	TF(총 여유)	FF(자유 여유)	DF(독립 여유)
A	4−(0+4)=0	4−(0+4)=0	0−0=0
B	10−(4+6)=0	10−(4+6)=0	0−0=0
C	10−(4+5)=1	10−(4+5)=1	1−1=0
D	9−(4+4)=1	8−(4+4)=0	1−0=1
E	17−(10+3)=4	13−(10+3)=0	4−0=4
F	17−(10+7)=0	17−(10+7)=0	0−0=0
G	17−(8+8)=1	17−(8+8)=1	1−1=0
H	25−(13+6)=6	25−(13+6)=6	6−6=0
I	25−(17+5)=3	25−(17+5)=3	3−3=0
J	25−(17+8)=0	25−(17+8)=0	0−0=0
K	31−(25+6)=0	31−(25+6)=0	0−0=0

참고하세요

① 각 결합점 계산 근거

같은 숫자를 기록한다.(역방향 ←)

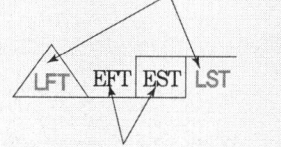

→ 정방향, 작업 전진 방향으로 작업일수를 더해서 큰 값
← 역방향, 작업 후진 방향으로 작업일수를 빼서 작은 값

같은 숫자를 기록한다.(정방향 →)

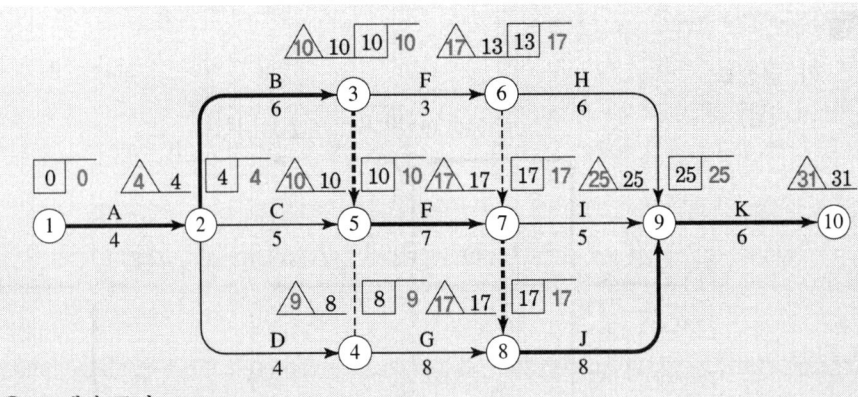

② TF계산 근거

△LFT − 일수 − EFT

- 작업명 "C"의 경우   ⑤의 △10 − 일수(5) − ②의 4 = 1
- 작업명 "H"의 경우   ⑨의 △25 − 일수(6) − ⑥의 13 = 6

③ FF계산 근거

□EST − 일수 − EFT

- 작업명 "C"의 경우   ⑤의 □10 − 일수(5) − ②의 4 = 1
- 작업명 "E"의 경우   ⑥의 □13 − 일수(3) − ③의 10 = 0

④ DF계산 근거
TF−FF

20②, 16②, 11①, 08①, 03①, 99⑤, 93②

12 계획된 저수량 이상으로 댐에 유입하는 홍수량을 조절하여 자연하천으로 방류하는 중요한 구조물인 여수로(spill way)의 종류를 4가지만 쓰시오. [3점]

① _____ ② _____ ③ _____ ④ _____

해답

[답] ① 슈트 여수로   ② 측수로 여수로   ③ 그롤리 홀 여수로   ④ 사이펀 여수로

참고하세요

여수로(Spill Way)
① 슈트 여수로
② 측수로 여수로
③ 그롤리 홀 여수로(나팔관형 여수로)
④ 사이펀 여수로
⑤ 댐마루 월류식 여수로(제정월류식 여수로)

20②, 17④, 08④, 06②, 99⑤

13 암거의 배열방식을 3가지만 쓰시오. [3점]

① _____ ② _____ ③ _____

해답

[답] ① 자연식 ② 빗식 ③ 어골식

참고하세요

암거의 배열방식
① 자연식   ② 빗식   ③ 어골식(오늬무늬식)
④ 차단식   ⑤ 이중간선식 ⑥ 집단식

20②, 17①, 14④, 13①, 10②, 08④

14 3m 모래층 위에 10m 두께의 단단한 포화점토가 있고 모래는 피압상태에 있다. A점에서 히빙(heaving)현상이 일어나지 않은 최대깊이 H를 구하시오. [3점]

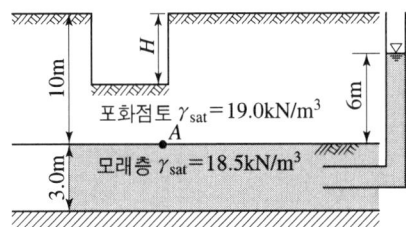

[계산과정]

[답] _____

해답

[계산과정]

전응력 = 유효응력 + 공극수압에서

① 전응력 $\sigma = \gamma_{sat} \cdot Z = 19.0 \times (10-H)$

② 공극수압 $u = \gamma_w \cdot h = 9.81 \text{kN/m}^2 \times 6\text{m} = 58.86 \text{kN/m}^2$

③ 유효응력 $\bar{\sigma} = 0$ 일 때, heaving 발생하므로

$\bar{\sigma} = \sigma - u = 19.0 \times (10-H) - 58.86 \geq 0$

$H \leq \dfrac{19.0 \times 10 - 58.86}{19.0}$

$H \leq 6.90\text{m}$

[답] 6.90m

20②①, 17①, 12④, 09②, 05①, 94④, 89①

15 아래 그림과 같이 연약토층 위에 있는 사면의 복합활동 파괴면에 대한 안전율을 구하시오. [3점]

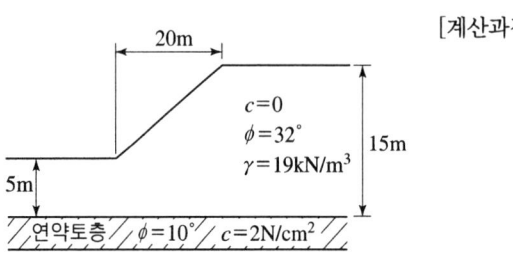

[계산과정]

[답] _____

해답

[계산과정]

① 주동토압

$$P_A = \frac{1}{2} \cdot r \cdot H^2 \cdot K_A = \frac{1}{2} \cdot r \cdot H^2 \cdot \tan^2\left(45° - \frac{\phi}{2}\right)$$

$$= \frac{1}{2} \times 19 \times 15^2 \times \tan^2\left(45° - \frac{32°}{2}\right) = 656.77 \text{kN/m}$$

② 수동토압

$$P_P = \frac{1}{2} \cdot r \cdot h^2 \cdot K_P = \frac{1}{2} \cdot r \cdot h^2 \cdot \tan^2\left(45° + \frac{\phi}{2}\right)$$

$$= \frac{1}{2} \times 19 \times 5^2 \times \tan^2\left(45° + \frac{32°}{2}\right) = 772.96 \text{kN/m}$$

③ $c' = 2\text{N/cm}^2 = 20\text{kN/m}^2$

④ $F_s = \dfrac{c'L + W\tan\phi' + P_P}{P_A} = \dfrac{20 \times 20 + \left(\dfrac{5+15}{2} \times 20 \times 19\right)\tan 10° + 772.96}{656.77} = 2.81$

[답] 2.81

참고하세요

① 사면 흙의 $c = 0$일 때 안전율

$$F_s = \frac{c'L + W\tan\phi' + P_P}{P_A}$$

여기서, c' : 연약층의 점착력
ϕ' : 연약 토층의 내부마찰각(전단저항각)
ϕ : 흙의 전단저항각
L : 연약층의 활동에 저항하는 부분의 길이
P_A : 사면부분에 작용하는 주동토압
P_P : 사면부분에 작용하는 수동토압

② $F_s = \dfrac{cL + [W\cos\theta + P_A\sin(\beta_A - \theta) - P_P\sin(\beta_P - \theta)]\tan\phi}{P_A\cos(\beta_A - \theta) - P_P\cos(\beta_P - \theta) + W\sin\theta}$

20②, 17②, 14④, 11②, 10①

16 주어진 반중력식 교대 도면을 보고 다음 물량을 산출하시오. (단, 교대 전체길이는 10m이며, 도면의 치수단위는 mm이다.) [8점]

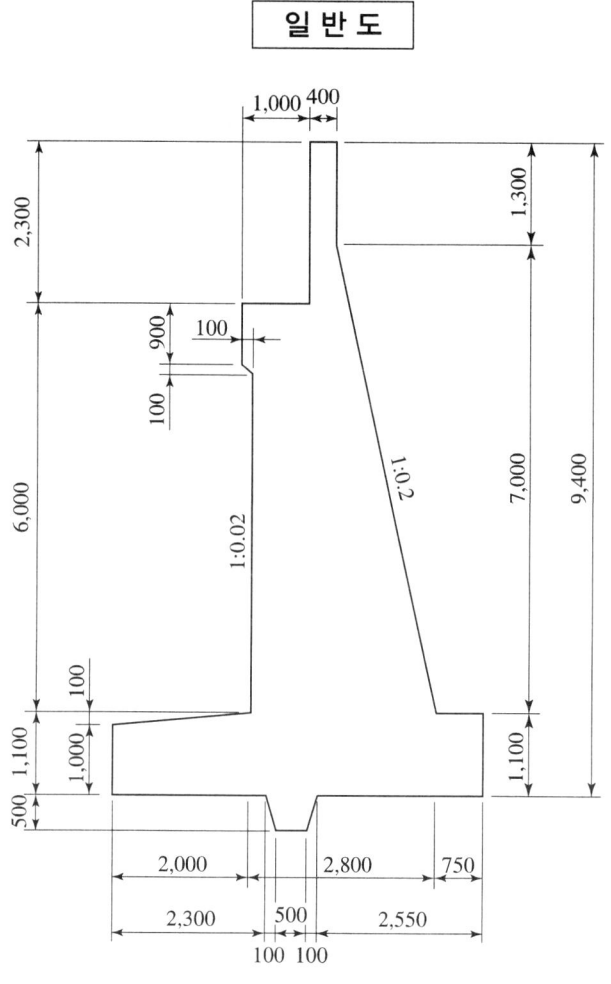

일 반 도

가. 교대의 전체 콘크리트량을 구하시오. (단, 소수 넷째자리에서 반올림하시오.)

[계산과정]

[답] _____

나. 교대의 전체 거푸집량을 구하시오. (단, 돌출부(전단 key)에 거푸집을 사용하며, 소수 넷째자리에서 반올림하시오.)

[계산과정]

[답] _____

해답

가. 콘크리트량

[계산과정]

① 구체 면적

$A_1 = 0.4 \times 1.3 = 0.52 \text{m}^2$

$A_2 = \dfrac{0.4 + (0.4 + 7 \times 0.2)}{2} \times 7 = 7.7 \text{m}^2$

$A_3 = 1.0 \times 0.9 = 0.9 \text{m}^2$

$A_4 = \dfrac{1.0 + 0.9}{2} \times 0.1 = 0.095 \text{m}^2$

$A_5 = \dfrac{0.9 + (0.9 + 5 \times 0.02)}{2} \times 5 = 4.75 \text{m}^2$

$A_6 = \dfrac{(5.55 - 2) + 5.55}{2} \times 0.1 = 0.455 \text{m}^2$

$A_7 = 5.55 \times 1 = 5.55 \text{m}^2$

$A_8 = \dfrac{0.5 + (0.5 + 0.1 \times 2)}{2} \times 0.5 = 0.3 \text{m}^2$

$\sum A = 20.270 \text{m}^2$

② 총 콘크리트량 = 구체 면적 × 교대 길이 = $20.27 \times 10 = 202.700 \text{m}^3$

[답] 202.700m^3

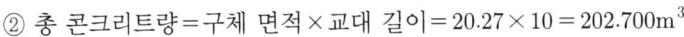

나. 거푸집량

[계산과정]

① 측면도에서의 거푸집 길이

$A = 2.3 \text{m}$

$B = 0.9 \text{m}$

$C = \sqrt{0.1^2 + 0.1^2} = 0.1414 \text{m}$

$D = \sqrt{(5 \times 0.02)^2 + 5^2} = 5.0010 \text{m}$

$E = 1 \text{m}$

$F = \sqrt{0.1^2 + 0.5^2} \times 2 = 1.0198 \text{m}$

$G = 1.1 \text{m}$

$H = \sqrt{(7 \times 0.2)^2 + 7^2} = 7.1386 \text{m}$

$I = 1.3 \text{m}$

$\sum L = 19.9008 \text{m}$

② 측면 거푸집량 = $19.9008 \times 10 = 199.008 \text{m}^2$

③ 마구리면 거푸집량 = $20.270 \times 2(\text{양단}) = 40.540 \text{m}^2$

④ 총 거푸집량 = $199.008 + 40.540 = 239.548 \text{m}^2$

[답] 239.548m^2

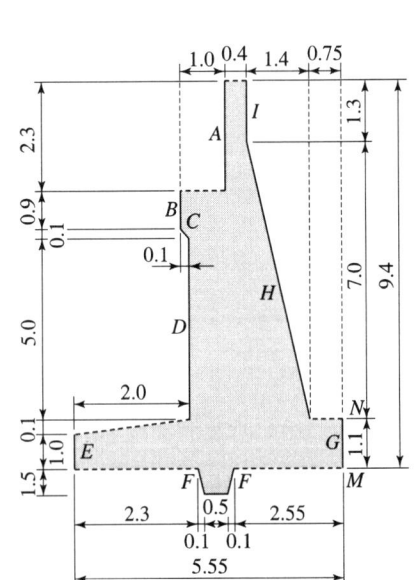

17 콘크리트의 호칭강도는 40MPa이고, 27회의 압축강도 시험으로부터 구한 표준편차는 5.0MPa이다. 아래 표를 참고하여 이 콘크리트의 배합강도를 구하시오.

[3점]

[표] 시험횟수가 29회 이하일 때 표준편차의 보정계수

시험횟수	표준편차의 보정계수
15	1.16
20	1.08
25	1.03
30 이상	1.00

주) 위 표에 명시되지 않은 시험횟수는 직선 보간한다.

[계산과정]   [답] _____

해답

[계산과정]

① 직선보간한 표준편차
$\sigma = 5 \times 1.018 = 5.09 \text{MPa}$

② $f_{cn} = 40\text{MPa} > 35\text{MPa}$이므로

㉠ $f_{cr} = f_{cn} + 1.34S = 40 + 1.34 \times 5.09 = 46.82\text{MPa}$

㉡ $f_{cr} = 0.9f_{cn} + 2.33S = 0.9 \times 40 + 2.33 \times 5.09 = 47.86\text{MPa}$

③ ㉠, ㉡ 중 큰 값이 배합강도이므로
$f_{cr} = 47.86\text{MPa}$

[답] 47.86MPa

---

18 도로의 배수처리는 도로의 기능 및 교통안전에 중요한 요소로 작용한다. 다음 배수시설 종류별로 대표적인 것 1가지씩만 쓰시오. [3점]

① 표면배수 : _____
② 지하배수 : _____
③ 횡단배수 : _____

해답

[답] ① 측구(L형, U형)
② 맹암거, 유공관
③ 배수관, 암거

19 구조물 공사는 지하수가 배제된 상태에서 시공하거나 또는 원지반에 구조물 축조 후 주변을 성토하여 구조물을 완성하게 되면 지하수의 상승 등에 의해 양압력에 의한 피해가 발생한다. 이러한 구조물의 기초바닥에 작용하는 양압력(부력)에 저항하는 방법을 3가지 쓰시오. [3점]

① _____ ② _____ ③ _____

해답

[답] ① 사하중에 의한 방법   ② 영구앵카에 의한 방법   ③ 외부배수시스템

참고하세요

부력과 양압력 처리방안
① 외력 증가 방법
 ㉠ 사하중에 의한 방법
 ㉡ 영구앵카에 의한 방법
  ⓐ Rock Anchor 공법
  ⓑ Rock Bolt 공법
② 강제배수공법(영구배수공법)
 ㉠ 외부배수시스템
 ㉡ 기초바닥영구배수시스템(내부배수시스템)
  ⓐ Trench System
  ⓑ Drain Mat System

---

20 관암거의 직경이 20cm, 유속이 0.8m/sec, 암거길이가 300m일 때 원활한 배수를 위한 암거낙차를 Giesler공식을 이용하여 구하시오. [3점]

[계산과정]   [답] _____

해답

[계산과정] $v = 20\sqrt{\dfrac{Dh}{L}}$ 에서 $h = \dfrac{v^2 \cdot L}{20^2 \cdot D} = \dfrac{0.8^2 \times 300}{20^2 \times 0.2} = 2.4\text{m}$

[답] 2.4m

참고하세요

$v = 20\sqrt{\dfrac{Dh}{L}}$

여기서, v : 관내의 평균유속(m/sec) D : 관의 직경(m)
    L : 암거의 길이(m) h : 길이 L에 대한 낙차(m)

21 터널 공사 시 적용되는 터널보조공법의 종류를 3가지 쓰시오. [3점]

① _____ ② _____ ③ _____

[답] ① 록 볼트(Rock Bolt)
② 숏크리트(Face Shotcrete)
③ 주입공법(Grouting)에 의한 지반보강

터널의 보조공법
(1) 막장 안정을 위한 보조공법
① 록 볼트(Rock Bolt)
② 숏크리트(Face Shotcrete)
③ 마이크로 파일(Micro Pile, Root Pile)
④ 주입공법(Grouting)에 의한 지반보강
⑤ Ring Cut(Core 형성)
⑥ 강관보강형 주입공사
(2) 천단부 안정 보조공법
① 휘폴링(Fore Poling, Fore Piling) 공법
② 미니 파이프 루프(Mini Pipe Roof) 공법
③ 스틸 시트(Steel Sheet) 공법
④ 강관보강형 다단 그라우팅 공법
⑤ 파이프 루프(Pipe Roof) 공법

22 도심지에서 행해지는 지하굴착공사에서 안전을 목적으로 하는 계측기의 종류를 5가지만 쓰시오. [3점]

① _____ ② _____ ③ _____
④ _____ ⑤ _____

[답] ① 지표 침하계 ② 간극 수압계 ③ 토압계
④ 변형률계 ⑤ 지중 경사계

20②, 12②, 98④, 94④

23 콘크리트의 압축강도를 시험하여 거푸집널의 해체시기를 결정하는 경우 그 기준을 나타내는 아래표의 빈칸을 채우시오. [4점]

부재		콘크리트 압축강도(f_{cu})
확대 기초, 보 옆, 기둥, 벽 등의 측벽		
슬래브 및 보의 밑면, 아치 내면	단층구조의 경우	
	다층구조의 경우	

해답

[답]

부재		콘크리트 압축강도(f_{cu})
확대 기초, 보 옆, 기둥, 벽 등의 측벽		5MPa 이상
슬래브 및 보의 밑면, 아치 내면	단층구조의 경우	설계기준 압축강도의 $\frac{2}{3}$배 이상 또한, 최소 14MPa 이상
	다층구조의 경우	설계기준 압축강도 이상(필러 동바리 구조를 이용할 경우는 구조계산에 의해 기간을 단축할 수 있음. 단, 이 경우라도 최소강도는 14MPa 이상으로 함)

20②, 13④, 06②, 03②, 01②, 98④

24 동상현상이 발생하면 지면이 융기하게 되고 겨울철 토목공사에 많은 문제가 발생할 수 있다. 이러한 동상이 발생하기 쉬운 3가지 중요한 조건을 쓰시오. [3점]

① _____ ② _____ ③ _____

해답

[답] ① 동상을 받기 쉬운 흙(실트질토)이 존재하여야 한다.
② 0℃ 이하의 동결온도 지속시간이 길다.
③ 물의 공급이 충분해야 한다.

참고하세요

동상(동결) 원인
① 지반의 흙이 동상받기 쉬운 실트질 흙일 때
② 동결온도의 지속기간이 길 때
③ 동결심도 하단에서 지하수면까지의 거리가 모관상승고보다 적을 때
④ 모관상승고가 클 때
⑤ 물의 공급이 충분할 때

25 흙댐(Earth Dam)의 안정조건 3가지를 쓰시오. [3점]

① _____ ② _____ ③ _____

[답] ① 활동에 대해 안정할 것
② 사면에 대해 안정할 것
③ 기초지반의 누수 및 지내력 등에 안정할 것

국가기술자격검정 실기시험문제

2020년도 기사 일반검정(제3회) (2020-10-17)

자격종목 및 등급(선택분야)	종목코드	시험시간	형별
토목기사		3시간	A

※ 다음 물음의 답을 해당 답란에 답하시오.(배점)

20③, 16④, 12④, 11①, 09②, 06④, 04②, 03④, 01②, 00①

01 굵은골재 최대치수 25mm, 단위수량 157kg, 물-시멘트비 50%, 슬럼프 80mm, 잔골재율 40%, 잔골재 표건밀도 2.60g/cm³, 굵은골재 표건밀도 2.65g/cm³, 시멘트 3.14g/cm³, 공기량 4.5%일 때 콘크리트 1m³에 소요되는 굵은골재량을 구하시오. [3점]

[계산과정]　　　　　　　　　　　　　　　　[답] _____

해답

[계산과정]

① 단위시멘트량

$W/C = 0.5$에서 $C = \dfrac{W}{0.5} = \dfrac{157}{0.5} = 314 \text{kg/m}^3$

② 단위 골재량의 절대부피

단위 골재량의 절대부피 $= 1 - \left(\dfrac{\text{단위 수량}}{1000} + \dfrac{\text{단위 시멘트량}}{\text{시멘트의 비중} \times 1000} + \dfrac{\text{공기량}}{100}\right)$

$= 1 - \left(\dfrac{157}{1000} + \dfrac{314}{3.14 \times 1000} + \dfrac{4.5}{100}\right)$

$= 0.698 \text{m}^3$

③ 단위 잔골재량의 절대부피 = 단위 골재량의 절대부피 × 잔골재율

$= 0.698 \times 0.4$

$= 0.2792 \text{m}^3$

④ 단위 굵은 골재량의 절대부피 = 단위 골재량의 절대부피 − 단위 잔골재량의 절대부피

$= 0.698 - 0.2792$

$= 0.4188 \text{m}^3$

⑤ 단위 굵은 골재량 = 단위 굵은 골재량의 절대부피 × 굵은 골재의 비중 × 1000

$= 0.4188 \times 2.65 \times 1000$

$= 1,109.82 \text{kg/m}^3$

[답] $1,109.82 \text{kg/m}^3$

02 콘크리트의 호칭강도가 24MPa이고, 이 현장에서 압축강도시험의 기록이 없는 경우 배합강도를 구하시오. [3점]

[계산과정]　　　　　　　　　　　　　　　　　　　[답] _____

해답

[계산과정] 배합강도 $f_{cr} = f_{cn} + 8.5 = 24 + 8.5 = 32.5\text{MPa}$

[답] 32.5MPa

참고하세요

표준편차를 계산하기 위한 현장강도 기록이 없거나 압축강도의 시험횟수가 14회 이하인 경우의 배합 강도

설계기준강도 f_{cn} [MPa]	배합강도 f_{cr} [MPa]
21 미만	$f_{cn} + 7$
21 이상 35 이하	$f_{cn} + 8.5$
35 초과	$1.1f_{cn} + 5$

03 다음 그림에서 (A)의 흙(모래 및 점토)을 굴착하여 (B), (C)에 성토하고 난 후의 남은 흙의 양은 얼마인가? (단, 토량변화율은 모래에서 $C=0.8$, 점토에서 $C=0.9$이고, 모래 굴착 후 점토를 굴착한다.) [3점]

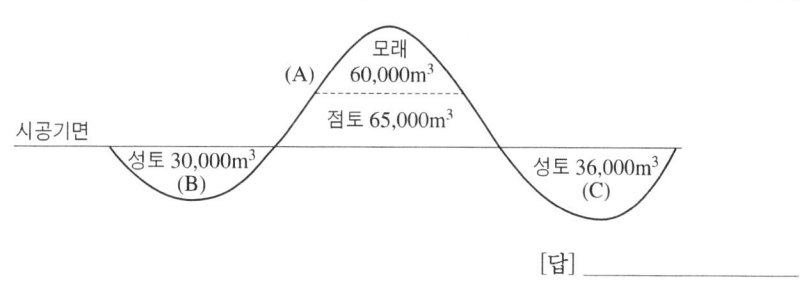

[계산과정]　　　　　　　　　　　　　　　　　　　[답] _____

해답

[계산과정]
① 성토량 $= 30,000 + 36,000 = 66,000\text{m}^3$(다짐상태)
② 모래의 성토량 $= 60,000 \times C = 60,000 \times 0.8 = 48,000\text{m}^3$(다짐상태)
③ 성토 부족량 $= 66,000 - 48,000 = 18,000\text{m}^3$(다짐상태)
④ 남는 점토량 $= 65,000 - 18,000 \times \dfrac{1}{C} = 65,000 - 18,000 \times \dfrac{1}{0.9}$
　　　　　　 $= 45,000\text{m}^3$(본바닥 토량)

[답] 45,000m³(본바닥 토량)

04 하천토공을 위한 횡단측량 결과가 다음 그림과 같다. Simpson 제1법칙에 의한 횡단면적을 구하시오. (단, 그림의 수치단위는 m이다.) [3점]

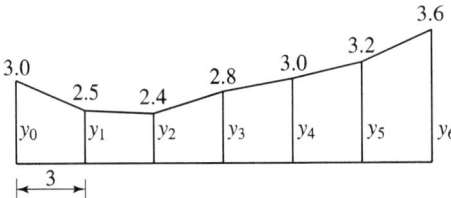

[계산과정]

[답] _____

▎해답

[계산과정]
$$A = \frac{h}{3}(y_o + 4\sum y_{홀수} + 2\sum y_{짝수} + y_n)$$
$$= \frac{3}{3}[3 + 4(2.5 + 2.8 + 3.2) + 2(2.4 + 3) + 3.6] = 51.4\mathrm{m}^2$$

[답] $51.4\mathrm{m}^2$

---

05 차량이 곡선부를 주행할 때 원심력으로 인하여 곡선부 바깥쪽으로 미끄러지거나 전도할 위험이 있으므로 최소곡선반경을 산정하여 차량이 안전하고 쾌적하게 주행할 수 있도록 하고 있다. 다음의 주어진 값을 적용하여 최소곡선반경(R)을 구하시오. [3점]

[조건] 설계속도 : 100km/hr, 횡방향 미끄럼 마찰계수(f) : 0.11, 편구배(i) : 6%

[계산과정]

[답] _____

▎해답

[계산과정] $R = \dfrac{v^2}{127(f+i)} = \dfrac{100^2}{127 \times (0.11 + 0.06)} = 463.18\mathrm{m}$

[답] 463.18m

20③, 16②, 11②, 09③, 08①, 02①

06 다음과 같은 모양의 중력식 옹벽을 설치하려고 한다. 흙의 단위중량 $\gamma_t=$ 17.5kN/m³, 내부마찰각 $\phi=31°$, 점착력 $c=0$, 콘크리트의 단위중량 $\gamma_c=$ 24kN/m³일 때 옹벽의 전도(over turning)에 대한 안전율을 Rankine의 식을 이용하여 계산하시오. (단, 옹벽 전면에 작용하는 수동토압은 무시한다.) [3점]

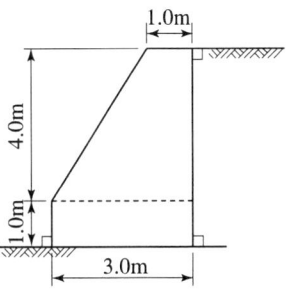

[계산과정]

[답] _____

해답

[계산과정]

① 주동토압

$$P_A = \frac{1}{2} \cdot r \cdot H^2 \cdot K_A = \frac{1}{2} \cdot r \cdot H^2 \cdot \tan^2\left(45° - \frac{\phi}{2}\right)$$

$$= \frac{1}{2} \times 17.5 \times 5^2 \times \tan^2\left(45° - \frac{31°}{2}\right) = 70.02 \text{kN/m}$$

② 옹벽의 자중

㉠ $W_1 = \frac{1}{2} \times 2 \times 4 \times 24 = 96 \text{ kN/m}$

㉡ $W_2 = 1 \times 4 \times 24 = 96 \text{ kN/m}$

㉢ $W_3 = 3 \times 1 \times 24 = 72 \text{ kN/m}$

③ 전도 안전율

$$F_s = \frac{M_r}{M_t} = \frac{W_1 \cdot b_1 + W_2 \cdot b_2 + W_3 \cdot b_3}{P_A \cdot y} = \frac{96 \times \left(2 \times \frac{2}{3}\right) + 96 \times \left(2 + \frac{1}{2}\right) + 72 \times \frac{3}{2}}{70.02 \times \frac{5}{3}}$$

$$= 4.08$$

[답] 4.08

07 NATM 공법을 이용한 터널시공시 보조공법에 대해 물음에 답하시오. [6점]

가. 터널의 막장 안정을 위한 공법을 3가지만 쓰시오.

① _____ ② _____ ③ _____

나. 지하수 처리를 위한 대책공법 3가지만 쓰시오.

① _____ ② _____ ③ _____

[답] 가. ① 록 볼트 ② 숏크리트 ③ 마이크로 파일(Micro Pile, Root Pile)
나. ① 웰 포인트 ② 물빼기 시추 ③ 압기 공법

참고하세요

1. 터널의 보조공법
   (1) 막장 안정을 위한 보조공법
      ① 록 볼트(Rock Bolt)
      ② 숏크리트(Face Shotcrete)
      ③ 마이크로 파일(Micro Pile, Root Pile)
      ④ 주입공법(Grouting)에 의한 지반보강
      ⑤ Ring Cut(Core 형성)
      ⑥ 강관보강형 주입공사
   (2) 천단부 안정 보조공법
      ① 훠폴링(Fore Poling, Fore Piling) 공법
      ② 미니 파이프 루프(Mini Pipe Roof) 공법
      ③ 스틸 시트(Steel Sheet) 공법
      ④ 강관보강형 다단 그라우팅 공법
      ⑤ 파이프 루프(Pipe Roof) 공법
2. 용수에 대한 대책 공법
   (1) 배수
      ① 자연배수공법
         ㉠ 펌핑(Pumping)
         ㉡ 심정공법(Deep Well)
         ㉢ 물빼기 갱(수발 갱)
         ㉣ 물빼기 시추(수발공선진 보링)
      ② 강제배수공법
         ㉠ 웰 포인트(Well Point)
         ㉡ 배큠 딥 웰(Vacuum Deep Well)
         ㉢ 전기삼투압공법(電氣滲透壓工法)
   (2) 차수
      ① 주입 공법
      ② 압기 공법
      ③ 동결 공법

08 아래 그림과 같이 지표면에 100kN의 집중하중이 작용할 때 다음 물음에 답하시오. (단, 소수점 이하 넷째자리에서 반올림하시오.) [4점]

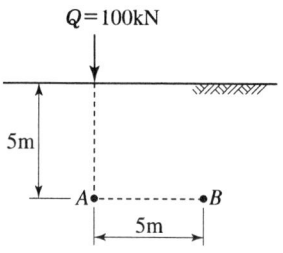

가. A점에서의 연직응력의 증가량을 구하시오.
   [계산과정]

   [답] _____

가. B점에서의 연직응력의 증가량을 구하시오.
   [계산과정]

   [답] _____

해답

가. A점에서의 연직응력의 증가량
   [계산과정]
   A점은 하중작용점 바로 아래이므로
   $$\Delta \sigma_{vA} = \frac{3Q}{2\pi \cdot z^2} = \frac{3 \times 100}{2\pi \times 5^2} = 1.910 \text{kN/m}^2$$
   [답] 1.910kN/m^2

나. B점에서의 연직응력의 증가량
   [계산과정]
   ① $R = \sqrt{r^2 + z^2} = \sqrt{5^2 + 5^2} = 7.071 \text{m}$
   ② $\Delta \sigma_{vB} = \frac{3Q \cdot z^3}{2\pi \cdot R^5} = \frac{3 \times 100 \times 5^3}{2\pi \times 7.071^5} = 0.338 \text{kN/m}^2$
   [답] 0.338kN/m^2

09 다음과 같은 높이 7m인 토류벽이 있다. 토류벽 배면지반은 포화된 점성토지반 위에 사질토지반을 형성하고 있다. 이 때 토류벽에 가해지는 전 주동토압을 구하시오.(단, 지하수위는 점성토지반 상부에 위치하며, 벽마찰각은 무시한다.)

[3점]

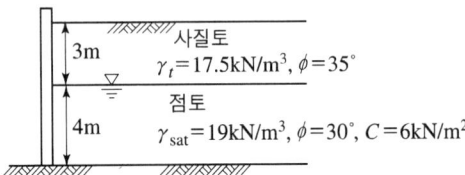

[계산과정]

[답]

해답

[계산과정]

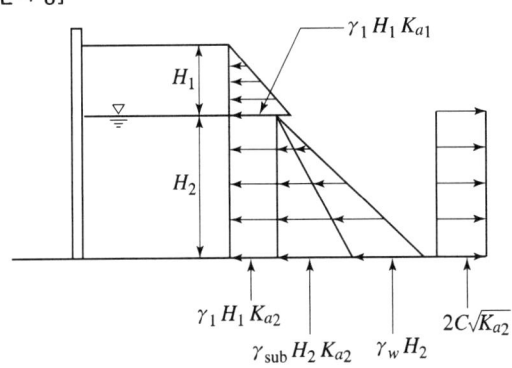

① $K_{a1} = \tan^2\left(45° - \dfrac{35°}{2}\right) = 0.271$

② $K_{a2} = \tan^2\left(45° - \dfrac{30°}{2}\right) = 0.333$

③ $P_a = \dfrac{1}{2}\gamma_t H_1^2 K_{a1} + \gamma_t H_1 K_{a2} H_2 + \dfrac{1}{2}\gamma_{sub} H_2^2 K_{a2} + \dfrac{1}{2}\gamma_\omega H_2^2 - 2CH_2\sqrt{K_{a2}}$

$= \dfrac{1}{2} \times 17.5 \times 3^2 \times 0.271 + 17.5 \times 3 \times 0.333 \times 4$

$\quad + \dfrac{1}{2} \times (19 - 9.80) \times 4^2 \times 0.333 + \dfrac{1}{2} \times 9.80 \times 4^2 - 2 \times 6 \times 4\sqrt{0.333}$

$= 166.48 \text{kN/m}$

[답] 166.48 kN/m

10 다음과 같은 공정표에서 임계공정선(CP)을 구하고, 정상공사기간과 공사비용, 정상공사기간을 4일 줄일 때 발생하는 추가비용의 최소치를 계산하시오. (단, 기간의 단위는 '일'이며 비용의 단위는 '만원'이다.) [10점]

node	공정명	정상기간	정상비용	특급기간	특급비용
0-2	A	3	15	3	15
0-4	B	5	20	4	25
2-6	D	6	36	5	43
2-8	F	8	40	6	50
4-6	E	7	49	5	65
4-10	G	9	27	7	33
6-8	H	2	10	1	15
6-10	C	2	16	1	25
10-12	K	4	28	3	38
8-12	J	3	24	3	24

가. 네트워크 공정표를 작성하고 임계공정선(CP)을 구하시오.

    ○

나. 정상공사기간과 공사비용을 구하시오.

    [계산과정]

    [답] 정상공사기간 : _____, 공사비용 : _____

나. 정상공사기간을 4일 줄일 때 발생하는 추가비용의 최소치를 구하시오.

    [계산과정]   [답] _____

해답

가. 네트워크 및 C.P

[답]

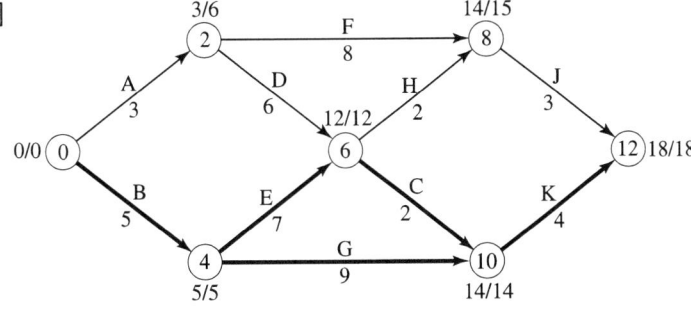

CP : B → E → C → K,
    B → G → K

나. 정상공사기간과 공사비용

[계산과정]

① 정상공사기간은 네트워크 공정표에서 18일이다.

② 공사비용은 모든 공정의 정상비용을 모두 더하면 된다.

③ 공사비용 = 15 + 20 + 36 + 40 + 49 + 27 + 10 + 16 + 28 + 24 = 265만원

[답] 정상공사기간 : 18일, 공사비용 : 265만원

다. 추가비용의 최소치

[계산과정]

① 비용경사

소요 작업	공정명	단축 가능 일수	비용 경사(만원)
0 → 2	A	3−3=0	0
0 → 4	B	5−4=1	$\dfrac{25-20}{5-4}=5$
2 → 6	D	6−5=1	$\dfrac{43-36}{6-5}=7$
2 → 8	F	8−6=2	$\dfrac{50-40}{8-6}=5$
4 → 6	E	7−5=2	$\dfrac{65-49}{7-5}=8$
4 → 10	G	9−7=2	$\dfrac{33-27}{9-7}=3$
6 → 8	H	2−1=1	$\dfrac{15-10}{2-1}=5$
6 → 10	C	2−1=1	$\dfrac{25-16}{2-1}=9$
10 → 12	K	4−3=1	$\dfrac{38-28}{4-3}=10$
8 → 12	J	3−3=0	0

② 공기 4일 단축

소요 작업	단축 가능 일수	단축 일수	비용 경사	추가비용 18일→17일	17일→16일	16일→14일	C.P
0 → 4	1	1	5만원	1×5만원 =5만원			★
10 → 12	1	1	10만원		1×10만원 =10만원		★
4 → 6	2	2	8만원			2×8만원 =16만원	★
4 → 10	2	2	3만원			2×3만원 =6만원	★

③ 추가비용의 최소치 = 5 + 10 + 16 + 6 = 37만원

[답] 37만원

11 1.5m×1.5m의 크기인 정방형 기초가 마찰각 $\phi=20°$, 점착력 $C=15.5\text{kN/m}^2$인 지반에 위치해 있다. 흙의 단위중량 $\gamma=18.2\text{kN/m}^3$이고, 안전율이 3일 때, 기초 상의 허용 전하중을 결정하시오. (단, 기초깊이는 1m이고, 전반전단파괴가 일어난다고 가정하고, $N_c=17.7$, $N_q=7.4$, $N_r=5$이다.) [3점]

[계산과정] [답] _____

해답

[계산과정]

① 극한지지력

$$q_u = \alpha CN_c + \beta\gamma_1 BN_r + \gamma_2 D_f N_q$$
$$= 1.3 \times 15.5 \times 17.7 + 0.4 \times 18.2 \times 1.5 \times 5 + 18.2 \times 1 \times 7.4$$
$$= 545.94\text{kN/m}^2$$

② 허용지지력

$$q_a = \frac{q_u}{F_s} = \frac{q_u}{3} = \frac{545.94}{3} = 181.98\,\text{kN/m}^2$$

③ 허용 전 하중

$$Q_a = q_a A = 181.98 \times 1.5 \times 1.5 = 409.46\text{kN}$$

[답] 409.46kN

---

12 불도저를 이용한 작업에서 운반거리(l)가 60m, 전진속도(V_1) 2.4km/hr, 후진속도(V_2) 3.0km/hr, 기어변속시간 18초, 굴착압토량(q)은 3.0m³, 토량변화율(L)은 1.25, 작업효율(E)은 0.8일 때 1시간당 작업량(Q)은 자연상태로 얼마인가? [3점]

[계산과정] [답] _____

해답

[계산과정]

① $C_m = \dfrac{l}{V_1} + \dfrac{l}{V_2} + t_g = \dfrac{60}{\frac{2400}{60}} + \dfrac{60}{\frac{3000}{60}} + \dfrac{18}{60} = 3분$

② $Q = \dfrac{60 \cdot q \cdot f \cdot E}{C_m} = \dfrac{60 \cdot q \cdot \frac{1}{L} \cdot E}{C_m} = \dfrac{60 \times 3 \times \frac{1}{1.25} \times 0.8}{3} = 38.4\text{m}^3/\text{hr}$

[답] 38.4m³/h

20③, 15①, 11④

13 유수(流水)의 흐름방향과 유속을 제어하여 하안, 제방의 침식현상을 방지하기 위해 호안이나 하안 전면부에 설치하는 구조물을 무엇이라 하는가? [2점]

○ _____

해답

[답] 수제

참고하세요

수제(spur, dike groin)
물이 흐르는 방향과 유속 등을 제어하기 위하여 호안 또는 하안 전면부에 설치하는 구조물을 말하며, 수제의 규모, 형식 및 배치는 수리적으로 안정되고 물이 충분히 흘러다닐 수 있도록 계획하여야 한다.

20①③, 16②

14 매스콘크리트에서는 구조물에 필요한 기능 및 품질을 손상시키지 않도록 온도균열을 제어하기 위한 적절한 조치를 강구해야 한다. 온도 균열을 억제하기 위한 방법을 3가지만 쓰시오. [3점]

① _____ ② _____ ③ _____

해답

[답] ① 온도저하 또는 제어방법(Pre-cooling 또는 Pipe cooling)
② 팽창 콘크리트의 사용에 의한 균열 방지방법
③ 온도 제어 철근의 배치에 의한 방법

참고하세요

매스 콘크리트의 온도균열 제어방법
① 온도저하 또는 제어방법
 ㉠ 콘크리트의 프리쿨링(Pre-cooling) : 콘크리트의 선행냉각
  콘크리트에 사용되는 재료의 일부 또는 전부를 냉각시켜 콘크리트의 온도를 낮추는 방법이다.
 ㉡ 콘크리트의 파이프 쿨링(Pipe cooling) : 콘크리트의 관로식 냉각
  매스 콘크리트의 시공에서 콘크리트를 타설한 후 콘크리트의 온도를 제어하기 위해 미리 콘크리트 속에 묻은 파이프 내부에 냉수 또는 공기를 보내 콘크리트를 냉각하는 방법이다.
② 팽창 콘크리트의 사용에 의한 균열 방지방법
③ 온도 제어 철근의 배치에 의한 방법

20③, 15②, 08④, 02③, 97③, 96③, 92④

15 다음 히빙(heaving)현상에 대한 물음에 답하시오. [6점]

가. 그림과 같은 말뚝 하단의 활동면에 대한 히빙현상에 대한 안전율을 구하시오.

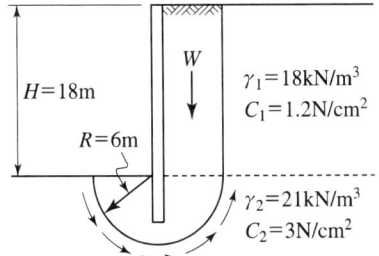

[계산과정]

[답] _____

나. 히빙(heaving)이 발생할 우려가 있는 지반의 방지대책을 3가지만 쓰시오.
① _____ ② _____ ③ _____

해답

가. 히빙현상에 대한 안전율

[계산과정]

① heaving을 일으키는 회전모멘트

$$M_d = (\gamma_1 HR)\frac{R}{2} = (18 \times 18 \times 6) \times \frac{6}{2} = 5,832 \text{kN} \cdot \text{m}$$

② heaving에 저항하는 회전모멘트

$$M_r = c_1 HR + c_2 \pi R^2 = 12 \times 18 \times 6 + 30 \times \pi \times 6^2 = 4,688.92 \text{kN} \cdot \text{m}$$

$c_1 = 1.2 \text{N/cm}^2 = 12 \text{kN/m}^2$

$c_2 = 3 \text{N/cm}^2 = 30 \text{kN/m}^2$

③ 안전율

$$F_s = \frac{M_r}{M_d} = \frac{4,688.92}{5,832} = 0.80 < 1.2$$

∴ heaving의 우려가 있다.

[답] 0.80

나. [답] ① 흙막이의 근입깊이를 깊게 한다.
② 표토를 제거하여 하중을 적게 한다.
③ 굴착저면에 하중을 가한다.

참고하세요

히빙(Heaving) 방지대책
① 흙막이의 근입깊이를 깊게 한다. ② 표토를 제거하여 하중을 적게 한다.
③ 굴착저면에 하중을 가한다. ④ 지반개량을 한다.

16 교량의 교대에 많이 사용되는 구조형식을 5가지만 쓰시오. [3점]

① _____ ② _____ ③ _____ ④ _____ ⑤ _____

[답] ① 중력식 ② 반중력식 ③ 역T형식 ④ 부벽식 ⑤ 라멘식

17 댐의 기초암반을 침투하는 물을 방지하기 위하여 지수의 목적으로 댐의 축방향 기초 상류부에 병풍모양으로 시멘트용액 또는 벤토나이트와 점토의 혼합용액을 주입하는 공법을 쓰시오. [2점]

○ _____

[답] 커튼 그라우팅(curtain grouting)

18 다음에 답하시오. [6점]

가. 사운딩의 정의에 대해 간단히 설명하시오.

○ _____

나. 정적사운딩의 종류 3가지를 쓰시오.

① _____ ② _____ ③ _____

가. 사운딩의 정의

[답] 사운딩은 Rod 선단에 설치한 저항체를 땅 속에 삽입하여 관입, 회전, 인발 등의 저항치로부터 지반의 특성을 파악하는 지반 조사방법인 원위치시험이다.

나. 정적사운딩의 종류

[답] ① 휴대용 원추관입시험
② 베인시험
③ 이스키 미터

참고하세요

정적사운딩의 종류로는 화란식 원추관입시험과 스웨덴식 관입시험이 더 있다.

19 주어진 도면 및 조건에 따라 다음 물량을 산출하시오 (단, 주어진 도면의 치수는 축척에 맞지 않을 수 있으며, 주어진 치수로만 물량을 산출할 것) [18점]

20③, 18①, 15①, 12②, 08①, 03①

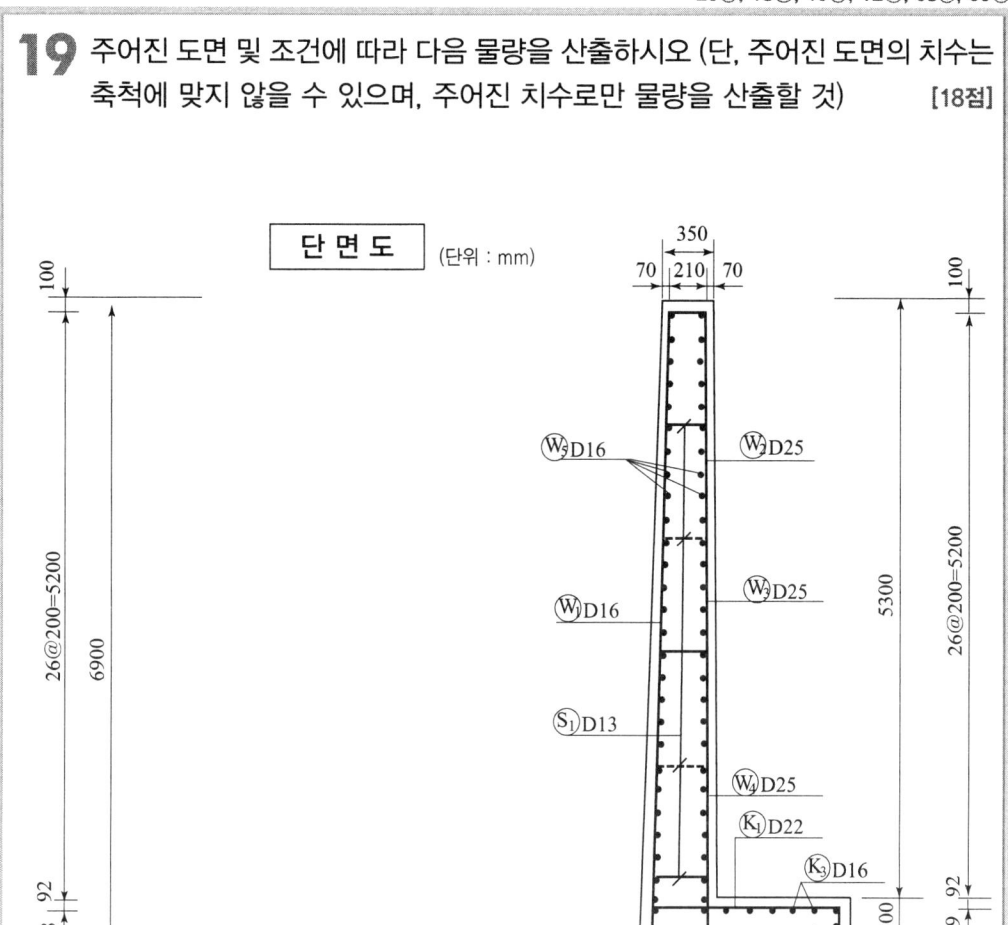

단면도 (단위 : mm)

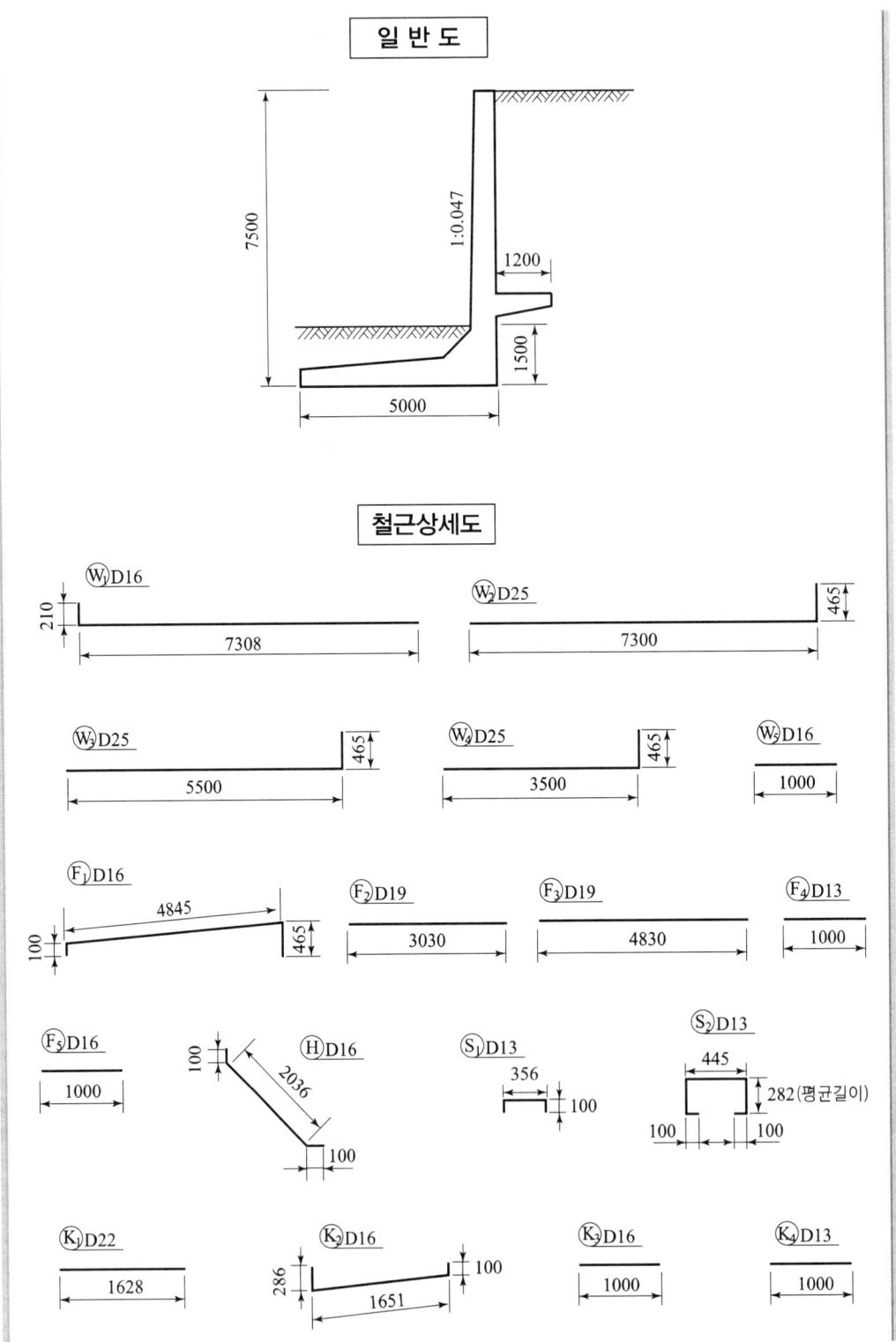

[조건]
① W_1, W_4, H, K_1, K_2, K_3, K_4, F_1, F_2, F_3 철근은 각각 200mm 간격으로 배근한다.
② W_2, W_3 철근은 각각 400mm 간격으로 배근한다.
③ S_1, S_2 철근은 건너서(지그재그) 배근한다.
④ 물량 산출에서의 할증률 및 양측 마구리면과 상면 노출부는 무시한다.
⑤ 철근 길이 계산에서 상세도에 표시되어 있지 않은 이음길이는 계산하지 않는다.
⑥ mm 단위 이하는 반올림하여 mm까지 구한다.

가. 길이 1m에 대한 콘크리트량을 구하시오.(단, 소수 4째자리에서 반올림)

[계산과정]   [답] _____

나. 길이 1m에 대한 거푸집량을 구하시오.(단, 소수 4째자리에서 반올림)

[계산과정]   [답] _____

다. 길이 1m에 대한 철근량 산출을 위한 철근물량표를 완성하시오.

기호	직경	길이(mm)	수량	총길이(mm)	기호	직경	길이(mm)	수량	총길이(mm)
W_2					F_4				
W_5					S_1				
H					S_2				

해답

가. 콘크리트량

[계산과정]

① $A = \left(\dfrac{0.35+0.65}{2} \times 6.4\right) \times 1$
   $= 3.200 \text{m}^3$

② $B = \left(\dfrac{0.30+0.50}{2} \times 1.2\right) \times 1$
   $= 0.480 \text{m}^3$

③ $C = \left(\dfrac{0.65+1.150}{2} \times 0.50\right) \times 1$
   $= 0.450 \text{m}^3$

④ $D = (1.150 \times 0.60) \times 1 = 0.690 \text{m}^3$

⑤ $E = \left(\dfrac{0.30+0.60}{2} \times 3.850\right) \times 1$
   $= 1.733 \text{m}^3$

⑥ $\sum V = 3.200 + 0.480 + 0.450 + 0.690 + 1.733$
   $= 6.553 \text{m}^3$

[답] 6.553m^3

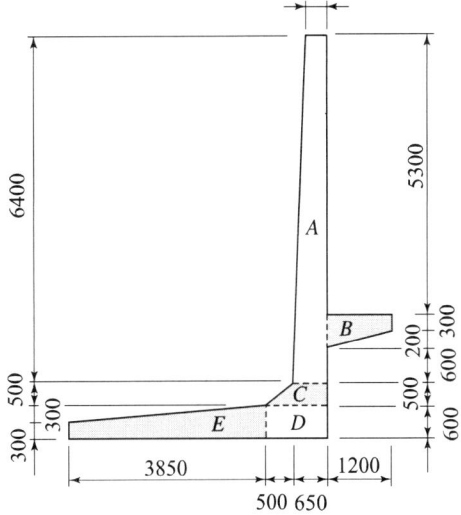

나. 거푸집량

[계산과정]

① $x = 0.047 \times 6.4 = 0.3008\text{m}$

② $A = 0.30 \times 1 = 0.300\text{m}^2$

③ $B = 1.700 \times 1 = 1.70\text{m}^2$

④ $C = \sqrt{0.50^2 + 0.50^2} \times 1 = 0.707\text{m}^2$

⑤ $D = \sqrt{1.20^2 + 0.20^2} \times 1 = 1.217\text{m}^2$

⑥ $E = 0.30 \times 1 = 0.30\text{m}^2$

⑦ $F = \sqrt{6.4^2 + 0.3008^2} \times 1 = 6.407\text{m}^2$

⑧ $G = 5.30 \times 1 = 5.30\text{m}^2$

⑨ $\sum A = 0.300 + 1.700 + 0.707 + 1.217$
$\qquad + 0.300 + 6.407 + 5.300$
$\qquad = 15.931\text{m}^2$

[답] 15.93m^2

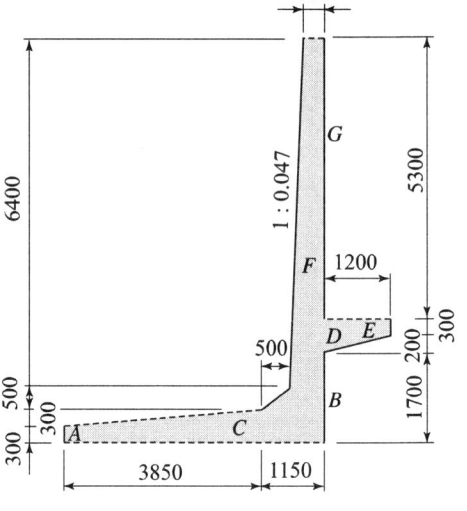

다. 철근물량표

[계산과정]

① 철근 길이

㉠ W_2철근 길이 $= 7,300 + 465 = 7,765\text{mm}$

㉡ W_5철근 길이 $= 1,000\text{mm}$

㉢ H철근 길이 $= 100 \times 2 + 2,036 = 2,236\text{mm}$

㉣ F_4철근 길이 $= 1,000\text{mm}$

㉤ S_1철근 길이 $= 356 + 100 \times 2 = 556\text{mm}$

㉥ S_2철근 길이 $= (100 + 282) \times 2 + 445 = 1,209\text{mm}$

② 철근 수량

㉠ W_2철근 수량 $= \dfrac{\text{총길이}}{\text{철근 간격}} = \dfrac{1,000}{400} = 2.5\text{본}$

㉡ W_5철근 수량 $=$ 단면도 벽체 전후면에서 세면 $= 68\text{본}$

㉢ H철근 수량 $= \dfrac{\text{총길이}}{\text{철근 간격}} = \dfrac{1,000}{200} = 5\text{본}$

㉣ F_4철근 수량 $=$ 단면도 저판 상부에서 세면 $= 24\text{본}$

㉤ S_1철근 수량 $= \dfrac{\text{옹벽 길이}}{W_1\text{의 간격} \times 2} \times$ 단면도에서 S_1줄수 $= \dfrac{1,000}{200 \times 2} \times 5 = 12.5\text{본}$

㉥ S_2철근 수량 $= \dfrac{\text{옹벽 길이}}{F_1\text{의 간격} \times 2} \times$ 단면도에서 S_2줄수 $= \dfrac{1,000}{400 \times 2} \times 10 = 12.5\text{본}$

③ 총길이는 각 철근의 길이에 각 철근의 수량을 곱하여 구한다.

[답]

기호	직경	길이(mm)	수량	총길이(mm)	기호	직경	길이(mm)	수량	총길이(mm)
W_2	D25	7,765	2.5	19,413	F_4	D13	1,000	24	24,000
W_5	D16	1,000	68	68,000	S_1	D13	556	12.5	6,950
H	D16	2,236	5	11,180	S_2	D13	1,209	12.5	15,113

20 흙의 동결을 방지하는 방법을 3가지만 쓰시오. [3점]

① _____ ② _____ ③ _____

해답

[답] ① 치환공법   ② 안정처리공법   ③ 단열공법

참고하세요

동상(동결)방지대책 공법
① **치환공법** : 동결되지 않는 흙으로 바꾸는 공법
② **안정처리공법** : 화학약액으로 처리하는 공법
③ **단열공법** : 흙 속에 단열재료를 매입하는 공법
④ **차단공법** : 지하수위 상층에 조립토층을 설치하는 공법
⑤ **지하수위 저하공법** : 배수구 설치로 지하수위를 저하시키는 공법

21 현장타설콘크리트 말뚝에서 기계적인 굴착방법 3가지를 쓰시오. [3점]

① _____ ② _____ ③ _____

해답

[답] ① Reverse circulation drill 공법(RCD 공법 : 역순환공법)
    ② Benoto 공법
    ③ Calwelde 공법(Earth drill 공법)

참고하세요

피어 공법(현장타설 말뚝공법)
(1) 인력 굴착
   ① Chicago 공법
   ② Gow 공법
(2) 기계 굴착
   ① Reverse circulation drill 공법(RCD 공법 : 역순환공법)
   ② Benoto 공법
   ③ Calwelde 공법(Earth drill 공법)

20③, 18①, 13④, 11②, 07②, 05②, 02④, 94④, 91②

22 Sand drain을 연약지반에 타설하는 방법을 3가지만 쓰시오. [3점]

① _____ ② _____ ③ _____

해답

[답] ① 압축공기식 케이싱법　② water jet 케이싱법
　　③ earth auger법　　　　④ rotary boring법(rotary drilling)
　　⑤ mandrel법

20③

23 $\bar{x}$-R관리도는 표준값이 정해져 있는 관리용 관리도의 경우와 표준값이 정해져 있지 않은 해석용 관리도의 경우로 나누어 설명될 수 있다. 이 때 $\bar{x}$-R관리도를 작성하는 기준 2가지를 쓰시오. [4점]

① _____ ② _____

해답

[답] ① 중심선　② 관리한계선

참고하세요

① $\bar{x}$ 관리도의 관리한계선
　㉠ 중심선 $CL = \bar{x}$
　㉡ 상한 관리한계 $UCL = \bar{x} + A_2 \cdot R$
　㉢ 하한 관리한계 $LCL = \bar{x} - A_2 \cdot R$ (A_2 : 각 조의 측정값의 수에 따라 정하는 계수)

② R 관리도의 관리 한계선
　㉠ 중심선 $CL = \bar{x}$
　㉡ 상한 관리한계 $UCL = D_4 \cdot \bar{R}$
　㉢ 하한 관리한계 $LCL = D_3 \cdot \bar{R}$ (D_3, D_4 : 각 조의 측정값의 수에 따라 정하는 계수)

국가기술자격검정 실기시험문제

2020년도 기사 일반검정(제4회) (2020-11-15)

자격종목 및 등급(선택분야)	종목코드	시험시간	형별
토목기사		3시간	A

※ 다음 물음의 답을 해당 답란에 답하시오.(배점)

20④, 85③

01
다져진 상태의 토량 18,900m³을 성토하는 데 흐트러진 상태의 토량 15,000m³이 있다. 이 때 부족토량은 자연상태의 토량으로 얼마인가? (단, 흙은 사질토이고 토량의 변화율은 $L=1.25$, $C=0.90$이다.) [3점]

[계산과정] [답]

해답

[계산과정]

① 다짐토량 $= 18,900 \text{m}^3 (\text{다짐상태}) \times \dfrac{1.25}{0.90} = 26,250 \text{m}^3 (\text{흐트러진 상태})$

② 유용토량 $= 15,000 \text{m}^3 (\text{흐트러진상태})$

③ 성토 부족량 $= (26,250 - 15,000) \times \dfrac{1}{1.25} = 9,000 \text{m}^3 (\text{자연상태})$

[답] 9,000m³

20④

02
교대 뒤쪽에 설치하는 답괘판(approach slab)을 설치하는 목적을 쓰시오. [3점]

○ _____

해답

[답] 교대 구조물과 뒷채움 사이의 단차, 즉 부등침하를 방지하기 위해서 설치한다.

참고하세요

답괘판(Approach Slab)
교대 구조물이나 박스암거와 같은 구조물과 뒷채움 사이의 단차, 즉 부등침하를 방지하기 위해서 설치(부등침하로 인한 단차 발생 방지)

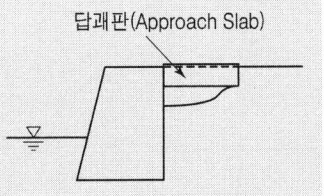

20④, 15④

03 어떤 사질 기초지반의 평판 재하실험 결과 항복강도가 600kN/m², 극한강도 1,000kN/m²이었다. 그리고 그 기초는 지표에서 1.5m 깊이에 설치된 것이고 그 기초지반의 단위중량이 18kN/m³일 때, 이때의 지지력계수 N_q=5이었다. 이 기초의 장기 허용지지력을 구하시오. [3점]

[계산과정]   [답] _____

해답

[계산과정]

① 실험허용지지력

㉠ $q_t = \dfrac{f_y}{2} = \dfrac{600}{2} = 300\,\text{kN/m}^2$

㉡ $q_t = \dfrac{S_u}{3} = \dfrac{1{,}000}{3} = 333.33\,\text{kN/m}^2$

㉢ 둘 중 작은 값인 300 kN/m²이 실험허용지지력이다.

② 장기허용지지력

$q_a = q_t + \dfrac{1}{3}rD_fN_q = 300 + \dfrac{1}{3} \times 18 \times 1.5 \times 5 = 345\,\text{kN/m}^2$

[답] 345 kN/m²

20④, 17①, 11④, 05④, 03①, 97①, 94①

04 도로토공을 위한 횡단측량 결과 다음 그림과 같은 결과를 얻었다. Simpson 제2 법칙에 의한 횡단면적은? (단위 : m) [3점]

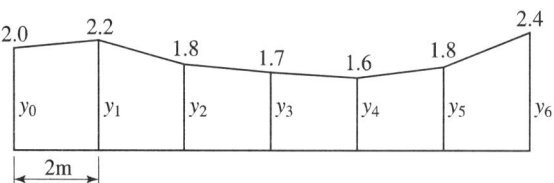

[계산과정]   [답] _____

해답

[계산과정]

$A = \dfrac{3d}{8}[y_0 + y_6 + 2(y_3) + 3(y_1 + y_2 + y_4 + y_5)]$

$= \dfrac{3 \times 2}{8} \times [2.0 + 2.4 + 2 \times 1.7 + 3 \times (2.2 + 1.8 + 1.6 + 1.8)] = 22.5\,\text{m}^2$

[답] 22.5 m²

20④, 16④

05 굵은골재 최대치수 20mm, 단위수량 140kg, 물-시멘트비 50%, 슬럼프 80mm, 잔골재율 42%, 잔골재 표건밀도 2.60g/cm³, 굵은골재 표건밀도 2.65g/cm³, 시멘트 밀도 3.16g/cm³, 공기량 4.5%일 때 콘크리트 1m³에 소요되는 잔골재량, 굵은골재량을 구하시오. [3점]

[계산과정]

[답] 잔골재량 : _____ , 굵은골재량 : _____

해답

[계산과정]

① 단위시멘트량

$W/C = 0.5$에서 $C = \dfrac{W}{0.5} = \dfrac{140}{0.5} = 280\text{kg/m}^3$

② 단위 골재량의 절대부피

단위 골재량의 절대부피 $= 1 - \left(\dfrac{\text{단위 수량}}{1000} + \dfrac{\text{단위 시멘트량}}{\text{시멘트의 비중} \times 1000} + \dfrac{\text{공기량}}{100} \right)$

$= 1 - \left(\dfrac{140}{1000} + \dfrac{280}{3.16 \times 1000} + \dfrac{4.5}{100} \right)$

$= 0.7264 \text{m}^3$

③ 단위 잔골재량의 절대부피 = 단위 골재량의 절대부피 × 잔골재율

$= 0.7264 \times 0.42$

$= 0.305 \text{m}^3$

④ 단위 굵은 골재량의 절대부피 = 단위 골재량의 절대부피 − 단위 잔골재량의 절대부피

$= 0.7264 - 0.305$

$= 0.4214 \text{m}^3$

⑤ 단위 잔골재량 = 단위 잔골재량의 절대부피 × 잔골재의 비중 × 1000

$= 0.305 \times 2.60 \times 1000$

$= 793 \text{kg/m}^3$

⑥ 단위 굵은 골재량 = 단위 굵은 골재량의 절대부피 × 굵은 골재의 비중 × 1000

$= 0.4214 \times 2.65 \times 1000$

$= 1{,}116.71 \text{kg/m}^3$

[답] 잔골재량 793kg/m^3
  굵은골재량 $1{,}116.71 \text{kg/m}^3$

06 장대교량에 사용되는 사장교는 주부재인 케이블의 교축방향 배치방식에 따라 3가지를 쓰고 예와 같이 그림을 그리시오. [6점]

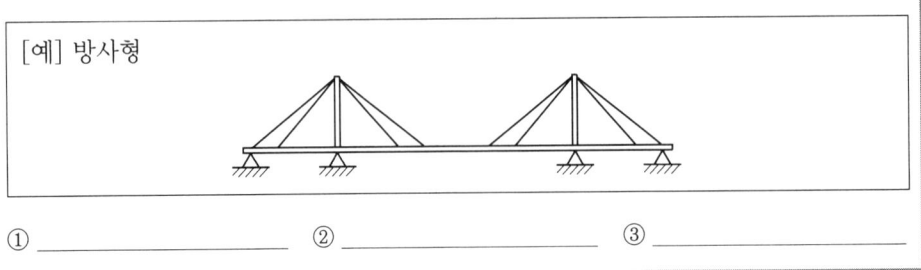

① _____ ② _____ ③ _____

해답

[답] ① 부채형(fan type)

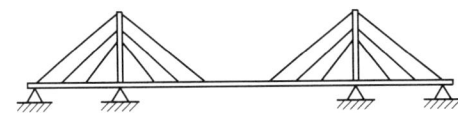

② 스타형(star type)

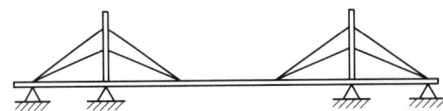

③ 하프형(harp type)

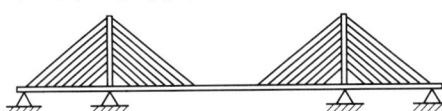

참고하세요

주부재인 케이블의 교축방향 배치방식에 따른 사장교의 종류
① 부채형(fan type)

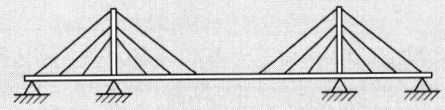

② 스타형(star type)

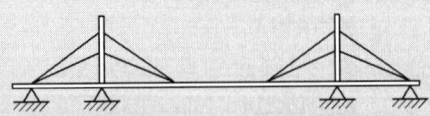

③ 하프형(harp type)

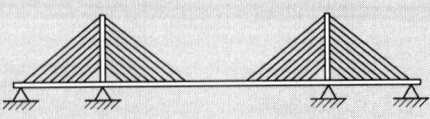

④ 방사형(radial type)

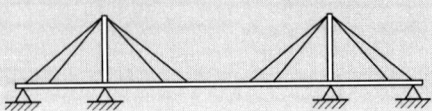

20④, 09④, 01③, 01②, 97③, 96①, 94①

07 시멘트 콘크리트 포장공법 중 단위수량이 적은 낮은 슬럼프(slump)의 된비빔 콘크리트를 토공에서와 같이 다져서 시공하는 공법으로 건조수축이 작고 줄눈간격을 줄일 수 있으며, 공기단축이 가능한 반면에 포장표면의 평탄성이 결여되는 단점이 있는 포장공법은? [2점]

○ _____

해답

[답] 롤러 전압 콘크리트 포장(RCCP ; Roller Concrete Compacted Pavement) 공법

참고하세요

롤러 전압 콘크리트 포장(RCCP ; Roller Concrete Compacted Pavement) 공법
캐나다에서 최초로 개발하여 실용화되고 있는 포장 공법으로 낮은 슬럼프의 된비빔 콘크리트를 타설한 후 다짐기계로 다지는 공법을 말한다.

20④, 08②

08 다음과 같은 작업 리스트가 있다. 아래 물음에 답하시오. [10점]

작업명	node	작업일수	TE		TL		TF
			EST	EFT	LST	LFT	
A	①→②	3					
B	②→③	3					
C	②→④	4					
D	②→⑤	5					
E	③→⑥	4					
F	④→⑥	6					
G	④→⑦	6					
H	⑤→⑧	7					
I	⑥→⑨	8					
J	⑦→⑨	4					
K	⑧→⑨	2					
L	⑨→⑩	2					

가. Net Work(화살선도)를 작성하고, 임계공정선(C.P)을 구하시오.

○

나. 표의 빈 칸을 채우시오.

해답

가. Net Work(화살선도) 및 임계공정선(C.P)

[답]

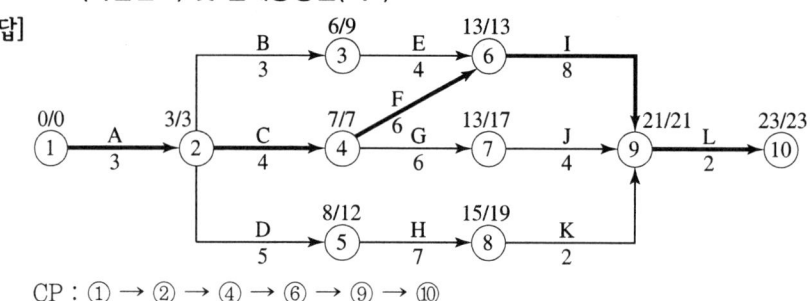

CP : ① → ② → ④ → ⑥ → ⑨ → ⑩

나. [답]

작업명	node	작업일수	TE		TL		TF
			EST	EFT	LST	LFT	
A	①→②	3	0	0+3=3	3−3=0	3	3−0−3=0
B	②→③	3	3	3+3=6	9−3=6	9	9−3−3=3
C	②→④	4	3	3+4=7	7−4=3	7	7−3−4=0
D	②→⑤	5	3	3+5=8	12−5=7	12	12−3−5=4
E	③→⑥	4	6	6+4=10	13−4=9	13	13−6−4=3
F	④→⑥	6	7	7+6=13	13−6=7	13	13−7−6=0
G	④→⑦	6	7	7+6=13	17−6=11	17	17−7−6=4
H	⑤→⑧	7	8	8+7=15	19−7=12	19	19−8−7=4
I	⑥→⑨	8	13	13+8=21	21−8=13	21	21−13−8=0
J	⑦→⑨	4	13	13+4=17	21−4=17	21	21−13−4=4
K	⑧→⑨	2	15	15+2=17	21−2=19	21	21−15−2=4
L	⑨→⑩	2	21	21+2=23	23−2=21	23	23−21−2=0

20③④, 15①, 11④

09 유수(流水)의 흐름방향과 유속을 제어하여 하안, 제방의 침식현상을 방지하기 위해 호안이나 하안 전면부에 설치하는 구조물을 무엇이라 하는가? [2점]

○ _____

해답

[답] 수제

참고하세요

수제(spur, dike groin)
물이 흐르는 방향과 유속 등을 제어하기 위하여 호안 또는 하안 전면부에 설치하는 구조물을 말하며, 수제의 규모, 형식 및 배치는 수리적으로 안정되고 물이 충분히 흘러다닐 수 있도록 계획하여야 한다.

[부록] 2020년 11월 15일 시행

20④, 18①, 13④, 89②

10 공기케이슨 공법과 비교하였을 때 오픈케이슨 공법의 시공상 단점을 3가지만 쓰시오. [3점]

① _____ ② _____ ③ _____

해답

[답] ① 기초 지반의 토질 상태를 파악하기 어렵다.
② 경사수정이 어렵다.
③ 굴착시 boiling, heaving의 우려가 있다.

20④, 85②

11 20km 구간의 도로보수작업에서 그레이더 작업을 하루(기준시간 8시간)에 완료하고자 한다. 첫 번째에는 1회 통과 2단 기어(5.4km/hr), 두 번째 2회 통과 3단 기어(9km/hr), 세 번째 2회 통과 4단 기어(13.1km/hr)로 한다면 몇 대의 그레이더가 필요한가? (단, 효율은 0.7) [3점]

[계산과정] [답] _____

해답

[계산과정]

① 평균 작업속도 $= \dfrac{1회 \times 5.4 + 2회 \times 9 + 2회 \times 13.1}{1회 + 2회 + 2회} = 9.92 \text{km/h}$

② 작업소요시간 $= \dfrac{\text{통과횟수} \times \text{작업거리}}{\text{평균작업속도} \times \text{작업효율}} = \dfrac{n \times l}{v \times E}$

$= \dfrac{5회 \times 20\text{km}}{9.92\text{km/h} \times 0.7} = 14.40$시간

③ 소요대수 $N = \dfrac{14.40\text{시간}}{8\text{시간/일}} = 1.8 ≒ 2$대

[답] 2대

참고하세요

바리논의 정리 응용

$\sum v \sum n = v_1 n_1 + v_2 n_2 + v_3 n_3$ $\sum v = \dfrac{v_1 n_1 + v_2 n_2 + v_3 n_3}{\sum n}$

20④, 15④, 10①, 04③, 92③

12 PERT 기법에 의한 공정관리기법에서 낙관시간치 2일, 정상시간치 5일, 비관시간치 8일일 때 기대시간과 분산을 구하시오. [4점]

[계산과정]

[답] 기대시간 : _____, 분산 : _____

해답

[계산과정]

① 기대시간 : $t_e = \dfrac{t_o + 4t_m + t_p}{6} = \dfrac{2 + 4 \times 5 + 8}{6} = 5$일

② 분산 : $\sigma^2 = \left(\dfrac{t_p - t_o}{6}\right)^2 = \left(\dfrac{8-2}{6}\right)^2 = 1$

[답] 기대시간 : 5일, 분산 : 1

참고하세요

$$t_e = \dfrac{t_o + 4t_m + t_p}{6}$$

여기서, t_e : 기대시간(사사오입하여 계산)
t_o : 낙관시간, t_m : 정상시간, t_p : 비관시간

20④, 16②

13 지하수위가 지표면과 일치하는 포화된 연약 점토층의 깊이 2m 지점에 폭 1.2m의 연약기초를 설치하였다. 연약점토층의 포화단위중량은 18.5kN/m³이며, 강도정수 c_u=25kN/m², ϕ_u=0일 때 극한 지지력을 구하시오. (단, 물의 단위중량 γ_w=9.81kN/m³, ϕ_u=0일 때 N_c=5.14, N_r=0, N_q=1.00이며, 전단전단파괴로 가정하며, Terzaghi공식을 사용하시오.) [3점]

[계산과정] [답] _____

해답

[계산과정]

① 기초형상계수 $\alpha = 1$, $\beta = 0.5$

② 전반전단파괴의 경우 극한 지지력

$q_u = \alpha C N_c + \beta r_1 B N_r + r_2 D_f N_q$

$= 1 \times 25 \times 5.14 + 0.5 \times (18.5 - 9.81) \times 1.2 \times 0 + (18.5 - 9.81) \times 2 \times 1$

$= 145.88 \text{ kN/m}^2$

[답] 145.88kN/m²

14. 프리스트레스트 콘크리트(PSC) 말뚝의 장점 3가지를 쓰시오. [3점]

① _____ ② _____ ③ _____

[답] ① 타입시 프리스트레스가 유효하게 작용하여 인장파괴가 일어나지 않는다.
② 타입시 균열이 생기지 않으므로 내구성이 크다.
③ 휨력을 받았을 때의 휨량이 적다.

장점
① 타입시 프리스트레스가 유효하게 작용하여 인장파괴가 일어나지 않는다.
② 타입시 균열이 생기지 않으므로 내구성이 크다.
③ 휨력을 받았을 때의 휨량이 적다.
④ 중량이 가벼워 운반, 취급이 용이하다.
⑤ 길이 조절이 용이하다.
⑥ 이음이 비교적 쉽다.

단점
① 공사비가 비싸다.
② 내화성에 있어서 불리하다.
③ 강성이 작아 변형하기 쉽다.
④ 운반 도중 응력 변화의 문제가 있다.
⑤ 단면이 작기 때문에 진동하기 쉽다.
⑥ PC 강선의 인장을 위한 별도의 시설비가 필요하다.

15. 댐 구조물이 물 속 또는 물 옆에 축조되는 경우 건조 상태의 작업(dry work)을 하기 위하여 물을 배재하는 구조물을 설치하는데 이것을 무엇이라고 하는가? [2점]

○ _____

[답] 가체절공(가물막이공, coffer dam)

가체절공(가물막이공, coffer dam)
① 댐 구조물이 물 속 또는 물 인근에 축조되는 경우 건작업(dry work)을 하기 위해 물을 배제하는 물막기 공을 가체절공(가물막이공, coffer dam)이라고 한다.
② 가물막이는 토압, 수압등의 외력에 견딜 수 있는 강도와 수밀성이 요구되는 한편, 가설 구조물로써 철거가 쉽고 경제적이어야 한다.

20①④, 19③, 15④, 12②, 09④, 07①, 06①②, 00⑤, 95④, 93③, 92③, 85③

16 토목시공에서 사용하고 있는 토목섬유의 주요기능을 4가지만 쓰시오. [3점]

① _____ ② _____ ③ _____ ④ _____

해답

[답] ① 배수기능 ② 분리기능 ③ 필터기능(여과기능) ④ 보강기능

참고하세요

토목섬유의 기능
① 배수기능   ② 분리기능   ③ 필터기능(여과기능)
④ 보강기능   ⑤ 방수기능   ⑥ 차단기능

20④, 02①, 96③

17 숏크리트 타설 시 뿜어붙일 면에 대한 사전처리작업을 3가지만 쓰시오. [3점]

① _____ ② _____ ③ _____

해답

[답] ① 작업 중 낙하할 위험이 있는 들뜬 돌, 풀, 나무 등은 제거해야 한다.
② 뿜어붙일 면에 용수가 있을 경우에는 배수파이프나 배수필터를 설치하는 등 적절한 배수처리를 하여야 한다.
③ 뿜어붙일 면이 흡수성인 경우에는 뿜어붙인 재료로부터 과도한 수분이 흡수되지않도록 미리 붙일 면에 물을 부리는 등 적절한 처리를 해야 한다.

참고하세요

뿜어붙일 면의 사전처리
① 작업 중 낙하할 위험이 있는 들뜬 돌, 풀, 나무 등은 제거해야 한다.
② 뿜어붙일 면에 용수가 있을 경우에는 배수파이프나 배수필터를 설치하는 등 적절한 배수처리를 하여야 한다.
③ 뿜어붙일 면이 흡수성인 경우에는 뿜어붙인 재료로부터 과도한 수분이 흡수되지않도록 미리 붙일 면에 물을 부리는 등 적절한 처리를 해야 한다.
④ 비탈면이 동결하였거나 빙설이 있는 경우에는 녹여서 표면의 물을 없앤 다음 뿜어붙여야 한다.
⑤ 절취면이 비교적 평활하고 넓은 벽면은 수축에 의한 균열 발생이 많으므로 세로 방향의 적당한 간격으로 신축이음을 설치해야 한다.
⑥ 숏크리트의 층간을 작업할 때 1차 숏크리트면에 부착된 이물질을 완전히 제거해야 한다.
⑦ 숏크리트에 의한 보수, 보강을 할 때는 미리 콘크리트의 손상부를 충분히 제거해야 한다.

18 주어진 도면 및 조건에 따라 다음 물량을 산출하시오. (단, 도면의 단위는 mm이다.) [18점]

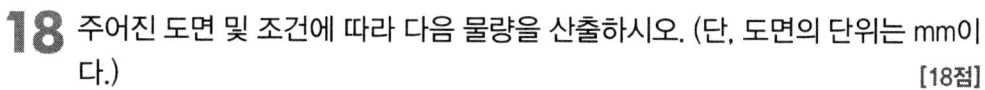

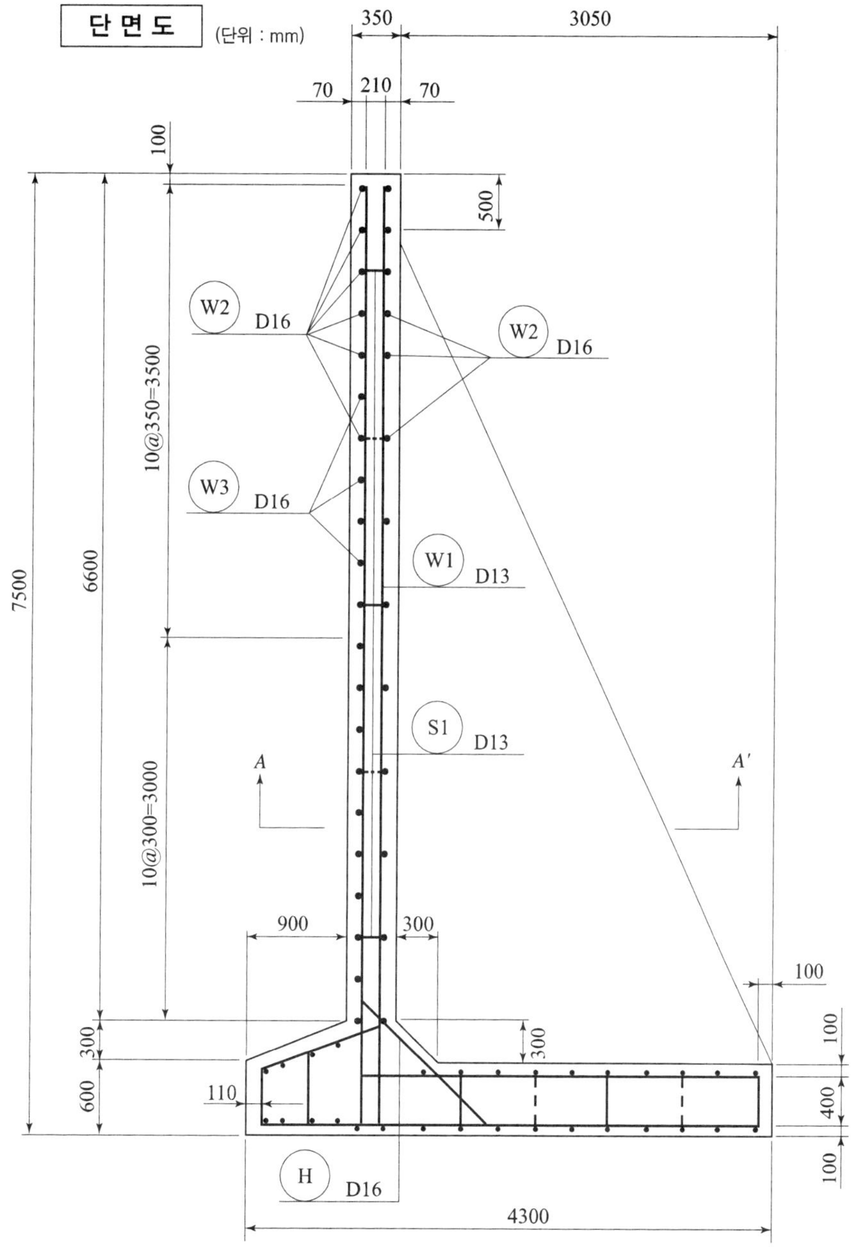

20④, 19③, 15②, 10④, 09①, 06②, 04②, 02②, 01①

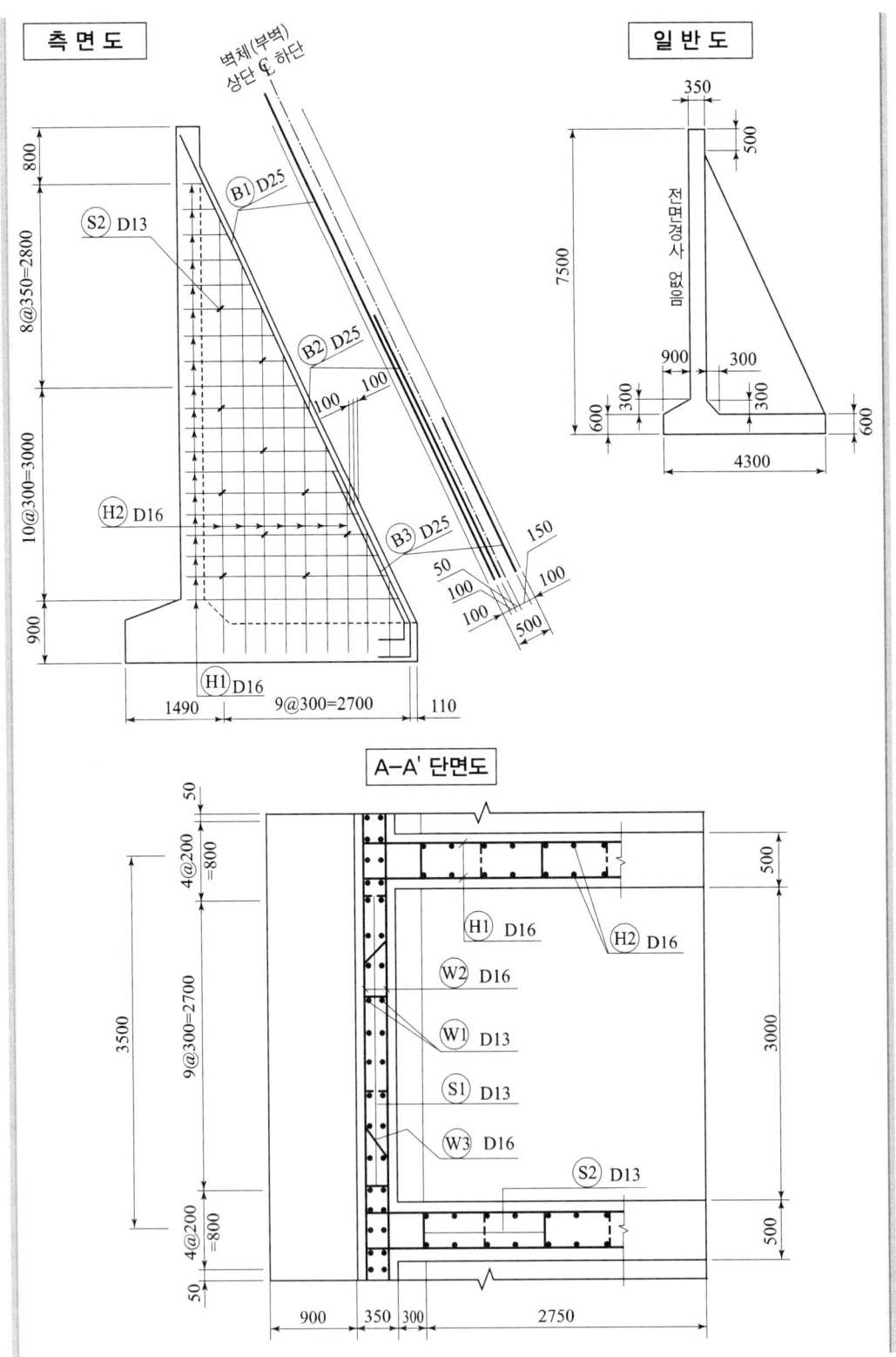

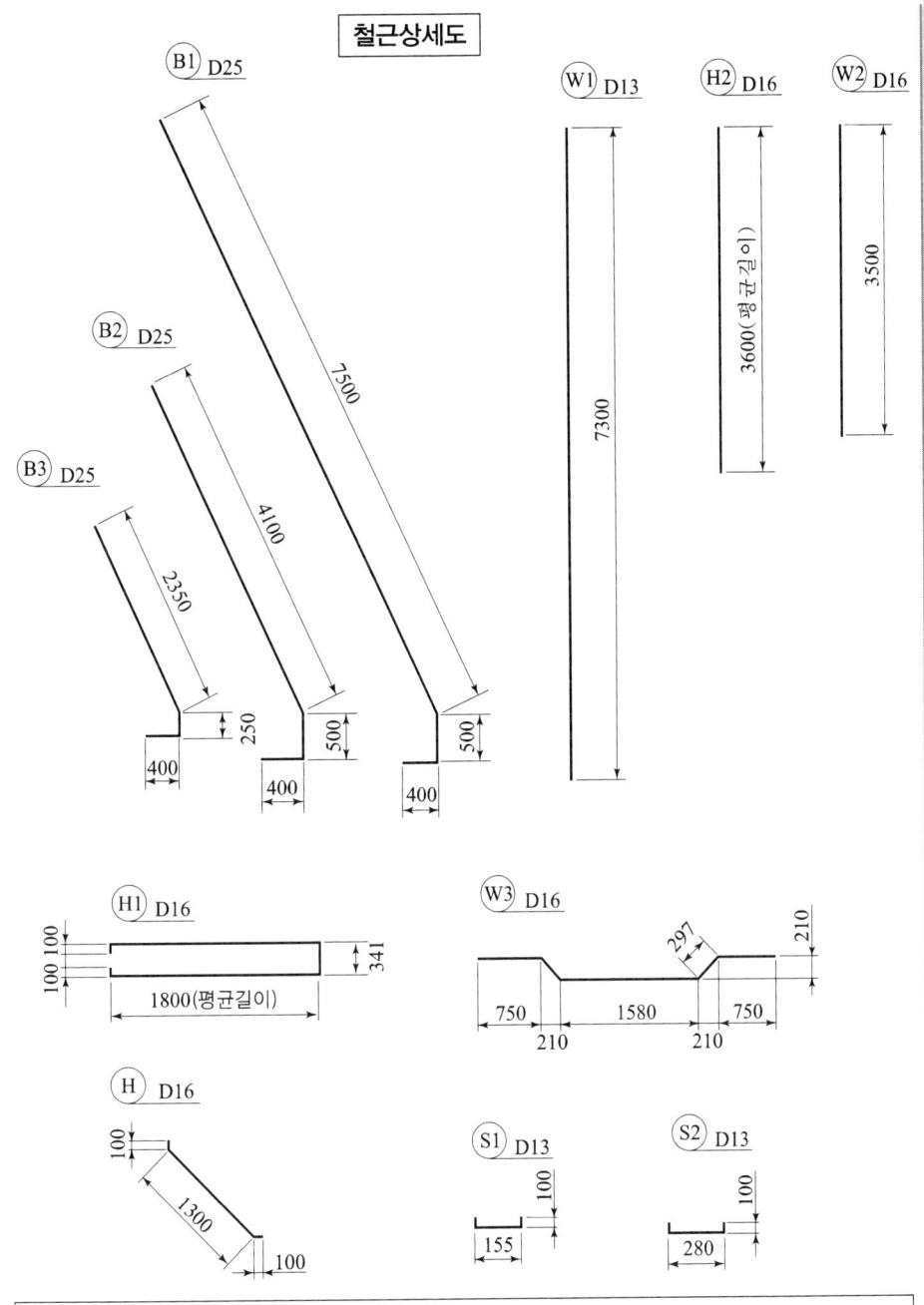

[조건] ① S₁ 철근은 지그재그로(zigzag)로 배치되어 있다.
② H 철근의 간격은 W₁ 철근과 같다.
③ 물량 산출에서의 할증률 및 마구리는 없는 것으로 한다.
④ 철근길이 계산에서 이음길이는 계산하지 않는다.
⑤ 저판의 철근량은 계산하지 않는다.

가. 부벽을 포함하는 옹벽길이 3.5m에 대한 콘크리트량을 구하시오.
(단, 소수 4째자리에서 반올림)

[계산과정]

[답] _____

나. 부벽을 포함하는 옹벽길이 3.5m에 대한 거푸집량을 구하시오.
(단, 소수 4째자리에서 반올림)

[계산과정]

[답] _____

다. 부벽을 포함하는 옹벽길이 3.5m에 대한 철근 물량표를 완성하시오.

기호	직경	길이(mm)	수량	총길이(mm)	기호	직경	길이(mm)	수량	총길이(mm)
W_1					H_1				
W_2					B_1				
W_3					S_1				

해답

가. 콘크리트량

[계산과정]

① 부벽 1개의 콘크리트량
$$= \left(\frac{6.40 \times 3.05}{2} - \frac{0.30 \times 0.30}{2}\right) \times 0.50$$
$$= 4.8575 \text{m}^3$$

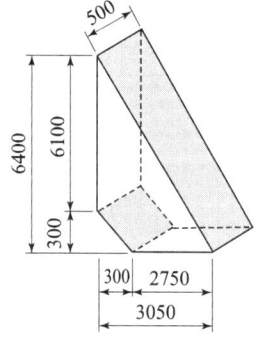

② 옹벽의 콘크리트량

㉠ 벽체 $A = (0.35 \times 6.6) \times 3.5 = 8.085 \text{m}^3$

㉡ 헌치 $B = \dfrac{0.35 + 1.55}{2} \times 0.30 \times 3.5 = 0.9975 \text{m}^3$

㉢ 저판 $C = (0.6 \times 4.30) \times 3.5 = 9.03 \text{m}^3$

③ 총 콘크리트량

$\sum V = 4.8575 + 8.085 + 0.9975 + 9.03 = 22.970 \text{m}^3$

[답] 22.970m^3

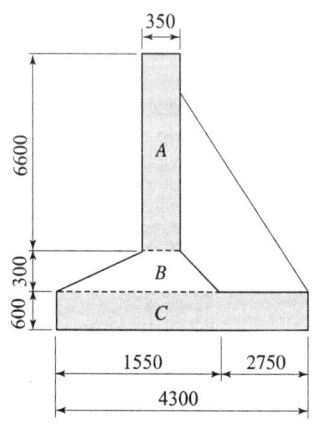

나. 거푸집량

[계산과정]

① 부벽 1개의 거푸집량

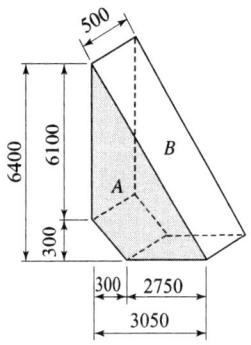

㉠ A면 $= \left(\dfrac{6.4 \times 3.05}{2} - \dfrac{0.3 \times 0.3}{2}\right) \times 2(양면)$
$= 19.430\text{m}^2$

㉡ B면 $= \sqrt{6.4^2 + 3.05^2} \times 0.50 = 3.545\text{m}^2$

㉢ $\sum A = 19.430 + 3.545 = 22.975\text{m}^2$

② 역T형 옹벽에 대한 거푸집량

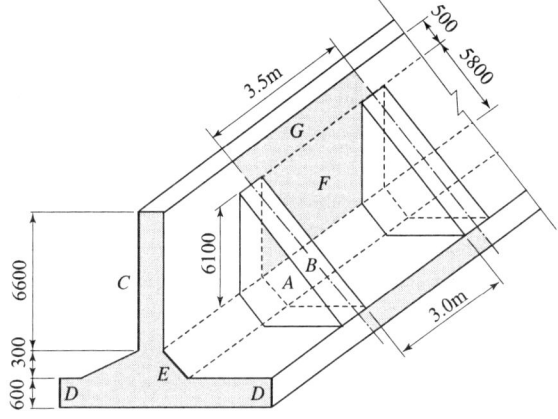

㉠ C면 $= 6.6 \times 3.5 = 23.10\text{m}^2$

㉡ D면 $= (0.6 \times 3.5) \times 2(양면) = 4.20\text{m}^2$

㉢ E면 $= \sqrt{0.3^2 + 0.3^2} \times 3.00 = 1.2728\text{m}^2$

㉣ F면 $= 6.1 \times 3.0 = 18.30\text{m}^2$

㉤ G면 $= 0.50 \times 3.5 = 1.75\text{m}^2$

③ $\sum A = 22.975 + 23.10 + 4.20 + 1.2728 + 18.30 + 1.75 = 71.598\text{m}^2$

[답] 71.598m^2

다. 철근 물량표

[계산과정]

① 철근 길이

㉠ W_1철근 길이 $= 7,300\text{mm}$

㉡ W_2철근 길이 $= 3,500\text{mm}$

㉢ W_3철근 길이 $= 750 + 297 + 1,580 + 297 + 750 = 3,674\text{mm}$

㉣ H_1철근 길이 $= 100 + 1,800 + 341 + 1,800 + 100 = 4,141\text{mm}$

㉤ B_1철근 길이 $= 7,500 + 500 + 400 = 8,400\text{mm}$

㉥ S_1철근 길이 $= 100 + 155 + 100 = 355\text{mm}$

② 철근 수량

㉠ W_1철근 수량 $= A - A'$ 단면도에서 세면 $= 26$본

ⓒ W_2철근 수량＝단면도에서 세면＝26본
ⓒ W_3철근 수량＝단면도에서 세면＝8본
ⓔ H_1철근 수량＝측면도에서 세면＝19본
ⓜ B_1철근 수량＝측면도 부벽 좌우＝2본
ⓗ S_1철근 수량＝ⓐ 단면도 실선 3, 점선 2
　　　　　　　　ⓑ $\dfrac{5줄(단면도) \times 4줄(A-A'단면도)}{2(지그재그)} = 10본$

③ 총길이는 각 철근의 길이에 각 철근의 수량을 곱하여 구한다.

[답]

기호	직경	길이(mm)	수량	총길이(mm)	기호	직경	길이(mm)	수량	총길이(mm)
W_1	D13	7,300	26	189,800	H_1	D16	4,141	19	78,679
W_2	D16	3,500	26	91,000	B_1	D25	8,400	2	16,800
W_3	D16	3,674	8	29,392	S_1	D13	355	10	3,550

20④, 97②, 92③

19 간극수압의 상승으로 인하여 유효응력이 감소되고 그 결과 사질토가 외력에 대한 전단저항을 잃게 되는 현상을 무엇이라고 하는가? [2점]

○ _____

해답

[답] 액상화현상

참고하세요

액상화현상(액화현상)
외력에 의한 간극비 감소 → 간극수압 상승 → 전단강도 급격히 손실 → 현탁액과 같은 상태

20④, 16②, 00②, 98②

20 아스팔트 콘크리트 포장의 장점을 3가지만 쓰시오. [3점]

① _____　② _____　③ _____

해답

[답] ① 주행성이 좋다.　② 양생 기간이 짧다.　③ 시공성이 좋다.

참고하세요

아스팔트콘크리트포장 장점
① 주행성이 좋다.　　② 양생 기간이 짧다.
③ 시공성이 좋다.　　④ 유지 보수 작업이 용이하다.

20④, 15①

21 균일한 모래층 위에 설치한 폭(B) 1m, 길이(L) 2m 크기의 직사각형 강성기초에 150kN/m²의 등분포하중이 작용할 경우 기초의 탄성침하량을 구하시오. (단, 흙의 푸아송비(μ)=0.4, 지반의 탄성계수(E_s)=15,000kN/m², 폭과 길이(L/B)에 따라 변하는 계수(α_r)=1.2) [3점]

[계산과정]   [답] _____

해답

[계산과정] $S_i = qB \dfrac{1-\mu^2}{E} I_w = 150 \times 1 \times \dfrac{1-0.4^2}{15,000} \times 1.2 = 0.01008\text{m} = 1.01\text{cm}$

[답] 1.01cm

참고하세요

즉시침하(탄성침하)량

$S_i = qB \dfrac{1-\mu^2}{E} I_w$

여기서, q : 기초의 하중강도, B : 기초의 폭, μ : 프와송비
       E : 흙의 탄성계수, I_w : 침하에 의한 영향치

20④

22 골재를 각 상태에서 계량한 결과가 아래와 같을 때 이 골재의 유효흡수율과 표면수율을 구하시오. [4점]

[계량결과]
- 노건조 상태 : 767.5g
- 공기 중 건조 상태 : 769.2g
- 표면건조포화상태 : 806g
- 습윤 상태 : 830.3g

[계산과정]

[답] 유효흡수율 : _____, 표면수율 : _____

해답

[계산과정]

① 유효 흡수율 = $\dfrac{B-C}{C} \times 100 = \dfrac{806-769.2}{769.2} \times 100 = 4.78\%$

② 표면수율 = $\dfrac{A-B}{B} \times 100 = \dfrac{830.3-806}{806} \times 100 = 3.01\%$

여기서, A : 습윤상태, B : 표면건조포화상태, C : 공기중건조상태

[답] 유효흡수율 : 4.78%, 표면수율 : 3.01%

23 다음은 무엇에 대한 정의인가를 쓰시오. [4점]

가. 지하수위 아래 물에 잠긴 구조물 부피 만큼의 정수압이 상향으로 작용하는 힘으로서 물체 표면에 상향으로 작용하고 있는 물의 압력이다.
  ○ _____

나. 콘크리트 댐의 기저면 내부의 수평타설 이음에 작용하는 간극수압으로 댐 등 구조물을 들어올리는 압력이다.
  ○ _____

해답

[답] 가. 부력
    나. 양압력

참고하세요

① 부력이란 어떤 물체가 수중에 있을 때 물속에 잠긴 물체의 비중이 물의 비중보다 작을 때 생기는 힘을 말한다.
② 양압력이란 어떤 물체가 수중에 있을 경우 그 물체에 수압이 작용하며, 이런 수압 중 상향으로 작용하는 수압을 말한다.

24 최근 포장설계시 노상 지지력 계수, CBR 대신에 사용되는 포장재료 물성으로서 동적시험에 의해 결정되는 탄성물성은 무엇인가? [2점]

  ○ _____

해답

[답] 동탄성계수(Resilient modulus)

참고하세요

동탄성계수(Resilient modulus)
포장층 아래의 다층 포장 재료들은 실제로는 반복적인 윤하중을 받고 있는데, 이들 응력-변형 관계의 상황을 좀 더 합리적으로 나타낼 수 있는 재료의 물성치로서 회복탄성계수(Resilient modulus)를 도입하여 도로 포장 구조 설계에 이용하고 있다.

$$M_R = \frac{\sigma_d}{\epsilon_r}$$

여기서, σ_d : 반복 축차 응력(kg/cm^2) ϵ_r : 축방향 회복 변형률

국가기술자격검정 실기시험문제

2021년도 기사 일반검정(제1회) (2021-04-25)

자격종목 및 등급(선택분야)	종목코드	시험시간	형별	수험번호	성 명
토목기사		3시간	A		

※ 다음 물음의 답을 해당 답란에 답하시오.(배점)

21①, 19①, 18①, 14①, 08④

01 측량성과가 아래와 같고 시공기준면을 12m로 할 경우 총 토공량을 구하시오.
(단, 격자점의 숫자는 표고이며, m 단위이다.) [3점]

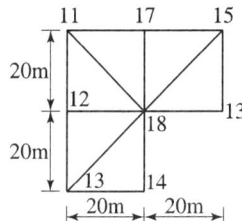

[계산과정]

[답] _____

해답

[계산과정]

① 시공기준면 12m일 때 절토량

$$V = \frac{ab}{6}(\sum h_1 + 2\sum h_2 + \cdots\cdots + 8\sum h_8)$$

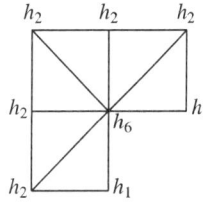

㉠ $\sum h_1 = 1 + 2 = 3\text{m}$

㉡ $\sum h_2 = 5 + 3 + 1 = 9\text{m}$

㉢ $\sum h_6 = 6\text{m}$ $V = \frac{20 \times 20}{6}(3 + 2 \times 9 + 8 \times 6) = 4600\text{m}^3$

② 시공기준면 12m일 때 성토량

$$V = \frac{ab}{6}(\sum h_1 + 2\sum h_2 + \cdots\cdots + 8\sum h_8)$$

$\sum h_2 = 1\text{m}$ $V = \frac{20 \times 20}{6}(2 \times 1) = 133.33\text{m}^3$

③ 문제의 조건에서 토량환산계수가 주어지지 않았으므로
  $V = 4600 - 133.33 = 4466.67\text{m}^3$(절토량)

[답] 4466.67m^3(절토량)

21①, 19②, 03④

02 어느 불도저의 1회 굴착압토량이 3.6m³이며 토량변화율(L)은 1.25, 작업효율은 0.6, 평균 굴착압토거리 60m, 전진속도 30m/분, 후진속도 60m/분, 기어변속시간 및 가속시간이 0.5분일 때, 이 불도저 운전 1시간당의 작업량은 본바닥토량으로 얼마인가? [3점]

[계산과정]　　　　　　　　　　　　　　　　[답] _____

해답

[계산과정] ① $C_m = \dfrac{l}{V_1} + \dfrac{l}{V_2} + t_g = \dfrac{60}{30} + \dfrac{60}{60} + 0.5 = 3.5$분

② $Q = \dfrac{60 \cdot q \cdot f \cdot E}{C_m} = \dfrac{60 \cdot q \cdot \dfrac{1}{L} \cdot E}{C_m} = \dfrac{60 \times 3.6 \times \dfrac{1}{1.25} \times 0.6}{3.5} = 29.62 \text{m}^3/\text{hr}$

[답] 29.62m³/hr

21①, 16①, 09④, 07④, 01①

03 교량은 상판의 위치, 구조형식, 사용재료 및 용도 등 여러 가지 관점에서 분류할 수 있다. 교량을 상판의 위치에 따라 분류할 때 그 종류를 4가지만 쓰시오. [3점]

① _____ ② _____ ③ _____ ④ _____

해답

[답] ① 상로교　② 중로교　③ 하로교　④ 2층교

참고하세요

교면의 위치(상판의 위치)에 따른 분류
① **상로교** : 차선이 주형 위에 있는 경우, 대부분의 한강 교량
② **중로교** : 차선이 주형 안에 있는 경우, 구 당산철교
③ **하로교** : 차선이 주형 아래 있는 경우, 동호대교, 한강철교 트러스 구간
④ **2층교** : 한 교량에 교면(상판)이 2개 있는 것으로 교량 면적 점유율을 줄이면서 많은 교통량을 처리하고자 할 때 또는 도로와 철도를 하나의 교량에 건설하고자 할 때 사용된다. 한강의 잠수교, 청담대교, 인천공항의 영종대교

04 구조물 기초를 시공하기 위하여 평탄한 지반을 다음 그림과 같이 굴착하고자 한다. 굴착할 흙의 단위중량은 1.82t/m³이며, 토량환산계수 $L=1.3$, $C=0.9$이다.

[6점]

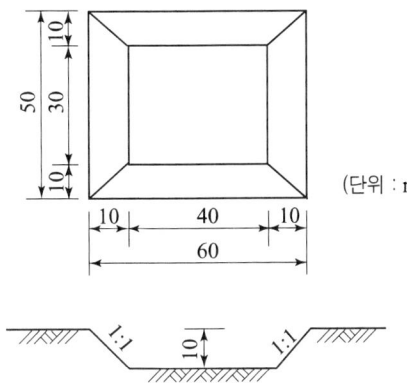

(단위 : m)

가. 터파기 결과 발생한 굴착토의 총 중량은 몇 t인가?

[계산과정]   [답] _____

나. 굴착한 흙을 덤프트럭으로 운반하고자 한다. 1대에 10m³를 적재할 수 있는 덤프트럭을 사용한다면 총 몇 대분이 되는가?

[계산과정]   [답] _____

다. 굴착된 흙을 10,000m²의 면적을 가진 성토장에 고르게 성토하고 다질 경우 성토장의 표고는 얼마만큼 높아지겠는가?(소수 셋째자리에서 반올림하시오. 단, 측면 비탈구배는 연직으로 가정한다.)

[계산과정]   [답] _____

해답

가. 굴착토의 총 중량

[계산과정] 굴착토 $= \dfrac{30 \times 40 + 50 \times 60}{2} \times 10 = 21{,}000 \, \text{m}^3 (\text{본바닥상태}) \times 1.82 \text{t/m}^3$

$= 38{,}220 \, \text{ton}$

[답] 38,220ton

나. 적재할 수 있는 덤프트럭 대수

[계산과정] 운반토량 $= 21{,}000 \times 1.3 = 27{,}300 \, \text{m}^3 (\text{흐트러진 상태})$

∴ 트럭대수 $= \dfrac{27{,}300}{15} = 1{,}820$ 대

[답] 1,820대

다. 성토장의 표고

[계산과정] 다짐토량 = $21,000 \times 0.9 = 18,900 \, m^3$ (다짐상태)

∴ 성토장 표고 $h_c = \dfrac{V_c}{A_s} = \dfrac{18,900}{10,000} = 1.89 \, m$

[답] 1.89m

21①, 19③, 18③, 17①, 14②, 11①, 10④, 07②, 04④, 03④, 00②, 94③, 92②

05 PS 콘크리트 교량 건설공법 중 동바리를 사용하지 않는 현장타설공법의 종류를 3가지만 쓰시오. [3점]

① _____ ② _____ ③ _____

해답

[답] ① FCM ② ILM ③ PSM

참고하세요

동바리를 사용하지 않고 가설하는 현장타설공법
① P.C(precast) 거더공법
② P.S.C 박스 거더공법
  ㉠ FCM(외팔보 공법)   ㉡ ILM(압출 공법)
  ㉢ PSM(Precast Segment 공법)   ㉣ MSS(이동식비계 공법)

21①, 17②, 07①, 03①

06 강상자형교(steel box girder bridge)는 얇은 강판을 상자형 단면으로 결합하여 외력에 저항하는 구조이다. 이러한 강상자형교를 box 단면의 구성형태에 따라 3가지로 분류하시오. [3점]

① _____ ② _____ ③ _____

해답

[답] ① 단실 박스(single-cell box)
② 다실 박스(multi-cell box)
③ 다중 박스(multiple single-cell box)

07 그림과 같은 사면에 인장균열이 발생하여 수압이 작용한다면 $F_s = \dfrac{M_r}{M_o}$ 의 개념으로 F_s를 구하시오. [4점]

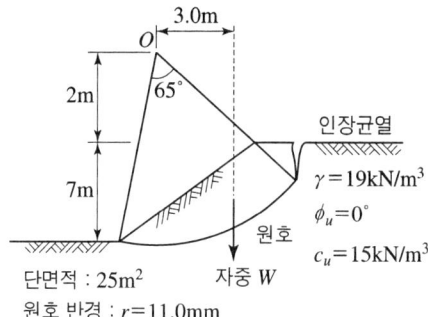

[계산과정]

[답] _____

해답

[계산과정]

① 인장균열깊이
$$z_C = \dfrac{2c}{\gamma}\tan\left(45°+\dfrac{\phi}{2}\right)$$
$$= \dfrac{2\times 15}{19}\tan\left(45°+\dfrac{0°}{2}\right)$$
$$= 1.58\text{m}$$

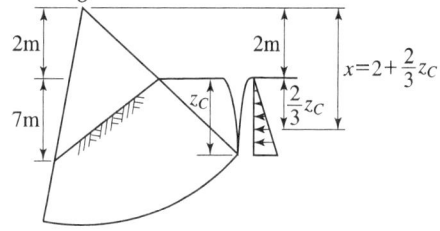

② 자중
$$W = A\gamma_t = 25\times 19 = 475\text{kN/m}$$

③ 호의 길이
$$L_a = 2\pi r\dfrac{\theta}{360°} = 2\times\pi\times 11\times\dfrac{65°}{360°} = 12.48\text{m}$$

④ 수압
$$P = \dfrac{1}{2}\gamma_w z_c^2 = \dfrac{1}{2}\times 9.81\times 1.58^2 = 12.24\text{kN/m}$$

⑤ O점으로부터 수압까지의 거리
$$x = 2 + \dfrac{2}{3}z_c = 2 + \dfrac{2}{3}\times 1.58 = 3.05\text{m}$$

⑥ 안전율
$$F_r = \dfrac{M_r}{M_o} = \dfrac{c_u L_a r}{Wd + Px} = \dfrac{15\times 12.48\times 11}{475\times 3 + 12.24\times 3.05} = 1.41$$

[답] 1.41

21①, 17④, 15②

08 아래 그림과 같은 옹벽의 안전율을 구하시오. (단, 지반의 허용지지력은 200kN/m², 뒤채움흙과 저판 아래의 흙의 단위중량은 18kN/m³, 내부마찰각은 37°, 점착력은 0이고, 콘크리트의 단위중량은 24kN/m³이다.) [9점]

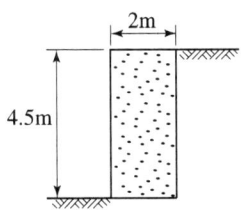

가. 전도에 대한 안전율을 구하시오.

　　[계산과정]　　　　　　　　　　　　　　　　[답] _____

나. 활동에 대한 안전율을 구하시오.

　　[계산과정]　　　　　　　　　　　　　　　　[답] _____

다. 지지력에 대한 안전율을 구하시오.

　　[계산과정]　　　　　　　　　　　　　　　　[답] _____

해답

가. 전도에 대한 안전율

[계산과정]

① 주동토압계수

$$K_A = \tan^2\left(45° - \frac{\phi}{2}\right) = \tan^2\left(45° - \frac{37°}{2}\right)$$

② 주동토압

$$P_A = \frac{1}{2} \cdot r \cdot H^2 \cdot K_A = \frac{1}{2} \times 18 \times 4.5^2 \times \tan^2\left(45° - \frac{37°}{2}\right) = 45.3 \text{kN/m}$$

③ 옹벽 자중

$$W = (2 \times 4.5) \times 24 = 216 \text{kN/m}$$

④ 전도에 대한 안전율

$$F_s = \frac{M_r}{M_t} = \frac{W \cdot b}{P_H \cdot y} = \frac{216 \times 1}{45.3 \times \frac{4.5}{3}} = 3.18 > 2.0 \text{ 로 안전}$$

[답] 3.18

나. 활동에 대한 안전율

[계산과정] $F_s = \dfrac{c \cdot B + W \cdot \tan\delta}{P_H} = \dfrac{0 + 216 \times \tan 37°}{45.3} = 3.59 > 1.5$ 로 안전

[답] 3.59

다. 지지력에 대한 안전율
[계산과정]

① 편심거리

$$e = \frac{B}{2} - \frac{W \cdot a - P_H \cdot y}{W} = \frac{2}{2} - \frac{216 \times 1 - 45.3 \times \frac{4.5}{3}}{216} = 0.31\text{m}$$

여기서, a : 옹벽의 자중과 저판 앞(전면부)까지의 수직거리

② 지반 반력

편심거리 $(e = 0.31\text{m}) < \left(\frac{B}{6} = \frac{2}{6} = 0.33\text{m}\right)$이므로

$$q = \frac{P}{A} + \frac{M}{I} \cdot y = \frac{W}{B} \cdot \left(1 + \frac{6e}{B}\right) = \frac{216}{2} \times \left(1 + \frac{6 \times 0.31}{2}\right) = 208.4\text{kN/m}^2$$

③ 지지력에 대한 안전율

$$F_s = \frac{q_a}{q_{\max}} = \frac{200}{208.4} = 0.96 < 1.0\text{로 불안전}$$

[답] 0.96

21①, 18③, 08①, 05④, 00②

09 도로곡선부의 평면선형을 설계함에 있어서 곡선반경이 710m, 설계속도가 120km/hr일 때의 최소편구배를 계산하시오.(단, 타이어와 노면의 횡방향 미끄럼 마찰계수는 0.10이다.) [3점]

[계산과정]　　　　　　　　　　　　　　　　[답] _____

해답

[계산과정] $R = \dfrac{v^2}{127(f+i)} = \dfrac{120^2}{127 \times (0.10+i)} = 710\text{m}$에서 $i = 0.06 = 6\%$

[답] 6%

21①, 12④

10 특수 아스팔트 포장의 시공에서 최근 배수성포장이 널리 적용되고 있다. 배수성 포장의 효과를 3가지만 쓰시오. [3점]

①　_____　　② _____　　③ _____

해답

[답] ① 우천시 물튀김 방지　　　　　　　② 수막현상 방지
　　③ 하수도 부담경감과 도시하천 범람 방지　④ 차량의 주행소음 경감
　　⑤ 미끄럼 저항성 증대 및 보행성 개선　　⑥ 야간 우천시 시인성 향상

11 가설 흙막이의 지지, 옹벽의 전도 방지, 산사태 방지 등으로 사용되는 Anchor의 주요 구성요소를 3가지 쓰시오. [3점]

① _____ ② _____ ③ _____

해답

[답] ① 앵커 두부 ② 인장재 ③ 앵커체

참고하세요

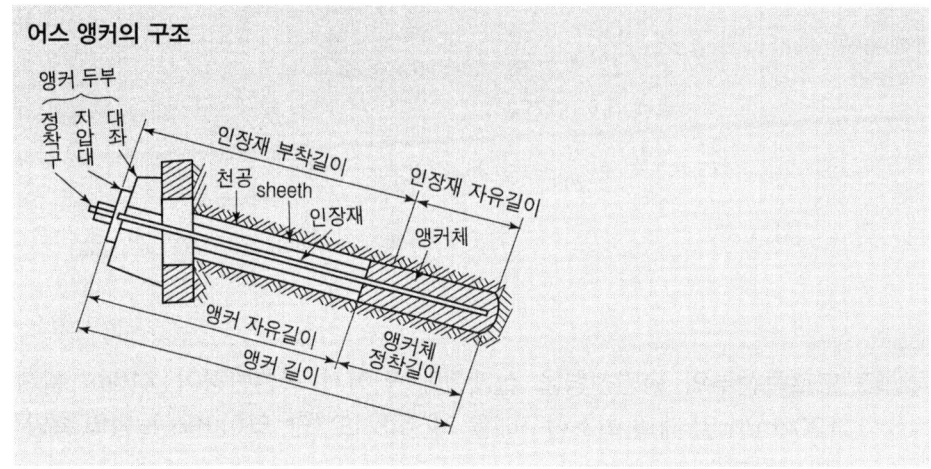

어스 앵커의 구조

12 항만구조물 설계시 기초지반의 액상화 평가시 실시되는 현장시험을 3가지만 쓰시오. [3점]

① _____ ② _____ ③ _____

해답

[답] ① 표준관입시험(SPT) ② 진동압축시험 ③ 현장탄성파탐사

참고하세요

기초지반의 액상화 평가시 실시되는 현장시험
① 표준관입시험(SPT) : 액상화 전단저항응력비 산정 시 사용
② 보링 및 표준관입시험 : 액상화 상세예측법의 시료 채취 시 사용
③ 진동압축시험 : 액상화 상세예측법의 전단저항응력비 특성곡선(진동 전단응력비–진동재하회수)을 구하는데 사용
④ 현장탄성파탐사 : 지반의 액상화저항 응력비 산정에 사용

21①, 16②, 05②, 02①, 01②

13 어느 현장의 콘크리트 일축압축강도의 하한규격치는 18MPa이고 상한규격치는 24MPa로 정해져 있다. 측정결과 평균치($\bar{x}$)는 19.5MPa이고, 표준편차의 추정치(δ)는 0.8MPa이라 할 때, 공정능력지수와 규격치에 대한 여유치를 구하시오.

[4점]

[계산과정]

[답] 공정능력지수(C_p) : _____ , 여유치 : _____

해답

[계산과정] ① 공정능력 지수

$$C_p = \frac{SU - SL}{6\sigma} = \frac{24 - 18}{6 \times 0.8} = 1.25$$

② 규격치에 대한 여유치

$$여유치 = \left[\left(\frac{SU - SL}{\sigma}\right) - 6\right] \cdot \sigma = \left[\left(\frac{24 - 18}{0.8}\right) - 6\right] \times 0.8 = 1.2 \text{MPa}$$

[답] 공정능력지수(C_p) : 1.25
여유치 : 1.2MPa

21①

14 암반의 이완부분부터 경암까지 볼트를 고정시켜 암반의 탈락을 방지하고 터널공사에서는 터널 측면에 본바닥의 아치를 형성시켜 주는 효과가 있는 공법은?

[2점]

○ _____

해답

[답] 록볼트 공법(rock bolt method)

21①, 20①③, 16②

15 매스콘크리트에서는 구조물에 필요한 기능 및 품질을 손상시키지 않도록 온도균열을 제어하기 위한 적절한 조치를 강구해야 한다. 온도 균열을 억제하기 위한 방법을 3가지만 쓰시오.

[3점]

① _____ ② _____ ③ _____

해답

[답] ① 온도저하 또는 제어방법(Pre-cooling 또는 Pipe cooling)
② 팽창 콘크리트의 사용에 의한 균열 방지방법
③ 온도 제어 철근의 배치에 의한 방법

참고하세요

매스 콘크리트의 온도균열 제어방법
① 온도저하 또는 제어방법
  ㉠ 콘크리트의 프리쿨링(Pre-cooling) : 콘크리트의 선행냉각
    콘크리트에 사용되는 재료의 일부 또는 전부를 냉각시켜 콘크리트의 온도를 낮추는 방법
  ㉡ 콘크리트의 파이프 쿨링(Pipe cooling) : 콘크리트의 관로식 냉각
    매스 콘크리트의 시공에서 콘크리트를 타설한 후 콘크리트의 온도를 제어하기 위해 미리 콘크리트 속에 묻은 파이프 내부에 냉수 또는 공기를 보내 콘크리트를 냉각하는 방법
② 팽창 콘크리트의 사용에 의한 균열 방지방법
③ 온도 제어 철근의 배치에 의한 방법

21①, 15④, 11①

16 댐의 기초암반에 보링공을 천공한 후, 시멘트 풀, 점토 및 약액 등을 압력으로 주입하여 지반개량 및 치수를 목적으로 시행하는 것을 그라우팅이라고 한다. 이러한 그라우팅의 종류를 3가지만 쓰시오. [3점]

① _____ ② _____ ③ _____

해답

[답] ① 컨택 그라우팅(Contact Grouting)
② 림 그라우팅(Rim Grouting)
③ 컨솔리데이션 그라우팅(Consolidation Grouting)
④ 커튼 그라우팅(Curtain Grouting)

참고하세요

그라우팅 공법
① **컨택 그라우팅(Contact Grouting)** : 암반과 댐의 접속부 차수를 목적으로 하는 그라우팅
② **림 그라우팅(Rim Grouting)** : 댐 취부부 또는 전저수지에 걸쳐 댐주변의 지수를 목적으로 하는 그라우팅
③ **컨솔리데이션 그라우팅(Consolidation Grouting)** : 지반개량(보강)을 목적으로 얕게 구멍을 뚫어 Cement Paste를 주입하여 기초지반의 지지력과 수밀성을 증대 시키는 그라우팅
④ **커튼 그라우팅(Curtain Grouting)** : 댐 시공시 댐축에 따라 1~2열의 깊은 구멍을 뚫어 Cement Paste를 주입하여 댐 기초 암반층에 지수막을 만드는 그라우팅으로 댐 축방향 기초 상류쪽에 병풍모양으로 컨솔리데이션 그라우팅보다 깊게 그라우팅 하는 방법
⑤ **블랭킷 그라우팅(Blanket Grouting)** : Fill Dam의 비교적 얕은 기초지반 및 차수영역과 기초지반의 접촉부의 차수성을 개량할 목적으로 하는 그라우팅

17 다음과 같은 작업 리스트가 있다. 아래 물음에 답하시오. [10점]

작업명	node	작업일수	TE		TL		TF
			EST	EFT	LST	LFT	
A	①→②	3					
B	②→③	3					
C	②→④	4					
D	②→⑤	5					
E	③→⑥	4					
F	④→⑥	6					
G	④→⑦	6					
H	⑤→⑧	7					
I	⑥→⑨	8					
J	⑦→⑨	4					
K	⑧→⑨	2					
L	⑨→⑩	2					

가. Net Work(화살선도)를 작성하고, 임계공정선(C.P)을 구하시오.
  ○

나. 표의 빈 칸을 채우시오.

해답

가. Net Work(화살선도) 및 임계공정선(C.P)
  [답]

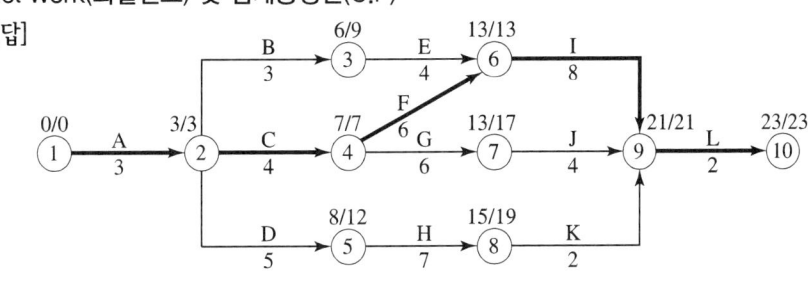

CP : ① → ② → ④ → ⑥ → ⑨ → ⑩

나. [답]

작업명	node	작업일수	TE EST	TE EFT	TL LST	TL LFT	TF
A	①→②	3	0	0+3=3	3-3=0	3	3-0-3=0
B	②→③	3	3	3+3=6	9-3=6	9	9-3-3=3
C	②→④	4	3	3+4=7	7-4=3	7	7-3-4=0
D	②→⑤	5	3	3+5=8	12-5=7	12	12-3-5=4
E	③→⑥	4	6	6+4=10	13-4=9	13	13-6-4=3
F	④→⑥	6	7	7+6=13	13-6=7	13	13-7-6=0
G	④→⑦	6	7	7+6=13	17-6=11	17	17-7-6=4
H	⑤→⑧	7	8	8+7=15	19-7=12	19	19-8-7=4
I	⑥→⑨	8	13	13+8=21	21-8=13	21	21-13-8=0
J	⑦→⑨	4	13	13+4=17	21-4=17	21	21-13-4=4
K	⑧→⑨	2	15	15+2=17	21-2=19	21	21-15-2=4
L	⑨→⑩	2	21	21+2=23	23-2=21	23	23-21-2=0

21①, 18①, 11④, 10④, 05①, 98④

18 3m×3m 크기의 정사각형 기초를 마찰각 $\phi=20°$, 점착력 $C=31\text{kN/m}^2$인 지반에 설치하였다. 흙의 단위중량 $\gamma=17\text{kN/m}^3$이며 기초의 근입 깊이는 2m이다. 지하수위가 지표면에서 3m 깊이에 있을 때의 극한 지지력을 구하시오. (단, 지하수위 아래의 흙의 포화단위중량은 18.7kN/m³이고 Terzaghi 공식을 사용하고, $\phi=20°$일 때 $N_c=17.7$, $N_r=5$, $N_q=7.4$) [3점]

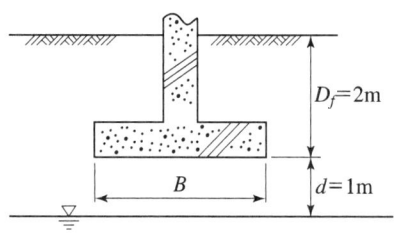

[계산과정] [답]

해답

[계산과정]

① $\gamma_{sub} = 18.7 - 9.81 = 8.89\text{kN/m}^3$

② $d < B$의 경우

$\gamma_1 = \gamma_{sub} + \dfrac{d}{B}(\gamma_t - \gamma_{sub}) = 8.89 + \dfrac{1}{3}(17 - 8.89) = 12.95\text{kN/m}^3$

③ $\gamma_2 = \gamma_t = 17\text{kN/m}^3$

④ $q_u = \alpha C N_c + \beta \gamma_1 B N_r + \gamma_2 D_f N_q$

$= 1.3 \times 31 \times 17.7 + 0.4 \times 12.95 \times 3 \times 5 + 17 \times 2 \times 7.4 = 1,042.61\text{kN/m}^2$

[답] $1,042.61\text{kN/m}^2$

21①

19 터널의 보강공법 중 숏크리트의 기능을 4가지만 쓰시오. [3점]

① _____ ② _____ ③ _____ ④ _____

해답

[답] ① 암괴의 낙락방지 ② crack 발달의 방지
③ 요철부 매움에 따른 응력집중 방지 ④ 하중 분담

21①, 16④, 14②, 12①, 06②

20 주어진 도면에 따라 다음 물량을 산출하시오. (단 도면의 치수단위는 mm이다.) [8점]

단 면 도 (N.S)

2021년도 시행

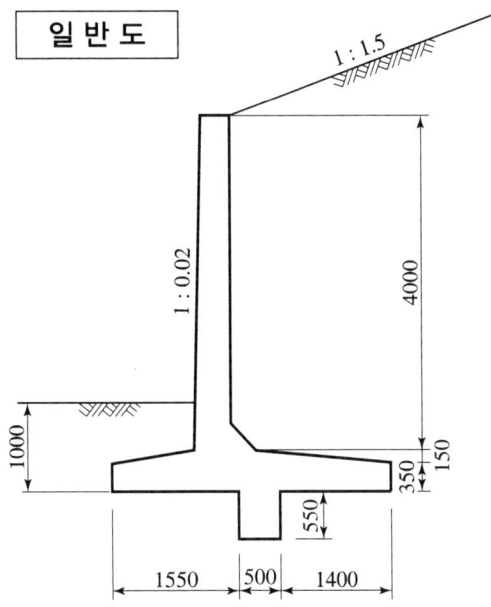

일반도

가. 옹벽길이 1m에 대한 콘크리트량을 구하시오.(단, 소수 4째자리에서 반올림하시오.)

[계산과정]   [답] _____

나. 옹벽길이 1m에 대한 거푸집량을 구하시오.(단, 돌출부(전단 key)에 거푸집을 사용하며, 마구리면의 거푸집을 무시하며, 소수 4째자리에서 반올림하시오.)

[계산과정]   [답] _____

해답

가. 길이 1m에 대한 콘크리트량

[계산과정]

① $x_1 = 4,000 \times 0.02 = 80\text{mm} = 0.08\text{m}$

② $x_2 = 450 - 80 - 350 = 20\text{mm} = 0.02\text{m}$

③ $A_1 = \dfrac{0.35 + (0.35 + 0.15)}{2} \times 1 = 0.425\text{m}^2$

④ $A_2 = \dfrac{(0.35 + 0.15) + (0.35 + 0.15 + 4)}{2} \times 0.08 = 0.2\text{m}^2$

⑤ $A_3 = 0.35 \times (0.35 + 0.15 + 4) = 1.575\text{m}^2$

⑥ $A_4 = \dfrac{(0.35 + 0.15 + 4) + (0.35 + 0.15 + 0.3)}{2} \times 0.02 = 0.053\text{m}^2$

⑦ $A_5 = \dfrac{(0.35 + 0.15 + 0.3) + (0.35 + 0.15)}{2} \times 0.3 = 0.195\text{m}^2$

⑧ $A_6 = \dfrac{(0.35 + 0.15) + 0.35}{2} \times 1.7 = 0.7225\text{m}^2$

⑨ $A_7 = 0.5 \times 0.55 = 0.275 \text{m}^2$

⑩ $\sum A = 3.4455 \text{m}^2$

⑪ 총 콘크리트량=총 단면적×단위 길이=$3.4455 \text{m}^2 \times 1\text{m} = 3.446 \text{m}^3$

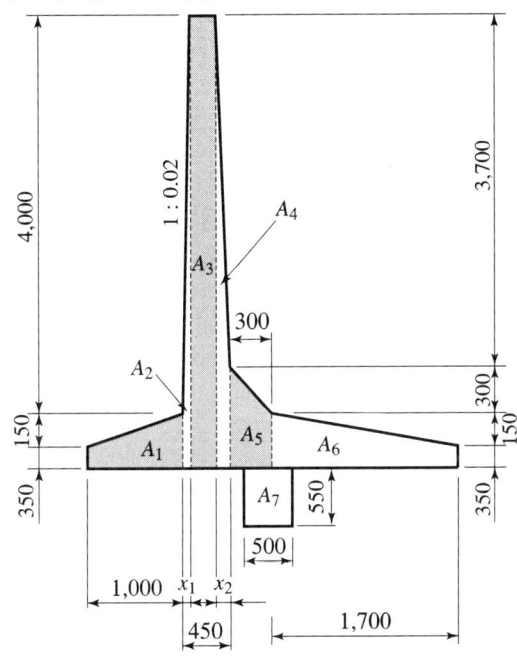

[답] 3.446m^3

나. 길이 1m에 대한 거푸집량

[계산과정]

① $A = 0.55 \times 2 = 1.1 \text{m}$

② $B = 0.35 \times 2 = 0.7 \text{m}$

③ $C = \sqrt{0.3^2 + 0.3^2} = 0.424 \text{m}$

④ $D = \sqrt{0.08^2 + 4^2} = 4.001 \text{m}$

⑤ $E = \sqrt{0.02^2 + 3.7^2} = 3.700 \text{m}$

⑥ 총 거푸집 길이=9.925m

⑦ 총 거푸집량
 =총 거푸집 길이×단위 길이
 =$9.925 \text{m} \times 1 \text{m}$
 =9.925m^2

[답] 9.925m^2

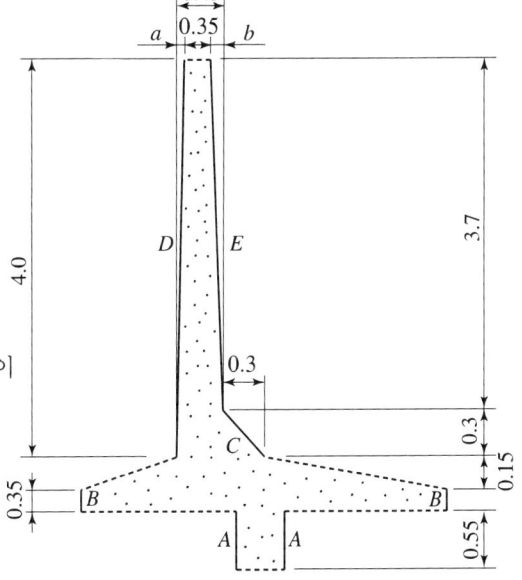

21. 다음과 같은 그림에서 횡방향 수평토압을 계산하시오. [3점]

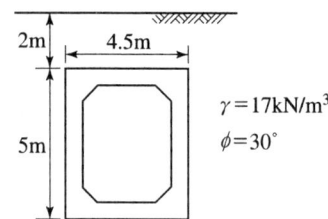

가. 깊이 2m, 7m에 대한 수평토압을 구하시오.
   [계산과정]   [답] _____
나. 그림을 보고 토압분포도를 그리시오.

해답

가. 수평토압

[계산과정] ① 깊이 2m에 대한 수평토압

정지토압계수 $K_o = 1 - \sin\phi = 1 - \sin 30° = 0.5$

$P_{H2} = \gamma H_1 K_o = 17 \times 2 \times 0.5 = 17.00 \, \text{kN/m}^2$

② 깊이 7m에 대한 수평토압

$P_{H7} = \gamma (H_1 + H_2) K_o = 17 \times (2+5) \times 0.5 = 59.50 \, \text{kN/m}^2$

[답] 2m에 대한 수평토압 : $17.00 \, \text{kN/m}^2$
7m에 대한 수평토압 : $59.50 \, \text{kN/m}^2$

나. 토압분포도

[답]
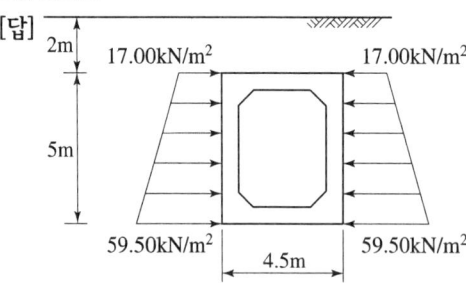

22. 토공 중 운반로 선정시 고려할 사항 3가지를 쓰시오. [3점]

① _____ ② _____ ③ _____

[답]
① 장비의 주행성이 확보될 것
② 운반로의 구배가 완만할 것(구배 1/50~1/100 정도)
③ 운반로가 양호하고 평탄성이 좋을 것
④ 운반로의 장애물이 적을 것

23. 토목공사의 토질조사 시 시행하는 표준관입시험의 "N치"의 정의를 간단히 설명하고, 이 결과로 얻어지는 "N치"로 추정되는 사항을 3가지 쓰시오. [3점]

가. 정의 :

나. N치의 추정 :
① _____ ② _____ ③ _____

[답] 가. 정의 : 63.5kg의 해머로 낙하고 76cm에서 때려 Sampler를 흙 속에 30cm 관입시킬 때의 타격 횟수

나. N치의 추정 : ① 상대밀도(D_r) ② 내부마찰각(ϕ) ③ 침하에 대한 허용지지력

참고하세요

N치로 추정할 수 있는 사항
① 모래지반에서 N치로 추정할 수 있는 사항
  ㉠ 상대밀도(D_r)
  ㉡ 내부마찰각(ϕ)
  ㉢ 침하에 대한 허용지지력
  ㉣ 지지력 계수
  ㉤ 탄성계수
② 점토지반에서 N치로 추정할 수 있는 사항
  ㉠ 일축압축강도(q_u)
  ㉡ 점착력(c)
  ㉢ 컨시스턴시
  ㉣ 파괴에 대한 극한 지지력
  ㉤ 파괴에 대한 허용 지지력

24 워커빌리티(workability) 및 유동성(fluidity)의 정의에 대하여 서술하시오. [4점]

가. 워커빌리티(workability) :

나. 유동성(fluidity) :

해답

[답] 가. **워커빌리티(workability)** : 반죽 질기에 의한 작업의 난이한 정도와 균일한 질의 콘크리트를 만들기 위하여 필요한 재료의 분리에 저항하는 정도를 나타내는 굳지 않는 콘크리트의 성질

나. **유동성(fluidity)** : 중력이나 외력에 의해 유동하기 쉬운 정도를 나타내는 굳지 않은 콘크리트의 성질

[부록] 2021년 7월 10일 시행

국가기술자격검정 실기시험문제

2021년도 기사 일반검정(제2회) (2021-07-10)

자격종목 및 등급(선택분야)	종목코드	시험시간	형별	수험번호	성 명
토목기사		3시간	A		

※ 다음 물음의 답을 해당 답란에 답하시오.(배점)

21②, 16④, 13②, 03②, 01①

01 표준관입시험의 N치가 35이고, 현장에서 채취한 모래는 입자가 둥글고 균등계수가 5이고 곡률계수가 5이었다. Dunham의 식을 이용하여 이 모래의 내부마찰각을 추정하시오. [3점]

[계산과정]   [답] _____

해답

[계산과정]
① 모래의 입도판정
균등계수 $C_u = 5 < 6$ 이고 곡률계수 $C_g = 5$ 로 1~3 사이에 없으므로 빈입도이다.
② 입자가 둥글고 입도가 불량한 모래의 내부마찰각
Dunham 공식
$$\phi = \sqrt{12N} + 15 = \sqrt{12 \times 35} + 15 = 35.49°$$

[답] 35.49°

참고하세요

1. 입도분포의 판정
① 양입도(well graded)
  ㉠ 흙일 때 : $C_u > 10$, $C_g = 1 \sim 3$
  ㉡ 모래일 때 : $C_u > 6$, $C_g = 1 \sim 3$
  ㉢ 자갈일 때 : $C_u > 4$, $C_g = 1 \sim 3$
② 빈입도(poorly graded)
  균등계수 C_u와 곡률계수 C_g 둘 중 어느 하나라도 만족하지 못하면 입도분포가 나쁘다.
③ 입도균등(uniform graded)
  하천이나 백사장의 모래와 같이 입경이 고른 흙은 균등계수가 거의 1($C_u \fallingdotseq 1$)이다.

2. Dunham 공식
① 흙 입자가 모나고 입도가 양호한 경우
  $\phi = \sqrt{12N} + 25$
② 흙 입자가 모나고 입도가 불량한 경우 또는, 흙 입자가 둥글고 입도가 양호한 경우
  $\phi = \sqrt{12N} + 20$
③ 흙 입자가 둥글고 입도가 불량한 경우
  $\phi = \sqrt{12N} + 15$

02 그림과 같은 포화점토층이 상재하중에 의하여 압밀도(U)=90%에 도달하는 데 소요되는 시간(년)을 각각의 경우에 대하여 구하시오. (단, 압밀계수(C_v)= 3.6×10⁻⁴cm²/sec, 시간계수(T_v)=0.848이다.) [4점]

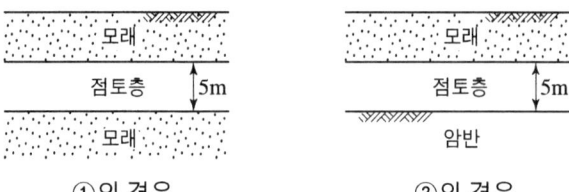

① 의 경우　　　　　② 의 경우

가. ①의 경우에 대하여 구하시오.
　　[계산과정]　　　　　　　　　　　　　　　　　[답] _____

나. ②의 경우에 대하여 구하시오.
　　[계산과정]　　　　　　　　　　　　　　　　　[답] _____

해답

가. ①의 경우 소요되는 시간

[계산과정] 양면배수이므로

$$t_{90} = \frac{T_v \cdot H^2}{C_v} = \frac{0.848 \times \left(\frac{500}{2}\right)^2}{3.6 \times 10^{-4}} = 147,222,222.22초$$

$$\frac{147,222,222.22초}{60 \times 60 \times 24 \times 365} = 4.67년$$

[답] 4.67년

나. ②의 경우 소요되는 시간

[계산과정] 일면배수이므로

$$t_{90} = \frac{T_v \cdot H^2}{C_v} = \frac{0.848 \times 500^2}{3.6 \times 10^{-4}} = 588,888,888.89초$$

$$\frac{588,888,888.89초}{60 \times 60 \times 24 \times 365} = 18.67년$$

[답] 18.67년

03 다음과 같은 연속기초의 극한지지력을 테르자기(Terzaghi)식을 이용하여 ①과 ②의 경우에 대해 각각 구하시오. (단, 점착력 c=0.01MPa, 내부마찰각 ϕ=15°, N_c=6.5, N_r=1.2, N_q=2.7이며 전반전단파괴가 발생하며, 흙은 균질이다.)

[4점]

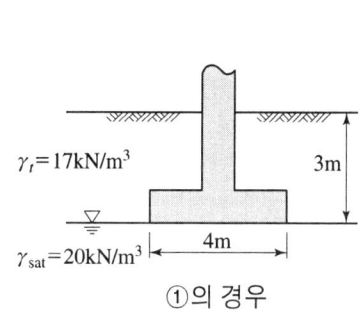
①의 경우

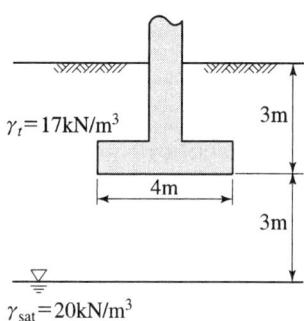
②의 경우

가. ①의 경우에 대하여 구하시오.

[계산과정]　　　　　　　　　　　　　　[답] _____

나. ②의 경우에 대하여 구하시오.

[계산과정]　　　　　　　　　　　　　　[답] _____

해답

가. ①의 경우의 극한지지력

[계산과정] ① 기초형상계수

연속기초이므로 $\alpha = 1$, $\beta = 0.5$

② 점착력

$c = 0.01\text{MPa} = 0.01\text{N/mm}^2 = 10\text{kN/m}^2$

③ 극한지지력

$q_u = \alpha C N_c + \beta r_1 B N_r + r_2 D_f N_q$

$= 1 \times 10 \times 6.5 + 0.5 \times (20 - 9.81) \times 4 \times 1.2 + 17 \times 3 \times 2.7$

$= 227.16 \,\text{kN/m}^2$

[답] 227.16kN/m^2

나. ②의 경우의 극한지지력

[계산과정] ① $d(3\text{m}) < B(4\text{m})$인 경우이므로

$\gamma_1 = \gamma_{sub} + \dfrac{d}{B}(\gamma - \gamma_{sub})$

$= (20 - 9.81) + \dfrac{3}{4} \times (17 - (20 - 9.81)) = 15.30\text{kN/m}^3$

② 극한지지력
$$q_u = \alpha C N_c + \beta r_1 B N_r + r_2 D_f N_q$$
$$= 1 \times 10 \times 6.5 + 0.5 \times 15.30 \times 4 \times 1.2 + 17 \times 3 \times 2.7$$
$$= 239.42 \, \text{kN/m}^2$$

[답] $239.42 \, \text{kN/m}^2$

21②, 14②, 10①, 01③, 99①, 93③

04 Meyerhof 공식을 이용하여 콘크리트 말뚝지름 30cm, 길이 14m인 말뚝을 표준관입치가 다른 3종의 지층으로 되어있는 기초지반에 박을 경우 말뚝의 허용지지력을 구하시오.(단, 안전율은 3을 적용한다.) [3점]

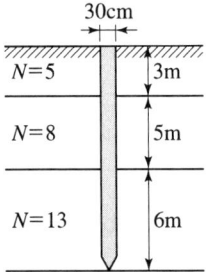

[계산과정]   [답] _____

해답

[계산과정]

① ㉠ $A_p = \dfrac{\pi \cdot D^2}{4} = \dfrac{\pi \times 0.3^2}{4} = 0.07 \, \text{m}^2$

㉡ $A_s = \pi \cdot D \cdot l = \pi \times 0.3 \times 14 = 13.19 \, \text{m}^2$

㉢ $\overline{N_s} = \dfrac{N_1 h_1 + N_2 h_2 + N_3 h_3}{h_1 + h_2 + h_3} = \dfrac{5 \times 3 + 8 \times 5 + 13 \times 6}{3 + 5 + 6} = 9.5$

㉣ $R_u = 40 N A_p + \dfrac{1}{5} \overline{N_s} A_s = 40 \times 13 \times 0.07 + \dfrac{1}{5} \times 9.5 \times 13.19 = 61.46 \, \text{t}$

② $R_a = \dfrac{R_u}{F_s} = \dfrac{61.46}{3} = 20.49 \, \text{t} \times 9.81 \, \text{kN/t} = 201.01 \, \text{kN}$

[답] 201.01kN

05 말뚝의 부마찰력에 대하여 다음 물음에 답하시오. [6점]

가. 부마찰력의 정의를 쓰시오.
  ○ _____

나. 부마찰력의 원인 3가지를 쓰시오.
  ① _____ ② _____ ③ _____

다. 연약지반을 관통하여 철근콘크리트 말뚝을 박았을 때 부마찰력을 구하시오.
  (단, 지반의 일축압축강도 $q_u = 20\text{kN/m}^2$, 파일 직경 $D = 50\text{cm}$, 관입길이 $l = 10\text{m}$이다.)
  [계산과정]   [답] _____

해답

가. 부마찰력의 정의
[답] 압밀이 진행되어 말뚝 주면침하량이 말뚝의 침하량보다 상대적으로 클 때 말뚝을 아래로 끌어내리는 (−)의 마찰력

나. 부마찰력의 원인
[답] ① 지반 중에 연약 점토지반의 압밀침하 진행
② 연약 점토지반 위의 성토(사질토) 하중에 의한 침하
③ 지하수위의 저하
④ pile 간격을 조밀하게 시공했을 경우
⑤ 진동으로 인한 압밀침하 발생
⑥ 지표면에 과적재물을 장기적으로 적재한 경우

다. 부마찰력
[계산과정] $R_{nf} = f_s \cdot \pi \cdot D \cdot l = \dfrac{q_u}{2} \cdot \pi \cdot D \cdot l = \dfrac{20}{2} \times \pi \times 0.5 \times 10 = 157.08\text{kN}$

[답] 157.08kN

21②, 18③, 14④, 09②, 06②, 05①

06 다음 지반조건으로 지반굴착을 할 경우 이에 설치한 지반앵커(Ground Anchor)의 정착장(L)을 구하시오. (단, 안전율은 1.5 적용) [3점]

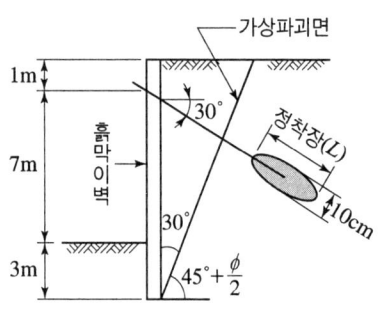

- 앵커반력 : 250kN
- 정착부의 주면마찰저항 : 0.2MPa
- 천공직경 : 10cm
- 설치각도 : 수평과 30°
- H-Pile 설치간격(앵커 설치간격) : 1.5m

[계산과정]

[답]

해답

[계산과정]

① 앵커축력

$$T = \frac{P \cdot a}{\cos \alpha} = \frac{250 \times 1.5}{\cos 30°} = 433.01 \text{kN}$$

② 앵커 정착장

$$L = \frac{T \cdot F_s}{\pi \cdot D \cdot \tau} = \frac{433.01 \times 1.5}{\pi \times 0.1 \times 200} = 10.34 \text{m}$$

($\therefore \tau = 0.2 \text{MPa} = 0.2 \text{N/mm}^2 = 200 \text{kN/m}^2$)

[답] 10.34m

참고하세요

1. 앵커축력

$$T = \frac{P \cdot a}{\cos \alpha}$$

여기서, T : 앵커축력, P : 앵커반력
a : 앵커 설치간격(Pile 설치간격), α : 앵커 설치각도(수평과의 각)

2. 앵커 정착장

$$L = \frac{T \cdot F_s}{\pi \cdot D \cdot \tau}$$

여기서, L : 앵커 정착장, T : 앵커축력, F_s : 안전율, D : 천공직경, τ : 주면마찰저항

07 아래 그림과 같은 옹벽에서 인장균열이 발생한 후의 옹벽에 작용하는 전체 주동 토압을 구하시오. (단, 인장균열 위의 토압은 무시하고 상재하중으로 고려하여 계산하시오.) [3점]

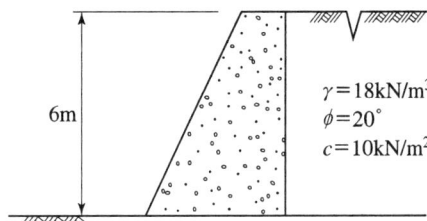

$\gamma = 18 \text{kN/m}^3$
$\phi = 20°$
$c = 10 \text{kN/m}^2$

[계산과정]

[답] _____

해답

[계산과정]

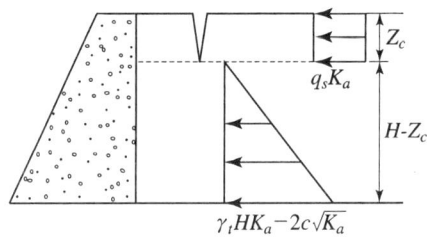

① $K_a = \tan^2\left(45° - \dfrac{\phi}{2}\right) = \tan^2\left(45° - \dfrac{20°}{2}\right) = 0.49$

② $Z_c = \dfrac{2c\tan\left(45° + \dfrac{\phi}{2}\right)}{\gamma_t} = \dfrac{2 \times 1 \times \tan\left(45° + \dfrac{20°}{2}\right)}{1.8} = 1.59 \text{m}$

③ $P_a = \dfrac{1}{2}\gamma_t H^2 K_a - 2c\sqrt{K_a}\,H + \dfrac{2c^2}{\gamma_t} + q_s K_a(H - Z_c)$

$= \dfrac{1}{2} \times 18 \times 6^2 \times 0.49 - 2 \times 10 \times \sqrt{0.49} \times 6 + \dfrac{2 \times 10^2}{18}$

$\quad + (18 \times 1.59) \times 0.49 \times (6 - 1.59)$

$= 147.72 \text{kN/m}$

[답] 147.72kN/m

08 우물통 케이슨 기초의 수직하중이 W, 주면마찰력이 F, 선단부지지력이 Q, 부력이 B일 때, 침하 조건식을 작성하고, 적절한 침하촉진방법을 2가지만 쓰시오. [3점]

가. 침하조건식 :

나. 침하촉진방법
① _____ ② _____

해답

[답] 가. 침하조건식 : $W > F + Q + B$

나. 침하촉진방법
① 재하중에 의한 방법   ② 분사식 침하공법
③ 물하중식 침하공법   ④ 발파에 의한 침하공법
⑤ 케이슨 내부의 수위 저하 공법

---

09 유선과 등수두선으로 이루어지는 사각형을 유선망이라 한다. 이러한 유선망의 특징을 3가지만 쓰시오. [3점]

① _____ ② _____ ③ _____

해답

[답] ① 각 유로의 침투유량은 같다.
② 각 등수두면 간의 손실수두는 같다.
③ 유선과 등수두선은 서로 직교한다.

참고하세요

유선망 특성
① 각 유로의 침투유량은 같다.
② 각 등수두면 간의 손실수두는 같다.
③ 유선과 등수두선은 서로 직교한다.
④ 유선만으로 되는 사각형은 이론상 정사각형이므로 유선망의 폭과 길이는 같다.
⑤ 침투속도 및 동수구배는 유선망 폭에 반비례한다.
⑥ 유선은 다른 유선과 교차하지 않는다.
⑦ 유선망은 경계조건을 만족하여야 한다.

[부록] 2021년 7월 10일 시행

21②, 13④

10 여굴을 적게 하고 파단선을 매끈하게 하기 위한 조절폭파 공법의 종류를 3가지만 쓰시오. [3점]

① _____   ② _____   ③ _____

해답

[답] ① 라인 드릴링 공법(Line Drilling Method)
② 쿠션 블라스팅 공법(Cushion Blasting Method)
③ 프리 스프리팅 공법(Pre-splitting Method)
④ 스무스 블라스팅 공법(Smooth Blasting Method)

21②, 21①, 15④, 11①

11 댐의 기초암반에 보링공을 천공한 후, 시멘트 풀, 점토 및 약액 등을 압력으로 주입하여 지반개량 및 치수를 목적으로 시행하는 것을 그라우팅이라고 한다. 이러한 그라우팅의 종류를 4가지만 쓰시오. [3점]

① _____ ② _____ ③ _____ ④ _____

해답

[답] ① 컨택 그라우팅(Contact Grouting)
② 림 그라우팅(Rim Grouting)
③ 컨솔리데이션 그라우팅(Consolidation Grouting)
④ 커튼 그라우팅(Curtain Grouting)

21②, 17④, 16④, 13①

12 도로 노상의 지지력을 평가할 수 있는 현장시험 평가방법을 3가지만 쓰시오. [3점]

① _____   ② _____   ③ _____

해답

[답] ① 도로의 평판재하시험
② 노상토 지지력비(CBR)시험
③ 프루프롤링(proof rolling) 시험

참고하세요

노상 및 노체 지지력 현장시험 평가방법
① 도로의 평판재하시험   ② 노상토 지지력비(CBR)시험
③ 프루프롤링(proof rolling) 시험   ④ 현장들밀도시험

13 교량가설 공법 중 압출공법(ILM)의 단점을 3가지만 쓰시오. [3점]

① _____ ② _____ ③ _____

[답] ① 교량의 선형은 직선 및 단일곡선만 적용가능하다.
② 교량 연장이 짧으면 비경제적이다.
③ 제작장 부지 확보에 상당히 넓은 면적이 필요하다.

참고하세요

압출공법(ILM)의 단점
① 교량의 선형은 직선 및 단일곡선만 적용가능하다.
② 교량의 연장이 짧으면 비경제적이다.
③ 제작장 부지 확보에 상당히 넓은 면적이 필요하다.
④ 상부구조물의 횡단면이 일정해야 하며, 단면 변화시 적용이 곤란하다.
⑤ 콘크리트 타설시 엄격한 품질관리가 필요하다.

14 시멘트의 밀도가 3.15g/cm³, 잔골재의 밀도가 2.62g/cm³, 굵은골재의 밀도가 2.67g/cm³인 재료를 사용하여 물-시멘트비 55%, 단위수량 165kg, 단위잔골량 780kg인 배합을 실시하였다. 이 콘크리트 1m³의 질량을 측정한 결과가 2290kg일 경우 이 콘크리트의 잔골재율을 구하시오. [3점]

[계산과정] [답] _____

[계산과정]
① 단위굵은골재량

㉠ $\dfrac{W}{C} = 0.55$ $\dfrac{165}{C} = 0.55$ ∴ $C = 300$kg

㉡ 단위굵은골재량 = $2290 - (165 + 300 + 780) = 1045$kg

② 잔골재율

㉠ 단위굵은골재량 절대체적 = $\dfrac{1045}{2.67 \times 1000} = 0.39\text{m}^3$

㉡ 단위잔골재량 절대체적 = $\dfrac{780}{2.62 \times 1000} = 0.30\text{m}^3$

㉢ 잔골재율 = $\dfrac{S}{S+G} = \dfrac{0.3}{0.3+0.39} = 43.48\%$

[답] 43.48%

15 도로연장 3km 건설구간에서 7지점의 시료를 채취하여 다음과 같은 CBR을 구하였다. 이때의 설계 CBR은 얼마인가? [3점]

- 7지점의 CBR : 5.3, 5.7, 7.6, 8.7, 7.4, 8.6, 7.2
- 설계 CBR 계산용 계수

개수(n)	2	3	4	5	6	7	8	9	10 이상
d_2	1.41	1.91	2.24	2.48	2.67	2.83	2.96	3.08	3.18

[계산과정] [답] _____

해답

[계산과정]

① 각 지점의 CBR 평균

각 지점의 CBR 평균 $= \dfrac{5.3+5.7+7.6+8.7+7.4+8.6+7.2}{7} = 7.21$

② $n=7$ 이므로 $d_2 = 2.83$ 이다.

③ 설계 $CBR =$ 각 지점의 CBR 평균 $- \left(\dfrac{CBR \text{최대치} - CBR \text{최소치}}{d_2} \right)$

$= 7.21 - \left(\dfrac{8.7-5.3}{2.83} \right) = 6.01 ≒ 6$

여기서, 설계 CBR은 소수점 이하는 절사하여야 한다.

[답] 6

16 다음과 같은 지형에서 시공기준면의 표고를 30m로 할 경우 총 토공량은 얼마인가? (단, 격자점의 숫자는 표고를 나타내며 단위는 m이다.) [3점]

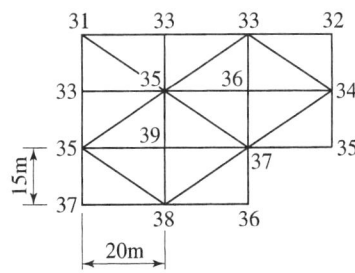

[계산과정] [답] _____

해답

[계산과정]

① 시공기준면 30m일 때 절토량 높이차를 구하면 그림과 같다.

$$V = \frac{ab}{6}(\sum h_1 + 2\sum h_2 + \cdots + 8\sum h_8)$$

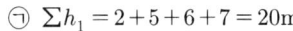

㉠ $\sum h_1 = 2+5+6+7 = 20\text{m}$

㉡ $\sum h_2 = 1+2+3 = 6\text{m}$

㉢ $\sum h_4 = 3+4+8+5+6+9 = 35\text{m}$

㉣ $\sum h_6 = 7\text{m}$

㉤ $\sum h_8 = 5\text{m}$

$$V = \frac{15 \times 20}{6}(20 + 2\times 6 + 4\times 35 + 6\times 7 + 8\times 5) = 12{,}700\text{m}^3$$

② 시공기준면 30m일 때 성토량 = 0

③ 문제의 조건에서 토량환산계수가 주어지지 않았으므로 $V = 12{,}700\text{m}^3$(절토량)

[답] $12{,}700\text{m}^3$(절토량)

17

본바닥토량 30,000m³를 굴착하여 평균운반거리 40m까지 11t급 불도저 2대를 사용하여 성토작업을 하고자 한다. 아래의 시공조건을 이용하여 시간당 작업량과 전체의 공사를 끝내는 데 필요한 공기를 구하시오. [3점]

[조건]
① 사이클 타임(C_m) : 2.1분
② 1회 굴착압토량(q) : 1.89m³
③ 토량환산계수(f) : 0.85
④ 작업효율(E) : 0.85
⑤ 1일 평균작업시간(t_d) : 6hr
⑥ 실제가동일수율 : 50%

[계산과정]   [답] _____

해답

[계산과정]

① 불도저 1시간당 작업량

$$Q = \frac{60\,qfE}{C_m} \times 3 = \frac{60 \times 1.89 \times 0.85 \times 0.8}{2.1} = 36.72\text{m}^3/\text{hr}$$

② 효율을 고려한 불도저 2대의 1시간당 작업량

Q = 1대 1시간당 작업량 × 대수 × 실제가동률 = $36.72 \times 2 \times 0.5 = 36.72\text{m}^3/\text{hr}$

③ 공기 = $\dfrac{30{,}000}{36.72 \times 6} = 136.17 = 137$일

[답] 137일

18 아래 그림과 같은 옹벽의 전도에 대한 안전율을 구하시오. (단, 지반의 허용지지력은 200kN/m², 뒤채움흙과 저판 아래의 흙의 단위중량은 18kN/m³, 내부마찰각은 37°, 점착력은 0이고, 콘크리트의 단위중량은 24kN/m³이다.) [3점]

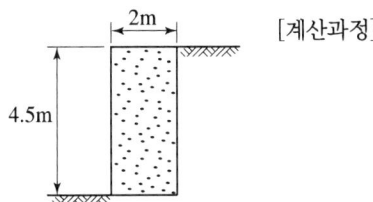

[계산과정]

[답] _____

[해답]

[계산과정]

① 주동토압계수

$$K_A = \tan^2\left(45° - \frac{\phi}{2}\right) = \tan^2\left(45° - \frac{37°}{2}\right)$$

② 주동토압

$$P_A = \frac{1}{2} \cdot r \cdot H^2 \cdot K_A = \frac{1}{2} \times 18 \times 4.5^2 \times \tan^2\left(45° - \frac{37°}{2}\right) = 45.3 \text{kN/m}$$

③ 옹벽 자중

$$W = (2 \times 4.5) \times 24 = 216 \text{kN/m}$$

④ 전도에 대한 안전율

$$F_s = \frac{M_r}{M_t} = \frac{W \cdot b}{P_H \cdot y} = \frac{216 \times 1}{45.3 \times \frac{4.5}{3}} = 3.18 > 2.0 \text{ 로 안전}$$

[답] 3.18

19 30회 이상의 콘크리트 압축강도 시험실적으로부터 결정한 압축강도의 표준편차가 2.4MPa이고 호칭강도가 28MPa일 때 배합강도를 구하시오. [3점]

[계산과정] [답] _____

[해답]

[계산과정]

$f_{cn} = 28\text{MPa} < 35\text{MPa}$이므로

① $f_{cr} = f_{cn} + 1.34s = 28 + 1.34 \times 2.4 = 31.22\text{MPa}$

② $f_{cr} = (f_{cn} - 3.5) + 2.33s = (28 - 3.5) + 2.33 \times 2.4 = 30.09\text{MPa}$

③ 둘 중에서 큰 값인 $f_{cr} = 31.22\text{MPa}$

[답] 31.22MPa

> **참고하세요**
>
> 호칭강도를 고려하지 않는 경우의 배합강도(콘크리트구조설계기준)
> - 압축강도 표준편차를 이용하는 경우
>   ① $f_{ck} \leq 35\text{MPa}$인 경우
> $f_{cr} = f_{ck} + 1.34s\,[\text{MPa}]$
> $f_{cr} = (f_{ck} - 3.5) + 2.33s\,[\text{MPa}]$
>   이 두 식에 의한 값 중 큰 값으로 정한다.
>   ② $f_{ck} > 35\text{MPa}$인 경우
> $f_{cr} = f_{ck} + 1.34s\,[\text{MPa}]$
> $f_{cr} = 0.9f_{ck} + 2.33s\,[\text{MPa}]$
>   이 두 식에 의한 값 중 큰 값으로 정한다.
>   여기서, f_{cr} : 배합강도
>   　　　　f_{ck} : 설계기준강도
>   　　　　s : 압축강도의 표준편차[MPa]

21②

20 신설도로공사를 하기 위해 토취장을 선정하고자 한다. 토취장의 선정 조건을 5가지만 쓰시오. [4점]

① _____　② _____
③ _____　④ _____
⑤ _____

해답

[답] ① 토질이 양호할 것
　　 ② 토량이 충분할 것
　　 ③ 성토장소를 향하여 하향구배 1/50~1/100 정도 유지할 것
　　 ④ 운반로가 양호하고 장애물이 적을 것
　　 ⑤ 용수, 붕괴의 염려가 없고 배수가 양호한 지형일 것

> **참고하세요**
>
> 토취장 선정조건
> ① 토질이 양호할 것
> ② 토량이 충분할 것
> ③ 성토장소를 향하여 하향구배 1/50~1/100 정도 유지할 것
> ④ 운반로가 양호하고 장애물이 적을 것
> ⑤ 용수 및 붕괴의 위험이 없고 배수가 양호한 지형일 것
> ⑥ 용지매수 및 보상 등이 싸고 용이할 것

21. 다음 데이터를 네트워크 공정표로 작성하고, 각 작업의 여유 시간을 구하시오. [10점]

작업명	작업 일수	선행 작업	비 고
A	5	없음	네트워크 작성은 다음과 같이
B	3	없음	EST│LST △LFT│EFT
C	2	없음	ⓘ ──작업명/작업일수──▶ ⓙ
D	2	A, B	로 표기하고, 주공정선은 굵은 선으로
E	5	A, B, C	표시하시오.
F	4	A, C	

가. 네트워크 공정표
  ○

나. 각 작업의 여유 시간
  ○

해답

가. 네트워크 공정표
[답]

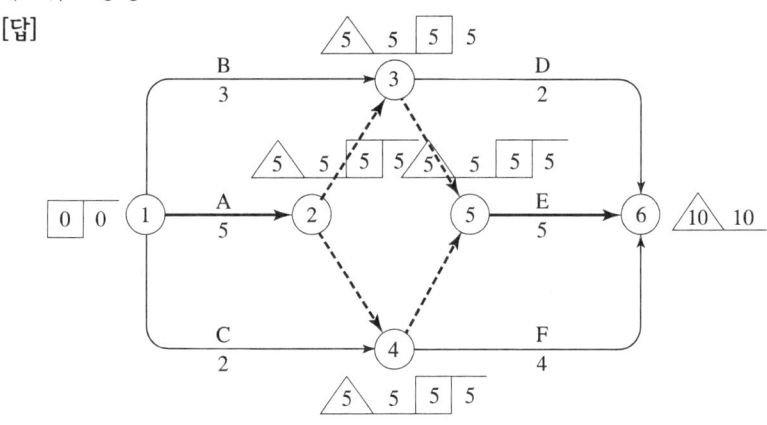

나. 각 작업의 여유 시간

[답]

작업명	TF	FF	DF
A	5−0−5=0	5−0−5=0	0−0=0
B	5−0−3=2	5−0−3=2	2−2=0
C	5−0−2=3	5−0−2=3	3−3=0
D	10−5−2=3	10−5−2=3	3−3=0
E	10−5−5=0	10−5−5=0	0−0=0
F	10−5−4=1	10−5−4=1	1−1=0

21②, 18②, 13①, 09④, 07②, 05①, 02③, 99①

22. 주어진 도면 및 조건에 따라 다음 물량을 산출하시오. (단, 주어진 도면의 치수는 축척에 맞지 않을 수 있으며, 주어진 치수로만 물량을 산출할 것.) [18점]

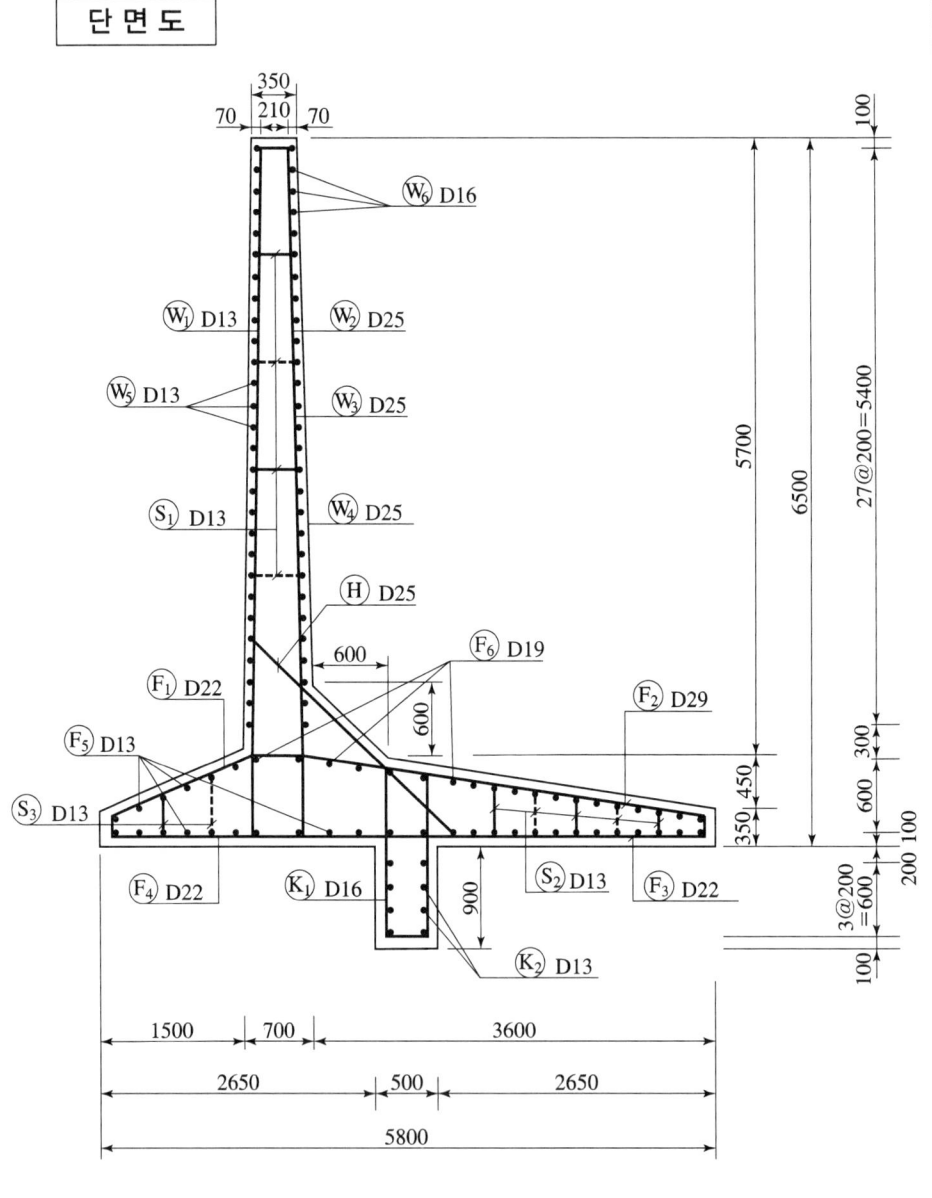

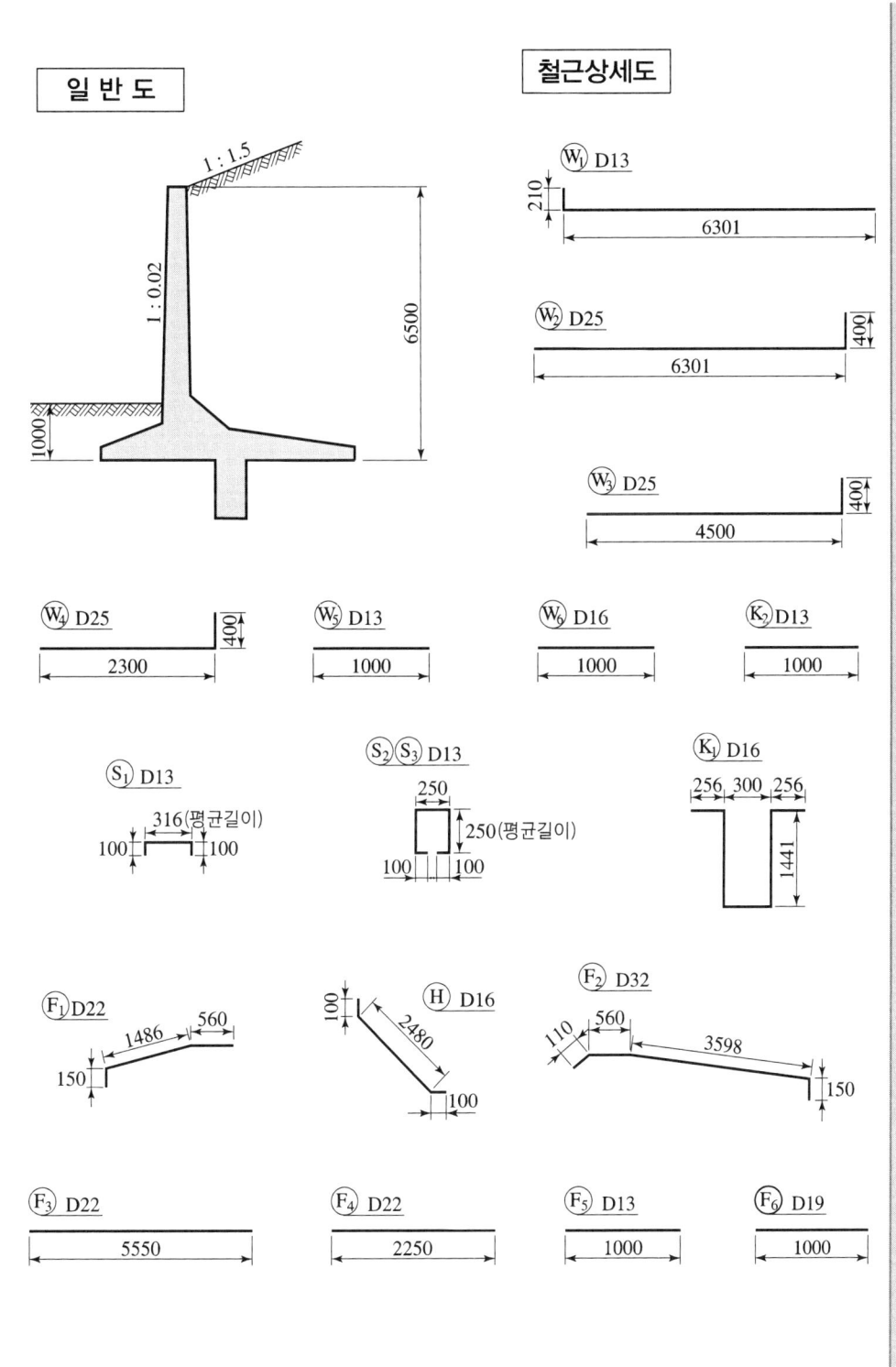

[조건]
① W_1, W_2, W_3, W_4, W_5, W_6, F_1, F_3, K_4, K_2 철근은 각각 200mm 간격으로 배근한다.
② F_1, K_1, H 철근은 각각 100mm 간격으로 배근한다.
③ S_1, S_2, S_3 철근은 각각 지그재그로 배근한다.
④ 옹벽의 돌출부(전단 key)에는 거푸집을 사용하는 경우로 계산한다.
⑤ 물량산출에서 할증률 및 마구리는 없는 것으로 하고 상세도에 표시되어 있지 않은 이음길이는 계산하지 않는다.

가. 길이 1m에 대한 기초와 구체의 콘크리트량을 구하시오. (단, 소수 4자리에서 반올림)
[계산과정]   [답]

나. 길이 1m에 대한 거푸집량을 구하시오. (단, 소수 4자리에서 반올림)
[계산과정]   [답]

다. 길이 1m에 대한 철근물량표를 완성하시오.

기호	직경	길이(mm)	수량	총 길이(mm)	기호	직경	길이(mm)	수량	총 길이(mm)
W_1					K_1				
F_1					K_2				
F_5					S_2				

해답

가. 길이 1m에 대한 콘크리트량
[계산과정]
$$콘크리트량 = \left(\frac{0.35 + (0.7 - 0.02 \times 0.6)}{2} \times 5.1 + \frac{(0.7 - 0.6 \times 0.02) + 0.7 + 0.6}{2} \times 0.6 \right.$$
$$\left. + \frac{1.3 + 5.8}{2} \times 0.45 + 5.8 \times 0.35 + 0.5 \times 0.9 \right) \times 1$$
$$= 7.3208 = 7.321 \text{m}^3$$

[답] 7.321m^3

나. 길이 1m에 대한 거푸집량
[계산과정]
$$거푸집량 = \left(\sqrt{5.7^2 + (5.7 + 0.02)^2} + 0.35 \times 2 + 0.9 \times 2 + \sqrt{0.6^2 + 0.6^2} + \sqrt{0.6^2 + 0.6^2} \right) \times 1$$
$$= 14.1551 = 14.155 \text{m}^2$$

[답] 14.155m^2

다. 길이 1m에 대한 철근 물량표

[계산과정]

① 철근 길이

㉠ W_1 철근 길이 $= 210 + 6{,}301 = 6{,}511$ mm

㉡ F_1 철근 길이 $= 150 + 1{,}486 + 560 = 2{,}196$ mm

㉢ F_5 철근 길이 $= 1{,}000$ mm

㉣ K_1 철근 길이 $= 256 + 1{,}441 + 300 + 1{,}441 + 256 = 3{,}694$ mm

㉤ K_2 철근 길이 $= 1{,}000$ mm

㉥ S_2 철근 길이 $= 100 + 250 + 250 + 250 + 100 = 950$ mm

② 철근 수량

㉠ W_1 철근 수량 $= \dfrac{\text{단위길이}}{\text{간격}} = \dfrac{1{,}000\text{mm}}{200\text{mm}} = 5$ 본

㉡ F_1 철근 수량 $= \dfrac{\text{단위길이}}{\text{간격}} = \dfrac{1{,}000\text{mm}}{200\text{mm}} = 5$ 본

㉢ F_5 철근 수량 $=$ 저판부 철근, 단면도에서 세면 $= 31$ 본

㉣ K_1 철근 수량 $= \dfrac{\text{단위길이}}{\text{간격}} = \dfrac{1{,}000\text{mm}}{100\text{mm}} = 10$ 본

㉤ K_1 철근 수량 $=$ 돌출부 철근, 단면도에서 세면 $= 8$ 본

㉥ S_2 철근 수량 $= \dfrac{\text{단위길이}}{F_6 \text{의 간격} \times 2} \times$ 단면도에 배치된 S_2 줄수

$= \dfrac{1{,}000}{200 \times 2} \times 5 = 12.5$ 본

③ 총길이는 각 철근의 길이에 각 철근의 수량을 곱하여 구한다.

[답]

기호	직경	길이(mm)	수량	총길이(mm)	기호	직경	길이(mm)	수량	총길이(mm)
W_1	D13	6511	5	32,555	K_1	D16	3694	10	36,940
F_1	D22	2196	5	10,980	K_2	D13	1000	8	8,000
F_5	D13	1000	31	31,000	S_2	D13	950	12.5	11,875

23.

도로를 축조하기 위하여 다음 그림과 같은 토취장에서 지반을 0m 기준으로 굴착하여 우측 그림과 같은 성토를 하려고 한다. 토취장에서 채취한 시료의 함수비가 10%이며 이 흙의 다짐이 잘 되지 않아 최적함수비인 22% 정도로 올리려고 한다. 토량 운반에 필요한 4m³ 적재 트럭 대수 및 도로의 연장길이, 살수량을 구하시오. (단, 이 흙의 습윤밀도는 2.50t/m³이고, 간극비는 일정하다고 보며, $C=0.85$, $L=1.10$이다.) [4점]

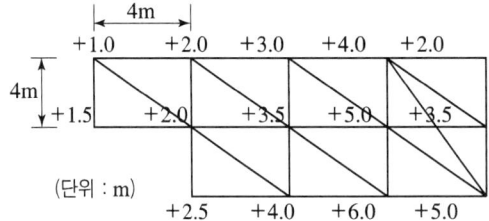
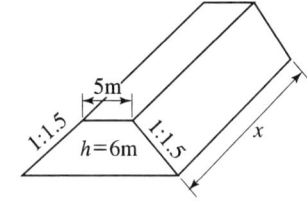

가. 이 토량 운반에 4m³ 적재 트럭 몇 대가 필요한가?
  [계산과정]　　　　　　　　　　　　　　[답]

나. 도로의 연장길이는 얼마인가?
  [계산과정]　　　　　　　　　　　　　　[답]

다. 1m³당 몇 kg의 물을 살수하여야 되는가?
  [계산과정]　　　　　　　　　　　　　　[답]

해답

가. 토량 운반에 필요한 4m³ 적재 트럭 대수

[계산과정]

① 굴착토량 $= \dfrac{1}{3} \times \left(\dfrac{1}{2} \times 4 \times 4\right) \times [(1.5+2.0+2.5) + 2 \times 1.0 + 3 \times (2.0+3.0+4.0+3.5+6.0+4.0) + 5 \times 2.0 + 6 \times (3.5+5.0)]$
$= 390.67 \, \text{m}^3$ (자연상태)

② 운반토량 $= 390.67 \times 1.1 = 429.74 \, \text{m}^3$ (흐트러진 상태)

③ 트럭 대수 $= \dfrac{429.74}{4} = 107.44 = 108$대

[답] 108대

나. 도로의 연장길이

[계산과정]

① 성토단면적 $= \dfrac{5 + (6 \times 2 + 5 + 6 \times 1.5)}{2} \times 6 = 93 \, \text{m}^2$

② 성토량 $= 390.67 \times 0.85 = 332.0695 \, \text{m}^3$ (다짐상태)

③ 성토 연장길이 = $\dfrac{332.0695}{93}$ = 3.57 m

[답] 3.57 m

다. $1m^3$당 살수량(kg)

[계산과정]

① $1m^3$당 흙의 중량

$\gamma_t = \dfrac{W}{V}$ 에서 $W = \gamma_t \cdot V = 2.5 \times 1 = 2.5\,t = 2{,}500\,kg$

② $w = 10\%$ 일 때 물의 중량

$w_{(10\%)} = \dfrac{W_w}{W_s} \times 100 = \dfrac{W_w}{W - W_w} \times 100$ 에서

$W_{w(10\%)} = \dfrac{w_{(10\%)} \cdot W}{100 + w_{(10\%)}} = \dfrac{10 \times 2{,}500}{100 + 10} = 227.27\,kg$

③ $w = 22\%$ 일 때 물의 중량

$10 : 227.27 = 22 : W_w$ 에서 $W_{w(22\%)} = \dfrac{227.27 \times 22}{10} = 499.99\,kg$

④ $\Delta W_w = W_{w(22\%)} - W_{w(10\%)} = 499.99 - 227.27 = 272.72\,kg$

[답] 272.72 kg

24 항만 내의 선박과 하구의 보호 및 하구폐색 방지를 위한 목적으로 설치한 항만 외곽시설을 무엇이라 하는가? [2점]

[답] 방파제

국가기술자격검정 실기시험문제

2021년도 기사 일반검정(제3회) (2021-10-16)

자격종목 및 등급(선택분야)	종목코드	시험시간	형별
토목기사		3시간	A

※ 다음 물음의 답을 해당 답란에 답하시오.(배점)

21③, 13④, 04①

01. 히빙의 정의와 방지대책을 2가지만 쓰시오. [4점]

가. 히빙의 정의 :

나. 히빙의 방지대책을 2가지
① _____ ② _____

해답

[답] 가. 히빙의 정의 : 연약한 점토지반 굴착시 흙막이벽 전·후의 흙의 중량차이 때문에 굴착저면이 부풀어 오르는 현상

나. 히빙의 방지대책 : ① 표토를 제거하여 하중을 적게 한다.
② 흙막이의 근입깊이를 깊게 한다.
③ 굴착저면에 하중을 가한다.
④ 지반 개량을 한다.

21③, 20②, 98⑤

02. 직경 30cm의 평판재하시험을 한 결과 침하량 25mm일 때 극한지지력이 300kPa이고, 침하량이 10mm이었다. 허용침하량이 25mm인 직경 1.2m의 실제 기초의 극한지지력과 침하량을 구하시오. (단, 점토지반과 사질토지반인 경우에 대하여 각각 구하시오.) [8점]

가. 점토지반인 경우에 대해서 구하시오.

[계산과정]

[답] ① 극한지지력 : _____ ② 침하량 : _____

나. 사질토지반인 경우에 대해서 구하시오.

[계산과정]

[답] ① 극한지지력 : _____ ② 침하량 : _____

해답

가. 점토지반인 경우

[계산과정] ① $q_{u(기초)} = 300\text{kPa} = 300\text{kN/m}^2$

② $S_{(기초)} = S_{(재하판)} \cdot \dfrac{B_{(기초)}}{B_{(재하판)}} = 10 \times \dfrac{1.2}{0.3} = 40\text{mm}$

[답] ① 극한지지력 : 300kN/m^2 ② 침하량 : 40mm

나. 사질토지반인 경우

[계산과정] ① $q_{u(기초)} = q_{u(재하판)} \cdot \dfrac{B_{(기초)}}{B_{(재하판)}} = 300 \times \dfrac{1.2}{0.3} = 1{,}200\text{kN/m}^2$

② $S_{(기초)} = S_{(재하판)} \cdot \left[\dfrac{2B_{(기초)}}{B_{(기초)} + B_{(재하판)}}\right]^2 = 10 \times \left[\dfrac{2 \times 1.2}{1.2 + 0.3}\right]^2 = 25.6\text{mm}$

[답] ① 극한지지력 : $1{,}200\text{kN/m}^2$ ② 침하량 : 25.6mm

21③, 15④, 11②, 10②, 07①, 03②, 01②

03 아래 그림과 같은 무한사면에서 지하수위면과 지표면이 일치한 경우 사면의 안전율을 구하시오. (단, 지반의 $c=0$, $\phi=30°$, $\gamma_{sat}=18.0\text{kN/m}^3$이다.) [3점]

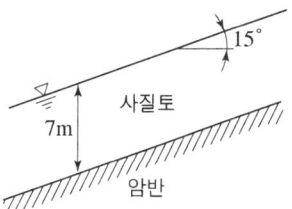

[계산과정]

[답] _____

해답

[계산과정]

$F_s = \dfrac{c}{r_{sat} Z \cos i \sin i} + \dfrac{r_{sub}}{r_{sat}} \cdot \dfrac{\tan\phi}{\tan i} = \dfrac{0}{18.0 \times 7 \times \cos 15° \sin 15°} + \dfrac{18.0 - 9.81}{18.0} \times \dfrac{\tan 30°}{\tan 15°}$

$= 0.98$

[답] 0.98

21③, 16④, 13④, 11④, 10④, 05①, 98④

04 3m×3m 크기의 정사각형 기초를 마찰각 $\phi=30°$, 점착력 $c=50\text{kN/m}^2$인 지반에 설치하였다. 흙의 단위중량 $\gamma=17\text{kN/m}^3$이며, 기초의 근입깊이는 2m이다. 지하수위가 지표면에서 1m, 3m, 5m 깊이에 있을 때의 극한지지력을 각각 구하시오. (단, 지하수위 아래의 흙의 포화단위중량은 19kN/m^3이고, Terzaghi 공식을 사용하고, $\phi=30°$일 때, $N_c=36$, $N_r=19$, $N_q=22$) [6점]

가. 지하수위 1m 깊이에 있는 경우
　　[계산과정]　　　　　　　　　　　　　　　　[답] _____

나. 지하수위 3m 깊이에 있는 경우
　　[계산과정]　　　　　　　　　　　　　　　　[답] _____

다. 지하수위 5m 깊이에 있는 경우
　　[계산과정]　　　　　　　　　　　　　　　　[답] _____

해답

가. 지하수위 1m 깊이

[계산과정]

지하수위가 지표면하 1m 깊이에 있을 때

① $\gamma_1 = \gamma_{sub} = 19 - 9.81 = 9.19 \text{kN/m}^3$

② $D_f \gamma_2 = D_f \gamma_1 + D_f \gamma_{sub} = 1 \times 17 + 1 \times 9.19$
　　$= 26.19 \text{kN/m}^2$

③ $q_u = \alpha c N_c + \beta B \gamma_1 N_r + D_f \gamma_2 N_q$
　　$= 1.3 \times 50 \times 36 + 0.4 \times 3 \times 9.19 \times 19 + 26.19 \times 22$
　　$= 3,125.71 \text{kN/m}^2$

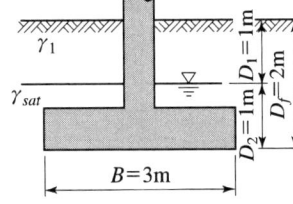

[답] $3,125.71 \text{kN/m}^2$

나. 지하수위 3m 깊이

[계산과정]

지하수위가 지표면하 3m 깊이에 있을 때

① $\gamma_1 = \gamma_{sub} + \dfrac{d}{B}(\gamma - \gamma_{sub})$
　　$= 9.19 + \dfrac{1}{3} \times (17 - 9.19) = 11.79 \text{kN/m}^3$

② $\gamma_2 = \gamma_1 = 17 \text{kN/m}^2$

③ $q_u = \alpha c N_c + \beta B \gamma_1 N_r + D_f \gamma_2 N_q$
　　$= 1.3 \times 50 \times 36 + 0.4 \times 3 \times 11.79 \times 19 + 2 \times 17 \times 22$
　　$= 3,356.81 \text{kN/m}^2$

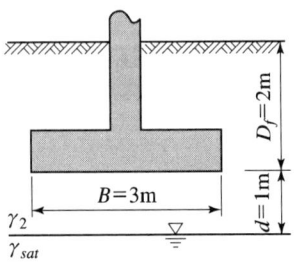

[답] $3,356.81 \text{kN/m}^2$

다. 지하수위 5m 깊이

[계산과정]

지하수위가 지표면하 5m 깊이에 있을 때

① $\gamma_1 = \gamma_2 = \gamma_1 = 17 \text{kN/m}^2$

② $q_u = \alpha c N_c + \beta B \gamma_1 N_r + D_f \gamma_2 N_q$
   $= 1.3 \times 50 \times 36 + 0.4 \times 3 \times 17 \times 19 + 2 \times 17 \times 22$
   $= 3,475.6 \text{kN/m}^2$

[답] $3,475.6 \text{kN/m}^2$

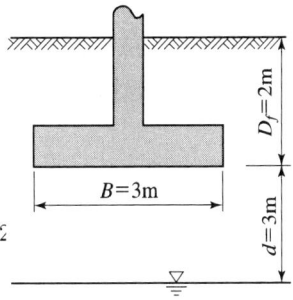

05 횡방향 지반반력계수(K_h)를 구하는 현장시험을 3가지만 쓰시오. [3점]

① _____ ② _____ ③ _____

해답

[답] ① PMT(Pressure MeterTest)
② DMT(Dilato MeterTest)
③ LLT(Lateral Load Test)

06 심발공사(심빼기 발파공)의 종류 중 4가지만 쓰시오. [3점]

① _____ ② _____ ③ _____ ④ _____

해답

[답] ① 번 컷(burn cut)   ② 스윙 컷(swing cut)
③ 노 컷(no cut)   ④ V컷(wedge cut : 다이아몬드 컷)

참고하세요

심빼기 발파(심발공)
① 번 컷(burn cut)
② 스윙 컷(swing cut)
③ 노 컷(no cut)
④ V컷(wedge cut : 다이아몬드 컷)
⑤ 피라미드 컷(pyramid cut)

07 록볼트(Rock Bolt)의 정착형식은 크게 3가지로 구분할 수 있다. 이 3가지가 무엇인지 쓰시오. [3점]

① _____ ② _____ ③ _____

해답

[답] ① 선단정착형 ② 전면접착형 ③ 혼합형

08 어느 지역의 월평균 기온이 아래 표와 같다. 동결지수를 구하시오. [3점]

월	월평균 기온(℃)
11	+1
12	−6.3
1	−8.3
2	−6.4
3	−0.2

[계산과정]

[답] _____

해답

[계산과정] 동결지수(F) = 영하온도 × 지속일수 = $6.3 \times 31 + 8.3 \times 31 + 6.4 \times 28 + 0.2 \times 31$
 = 638℃ · day

[답] 638℃ · day

09 PSC 박스거더로 미리 시공하는 건설공법 중 동바리를 사용하지 않는 교량의 건설공법 종류 3가지를 쓰시오. [3점]

① _____ ② _____ ③ _____

해답

[답] ① FCM ② ILM ③ PSM

참고하세요

동바리를 사용하지 않고 가설하는 현장타설공법
① P.C(precast) 거더공법
② P.S.C 박스 거더공법
 ㉠ FCM(외팔보 공법)   ㉡ ILM(압출 공법)
 ㉢ PSM(Precast Segment 공법)   ㉣ MSS(이동식비계 공법)

10 콘크리트 구조물에서 시공이음을 설치하고자 할 때 그 위치 또는 방향에 대해 아래의 각 물음에 답하시오. [3점]

① 바닥틀과 일체로 된 기둥 또는 벽의 시공이음 위치로 적합한 곳 : _____
② 바닥틀의 시공이음 위치로 적합한 곳 : _____
③ 아치에 시공이음을 설치하고 할 때 적합한 방향 : _____

해답

[답] ① 바닥틀과의 경계부근
② 슬래브 또는 보의 경간 중앙부 부근
③ 아치축에 직각방향

참고하세요

방향에 따른 시공이음 종류
① **수평시공이음** : 수평시공이음이 거푸집에 접하는 선은 가능한 한 수평한 직선이 되도록 하여야 한다.
② **연직시공이음** : 연직시공이음 시공에서는 시공이음면의 거푸집을 견고하게 지지하고 이음부분의 콘크리트는 진동기를 써서 충분히 다져야 한다.
③ 바닥틀과 일체로 된 기둥, 벽의 시공이음은 바닥틀과의 경계부근에 설치하는 것이 좋다.
④ **바닥틀의 시공이음은 슬래브 또는 보의 경간 중앙부 부근에 두어야 한다.**
⑤ 아치의 시공이음은 아치축에 직각방향이 되도록 설치하여야 한다.

11 콘크리트를 2층 이상으로 나누어 타설할 경우 상층의 콘크리트 타설은 원칙적으로 하층의 콘크리트가 굳기 시작하기 전에 해야 하며, 상층과 하층이 일체가 되도록 시공하여야 한다. 이러한 시공을 위하여 아래의 각 경우에 대한 답을 쓰시오. [4점]

가. 허용 이어치기 시간 간격을 두는 이유를 간단히 쓰시오.
○_____

나. 허용 이어치기 시간 간격의 표준을 쓰시오.
① 외기온도가 25℃를 초과하는 경우 : _____
② 외기온도가 25℃ 이하인 경우 : _____

해답

[답] 가. 콜드 조인트(cold joint)가 발생하지 않도록 하기 위해서
나. ① 2시간
② 2.5시간

21③, 16②, 13①, 10①, 09④, 06②, 04②

12 농공단지 조성을 위하여 다음 그림과 같이 기준면으로부터 고저측량을 하였다. 이 용지를 수평으로 정지하고자 할 때 절토량과 성토량이 같게 하려고 하면 기준면으로부터 몇 m의 높이로 하면 되는가? [3점]

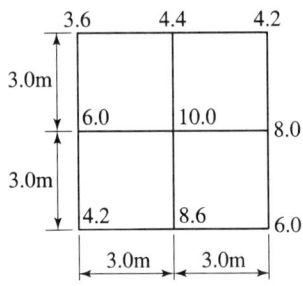

[계산과정] [답] _____

──────────────

해답

[계산과정]

① $V = \dfrac{A}{4}(\sum h_1 + 2\sum h_2 + 4\sum h_4)$

$= \dfrac{3 \times 3}{4} \times (3.6 + 4.2 + 6.0 + 4.2 + 2 \times (4.4 + 8.0 + 8.6 + 6.0) + 4 \times 10.0)$

$= 252\,\text{m}^3$

② $h = \dfrac{V}{\sum A} = \dfrac{252}{(3 \times 3) \times 4} = 7\,\text{m}$

[답] 7m

21③, 17②, 08①, 04③, 85①③

13 연약지반 처리공법 중 치환공법은 지반의 연약토를 제거하고 양질의 토사를 치환하여 비교적 단기간 내에 기초처리를 할 수 있다. 이러한 치환공법을 3가지만 쓰시오. [3점]

① _____ ② _____ ③ _____

──────────────

해답

[답] ① 기계적 굴착치환공법 ② 폭파치환공법 ③ 강제치환공법

참고하세요

치환공법
① 기계적 굴착치환공법 ② 폭파치환공법
③ 강제치환공법 ④ 동치환공법

14. 지진 발생시 교량의 안전에 대하여 지진보호장치 3가지를 쓰시오. [3점]

① _____ ② _____ ③ _____

해답

[답] ① 받침보호장치 ② 점성댐퍼 ③ 낙교방지장치

참고하세요

지진보호장치
① 받침보호장치 : 지진 시 교량 상부구조의 받침에 작용하는 수평력을 부담해 지진력을 분산시키는 장치
② 점성댐퍼 : 지진발생 시 고정단(교량 기둥)에 급격하게 전달되는 에너지를 감쇠력을 발휘해 부재에 걸리는 지진에너지를 분산시키는 장치
③ **낙교방지장치** : 지진 시 교량 상부구조의 낙교를 방지하여 지진 피해를 방지하는 장치
④ 내진보강 탄성받침장치

15. 다음의 그림에서 모래층에 설치한 earth anchor(=tie backs)의 극한저항은? (단, 콘크리트 그라우팅은 일정한 압력하에서 시공되었으므로 정지토압계수 상태 K_s로 본다. $K_s = 1-\sin\phi$ 이용) [3점]

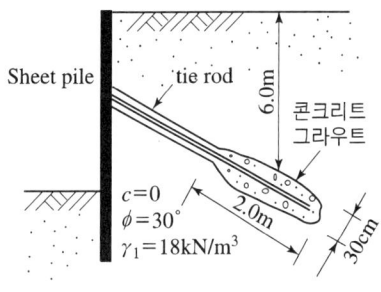

[계산과정]

[답] _____

해답

[계산과정] $P_n = \pi dl\sigma K_s\tan\phi = \pi dl\sigma(1-\sin\phi)\tan\phi$
$= \pi \times 0.3 \times 2 \times (18\times 6) \times (1-\sin 30°) \times \tan 30° = 587.67\text{kN}$

[답] 587.67kN

16 가설 흙막이의 지지, 옹벽의 전도 방지, 산사태 방지 등으로 사용되는 Anchor의 주요 구성요소를 3가지 쓰시오. [3점]

① _____ ② _____ ③ _____

해답

[답] ① 앵커 두부 ② 인장재 ③ 앵커체

참고하세요

어스 앵커의 구조

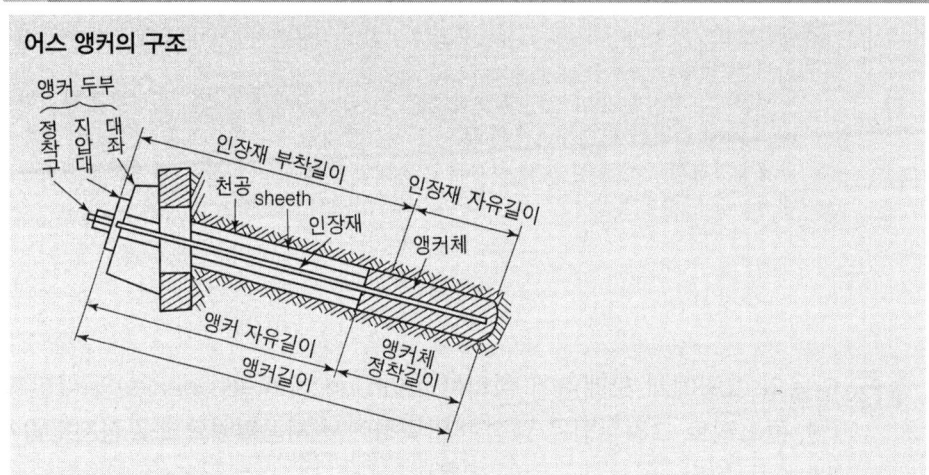

17 다음과 같은 조건일 때 0.7m³의 백호 2대를 사용하여 16,300m³의 기초터파기를 다음 조건으로 했을 때, 터파기에 소요되는 일수를 구하시오. (단, 소요 일수는 정수로 나타낸다.) [3점]

[조건]
- 버킷계수 : 0.9
- 백호 사이클 타임 : 20sec
- 1일 운전시간 : 8hr
- 작업효율 : 0.75
- 토량환산계수(f) : 0.8

[계산과정]   [답] _____

해답

[계산과정]
① 백호 1대 시간당작업량

$$Q = \frac{3600 \cdot q \cdot k \cdot f \cdot E}{C_{ms}} = \frac{3600 \cdot q \cdot k \cdot \frac{1}{L} \cdot E}{C_{ms}} = \frac{3600 \times 0.7 \times 0.9 \times 0.8 \times 0.75}{20}$$

$= 68.04\,\text{m}^3/\text{h}$ (본바닥 토량)

② 백호우 2대 1일 작업량

$68.04\,\text{m}^3/\text{h} \times 8\text{h/day} \times 2$대 $= 1,088.64\,\text{m}^3/\text{day}$ (본바닥 토량)

③ 소요 일수

$$\frac{16,300\,\text{m}^3}{1,088.64\,\text{m}^3/\text{day}} = 14.97\text{일} = 15\text{일}$$

[답] 15일

21③, 19①

18. 다음의 도로포장에 관련된 명칭을 각각 쓰시오. [3점]

A. 콘크리트 포장 슬래브의 포설, 다짐, 표면 끝손질 등의 기능을 겸비하여 거푸집을 설치하지 않고 연속적으로 포설하는 장비는 무엇인가?

○ _____

B. 입도조정공법이나 머캐덤공법 등으로 시공된 기층의 방수성을 높이고, 그 위에 포설하는 아스팔트 혼합물층과의 부착을 잘되게 하기 위하여 기층 위에 역청재료를 살포하는 것을 무엇이라 하는가?

○ _____

C. 아스팔트 포장의 기층으로서 사용하는 시멘트 콘크리트 슬래브를 무엇이라 하는가?

○ _____

해답

[답] A. 슬립 폼 페이버(slip form paver)
B. 프라임 코트(Prime coat)
C. 화이트 베이스(white base)

참고하세요

① **슬립 폼 페이버**(slip form paver) : 콘크리트 포장 슬래브의 포설, 다짐, 표면 끝손질 등의 기능을 겸비하여 거푸집을 설치하지 않고 연속적으로 포설할 수 있는 장비를 말한다.
② **프라임 코트**(Prime coat) : 보조기층, 입도조정 기층 등의 입상재료 층에 점성이 낮은 역청 재료를 살포, 침투시켜 이들 층의 방수성을 높이고, 기층의 모세 공극을 메워서 그 위에 포설하는 아스팔트 혼합물과의 부착을 좋게 하기 위해 점도가 낮은 역청 재료를 얇게 피복하는 것을 말한다.
③ **화이트 베이스**(white base) : 아스팔트 포장의 기층으로서 사용하는 시멘트콘크리트 슬래브를 말한다.
④ **블랙 베이스**(black base) : 아스팔트 포장의 기층으로서 사용하는 가열혼합식에 의한 아스팔트 안정처리기층를 말한다.

19 그림과 같은 옹벽에 작용하는 전주동토압은 얼마인가? (Rankine의 토압이론을 사용하시오.) [3점]

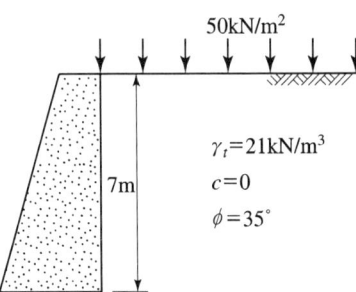

[계산과정]

[답] _____

해답

[계산과정]

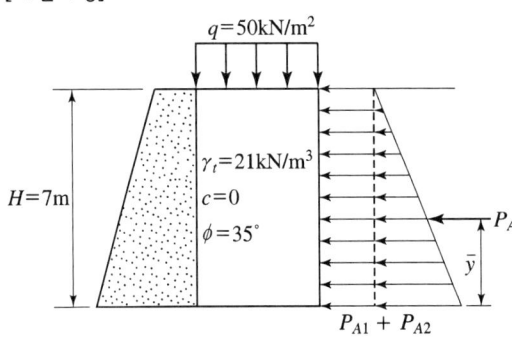

① 주동토압계수

$$K_A = \tan^2\left(45° - \frac{35°}{2}\right) = 0.271$$

② 전주동토압

$$P_A = P_{A1} + P_{A2}$$
$$= \frac{1}{2} \cdot \gamma \cdot H^2 \cdot K_A + q \cdot H \cdot K_A$$
$$= \frac{1}{2} \times 21 \times 7^2 \times 0.271 + 50 \times 7 \times 0.271$$
$$= 234.28 \text{kN/m}$$

[답] 234.28kN/m

[부록] 2021년 10월 16일 시행

21③, 19①, 12④, 07①, 00③

20 주어진 도면 및 조건에 따라 다음 물량을 산출하시오. (단, 주어진 도면의 치수는 축척에 맞지 않을 수 있으며, 주어진 치수로만 물량을 산출할 것.) [18점]

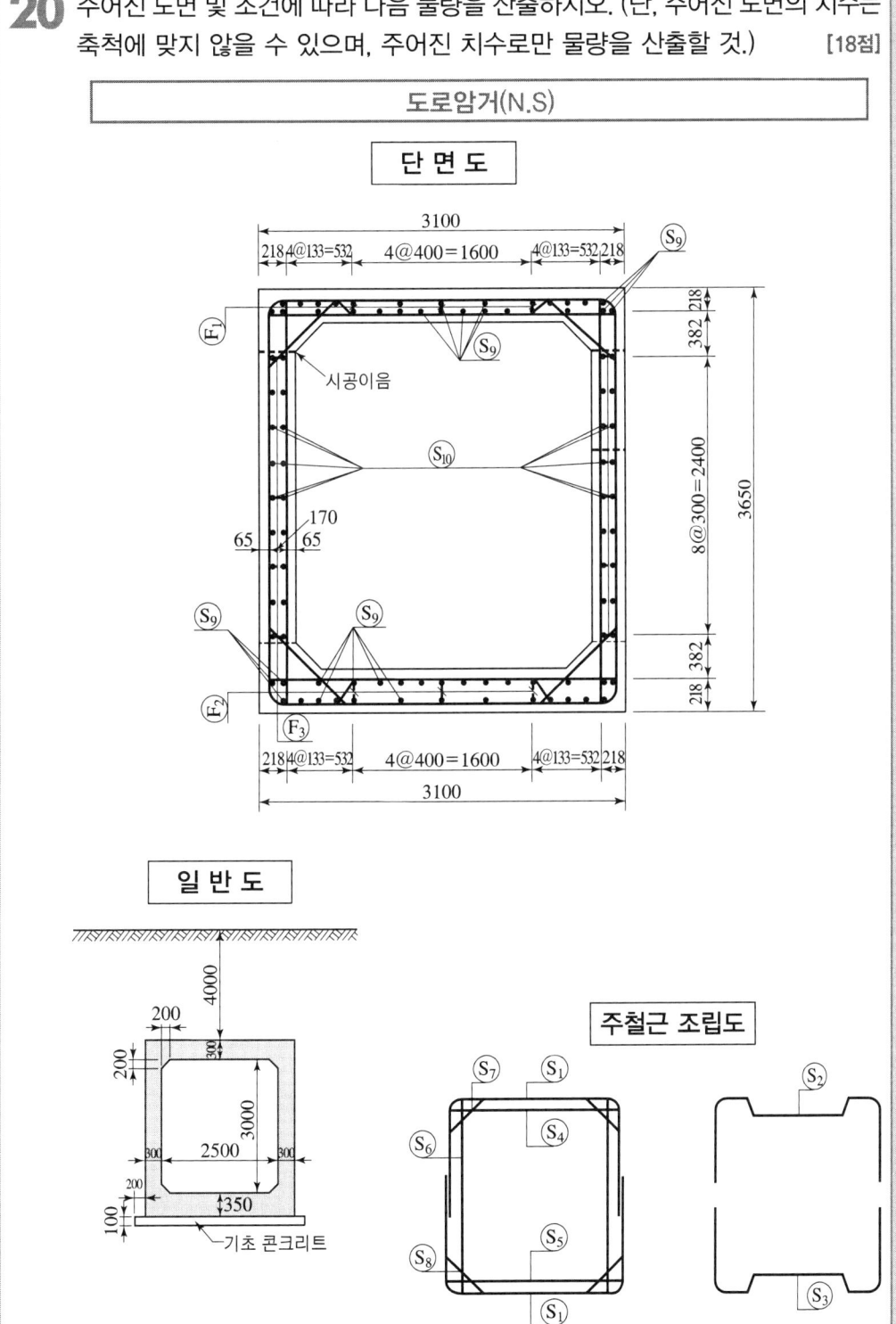

철근상세도

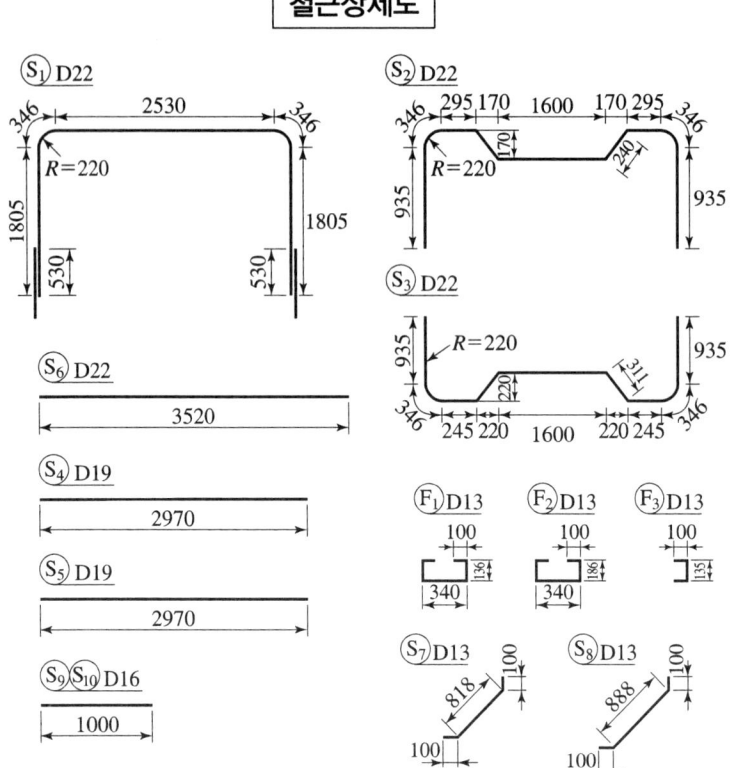

[조건] ① S_1~S_8 철근은 300mm 간격으로 배치되어 있다.
② F_1, F_2, F_3 철근은 300mm 간격으로 지그재그로 배치되어 있다.
③ 철근의 이음과 할증은 무시한다.
④ 지형상태는 일반도와 같으며 터파기는 기초콘크리트 양끝에서 100cm 여유폭을 두고 비탈기울기는 1 : 0.5로 한다.
⑤ 거푸집량의 계산에서 마구리면은 무시한다.

가. 길이 1m에 대한 기초와 구체의 콘크리트량을 구하시오. (단, 소수 4자리에서 반올림하시오.)

[계산과정]

[답] ① 기초 콘크리트량 : _____, ② 구체 콘크리트량 : _____

나. 길이 1m에 대한 거푸집량을 구하시오. (단, 소수 4자리에서 반올림하시오.)
[계산과정]　　　　　　　　　　　　　　　　　　　　[답] _____

다. 길이 1m에 대한 터파기양을 구하시오. (단, 소수 4자리에서 반올림하시오.)
[계산과정]　　　　　　　　　　　　　　　　　　　　[답] _____

라. 길이 1m에 대한 철근량을 산출하기 위한 다음 철근 물량표를 완성하시오. (단, 소수 셋째자리에서 반올림하시오.)

기호	직경	길이(mm)	수량	총길이(mm)	기호	직경	길이(mm)	수량	총길이(mm)
S_1					S_9				
S_7					F_1				

[계산과정]

해답

가. 길이 1m에 대한 콘크리트량

[계산과정]

① 기초 콘크리트량 $= 3.5 \times 0.1 \times 1 = 0.350\,\text{m}^3$

② 구체 콘크리트량 $= \left\{ (3.100 \times 3.65) - (2.5 \times 3.0) + \dfrac{1}{2} \times 0.200 \times 0.200 \times 4 \right\} \times 1$

$= 3.895\,\text{m}^3$

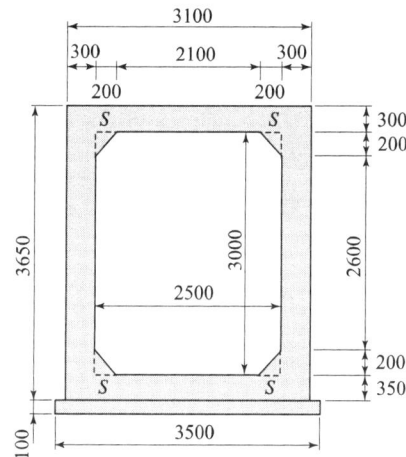

[답] $3.895\,\text{m}^3$

나. 길이 1m에 대한 거푸집량

[계산과정]

① 개개의 거푸집량

　㉠ $A = 0.1\,\text{m}$　　㉡ $B = 0.1\,\text{m}$

　㉢ $C = 3.65\,\text{m}$　　㉣ $D = 3.65\,\text{m}$

　㉤ $E = 2.60\,\text{m}$　　㉥ $F = 2.60\,\text{m}$

　㉦ $G = 2.10\,\text{m}$

　㉧ $S = \sqrt{0.20^2 + 0.20^2} \times 4 = 1.1314\,\text{m}$

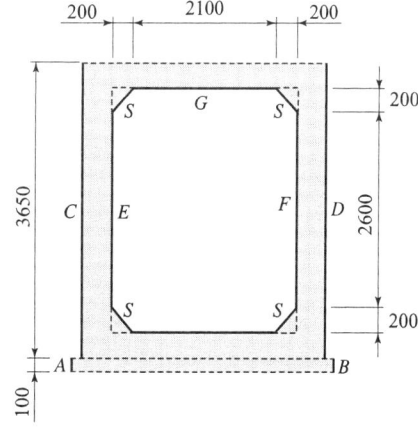

② 총 거푸집량
  ㉠ 총 거푸집 길이
    $= 0.1 \times 2 + 3.65 \times 2 + 2.60 \times 2 + 2.10 + 1.1314$
    $= 15.9314 \text{m}$
  ㉡ 총 거푸집량 $= 15.9314 \times 1 = 15.931 \text{m}^2$

[답] 15.931m^2

다. 길이 1m에 대한 터파기량
[계산과정]
① $a = 7,750 \times 0.5 = 3,875$
② 터파기량 $= \left(\dfrac{13.25 + 5.50}{2} \times 7.75\right) \times 1\text{m} = 72.656 \text{m}^3$

[답] 72.656m^3

라. 길이 1m에 대한 철근물량표
[계산과정]
① 철근 길이
  ㉠ S_1 철근 길이 $= (1,805 \times 2) + (346 \times 2) + 2,530 = 6,832 \text{mm}$
  ㉡ S_7 철근 길이 $= 100 \times 2 + 818 = 1,018 \text{mm}$
  ㉢ S_9 철근 길이 $= 1,000 \text{mm}$
  ㉣ F_1 철근 길이 $= 100 \times 2 + 136 \times 2 + 340 = 812 \text{mm}$
② 철근 수량
  ㉠ S_1 철근 수량 $= \dfrac{1,000}{300} \times 2(2쌍) = 6.67$ 본
  ㉡ S_7 철근 수량 $= \dfrac{1,000}{300} \times 2(2쌍) = 6.67$ 본
  ㉢ S_9 철근 수량 = 단면도에서 세면 = 56본
  ㉣ F_1 철근 수량 $= \dfrac{1,000}{300 \times 2} \times 3줄 = 5$ 본
③ 총길이는 각 철근의 길이에 각 철근의 수량을 곱하여 구한다.

[답]

기호	철근호칭	본당길이(mm)	수량(개)	총길이(mm)
S_1	D22	6,832	6.67	45,569.44
S_7	D13	1,018	6.67	6790.06
S_9	D16	1,000	56	56,000
F_1	D13	812	5	4,060

[부록] 2021년 10월 16일 시행

21 다음 데이터를 이용하여 Normal time 네트워크 공정표를 작성하고 공기를 3일 단축할 때 최소의 추가공사비를 산출하시오. (단, ① Net Work 공정표 작성은 화살표 Net Work로 하고 ② 주공정선(Critical path)은 굵은 선 또는 이중선으로 한다.) [10점]

작업명	정상비용		특급비용	
	공기(일)	공비(원)	공기(일)	공비(원)
A(0→1)	3	20,000	2	26,000
B(0→2)	7	40,000	5	50,000
C(1→2)	5	45,000	3	59,000
D(1→4)	8	50,000	7	60,000
E(2→3)	5	35,000	4	44,000
F(2→4)	4	15,000	3	20,000
G(3→5)	3	15,000	3	15,000
H(4→5)	7	60,000	7	60,000
계		280,000		334,000

가. Normal time 네트워크 공정표를 작성하시오.

○

나. 공기를 3일간 단축할 때 최소의 추가공사비를 구하시오.

[계산과정]

[답] _____

해답

가. Network 공정표

[답]

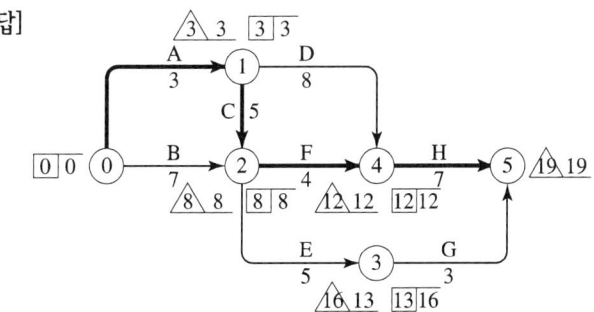

나. 최소의 추가공사비
[계산과정]
① 비용경사(cost slope)

작업명	단축기능 일수	비용경사(원)
A	1	$\frac{26{,}000-20{,}000}{3-2}=6{,}000$
B	2	$\frac{50{,}000-40{,}000}{7-5}=5{,}000$
C	2	$\frac{59{,}000-45{,}000}{5-3}=7{,}000$
D	1	$\frac{60{,}000-50{,}000}{8-7}=10{,}000$
E	1	$\frac{44{,}000-35{,}000}{5-4}=9{,}000$
F	1	$\frac{20{,}000-15{,}000}{4-3}=5{,}000$
G	0	0
H	0	0

② 공기단축

단축단계	작업명	단축일수	추가비용(원)
1단계	F	1	5,000
2단계	A	1	6,000
3단계	B, C, D	1	5,000+7,000+10,000=22,000

③ 추가비용(extra cost)
   EC=5,000+6,000+22,000=33,000원

[답] 33,000원

22. 토압 중 정지토압을 적용하는 구조물 3가지를 쓰시오. [3점]

① _____ ② _____ ③ _____

해답

[답] ① 지하 배수구 ② 박스 암거 ③ 지하실의 벽체

23 다음 용어의 물음에 답하시오. [6점]

가. 부채꼴 수문의 정의를 쓰시오.
   ○ _____

나. 댐 콘크리트의 온도상승을 억제하고 균열을 방지할 목적으로 콘크리트를 치기 전에 외경 25mm 정도의 파이프를 수평으로 배치하고 그 속에 자연지하수나 인공냉각수를 통과시켜서 콘크리트의 온도를 낮추는 것을 무엇이라고 하는가?
   ○ _____

다. 기초 암반의 변형성이나 강도를 개량하여 균일성을 주기 위해 기초 전반에 걸쳐 격자형으로 그라우팅하는 방법으로 콘크리트댐 기초공사에 많이 이용되는 그라우팅 방법은?
   ○ _____

해답

[답] 가. 댐 또는 둑에서 수문 개폐 형식 중 하나로 하류단에 힌지가 있어 권양기로 구동하여 부채꼴로 개폐하는 수문이다.
   나. 파이프 쿨링(Pipe cooling)
   다. 컨솔리데이션 그라우팅(Consolidation Grouting)

약력

- 현) ENG엔지니어링(대한토목연구회 협약사) 토목대표강사
- 현) 광주대학교 산업인력교육원 교수요원
- 현) 광주대학교 특강강사, 목포해양대학교 특강강사
- 현) 대한토목학회 광주전남지회 간사
- 현) 신한국건축토목학원 대표강사
- 현) 한솔아카데미 동영상 강사
- 현) 성안당 동영상 강사
- 현) 라카데미 동영상강사
- 현) 광주서울고시학원 토목전담강사
- 전) 광주건축토목학원 토목원장
- 전) 대광건축토목기술학원 대표강사
- 전) 연합고시학원 토목전담강사 외

저서

- 손에 잡히는 토목설계(한솔아카데미, 2007, 2008, 2009, 2011)
- 손에 잡히는 응용역학(한솔아카데미, 2007, 2008, 2009, 2010, 2011)
- Zero선언 응용역학(성안당, 2009, 2010, 2011)
- Zero선언 측량학(성안당, 2009, 2010, 2011)
- Zero선언 수리학(성안당, 2009, 2010, 2011)
- Zero선언 철근콘크리트 및 강구조(성안당, 2009, 2010, 2011)
- Zero선언 상하수도공학(성안당, 2009, 2010, 2011)
- Zero선언 콘크리트 기사 · 산업기사(성안당, 2009)
- Zero선언 토목기사 실기(성안당, 2009)
- 재건축 재개발 시대적 트렌드(성안당, 2009, 2010)
- 총정리 응용역학(기공사, 1990)

토목기사 실기

초판 발행	2015년	9월 20일
개정2판 발행	2018년	6월 20일
개정3판 발행	2022년	3월 10일

우수회원인증

닉네임	
신청일	

필히 (**파랑**, **빨강**)볼펜 사용, **화이트** 사용 금지

지은이 ▪ 손영선
펴낸이 ▪ 홍세진
펴낸곳 ▪ 세진북스

주소 ▪ (우)10207 경기도 고양시 일산서구 산율길 56(구산동 145-1)
전화 ▪ 031-924-3092
팩스 ▪ 031-924-3093
홈페이지 ▪ http://www.sejinbooks.kr

출판등록 ▪ 제 315-2008-042호(2008.12.9)
ISBN ▪ 979-11-5745-524-9 13530

값 ▪ **40,000원**

- 이 책의 출판권은 도서출판 세진북스가 가지고 있습니다.
- 이 책의 일부 또는 전체에 대한 무단 복제와 전재를 금합니다.

세진북스에는 당신과 나
그리고 우리의 미래가 있습니다.